MONOGRAPHIE

DES

ORCHIDÉES

de l'Europe, de l'Afrique septentrionale,

de l'Asie Mineure

et des Provinces Russes transcaspiennes

PAR

E. G. CAMUS

avec la collaboration de

P. BERGON

(pour la Botanique Systématique)

Mlle A. CAMUS

(pour l'Anatomie)

Avec 32 planches représentant 1.100 figures

Planches noires........ **45** francs.
Planches coloriées...... **80** francs.

(TIRAGE A 175 EXEMPLAIRES NUMÉROTÉS)

PARIS

LIBRAIRIE JACQUES LECHEVALIER

23, Rue Racine

1908

MONOGRAPHIE

DES

ORCHIDÉES

de l'Europe, de l'Afrique septentrionale,

~~de l'Asie Mineure~~

transcaspiennes

PAR

E. G. CAMUS

avec la collaboration de

P. BERGON
(pour la Botanique Systématique)

Mlle A. CAMUS
(pour l'Anatomie)

Avec 32 planches représentant 1.100 figures

Planches noires........ **45** francs.
Planches coloriées...... **80** francs.

(TIRAGE A 175 EXEMPLAIRES NUMÉROTÉS)

PARIS
LIBRAIRIE JACQUES LECHEVALIER
23, Rue Racine

1908

MONOGRAPHIE

DES

ORCHIDÉES

de l'Europe, de l'Afrique septentrionale,

de l'Asie Mineure

et des Provinces Russes transcaspiennes

PAR

E. G. CAMUS

avec la collaboration de

P. BERGON
(pour la Botanique Systématique)

Mlle A. CAMUS
(pour l'Anatomie)

Avec 32 planches représentant 1.100 figures

Planches noires........ **45** francs.
Planches coloriées...... **80** francs.

(TIRAGE A 175 EXEMPLAIRES NUMÉROTÉS)

PARIS
LIBRAIRIE JACQUES LECHEVALIER
23, Rue Racine

1908

Ouvrages
de E. G. CAMUS

MONOGRAPHIE DES ORCHIDÉES DE FRANCE. 1894. 130 p. av. atlas de 50 pl.
photogr. col. (l'atlas est épuisé). Texte seul 130 p. . . . .   5 francs.
CLASSIFICATION ET MONOGRAPHIE DES SAULES D'EUROPE. 1904-05. 2 vols.
673 pages avec atlas in-folio de 60 planches représentant 1257 fig., la plupart
iconogr. pour la première fois . . . .   50 francs.

En collaboration avec Mlle A. Camus.
Ouvrage couronné par l'Institut (Académie des Sciences).

SÉPARÉMENT :

Tome I. CLASSIFICATION DES SAULES D'EUROPE ET MONOGRAPHIE DES SAULES DE FRANCE.
1904. 385 pages, 40 planches . . . .   30 francs.

Tome II. CLASSIFICATION ET MONOGRAPHIE DES SAULES D'EUROPE. 1905. 287 pages.
20 planches . . .   .   22 francs.

Ouvrage donnant la classification des Saules d'Europe, basée sur les caractères de la morpho
logie externe et de la morphologie interne, et la Monographie des Saules de France comprenant :
la description des espèces, variétés, hybrides et la tératologie ; la bibliographie, la synonymie, les
caractères de la morphologie externe, ceux de la morphologie interne, l'habitat, l'aire géographique,
les tableaux analytiques de la morphologie externe, les tableaux de la morphologie interne et un
tableau de concordance des deux méthodes.

GUIDE PRATIQUE DE BOTANIQUE RURALE. 1881. 180 p., 60 pl. cartonné.
5 francs.

EN VENTE :

Librairie Jacques LECHEVALIER

23, Rue Racine, PARIS (VIe)

AVANT-PROPOS

La MONOGRAPHIE DES ORCHIDEES DE FRANCE que j'ai publiée dans le JOURNAL DE BOTANIQUE de M.Morot est épuisée depuis plusieurs années.Ainsi que je l'avais prévu,cette publication m'a procuré des communications importantes et nombreuses concernant non seulement la flore française,mais encore toute l'Europe et le nord de l'Afrique.Dans le cours de mes herborisations avec ma fille en France et en Suisse,j'ai recueilli une assez grande quantité de matériaux d'étude.Plusieurs de nos confrères m'ont demandé de faire une deuxième édition.J'ai pensé qu'il y avait beaucoup à gagner à élargir considérablement le cadre du travail.L'étendue de la circonscription étudiée comporte toute l'Europe,les Iles de la Méditerranée,l'Afrique septentrionale,l'Asie-Mineure et les Provinces Transcaucasiennes.

L'étude anatomique qui apporte de très précieux enseignements a nécessité l'obligation de faire les observations sur des sujets vivants.J'ai fait appel au concours de deux collaborateurs. Mad.A.CAMUS a été chargée de faire l'étude anatomique et M.Paul Bergon,qui étudie avec succès depuis longtemps les Orchidées,a bien voulu assumer la tâche ingrate de rechercher les espèces, surtout étrangères,dans leurs pays d'origine pour que les descriptions et études anatomiques soient faites dans les conditions les plus favorables.Il a en outre étudié sur place les espèces et variétés de l'Europe orientale.

E. G. CAMUS.

PRÉFACE.

L'étude de la famille des Orchidées est une de celles qui offrent le plus d'attraits. De nombreuses publications ont été faites sur ce sujet sans l'avoir toutefois épuisé. Il faut reconnaître que malgré les travaux si nombreux et les importantes recherches nouvelles il reste encore beaucoup de points à élucider.

Depuis 1874, date des premières recherches de l'un de nous, nous avons réuni une quantité considérable de matériaux. Nos documents personnels ont été augmentés par suite du concours de collaborateurs dévoués. Malheureusement nous avons eu le regret d'avoir à déplorer la mort de quelques-uns d'entre eux:M.M.Foucaud,Franchet,Le Grand et Wolf trop tôt ravis à la science.

Nous sommes heureux de pouvoir témoigner notre gratitude bien vive à tous ceux qui nous ont prêté leur précieux concours et plus spécialement à M.M.Abel Albert,Arbost,Battandier et Trabut, Mad.Belèze,M.M.Bernard,Boudier,Comar,Correvon,Duffort,Gadeceau, Gillot,Gonse,Hoschédé,Jeanpert,Lambert,Luizet,Malinvaud,Mellerio,Rajne,Teodorescu,de Vergne,qui nous ont procuré des plantes pour nos études.

M.Guignard,membre de l'Institut,a mis à notre disposition des publications importantes. M.Cortesi de Rome a eu l'amabilité de nous envoyer ses notes très documentées sur la flore italienne. M.M.le professeur Lecomte,Poisson et Bonnet assistants de la Chaire de Botanique,Finet,Danguy et Gagnepain ont facilité nos recherches dans l'Herbier du Muséum de Paris. M.Klinge de Saint-Pétersbourg nous a donné les fascicules très documentés de ses études suivies sur la section DACTYLORCHIS. Que ces botanistes veuillent bien accepter nos remercîments.

Nous avons consulté autant qu'il nous a été possible tous les travaux concernant la grande famille qui fait l'objet de notre MONOGRAPHIE. La synonymie dont l'importance est si grande a été l'objet de soins particuliers. Nous n'avons pas la prétention d'avoir résolu tous les problèmes qu'elle comportait,mais nous espérons cependant que grâce à nos recherches,nos omissions sont en petit nombre et de peu d'importance. La bibliographie a été l'objet d'un développement qui était nécessaire. La plupart des ouvrages traitant de la flore d'Europe et de ses différentes contrées ont été cités. Les publications d'intérêt moins général ont été aussi mentionnées soit parcequ'elles donnaient des indications utiles de répartition géographique,soit parce qu'elles apportaient des vues particulières sur les espèces ou variétés décrites.

Dans nos citations bibliographiques pour faciliter les recherches nous avons groupé les ouvrages par contrées ou régions.

Pour éviter les répétitions lorsque nous avons cru utile de donner les indications de plusieurs éditions d'un ouvrage,nous les avons placées à la suite les unes des autres, Nous croyons, en agissant ainsi,avoir conservé un ordre assez normal et restreint l'étendue de la bibliographie sans l'avoir privée de documents utiles.

Pour les hybrides,nous avons déjà fait connaître notre façon de voir dans plusieurs publications. Nous les classons d'une manière artificielle,comme nous l'avons fait dans le genre SALIX. Pour les hybrides bigénériques,nous respectons autant que possible les Actes du Congrès international de Botanique de Vienne, en adoptant la formule proposée. Mais considérant que souvent ces formes croisées ne peuvent être classées rationnellement dans aucun des deux genres auxquels appartiennent les ascendants,que le même croisement peut donner naissance à des individus très distincts comme attribution générique,nous continuerons en outre à employer la méthode de M.M.Maxwell,T.Masters et Robert Allen Rolfe. Cette nomenclature ingénieuse ne préjuge rien,elle est applicable quelle que soit la nature du produit et a en outre l'avantage de rappeler les noms des genres auxquels appartiennent les espèces génératrices.

Dans les subdivisions de l'espèce nous adoptons la hiérarchie suivante:espèce,sous-espèce ou race,variété,sous-variété,forme.

La tératologie a été l'objet de mentions spéciales. Nous avons rédigé nos descriptions d'une manière aussi comparative que possible pour que l'on puisse mieux saisir les différences et les analogies. A ces analyses,nous avons ajouté les planches et figures concernant les plantes,à titre de complément utile pour l'identification des plantes à déterminer. Il en a été de même pour les principaux EXSICCATA. La répartition géographique a été parfois simplement esquissée parceque nous estimons la distribution de quelques espèces assez peu connue et forcément incomplète.

En raison du développement du texte de notre MONOGRAPHIE nous avons été obligés d'être très concis dans nos citations et dans nos discussions pour les plantes critiques. Par suite des soins apportés à la rédaction de notre ouvrage,nous espérons qu'il rendra service aux botanistes. En réunissant tous les travaux épars sur ce sujet et en apportant un contingent de faits nouveaux,il aidera à la connaissance plus complète de cette belle famille.

PARIS, 15 avril 1908.

E.G.CAMUS, P.BERGON et A.CAMUS.

MONOGRAPHIE DES ORCHIDEES

D'EUROPE, D'AFRIQUE SEPTENTRIONALE, D'ASIE-MINEURE ET DES PROVINCES RUSSES TRANSCASPIENNES.

ORCHIDACEAE.

ORCHIDACEAE Lindl.Nat.Syst.ed.2,p.336(1836); Reichb.Nomencl.
p.50(1841); Pfitzer,Entw.Anordn.Orch.p.96; Nat.Pfl.II,6,52; Dalla Torre et Harm.Gen.Siph.88; Aschers.et Graebn.Synops.Mittel.
Fl.III,p.613.

ORCHIDEAE Haller,Enum.stirp.Helv.I,Praef.33 (1742); Juss.Gen.
p.64; R.Br.Prodr.p.309; Bartl.Ord.nat.56; Lindl.Gen.et spec.
Orch.p.XIII; Endl.Gen.p.185; Reichb.f.Icon.XIII-XIV,p.VI; Par-
lat.Fl.ital.III,p.333; Boiss.Fl.orient.V,p.51 et auct.mult. –
ORCHIDES Hall. (1742). – ORCHAOEAE A.et G.Syn.I,p.267 (1897).–
ORCHEACEAE Saint-Lager in Car.et Saint-Lag.Fl.descr.éd.8,p.797.–
THYRIDRACEAE Dulac,Fl.dép.Haut.-Pyr. (1867). – ORCHIDINEES (Fam.
ORCHIDACEES et CYPRIPEDIACEES) Kirschlg.Fl.Alsace.II,p.121.

GENERALITES SUR LA MORPHOLOGIE EXTERNE.

Les fleurs sont hermaphrodites,irrégulières,très rarement régulières dans des genres que nous ne possédons pas dans nos li-
mites.Accidentellement,on observe des monstruosités présentant
des formes florales régulières,qui doivent être considérées
comme des retours aux types ancestraux.De couleur variant beaucoup en intensité,mais assez stable pour chaque espèce,elles
sont blanches,jaunes,verdâtres,rosées,d'un pourpre plus ou moins
foncé,violacées ou brunâtres.Elles exhalent parfois une odeur
qui est particulière pour chaque espèce,souvent elles sont ino-
dores.Le périanthe est supère,ordinairement résupiné,formé de 6
divisions souvent pétaloïdes,bisériées;les 3 externes presque
de même forme et de même longueur(sépales),tantôt dressées,éta-
lées,tantôt réfléchies ou conniventes,libres ou plus ou moins
soudées entre elles;les 3 internes très dissemblables(pétales),
deux latérales petites,symétriques,alternant avec les divisions
externes,la moyenne (labelle) dans la plupart des cas,bien plus

développée,supérieure dans sa position normale,devenant ordinairement inférieure par suite de la torsion de l'ovaire. Le labelle diffère presque toujours beaucoup des autres divisions du périanthe par ses dimensions,sa forme et sa coloration;il est continu avec le gynostème et souvent prolongé en éperon ou en gibbosité à la base. De forme,de dimensions et de couleur variables, il est formé d'une lame continue ou interrompue et paraissant articulé. Ce sont surtout les formes très diverses du labelle qui donnent aux Orchidées leur aspect si curieux et parfois fantastique. L'éperon qui est une dépendance du labelle est souvent une expansion subcylindrique,droite ou arquée de longueur et de grosseur variables,ordinairement nectarifère. Les filets des étamines sont soudés avec le style en une colonne qui porte le nom de gynostème. La forme du gynostème et la disposition de ses appendices sont d'une fixité remarquable et constituent des éléments très importants pour établir la diagnose des espèces. Dans les Orchidées MONANDRES, les anthères latérales sont presque toujours stériles et réduites à l'état de staminodes,parfois elles sont nulles. L'anthère médiane est fertile,brièvement stipitée,sessile ou continue par le dos du gynostème,libre ou soudée,biloculaire ou devenant uniloculaire par destruction de la cloison(1).

Dans les Orchidées DIANDRES les anthères latérales sont fertiles et l'anthère médiane plus ou moins pétaloïde. Le pollen est réuni en 2 ou 4 masses polliniques allongées ou presque en massue,et renfermé dans les loges de l'anthère dont il prend la forme. Les masses polliniques sont tantôt composées de grains très ténus,cohérents et dites alors céracées,tantôt en granules assez facilement séparables et dans ces deux cas sessiles sur le stigmate. Souvent aussi les masses polliniques composées de granules plus gros sont réunies par une matière visqueuse et atténuées à la base en un pédicelle(caudicule)terminé par une petite glande visqueuse(rétinacle),libre ou réunie à celle de la masse voisine,nue ou renfermée dans un repli(bursicule)qui surmonte la surface du stigmate. Le stigmate(gynize)est visqueux, glanduleux,oblique,concave,placé en avant du gynostème dont il fait partie intime. Sa forme est constante dans chaque espèce. Le style est confondu dans le gynostème dont il occupe la partie postérieure. Il est souvent renflé au sommet,fait saillie au-dessous des anthères et se prolonge en pointe charnue de longueur et de forme variables. L'ovaire est infère,sessile ou pédicellé,droit ou tordu,à 6 côtes dont 3 plus proéminentes;uniloculaire(dans nos espèces),à 3 placentas pariétaux,munis chacun de 2 rangées d'ovules anatropes,à courts funicules.Le fruit est capsulaire trigone ou hexagone,souvent surmonté par les divisions marcescentes du périanthe,de consistance coriace ou membraneux,s'ouvrant par 6 fentes longitudinales et divisé alors en valves unies entre elles à la base et au sommet. Lindley,puis d'autres auteurs ont admis la présence de 3 carpelles fertiles alternant avec 3 carpelles stériles. Les premiers formés d'un limbe à nervure médiane portant les placentas,les seconds réduits à une nervure. Beaucoup d'auteurs ont regardé l'ovaire des Orchidées comme formé de 3 feuilles carpellaires donnant une

(1)Voir plus loin à l'homologie des différentes parties de la fleur.

capsule septifrage,à placentation pariétale.Les graines très
petites,scobiformes,très nombreuses,sont à testa ordinairement
lâche,réticulé,strié ou lisse.L'albumen est nul.L'embryon est
charnu et solide.L'inflorescence est rarement uniflore comme
dans le CALYPSO et certains CYPRIPEDIUM,assez souvent pauciflore comme dans les OPHRYS,multiflore et à fleurs sessiles ou pé-
dicellées.La tige ou hampe est cylindrique ou anguleuse,parfois
renflée à la base,pleine ou fistuleuse,feuillée au moins à la
base,rarement aphylle,munie de gaînes à la partie inférieure.
Les feuilles sont très entières ou finement denticulées,à nervures parallèles,quelquefois anastomosées,alternes,engaînantes,
les supérieures souvent bractéiformes,les inférieures ordinairement réduites à l'état de gaînes.Dans quelques espèces para-
sites la tige est privée de feuilles et est munie de gaînes non
colorées en vert.

Les Orchidées sont vivaces,herbacées,très rarement sous-fru-
tescentes,terrestres,épiphytes,parasites ou simplement sapro-
phytes.Leur souche est munie de fibres radicales renflées,napi-
formes ou présentant au-dessous des fibres cylindriques, 2-5
renflements bulbiformes de nature spéciale (ophrydobulbes),en-
tiers ou palmés,constitués par une masse charnue et surmontés
par un bourgeon charnu.Dans les Ophrydées surtout l'un des bulbes est la continuation de la tige.Pendant la croissance,il produit un ou plusieurs autres bulbes qui l'année suivante donnent
naissance à d'autres tiges.

CONSIDERATIONS GENERALES SUR LA MORPHOLOGIE INTERNE.

Ainsi qu'on le verra d'après nos indications bibliographiques,
les différentes parties de la plante ont été inégalement étudiées,au point de vue de la morphologie interne.Un assez grand
nombre d'espèces et même de genres n'ont encore donné lieu à
aucune recherche anatomique.A notre connaissance,les genres SE-
RAPIAS,NIGRITELLA,ACERAS,BARLIA,COELOGLOSSUM,BICCHIA,OPHRYS,
CHAMAEORCHIS,TRAUNSTEINERA,NEOTINEA,GENNARIA,CALYPSO,n'ont que
très peu ou n'ont point été étudiés.Il est à remarquer que ce
sont les genres ou les espèces appartenant à la flore méditerranéenne dont l'étude anatomique a été négligée.Dans une certaine mesure les plantes alpines ont aussi été délaissées.

La structure des organes de reproduction des Orchidées indi-
gènes a fait l'objet d'importants travaux.Sans parler des mé-
moires qui n'ont plus aujourd'hui qu'un intérêt historique,il
faut citer surtout ceux de M.M.Hooker,Wolf,Chatin,Reichenbach,
Prillieux,Rohrbach,Treub,Gérard,Guignard et Pfitzer.

La liste des ouvrages ayant trait à la fécondation et à l'é-
tude des mycorhizes est très longue et il reste encore à élucider bien des points concernant les rapports des Orchidées avec
leurs endophytes.L'anatomie des organes de protection de la
fleur - à l'exclusion du trajet des faisceaux - ne paraît pas
avoir été faite.

M.M.Falkenberg et Moebius ont décrit avec soin la tige de
quelques espèces.Trécul a esquissé la structure du mésophylle

de cinq espèces françaises.M.Moebius dans son importante étude
sur les feuilles des Orchidées,déclare n'avoir pu analyser suffisamment les espèces indigènes.La structure des renflements
bulbiformes des MALAXIS,MICROSTYLIS et LIPARIS étudiée d'abord
par Irmisch a été décrite très exactement par M.Goebel.M.Reinke
a fait connaître les particularités anatomiques que présentent
les rhizomes du CORALLORHIZA et de l'EPIPOGON.M.Faber a publié
une étude très documentée sur les tiges,rhizomes et feuilles
des CYPRIPEDIUM.Enfin les travaux de M.M.Prillieux,Meyer et Morot ont contribué à la connaissance de la structure interne des
racines et des bulbes.

En présence de documents épars,il pouvait être intéressant au
point de vue de l'anatomie générale et de la systématique,d'a-
nalyser méthodiquement chaque espèce,de synthétiser ensuite les
résultats obtenus et de voir si les divisions auxquelles con-
duit la morphologie externe étaient corroborées par la morphologie interne.

En premier lieu,il nous fallait connaitre la fixité relative
des différents caractères anatomiques dans cette famille.On
sait que les mêmes caractères internes,comme d'ailleurs les caractères externes,peuvent varier ou être assez constants suivant les groupes.Afin de pouvoir juger la stabilité des caractères internes,nous avons analysé un grand nombre d'échantillons,provenant de localités éloignées et ayant parfois vécu
dans des milieux différents.La structure de ces plantes nous a
paru relativement peu variable,au moins dans ses lignes princi-
pales.Nous donnerons plus loin les conclusions de ces recherches.

Dans certains groupes,l'étude d'un seul organe,de la feuille
par exemple,suffit pour distinguer tous les types spécifiques.
D'après ce que nous avons pu observer,il n'en est pas de même
pour les Orchidées européennes.Si les principales espèces sont
le plus souvent caractérisées anatomiquement,les différences ne
portent souvent entre deux espèces voisines que sur un seul organe,et pour le même genre sur des organes différents.Aussi a-
vons-nous étudié la plante entière dans la plupart des espèces.

Les caractères que nous avons trouvés relativement stables
sont d'une valeur assez grande,puisque les groupements auxquels,
ils nous amènent correspondent aux principales divisions résul-
tant de l'étude externe.On verra que toutes les tribus et quelques sous-tribus adoptées dans cet ouvrage,sont parfaitement caractérisées par la morphologie interne.Dans les Cypripédiées,A-
rétusées,Neottiées,Malaxidées,Epipogonées européennes,tous les
genres présentent des caractères distinctifs importants.Ces caractères viennent donc s'adjoindre à ceux de morphologie exter-
ne.Dans les tribus précédentes,la structure interne a du se mo-
difier dans toute la plante en même temps que la disposition
des organes reproducteurs.Au contraire les Ophrydées,bien caractérisées,en tant que tribu,montrent une structure assez ho-
mogène.Outre la disposition des organes reproducteurs,il n'y a
guère de différences anatomiques permettant de distinguer les
genres ou de les grouper.Les variations qui ont atteint la
structure de la fleur n'ont pas du être accompagnées de modifi-

cations dans les autres parties de la plante,ce qui n'empêche les caractères de genres et de sous-tribus tirés du gynostème, d'avoir une valeur très suffisante par eux-mêmes.Pourtant dans ce groupe relativement si homogène des Ophrydées,les principales espèces se distinguent entre elles par leur morphologie interne,parfois même d'une façon plus précise que par la morphologie externe.

RACINE.

Dans la famille des Orchidées le corps embryonnaire ne donne pas de racine terminale.M.Bernard (1) attribue vraisemblablement cette absence à l'infection du suspenseur par un endophyte. Des racines adventives se développent seules.Le CORALLORHIZA et l'EPIPOGON APHYLLUM restent,durant toute leur vie,dépourvus de racines.

M.M.Van Tieghem et Douliot (2) ont étudié dans le rhizome ou dans la partie inférieure de la tige,la formation du réseau rádicifère.Ce réseau est parfois localisé seulement aux noeuds où se développent les racines adventives.L'assise externe péricyclique donne l'arc rhizogène.Cet arc produit les trois régions de la racine et l'épistèle.Les cellules de l'endoderme situées en dehors de l'arc forment une poche digestive.Par l'accroissement des assises de l'écorce interne,la racine se trouve poussée vers le dehors en restant reliée par son bois et son liber,au système conducteur de la tige ou du rhizome.

M.M.Van Tieghem et Douliot (2) ont signalé la présence d'initiales distinctes pour l'épiderme,l'écorce et le cylindre central,l'initiale de l'écorce étant souvent difficile à distinguer de celle de l'épiderme.

Les Orchidées sont des LIORHIZES,leur assise pilifère provient de l'assise corticale externe.

La racine présente deux types principaux de structure:l'un existe chez les CYPRIPEDIUM,dans quelques genres d'Arétusées et de Néottiées;l'autre se rencontre dans toutes les Ophrydées.Ces types sont reliés par quelques intermédiaires.

Les genres CYPRIPEDIUM,CEPHALANTHERA,EPIPACTIS,LISTERA se rapprochent beaucoup par l'anatomie de leur racine.Leur assise pilifère développe souvent de nombreux poils absorbants.L'assise subéreuse subérise plus ou moins ses parois.L'écorce est formée de cellules polygonales,à parois ponctuées ou réticulées(pl.1, f.7)et laissant entre elles de petits méats.Les cellules des assises externes sont assez petites et renferment surtout de gros paquets de raphides et de l'amidon.La zone corticale moyenne est constituée par de grandes cellules à mucilages.Les cellules des assises internes deviennent de plus en plus petites en s'approchant du cylindre central,elles sont surtout amylifères.Les cellules endodermiques peuvent avoir leurs parois minces et un cadre de plissements subérisés,ou s'épaissir et se lignifier

(1) BERNARD (N.),Et.sur la tubérisation,Th.Fac.Sc.Par.,1901.
(2(VAN TIEGHEM et DOULIOT,Rech.comp.sur l'origine des memb. endogènes dans les pl.vasc.,1889,p.333.

sur toutes leurs faces(pl.1,f.8),ou dans le cas le plus fré-
quent s'épaissir et se lignifier vis-à-vis des pôles libériens
en gardant des parois délicates et des cadres subérisés vis-à-
vis des pôles ligneux(pl.1,f.9,10,11).

Les pôles ligneux et libériens sont séparés de l'endoderme
par une assise péricyclique.Les cellules de cette assise épaississent et lignifient parfois leurs parois,surtout près des a-
mas libériens(pl.1,f.8)

Le nombre des pôles ligneux et libériens varie dans le même
individu.Les lames vasculaires forment au centre du cylindre
central une sorte d'étoile(pl.1,f.10).Les tubes criblés ont
leurs cloisons transversales non ou peu inclinées.Parfois les
groupes libériens sont totalement englobés dans les tissus li-
gnifiés.Les fibres ainsi différenciées ont leurs parois très
épaisses dans certaines espèces.

Des genres CEPHALANTHERA et EPIPACTIS au stéréome très développé,on passe au genre LISTERA à peu près dépourvu de tissu de
soutien et du genre LISTERA,à éléments vasculaires encore fu
sionnés en étoile au centre de la racine,aux genres NEOTTIA et
GOODYERA dont les lames vasculaires ne se soudent plus guère
que deux à deux,autour de quelques cellules de parenchyme central non différenciées.Enfin les racines bien tubérisées mais
non concrescentes des SPIRANTHES avec leurs vaisseaux en petits
groupes isolés et leur parenchyme central très développé,se
rapprochent beaucoup des racines des Ophrydées.

Dans les fibres radicales des Ophrydées,l'assise pilifère porte des poils absorbants plus ou moins nombreux.L'assise subéreuse subérise souvent ses parois et plisse ses faces latérales.

L'écorce est formée de grandes cellules à parois minces,elle
renferme de l'amidon,des mucilages cellulosiques et des raphi-
des.L'endoderme n'a que des cadres latéraux subérisés.

L'assise externe du cylindre central demeure à l'état de parenchyme non lignifié(pl.1,f.1).Les lames vasculaires sont composées de vaisseaux très peu nombreux et sont en nombre assez
variable.Il se forme fréquemment quelques vaisseaux de métaxylème reliant deux lames vasculaires ou sans contact avec le
premier bois primaire.Bien que certaines espèces paraissent
toujours avoir quelques vaisseaux de métaxylème vis-à-vis du
liber,la présence de ces vaisseaux n'est pas absolument stable
dans la même plante.Au centre du cylindre central,le parenchyme
est abondant,formé de petites cellules,à parois minces et à
méats.

Le bourgeon d'une Ophrydée produisant un tubercule est comparable au bourgeon du NEOTTIA donnant un fascicule de racines,
mais les racines des Ophrydées sont coalescentes par fusion des
écorces au lieu de demeurer libres.Dans le cas de fusion complète le bulbe est simple,dans le cas de fusion incomplète il
est digité.M.Morot (1) a fait observer que l'écorce commune a
parfois une tendance à se diviser en autant d'écorces spéciales
qu'il y a de cylindres centraux.Ce fait se présente principalement dans les bulbes qui montrent un début de flétrissure,le
parenchyme cortical se dissocie à une distance à peu près égale autour de chaque endoderme,limitant ainsi la zone corticale

(1)MOROT,Obs.sur le tub.des Ophr.(Bull.Soc.bot.Fr.,1882,p.131)

des diverses racines.Sur la coupe transversale d'un tubercule
on observe plusieurs cylindres centraux,entourés.chacun d'un
endoderme très différencié.Chaque cylindre central montre la
structure d'une fibre radicale isolée,mais le nombre des faisceaux y est réduit.Il n'existe parfois qu'un pôle libérien et
un pôle ligneux,d'où,ainsi que M.Morot l'a fait observer (1),
l'attribution fausse de faisceaux collatéraux aux bulbes des
Orchidées.Les bulbes peuvent différencier quelques vaisseaux de
métaxylème(pl.1,f.8).A la base des feuilles du bourgeon,existe
un réseau de faisceaux en connexion avec le pédicule.Ces faisceaux se rendent vers la base de l'axe.Au-dessous du réseau et
se reliant à lui,se trouvent les cylindres centraux du tubercu-
le.Une coiffe protège l'extrémité du jeune tubercule.

L'écorce des tubercules renferme de l'amidon,des mucilages
cellulosiques et des raphides.Les fibres radicales renferment
aussi ces substances mais en quantité bien moindre.

Les cellules amylifères sont plus petites que les cellules à
mucilage et les grains d'amidon sont arrondis ou plus ou moins
allongés et à stratification souvent peu marquée.Ils sont de
taille variable(pl.1,f.13-34),mais paraissent ,dans chaque espèce ne pas dépasser une certaine longueur.

M.Leclerc du Sablon a décrit la formation et l'emploi des réserves dans les tubercules des Ophrydées (2).Les tubercules nouveaux apparaissent vers le mois de décembre,ils croissent vite
et en avril sont à peu près de la grosseur des anciens.En juin,
les vieux tubercules sont flétris,les jeunes passent à l'état
de vie ralentie et ne reprennent la vie active que vers septem-
bre,pour produire une tige.Durant l'hiver et le printemps suivant,la plante consomme le tubercule pour sa croissance.Il y a
donc deux périodes de vie active,séparées par une période de
vie ralentie.Par rapport au tubercule,la première phase de vie
active est une période de formation et la deuxième une période
de destruction.Pendant la formation du bulbe,les matières amylacées se constituent,les sucres d'abord abondants disparais-
sent.Pendant la phase de repos le tubercule contient des amylo-
ses.A la dernière période active,les matières de réserve se détruisent,les substances amylacées diminuent,le sucre augmente,
d'abord le saccharose,puis le glucose.La marche des transforma-
tions dans cette période est l'inverse de ce qui a lieu dans la
première.Durant la première phase,l'amidon se forme au détri-
ment des sucres,à la période de repos les sucres manquent et
pendant la troisième phase les matières amylacées sont digérées
et amenées à l'état de saccharose,puis de glucose.

Les cellules mucilagineuses sont fréquemment en files longitudinales et englobent souvent un petit faisceau de raphides.
Les mucilages cellulosiques des bulbes d'Orchidées ont été étudiés surtout par:Franck (3),Mayer (4) et M.Mangin (5).Les pro-

(1) MOROT,Note sur les prétend.faisc.collat.de cert.racines
(Bull.Soc.bot.Fr.,1882,p.115).
(2) LECLERC DU SABLON,Sur les tub.d'Orchid.(C.R.Ac.Sc.,1897,
(3) FRANCK,Z.Ken.d.Pfl.(Erd.J.f.pr.Ch.,1865,Bd.95,p.479).
(4) MAYER,Ueb.d.Kn.d.einheim.Orchid.(Arch.d.Th.,2 Bd.,1886).
(5) MANGIN,Sur un essai de clas.des mucil.(Bull.Soc.bot.Fr.,
1894, p.XLIII).

priétés caractéristiques déterminées par ce dernier auteur sont:
coagulation par un mélange d'acide chlorhydrique et d'alcool,in-
solubilité dans une solution d'oxalate d'ammoniaque qui dissout
les tissus,gonflement dans l'eau.Ces mucilages ont les proprié-
tés optiques de la cellulose.Ils se colorent facilement avec
les colorants tétrazoïques de la cellulose,surtout après l'action de la potasse caustique.Les réactifs iodés (acide phospho-
rique et iode,chlorure de calcium iodé,etc.) agissent peu ou
n'agissent pas sur eux,le mucilage se teinte seulement en jaune
plus ou moins foncé,quelquefois en brun.Les colorants basiques
ne les colorent pas.Ces substances mucilagineuses paraissent
jouer un rôle analogue à celui des matières amylacées dans la
nutrition de la plante.Vers le mois de mai,les vieux tubercules
ne contiennent presque plus de mucilages.Ces mucilages aident
aussi à l'endosmose et facilitent beaucoup l'absorption.

Les cellules à raphides des tubercules ont été étudiées d'une
façon spéciale par M.Kohl (1).Ces cellules ont ordinairement un
noyau pariétal et contiennent à leur intérieur un sac cytoplasmique renfermant les raphides et suspendu par deux cordons pro-
toplasmiques orientés suivant l'axe du faisceau de raphides et
de plus relié au cytoplasme pariétal par des trabécules délicates de protoplasme.Une gaine cytoplasmique entoure pendant longtemps chaque aiguille d'oxalate de calcium.La vacuole est toujours remplie par un mucilage traversé par des trabécules pro-
toplasmiques ténues.Le protoplasme qui forme le revêtement pariétal et celui qui englobe les paquets de raphides ont à leur
surface en contact avec la vacuole une structure réticulée.Les
mailles de ces deux réseaux sont réunies de loin en loin par
des trabécules cytoplasmiques.

Les cellules à raphides sont fréquemment disposée en files
longitudinales.Vers la fin de la vie d'un tubercule,le nombre
des raphides a très sensiblement diminué.

M.Goebel (2) a montré que les cellules pourvues d'épaississements réticulés ou rayés des MICROSTYLIS,LIPARIS,MALAXIS avaient
à tort fait attribuer l'existence d'un voile à ces plantes.Dans
ces genres l'assise pilifère est toujours simple,elle est dépourvue d'ornements et se prolonge en poils développés.Par contre les autres tissus ont une grande tendance à prendre des é-
paississements réticulés et des ponctuations sur leurs parois
longitudinales et transversales.Dans ces plantes la racine est
très réduite,nous verrons qu'elles possèdent un autre moyen
d'absorption très prompt et des rhizoïdes.

M.Guignard (3) a fait connaître que les racines d'Orchidées
renfermaient de l'émulsine et en plus grande quantité que toutes les autres parties de la plante.Ce ferment existe aussi
presque toujours dans les tubercules;mais il y est moins abondant que dans les fibres radicales.Quel est son rôle chez les
Orchidées? Dédouble-t-il des glucosides renfermé par ces plan-

(1) KOHL,Unters.ub.d.Raphid.(Bot.Cent.,LXXIX,1899,p.273).
(2) GOEBEL,Morph.u.biol.Bemerk.Zur Biol.d.Malax.(Flora,1901,
p.94).
(3) GUIGNARD,Quelques faits relatifs à l'hist.de l'émulsine
(C.R.Ac.Sc.,1905,p.638).

tes? Il paraît possible que l'émulsine intervienne dans la formation de certains principes odorants.

Les racines des Orchidées sont envahies par des mycorhizes.M. Guignard (1) a signalé que les endophytes existent dans les tubercules palmés,les racines plus ou moins isolées dans la partie inférieure du bulbe remplissant le rôle absorbant de fibres radicales.De nombreux travaux ont été faits sur ces mycorhizes, ne pouvant nous étendre sur ce sujet,nous renvoyons aux ouvrages originaux cités dans la bibliographie.

POILS

Comme dans beaucoup d'autres groupes,les poils sont dans la famille des Orchidées,des éléments très importants à considérer au point de vue de la classification.L'étude bien intéressante de M.Moebius (2) porte à peu près exclusivement sur les Orchidées exotiques.Nous avons pu compléter la connaissance des poils dans cette famille par l'étude des groupes européens.

Les poils peuvent être unicellulaires bien que très développés ou pluricellulaires et alors tecteurs ou sécréteurs.

Les Cypripédiées européennes n'ont que des poils pluricellulaires sur la tige,les feuilles,la fleur (pl.4,f.89-95;pl.9,f. 216-219).Ces poils sont les uns sécréteurs à fonction sécrétrice faible;les autres sont tecteurs à cellule terminale très atténuée à l'extrémité et robuste.On observe d'assez nombreux poils ramifiés sur le labelle (pl.9,f.216,217,219).Il est à noter que presque toutes les formes de poils des Néottiées et des Arétusées se trouvent réunies dans le genre CYPRIPEDIUM.

Les Néottiées et les Arétusées n'ont de poils pluricellulaires que sur les tiges,les feuilles,l'ovaire et les divisions externes et latérales internes du périanthe (pl.3,f.52-79;pl.4, f.80-88),le labelle porte seulement des papilles ou des poils unicellulaires parfois très développés (pl.9,f.214).Les poils pluricellulaires ont des formes très différentes et caractéristiques.Ils peuvent être simples(LIMODORUM,CEPHALANTHERA,LISTERA, NEOTTIA,GOODYERA,SPIRANTHES) ou rameux(EPIPACTIS).La cellule basilaire est ordinairement située au niveau des cellules épidermiques,elle est profondément enfoncée dans le mésophylle du CALYPSO(pl.3,f.48-51).

Dans toutes les Ophrydées que nous avons étudiées,les poils sont unicellulaires bien qu'atteignant parfois 1000-1500μ.Les feuilles des plantes de cette tribu sont souvent décrites à tort comme glabres.Outre les protubérances épidermiques parfois très développées du bord des feuilles,l'épiderme supérieur d'un assez grand nombre d'Ophrydées porte,vers la base du limbe,surtout près des nervures et dans les mêmes files longitudinales de cellules,de très longs poils unicellulaires,hyalins,assez rares,droits,courbés ou ascendants,à parois très minces (pl.2, f.47),ayant une certaine ressemblance avec les rhizoïdes des Malaxidées.Irmisch (3) avait signalé l'existence de ces poils

(1) GUIGNARD, l.c.
(2) MOEBIUS, U.d.anat.Bau d.Orchideenbl.(Pringsh.Jahrb.,XVIII, 1887,p.530).
(3) IRMISCH,Beobacht.an einheimisch.Orch.(Fl.1854,p.513).

chez les ORCHIS SIMIA,PURPUREA et MILITARIS,mais il ne parait pas avoir été tenu compte de ces exactes observations.Non seulement nous avons constaté l'existence de ces poils dans les espèces précédentes,mais sur les feuilles de bien d'autres O-phrydées.

Nous avons noté avec soin pour chaque espèce la forme des papilles et des poils.Dans le genre SERAPIAS les poils à ramuscules du labelle sont caractéristiques et très propres à ce groupe (pl.7,f.152-158,160).Ces poils se retrouvent dans les hybrides (SERAPIAS+ORCHIS)mais moins développés,peu abondants et à gibbosités moins nombreuses.

Les poils pluricellulaires très développés sur toute la plante dans le genre CYPRIPEDIUM disparaissent sur le labelle dans les Arétusées et les Néottiées et sont remplacés par des poils unicellulaires.Les Ophrydées ne possédent plus exclusivement que des poils unicellulaires.

TIGE.

La structure de la tige varie beaucoup avec le niveau considéré.Il est donc indispensable de préciser la partie étudiée et de ne comparer que des sections homologues.

L'épiderme de la partie supérieure de la tige porte ordinairement des poils dans les Cypripédiées,Arétusées et Néottiées.

Vu de face,l'épiderme est formé de cellules allongées atteignant 250-350µ de long.env.,à paroi externe souvent striée (pl. 2,f.39,40,42,43).Il est muni d'un nombre variable de stomates, souvent allongés et atteignant 60-80µ de long.Ces stomates sont moins hauts que l'épiderme et affleurent sa paroi externe.Sur une section transversale,l'épiderme est formé de petites cellules et sa paroi externe souvent peu épaisse est plus ou moins cuticularisée.

Sous cet épiderme se trouve une couche de parenchyme chlorophyllifère comprenant 2-8 assises de cellules plus ou moins polygonales-arrondies sur une section transversale et plus ou moins allongées sur une section longitudinale,laissant entre elles des méats ou des canaux aérifères.A la décurrence du bord et de la nervure médiane des feuilles cette zone parenchymateuse se développe davantage.

Vers le milieu de la tige,se trouve,sous ce parenchyme externe,un anneau de tissu lignifié plus ou moins développé.Cet anneau est assez rarement séparé du liber par quelques cellules demeurées parenchymateuses.Les cellules lignifiées gardent souvent leurs méats et leurs parois assez minces sont ponctuées.Sur une section transversale,elles sont ou irrégulières(pl.2,f. 38 et 44)ou plus ou moins arrondies,ordinairement plus grandes dans les assises internes que dans les assises externes.Seuls les éléments touchant au liber sont toujours plus petits.Chez quelques EPIPACTIS les fibres de l'anneau lignifié sont à parois très épaisses (pl.2,f.35).Sur une section longitudinale, les cellules lignifiées sont très allongées,à cloisons transversales plus ou moins obliques,parfois presque horizontales. A la base de la tige il n'y a souvent pas de trace de tissu lignifié extra-libérien.

La disposition des faisceaux est assez remarquable.Dans les genres SERAPIAS,OPHRYS,ORCHIS,etc.les faisceaux libéro-ligneux sont disposés plus ou moins régulièrement en cercles et en-dessus des feuilles principales,il ne subsiste plus qu'un cercle de faisceaux (pl.2,f.36).Cette disposition,jointe à la présence d'un anneau lignifié,rappelle un peu l'aspect d'une tige de Dicotylédone.Chez ces Orchidées à faisceaux non disséminés,lorsque les feuilles sont peu rapprochées,on observe au-dessous d'un noeud,deux cercles de faisceaux libéro-ligneux.Les faisceaux du cercle externe pénètrent dans la feuille,les autres passent dans la partie supérieure de la tige.De ce cercle interne partiront de nouveaux faisceaux qui se courberont à l'extérieur pour aller dans les feuilles supérieures.Les faisceaux se rendant aux feuilles demeurent parfois assez longtemps en dehors du cercle interne.

Dans les genres EPIPACTIS,CEPHALANTHERA,BARLIA,LOROGLOSSUM, etc.les faisceaux sont disséminés,les extérieurs seuls paraissent quelquefois former un cercle plus ou moins régulier (pl.2, f.37).Falkenberg (1) a décrit la course des faisceaux dans la tige du CEPHALANTHERA PALLENS et de l'EPIPACTIS PALUSTRIS.Dans les genres précédents les faisceaux sont disposés en un cercle à la base du rhizome,ils suivent la même course que dans le type Palmier,pénétrant jusque vers le centre de la tige,puis se courbant vers la périphérie.Les faisceaux très resserrés à la base du rhizome,augmentent et deviennent disséminés dans la partie aérienne.Les anciens sont situés vers le centre,les nouveaux sont plus externes.Les faisceaux du centre passent dans les feuilles.Peu à peu,les faisceaux récemment formés se dirigent simplement à l'extérieur,pour aller dans des feuilles,sans s'être recourbés vers l'extérieur dans la partie inférieure de leur trajet.Les faisceaux,dans la partie aérienne de la plante, pénètrent dans la tige à des profondeurs différentes(le médian vers le centre,les latéraux dans les parties moins profondes)et se soudent aux traces foliaires plus âgées,sans se recourber de nouveau vers l'extérieur.Sous l'insertion des feuilles il y a des anastomoses entre les faisceaux foliaires et ceux des feuilles voisines.Ces anastomoses existent parfois sur toute la longueur des entre-noeuds.

La section des faisceaux libéro-ligneux est souvent ellipsoïde,parfois arrondie et le bois tend rarement à enclaver le liber sauf dans la partie inférieure de la tige.La limite entre les régions ligneuses et libériennes est souvent presque droite ou peu incurvée.Le bois et le liber sont à peu près également développés dans beaucoup d'espèces.Le bois est surtout formé de vaisseaux rayés,annelés et spiralés séparés par du parenchyme ligneux non lignifié.Les éléments du bois sont peu différenciés dans le CORALLORHIZA.L'EPIPOGON est dépourvu de vaisseaux caractérisés à parois lignifiées,sauf dans le pédoncule floral.

Les tubes criblés sont à grande section (2).Leurs cloisons transversales sont à peu près horizontales (OPHRYS) et rarement un peu obliques (LIMODORUM).Les cellules-compagnes ont un gros

(1) FALKENBERG,Vergl.An.u.d.Bau d.Veget.d.Monokot.,1876,p.31.
(2) LECOMTE,Et.sur le liber des Angiosp.(Ann.Sc.nat.,Bot.,s.7, t.X,1889,p.228).

noyau,allongé,cylindrique,qui occupe parfois plus de la moitié
de la longueur de la cellule.Les plaques calleuses sont assez
développées.Le contenu des vacuoles libériennes est plus épais
que dans beaucoup de Monocotylédones,l'alcool fait apparaître
des amas de gelée au voisinage des cribles.

Lorsque les faisceaux sont disposés en un cercle vers le milieu de la tige,le liber touche le plus souvent à l'anneau lignifié et assez rarement les faisceaux sont complètement entourés de tissus sclérifiés (pl.2,f.41).

Dans le cas de faisceaux disséminés chaque faisceau libéro-
ligneux est muni d'une gaîne plus ou moins complète de fibres,
ces gaînes peuvent arriver à se toucher.

Le parenchyme central est toujours formé de cellules à parois
minces,laissant entre elles de petits méats,rarement des canaux
aérifères.Il se résorbe souvent complètement,lorsque les faisceaux sont disposés en cercles réguliers.Certaines cellules
renferment de l'amidon,d'autres des paquets de raphides.Ces cellules à raphides sont plus nombreuses à la base de la tige qu'à
sa partie supérieure et sont souvent disposées en files longitudinales.

La tige peut renfermer une petite quantité d'émulsine (1).

M.Moebius (2) a signalé la présence de sphéro-cristaux dont
il n'a pu déterminer la nature,dans des tiges d'EPIPACTIS PA-
LUSTRIS conservées dans l'alcool.Nous avons obtenu des sphéro-
cristaux en grande abondance dans des tiges de LIMODORUM.Des
fragments de tige à sections nombreuses (les plus belles cris-
tallisations se trouvent surtout sur les surfaces de section)
ayant été laissés dans l'alcool,contenaient 6-8 semaines après,
dans le parenchyme externe comme dans le parenchyme interne,d'a-
bondants sphéro-cristaux aiguillés,atteignant environ 15-30μ de
diamètre et quelques sphéroïdes jaunâtres amorphes,non encore
recouverts d'une enveloppe cristalline (pl.2,f.46).Ces sphéro-
cristaux sont plus facilement étudiés dans le xylol que dans
l'alcool.Le xylol les dissout lentement et laisse voir leur
structure en les éclaircissant.Ils paraissent formés au centre
d'une sphère amorphe,plus ou moins grosse,qui,contractée par le
xylol est assez distincte du manteau cristallin (pl.2,f.45).Le
manteau cristallin est formé de très fines aiguilles.Ces sphéro-
cristaux paraissent,au point de vue morphologique,semblables
aux sphéro-cristaux de malophosphate de calcium,décrits par M.
M.Belzung (3) et Mirande (4).Ils présentent aussi les mêmes
réactions chimiques caractéristiques:solubilité très lente dans
l'eau (au bout de 15 minutes toutes les aiguilles ont disparu);
précipité abondant de fines aiguilles de gypse après l'action
de l'acide sulfurique;gonflement et noircissement souvent mé-
diocres dans la flamme;précipité jaune abondant de petits cristaux de phospho-molybdate d'ammonium après l'action de la solu-

(1) GUIGNARD, l.c.

(2) MOEBIUS,Unt.u.d.Stam.ein.einheim.Orchid. (Berichte d.d.
bot.Ges.,IV,1886,p.284).

(3) BELZUNG,Nature des sphéro-crist.des Euph.cactiformes
(Journ.de bot.,1893,p.221).

(4) MIRANDE,Contrib.à l'étude du malate neutre de calcium et
du malophosphate de calc.dans les végét. (Journ.de bot.,1898,p.
6).

tion nitrique de molybdate d'ammonium.En plaçant une coupe de
tige dans quelques gouttes de solution d'azotate d'argent et en
chauffant,les sphéro-cristaux deviennent noirs à la surface.Une
goutte d'acide.azotique dissout complètement le manteau noir et
il ne reste de chaque sphéro-cristal qu'un sphéroïde amorphe
qui finit par disparaître en laissant un résidu granuleux.

RENFLEMENT BULBIFORME DE LA TIGE. - La base renflée de la tige peut servir de réservoir aquifère(EPIPOGON,Malaxidées).Le
bulbe renferme alors sa réserve d'eau soit dans une énorme lacune occupant toute la partie centrale de la tige (EPIPOGON),
soit dans des trachéides de formes diverses (LIPARIS,MALAXIS,
MICROSTYLIS).Dans les Malaxidées la tige renflée émet des rhizoïdes.

RHIZOME.

Le rhizome diffère de la tige d'une façon très notable.L'épiderme peut porter des poils abondants (rhizomes du CORALLORHIZA
et de l'EPIPOGON).Il peut s'exfolier tôt et être remplacé par
du liège.La zone externe parenchymateuse,toujours bien plus développée que dans la tige est formée de cellules très allongées
longitudinalement,à parois épaissies surtout aux angles,les parois transversales munies de pores sont parfois obliques.Ce
tissu renferme beaucoup d'amidon,quelquefois des mucilages et
des endophytes.L'endoderme se caractérise dans certains rhizomes en prenant un cadre de plissements subérisés.A l'intérieur
de cette assise se forme un réseau radicifère souvent localisé
aux noeuds où naissent les racines adventives.Les faisceaux libéro-ligneux sont très rapprochés et assez peu nombreux par suite de fusion.Le bois tend nettement à enclaver le liber,alors
que dans la partie supérieure des mêmes faisceaux la séparation
entre ces deux régions est à peine incurvée.Parfois un peu de
parenchyme ligneux sépare les vaisseaux annelés,rayés et ponc-
tués.La tendance à la soudure du système conducteur qu'on observe dans les Néottiées,Arétusées,Cypripédiées,s'affirme dans les
rhizomes de l'EPIPOGON et du CORALLORHIZA.Les éléments du bois
dans l'EPIPOGON ne comprennent guère que des cellules non lignifiées,à parois minces,à extrémités obliques.Dans le CORALLO-
RHIZA le bois est formé de trachéides à parois peu épaisses.

FEUILLE.

Le limbe n'atteint guère que 100-150µ d'épaisseur dans les
genres à feuilles coriaces (CYPRIPEDIUM,CEPHALANTHERA,EPIPACTIS
pl.6,f.147),tandis qu'il dépasse 250-300µ dans les genres à
feuilles charnues (pl.6,f.138-140).

EPIDERMES. - Les cellules épidermiques vues de face sont très
grandes,surtout dans les Ophrydées où elles atteignent parfois
300-350µ de long.Les cellules épidermiques des larges feuilles
basilaires sont non ou peu allongées,celles des feuilles supérieures plus étroites sont étirées parallèlement à la nervure
médiane.Rarement (EPIPACTIS) les cellules sont allongées perpendiculairement aux nervures principales et à l'ouverture sto-
matique (pl.5,f.134).Les parois de l'épiderme supérieur sont
ordinairement rectilignes ou recticurvilignes et celles de l'é-

piderme inférieur sont recticurvilignes ou ondulées.

Les épidermes des feuilles minces ne dépassent guère 15-30µ de hauteur,ceux des feuilles charnues (Ophrydées) atteignent 100-150µ ,ils constituent de véritables tissus de réserve aquifère.Les cellules de l'épiderme supérieur sont ordinairement plus grandes et plus hautes que celles de l'épiderme inférieur.

La paroi externe est d'épaisseur variable suivant les espèces,souvent striée perpendiculairement aux parois latérales(pl. 5,f.130).La cuticule recouvre immédiatement une couche de cellulose pure.Les cellules épidermiques ont toujours de gros noyaux.

L'initiale devient directement la cellule-mère du stomate et les cellules voisines ne se segmentent pas,il y a absence de cellules-annexes (pl.5,f.131-135).Dans les épidermes à cellules allongées,les stomates atteignent 50-60µ de longueur;dans les épidermes à cellules non ou peu allongées,ces organes sont ordinairement arrondis et de 20-40µ de diamètre.

Sur une section transversale du limbe,les stomates sont bien moins hauts que les cellules épidermiques et affleurent la paroi externe de ces dernières (pl.5,f.136; pl.6,f.138-141).

D'après ce que nous avons pu observer,les stomates montrent un certain intérêt dans leur distribution.La répartition de ces organes est à peu près stable dans chaque espèce,les feuilles considérées étant homologues.Le plus souvent les feuilles supérieures,dressées et bractéiformes sont seules munies de stomates sur les deux faces.Rarement ces organes existent aussi sur la face supérieure des feuilles inférieures,nous avons trouvé surtout ce mode de répartition dans la section DACTYLORCHIS. Dans ce cas,ces organes manquent fréquemment dans l'épiderme supérieur de la base des feuilles inférieures ou s'ils y existent ils sont plus rares dans cette région que vers la pointe.

Les épidermes foliaires peuvent porter des poils comme nous l'avons dit p.13.

Les rhizoïdes des Malaxidées sont de longs poils unicellulaires parfois un peu ramifiés qui naissent en touffes à la partie inférieure de la nervure médiane et des principales nervures des feuilles.Ces organes existent à la base des feuilles aériennes comme sur le renflement bulbiforme de la tige,ils servent à l'absorption et contribuent à l'envahissement de la plante par les endophytes.Ces derniers pénètrent facilement par les rhizoïdes dans l'épiderme et de là dans les assises sous-jacentes.

Les cellules épidermiques du bord du limbe,vues à plat ont une forme très caractéristique et qui nous a paru stable.Leur paroi externe est parfois à peine bombée ou prolongée en dents de formes diverses (pl.4,f.96-115; pl.5,f.116-129).

MÉSOPHYLLE. - Le mésophylle est homogène formé de cellules isodiamétriques ou ovales à grand axe horizontal,sans différenciation marquée de cellules palissadiques.Les assises supérieures sont ordinairement plus riches en chlorophylle et les inférieures de texture plus lâche.Dans les limbes minces la différence n'est que peu sensible.Au bord des feuilles le mésophylle est le plus souvent chlorophyllien et formé de cellules à parois minces,rarement il se différencie du collenchyme.

M.Petit a signalé (1) la présence de sphérulins dans les cellules chlorophylliennes.

De grandes cellules claires contenant un paquet de raphides entouré de mucilages sont inégalement réparties dans le mésophylle,parfois plus abondantes près des épidermes ou des bords.

Les espèces européennes paraissent dépourvues d'hypoderme.

Dans les genres LIPARIS,MICROSTYLIS,MALAXIS les feuilles inférieures entourant la base renflée des tiges présentent des caractères d'adaptation très curieux.Ces feuilles lorsqu'elles sont exondées depuis assez longtemps sont sèches,blanches,d'aspect spongieux.Elles atteignent rapidement une grande épaisseur dès qu'elles sont mises en contact avec de l'eau.Leurs cellules affaissées,privées de liquide se remplissent vite et conservent longtemps leur contenu.Des pieds de LIPARIS,de MICROSTYLIS et de MALAXIS que nous avions retirés de l'eau depuis 8-10 jours avaient leurs feuilles inférieures et leurs bulbes remplis de liquide.Les cellules des épidermes et du mésophylle perdent tôt leur contenu vivant,les grains d'amidon disparaissent,les parois se munissent de nombreux épaississements lignifiés,réticulés ou spiralés,tout le limbe se trouve transformé en trachéïdes (pl.6,f.144-146).Les parois sont ponctuées ou non et d'après M.Goebel,le tapis végétal dans lequel poussent ces plantes ne serait pas sans relation avec la présence ou l'absence de ponctuations.Les individus que nous avons étudiés proviennent d'un trop petit nombre de stations pour que nous puissions donner une opinion à ce sujet.

M.Guignard a signalé la présence d'émulsine dans les feuilles de quelques espèces.Ce ferment est assez abondant dans les EPI-PACTIS.

NERVURES. - La structure des nervures nous a fourni des caractères systématiques très stables et concordant entièrement avec les autres affinités.

La nervure médiane des feuilles charnues a ordinairement une section concave-convexe,les nervures latérales ont une section à peu près plane.Les nervures des limbes minces sont presque toutes à section plane-convexe ou biconvexe.

Le faisceau libéro-ligneux est souvent situé à égale distance des deux épidermes,il peut être plus rapproché de l'épiderme supérieur ou de l'épiderme inférieur.Jamais nous n'avons observé de faisceaux superposés.Entre les vaisseaux spiralés et ponctués se trouve parfois un peu de parenchyme ligneux.Les faisceaux libéro-ligneux peuvent être entourés de tissus chlorophylliens ou incolores,sans péridesme lignifié (Ophrydées, pl.6,f. 143).Le collenchyme apparait assez rarement et à la partie inférieure de la nervure (pl.6,f.151).Le sclérenchyme lignifié est parfois assez abondant (CYPRIPEDIUM,EPIPACTIS,CEPHALANTHERA;pl. 6,f.150-151),il peut former une gaîne complète au faisceau.

Dans les cellules très allongées parallèlement à la surface de la feuille,à parois plus ou moins épaisses qui se trouvent entre les épidermes et le tissu fibreux,on observe de petits cylindres de silice.Ces cellules sont disposées en files,au-dessus et au-dessous du faisceau,parfois aussi latéralement (CYPRIPEDIUM CALCEOLUS).

(1) PETIT,De la répartition des sphérulins dans les familles végétales (C.R.Ac.Sc.,1902,p.991).

ECAILLES FOLIAIRES AÉRIENNES. - Nous avons pu étudier comparativement sur le même individu la structure des feuilles et celle des écailles aériennes de la base de la tige.Nos résultats sont en concordance avec ceux que M.Thomas (1) a obtenus dans d'autres familles.L'appareil vasculaire se réduit beaucoup(EPIPACTIS PALUSTRIS,E.ATROPUBENS; pl.6,f.148).Le sclérenchyme lignifié manque autour des faisceaux dans les EPIPACTIS,il persiste ordinairement chez le CEPHALANTHERA RUBRA.Les cellules du mésophylle et les cellules épidermiques sont bien plus grandes que dans les feuilles développées,à parois plus ou moins sinueuses,non arrondies.Elles laissent entre elles de très petits méats.Les cellules de l'épiderme ne se prolongent pas à l'extérieur vis-à-vis des nervures.Dans l'EPIPACTIS LATIFOLIA ces cellules forment pourtant une légère saillie,mais il est à remarquer que la feuille développée a des dents bien plus grandes que dans les autres espèces.L'épiderme inférieur a souvent sa paroi externe plus épaisse et plus cuticularisée que l'épiderme inférieur.

HOMOLOGIE DES PIECES FLORALES.

TRAJET DES FAISCEAUX DANS LA FLEUR.

Aucun point de l'étude des Orchidées n'a donné lieu à de si nombreuses discussions que la nature des diverses parties de la fleur.La réduction de l'androcée et sa coalescence avec le gynécée,le grand développement du labelle ont rendu le tracé d'un diagramme très difficile.Il serait trop long de citer ici toutes les hypothèses émises sur la valeur des pièces florales, nous ne mentionnerons que les principales.

En 1831,Brown (2) fait connaître les deux manières de voir différentes qu'il a eues à ce sujet.Dans les deux hypothèses il attribue 6 pièces au périanthe.Dans la première,il admet 2 verticilles de 3 étamines dont une du cycle interne et deux du cycle externe avortent toujours.Chez la plupart des Orchidées les deux autres étamines du verticille interne s'atrophient,l'autre du cycle externe est fertile.Dans les Cypripédiées au contraire les deux étamines du verticille interne sont fertiles,l'autre stérile.Dans la deuxième hypothèse,Brown,ne voit que 3 étamines plus ou moins développées.

En 1842,Lestiboudois (3) admet l'existence de 6 sépales et de 6 étamines,mais une du cycle externe et deux du cycle interne sont apparentes,les autres sont soudées au labelle.

Payer (4) étudie seulement la formation florale du CALANTHE VERATRIFOLIA pensant que toutes les Orchidées suivent les mêmes phases de développement.Il conclut de cette étude que la fleur

(1) THOMAS,Anat.comp.et expériment.des feuilles sout.(Rev.gén. de bot.,1900,p.394).
(2) BROWN,On the sexual org.of ORCHIDEAE and ASCL.,Lond.,1831.
((3) LESTIBOUDOIS,Obs.sur les Musacées,Scit.Cannées et les Orchid. (An.Sc.nat.,Bot.,s.2,t.XVII,p.271.
(4) PAYER,Organog.comp.de la fleur,1854-57,p.665.

est construite sur le type S,le périanthe est double,les étamines sont disposées sur 2 verticilles,les mamelons carpellaires au nombre de 3 sont superposés aux divisions externes du périgone. 5 étamines avortant sur 6,un seul mamelon staminal se développe .Un seul mamelon carpellaire s'allonge en style.

En 1869,Charles Darwin (1) s'appuyant sur l'étude du trajet des faisceaux dans la fleur,admet la présence de 2 verticilles de 3 divisions au périanthe,de 2 cercles de 3 étamines et de 3 styles.D'après l'hypothèse de ce savant la fleur typique doit renfermer 15 faisceaux.Les étamines supérieures du verticille externe sont soudées au labelle,d'où le grand développement de celui-ci,et le faisceau supérieur du cycle interne manque ordinairement.

M.Gérard (2) se basant sur le trajet des faisceaux arrive à une interprétation différente de celle de Darwin.Dans un grand nombre d'Orchidées (Ophrydées,Néottiées,Arétusées)cet auteur admet la présence de 3 étamines opposées aux pièces du calice, les 2 étamines latérales se rapprochent de l'étamine médiane et s'atrophient(staminodes).Ce botaniste croit à la présence de 2 cycles de 3 étamines dans la fleur typique de quelques genres (CYPRIPEDIUM),l'étamine inférieure stérile par excès de nutrition représentant seule le cycle externe et les 2 étamines fertiles le cycle interne.

L'étude du trajet des faisceaux dans la fleur de L'OPHRYS APIFERA par M.Henslow (3à corrobore l'interprétation de Darwin.

M.Finet (4) a décrit 2 verticilles complets d'étamines dans le MACODES PETOLA,en faisant observer que le diagramme de Darwin se trouvait ainsi confirmé quant à l'existence de 6 étamines et à leur disposition dans la fleur des Orchidées.Il restait à savoir si dans les Arétusées,les Néottiées,les Ophrydées, les 2 étamines avortées font partie du verticille interne ou du même cycle que l'étamine fertile.

Nous pensons que l'étude faite par nous d'un cas tératologique présenté par L'OPHRYS ARACHNITIFORMIS pourra être utile à l'interprétation de la fleur des Ophrydées.Cette plante portait 2 fleurs normales et 3 autres anomales.Ces dernières avaient 6 divisions périgonales en 2 verticilles semblables à celles des autres fleurs et 3 étamines complètement développées.L'étamine médiane occupait la position qu'elle a toujours et les 2 étamines latérales étaient opposées aux divisions latérales internes et non aux divisions périgonales externes.Les loges des anthères latérales,développées renfermaient des masses polliniques à tétrades de taille normale,paraissant bien conformées,la surface de l'exine était seulement un peu plus lisse que dans les massules de l'étamine fertile.

Dans plusieurs cas tétralogiques signalés antérieurement la présence de plusieurs anthères n'était due qu'à la transforma-

(1) CH.DARWIN,Notes on the Fert.of Orchids (Ann.and Mag.of nat.hist.1869).

(2) GERARD,La fl.et le diagr.des Orchidées,Th.Ec.Ph.Paris, 1879.

(3) HENSLOW,Vasc.syst.of fl.org. (Journ.of the Linn.Soc.,1890-91,p.193).

(4) FINET,Sur l'homol.des org.et le mode prob.de fécond.de quelques fl.d'Orchid. (Journ.de bot.,1903,p.208).

tion d'une des pièces ou des deux pièces internes du périanthe
en étamines et ce qui rend le cas observé par nous particuliè-
rement intéressant c'est l'existence simultanée d'un périanthe
normal et de 3 étamines parcourues par un faisceau libéro-li-
gneux.Si l'on admet que les 2 étamines avortées des Ophrydées
font partie du même verticille que l'étamine développée et que
leur position est due à une déviation vers la partie postérieure de la fleur,il est difficile de s'expliquer dans le cas qui
nous occupe la situation des étamines latérales,leur développement complet,le labelle n'ayant varié ni dans sa taille ni dans
la disposition de ses faisceaux.Si typiquement les 2 étamines
latérales devaient être opposées aux divisions externes du périanthe,dans la plante de M.Reine où leur développement est
complet,elles auraient repris leur position et le labelle serait à peu près semblable comme taille aux autres divisions du
périanthe.Nous avons vu qu'il n'en est rien.Les 2 étamines latérales bien conformées de cet OPHRYS sont,croyons-nous,les homologues des 2 étamines fertiles des CYPRIPEDIUM et appartiennent par conséquent au verticille interne.

Il nous semble donc à peu près démontré que la fleur typique
des Ophrydées a 3 étamines provenant de 2 verticilles complètement développés dans d'autres tribus.L'étamine médiane toujours
fertile représentant le cycle externe et les 2 latérales(manquant souvent ou rudimentaires),provenant du verticille interne.
L'étude des faisceaux du gynostème du LIMODORUM nous amène à la
même conclusion pour ce genre.Les 2 faisceaux,rudiments des é-
tamines latérales,existent là parfaitement développés dans tout
le long gynostème.Ils occupent exactement la place des faisceaux des étamines fertiles des CYPRIPEDIUM (pl.9,f.242).Nous
pensons qu'ils doivent être le rudiment d'un cycle interne
d'étamines.

Les faisceaux libéro-ligneux principaux de la fleur typique
des Orchidées comprennent 6 groupes alternes répartis de la façon suivante:

a) 3 faisceaux allant aux divisions externes du périanthe et
provenant des valves non placentifères de l'ovaire.

b) 3 faisceaux se rendant aux divisions internes du périanthe
et provenant des valves placentifères de l'ovaire.

c) 3 faisceaux provenant des valves non placentifères.L'inférieur parcourt le dos du gynostème,c'est le faisceau de l'étamine fertile des Ophrydées et du staminode des Cypripédiées.Les
deux faisceaux latéraux vont former les nervures latérales du
labelle.Ces derniers faisceaux se disposent tangentiellement
par rapport à ceux dont ils proviennent,ils sont formés par division latérale.Ils peuvent être considérés comme les faisceaux
staminaux du cycle externe.

d) 3 faisceaux provenant des valves placentifères représentant les étamines du verticille interne;les inférieurs dévient
le plus souvent dans le sépale inférieur (dans le genre CYPRI-
PEDIUM ils parcourent les étamines fertiles) et l'autre manque
dans toutes nos Orchidées européennes,sa place est en avant du
gynostème.

e) 3 faisceaux provenant des valves placentifères allant aux
styles.

f) 3-6 faisceaux placentaires inverses manquant souvent.

Dans la partie inférieure de l'ovaire on n'observe ordinairement qu'un faisceau libéro-ligneux accompagné ou non d'un ou deux faisceaux placentaires.La disjonction des faisceaux n'a lieu que dans la partie supérieure de l'ovaire et suivant un plan incliné allant du casque au labelle.Les faisceaux stylaires se séparent un peu avant les faisceaux staminaux et parfois le faisceau de l'étamine fertile des Ophrydées et des Néottiées reste assez coalescent avec celui du rostellum.Les deux faisceaux des styles inférieurs disparaissent bien avant le faisceau du rostellum,surtout dans les Ophrydées dont l'ouverture du style est très oblique.

Quant aux faisceaux placentaires leur présence bien que non générale est moins rare qu'on ne l'a pensé.Ces faisceaux presque toujours rudimentaires,inverses,entièrement libériens ou à vaisseaux peu abondants (1-6 env.),sont méconnaissables dans les plantes sèches et ne peuvent être étudiés que sur des individus vivants ou conservés dans l'alcool.De plus,ces faisceaux ne sont pas toujours distincts dès la base de l'ovaire,ils ont souvent disparu vers le sommet et n'existent parfois que dans un ou deux placentas.Dans nos diagnoses,nous avons décrit les faisceaux au milieu de l'ovaire,niveau où les faisceaux placentaires sont à leur maximum de développement.Ces faisceaux ne pénètrent pas jusqu'aux ovules,quelques cellules semblent pourtant parfois tendre à se différencier un peu en s'allongeant dans les masses placentaires.La présence de ces faisceaux est stable dans les faisceaux où ils sont très développés,instable dans les espèces où ils ne sont jamais que rudimentaires.Il peut apparaître des faisceaux placentaires dans un individu très robuste,alors que les plantes appartenant à la même espèce n'en possédent ordinairement pas.Dans certains ovaires très développés d'hybrides,il peut y avoir des faisceaux placentaires alors que l'ovaire des parents en est dépourvu,ce qui n'empêche ces hybrides d'avoir beaucoup d'ovules mal conformés.

Dans la plupart des Orchidées faisant l'objet de cette étude (presque toutes les Ophrydées,les genres LISTERA,EPIPACTIS,CEPHALANTHERA,etc.,pl.9,f.239-241)le gynostème renferme 4 faisceaux: 3 allant aux stigmates et la quatrième à l'étamine fertile.Nous avons observé 6 faisceaux dans le gynostème du CALYPSO,du MALAXIS,du LIPARIS,du LIMODORUM (pl.9,f.242),et dans les fleurs anomales d'OPHRYS ARACHNITIFORMIS ayant 3 étamines.Dans toutes ces plantes,les faisceaux des deux étamines sont très développés et occupent bien la place des faisceaux staminaux du cycle interne dont ils sont vraisemblablement le rudiment.Le gynostème renferme aussi deux faisceaux allant aux étamines fertiles et un autre au staminode.M.Gérard a expliqué la formation de ce staminode.Dans ce genre la partie inférieure de la fleur reçoit un excès de nourriture,les étamines latérales sont assez nourries pour être fertiles et l'étamine inférieure fertile dans les autres tribus devient pétaloïde,stérile et très développée à cause de la surabondance d'alimentation.Dans les Malaxidées,les étamines latérales sont stériles par défaut d'alimentation.L'étamine médiane est seule suffisamment nourrie pour être fertile.

De nombreuses hypothèses ont été émises pour expliquer lá
torsion de la fleur.Darwin l'a attribuée à une accommodation en
vue de la fécondation.Eichler a vu là un phénomène d'équilibre.
Pour cet auteur,le labelle plus lourd que les autres divisions
du périanthe,se dirigerait en bas,entraînant ainsi la torsion
de l'ovaire ou du pédicelle,parfois des deux.Ces hypothèses ne
paraissent guère satisfaisantes,Dans la seconde,il serait difficile à concevoir que les fleurs sessiles,à ovaire tordu des
CEPHALANTHERA aient le labelle dressé.Si le poids du labelle a-
vait été la cause de la torsion,cette division du périanthe aurait été pendante.Dans le LOROGLOSSUM et les EPIPACTIS,la torsion se serait portée sur le pédoncule délicat,dont la résistance à la torsion eût été moins forte que celle des parois assez robustes de l'ovaire.

M.Gérard a cherché à expliquer les faits d'une autre manière
et semble y avoir mieux réussi.Dans les fleurs résupinées,on
observe que les régions externes de l'ovaire nourries par des
faisceaux assez développés s'accroissent plus que les parties
internes et pour que l'équilibre persiste,les tissus périphériques doivent se courber,la corde tendant leur arc égalera la
longueur des régions internes.Si l'ovaire se développait également antérieurement et postérieurement il serait globuleux.Mais
il n'en est pas ainsi.La région postérieure (avant le retourne-
ment) touchant au labelle,s'accroît moins longitudinalement et
latéralement que la partie antérieure.Cette différence de croissance longitudinale se constate dans l'insertion des différentes pièces du périanthe,Les faisceaux destinés au labelle se
séparent les premiers et le labelle lui-même s'insère plus bas
que les autres divisions du périanthe.Les divisions externes
latéra es viennent ensuite,puis les deux divisions latérales
internes et enfin le casque.Les valves antérieures de l'ovaire
sont plus larges et plus fortes que les postérieures,à faisceaux plus développés.La tension est donc plus considérable antérieurement que postérieurement,la torsion a lieu,la partie
antérieure plus tendue,s'avance vers la partie postérieure peu
résistante.Cette hypothèse explique pourquoi la torsion a lieu
indifféremment vers la droite ou vers la gauche,suivant que la
résistance est moindre d'un côté ou de l'autre.

Dans les espèces où la torsion et le renversement sont faibles ou nuls,les valves antérieures et postérieures sont à peu
près également développées et les placentas ont un appareil
vasculaire assez bien différencié (CYPRIPEDIUM,SERAPIAS,EPIPAC-
TIS,etc.)

FLEUR.

La disposition des fleurs est variable dans une même espèce.
Les cycles les plus fréquents sont: 2/5, 3/8, 5/13.

PERIANTHE.

DIVISIONS EXTERNES. - Les deux épidermes sont formés de cellules à parois ondulées ou recticurvilignes.La cuticule est souvent munie de stries,rayonnant autour des stomates,perpendicu-
laires aux parois (pl.7,f.166,169), ou de stries paraissant

s'anastomoser au centre de chaque cellule (pl.7,f.165).Les stomates peuvent exister sur les deux faces des sépales et y être
abondants (PLATANTHERA) ou manquer complètement,leur présence
n'est pas stable dans la même espèce.L'épiderme interne se prolonge rarement en papilles unicellulaires(quelques ORCHIS),par-
fois il porte des poils pluricellulaires (EPIPACTIS,GOODYERA,
SPIRANTHES,etc).

Le mésophylle souvent chlorophyllien renferme des paquets de
raphides assez abondants.

Des cristalloïdes existent très fréquemment dans les divisions
du périanthe.

DIVISIONS LATERALES INTERNES. - La structure de ces divisions
périgonales ressemble à celle des divisions externes,mais les
stomates y sont plus rares,ils manquent même le plus souvent
sur la face interne et les poils unicellulaires sont parfois
très développés.Ils peuvent ressembler à ceux du labelle et atteindre 200-250μ (OPHRYS).La cuticule des épidermes est dépourvue de stries ou moins striée que celle des divisions externes.

LABELLE. - L'épaisseur du labelle est très variable,elle est
très considérable dans le genre OPHRYS.L'étude des épidermes,de
leurs poils et de leurs papilles nous a fourni d'intéressants
caractères systématiques.

L'épiderme supérieur est ordinairement formé de cellules à parois recticurvilignes,très minces.Il nous a toujours paru dépourvu de stomates.Cet épiderme se prolonge ordinairement vers
la partie médiane du labelle en poils ou papilles de formes caractéristiques que nous décrirons pour chaque espèce.

L'épiderme inférieur formé de cellules à parois recticurvilignes ou ondulées et très minces est rarement papilleux,mais
parfois muni de stomates.

Sur une section transversale la plupart des labelles se montrent formés de deux épidermes à paroi externe très mince et
d'un parenchyme constitué par des cellules de forme irrégulière
et quelques cellules à raphides (pl.8,f.195-196).Des nervures
peu développées,à bois extrêmement réduit parcourent le labelle.
Le parenchyme s'hypertrophie parfois vis-à-vis des faisceaux
jusqu'à former les crêtes.

Lorsque le labelle a une articulation,il s'amincit beaucoup à
cet endroit,le parenchyme des nervures n'y est pas hypertrophié,
les cellules à parois extrêmement délicates sont très lâchement
unies.Cette flexible charnière peut se plier sous le poids du
moindre insecte.

Les épidermes des labelles dépourvus de papilles ont ordinairement leur paroi externe un peu plus épaisse.

Lorsque le labelle est muni d'un appendice terminal la structure de celui-ci est assez semblable à celle des autres parties
du labelle,les cellules épidermiques sont à parois à peu près
rectilignes,les papilles manquent et les cellules à raphides
sont très abondantes.

EPERON. - Dans un grand nombre de genres le labelle possède

une expansion nectarifère en forme d'éperon.Comme dans le labelle,l'épiderme interne est papilleux,tandis que l'épiderme
externe se prolonge à peine à l'extérieur.Rarement les deux é-
pidermes sont dépourvus de papilles(ORCHIS PAPILIONACEA,LIMODO-
RUM ABORTIVUM).

Il y a deux types principaux de structure de l'éperon.Dans
l'un,les réserves sucrées s'accumulent entre les epidermes,il
n'y a pas d'émission de nectar à l'intérieur de l'éperon(la plupart des ORCHIS,l'ANACAMPTIS PYRAMIDALIS,etc.;pl.7,f.175-176;pl.
8,f.184,193).Dans l'autre type,entre l'épiderme externe à paroi
externe assez mince et très cuticularisée et l'épiderme interne
à paroi externe très mince,non ou peu cuticularisée,se trouvent
3-7 assises de cellules polygonales,à petits méats et à parois
délicates(pl.8,f.210-211;pl.9,f.215).Ce parenchyme est traversé
par des faisceaux assez développés,à bois réduit.Le parenchyme
des nervures s'hypertrophie parfois beaucoup à l'intérieur de
l'éperon.L'épaisseur des parois de l'éperon peut atteindre 250-
400µ.Dans ce second type,les sucres sont émis en abondance à
l'intérieur de l'éperon.Darwin avait observé l'émission de nectar dans les GYMNADENIA CONOPEA et ALBIDA,les HABENARIA BIFOLIA
et CHLORANTHA,et dans l'ORCHIS VIRIDIS.Nous avons pu constater
le même phénomène dans plusieurs autres genres et espèces (OR-
CHIS CORIOPHORA,NIGRITELLA ANGUSTIFOLIA,LIMODORUM ABORTIVUM,LO-
ROGLOSSUM HIRCINUM,etc.).Cette émission est surtout abondante
avant l'anthèse.La différence entre les quantités de liquide
sucré contenues dans l'éperon avant et après l'anthèse est très
sensible dans le LOROGLOSSUM.Les espèces qui émettent du nectar
à l'intérieur de leur éperon ont des fleurs bien plus odorantes
que les autres.

ETAMINE.

Dans beaucoup de nos Orchidées européennes la partie supérieure de l'étamine se différencie tôt de la partie inférieure,la
première donnant seule de nombreux grains de pollen,la seconde
ne servant qu'à la fixation et au transport des pollinies.
Dans les travaux de Mohl (1),Reichenbach (2),Hofmeister (3)
et Wolf (4) se trouvent des observations intéressantes sur le
pollen des Orchidées.M.Guignard (5) par ses importantes recherches a fait connaître la formation et le développement de ce
pollen.
Dans les Ophrydées,chez les ORCHIS MACULATA,MASCULA ou PALUS-
TRIS par exemple,lorsque le connectif s'esquisse à peine dans
le jeune bouton,on observe 2 assises sous-épidermiques paraissant provenir d'une même assise primordiale. A un stade plus

(1) MOHL,Beitr.z.Anat.d.Gew.,Berne,1834.
(2) REICHENBACH,De pollinis Orchidearum,1852.
(3) HOFMEISTER,Neue Beitr.z.Kennt.d.Embry.d.Phan.,1866.
(4) WOLF,Beitr.z.Ent.Orchid.Bluthe (Prings.Jahrb.,IV,1865,p.
261).
(5) GUIGNARD,Rech.sur le dévelop.de l'anthère et du pollen
chez les Orch. (Ann.Sc.nat.,Bot.,s.6,t.XIV,1883,p.26).

avancé,les cellules de la deuxième assise se sont développées
et on remarque sur une section transversale une couche de 5-6
cellules qui sont les cellules-mères primordiales du pollen.
　L'assise sous-épidermique prend une cloison tangentielle et
se cloisonne radialement au fur et à mesure du développement de
l'anthère.
　Les divisions des cellules-mères primordiales ont lieu suivant des plans rectangulaires et sont plus abondantes vers le
milieu de l'anthère que vers les bords.L'ensemble des cellules
provenant d'une même cellule-mère primordiale,toujours recon-
naissable à la direction des cloisons,forme une massule.Les parois de chaque massule s'épaississent tôt et deviennent réfrin-
gentes.Les cellules issues de la division des cellules-mères
primordiales constituent les cellules-mères secondaires.Ces
dernières s'accroissent et possèdent un gros noyau.
　La deuxième assise des parois de l'anthère prend une cloison
tangentielle et se différencie peu.
　A l'encontre de ce qui existe dans les autres Monocotylédones,
à la division des cellules-mères secondaires,il ne se forme pas
de plaque transitoire et rarement une ligne granuleuse apparaît
avant la formation des fuseaux secondaires et la nouvelle segmentation des noyaux.Les noyaux secondaires se divisent et à
l'équateur de chaque tonneau se forment de nombreux filaments
connectifs et un rudiment de plaque cellulaire.Les lignes granuleuses vont rejoindre les parois de la cellule-mère secondaire et délimitent les quatre grains de pollen.Les membranes séparant les quatre grains de pollen restent longtemps délicates.
Tous ces stades de développement sont simultanés dans la même
massule mais varient dans les massules de la même loge d'anthère.
　La partie externe de l'épaisse paroi des massules se gonfle
et se dissout,la partie interne revêt les tétrades à la surface
des massules.Cette partie interne se cuticularise,prend parfois
un réseau de bâtonnets très net (ORCHIS PURPUREA,O.SIMIA,O.MI-
LITARIS),elle constitue l'exine.L'exine bien développée à la
surface des massules s'amincit considérablement à la périphérie
des tétrades internes et manque complètement dans certains cas.
C'est pourquoi dans beaucoup d'Ophrydées les tétrades de la
surface des massules sont rugueuses et celles de la région centrale dépourvues d'exine ont leur surface sans ornements.Les
tétrades internes n'étant au contact de l'air qu'au moment de
la germination sur le stigmate,le rôle de protection de l'exine
devient inutile.
　L'intine est formée de composés pectiques et possède une mince bordure de cellulose dans sa partie interne,aussi la lamelle
moyenne formant les cloisons de séparation des cellules d'une
tétrade est-elle dépourvue de cellulose (1).
　Dans les Ophrydées et le genre GOODYERA,les pollinies se séparent en massules issues d'une même cellule-mère primordiale.

(1) MANGIN,Sur la membr.du grain de pollen mûr (Bull.Soc.bot.
Fr.,1889,p.274).

Les Malaxidées ont leurs grains de pollen réunis en une masse, les tétrades sont agglutinées par une substance liquide qui en se desséchant donne aux pollinies l'aspect de masses translucides.

Les cellules-mères des Néottiées(sauf le genre GOODYERA),des Arétusées,des Cypripédiées forment une masse homogène.

Dans les Néottiées (sauf le genre GOODYERA),le développement des grains de pollen suit les mêmes phases principales que chez les Ophrydées,mais les grains se séparent par tétrades.L'exine est ordinairement très épaisse à la surface de chaque tétrade, sa couche externe nettement réticulée ou alvéolée n'existe qu'à la périphérie de chaque tétrade,la couche interne délimite chaque grain à l'intérieur de la tétrade.Dans les tétrades bien sèches chaque grain prend souvent un pli.

Dans les Arétusées et les Cypripédiées les grains de pollen s'isolent entièrement.Chaque grain est complètement entouré d'une exine plus ou moins alvéolée ou granuleuse;lorsqu'il est sec il est muni d'un ou deux plis (pl.9,f.223,230,231).

La division des grains de pollen a lieu après la séparation des tétrades ou dans les genres à pollen pulvérulent après la séparation des grains.La segmentation est simultanée dans tous les grains de la tétrade.Les fuseaux sont courts.Dès que les moitiés de la plaque sont arrivées aux pôles,chacune se différencie.La plaque cellulaire,parfois une mince cloison sans réaction cellulosique,se montre,divisant le grain en deux cellules inégales.Cette cloison disparait ordinairement tôt et les noyaux restent libres dans le protoplasma.Les deux cellules et leurs noyaux peuvent être de taille assez inégale.

L'épiderme des parois de l'anthère est formé de cellules assez hautes sur une section transversale,à paroi externe souvent bombée et même prolongée en papilles.L'assise sous-épidermique peut ne différencier aucune bande épaissie (quelques ORCHIS;pl. 9,f.235),ou quelques anneaux plus ou moins disséminés(beaucoup d'Ophrydées;pl.9,f.233-234),ou de très nombreuses cellules fibreuses(Malaxidées,Arétusées,Néottiées,Cypripédiées;pl.9,f.236-237).Il existe dans ce dernier cas plusieurs assises mécaniques. La présence ou l'absence d'ornements fibreux est un caractère relativement assez stable.

Les assises internes des parois ont souvent disparu dans l'anthère adulte.

L'anthère peut produire des grains de pollen dans toute la longueur de ses loges(Arétusées,Néottiées,Cypripédiées)ou seulement dans la partie supérieure,les cellules de la région inférieure constituant le caudicule.Même lorsqu'il doit se former un caudicule,dans l'extrême jeunesse de l'anthère,toutes les cellules sont à peu près semblables.Plus tard les cellules du caudicule s'allongent,prennent un contenu granuleux,leurs parois disparaissent plus ou moins.Ces cellules constituent alors une masse à peu près homogène,élastique,gardant son élasticité, contenant de nombreuses petites granulations jaunes et conservant d'une façon plus ou moins complète les traces de son origine cellulaire.Ce filet visqueux adhère fortement à la masse pollinique située au-dessus de lui,après gélification prématurée de la cloison des loges.

Parfois dans la partie supérieure du caudicule,des grains de pollen se développent et se trouvent englobés dans la substance visqueuse.

STAMINODES.- Les staminodes sont ordinairement formés d'un tissu homogène,contenant des raphides en abondance (pl.9,f.238). Les cellules épidermiques sont légèrement papilleuses.Comme nous l'avons dit plus haut,les Ophrydées ont leurs staminodes normalement dépourvus de faisceaux.

ROSTELLUM.

Le rostellum est le stigmate inférieur,très distinct des deux autres.La partie regardant l'anthère produit une ou deux masses visqueuses,servant à la fixation du pollen (rétinacles).

Un rétinacle est toujours formé d'un amas de cellules dont les contenus se réunissent en une masse à peu près homogène. L'épiderme subsiste parfois un peu (EPIPACTIS) et se brise au moindre choc,mettant en liberté une masse visqueuse et blanchâtre.

Dans les Ophrydées la structure des rétinacles se complique. Dans le cas le plus simple,les rétinacles au nombre de deux, sont externes,se développent chacun sous un caudicule et se soudent à lui (GYMNADENINAE).L'épiderme du rétinacle touchant au caudicule est nettement différencié,il est formé de cellules allongées radialement.Les cellules épidermiques latérales sont un peu obliquement disposées.Ainsi que Pfitzer (1) l'a fait connaître cet étirement des cellules épidermiques amène le contact et la soudure entre le caudicule et le rétinacle.Sous l'épiderme du rétinacle se trouvent des cellules polygonales,à parois épaisses et vers l'extérieur des cellules plus ou moins arrondies,à contenu jaune brillant,dont les parois se détruisent et les contenus cellulaires se réunissent en une masse visqueuse.Après cette transformation,les rétinacles peuvent très facilement se séparer de l'autre partie du rostellum et être emportés par les insectes,avec les masses polliniques auxquelles ils sont fortement soudés.La matière visqueuse des rétinacles des GYMNADENINAE ne sèche pas vite à l'air.

Dans les ANGIADENINAE le tissu du rostellum se relève et entoure,en avant de la fleur,l'extrémité inférieure des caudicules et des rétinacles,formant ainsi une sorte de cupule membraneuse et empêchant la matière visqueuse de sècher.Les rétinacles sont encore constitués par un épiderme à cellules très étirées radialement,par des cellules polygonales à parois assez épaisses et à contenu jaune clair,par des cellules occupant la périphérie,de forme arrondie,à contenu jaune brillant,renfermant de grosses gouttes huileuses,réfringentes et à parois disparaissant tôt.Après la transformation en une masse à peu près homogène et visqueuse des cellules périphériques,au moindre choc produit par la présence d'un insecte,le bursicule s'ouvre.Les

(1) PFITZER,Unt.u.Bau u.Ent.d.Orch.(Pringsh.Jahrb.,1888,p.155)

insectes visitent d'ailleurs très fréquemment les fleurs d'Orchidées,attirés par les matières sucrées qu'elles renferment en abondance.Le rétinacle devenu libre dans la cupule peut s'attacher à un insecte et être emporté par lui.La masse visqueuse sortie du bursicule sèche rapidement,elle reste donc fixée fortement à l'insecte.En visitant une autre fleur ce même insecte pourra opérer la fécondation.Le stigmate ordinairement visqueux retient quelques massules.Nous ne pouvons insister ici sur le mécanisme varié de la pollinisation,sujet étudié d'une façon très intéressante par plusieurs auteurs et surtout par Darwin.

STYLE ET STIGMATES.

La partie du rostellum touchant au caudicule a été étudiée plus haut.Sa partie inférieure est souvent formée d'un tissu assez semblable à celui des deux autres stigmates.

Dans la plupart des Orchidées,le canal stylaire a la forme d'une étoile à trois branches.Les surfaces des styles libres d'abord,se réunissent plus bas,aussi l'ovaire n'est-il pas béant.Le style et les stigmates comme les placentas sont abondamment pourvus de tissu conducteur.Ce tissu plus différencié que chez les autres Monocotylédonées,varie avec les espèces et même selon la hauteur de la partie considérée dans le gynostème.Dans le style il forme parfois 9-10 assises de cellules allongées,plus ou moins obliquement insérées (CYPRIPEDIUM,EPIPACTIS) et provient fréquemment de la dégénérescence des cellules bordant le canal stylaire.Dans leur jeunesse,les cellules destinées à produire le tissu conducteur,se distinguent par leur contenu plus dense,plus granuleux et par l'absence de méats entre elles.Puis ordinairement les parois cellulaires s'épaississent aux angles,les méats se forment,le tissu se disloque,les cellules ne tiennent plus ensemble que par leurs extrémités souvent renflées.Dans le cas de dégénérescence des cellules bordant le canal stylaire,dans les matériaux alcooliques,l'axe du stigmate est occupé par un bouchon de matière molle,blanchâtre,formé par des débris cellulaires et des gouttes d'huile (1).

Au centre du style de l'EPIPACTIS PALUSTRIS se trouve un parenchyme lâche,formé de cellules cylindriques,se continuant jusque dans l'ovaire et renfermant quelques cellules à raphides.

Les cellules du tissu conducteur peuvent être allongées longitudinalement et dissociées comme dans le long gynostème des CEPHALANTHERA et du LIMODORUM.Dans ces genres,le canal stylaire et le tissu conducteur sont relativement développés.

On passe insensiblement du tissu conducteur aux tissus sous-jacents.Les cellules du tissu conducteur les plus éloignées du canal stylaire renferment souvent des cristaux d'oxalate de calcium en forme d'enveloppes de lettres.

Dans le stigmate,le tissu conducteur est plus dissocié que dans le style.Ce tissu est formé de cellules à contenu granuleux,gardant l'aspect de cellules vivantes et ayant des formes

(1) GUEGUEN,Sur le tissu collecteur et conducteur des Phanér.
(Journ.de bot.,1900,p.144).

irrégulières.Les papilles de la surface des stigmates sont souvent allongées,à parois extrêmement minces,aiguës ou obtuses à
l'extrémité,parfois renflées et conservant fréquemment leur noyau,lorsqu'elles sont dissociées (pl.9,f.245-249;pl.10,f.250-
253).

Chez l'EPIPACTIS PALUSTRIS,le gynostème forme un pseudo-style
qui surplombe le canal stylaire .Cette région a ses cellules
épidermiques allongées,inclinées,à très gros noyau central.L'autre côté du pseudo-style est muni d'un épiderme à cuticule é-
paisse et les cellules sont peu ou non étirées.Les cellules allongées constituent la partie réellement stigmatique du gynostème.

Le pseudo-style de l'ORCHIS SIMIA est réduit et vient en avant
de l'ouverture stigmatique.La lèvre inférieure de l'ovaire est
formée de grandes cellules gorgées de suc,avec noyau apparent
et nombreuses gouttelettes grasses,colorables par l'orcanette
acétique (1).

Les stigmates des CYPRIPEDIUM ont une structure particulière.
Le sommet de l'ovaire se recourbe en crosse,dont l'extrémité
est munie d'un large plateau convexe.A la surface de celui-ci
le tissu conducteur,constitué par des cellules allongées,dispo-
sées en palissades,se dirigeant en rayonnant vers le centre,a
son assise externe prolongée en papilles à parois souvent épaisses (CYPRIPEDIUM CALCEOLUS,C.MACRANTHOS;pl.10,f.254).

Le tissu destiné à nourrir et à diriger les tubes polliniques,
se prolonge de chaque côté des placentas par des cellules épidermiques à parois minces et plus ou moins différenciées,sim-
ples ou dédoublées.

OVAIRE.

Lindley admet la présence de trois carpelles fertiles,alter-
nant avec trois carpelles stériles.Les premiers formés d'un
limbe,à nervure médiane portant les placentas.Les seconds réduits à une nervure.Beaucoup d'auteurs ont regardé l'ovaire des
Orchidées comme formé de trois feuilles carpellaires donnant
une capsule septifrage,à placentation pariétale.

La forme des placentas et des valves,dans les ovaires non desséchés,nous a donné de bons caractères systématiques,très sta-
bles.Il est indispensable toutefois,de faire cette étude sur
des ovaires non déformés par la dessication.Dans les capsules
mûres,ouvertes et sèches,les nervures placentaires deviennent
presque toujours saillantes à l'extérieur,alors même qu'elles
ne le sont pas dans les ovaires vivants (ORCHIS MASCULA,O.LAXI-
FLORA,O.PALUSTRIS,etc.).Nous avons donné,à titre d'indication,
la distribution des faisceaux,mais comme nous l'avons dit à
propos du trajet des faisceaux dans la fleur,leur nombre n'est
pas toujours stable.Assez souvent chaque nervure ne contient
qu'un faisceau au milieu de l'ovaire.Le faisceau des valves
stériles est presque toujours peu développé.

(1) GUEGUEN,Anatomie du style et du stig.des Phanérog.,Th.
Doct.ès sc.Par.1901 (Journ.de bot.,1901,p.296).

La structure du limbe des valves placentifères varie beaucoup avec l'âge et la vigueur de l'individu.Elle ne peut guère donner de bons caractères systématiques.

L'épiderme externe du limbe est formé de cellules souvent allongées,à parois recticurvilignes ou presque rectilignes,à cuticule parfois striée (pl.10,f.255).Il porte des stomates bien moins nombreux,à surface égale,vers la maturité de l'ovaire que dans sa jeunesse.Lorsque les cellules épidermiques vues à plat, sont manifestement allongées,les stomates sont orientés suivant la longueur de l'ovaire,mais dans les épidermes à cellules non étirées,les stomates sont à peu près arrondis et souvent non orientés.Cet épiderme peut porter des poils (Néottiées,Arétusées). Il est assez haut sur une section transversale,sa paroi externe mince dans la jeunesse,devient ensuite assez épaisse et plus ou moins bombée.

L'épiderme interne est ordinairement moins haut que l'épiderme externe,à paroi externe plus mince,non ou peu bombée (pl.10, f.260).

Entre ces épidermes se trouvent 3-7 assises d'un parenchyme plus ou moins chlorophyllien et des cellules à raphides,parfois abondantes.Après le développement du boyau pollinique sur le style,le nombre d'assises augmente et les cellules s'accroissent beaucoup tangentiellement.

Le tissu conducteur chargé de nourrir et de guider les tubes polliniques dans l'ovaire se prolonge dans celui-ci,le long des placentas,par des cellules épidermiques différenciées.Ces cellules sont souvent papilleuses.

OVULE.

L'ovule est anatrope et dépourvu de faisceaux.Nous avons d'ailleurs vu plus haut que les faisceaux placentaires étaient très réduits ou manquaient.La distance entre les ovules et les faisceaux est parfois relativement grande.

La structure de l'ovule est très simple.Jeune,il se compose d'une file de cellules homogènes entourée d'un épiderme.

Le développement du sac embryonnaire des Orchidées a donné lieu à de nombreux travaux.Pour Strasburger (1),Warming (2) et Vesque (3) la cellule-mère du sac embryonnaire est sous-épidermique.M.Dumée (4) a confirmé l'opinion de Hofmeister (5) qui attribue au sac embryonnaire une origine épidermique.Cet auteur a montré que si dans les ovules un peu âgés la cellule la plus développée qui donnera le sac embryonnaire paraît sous-épidermique,c'est seulement une apparence.En examinant avec soin en

(1) STRASBURGER,Ueb.Bef.u.Zellth. (Jenaisch.Zeitsch.f.Med.u. Nat.p.461,1877).

(2) WARMING,De l'ovule (An.Sc.nat.,Bot.,s,6,t,V,1878).

(3) VESQUE,Dévelop.du sac embryon. (An.Sc.nat,Bot.,s,6,t,V, 1878,p.269).

(4) DUMÉE,Note sur le sac embr.des Orch. (Bull.Soc.bot.Fr., 1899,p.XXX).

(5) HOFMEISTER,Entst.d.Embr.p.1 et 58.-Neue Beitr.,t.II,p.653.

trouve toujours des ovules dont la cellule supérieure de la série centrale est plus grande et renferme deux noyaux;indice de segmentation prochaine.La cloison apparaît ensuite et la cellule épidermique est constituée.Cette cellule se divisant perpendiculairement à la surface libre,il devient difficile de distinguer l'origine épidermique de la cellule sous-jacente et la cellule-mère du sac semble d'origine sous-épidermique,bien que la cellule externe présente quelque temps une relation de forme avec la cellule-mère.

L'ovule et ses téguments se développent surtout après la germination du boyau pollinique sur le stigmate.Les ovules avant la fécondation sont déjà assez gros,aussi a-t-on souvent décrit comme graines,des ovules non fécondés.

Le tégument interne est d'abord unilatéral.L'ovule adulte possède deux téguments.Dans le genre CYPRIPEDIUM seul,il paraît ne s'en développer qu'un seul.

On a observé accidentellement chez l'ORCHIS MORIO et le GYMNADENIA CONOPEA,deux nucelles munis chacun d'un tégument propre et entourés tous deux d'un tégument externe.

FECONDATION.

Nous n'insisterons pas ici sur le mécanisme de la fécondation. De nombreux auteurs et surtout Darwin,ont fait connaître le résultat de leurs patientes et intéressantes recherches sur cette matière.Nous renverrons donc pour ce sujet aux ouvrages cités dans la bibliographie.Nous dirons seulement que l'autofécondation n'existe que peu souvent dans cette famille,la fécondation s'effectue dans la plupart des espèces par l'intermédiaire des insectes.D'où la fréquence des hybrides.

Dans une même fleur,les masses polliniques sont entièrement développées bien avant que les ovules soient aptes à être fécondés.C'est donc d'une fleur à l'autre et parfois d'un individu à l'autre que s'opère la fécondation.Les fleurs inférieures d'une inflorescence,assez facilement pollinisées par les pollinies apportées des fleurs supérieures,par les insectes,donnent plus fréquemment des graines que les fleurs du sommet de la hampe.

M.Guignard a montré que,si dans certains cas,la fécondation paraissait s'opérer même entre des genres assez éloignés,les ovules n'étaient souvent pas féconds.

Rarement (LIMODORUM,CEPHALANTHERA),les grains de pollen germent dans l'anthère,les tubes polliniques rencontrant le tissu stigmatique,s'y enfoncent et vont féconder les ovules.

La masse pollinique apportée le plus souvent par un insecte, sur le mucilage du stigmate,se divise en tétrades et les grains de chaque tétrade germent.Les tubes polliniques passent par l'orifice de l'ovaire,ils sont réunis en faisceaux par un mucilage provenant de la gélification des cellules superficielles des parois ovariennes.Cette transformation n'a pas lieu dans les ovaires non fécondés,elle se produit au fur et à mesure du trajet des tubes.

Le protoplasma passe avec les noyaux et se rend à l'extrémité du tube,en arrière,celui-ci se ferme par des bouchons réfrin-

gents.Ces bouchons sont parfois très nombreux.Les tubes polliniques grâce aux ferments qu'ils renferment,peuvent saccchari-
fier l'amidon des tissus et dissoudre la cellulose,comme le
montrent les anastomoses avec fusion.

Les tubes polliniques réunis par milliers en une masse unique
arrivent dans la cavité ovarienne,se séparant en 6 faisceaux,
formés de très nombreux tubes.Ces faisceaux descendent dans
l'angle formé par les placentas et la cavité de l'ovaire,puis
isolément se détachent pour aller chacun au micropyle d'un ovu-
le.Dans chaque cordon,les tubes polliniques ont une longueur
très variable,les premiers développés sont les plus longs.

Bien que le nombre de tubes polliniques soit bien supérieur
à celui des ovules,cette famille est une de celles dont les
grains de pollen sont peu abondants en proportion des ovules.

La marche des tubes polliniques est loin d'être rectiligne,
elle décrit des sinuosités.

Dans le genre CYPRIPEDIUM,le stigmate étant dépourvu de liquide mucilagineux,c'est le pollen lui-même qui entouré par une
substance grasse,adhère au stigmate.Cette substance jaune,de
consistance ferme est assez soluble dans l'éther et le chloro-
forme et peu soluble dans l'alcool absolu.

La durée de la germination du pollen dépend de la nature et
de la grosseur des pollinies,elle ne demande parfois que 2-3
jours et peut se prolonger plus d'une semaine pour les pollinies céracées.Le temps nécessaire à la pénétration du tube pollinique dans l'ovule est long,parfois 3-6 semaines,sauf pour
nos Orchidées alpines ou boréales qui n'ont qu'un temps très
court pour se développer et se reproduire.

La germination du pollen provoque l'accroissement de l'ovaire
et des ovules et le plus souvent la formation des téguments o-
vulaires.Quand le tube pollinique arrive au nucelle celui-ci
est proéminent au-dehors des téguments encore rudimentaires. A-
près le contact du tube pollinique avec l'ovule,ce dernier se
développe et acquiert presque la taille de la graine mûre.

EMBRYON.

L'embryon des Orchidées a donné lieu à de nombreux travaux.
Pfitzer (1) et Treub (2) n'ont pu établir un schéma général des
cloisonnements de l'embryon.L'embryon adulte forme une masse
plus ou moins arrondie de cellules,dans laquelle il est absolument impossible de distinguer les différentes parties d'une
plantule.

L'embryon des Orchidées présente fréquemment un suspenseur
pluricellulaire.Cependant dans les genres LIMODORUM,EPIPACTIS,
NEOTTIA,LISTERA,cet organe ne paraît pas se développer.Le suspenseur se présente sous la forme d'un poil à gros diamètre.
Dans beaucoup d'Ophrydées il prend de nombreuses cloisons trans-

(1) PFITZER,Beob.u.Bau und Ent.d'Orch. (5 Zur Embryoent.u.
Keim.d.Orch.),1877.
(2) TREUB,Embryog.de quelques Orch. (Mém.Ac.roy.néerl.des Sc.,
1878).

versales,puis passe par l'endostome,va vers l'exostome et sort
par cette ouverture dans la cavité ovarienne.Les cellules se
développent tout le long des funicules et entre eux,elles rampent contre les placentas,parfois même pénètrent à l'intérieur
de ceux-ci.Un caractère très curieux du suspenseur est de donner naissance,dans certains cas,à des excroissances et de prendre des formes bizarres,après sa sortie de l'ovule (pl,10,f,263)
A un degré moindre,les cellules peuvent avoir des proéminences.
Le développement de cet organe est fréquemment arrêté par des
causes mécaniques,la compression exercée par les autres ovules
par exemple.

Les cellules du suspenseur,comme les petites cellules placentaires,sont ordinairement très riches en matière amylacée ou en
glucose.Elles peuvent renfermer des gouttelettes d'huile.

Parfois le suspenseur adhère plus fortement au funicule et
aux cellules placentaires auxquels il est soudé qu'à l'embryon
et en arrachant celui-ci,on brise le suspenseur qui reste attaché à l'ovaire.

L'épiderme du suspenseur est peu ou n'est point cuticularisé,
tandis que l'embryon est muni d'une cuticule épaisse.L'absorption peut se faire par le suspenseur,l'expérience suivante le
démontre facilement.On plonge pendant quelques minutes,des coupes d'ovaires,dans une solution d'acide osmique,puis on secoue
les préparations dans l'eau et on les expose au soleil.On observe alors que les gouttelettes noircissent dans les placentas,
les funicules,les suspenseurs et seulement dans les cellules de
l'embryon voisines du suspenseur.Cet organe peut donc facilement absorber les substances destinées à l'embryon.

Dans les espèces dépourvues de suspenseur la cuticule reste
mince sur tout l'embryon.

Dans les embryons adultes,le suspenseur est desséché ou a
disparu.

Pendant leur évolution les embryons renferment beaucoup d'huile et souvent de l'amidon.L'embryon adulte contient de l'huile,
l'amidon semble avoir disparu.Dans les espèces dépourvues de
suspenseur,les ovules possèdent de l'amidon en abondance.

FRUIT.

En observant une capsule mûre on constate que les tissus de
l'ovaire ont,après la fécondation,subi des changements assez
profonds.

L'épiderme externe des valves non placentifères est formé de
grandes cellules,à paroi externe souvent très épaisse.Toute la
partie interne de ces valves,soudée au limbe des valves fertiles est constituée par de petites cellules plus ou moins polygonales,à parois souvent épaisses,lignifiées,munies de pores et
extrêmement allongées longitudinalement.Les cellules de l'épiderme interne elles-mêmes ont une structure à peu près semblable,leur section transversale est très petite (pl.10,f.258),
leur paroi externe est peu épaisse,leur étirement vertical très
fort(pl.10,f.259).Les tissus de ces valves stériles se sont
donc modifiés,à l'exclusion de quelques assises externes si-

tuées en dehors des points de contact des valves placentifères.
Par la dessication,dans les valves stériles,les cellules très
allongées dans le sens vertical,se contractent surtout perpendiculairement à cette direction.

Le faisceau des valves placentifères est muni à la partie externe,de quelques éléments lignifiés,à parois peu épaisses.Le
limbe de ces valves est épais de 150-250µ et comprend:un épiderme externe à paroi externe souvent très forte,pouvant atteindre 10-20µ d'épaisseur;un épiderme interne très allongé
tangentiellement (pl.10,f.256),très peu développé dans les autres dimensions (pl.10,f.256,257),à parois souvent ponctuées;
3-7 assises intermédiaires formées de cellules plus ou moins
serrées,très étirées dans le sens tangentiel et ponctuées au
moins dans la région interne (pl.10,f.261,262).Les assises sont
ordinairement bien plus allongées surtout loin des lignes de
déhiscence.Par la dessication,les cellules de ces valves fertiles se contractent surtout perpendiculairement à leur grand axe,
dans une direction par conséquent inverse des cellules mécaniques des valves stériles.Il résulte de ces contractions en sens
contraires,des lignes de déhiscence longitudinales autour des
valves stériles en des points où la paroi ovarienne est du reste plus mince qu'en aucun autre endroit.Les lignes de déhiscence s'étendent de haut en bas de la capsule et la divisent en 6
pièces:3 très larges portant les placentas et 3 plus étroites,
alternes avec les premières,réduites à une nervure,rarement à
une partie de limbe et à une nervure (pl.10,f.290).Ces pièces
demeurent fixées ensemble à la base et au sommet du fruit.

La structure des parois du fruit (présence de ponctuations,
nombre d'assises,etc.)varie beaucoup avec l'âge et ne peut guère donner de bons caractères systématiques facilement compar-
bles.

Les fruits de beaucoup d'Orchidées européennes ne semblent pas
renfermer d'émulsine.

GRAINE.

Les graines ont une forme relativement assez stable.Elles
sont plus ou moins allongées suivant les espèces,arrondies ou
atténuées au sommet.La taille ne subit ordinairement pas de variations très sensibles dans la même espèce,aussi avons-nous
donné,dans nos diagnoses,la taille moyenne de la graine adulte.
Ces chiffres ne peuvent indiquer qu'une grandeur approximative,
mais ils montrent les énormes différences qu'il existe entre la
taille des différentes espèces.

Le tégument est formé de cellules à parois ondulées ou rectilignes (pl.10,f.276),souvent munies d'épaississements rayés ou
réticulés (pl.10,f.265-269).La présence ou l'absence d'ornements,
la nature de ceux-ci,sont de bons caractères systématiques.Tou-
tefois ces caractères ne doivent être observés que sur des graines adultes,car les épaississements peuvent apparaître très tar-
divement.Pour avoir étudié des graines trop jeunes,plusieurs auteurs ont décrit des graines striées comme dépourvues d'orne-
ments.Les ovules atteignent tôt,la taille des graines adultes,

d'où une cause fréquente d'erreurs.

L'oeuf accessoire ne se développe pas pour former un albumen. Dans la graine mûre,l'embryon renferme de l'huile,il est très imparfait et ne possède même au moment de la germination,ni cotylédon,ni tigelle,ni radicule;il est comparable à un embryon monocotylédone dans les premiers stades de son développement.

GERMINATION.

Les graines ne peuvent se développer sans la pénétration d'un champignon et par conséquent sans l'infection du sol.D'après les travaux de M.Bernard,l'infection paraît se faire dès le début de la germination,par le pôle suspenseur,que le suspenseur soit développé ou non.Dans les graines munies d'un suspenseur, l'infection se fait par cet organe.Link avait signalé la présence de cellules à contenu brun jaunâtre,correspondant à la région infestée par les endophytes.Frank,Stahl et Wahrlich ont montré l'importance du champignon.

Cette sorte de saprophytisme a donné lieu à de nombreux travaux dans le détail desquels nous ne pouvons entrer ici et que nous avons cité dans la bibliographie.Irmisch,Fabre,M.M.Prillieux et Bernard ont traité les phénomènes morphologiques de la germination.Au début de la germination,le corps cellulaire formant l'embryon croît,brise le tégument,produit un axe embryonnaire en forme de toupie dont la pointe correspond au point où se trouvait le suspenseur et développe des papilles à sa partie inférieure.Ces papilles sont destinées à puiser la nourriture dans le sol,l'embryon manquant de racine.La plante s'accroît par la partie opposée au point d'attache du suspenseur,c'est là où se différencie le bourgeon.L'absence de racine terminale a probablement pour cause l'infection de l'embryon,par le suspenseur.C'est au pôle suspenseur que la racine terminale se développe ordinairement et dans les Orchidées,cette région étant infestée,les cellules ne se développent pas.La première feuille de la plante se présente sous forme d'un petit mamelon,puis ensuite d'autres feuilles se montrent,la tige se précise,les racines apparaissent.Le premier tubercule qui se développe n'a qu'un cylindre central,il n'est donc constitué que par une seule racine.Le tubercule de deuxième année a plusieurs cylindres centraux.

La tubérisation précoce est un des caractères des Orchidées.

Pendant toute la période de tubérisation,l'endophyte se développe sans atteindre le tubercule si celui-ci est entier.Si le tubercule est palmé,il peut s'infecter.

M.Bernard a été amené à considérer la tubérisation des bourgeons comme conséquence et symptôme de l'infection des racines.

MULTIPLICATION.

De petits bourgeons peuvent se détacher avec leurs tubercules, donner des rhizomes,puis passer par les périodes de tubérisation et de différenciation.

Des racines isolées de certaines Orchidées,du NEOTTIA NIDUS-AVIS,par exemple,peuvent parfaitement donner des pieds nouveaux.

La partie postérieure de la racine est envahie par les endophytes,le point végétatif reste indemne.Le méristème terminal de la racine cloisonne ses cellules et donne un tubercule qui déchire la coiffe de la racine,puis le bourgeon terminal se forme parfois avant les jeunes racines.

Les plantes de cette famille tirent leur carbone d'une façon bien différente les unes des autres.Entre les espèces riches en chlorophylle,prenant directement leur carbone à l'air et celles qui sont à peu près dépourvues de chlorophylle et à assimilation presque nulle,existent des intermédiaires.M.Griffon a montré que l'assimilation de carbone,du LIMODORUM,est très faible, malgré la présence d'une quantité assez notable de chlorophylle dans ses tissus.Cette plante est saprophyte.

Le saprophytisme de certaines espèces a donné lieu à des études importantes et le rôle des endophytes à des appréciations différentes.Pour certains auteurs il y a une symbiose,le champignon empruntant à son hôte des substances qu'il ne peut élaborer,des hydrates de carbone,par exemple,et lui fournissant l'eau et les corps azotés puisés par lui dans l'humus.

M.Gallaud pense qu'il y a là,non une symbiose mais plutôt un cas de saprophytisme interne,la cause de l'inocuité de l'endophyte étant surtout le pouvoir digestif des cellules envahies, il y aurait phagocytose.La plante après la digestion de l'endophyte retrouverait une partie des éléments enlevés par lui et principalement les substances albuminoïdes.

Le rôle des endophytes,encore incomplètement connu,devra jeter un jour nouveau sur bien des points obscurs de la biologie de cette curieuse famille.

CONSPECTUS DES SUBDIVISIONS.

Sous-famille I.
MONANDRAE Swartz,
Une seule étamine, la médiane, fertile (1).

Tr.I. - OPHRYDEAE. - S.-tr. ANGIADENINAE, GYMNADENINAE.

Tr.II. - EPIPOGONEAE.

Tr.III. - MALAXIDEAE. - S.-tr. EUMALAXIDINAE, CALYPSOINEAE,
CORALLORHIZINAE.

Tr.IV. - NEOTTIEAE. - S.-tr. LISTERINAE, SPIRANTHINAE.

Tr.V. - ARETUSEAE.

Sous-famille II.
PLEONANDRAE Pfitz.
Deux étamines, les latérales, fertiles, l'étamine centrale
stérile.

Tr.VI. - CYPRIPEDIEAE.

_____

(1) Pour les caractères des subdivisions, nous n'avons envisa-
gé que les caractères des genres représentés dans notre circonscription.

CARACTERES DES TRIBUS ET SOUS-TRIBUS.

Tribu I. - OPHRYDEAE Lindley.

Etamine centrale fertile. Anthère persistante,soudée à la colonne avec laquelle elle forme corps. Masses polliniques compactes,composées de granules assez gros,agglutinés par une matière visqueuse. Bulbes charnus,entiers ou plus ou moins palmés (ophrydobulbes),surmontés de fibres radicales cylindriques.

Poils unicellulaires sur les organes végétatifs et sur les organes de protection de la fleur. Grains de pollen ne se développant pas dans la partie inférieure des loges d'anthère (sauf dans le genre GENNARIA),cellules se différenciant dans cette région (caudicule). Masses polliniques se détachant en massules (issues d'une même cellule-mère) composées d'assez nombreuses tétrades. Cellules fibreuses des parois de l'anthère peu développées ou manquant. Racines les unes indépendantes,à lames vasculaires isolées autour d'un parenchyme abondant;les autres concrescentes et tubérisées,chaque cylindre central présentant à peu près la structure du cylindre central des racines isolées.

Sous-tribu I. - ANGIADENINAE (ANGIADENIAE) Parlat.
Glandes soudées ou non,réunies dans une bursicule.
A. Masses polliniques à rétinacles soudés en un seul,terminés par une seule glande,renfermée dans une bursicule.
SERAPIAS, ACERAS, LOROGLOSSUM, BARLIA, TRAUNSTEINERA, ANACAMPTIS, CHAMAEORCHIS.
B. Masses polliniques distinctes,à rétinacles terminés chacun par une glande distincte,glandes renfermées dans une bursicule biloculaire.
ORCHIS, NEOTINEA.
C. Masses polliniques à caudicules terminés par des rétinacles distincts,renfermés dans deux bursicules distinctes.
OPHRYS.

Sous-tribu 2. - GYMNADENINAE (GYMNADENIAE) Parlat.
Glandes distinctes,nues ou n'ayant à la base qu'un léger repli,rudiment de bursicule.
HERMINIUM, BICCHIA, COELOGLOSSUM, GYMNADENIA, GENNARIA, PLATANTHERA, NIGRITELLA.

Tribu II. - EPIPOGONEAE Parlat.

Etamine centrale fertile. Anthère libre,caduque. Masses polliniques céracées,atténuées en caudicules. - Plante parasite.

Papilles unicellulaires sur le périanthe. Masses polliniques ne se divisant pas en massules,attachées à une bandelette de cellules différenciées. Parois de l'anthère à ornements fibreux très développés. Racine manquant. Rhizome coralliforme,muni de poils,faisceau axile à éléments ligneux à peine différenciés.
EPIPOGON.

Tribu III. — MALAXIDEAE Lindley.

Etamine centrale fertile. Anthère libre, caduque. Masses polliniques céracées, agglutinées, compactes,composées de granules cohérents, non atténuées en caudicules.

Papilles unicellulaires, souvent très réduites, sur le périanthe. Dans le genre CALYPSO, seul, poils pluricellulaires, à tête sécrétrice, sur les organes végatatifs. Masses polliniques ne se divisant pas en massules,restant en pollinies. Parois de l'anthère ayant ordinairement plusieurs assises de cellules fibreuses, profondément différenciées.

Sous-tribu 1; — EUMALAXIDINAE

Bulbes constitués par un renflement de la tige, entourés de plusieurs épaisses tuniques.

Pas de poils sécréteurs. Racine réduite. Racine, feuilles inférieures et renflement bulbiforme de la tige différenciant un grand nombre de leurs cellules en trachéides servant à l'absorption et à la mise en réserve de l'eau. Feuilles et renflement de la partie inférieure de la tige émettant des rhizoïdes.Groupe bien distinct par l'ensemble de ses caractères anatomiques.
MALAXIS, MICROSTYLIS, LIPARIS.

Sous-tribu 2. — CALYPSOINEAE.

Bulbes constitués par un renflement de la tige, non pourvu d'épaisses tuniques.

Poils pluricellulaires, à tête sécrétrice,sur les organes végétatifs. Racine réduite. Racine et feuilles pellucides entourant le renflement bulbiforme de la tige non spécialement différenciées en trachéides. Base dilatée de la tige et feuilles émettant des rhizoïdes.
CALYPSO.

Sous-tribu 3. — CORALLORHIZINAE

Rhizome rameux, coralliforme.

Pas de poils sécréteurs. Racine manquant. Rhizome muni de touffes de poils abondantes multipliant la surface absorbante, faisceau axile à éléments vasculaires peu différenciés,Feuilles bractéiformes ne servant pas spécialement de réserve aquifère.
CORALLORHIZA.

Tribu IV. — NEOTTIEAE Lindley.

Etamine centrale fertile. Anthère terminale libre ou continue avec la base du gynostème. Masses polliniques non atténuées en caudicule. Pas de bulbe, souche à fibres radicales plus ou moins épaisses.

Poils unicellulaires sur le labelle. Poils pluricellulaires, sur la tige, les feuilles, les ovaires, les divisions externes et latérales internes du périanthe. Grains de pollen se développant dans toute l'anthère, s'isolant par tétrades ou par massules (GOODYERA). Cellules fibreuses des parois anthérales nombreuses. Racines non concrescentes, ne présentant jamais qu'un cylindre central.

Sous-tribu 1. — SPIRANTHINAE (SPIRANTHEAE) Parlat.
Divisions du périanthe connniventes, plus ou moins soudées à la base. Labelle à éperon en sac.
SPIRANTHES, GOODYERA.

Sous-tribu 2. — LISTERINAE (LISTERAE) Parlat.
Divisions du périanthe étalées ou réfléchies. Labelle étalé, sans éperon évident.
NEOTTIA, LISTERA, EPIPACTIS.

Tribu V. — ARETUSEAE Parlat.

Etamine centrale fertile. Anthère terminale, libre, operculée. Masses polliniques pulvérulentes ou granuleuses, non atténuées en caudicules. Pas de bulbe. Souche formée de fibres radicales plus ou moins épaisses.

Poils unicellulaires sur le labelle. Poils pluricellulaires sur la tige, les feuilles, les ovaires, les divisions externes et latérales internes du périanthe. Grains de pollen se développant dans toute l'anthère, s'isolant complètement les uns des autres. Cellules fibreuses abondantes dans les parois anthérales. Racines non concrescentes, n'ayant qu'un cylindre central, à lames vasculaires confluentes.
CEPHALANTHERA, LIMODORUM.

Tribu VI. — OYPRIPEDIEAE Lindley.

Les deux étamines latérales fertiles. Etamine centrale pétaloïde et stérile.

Poils pluricellulaires sur les organes végétatifs et le périanthe. Grains de pollen se développant dans toute l'anthère, s'isolant complètement les uns des autres. Assises fibreuses des parois de l'anthère à cellules mécaniques abondantes. Racines non concrescentes, n'ayant qu'un cylindre central, à lames vasculaires confluentes.
OYPRIPEDIUM.

Tribu I. — OPHRYDEAE Lindl. (1)

Lindl.Orch.scel.12(1826);Gen.et spec,p.257; **Endl.Gen**.p.208; Reichb.f.Icon.XIII,p 1; Benth.in Benth.et Hook.Gen.III,p.485 (1883); Asch.u.Graeb.Fl.Nord.Flachl.p.205;Syn,III,p.619 et auct. plur. — OPHRYDINAE Pfitz.Entw.Anord.Orch.96(1887);Nat.Pfl,II,6, 77,84. — ARACHNITIDEAE Todaro Orch,Sic.p.7.

Etamine centrale seule normalement fertile. Anthère persistante,soudée à la colonne avec laquelle elle forme corps. Masses polliniques compactes,composées de granules assez gros,agglutinés par une matière visqueuse. Bulbes charnus,entiers ou palmés (ophrydobulbes) surmontés de fibres radicales cylindriques.

Poils unicellulaires sur les organes végétatifs et sur les organes de protection de la fleur.Grains de pollen ne se développant pas à la partie inférieure des loges d'anthère (sauf dans le genre GENNARIA),cellules se différenciant dans cette région(voir p,27).Masses polliniques se détachant en massules, issues d'une même cellule-mère et composées de nombreuses tétrades (voir p,26).Cellules mécaniques des parois de l'anthère peu caractérisées ou manquant.Racines les unes indépendantes,à lames vasculaires isolées autour d'un parenchyme abondant,les autres concrescentes et tubérisées,chaque cylindre central présentant à peu près la structure du cylindre central des racines isolées (voir p,10). — Nervures des feuilles toujours dépourvues de tissu lignifié,rarement munies d'un peu de collenchyme. Staminodes manquant normalement d'éléments vasculaires(dans le cas tératologique signalé par nous à propos du trajet des faisceaux dans la fleur,les deux étamines latérales,supérieures après la torsion de la fleur,renfermaient un faisceau libéro-ligneux comme celui de l'étamine médiane).Cellules du rostellum se transformant et donnant 1-2 rétinacles (voir p,28).

Sous-tribu 1. — ANGIADENINAE (ANGIADENIAE)

Parlat.Fl.ital.III,p.418. — BURSICULATAE Reichb.f.Icon.XIII, p.105.

Glandes* soudées ou non,réunies dans une bursicule.

A. Masses polliniques à rétinacles soudés en un seul et renfermés dans une bursicule.

Gen.1. — SERAPIAS L.

L.Gen.110,ex parte; Juss.Gen.p,65,p.p.; Swartz in Act.holm. (1800)p.223,t,3,ic,4; R.Br.in Ait.Hort,Kew,ed.2,V,p.194; Rich.

(1) Les OPHRYDEAE font partie des BASITONAE Pfitzer (Ent.An. Orch.).

in Mém.Mus.IV,p.47; Endl.Gen.n°1538; Reichb.f.Icon.XIII,p.8;
Parlat.Fl.ital.III,p.418; Pfitzer in Engl.u.Prantl.Nat.Pfl.II.
6,89 et auct.plur. - HELLEBORINE Pers.Syn.I,p,512; Benth.et
Hook.Gen.III,p.620 . - LONCHITIS Bubani Fl.pyr.p.50.

Périanthe à divisions externes conniventes en casque et soudées entre elles par leurs bords,libres au sommet:les deux internes dilatées à la base et soudées au sommet avec les divisions externes.Labelle dirigé en avant non éperonné,gibbeux à
la base,trilobé;lobes latéraux ascendants ou dressés;lobe moyen
grand ordinairement réfracté.Anthère entièrement adnée,vertica-
le,à loges parallèles.Masses polliniques à caudicules distincts,
insérés sur un seul rétinacle renfermé dans une bursicule.Sta-
minodes nuls.Gynostème terminé en bec comprimé.Ovaire non con-
tourné.Graines très petites sublinéaires.

Longs poils du labelle munis de ramuscules et de gibbosités.
Faisceaux libéro-ligneux de la tige assez régulièrement disposés en cercle au-dessus des feuilles principales.

1. - S.CORDIGERA.

S.CORDIGERA L.Sp.ed.2,p.315(1763); Willd.Sp.IV,p.7i; Lindl.
Gen.et sp.p.377; Reichb.f.Icon.XIII,p.10; Kraenzl.Gen.et sp.p.
157; Marsch.Aufzahl d.in Fl.Bot.Zeit.(1833)p.492; Richt.Pl.Fur.
I,p.274,excl.v.b; Poir,Voy.II,p.250; Desfont.Fl.atl.II,p.321;
DC. Fl.fr.III,p.256;V,p.33; Mut.Fl.fr.III,p.255; Duby p.448;
Gr.et Godr.Fl.Fr.III,p.275; Boreau Fl.cent.éd.3,p.275; Ardoino
Fl.A.-Mar.p.358; Barla Icon.Orch.p.32; Poir.Cat.Vienne p.95;
Lloyd Fl.Ouest,pl.éd.; Lloyd et Fouc.Fl.Ouest,p.340; Cam.Monogr.
Orch.Fr.p.7,in J.bot.VI,p.22; S.-Am.Fl.agen.p.373; Deb.Rév.fl.
agen.p.520; Guill.Fl.Bord.p.171; Coste Fl.Fr.III,p.385,n°33562 ,
cum icone; Ucria.H.r.pan.p.385; Biv.Sic.cent.l,p.74; Tod.Orch.
sic.p.108; Parl.Rar.pl.Sic.f.1,p.12;Pl.nov.p.22;Fl.it.III,p.427;
Guss.Fl.Sic.syn.2,p.552; Ten.Fl.neap.syll.p.458; Mor.et de Not.
Fl.capr.p.24; de Not.Rep.fl.lig.p.390; Ces.Pass.Gib.Comp.p.185;
Moris Stirp.Sard.f.1,p.44; Macch.in N.g.bot.ital.p.311(1881);
W.Barbey Fl.Sard.Comp.n°1302; Archang.Comp.ed.2,p.165; Fiori et
Paol.Ic.fl.ital.n°813; Fl.ital.p.239; Cortesi in Ann.bot.Pirot-
ta,I; Willk.et Lg.Prodr.hisp.I,p.162; Rodrig.Cat.Men.p.86; Colm.
Pl.hisp.-lus.V,p.18; Mar.et Vig.Cat.Baléar.p.278; Deb.et Daut.
Syn.Gibr.p.199; Sib.et Sm.Pr.2,p.218; Fl.gr.X,p.24,t.932; Ch.et
Bor.Exp.Morée,p.266; N.fl.Pélop.p.62; Guimar.Orch.port.p.36;
Raul.Cret.p.863; Gelmi in Bull.Soc.bot.ital.(1889)p.452; Halac.
Consp.Gr.III,p.158; M.Schulze Die Orch.n°35; Koch Syn.ed.2,p.
798; ed.3.p.601; ed.Hall.et Wohlf.p.2440; Desf.Fl.atl.2,p.321;
Ball.Spic.Mar.p.674: Batt.et Trab.Fl.Alg.(1884),p.189; Bonn.et
Barr.Cat.Tunis.p.400;Deb.Fl.Kabyl.Djurdj.p.342. - S.LINGUA B.
Savi Fl.Pis.(1798)II,p.304. - S.LINGUA B.LATILOBA Bert.Fl.ital.
IX,p.601(1853). - S.OVALIS Rich.in Mém.Mus.IV,p.54(1817). - S.
OXYGLOTTIS Cocc.Fl.Bol.p.480,non Bert.,an Willd.? - HELLEBORINE
CORDIGERA Pers.Syn.II,p.512(1807); Sebast.et Maur.Fl.rom.prodr.
p.32; Sebast.Pl.fasc.I,p.13; Ten.Fl.neap.II,p.315. - ORCHIS

montana italica,lingua trifida Rudb.Elys.2,p.204,f.20. - O.Etru-
riae lingua ferruginea pilosa Petiv.Grazioph.t.128,f.4. - O.fer-
rugineo linguaeformi ac cordato,maximo flore Cup.Pamph.sic.1,t.
65; Bonan.t.31. - O.montana italica,lingua oblonga retroflexa
Mich.in Till.Cat.h.pis.p.125.

Icon. - Sibt.et Sm.Fl.gr.t.932; Sebast.Rom.pl.1,t.4; Sebast.
et Maur.Fl.rom.prodr.t.X(optima); S.-Am.Fl.agen.t.9,f.2; Reichb.
f.Icon.XIII,t.88,CCCXL sauf f.I et II qui représentent des hybrides ou des lusus; Barla,l.c.pl.20,f.1-11; Cam.Monogr.Atl.pl.
1; Moggridge,Cont.Ment.t.16; Bicknel.Flow.p.a.f.Riviera t.58,f.
A. - Ic.n. (1) Pl.11,f.320-323.

Exsic. - Tod.Fl.Sic.n°1384; Bourg.Pl.Esp.n°1853; Durieu,Pl.
sel.hisp.-lusit.n°224; de Noé,Pl.Constantinople n°207(s.PARVI-
FLORA)exempl.Mus.Paris; Andress.(1831); Soc.Rochel.n°513; Billot n°15548; Reliq.M.n°534; Dörfler,Pl.Crête n°118; Janin,Pl.
Alg.n°9; Soc.fr.-helv.n°1446.

Bulbes ovoïdes ou subglobuleux,sessiles ou l'un sessile et
l'autre brièvement pédonculé.Tige de 2-3,rarement 4 décim.,
cylindrique,d'un rouge violacé au sommet,maculée à la base ainsi que les gaînes des feuilles de taches pourprées.Feuilles
lancéolées-linéaires,aiguës,canaliculées,les inférieures réduites à l'état de gaînes membraneuses brunes;bractées souvent
plus courtes que les fleurs,rarement les inférieures les dépassant un peu,ovales,lancéolées-aiguës,le plus souvent ayant la
coloration des divisions externes du périanthe,marquées de nervures purpurines ou violacées,plus ou moins visibles et anastomosées par de plus petites nervures transversales.Fleurs peu
nombreuses,3-10,rarement plus,grandes,disposées en épi court,
ovoïde.Périanthe à divisions conniventes en casque;les externes
soudées,libres au sommet,acuminées,aiguës,concaves,un peu carénées en dehors,d'un violet rougeâtre pâle en dehors,plus foncé
en dedans,marquées de nervures longitudinales anastomosées par
de petites nervures transversales;les deux internes d'un pourpre foncé surtout à la base,à trois nervures,la médiane seule
allant jusqu'au sommet,longuement acuminées subulées,à base dilatée,à bords ondulés,presque aussi longues et bien plus étroites que les externes et soudées à elles par le sommet.Labelle à
3 lobes,ayant presque deux fois la longueur des divisions du
périgone,dirigé en avant,muni à la base,sur la face interne de
2 callosités noirâtres luisantes,saillantes,dirigées en avant
et divergentes.Lobes latéraux d'un pourpre noirâtre,arrondis,
dressés,rapprochés entre eux au sommet et en partie recouverts
par les divisions du périanthe;lobe médian plus long que les
latéraux,aussi large que les deux latéraux réunis dans le labelle étalé,ovale en coeur,acuminé,paraissant articulé,réfléchi,
hérissé de poils nombreux ainsi que la base du labelle,légère-
ment ondulé sur les bords,d'un pourpre assez foncé,marqué de

(1) Ic.n. Cette abréviation concerne les figures de l'ouvrage
présent.

veines ramifiées.Gynostème ordinairement pourpré,terminé par un
bec presque droit dirigé en avant,égalant environ sa longueur.
Ovaire sessile,subcylindrique,d'un vert pâle.Masses polliniques
d'un vert foncé. – En Algérie et en Tunisie les individus sont
robustes,ils atteignent jusqu'à 4 déc.et ont parfois 10 à 15
fleurs.

MORPHOLOGIE INTERNE.

BULBE.(1) Grains d'amidon de forme très irrégulière,attei-
gnant 25-40µ de long. – FIBRES RADICALES. Assise pilifère subérisée assez fortement.Endoderme à plissement délicatement subé-
risés.Vaisseaux de métaxylème ordinairement nombreux.

TIGE (2) Cuticule légèrement striée.2-3 assises de parenchyme
entre l'épiderme et l'anneau lignifié.6-9 assises lignifiées à
parois peu épaisses.Faisceaux libéro-ligneux entourés de tissu
lignifié vers l'extérieur,contenant beaucoup de parenchyme non
lignifié entre les vaisseaux.Parenchyme central renfermant des
cellules à raphides peu nombreuses.

FEUILLE.(3)Ep.=220-350µ .Epiderme supérieur recticurviligne,
haut de 70-100µ ,dépourvu de stomates sauf dans les feuilles
bractéiformes supérieures,à paroi externe striée,épaisse de 6-
8µ et non ou peu bombée.Epiderme inférieur haut de 30-40µ ,muni
de stomates très nombreux,à paroi externe striée,épaisse de 6-
8µ env.et bombée.Paroi externe des cellules épidermiques des
bords du limbe prolongée en pointe inclinée (pl.4,f.96).Méso-
phylle formé de 6-9 assises et contenant des paquets de raphides peu abondants.

FLEUR. – PERIANTHE.DIVISIONS EXTERNES.Bords très légèrement
papilleux.Epiderme externe strié. – DIVISIONS LATERALES INTER-
NES.Bords munis de papilles. – LABELLE.Epiderme interne portant
des poils de 900-1200µ de long et de 80-180 µ de diam.env.,à gibbosités nombreuses surtout vers leur extrémité,à contenu rose
violacé.Latéralement,sur la partie moyenne et inférieure du labelle,poils non gibbeux,atteignant 150-250µ de long,aigus ou
obtus au sommet (pl.7,f.163).Epiderme inférieur sans papilles.
Partie supérieure brillante et charnue de l'épiderme interne
sans papilles,cellules recticurvilignes. – ANTHERE.Epiderme des
parois non papilleux,épiderme du dos du gynostème légèrement
papilleux.Cellules mécaniques peu abondantes. – POLLEN.Tétrades
finement granuleuses.L(4)=35-40µ . – OVAIRE.Epiderme à cuticule
striée.Valves placentifères à nervure médiane non ou à peine
saillante extérieurement(5),ayant 2 faisceaux libéro-ligneux,
l'interne à bois externe.Placenta donnant deux branches nettes.
Valves non placentifères très saillantes extérieurement,ayant

(1) Nous avons observé de préférence,les bulbes dans lesquels
l'amidon avait acquis son maximum de développement.
(2) Sauf mention spéciale,nous avons décrit la tige au-dessus
des feuilles principales,dans sa partie moyenne.
(3) Ep.=épaisseur de la feuille dans sa partie moyenne.
(4) L=longueur moyenne des tétrades observés dans l'eau.
(5) Nous rappelons ici que nous avons toujours observé des
ovaires non désséchés.

un faisceau libéro-ligneux. - GRAINES.Atténuées légérement au sommet,2f.1/2-3f.plus longues que larges.Cellules du tégument à parois ondulées,striées.L (1) =240-350 μ.

B. Var.LEUCOGLOTTIS Welwitsch ap.Reich.f.Icon.XIII,p.181; Guimar.l.c. - Feuilles planes ou légèrement caniculées.Labelle à lobe moyen d'un blanc jaunâtre.

C. Var.LEUCANTHA Guim.l.c. - Fleurs plus nombreuses,entièrement jaunâtres ou roses.

D. Var.CURVIFOLIA Guim.l.c. - Feuilles caniculées,arquées, brusquement dilatées.

Ces trois variétés qui existent aussi bien dans les Alpes-Maritimes et en Italie sont reliées par des formes intermédiaires nombreuses.Nous croyons qu'il serait mieux de les considérer comme de simples sous-variétés.

MONSTRUOSITE. - M.Raine nous a communiqué un exemplaire présentant une fleur munie de 2 labelles soudés dans leur partie supérieure.

Mars-mai. - V.v. - Prés marécageux,lieux herbeux de la région méditerranéenne. - Portugal,Espagne,France méridionale,Corse,Baléares,Sardaigne,Italie,Sicile,Dalmatie,Tyrol,Grèce,Crète,Thrace,Malte,Algérie,Maroc,Smyrne.

2. - S.NEGLECTA

S.NEGLECTA de Notar.Rep.fl.ligust.p.389(1844); Reich.f.Icon. XIII,p.14 et 171; Ard.Fl.A.-Mar.p.358; Parlat.Fl.ital.III,p.430; Barla,Icon.Orch.p.32; W.Barbey,Fl.Sard.comp.p.238; Ces.Pass.Gib. Comp.p.185; Moggr.Contr.Ment.pl.XCIV; Arcang.Comp.,ed.2,p.165; Cam.Mon.Orch.Fr.p.8;in J.bot.VI;p.22; Coste Fl.Fr.III,p.3563,c. icone; Kraenz.Gen.et spec.p.157. - S.CORDIGERA var.b.NEGLECTA Fiori et Paol.Fl.ital.I,p.239. - S.CORDIGERA p.p.,F,Cortesi in Ann.bot.Pirotta,1;et auct.plur. - S.CORDIGERA b.Bertol.Pl.gen. p.125 et Amaen.it.p.203; Fl.ital;IX,p.603(p.p.?). - S.LINGUA b. Savi Fl.pis.II,p.304,p.p. - O.montana italica,lingua oblonga, fulva et crispa Mich,in Till.Cat.h.pis.p.125.

Idon. - Reich.f.Icon.XIII,t.168,DXX; Barla,l.c.pl.20,f.12-13; pl.21,f.1-14; Bicknell,Fl.p.a.f.Riviera,t.58,f.B; Cam.Atlas,pl. II Ic.n.pl.11,f.316-319.

Exsicc. - Billot,n° 3239; Soc.Dauph.n° 2633; Soc.fr.-helv.n° 1646 Savi Fl.etrusca n°601.

Bulbes ovoïdes ou subglobuleux,le plus souvent l'un sessile, l'autre pédonculé.Tige de 1-3 décim.env.,cylindrique,dressée, d'un vert clair,dépourvue de macules à la base.Feuilles linéaires-lancéolées,aiguës,canaliculées,ordinairement arquées,les inférieures réduites à des gaînes membraneuses brunes,non maculées de taches purpurines.Bractées plus courtes que les fleurs, ovales-aiguës,d'un vert clair,souvent lavées de violet ou com-

(1) L = longueur moyenne des graines adultes.

plètement purpurines,munies de nervures longitudinales anastomosées par des nervures transversales.Fleurs peu nombreuses,2 -
6,rarement plus,grandes,disposées en épi court.Périanthe à divisions conniventes en casque,les externes soudées à la base,
libres au sommet,acuminées,aigues,concaves,un peu carénées en
dehors,d'un violet rougeâtre pâle en dehors et en dedans,mar-
quées de nervures longitudinales anastomosées par de petites
nervures transversales;les deux internes à base dilatée,à bords
non ondulés,presque aussi longues et beaucoup plus étroites que
les externes et soudées à elles par le sommet.Labelle à 3 lobes
ayant environ la longueur double de celle du périanthe,dirigé
en avant,muni à la base de deux callosités saillantes,linéaires
presque parallèles et un peu plus distantes l'une de l'autre
que dans le S.CORDIGERA.Lobes latéraux plus ou moins foncés
dans leur partie supérieure,divergents,plus ou moins étalés,peu
cachés par les divisions du périanthe;lobe médian grand,large-
ment ovale acuminé,aussi large que les 2 lobes latéraux réunis
dans le labelle étalé,subarticulé,plus ou moins réfléchi,quel-
quefois presque horizontal,hérissé de poils nombreux ainsi que
la base du labelle,ondulé sur les bords,d'un rouge brique sur
le pourtour,de couleur ocracée et pâle au centre,muni de veines
ramifiées.Gynostème terminé par un bec aigu presque droit,diri-
gé en avant et égalant environ sa longueur.Masses polliniques
verdâtres.- On rencontre assez souvent une forme robuste à
fleurs peu colorées,d'un jaune paille,rouillé,lavé de rose ou
de violet clair.

MORPHOLOGIE INTERNE.

FIBRES RADICALES.Lames vasculaires nombreuses.Vaisseaux de
métaxylème assez abondants.

TIGE.Cuticule striée,stomates ordinairement assez nombreux.
2-3 assises de parenchyme entre l'épiderme et l'anneau lignifié.
6-9assises lignifiées.Faisceaux libéro-ligneux bien plus larges
que hauts.Lacune occupant le centre de la tige.

FEUILLE.Ep. = 270-350μ.Epiderme sup.muni de stomates seulement dans les feuilles bractéiformes supérieures,haut de 60-120μ
env.,à paroi externe épaisse de 6-7μ et légèrement bombée.Epi-
derme inf.pourvu de nombreux stomates,haut de 25-30 μ,à paroi
externe épaisse de 4-6μ env.et légèrement bombée.Cellules épidermiques des bords du limbe à paroi externe bombée extérieurement,non prolongée comme dans le S.OCCULTATA (pl.4,f.98).Bords
dépourvus de collenchyme.Mésophylle formé de 6-8 assises de tissu plus ou moins lacuneux.

FLEUR. - PERIANTHE.DIVISIONS EXTERNES.Epiderme ext.strié, à
stries convergeant vers le milieu de la cellule.Pas de papilles.
ni sur l'épiderme ext.ni sur l'épiderme int. - DIVISIONS LATE-
RALES INTERNES. Epiderme ext.strié,portant quelques papilles.
Epiderme int.muni de papilles assez nombreuses,courtes,obtuses.-
LABELLE. Cellules épidermiques de la partie sup.charnue du labelle à parois minces,souvent dépourvues de papilles.Partie centrale munie de poils longs hyalins,atteignant 750-1200μ de long
env.et 60-180μ de diam.env.,très gibbeux (pl.7,f.160).Parties
latérales à poils plus courts,non rugueux (pl.7,f.161-162).Epi-
derme inf.du labelle légèrement papilleux vers les bords. -

ANTHERE. Cellules à bandes épaissies assez nombreuses,très imparfaites. - POLLEN. Légèrement ruguleux.L = 30-40µ . - OVAIRE. Cuticule délicatement striée,stomates peu nombreux.Nervure des valves placentifères non ou peu saillante,à 3 faisceaux libéroligneux;l'externe à bois interne,les internes à bois externe. Masse placentaire très courte,à 2 longues divisions.Valves non placentifères très proéminentes à l'extérieur,contenant un faisceau. - GRAINES.Striées,assez arrondies au sommet,2f.1/2 - 3f. plus longues que larges.

V.v. - Croît dans les mêmes lieux et à peu près à la même époque que le S.CORDIGERA. - France,Var,Corse,Alpes-Maritimes;Italie,Ligurie.

3. - S.PSEUDO-CORDIGERA.

S.PSEUDO-CORDIGERA Moric.Fl.venet.p.374(1820); Willk.et Lg. Prodr.Hisp.,non Suppl.; Reich.f.Icon.XIII,p.12; Kraenz.Gen.et sp.p.158: Koch,Syn.ed.2,p.799; ed.3,p.601; Lec.et Lamt.Cat.pl. centr.p.352; Comoll,Fl.comens.p.3799; Boiss.Fl.orient.V,p.54; W.Barbey,Aschers.et Lev.Fl.Sard.compend.et Suppl.n° 1303; Arcang.Comp.ed.2,p.163; Mar.et Vigin.Cat.Baléar.p.279; Guimar Orch.port.p.38: Trautv.Increm.fl.ross.p.753,n° 5042; Aznav.Mag. Nov.Lap.I,p.196. - S.LONGIPETALA Poll.Fl.veron.III,p.30(1824); Lindl.Gen.et sp.p.378; Richter Pl.eur.I,p.275; Mut.Fl.fr.III,p. 254 n°2 et p.255 n°3; G.et G.Fl.Fr.III,p.278; Moggr.Contr.Ment. pl.XCIV; Ard.Fl.A.-Mar.p.358; Barla,Icon.Orch.p.31; Dulac,Fl.H.-Pyr.p.122; Cam.Monogr.Orch.Fr.p.9; in J.bot.VI,p.23; Guill.Fl. Bord.et S.-O.; Coste Fl.Fr.III,p.385,n°3 564,cum fic. ; Nocc.Fl. venet.IV,p.144; Ten.Syll.p.458; Parlat.Pl.sic.l, 11,et Pl.nov. p.21; Guss.Fl.Sic.2,p.552; de Not.Rep.fl.Lig.p.390; Guss.Enum. pl.inar.p.322; Parlat.Fl.ital.III,p.424; Ces.,Pass.,Gib.Comp.p. 185; Fiori et Paol.Icon.fl.ital.n°812; Bouvier Fl.Alpes,éd.2,p. 646; Gremli,Fl.Suis.,éd.Vetter,p.485; Willk.et Lg.Suppl.p.41,n° 715; Chaub.et Bor.Exp.Morée,p.266; Marg.et R.Fl.Zante,p.87; W. Barbey,Herb.au Levant,p.157; Raul.Cret.p.863; Battand.et Trab. Fl.Alg.éd.1,p.194; Reichb.Fl.excurs.1,p.130; Koch,Syn.ed.Hall. et Wohlf.p.2440. - S.HIRSUTA Lapeyr.Hist.abr.Pyr.p.551(1813); Schinz u.Kell.Fl.d.Schweiz,p.124; M.Schulze Die Orch.n°36. - S.LANCIFERA (1) Saint-Am.Voy.agr.et bot.landes du Lot-et-Garon. p.195(1798); Bouquet,t.9; Urville,Enum.p.141;Saint-Am.Fl.agen. p.378(1821); Trautv.Increm.fl.ross.p.753,n°5041. - S.OXYGLOTTIS Reichb.Fl.excurs.p.130(1830). - S.CORDIGERA Mars.-Bieb.Fl.Taur.-Cauc.II,p.370; Halac.in Z.B.Ges.(1899)p.193,non L. - S.CORDIGERA var.LONGIPETALA Bert.Pl.gen.p.126(1804). - S.LINGUA Halac. Beitr.fl.Aetol.p.10; Bertol.Amoen.ital.p.202(1819); Fl.ital.IX, t.601-603 excl.var.b.). - S.LAXIFLORA var.b.LAXIFLORA Chaub.et

(1) Malgré l'antériorité incontestable de ce nom,il nous a été absolument impossible de l'adopter parcequ'il s'applique à un LUSUS.

Bor.N.fl.Pélop.p.62. - HELLEBORINE LONGIPETALA Ten.Fl.nap.prod.
p.LIII(1811); Seb.et Maur.Fl.Rom.Prodr.p.312; Ten.Fl.nap.,2,p.
317. - H.PSEUDO-CORDIGERA Sebast.Pl.rom.f.1,p.14(1813). - SER.
LONGIFOLIA Pourret sec.Bubani. - ORCHIS LINGUA Scop.Fl.carn.ed.
2,II,p.187(1772). - LONCHYTIS PYRENAICA Bubani,Fl.pyr.p.52. -
ORCHIS MACROPHYLLA Colum.Ecph,I,p.32. - O.montana italica,flore
ferrugineo,lingua oblonga Bauh.Prodr.p.29; Pinax,p.84; Cup.H.c
cath.p.157; Mich.in Till.Cat.H.pis.p.125; Seg.Pl.ver.3,p.248,
t.8; Zannich.Ist.d.p.venet.p.197,t.42,f.1. - O.etrusca lingua
ferruginea pilosa Petiv.Gazoph.t.128,f.4.

Icon. - Seg.Pl.veron.suppl.p.48,t.8,f.4; Sebast.Rom.pl.fasc.
1,t.4,f.1; Sebast.et Maur.l.c.,t.10,f.1(optima); Ten.Fl.nap.11,
t.98; Ces.Pass.Gib.,l.c.,t.XXIII,4; S.-Am.Bouq.t.9,f.1; Reich.
f.Ic.XIII,t.89 (CCCCXLI); Barla,l.c.pl.18,f.1-15; Cam.Atlas,pl.
III; M.Schulze,t.36; Fiori et Paol.Ic.fl.it.f.812; Ic.n.pl.11,
f.312-315.

Exsicc. - Billot,n°1072; Schultz,n°1553; Reichb,n°1624; Orph.
Fl.gr.n°851; Soc.Dauph.n°3059; Hut.Porta et Rigo It.ital.III,n°
261; Austr.-Hung.n°1848; Soc.fr.-helv,n°1447; Soc.Rochel.n°4966.

Bulbes ovoïdes ou subglobuleux,sessiles ou subsessiles.Tige
de 2 à 5 décim.env.,ordinairement robuste,anguleuse,violacée au
sommet,non maculée à la base ou rarement à macules légères.
Feuilles lancéolées-linéaires,d'un vert glauque,canaliculées,
arquées en dehors.Bractées dépassant ordinairement les fleurs
supérieures,longuement acuminées,rarement verdâtres,ordinaire-
ment d'un violet rougeâtre,de même couleur que le périanthe externe,marquées de nervures plus foncées,longitudinales,anasto-
mosées par des nervures transversales plus petites.Fleurs 4-8,
rarement plus,d'abord rapprochées,puis éloignées et disposées
en épi allongé.Divisions du périanthe connivents en casque,les
externes soudées dans presque toute leur longueur,libres au sommet,un peu carénées en dehors,d'un violet rougeâtre,pâle en dehors,plus foncé en dedans,munies de nervures longitudinales a-
nastomosées par de petites nervures transversales semblables à
celles des bractées;les deux internes rougeâtres à bords ondulés crispés,à base dilatée d'un pourpre noirâtre,longuement a-
cuminées,3-nerviées,un peu plus courtes et beaucoup plus étroites que les externes et soudées à elles par leur sommet.Labelle
environ une fois et demie aussi long que les divisions du périanthe,dirigé en avant,muni à la base de deux callosités saillantes peu colorées,linéaires,un peu divergentes;à 3 lobes,les
latéraux d'un pourpre noirâtre dans leur partie supérieure,ar.-
rondis,dressés,rapprochés entre eux au sommet et en partie cachés par les divisions externes du périanthe;lobe médian bien
plus long que les latéraux,ovale-lancéolé,moins large que les
deux lobes latéraux réunis dans le labelle étalé,subarticulé,
réfléchi,hérissé de poils nombreux,ainsi que la base du labelle,
ordinairement ondulé sur les bords,d'un rouge fauve,un peu jaunâtre au centre,marqué de nervures ramifiées.Gynostème d'un

brun violacé,dirigé en avant,terminé par un bec droit allongé,
verdâtre.Ovaire sessile verdâtre,subtriquètre.à la maturité,
Masses polliniques vertes.
MORPHOLOGIE INTERNE.
FIBRES RADICALES.Endoderme peu différencié.Faisceaux entourant un parenchyme abondant,vaisseaux de métaxylème manquant
ordinairement.

TIGE.Cuticule striée,stomates peu rares.2-4 assises de parenchyme externe. 8-9 assises de collules lignifiées.Faisceaux libéro-ligneux entourés de tissu lignifié seulement à l'extérieur.
Parenchyme central plus ou moins lacuneux.

FEUILLE.Ep. = 250-280 μ env.Epiderme sup.légèrement strié,rec-
ticurviligne,haut de 60-110 μ,à paroi ext.épaisse de 7-9μ et
peu ou non bombée,muni de stomates seulement dans les feuilles
bractéiformes.Epiderme inf.strié,recticurviligne,haut de 25-40μ,
à paroi ext.épaisse de 5-6μ et peu bombée,pourvu de stomates a-
bondants.Cellules épidermiques des bords du limbe prolongées en
pointe très marquée,inclinée(pl.4,f.97).Mésophylle assez lacuneux,formé de 6-7 assises de grandes cellules ovales ou arrondies et de quelques cellules à raphides.

FLEUR. - PERIANTHE. DIVISIONS EXTERNES.Epiderme ext.strié,$\mathscr{g}$
stries ondulées et semblant s'anastomoser au centre de chaque
cellule(pl.7,f.165).Bords à peine papilleux. - DIVISIONS LATE-
RALES INTERNES, Epiderme ext.muni de quelques courtes papilles.
Epiderme int.prolongé en papilles nombreuses,caractérisées,at-
teignant 20-30μ . - LABELLE.Epiderme sup.de la partie voisine
de l'ouverture du style,charnue et rouge munie de quelques papilles étroites.Poils allongés du milieu du labelle gibbeux,hya-
lins,longs de 700-1000μ ,et ayant 50-70μ de diam.Vers les bords,
poils courts,gros,atteignant 80-250μ de long,non gibbeux,coni-
ques,plus ou moins atténués à l'extrémité(pl.7,f.164).Epiderme
inf.du labelle muni de quelques papilles vers les bords. - AN-
THERE. - Cellules fibreuses assez nombreuses.Epiderme des loges
et du dos du gynostème légèrement papilleux. - POLLEN.Exine nettement rugueuse.L = 22-30μ env.- OVAIRE.(Pl.10,f.274).Epiderme
ordinairement non strié,stomates assez rares.Nervure médiane
des valves placentifères déprimée,rarement un peu saillante,con-
tenant un faisceau ext.libéro-ligneux à bois interne et un ou
deux faisceaux int.à bois ext.Placenta assez long,divisé.Valves
non placentifères très proéminentes à l'extérieur,renfermant un
faisceau libéro-ligneux. - GRAINES. Arrondies à l'extrémité,env.
2f.1/2 - 4f.plus longues que larges.Cellules du tégument très
striées,à parois ondulées.L = 350-500μ env.

B. Var.PALLESCENS (S.OXYGLOTTIS var.) Mut.Fl.fr.III,p.255
1836); var.PALLIDA Reichb.f.Icon.XIII; Arcang.l.c.p.165; var.
PALLIDIFLORA Todaro; an var.OCHROLEUCA Cocconi Fl.Bolog.p.480?-
Fleurs et bractées d'un blanc jaunâtre,labelle souvent plus allongé et de couleur pâle. - Cette variété est reliée au type
par de nombreux intermédiaires.

C. Var.MAURITANICA Nobis. - Plante robuste et élevée.Tige un
peu maculée de pourpre à la base.Fleurs d'un pourpre foncé comme dans le S.CORDIGERA.Labelle foncé comme dans cette espèce,

mais à lobe moyen au moins deux fois aussi long que les lobes
latéraux,bien moins large que les 2 lobes,latéraux étalés,Brac-
tées un peu moins longues que dans le type.Cette variété non
d'origine hybride,est intermédiaire entre le S.CORDIGERA et le
S.LONGIPETALA.On pourrait la rattacher à la première espèce ou
la considérer comme une espèce particulière.

V.v. ~ Prés,lieux herbeux des collines et montagnes de l'Europe méridionale. ~ Espagne,France,Corse,Suisse méridionale,I-
talie,Sicile,Dalmatie,Grèce,Thrace,Russie,Crète,Turquie,Algé-
rie. ~ Var.MAURITANICA;Maroc,Casablanca(Mellerio).

4. ~ S.LINGUA

S.LINGUA L.Spec.ed.1,p.950(1753),p.p.; Willd.Spec.IV,p.70;
Lindl.Gen.et sp.p.377; Rich.in Mém.Mus.IV,p.54; Reichb.f.XIII,
p.9; Kraenz.Gen.et sp.I.p.156,p.p.; Lamk Fl.fr.III,p.521; DC.
Fl.fr.III,p.256;V,p.233; Duby,p.448; Mut.Fl.fr.III,p.254,n°1;
Lec.et Lamt.Catal.pl.cent.p.352; Gr.et God.Fl.Fr.III,p.280;
Poir.Cat,Vienne,p.95; S.-Amans,Fl.agen.p,378; Bouq.t.8,f.2;
Deb.Rév.fl.agen.p.519; Bor.Fl.cent.,éd.3,p.640; Ard.Fl.A-Mar.
p.358; Barla,Icon.Orch.p.30; Dulac,Fl.H.-Pyr.p.122; Fr.Gust.et
Hérib.Fl.Auv.p.427; Cam.Monogr.Orch.Fr.p.10; in J.bot.VI,p.24;
Guill.Fl.Bord.et S.-O.p,171; Moggr.Contr.Menton,pl.XCV,f.A-B;
Biv.Orch.Sard.p.8; Sic.cent.1,p.74; Savi,Fl.Gorg.p.34; Guss.Fl.
Sic.syn.,II,p.553; de Not.Repert.fl.lig.p.390; Bert.Pl.gen.p.
390; Bert.Pl.gen.p.125; Biv.Sic.pl.cent.1,p.74; Poll.Fl.veron.
3,p.29; Parlat.Rar.pl.Sic.,1,p.9; Moris et de Not. Fl.Capr.p.
124; Ces.,Pass.,Gib.Comp.p.185; Parlat.Fl.ital.III,p.422; W.
Barbey,Fl.Sard.comp.p.57 et suppl.Asch.et Lev.p.183; Arcang.
Comp.ed.2,p.165; Cortesi in Ann.bot.Pirotta,1,p.238; Fiori et
Paol.Fl.ital.1,p.238; Icon.n°810; Martelli Mon.Sard.n°26; Desf.
Fl.atl.2,p.322; Boiss.Fl.orient.V,p.54; Voy.Esp.p.598; W.Barbey,
Herb.au Levant,p,157; Willk.et Lg.Prodr.hisp.1,p.163; Cambes.
Enum.pl.Bal.n°552; Rodrig.Cat.Supp.p.55,n°181; Mar.et Vig.Cat.
Bal.p.279; Guimar.Orch.port.p.41; Munby.Cat.;Lacr.Cat.Kabylie;
Debeaux,Kabyl.Djurdjura,p.342; Batt.et Tr.Fl.Alg.(1884)p.190;
(1895)p.32; Poiret Voy.Barb.II,p.250; Colm.En.pl.hisp.-lus.;M.
M.Schulze,Die Orchid.n°34; Koch,Syn.ed.2,p.799; ed.3,p.601; ed.
Hall.et Wohlf.p.2440; Deb.et Daut.Fl.Gibr.p,199; Fraas,Fl.clas.
p.280; Raul.Cret,p.863; Spreitz in Zool.bot.Ges.(1877)p.730;
Halac.Consp.fl.gr.p.159; Zerap.Fl.mal.thes'.p.70; Marg.et R.Fl.
Zante,p.82; Sibt.et Sm.Fl.gr.pr.II,p.218; Fl.gr.X,p.23,t.931;
Chaub.et Bor.Exp.Morée,p.266; Fl.Pélop.p.62; Sieb.Avis p.5;
Friedr.Reise,p.282; Gelmi in Bull.Soc.bot.it.p.452(1889); Haus-
skn.Symb.fl.gr.p.24. ~ S.GLABRA Lap.Hist.Pyr.,p.552(1813). ~ S.
OXYGLOTTIS Willd.Spec.IV,p.71; excl.syn.; Bert.Amaen.ital.p.202;
Fl.ital.IX,p.605; Tod.Orch.Sic.p.112. ~ HELLEBORINE LINGUA Seb.
et Maur.Fl.rom:prodr.p.313; Ten,Fl.nap.2,p.316; non Pers.Syn,
II,(1807). ~ H.OXYGLOTTIS Pers.Syn,II,p.512(1807). ~ ORCHIS LIN
GUA All.Fl.ped.,II,p.148,p.p.(1833). ~ LONCHITIS OXYGLOTTIS Bu-
bani Fl.pyr.,p.52. ~ Orchis montana lingua oblonga altera Bauh.

Pinax,84. - O.flore phaeniceo,lingua oblonga,rhomboidea Mich.
in Till.Cat h.pis.p.125. - Polyorchis Etruriae Lingua alba
Petiv. - Polyorchis Etruriae Lingua rubro-lutea Petiver Gazop.
t.128,f.6,ex Willd.

Icon. - Moris,Hist.3,f.12,t.14,f.21; Seg.Pl:ver.III,t,8,f.4;
Sibth.et Sm.Fl.gr.t.331; Reichb.f.Icon.XIII,t.87,CCCCXXXIX,exc.
f.5; Barla,l.c.pl.17; Cam.Atl.pl.lV; Ic.n.pl.11,f.304-309.

Exsicc. - Reliq.Maill.n°1733; Endress.(an.1831); Reichb.n°
1623; Billot,n°1070; Bourgeau,Pl.Esp.n°460 et n°460 bis(1863);
n°1697(1864); Todaro,Fl.Sic.n°491,n°1385; Spreitz It.con.(1877
et 1878); Billot,n°1070; Savi,Fl.etr.;Daveau,Herb.lusit.n°1331,
exempl.Mus.Paris; Porta et Rigo,It.ital.II,n°327; It.III;hisp,
(1890); Willk.It.hisp.n°66; Dörfler,Pl.cret.n°119; Jamin,Pl.Al.;
Balansa,Pl.d'Alg.n°244.

Bulbes ovoïdes ou subglobuleux,un souvent pédonculé.Tige de
2-4 décim.env.,cylindrique,d'un vert clair,non maculée à la ba-
se.Feuilles lancéolées-linéaires,aiguës,canaliculées,arquées en
dehors,d'un vert glaucescent.Bractées égalant ou dépassant un
peu les fleurs,ovales-lancéolées-aiguës,lavées de rouge violacé,
munies de nervures longitudinales anastomosées par de petites
nervures transversales.Fleurs 2 à 6,moyennes,disposées en épi
allongé.Divisions du périanthe conniventes en casque,les externes soudées dans presque toute leur longueur,libres au sommet,
ovales-lancéolées,aiguës,concaves,un peu carénées,d'un violet
clair,parfois marbrées de vert,munies de nervures longitudinales,anastomosées par de petites nervures transversales,les deux
internes d'un violet clair,nervées,bien plus étroites que les
externes   soudées à elles par leur sommet.Labelle 3-lobé,pres-
que deux fois aussi long que les divisions du périgone,dirigé
en avant, uni à la base d'une callosité allongée,noirâtre,pour-
vue d'un sillon longitudinal.Lobes latéraux d'un pourpre noirâtre dans leur partie supérieure,arrondis,dressés,rapprochés entre-eux au sommet et presque cachés entièrement par les divisions du périgone.Lobe médian plus long que les latéraux,subar-
ticulé,réfléchi,ovale acuminé ou presque lancéolé,entier dans
les petits individus,un peu ondulé-crénelé sur les bords dans
les individus robustes,environ de la moitié de la longueur des
2 lobes latéraux dans le labelle étalé,muni de quelques poils
fins,d'un violet clair,rougeâtre quelquefois rose ou jaunâtre
et toujours plus clair au centre.Gynostème dirigé en avant,à
bec droit,allongé.Ovaire d'un vert clair,subcylindrique,sessile.
Masses polliniques d'un jaune pâle ou verdâtre.

MORPHOLOGIE INTERNE.

BULBE.Grains d'amidon ellipsoïdes,peu allongés,gros,atteignant
15-30 µ de long.env. - FIBRES RADICALES.Endoderme à plissements
subérisés assez nets.Vaisseaux de métaxylème manquant souvent.

TIGE. Epiderme strié,stomates nombreux.2-4 assises chlorophylliennes entre l'épiderme et l'anneau lignifié.4-7 assises ligni
fiées extra-libériennes.Faisceaux libéro-ligneux aussi ou plus
larges que hauts,parenchyme non lignifié abondant.Lacune au cen
tre de la tige.

FEUILLE. Ep. = 200-260μ .Epiderme sup.strié,haut de 50-80μ , à paroi ext.épaisse de 4-6μ et non bombée,ordinairement dépourvu de stomates.Epiderme inf.recticurviligne,haut de 30-40μ ,à paroi ext.épaisse de 4-6μ et bombée,muni de nombreux stomates. Cellules épidermiques des bords du limbe nettement bombées à l'extérieur mais sans pointe.Bord aminci,chlorophyllien,sans collenchyme.Mésophylle formé de 5-6 assises plus ou moins arrondies,chlorophylliennes et de cellules à raphides assez rares.

FLEUR - PÉRIANTHE.DIVISIONS EXTERNES. Epiderme ext.délicatement strié,à stries convergentes,semblant s'anastomoser au centre de la cellule.Bords munis de quelques courtes papilles. - DIVISIONS LATERALES INTERNES. Epidermes ext.et int.pourvus de petites papilles,peu nombreuses. - LABELLE.Epiderme sup.de la partie charnue,rouge et luisante voisine de l'ouverture du style à cellules les unes dépourvues de papilles,les autres légèrement papilleuses.Partie centrale du labelle munie de longs poils,très gibbeux à l'extrémité,atteignant 120-500μ de long. et de 12-30μ de diam.env. (pl.7,f.152-156).Epiderme inf.muni de quelques papilles courtes. - ANTHERE. Epiderme prolongé en papilles au dos du gynostème.Cellules fibreuses peu nombreuses. - POLLEN. Exine nettement rugueuse.L = 35-45μ . - OVAIRE. (Pl.10, f.272) Stomates ordinairement peu nombreux.Nervure des valves placentifères non saillantes à l'extérieur,contenant un faisceau libéro-ligneux externe,à bois int.et un faisceau interne, à bois ext.Masse placentaire ne se divisant pas immédiatement. Valves non placentifères extrêmement développées,très proéminentes à l'extérieur,ayant un faisceau libéro-ligneux. - GRAINE. Suspenseur à processus nombreux,disparaissant dans la graine mûre.Graines adultes très striées,arrondies au sommet,env.2f.1/2 - 3f.plus longues que larges. L = 250-300μ env.

B. Var.DURIAEI Reichb.f.Icon.XIII,p.10,pl.499,f.3; Batt.et Trab.Fl.Alg.(1884)p.190. - Lobe médian du labelle linéaire.

a. Forma PALLIDIFLORA Nob. - Fleurs pâles à labelle d'un blanc jaunâtre lavé de brun clair.Un individu de cette forme est représenté dans la belle planche X de l'Hortus botanicus panormitanus.

b. Forma ELONGATA Nob. - La planche VII du même ouvrage représente un individu à épi très laxiflore,à fleurs d'un blanc jaunâtre lavé de brun clair.

Les var.LONGEBRACTEATA Guimar.l.c.,à fleurs dépassées par les longues bractées;var.LEUCANTHA Guimar.l.c.,à fleurs rosées ou blanches;var.LEUCOGLOTTIS Welw.à fleurs dont le labelle est à lobes latéraux vermeils,ne sont que des formes au plus à considérer comme des sous-variétés.

V.v. - Mars-mai. - Coteaux arides ou herbeux,broussailles. - Portugal,Espagne,France Méridionale,Ouest,Sud-Ouest,Corse;Italie,Dalmatie,Sardaigne;Sicile;etc..Hongrie,Grèce,Turquie;Asie-Mineure;Algérie,Maroc.

5. - S.OCCULTATA.

S.OCCULTATA Gay in Ann.Sc.nat.(1836),nomen nudum; et in Dur.
Pl.Astur.exsic.(1836); Caval.Note sur 2 pl.de Fr.(1848); G.et
G,Fl.Fr.III,p.260; Cam.Monogr.Orch.Fr.p.11; in J.bot.VI,p.25;
Coste,Fl.Fr.III,p.385,n°3566,cum icone; Ces.Pass.Gib,Comp.p.185;
Macch.Orch.Sard.in N.g.bot.it.(1881)p.310; Vaccari,Fl.ar.Madd.
in Malpighia,VIII,p.266; Martel.Mon.Sard.p.29; Willk.et Lg.Pr.
hisp.p.163,n°716; Sup.p.41; Barc.Ap.pl.Bal.p.45; Mar.et Vig.Cat.
Bal.p.279; Deb.et Daut.Syn.Gibr.p.199; Batt.et Tr.Fl.Alg.(1884)
p.190; (1895) p.33; Deb.Fl.Kab.Djurdj.p.342. - S.PARVIFLORA
Parlat.Giorn.sc.let.p.Sic.(1837) p.66; Rar.pl.Sic.,1,p.8; Pl.
nov.p.17; in Linn.XII,p.347;t.4,f.1; Fl.ital.III,p.420; Bert.Fl.
ital.IX,p.606; Tod.Orch.sic.p.114; Guss.Syn.fl.sic.,2,p.553; Ar-
cang.Comp.ed.2,p.164; Fiori et Paol.Icon.ital.n°811; Munby,Cat.;
Moggr.Contr.Ment.,t,XCV,f.C; Barla,Icon.Orch.p.34; Ung.Reise p.
120; Spreitz in Z.-b.Ges.(1877) p.730; Gelmi in Bull.Soc.bot.it.
(1899)p.452; Hab.in Oester.bot.Zeit.(1897) p.98; Heldr.Fl.Aegin
na,p.390; Hausskn.Symb,fl.gr.p.24; Halac.Consp.fl.gr.p,159. -
S.LINGUA var.PARVIFLORA Kraenz.Gen.et sp.p.156. - S.LAXIFLORA
Chaub.in Bory,Fl.Pélop.n°1526,p.62(1838); Boiss.Fl.orient.V,p.
53; W.Barbey,Asch.et Lev.Fl.Sard.comp.et Suppl.n°1361; Lacr.Cat.
Kabyl.;Richter,Pl.eur.p.275. - S.LAXIFLORA var.PARVIFLORA Reichb
f.Icon.t.90,CCCCXLII,f.11; Heldr.Fl.Cephal.p.68. - S.LONGIPETA-
LA var.b.PARVIFLORA Lindl.Gen.et spec.p.378(1835). - S.LONGIPE-
TALA Chaub.et Bor.Exp.Morée,p.266,non Tenore.

Icon. - Barla,l.c.pl.22,f.1-2; Cam.Atlas,pl.V; Reichb.f.l.c.;
Parlat.l.c.;Ic.h.pl.11,f.324-328.

Exsicc. - Durieu,Pl.sel.hisp.lus.n°226; Daveau,Herb.lus.n°954;
Orph.Fl.gr.n°154; Sint.Thess.n°494; Soc.Dauph.2260,2260 bis et
ter; Soc.ét.fl.fr.-helv.1448 et 1448 bis.

Bulbes petits,ovoïdes-oblongs,sessiles ou l'un des deux brièvement pédonculé.Tiges de 1-2,rarement 3-4 déc.,un peu anguleuses au sommet,d'un vert pâle,non maculées à la base.Feuilles la
lancéolées-linéaires,d'un vert glauque,canaliculées-carénées,
les inférieures réduites à des gaînes.Bractées égalant ou dépassant un peu les fleurs,allongées,aigues-acuminées,rougeâtres
ou plus rarement d'un vert clair.Fleurs 3-8,petites,disposées
en épi à la fin allongé.Divisions du périanthe conniventes en
casque,les externes soudées dans leur moitié inf.linéaires-lan-
céolées,aigues,d'un violet rougeâtre pâle,munies de nervures
longitudinales réunies en anastomoses par des nervures transversales peu visibles;les internes verdâtres ou rougeâtres,é-
largies à la base,à bords plans,soudées au sommet avec les ex-
ternes.Labelle à 3 lobes.,égalant environ la longueur du périanthe,dirigé en avant,muni à la base de deux callosités parallèles;lobes latéraux noirâtres dans leur partie sup.,arrondis,
dressés et en partie cachés par les divisions du périanthe;lobe
médian lancéolé aigu,étroit,subarticulé,tout à fait réfléchi,
d'un rouge ferrugineux,hérissé de poils brunâtres,muni de vei-

nes ramifiées.Gynostème dirigé en avant,à bec droit très allongé.Ovaire sessile,d'un vert pâle.Masses polliniques d'un vert pâle.

MORPHOLOGIE INTERNE.

BULBE. Grains d'amidon très irréguliers de forme,non arrondis, souvent allongés;gros,atteignant 25-40µ de long(pl.1,f.24). - FIBRES RADICALES. Assise pilifère très subérisée.Endoderme peu différencié.Quelques vaisseaux de métaxylème.

TIGE. Stomates nombreux.2-3 assises de parenchyme externe entre l'épiderme et le tissu lignifié extra-libérien.5-7 assises sclérifiées touchant ordinairement au liber des faisceaux,rarement séparé de lui par 1-3 assises de parenchyme.Faisceaux libéro-ligneux larges sur une section transversale,entourant un parenchyme central très développé,résorbé au centre,contenant des raphides assez rares.

FEUILLE. Ep.=240-370µ.Epiderme sup.recticurviligne,haut de 60-100µ,à paroi externe bombée,épaisse de 7-9µ,muni de stomates seulement dans les feuilles bractéiformes.Epiderme inf.recticurviligne,haut de 25-35µ,à paroi externe épaisse de 7-9µ, peu bombée,striée perpendiculairement aux parois latérales.Cellules à contenu rosé isolées ou en îlots dans l'épiderme inf.de la base des feuilles.Paroi externe des cellules épidermiques des bords du limbe bombée fortement à l'extérieur(pl.4,f.99). Mésophylle formé de 6-7 assises de cellules plus ou moins arrondies ou peu allongées,cellules à raphides nombreuses.

FLEUR. - PERIANTHE. DIVISIONS EXTERNES. Epiderme ext.à cuticule striée,stries convergeant vers le centre de la cellule. - DIVISIONS INTERNES. Epiderme ext.strié.Epiderme int.prolongé en nombreuses petites papilles. - LABELLE. Epiderme int.de la partie centrale muni de poils gibbeux,très gros à la base,hyalins, souvent recourbés,atteignant 250-600µ de long.et 30-80µ. de diam. env.(pl.7,f.157-158).Parties latérales donnant quelques poils courts,sans gibbosités,mais ayant encore 50-80'' de diam.Partie charnue du labelle à épiderme int.pourvu de papilles courtes (10-40µ env.).Epiderme inf.sans papilles au milieu du labelle, à papilles très courtes dans les parties latérales(pl.7,f.159).- ANTHERE. Epiderme des loges,du gynostème légèrement papilleux. Cellules fibreuses relativement assez abondantes. - POLLEN. Grains à exine non sensiblement granuleuse.L = 24-32µ. - OVAIRE. (Pl.10,f.273) Cuticule striée.Valves placentifères à nervure médiane non ou à peine saillante extérieurement,souvent ayant un faisceau libéro-ligneux,quelquefois deux,l'int.à bois ext., l'ext.à bois int.Masse placentaire large,divisée presque dès la base en deux parties assez longues,divergentes.Valves non placentifères saillantes extérieurement et intérieurement contenant un faisceau libéro-ligneux, - GRAINES. Cellules du tégument à parois ondulées,très striées.Graines adultes légèrement atténuées,puis brusquement tronquées à l'extrémité,2f.1/2 -3f. plus longues que larges. L = 240-350µ env.

B. Var.ANOMALA Albert in Bull.Soc.Rochel.XXV(1904)p.43 et Exsicc.n°5114. - Bulbes 3 ordinairement,dont 2 plus ou moins longuement pédicellés;labelle rarement entièrement réfléchi.

La var.PARVIFLORA Parl.ap.Willk.correspond à des individus petits et jeunes.Elle est reliée au type par de nombreux intermédiaires.

B. Var.COLUMNAE Asch.u.Graeb.Syn.III,p.779; S.COLUMNAE Reichb. Icon.XIII,t.CCCCXIX,f.II,1851. - Fleurs un peu plus grandes,à labelle réfracté. - Avec le type mais plus rare.

V.v. - Avril-mai. - Lieux herbeux et collines de la région maritime méditerranéenne. - Portugal,Espagne,France,Corse,Italie,Sicile,Sardaigne,Malte,Macédoine,Grèce,Turquie;Asie occidentale.

S.TODARI.

S.TODARI Tineo,Pl.rar.Sic.,1,p.12(1846); Reichb.f.Icon.XIII, p.14; Ces.Pass.Gib.Comp.p.185; Bert.Fl.ital.IX,p.432; Parlat. Fl.ital.III,p.432; Arcang.Comp.ed.2,p.164; Richter Pl.eur.p.275. Tige peu élevée,grêle.Feuilles étroites linéaires-lancéolées. Bractées lavées de rose,nervées,aiguës,égalant presque les : fleurs.Epi 2-fl.Labelle pubescent,court,égalant env.le casque, muni à la base d'une callosité à peine sillonnée,lobes latéraux arrondis,dressés,connivents;lobe moyen allongé linéaire,subulé, réfléchi,mucroné au sommet. - Sicile:San Fratello a Montesoro (Tineo). - Plante douteuse qui n'a pas été retrouvée.Hybride ou lusus?

S.ATHENSIS.

S.ATHENSIS Lej.Fl.Spa,2,p.196; Revue,p.168; Dumort.Fl.bel.p. 132(1827); Desmaz.Cat.; Reichb.f.Ic.XIII,p.14. - HELLEBORINE ATHENSIS Hocq.Fl.Jemm.p.236(1814). - EPIPACTIS ATHENSIS Mich. Fl.Hainaut. - ORCHIS MORIO c.ATHENSIS Richter. - Cette plante est une variation d'un EPIPACTIS.Elle ne peut être classée dans les SERAPIAS tels que nous les comprenons actuellement.L'auteur cite sa plante entre les S.ATRORUBENS et PALUSTRIS qui sont des EPIPACTIS.Nous ne pouvons comprendre comment M.Richter a pu rattacher cette plante à l'O.MORIO à titre de variété.

HYBRIDES INTERGENERIQUES.

S.CORDIGERA + LINGUA.

S.CORDIGERA + LINGUA (✕) Cam.Monogr.Orch.Fr.p.12,in J.bot.VI, p.68; Asch.u.Graeb.Syn.III,p.780,p.p. - S.AMBIGUA Rouy Annot. Pl.eur.de Richter,p.20;in Bull.Soc.bot.Fr.(1891); Cam.l.c. - S. CORDIGERO - LINGUA de Laramb.et Timb.-Lagr:in Mém.Ac.sc:Toul. (1860); Timb.-Lagr.Mém.hybr.Orch.p.33; Deb.in Rev.Botan.(1891) p.280.

Icon. - Timb.-Lagr.l.c.,pl.24,f.9; Cam.l.c.Atl.6; Ic.n.pl.12, 338-340.

Bulbes subglobuleux,sessiles ou l'un brièvement pédonculé.Tige de 2-4 décim.,dressée,cylindrique,verdâtre,lavée de pourpre violacé au sommet,non maculée à la base.Feuilles d'un vert glau-

cescent,lancéolées-linéaires,aiguës,canaliculées,arquées en de-
hors.Bractées égalant ou dépassant un peu les fleurs,ordinaire-
ment d'un pourpre violacé,munies de nervures longitudinales,a-
nastomosées par de petites nervures transversales.Fleurs de
grandeur moyenne,2-6 disposées en épi court.Divisions du périanthe conniventes en casque;les externes d'un pourpre violacé,o-
vales-lancéolées,aiguës,soudées dans presque toute leur longueur,libres à leur sommet,pourvues de nervures longitudinales,
anastomosées par de petites nervures transversales;les internes
d'un pourpre violacé,nervées,à base élargie,longuement acuminées
et soudées aux externes par le sommet.Labelle 3-lobé,d'un pourpre foncé de même couleur que dans le S.CORDIGERA,pourvu au centre de poils nombreux,muni à la base d'une callosité non canaliculée;lobes latéraux d'un pourpre noirâtre,arrondis,dressés
et rapprochés entre eux au sommet,lobe médian ovale-lancéolé a-
cuminé,plus long que les deux latéraux,réfléchi,moins large que
les deux latéraux,dans le labelle étalé.Masses polliniques ver-
dâtres.Cette plante se rapproche du S.CORDIGERA par ses fleurs
en épi court et par la coloration foncée de son labelle qui est
muni de poils roux assez abondants.Elle de rapproche du S.LIN-
GUA par la forme étroite du labelle.

V.v. - Mai,juin. - France:Le Carlat et La Laugerie,près de
Castres,Tarn(Larambergue); Bornes,près Solliès-Toucas,Var(Albert); entre Saint-Florent et Bastia(Corse); Maroc(Mellerio).

S.CORDIGERA + LINGUA.

✕ S.LARAMBERGUEI Cam.Monogr.Orch.Fr.p.13; in J.bot.VI,p.27
(1892). - S.LINGUO - CORDIGERA de Laramb.et Timb.-Lagr.in Mém.
Ac.Toul.(1860); Timb.-Lagr.Mém.hybr.Orch.p.35.

Icon. - Cam.Atl.pl.VI; Ic.n.pl.12,341-343.

Dans leur diagnose primitive les auteurs disent de cette plan-
te:Ressemble beaucoup au S.CORDIGERA,mais son labelle est très
étroit,peu velu,d'un pourpre clair,ce qui le rapproche du S.LIN-
GUA.Tige non maculée à la base;labelle à base légèrement sillonnée,mais non relevée en arêtes saillantes. - Diffère du S.CORDI-
GERO - LINGUA par son labelle qui est plus velu et surtout par
la gibbosité basilaire peu profondément sillonnée,enfin par les
divisions du périanthe plus courtes. - Nous possédons plusieurs
exemplaires de cette plante et nous ajoutons les observations
suivantes notées sur le vif.On trouve des exemplaires qui ont
la tige lavée de violet et maculée de taches violacées à la base;les fleurs inférieures sont parfois un peu espacées;la grandeur des fleurs est variable et le lobe médian notablement moins
large que dans le S.CORDIGERA

V.v. - Mai,juin. - France:La Laugerie,près Castres(de Larambergue); Bornes,près Solliès-Toucas,Var (Albert); Italie (Bergon).

S.LONGIPETALA + NEGLECTA.

S.LONGIPETALA + NEGLECTA (✕) Cam.Monogr.Orch.Fr.p.13; in J.
bot.VI,p.28(1892). - ✕ S.ALBERTI = S.LONGIPETALO - NEGLECTA
Cam.l.c.;Atl.pl.VIII.

Icon. - Ic.n.pl.12,329 - 332.

Bulbes ovoïdes ou subglobuleux,l'un sessile,l'autre brièvement pédicellé.Tige cylindrique,de 2 à 3 déc.,assez robuste,non
maculée à la base.Feuilles lancéolées-linéaires,canaliculées,
non maculées à la base.Fleurs 3-8,les supérieures rapprochées,
les inférieures espacées.Bractées lancéolées acuminées,dépassant assez longuement les fleurs,lavées de pourpre violacé,munies de nervures longitudinales,anastomosées par de petites nervures transversales.Fleurs grandes,d'un pourpre violacé.Périanthe à divisions externes soudées dans presque toute leur longueur;libres au sommet,ovales-lancéolées,acuminées,un peu carénées en dehors,munies de nervures d'un pourpre violacé foncé,
anastomosées par de petites nervures transversales de même couleur.Divisions internes violacées,à base dilatée,longuement acuminées,nervées,réunies au sommet aux divisions externes.Labelle à 3 lobes,une fois et demie aussi long que les autres divisions du périanthe,dirigé en avant et muni à la base de deux
callosités saillantes assez colorées,linéaires,peu divergentes.
Lobes latéraux d'un pourpre noirâtre dans leur partie supérieure,arrondis,dressés,rapprochés entre eux au sommet et presque
entièrement cachés par les autres divisions du périanthe.Lobe
médian lancéolé acuminé,cordé à la base,plus long que les latéraux,subarticulé,muni de poils nombreux ainsi que la base du labelle,égalant en largeur les deux lobes latéraux dans le labelle étalé,d'un pourpre violacé,ferrugineux au centre,muni de nervures ramifiées.Gynostème d'un brun violacé dirigé en avant et
muni d'un bec l'égalant environ.Masses polliniques verdâtres. -
Diffère du S.LONGIPETALA par son labelle lavé de brun ferrugineux au centre et par la largeur du lobe médian qui égale celle
des lobes latéraux dans le labelle étalé.Ses longues bractées,
l'absence de macules à la base de la tige et des feuilles le
font distinguer facilement du S.CORDIGERA.

V.v. - Mai,juin. - France,Var (Albert); Italie,Ligurie,près
Santa-Margherita (Bergon).

S.LINGUA + LONGIPETALA.

✕S.INTERMEDIA de Forest.ap.Schult.Arch.fl.Fr.et All.p.265;
Cam;Monogr.Orch.Fr.p.16; Atl.pl.XI; Arcang.Comp.ed.2,p.185; Cam
et Duffort in Bull.Soc.bot.Fr.(1898),p.434; Kraenz.Gen.et sp.p.
164. - S.LINGUO-LONGIPETALA Gren.in Herb.Mus.Par.;Gren.et Phil.
in Ann.sc.nat.s.3,XIX,p.154(1853). - S.PSEUDOCORDIGERA BRACHY-
ANTHA Reichb.f.Icon.(sine desc.). - S.LONGIPETALA B.INTERMEDIA
Asch.u.Graeb.Syn.III,p.778.

Icon. — Reichb.f.Ic.XIII,t.147;CCCXCIX,f.1,t.90,CCCXLII. Cam. l.c.;Ic.n.pl.12,f.347 - 348.

Exsic. — Schultz.

Port d'un S.LINGUA robuste.Bulbes deux,l'un sessile,l'autre pédonculé.Tige de 2-3 décim.Fleurs 2-4 disposées en épi lâche, court.Bractées du S.LINGUA,ovales acuminées plus courtes que les fleurs.Divisions externes du périgone lancéolées,acuminées, terminées par une arête 2 ou 3 fois aussi longues que le limbe, munies de 3-5 nervures dont la moyenne seule atteint le sommet. Labelle ovale aigu,glabre,à base légèrement canaliculée et sub-gibbeuse.Gynostème terminé par un bec presque aussi long que lui.

V.v. — Mai-juin. — France:Escaladieu(Philippe,Boutigny); Pyr.-Or.(Rouy); env.d'Hyères(Albert,Verguin);Italie,Ligurie(P.Bergon), Grèce;Corfou(P.Bergon).

Obs. — Il est probable que deux plantes doivent être confon-dues sous ce nom.Nous avons reçu des individus dont l'origine hybride ne nous paraissait pas douteuse.Plusieurs auteurs ont cependant trouvé des exemplaires dans des conditions qui leur semblaient éloigner l'hypothèse de l'hybridité.M.Caldesi in N. G.bot.XII,p.260; M.M.Richter et Ed.Bonnet in Morot,J.de bot.XI , p.251 ne croient pas à l'hybridité.

✕? S.OLBIA

✕? S.OLBIA L.Verguin in Bull.Soc.bot.Fr.,22 nov.1907; Ic.n. pl.13,f.351-358(copie de la planche originale).

Bulbes sphériques ou ovoïdes subglobuleux,sessiles et l'un d'eux pédonculé.Tige de 1-3 déc.,droite,un peu épaisse,quelque-fois marquée de macules purpurines,ainsi que les gaînes,Feuil-les linéaires-aigues,arquées,les inférieures réduites à l'é-tat de gaînes.Inflorescence en épi court.Fleurs 2 à 4,peu dis tantes.Bractées lancéolées-aiguës,égalant les fleurs ou les dé-passant peu,plus pâles que les fleurs.Divisions externes du pé-rianthe d'un violet-cendré extérieurement,d'un pourpre noirâtre intérieurement,soudées dans toute leur longueur,sauf au sommet, carénées,3-5 nerv.,à nervures anastomosées;divisions internes larges,arrondies à la base,puis brusquement contractées et ter-minées en pointe soudée au sommet des divisions externes.Label-le 3-lobé,presque deux fois plus long que les divisions du pé-rianthe,muni à la base de deux callosités à arête aigue,paral-lèles ou peu divergentes,séparées par un sillon longitudinal profond;labelle étalé,obovale-aigu dans son pourtour,de 20-25mm. de long.et de 12-15mm.de large,à la hauteur du milieu des lobes latéraux,lobes latéraux longs de 8-10 mm.d'un pourpre foncé, dressés et rapprochés au sommet,presque complètement cachés par les divisions du périgone;lobe médian de 12-15 mm.de long,de forme et de largeur variables,mais toujours moins large que les

deux lobes latéraux dans le labelle étalé.Gynostème à bec droit
de 4-5 mm.de long.Masses polliniques d'un vert foncé. - Forme
intermédiaire entre les S.LINGUA et LONGIPETALA.N'est pas hybride,d'après l'auteur,qui a recherché en vain ces espèces dans
l'extrémité sud de l'isthme de Giens,près d'Hyères où le S.OL-
BIA est abondant.Serait-ce une forme croisée fixée depuis longtemps et se reproduisant par les bulbes?

Cette plante est peu ou non distincte du S.LONGIPETALA B. RE-
FRACTA Asch.u.Graeb.Syn.III=S.HIRSUTA Lap.var.REFRACTA Murr.in
D.Bot.Monat.VII,p.115,plante du Tyrol.

X? Le S.LINGUA + DUBIUS est une plante d'origine douteuse,
hybride ou simple lusus.Voici la description de l'auteur:

Plante à 3 fleurs,la première à divisions externes très longues,plus longues que de coutume,non soudées,la latérale droite,
teinte en bas de pourpre comme le haut du labelle,rien de pa-
reil sur les 2 autres,dans la deuxième fleur,c'est la division
latérale gauche qui présente ce phénomène de coloration.

X S.GRENIERI Richter Pl.eur.1,p.275(1890)p.p.;Cam.Monogr.Orch.
Fr.p.15(excl.syn.); Bonnet in J.bot.XI(1897). - S.LONGIPETALO-
LINGUA Gr.et God.Fl.Fr.III,p.279, - S.LINGUO-PSEUDOCORDIGERA
Kraenzl.Gen.et spec.p.164? - Icon. - Cam.Atlas,pl.X.

Bulbes 2,sessiles.Tige de 2-4 déc.Fleurs 2-4 disposées en épi
court,très rapprochées.Bractées lancéolées-longuement atténuées,
acuminées,dépassant les fleurs.Divisions internes du périanthe
divisées en une arête plus longue que le limbe,à base élargie,
munie de 3-5 nervures.Labelle ovale-lancéolé,légèrement pubescent. Gynostème terminé par un bec plus court que lui.
V.v. - Mai,juin. - France(Philippe Lorez in Herb.Mus.Par.)Esca-
ladieu,Castres(de Larambergue)in Herb.Mus.Par.;env.de Masseube,
Gers(Duffort).

X S.DIGENEA G.Cam.l.c. - S.SUPERLONGIPETALO-LINGUA Gren.et
Phil.l.c.(Ann.Sc.nat.); Cam.et Duffort l.c. - Ne diffère de la
forme précédente que par le gynostème terminé par un bec aussi
long que lui. - Mêmes localités que le S.GRENIERI.

S.LONGIPETALA + OCCULTATA.

X S.BERGONI G.Cam. - An S.LONGIPETALAX PARVIFLORA Asch.u.
Graeb.Syn.III,p.780?Excl.syn.

Plante assez élevée,ayant le port du S.LONGIPETALA,mais à
fleurs bien plus petites,bractées dépassant beaucoup les fleurs;
deux callosités à la base du labelle.

Planta elata,habitu S.LONGIPETALAE,sed floribus minoribus;brac-
teis ovato lanceolatis,elongato-acuminatis,flore longioribus;
callis duobus linearibus.

Grèce:Corfou. - Mai 1892. (P.Bergon).

S.LINGUA + NEGLECTA.

S.LINGUA + NEGLECTA (✕) Cam.Monogr.Fr.p.14; in J.bot.VI,p.29
(1892). -✕S.MERIDIONALIS Cam.l.c. - S.LINGUO-NEGLECTA Cam.l.c.;
Atlas,pl.IX; Ic.n.pl.12,344-346; pl.14,377-380.

Bulbes ovoïdes ou subglobuleux,l'un sessile et l'autre brièvement pédicellé.Tige cylindrique,de 1-3 déc.,non maculée à la
base.Feuilles lancéolées-linéaires,canaliculées,non maculées à
la base.Fleurs 3-8 en épi dense.Bractées lancéolées acuminées,
égalant les fleurs,d'un pourpre violacé,munies de nervures longitudinales anastomosées par de petites nervures transversales.
Périanthe à divisions externes soudées dans presque toute leur
longueur,libres au sommet,ovales-lancéolées,acuminées,munies de
nervures longitudinales d'un violet foncé,anastomosées par de
petites transversales;divisions internes violacées,à base dilatée,longuement acuminées,nerviées,réunies au sommet avec les
divisions externes.Labelle à 3 lobes,une fois et demie aussi
long que les autres divisions du périanthe,dirigé en avant,muni
à la base de deux callosités presque parallèles et de coloration foncée.Lobes latéraux d'un pourpre noirâtre au sommet,ar-
rondis,dressés,rapprochés entre-eux dans leur partie supérieure,
presque entièrement cachés par les divisions externes du périan-
the.Lobe médian lancéolé,acuminé,plus long que les latéraux,sub-
articulé,réfléchi,muni de poils ainsi que la base du labelle,
sensiblement moins large que les latéraux dans le labelle étalé,
d'un pourpre violacé,ocracé au centre,muni de nervures ramifiées
Gynostème d'un pourpre violacé,dirigé en avant,terminé par un
bec l'égalant env.Masses polliniques verdâtres. - Diffère du S.
NEGLECTA par le lobe médian du labelle un peu plus foncé et
moins large,les fleurs plus distancées. - Diffère du S.LINGUA
par les fleurs notablement plus grandes,le labelle moins acuminé et l'épi floral un peu plus dressé.

V.v. - Mai,juin. - France,Var(Albert); Italie,Ligurie(Bergon),
env.de Pise(Bergon).

S.CORDIGERA + OCCULTATA.

S.CORDIGERA + PARVIFLORA (OCCULTATA) G.Cam. - ✕ S,RAINEI G.(
Cam.(Plante dédiée à M.Raine,botaniste qui l'a découverte).

Port d'un S.CORDIGERA peu élevé et grêle.Feuilles étroites.
Fleurs pourprées,un peu plus petites que dans cette espèce,peu
nombreuses.Labelle 3-lobé,à lobe médian un peu moins large que
les lobes latéraux étalés,gibbosités de la base assez écartées,
noirâtres.Gynostème à bec long,un peu dressé,sinueux. - Plante
difficile à distinguer sur des échantillons d'herbier,s'ils
n'ont pas été préparés avec beaucoup de soin.Sur place,la détermination est facilitée par l'aspect général et le labelle
peu exsert.
Planta pulchra,habitu S.CORDIGERAE,sed minus elatus magisque
gracilis;foliis angustato-lanceolatis;floribus minoribus 3-5;

labello trilobo,lobo medio exserto,lobis lateralibus explanatis
minus latiore; callo purpureo-atrato,lato sulcato; gynostemio
longe rostrato subascendente.

Mai,juin. - France:env.d'Hyères (Raine).

S.LINGUA + OCCULTATA.

S.LINGUA + OCCULTATA (PARVIFLORA) Nob. - × S.SEMILINGUA Nob.

Port du S.LINGUA,mais plus grêle quoique aussi élevé.Fleurs
petites,à segments plus acuminés (3 fois la grandeur des fleurs
du S.OCCULTATA).Labelle ayant la forme de celui de cette espèce,mais à lobe médian long,réfléchi et dépassant longuement les
divisions du casque.
Planta neglecta,habitu S.LINGUAE,sed magis gracilis;floribus
minoribus,perigonii phyllis acuminato-lanceolatis;labello perigonii phyllis exterioribus subduplo longiore,callo elliptico-
oblongo obtuso,vix sulcato basi indistincto;trilobo,medio ovato
acuminato,dependente,extra cucullum exserto.

V.v. - Mai,juin. - Italie:entre Orbetello et San Stefano (Bergon).

HYBRIDES BIGENERIQUES.

ORCHIS + SERAPIAS = ORCHISERAPIAS.
SERAPIAS CORDIGERA + ORCHIS PAPILIONACEA.

×× ORCHISERAPIAS et ×× S.DEBEAUXII Cam.Monogr.Orch.Fr.p.19;
in J.bot.VI,p.34. - S.(ORCH.) PAPILIONACEO× CORDIGERA Deb.in
Rev.bot.mai(1891) p.278. - O.PAPILIONACEUS Asch.u.Graeb.Syn.III,
p.791.

Tige assez robuste,de 25-30 cent.,feuillée seulement dans la
partie inférieure.Feuilles larges de 12-14 mm.dressées.Fleurs
8-10 d'un pourpre vif,disposées en épi assez lâche.Périanthe à
divisions allongées,linéaires-lancéolées.Labelle presque aussi
large que long,à limbe marqué vers la partie moyenne et de chaque côté,d'un sinus assez profond faisant un angle plus ou moins
aigu,sillonné de stries anastomosées. - Plante ayant une assez
grande ressemblance avec le S.TRILOBA Viv. (au moins pour les
individus robustes de ce dernier hybride) mais ne pouvant être
identifié avec lui puisque les S.NEGLECTA et O.LAXIFLORA n'ont
pas été signalés dans la localité par M.Debeaux.

Corse:entre Toga et Sainte-Lucie,près de Bastia (Debeaux).

S.NEGLECTA + O.LAXIFLORA.

×× ORCHISER.TRILOBA Cam.Monogr.Orch.Fr.p.17,excl.syn.; in J.
bot.VI,p.31. - ×× S.TRILOBA Viv.in Ann.bot.1,p.186(1804); Fl.
ital.1,p.11,t.12,f.1; Lindl.Gen.et spec.p.378; Pucc.Symb.fl.luc.
p.483,cum icone; Reichb.f.Icon.XIII,p.9,et 171,t.CCCCXXXVIII,
p.p.!; Reichb.Fl.excurs?1,p.130; Bertol.Fl.ital.IX,p.604; Par-

lat.Fl.ital.III,p.433; Ces.Pass.Gib.Comp.p.165,p.p.?; Koch.Syn.
ed.2,p.799; ed.3,p.600; Kraenz.Gen.et sp.p.160. - S.NEGLECTA x
LAXIFLORA Levier;Pl.etr.exsicc.(1876),in Sched.; Deb.in Rev.bot
(1891)p.377. - O.LAXIFLORA x S.NEGLECTA Arcang.Comp.ed.2,p.165;
Cam.Monogr.Orch.Fr.p.16; Ed.Bonnet in J.bot.XI(1897); Cocconi,
Fl.Bol.p.480; - ISIAS TRILOBA de Not.in Mem.dell.Ac.Tor.II,VI,
p.413,cum icone; Repert.fl.lig.p.391(1844). - O.LAXIFLORUS(EN-
SIFOLIUS)x S.CORDIGERA B.TRILOBA Asch.u.Graeb,Syn.III,p.795.

Icon. - De Notaris l.c.; Viv.l.c.;Rouy,Illustr.t.86(CXCVIII)
f.sin.; Ic.n. pl.12,336.

La synonymie S.NEGLECTA x O.PAPILIONACEA signalée par plusieurs
auteurs et par Richter est fausse.Cette combinaison a fort probablement été trouvée,mais elle ne correspond pas à la plante
de Viviani que nous avons étudiée vivante plusieurs fois en même temps que les parents.

Bulbes petits,sessiles.Tige peu élevée,12-25 cent.,relative-
ment robuste.Feuilles aiguës,canaliculées,lancéolées,les inférieures étalées,les autres dressées.Bractées lancéolées,plus
courtes que les fleurs.Fleurs 2-6,rarement plus,rapprochées en
épi dense.Divisions externes du périanthe connivantes,lancéo-
lées,verdâtres,plus ou moins lavées de pourpre violacé,toutes
non ou peu soudées à la base les unes aux autres.Labelle d'un
brun violacé,à circonscription obscurément suborbiculaire,cordé
à la base,à 3 lobes peu marqués,ondulés-sinueux,fortement ner-
viés,à lobe moyen subtriangulaire et cuculté,à lobes latéraux
étalés ou un peu relevés,peu dépassés par le lobe moyen qui est
aigu et glabrescent.Gynostème court presque droit. - Comme tous
les ORCHISERAPIAS décrits jusqu'à présent cet hybride est dépourvu d'éperon.

V.v. - Mai. - Italie:coteaux di Marossi et del Lagazzo,près
Gênes; San Stefano,près Gênes; près et bois à Mingale et Castagnolo,près Pise (Groves,Levier,Bergon.et auct.plur.); Autriche:
env.de Trieste.

S.NEGLECTA + O.PALUSTRIS.

S.NEGLECTA + O.PALUSTRIS Bergon et G.Cam. xxORCHISERAPIAS et
SER.MUTATA Bergon et G.Cam.

Diffère peu de l'ORCHISER.TRILOBA et ne peut être déterminé
que sur place au milieu des parents.Le lobe moyen du labelle
est cependant plus nettement séparé,un peu étranglé à sa base.
Le reste comme dans la plante de Viviani.
Affinis ORCHISER.TRILOBAE a quo non multum differt,nisi lobo
medio distincto.Inter parentes determinandum.

V.v. - Mai-juin. - Italie:Castagnolo,près Pise (Bergon).

S.LINGUA + O.PAPILIONACEA.

××ORCHISER.BARLAE Cam.Monogr.Orch.Fr.p.19; in J.bot.(1892).—
××S.BARLAE Richter,Pl.eur.p.276(1890). — S.PAPILIONACEO-LINGUA
Barla,Icon.Orch.p.34(1868); pl.22,f.4-8; an Koch,Syn.ed.Hall.et
Wohlf.p.2441? O.PAPILIONACEUS×S.LINGUA Asch.u.Graeb.Syn.III,p.
791.

Icon. — Barla,l.c.; Camus,Atlas,pl.XIV; Reichb.f.Icon.XIII,t.
438; Ic.n.pl.12,337.

Bulbes ovoïdes,subglobuleux.Feuilles linéaires-lancéolées,ca-
naliculées.Tige cylindrique d'un beau vert,lavé de rose au som-
met.Bractées égalant ou dépassant les fleurs,larges,lancéolées,
acuminées,nervées,et de même couleur que les divisions externes
du périanthe.Fleurs peu nombreuses 5-6,disposées en épi court.
Divisions du périanthe libres,conniventes en casque,obtusiuscu-
les ou aiguës,d'un rouge violacé assez pâle,marqué de nervures
longitudinales d'un pourpre foncé;les deux internes d'un rouge
violacé,nervées,un peu plus courtes que les externes,mais presque de même forme.Labelle 3-lobé,plus long que les divisions du
périanthe,canaliculé et muni à la base d'une callosité noirâtre
peu marquée.Lobes latéraux d'un pourpre foncé,arrondis,crénelés
sur les bords,marqués de nervures purpurines disposées en éventail;lobe médian d'un pourpre rosé,à bords ondulés-crispés.Gy-
nostème presque dressé,terminé par un bec assez court muni d'u-
ne pointe aiguë,subpétaloïde.

France:env.de Nice (Barla)

S.LONGIPETALA + O.PAPILIONACEA (RUBRA).

××ORCHISER.LIGUSTICA Nobis. — O.PAPILIONACEA var.RUBRA×S.
LONGIPETALA. — Port de l'××ORCHISER.DEBEAUXII,mais bractées
plus acuminées;labelle obscurément triangulaire,un peu plus
long que large,à lobes latéraux à peine marqués,muni à la base
de 2 callosités assez fortes,violettes,mais non noirâtres.
  Habitu ORCHISER.DEBEAUXII,sed bracteis oblongis magis acumi-
natis; labello obscuro-triangulari; trilobo,lobis lateralibus
obsoletis; lobo medio ovato-acuminato,callis duobus linearibus
violaceis.
              MORPHOLOGIE INTERNE.
  Nous avons pu étudier anatomiquement une fleur et une feuille
de cet hybride.Il différait nettement du S.LONGIPETALA par ses
cellules épidermiques du bord des feuilles à proéminence arrondie,les divisions ext.du périanthe à épiderme ext.moins strié,
les divisions int.à papilles très courtes et bien moins nettes,
les poils du labelle tendant à être peu gibbeux,les cellules
mécaniques en anneau des parois de l'anthère peu nombreuses.
  Il se distingue surtout de l'O.PAPILIONACEA par la présence
de quelques rares papilles sur les divisions int.du périanthe,
une légère tendance des poils du labelle à être gibbeux vers le
sommet,l'ovaire à faisceaux placentaires développés.Les grains

de pollen étaient mal conformés.

Italie:env.de Gênes (P.Bergon).

S.LONGIPETALA + O.LAXIFLORA.

××ORCHISER.PURPUREA Cam.Monogr.Orch.Fr.p.17; in J.bot.VI;
(1892) p.32; Cam.et Duffort in Bull.Soc.bot.Fr.(1898) p.434. -
××S.PURPUREA Doumenj.Suppl.Herb.p.54 (1851). - S.ROUSSII Dupuy,
Mém.d'un botan.p.256 (1868). - S.FONTANAE Rigo et Goir.in N.g.
bot.ital.p.32 (1883) ap.Richter,Pl.eur. ? - S.LAXIFLORO-LONGI-
PETALA Timb.-Lagr.Mém.Ac.Toul.;Mém.hybr.Orch. (1854); Debeaux
in Rev.bot.p.276(1891); Kraenz.Gen.et sp.p.162. - S.LONGIPETALO-
LAXIFLORA Noulet in Rapp.Ac.Toul.(1854); Gr.et Godr.Fl.Fr.III,
p.277. - S.TRILOBA Dupuy ap.Noulet Fl.bas.s.-pyr.Suppl.33,et in
Fl.du Gers,p.233(1846),non Viviani.

Icon. - Barla,Icon.Orch.pl.22,f.9-11; Timb.-Lagr.Mém.Orch.pl.
22,f.14; Cam.Atlas,pl.13; Ic.n.pl.12,349-350.

Bulbes ovoïdes ou subglobuleux sessiles ou subsessiles.Tige
de 1-3 décim.Feuilles linéaires-lancéolées,ne noircissant pas
par la dessication.Bractées lancéolées égalant environ la longueur du périanthe.Fleurs 4-8,disposées en épi lâche.Périanthe
à divisions externes lancéolées rapprochées,un peu soudées à la
base ou complètement libres et étalées,les deux internes lancéolées étroites,presque semblables aux externes et munies de
3-5 nervures allant jusqu'au sommet.Labelle à 3 lobes plus ou
moins profonds,d'un rose pourpre,un peu clair,au centre un peu
clair et jaunâtre,tronqué ou en coeur à la base,muni de 2 gibbosités séparées par un sillon;lobes latéraux étalés,non dressés,demicirculaires,dentés.Gynostème terminé par un appendice
égalant environ la moitié de sa longueur.

France:entre Auch et Mirande(Dupuy et Roux); Salvetot,près
Fleurance,Gers(Roux in Timb.-Lagr.); env.de Masseube,Gers(Duffort).

××ORCHISERAPIAS ADULTERINA Cam.Monogr.Orch.Fr.p.18; in J.bot.
1,p.32. -××S.ADULTERINA Cam.l.c.- S.LONGIPETALO-LAXIFLORA
Timb.-Lagr.Mém.hybr.Orch.p.38-39.

Icon. - Timb.-Lagr.l.c.pl.24,f.8.

Bulbes ovoïdes ou subglobuleux.Tige de 3-5 décim.Feuilles lancéolées-linéaires,très aiguës un peu arquées en dehors et canaliculées en dessus.Bractées ovales-lancéolées,acuminées,nervées,
égalant les fleurs.Fleurs grandes,5-7,disposées en épi lâche,
d'un violet pourpré.Divisions du périanthe ovales-lancéolées,
obtusiuscules,les supérieures externes conniventes,mais libres,
les deux latérales étalées un peu redressées,à la fin toutes
étalées.Labelle d'un pourpre violacé plus pâle et blanchâtre au

centre,glabre,à 3 lobes,tous trois sur le même plan,les 2 latéraux très grands,ovales,très arrondis,le médian très réduit,
très petit comme avorté,un peu chiffonné,lancéolé;base du labelle dépourvue de gibbosité. - Cette plante a le port,l'inflorescence et la couleur de l'O.LAXIFLORA.Elle est surtout remarquable par l'absence de gibbosité à la base du labelle.

V.s. - France;TR.Vallon des Epargnes,près de Roquecourbe(Tarn),
de Larambergue(Herb.Mus.).

S.LINGUA + O.LAXIFLORA.

××ORCHISER.COMPLICATA Cam.Monogr.Orch.Fr.p.18; in J.bot.VI,
p.31. - ××S.COMPLICATA Cam.l.c. - S.TIMBALI Richter,Pl.eur.
(1890). - O.LINGUO-LAXIFLORA Ed.Bonnet et J.A.Richter in Bull.
Soc.bot.Fr.XXIV,(1882); (non S.LINGUO-LAXIFLORA Timb.in
Mém.Ac.Toul.p.299(1855);Mém.hybr.Orch.pl.23,f.2,3).Dans un mé-
moire daté de 1860,Timbal déclare que son S.LINGUO-LAXIFLORA
(olim)est une forme de S.LAXIFLORO-CORDIGERA. - O.LAXIFLORUS
(ENSIFOLIUS)×S.LINGUA Asch.u.Graeb.Syn.III,p.794.

Plante ayant l'aspect de l'O.LAXIFLORA.Bulbes ovoïdes,l'un
sessile,l'autre assez longuement pédonculé.Feuilles lancéolées
aiguës,canaliculées.Epi lâche composé d'environ 9 fleurs d'un
rouge foncé,naissant toujours à l'aisselle d'une bractée plus
courte que l'ovaire,lancéolée-aiguë,munie de 7-9 nervures;divi-
sions externes du périanthe lancéolées,libres,étalées.Labelle
à direction horizontale ou descendante,entier,lancéolé,tronqué
ou atténué légèrement à son extrémité,pourvu de 3-7 nervures
parallèles non anastomosées,dépourvu d'éperon et de gibbosités,
représentant assez bien le lobe moyen du labelle du S.LINGUA.
Gynostème dépourvu d'appendice comme dans l'O.LAXIFLORA.Ovaire
non contourné.Masses polliniques naissant de deux rétinacles
distincts.

France;Uhart-Cize,Basses-Pyrénées(Ed.Bonnet et J.A.Richter).

Nous ne pouvons comprendre comment M.K.Richter a pu identifier la plante du vallon des Epargnes décrite par Timbal en
1855,alors que l'auteur a depuis rectifié son erreur primitive
et a dit que ce qu'il avait publié sous le nom de S.LINGUO-LA-
XIFLORA était un S.LAXIFLORO-CORDIGERA.De plus M.M.Bonnet et J.
A.Richter ont fait connaître leur S.LINGUO-LAXIFLORA et dans
une note claire et précise ont déclaré que leur plante était
distincte de celle de Timbal.Les botanistes qui n'acceptent pas
le nom d'ORCHISERAPIAS COMPLICATA pourront employer celui d'O.
ou de S.COMPLICATA.Le nom de S.TIMBALI ne peut être employé
puisqu'il s'applique à deux plantes différentes.

S.LINGUA ÷ O.MORIO vel O.LAXIFLORA?

××ORCHISER.CAPITATA Cam.Monogr.Orch.Fr.p.18; in J.bot.VI,p.
33(1892) - S.LINGUA×O.MORIO vel O.LAXIFLORA?- S.MORIO-LINGUA
-de Laramberg.ap.Timb.-Lagr.Mém.hybr.Orch.p.36,pl.24,f.7. - O.
MORIO×S.LINGUA Asch.u.Graeb.Syn.III,p.791.

"Cette plante a le port de l'O.MORIO et le facies du S.LINGUA.
Son labelle est glabre et a une seule callosité à la base,ce
qui le rapproche du S.LINGUA,tandis que les divisions supérieures du périanthe sont réunies en casque avec des veines très
prononcées.Les fleurs sont réunies ou mieux assemblées en tête
plutôt qu'allongées en épi,ce qui le ramène à l'O.MORIO.Elle se
sépare de toutes les hybrides que nous avons observées dans les
environs de Castres par les divisions du périanthe soudées comme dans les vrais SERAPIAS et par la forme élégante et très régulière de son labelle qui est en coin à la base,élargi dans sa
partie moyenne,à lobes latéraux égaux de forme et profondément
séparés du lobe moyen qui se détache sans contournure comme
dans les autres;il est en outre deux fois plus long et présente
une jolie couleur violette qui change très peu par la dessication" de Larambergue,l.c.

Timbal-Lagrave fait remarquer que la plante a été trouvée au
milieu des espèces suivantes:O.MORIO,O.LAXIFLORA,S.LINGUA.La
disposition des fleurs en tête la rapproche de l'O.MORIO,mais
la couleur,la forme du labelle et des feuilles plaident en fa-
veur de l'O.LAXIFLORA.

France méridionale.

Près de cette plante,comme issue de l'O.PICTA et du S.LINGUA
nous réunissons une forme hybride ayant les mêmes caractères,
mais à fleurs espacées comme dans le S.LINGUA.Il est à remarquer que la plante de de Larambergue et de Timbal-Lagrave paraît n'avoir été récoltée qu'une fois,et que la disposition
rapprochée des fleurs ne constitue qu'un caractère peu impor-
tant. — Castagnolo,près de Pise,Italie (P.Bergon).

S.LINGUA + O.PURPUREA.

× × ORCHISER.DUFFORTII Cam. — × × S.DUFFORTII Cam. — S.LINGUA ×
O.PURPUREA Duffort in litt.

Port du S.LINGUA dont il a presque la hauteur de la tige et
la grandeur des fleurs.Feuilles courtes,assez largement lancéolées,toutes ou presque toutes radicales.Epi court,pauciflore.
Bractées lavées de rouge violacé dépassant l'ovaire.Périanthe
à divisions libres,dirigées en avant;les extérieures ovales-
lancéolées,d'un violet rougeâtre;les latérales à la fin divergentes dès la base;les internes purpurines,un peu adhérentes
aux externes,uninerviées,insensiblement rétrécies en un acumen
qui égale la longueur de la partie inférieure ovale.Labelle dirigé en avant,3-lobé,vers sa partie moyenne pourvu à sa base
d'une callosité entourée par un liseré blanchâtre très étroit
et formé en arrière de 2 lamelles verticales qui s'épaississent
insensiblement en s'éloignant de la base pour se terminer en
avant en deux bourrelets presque contigus.Lobes peu profonds,
les latéraux d'un pourpre foncé,à bords arrondis,d'abord arqués
en dedans puis dégagés et étalés horizontalement;lobe médian
d'un pourpre vif,ovale pendant ou arqué vers la base.Gynostème
à bec court,droit.

Planta pulchra,habitu ORCHISER.TRILOBAE a quo non multum differt; sed elata magisque gracilis; floribus minoribus,perigonii phyllis acuminato-lanceolatis,non coaltis; labello trilobo; lobis lateralibus atropurpureis,explanatis,lobo medio exserto,purpureo,ovato; callo sulcato; gynostemio breviter rostrato et recto

Pelouses des coteaux argilo-calcaires. - Masseube(Gers),Duffort. - Juin. - V. s.

S.CORDIGERA + O.LAXIFLORA.

××ORCHISER.NOULETII Cam.Monogr.Orch.Fr.p.17;in J.bot.VI,p.31; Atlas,pl.XII. - ××S.NOULETII Rouy in Bull.Soc.bot.Fr.XXXVI,p. 343(1889); Illustr. p.66 et t.CXCVIII. - S.LLOYDII Richter,Pl. eur.1,p.275(1890); Gadeceau in Bull.Soc.sc.nat.Ouest(1892). - S.CORDIGERA + O.LAXIFLORA Cam.l.c.; S.CORDIGERA-LAXIFLORA Noulet ap.Rapp.Ac.sc.Toul.(1854); Gr.et Godr.Fl.Fr.III,p.276. - S. LAXIFLORO-CORDIGERA Timb.Lagr.ap.Acad.Toul.(1854); Deb.in Rev. Bot.(1891)p.276. - S.TRILOBA Lloyd,Fl.Loire-Inf.éd.1 et plur.ed. **non** Viv.nec Noulet; Boreau Fl.cent.éd.3,p.640; Reichb.f.Ic.XIII, t.147,CCCXCIX.

Icon. - Timb.-Lagr.Mém.hybr.pl.22,f.15; Reichb.f.l.c.; Cam.l. c.; Ic.n.pl.12,f.333-335.

Bulbes ovoïdes ou subglobuleux,sessiles.Feuilles linéaires-lancéolées,ordinairement dressées.Bractées lancéolées,égalant environ les fleurs.Fleurs 4-12,disposées en épi lâche.Périanthe à divisions externes lancéolées--ovales,rapprochées,contiguës ou un peu soudées à la base,souvent aussi libres et étalées, les deux internes lancéolées étroites,presque semblables aux divisions externes,munies de 3 nervures allant jusqu'au sommet.Labelle plus ou moins profondément 3-lobé, d'un pourpre violacé assez foncé,tronqué ou en coeur à la base qui est munie de deux gibbosités séparées par un sillon;lobes latéraux étalés et non dressés,arrondis,sinués-dentés; lobe moyen presque glabre, non réfléchi,triangulaire aigu ou subobtus,un peu contourné au sommet,dépassant peu les latéraux. Gynostème terminé par un bec presque aussi long que lui.

V.v. - Juin. - TR. - Loire:Inf.:La Matinais(Thomas),Saint-Gildas(Delalande),La Limousinière(Bornigal),Geneston,Machecoul(Fortineau),Touvois(Bourgault),La Sicaudais(Hautcoeur),env.de Nantes(Lloyd); Vendée:Challans(Hectot,Gobert),Vairé(Jousse),Venansault,La Genetouse,Belleville,Grosbreuil,Napoléon,Commequiers (Pontarlier,Marichal); Morbihan:Le Plessis-en-Theix(Tasle); Gironde:Saint-Brice(Lamère); à rechercher dans le Var,les Alpes-Maritimes,etc.

S.LONGIPETALA + O.MORIO.

××ORCHISER.FONTANAE Cam. -××S.FONTANAE Rigo et Goir.in N. g.bot.ital.XV,32(1883). - S.LONGIPETALA + O.MORIO Rigo et Goir. l.c.;Arcang.Comp.ed.2,p.165; Ed.Bonnet in Journ.bot.IX(1897).

N'est aucunement synonyme de S.PURPUREA Doum.comme il a été
indiqué par M.K.Richter.
Fleurs disposées en épi lâche,allongé.Divisions externes du
périanthe linéaires-obtuses,deux fois plus longues que les internes,celles-ci petites,non soudées.Labelle 3-lobé,lobe médian
un peu ovale.

Italie:Prati della Bettona nel Veronese;entre le col de la
Force et Pogliasca(Bergon).

S.LONGIPETALA + O.PICTA.

XXORCHISER.GARBIORUM Asch.u.Graeb.Syn.III,p.792. - O.PICTA
(PICTUS)X S.LONGIPETALA Asch.u.Graeb.l.c. - S.GARBIORUM = O.
PICTAX S.HIRSUTA Murr in D.B.M.XIX,p.117(1901); M.Schulze in
Mitth.Thur.B.V.N.F.XVII,p.40. - Ne peut être distingué que sur
place de l'ORCHISER.FONTANAE.

S.LONGIPETALA + O.FRAGRANS.

XXORCHISER.TOMMASINII Cam.-XXS.TOMMASINII A.Kern.in Verh.Ab.
K.K.Zool.-bot.Ges.p.231(1865); Arcang.Comp.ed.2,p.165; Richter,
Pl.eur.lp.276; Kraenz.Gen.et spec.p.162. - S.ROSELLINIANA Rigo
et Goir.in N.G.bot.it.(1883)XV,p.33. - S.LONGIPETALAX O.FRA-
GRANS Arcang.Comp.ed.2,p.165. - O.CORIOPHORA v.FRAGRANS X S.HIR-
SUTA Schulze,Die Orch. - S.PSEUDOCORDIGERA X O.CORIOPHORA v.POL-
LINIANA Kraenz.l.c. - S.TRILOBA Koch,Syn.ed.2,sec.Kern.(non Vi
.viani). - O.CORIOPHORUSX S.LONGIPETALA Asch.u.Graeb.Syn.III,p.
793.

Icon. - A.Kern.l.c.,t.VII,f.1-VI; M.Schulze,t.5b,f.1 à 5.;
Ic.n.pl.13,362-366.

Tige dressée,feuillée jusqu'à la moitié de sa hauteur.Feuil-
les basilaires réduites à l'état de gaînes.Feuilles inférieures,
environ 7,linéaires-lancéolées,aiguës,lâchement engaînantes à
la base;feuilles supérieures atténuées de la base au sommet.Epi
laxiflore et pauciflore(7-9 fl.).Bractées acuminées,dépassant
le casque,deux fois plus longués que l'ovaire,vertes,lavées de
pourpre,munies de nervures pourprées,anastomosées avec des nervures secondaires.Périgone à divisions en casque d'abord,puis
étalées au sommet après l'anthèse,les externes lancéolées,acu-
minées,à 3 nervures;divisions internes moins longues et moins
larges,à 1 nervure,à bord externe subdenticulé,arrondi.Labelle
3-lobé,dépourvu d'éperon,d'un brun pourpré,muni de nervures divergentes plus foncées,cunéiforme à la base,muni de deux callosités basilaires à peine marquées.Lobes latéraux subrhomboïdaux
denticulés,aigus;lobe médian dirigé en avant,ovale-lancéolé,a-
cuminé,un peu velu à la base.Gynostème à bec court,triangulaire.
Ovaire non tordu.

Mai. - Italie:Pratti presso Vigasio nel Veronese; Istrie.

Gen. 2. - ACERAS R.Br.

R.Br.in Ait.Hort.Kew.ed.2,V,p.191(1817); Lindl.Gen.et spec.p.
282,p.p.;Endl.Gen.p.208; Nees,Gen.pl.f.germ.III,n°26; Reichb.f.
Icon.XIII,p.1; Benth.et Hook.Gen.III,p.621; Pfitz.in Engl.u.
Prantl.Nat.Pfl.6,2,p 89; Parlat.Fl.ital.III,p.439; Kraenz.Gen.
et spec.p,164,p.p.; Asch.u.Graeb.Syn.III,p.782. - SATYRII spec.
Pers.Syn.II,p.507. - OPHRYDIS spec.L. Spec.1343 . - LOROGLOSSI
spec.Rich.in Mém.Mus.IV,p.54. - HIMANTOGLOSSI spec.Spreng.Spec.
III,p.694. - ORCHIDIS spec.All.Fl.pedem.II,p.148.

Périanthe à divisions externes conniventes avec les internes,
soudées à leur partie inférieure.Labelle dépourvu d'éperon,ne
présontant à la base que de petites gibbosités,pendant,allongé,
à 3 divisions linéaires,la moyenne profondément bifide.Masses
polliniques à caudicules courts,à rétinacles soudés en un seul
qui est renfermé dans une bursicule uniloculaire.Gynostème non
prolongé en bec.Ovaire contourné,sessile.

Papilles du labelle non verruqueuses.Faisceaux libéro-ligneux
de la tige assez régulièrement disposés en cercle au-dessus des
feuilles principales.

1. - A.ANTHROPOPHORA.

A.ANTHROPOPHORA (ANTHROPOPHORUM) R.Br.in Ait.Hort.Kew.ed.2,V,
p.191(1817); Lindl.Gen.et spec.p.282; Reichb.f.Icon.XIII,p,1;
Kraenz.Gen.et spec.p.165; Corrov.Alb.Orch.Eur.pl.1; Babingt.Man.
Brit.Bot.,ed 8,p.346; Sweet,Brit.Gard.II,168; Oudemans,Fl.Ned.
III,p.148; Crépin,Manuel Fl.Belg.ed.1,p.176; éd.2,p.291; Lohr,
Fl.Tr.p.250; J.Meyer,Orch.G.D.Luxemb.p.14; Thielens,Orch.Belg.
et Luxemb.p.60; Godr.Fl.Lorr.éd.2,p.296; éd.3,p.37; Gr.et God.
Fl.Fr.III,p.281; Cast.Cat.B.-d.-R.p.156; Gren.Fl.ch.juras.p.73;
Coss.et Germ.Fl.Paris,éd.2,p.675; Michalet,Hist.nat.Jura,p.297;
Ardoino,Fl.Alp.-Marit.p.358; Barla,Icon.p.36; Poirault,Cat.Vien-
ne,p.95; Cam.Monogr.Orch.Fr.p.21; in J.bot.VI,p.106; Gentil,Fl.
manc.p.175; Gautier,Pyr.-Or.p.401; Deb.Rév.fl.agen.p.519; Buba-
ni,Fl.pyr.p.45; Coste,Fl.Fr.III,p.392,n°3581,cum icone; Kirschl.
Prodr,fl Als.p.161; Fl.Als.éd.2,p.124; Koch,Syn.ed.2,p.798; ed.
3,p.600; ed.Hall.et Wohlf.p.2439; Garcke,Fl.Deuts.ed.14,p.382;
Foester,Fl.Aachen,p.348; Bach,Rheinpr.Fl.p.372; Cafl.Excur.Fl.
S.D.p.298; Seubert,Exc.Baden,p.124; M.Schulze,Die Orch.n°37;
Asch.u.Graeb.Syn.III,p.782; Spenn.Fl.frib,p.239; Gremli,Fl.Suis-
se,éd.Vetter,p.485; Schinz u.Keller,Fl.d.Schweiz,p.121; Marès
et Vigin.Cat.Baléar.p.279; Willk.et Lg.Pr.Hisp.I,p.163; Colm.
Enum.pl.hisp.-lus,V,p.21; Guimar,Orch.port.p.42; Tod.Orch.sic.
p.102; Guss.Fl.sic.syn,2,p.543; de Not.Répert.fl.ligust.p.388;
Bertol.Fl.ital.IX,p.576; Parlat.Fl.ital.III,p.439; W.Barbey,
Aschers.Lev.Fl.Sard.comp.et Suppl.n°1304; Ces.Pass.Gib.Comp.p.
186; Arcang.Comp.ed.2,p.165; Binna,Orch.sard.p.8; Cocconi,Fl.
Bolog.n°481; Mart.Monocot.sard.p.32; Fiori et Paol.Icon.ital.
n°814; Sibt.et Sm.Prodr.Fl.gr.p.215; Frass,Fl.class.p.279; Ung.

Reise,p.120; Raul.Cret.p.862; Boiss.Fl.orient.V,p.55; Gelmi in
Bull.soc.bot.ital.(1889); Hausskn.Symb.p.25; Munby,Cat; Ball,
Spic.Mar.p.672; Lacroix,Cat.Kabylie; Battand.et Trab.Fl.Alg.
(1884)p.200; (1895)p.25; O.Deb.Fl.Kabyl.Djurdjura,p.343; Bonnet
et Barr.Cat.Tunis.p.400. - A.ANTHROPOMORPHA Sm.in Rees Cyclop. -
ARACHNITES ANTHROPOPHORA Schm.in Mey Phys.Aufs.p.26(1791). -
HIMANTOGLOSSUM ANTHROPOPHORUM Spreng.Syst.III,p.694(1826); Moris,Stirp.sard.1,p.44. - LOROGLOSSUM ANTHROPOPHORUM Rich.in Mém.
Mus.IV,p.54(1817); Dumort.Prodr.fl.Belg.p.132; Dulac,Fl.H.-Pyr.
p.123. - L.BRACHYGLOTTE Rich.l.c.(1817). - OPHRYS ANTHROPOPHORA
L.Spec.ed.1,p.948(1753); Lamk Dict.IV,p.572; Lapeyr.Abr.Pyr.p.5
550; Smith,Brit.p.957; Sowerb.Engl.Bot.VII; Lej.Rev.fl.Spa,p.
188; Hocq,Fl.Jemm.p.236; Lej.et Court.Comp.III,p.187; Tin,Fl.
luxemb.p.443; Dumoul.Fl.Maestr.p.103; DC.Fl.fr,III,p.254; Salis,
Mar.Aufz.Kors.in Bot.Zeit.(1833)p.492; Vill.Hist.Dauph.II,p.49;
Duby,Bot.p.446; Loisel.Fl.gall.2,p.269; Lec.et Lamt.Cat.pl.cent.
p.352; Reut.Cat.Genève,éd.1,p.100; Lor,et Barr.Fl.Montp.p.664;
Lloyd et Fouc.Fl.Ouest,p.338; Magn.et Hétier,Obs.fl.Jura,p.1417;
F.Gust.et Hérib.Fl.Auv.p.432; Car.et S.-Lag.Fl.desc.éd.8,p.807;
Bertol.Amoen.it.p.199; Fl.Alp.ap.p.417; Guill.Fl.Bord.et S.-O.,
p.171. - O.ANTHROPOMORPHA Willd.Spec.IV,p.63(1805). - SATYRIUM
ANTHROPOMORPHUM Pers.Syn.II,p.507(1807); Sébast.et Mauri,Fl.rom.
prodr.p.307; Ten.Fl.neap.2,p.302. - S.ANTHROPOPHORUM Pers.l.c. -
SERAPIAS ANTHROPOPHORA Jundz.Fl.lith.p.267(1791). - ORCHIS AN-
THROPOPHORA All.Fl.pedem.II,n°1835,p.148; Ten.Syll.p.457; - Orchis anthropophora oreades Colum.Ecphr.I,320,cum icone. - Orchis
flore nudi hominis effigiens representans Bauh.Pinax,82. - Orchis radicibus subrotundis,spica longa,flore inermi,labello per-
angustato 4-fido Haller.

Icon. - Vaill.Bot.paris.p.147,t.31,f.19,20; Garid.340,t.76,77;
Haller,Helv.n°1264,t.23; Duch.Pl.ut.ven.alt.t.29; Dietr.Fl.bor.
t.228; Curt.Fl.Lond.ed.Grav.II,t.126; Fl.Dan.t.CIII; Engl.Bot.
t.29; Reichb.f.Icon.XIII,t.5,CCCLVII; Oudem.l.c.,pl.LXXI,f.368;
Barla,l.c.pl.23,f.1-13; Ces.Pass.Gib.pl.XXIII; Cam.Icon.Orch.
Paris,pl.1; M.Schulze,l.c.,t.37; Ic.n.pl.16,435-441.

Exsicc. - Un.it.W.Schimper,n°832; Reichb.n°1622; Billot,n°
3240; Tod.Fl.sic.n°101; Soc.Dauph.n°3060; Orphan.Fl.gr.n°849;
Dorfler,Pl.cr.n°2; Fiori,B.Pamp.Fl.it IV,n°418; Baenitz,H.E;
Choulette Fr.Alg.n°386; Jamin,Pl.Alg.

Bulbes entiers,ovoïdes ou subglobuleux,Tige de 2-4 déc.,nue
au sommet.Feuilles inférieures oblongues ou oblongues-lancéolées,dressées dans leur jeune âge,puis un peu étalées,la supérieure engaînante.Bractées membraneuses,lancéolées-acuminées,
plus courtes que l'ovaire.Fleurs assez petites,disposées en épi
d'abord dense,puis allongé,d'un jaune verdâtre,bordées et rayées de rouge brunâtre.Périanthe à divisions conniventes en casque subobtus.Labelle pendant,plus long que l'ovaire,à 3 divisions,les 2 latérales linéaires subfiliformes,la médiane plus
large et plus longue que les latérales,bifide à divisions secondaires presque aussi longues que les latérales et quelque-

fois dans les formes méridionales munies d'une petite dent à
l'angle de bifidité.

MORPHOLOGIE INTERNE.

BULBE. Grains d'amidon plus ou moins arrondis,ordinairement
isolés,atteignant 10-16μ de diam.(pl.1,f.23). - FIBRES RADICA-
LES. Assise pilifère et parois latérales de l'endoderme subéri-
sées.Quelques vaisseaux de métaxylème.

TIGE. Stomates ordinairement peu rares.2-3 assises de parenchyme externe entre l'épiderme et le tissu lignifié extra-libé-
rien.Anneau lignifié formé de 6-9 assises de fibres à parois
relativement assez épaisses.Au-dessus des feuilles principales
faisceaux libéro-ligneux disposés en un cercle,très larges sur
une section transversale,les plus petits entourés de cellules
lignifiées,les plus gros pourvus de tissu sclérifié seulement à
l'extérieur.Lacune occupant le centre de la tige.

FEUILLE. Ep. = 250-370μ env.Epiderme sup.haut de 80-120μ, à
paroi ext.peu striée,épaisse de 8-9μ env.,non ou peu bombée,
sans stomates dans les feuilles inférieures et moyennes.Epider-
me inférieur recticurviligne,haut de 40-60μ, à paroi ext.épais-
se de 7-8μ env. et bombée,munie de très abondants stomates.Cel-
lules épidermiques du bord des feuilles à paroi externe épaissie,à peine bombée extérieurement.Mésophylle formé de 5-7 assises de cellules plus ou moins arrondies,contenant de rares paquets de raphides.NERVURES dépourvues de tissu lignifié,les
principales munies d'un peu de collenchyme à la partie supérieure du faisceau.Nervure médiane à section concave-convexe,très
saillante à la partie inf.du limbe,les autres à section à peu
près plane.

FLEUR.-PERIANTHE.DIVISIONS EXTERNES et LATERALES INTERNES dépourvues de papilles caractérisées. - LABELLE. Epiderme int.mu-
ni vers le centre du labelle de papilles obtuses,très nombreuses,atteignant 50-110μ de long.Epiderme ext.légèrement papilleux vers les bords. - ANTHERE. Epiderme non prolongé en papilles caractérisées.Assise fibreuse différenciant des cellules en
neaux plus ou moins complets,en quantité relativement assez
grande. - POLLEN. Exine à réseau de batonnets assez net à la
périphérie des massules,les tétrades internes à peu près dépourvues d'ornements. L=30-35μ env. - OVAIRE. Nervure médiane des
valves placentifères saillante extérieurement,à un faisceau libéro-ligneux ext.et un faisceau libérien int.,très réduit.Pla-
centa très allongé,se divisant à peine en deux courtes branches.
Valves non placentifères proéminentes à l'extérieur,contenant
un faisceau libéro-ligneux. - GRAINE. Cellules du tégument à
parois assez ondulées,légèrement striées.Graine adulte 2f. - 2f.
1/2 plus longue que large env.,arrondie au sommet. L=300-500μ
env.

V.v. - Avril,juin. - Collines et lieux arides herbeux,surtout
sur le calcaire.Ordinairement peu abondant. - Europe moyenne et
occidentale;Algérie,Maroc,Tunisie.

HYBRIDES BIGENÉRIQUES.

ORCHIS + ACERAS = ORCHIACERAS.

ORCHIS MILITARIS + ACERAS ANTHROPOPHORA.

××ORCHIACERAS WEDDELLII Cam.Monogr.Orch.Fr.p.23; in J.bot.
VI,p.108; Cam.et Duffort in Bull.Soc.bot.Fr.XLV(1898),p.434;
Hariot et Guyot,Contr.fl.Aube,p.113. -××O.WEDDELLII Cam.Monogr.
l.c. -××A.WEDDELLII Gren.Mss.ap.Gr.et Godr.Fl.Fr.III; Cam.in
de Fourcy Vade-mec.herb.paris.éd.6,add.p.326. - O.MILITARIS× A.
ANTHROPOPHORA Asch.u.Graeb.Syn.III,p.797,sensu lat. - A.ANTHRO-
POPHORO-MILITARIS Gr.et Godr.l.c.p.281. - Orchidée hybride Wed-
dell in Ann.Sc.nat.s.III,XVIII,p.5,pl.1,f.3-6.

Icon. - Weddell,l.c.; Cam.Icon.Orch.Par.pl.2,d'ap.les éch.vi-
vants cult.au Muséum de Paris et rapportés par le capit.Parisot;
Ic.n.pl.16,f.445-447.
Bulbes ovoïdes ou subglobuleux.Tige de 2-4 déc.,nue au sommet.
Feuilles inférieures oblongues ou oblongues-lancéolées,dressées
dans leur jeune âge,puis un peu étalées.Bractées d'un blanc verdâtre,membraneuses,lancéolées,sublinéaires,acuminées,plus courtes que l'ovaire.Fleurs disposées en épi allongé un peu lâche.
Périanthe à divisions externes conniventes en casque,ovales,sub-
obtuses,nervées,purpurines aux bords et au sommet,vertes à la
base.Labelle d'un pourpre clair dans tout son pourtour,blanchâ-
tre et ponctué de pourpre au milieu,3-lobé,plus long que l'o-
vaire.Lobes latéraux étroits,linéaires,lobe moyen pourvu de
houppes purpurines,plus large et plus long que les latéraux,bi-
fide,à divisions secondaires un peu élargies et divergentes.E-
peron de 2 mm. env. - Cette plante a le port de l'A.ANTHROPO-
PHORA.Elle en diffère par son casque plus acuminé,rosé au sommet,par le labelle muni d'un éperon court.

V.v. - Juin,juillet. - TR. Forêt de Fontainebleau(Weddell) ;
Malesherbes,Loiret(Parisot)!; environs de Masseube(Gers)!(Duffort); Villechétif,près Troyes(Briard); Suisse,Aarau(Keller).

××ORCHIACERAS SPURIA Cam.Monogr.Orch.Fr.p.23; in J.bot.VI,p.
108; Cam.et Duffort in Bull.Soc.bot.Fr.XLV,p.434. -×× O.SPURIA
Reichb.in Flora(1849)p.891; Walp.Ann.bot.III,p.576; Pinz Krit.
Vergl.d.in Gouv.Mosk.Wild.p.19; Trautv.Incr.fl.ross.p.750,n°
5028; Cam.in de Fourcy Vade-mec.herb.par.éd.6,add?p.326. - O.
MACRA Koch,Syn.ed.2,p.789?p.p. - O.BRACHIOLATA Lan.Koch.Herb.
ap.M.Schulze. - O.MILITARIS× A.ANTHROPOPHORA Reichb.;Cam.l.c. -
O.RIVINI× A.ANTHROPOPHORA Kraenz.Gen.et spec.1,p.131. - Orchidée hybride Weddell in Ann.Sc.nat.III,XVIII,p.5,pl.1,f.3-6(1852)

Icon. - M.Schulze,Die Orchid.t.37 b,f.5; Reichb.f.Icon.XIII,
t.22,CCCLXXIV.(Cette dernière planche l'une des meilleures de
cet auteur,correspond exactement à la plante de notre savant a-
mi M.Luizet,plante que nous avons eue en communication et dont

il nous a été donné pour notre herbier plusieurs fleurs fort
bien préparées.Nous avons reçu cette même plante de notre confrère et ami M.Duffort). Ic.n.pl.16,f.443,444.

Bulbes ovoïdes ou subglobuleux.Tige élancée,de 3-4 décim.,nue
au sommet.Feuilles inférieures oblongues ou oblongues-lancéolées,arrondies et brusquement acuminées au sommet,les caulinaires engaînantes.Fleurs disposées en épi cylindrique assez lâche.
Bractées d'un blanc verdâtre,courtes(éch.d'Allemagne),ou égalant l'ovaire env.(éch.de France).Divisions du périanthe conniventes en casque,ovales-subobtuses,nervées,verdâtres à la base,
d'un pourpre foncé aux bords et au sommet.Labelle d'un pourpre
vif et foncé dans tout son pourtour,d'un blanc verdâtre au médiastin,non ponctué de pourpre,3-lobé,beaucoup plus long que
l'ovaire;lobes latéraux d'un pourpre foncé,assez larges(1 mm.,
1/2 à 2 mm.);lobe moyen un peu plus large que les latéraux,bi-
fide,à divisions secondaires conformes aux lobes latéraux,mais
plus larges,divergentes,munies ou non à l'angle de bifidité
d'une dent.Eperon conique de 2 mm.env,Port de l'A.ANTHROPOPHORA,
couleur de l'ensemble des fleurs comme dans l'O.MILITARIS.
Cette plante diffère de la précédente par sa coloration plus
foncée,par son labelle non ponctué,par ses lobes latéraux plus
larges,La fleur ressemble beaucoup à celle de l'Iconogr.de Rei-
chb.Seule,la bractée est un peu plus longue,mais ce caractère
est assez variable.
C'est à tort que M.K.Richter identifie l'O.SPURIA à l'A.WED-
DELLII.La plante de Weddell est très distincte.Nous avons vu la
planche des Ann.Sc.nat.et un exemplaire vivant rapporté au Muséum de Paris par M.Parisot.Nous avons vu aussi la plante de M.
Luizet et nous ne pouvons accepter la synonymie proposée.M.M.
Cosson et Germ.dans leur Fl.env.Paris,éd.2,distinguent aussi
les deux plantes,ils ont été suivis par beaucoup d'auteurs,et
nous ne voyons rien qui justifie une telle réunion.

V.v. - Allemagne,Bade; France:Fontainebleau (Guignard et Luizet);Gers,env.de Masseube (Duffort); Suisse:cantons de Berne et
de Vaud.

O.SIMIA + A.ANTHROPOPHORA.

O.SIMIA × A.ANTHROPOPHORA Asch.u.Graeb.Syn.III,p.796. - ××OR-
CHIACERAS BERGONI Cam.Monogr.Orch.Fr.p.22; in J.bot.VI,p.107;
Cam.et Duff.in Bull.Soc.bot.Fr.XLV,p.434. - ××O.BERGONI de
Nanteuil in Bull.Soc.bot.Fr.XXXIV,p.422(1888). - O.WEBERI Cho-
dat ap.M.Schulze,Die Orch.38,b.(1894); Koch,Syn.ed.Hall.et Wohl-
f.p.2439. - ACERAS VAYRAE K.Richter,Pl.eur.1,p.276(1890). - A.
VAYREDAE Rouy,Ann.Pl.Eur.in Bull.Soc.bot.Fr.(1891). - A.ANTHRO-
POPHORA × O.SIMIA de Nanteuil,l.c.(1888); Vayreda y Vila in Ann.
Soc.esp.hist.nat.XI,p.137(1881); Koch,Syn.ed.Hall.et Wohlf.l.c.;
M.Schulze 37,5.

Icon. - M.Schulze,Die Orch.n°37,t.37 b.f.A,1,2,3,4; Ic.n.pl.
16,f.442.

Bulbes ovoïdes,deux. Tige élancée,de 25 à 40 cent.,nue dans
sa partie supérieure.Feuilles ovales-oblongues,la supérieure
engaînante.Epi oblong,de 12 à 25 fleurs.Bractées membraneuses
de 1 à 3 nerv.,lancéolées,atténuées-aiguës,dépassant la longueur de la moitié de l'ovaire,mais toujours plus courtes que
lui.Ovaire contourné.Divisions du périanthe conniventes en casque ovoïde,lancéolé,acuminé;les externes ovales-lancéolées,sou-
dées inférieurement,purpurines,ponctuées,les deux latérales bi-
nerviées,la supérieure uninerviée;divisions internes linéaires-
aiguës,presque aussi longues que les externes.Labelle égalant à
peu près l'ovaire,de même forme que dans l'O.SIMIA mais un peu
plus larges,les 4 lobules purpurins ou livides au sommet,un peu
arqués en avant,à partie moyenne blanche,munie de houppes purpurines comme dans l'O.SIMIA.Eperon très court,2 mm.env.,bursi-
forme. 2 rétinacles.

Cette plante a le port de l'A.ANTHROPOPHORA et par ses fleurs
se rapproche de l'O.SIMIA.On la distingue de l'O.SPURIA Reichb.
par ses bractées longues,son casque plus aigu,et les lobes du
labelle qui sont arqués en avant.

L'A.WEDDELLII Grenier lui ressemble beaucoup aussi,mais il
est caractérisé par la coloration plus pâle du casque et par
ses lobes latéraux plus courts atteignant à peine l'angle de
bifidité du lobe moyen.

V.v. - TR. - France:Seine-etOise,Champagne(Bergon); Gers(Duffort); Haute-Savoie(Chodat); Aarau(Keller); Espagne(Vayreda);
Suisse(à rechercher).

O.PURPUREA + A.ANTHROPOPHORA.

✗✗ORCHIAC.MACRA Nobis. - ✗✗O.MACRA Lindl.in Babingt,Man.
Brit.B t.(1843)p.290; Gen.et spec.Orch.p.273(1835); Koch,Syn.
ed.Hall.et Wohlf.p.2439. - O.PURPUREUS✗A.ANTHROPOPHORA Asch.u.
Graeb Syn.III,p.799. - A.ANTHROPOPHORA✗O.PURPUREA Melsh,Verh.
Pr.Rh.W.(1882).; M.Schulze,Die Orchid.n°37 et t.37 b.,f.6.

Périanthe à divisions conniventes en casque un peu acuminé,
maculé de pourpre.Labelle ressemblant à celui de l'O.MILITARIS,
mais à divisions latérales étalées,allongées,acuminées ou tronquées;subdivisions du lobe moyen plus allongées.Le reste comme
dans l'O.SPURIA. -

M.K.Richter,Pl.eur.indique O.MACRA Lindl.= O.SIMIA et encore
O.MACRA Koch,Syn.ed.2,p.787(1845)=O.SPURIA Reichb. L'O.MACRA
ressemble il est vrai,dans une certaine limite à l'O.SIMIA,mais
il en diffère par ses lobes plus larges,non arqués,le casque,
plus court et maculé plus fortement,enfin par l'éperon très
court et conique.On notera que Koch,ed.3,signale l'O.MACRA comme forme douteuse,à rapprocher à titre de variété à l'O.SIMIA.

V.s. - France,Suisse,à rechercher.ailleurs.

O.ITALICA + A.ANTHROPOPHORA.

×× ORCHIAC.WELWITSCHII Nob. ~××O.WELWITSCHII Reichb.f.Icon.
XIII,p.183(1851); Guimar.Orch.port.p.59,in Ann.Soc.Brot.V(1887);
Richt.Pl.eur.1,p.268. - O.SIMIA var.WELWITSCHII sec Reichb. -
Var.de l'O.SIMIA vel O.LONGICRURIS× A.ANTHROPOPHORA Reichb.f.l.
c.:

Icon. - Guimar.l.c.,pl.VI,f.45; Ic.n.pl.14,373,374.

Plante robuste.Tige de 30 cent.de haut environ,presque arron-
die.Feuilles ondulées,les inférieures oblongues-aiguës,les supérieures engaînantes,celles près des fleurs pellucides.Fleurs
en épi dense,rappelant par leur port l'O.SIMIA.Bractées lancéolées-aigues,1-3 nervées.Divisions du périanthe conniventes en
casque acuminé comme dans les O.ITALICA et SIMIA.Labelle comme
celui de l'O.ITALICA mais à segments largement linéaires,d'un
brun rougeâtre.

Portugal,pentes de Serra de Saint-Louis (Welwitsch,n°27).

×× ORCHIAC.HENRIQUESEA Nob. - ×× O.HENRIQUESEA Guimar,l.c.
(1887),pl.VI,f.44;Ic.n.pl.14,371-372.

Plante ayant la même ancestralité que la précédente,mais rappelant beaucoup plus l'A.ANTHROPOPHORA;les feuilles sont peu
ondulées,l'épi à fleurs petites et à labelle dont les lobes
sont relativement courts.

Portugal;Tapada Real de Mafra (Guimaraes). - V.v. - Notre
collaborateur M.P.Bergon a récolté ces deux formes en Italie.

O.MASCULA + A.ANTHROPOPHORA.

×× ORCHIAC.ORPHANIDESI Nobis. - ACER.ANTHROPOPHORA× O.MASCULA
Orphanides,ap Boiss.Fl.orient.V,p.55. - An O.MASCULUS× A.ANTHRO-
POPHORA Gremli,ap.Asch.u.Graeb.Syn.III,p.799?

Périanthe à divisions non conniventes,grandes,oblongues;la-
belle à éperon court,conique comme dans l'A.ANTHROPOPHORA,lobé,
mais à divisions latérales plus longues et plus éloignées de la
médiane.

Grèce,mont Malew en Laconie (Orphanides);Suisse?

O.LATIFOLIA (LATIFOLIUS) + (×) A.ANTHROPOPHORA (?)

O.LATIFOLIA(LATIFOLIUS)+(×)A.ANTHROPOPHORA(?)Harz ap Asch.u.
Graeb.Syn.III,p.799. - A.ANTHROPOPHORA in Schlech.Lang.u.Sch.
Fl.Deut.IV,p.238,(1896). - Suisse(Gremli). - Cf M.Schulze in
Mitth.Thur.B.V.N.F.p.79 (1897).

Gen.3. - LOROGLOSSUM Rich.

LOROGLOSSUM Rich.in Mém.Mus.IV,p.47 (1817). - SATYRII spec.
L.Spec.p.1337. - ORCHIDIS spec.Scop.Fl.carn.ed.2,p.193; R.Br.in
Ait.Hort.Kew.ed.2,V,p.190; Benth.et Hook.Gen.p.620. - HIMANTO-
GLOSSI Spreng.Syst.veg.3,p.675 et 694; Parlat.Fl.ital.III,p.442;
Pfitzer in Engl.et Prantl,Nat.Pfl.2,VI,p.89; Asch.u.Graeb.Syn.
III,p.785. - ACERATIS spec.Lindl.Gen.et spec.p.282; Endl.Gen.n°
1512; Reichb.f.Icon.XIII,p.5.

Périanthe à divisions externes conniventes en casque avec les
deux divisions internes. Labelle muni d'un éperon court,dirigé
en bas,à divisions enroulées avant la floraison;division moyenne entière,plus longue que les latérales. Masses polliniques à
caudicules courts,à rétinacles soudés en un seul qui est renfermé dans une bursicule uniloculaire. Gynostème court.Ovaire contourné,sessile.

Papilles du labelle dépourvues de ramuscules. Faisceaux libéro-ligneux de la tige très disséminés.

1. - L.HIRCINUM.

L.HIRCINUM Rich.in Mém.Mus.IV,p.34(1817); Mich.Fl.Hain.p.273;
Bellynck,Fl.Nam.p.262; Crép.Man.Fl.Belg.éd.1,p.176;éd.2,p.291;
Thiel.Orch.Belg.et Luxemb; Cogn.P.fl.Belg.n°452,p.249; Godr.Fl.
Lorr.II,p.294; Desv.Observ.fl.And.p.90; Ardoino,Fl.Alp.-Marit.
p.350; Poir.Cat.Vienne,p.95; Briss.Cat.Marne,p.116; de Vicq,Fl.
Somme,p.421; Masclef,Cat.P.-d.-C.p.153; Cam.Monogr.Orch.Fr.p.25;
in J.bot.VI,p.169; Gallé in Act.Congr.bot.(1900)p.111; Reut.
Catal.Genève,éd.2,p.205; Bl.et Fing.Comp.2,p.412; Beck,Fl.N.-
Oest.p.206; Fiori et Paol.Flit.n°815; Bonnet et Barr.Cat.Tun.p.
401; H.Vilm.in Bull.Soc.bot.Fr.(1904)p.255,cum ic. - HIMANTO-
GLOSSUM HIRCINUM Spreng.Syst.III,p.694(1826); Reichb.Fl.excurs.
Correv.Alb.Orchid.Eur.pl.XXIII; Richter,Pl.eur.p.276; Babingt.
Man.of Brit.Bot.ed.8,p.345; Barla,Iconogr.p.37; Bubani,Fl.pyr.
p.44; Correvon,Orch.rust.p.100,f.22; Kirschl.Fl.Als.II,p.1252;
Koch,Syn.ed.2,p.795; ed.3,p.598; ed.Hallier et Wohlf.p.2433;
Bach,Rheinpr.Fl.p.371; Cafl.Excurs.Deuts.p.297; Foester,Fl.Aach.
p.346; Garcke,Fl.v.Deuts.p.382; M.Schulze,Die Orchid.n°38; Asch.
u.Graeb.Syn.Bd.III,p.786; Gremli,Fl.Suisse,éd.Vet.p.482; Schinz
u.Kel.Fl.Schweiz,p.124; Guss.Fl.sic.2,p.542; de Not.Pepert.fl.
lig.p.383; Bertol.Fl.ital.IX,p.568; Parlat Fl.ital.III,p.443;
Pucc.Fl.luc.p.478; Cocconi Fl.Bologn.p.481; Loher,Fl.Tr.p.248;
Ambr.Fl.Tir.aust.1,p.697; Haussm.Fl.Tirol,p.840; Oborny,Fl.Moeh.
u.Oest.Schl.p.250; Schur,Enum.pl.Trans.p.645,n°3427; Simk.Enum.
fl.Trans.p.502; Gr.Syn.fl.Rum.et Bith.2,p.364; Boiss.Voy.Esp.p.
595; Bald.Riv.Coll.bot.alb.(1895)p.71;(1896p.93; Halac.Consp.
fl.Graec.III,p.160; Grecescu Consp.fl.Roman.p.547. - ACERAS
HIRCINA Lindl.Gen.et spec.pP282(1835); Reichb.f.Icon.XIII,p.5,
t.OCCLX; Kraenz.Gen.et spec.p.147; Gr.et God.Fl.Fr.III,p.283;
Boreau,Fl.cent.éd.3,p.640; Castagne,Cat.B.-d.-Rh.p.156; Michal.
Hist.nat.Jura,p.297; Martin,Cat.Romor.p.264; Blanche et Malbr.

Cat.Seine-Inf.p 94; Dulac,Fl.H.-Pyr.p.123; Gentil,Fl.manc.p.175;
Deb.Révis.fl.agén.p.519; Willk.et Lg.Prodr.Hisp.1,p.164; Boiss.
Fl.orient.V,p.56; Ledeb.Fl.Ross.IV,p.67; Lacroix,Cat Kabylie;
Batt.et Trab.Fl.Alg.(1904)p.260. - SATYRIUM HIRCINUM L.Spec.ed.
1,1737(1753); Poiret,Encycl.VI,p.576; Lamk Fl.fr.III,p.510;
Vill.Hist.Dauph.p.41; Smith,Brit.927; Le Turq.Del.Fl.Rouen,p.
461; Boisduval,Fl.fr.III,p.47; Corbière,N.fl.Norm.p.56; Gaut.
Pyr.-Or.p.401; Seb.et Mauri,Fl.rom.pr.p.308; Ten.Fl.neap.II,p.
300; Lej.Fl.Spa,p.191; Rev.fl.Spa,p.186; Kichx,Fl.Brux.p.59;
Hocq.Fl.Jemm.p.234; Suffr.Pl.Frioul,p.186; Gmel.Fl.bad.III,p.
549; Deb.Fl.Kabyl.Djurdjura,p.345. - ORCHIS HIRCINA (HIRCINUS)
Crantz,St.Austr.p.484(1769); Swartz in Act.Holm.(1800)p.207;
Willd.Spec.IV,p.28; Lej.et Court.Comp.III,p.177; Tinant,Fl.Lu-
xemb.p.439; DC.Fl.fr.III,p.250; Duby,p.446; Loisel.Fl.gall.2,p.
266; Mutel,Fl.fr.III,p.246; Fl.Dauph.éd.2,p.595; Gren.Fl.ch.ju-
ras.p.753; Lor.et Barr.Fl.Montp.p.660; F.Gust.et Hérib.Fl.Auv.
p.427; Franch.Fl.Loir-et Ch.p.568; Magn.et Hétier Observ.fl.Ju-
ra,p.140; Le Grand,Fl.Berry,p.250; Guill.Fl.Bord.et S.-O.p.169;
Coste,Fl.Fr.V,p.392,n°3582,cum icone; Gaud.Fl.helv.V,p.448,n°
2070; Morth.Fl.Suisse III,p.363; Scop.Fl.carn.n°1113; Reuter,
Cat.Genève,éd.1,p.160; Seubert,Exc.Fl.Bad.p.120; Ces.Pass.Gib.
Comp.pl.XXIII,f.7; Batt.et Trab.Fl.Alg.éd.1,p.198. - Orchis radicibus subrotundis,labello longissimo tripartito plicato Hall.
Helv.n°1368. - Orchis barbata foetida Bauh.Hist.2,p.756; Vaill.
Bot.paris.;Riv.Hexap.t.18. - Orchis barbata odore hirci,brevio-
re latioreque folio Bauh.Pinax.20; Moris,Hist.3,p.491; f.12,f.9;
Cup.H.cath.p.157; Seg.Pl.ver.2,p.121,t.15,f.1; Zannich.Opusc.
posth.p.83. - Orchis nebrodensis,per omnia maxima,Pilato flore
purpureo albo micato Cup.Hort.cath.p.157 et Suppl.alt.

Icon. - Moris.Hist.Oxon.III,S.12,p.491,t.12,f.9; Seg.l.c.;
Vaill.Bot.paris.t.30,f.6; Hall.Icon.helv.t.36; Lamk Ill.t.426,
f.1; Jacq.Austr.IV,t.367; Curt.Fl.Lond.ed.Grav.IV,t.97; Schl.
Lang.Schenk Deuts.IV,p.345; Engl.Bot.1,t.34; Hook.Lond.iii,t.96;
Nees,Esenb.V,t.3; Reichb.f.Icon.XIII,t.8,CCCLX; Barla,l.c.,pl.
24,f.1-23; Cam.Icon.Paris,pl.3; M.Schulze,l.c.,t.38; Ic.n.pl.
15,f.411-417; Bonnier,Alb.N.Fl.p.147.

Exsicc. - Billot,n°2745; Reliq.Maill.n°1735; Bourg.Pl.d'Algér.
Soc.Rochel.n°5115; Fiori,Béguin.et Pamp.Fl.ital.n°419.

Bulbes ovoïdes,gros,surmontés de fibres radicales nombreuses
et épaisses.Tige souvent robuste,de 3-6 décim.et plus,d'un vert
pâle et souvent lavée de violet au sommet.Feuilles oblongues-
lancéolées ou ovales-lancéolées,d'abord d'un vert pâle,puis jau-
nâtres.Bractées linéaires membraneuses,plus longues que l'ovaire,munies de 3-5 nervures.Fleurs assez grandes,exhalant une forte odeur de bouc,disposées en épi ample,allongé-cylindrique.Di-
visions externes du périanthe concaves,obtuses,conniventes en
casque globuleux,verdâtres,rayées et ponctuées de pourpre en dehors;divisions internes linéaires,maculées de pourpre en dedans
et munies d'une nervure.Labelle très allongé,à 3 divisions linéaires roulées en spirale pendant la préfloraison,à base ondu-
lée,crispée-dentée;divisions latérales plus étroites et beaucoup plus courtes que la moyenne,ondulées-crispées à leur base;

division moyenne linéaire(3 à 7 cent.),2 à 3 fois plus longues que l'ovaire,contournée lâchement en spirale un peu étalée après l'anthèse,tronquée au sommet et 2-3 dentée.L'ensemble de la fleur est d'un jaune verdâtre,le casque est muni de stries vertes plus foncées et lavé ou maculé de pourpre;les divisions du labelle ont souvent leurs bords lavés de brun,les parties ondulées souvent lavées de rose sont munies à leur base de taches purpurines.Eperon conique,très court.

MORPHOLOGIE INTERNE.

BULBE Grains d'amidon arrondis,atteignant 5-10μ de diam.,rarement 20μ et alors de forme assez irrégulière. - FIBRES RADICALES. Assise pilifère et parois latérales de l'endoderme nettement subérisées.Lames vasculaires assez nombreuses.Vaisseaux de métaxylème manquant ou peu abondants.

TIGE. Épiderme à cuticule striée.4-8 assises de cellules chlorophylliennes laissant entre elles des méats et des canaux aérifères.Anneau lignifié formé de 6-10 assises de cellules à parois minces,à parois transversales non ou peu obliques. Faisceaux libéro-ligneux très disséminés à tous les niveaux de la tige,les externes entourés d'une gaîne sclérifiée plus ou moins complète,les internes ayant seulement quelques fibres lignifiées extra-libériennes.La plupart des faisceaux se fusionnant vers le centre de la tige.Parenchyme central non résorbé,contenant quelques cellules à raphides.

FEUILLE. Ep.= 350-500μ.Epiderme sup.haut de 90-120μ ,à paroi ext.épaisse de 7-9μ et peu bombée,à cuticule striée perpendiculairement aux parois latérales,dépourvu de stomates.Epiderme inf.recticurviligne,haut de 30-60μ ,à paroi ext.peu striée,épaisse de 6-8μ et bombée,à stomates nombreux.Paroi ext.des cellules épidermiques du bord du limbe non sensiblement bombée.Mésophylle formé de 6-8 assises de cellules constituant un tissu assez lâche. NERVURES dépourvues de collenchyme et de tissu lignifié,la médiane à section concave-convexe,à faisceau libéro-ligneux entouré de parenchyme incolore et de cellules chlorophylliennes.

FLEUR. - PERIANTHE. DIVISIONS EXTERNES. Epidermes ext.et int. striés,sans papilles caractérisées.Epiderme int.pourvu de cellules à contenu violet,isolées ou groupées en lignes. - DIVISIONS LATERALES INTERNES. Bords seuls légèrement papilleux.Epiderme ext.souvent délicatement strié.Epiderme int.pourvu surtout à la base des divisions internes,de cellules à contenu violacé. - LABELLE. Vers la partie sup.du labelle,épiderme int. émettant des poils violets ou hyalins,très nombreux,longs de 250-500μ, env.,souvent renflés à l'extrémité,puis revenant à leur diamètre primitif,à cuticule ordinairement striée (pl.7,f. 170-173).Vers la partie inf.du labelle épiderme sup.dépourvu de papilles.Epiderme inf.du labelle sans papilles caractérisées. - EPERON. Epiderme int.légèrement subérisé,prolongé en papilles très nombreuses,atteignant env.150μ de long.,obtuses à l'extrémité,striées.Epiderme ext.très subérisé,à peine papilleux.Entre les epidermes 4-5 assises,les externes formées de cellules bien plus grandes que les assises internes,contenant quelques cellules à raphides.Cellules des assises int.renfermant beaucoup de

substances sucrées,celles des assises ext.surtout chlorophylli-
fères.Parenchyme s'hypertrophiant à l'intérieur de l'éperon de
chaque côté de la nervure médiane,formant une sorte de glande
bilobée,renfermant parfois une ou deux lacunes.Antérieurement
à l'éclosion de la fleur,nous avons observé l'émission de nec-
tar.Ce nectar a à peu près disparu au moment du déroulement du
labelle. – ANTHERE. Cellules à bandes épaissies relativement
assez nombreuses. – POLLEN. Vert.Exine légèrement ruguleuse à
la périphérie des massules. L=35-40μ . – STAMINODES.Cellules
épidermiques papilleuses.Raphides en abondance. – OVAIRE. Nervure médiane des valves placentifères légèrement déprimée à
l'extérieur,contenant un faisceau libéro-ligneux.Placenta divisé assez tôt en deux parties arquées.Valves non placentifères
très proéminentes extérieurement,à un faisceau libéro-ligneux. –
GRAINES. Très striées,à stries anastomosées,2-3f.1/3 plus longues que larges,arrondies au sommet. L = 300-400μ env,
  MONSTRUOSITES. – Nous ne pouvons considérer autrement les a-
nomalies que nous signalons ici,bien que plusieurs d'entre elles aient été indiquées à titre de variétés.
  1° Forma FLORIBUNDA. – Fermond ap.Bellynck in Bull.Soc.r.Belg.
(1867) décrit un exemplaire dont une fleur inférieure était rem-
placée par un épi secondaire de 7 fleurs.
  2° F.ANOMALA. – M.Schulze,Die Orch.t.38,f.6; Gallé in Act.
Congr.Bot.(1900),p.112.Labelle à lobe moyen presque normal et
dépourvu de lobes latéraux.
  3° F.THURINGIACA. – M.Schulze,l.c.; Gallé,l.c.pl.1,f.7; Asch.
u.Graeb.l.c. – Divisions extérieures du périanthe plus ou moins
étalées-dressées;labelle à 3 lobes,les 2 latéraux en lanières
planes linéaires,peu contournées,dépassant la moitié de la longueur du lobe moyen,celui-ci peu ou non contourné en hélice,re-
lativement court,élargi et bifide au sommet.
  4° F.TIPULOIDES. – AC.HIRC.var.TIPULOIDES Gallé,l.c.,p.114,pl.
1,f.3-6;pl.V,f.49. – Divisions externes du périanthe plus ou
moins étalées-dressées;labelle à lobes latéraux presque aussi
longs que le lobe moyen,celui-ci plus ou moins contourné.
  5° F.HETEROGLOSSA. – Gallé,l.c.,pl.1,f.8,13,18,26;14(tridenté)
19 bis et 33(lacinié). – Labelle d'abord resserré,puis élargi
plus fortement que dans le type;lobes latéraux faisant plus ou
moins défaut et remplacés par des dents plus ou moins irrégulières.
  6° F.FORCIPULA. – Gallé,l.c.,f.20-21. – Division moyenne du
labelle étroitement contournée,à 6 tours de spire à sommet divisé en 2 lobules dirigés en dedans en forme de tenailles.
  7° F.DIVERGENS. – Gallé,l.c.,f.35,36,37. – Même forme que la
précédente mais lobules secondaires plus longs et plus divergents.
  8° F.CALAMISTRATA. – Gallé,l.c. – Division moyenne denticulée
au sommet et fortement contournée.
  9° F.PLATYGLOSSA. – Gallé,l.c.p.116;f.38 à 45;pl.IV,f.47;pl.
V,f.48;pl.VI,f.50,51; Gillot in Bull.Ass.fr.de Bot.(1898)(Var).–
Labelle allongé,7-17 mm.de long,entier,épais,élargi,non enroulé
pendant la préfloraison,terminé par une dent crételée,dressé à
l'anthèse,ondulé,à bords légèrement relevés en dessus,fortement

plissé-crénelé,charnu,d'un blanc velouté,sillonné et lavé sur
les bords de rosé.Divisions supérieures du casque très grandes.

V.v. - Mai,juillet. - Prés secs,pelouses des bois montagneux,
bords des chemins,collines arides. - Europe moyenne et australe;
France:rare dans les départements du nord,Corse;Sicile,Capri,
Sardaigne,etc.;Canaries,Algérie,Tunisie. - Les monstruosités
ont été observées surtout en Lorraine.

Sous-esp. L.CAPRINUM.

L.CAPRINUM (b.CALCARATUM) Beck,Glasnik,XV,245(89)(1903). -
ACERAS CAPRINA Lindl.Gen.et spec.p.28? (1835); Ledeb.Fl.ross IV,
p.68. - HIMANTOGLOSSUM CAPRINUM Spreng.Syst.III,p.694; Schur,
Enum.pl.Trans.p.645,n°3428; Correv.Orch.rust.p.98. - ORCHIS CA-
PRINA Mars.-Bieb.Fl.Taur.-Cauc.III,p.602(1819). - O.TRAGODES
Stev.u.Fisch.ap.Reichb. - SATYRIUM HIRCINUM Pall.Ind.Taur.;
Georgi,Beschr.Russ.III,V,p.1270(quo ad pl.tauricam). - L.HIRCI-
NUM v.CAPRINUM Gallé in Act.Congrès Bot.(1900)pl.III,f.53. - A.
HIRCINA v.CAPRINA Reichb.f.Icon.XIII,p.5,t.7,CCCLIX,f.8 et 17;
161,DXIII,f.10; Boiss.Fl.orient.V,p.56; Heldr.Fl.cephal.p.81. -
HIMANTOGLOSSUM HIRCINUM b.CAPRINUM Richter,Pl.eur.1,p.277; M.
Schulze,Orch.Deut.38; Asch.u.Graeb.Syn,III,p.787.
    Cette sous-espèce se distingue du type par son épi laxiflore,
le casque plus acuminé,les divisions latérales du labelle un
peu plus larges et moins longues,enfin par l'éperon un peu plus
développé.
    V.s. - Europe austro-orientale;Grèce;Asie occidentale.

Sous-esp. L.FORMOSUM.

L.FORMOSUM = ACERAS FORMOSA Lindl.Gen.et spec.p.282(1835);
Boiss.Fl.orient.V,p.56; Kraenz.Gen.et spec.p.167. - ORCHIS FOR-
MOSA Stev.Mém.Mos.IV,p.66; Reichb.f.Icon.XIII,p.6,t.6,CCCLVIII;
C.A.Mey in Verz.Cauc. - O.MUTABILIS Stev.Mém.Mos.III,p.244;
Mars.-Bieb.III,p.603. - HIMANTOGLOSSUM FORMOSUM C.Koch in Linn.
XXII,p.287.
    Icon. - Gallé in Act.Congr.Bot.(1900); Linn.Trans.II,t.37;
Reichb.f.l.c.
    Bulbes gros,ovales-oblongs.Tige élevée.Feuilles oblongues et
oblongues-lancéolées.Fleurs en épi allongé,laxiuscule.Bractées
linéaires-lancéolées,membraneuses,les supérieures dépassant l'o-
vaire,les inférieures dépassant les fleurs.Périanthe vert,lavé
de pourpre,à divisions externes oblongues-obtuses,conniventes
en casque obtus.Labelle rose à la base,puis verdâtre,3-lobé,à
lobes latéraux rappelant ceux de l'O.MASCULA,subarrondis,ondu-
lés sur les bords,lobe moyen linguiforme,moins allongé que dans
le L.AFFINIS,rétus,mais non bifide au sommet.Eperon cylindrique,
atteignant la moitié de la longueur de l'ovaire.
    Juin. - Forêts montagneuses,Caucase oriental.

                    Sous-esp. L.AFFINIS.

L.AFFINIS = ACERAS AFFINIS Boiss.Fl.orient.V,p.56; Kraenz.Gen.
et spec.p.168.
Bulbes ovales-oblongs,gros.Tige élevée.Feuilles oblongues,les
supérieures lancéolées engaînantes.Epi lâche,allongé.Bractées
membraneuses,lancéolées,acuminées,dépassant l'ovaire.Périanthe
à divisions externes d'un pourpre sordide,ovales-oblongues,ob-
tuses,connivantes en casque obtus.Labelle verdâtre,lavé de rouge,oblong cunéiforme,3-lobé,à lobes latéraux subfalciformes,on-
dulés sur les bords;lobe moyen linguiforme allongé,bifide au
sommet.Eperon très court,conique,en sac, - Plante rarissime;
hybride ou lusus peut-être?
Juin. - Carie(Boissier); Phrygie(Bal); Cataonie(Hausskn.)

                    HYBRIDE BIGENERIQUE.

        LOROGLOSSUM + ORCHIS = LOROGLORCHIS.

× × LOROGLORCH. LACAZEI Cam.Monogr.Orch.Fr.p.25; in J.bot.VI,
p.110. - O.HIRCINO-SIMIA Timb.-Lagr.in Mém.Acad.Toul.(1861);
Mém.hybr.Orch.p.44. - L.HIRCINUM×O.SIMIA Cam.l.c. - ORCHIS×HI-
MANTOGLOSSUM = ORCHIMANTOGLOSSUM Asch.u.Graeb.Syn.III,p.799; OR-
CHIMANT.LACAZEI Asch.u.Graeb.l.c.

Icon. - Timb.-Lagr.l.c.pl.25.

Inflorescence et forme de l'épi de l'O.SIMIA.Se rapproche de
cette espèce par la couleur et la forme du labelle,du gynostème
et des feuilles.Emprunte au LOROGLOSSUM HIRCINUM la forme et la
couleur du casque,l'éperon court et sillonné en dessous.Un seul
rétinacle dans une bursicule.Bractées plus longues que dans l'O.
SIMIA et plus courtes que dans le L.HIRCINUM.Dans quelques -unes
fleurs les divisions inférieures du labelle sont planes et bi-
dentées au sommet.

France:environs de Muret,Haute-Garonne (Lacaze ap.Timb.-Lagr.),
dans une prairie où se trouvaient l'O.SIMIA,l'O.MORIO et le L.
HIRCINUM.

                Gen. 4. - BARLIA Parlat.

BARLIA Parlat.Duo nuovi gen.d.p.monoc.p.5(1858); Fl.ital.III,
p.445; Barla,Iconogr.Orch.p.38. - ORCHIDIS spec.Reichb.f.Icon.
XIII,p.3; Kraenz.Gen.et spec.p.164.

Divisions du périanthe libres,les extérieures latérales étalées;les internes adnées au gynostème,connivantes avec la médiane supérieure.Labelle enroulé pendant la préfloraison,étalé ensuite en avant,trilobé,muni d'un éperon.Gynostème court,obtus.
Masses polliniques à caudicules allongés,à rétinacles soudés en
un seul qui est renfermé dans une bursicule uniloculaire.Ovaire
sessile,contourné.

Papilles du labelle non verruqueuses,dépourvues de ramuscules.
Faisceaux libéro-ligneux de la tige très disséminés.

1. - B.LONGIBRACTEATA.

B.LONGIBRACTEATA Parlat,Duo novi gen.d.piante monoc,p.6; Fl.
ital.III,p.447(1858); Cam.Monogr.Orch.Fr.p.26; in J.bot.VI,p.
111; Ces.Pass.Gib.Comp.p.187; Binna,Orch.sard.p.9; Barla,Icon.
Orchid.p.40; Macchiati,Orchid.in N.g.bot.ital.(1881)p.311; Bonnet et Barr.Catal.Tunisie,p.401. - ACERAS LONGIBRACTEATA Reichb.
f.Icon.XIII,p.3(1851); Richter,Pl.eur.1,p.276; Correvon,Orchid.
rust.p.45; Gr.et Godr.Fl.Fr.III,p.282; Castagne,Catal.B.-d.-Rh.
p.156; Rodrig.Catal.suppl.p.55; Barcelo,Apuntes Fl.Balear.; Wil-
lk.et Lg.Prodr.Hisp.p.164; Guimar,Orch.Port.p.45; Boiss.Fl.or.V,
p.55; Heldr.Fl.Cephal.p.68; Halacsy in Oest.bot.Zeit.(1897)p.3,
325; Munby,Catal.;Battand.et Trab.Fl.Alg.II,p.25; Kraenz.Gen.et
Spec.p.166. - ORCHIS LONGIBRACTEATA Biv.Pl.Sic.cent.1,p.57,n°6,
t.4(1806); Lindl.Gen.et spec.Orch.p.272; DC.Fl.fr.V,p.330,n°
2013 a; Duby,p.445; Mutel,Fl.fr.p.237; Loret et Barr.Fl.Montpel.
p.659; Moggr.Contrib.fl.Menton;t.17,p.237; Coste,Fl.Fr.III,p.
392,cum icone; Bertol.Rar.ital.pl.dec.3,p.39; Amoen.ital.p.48,
et in Lucub.p.13,n°57; Fl.ital.IX,p.543; Pollin.Fl.veron.III,p.
22; Tin.Syll.p.456; Tod.Orchid.sic.p.17; Guss.Syn.fl.sic.2,p.
537; de Notar.Repert.fl.ligust.p.384; Fiori et Paol.Iconogr.fl.
ital.n°816; Brongn.in Chaub.et Bory,Expéd.sc.Morée,p.262; Fl.Pé-
lop.p.61; Marg.et R.Fl.Zante,p.86; Fried.Reise,p.282; Raul,Cret.
p.861; Halac.Consp.fl.gr.III,p.161; Reichb.in Welb.et Berth.Ph.
canar.III,p.304. - O.ROBERTIANA Loisel.Fl.gall.ed.1,p.606(1828);
et t.21; Pers.Ench.2,p.504; de Notar.Repert.fl.ligust.p.182; Moris,Stirp.sard.1,p.44; Ten.Fl.nap.2,p.296; Sieb.Av.rem.p.6,266;
Fried.Reise,p.266. - O.LONGIBRACTEATA var.GALLICA Lindl.l.c.p.
273(O.ROBERT.)Forme à divisions latérales du labelle plus courtes. - O.FRAGRANS Tenore in Prodr.fl.neap.p.LIII(1811),non Pallas. - LOROGLOSSUM LONGIBRACTEATUM Moris in Sched.ap.Ardoino,
Cat.pl.vasc.Ment.et Monaco,p.36; Ardoino,Fl.Alp.-Mar.p.351; Martelli,Monoc.Sard.p.34. - Orchis myodes,hyemalis,lilacea,hircina,
fimbriato flore,magno,rubro,porphyrographi,margine herbeo Cup.
.Hort.cath.suppl.p.67; Bon.t.33. - Monorchis Myodes,lilacea,hir-
cina,flore magno rubro,porphyrographi Cup.1,t.200; Hort.cath.p.
157.

Icon. - Biv.Bern.Sic.t.4; Ten.Fl.neap.t.91; Bot.Reg.t.357;
Mutel,Atl.t.64,f.487; Reichb.f.Icon.XIII-XIV,t.27,CCCLXXIX;
Loisel.Fl.gall.t.21; Moggridge,Contr.fl.Ment.t.17; Barla,l.c.
pl.25,f.1-19; Ces.Pass.Gib.l.c.,t.XXIV,f.1; Guimar.l.c.,est.IV,
f.34; Ic.n.pl.15,f.404-410.

Exsicc. - Billot,n°3241; Bourgeau,Pl.Canaries,n°996; Jamin,
Pl.Algérie,n°83; Soc.Dauph.n°2655 et bis; Orphanid.Fl.gr.n°15;
Todaro,Fl.sic.n°915.

Bulbes ovoïdes,gros,surmontés de fibres radicales nombreuses

assez épaisses.Tige souvent robuste,de 3-5 décim.et plus,d'un
vert pâle,souvent lavée de violet au sommet.Feuilles oblongues-
lancéolées ou ovales-lancéolées,mucronées,d'abord d'un beau
vert.Bractées lancéolées-aigues,dépassant les fleurs,d'un vert
clair,souvent lavées de violet au sommet,munies de 3 nervures.
Fleurs assez grandes,exhalant une odeur d'iris,disposées en épi
très ample,dense,ovoïde-oblong ou allongé,subcylindrique.Divi-
sions du périanthe conniventes,libres;les externes elliptiques,
concaves,obtuses,d'un violet rougeâtre en dehors,plus clair en
dedans,pourvues de macules d'un pourpre violacé et de 3-4 nervures vertes;les internes lancéolées,binerviées,marquées de
points purpurins,soudées à la base au gynostème.Labelle environ
3 fois plus long que les divisions du périanthe,d'un violet
plus ou moins foncé,verdâtre sur les bords,blanc au centre et à
la base,plus rarement verdâtre au centre,surtout dans les formes grêles,ponctué de pourpre violacé au centre,trilobé;lobes
latéraux linéaires,falciformes,concaves en dedans,finement crénelés,ondulés-crispés sur les bords;lobe moyen plus allongé,
plus large,bilobé ou bifide,à lobes secondaires divergents obtus,crénelés et séparés souvent par une dent à l'angle de bifi-
dité.Eperon court,conique,dirigé en bas.

MORPHOLOGIE INTERNE.

BULBE. Grains d'amidon ordinairement arrondis,très petits,at-
teignant 8-10μ de diam. (pl.1,f.22). — FIBRES RADICALES. Paroi
ext.de l'assise pilifère très subérisée.Cadres plissés de l'endoderme assez nets.Vaisseaux de métaxylème abondants.

TIGE. Stomates assez peu nombreux.5-6 assises de grandes cellules chlorophylliennes entre l'épiderme et l'anneau lignifié,
formant un tissu lâche,à larges méats intercellulaires.Anneau
lignifié formé de 5-8 assises de cellules à parois très minces.
Faisceaux libéro-ligneux très allongés sur une section transversale,très nombreux,disséminés,gros faisceaux médians des
feuilles pénétrant jusqu'au centre de la tige,région où s'opère
leur fusion.Faisceaux souvent entourés d'une gaîne lignifiée
complète.Parenchyme ligneux non lignifié assez abondant entre
les vaisseaux.

FEUILLE. Ep.= 350-520μ.Epiderme sup.haut de 70-120μ,à paroi
ext.épaisse de 16-20μ env.et bombée,sans stomates même dans les
feuilles moyennes et inférieures,portant vers la base des feuilles quelques gros poils hyalins se desséchant vite.Epiderme inf.
légèrement recticurviligne,haut de 30-50μ,à paroi ext.épaisse
de 12-16μ env.et bombée,muni de stomates nombreux.Paroi ext.des
cellules épidermiques du bord des feuilles non bombée. Mésophylle formé de 6-9 assises de cellules,les cellules des assises
supérieures plus ou moins arrondies et assez chlorophylliennes,
celles des assises moyennes et inférieures ramifiées laissant
entre elles des lacunes assez grandes. NERVURES à faisceau libéro-ligneux peu développé en proportion de l'épaisseur du limbe,entouré de parenchyme chlorophyllien et incolore,sans péridesme lignifié,ni tissu collenchymateux.

FLEUR. — PERIANTHE. DIVISIONS EXTERNES et LATERALES INTERNES
sans papilles caractérisées.Epiderme ext.des divisions ext.à
cuticule fortement striée (pl.7,f.169). — LABELLE. Epiderme in-

prolongé surtout vis-à-vis des crêtes en papilles courtes et co-
niques(pl.7,f.167). Epiderme ext.à peu près dépourvu de papilles,muni de stomates. - EPERON. Epiderme int.à papilles très
développées(pl.7,f.168) surtout vis-à-vis de la glande,où elles
atteignent 150-200µ env.,sont cylindriques et très nombreuses.
Epiderme ext.sans papilles caractérisées.Sur une section transversale de l'éperon,l'épiderme ext.a sa paroi ext.très bombée,
assez épaisse;l'épiderme int.a sa paroi ext.très mince;entre
ces épidermes se trouvent 2-4 assises de cellules à parois minces,assez sinueuses.Glande formée par l'hypertrophie du parenchyme de la nervure médiane de l'éperon;cellules parenchymateuses à petits méats,faisceau libéro-ligneux peu développé. - AN-
THERE. Epiderme des parois et du connectif sans papilles caractérisées ou à papilles courtes . Assise mécanique à cellules à
bandes épaissies peu nombreuses. - STAMINODES. Raphides en grande abondance. - POLLEN. (Pl.9,f.220-221) Vert foncé. Exine à
peine ruguleuse à la surface des massules. L = 28-35µ env. - O-
VAIRE. (Pl.10,f.271) Valves placentifères à nervure médiane non
ou peu saillante à l'extérieur,contenant un faisceau libéro-ligneux ext.à bois int.et parfois,dans les ovaires très développés des individus robustes,un faisceau placentaire libérien ou
ayant seulement quelques vaisseaux vers l'intérieur. Placenta
long,à divisions développées.Valves non placentifères très saillantes extérieurement,à un faisceau libéro-ligneux. - GRAINES.
Suspenseur assez développé(pl.10,f.264). Cellules du tégument
à parois recticurvilignes. Graines adultes arrondies au sommet
2f.1/2 - 3f.1/2 plus longues que larges,très striées. L = 250-
370µ .

Janvier,mars. - V.v. - Lieux herbeux et arides des collines de
de la région méditerranéenne. - Espagne,Baléares,Portugal,Fran-
ce méridionale,Corse,Sardaigne,Italie,Sicile,Grèce,Crète;Algé-
rie,Canaries,Tunisie,Cyrénaïque.

Gen.5. - TRAUNSTEINERA Reichb.

TRAUNSTEINERA Reichb.Fl.sax.p.87; Parlat.III,p.415; Barla,Ic.
Orch.p.29. - ORCHIDIS spec.L.Spec.p.1332; Lindl.Gen.et spec.p.
269; Endl.Gen.pl.; Reichb.f.Icon.XIII,p.35. - NIGRITELLA spec.
Reichb.Fl.excurs.l,p.121.

Divisions du périanthe libres,conniventes;les externes ovales-
lancéolées,prolongées en une pointe souvent dilatée au sommet;
les internes plus courtes que les externes et acuminées.Labelle
étalé,ascendant,étroit,3-lobé ou 3-fide,lobe médian plus grand,
souvent tronqué-émarginé et mucroné à l'angle de bifidité;épe-
ron cylindrique.Gynostème court,obtus.Stigmate ovale.Masses polliniques à caudicules un peu allongés,à rétinacles distincts,
presque nus.Staminodes papilleux.Ovaire contourné.

Labelle à peine papilleux,papilles non verruqueuses.Faisceaux
libéro-ligneux de la tige en cercle assez régulier au-dessus
des feuilles principales.

1. - T.GLOBOSA.

T.GLOBOSA Reichb.Fl.sax.p.87(1842); Parlat.Fl.ital.III,p.416;
Barla,Icon.Orch.p.29. - ORCHIS GLOBOSA (GLOBOSUS) L.Syst.nat.p.
24(1759); Wild.Spec.IV,p.14; Poiret,Encycl.IV,p.589; Rich.in
Mém.Mus.IV,p.55; Lindl.Gen.et spec.Orch.p.269; Reichb.f.Icon.
XIII,p.35; Correvon,Orch.Eur.pl.XXXIX; Kraenz.Gen.et spec.p.135;
Richter;Pl.eur.p.268,p.p.; Kichx,Fl.Brux.p.58; Dumort.Prodr.fl.
Belg.p.132; Lej.et Court.Comp.III,p.179; Thiel.Orch.Belg.et Lux.
p.74; Vill.Hist.Dauph.III,p.291; DC.Fl.fr.III,p.245; Duby;Bot.
p.445; Loisel.Fl.gall.II,p.263; Mutel,Fl.fr.III,p.233; Fl.Dauph.
éd.2,p.589; Boisduval,Fl.fr.III,p.42; Lapeyr.Abr.Pyr.p.546; Lec.
et Lamt.Cat.pl.cent.p.348; Gr.et Godr.Fl.Fr.III,p.291; Godet,
Fl.Jura.p.695; Gren.Fl.ch.jurass.p.748; Boreau,Fl.cent.éd.3,p.
642; Godr.Fl.Lorr.III,p.27; Fr.Gust.et Hérib.Fl.Auv.p.428; Car.
et S.-Lag.Fl.desc.,éd.8,p.801; Cam.Monogr.Orch.Fr.p.39; in J.
bot.VI,p.148; Coste,Fl.Fr.III,p.400,n°3598,cum icone; Flah.N.
fl.Alp.et Pyr.p.160,cum icone; Gaud.Fl.helv.V,p.427; Mortier,
Fl.Suis.p.361; Reuter,Cat.Genève,éd.2,p.202; Bouvier,Fl.Alpes,
éd.2,p.640; Gremli,Fl.Suisse,éd.Vet.p.479; Rhin.Prodr.Waldst.p.
126; Schinz u.Keller,Fl.Schw.p.120; Kirschl,Prodr.fl.Als.p.129;
Fl.Als.p.161; Fl.vog.rhen.p.79; Gmel.Fl.bad.p.531; Spenner,Fl.
Frib.p.228; Roth,Tent.Germ.1,p.376; Oborny,Fl.v.Moehr.Oest.Schl.
Koch,Syn.ed.2,p.790; ed.3,p.594; ed.Hallier et Wohlf.p.2425;
Seub.Exk.fl.p.121; Cafl.Exc.Fl.p.294; M.Schulze,Die Orch.n°11;
Garcke,Fl.Deutschl.ed.14,p.377; Asch.u.Graeb.Syn.III,p.695; All.
Fl.pedem.II,p.146; Suffr.Pl.Frioul,p.184; Nocc.et Balb.Fl.tic.2,
p.147; Savi,Bot.etrusc.III,p.167; Pollin.Fl.veron.III,p.50; Ber-
tol.Mant.fl.Alp.ap.p.61; Puccin.Syn.fl.luc.p.474; Comoll,Fl.co-
mens.VI,p.348; Bertol.Fl.ital.III,p.417; Fiori et Paol.Icon.fl.
ital.n°829; Ambr.Fl.Tirol austr.p.685; Haussm.Fl.Tirol,p.834;
Hinterhuber et Pichl.Fl.Salzb.p.191; Jacq.Fl.austr.t,265; Vind.
t.292; Beck,Fl.N.-Oest.p.200; Willk.et Lange,Prodr.hisp.1,p.167,
n°732; Suppl.p.42; Boiss.Fl.orient.V,p.66; Georgi,Beschr.Russ.
III,V,p.1267; Besser,Enum.p.35,n°1153; Lepech,It.1,p.29; Eichw.
Skisse,p.124; Ledeb.Fl.ross.p.60. - O.HALLERI Crantz,Stirp.aust.
p.488(1769); Ces.Pass.Gib.Comp.p.184; Ardoino,Fl.Alp.-Marit.p.
355; Arcang.Comp.,ed.2,p.164. - NIGRITELLA GLOBOSA Reichb.Fl.
excurs.p.121(1830). - Orchis flore globoso Bauhin,Pinax,81. -
O.rotundus Dalechampii Iugd.156,ed.fr.11,427. - O.radicibus subrotundis,spica densissima,petalis exterioribus aristatis Haller,
Helv.n°1272,t.27; Opusc.226. - O.carnea,spica congesta brevical-
cari Seg.Pl.veron.2,p.129,t.15,f.12.

Icon. - Haller,l.c.t.27,f.1; J.Bauhin,l.c.t.765,f.3; Chabr.
Sciagr.250,f.6; Jacq.Austr.III,t.266; Seg.Pl.ver.l.c.; Reichb.
f.Icon.t.29,CCCLXXXI; 155,DVII,f.VI; Mutel,Atlas,pl.LXIV,f.478;
Barla,l.c.pl.16,f.1-23; M.Schulze,t.11; Ic.n.pl.15,f.418-423.

Exsicc. - Austr.-Hung.n°3086; Porta,Pl.Tyrol; Fiori,Béguinot,
Pampini Fl.ital.n°420; Thomas;Schleich;Billot,n°3245.

Bulbes ovoïdes,plus ou moins allongés,parfois incisés au sommet.Tige de 3 à 5 décim:ordinairement flexueuse,munie à la base de 1-3 gaînes brunâtres.Feuilles inférieures oblongues,subobtuses,les caulinaires aiguës,les supérieures bractéiformes.Bractées vertes,lavées de pourpre,égalant ou dépassant l'ovaire,acuminées,uninerviées.Fleurs petites,nombreuses,disposées en épi dense subglobuleux,de couleur lilas ou d'un violet clair.Divisions du périgone libres,conniventes,les externes ovales-lancéolées,les extrémités longuement cuspidées,à pointe spatulée; les divisions internes plus courtes.Labelle d'un violet clair ou lilas,à base blanchâtre,marqué d'une petite tache d'un pourpre violacé,étalé,ascendant,étroit,3-lobé,les lobes latéraux rhomboïdaux,obtus ou émarginés;lobe moyen linéaire,dilaté un peu au sommet,bilobé,muni d'un mucron à l'angle de bifidité.Eperon grêle,subcylindrique,un peu obtus,égalant environ la moitié de la longueur de l'ovaire.Ovaire peu contourné,à côtes peu saillantes.Masses polliniques d'un jaune pâle.

MORPHOLOGIE INTERNE.

BULBE. Grains d'amidon atteignant le plus souvent 5-8µ de diamètre,arrondis,rarement longs de 10-12µ et de forme irrégulière.

FIBRES RADICALES. Assise pilifère subérisée sur ses parois externes,latérales et parfois internes.Endoderme muni de cadres subérisés nets.Lames vasculaires relativement nombreuses.Métaxylème manquant souvent.

TIGE. Cuticule délicatement striée(pl.2,f.43).3-4 assises de parenchyme chlorophyllien entre l'épiderme et l'anneau lignifié.Anneau lignifié formé de 4-8 assises de cellules,entourant plus ou moins les faisceaux vers l'extérieur.Faisceaux libéroligneux disposés en cercle assez régulier au-dessus des feuilles principales.Parenchyme ligneux interposé entre les vaisseaux abondant.Parenchyme central plus ou moins résorbé,contenant des raphides rares.

FEUILLE. Ep.= 250-350µ.Epiderme sup.portant de fines granulations de cire,haut de 50-80µ env.,à paroi ext.épaisse de 8-10µ et légèrement bombée,pourvu de stomates même dans les feuilles sup.(vers l'extrémité). Epiderme inf.portant un peu de cire,haut de 30-40µ et à paroi ext.épaisse de 8-10µ,bombée,à stomates très nombreux.Paroi ext.des cellules épidermiques des bords du limbe à peine bombée.Bord légèrement collenchymateux. Mésophylle comprenant 6-7 assises de cellules et quelques paquets de raphides. NERVURE médiane à section concave-convexe, munie d'un peu de collenchyme à la partie inf.du faisceau.Nervures latérales à section presque plane-convexe ou à peine biconvexe,à faisceau entouré seulement de parenchyme chlorophyllien.

FLEUR. - PERIANTHE. DIVISIONS EXTERNES et LATERALES INTERNES. dépourvues de papilles caractérisées. - LABELLE. Epiderme int. prolongé en papilles ne dépassant guère 40-50µ,les plus courtes obtuses,les autres atténuées au sommet. Epiderme ext.légèrement papilleux vers les bords. - EPERON. Epiderme à peine papilleux.Nous n'avons pas observé d'émission de nectar. - ANTHERE. Cellules à bandes épaissies assez nombreuses. - POLLEN. Jaune pâle,exine légèrement ruguleuse à la périphérie des massules. L = 25-30µ. - OVAIRE. Nervure des valves placentifères, saillante à l'extérieur,contenant un faisceau libéro-ligneux,à bois réduit.Placenta se divisant tôt en deux lobes divergents. Valves non placentifères saillantes extérieurement,à un faisceau libéro-ligneux. - GRAINES. Arrondies ou légèrement atténuées au sommet,2-2f.1/2 plus longues que larges,non rayées. L = 350-500 μ env,

Mai,juin. - V.v. - Prairies des régions alpine et subalpine. France:Pyrénées,Alpes,Jura,Auvergne,Vosges; Allemagne; Italie, Apennins; Suisse; Istrie; région du Danube; n'existe plus en Belgique.

B. Var.SPHAERICA Nob. - O.SPHAERICA Marsch.a Bieb.Fl.Taur.- Cauc.III,p.579(1819); C.A.Meyer,Index Cauc.p.38; Lindl.Gen.et spec.Orchid.p.269; C.Koch,in Linn.XXII,p.279; Reichb.f.Icon. XIII-XIV,p.36,t.28,CCCLXXX; 155,DVII,f.VIII. - O.GLOBOSA Grecescu,Consp.fl.Romaniei,p.544; Schur,Enum.pl.Transs.p.639,n° 3402.

Icon. - Reichb.f.l.c.;Lang.Deutschl.IV,p.332

Diffère du type par: les bractées ordinairement non lavées de rose,les fleurs blanches et les divisions du labelle toutes aigues.
Schur énumère à titre de variétés les 3 formes suivantes:
1° MAJOR. - Forme robuste,à la fin à épi cylindrique.
2° GRACILIS. = var.SUBALPINA Sert.n°2688 v.b.Plante grêle.
3° ALBIFLORA. - Fleurs entièrement blanches.

V.s. - Prairies alpines du Caucase et de l'Ibérie.

Gen.6. - ANACAMPTIS Rich.

ANACAMPTIS Rich.in Mém.Mus.IV(1817)p.25; Nees,Gen.n°34; Lindl. Gen.et spec.p.274; Endl.Gen.p.208; Meisn.Gen.p.381; Pfitzer in Engl.u.Prantl,Nat.Pfl.2,6,90; Kraenz.Gen.et spec.p.168. - ACERATOS sect.ANACAMPTIS Reichb.f.Icon.XIII,p.6. - ORCHIDIS spec. L.Spec.p.1332; Benth.et Hook.et mult.auct.

Périanthe à divisions libres,les latérales externes étalées, la moyenne dressée,un peu connivente avec les deux internes.Labelle dirigé en bas,large,à 3 lobes courts,muni vers la base de deux petites lames saillantes parallèles,prolongé en éperon filiforme.Masses polliniques à caudicules assez longs,à rétinacles soudés en un seul qui est renfermé dans une bursicule uniloculaire.Ovaire contourné.

Papilles du labelle non verruqueuses,dépourvues de ramuscules. Faisceaux libéro-ligneux de la tige disposés en cercle régulier au-dessus des feuilles principales.

1. - A.PYRAMIDALIS.

A.PYRAMIDALIS Rich.in Mém.Mus.IV,p.55(1817); Lindl.Gen.et sp.
p.274; C.Koch in Linn.XII,p.285; Reichb.f.Icon.XIII,p.6; Kraenz.
Gen.et spec.p.169; Richter,Pl.eur.1,p.277; Babingt.Man.Brit.Bot.
ed.8,p.345; Oudemans,Fl.Nied.III,p.145; Dumort.Prodrfl.Belg.p.
157; J.Meyer;Orch.G.D.Luxemb.p.15; Thielens,Orch.Belg.et Luxemb.
p.63; Poirault,Cat.Vienne,p.95; Godet,Fl.jura,p.687; Coss.et
Germ.Fl.Paris,éd.2,p.676; Bonnet,P.fl.paris.p.383; Ardoino,Fl.
Alp.-Marit.p.351; Barla,Iconogr.p.40; de Vicq,Fl.Somme,p.421;
Cam.Monogr.Orch.Fr.p.28; in J.bot.VI,p.112; Masclef,Cat.P.-d.-
C.p.153; Gaut.Pyr.-Or.p.399; Briquet in Arch.fl.juras.n°60,p.
165(1905); Kirschl.Fl.Als.II,p.126; Gmel.Fl.Bad.III,p.529; Bl.
et Fing.Comp.2,p.418; Foerster,Fl.Aachen,p.348; Bach,Rheinpreus.
Fl.p.370; Cafl.Exc.Fl.p.296; Garke,Fl.Deuts.ed.14,p.382; Koch,
Syn.ed.2,p.792; ed.3,p.597; ed.Hall.et Wohlf.p.2430; Oborny,Fl.
Moehr.Oest.Schl.p.250; M.Schulze,Die Orch.n°41; Gremli,Fl.Suis.
éd.Vetter,p.482; Schinz u.Keller,Fl.Schweiz,p.125; de Not.Rep.
fl.lig.p.387; Parlat.Fl.ital.III,p.451,n°451; Stefani,F.Major,
W.Barbey,Cat.Samos,p.61; W.Barbey,Fl.Sard.Comp.p.57; Herb.au
Levant,p.157; Ces.Pass.Gib.Comp.p.187; Macchiati in N.g.bot.it.
(1881)p.186; Martelli,Monoc.Sard.p.36; Arcang.Comp.ed.2,p.166;
Cortesi,Orch.Rom.in Ann.bot.Pirotta,II,p.132; Cocconi,Fl.Bolog.
p.481; Boiss.Voy.Esp.2,p.595; Schur,Enum.pl.Transs.p.644,n°3421;
Simk Enum.Trans.p.501; Beck,Fl.N.-Oest.p.207; Hinterh.et Pichlm.
Fl.Salz.p.193; Boiss.Fl.orient.V,p.57; Sibth.et Sm.Fl.Gr.II,p.2
211; Pier.Del.fl.corc.p.124; Chaub.et Bory,Exp.Morée,p.262; Fl.
Pélop.p.61; Fried.Reise,p.283; Ung.Reise,p.120; Weiss.in Z;B.
Ges.(1869)p.754; Ledeb.Fl.ross.IV,p.64; Grecescu,Consp.fl.Roma-
niei,p.547; Munby,Cat.;Lacroix,Cat.Kabylie; Bonnet et Barr.Cat.
Tunisie,p.401. - A.PYRAMIDATA Bubani,Fl.pyr.p.39(1901). - O.PY-
RAMIDALIS L.Spec.ed.1,p.940(1753); Willd.Spec.IV,p.14; Vill.
Hist.pl.Dauph.II,p.25; Poiret,Encycl.IV,p.589; DC.Fl.fr.III,p.
246; Buby,Bot.p.446; Loisel.Fl.gall.II,p.263; Boisduval,Fl.fr.
III,p.42; Mutel,Flfr.III,p.233; Fl.Dauph.éd.2,p.589; Lapeyr.
Abr.Pyr.p.546; Le Turq.Del.Fl.Rouen,p.454; Gren.Fl.ch.jurass.p.
753; Godr.Fl.Lorr.2,p.293; Lloyd et Fouc.Fl.Ouest,p.334; Car.et
S.-Lag.Fl.descr.éd.8,p.800; Renault,Ap.H,-Saône,p.246; Fr.Gust.
et Hérib.Fl.Auv.p.430; Magn.et Hétier,Obs.fl.Jura,p.140; Deb.
Rév.fl.agen.p.517; Guill.Fl.Bordeaux,p.171; Lej.et Court.Comp.
III,p.179; Lej.Rév.fl.Spa,p.184; Tinant,Fl.Luxemb.p.436; Gorter,
Fl.VII prov.Belg.233; Hall,Fl.Belg.sept.p.622; de Vos,Fl.Belg.
p.553; Lohr,Fl.Tr.p.246; Gaud.Fl.helv.V,p.426,n°2052; Morthier,
Fl.Suisse,III,p.362; Bouvier,Fl.Alpes,éd.2,p.642; Koch,Syn.ed.1,
p.688; Seubert,Excurs.Bad.p.121; Haussm.Fl.Tirol,p.838; Ten.Fl.
nap.2,p.283; Savi,D.cent.fl.etrusc.p.193; Bot.etrusc.III,p.163;
Tod.Orch.sic.p.36; Seb.et Mauri,Fl.rom.pr.p.362; Guss.Fl.sic.
syn.ii,p.293; Sang.Fl.rom.pr.alt.p.724; Bert.Fl.ital.IX,p.518;
Maratti,Fl.rom.II,p.293; Fiori et Paol.Fl.ital.I,p.243; Iconogr.
n°828; Chaub.et Bory,Exp.Morée,p.262; Guldet,It.I,p.288,423,426;
It.II,p.25; Georgi,Beschr.Russ.III,V,p.1247; Mars.Bieb.Fl.Taur.-
Cauc.p.365; Pall.Ind.Taur.;Luc.Fl.osil.p.293; Batt.et Trab.Fl.
Alg.(1884)p.199. - O.BICORNIS Gilib.Ex.phyt.II,p.473(1792). -
O.CONDENSATA Desf.Fl.atlant.II,p.316(1800); Moris,St.Sard.f.1,

p.44. – ACERAS PYRAMIDALIS Reichb.f.Icon.XIII,p.6(1859); Gr.et
God.Fl.Fr.III,p.283; Bor.Fl.cent.éd.3,II,p.641; Michal.Hist.nat.
Jura,p.297; Dulac,Fl.H.-Pyr.p.123; Mar.et Vig.Cat.Baléar.p.280;
Colmeiro.En:pl.hisp.-lus.V,p.23; Willk.et Lange,Pr. hisp.1,p.
164; Guimar.Orch.port.p.46; Ball,Spic.Maroc,p.673; Batt.et Trabut,Fl.Alg.(1895)p.26. – Orchis purpurea spica congesta pyramidalis Ray,Ang.Syn.ed.3,p.377,t.XVIII. – O.spica purpurea pyramidalis Ray,l.c.ed.2,p.243; Zannich.Icon.64; Seg.Pl.Ver.t.15,f.
11. – O.flore conglomerato Rivin.t.14. – Cynorchis latifolia
hiante cucullo altera et C.latifolia spica compacta Bauh.Pinax,
81. – C.militaris montana,spica rubente conglomerata Bauh.Pinax,
81; Prodr.28.

Icon. – Ray,l.c.; Seg.l.c.;Zannich.l.c.;Vaill.Bot.par.t.31,f.
38,39; Hall.Ic.Helv.t.35; Jacq.Austr.III,t.266; Fl.dan.t.2113;
Engl.Bot.t.110; Sv.Bot.IX,t.584; Curtis,Fl.lond.ed.Grav.IV,t.96;
Dietr.Fl.r.bor.66; Hook.Lond.III,106; Fl.Bat.t.1058; Oudemans,
l.c.pl.LXX,n°36; Mutel,Atl.t.LXIV,f.477; Reichb.f.Icon.XIII,t.
361; Reichb.Crit.VI,t.561; Schlech.Lang.Deutsch.f.344; Barla,
l.c.pl.26,f.1-39; Cam.Ic.Orch.Par.pl.4; Ces.Pass.Gib.l.c.t.XXIII.
f.8 a-f; M.Schulze.l.c.t.39; Fiori et Paol.l.c.f.828; Correv.
Orch.rust.pl.10,pl.22,f.7,8;pl.23,f.9; Alb.Orch.Eur.pl.II; Guim.
l.c.est.V,f.35; Bonnier,Alb.N.Fl.p.146; Ic.n.pl.15,f.424-428.

Exsicc. – Nordmann; Wilhems; Rel.Maill.n°1741,n°1742; Reichb.
n°554; Billot,n°3242; Halacsy,It.gr.II(1893); Sint.It.thessal.
n°543; Lej.et Courtois,Ch.pl.n°255; Callier,It.Taur.III(1900)n°
737; W.Siehe's Bot.Reise nach Cilic.(1895),n°387; Bourgeau,Pl.
Espagne,1851,n°1490; (1869)n°2802; Pl.Esp.et Port.(1853)n°2037;
Austr.-Hung.n°1475; Balansa,Pl.Or.(1866),n°1528; Joh.Wagner,It.
orient.II,n°158.

Bulbes entiers ou subglobuleux.Tige de 2 à 6 décim.assez é-
lancée.Feuilles d'un vert clair,linéaires-lancéolées,allongées,
aiguës,les supérieures bractéiformes.Bractées linéaires,égalant
l'ovaire,munies de 3 nervures à la base.Fleurs petites,ordinai-
rement d'un rose carminé,très rarement blanches,très nombreuses,
disposées en épi dense,conique d'abord,puis oblong.Longueur de
l'épi fl.variant de 6 cent.(individus croîssant dans les terrains secs et arides)à 12 centim.(dans les terrains meilleurs
et un peu humides).Divisions du périanthe libres,les externes
ovales-lancéolées,aiguës,subcarénées,les latérales étalées;les
internes un peu plus courtes,conniventes avec la médiane.Label-
le à 3 lobes presque égaux,oblongs,obtus,les latéraux un peu
plus larges et un peu crénelés;lobe médian sublinéaire,parfois
mucronulé.Eperon filiforme grêle,égalant ou dépassant la longueur de l'ovaire.Masses polliniques verdâtres.Staminodes petits,obtus,papilleux.

MORPHOLOGIE INTERNE.

BULBE. Grains d'amidon de forme irrégulière,les plus gros légèrement allongés,les petits plus ou moins arrondis,atteignant
8-16 μ de diam.env. – FIBRES RADICALES. Assise pilifère et parois latérales de l'endoderme subérisées.Vaisseaux de métaxylè-

me manquant assez rarement.

TIGE. Stomates nombreux.2-4 assises de parenchyme chlorophyllien entre l'épiderme et l'anneau lignifié.Anneau lignifié formé de 4-6 assises.Faisceaux libéro-ligneux disposés en un cercle assez régulier au-dessus des feuilles principales,parfois complètement entourés de cellules lignifiées.Partie centrale de la tige occupée par une lacune.

FEUILLE. Ep.= 250-350μ .Epiderme sup.dépourvu de stomates dans les feuilles inf.,haut de 90-120μ ,à paroi ext.épaisse de 8-12μ env.,non ou peu bombée.Epiderme inf.muni de stomates abondants, haut de 30-40μ env.,à paroi ext.épaisse de 8-10μ ,légèrement bombée.Cellules épidermiques du bord du limbe à paroi ext.épaisse,régulièrement et symétriquement bombée.Bords sans collenchyme.Mésophylle formé de 6-8 assises contenant quelques paquets de raphides. NERVURES dépourvues de tissus lignifiés péridesmiques,la médiane à section concave-convexe et à faisceau libéro-ligneux entouré de tissus incolore et chlorophyllien,les autres à section plane à faisceau entouré seulement de parenchyme chlorophyllien.

FLEUR. — PERIANTHE. DIVISIONS EXTERNES et LATERALES INTERNES dépourvues de papilles caractérisées. — LABELLE. Epiderme int. muni de papilles nombreuses,non ou peu striées,coniques,atteignant 90-150μ de long (pl.7,f.174). Epiderme ext.sans papilles marquées. — EPERON. Epiderme int.se prolongeant en courtes papilles,peu nombreuses.Epiderme ext.strié,à peu près dépourvu de papilles.Réserves sucrées accumulées entre les épidermes,pas d'émission de nectar à l'intérieur de l'éperon. — ANTHERE. Epiderme non papilleux.Assise fibreuse à cellules à anneaux peu nombreuses. — POLLEN. Vert foncé.Exine nettement ponctuée surtout à la périphérie des massules. L = 35-45μ env. — STAMINODES. Cellules contenant presque toutes un paquet de raphides. — OVAIRE. Nervure médiane des valves placentifères non ou peu saillante extérieurement,parcourue par un faisceau libéro-ligneux à bois interne.Placenta court,profondément divisé.Valves non placentifères peu proéminentes à l'extérieur,contenant un faisceau libéro-ligneux à bois int. — GRAINES. Suspenseur développé,parfois 7-9 cell. Cellules du tégument striées,à parois ondulées (pl.10,f.268). Graines adultes arrondies ou peu déprimées vers la partie sup.environ 2f.1/2 - 3f.plus longues que larges. L = 450-500μ .

S.-var.ANGUSTILOBA Cam.Monogr.; var.ANGUSTILOBA Brébis.Fl. Norm.éd.5,p.392(1879). - Labelle à lobes profonds et étroits.

S.-var.ALBIFLORA F.Major,W.Barbey Cat.Samos; (Varietatem albo flore habet Mappus ap.Willd.Spec.); Floribus albis Cortesi,l.c.; var.Flore albo DC.Fl.fr.III,p.246; Mapp.Als.p.215,n°2. - Fleurs blanches.

B. Var.BRACHYSTACHYS (Urv.Enum.p.121,sub n.ORCH.BRACHYSTACHYS) Chaub.et Bory,Fl.Pélop.p.61; pr.sp.; Reichb.f.Icon.XIII,p.6,t.9, CCCLXI; Boiss.Fl.orient.V,p.7; W.Barbey,Et.bot.Telandos in Bull. H.Boiss.(1895); Guimar.l.c.,est.V,p.35; Hausskn.Symb.fl.gr.p. 211; A.PYRAMIDALIS v.ALBIFLORA Raul.Cr.p.862.

Exsicc. - Heldr.et Hall.Fl.sporad.(1896).
Epi grêle,subglobuleux,fleurs plus petites,blanches ou carnées;bractées cuspidées.

MONSTRUOSITES. - Bentham,Handb.of the Brit.fl,signale des individus à fleurs dont le nectaire était nul ou imparfait.Ch.Dar-
win a observé le même fait,qui a été depuis vu par d'autres auteurs.

V.v. - Mai-juillet. - Pelouses sèches,clairières des bois,co-
teaux incultes,herbeux,collines et montagnes. - Europe moyenne
et australe; France:rare dans les départ.du nord,plus robuste
et moins rare dans la région méridionale; Afrique boréale; Asie-
Mineure,Caucase,Syrie,Palestine; Perse. - Var.BRACHYSTACHYS :
Thessalie,Crète,Cyclades,Dalmatie,Attique,Bithynie. - Avril-mai.

× ? A.PYRAMIDALIS var.TANAYENSIS Chenevard in Bull.Soc.bot.
Genève(1897),p.74; Bull.Herb.Boiss.VI(1898)p.86.
Exsicc. - Soc.ét.fl.fr.-helv.n°908.
Tige robuste,haute de 30 cent.Feuilles semblables à celles du
type,les supérieures pourprées,ainsi que le sommet de la tige.
Inflorescence compacte,conique d'abord,puis oblongue.Fleurs
d'un pourpre foncé.Divisions du périanthe ovales-lancéolées,
brièvement acuminées au sommet,longues de 5-6 mm.Labelle long
de 5mm.,large de 7-8 mm.,à lobes latéraux ovales-arrondis,très
courts,obtus ou subarrondis au sommet,séparés du lobe médian
par un sinus très ouvert;lobe moyen très large,ovale-triangulai-
re ou presque carré et subémarginé,au sommet,plus large que les
lobes latéraux,à veines latérales plus ou moins bifurquées;lo-
bes latéraux atteignant une hauteur de 2 mm.;le lobe moyen est
à peine plus long qu'eux.Eperon linéaire,cylindrique plus court
que l'ovaire ou à peine plus long que lui.
V.s. - Alpes de Tanay;Pency-sur-Mies (Chenevard).

× ? ORCHIS VALLESIACA

× ? ORCHIS VALLESIACA Speiss in Oest.bot.Zeit.XXVII,p.352
(1877); Buser in Bull.Herb.Boiss.V(1879)p.1107; Gremli;Fl.Suis.
éd.Vetter,p.482; Koch,Syn.ed.Hall.et Wohlf.p.2431. - O.GLOBOSA ×
GYMNADENIA CONOPSEA Speiss,l.c.;M.Schulze,Die Orchid.;Koch,Syn.
ed.Hall.et Wohlf.l.c. - Cf.Gillot in Bull.Ass.franç.bot.(1898).-
M.Buser,l.c.,dans sa note identifie cette plante de Speiss avec
l'ANACAMP.PYRAMIDALIS var.TANAYENSIS Chen. - N'ayant pas vu la
plante dont nous donnons la diagnose d'après les auteurs nous
ne pouvons donner d'opinion personnelle.
Bulbes entiers.Tige de 40 cent.Feuilles lancéolées-allongées,
le plus souvent longuement acuminées.Inflorescence en épi compact,capituliforme,peu allongé.Bractées pourvues de 3 nervures,
1/5 plus longues que l'ovaire.Fleurs odorantes,d'un pourpre foncé,les inférieures de nuance plus claire,les supérieures de
nuance plus saturée.Divisions du périanthe ovales-acuminées,

mais sans pointes effilées.Labelle 3-lobé(semitrifide),à lobe moyen un peu plus large que les latéraux.Eperon cylindrique,subulé,descendant,courbé légèrement au sommet,égalant l'ovaire ou le dépassant légèrement.

Suisse:Alpes de Vouvray,mont Gramont,alt.1900m.env.(Speiss).

HYBRIDES BIGENERIQUES.

ANACAMPTIS + ORCHIS = ANACAMPTORCHIS.

ORCHIS MACULATA + ANACAMPTIS PYRAMIDALIS.

××ANACAMPTORCH.WEBERI M.Schulze ap.Asch.u.Graeb.Syn.III,p.800.- O.MACULATUS×A.PYRAMIDALIS Asch.u.Graeb.l.c.

Ressemble à l'O.MACULATA par ses feuilles.Bractées inférieures plus longues que les fleurs,les supérieures plus courtes.Labelle à division médiane comme dans cette espèce,à la base pourtant,deux petites cannelures rappelant les écailles de l'ANA-CAMPTIS.Eperon grêle,un peu plus court que l'ovaire.

Canton de Zurich (Weber et O.Naegeli).

A.PYRAMIDALIS + O.....

××ANACAMPTORCH.FALLAX Cam.Monogr.Orch.Fr.p.29; in J.bot.VI, p.113. - ××ANACAMPTIS FALLAX Cam.in de Fourcy,Vade-mecum herb. par.ed.6,Add.(1900). - A.PYRAMIDALIS + O.USTULATA ? Cam.l.c. - O.USTULATUS×A.PYRAMIDALIS Asch.u.Graeb.Syn.III,p.800.

Plante ayant le port de l'A.PYRAMIDALIS,mais en différant par: les feuilles linéaires-obtuses au sommet,les fleurs d'un rose vif,à casque foncé,disposées en épi oblong,court;enfin par l'éperon plus court que l'ovaire.

France: prairie montueuse à Champagne (S.-et O.) !

A.PYRAMIDALIS + O.....

××ANACAMPTIS DURANDI Brébiss.Fl.Normand.p.258; Gr.et Godr.Fl. Fr.p.29; in J.bot.VI,p.113. - × ? ACERAS DURANDI Reichb.f.Icon. XIII,p.171,514,t.9,CCCLXI; t.CXLVII. - ORCHIS DUQUESNII Nym.Syl. p.358(1855). - A.PYRAMIDALIS c.DURANDII Richter,Pl.eur.p.277.

Plante ayant le port de l'A.PYRAMIDALIS et probablement d'origine hybride.Bulbes ovoïdes ou subglobuleux.Tige de 3-5 déc. Feuilles lancéolées-linéaires.Fleurs en épi compact,court;bractées purpurines linéaires-subulées,un peu plus courtes que l'ovaire.Divisions périgonales externes dressées et rapprochées en casque.Labelle indivis,rhomboïdal,pointu,entier ou un peu den-

telé,portant à la base deux lamelles saillantes.Eperon plus
court que l'ovaire.

TR. Environs de Cambremer (Calvados).

A.PYRAMIDALIS + O.FRAGRANS.

××ANACAMPTORCH.SIMARRENSIS Nobis = A.PYRAMIDALIS + O.FRAGRANS
Duffort,Orchid.du Gers,p.24; extr.Bull.vulg.sc.nat.;Soc.Bot,et
Entom.du Gers (1902).

Bulbes ... Tige de 3 à 4 décim.assez grêle.Feuilles étroitement lancéolées,très aiguës,la supérieure engaînante,appliquée.
Fleurs d'un pourpre violacé,à odeur douce de vanille,25 env.;
rapprochées en épi oblong,cylindrique.Bractées lavées de pourpre,membraneuses,égalant environ l'ovaire.Périanthe à divisions
conniventes en casque aigu ou acuminé un peu ouvert au sommet.
Labelle légèrement rejeté en arrière,présentant à sa base deux
lamelles verticales,3-lobé;lobes latéraux rhomboïdaux repliés
latéralement,obscurément sinués-denticulés;lobe médian entier,
largement linéaire,brusquement aigu,plus long que les latéraux.
Eperon dirigé en bec allongé,grêle,aigu,égalant l'ovaire.En ré-
sumé,casque rappelant celui de l'O.FRAGRANS,éperon et labelle
de l'A.PYRAMIDALIS.

Juin. - Friches à Simarre (Gers) (Saint-Martin ap.Duffort).

A.PYRAMIDALIS + (×) G.CONOPEA.

A.PYRAMIDALIS + (×) GYMNADENIA CONOPEA Asch.u.Graeb.Syn.III,
p.854. - ××GYMNANACAMPT.ASCHERSONII Nobis. - A.PYRAMIDALIS×G.
CONOPEA Wilms ap.M.Schulze,Die Orchid.39,2; Verh.d.nat.Ver.pr.
Rhein,Westf.XXV,p.80; Koch,Syn.ed.Hall.et Wohlf.p.2431. -
××GYMNANACAMPT.ANACAMPTIS; A.PYRAMIDALIS + G.CONOPEA Asch.u.
Graeb.Syn.III,p.855.

Bulbes gros,digités,6-8 partits.Tige de 40 centim.env.,munie
à la base de deux écailles brunes.Feuilles petites,lancéolées,
en gouttière au sommet.Epi de 5 centim.de long.env.Bractées lancéolées,aussi longues que l'ovaire.Divisions internes du périanthe courtes,subtriangulaires,conniventes avec la division externe moyenne;divisions externes latérales courtes,lancéolées.La-
belle presque plan,subtriangulaire,à 3 lobes arrondis,à peu près
semblables ou la division moyenne un peu plus courte que les latérales;vers la base du labelle des deux côtés une petite protu-
bérance.Eperon filiforme,une fois et demie aussi long que l'o-
vaire.Fleurs d'un lilas pâle.Loges de l'anthère presque pyrifor-
mes.De chaque côté des staminodes forment un appendice ovale,
presque arrondi,se terminant en arrière par une courte pointe.-
Cette plante a été rapprochée de l'A.PYRAMIDALIS var.TANAYENSIS
et de l'O.VALLESIACA.

Allemagne.

Gen. 7. - CHAMAEORCHIS Rich.

CHAMAEORCHIS Rich.in Mém.Mus.IV(1817)p.49; Parlat.Fl.ital.III,
p.435; Pfitzer in Engl.u.Prantl,Nat.Pfl.p.91; Barla,Icon.Orch.
p.35. - OPHRYDIS spec.L.Spec.p.1342. - ORCHIDIS spec.All.Fl.ped.
2,p.149; Crantz. - SATYRII spec.Pers.Syn.2,p.507. - CHAMAEREPES
Spreng.Syst.veget.III,p.702. - CTENORCHIS Meisn.Gen.p.381. -
EPIPACTIDIS spec.Schmidt in Mey.Phys.Aufs.(1791). - HERMINII
spec. Lindl.Gen.et spec.p.303; Reichb.f.Icon.p.107; Kraenz.Gen.
et spec.p.532. - GYMNADENIAE,emend.,Asch.u.Graeb.Syn.III,p.800.

Périanthe à divisions libres,conniventes,les externes presque
égales entre elles,les internes latérales un peu plus courtes
et plus étroites que les externes.Labelle plan,réfléchi,à 3 lobes peu profonds,dépourvu d'éperon.Masses polliniques à caudicules courts,à rétinacles soudés ou contigus,renfermés dans une
bursicule simple.Gynostème court.Anthère dressée,mutique,à loges parallèles,non séparées par un bec.Ovaire sessile,subtrigo-
ne,contourné.

Labelle à peine papilleux.Faisceaux libéro-ligneux de la tige
disposés en un cercle à peu près régulier au-dessus des feuilles principales.

1. - C.ALPINA.

C.ALPINA (ALPINUS) Rich.in Mém.Mus.IV,p.57(1817); Blytt,Hand.
Norg.Fl.ed.O.Dahl,p.229(1906); Bl.et Fing.Comp.2,p.450; Koch,
Syn.ed.2,p.796; ed.3,p.600; ed.Hall.et Wohlf.p.2438; Richter,Pl.
eur.1,p.277; M.Schulze,Die Orchid.40; Asch.u.Graeb.Syn.III,p.803;
Morthier,**Fl.Suisse**,p.364; Bouv.Fl.Alp.éd.2,p.646; Gremli,Fl.Suis-
se,éd.Vetter,p.484; Schinz u.Keller,Fl.Schweiz,p.125; Rhiner,Pr.
Waldst.p.128; Barla,Iconogr.p.35; Cam.Monogr.Orch.Fr.p.81; in J.
bot.VI,p.481; Correvon,Orchid.rust.p.58; Parlat.Fl.ital.III,p.
436; Ces.Pass.Gib.Comp.p.191; Beck,Fl.N.-Oest.p.207; Haussm.**Fl.**
Tirol,p.845; Ambr.Fl.Tir.aust.1,p.17; Hinterhuber et Pichm.Fl.
Salz.p.194; Schur,Enum.Transs.p.647,n°3440. - CHAMORCHIS ALPINA
Simk.Enum.Transs.p.504. - ARACHNITES ALPINA Sch.Fl.boh.p.74,
1794. - CHAMAEREPES ALPINA Spreng.Syst.III,p.702(1826); Reichb.
Fl.excurs.1,p.127; Fellmann,Ind.Kola,n°331; Ledeb.Fl.Ross.IV,p.
74; Blytt,Norg.Fl. - EPIPACTIS ALPINA Schm.in Mey.Phys.Aufz.p.
247(1791). - HERMINIUM ALPINUM Lindl.Bot.reg.XVIII,add.1499,
(1832); Gen.et spec.p.305(1835); Reichb.f.Icon.XIII,p.107; Kraen-
zl.Gen.et spec.p.532; Coste,Fl.Fr.III,p.405,n°3617,cum icone;
Grecescu,Consp.Roman.p.547; Fiori et Paol.Icon.fl.it.n°850. -
OPHRYS ALPINA L.Spec.ed.1,p.948(1753); Fl.suec.ed.2,n°817; Willd.
Spec.IV,p.62; Lamk Dict.IV,p.57; DC.Fl.fr.III,p.254; Vill.Hist.
Dauph.2,p.48; Boisduv.Fl.fr.III,p.50; Mutel,Fl.fr.III,p.248; Fl.
Dauph.éd.2,p.596; Car.et S.-Lag.Fl.descr.éd.8,p.807; Gaud.Fl.
helv.V,p.455. - ORCHIS ALPINA Schk,Baier Fl.p.227(1789); All.
Fl.pedem.n°1857; Scop.Fl.carn.n°117. - O.GRAMINEA Crantz,Stirp.
austr.p.480(1769). - ACERAS ALPINUM Pers. - SATYRIUM ALPINUM

Pers.Syn.II,p.507(1807). - Orchis radicibus subrotundis,labello
ovato,utrinque denticulato notato.Hall.Hist.n°1263; Enum.269,n°
19. - Chamae Orchis alpina,folio gramineo Bauh.Pinax,81 et Pr.
p.29.

Icon. - Hall.Ic.Helv.t.22,f.1; Jacq.Vindob.295,t.9; Fl.dan.
452; Bot.reg.t.1499; Schl.Lang.IV,f.3363; Reichb.f.Icon.XIII,t.
64,CCCCXVI; Barla,Icon.pl.23,f.14-20; Cos.Pass.Gib.l.c.pl.XXIII.
f.5 a-e; Correvon,Orch.Eur.pl.VII; Orch.rust.p.58,f.13; M.Schul-
ze t.40; Ic.n.pl.15,f.429-434.

Exsicc. - Schleicher; Thomas; Magnier n°2297; Soc.Rochel.n°'
980 et bis; Tungstrom,Fl.lapp.

Bulbes ovoides,subglobuleux.Tige de 6-12 cent.d'un vert pâle,
blanchâtre à la base,un peu anguleuse au sommet.Feuilles presque aussi longues que la tige,linéaires,canaliculées,un peu carénées,graminiformes.Bractées vertes à une nervure,linéaires-
lancéolées,acuminées,dépassant les fleurs.Fleurs petites,pen-
chées,peu nombreuses,disposées en épi court ovale.Périanthe à
divisions conniventes,vertes,lavées de violet,plus rarement entièrement violettes-purpurines.Labelle dépourvu d'éperon,jaunâ-
tre,dépassant un peu les divisions externes du périanthe,à 3 lobes,les latéraux courts,arrondis,peu apparents,lobe médian allongé,obtus au sommet (1). Masses polliniques petites,rosées.
MORPHOLOGIE INTERNE.
FIBRES RADICALES. Endoderme à plissements subérisés assez mar-
qués.Vaisseaux de métaxylème manquant ordinairement.
TIGE. Stomates nombreux.5-6 assises de parenchyme entre l'épiderme et l'anneau lignifié,les cellules des assises externes
très chlorophylliennes. 6-8 assises de tissu lignifié extra-libérien,à parois peu épaisses et ponctuées.Faisceaux libéro-ligneux disposés en un cercle à peu près régulier au-dessus des
feuilles principales,entourés de fibres lignifiées sauf à la
partie interne du bois.Parenchyme central se résorbant,conte-
nant quelques paquets de raphides.
FEUILLE. Ep. = 250-300 μ.Epiderme sup.haut de 30-60μ,à paroi
ext.épaisse de 9-12μ et légèrement bombée,muni de stomates nombreux vers l'extrémité des limbes. Epiderme inf.haut de 30-45μ,
à paroi ext.épaisse de 9-12μ env.et légèrement bombée,à stomates abondants.Paroi ext.des cellules épidermiques du bord du
limbe à peine bombée extérieurement.Mésophylle formé de 13-18
assises de petites cellules.NERVURES très nombreuses,faisceau
libéro-ligneux sans péridesme lignifié,entouré de parenchyme
chlorophyllien.
FLEUR. - PERIANTHE. DIVISIONS EXTERNES. Epidermes ext.et int.
striés surtout sur les parois et perpendiculairement à elles
(pl.7,f.166),à peine papilleux vers les bords. - DIVISIONS LA-
TERALES INTERNES. Papilles courtes seulement vers les bords. -
LABELLE. Epidermes ext.et int.peu papilleux. - OVAIRE. Epiderme
à cuticule striée.Nervure des valves placentifères non saillantes à l'extérieur,renfermant ordinairement un seul faisceau li-
béro-ligneux.Masse placentaire courte,divisée.Valves non placen-

(1) Pour la fécondation de cette espèce consulter:D.Hermann
Muller, Alpenblumen und ihre Befruchtung,p.73.

tifères proéminentes extérieurement,peu développées. - GRAINES.
Cellules du tégument dépourvues d'ornements.Graines arrondies à
l'extrémité,1f.3/4 - 2f.1/4 env.plus longues que larges. L =200-
300 μ env.

V.v. - Juin,août. - Pâturages de la région alpine des Alpes,
des Monts Carpathes et Scandinaves. - France:H.-Alpes,cols de
Malrif,de la Croix,d'Agnel,Saint-Véran; Savoie:La Sambuy en Bau-
ges,La Gitaz,près Beaufort,le Drizon,les Mulets,près du Chapin,
Saut des Allues,Laval de Tignes,col de l'Iseran,vallée de la
Lombarde,Vallonnet de Bonneval,Rû du Fond,La Pelouse; H.-Sav.:
Vergy,Méry,Col de Balme; signalé dans les A.-Marit.

B. Masses polliniques distinctes,à rétinacles terminés chacun
par une glande distincte; glandes renfermées dans une bursicule
biloculaire.

Gen.8. - ORCHIS L.

ORCHIS (Tournef.Inst.431,247,248) L.Gen.ea.1;270; ed.5,405;
ed.7,n°1637; Jussieu,Gen.p.65; Rich.in Mém.Mus.IV,p.47,t.5,n°2;
Lindl.Gen.et spec.p.258; Endl.Gen.p.208; Meisner,Gen.p.381;
Reichb.f.Icon.XIII,p.14; Benth.et Hook.Gen.III,p.620; Pfitzer
in Engl.u.Prantl,Nat.Pfl.II,6,p.88.

Périanthe à divisions libres ou soudées à la base;les externes conniventes en casque,ou dressées-étalées,ou encore réfléchies; les deux internes ordinairement plus courtes et conniventes. Labelle à 3 lobes plus ou moins profonds,rarement entier,prolongé en éperon. Masses polliniques à caudicules allongés,à rétinacles libres renfermés dans une bursicule biloculaire. Ovaire contourné.

Poils ou papilles du labelle non verruqueuses,sans ramuscules.
Faisceaux libéro-ligneux de la tige disposés en un cercle à peu
près régulier au-dessus des feuilles principales. - Nervure médiane à section concave-convexe;nervures latérales à section à
peu près plane.Faisceau libéro-ligneux des nervures allongé sur
une section transversale,dépourvu de péridesme lignifié,entouré
le plus souvent de tissu chlorophyllien,parfois de tissu incolore,rarement d'un peu de collenchyme.

Sous-genre 1. - EUORCHIS.

EUORCHIS J.Klinge,Dactylorchis Orchides subgeneris,Monogr.pr.
(1898)p.2.

Bulbes obovales ou subglobuleux,entiers,jamais fusiformes.

Section HERORCHIS Reichb.f.1.c.p.14(pro sub-gen.). - Divisions extérieures du périanthe conniventes en casque,libres ou plus ou moins soudées.

Sous-sect.A. PAPILIONACEAE Parlat.l.c.p.458. - Divisions du périanthe conniventes en casque,non soudées.Labelle entier . Bractées égalant environ l'ovaire,à 1-3 nervures.

1. - O.PAPILIONACEA.

O.PAPILIONACEA (PAPILIONACEUS) L.Spec.nat.ed.X,p.1242(1759);
Willd.Spec.IV,p.24; Poiret Encycl.IV,p.594; Lindl.Gen.et spec.
p.268; Reichb.f.Icon.XIII,p.15,p.p.; Kraenz.Gen.et sp.p.116,p.p.;
Richter,Pl.eur.p.265; DC.Fl.fr.III,p.249; Duby,Bot.p.444; Mutel,
Fl.fr.III,p.238; Fl.Dauph.éd.2,p.591; Gr.et Godr.Fl.Fr.III,p.284
Noulet,Fl.Bass.s.-pyr.p.607; Ardoino,Fl.Alp.-Mar.p.351; Barla,
Iconogr.p.43; Cam.Monogr.Orch.Fr.p.129; in J.bot.VI,p.132; Car.
et S.-Lag.Fl.descr.éd.8,p.804; Guill.Fl.Bord.S.-O.p.160; Coste,
Fl.Fr.III,p.398,n°3595,cum icone; Bubani,Fl.pyr.39; Ucria,
Hist.pan.p.382; Biv.Sic.cent.p.56; Todaro,Orch.sic.p.11; Guss.
Fl.sic.syn.2,p.531; Binna,Orch.sard.p.9; Bertol.Pl.gen.in Amoe-
nitat.it.p.196; Seb.et Mauri,Fl.rom.pr.306; Bertol.Fl.ital.IX,
p.518; Tenore,Fl.nap.2,p.297; Parlat.Fl.ital.III,p.516,n°904;
Mor.et de Not.Fl.capr.p.122; Salis Marsch.Korsika in Fl.Bot.
Zeit.(1833)p.492; Vaccari,Fl.Arc.Maddal.in Malpighia,8,p.247;
W.Barbey,Asch.et Lev.Fl.Sard.comp.p.57?et Suppl.n°1308; Ces.
Pass.et Gib.Comp.p.188; Fiori et Paol.Fl.ital.p.240; Iconogr.
ital.n°817; Arcang.Comp.ed.2,p.166; Colmeiro,Enum.pl.hisp.-lus.
V,p.24; Guimar.Orch.port.p.51; Koch,Syn.ed.2,p.792; ed.3,p.596;
M.Schulze,Die Orchid.n°2; Schur,Enum.Trans.p.640,n°3409; Boiss.
Fl.orient.V,p.60; W,Barbey,Herb.au Levant,p.157; Hausskn.Symb.
fl.gr.p.24; Sibth.et Sm.Fl.gr.pr.2,p.313; Fl.gr.X,p.21; Urv.En.
p.121; Brongn.in Chaub.et Bory,Expéd.Morée,p.261; N.fl.Pélopon.
p.61; Friedr.Reise,p.277,283; Weiss in Zool.bot.Ges.(1869)p.
754; Grecescu,Consp.Roman.p.542; Poiret,Voy.Barb.p.248; Desf.
Fl.atl.II,p.316; Batt.et Trab.Fl.Alg.(1884)p.191; (1895)p.27;
Debeaux,Fl.Kabylie Djurdjura,p.339; Ball,Spic.Maroc,p.671; Bonnet et Barr.Cat.Tunis.p.401. - O.PAPILIONACEA var.GRANDIFLORA
Boiss.Voy.Esp.p.592; Willk.et Lange,Prodr.hisp.1,p.165; Asch.u.
Graeb.Syn.III,p.664; - Orchis speciosa,expanso cochleari flore
purpureo elegantissime picturato,fimbriato Cup.H.cath.p.158.

Icon. - Brotero,Fl.lusit.2,t.88; Moggr.Contr.Menton,t.96,f.2f,
non f.lab.3-lobé; Mutel,Atlas,t.6,f.488; Tenore,Fl.nap.t.92;
Reichb.f.Icon.XIII,t.10,CCCLXII,f.2,4; Schech.Lang.Deutsch.IV,
f.339; Sibth.et Sm.Fl.gr.X,t.92; Barla,l.c.pl.28,f.1-16; Timb.-
Lagr.Mém.hybr.Orch.pl.2,f.2,A,B; Paoli et Fiori,l.c.; M.Schulze,
l.c.,n°2,A,B; Correvon,Orch.Eur.pl.XLIX; Ic.n.pl.17,f.465-470.

Exsicc. - Reliq.Maill.n°516,n°1947; Reichb.n°211; Billot,n°
3243,n°3243 bis; Soc.Rochel.n°2244; Balansa,Pl.Alg.p.253; Lange,
Pl.Eur.austr.n°121; Baenitz(1889); Choulette,Fragm.Fl.alg.n°191;

Bourgeau,Pl.Alg. (1856); It.bor.-afr.E.G.Paris,n°288; S.Dauph.
n°978; Guimar.Est.V,f.36.

Bulbes ovoïdes ou subglobuleux,surmontés de fibres radicales
assez épaisses.Tige de 2-3 décim.,rarement plus,anguleuse et lavée de rose au sommet.Feuilles glaucescentes,lancéolées-linéai-
res,aiguës,canaliculées,les supérieures bractéiformes,souvent
lavées de pourpre.Bractées plus longues que l'ovaire,ovales-lan-
céolées,aiguës,nerviées,d'un rose violacé.Fleurs en épi ovoïde,
assez lâche.Périanthe à divisions extérieures conniventes en
casque allongé,un peu étalées au sommet,ovales-lancéolées,tou-
tes égales,d'un pourpre vif,divisions internes un peu plus courtes que les externes et de même couleur.Labelle grand,d'un violet clair ou d'un rose violacé,marqué de lignes purpurines plus
ou moins foncées,disposées comme les plis d'un éventail,rétréci
à la base,arrondi ou émarginé au sommet.Eperon cylindro-conique,
plus court que l'ovaire.Gynostème très court,obtusiuscule.Stig-
mate grand,oblique.Anthère rougeâtre,à loges parallèles,sépa-
rées par un petit bec.Masses polliniques vertes.

MORPHOLOGIE INTERNE.

BULBE. - Grains d'amidon assez nombreux,irréguliers de forme,
peu allongés ou inégalement arrondis,ordinairement isolés,pe-
tits,atteignant env.10-12μ de long. (pl.1,f.13). - FIBRES RADI-
CALES. Assise pilifère subérisée.Endoderme peu différencié.Vais-
seaux de métaxylème souvent nombreux.

TIGE. Stomates assez rares.2-5 assises de parenchyme chlorophyllien entre l'épiderme et l'anneau lignifié.Anneau lignifié
comprenant 7-8 assises et touchant au liber des faisceaux.Pa-
renchyme ligneux non lignifié séparant les vaisseaux assez abon-
dant.Parenchyme central se résorbant presque complètement.

FEUILLE. Ep.=250-390μ.Epiderme sup.recticurviligne,haut de
60-90μ,à paroi ext.épaisse de 8-10μ,bombée,dépourvu de stomates au moins dans les feuilles inférieures,muni de quelques granulations de cire.Epiderme inf.recticurviligne,haut de 40-60μ,
à paroi ext.bombée et épaisse de 8-10μ env.,muni de stomates
nombreux et d'un peu de cire.Paroi ext.des cellules épidermiques du bord du limbe à proéminence très forte et très arrondie.
(pl.4,f.100).Mésophylle comprenant 6-9 assises env.de cellules
arrondies ou ovales sur une section transversale et quelques
paquets de raphides.

FLEUR. - PÉRIANTHE. DIVISIONS EXTERNES et LATERALES INTERNES.
Epiderme ext.finement strié Papilles caractérisées manquant même vers les bords.Nervures contenant un peu de chlorophylle. -
LABELLE. Epiderme int.muni de papilles quelquefois très longues,
atteignant 200-250μ au milieu du labelle,plus courtes latéralement,coniques,très grosses à la base,atténuées mais encore obtuses au sommet.Epiderme ext.dépourvu de papilles. - EPERON. E-
pidermes ext.et int.à peu près complètement dépourvus de papilles (pl.7,f.175).Produits sucrés s'accumulant entre les épider-
mes.Pas d'émission de nectar à l'intérieur de l'éperon. - ANTHE-
RE. Epiderme du gynostème à peu près dépourvu de papilles.Pas
de cellules fibreuses dans la deuxième assise des parois. -

POLLEN. Jaune légèrement verdâtre.Exine à peine ruguleuse à la surface des massules. L=30-38µ. - OVAIRE (pl.10,f.275).Epiderme strié,stomates assez rares.Nervure des valves placentifères non ou à peine saillante extérieurement,renfermant le plus souvent un seul faisceau libéro-ligneux à bois int.,rarement en plus un faisceau placentaire libérien réduit.Placenta long,se divisant en deux lames développées.Valves non placentifères développées,proéminentes à l'extérieur,contenant un faisceau libéro-ligneux interne. - GRAINES. Cellules du tégument à stries nombreuses.Graines arrondies au sommet,allongées,environ 2f.2/3-3f.plus longues que larges.L=320-400µ, env.

b. Var.DECIPIENS Reichb.f.Icon.XIII,p.16; Parlat.Fl.ital.III, p.459. - O.DECIPIENS Bianca Nov.pl.spec.p.1; Tod.Orch.sic.p.16; Guss.Syn.fl.sic.2,p.530. - Labelle ovale flabelliforme,éperon ascendant,obtus. - Plante rarissime. Sicile.

c. Var.EXPANSA Lindl.Gen.et spec.p.267; Reichb.f.l.c.pl.10, CCCLXII,f.II,IV. - O.EXPANSA Ten.Ind.sem.h.r.neap.(1827); Syll. p.445; Fl.nap.p.240; Sanguin.Fl.rom.prodr.alt.p.72. - Labelle brusquement et largement étalé,arrondi au sommet. - V.v.

d. Var.MAJOR Cam.in Act.Congrès Bot.(1900)p.342. - Tige robuste de 3-4 décim.Fleurs très grandes,labelle de 20-25 mm.,non compris l'éperon. - V.v. - Maroc (Mellerio).

B. Var.RUBRA Lindl.l.c.p.266. - O.RUBRA a. Reichb.f.Icon.p.16; Boiss.Fl.orient.V,p.60; Parlat.Fl.ital.III,p.459; Arcang.Comp. ed.2,p.166; Barcelo,Apunt.Baléar.p.45,n°407; Marès et Vigin.Cat. Baléar.p.210; Barla,Iconogr.p.43; Cam.l.c. - Var.PARVIFLORA Willk.et Lange,l.c. - Var.PARVIFLORUS Asch.u.Graeb.l.c.p.664;.- O.RUBRA Jacq.Icon.rar.p.28,1,t.183; Collect.1,p.60; Willd.Spec. IV,p.24; Barcelo,Apunt.p.45,n°407; Mutel,Fl.fr.III,p.238; Marès et Vigin.Cat.Baléar.p.280; Ces.Pass.Gib.Comp.p.188; Cocconi,Fl. Bologn.p.482; M.Schulze,l.c.

Icon. - Sibth.et Sm.Fl.gr.X,t.928; Reichb.f.Icon.CCCLXII,10, f.1; Moggr.l.c.pl.XCVI,f.1; Mutel,Atlas,pl.65,f.489; Barla,l.c. pl.28,f.16-18; Ic.n.pl.17,f.471.

Exsicc. - Dörfler,n°4086.

Plante plus grêle dans toutes ses parties.Fleurs plus petites et plus distantes entre elles.Labelle plus long que large,ovale ou subrhomboïdal,concave,canaliculé,à bords peu crispés,ondulés-crénelés,d'un rose violacé peu intense,marqué de stries peu visibles. - Reliée au type par des formes intermédiaires.
MORPHOLOGIE INTERNE.
La var.RUBRA se distingue du type par:les grains d'amidon du bulbe plus gros,atteignant 25-40µ de long(pl.1,f.14); les épidermes sup.et inf.du limbe foliaire à paroi ext.épaisse de 6-7µ; la présence de quelques cellules en anneaux plus ou moins complets dans les parois de l'anthère; les masses placentaires plus courtes,à divisions profondes.

V.v. - Mars,mai. - Collines stériles et lieux herbeux de la
région de l'olivier et de la région méditerranéenne. - France:
Ain,Lyon,Toulouse,Var,Alpes-Marit.,etc.,Corse; Portugal; Espagne; Italie; Istrie,Carniole,Dalmatie,Hongrie; Turquie; Grèce;
Syrie,Asie-Mineure,Liban; Algérie; Maroc.

Var.RUBRA. - Corse,Alpes-Maritimes,Var,Baléares,Italie. - V.v.

Sous-sect. B. MORIONES Parlat.l.c.p.463.- Divisions externes
du périanthe libres jusqu'à la base. Labelle 3-lobé,lobes moyens arrondis en arrière;souvent courts ou tronqués et émargi-
nés.Bractée égalant environ l'ovaire,à 1-3 nervures.

2. - O.MORIO.

O.MORIO L.Spec.ed.1,p.940(1753); Will.Spec.IV,p.18; Rich.in
Mém.Mus.IV,p.268; Reichb.Icon.XIII,p.17; Richt.Pl.eur.p.269;
Correvon,Alb.Orch.Eur.pl.XLVI; Kraenz.Gen.et spec.p.118; Babing.
Man.Brit.Bot.ed.8,p.343; Smith,Brit.920; Oudemans,Fl.Nederl.III,
p.143; Lej.Fl.Spa,II,p.187; Rev.fl.Spa,p.185; Lej.et Court.Comp.
III,p.182; Dumort.Prodr.fl.Belg.p.132; Tinant,Fl.luxemb.p.437;
Michot,Fl.Hainaut,p.277; Bellynck,Fl.Nam.p.260; Crép.Man.fl.
Belg.éd.1,p.172; éd.2,p.293; Löhr,Fl.Tr.p.246; Gorter.Fl.VII,pr.
p.234; J.Mey.Orch.G.D.Luxb.p.9; Dumoul.Fl.Maestr.p.104; Thiel.
Orch.Belg.et Luxembg.p.64; de Vos,Fl.Belg.p.254; Vill.Hist.Daup.
II,p.27; DC. Fl.fr.III,p.246,n°2009; Duby,Bot.p.444; Loisel.Fl.
gall.2,p.363; Mutel,Fl.fr.III,p.243; Fl.Dauph.éd.2,p.543; Boisduval,Fl.fr.III,p.42; Lapeyr.Abr.Pyr.p.546; Lec.et Lam.Cat.pl.
cent.p.348; Gr.et Godr.Fl.Fr.III,p.285; Boreau,Fl.cent.éd.3,p.
641; Godet,Fl.Jura,p.681; Gren.Fl.ch.jurass.p.745; Coss.et Germ.
Fl.Paris,éd.2,p.681; Martr-Donos,Fl.Tarn,p.701; Godr.Fl.Lorr.2,
p.287; Ardoino,Fl.Alp.-Mar.p.351; Barla,Iconogr.p.44; Poirault,
Cat.Vienne,p.96; Fr.Gust.et Hérib.Fl.Auv.p.429; Ravin,Fl.Yonne,
éd.3,p.360; Franchet,Fl.L.-et -Ch.p.568; Debeaux,Rév.fl.agen.p.
518; Cam.Monogr.Orch.Fr.p.30,in J.bot.VI,p.133; Lloyd et Fouc.
Fl.Ouest,p.335; Dulac,Fl.H.-Pyr.p.127; Gautier,Pyr.-Orient.p.
398; Bubani,Fl.pyr.; Coste,Fl.Fr.III,n°3596,cum icone; Sal.Mar-
sch.Aufz.d.in Kors.p.542; Kirschl.Fl.Alsace,p.130; Oborny,Fl.
Moehr.Oest.Schles.p.246; Bach,Rheinpreuss.Fl.p.368; Koch,Syn.ed.
2.p.790; ed.3,p.595; ed.Hall.et Wohlf.p.2426; Gmel.Fl.Bad.III,p.
532; Seubert,Excurs.F.Bad.p.121; Caflisch,Exc.S.D.p.295; Foerster,Fl.Aachen,p.345; M.Schulze,Die Orchid.n°3; Gaudin,Fl.helv.
V,n°2055; Morthier,Fl.Suisse p.360; Rhiner,Pr.Waldst.p.126; Fischer,Fl.Bern,p.76; Asch.u.Graeb.Syn.III,p.665; Reuter,Cat.Genè-
ve,éd.2,p.201; Bouvier,Fl.Alp.éd.2,p.638; Gremli,Fl.Suisse,éd.
Vetter,p.480; Schinz u.Keller,Fl.Schw.p.120; All.Fl.pedem.2,p.
142; Savi,Fl.Pis.2,p.298; Suffren,Fl.Frioul,p.134; Nocc.Fl.ven.

IV,p.139; Moris,Stirp.sard.1,p.44; Bertol.Fl.ital.IX,p.524; Am.
ital.p.197; de Not.Repert.fl.ligust.p.385; Seb.et Mauri,Prodr.
fl.Rom.p.304; Parlat.Fl.ital.III,p.463; Ces.Pass.Gib.Comp.p.188;
Cortesi in Pirotta.Ann.bot.1,p.90,f.1-11,p.10; W.Barbey,Fl.Sard.
Comp.n°1309; Arcang.Comp.ed.2,p.167; Martel.Monoc.Sard.p.43;
Fiori et Paol.Icon.fl.ital.n°818; Cambes.Enum.pl.Baléar.n°545;
Rodrig.Cat.Menorca,p.87,n°60; Marès et Vigin.Cat.Baléares,p.280;
Willk.et Lg.Prodr.hisp.1,p.165; Colmeiro,Enum.pl.hisp.-lusit.V,
p.25; Guimar.Orch.port.p.52; Schur,Enum.Transs.p.640,n°3403;
Simk.Enum.Transs.p.498; Haussm.Fl.Tirol,p.834; Ambros.Fl.Tirol
austr.p.686; Hinterhuber et Pichlm.Fl.Salzb.p.191; Ledeb.Fl.
ross.IV,p.60; Marsch.Bieb.Fl.Taur.-Cauc.II,p.364; Boiss.Fl.
orient.V,p.60; Grecescu,Consp.Rom.p.542. - O.CRENULATA Gilib.
Exerc.phyt.II,p.474(1792). - Orchis radicibus subrotundis,ga-
leae petalis lineatis,labello trifido medio segmento emarginato
Hall.Helv.n°1282. - O.Morio femina Bauh.Pinax; Vaillant,Bot.pa-
ris.; Zannich.Venet.195. - O.radicibus subrotundis,nectarii labio quadrifido aequali crenulato,cornu obtuso Ray,Lugd.25. -
Triorchis serapias mas Fusch,Hist.559.

Icon. - Lob.Ic.176,f.2; Observ.p.88,f.1; Fusch,l.c.; Hall.Ic.
n°1282,t.33; Vaillant,t.31,f.13,14; Seg.Pl.ver.t.15,f.7; Riv.
Hex.t.19; Fl.dan.t.253; Engl.bot.t.2059; Timb.-Lagr.Mém.hybr.t.
1,f.1; Dietr.Fl.bor.1,t.1; Schkuhr,Handb.t.271; Schrank,Fl.Mon.
t.116; Schlecht.Lang.Deuts.IV,f.334; Reichb.f.XIII,t.11,CCCLXIII
Barla,l.c.pl.30(ex.f.6); Cam.Icon.Par.pl.10; Schinz u.Keller,f.
15; M.Schulze,l.c.; Guimar.l.c.Est.V,f.37; Bonnier,Alb.N.Fl.p.
147; Ic.n.pl.17,f.474-482.

Exsicc. - Billot,n°172; Fries,Herb.n.n°66; Soc.Rochel.n°2720;
Bourgeau,Pl.Arm.(1862); Callier,It.Taur.(1900)n°1736.

Bulbes deux,ovoïdes ou subglobuleux.Tige de 1-4 décim.,dres-
sée,anguleuse,souvent lavée de violet au sommet.Feuilles non
mucronées,oblongues ou oblongues-lancéolées,les inférieures
plus ou moins étalées ou arquées,les caulinaires engaînantes.
Bractées membraneuses égalant ou dépassant l'ovaire,oblongues-
lancéolées,les inférieures à 3 nervures,vertes ou lavées de
pourpre au sommet.Fleurs 6-12,rarement plus,disposées en épi
court,lâche,de couleur variable,d'un violet foncé,d'un rose
violacé ou carné,plus rarement complètement blanches.Les variétés créées sur ces colorations doivent être considérées comme
des formes individuelles,il en est de même croyons-nous pour la
var.MESOMELANA Reichb.l.c.p.182.Périanthe à divisions connivien-
tes en casque subglobuleux,obtus,les extérieures libres jusqu'à
la base,marquées de nervures vertes,souvent lavées de vert à la
base.Labelle plus large que long,plus ou moins 3-lobé,plié longitudinalement en arrière,à lobes larges,obtus,le moyen émarginé,les latéraux plus ou moins crénelés.Eperon cylindrique,hori-
zontal ou ascendant,un peu comprimé,large et tronqué à son extrémité,un peu plus court que l'ovaire.Gynostème court,obtusius-
cule.Stigmate obtus.Anthère violacée.Masses polliniques vertes.

MORPHOLOGIE INTERNE.

BULBE. Grains d'amidon irrégulièrement arrondis et de 10-15μ de diam.,parfois gros,allongés et atteignant alors 20-35μ de long.(pl.1,f.15). - FIBRES RADICALES. Assise pilifère très subérisée extérieurement.Ecorce contenant d'assez nombreux paquets de raphides.Endoderme à plissements subérisés marqués.Vaisseaux de métaxylème ordinairement assez nombreux.

TIGE. Stomates assez nombreux.2-4 assises de parenchyme chlorophyllien entre l'épiderme et l'anneau lignifié.Anneau lignifié formé de 7-12 assises;sur une section transversale,cellules des assises externes à peu près de même grandeur que celles des assises internes.Faisceaux libéro-ligneux entourés de tissu lignifié sauf à l'intérieur du bois.Parenchyme central se résorbant plus ou moins.

FEUILLE. Ep.= 250-290 μ .Epiderme sup.à peine recticurviligne, haut de 60-90μ env.,à paroi externe épaisse de 4-5μ env.et non ou peu bombée,dépourvu de stomates dans les feuilles inférieures et moyennes.Epiderme inf.recticurviligne,haut de 30-45μ ,à paroi externe épaisse de 4-5μ et bombée,muni de stomates nombreux.Cellules épidermiques du bord du limbe non bombées extérieurement(pl.4,f.101).Mésophylle comprenant 6-8 assises de cellules arrondies sur une section transversale et d'abondantes cellules à raphides.

FLEUR. - PERIANTHE. DIVISIONS EXTERNES et LATERALES INTERNES n'ayant de courtes papilles seulement que vers les bords,munies de nervures contenant beaucoup de chlorophylle. - LABELLE. Epiderme sup.prolongé en papilles courtes,obtuses,très nombreuses, quelques-unes entièrement cylindriques,d'autres à peine atténuées au sommet,les plus longues atteignant 50-100μ .Epiderme inf.portant de rares papilles courtes et obtuses. - EPERON. Epiderme int.muni de grosses papilles,très courtes,n'atteignant guère que 20-50μ à l'extrémité de l'éperon.Epiderme ext.à peine papilleux.Nectar s'accumulant entre les épidermes,pas d'émission à l'intérieur de l'éperon. - ANTHERE. Connectif et épiderme des loges sans papilles caractérisées.Pas de cellules fibreuses,la deuxième assise ne prend pas d'épaississements. - POLLEN. Jaune verdâtre.Exine finement granuleuse. L= 35-45μ env. - OVAIRE. Nervure des valves placentifères peu développée,non saillante,à l'extérieur,pourvue d'un faisceau libéro-ligneux à bois externe.Placenta à divisions divergentes.Valves non placentifères extrêmement développées,très proéminentes à l'extérieur,à un faisceau libéro-ligneux. - GRAINES. Cellules du tégument à parois ondulées,très striées.Graines allongées,arrondies au sommet,2-3 fois plus longues que larges. L = 450-500μ env.

Lapeyr.Abr.Pyr.indique une var.b. MINOR ALPINA que nous n'avons pu voir.

Nous considérons les var.ROBUSTIOR Chenev.M.Schulze,O.B.Z. (1898)p.50 = var.GIGAS Podpera,Z.B.G.Wien,LIV,319(1898) et var. NANUS(NANA) Chenev.l.c.comme des formes extrêmes de l'espèce.

MONSTRUOSITES. 1° Mutel,Fl.fr.et Fl.Dauph.cite aux Balmes de Fontaines une forme de MONSTROSO REGULARIS à fleurs dont toutes les divisions du périgone sont conniventes,le labelle conforme aux autres divisions n'a pas d'éperon. - 2° Moquin-Tandon,Elem. térat.végét.signale d'après Seringe un exemplaire de fleurs commençant à doubler. - 3° Notre savant ami M.le Dr.Gillot(Bull. Soc.bot.Fr.p.216,1904)signale un O.MORIO récolté à Luçon(Vendée) par M.Bourdeau,présentant les anomalies suivantes: a)prolifération florale avec production de fleurs de deuxième et de troisième ordre en épi composé; b)pélorisation des fleurs; c)disjonction des étamines et du gynostème avec dédoublement et pétaloïdie de ces organes; d)disparition totale de l'ovaire.

Mars,juin. - V.v. - Prairies,pâturages,clairières des bois, coteaux arides et herbeux. - Dans presque toute l'Europe,de la Suède, la Norvège,les Iles Britanniques à la Grèce et la Turquie.

Sous-esp. O.PICTA.

O.PICTA (PICTUS) Loisel.Fl.gall.2,p.264(1828); Nouv.not.p.39; Rob.Cat.79; Peyrem.Cat.52; Castagne,Cat.B.-d.-Rh.p.156; Gautier, Pyr.Or.p.398; Debeaux et Dauter.Syn.Gibr.p.199; Cam.Monogr.Orch. Fr.p.31; in J. bot,VI,p.134; et in Act.Cong.Bot.(1900)p.342; Gelmi in Bull.Soc.bot.ital.(1889)p.452; M.Schulze,Die Orchid.n° 4; Schinz in Keller Fl.Schweiz,p.120; Asch.u.Graeb.Syn.III,p. 666; Boiss.Fl.orient.V,p.60; Halacsy in Oester.bot.Zeitschr. (1897)p.98; Conspect.fl.gr.p.167. - O.MORIO var.PICTA Reichb.f. Icon.XIII,t.13,CCCLXIII,f.1-3; Guimar.l.c.; Barla,Iconogr.p.45; W.Barbey,Herb.au Levant,p.157. - O.MORIO var.LONGICALCARATA Boiss.Voy.II,p.594(1845). - O.LONGICORNIS b. PICTA Lindl.Gen.et spec.p.269(1835). - O.MORIO Pieri,Corc.fl.p.125; Urv.Enum.p.120; Fraas,Fl.class.p.279,non L. - O.BORYI Spreitz in Zool.bot.Ges. (1877)p.669,non Reichb.

Icon. - Reichb.l.c.(exc.foliis maculatis); Barla,l.c.,pl.31, f.1-7; M.Schulze,t.4; Ic.n.pl.17,f.483-485.

Exsicc. - Schultz,n°348; Orphan.Fl.hell.n°148; Willk.It.hisp. n°560; Daveau,Herb.lusit.(1879); Fl.Austr.-Hung.n°676; Sintenis et Rigo,It.cypr.n°154(1880)p.p.; Dorfler,H.n.n°4085; W.Siehe's, Bot.Reise nach Cilicien(1895).

Feuilles lancéolées,étroites,mucronulées.Fleurs presque de moitié plus petites que dans l'O.MORIO,peu nombreuses.Labelle plus large que long,à lobe moyen très court,muni de macules très marquées au centre et sur les lobes latéraux,sauf sur les bords,le lobe moyen peut être émarginé ou presque nul.Eperon renflé,claviforme,à sommet non bifide,mais seulement tronqué, égalant presque l'ovaire.Le reste comme dans l'O.MORIO. Barla dans son Iconogr.décrit deux var.:PICTA-ROSEA et PICTA-VIOLACEA que nous ne pouvons envisager qu'à titre de variations individuelles,il en est de même pour les variations robustes ou grêles.

MORPHOLOGIE INTERNE.

L'O.PICTA ne diffère guère de l'O.MORIO. Sa tige a des assises lignifiées peu nombreuses(4-6env.),son pollen est ordinairement plus jaune.

Murr in A.B.Z.(1905)p.150 décrit la var.ECALCARATA.

V v. - Avril,Mai. - Europe méridionale,France méridionale,Espagne,Istrie,Trieste,Herzégovine,Chypre,Cilicie,Asie-Mineure, Maroc.

Sous-esp.ou var.CAUCASICA.

Var.CAUCASICA Koch,in Linn.XXII,p.280(1847); Reichb.f.Icon. XIII,18,t.DII,f.IV. - Var.CAUCASICUS Asch.u.Graeb.l.c.p.666.

Plante plus grêle dans toutes ses parties,plus petites à éperon filiforme très long. - Région du Caucase.

Sous-esp.O.SKORPILI.

La sous-esp.O.SKORPILI Velenovsky in O.B.Z(1886)p.267; Vel.Fl. Bulg.p.523,de Roumélie,est une plante peu distincte de l'O.PICTA,si elle n'est pas identique.

Sous-esp.O.TLEMCENSIS.

O.TLEMCENSIS Battandier in Bull.Soc.bot.Fr.LI,p.352 (O.LONGICORNU var.TLEMCENSIS).

Plante assez grêle,à fleurs petites comme dans l'O.PICTA.Eperon horizontal ou arqué ascendant,renflé,claviforme,tronqué,subbilobé au sommet,comme dans l'O.LONGICORNU ou dans l'O.MASCULA. Labelle de l'O.MORIO mais à macules centrales à peine marquées. Etablit le passage de l'O.PICTA à l'O.LONGICORNU.

V.s. - Tlemcen,El Afroun,Algérie.

Sous-esp.O.SYRIACA.

O.SYRIACA Boiss.et B.ap.Boiss.Fl.orient.V,p.66. - O.MORIO v. ALBIFLORA Boiss.Olim,l.c.

Fleurs blanches ou blanchâtres,labelle obscurément 3-lobé.

V.s. - Montagnes de la Syrie.

O.NICODEMI.

L'O.NICODEMI Tenore,Fl.nap.prodr.p.LIII; Syn.ed.I,p.73; Fl. nap.II,p.290,t.90; est une plante douteuse,LUSUS ou forme de l'O.MORIO,dont elle a le labelle 3-lobé,à éperon ascendant,mais les lobes latéraux extérieurs du périanthe sont aigus et étalés. R. - In pascuis Apulinae Conversano(Tenore,Syll.l.c.).

× ? O.CHAMPAGNEUXII

× ? O.CHAMPAGNEUXII Barnéoud in Ann.Sc.nat.p.280(1843); Gr.et
God.Fl.Fr.III,p.286; Cam.Monogr.Orch.Fr.p.32; in J.bot.VI,p.134;
Willk.Suppl.fl.hisp.p.41.— Guimar.Orch.Portug.indique cette
plante comme var.de l'O.MORIO,mais il la décrit avec le labelle
non maculé,ce qui ne peut être qu'un fait accidentel.

Icon. — Barla,Iconogr.pl.31,f.20,21,22,sub nom.O.MORIO v.PIC-
TA ALBA; Ic.n.pl.17,f.486.

Exsicc. — Magnier,Fl.sel.n°696.

Bulbes 2,sessiles ou subsessiles,souvent accompagnés de bulbes supplémentaires pédicellés.Tige de 1 à 3 décim.ordinaire-
ment assez grêle.Feuilles étroitement lancéolées,aiguës,mucro-
nées.Bractées membraneuses,aiguës,plus courtes que l'ovaire.Pé-
rianthe de l'O.PICTA mais pâle ou presque blanc,à nervures vertes,très visibles.Labelle ponctué,à bords entiers ou faiblement
denticulés,plié dans son milieu de manière que les deux moitiés
soient adossées l'une à l'autre,à 3 lobes,le moyen ordinairement très court.Eperon presque aussi long que l'ovaire,horizon-
tal ou ascendant,élargi,tronqué et subbifide au sommet.
  M.Barla déclare que sa var.PICTA ALBA de l'O.MORIO est assez
éloignée des autres variétés,il insiste avec juste raison sur
la forme du labelle et sur celle de l'éperon.Il est facile à
constater que sa description correspond à l'O.CHAMPAGNEUXII,et
si un doute existait il serait bientôt levé en consultant les
figures fidèles(20,21,22)de l'Iconographie des Orchidées.
  La valeur hiérarchique de l'O.CHAMPAGNEUXII peut être discu-
tée.Espèce autonome,sous-espèce ou variété,peut être hybride,
mais assurément pas synonyme de l'O.PICTA.
  Diffère de l'O.MORIO var.PICTA avec lequel Reichb.f.l'a identifié par les tubercules longuement pédonculés,le labelle replié et non plan,et l'éperon bifide au sommet.La croissance en
touffes a été signalée par Grenier et Godron,elle est le résultat des bulbes supplémentaires qui assurent la multiplication
les années où la plante fleurit mal.

V.v. — TR. — Coteaux schisteux des env.d'Hyères(Loret in Herb.
Mus.Paris); env.de Nice(Barla)sub nom.O.MORIO var.PICTA-ALBA et
var.PICTA-ROSEA,p.p.);Espagne,en Catalogne,pr.Barcinonem,Vallvi-
drera,Moncada,Cadaquès(Trémols,Vayr.ap.W.et L.); Ligurie italienne? — Mars,avril.

3. - O.LONGICORNU.

O.LONGICORNU (LONGICORNIS)(1) Poiret,Voy.en Barbar.II,p.247
(1789); Encycl.IV,p.591(1797); Desfont.Fl.atl.II,p.117,t.246;

(1) Nous croyons plus correct d'adopter le nom d' O.LONGICORNU
Poiret(1789),la correction faite par l'auteur O.LONGICORNIS
(1797)nous paraissant peu justifiée.

Willd.Spec.IV,p.19; Lindl.Gen.et spec.p.269,var.a.; Pers.Syn.2,
p.503; Reichb.f.Icon.XIII,p.18; Richter,Pl.eur.I,p.266; Cam.
Monogr.Orch.Fr.p.31; in J.bot.VI,p.134; Coste,Fl.Fr.III,p.400,
n°3597,cum icone; Ten.Fl.neap.2,p.286; Guss.Fl.sic.syn.II,p.534
(1842); Todaro,Orch.sic.p.40; Bertol.Fl.ital.IX,p.526,n°7; Par-
lat.Fl.ital.III,p.466; Ces.Pass.Gib.Comp.p.188; W.Barbey,Asch.
et Lev.Fl.sard.Comp.et Suppl.n°1310; Guimar.Orch.port.p.54; As-
ch.u.Graeb.Syn.III,p.669; Ross.in Bull.Herb.Boiss.(1899); Vaccari,Fl.arc.Maddal.in Malpighia,VIII,p.267; Arcang.Comp.ed.2,p.
167; Macchiatti,Orch.sard.in N.g.bot.ital.(1881)p.312; Honoc,
Sard.p.40; Fiori et Paol.Iconogr.fl.ital.n°819; Zerapha,Fl.mel.
thes.p.5; Sibth.et Sm.Fl.g.prodr.2,p.212(1842); Brongn.ap.Ch.et
Bory,Expéd.Morée,p.260; Ch.et Bor.Fl.Pélopon.p.61; Halacsy,Cons-
pect.fl.gr.III,p.167; Deb.et Dauter,Syn.Gibr.p.200; Munby,Cat.;
Lacroix,Cat.Kabylie; Bonnet et Barr.Cat.Tunisie,p.402; Batt.et
Trab.Fl.Alg.(1884)p.190; (1895)p.27; Debeaux,Fl.Kabylie Djurdj.
p.339. - O.e rubro purpurans leucosticos militaris cernua Cup.
Hort.cath.p.157. - O.Morio foemina Cup.Horth.cath.suppl.alt.p.
66.

Icon. - Desfont.l.c.;Bot.Regens.202; Bot.Magan.t.1944; Sweet,
Brit.Gard.fl.t.249; Reichb.f.l.c.t.CCCLXIV,12.155T.III,f.non lé-
gitime); Barla,l.c.pl.30,f.6; Moore,Orch.t.V; Guimar.l.c.Est.V,
f.39; Ic.n.pl.17,f.473,473'.

Exsicc. - Reliq.Maill.n°1739; Billot,n°3681; Bové,Herb.Maurit.
Balan.Pl.Alg.n°349; Tod.Fl.sic.n°160; Soc.Dauph.n°1857; Choulette,Fragm.fl.Alg.n°546; Jamin,Pl.Alg.n°94; Unio it.Schimper,1833.

Bulbes ovoïdes ou subglobuleux.Port de l'O.MORIO.Feuilles o-
blongues ou oblongues-lancéolées,les caulinaires peu nombreuses
engaînantes,les autres plus nombreuses,striées à la base.Brac-
tées beaucoup plus courtes que l'ovaire.Fleurs peu nombreuses,
disposées en épi court,lâche.Divisions du périanthe obtuses,con-
niventes en casque,munies de nervures vertes.Labelle 3-lobé,à
lobe moyen plus court que les latérauxet rose pâle ou blanchâtre,maculé de pourpre foncé;lobes latéraux d'un violet noirâtre.
Eperon environ 2-3 fois plus long que le labelle,souvent renflé
au sommet,subbilobé,ascendant ou horizontal.Anthère rosée.Mas-
ses polliniques jaunes.
F.FLORIBUS ALBIS Parlat.l.c. - Fleurs blanches.
F.LABELLO IMPUNCTATO Tin.ap.Guss.Syn.p.534. - Labelle non
ponctué.
F.FOLIIS MACULATIS Parlat.l.c. - Feuilles maculées.
                    MORPHOLOGIE INTERNE.
BULBE. Grains d'amidon de forme irrégulière,souvent gros et
isolés de 25-36µ de long.env.(pl.1,f.13). - FIBRES RADICALES.
Assise pilifère et parois latérales de l'endoderme nettement
subérisées.
TIGE. Stomates assez nombreux.1-3 assises de parenchyme chlorophyllien entre l'épiderme et l'anneau lignifié.Faisceaux libéro-ligneux entourés vers l'extérieur de tissu lignifié.Paren-
chyme central plus ou moins résorbé.

FEUILLE. Ep. = 250-290 µ.Epiderme sup.à parois presque recticurvilignes,haut de 40-50 µ,dépourvu de stomates dans les feuilles inférieures et moyennes,à paroi ext.striée assez délicatement,épaisse de 7-9 µ env.et peu bombée.Epiderme inf.haut de 30-
45 µ,muni de nombreux stomates,à paroi ext.épaisse de 6-9 µ et
légèrement bombée.Cellules épidermiques du bord du limbe à paroi ext.non sensiblement bombée.Mésophylle formé de 6-7 assises
de cellules chlorophylliennes et de quelques cellules à raphides.

FLEUR. - PERIANTHE. DIVISIONS EXTERNES. Epiderme ext.et int.
striés,légèrement papilleux vers les bords. - DIVISIONS LATERA-
LES INTERNES munies de papilles courtes vers les bords. Nervures des divisions ext.et latérales du périanthe contenant
de la chlorophylle en abondance. - LABELLE. Epiderme sup.prolon-
gé dans les tâches violettes en papilles très nombreuses,déve-
loppées,atténuées à l'extrémité,atteignant 100-120 µ de long.env.,
dans les parties latérales veloutées papilles très courtes,cy-
lindriques,non sensiblement atténuées à l'extrémité. Epiderme
inf.muni de papilles assez développées. - EPERON. Epiderme int.
pourvu de papilles striées,coniques,nombreuses,atteignant 30-
100 µ env.(pl.7,f.177).Epiderme ext.strié,à papilles rares.Ré-
serves sucrées s'accumulant entre les épidermes,pas d'émission
de nectar à l'intérieur de l'éperon(pl.7,f.176). - ANTHERE. Pas
de cellules fibreuses à bandes,deuxième assise persistante,non
différenciée(pl.9,f.235). - POLLEN. Exine non ou à peine granuleuse même à la périphérie des massules. - OVAIRE. Nervure des
valves placentifères non saillante à l'extérieur,renfermant un
faisceau libéro-ligneux ext.à bois int.et souvent un faisceau
placentaire libérien,très réduit et peu différencié.Placenta
profondément divisé,à lobes divergents.Valves non placentifères
très développées,très proéminentes extérieurement,à un faisceau
libéro-ligneux. - GRAINES. Cellules du tégument à parois ondulées,à épaississements striés.Graines arrondies au sommet,2f.1/2-
3f.1/2 plus longues que larges env. L = 450-600 µ env.

V.v. - Février,avril. - Broussailles,lieux incultes. - Europe méridionale,Baléares,Espagne,Portugal,France(TR.),Corse,Ita-
lie,Sardaigne,Sicile,Crète,Chypre; Syrie;Algérie (C.).

Sous-sect.C. MILITARES Parlat.l.c.p.471. - Divisions extérieures du périanthe soudées à la base et à la partie moyenne,non
soudées au sommet.Labelle 3-lobé ou 3-fide,à lobe moyen plus
grand et plus long que les latéraux,émarginé ou bilobé et muni
souvent d'une dent à l'angle de bifidité.Bractées très courtes,
ordinairement membraneuses.

4. - O.USTULATA.

O.USTULATA (USTULATUS) L.Spec.ed.1,p941(1753); Poiret,Encycl.
IV,p.591; Willd.Spec.IV,p.20; Richard in Mém.Mus.IV,p.55; Lindl.
Gen.et spec.p.274; Reichb.f.Icon.XIII,p.23; Kraenz.Gen.et spec.

p.125; Richter,Pl.eur.p.226; Correvon,Alb.Orch.Eur.pl.LIX; Ba-
bingt.Man.Brit.Bot.ed.8,p.343; Oudemans,Fl.Nederl.III,p.143;
Lej.Fl.Spa,II,p.188; Revue fl.Spa,p.185; Lej.et Court.Compend.
p.180; Dumort.Prodr.fl.Belg.p.188; Tinant,Fl.Luxemb.p.438; Michot,Fl.Hain.p.276; Belly.Fl.Namur,p.261; Crépin,Man.fl.Belg.éd.
1,p.177: éd.2,p.292; Löhr,Fl.Tr.p.245; J.Mey.Orch.G.D.Luxemb.p.
8; Dumoul.Fl.Maestr.p.104; Thielens,Orch.Belg.et Luxemb.p.66;
de Vos,Fl.Belg.p.554; Villars,Hist.Dauph.II,p.31; DC.Fl.fr.III,
p.247,n°2012; Duby,Bot.p.445; Loisel.Fl.gall.II,p.265; Mutel,Fl.
fr.III,p.235; Fl.Dauph.éd.2,p.590; Boisduval,Fl.fr.III,p.43; La-
peyr.Abr.Pyr.p.547; Lec.et Lamt.Cat.pl.cent.p.347; Gr.et Godr.
Fl.Fr.III,p.286; Boreau,Fl.cent.éd.3,p.642; Coss.et Germ.Fl.Pa-
ris,éd.2,p.677; Castag.Cat.B.-d.-Rh.p.156; Godr.Fl.Lorr.2,p.284;
Godet,Fl.Jura,p.682; Gren.Fl.ch.jurass.p.746; Martr.-Donos,Fl.
Tarn,p.697; Ardoino,Fl.Alp.-Mar.p.352; Barla,Iconogr.p.48; Dulac,Fl.H.-Pyr.p.327; Franchet,Fl.de L.-et-Ch.p.569; Fr.Gust.et
Hérib.Fl.Auv.p.429; Lloyd et Fouc.Fl.Ouest,p.335; Cam.Monogr.
Orch.Fr.p.32; in J.bot.VII,p.135; Martin,Cat.Rom.p.265; Car.et
S.-Lag.Fl.descript.éd.8,p.798; Gautier,Pyr.Orient.p.397; Mas-
clef,Cat.P.-d.-C.p.153; Corbiére,N.fl.Norm.p.555; Bubani,Fl.pyr.
p.34; Meylan in Arch.fl.jurass.n°45-46,p.50; Coste,Fl.Fr.III p.
397,n°3587,cum icone; Guill.Fl.Bord.et S.-O.p.170; Kirschl.Fl.
Als.II,p.129; Gmel.Fl.bad.III,p.536; Oborny,Fl.Moehr.u.Oest.Schl
p.245; Koch,Syn.ed.2,p.790; ed.3,p.594; ed.Hallier et Wohlf.p.
2424; Foerster,Fl.Aachen,p.345; Seubert,Excurs.Fl.Bad.p.121;
Bach,Rheinpreus.Fl.p.369; Garcke,Fl.Deutschl.ed.14,p.376; M.
Schulze,Die Orchid.n°6; Asch.u.Graeb.Syn.III,p.673; Gaudin,Fl.
helv.V,p.432,n°2058(excl.var.b.;Morthier,Fl.Suisse p.360; Rhiner,Prodr.Waldst.; Caflisch,Exc.Fl.S.D.p.294; Fischer,Fl.Bern.
p.76; Gremli,Fl.anal.Suisse,éd.Vetter,p.479; Schinz u.Keller,
Fl.Schweiz,p.120; All.Fl.pedem.2,p.247; Balbis,Fl.taur.p.147;
Nocca et Balbis,Fl.tic.2,p.148; Bertol.Pl.gen.p.119; Amoenit.
it.p.197; Fl.ital.IX,p.531; Mant.Alp.apuan.p.61; Sanguin.Prodr.
fl.rom.add.p.124; Pucc.Fl.luc.p.474; Comoll.Fl.comens.VI.p.345;
Parlat.Fl.ital.III,p.471; Ces.Pass.Gib.Comp.p.188; W.Barbey,Fl.
Sard.Comp.n°1312; Arcangeli,Comp.ed.2,p.167; Cortesi in Ann.bot.
Pirotta,I,p.23; Fiori et Paol.n°822; Cocconi,Fl.Bologn.p.482;
Beck.Fl.N.Oester.p.201; Visiani,Fl.Dalmat.I,p.161; Ambr.Fl.**Tir.**
aust.I,p.683; Hausmann,Fl.Tirol,p.832; Suffren,Pl.Frioul,1,p.
683; Hinterhuber et Pichlm.Fl.Salz.p.192; Schur,Enum.Trans.p.
639,n°3400; Simk.Enum.Trans.p.498; Gilib.Exerc.phyt.II,p.476,
cum icone; Boiss.Fl.orient.V,p.61; Grecescu,Consp.Roman,p.543;
Gmel.Fl.sib.l,p.15,n°12; Georgi,Beschr.Russ.R.III,5,p.1268; Jun-
dz.Fl.lithuan.p.264; Marsch.Bieb.Fl.Taur.-Cauc.III,p.601; Bess.
Enum.p.35,n°1157; Lucé,Fl.osil.p.294; Höfft,Cat.Kursk.p.54;
Vienm.Fl.petrop.p.84; Fleich.et Lind.Fl.Otseepr.p.304; Wirzen,
Casan,n°519; Ledeb.Fl.ross.IV,p.63. - O.AMOENA Crantz,St.austr.
p.490(1769); Fl.böhm.n°58,p.227. - O.COLUMNAE Schm.in Mey.Aufs.
(1791)p.227. - O.IMBRICATA Vest.Syll.rat.p.80(1824). - O.PARVI-
FLORA Willd.Spec.IV,p.27(1805). - O.HYEMALIS Rafin.ap;Lindley.
Gen.et spec.p.274. - O.IMBRICATA Vest.Syl.Rat.80(1824). - HIMAN-
TOGLOSSUM PARVIFLORUM Spreng.Syst.III,p.694(1826). - O.minor
flore guttato sanguineo Camer.Epit.622. - O.bulbis subrotundis

labello quadrifido,calcare brevissimo Haller,Enum.263,n°5; Hist,
n°1273. - O.militaris pratensis humilior Tournef.Inst.432; Mapp.
215; Vaillant,Bot.paris.149; Seg.Pl.veron. - O.pannonica IV Cl.
Rarior,st.Pannon.236,238; Hist.p.268,f.l. - Cynorchis militaris
pratensis humilior Bauh.Pinax,81.

Icon. - Hall.l.c.t.27; Vaill.t.31,f.35,36; Fl.dan.t.103; Engl.
Bot.t.18; Curtis,Fl.lond.ed.Gr.V,t.94; Moris.Oxon.t.12,f.4,n°20;
Clusius,l.c.; Seg.l.c.t.15,f.4; Sturm,D.XII,t.15; Schl.Lang.D.
f.329; Schrank,Fl.Monac.204; Reichb.f.Icon.XIII,t.CCCLXVIII,16;
Mutel,Atl.t.XLIV,f.480; Barla,l.c.pl.33,f.1-15; Cam.Icon.Orch.
Paris,pl.5; M.Schulze,l.c.t.6; Fiori et Paol.l.c.f.822; Bonnier,
Alb.N.Fl.p.147; Ic.n.pl.18,f.536-541.

Exsicc. - Schultz,n°528; Billot,n°855; Soc.Rochel.n°1794; Baenitz,Herb.Eur.; Kickxia Belg.II,n°171; A.et V.Brotherus,Pl.cau .
n°863.

Bulbes ovoïdes ou subglobuleux,sessiles.Tige de 1 à 3 décim.,
cylindrique,d'un vert clair.Feuilles oblongues-lancéolées,cana-
liculées.Bractées colorées en rose,membraneuses,égalant ou dépassant la moitié de la longueur de l'ovaire.Fleurs petites disposées en épi dense,ovoïde-conique avant l'anthèse,puis subcylindrique allongé.Périanthe à divisions conniventes en casque
subglobuleux,libres jusqu'à la base,d'un pourpre violacé; divisions internes égalant presque les externes,étroites,linéaires
ou linéaires spatulées.Labelle 3-lobé,blanc,muni de ponctuations
purpurines;lobes latéraux linéaires,tronqués au sommet;lobe médian plus long que les latéraux,plus ou moins profondément divisé en deux lobes secondaires presque parallèles,muni d'une
dent à l'angle de bifidité.Eperon court,égalant le tiers ou le
quart de la longueur de l'ovaire,arqué à la base,surtout **avant**
l'anthèse,un peu renflé et tronqué au sommet.Masses polliniques
jaunes.

                    MORPHOLOGIE INTERNE.
BULBE. Grains d'amidon les plus petits arrondis,de 12-18μ de
diam.,les autres un peu allongés et brusquement arrondis aux extrémités,atteignant rarement 30 μ de long. - FIBRES RADICALES.
Assise pilifère subérisée.Endoderme à plissements peu marqués.
Quelques vaisseaux de métaxylème.
TIGE. Stomates assez nombreux.2-4 assises chlorophylliennes,
à méats,séparant l'épiderme de l'anneau lignifié.Anneau lignifié comprenant 6-11 assises de cellules renfermant parfois un
peu de chlorophylle.Faisceaux libéro-ligneux touchant à l'anneau lignifié. Parenchyme central plus ou moins résorbé vers
l'axe de la tige.
FEUILLE. Ep.= 300-550μ.Epiderme sup.recticurviligne,strié,
haut de 100-150μ,à paroi ext.épaisse de 10-12μ et non ou peu
bombée,dépourvu de stomates souvent même dans les feuilles sup.,
portant quelques rares poils hyalins,unicellulaires et parfois
un peu de cire.Epiderme inf.recticurviligne,haut de 30-50μ,à
paroi ext.bombée et épaisse de 5-7μ,muni de stomates très nom-
breux.Cellules épidermiques formant le bord du limbe prolongées

à l'extérieur en petite pointe droite(pl.4,f.103).Mésophylle
formé de 7-9 assises et contenant d'assez abondantes cellules à
raphides.

FLEUR. - PERIANTHE. DIVISIONS EXTERNES. Epiderme ext.strié,dé-
pourvu de papilles.Epiderme int.muni de petites papilles vers
les bords.Nervures contenant de la chlorophylle. - DIVISIONS LA-
TERALES INTERNES. Bords légèrement papilleux.Nervures renfermant de la chlorophylle. - LABELLE. Epiderme int.à papilles
courtes,nombreuses,quelques-unes cylindriques et obtuses,la plupart atténuées,coniques.Epiderme ext.sans papilles ni stomates.-
EPERON. Epiderme int.papilleux seulement à la gorge.Epiderme
ext.à peu près dépourvu de papilles.Pas d'émission de nectar à
l'intérieur de l'éperon. - ANTHERE. Epiderme des parois et du
gynostème dépourvu de papilles.Cellules mécaniques à bandes assez peu nombreuses. - POLLEN. Jaune or. Exine sans ornements
marqués. L= 25-32 μ env. - OVAIRE (Pl.10,f.277).Epiderme strié.
Nervure médiane des valves placentifères non ou peu saillante
extérieurement,contenant un faisceau libéro-ligneux à bois in-
terne.Placenta non ou à peine divisé.Valves non placentifères
peu développées,légèrement proéminentes à l'extérieur,renfer-
mant un faisceau libéro-ligneux. - GRAINES. Suspenseur assez
court.Graines mûres légèrement atténuées à l'extrémité,forte-
ment rayées,2f.1/2 - 3f.1/2 plus longues que larges.L = 500-550μ
env.

S.-var. ALBIFLORA; var.ALBIFLORA Thielens,l.c.; Beck,l.c.; M.
Schulze,l.c. et auct.mult. - Nous avons trouvé à Champagne(Seine-et-Oise)cette forme curieuse à fleurs et bractées entièrement
blanches et ne s'éloignant du type que par cette particularité.-
France, Belgique et probablement ailleurs.

S.-var.VIRESCENS; var.VIRESCENS Casp.Schr.P.O.G.Koenigs.XXV,
72(1884); Asch.u.Graeb.Fl.Nord.Fl.208; Syn.III,p.673. - Variation à fleurs d'un blanc verdâtre.

B. Var.GRANDIFLORA Gaud.Fl.helv.V,p.453; Mutel,Fl.fr.III,p.
235; Fl.Dauph.éd.3,p.590. - Plante plus robuste dans toutes ses
parties. Fleurs disposées en épi un peu moins dense,mais long.
Ces fleurs sont presque une fois plus grandes que dans le type
et n'en diffèrent que par la taille. - Marais tourbeux; fleurit
après le type.

C. Var.DAPHNEOLENS Beauverd in Comp.rend.Soc.bot.Genève,dé-
cembre 1905,p.237; in Bull.Herb.Boissier,ser.2,VI,p.87,88(1906).
Labelle dépourvu de taches brunes,divisions du périanthe verdâtres et non lavées de pourpre comme dans le type.Odeur de DA-
PHNE.

MONSTRUOSITE. - M.Bellynck in Bull.Soc.bot.Belgique,VI,p.192,
décrit un individu présentant 19 fleurs transformées en fleurs
composées. "La transformation était déguisée par un raccourcis-
sement des axes secondaires et chaque fleur simulait une fleur
double".

V.v. - Mars,avril,dans les régions méridionales; Mai,juin
dans le centre de la France et dans les régions tempérées; juin-

août,dans les montagnes et les régions marécageuses. – Bosquets,
lisières des bois,pâturages;prairies tourbeuses(var.GRANDIFLORA);
des bords de la mer jusqu'à 1800 mètr.d'alt.;1200-1500 mètr. en
Haute-Savoie (A.et G.Cam.);Jura:Le Chasseron,1500 mètr. (Meylan). – Presque toute l'Europe;régions du Caucase et de l'Oural,
Sibérie australe.

5. – O.TRIDENTATA.

  O.TRIDENTATA (TRIDENTATUS) Scop.Fl.carn.ed.2,p.190(1772); Rei-
chb.f.Icon.XIII,p.23,excl.var.LACTEA; Kraenz.Gen.et spec.p.123;
Richt.Pl.eur.I,p.266;. Correvon,Alb.Orch.eur.pl.LIII; Gr.et Godr.
Fl.Fr.III,p.288; Ardoino,Fl.Alp.-Mar.p.352; Barla,Iconogr.p.49;
Cam.Monogr.Orch.Fr.p.34; in J.bot.VI,p.137; Gautier,Pyr.-Orient.
p.397; Coste,Fl.Fr.III,p.398,n°3591,cum icone; Oborny,Fl.Moehr.
Oest.Schles.p.244; Koch,Syn.ed.Hallier et Wohlf.p.2424; Garcke,
Fl.Deuts.ed.14,p.376; M.Schulze,Die Orchid.n°7; Gremli,Fl.Suis-
se,éd.Vetter,p.480; Schinz u.Keller,Fl.Schweiz,p.120; Caruel,Fl.
Mont.p.32; W.Barbey,Fl.Sard.comp.Suppl.Aschers.et Lev.p.32; Ces.
Pass.Gib.Comp.p.188; Arcang.Comp.ed.2,p.168; Martelli,Monoc.Sard
p.47; et in N.g.bot.it.(1881)p.313; Cortesi in Ann.bot.Pirotta,
I,p.31,p.p.; Fiori et Paol.Fl.ital.p.242; Iconogr.n°822; Bach,
Rheinpreuss.Fl.p.370; Simk.Enum.Transs.p.498; Rodrig.Cat.Menor.
p.87,n°601; Marès et Vigin.Cat.Baléares,p.281; Guimar.Orch.port.
p.56,p.p.; Boissier,Fl.orient.V,p.62; W.Barbey,Herb.au Levant,
p.157. – O.VARIEGATA All.Fl.pedem.II,p.147(1785); Willd.Spec.IV,
p.21; Poiret,Encycl.IV,p.592; Lindl.Gen.et spec.p.270; Lej.Fl.
Spa,II,p.189; Revue fl.Spa,p.186; Lej.et Court.Compend.III,p.
181; Dumort.Prodr.fl.Belg.p.132; Tinant,Fl.luxemb.p.39; Löhr,
Fl.Tr.p.245; J.Mey.Orch.G.D.Luxemb.p.89; Thielens,Orch.Belg.et
Luxemb.p.72 déclare avec raison que cette plante n'existe ni en
Belg.ni dans le Luxemb.; DC.Fl.fr.III,p.248,n°2014; Duby,Bot.p.
445; Loisel.Fl.gall.2,p.265; Mutel,Fl.fr.III,p.235; Fl.Dauph.éd.
2,p.591; Cariot et S.-Lag.Fl.descr.éd.8,p.801; Bouvier,Fl.Alpes,
éd.2,p.639; Reichb.Fl.excurs.I,p.124; Hoffm.Germ.ed.1,p.313;
Koch,Syn.ed.2,p.789; .ed.3,p.594; Asch.u.Graeb.Syn.III,p.674,p.
p.; Spenner,Fl.Friburg.p.233; Gaud.Fl.helv.V,p.437,n°2061; Ber-
tol.Pl.gen.p.119; Amoen.ital.p.197; Lucub.p.13; Fl.ital.IX,p.
534; Biv.Sic.cent.2,p.44; Nocc.et Balb.Fl.ticin.2,p.149; Seb.et
Mauri,Fl.rom.prodr.p.206; Sang.Fl.rom.prodr.alt.p.726; Tenore,
Syll.p.454; Fl.nap.2,p.294; Moris,Stirp.Sard.III,p.11; de Not.
Repert.fl.lig.p.344; Puccin.Syn.fl.luc.p.474; Comoll,Fl.comens..
VI,p.344; Ambros.Fl.Tir.austr.1,p.682; Gries,Spic.fl.rum.et b.
1,p.357; Marsch.Bieb.Fl.Taur.-Cauc.II,p.366; Ledeb.Fl.ross.IV,
p.61; Hohenacker,Enum.Talüsch,p.27. – O.PARLATORIS Tin.Pl.rar.
sic.2,p.29(1817). – O.CERCOPITHECA Lamk,Encycl.IV,p.593(1789);
Boreau,Fl.centre,éd.2,p.526. – O.GUSSONII Todaro,Pl.rar.sic.p.
8(1845). – O.SCOPOLII Timb.-Lagr.Diagn.(1850). – O.SIMIA Vill.
Hist.pl.Dauph.II,p.33(1787). – =? O.TAURICA Lindl.Gen.et spec.
p.278(1835). – O.AETNENSIS Tin.in Guss.Syn.fl.sic.II,p.876,in
Add.et emend. – O.CONICA Guss.op.cit.an Willd.? – O.BREVILABRIS
Fisch.et Mey.in Ann.Sc.nat.IV,1,p.30,ap.Boiss.Fl.orient.V,p.62.–
Orchis seu Cynorchis galeata purpurea,leucosticta,sponsam orna-

tam effigiens Cup.H.cath.suppl.alt.p.68. - O.militaris pratensis,elatior floribus variegatis Seg.Pl.ver.2,p.123. - O.radici-
bus subrotundis,spica brevissima,labello breviter quadrifido
circumserrato punctato Haller,Helv.n°1275. - O.latifolia hiante
cucullo minor Vaillant? - O.militaris minor Rupp.Jena,p.295,t.6.

Icon. - Haller,t.30; Jacq.l.c.t.599; Rar.t.559; Seg.Pl.ver.2,
p.123,n°3,t.15,f.3; Rupp.l.c.; Dietr.Fl.borus.7,t.434; Reichb.f.
Icon.t.18,CCCLXX; Barla,l.c.f.1-18; M.Schulze,l.c.t.7; Guimar.
l.c.Est.V,f.41; Ic.n.pl.18,f.532-535.

Exsicc. - Norman; Schultz,H.n.n°1150; Billot,n°2935 et n°2935
bis; Reichb.723; Fl.Austr.-Hung.n°673; Baenitz,Herb.Eur.(1891);
Soc.Rochel.n°2488; Choulette,Fragm.fl.Alg.n°190; Huter,Porta et
Rigo,Fl.ital.n°285; Manissadjian Pl.orient.n°1087.

Bulbes ovoïdes ou subglobuleux.Tige de 2-4 décim.env.,cylin-
drique,flexueuse,souvent anguleuse au sommet.Feuilles oblongues-
lancéolées,les inférieures obtuses,les supérieures aiguës.Brac-
tées égalant environ l'ovaire.membraneuses,lancéolées-aiguës,à
une seule nervure.fleurs en épi court,subglobuleux,puis un peu
allongé.Divisions du périgone conniventes en casque,les externes ovales-lancéolées,atténuées-aiguës,soudées entre-elles à la
base,libres et divergentes au sommet,d'un violet plus ou moins
clair,marquées de nervures purpurines,les internes linéaires
étroites,un peu soudées aux externes.Labelle d'un lilas pâle,à
3 lobes,marqué de ponctuations purpurines.Lobes latéraux linéaires,subspatulés,tronqués obliquement et denticulés au sommet.Lo-
be médian plus long que les latéraux,obové-cunéiforme,émarginé
ou bilobé,à lobes secondaires un peu arrondis,denticulés au sommet,munis à l'angle de bifidité d'une dent un peu réfléchie.Epe-
ron dirigé en bas,égalant au plus l'ovaire.Gynostème court,ob-
tus.Stigmate subcordiforme.Anthère violacée,à loges séparées,
parallèles.Masses polliniques verdâtres.

MORPHOLOGIE INTERNE.

BULBE. Grains d'amidon de forme peu régulière,assez arrondis,
atteignant ordinairement 8-12µ de diam.,rarement 14-28 µ . -
FIBRES RADICALES. Assise pilifère subérisée extérieurement. Endoderme à parois latérales subérisées.Vaisseaux de métaxylème
assez abondants et limitant avec les vaisseaux de bois primaires,un parenchyme abondant,formé de cellules à parois minces.

TIGE. Stomates assez nombreux.1-3 assises de parenchyme chlorophyllien entre l'épiderme et l'anneau lignifié.Anneau lignifié formé de 8-11 assises de cellules à parois très minces.Fais-
ceaux libéro-ligneux entourés de tissu lignifié sauf à l'intérieur du bois.Parenchyme non lignifié abondant entre les vais-
seaux.Partie centrale de la tige occupée par une grande lacune.

FEUILLE. - Ep. = 350-500 µ.Epiderme sup.recticurviligne,haut
de 80-140µenv.,à paroi ext.épaisse de 6-10µ et légèrement bombée,sans stomates dans les feuilles inférieures.Epiderme inf.
recticurviligne,haut de 30-70µ,à paroi ext.épaisse de 6-7µenv.
et bombée,muni de stomates très nombreux.Paroi ext.des cellules
épidermiques formant le bord du limbe prolongée en pointe droite (pl.4,f.104). Mésophylle formé de 6-8 assises de cellules

plus ou moins arrondies ou allongées sur une section transversale,et de nombreuses cellules à raphides.Quelques cellules de
collenchyme sous-épidermique au bord du limbe.
FLEUR. - PERIANTHE. DIVISIONS EXTERNES. Epiderme ext.légère-
ment strié.Bords nettement papilleux. - DIVISIONS INTERNES. Epidermes munis de papilles nettes vers les bords. - LABELLE. Epiderme int.à grandes papilles atténuées à l'extrémité,atteignant
120 μ de long.env.Dans les taches violettes papilles très courtes,non atténuées.Epiderme ext.non sensiblement papilleux. -
EPERON. Epidermes int.et ext.à peine papilleux.Réserves sucrées
s'accumulant entre les épidermes.Pas d'émission de nectar à
l'intérieur de l'éperon. - ANTHERE. Epiderme sans papilles ca-
ractérisées.Assise mécanique ayant des anneaux d'épaississement incomplets assez nombreux. - POLLEN. Verdâtre,à peine ru-
guleux. L = 30-40 μ . - OVAIRE (Pl.10,f.276).Epiderme strié.Ner-
vure des valves placentifères saillantes extérieurement,conte-
nant le plus souvent un seul faisceau libéro-ligneux int.,rare-
ment un faisceau ext.à bois int.et un faisceau placentaire ré-
duit.Placenta non divisé,mais ne développant des ovules qu'en
deux régions seulement.Valves non placentifères saillantes à
l'extérieur,à un faisceau libéro-ligneux. - GRAINES. Cellules
du tégument réticulées,réseau à petites mailles.Graines arrondies à l'extrémité,2f.1/4 - 3f.1/2 plus longues que larges. L =
250 - 450 μ env.

B. Var. COMMUTATA Reichb.f.Icon.XIII,t.19; Koch,Syn.ed.Hall.
et Wohlf.p.2424; Richter Pl.eur.1,p.266; M.Schulze,Die Orch. -
O.COMMUTATA Todaro,Orch.sic.p.24(1842); Guss.Syn.2,p.253; Speit.
in Zool.bot.Ges.(1877)p.730; Halacsy,Consp.fl.gr.III,p.166. -
O.AETNENSIS b. LAXIFLORA Tineo,Pl.sic.syn.II,p.876(1846). - O.
ENNENSIS Guss.in Tineo,Pl.sic.pug.1,p.10(1846).- O.VARIEGATA
Sibth.et Sm.Prodr.II,p.213; Chaub.et Bory,Fl.Pélop.p.61. - O.
ACUMINATA Chaub.et Bory,Expéd.en Morée,p.262; Fried.Reise,p.
277. - Exsicc. - Fl.Austr.-Hung.; Heldreich,Fl.hell.(1896). -
Fleurs beaucoup plus grandes que dans le type et disposées en
épi plus lâche.
La var. BRACHYLOBA Waisbeck.in Magy.bot.Lap.2,p.69 et 77(1903)
d'après sa description nous a paru peu importante.

V.v. - Avril,Mmai. - Lieux herbeux des collines et des montagnes. - Europe moyenne et surtout méridionale,Orient,Tauride,
Caucase. - Var.COMMUTATA: Sicile,Orient.

6. - O.LACTEA.

O.LACTEA (LACTEUS) Poiret,Encycl.IV,p.549(1789); Tod.Orch.sic.
p.27(excl.syn. HALLERI); Parlat.Fl.ital.III,p.473; Ces.Pass.Gib.
Comp.p.188; W.Barbey,Aschers.et Lev.Fl.Sard.Comp.et suppl.n°
1313; Arcang.Comp.ed.2,p.167; Macchiati in N.g.bot.ital.(1881),
p.312; Cam.Monogr.Orch.Fr.p.35; in J.bot.VI,p.138; Coste,Fl.Fr.
III,p.398,n°3592,cum icone; Willk.et Lange,Pr.hisp.1,p.41; De-

beaux et Dauter,Syn.Gibr.p.20; Cambes.En.Baléar.p.546; Battand.
et Trab.Fl.Alg.(1884)p.192; (1895)p.28; Bonnet et Barr.Cat.Tun.
p.403; Debeaux,Fl.Kabyl.Djurdjura,p.339. - O.ACUMINATA (ACUMI-
NATUS) Desf.Fl.atl.II,p.318(1800); Lindl.Gen.et spec.p.268; C.
Koch,Beitr.fl.or.in Linn.XXII,p.279; Mutel,Fl.fr.III,p.235; Bot.
Mag.t.1932; Moris,Stirp.fl.Sard.1,p.44; Ten.Syll.fl.neap.p.453;
Fl.nap.V,p.239; Brongn.in Ch.et B.Expéd.Morée,p.268; Sieb.Avis.
p.5; Weiss.in Zool.bot.Ges.(1869)p.754; Munby,Cat. - O.CONICA
Willd.Spec.IV,p.14(1805); Guss.Fl.sic.syn.p.538. - O.PARVIFLORA
Tineo,Pl.Sic.pug.II(1817). - O.CORSICA Viviani,Fl.cors.p.16.
(1824) FORMA; Lindl.l.c.p.268,n°29. - O.TENOREANA Guss.ap.Tod.
Orchid.sic.p.28(1842); Guss.Fl.sic.II,p.533(1843); Timb.-Lagr.
in Bull.Soc.bot.Fr.VII,p.109; Raulin,Descr.Cret.p.861. - O.RICA-
SIOLIANA Parlat.in Diario V.Riunione degli Scienziati italiani
in Lucca n°7,p.4,p.730(1843). - O.HANRI Jord.Observ.pl.crit.p.
27(1846). - O.HENRICI Hénon in Ann.Soc.agr.IX(mars 1846). - O.
GLOBOSA Brot.Fl.lusit.I,p.19(1804) non L. - O.SCOPOLII Timb.-
Lagr.Diagn.(1850). - O.VARIEGATA (VARIEGATUS) Bertol.Fl.ital.IX,
p.534; Gaud.Fl.helv.V; Bubani,Fl.pyr.p.34. - O.TRIDENTATA Willk.
et Lange,Prodr.hisp.I,p.166,non Scopoli; Colm.Enum.pl.hisp.-lu-
sit.V,p.270. - O.MILITARIS var.Poiret,Voy.Barb.II,p.247(1789) -
O.TRIDENTATA b.ACUMINATA Gr.et Godr.Fl.Fr.III,p.266; Ball,Spic.
Mar.p.671; Marès et Vigin.Cat.Baléar.p.281; Gautier,Pyr.-Or.p.
396. - O.TRIDENTATA c.LACTEA Reichb.f.Icon.XIII,p.24; Lacroix,
Cat.Kabylie; M.Schulze,Die Orchid.n°7,3. - O.AETNENSIS v.DENSI-
FLORA Tineo ap.Guss.Syn.p.876(1844).

Icon. - Desfont.l.c.t.247; Brotero,Phyt.lusit.t.91; Mutel,Atl.
t.LXIV,f.482; Jordan,Obs.1,p.27,t.4; Bot.Mag.t.1932; Timb.-Lagr.
l.c.p.116,f.1-6; Reichb.f.Icon.XIII,t.504,f.3 et 4; Ic.n.pl.18,
f.528-531.

Exsicc. - Porta et Rigo,Iter hisp.n°120; Billot,n°856; Todaro,
Fl.sic.n°159; Choulette,Fragm.fl.Alg.n°290.

Plante polymorphe ayant le port de l'O.TRIDENTATA.Diffère de
cette espèce par: les fleurs ordinairement plus petites,à éperon plus court,le labelle pendant,profondément trilobé,à divisions latérales assez larges,presque en croix avec le lobe moyen,celui-ci flabelliforme,à lobes denticulés ou non,ponctué,
souvent indivis et plus long que les latéraux. - Comprend les
formes suivantes:
   F.TENOREANA Asch.u.Graeb.Syn.III,p.676. - O.TENOREANA Guss.ap.
Tod.Orch.sic.28,(1842). - O.TRIDENTATA var.LACTEA 1.TENOREANA
Reichb.f.Icon.XIII,25(1851). - Epi laxiflore.Lobes latéraux du
labelle toujours arqués en avant sur le lobe médian,celui-ci ordinairement obcordé,apiculé au centre de l'échancrure.
   F.HANRII = O.HANRII (HANRICI) Hénon,l.c.; Jordan,l.c. et Ic.
l.c.et auct.plur. - Fleurs plus petites,à divisions latérales
linéaires.
   F.ACUMINATA. - O.ACUMINATA Desfont.,Timb.-Lagr. - Exsicc. -
Tod.Fl.sic.; Balansa,Pl.d'Algérie; Willk.Iter hisp.n°530; Kots-

chy,It.Cil.-Kurdic.(1859). - Fleurs plus grandes,à lobes latéraux linéaires,courts et horizontaux;lobe médian rhomboïdal.
    F.LACTEA (Poiret?). - Fleurs plus petites,pâles tendant à
l'albinisme.
    F.DENTICULATA. - Timb.-Lagr.l.c.f.2. - Labelle à lobes tous
denticulés au sommet,le médian subdivisé en 2 lobules,séparés
par un sinus profond et large,mucroné à l'angle de bifidité.
    F.CORSICA. - O.CORSICA Viviani,Fl.cors.p.16(1824); Mutel,Fl.
fr.III,p.241; cf.Timb.-Lagr.in Bull.Soc.bot.Fr.(1860)p.112. -
Forme locale caractérisée par les divisions du périanthe conniventes,acuminées,le labelle à lobes latéraux arqués en faux,le
lobe médian arrondi,élargi,denté au sommet,éperon plus long que
l'ovaire.
    D'après la description de la page 11 et la f.7 du mémoire de
Timb.-Lagr.la plante qu'il envisage correspondrait assez bien
avec l'hypothèse d'un hybride d'O.LACTEA + CORIOPHORA.
                     MORPHOLOGIE INTERNE.
    Nous avons étudié plusieurs des formes précédentes et nous
n'avons pu observer aucune différence importante avec l'O.TRI-
DENTATA.La paroi ext.de l'épiderme du bord des feuilles nous a
paru un peu plus arrondie.dans l'O.LACTEA que dans l'O.TRIDEN-
TATA.

    V.v. - Février,avril. - Coteaux secs,arides;broussailles,en-
droits herbeux. - France méridionale; Espagne; Portugal; Italie;
Sardaigne; Sicile; Grèce; Crète,Chypre; Syrie; Algérie; Maroc;
Corse (f.CORSICA).

                     7. - O.PUNCTULATA.

    O.PUNCTULATA Steven in Lindl.Gen.et spec.p.273(1830-1840);
Ledeb.Fl.ross.IV,p.62; Reichb.f.Icon.XIII,p.27,t.369(17); Boiss.
Fl.orient.V,p.64; Kraenz.Gen.et spec.p.217; Correvon,Orch.rust.
p.155; Richter,Pl.eur.p.266. - O.STEVENIANA Comp.Mss.in Herb.
Fielding ap.Reichb.f.; Léveillé,Enum.pl.in Dimid.Voy.dans la
Russie méridionale,II,p.168; Trautv.Incr.fl.ross.p.751,n°5030.

    Bulbes entiers,oblongs.Tiges élevées.Feuilles oblongues ou
ovales-oblongues,obtuses.Bractées membraneuses,beaucoup plus
courtes que l'ovaire.Fleurs disposées en épi cylindrique,lâche,
blanches,ou d'un blanc rosé.Périanthe à divisions conniventes
en casque acutiuscule,les extérieures brièvement acuminées.La-
belle ponctué de rose,tripartit,à divisions latérales largement
linéaires ou oblongues incurvées;lobe moyen cunéiforme,puis flabelliforme,rétus,subbilobé.Eperon obtus,cylindracé,2 ou 3 fois
plus court que le labelle.Le sinus séparant les deux lobules du
lobe moyen est ordinairement muni d'une petite dent.

    B. SEPULCHRALIS Reichb.f.Icon.XIII,p.27 et t.165,f.V; Boiss.
l.c. - O.SEPULCHRALIS Boiss.et Heldreich,Diagn.sér.1,13,p.10. -
Plante plus développée,à fleurs plus nombreuses.Labelle à segments latéraux beaucoup plus larges.Eperon renflé au sommet.

    Mars,avril. - Tauride,Cilicie,Mésopotamie; bar. B.Pamphylie,
Bithynie.

8. - O.SIMIA.

O.SIMIA Lamk,Fl.fr.III,p.507(1778); Poiret,Encycl.IV,p.593;
Reichb.f.Icon.XIII,p.483; Correvon,Alb.Orch.Eur.pl.41: Richter,
Pl.eur.p.867; Babingt.Man.Brit.Bot.ed.8.p.344; Dumort.Prodr.fl.
Belg.p.132: Michaut,Fl.Hainaut.p.276; Thielens,Orch.Belg.et Lu-
xemb.p.69: de Vos,Fl.Belg.p.554: DC.Fl.fr.III,p.249,n°2016,excl.
var.b.; Gr.et Godr.Fl.Fr.III,p.288; Godr.Fl.Lorr.II,p.286; III,
p.34; Boreau,Fl.cent.éd.3,p.642; Dupuy,Fl.Gers.p.230; Martr.-Do-
nos,Fl.Tarn.p.700; Coss.et Germ.Fl.Paris,éd.2,p.680: de Fourcy,
Vade-mecum herb.paris.éd.6,p.200; Loret et Barrand.Fl.Montpel.
p.657; Brébis.Fl.Norm.éd.V,p.390; Ard.Fl.Alp.-Mar.p.353; Barla,
Iconogr.p.60; Martin,Cat.Romor.éd.1,p.266; Franch.Fl.L.-et-Ch.
p.572; Timb.-Lagr.Mém.hybr.1,t.1,f.6; Godet,Fl.Jura,p.682; Gren.
Fl.ch.juras.p.746; Michalet,Hist.nat.Jura,p.295; Cam.Monogr.Or-
chid.Fr.p.38;in J.bot.VI,p.147; Bonnet,P.fl.par.p.380; Legué,
Cat.Mondoubl.p.79; Car.et S.-Lag.Fl.descr.éd.8,p.801; Lloyd et
Fouc.Fl.Ouest,p.33; de Vicq,Fl.Somme,p.424; Léveillé,Fl.Manc.p.
199; Magn.et Hét.Observ.fl.Jura,p.140; Corbière,N.fl.Normand.p.
555; Coste,Fl.Fr III,p.398,n°3590; Kirschl.Prodr.fl.Als.p.160;
Fl.Als.II,p.128; Spenner,Fl.Frib.p.255; Koch,Syn.ed.2,p.789; ed.
3,p.594; ed.Hall.et Wohlf.p.2424; Garcke,Fl.Deutschl.ed.14,p.
376; M.Schulze,Die Orchid.n°8; Asch.u.Graeb.Syn.III,p.678; Bouvier,Fl.Alpes,éd.2,p.639; Morthier,Fl.Suisse,p.361; Schinz u.
Keller,Fl.Schweiz,p.112; Hausm.Fl.Tirol,p.832; Ambros.Fl.Tirol
aust.1,p.681; Comoll.Fl.com.VI,p.343; Arcang.Comp.ed.2,p.168; C
Cortesi,in Ann.bot.Pirotta,1.p.25; Willk.et Lange,Prodr.hisp.1,
p.166; Guimar.Orch.port.p.87; Eichw.Casp.Cauc.p.23; Boiss.Fl.
orient.V,p.63; Gries,Spic.fl.rum.et bith.p.357. - O.TEPHROSAN-
THOS Vill.Hist.Dauph.II,p.32(1787); Willd.Spec.IV,p.21; Lindl.
Gen.et spec.p.273; Reichb.Fl.excurs.1,p.124; Bl.et Fing.Comp.2,
p.417; Seubert,Ex.Bad.p.120; Mutel,Fl.fr.III,p.235; Fl.Dauph.éd.
2,p.590; Lapeyr.Abr.Pyr.p.547; Barla,Iconogr.p.50; Seb.et Mauri,
Fl.rom.prodr.p.305; Sang.Fl.rom.prodr.alt.p.726; Tin. Fl.nap.p.
294; Sylloge,p.454; Pucc.Syn.fl.luc.p.473; Bertol.Fl.ital.IX,p.
538; Parlat.Fl.ital.III,n°913,p.482; Ces.Pass.Gib.Comp.p.188;
Fiori et Paol.Icon.fl.ital.n°826; Cocconi,Fl.Bologn.p. 84; C.
Koch in Linn.XII,p.278; Marsch.Bieb.Fl.Taur.-Cauc.II,p.364; Le-
deb.Fl.ross.p.62; Desfont.Fl.atl.2,p.319. - O.MILITARIS e. L.
Spec.ed.2,p.1334(1763). - O.MILITARIS Engl.Bot.t.1873(1808); Ardoino,Fl.Alp.-Mar.p.352. - O.ZOOPHORA Thuillier,Fl.par.p.459
(1790); Le Turq.Delon.Fl.Rouen. - O.CERCOPITHECA Poiret,Encycl.
IV,p.593(variation à lobe médian du labelle denticulé). - O.MI-
LITARIS b. SIMIA Gaud.Fl.helv.V,p.434. - O.zoophora cercopithe-
cum exprimens oreades Colum.Ecphrasis,1,319,t.320. - O.Simiam
referens Bauh.Pinax,82; Tournef.Instit.433; Vaill.Bot.paris.

Icon. - Vaill.t.31,f.25,26; Curtis,Fl.Lond.ed.Grav.V,t.95; .
Bot.Mag.t.3426; Reichb.Icon.XIII,t.21,CCCLXIII; Mutel,Atlas,t.
74,f.483; Schlecht.Lang.Deuts.f.328; Coss.et Germ.Atlas,pl.32,
f.K; Timb.-Lagr.l.c.pl.21,f.6; Barla,l.c.pl.35,f.1,2,3,4,5,(non
f.6,7); Cam.Icon.Orch.Paris,pl.8; et Bull.Soc.bot.Fr.XXXII,pl.8;
Paolo et Fior.Icon.f.826; Ces.Pass.Gib.V.XXIV,f.2,a,b; Cortesi,
l.c.p.25,f.1,2;lusus,f.4;x f.6; M.Schulze,l.c.t.8; Guimar.l.c.
Est.V,f.42; Bonnier,Alb.N.Fl.80; Ic.n.pl.18,f.511-515.

Fxsicc. - Billot,n°1331; Porta,Pl.Lombardie; Fl.Austr.-Hung.
n°1850.

Bulbes ovoïdes ou subglobuleux.Tige de 2 à 4 décim.de haut,
dressée ou un peu sinueuse.Feuilles non maculées,grandes,luisan-
tes,épaisses,oblongues ou oblongues-lancéolées.Fleurs assez nombreuses,disposées en épi relativement court,subglobuleux.Brac-
tées pellucides,souvent rosées,très courtes.Périanthe à divisions conniventes,en casque,d'un gris légèrement cendré et uni
en dehors,ponctué de rose en dedans;les extérieures longuement
acuminées,les intérieures linéaires un peu plus courtes.Labelle
blanc ou lavé de rose,parsemé de houppes violacées ou purpurines;3-lobé,à lobes latéraux linéaires,très étroits,se terminant
en pointe et à section semicylindrique ou elliptique-oblongue,
à médiastin plus court et une fois plus large que les lobes latéraux,lobe moyen divisé en 2 lobules semblables aux deux lobes
latéraux,ces quatre lobes arqués en avant et ordinairement pur-
purins.Eperon courbé,descendant,dirigé en avant.Gynostème tron-
qué.Stigmate cordiforme.Anthère purpurine,à loges contiguës et
parallèles.Masses polliniques d'un vert franc.

                    MORPHOLOGIE INTERNE.
  BULBE.Grains d'amidon atteignant 20-30µ de long.,les plus petits arrondis ou trigones,les plus gros allongés. - FIBRES RA-
DICALES. Assise pilifère entièrement subér..sée.Assise subéreuse
à parois externes et latérales ordinairement subérisées.Endoder-
me à plissements subérisés marqués.Vaisseaux de métaxylème manquant souvent.Parenchyme médullaire très abondant,formé de cellules à parois un peu épaisses.
  TIGE. Stomates assez nombreux.2-4 assises de parenchyme chlorophyllien entre l'épiderme et l'anneau lignifié.Anneau lignifié formé de 6-8 assises de cellules de forme irrégulière sur
une section transversale.Faisceaux libéro-ligneux ordinairement
entourés de tissu lignifié.Parenchyme central résorbé vers l'a-
xe de la tige.
  FEUILLE. Ep. = 400-460µ env. Epiderme sup.haut de 120-160µ ,
à paroi ext.épaisse de 8-10µ et non ou peu bombée,à parois latérales sinueuses,dépourvu de stomates au moins dans les feuilles inférieures et moyennes,portant dans la partie inf. du limbe des poils hyalins,peu nombreux,unicellulaires,atteignant
250-450µ de long. Epiderme inf.haut de 30-70µ ,à paroi ext.é-
épaisse de 6-8µ et bombée,muni de stomates très nombreux.Cellu-
les épidermiques formant le bord des feuilles à paroi ext. très
bombée (pl.4,f.107). Mésophylle contenant quelques cellules à
raphides et formé de 6-8 assises de cellules chlorophylliennes,
légèrement allongées sur une section transversale et laissant
entre elles des lacunes assez grandes.
  FLEUR. - PERIANTHE. DIVISIONS EXTERNES ET LATERALES INTERNES.
Epiderme ext. muni de quelques papilles surtout vers les bords.
Epiderme int. papilleux dans les lignes violettes. - LABELLE.E-
piderme int.prolongé en papilles extrêmement développées,celles
des taches violettes atteignant 200-250 µ de long.,cylindriques,
souvent renflées au milieu,à contenu violacé; les autres de forme semblable,mais ordinairement bien plus courtes. Epiderme ext.
du labelle dépourvu de papilles bien caractérisées. - EPERON. E-

ɪiderme int.muni à la gorge de papilles cylindriques,souvent un peu renflées à l'extrémité,atteignant 150-200ᵖ de long.env.,seulement papilleux à l'extrémité. Epiderme ext.dépourvu de papilles caractérisées. Réserves sucrées s'accumulant entre les épidermes,pas d'émission de nectar à l'intérieur de l'éperon. - ANTHÈRE. Anneaux d'épaissssement incomplets peu nombreux dans les parois. - POLLEN (Pl.9,f.222). Vert.Réseau de bâtonnets très net surtout à la périphérie des massules. L = 40-50µ .OVAIRE. Nervure médiane des valves placentifères aussi ou plus saillante que les valves non placentifères,ailée,contenant un faisceau libéro-ligneux à bois interne,situé presque dans le placenta;faisceau placentaire semblant manquer presque toujours.Placenta à deux divisions longues et divergentes.Valves non placentifères extrêmement développées,saillantes à l'extérieur,contenant un faisceau libéro-ligneux. - GRAINES. Cellules du tégument à parois recticurvilignes,non striées.Graines adultes arrondies au sommet,2f.1/2 - 2f.1/4 plus longues que larges. L = 300-370 µ env.

M.W.Barbey (Herb.au Levant,1880) signale une var. FLORIBUS MINORIBUS ET LUTEO-VIRESCENTIBUS.
MONSTRUOSITÉS. 1° M.Cortesi,l.c.f.6,représente une forme dont le labelle a le lobe moyen divisé en 2 longues lanières supprimant le médiastin.
2° Nous avons plusieurs fois,dans les environs de Paris,rencontré des individus dont les fleurs avaient un labelle pourvu de 2 lobes latéraux et à lobe moyen plus ou moins avorté.
3° Nous avons recueilli une monstruosité dans laquelle le labelle était réduit à une simple languette acuminée au sommet et répondant assez exactement à la diagnose donnée dans le Bulletin de la Société botanique de France(1903)p.312,de l'O.LINEARIS Tourlet.

V.v. - Avril,Mai,Juin. - Collines arides et boisées,prés secs, région montagneuse,surtout sur le calcaire jurassique. - Presque toute l'Europe: Angleterre,Belgique,France,Luxembourg?,Allemagne,Suisse,Portugal,Espagne,Italie,Dalmatie,Bosnie,Grèce, Chypre,Tauride,Géorgie,Caucase.

NOTA. - La var.MACROPHYLLA Lindl.(O.TEPHROSANTHOS var.)Gen.et spec.p.273 signalée dans la région du Caucase nous paraît être une forme de l'O.STEVENI caractérisée par les subdivisions du labelle courtes et tronquées.

Sous-esp.O.STEVENI.

O.STEVENI Reichb.f.in Mohl et Schl.Bot.Zeit.(1849)p.892; et Icon.XIII,p.29;t.20,CCCLXIII; Boiss.Fl.orient.V,p.63; Trautv. Increm.fl.Ross.p.750,n°502.

Exsicc. - Iter persicum Bunge; Manissadjan,Plantae orient.n° 1083.

Bulbes ovales,entiers.Tige élevée,robuste.Feuilles grandes,o-
vales ou largement oblongues-linéaires.Fleurs disposées en épi
allongé,un peu lâche.Bractées lancéolées,triangulaires,acumi-
nées,très courtes.Divisions du périanthe oblongues-acuminées,
conniventes en casque allongé.Labelle rosé,3-partit,à divisions
latérales linéaires,courtes,arrondies à leur sommet,le lobe moyen subdivisé en 2 lobules secondaires séparés par une dent manifeste et pointillé,papilleux dans son médiastin jusqu'à l'angle de bifidité,les divisions du labelle purpurines,celles du
lobe moyen plus courtes et plus larges que les lobes latéraux.
Espèce voisine de l'O.SIMIA,mais plus robuste,laxiflore,à divisions du labelle plus larges,celles du lobe secondaire plus
courtes et plus larges que les lobes latéraux.Eperon recourbé,
rétus,2 fois plus court que l'ovaire.

Var.B. LAXIFLORA Boiss.(1884)l.c. - Epi plus ou moins allongé,
comme dans l'O.STEVENI,mais à divisions étroites comme dans l'O.
SIMIA.

V.s. - Caucase,Perse; var.B.:Cilicie (Ball); Perse boréale
(Bunge ap.Boissier).

9. - O.MILITARIS.

O.MILITARIS L.Spec.ed.1,p.941(saltem p.p.)(1753); Fl.suec.ed.
2,p.310; Willd.Spec.IV,p.22; Rich.in Mém.Mus.IV,p.55; Lindl.Gen.
et spec.p.271; Kraenz.Gen.et spec.p.129; Correvon,Alb.Orch.Eur.
pl.XLV; Richt.Pl.eur.p.267; Babingt.Man.Brit.Bot.ed.8,p.348; Ou-
dem.Fl.Nederl.III,p.144; Lej.Fl.Spa,II,p.188; Revue fl.Spa,p.
185; Hocq.Fl.Jemm.p.238; Dumort.Prodr.fl.Belg.p.132; Lej.et
Court.Comp.III,p.181; Tinant,Fl.Luxemb.p.438; Mich.Fl.Hain:p.
276; Crépin,Man.fl.Belg.éd.1,p.177; Piré et Müll.Fl.Belg.p.192;
Löhr,Fl.Tr.p.243; Gorter,Fl.VII,Pr.p.235; Hall,Fl.Belg.sept.p.
624; Meyer,Orch.Luxemb.p.7; Dumoul.Fl.Maestr.p.104; Thielens,
Orch.Belg.et Luxemb.p.70; Lapeyr.Abr.Pyr.p.547; Gr.et Godr.Fl.
Fr.III,p.89; Boreau,Fl.cent.éd.3,p.642; Coss.et Germ.Fl.env.Par.
éd.2,p.679; Castagne,Cat.B.-d.-Rh.p.156; Ardoino,Fl.Alp.-Mar.p.
353; Barla,Iconogr.p.51; Dulac,Fl.H.-Pyr.p.126; Gren.Fl.ch.jur.
p.747; Michal.Hist.nat.Jura,p.295; Renault,Aperç.H.-Saône,p.244;
Contejean,Rev.Montb.p.221; Magn.et Hétier,Obs.fl.Jura;p.140;
Franch.Fl.L.-et -Ch.p.570; Cam.Orch.Fr.p.37; in J.bot.III,p.140;
Lloyd et Fouc.Fl.Ouest,p.336; Fr.Gust.et Hérib.Fl.Auv.p.428;
Corbière,N.fl.Norm.p.554; Gand.Fl.lyon.p.222; Debeaux Révis.fl.
agen.p.518; Gautier,Pyr.-Orient.p.397; Coste,Fl.Fr.III,p.398,n°
3589,cum icone; Reichb.Fl.excurs.1,p.125; Döll,Rhen.p.220; Bach,
Rheinpr.Fl.p.369; Oborny,Fl.Mähr.Oest.Schl.p.244; Schul.Palat.
p.338; Gmel.Bad.III,p.539; Koch,Syn.ed.2,p.789; ed.3,p.593; ed.
Hall.et Wohlf.p.2423,n°2; Foerster,Fl.Aachen,p.345; Caflisch,
Exc.Fl.S.D.p.294; Seubert,Ex.Fl.Bad.p.120; M.Schulze,Die Orchid.
n°9; Asch.u.Graeb.Syn.III,p.679; Gaud.Fl.helv.V,p.434(excl.var.
b.); Fischer,Fl.Bern,p.75; Rhiner,Prodr.Waldst.p.125; Bouvier,
Fl.Alp.éd.2,p.639; Gremli,Fl.Suisse,éd.Vetter,p.479; Schinz u.

Keller,Fl.Schweiz,p.120; Balbis,Fl.Taur.p.147: Sebast.et Mauri,
Fl.rom.prodr.p.305; Sang.Fl.rom.prodr.alt.p.727; Parlat.Fl.ital.
III,p.484; Bertol.Fl.ital.IX,p.540; Ces.Pass.Gib.Comp.p.189; Ar-
cang.Comp.ed.2,p.189; Comoll,Fl.com.VI,p.642; Cocconi,Fl.Bolog.
p.484; Cortesi in Ann.bot.Pirotta,l,p.27; Fiori et Paol.Iconogr.
ital.n°825; Pollin.Fl.ver.II,p.12,excl.syn.; Ambros.Fl.Tirol
aust.l,p.680.var.a.; Hausm.Fl.Tirol,p.831; Hinterhuber et Pichl.
Fl.Salz.p.192; Beck,Fl.Nied.-Oest.p.200; Simk.Enum.Transs.p.498;
Willk.et Lange,Prodr.hisp.l,p.166; C.Koch, in Linn.XII,p.277;
Marsch.Bieb.Fl.Taur.-Cauc.II,p.365; Boiss.Fl.orient. V,p.64;
Grecescu,Consp.fl.Roman.p.543; Gries,Spic.fl.rum.et bith.II,p.
357; Georgi,It.l,p.232; Beschr.Russ.R.III,V,p.1268; Steph.Fl.
Mosq.n°606; Pallas,Ind.Taur.; Ledeb.Fl.atl.IV,p.168; Fl.ross.IV,
p.62; Eichw.Sckizze,p.124; Turcz.Cat.Baikal,n°1904. - O.CINEREA
Schrk,Baier Fl.p.241(1789); Kirschl.Prodr.fl.Als.p.161; Fl.Als.
II,p.128; Fl.Vog.rhén.p.78; Godr.Fl.Lorr.éd.2,p.285; Parlat.Fl.
ital.III,p.914. - O.GALEATA (GALEATUS) Poiret,Encycl.IV,p.593
(1789); C.Koch in Linn.XII,p.278; DC.Fl.fr.III,p.249,n°2015;
Mutel,Fl.fr.III,p.236; Fl.Dauph.éd.2,p.591; Godr.Fl.Lorr.III ,
p.34; Godet,Fl.Jura,p.682; Dupuy,Fl.Gers,p.231; Graves,Cat.Oise,
p.121; Car.et S.-Lag.Fl.descr.éd.8,p.801; Spenner,Fl.Frib.2,p.
34; Reuter,Cat.Genève,éd.2,p.201; Ten. Fl.nap.II,p.292. - O.MI-
MUSOPS Thuill.Fl.par.p.458(1790); Boisduv.Fl.fr.III,p.45. - O.
NERVATA March.Verh.Standkr.G.D.Luxemb.p.436. - O.RIVINI Gouan,
Illustr.t.74(1775); Reichb.f.Icon.XIII,p.30; Timb.-Lagr.Mém.hybr
Orch.p.15,f.5; Martr.-Don.Fl.Tarn,p.699; Masclef,Cat.P.-d.-C.
p.153; de Vos,Fl.Belg.p.554; Garcke,Fl.Deuts.ed.14,p.375; Trautv.
Inc.Fl.Ross.p.750,n°5026. - O.TEPHROSANTHOS b.Lois.Fl.gall.2,p.
265. - O.SIGNIFERA Vest.Syll.fl.ratisb.p.79(1824). - O.BRACHIA-
TA var. MINOR Gilib.Exerc.phyt.II,p.477(1792). - STRATEUMA MILI-
TARIS Salisb.Trans.hort.Soc.1,p.290(1812). - Orchis latifolia
hiante cucullo major Vaill.Bot.paris.p.149,t.31,f.21,25. - O.
galea et aliis cinereis Bauh.Hist.2,p.755. - O.mas latifolia
Fusch,Hist.554. - Cynorchis latifolia hiante cucullo,major Bauh.
Pinax,80. - Cynorchis major II,Tabern.Kr.1047. - Satyrium mas
Br.I,104,cum icone.

Icon. - Fusch,Hist.554; Hall.t.28; Jacq.Rar.t.578; Vaillant,
l.c.; Seg.Pl.ver.2,p.127,n°11,t.15.f.g; Schl.Lang.Deuts.IV,f.
326; Sv.Bot.V,t.340; Mutel,Fl.fr.t.74,f.484,a,b,d,e; Coss.et
Germ.Atlas,pl.32,f.H; Timb.-Lagr.Mém.hybr.pl.21,f.5; Cam.Icon.
Paris,pl.LXIX,n°362; et Bull.Soc.bot.Fr.XXXII,pl.8; Barla,l.c.
pl.36,f.1-22; Oudemans,l.c.pl.LXIX,n°362; Paol.et Fiori,Icon.
pl.825; M.Schulze,l.c.n°9; Bonnier,Atl.N.Fl.p.146; Ic.n.pl.18,
f.302-506.

Exsicc. - Fries,H.n.n°61,:;?p.p.; Schultz,n°527; Billot,n°
3476; Soc.Rochel.n°2721.

Bulbes ovoïdes ou subglobuleux.Tige dressée ou sinueuse,robus-
te,haute de 2-4 décim. Feuilles non maculées,luisantes,grandes,

oblongues-lancéolées.Bractées pellucides,roses,1-nervées,bien
plus petites que l'ovaire.Fleurs nombreuses,disposées en épi
oblong,dense.Périanthe rose ou d'un gris cendré,veiné surtout
en dedans et ponctué de violet foncé,à divisions toutes conniventes en casque;les 3 extérieures soudées à la base,les latérales subobtuses,la médiane aiguë; divisions intérieures à peu
près de même longueur et beaucoup moins larges. Labelle blanc
ou lavé de rose clair,parsemé de houppes purpurines,3-lobé,lo-
bes latéraux étroits;lobe moyen plus long que les lobes latéraux,dilaté et formant au sommet 2 lobes courts souvent réfléchis ou un peu arqués en avant,séparés par une dent. Médiastin
aussi long que les lobes latéraux;lobes secondaires au moins 3
fois aussi larges que les lobes latéraux et plus courts. Eperon
peu courbé,dirigé en bas,un peu renflé au sommet,tronqué,plus
court que la moitié de la longueur de l'ovaire.Gynostème obtus.
Stigmate cordiforme.Anthère d'un pourpre violacé,à loges parallèles et contiguës.

MORPHOLOGIE INTERNE.

BULBE. Grains d'amidon arrondis,quelquefois groupés,ayant ordinairement 6-15μ de diam. - FIBRES RADICALES. Partie externe
de l'assise pilifère et plis latéraux de l'endoderme fortement
subérisés.Vaisseaux de métaxylème abondants autour d'un parenchyme non différencié développé.

TIGE. Stomates assez nombreux.3-5 assises chlorophylliennes
entre l'épiderme et l'anneau lignifié,formant un tissu assez
lâche.Anneau lignifié formé de 8-9 assises.Faisceaux libéro-ligneux touchant à l'anneau lignifié par leur liber,entourés de
parenchyme latéralement et intérieurement.Partie centrale de la
tige plus ou moins résorbée.

FEUILLE. Ep. = 350-500μ env. Epiderme sup. recticurviligne,
haut de 150-200 μ ,à paroi ext. épaisse de 6-8μ env.et non ou
peu bombée,à parois latérales sinueuses(ce tissu est ici un vé-
ritable réservoir aquifère),portant dans la partie inf. du limbe des poils unicellulaires,très longs,très gros,hyalins,blan-
châtres et assez nombreux,muni de stomates seulement dans les
feuilles bractéiformes. Epiderme inf. recticurviligne,haut de
35-45μ ,à paroi ext. épaisse de 3-7μ env.et légèrement bombée,
muni de nombreux stomates. Cellules épidermiques des bords du
limbe à paroi ext. à peine bombée (pl.4,f.106). Mésophylle formé de 8-10 assises de cellules irrégulières constituant un tissu lâche.Bords dépourvus de collenchyme.

FLEUR. - PERIANTHE. DIVISIONS EXTERNES ET LATERALES INTERNES.
Epiderme ext. dépourvu de papilles.Epiderme int.prolongé en papilles sur les lignes violettes,papilles caractérisées,plus ou
moins cylindriques,atteignant 70-150 μ de long. - LABELLE. Epiderme int. à papilles cylindriques,atteignant au milieu du limbe 200-500 μ et souvent renflées au milieu (pl.8,f.180-182).Sur
les parties latérales du labelle papilles excessivement courtes
ou nulles.Epiderme ext. dépourvu de papilles. - EPERON. Epiderme int. à peine papilleux,quelques papilles courtes seulement
vers la gorge.Epiderme ext. manquant de papilles.Réserves sucrées s'accumulant entre les deux épidermes,pas d'émission de
nectar à l'intérieur de l'éperon. - ANTHERE. Bandes épaissies

peu nombreuses dans les parois.- POLLEN. Vert foncé,Réseau de
bâtonnets assez net à la surface des tétrades.L = 30-40 μ env. -
OVAIRE (Pl.10,f.279).Nervure des valves placentifères à'peu
près aussi saillante à l'extérieur que les valves non placentifères,renfermant ordinairement un seul faisceau libéro-ligneux.
Placenta assez long,divisé en 2 longues branches.Valves non placentifères un peu moins proéminentes à l'extérieur que dans l'O.
SIMIA,contenant un faisceau libéro-ligneux. - GRAINES. Sans é-
paississements striés ou réticulés sur les cellules du tégument.
Graines arrondies au sommet,env.2 - 2f.1/2 plus longues que larges. L = 280-350 μ env.

Cette espèce comprend 2 formes principales:
1° F. TYPICA Cam.Monogr.p.38; et in Bull.Soc.bot.Fr.XXXII,pl.
VIII; Cortesi in Ann.Bot.Pirotta,1,p.27. - Lobes secondaires
du labelle tronqués.
2° F. SPATHULATA Cam.l.c.; Cortesi,l.c. - Lobes secondaires
du labelle spatulés.
La var.NERVATA Marchand,Orch.Luxemb.est une forme accidentelle à lobes dentés.
Schur,Enum.pl.Transs.p.368 décrit 2 variétés qui par les caractères assignés méritent une importance plus grande:
Var. LONGIBRACTEATA Schur,l.c. - Bractées subfoliacées,éga-
lant l'ovaire.
Var. ARENARIA Schur,l.c. - Labelle à lobes latéraux crénelés,
acutiuscules,à lobe moyen obcordé.Eperon grêle,3 fois plus court
que l'ovaire.
Var. RADDEANA Boiss.Fl.orient,V,p.64. - O.RADDEANA Regel in
Suppl.ad.Ind.sem.Hort.Petrop.2(1868) p.22; Trautv.Incr.Fl.Ross.
p.750,n°5024. - Variation à lobe moyen du labelle atténué,ar-
rondi au sommet. - Caucase.
Sous-var.ALBIFLORA Fleurs et bractées blanches.Cà et là sur
le calcaire jurassique.

MONSTRUOSITE. - M.Schulze,Die Orchid.t.9,f.10,représente
une monstruosité dont les lobes internes du périanthe sont
en forme de labelle.

V.v. - Dans le nord et le centre de la France fleurit en
mai et juin; dans les tourbières,au moins quinze jours plus
tard.Dans cette dernière station les O.SIMIA et PURPUREA font
ordinairement défaut et l'O.MILITARIS offre alors une remarquable fixité(f.TYPICA). - Collines herbeuses et arides,région
montagneuse,surtout sur le calcaire; tourbières.Presque toute
l'Europe: Angleterre,Danemark,Belgique,Hollande,France,Suisse,
Allemagne,Autriche-Hongrie,Italie,Espagne,etc.; Tauride,Trans-
caucasie,Sibérie.

10. - O.PURPUREA

O.PURPUREA (PURPUREUS) Huds.Fl.angl.p.334(1762); Reichb.f.Ic.
XIII(excl.var.)p.30; Richter,Pl.eur.p.267; Babingt.Man.Brit.Bot.
ed.8,p.343; Crépin,Man.Fl.Belg.ed.1,p.177; ed.2,p.262; Le Turq.

Delongh.Fl.Rouen,p.439; Gr.et Godr.Fl.Fr.III,p.289; Boreau,Fl.
cent.éd.3,p.643; Coss.et Germ.Fl.Par.éd.2,p.678;excl.var.b.;
Martr.-Donos,Fl.Tarn,p.698; Ardoino,Fl.Alp.-Mar,p.352; Barla,
Iconogr.p.52; Bonnet,Fl.env.Paris,p.380; Gren.Fl.ch.jurass.p.
289; Renault.Ap.H.-Saône,p.344; Dulac,Fl.H.-Pyr,p.126; Martin,
Cat.Romorant.p.266; Franch.Fl.L.-et-Ch.p.570; Fr.Gust.et Hérib.
Fl.Auv.p.429; Ravin.Fl.Yonne,éd.3,p.360; Magnin Observ.fl.Jura,
p.140; Cam.in Bull.Soc.bot.Fr.t.XXXII,p.85; Monogr.Orch.Fr.p.
35, in J.bot.VI,p.138; Debeaux,Rév.fl.agen.p.518; Lloyd et Fouc.
Fl.Ouest,p.336; Masclef,Cat.F.-d.-C.p.155; Gautier,Pyr.-Orient.
p.397; Corbière,N.fl.Normand.p.554; Coste,Fl.Fr.III,p.397,n°
3588,cum icone; Oborny,Fl.Moehr.Oest.Schles.p.243; Garcke,Fl.
Deuts.ed.14,p.375; Caflisch,Ex.Fl.S.D.p.294; Koch,Syn.ed.Hall.
et Wohlf.p.2423,excl.var.b.et c.; O.Kuntze,Tasch.Fl.p.64; Seubert,Ex.Bad.p.120; M.Schulze,Die Orchid.n°10; Morthier,Fl.Suis-
se,p.360; Bouvier,Fl.Alp.éd.2,p.639; Gremli,Fl.anal.Suisse,éd.
Vetter,p.360; Schinz u.Keller,p.160; Parlat.Fl.ital.III,p.487;
Ces.et Gib.Comp.p.189; Cocconi,Fl.Bolog.p.484; Grecescu,Consp.
Fl.Rom.p.544; Trautv.Increm.Fl.Ross.n°5023,p.749. - O.FUSCA
(FUSCUS) Jacq.Fl.austr.IV,t.307(1776); Willd.Spec.IV,p.23; Poi-
ret,Encycl.IV,p.592; Rich.in Mém.Mus.IV,p.55; Lindl.Gen.et spec.
p.272; Correvon,Alb.Orch.Eur.pl.XXXVIII; Lej.Rev.fl.Spa,p.185;
Lej.et Court.Comp.III,p.182; Dumort.Prodr.fl.Belg.p.132; March.
Orch.Belg.et Luxemb.VI; Dumoul.Fl.Maestr.p.165; Bellynck,Fl.Na-
mur,p.261; Löhr,Fl.Tr.p.245; Mayer,Orch.G.D.Luxemb.p.8; Mutel,
Fl.Fr.III,p.237; Fl.Dauph.éd.2,p.591; Dupuy,Fl.Gers,p.231; La
Peyr.Fl.Pyr.p.547; Gandg.Fl.lyon.p.228; Car.et S.-Lag.Fl.descr.
éd.8,p.800; Bubani,Fl.pyr.p.127; Kirschl.Fl.Als.II,p.127; Fl.
vog.rhen.p.78; Reichb.Fl.excurs.p.125; Gmel.Fl.Bad.III,p.540;
Koch,Syn.ed.2,p.798; ed.3,p.593; Godet,Fl.Jura,p.683; Gaud.Fl.
helv.VI,p.435,n°2060; Fischer,Fl.Bern,p.76; Asch.u.Graeb.Syn.
III,p.683; All.Fl.pedem.2,p.148; Savi,Due cent.p.195 et Bot.etr.
3,p.164; Nocc.et Balb.Fl.tic.2,p.159; Seb.et Mauri,Fl.rom.pr.p.
301; Pollin.Fl.ver.3,p.13; de Not.Rep.fl.lig.p.384; Bertol.Fl.
ital.IX,p.541; Hausm.Fl.Tir.p.831; Ambr.Fl.Tir.austr.p.679; Comoll,Fl.com.VI,p.340; Vis.Fl.Dalm.1,p.169; Suffren,Pl.Frioul;
Boiss.Voy.Esp.p.592; Fl.orient.V,p.65; Schur,Enum.pl.Transs.n°
3395,p.636; Marsch.Bieb.Fl.Taur.Cauc.II,p.365,n°1840 et Suppl.
III,p.602; Pallas,Ind.Taur.; Hohenack.Elisabethpol,p.252; Lucé,
Fl.osil.p.294? - O.BRACHIATA Gilib.Exerc.phyt.II,p.477; Jacq.Fl.
austr.IV,p.307. - O.MILITARIS Fl.Dan.t.1277; DC,Fl.fr.III,p.248,
n°2013; Vill.Hist.Dauph.II,p.34,n°13; Spenn.Fl.Frib.p.232. - O.
MILITARIS b. PURPUREA Huds.Fl.angl.ed.2,p.384(1778); et auct.
plur. - O.MILITARIS b. L.Spec.1,p.941(1753); Smith,Brit.923;
Poll.Palat.n°846 et auct.plur. - O.FUSCATA Pall.Iter II,p.124
(1773). - O.FUGESCENS Steph.Fl.mosq.n°610(1795). - Orchis stra-
teumica major J.Bauh.II,p.759. - O.militaris major Tournef.Inst.
432; Vaill.Bot.par. - O.magna.latis foliis,galea fusca vel ni-
gricante Raj.Angl.3,p.378,t.19,f.2; Bauh.l.c.; Moris.III,p.491.-
Cynorchis militaris major Bauh.Pinax,81.

Icon. - Lob.Observ.p.92,f.2; Haller,Ic.H.t.31; Vaill.Bot.par.
t.31,f.27,28; Rivin.Hex.t.16; Seg.Pl.Ver.t.11,f.2; Jacq.Austr.
t.1; Fl.Dan.t.1277(s.MILITARIS); Mutel,t.64,f.486; Schl.Lang.

Deutscn.IV,f.327; Timb.-Lagr.Mém.hybr.Orch.pl.21,f.4; Reichb.f.
Ic.XIII,31,t.CCCLXXVIII,f.I,II,1-18; Barla,Icon.pl.37,f.1-18;
Cam.Icon.Orch.Par.pl.6 et Bull.Soc.bot.Fr.XXXII,pl.8; M.Schulze,
Die Orch.t.10,f.1-8,f.10 monstruosité; Hort.Vilmorin.in Bull.
Soc.bot.Fr.(1904)p.254; Bonnier,Alb.N.Fl.p.146; Ic.n.pl.18,f.
489-501.

Exsicc. - Fl.Austr.-Hung.n°1476; Mannisadjan,Plantae orient.
n°1084.

Bulbes entiers et subglobuleux.Tige de 3-8 décim.,ordinaire-
ment robuste,anguleuse et lavée de pourpre au sommet.Feuilles
luisantes,grandes,oblongues ou oblongues-lancéolées,non macu-
lées.Bractées pellucides,roses ou violacées,bien plus courtes
que la moitié de la longueur de l'ovaire.Fleurs assez grandes,
disposées en épi oblong.Périanthe veiné et ponctué de macules
purpurines foncées,souvent lavé de vert à la base quand la plante est jeune;à divisions conniventes toutes en casque court,les
extérieures obtuses et soudées à la base,les intérieures presque de même longueur mais bien moins larges.Labelle blanc ou lavé de rose clair,parsemé de houppes purpurines,3-lobé,à lobes
latéraux petits,étroits; lobe moyen s'élargissant insensiblement à partir de sa base,bifide au sommet,lobules peu marqués,
séparés par une dent de longueur variable.Eperon courbé,dirigé
en bas,un peu renflé au sommet,tronqué,plus court que la moitié
de la longueur de l'ovaire.Gynostème obtus.Stigmate oblique.An-
thère purpurine,à loges parallèles séparées par un petit bec.
Masses polliniques vertes.

MORPHOLOGIE INTERNE.

BULBE. Grains d'amidon à peu près arrondis,atteignant 10-12 µ
de diam.env.,ordinairement non groupés. - FIBRES RADICALES. Assise pilifère très subérisée.Parois latérales de l'endoderme à
plissements peu marqués.Vaisseaux à très grande section,attei-
gnant 40-60 µ de grand axe.Vaisseaux de métaxylème nombreux.

TIGE. Stomates peu rares. 3-6 assises de cellules chlorophylliennes entre l'épiderme et l'anneau lignifié.Anneau lignifié
formé de 5-11 assises.Faisceaux libéro-ligneux peu développés,
entourés de fibres à parois minces.Parenchyme central résorbé
au centre de la tige.

FEUILLE. Ep. = 250-350 µ.Epiderme sup.à parois presque rectilignes,haut de 80-90 µ,à paroi ext.épaisse de 5-8 µ et bombée,
dépourvu de stomates au moins dans les feuilles inférieures,
portant dans la partie inférieure du limbe quelques poils hyalins blanchâtres,unicellulaires,atteignant 270-500 µ env.,gros,
plus ou moins arrondis à l'extrémité,droits ou recourbés (pl.3,
f.47). Epiderme inf.à parois latérales recticurvilignes,ou ondulées,haut de 30-40 µ,à paroi ext.striée,épaisse de 4-6 µ,lé-
gèrement bombée,muni de nombreux stomates.Paroi ext.des cellules épidermiques formant le bord du limbe non manifestement
bombée (pl.4,f.108). Mésophylle comprenant 6-7 assises de tissu
lacuneux et d'abondantes cellules à raphides.

FLEUR. - PERIANTHE: DIVISIONS EXTERNES. Epiderme ext.strié.
Epidermes ext.et int.dépourvus de papilles caractérisées. - DI-

VISIONS LATERALES INTERNES. Epidermes ext.et int.dépourvus de papilles bien développées même vers les bords. - LABELLE. Epiderme int.muni de grosses papilles;celles des taches purpurines, cylindriques,à grand diamètre même vers l'extrémité,très longues,atteignant 200-450 µ.env. (pl.8,f.178-179). - EPERON. Epiderme int.prolongé en papilles assez nombreuses,allongées,atteignant 60-80 µ de long.env.Epiderme ext.à peu près dépourvu de papilles.Réserves sucrées s'accumulant entre les épidermes,pas d'émission de nectar à l'intérieur de l'éperon. - ANTHERE. Anneaux épaissis des parois peu nombreux . - POLLEN. Jaune légèrement verdâtre.Tétrades de la surface des massules à exine portant un réseau de bâtonnets très net. L = 30-40µ. - OVAIRE. Nervure médiane des valves placentifères ailée,plus saillante que les valves non placentifères,contenant un faisceau libéroligneux à bois très réduit.Masses placentaires courtes,à divisions peu développées.Valves non placentifères proéminentes à l'extérieur,renfermant un faisceau-libéro-ligneux. - GRAINES. Cellules du tégument à parois presque rectilignes,sans stries marquées.Graines arrondies au sommet ou à peine atténuées, 3f.1/3 - 3 f.3/4 plus longues que larges. L = 350-450µ env.

Espèce polymorphe. On peut distinguer les formes principales suivantes reliées par des intermédiaires.
1° F.CONVERGENS Cam.in Bull.Soc.bot.Fr.XXXII,pl.VIII et Monogr.p.36. - Lobes latéraux rétrécis à la base,médiastin (1) petit,dent courte;lignes latérales des lobes secondaires convergentes.
2° F.SPATHULATA Cam.l.c.; Cortesi,l.c. - Lobes latéraux rétrécis à la base,médiastin moyen;lobes secondaires arrondis en spatule.
3° F.AMEDIASTINA Cam.l.c. - Lobes latéraux non rétrécis à la base,incomplètement formés;médiastin nul,dent courte,lobes secondaires spatulés.
4° F.INCISILOBA Cam.l.c. (Coss.et Germ.Atlas,pl.XXXII,f.2). - Lobes latéraux à peine incisés.
5° F.PARALLELA Cam.l.c.; Cortesi,l.c.p.17. - Lobes latéraux rétrécis à la base,dent courte.Lignes latérales des lobes secondaires parallèles.

(1) Pour abréger nous avons donné le nom de médiastin à la partie du lobe moyen du labelle non divisée,en d'autres termes à la partie de ce lobe comprise entre sa base et la naissance des lobes secondaires.Nous avons adopté ce terme non comme un néologisme mais comme une simple généralisation par analogie de position,d'un mot dont le sens est facilement saisissable.Cette application dans un sens plus général,d'un mot déjà employé dans plusieurs branches des sciences naturelles peut être critiqué,mais la phytographie en compte bien d'autres exemples. Nous avons utilisé le mot médiastin,qui nous a paru commode pour éviter la création de toutes pièces d'un néologisme.Nous ne voyons pas d'inconvénient à la création d'un nom nouveau par ceux qui croiront à son utilité.

6° F.MINIMA Cam.l.c.; Cortesi,l.c.p.17. - Même labelle que dans la forme précédente,mais fleurs très petites,plante haute de 1 à 2 décim.

7° F.LATILOBA Cam.l.c.; Cortesi,l.c.17. - Ressemble à la f. PARALLELA,mais lobes latéraux presque une fois plus larges et moins longs.

8° F.LONGIDENTATA Cam.l.c.; Cortesi,l.c.p.17. - Ressemble à la f.SPATHULATA,le médiastin un peu plus court,la dent atteint presque le sommet de l'angle de bifidité du lobe médian.

9° F.CONFUSA Cam.l.c. - Plante petite,labelle obscurément lobé,à lobes dissemblables,présentant souvent à l'angle des lobes latéraux une petite dent analogue à celle qui sépare les lobes secondaires.Médiastin nul.Dans cette forme il n'existe pas deux fleurs ayant une similitude réelle.

10° F.ALBIDA Cam.l.c.; Hariot et Guyot et auct.plur. - Plante et fleurs moyennes ou petites;labelle entièrement blanc.

11° F.EXPANSA Cortesi,l.c.f.6,p.16. - Ressemble à la f.SPATHULATA,mais lobes secondaires élargis et subquadrangulaires.

12° F.LONGIMEDIASTINA Cortesi,f.7. - Médiastin long (X ?)

13° F.ROTUNDILOBA Cortesi,f.8,p.16. - Médiastin moyen,lobes secondaires du lobe médian arrondis.

14° F.BREVILOBA Cortesi,f.10,p.16. - Peu distincte de la f. MINIMA,mais à lobes latéraux beaucoup plus courts.

15° F.UNIPARTITA Martr.-Donos,Fl.Tarn,p.698; Laramb.ap.Timb.-Lagr.in Bull.Soc.bot.Fr.p.115(1860)f.10. - F.AMPUTATA Duffort. - Forme voisine de la f.INCISILOBA mais à lobes latéraux nuls.

16° F.ELEGANS Duffort in Herb.Cam. - Labelle fortement ponctué,grand,subflabelliforme,à lobes latéraux un peu élargis,tous les lobes munis de dents fortes,nombreuses les bordant élégamment au sommet.

17° F.TRIQUETRA Beck,Fl.N.Oest.1,p.199(1890); Asch.u.Graeb.l. c.p.685. - Labelle à divisions latérales réduites,division médiane en 3 lanières.

Les ORCHIS PURPUREA, MILITARIS,SIMIA,MORIO,USTULATA,LAXIFLORA, PALUSTRIS peuvent présenter accidentellement des individus frappés d'albinisme.Ces simples variations individuelles constituent les variétés ALBA,ALBIFLORA et ALBIDA des différents auteurs: Rossbach,Löhr,Celakowsky,etc.Nous avons trouvé dans le département de Seine-et-Oise une forme curieuse à labelle et bractée d'un blanc pur et à casque de couleur brunâtre comme les fleurs du NEOTTIA NIDUS-AVIS.Nous n'avons jamais constaté l'absence de la dent du sinus du lobe médian,elle peut être très petite et incolore,mais nous l'avons toujours vue.

MONSTRUOSITES. - (Var.)F.MONSTRUOSO-REGULARIS Brébiss.Fl.Norm. éd.3,p.295. - Les 3 divisions internes du périanthe forment 3 labelles munis chacun d'un éperon.

V.v. - Mars,mai. - Coteaux arides,clairières des bois,collines et montagnes. - Danemark,Europe moyenne et méridionale,Caucase,Asie-Mineure,Bithynie.

Sous-esp.ou var.MORAVICA

Var.MORAVICA Reichb.f.Icon.XIII,p.31,t.CCCLXXVIII,p.18(1851);
Richter,Pl.eur.1,p.267; Koch,Syn.ed.Hall.et Wohlf.p.2423; Asch.
u.Graeb.1.c.p.685. - O.MORAVICA Jacq.Icon.rar.t.182(1781-1786);
Coll.1,p.61; Gmel.Fl.Bad.III,p.541; Kirschl.Fl.Als.II,p.128;
Schur,Enum.Transs.p.638; Beck,Fl.N.-Oest.p.199. - O.FUSCA b.RO-
TUNDA Wirtg.Fl.Preuss.Rh.441(1857). - Tige grêle peu élevée.
Fleurs pâles d'un jaune blanchâtre.Divisions du périanthe ai-
guës.Labelle à lobe médian peu ou non distinct,pourvu d'une
dent rudimentaire dans le sinus qui sépare les 2 lobules. -
Allemagne,Thuringe,Autriche,Moravie,Vaud,Genève,etc.

Sous-esp.ou var.CAUCASICA.

Var.CAUCASICA. - O.CAUCASICA Regel,Ind.Hort.Petr.(1869). - W.
Siehe's,bot nach Cilicien,1895(exsicc.)n°272. - Labelle entier
ou subtrilobé.Cette var.est peut-être à rattacher comme simple
forme au type de l'O.PURPUREA. - V.s. - Caucase.

FORMES DOUTEUSES.

:? Var.SUBSIMIA Hausm.ap.M.Schulze,Die Orchid.9,3(1894);
Thur.B.V.N.F.XIX(1904)p.103. - Plante très développée,d'origine
probablement hybride. - Tyrol.

:? Var.PERPLEXA Beck,Fl.N.-Oest.p.200(1890); M.Schulze,l.c.
9,3. - Feuilles acuminées,bractées supérieures égalant le fruit.
Autriche.

LUSUS? - Var.SINGULARIS(= ? F.UNIPARTITA Martr.-Donos)Heiden-
reich ap.Schulze in O.B.Z.(1898)p.51. - Divisions latérales du
labelle faisant défaut. - Prusse.

La var.STENOLOBA Döll.non Coss.et Germ.est peut être hybride
de l'O.SIMIA ou de l'O.MILITARIS avec l'AC.ANTHROPOPHORA cf.
Asch.u.Graeb.1.c.

11. - O.ITALICA.

O.ITALICA Poiret,Encycl.IV,p.600(1789; Ces.Pass.Gib.Comp.p.
188; Arcang.Comp.ed.2,p.167. - O.LONGICRURIS Link in Schrad.
Journ.f.bot.II,p.323(1799); Willd.Spec.IV,p.22,n°32; Lindl.Gen.
et spec.p.273; Reichb.f.Icon.XIII,p.33; Kraenz.Gen.et spec.p.
133; Richter,Pl.eur.p.267; Tenore.Syll.fl.neap.p.454; Fl.nap.V,
p.240; Parlat.Fl.ital.III,p.480; Fiori et Paol.Fl.ital.1,p.243;
Iconogr.fl.ital.n°827; Cortesi in Ann.bot.Pirotta,1,p.22; Marès
et Vigineix,Cat.Baléares,p.281; Brotero,Phyt.t.87,p.12; Willk.
et Lange,Prodr.hisp.1,p.167; Guimar.Orch.port.p.87; Asch.u.
Graeb.Syn.III,p.687; Boiss.Fl.orient.V,p.65; Brong.ap.Chaub.et

B.Exp.Morée,p.261; Ch.et B.Fl.Pélop.p.61; Weiss.in Zool.bot.Ges.
(1869)p.754; Spreitz in Zool.bot.Ges.(1877)p.730; Boiss.Fl.
orient.V,p.65; Hausskn.Symb.ad fl.gr.p.21; Halacsy.Consp.fl.gr.
III,p.165; Gries,Spic.fl.rum.bith.2,p.357; Lacroix,Cat.Kabylie;
Battand.et Trabut,Fl.Alg.(1884)p.199; O.Debeaux,Fl.Kabyl.Djurd.
p.340. - O.UNDULATIFOLIA Biv.Pl.Sic.cent.II,p.44(1807); Guss.
Fl.sic.syn.II,p.539,n°22; Fior.in Giorn.let.di Pisa,t.17,p.130;
App.al.pr.fl.rom.p.22(1807); Sang.Fl.rom.prodr.alt.p.726; Todaro,Orch.sic.p.21; Guss.Fl.sic.2,p.539; Bertol.Fl.ital.IX,p.537;
Fried.Reise,p.277; Fraas,Fl.class.p.279; Raul.Cret.p.861; Gelmi
in Bull.Soc.bot.ital.(1889)p.452; Sib.et Sm.Prodr.fl.gr.II,p.
213; Fl.gr.X,p.20; Munby,Cat. - O.TEPHROSANTHOS b.UNDULATIFOLIA
Bot.Reg.t.375(1897). - O.SIMIA b.UNDULATIFOLIA Weeb,It.hisp.p.
9(1838); Boiss.Voy.Esp.p.594. - O.TEPHROSANTHOS Desfont.Fl.atl.
II,p.319(1800),non Vill.; Fried.Reise,p.279. - O.MILITARIS Poiret,Voy.Barb.II,p.247(1789). - Orchis anthropophora altera Co-
lumn.Ecphr.2,p.9. - Aceras anthropophora oreades Column.Ecphr.
2,p.9. - O.flora nudi hominis effigie representans,mas Cup.
Hort.cath.p.158.

Icon. - Bot.Reg.t.375; Sibth.et Sm.Fl.gr.t.927; Biv.Cent.sic.
II,t.6; Brot.Phyt.t.87; Fiori et Paol.l.c.; Reichb.f.Icon.XIII,
t.23,CCCLXXV; Ic.n.pl.14,f.375-376.

Exsicc. - Tod.Fl.sic.n°158; Daveau,Herb.lusit.n°1120; Reverch.
Pl.Crète(1883);n°162; Dörfler,Pl.cr.n°123; Heldreich,Herb.graec.
n°265; Kotschy,It.Cilic.-Kurd.n°267; Willk.It.hisp.n°1073; Bor-
nmüll.It.Syriac.n°1486; Porta et Rigo,It.ital.n°291; Jamin,Pl.
Alg.n°95.

Bulbes subglobuleux ou ovoïdes.Tige de 1 à 3 décim.,rarement
plus.Feuilles oblongues-lancéolées,à bords ondulés.Fleurs d'un
blanc rosé.Divisions du périanthe lancéolées,longuement acuminées,libres,conniventes en casque;les internes plus petites.La-
belle 3-lobé;à lobes latéraux linéaires acuminés,à lobe médian
bipartit à lobules ressemblant aux lobes latéraux,muni à l'angle de bifidité d'une dent égalant environ la moitié de la longueur des lobules.Le médiastin est ordinairement d'un blanc rosé,et les lobes latéraux et les lobules d'un rose plus foncé.
Eperon court,gros,dirigé en bas,souvent un peu émarginé au sommet,égalant environ la moitié de la longueur de l'ovaire.Masses
polliniques verdâtres.

MORPHOLOGIE INTERNE.

FIBRES RADICALES. Endoderme à cadres subérisés marqués.Lames
vasculaires nombreuses,Métaxylème assez abondant.

FEUILLE. Ep. = 400-450μ.Epiderme sup.haut de 80-110μ env.,à
paroi ext.épaisse de 8-10μ et bombée,dépourvu de stomates au
moins dans les feuilles inf.,muni vers la base du limbe de quelques poils hyalins,atteignant 500-600μ de long.,plus ou moins
recourbés,assez caducs.Epiderme inf.haut de 40-60μ env.,à paroi
ext.épaisse de 6-8μ et bombée,muni de stomates très nombreux.
Paroi ext.des cellules épidermiques du bord du limbe non prolongée à l'extérieur (pl.4,f.105).Mésophylle formé de 7-8 assises de cellules plus ou moins arrondies sur une section trans-

versale.

FLEUR.- PERIANTHE. DIVISIONS EXTERNES ET LATERALES INTERNES,
Epidermes ext.et int.à peine papilleux vers les bords et vis-à-
vis des taches violettes. - LABELLE. Epiderme int.muni de papilles atteignant env.180-200$'$,dans les taches:papilles plus
ou moins cylindriques,un peu atténuées à l'extrémité (pl.8,f.
183);dans les régions blanches:papilles très atténuées à l'ex-
trémité.Epiderme ext.du labelle à peine papilleux. - EPERON,
Epiderme int.muni de papilles assez nombreuses,grosses et très
courtes.Epiderme ext.à papilles très rares.Réserves sucrées accumulées entre les épidermes,pas d'émission de liquide sucré à
l'intérieur de l'éperon (pl.8,f.184). - ANTHERE. Cellules fibreuses relativement assez nombreuses dans les parois. - POLLEN.
Tétrades de la périphérie des massules à exine à peine ruguleuse,non fortement réticulée comme dans les O.PURPUREA,SIMIA et
MILITARIS. L = 25-35$'$. - OVAIRE.(Pl.10,f.278).Nervure des valves placentifères très saillante-ailée,contenant un faisceau
libéro-ligneux ext.et parfois aussi un faisceau libérien placentaire,très réduit.Placenta long,divisé au sommet.Valves non
placentifères très proéminentes à l'extérieur,renfermant un
faisceau libéro-ligneux int. - GRAINES. Cellules du tégument
légèrement striées.Graines arrondies à l'extrémité,2f.1/2 - 3f.
plus longues que larges. L = 350 - 450$'$.

V.v. - Février,avril en Algérie; avril,mai en Europe. - Lieux
herbeux,collines,région méditerranéenne. - Portugal,Espagne,I-
talie,Sicile,Malte,Capri,Bithynie,Zante,Grèce,Turquie,Syrie,
Chypre,Algérie,Maroc.

Sous-esp.O.BIVONAE.

O.BIVONAE Todaro,Nell'Imp.gior.Lit.Art.(1840)p.34; et Orchid.
sic.p.20; Guss.Syn.fl.sic.2,p.538; Parlat.Fl.ital.III,p.482;
Kraenz.Gen.et sp.p.133. - O.LONGICRURIS b.BIVONAE Arcang.Comp.
ed.2,p.167(1894); Richter,Pl.eur.p.267.

Plante probablement hybride,peut-être à identifier avec l'OR-
CHIAC.WELWITSCHII voir p.77. - Port de l'O.SIMIA.Feuilles non
ondulées.Bractées égalant presque l'ovaire.Divisions externes
du périanthe plus longues et plus acuminées,labelle à divisions
linéaires très étroites,non ponctué.Eperon très court.

Sicile :prés stériles du mont Argentario près Palerme (Todaro)

12. - O.COMPERIANA.

Le genre COMPERIA créé par C.Koch in Linn.XII,p.268,admis par
Pfitzer in Engl.u.Prantl est ainsi caractérisé : Périanthe à
divisions conniventes en casque.Labelle muni d'un éperon,à divisions enroulées en tire-bouchon avant l'ouverture de la fleur.
Gynostème comme dans le genre ORCHIS.Anthère brièvement apicu-

lée.Masses polliniques à caudicules allongés,aplatis,à rétinacles libres,renfermés dans une bursicule.biloculaire.

O.COMPERIANA Stev.in Nouv.mém.Soc.I.Mosc.VIII,p.253(1859)t.
12; Lindl.Gen.et spec.p.272; Reichb.Icon.XIII,p.20,t.158,DX;
Boiss.Fl.orient.V,p.61; Kraenz.Gen.et spec.p.115; Correvon,Orch.
rust.p.62. - COMPERIA TAURICA in Linn.XXII,p.268.

Icon.-Ic.n.pl.19,f.585-587.

Bulbes subglobuleux.Tige robuste,élevée de 3-4 décim.Feuilles
inférieures obovales ou oblongues,les supérieures plus étroites
et plus petites.Fleurs grandes disposées en épi oblong,lâche.
Bractées membraneuses,lancéolées-aiguës,à 3-5 nervures,à peine
plus longues que l'ovaire.Divisions du périgone subaiguës,con-
niventes en casque acuminé;les deux internes étroites,munies de
deux dents latérales qui par décrochement rendent 3-dentée la
partie supérieure.Labelle d'un blanc rosé ponctué de rose vif,
terminé par 4 lanières étroites,tombantes,4 ou 5 fois plus longues que la partie indivise du labelle,ces 4 lanières constituées comme dans le genre ORCHIS par les deux lobes latéraux et
par le lobe médian subdivisé lui-même en 2 lobes secondaires
semblables aux lobes latéraux.Eperon obtus,recourbé,descendant,
ayant environ les 2/3 de la longueur de l'ovaire.Masses polliniques relativement petites,à caudicules en lanières striées.
Bursicule réniforme ou subréniforme.
MORPHOLOGIE INTERNE.
TIGE. 2-4 assises parenchymateuses et chlorophylliennes entre
l'épiderme et l'anneau lignifié.Anneau lignifié formé de 6-10
assises.Faisceaux libéro-ligneux entourés de fibres lignifiées
sauf à l'intérieur du bois,assez nombreux (Le mauvais état des
échantillons secs ne nous a pas permis de reconnaître si les
faisceaux sont disséminés ou disposés en cercles réguliers).
Parenchyme central résorbé vers l'axe de la tige.
FEUILLE. Epiderme sup.haut de 30-50µ env.,à paroi ext.striée,
épaisse d'env.6-9µ et non ou peu bombée,dépourvu de stomates
dans les feuilles inférieures.Epiderme inf.recticurviligne,haut
de 30-50µ ,à paroi ext.épaisse de 6-9µ env.et à peine bombée,
muni de nombreux stomates.Paroi ext.des cellules épidermiques
du bord du limbe à peine bombée extérieurement.Mésophylle renfermant d'assez rares cellules à raphides.
FLEUR. LABELLE. Epiderme int.muni de papilles cylindriques.
POLLEN. Tétrades de la périphérie des massules peu rugueuses. -
GRAINES. Cellules du tégument à parois rectilignes ou à peine
recticurvilignes,très nettement striées.Graines 3f.-3f.2/3 plus
longues que larges,un peu atténuées au sommet. L = 450-550µ .

V.s. - Tauride méridionale,Cilicie,Lydie,Smyrne. - Forêts des
montagnes.

Sous-sect. D. CORIOPHORAE Parlat.l.c.p.468. - Divisions extérieures du périanthe longuement soudées,libres au sommet.Labelle
le 3-lobé,à lobes latéraux plus larges,obliquement tronqués;lo-
be moyen plus long.Bractées plus longues que l'ovaire.

13. - O.CORIOPHORA.

O.CORIOPHORA (CORIOPHORUS) L.Spec.1,p.940(1753); Willd.Spec.
IV,p.15; Poiret,Encycl.IV,p.580; Rich.in Mém.Mus.IV,p.55; Lindl.
Gen.et spec.p.267,n°25; Reichb.f.Icon.XIII,p.20; Richter,Fl.eur.
p.268; Correvon,Alb.Orch.Eur.pl.XXXVII; Kraenz.Gen.et spec.p.
112; Oudem.Fl.Nederl.III,p.143; Lej.Fl.Spa,II,p.187; Rev.fl.Spa,
p.185; Dumort.Prodr.fl.Belg.p.152; Lej.et Court.Compend.III,p.
615; Tinant,Fl.luxemb.; Michot,Fl.Hainaut,p.276; Baily.ck,Fl.
Namur,p.261; Crépin,Man.fl.Belg.éd.1,p.177; éd.2,p.292; Piré et
Muller,p.192; Löhr,Fl.Tr.p.245; J.Meyer,Orchid.Luxemb.p.9; Du-
mœul.Fl.Maestr.p.103; Thielens,Orch.Belg.et Luxemb.p.67; de Vos,
Fl.Belg.p.554; Vill.Hist.Dauph.II,p.26(O.CORYOPHORA); DC.Fl.fr.
III,p.246,n°2008; Duby,Bot.p.465; Loisel.Fl.gall.2,p.263; Mutel,
Fl.fr.III,p.254; Boisduval,Fl.fr.III,p.42; La Peyr.Abr.Pyr.p.
546; Dupuy,Fl.du Gers,p.229; Gr.et Godr.Fl.Fr.III,p.287; Boreau,
Fl.cent.éd.3,p.642; Godet,Fl.Jura,p.681; Gren.Fl.ch.jurass.p.
745; Ravin,Fl.Yonne,éd.3,p.360; Graves,Cat.Oise,p.122; Coss.et
Germ.Fl.Par.éd.2,p.681; Godr.Fl.Lorr.éd.2,p.286; Dulac,Fl.H.-
Pyr.p.126; Ardoino,Fl.Alp.-Mar.p.351; Barla,Iconogr.p.47; Poi-
rault,Cat.Vienne,p.96; Franchet,Fl.L.-et-Ch.p.569; Car.et S.-
Lag.Fl.descr.éd.8,p.802; Lloyd et Fouc.Fl.Ouest,p.33; Bonnet ,
Pet.fl.par.p.381; Cam.Monogr.Orch.Fr.p.35; in J.bot.VI,p.136;
Gautier,Pyr.-Or.p.397; Debeaux,Révis.fl.agen.p.517; Gandog.Fl.
Lyon.p.222; Guill.Fl.Bord.et S.-O.p.170,p.p.; Coste,Fl.Fr.III,
p.399,n°353; Kirschl.Fl.Als.p.130; Fl.vog.-rhen.p.79; Gmel.Fl.
Bad.III,p.532; Poll.Palat.n°842; Seubert,Ex.Bad.p.121; Oborny,
Fl.Moehr.Oest.Schles.p.245; Koch,Syn.ed.2,p.790; ed.3,p.594;
ed.Hall.et Wohlf.p.2425; Kuntze,Tasch.Fl.Leipz.p.65; Spenn.Fl.
Frib.p.229; Garcke,Fl.Deuts.ed.14,p.377; M.Schulze,Die Orchid.
n°5; Gaud.Fl.helv.V,n°2054; Bouvier,Fl.Alpes,éd.2,p.638; Gremli,
Fl.Suisse,éd.Vetter,p.480; Schinz u.Keller,Fl.Schweiz,p.120;
All.Fl.pedem.n°1823; Bertol.Amoenit.it.p.415; Fl.ital.IX,p.522;
Moric.Fl.ven.1,p.369; Ten.Fl.nap.II,p.283; Syll.p.452; de Not.
Rep.fl.lig.n°1743; Parlat.Fl.ital.III,p.468; W.Barbey,Fl.Sard.
comp.et Asch.et Lev.Suppl.n°1311; Arcang.Comp.ed.2,p.167; Fiori
et Paol.Icon.ital.n°821; Cocconi,Fl.Bolog.p.483; Brotero,Phyt.
lusit.2,p.19; Willk.et Lange,Pr.hisp.1,p.166; Guimar.Orch.port.
p.55; Hausm.Fl.Tirol,p.833; Hinterhuber et Pichlm.Fl.Salzb.p.
191; Marsch.Bieb.Fl. Taur.-Cauc.II,p.363,n°1835; Schur,En.Trans.
p.639,n°3401; Simk.En.Trans.p.498; Grecescu,Consp.Roman.p.543;
Boiss.Fl.orient.V,p.61; Plantae Postianae in Bull.Herb.Boiss.
(1900)p.100; Fraas,Fl.class.p.279; Hausskn.Symb.fl.gr.p.24; Halacsy,Consp.fl.gr.III,p.168; Desf.Fl.atl.2,p.318; Munby,Cat.;
Lacroix Cat.Kabylie; Battand.et Trab.Fl.Alg.(1884)p.192; O.De-

beaux,Fl.Kabylie Djurdj.p.339. - O.coreosmus Lobelii Bubani,Fl.
pyr.p.36. - Orchis radicibus subrotundis,galea connivente,la-
bello trifido reflexo Hall.Hist.n°1284; Enum.264,n°7; Opusc.,p.
94. - Orchis odore hirci minor Bauh.Pin.82; Tournef.Inst.433. -
Orchis spica purpurea foetida Seg.Pl.veron.2,p.128. - Tragorchis minor,flore fuliginoso Raj.Hist.1213. - Tragorchis minor
et verior gemmae Lob.Stirp.Ic.1770.

Icon. - Hall.Ic.Helv.t.34,f.2; Vaill.Bot.par.t.31,f.30,31,32;
Loc.Ic.177,f.2; Obs.90,f.sup.dext.; Jacq.Aust.II,t.122; Rivin.
Hex.t.20; Schlecht.Lang.Deuts.IV,f.331; Moore,Orch.pl.t.IV;
Reichb.f.Icon.t.15,CCCLXVII; Barla,Icon.Orch.pl.32,f.1-16; M.
Schulze,l.c.t.5,f.1-4; Guimar.l.c.Est.V,f.40; Bonnier,Alb.N.fl.
p.147; Ic.n.pl.16,f.462-464.

Exsicc. - Billot,n°2934; Lej.et Court.Choix de pl.n°615; Kickxia Belg.III,p.175.

Bulbes ovoïdes ou subglobuleux,sessiles.Tige dressée,de 3-4
décim.,assez grêle,feuillée jusqu'au sommet.Feuilles lancéolées-
aiguës,légèrement canaliculées,les supérieures bractéiformes.
Bractées égalant environ l'ovaire,membraneuses,pâles,presque
toutes à une seule nervure.Fleurs exhalant une odeur forte de
punaise,petites,nombreuses,disposées en épi dense et étroit.Pé-
rianthe à divisions conniventes en casque,acuminées,les externes ovales,soudées par leurs bords,d'un pourpre vineux,munies
de nervures vertes,les internes linéaires-lancéolées.Labelle
3-lobé,petit,convexe,un peu plus petit que les divisions du périgone,coudé,dirigé en bas,d'un pourpre vineux,ponctué de rouge
et de vert.Lobes latéraux rhomboïdaux,inégalement dentés ou crénelés,le moyen ovale,lancéolé,entier,un peu plus long que les
latéraux,recourbé en arrière au sommet.Eperon conique,pendant,
légèrement arqué,plus court que l'ovaire.Gynostème apiculé,plus
court que les divisions internes du périanthe.Stigmate oblong.
Anthère d'un pourpre violacé,à loges contiguës,séparées par un
petit bec.Masses polliniques jaunes.

MORPHOLOGIE INTERNE.

BULBE. Grains d'amidon de forme très irrégulière,un peu allon-
gés ou plus ou moins arrondis,les plus gros atteignant 20-40|ა
de long.env.(à peu près semblables à ceux de la pl.1,f.8). -
FIBRES RADICALES. Assise pilifère parfois entièrement subérisée.
Endoderme à cadres peu marqués.Lames vasculaires assez nombreu-
ses.Vaisseaux de métaxylème manquant rarement.

TIGE. Epiderme à paroi ext.délicatement striée,à stomates
assez rares.3-5 assises chlorophylliennes entre l'épiderme et
l'anneau lignifié,formées de cellules laissant entre elles des
méats et des canaux aérifères.Anneau lignifié formé de 7-10 assises de cellules à parois peu épaisses.Petits faisceaux libéro-
ligneux complétement immergés dans le tissu lignifié,les autres
entourés de fibres à parois minces seulement à l'extérieur et
latéralement.Parenchyme ligneux non lignifié abondant.Parenchy-
me central contenant des raphides,à peine résorbé vers l'axe de
la tige.

FEUILLE. Ep. = 300-550 µ env.Epiderme sup.recticurviligne,portant parfois un peu de cire,dépourvu de stomates au moins dans les feuilles inf.,haut de 90-130 µ,à paroi ext.légèrement striée,épaisse de 9-12 µ env.et bombée,formant çà et là,surtout à la partie sup.des nervures,une petite pointe ressemblant à celles du bord des feuilles.Epiderme inf.recticurviligne,haut de 35-60 µ,à paroi ext.épaisse de 9-12 µ et bombée,à stomates abondants.Paroi ext.des cellules épidermiques formant le bord du limbe prolongée en pointe développée(comme dans la pl.4,f.102). Mésophylle formé de 5-8 assises de cellules chlorophylliennes, plus ou moins arrondies sur une section transversale,formant un tissu lâche et de cellules à raphides assez nombreuses.Bords du limbe dépourvus de collenchyme.

FLEUR. - PERIANTHE. DIVISIONS EXTERNES ET LATERALES INTERNES. Epidermes ext.et parfois int.striés,à stries convergeant vers le centre de la cellule,à peine papilleux vers les bords.Nervures contenant beaucoup de chlorophylle. - LABELLE. Epiderme int. prolongé en papilles très nombreuses,dans la partie médiane du labelle:papilles atténuées ou arrondies à l'extrémité,parfois atténuées,puis renflées,atteignant 120-150 µ de long.env.dans les macules purpurines;dans les parties latérales rouge foncé: papilles striées,plus courtes,coniques,arrondies à l'extrémité. Epiderme ext.prolongé surtout vers les bords en papilles courtes. - EPERON. Epiderme int.à paroi ext.mince,muni de papilles nombreuses,courtes,atteignant à la gorge de l'éperon 150-170 µ , atténuées à l'extrémité.Epiderme ext.à paroi ext.mince,sans papilles caractérisées.3 assises de cellules entre ces deux épidermes.Emission de nectar à l'intérieur de l'éperon. - ANTHERE. Epiderme dépourvu de papilles.Epaississements en anneaux incomplets assez nombreux. - POLLEN. Jaune doré.Exine légèrement ruguleuse à la périphérie des massules.L = 40-50 µ env. - OVAIRE. Epiderme strié,à stomates rares.Nervure des valves placentifères située dans un sillon,non proéminente à l'extérieur,contenant un faisceau libéro-ligneux ext.à bois int.et ordinairement un faisceau placentaire libérien.Placenta peu épais,à deux divisions assez longues.Valves non placentifères saillantes à l'extérieur,renfermant un faisceau libéro-ligneux int. à bois int. - GRAINES. Cellules du tégument très striées,à parois recticurvilignes,Graines arrondies au sommet,1f.1/2 - 2f.1/2 plus longues que larges.L = 280-330 µ env.

B. Var.ALBIFLORA Macchiati in N.g.bot.ital.XIII(1881)p.310; Interdum variat.flore albo Martelli,Monoc.Sard.p.46(1896). - Fleurs blanches.

C. Var.BREVIBRACTEATA Bréb.Fl.Norm. - Bractées inférieures ne dépassant pas les fleurs.

D. Var.LATIFOLIA Tinant,Fl.Luxemb.p.4. - Feuilles ovales-oblongues,beaucoup plus larges que dans le type.
Il serait peut-être mieux de considérer ces 3 variétés comme des sous-variétés.

E. Var.MAJOR Cam.in Actes Congrès Bot.,1900,p.340. - Tige robuste,de 30-45 cent.de haut.Fleurs en épi dense,très nombreuses. mais petites.Casque d'un pourpre foncé,muni de nervures d'un vert noirâtre.Labelle court,à lobes profonds,dépourvu de macules vertes.Eperon conique,gros,plus long que le labelle.

F. Var.APRICORUM Duffort in Bull.Soc.bot.Fr.(1898)p.435. - Plante plus robuste que le type,à fleurs plus grandes,moins colorées,striées de nervures vertes très apparentes.Eperon gros, large,court.

G. Var.CARPETANA Willk.ap.Willk.et Lang.Prodr.Hisp.1,p.166 (1870); Richter,Pl.eur.1,p.268. - Fleurs plus grandes.Feuilles souvent pourprées en dehors,appliquées presque jusqu'au sommet. Eperon grand,largement conique,moins arqué,égalant environ le labelle qui est pâle.

Les 3 dernières variétés assez séparées du type sont au contraire assez rapprochées l'une de l'autre et constituent probablement des races locales.

MONSTRUOSITE. - F.TRISPICATA. - Bulbe donnant naissance à une seule tige qui se subdivise en 3 branches munies chacune d'un épi normal (Nice,P.Bergon).

V.v. - Mai,juin. - Prairies,pâturages,lieux herbeux. - Europe moyenne et méridionale; Asie occidentale; Barbarie. Var.MAJOR: Barbarie. Var.APRICORUM: France méridionale. Var.CARPETANA: Espagne.

Sous-esp.? O.CIMICINA.

O.CIMICINA Crantz,Stirp.aust.VI,p.498; Lindl.Gen.et spec.p. 267; Ledeb.Fl.ross.IV,p.59. - Var.CIMICINA Arcang.Comp.ed.2,p. 167. - An var.CIBINIENSIS Schur,Enum.pl.Trans.p.639?

Feuilles lancéolées-linéaires,aiguës,décroissant insensiblement en longueur.Epi oblong.Divisions du périanthe conniventes en casque,ovales-obtuses,fuligineuses après dessication.Labelle 3-lobé.Eperon arqué,deux fois plus long que le labelle,lobes latéraux défléchis,un peu plus courts que le moyen qui est entier.Cette plante que nous n'avons pas vue,d'après sa description nous paraît être une simple variété de l'O.CORIOPHORA.

Sous-esp.O.FRAGRANS

O.FRAGRANS Poll.El.2,t.ult.f.2(1811); Reichb.Fl.excurs.p.124; Boreau,Fl.centre,éd.3,p.642; Car.et S.-Lag.Fl.descr.éd.8,p.802; Cam.Monogr.Orch.Fr.p.34; in J.bot.VI,p.136; Lloyd et Fouc.Fl. Ouest,p.335; Coste,Fl.Fr.III;p.399,n°3594,cum icone; Guss.Syn. sic.II,p.533; Enum.pl.inar.p.317; Gries,Spic.fl.rum.et bith.2, p.358; Weiss.in Zool.bot.Ges.p.754(1869); Raul.Cret.p.861; Hausskn.Symb.ad fl.gr.p.24; Heldr.Pr.chlor.Thera,p.4; Halacsy, Consp.fl.gr.p.168; Trautv.Increm.fl.ross.p.748,n°5018. - O.POLLINIANA Spreng.Pug.II,p.78(1815); Pollin.Hort.et pr.Ver.pl.nov. f.1,p.25. - O.CASSIDEA Marsch.Bieb.Fl.Taur.-Cauc.III,p.600(1819); Stev.in Mém.Soc.Nat.Mosc.VII,p.266. - O.CORIOPHORA Sibth.et Sm. Prodr.Gr.p.212; Pieri,Corc.fl.p.125; Sieb.Av.rem.p.6; Urv.Enum.

p.119; Chaub.et Bory,p.120; Raulin,Cret.p.861; Gelmi in Bull.
Soc.bot.ital.(1880)p.452; Marès et Vigin.Cat.Baléar.p.280; Barcelo,Apunt.Baléar.p.45. - O.CORIOPHORA var. FRAGRANS Gr.et God.
Fl.Fr.III,p.27; Castagne,Cat.B.-d.-Rh.p.156; Barla,Iconogr.p.
47; Hariot et Guy.Contr.fl.Aube,p.113; Guill.Fl.Bord.et S.-O.
p.170; Koch,Syn.ed.Hall.et Wohlf.p.2425; M.Schulze,Die Orchid.
n°5,5; Battand.et Trab.Fl.Alg.(1884)p.192; Boiss.Fl.orient.V,p.
61. - O.CORIOPHORA var.POLLINIANA Poll.Fl.veron.III,p.3(1824);
Reichb.f.Icon XIII,p.28; Willk.et Lg.Prodr.hisp.1,p.166.

Icon. - Reichb.l.c.t.15,CCCLVI; Barla,l.c.pl.28,f.17; Cam.Atl.
p.15; M.Schulze,l.c.t.5,5; Guimar.Est.V,f.40; Ic.n.pl.16,f.456-
461.

Exsicc. - Reliq.Maill.n°1736; Soc.Rochel.n°1785; Bourg.Pl.Esp.
n°188; Pl.Alg.; Orphanid.Fl.gr.n°1108; Heldr.Herb.n°1074; Raul.
Pl.Crète,n°188; Kotschy,Iter Cilico-Kurdicum,n°38; Balansa,Pl.
d'Algérie,n°252; Porta et Rigo,n°155; Siehe's,Bot.Reise nach
Cilicien,833; Sint.et Bornm.It.turc.n°675; Iter orient.n°2651
(1899); Sinten.et Rigo,It.Cyr.n°880.

Port de l'O.CORIOPHORA,mais plus grêle,plus élancé.Plante de
coloration plus claire,à nuances plus vives.Fleurs petites,ex-
halant une odeur agréable rappelant la vanille.Divisions du
casque plus longuement acuminées;bractées longues.Eperon égalant ou dépassant un peu l'ovaire.Labelle plus long que dans le
type,à lobes latéraux fortement dentés et à lobe moyen très allongé.
F.PURPURATA. - Fleurs d'un pourpre foncé,plante relativement
robuste.
F.PALLESCENS. - Casque pâle,lavé de pourpre au sommet,labelle
pâle,maculé de pourpre clair.
F.VIRESCENS. - Casque purpurin;labelle non maculé,vert pâle.
F.ALBA. - Fleurs entièrement blanches;plante délicate,grêle.
MORPHOLOGIE INTERNE.
L'O.FRAGRANS ne se distingue de l'O.CORIOPHORA que par des
caractères peu importants. Il en diffère par : sa tige à anneau
lignifié formé d'assises un peu plus nombreuses(9-15 env.)et à
parois plus épaisses,la présence de collenchyme au bord du limbe,l'émission ordinairement plus considérable de nectar à l'intérieur de l'éperon.le développement plus grand des papilles de
l'épiderme int.de ce dernier(130-250 μ de long.env.vers la gorge,pl.8,f.188-189)l'épiderme ext.de l'éperon prolongé en papilles et la présence d'assises plus nombreuses entre les épidermes de cette expansion du labelle.

V.v. - Avril,juin. - Europe méridionale,Asie occidentale,Al-
gérie,etc.

Var.INODORA DC.Fl.fr.V,p.329(var.b.floribus inodoris viridi
variegatis Lapeyr.l.c.); Boisduval,Fl.fr.III,p.42; Graves,Cat.
Oise,p.122. - Fleurs inodores.Les auteurs n'ont pas donné d'autres caractères et il est possible que cette variété fasse dou-

ble emploi avec l'O.MARTRINI. - Robert,entre San-Tropez et Tou-
lon; Graves,Oise(Boisduval).
Var. MARTRINI Gautier,Pyr.-Orient.p.398. - O.MARTRINI Timb.-
Lagr.in Bull.Soc.bot.Fr.III,p.92(1856); in Annuaire Ac.sc.Tou-
louse(1856)p.22.; Jeanbern.et Timb.-Lagr.Mass.Laurenti,n°21,p.
428; Cam.Monogr.Orch.Fr.p.34; in J.bot.VIII,p.137. - Description originale de Timb.-Lagr. Bulbes entiers.Feuilles lancéolées,larges,obtuses.Fleurs grandes,nombreuses,disposées en épi
ovale,compact,d'un rouge terne vineux,mêlé de brun et de verdâ-
tre.Bractées linéaires,les inférieures aussi longues que les
fleurs,les supérieures égalant l'ovaire et le dépassant quel-
quefois.divisions supérieures du périanthe en casque,ovales-
acuminées,libres au sommet;labelle 3-partit,pourpre brun,velu
et velouté en dessus,les divisions latérales plus larges,éga-
lant celle du milieu qui est plus petite,lancéolée-obtuse.Epe-
ron obtus,très large,blanc,pellucide,ne diminuant de largeur
que vers son extrémité où il se recourbe brusquement. - Diffère
de l'O.CORIOPHORA par ses fleurs en épi ovale,très dense,d'une
coloration particulière,du double plus grandes,par ses bractées
plus longues,par son casque plus largement ovale,à divisions
aiguës,libres au sommet,par son éperon recourbé au sommet,enfin
par ses feuilles plus larges. - Diffère de l'O.FRAGRANS par son
épi plus compact,de coloration différente,inodores,par le casque pellucide,recourbé au sommet seulement,enfin par ses feuilles plus larges et obtuses. - Prairies alpines inférieures des
Pyrénées:Pyrénées Orientales,Urbania (Martrin-Donos ap.Timb.-
Lagr.),Prat Laston,Grand Pla,Roc de Campbeil (Jeanbernat et
Timb.-Lagr.).

14. - O.SANCTA.

O.SANCTA (SANCTUS) L.Spec.ed.2,1330; Willd.Spec.IV,p.41,n°73;
Lindl.Gen.et spec.p.268; Boiss.Fl.orient.V,p.62; Heldr.Fl.Aegin.
p.396, in Bull.Herb.Boiss.(1898); Halacsy,Consp.fl.gr.III,p.169;
Stéf.Fors.Maj.et W.Barbey,Cat.Samos,p.61; Boiss.Herb.au Levant,
p.157; Et.Kos in Bull.Herb.Boiss.(1895). - O.URVILLEANA Steud.
Nomencl.bot.II,p.225. - O.CORIOPHORA var.SANCTA Reichb.Fl.exc.
p.173.

Icon. - Ic.n.pl.16,f.453-455.

Exsicc.- Orphanid.Fl.gr.n°855; Dörfler,Fl.aeg.n°21; Bourg.Pl.
Lyc.; Pl.de Rhodes; Kotschy,Iter Cilico-Kurd.(1859); Balansa,
Pl.d'Orient(1854)n°157.

Port de l'O.CORIOPHORA.Bulbes obovales,entiers.Tige de 15-45
centim.feuillée jusqu'au sommet.Epi long,dense,multiflore.Brac-
tées grandes,égalant l'ovaire ou le dépassant.Fleurs ressemblant à celles de l'O.CORIOPHORA mais plus grandes et d'un
pourpre sordide.Divisions du périanthe lancéolées-acuminées,
soudées en casque jusqu'au delà de leur partie moyenne,longue-
ment acuminées,plus longues que le labelle.Labelle pendant,3-lo-

bé,cunéiforme à la base,puis élargi,à lobe moyen recourbé,o-
blong-lancéolé,2 fois plus long que les latéraux,ceux-ci rhomboïdaux,munis de nervures (3-5) prolongées en dents manifestes.
Eperon recourbé,plus court que l'ovaire.Le plus souvent les
feuilles sont arquées,lancéolées et diminuant de largeur insensiblement de bas en haut.

MORPHOLOGIE INTERNE.

D'après des échantillons d'O.SANCTA séchés dans des conditions défectueuses,nous n'avons observé aucune différence nette
entre cette espèce et l'O.CORIOPHORA.

Terrains sablonneux. - Montagnes de Samos,vers 500 m.d'alt.,
Ile de Chio près de Mezarta (Orphanides,Aucher-Eloy), Ile de
Cos (Dumont d'Urville), Rhodes (Bourgeau), Aegina (Sprun.), Te-
nos (Sart),Nascos (Léon); Asie-Mineure,Anatolie,Cilicie,Pamphy-
lie,Syrie,Palestine (Ball,Boissier,Barbey).

Section ANDRORCHIS (Sous-genre) Reichb.f.l.c.p.34. - Divisions du périanthe libres,les latérales extérieures plus ou
moins étalées ou réfléchies.

Sous-sect. A. SACCATAE Parlat.l.c.p.489. - Labelle entier.
Bractées plurinerviées.

15. - O.SACCATA.

O.SACCATA Ten.Fl.neap.prodr.p.LIII (1811); Syll.fl.neap.p.455;
Fl.nap.V,p.240; Lindl.Gen.et spec.p.262; Reichb.f.Icon.XIII,p.
37; Kraenz.Gen.et spec.p.135; Richter,Pl.eur.p.268; Moris;Stirp.
sard.el.f.3,p.11; Tod.Orch.sic.p.14; Guss.Fl.sic.syn.2,p.529;
Bertol.Fl.ital.III,p.489; Ces.Pass.Gib.Comp.p.189; W.Barbey,Fl.
Sard.comp.n°1315; Macchiati,Orch.Sard.in N.G.bot.ital.(1881)p.
313; Martelli,Monoc.Sard.1,f.3,4,5; Arcang.Comp.ed.2,p.168;
Fiori et Paol.Iconogr.ital.n°830; Champagneux in Ann.Sc.nat.
(1840)p.380; Gr.et God.Fl.Fr.III,p.295; Cam.Monogr.Orch.Fr.p.45,
in J.bot.VI,p.154; Coste,Fl.Fr.III,p.400,n°3600,cum icone; Asch.
u.Graeb.Syn.III,p.695; Boiss.Voy.Espag.p.592; Willk.et Lg.Prodr.
hisp.1,p.169; Colmeiro,Enum.hisp.-lusit.V,p.32; Boiss.Fl.orient.
V,p.67; Raul.Cret.p.861; Heldr.Fl.Aegin.in Bull.Herb.Boissier
(1898)p.390; Halacsy,Consp.fl.gr.; Trautvet.Increm.fl.Ross.p.
750,n°5027; Battand.et Trab.Fl.Alg.(1884)p.194;(1895)p.29. -
O.COLLINA Ban.ap.Lindl.l.c. - O.SPARSIFLORA Ten.Sched.ap.Boiss.
Fl.orient. V,p.67. - O.papilionem referens foliis maculatis Cup.
H.cath.suppl.alt.p.67.

Icon. - Reichb.Icon.XIII-XIV,t.CCCLXXII,f.I-II,1-15;t.DIX,f.1;
Fiori et Paol.l.c.; Ten.Fl.neap.t.248; Martelli,l.c.f.optime;
Coste,l.c.; Ic.n.pl.19,f.573-577.

Exsicc. - Todaro,Fl.sic.n°161; Lange,Pl.Eur.austr.1851-52,n°

118; Balansa,Pl.d'Algérie,n°250; Fl.atl.Un.agr.du Sig.pr.d'Oran
(1852); Billot,n°3247; de Heldr.H.n.(1845).

Bulbes ovoïdes-subglobuleux.Tige robuste,souvent peu élevée,
de 1 à 2 décim.Feuilles ovales ou ovales-oblongues,brièvement
aiguës,souvent maculées de brun.Bractées d'un pourpre violacé,
grandes,oblongues--lancéolées,presque obtuses,cucullées,dépas-
sant l'ovaire,mais ne dépassant pas les fleurs.Fleurs d'un pour‹
pre violacé foncé,peu nombreuses,12-15-18,un peu rapprochées.
Périgone à divisions externes obtuses,les deux latérales étalées ou réfléchies,la centrale courbée en avant,connivente avec
les deux internes,celles-ci plus courtes et plus étroites que
les externes.Labelle grand,étalé,indivis,obovale ou suborbiculaire,à bords crénelés,un peu rétréci à la base,émarginé au
sommet.Eperon blanchâtre,en sac cylindro-conique,1-2 fois plus
court que l'ovaire.Ovaire peu contourné.
MORPHOLOGIE INTERNE.
TIGE. 2-3 assises parenchymateuses entre l'épiderme et l'anneau lignifié.Anneau lignifié formé de 5-7 assises de cellules
à parois minces,de forme très irrégulière sur une section transversale.
FEUILLE. Epiderme sup.à paroi ext.épaisse de 10-14⌡,légère-
ment bombée.Epiderme inf.à paroi ext.épaisse de 9-12ↄ,bombée'
Cellules épidermiques formant le bord du limbe à paroi ext.ar-
rondie.
FLEUR. - PERIANTHE. DIVISIONS EXTERNES ET LATERALES INTERNES.
Epidermes à peine papilleux vers les bords et à l'extrémité des
divisions. - LABELLE. Epiderme int.prolongé en papilles coniques,très grosses à la base,très atténuées au sommet,longues de
50-90ↄ env.vers le milieu du labelle,plus courtes et moins a-
bondantes vers les bords.Epiderme ext.à peu près dépourvu de
papilles. - EPERON. Epiderme int.muni de grosses papilles presque cylindriques,très allongées,atteignant 250-500ↄ env.de long.
(pl.8,f.190). - ANTHERE. Cellules en anneaux incomplets peu nombreuses dans les parois. - POLLEN. Exine non ou peu rugueuse à
la périphérie des massules. - GRAINES. Striées,atténuées au sommet,2f. - 2f.3/4 env.plus longues que larges.

V.v. - Février,mars,avril,en Europe. - Lieux herbeux,collines
des bords de la mer. - Région méditerranéenne et orientale,Fran-
ce,TR.,environs d'Hyères (Champagneux,Raine); Espagne méridionale;Italie,Sardaigne,Sicile;Attique;Crète,Rhodes,Malte;Asie-
Mineure;Syrie;Perse;Algérie,R.

Sous-sect.B. MASCULAE Parlat.l.c.p.500(emend.). - Labelle trilobé,à lobe moyen égalant les latéraux ou les dépassant,rare-
ment un peu plus court.

16. - O.SPITZELII.

O.SPITZELII Sauter in Koch,Syn.ed.1,p.686(1837); ed.2,p.790:
ed.3,p.595; ed.Hall.et Wohlf.p.2426; Reichb.f.Icon.XIII,p.40,

t.383,f.1; Caflisch,Exc.Fl.S.D.p.295; Garcke,Fl.Deutschl.ed.14,
p.377; M.Schulze,Die Orchid.n°12,t.12; Richter,Pl.eur.p.269;
Ambros.Fl.Tirol austr.1,p.688; Hausm.Fl.Tirol,p.835; Bertol.Fl.
ital.IX,p.528; Fl.ital.III,p.508; Ces.Pass.Gib.Comp.p.190; Ar-
cang.Comp.ed.2,p.169; Cam.Monogr.Orch.Fr.p.51; in J.bot.VI,p.
160; Coste,Fl.Fr.III,p.400,n°3599. - O.BREVICORNIS Marcilly non
Viv. - O.MACULATA×MASCULA (SPECIOSA) Halacsy in Oest.bot.Zeit.
(1876)p.264; Sennholz,Op.cit.(1889)p.321.

Icon. - Reichb.l.c.; M.Schulze,l.c.; Correvon,Alb.Orch.Eur.pl.
LII; Ic.n.pl.19,f.578-581.

Exsicc. - Dörfler,H.n.n°3198; Austr.-Hung.n°677; Fiori , Bui-
guin.et Pampin.Fl.ital.n°422.

Bulbes subglobuleux.Tige de 2-4 décim.,nue au sommet.Feuilles
non maculées,peu nombreuses,les inférieures ovales-oblongues,
atténuées à la base ou lancéolées,brusquement acuminées et cucullées au sommet,les supérieures engaînantes et bractéiformes.
Fleurs purpurines,un peu verdâtres à l'intérieur,à divisions
latérales et labelle pourvus de ponctuations d'un pourpre foncé
violacé plus accentué dans ce dernier.Fleurs peu nombreuses
disposées en épi lâche.Divisions extérieures du périanthe ordinairement obtuses,d'abord un peu conniventes,puis les latérales
étalées,jamais réfléchies.Divisions internes élargies à la base,
obtuses,tronquées ou émarginées.Labelle brièvement rétréci à la
base,puis dilaté,3-lobé plus ou moins profondément,à lobes latéraux défléchis,arrondis en arrière,à lobe moyen souvent émarginé légèrement au sommet.Eperon épais,conique,un peu arqué,
descendant,égalant environ la moitié de l'ovaire.

Var.B. SENDTNERI Reichb.f.Ic.XIII-XIV,41,t.CCCLXXXIII,f.II,7,
8,p.41(1851); Asch.u.Graeb.Syn.III,p.699. - Plante plus gracile,
à fleurs plus petites que dans le type.Labelle ponctué de pourpre à la base,plan,à lobes étalés.Eperon acuminé.

France,TR.,Alpes-Maritimes (Marcilly,O.BREVICORNIS); Ligurie;
Alpes d'Autriche,du Tyrol,de Vénitie;Bosnie;Serbie. - V.SENDT-
NERI : Bosnie.

17. - O.PATENS.

O.PATENS Desfont.Fl.atlant.II,p.318; Willd.Spec.IV,p.19;
Lindl.Gen.et spec.p.265; Reichb.f.Icon.XIII,p.38,p.p.; Cosson,
Notes sur qq. pl.du midi de l'Espag.p.181(1852); Munby,Cat.;
Lacroix,Cat.Kabylie; Battand.et Trab.Fl.Alg.(1884)p.194; (1895)
p.28; Bonnet et Barr.Cat.Tunisie,p.402; Deb.Fl.Kabyl.Djurdjura,
p.340; Willk.et Lange,Prodr.hisp.1,p.168; Arcang.Comp.ed.2,p.
169; Kraenz.Gen.et spec.p.136; Fiori et Paol.Icon.fl.ital.n°832;
Asch.u.Graeb.Syn.III,p.696,p.p. - O.BREVICORNIS Viv.Ann.bot.2,
p.184(1804)et Fl.ital.ed.2,p.12,p.p.; Lindl.Gen.et spec.p.264;
de Notar.Rep. fl.ligust.p.385; Bertol.Fl.ital.IX,p.529; Ces.

Pass.Gib.Comp.p.190; Parlat.Fl.ital.III,p.505; Willk.et Lange,
Prodr.hisp.suppl.n°733 bis. - O.BREVICORNU MINOR Viv.Fragm.bot,
p.12(1808). - O.PANORMITANA Tin.in Guss.Syn.III,p.875(1844). -
O.PATENS a.FONTANESII Reichb.f.Icon.XIII,p.38(1851),t.32.

Icon. - Reichb.f.l.c.; Viv.l.c.t.12,f.2; Jc.n.pl.19,f.569-572.

Exsicc. - Manissadj.Pl.orient.n°102.

Bulbes ovoïdes-oblongs.Tige médiocre ou élevée.Feuilles ovales ou oblongues,peu nombreuses,lancéolées ou lancéolées-linéaires,souvent glaucescentes et maculées de brun,la supérieure é-
troite,engaînante.Bractées étroitement linéaires,acuminées,à
une seule nervure,un peu plus courtes que l'ovaire.Fleurs purpurines,disposées en épi lâche.Divisions externes du périgone
roses,lavées de vert,ovales-obtuses,étalées obliquement ou un
peu réfléchies;divisions internes plus étroites et plus courtes,
conniventes.Labelle maculé de pourpre foncé,à 3 lobes,les 2 latéraux subrhomboïdaux,d'un pourpre foncé,le médian largement
ovale,subbilobé,parfois denticulé.Eperon court,conique,presque
horizontal,égalant à peine la moitié de la longueur de l'ovaire.
Masses polliniques verdâtres.

MORPHOLOGIE INTERNE.

BULBE. Grains d'amidon la plupart arrondis,de forme assez régulière,atteignant env.8-15µ, ie diam. - FIBRES RADICALES. Assise pilifère subérisée.Endoderme à plis marqués.Quelques vaisseaux de métaxylème entourant,avec les lames de bois primaire,
un parenchyme non différencié abondant.

TIGE. Stomates peu nombreux.3-5 assises de parenchyme chlorophyllien assez lâche entre l'épiderme et l'anneau lignifié.An-
neau lignifié formé de 4-7 assises de cellules à parois minces.
Faisceaux libéro-ligneux assez peu développés,entourés de tissus lignifiés à l'extérieur seulement.

FEUILLE. Ep. = 500-560µ.Epiderme sup.recticurviligne,haut de
120-220µ,à paroi ext.épaisse de 10-12µ et non ou peu bombée,
sans stomates au moins dans les feuilles inf.Epiderme inf.rec-
ticurviligne,haut de 40-50µ env.,à paroi ext.épaisse de 5-7µ,
muni de stomates nombreux. Paroi ext.des cellules épidermiques
formant le bord du limbe très bombée à l'extérieur comme dans
l'O.MASCULA (pl.4,f.111).Mésophylle formé de 8-10 assises et
contenant quelques paquets de raphides.

FLEUR. - PERIANTHE. DIVISIONS EXTERNES. - Epidermes ext.et
int.striés,prolongés en papilles assez nettes vers les bords. -
DIVISIONS LATERALES INTERNES Epidermes munis de papilles caractérisées vers les bords. - LABELLE. Epiderme int.prolongé vers
le milieu du labelle en papilles atteignant 60-120µ env.de long.
coniques,nombreuses.Papilles très obtuses à l'extrémité sur les
parties latérales du labelle.Epiderme ext.strié,à papilles courtes et rares. - EPERON. Epiderme int.à papilles extrêmement nombreuses,atteignant 150-250µ au fond de l'éperon,moins longues
vers la gorge,mais abondantes.Epiderme ext.à peine papilleux.
Substances sucrées accumulées entre les épidermes. - ANTHERE,
Bandes d'épaississement relativement assez abondantes dans les

parois. - POLLEN. Vert clair.Exine non ou à peine ruguleuse à
la surface des massules. L =30-40µ . - OVAIRE. Epiderme strié.
Nervure des valves placentifères non saillantes extérieurement,
contenant un faisceau libéro-ligneux à bois int.Placenta dépourvu de faisceau,assez long,à 2 divisions développées.Valves
non placentifères proéminentes à l'extérieur,renfermant un
faisceau libéro-ligneux int. - GRAINES. Cellules du tégument à
parois presque rectilignes,non striées.Graines arrondies à l'ex-
l'extrémité,2f. - 2f.1/2 env.plus longues que larges.

V.v. - Mai-juin. - Collines herbeuses. - Canaries,Espagne,Ba-
léares,Italie,Sicile,Dalmatie,Turquie;Tunisie,Algérie.

A cette espèce se rattachent les 4 sous-espèces ou variétés
suivantes:

O.CANARIENSIS Lindl.Gen.et spec.p.263(1835); Weeb et Berth,
Hist.nat.îles Canaries,III,II,Phyt.III,p.220. - O.PATENS var.
CANARIENSIS Reichb.f.Icon.XIII,p.38,t.33,CCCLXXXV,1.
Plante voisine de l'O.PATENS mais à éperon court.Bulbes en-
tiers.Feuilles dressées,oblongues-aiguës.Labelle légèrement 3-
lobé,pubescent au centre,à lobe moyen tronqué,un peu crispé,dé-
passant les latéraux,l'ensemble du labelle court,épais,obtus.
Bractées membraneuses,plus courtes que les fleurs,subulées au
sommet.
Canaries: roches élevées "Les Organs dictis supra vallem ora-
tore" (Weeb et Berthelot).

O.BREVICORNIS Viv.Ann.bot.1,p.2,f.184,ex Viv.Fragm.bot.(1804),
p.p. - O.BREVICORNU Viv.Fragm.bot.12,f.2(1808). - O.PATENS b.
BREVICORNIS Reichb.f.Icon.XIII,p.38,t.32,CCCLXXXIV. - Exsicc. -
Schultz,H.n.n°2692; Bourgeau,Pl.Esp.n°1490,c.
Rattaché directement au type dont il diffère peu d'après plusieurs auteurs.Plante plus grêle,relativement élevée.Fleurs peu
nombreuses,distantes,plus grandes.Labelle à lobe moyen étroit,
éperon gros.
Italie,Espagne.

O.PATENS CANARIENSIS b. ORIENTALIS Reichb.f.Icon.XIII,p.38;
Boiss.Fl.orient.V,p.67; Richter,Pl.eur.p.269. - O.PATENS Vis.
Fl.dalm.p.168(1842). - O.PATENS var.ATLANTICA Battand.et Trab.
Fl.Alg.(1884)p.194. - Icon. - Reichb.l.c.t.33,CCCLXXXV,f.2. -
Exsicc. - Balansa,Pl.d'Orient(1857).
Epi floral plus court,plus dense.Fleurs de coloration plus
foncée.Labelle presque arrondi,à sinus peu profonds et peu vi-
sibles.
Mai. - Zaccar di Miliana,Algérie (Battandier et Trabut); Dal-
matie,Europe méridionale et orientale,Asie-Mineure.

× ? O.FALLAX.

O.FALLAX Willk.et Lange,Prodr.hisp.1,p.168. - O.BREVICORNIS
b.FALLAX de Notar.Repert.fl.lig.p.385. - O.PATENS b.FALLAX Rei-
chb.f.Icon.XIII,p.38,t.157,DIX.

Diffère de l'O.PATENS par la tige plus élevée,robuste,les
feuilles plus courtes,oblongues-lancéolées,presque toutes baal
laires.Fleurs plus grandes,d'un pourpre intense,à lobes du labelle presque égaux,assez profonds,denticulés;éperon cylindrique,égalant environ le labelle.Fleurs disposées en épi lâche,
long.

V.v. - Espagne,Ligurie (P.Bergon et pl.auct.).

⨯ ? O. NATALIS.

O.NATALIS Tin.Pl.rar.sic.min.cogn,1,p.8(1817); Reichb.f.Icon.
XIII,p.69; Parlat.Fl.ital.III,p.525; Richter,Pl.eur.p.272. -
Considéré par Klinge comme hybride de l'O.SICILIENSIS ejus = O.
SICULA Tin.

Bulbes cylindracés presque entiers.Tige grêle,munie de 4-6
feuilles.Feuilles fasciculées,dressées,étroitement linéaires-
lancéolées,acutiuscules,presque égales.Epi lâche,pauciflore (4-
6 fl.).Bractées acuminées,linéaires-lancéolées,les inférieures
deux fois plus longues que l'ovaire.Divisions extérieures du
périanthe étalées.Labelle 3-lobé,à lobes entiers,les latéraux
2 fois plus larges,le moyen lancéolé,plus long.Eperon descendant,cylindro-conique,aigu,plus court que l'ovaire.

N.v. - Lieux montueux près de l'Etna (Tineo).

La description incomplète de cette plante permet seulement de
la rapprocher de l'O.INCARNATA.

18. - O.PALUSTRIS.

O.PALUSTRIS Jacq.Collect.1,p.75(1786); Icon.Rar.1,t.181; Wil-
ld.Spec.IV,p.26; Rich.in Mém.Mus.IV,p.55; Reichb.f.Icon.XIII,p.
47; Correvon,Alb.Orch.Eur.pl.XLVIII; Richter,Pl.eur.1,p.269;
Dumort.Prodr.fl.Belg.p.132; Lej.et Court.Comp.III,p.183; Mich.
Fl.Hain.p.277; Crépin,Manuel Fl.Belg.éd.2,p.293; Thielens,Acq.
fl.belg.p.748; Orch.Belg.et Luxemb.p.78; Oudemans,Fl.Nederl.p.
144; Le Turq.Delon. Fl.Rouen,p.456; Boisduval,Fl.fr.III,p.43;
Gren.et Godr.Fl.Fr.III.p.294; Boreau,Fl.cent.éd.2,p.524; éd.3,
p.644; Godet,Fl.Jura,p.684; Gren.Fl.ch.jurass.p.748; Ardoino,
Fl.Alp.-Mar.p.354; Barla,Iconogr.p.55; Loret et Barrand.Fl.Mont-
pell.p.661; Cam.Monogr.Orch.Fr.p.43; in J.bot.(1892)p.153; Bré-
biss.Fl.Norm.ed.pl.; Hérib.Fl.Auv.p.430; Gandg.Fl.lyon.p.222;
Car.et S.-Lag.Fl.descr.éd.8,p.804; Gautier,Pyr.-Or.p.398; Lloyd
et Fouc.Fl.Ouest,p.337; Charbonnel in Bull.Soc.nat.Ain(1902)p.
57; Coste,Fl.Fr.III,p.402,n°3608,cum icone; Kirschl.Fl.Alsace,
p.131,p.p.; Scubert,Exc.Fl.Bad.p.122,p.p.; Caflisch,Exc.Fl.S.D.
p.295,p.p.; M.Schulze,Die Orchid.n°17; Morthier,Fl.Suisse,p.362;
Gremli,Fl.Suisse,éd.Vetter,p.481; Schinz u.Keller,Fl.Schweiz,p.
122; Ten.Fl.nap.2,p.288; Syll.p.455; Todaro,Orchid.sic.p.47;
Sang.Prodr.alt.p.455; Bertol.Fl.ital.IX,p.279; Parlat.Fl.ital.
III,p.498; Ces.Pass.Gib.Comp.p.189; W.Barbey,Fl.Sard.Comp.n°
1318; Arcang.Comp.ed.2,p.169; Cocconi,Fl.Bologn.p.485; Boissier,
Fl.orient.V,p.70; Munby,Cat.; Battand.et Trab.Fl.Alg.(1884)p.
195; (1904)p.322. - O.ELEGANS Heuf.in Flora(1835)p.250; Banat,

p.166; Grecescu,Consp.fl.Roman.p.544; Schur,En.Trans.p.640,n°
3407. - O.HEUFFELIANA Schur,Sert.p.71,n°2694 - O.GERMANORUM
Mor.Fl.Schweiz.p.50(1832). - O.MASCULA Crantz,Stirp.austr.p.500
(1769). - O.LAXIFLORA C.A.Mey.Ind.Cauc.,non Lamk. - O.LAXIFLORA
b.PALUSTRIS Marsch.Bieb.Fl.Taur.-Cauc.p.600(1819); Koch.Syn.ed.
2,p.792; ed.3,p.596; ed.Hall.et Wohlf.p.2427; Mutel,Fl.fr.III,
p.240; Fl.Dauph.éd.2,p.593; Coss.et Germ.Fl.Par.éd.2,p.683;
Poirault,Cat.Vienne.p.96; Franchet,Fl.L.-et-Cher,p.573 ; Martin,
Cat.Romor.p.268; Masclef,Cat.P.-d.-C.p.154(FORMA); Bouvier,Fl.
Alp.éd.2,p.641; Debeaux,Rév.fl.agen.p.519; Fior.et Paol.Fl.ital.
1,p.244; Kraenz.Gen.et spec.p.443; Fraas,Fl.class.p.279; Halac-
sy,Beitr.fl.Aetol.p.10; Chorny,Fl.Moehr.u.Oest.Schles.p.248. -
O.LAXIFLORUS B. O.PALUSTER Asch.u.Graeb.Syn.III,p.712. - O.LA-
XIFLORA d. Reichb.Fl.exc.p.122(1830); Bach,Rheinpr.p.368,p.p. -
O.LAXIFLORA var. LONGILOBA Döll,Fl.Rhen.; Noilr.Fl.Nied.-Oest.

Icon. - Vaillant,Bot.t.31,f.34; Seg.Pl.ver.p.125,t.15,f.8;
Jacq.Icon.t.181; Dietr.Fl.reg.Bor.1,2; Reichb.Crit.DCCCXXXI;
Reichb.f.Icon.XIII,t.40,CCCXCII; Cam.Iconogr.Orch.Paris,pl.12;
Barla,l.c.pl.40; pl.41,f.1-10; M.Schulze,l.c.t.17; Ic.n.pl.20,
f.598-601.

Exsicc. - Todaro,Fl.sic.n°1152; Billot,n°1069 et n°1069 bis;
Schultz,n°76; Fries,Herb.n.fasc.VI,n°58.

Bulbes ovoïdes ou subglobuleux.Tige dressée,de 3-5 décim.,cy-
lindrique,verte,lavée de pourpre ou de violet au sommet.Feuil-
les linéaires-lancéolées,aiguës,allongées,arquées,canaliculées,
les supérieures lancéolées,bractéiformes.Bractées égalant ou
dépassant l'ovaire,d'un vert lavé de pourpre ou de violet.
Fleurs grandes,ordinairement d'un pourpre violacé(1),acciden-
tellement carnées ou blanches et alors plus petites,disposées
en épi subcylindrique-allongé,lâche.Divisions du périgone libres,les extérieures oblongues-obtuses,les latérales d'abord
étalées puis réfléchies;les internes un peu plus courtes que
les externes,plus ou moins conniventes avec la médiane.Labelle
glabre,plus large que dans l'O.LAXIFLORA,en forme de coeur renversé,d'un pourpre violacé où le violet domine,blanc ou blanchâtre au centre,plus rarement carné ou blanc,à 3 lobes.Lobes
latéraux assez grands,étalés pendant l'anthèse,puis un peu réfléchis,repliés,entiers ou un peu crénelés en avant.Lobe médian
égalant au moins les latéraux!les dépassant ordinairement,plus
étroit,entier ou émarginé,subbilobé.Eperon horizontal ou ascendant,cylindracé,conique,obtus,un peu atténué au sommet.Gynostè-
me court,apiculé.Stigmate oblong.Anthère violette.Masses polliniques verdâtres.

MORPHOLOGIE INTERNE.
BULBE. Grains d'amidon de forme peu régulière,plus ou moins
arrondis,souvent isolés,atteignant 6-16µ de long.env. (pl.1,f.
17). - FIBRES RADICALES. Assise pilifère parfois complètement
subérisée.Endoderme à cadres plissés peu marqués.Quelques vais-

(1) Les fleurs restent violettes après la dessication.

seaux de métaxylème et lames de bois primaire entourant un a-
bondant parenchyme non différencié.

TIGE. Epiderme légèrement strié,stomates assez nombreux.3-5
assises de parenchyme chlorophyllien entre l'épiderme et l'anneau lignifié.Anneau lignifié formé de 4-6 assises à parois
minces.Faisceaux libéro-ligneux entourés de tissus lignifiés à
l'extérieur et parfois latéralement.Lacune plus ou moins grande
occupant la partie centrale de la tige.

FEUILLE. Ep. = 300-400 μ .Epiderme sup.haut de 50-70μ env.,à
paroi ext.délicatement striée,épaisse de 8-10μ et bombée,muni
de poils unicellulaires assez abondants,gros,hyalins,plus ou
moins courbés,pourvu de stomates dans les bractées sup.seule-
ment.Epiderme inf.haut de 35-45μ,à paroi ext.épaisse de 16-18μ
et peu bombée,muni de stomates nombreux,Paroi ext.des cellules
épidermiques formant le bord du limbe non prolongée extérieurement (pl.4,f.110).Mésophylle formé de 7-10 assises de tissu
chlorophyllien assez lâche,à cellules de forme irrégulière et à
raphides assez rares.Bords du limbe amincis,à parenchyme sous-
épidermique chlorophyllien (pl.5,f.137).

FLEUR. - PERIANTHE. DIVISIONS EXTERNES ET LATERALES INTERNES.
Epiderme ext.strié.Epidermes ext.et int.dépourvus de papilles
caractérisées même vers les bords. - LABELLE. Epiderme int.pro-
longé en papilles (pl.8,f.185-186),les unes atteignant 130-150μ
et atténuées à l'extrémité,les autres plus courtes,cylindriques
et non atténuées.Epiderme ext.pourvu seulement de quelques rares papilles. - EPERON. Epiderme int.muni de papilles très courtes et assez nombreuses.Epiderme ext.non sensiblement papilleux.
Pas d'émission de nectar à l'intérieur de l'éperon. - ANTHERE.
Epiderme dépourvu de papilles.Parois de l'anthère dépourvues de
bandes d'épaississement. - POLLEN. Exine à peine rugueuse à la
périphérie des massules. L = 25-38μ . - OVAIRE. (Pl.10,f.280).
Nervure des valves placentifères non saillante à l'extérieur,
contenant un faisceau libéro-ligneux à bois int.Placenta à divisions écartées et divergentes.Valves non placentifères très
développées,proéminentes extérieurement,renfermant un faisceau
libéro-ligneux à bois int. - GRAINES. Cellules du tégument à
parois recticurvilignes,légèrement striées-réticulées.Graines
arrondies au sommet,1f.1/2 - 2f.1/2 plus longues que larges.
L = 400-500μ .

Var. MINOR Bréb.Fl.Norm.éd.3(1859); Domin ap.M.Schulze,Thur.
B.V.N.F.XIX,p.105(1904). - Forme à fleurs petites,le plus souvent pâles ou carnées.

Var. QUADRIFIDA Bréb.l.c.(1859). - Forme à labelle paraissant
4-fide par la division profonde du lobe moyen.

B. Var.ELEGANS Beck;Glasn.XV,223,87 (1903). - O.ELEGANS Heuf.
in Flora XVIII(1835)p.250; Borbas,Simonkai et auct.plur. - Nous
possédons cette forme des lieux d'origine et nous ne pouvons la
séparer de celle que nous considérons comme le type et qui se
trouve dans le nord et le centre de la France,en Allemagne,Au-
triche,Croatie,Hongrie,Bosnie,etc. - Les fleurs sont de grandeur moyenne,les 2 lobes latéraux du labelle presque étalés et
le lobe médian blanc ou beaucoup moins coloré que les lobes
latéraux.

MORPHOLOGIE INTERNE.

Par l'anatomie de sa feuille et de sa fleur l'O.ELEGANS ne nous a pas semblé différer notablement de l'O.PALUSTRIS. Les épidermes du limbe sont à paroi ext.un peu plus mince que dans le type.

Barla,Icon.pl.41,f.8,représente une forme curieuse,hybride ou lusus,qui aurait mérité une étude sur le vif et sur place.
La forme des Alpes-Maritimes,de la Ligurie,de la région méditerranéenne et de l'Algérie correspond à l'O.MEDITERRANEA Guss.Pl.rar.p.365 et Syn.fl.sic.2,p.536,caractérisée par sa stature plus grande,ses fleurs amples à labelle moins étalé,à lobes plus réfléchis,à peine plus colorés que le lobe médian, elle mériterait plus d'être maintenue à titre de variété que les formes précédentes.

V.v. - Mai,juin;juillet dans les montagnes. - Marais,lieux tourbeux.Paraît rechercher le calcaire. - Europe centrale et méridionale; Asie-Mineure; Perse; Afrique septentrionale.

NOTA. - C'est assurément pour avoir insuffisamment observé l'O.PALUSTRIS et l'O.LAXIFLORA que des auteurs ont réuni ces deux espèces manifestement distinctes et dont les attributs spécifiques sont,malgré ce que l'on a pu écrire,très stables.La confusion a été souvent affermie par l'étude d'échantillons d'herbier plus ou moins bien préparés.Nous ne savons quels caractères il faudrait rechercher pour distinguer les espèces,si l'on réunit ces deux plantes sous le prétexte qu'il existe de rares intermédiaires.Dans l'O.LAXIFLORA les lobes latéraux du labelle sont fortement repliés en dessous et en arrière,dans l'O.PALUSTRIS les lobes latéraux sont étalés pendant l'anthèse et ne sont que peu rejetés en arrière à la fin de la floraison. Dans l'O.PALUSTRIS le lobe moyen du labelle égale toujours ! au moins les latéraux et les dépasse souvent;au contraire dans l'O.LAXIFLORA ce lobe moyen est nettement plus court que les latéraux et parfois presque nul,donnant alors au labelle l'aspect bilobé.L'O.LAXIFLORA a un éperon un peu renflé au sommet, brusquement tronqué et ayant une dépression à la partie supérieure du sommet; l'O.PALUSTRIS a un éperon cylindracé conique, obtus,un peu atténué au sommet.A ces caractères constants et d'ordre morphologique nous en ajouterons d'autres d'ordre biologiques et non moins concluants.L'O.LAXIFLORA fleurit env.20 jours avant son congénère,il recherche la silice.L'O.PALUSTRIS croît dans les marais des terrains calcaires ou tout au moins arrosés par un cours d'eau calcaire.Ces deux plantes viennent très rarement dans les mêmes stations,nous ne les avons jamais vues ensemble dans les environs de Paris.Les formes mal définies toujours rares d'O.LAXIFLORA à lobe moyen long sont issues du croisement de cette espèce avec les O.MORIO,CORIOPHORA,INCARNATA et plus rarement PALUSTRIS(E.G.C.). - Au point de vue anatomique l'O.PALUSTRIS diffère très nettement de l'O.LAXIFLORA.Dans l'O.PALUSTRIS la paroi ext.des cellules épidermiques formant le bord du limbe est à peine bombée (pl.4,1.110),tandis

que dans l'O.LAXIFLORA la paroi ext.des mêmes cellules forme
une dent arrondie (pl.4,f.109).

19. - O.LAXIFLORA.

O.LAXIFLORA (LAXIFLORUS) Lamk,Fl.fr.III,p.504(1778); Rich.in
Mém.Mus.IV,p.55; Lindl.Gen.et spec.p.265; Reichb.f.Icon.XIII,p.
49; Kraenz.Gen.et spec.p.142; Correvon,Alb.Orch.rust.pl.XLII;
Richter,Pl.eur.p.270; Babingt.Man.Brit.Bot.ed.8,p.344; Dumort.
Prodr.fl.Belg.p.132; Tinant,Fl.luxemb.p.439; Hocq.Fl.Jemm.p.233;
Mich.Fl.Hain.p.276; Crépin,Man.Fl.Belg.éd.1,p.177; éd.2,p.293;
Thielens,Acq.fl.belg.p.48; Orch.Belg.Luxemb.p.76; Löhr,Fl.Tr.
p.216; J.Mey.Orch.G.D.Luxemb.p.10; DC.Fl.fr.III,p.247,n°2011;
Boisduv.Fl.fr.III,p.43; Mutel,Fl.Fr.III,p.240,excl.var.b.; Fl.
Dauph.éd.2,p.593; Le Turq.Delon.Fl.Rouen,p.646; Boreau,Fl.cent.
ed.2,p.513; ed.3,p.644; Gr.et Godr.Fl.Fr.III,p.293; Gren.Fl.ch.
jurass.p.749; Coss.et Germ.Fl.Par.éd.2,p.682,excl.var.b.; Martr.-
Donos,Fl.Tarn.p.703; Castagne,Cat.B.-d.-Rh.p.157; Ardoino,Fl.
Alp.-Marit.p.354; Barla,Iconogr.p.54; Poirault,Cat.Vienne,p.96,
excl.var.b.; Cam.Monogr.Orch.Fr.p.43; in J.bot.VI,p.152; Hérib.
Fl.Auv.p.430; Car.et S.-Lag.Fl.descr.éd.8,p.803; Debeaux Fl.Auv.
p.430; Gautier,Pyr.-Or.p.399; Bubani,Fl.pyr.p.37; Charbonnel in
Bull.soc.nat.Ain(1902)II,p.55; Sal.Marschl.Aufz.Korsika in Fl.
Bot.Zeit.p.492(1833); C.Koch in Linn.(1849)p.283; Koch,Syn.ed.
2,p.792,var.a.; ed.3,p.595,var.a.; ed.Hall.et Wohlf.p.2427,var.
a.; Bach,Rheinpr.p.368,p.p.; Kuntze,Tasch.Leipz.p.66; Garcke,
Fl.Deutschl.ed.14,p.378; M.Schulze,Die Orchid.n°18; Gaud.Fl.
helv.V,p.431; Bouvier,Fl.Alpes,éd.2,p.640; Morthier,Fl.Suisse,
p.362; Godet,Fl.Jura,p.685; Gremli,Fl.Suisse,éd.Vetter,p.481;
Schinz u.Keller,Fl.Schweiz,p.122; Sang.Fl.rom.prodr.alt.p.728;
Seb.et Mauri Fl.Rom.prodr.p.304; Biv.Sic.cent.2,p.43; Moris,
Stirp.Sard.f.1,p.44; Todaro,Orch.sic.p.44; Guss.Syn.2,p.535;
Savi,Bot.etrusc.III,p.163; de Notar.Repert.fl.ligust.; Arcang.
Comp.ed.2,p.169; Bertol.Fl.ital.IX,p.549; Parlat.Fl.ital.III,p.
946; Pollin.Fl.ver.2,p.14; Ces.Pass.Gibel.Comp.p.189; W.Barbey,
Fl.Sard.Comp.n°1317; Cocconi,Fl.Bologn.p.485; Fior.et Paol.Fl.
anal.ital.p.244,excl.var.b.; Macchiati in N.giorna bot.ital.
(1881)p.313; Cortesi in Ann.bot.Pirotta,1,p.36; Guimar.Orch.
port.p.62; Mars.Bieb.Fl.Taur.-Cauc.III,p.600,excl.var.b.; Ledeb.
Fl.Ross.IV,p.57,p.p.; Boiss.Fl.orient.V,p.71; Chaub.et Bory,
Expédit.Morée,p.261; Weiss in Zool.bot.Ges.(1869)p.754; Raul.
Cret.861; Speitz in Zool.bot.Ges.(1877),p.730; Halacsy in Oest.
bot.Zeit.(1896)p.18; Consp.fl.gr.III,p.173,p.p.; Bull.Herb.Bois-
sier,Et.bot.Kos,p.415(1894); W.Barbey,Herb.au Levant,p.157; Colmeiro,Enum.pl.hisp.lusit.V,p.32; Debeaux et Dauter,Syn.Gibralt.
p.200; Munby,Cat.p.196; Battand.et Trabut,Fl.Alg.(1884)p.196;
(1895)p.30,p.p. - O.LAXIFLORUS a. O.ENSIFOLIUS Asch.u.Graeb.,
Syn.III,p.710. - O.CASPIA Trautv.in Act.Hort.petr.II,p.484(1873);
Increm.Fl.Ross.p.748. - O.PLATYCHILA C.Koch in Linn.XIX,p.13 ap.
Boiss. - O.ENSIFOLIA Vill.Hist.Dauph.II,p.29(1787); All.Auct.
fl.pedem.p.31; Willd.Spec.IV,p.24; Lapeyr.Abr.Pyr.p.548; Balbis,
Misc.bot.1,p.39; Nocc.et Balb.Fl.ticin.2,p.150; Ten.Fl.nap.2,p.
289. - O.TABERNAEMONTANI Gmel.Fl.Bad.III,p.535(1808); Schur,En.

Trans.p.640,n°3408. - O.LAXIFLORA var.LAMARKII Franchet,Fl.L.-
et-Cher,p.573. - O.LAXIFLORA var.TABERNAEMONTANI Koch,Syn.ed.2,
p.792; ed.3,p.596. - O.LAXIFLORA var.LAXIFLORA Coss.et Germ.Fl.
Par.éd.2,p.683. - O.PALUSTRIS b.LAXIFLORA Rom.in Da Rio Giorn.
del.It.litt.XXV,p.302; Friedr.Reise,p.272. - O.MORIO Ab.Ucr.
Hort.Panorm.p.382.

Icon. - Vaillant,Bot.par.t.31,f.33,34; Cup.Pamp.Bon.Gerv.t.29,
32; Seg.Pl.ver.t.15,f.8; Reichb.f.Icon.XIII,t.44,CCCXCIII; Barla,l.c.pl.39; Ces.Pass.Gib.t.XXIV,f.e; Fiori,Pabl.l.c.f.831;
Cam.Icon.Orch.Par.pl.12; M.Schulze,Die Orchid.t.18; Guimar.l.c.
Est.VII,f.50; Bonnier Alb.N.Fl.p.147; Ic.n.pl.19,f.566,566',
pl.20,f.589-597.

Exsicc. - Soleirol,n°4007; Reichb.n°170; Soc.Rochel.n°2246;
Orphan.Fl.gr.n°854; Sint.Thess.n°347,n°848; Sint.et Bornm.It.
tur.(1891); Fors.Maj.Ins.Arc.(1887); Austr.-Hung.n°1026; Siehe's
Botan.Reise nach Cilic.(1895); Todaro,Fl.sic.n°473; Bourgeau,Pl.
Pyr.Esp.n°727.

Bulbes ovoïdes ou subglobuleux.Tige dressée,de 3-5 décim.,cy-
lindrique,un peu anguleuse au sommet,souvent lavée de pourpre
ou de violet à la partie supérieure.Feuilles linéaires-lancéolées,carénées,pliées en gouttière.Bractées un peu plus longues
que l'ovaire,d'un vert lavé de pourpre ou de violet.Fleurs assez grandes,d'un pourpre violacé où domine le pourpre(1),acci-
dentellement carnées ou blanches et alors plus petites,dispo-
sées en épi subcylindrique-allongé,lâche.Divisions du périgone
libres,les externes oblongues-obtuses,étalées puis réfléchies
en arrière,les latérales plus courtes que les externes et conniventes avec la médiane.Labelle convexe,large en forme de
coeur renversé,d'un pourpre un peu violacé,plus rarement carné
ou blanc,la teinte s'atténuant du pourtour au centre et au sommet,à 3 lobes.Lobes latéraux grands,repliés de manière à presque se toucher par le sommet,arrondis,un peu crénelés en avant;
lobe médian court,parfois presque nul,donnant au labelle un aspect bilobé.Eperon horizontal ou ascendant,un peu courbé,un peu
renflé au sommet,brusquement tronqué et ayant une dépression à
la partie supérieure du sommet.Gynostème court apiculé.Stigmate
oblong.Anthère violette.Masses polliniques contiguës,verdâtres.

MORPHOLOGIE INTERNE.

BULBE. Grains d'amidon de forme irrégulière,ordinairement
plus ou moins allongés,atteignant 15-30μ de long. - FIBRES RA-
DICALES. Assise pilifère subérisée.Endoderme à cadres plissés
marqués.Cylindre central relativement peu développé.Métaxylème
manquant le plus souvent.

TIGE. Stomates assez nombreux. 1-4 assises de parenchyme chlorophyllien entre l'épiderme et l'anneau lignifié,Anneau lignifié formé de 5-7 assises de cellules à section transversale irrégulière,arrondie,plus grandes vers l'intérieur que vers l'ex-
térieur.Faisceaux libéro-ligneux entourés de tissu lignifié seulement extérieurement et bordant ordinairement une grande lacune centrale.

(1) Par la dessication les fleurs restent purpurines.

FEUILLE. Ep. = 360-500µ env.Epiderme sup.recticurviligne,très
légèrement strié,haut de 80-100µ,à paroi ext.épaisse de 6-10µ,
peu bombée,dépourvu de stomates,sauf parfois dans les feuilles
supérieures,portant quelques gros poils hyalins,unicellulaires,
à extrémité très obtuse,légèrement striés,atteignant 150-180µ.
Epiderme inf.recticurviligne,haut de 30-60µ,à paroi ext.bombée,
épaisse de 5-9µ,muni de nombreux stomates.Paroi ext.des cellules épidermiques formant le bord du limbe prolongée extérieurement en pointe arrondie,asymétrique (pl.4,f.109).Mésophylle
formé de 7-10 assises chlorophylliennes et contenant quelques
cellules à raphides.
    FLEUR. - PERIANTHE. DIVISIONS EXTERNES. Epiderme ext.souvent
strié.Epidermes ext.et int.dépourvus de papilles caractérisées.-
DIVISIONS LATERALES INTERNES.Epidermes ext.et int.plus ou moins
striés,légèrement papilleux vers les bords. - LABELLE. Epiderme
int.muni dans les parties latérales foncées de papilles très
courtes,obtuses et sur la partie centrale de grosses papilles
développées à la base,atténuées au sommet,mais encore assez obtuses,parfois quelques-unes presque cylindriques,atteignant 50-
130 µ de long.env.Epiderme ext.pourvu de quelques courtes papilles . - EPERON. Epiderme int.muni de papilles très courtes,ca-
ractérisées seulement vers l'extrémité de l'éperon.Epiderme ext.
non sensiblement papilleux.Pas d'émission de nectar à l'intérieur de l'éperon,liquide sucré s'accumulant entre les épidermes. - ANTHERE. Epiderme ext.du gynostème non prolongé en papilles,muni de quelques stomates. Parois ordinairement dépourvues de bandes et d'anneaux d'épaississement. - POLLEN. Vert.
Exine à peine granuleuse à la périphérie des massules. L= 40-
50µ env. - OVAIRE. Epiderme strié,muni de nombreux stomates.
Nervure des valves placentifères non saillante extérieurement
(comme dans beaucoup d'ORCHIS,dans les ovaires desséchés,la
pression et la dessication produisent la saillie externe de la
nervure),ayant un faisceau libéro-ligneux à bois int.et paraissant ordinairement manquer de faisceau placentaire.Placenta
long,à 2 grandes divisions divergentes.Valves non placentifères
très développées,très saillantes extérieurement,contenant un
faisceau libéro-ligneux à bois int. - GRAINES. Cellules du tégument plus ou moins striées-réticulées.Graines arrondies au
sommet,2f.1/2-3f.1/2 env.plus longues que larges.

    B. Var. LONGEBRACTEATA Willk.et Lg.Prodr.hisp.1,p.168 et Suppl
n°738,p.42; Debeaux et Dauter Syn.Gibralt.l.c.; Hausskn.Symb.ad
fl.gr.p.24; - Exsicc. - Reiser,Fl.gr.(1897). - Fleurs en épi
plus dense,bractées dépassant l'ovaire,les inférieures foliacées. - Espagne,Grèce.
    La var.PALUDOSA Martr.-Donos,l.c.est caractérisée par le lobe
moyen du labelle égalant ou dépassant les latéraux.X ?
    MONSTRUOSITE. - Nous avons reçu de M.Arbost,notre zélé et sa-
vant collaborateur,un exemplaire d'O.LAXIFLORA à fleurs régulières ayant 2 verticilles à lobes semblables;le labelle était
conforme aux 2 autres divisions du verticille auquel il appar-
tenait et était dirigé en bas (Icon.G.Cam.Atl.pl.XVII; Ic.n.pl.
19,f.566,566').

V.v. - Mai.juin. Fleurit 20 jours avant l'O.PALUSTRIS. - Marais tourbeux,surtout des terrains siliceux. - Europe moyenne
méridionale et orientale; Afrique septentrionale; Espagne;
France,env.de Paris,Sologne,centre,ouest et région méridionale;
Suisse; Allemagne; Autriche-Hongrie; Italie; etc.; provinces
du Caucase; Asie-Mineure; Perse.

20. - O.MASCULA.

O.MASCULA (MASCULUS) L.Fl.suec.ed.2,p.310(1755); Willd.Spec.
IV,p.18; Lindl.Gen.et spec.p.264; Poiret,Encycl.IV,p.590; Rich.
in Mém.Mus.IV,p.55; Reichb.f.Icon.XIII,p.41; Richter,Pl.eur.p.
269; Kraenz.Gen.et spec.p.157; Blytt,Hand.Norg.Fl.ed.Ove Dahl,
p.226; Babingt.Man.Br.Bot.ed.8,p.343; Oudem.Fl.Nederl.III,p.144;
Lej.Fl.Spa,II,p.188; Revue fl.Spa,p.185; Hocq.Fl.Jemm.p.233;
Dumort.Fr.fl.Belg.p.132; Lej.et Court.Comp.III,p.185; Tinant,
Fl.luxemb.p.457; Bellynck,Fl.Namur,p.261; Michot,Fl.Hainaut,p.
277; Crépin,Man.Fl.Belg.éd.1,p.177;éd.2,p.263; Thielens,Orch.
Belg.et Luxemb.p.75; Fl.méd.p.306; J.Mey.Orch.Luxemb.p.10; Du-
moul.Fl.Maestr.p.76; Vill.Hist.Dauph.II,p.28; DC.Fl.fr.III,p.
247,n°210; Dub.,Bot.p.444; Loisel.Fl.gall.2,p.264; Mutel,Fl.fr.
III,p.292; Fl.Dauph.éd.2,p.592; Lapeyr.Abr.Pyr.p.546; Lec.et
Lam.Cat.pl.centr.p.148; Gr.et Godr.Fl.Fr.III,p.292; Boreau,Fl.
cent.éd.3,p.644; Godet,Fl.Jura,p.683; Gren.Fl.ch.jurass.p.748;
Michalet,Hist.nat.Jura,p.295; Martr.-Donos,Fl.Tarn.p.702; Dupuy,
Fl.Gers,p.229; Graves,Cat.Oise,p.121; Coss.et Germ.Fl.Paris,éd.
2,p.682; Godr.Fl.Lorr.2,p.288; Barla,Iconogr.p.57; Dulac,Fl.H.-
Pyr.p.426; Foirault,Cat.Vienne,p.96; Loret et Barr.Fl.Montp.p.
661; Jeanb.et Timb.-Lagr.Mas.Laur.p.289; Franchet,Cat.L.-et-Ch.
p.572; Masclef,Cat.P.-d.-C.p.154; Magnin et Hétier,Obs.fl.Jura,
p.140; Cam.Monogr.Orch.Fr.p.39; in Journ.bot.VII,p.148; Car.et
Saint-Lag.Fl.descr.éd.8,p.802; Coste,Fl.Fr.III,p.402; (1) Rei-
chb.Fl.exc.p.123; Koch,Syn.ed.2,p.791; ed.3,p.595; ed.Hall.et
Wohlf.p.2427; Foerster,Fl.Aach.p.346; Oborny,Fl.Moehr.Oest.Schl.
p.346; Seubert,Exc.Fl.Bad.p.126; Cafl.Exc.Fl.S.D.p.295; Reichb.
f.Icon.p.41; Garcke,Fl.Deutschl.ed.14,p.377; M.Schulze,Die Orch.
n°13; Asch.u.Graeb.Syn.III,p.699; Gaud.Fl.helv.V,p.430; Morth.
Fl.Suisse,p.361; Rhiner,Prodr.Waldst.p.126; Fischer,Fl.Bern.p.
76; Gremli,Fl.Suisse,éd.Vetter,p.481; Schinz u.Keller,Fl.Sch-
weiz,p.121; All.Fl.pedem.2,p.146; Savi,Fl.Pis.2,p.299; Nocc.et
Balb.Fl.ticin.2,p.148; Sebast.et Mauri,Fl.Roman.prodr.p.303;
Bertol.Amoen.ital.p.415; Moric.Fl.venet.1,p.370; Pollin.Fl.ve-
ron.III,p.9; Tenore,Fl.nap.II,p.285; Ten.Syll.p.453; de Notar.
Repert.fl.ligust.p.386; Pucc.Syn.fl.luc.p.475; Bertol.Fl.ital.
IX,p.527; Parlat.Fl.ital.III,p.527; Cortesi in Ann.bot.Pirotta,
p.42,p.p.; W.Barbey,Fl.Sard.comp.n°1313; Fiori et Paol.Iconogr.
fl.ital.n°833; Boiss.Voy.Esp.p.592; Marès et Vigineix,Cat.Ba-
léar.p.281; Willk.et Lange,Prodr.hisp.1,p.167; Guimar.Orch.port.
p.60; Ambr.Fl.Tir.austr.p.690; Hausm.Tirol,p.835; Suffren, Fl.

(1) Guill.Fl.de Bord.et du S.O.p.170,réunit l'O.MASCULA,l'O.
PALUSTRIS,l'O.LAXIFLORA et l'O.ALATA.Nous avouons ne pas comprendre cette réunion.

du Frioul,p.184; Sibth.et Sm.Prodr.fl.gr.II,p.212; Chaub.et Bory,Expéd.Morée,p.261; Fl.Pélop.p.61; Friedr.Reise,p.269; Boiss.
Fl.orient.V,p.68; Heldr.Fl.Egine in Bull.Herb.Boiss.; Boiss.Fl.
orient.p.68; Gries,Spic.fl.rum.et bith.2,p.259; Gilibert,Exerc.
phyt.II,p.476; Steph.Fl.Moq.n°64; Georgi,Beschr.Ross.R.III,V,p.
1268; Marsch.Bieb.Fl.Taur.-Cauc.II,p.364; Bess.Enum.p.35,n°
1159; Eichw.Skisse,p.126; Hohenack.Enum.Tal.p.24; Ledeb.Fl.Ros-
sica,p.57; Desfont.Fl.atl.II,p.315; Debeaux,Fl.Kabyl.Djurdjura,
p.340; Lacroix;Cat.Kab.p.194; Battand.et Trab.Fl.Alg.(1884)p.
194; Ball,Spic.Mar.p.672. - O.CORIOPHORA Gen.El.scep.p.840(1798)
(1798). - O.GLAUCOPHYLLA A.Kern.in Oest.bot.Zeit.XIV,p.101
(1864). - O.OVALIS Schm.in May.Phys.Aufs.1,224(1791). - O.PAR-
REISSII Presl,Bot.Bem.p.112(1844); Trautv.Increm.Fl.Ross.p.749,
n°5022. - O.MORIO d. MASCULUS et e. L.Spec.ed.1,p.941(1753). -
O.VERNALIS Salisb.Prodr.p.46,n°4,sec.Bubani,Fl.pyr.p.36. - O.
radicibus subrotundis,petalis lateralibus reflexis,labello trifido,segmento medio longiori bifido Hall.Hell.n°1283; Enum.265,
n°10. - O.labio quadrifido crenato;cornu obtuso,laevi,germinum
longitudine Scopoli,Fl.carn.1,p.248. - Palmata major Rivin.Hex.
t.10. - O. foliis sessilibus non maculatis Bauh.Pin.82. - Satyrium mas Blackw.t.53.

Icon. - Vaill.Bot.par.t.31,f.11,12; Sw.Bot.IV,t.220; Engl.
Bot.t.631; Curt;Fl.Lond.ed.Grav.2,t.124; Fl.dan.t.547; Jacq.Ic.
rar.t.180; Hall.l.c.t.33; Seg.Pl.ver.II,t.15,f.5-11; pl.125,n°
7; t.15,f.6; Schkuhr.Handb.3,t.271; Nees Esenb.Pl.off.t.71; Mutel,Fl.fr.Atl.t.65,f.490; Turpin,Fl.med.V,t.256; Barla,l.c.pl.
44; Cam.l.c.pl.XI; M.Schulze,l.c.t.13; Correvon,Alb.Orch.Eur.
pl.XLIV; Bonnier,Alb.N.Fl.p.147; Ic.n.pl.19,f.555-568.

Exsicc. - Billot,n°346 et n°346 bis; Soc.Rochel.n°2245; Bourgeau,Pl.Espagne,n°2493,n°1490; Fiori,Beguin.Pampan.Fl.ital.n°
421; Siehe's Bot.Reise nach Cil.(1896)n°267.

Bulbes ovoïdes ou subglobuleux.Tige de 2 à 5,rarement 6 décim.,
verte,nue,anguleuse,souvent lavée de violet au sommet,maculée
de taches et de houppes d'un pourpre plus foncé,plus rarement
sans taches ou maculés (n.FOLIIS IMMACULATIS DC.Fl.fr.III,p.
247; Vaillant,Bot.t.31,f.12).Feuilles oblongues-lancéolées,
élargies vers leur sommet,ordinairement pourvues à leur base et
sur leurs gaînes de taches de points purpurins.Bractées lavées
de pourpre,les supérieures plus courtes que l'ovaire,les inférieures l'égalant ou le dépassant.Fleurs violacées purpurines
(accidentellement blanches et dans ce cas plus petites,peu nombreuses var.FLORE ALBO Villars et auct.plur.),ordinairement assez nombreuses,disposées en épi dense,allongé.Périanthe à divisions extérieures libres,dressées-étalées;divisions internes
plus courtes que les externes,plus ou moins conniventes avec la
médiane.Labelle plus long que les divisions externes,convexe,
d'un violet purpurin,à teinte dégradée au centre,marqué de taches purpurines,velouté au moins à la base,3-lobé,à lobes latéraux crénelés sur les bords,arrondis en arrière,à lobe médian
plus long et plus large que les latéraux,élargi et divisé en 2
lobes secondaires crénelés ou entiers,souvent muni d'une dent à

l'angle de bifidité.Eperon subcylindrique ou subclaviforme,horizontal ou ascendant,égalant environ l'ovaire.Gynostème court, brièvement apiculé.Anthère violacée.Masses polliniques d'un vert foncé.

MORPHOLOGIE INTERNE.

BULBE. Grains d'amidon arrondis,de forme peu régulière,atteignant 8-15µ de diam.env. - FIBRES RADICALES. Assise pilifère se subérisant parfois entièrement.Assise subéreuse à parois ext.et lat.subérisées.Endoderme à cadres plissés marqués.Quelques vaisseaux de métaxylème entourant,avec les lames de bois primaire, un parenchyme non différencié peu abondant.

TIGE. Epiderme à paroi ext.mince,à stomates assez nombreux. 3-8 assises de cellules chlorophylliennes entre l'épiderme et l'anneau lignifié.7-10 assises lignifiees extra-libériennes,à parois restant toujours assez minces.Faisceaux libéro-ligneux entourés,sauf à l'intérieur du bois, le tissu lignifié.Liber des faisceaux développé.Grande lacune occupant la partie centrale de la tige.

FEUILLE (Pl.6,f.139). Ep. = 350-410µ env.Epiderme sup.recticurviligne,strié,haut de 90-180µ ,à paroi ext.épaisse de 7-12µ et bombée,portant quelques rares poils unicellulaires,hyalins, muni de stomates seulement dans les feuilles sup.et ayant quelques plages de cellules à contenu violacé.Epiderme inf.recticurviligne,haut de 35-60µ,pourvu de nombreux stomates et de quelques plages de cellules à contenu violacé,à paroi ext.épaisse de 4-8µ et bombée.Paroi ext.des cellules épidermiques formant le bord du limbe très nettement bombée (pl.4,f.111).Mésophylle formé de 6-10 assises d'un tissu lacuneux surtout à la partie inf.du limbe et renfermant quelques cellules à raphides. Bord du limbe muni de quelques(1-3 env.)cellules de collenchyme à parois peu épaisses.

. FLEUR. - PERIANTHE. DIVISIONS EXTERNES ET LATIRALES INTERNES. Epidermes ext.et int.striés.Bords non sensiblement papilleux dans les divisions ext.,à peine papilleux au bord des divisions int. - LABELLE. Epiderme int.prolongé en papilles striées,celles de la partie médiane du labelle atteignant 150-180µ de long. grosses à la base et atténuées à l'extrémité;celles des parties latérales,très courtes.Epiderme ext.à peine papilleux. - EPERON Epiderme int.pourvu de grosses papilles,courtes,striées,nombreuses,atteignant rarement 100-120µ de long.Epiderme ext.légèrement papilleux.Produits sucrés s'accumulant entre les épidermes. Pas d'émission de nectar à l'intérieur de l'éperon. - ANTHERE. Epiderme ne se prolongeant pas en papilles.Parois dépourvues de bandes et d'anneaux d'épaississement. - STAMINODE. Cellules contenant de très abondants paquets de raphides. - POLLEN. Vert foncé,exine non ou à peine rugueuse à la périphérie des massules.L = 35-40µ . - OVAIRE. (Pl.10,f.281.)Stomates peu nombreux. Nervure des valves placentifères non saillantes à l'extérieur (saillante seulement dans les ovaires desséchés),contenant un faisceau libéro-ligneux ext.à bois int.et parfois de plus un faisceau placentaire libérien.Placenta assez long,à 2 divisions développées.Valves non placentifères proéminentes à l'extérieur, renfermant un faisceau libéro-ligneux int.à bois int. - GRAINES.

Suspenseur développé.Graines adultes à cellules du tégument non
striées,arrondies au sommet,1f.1/2 - 2f.1/4 plus longues que
larges. L = 250-300'.env.

B. Var.OBTUSIFLORA Koch,Syn.ed.2,p.595; Godr.l.c.et auct.mult,
Reichb.f.Icon.38,CCCXC,I et II. - Périanthe à divisions externes obtuses ou subobtuses.Cette variété est la plus répandue en
France et en Allemagne. - S.-var.ALBIFLORA Toussaint et Hoschdé-
dé,Fl.de Vernon,p.257; (FLORE ALBO) Villars et auct.plur. -
Fleurs blanches.
C.Var.STABIANA Reichb.f.Icon.XIII,p.42; M.Schulze,l.c.; Hall.
et Wohlf.l.c.; Kraenz.l.c.p.138. - O.STABIANA Ten.Fl.nap.p.239,
t.196; Syll.p.453; Lindl.Gen.et spec.p.265. - Feuilles non ma-
culées.Fleurs pâles ou blanchâtres à divisions acuminées.
D. Var. SPECIOSA Mutel,Fl.fr.III,p.239; Atl.t.65,f.491; Koch,
Syn.ed.1,p.686(1837); ed.2,p.791; ed.3,p.595; ed.Hall.et Wohlf.
p.2427; Gr.et Godr.Fl.Fr.III,p.292; Godet,Fl.Jura,p.684; M.
Schulze,l.c.t.13,b.p.10; Asch.u.Graeb.l.c.p.703. - O.SPECIOSA
Host,Fl.Austr.II,p.527(1831); Lindl.Gen.et spec.p.265; Schur,En
Trans.p.499; Reichb.f.l.c.p.42,t.CCCXCI. - O.MASCULA var.HOSTII
Auct.plur. - O.MASCULA Neilr,Fl.N.-Oest.; Grecescu,Consp.Fl.Rom
p.544. - Exsicc. - Schultz,n°1245; Fl.Austr.-Hung.n°1854. - Tige ordinairement robuste,à épi dense.Divisions externes du périanthe très longuement acuminées,éperon renflé au sommet.Cette
forme est la plus répandue dans la région méditerranéenne et
dans l'Europe orientale.
Var.? ou s.-var.BREVICALCARATA,Camus et Lambert, - Eperon
bien plus court que l'ovaire et renflé au sommet. - Cher,Ray-
mond (Lambert).
E. Var. FALLAX Cam.in Bull.Soc.bot.Fr.(1889); Reichb.f.l.c.t.
391; an t.38 ? an var.OBTUSIFLORA Reichb.? C'est la seule forme
citée par Willk.et Lg.dans le Prodr.hisp.1,p.167. - Port d'un
O.MASCULA robuste.Divisions externes du casque moins acuminées;
labelle dépourvu de macules purpurines.Feuilles peu ou non maculées. - Somme,Raismènil,près de Doullens(Copineau); Rambouil-
let (G.Cam.).
F. Var. STENOLOBA Rosb.Fl.v.Trier,1,180,134; Verh.nat.Ver.d.
Preuss.Rh.u.Westfal.33(1876)p.431; M.Schulze,l.c.f.13. - Labelle petit à lobes très distincts,mais obtus,le médian émarginé,
dépourvu de dent à l'angle de bifidité.
G. Var. MARIZI Guimar.Orch.port.p.60,Est.VI,f.47. - Bractées
toutes ou au moins les inf.3-nerviées;fleurs grandes,éperon assez court. - Plante d'origine peut-être hybride. - Portugal.
H. Var. GLAUCOPHYLLA (GLAUCOPHYLLUS) Asch.u.Graeb.l.c.p.703,-
O.GLAUCOPHYLLA Kerner,O.B.Z.XIV(1864)p.101. - Feuilles glauques
un peu étalées.Bractées inférieures dépassant les fleurs. - Tyrol.
? Var.FOETENS Rosb.l.c.; M.Schulze,l.c. - Fleurs dont l'odeur
ressemble à celle peu agréable du sureau.Cette variation assez
répandue en Allemagne a été constatée pour les 3 variétés admises par Koch;elle constitue pour nous 3 s.-var.FOETENS des var.
OBTUSIFLORA,ACUTIFLORA et SPECIOSA.
MONSTRUOSITES : 1° Forma ECALCARATA Boreau,Fl.cent. - Eperon

nul. 2.° Fleurs donnant naissance à l'aisselle des lobes du périanthe à des fleurs secondaires et celles-ci à des boutons
floraux de troisième ordre. (Doct. Moore de Glasnevin in Journ.
of the Linn.Soc.IX,p.349; W.Masters,Vegetable teratology,1869).

V.v. - Avril,juin. - Prairies humides,bosquets,clairières des
bois montueux. - R. dans les env. de Paris où il paraît rechercher la silice,cependant abondant dans le Jura calcaire. -
Europe moyenne et australe:Angleterre,Danemark,Russie moyenne,
Grèce,Transcaucasie,Asie-Mineure; Sibérie,Oural;Afrique septentrionale.

Sous-esp. O. OLBIENSIS.

O.OLBIENSIS Reuter in Barla,Iconogr.Orch.p.58; Cam.Monogr.
Orch.Fr.p.40; in J.bot.VI,p.150; Rouy,Illustr.p.57,t.CLXII;
Asch.u.Graeb.Syn.III,p.703. - O.MASCULA b. OLIVETORUM Gren.
Recher.sur quelques Orch.env.Toulon.p.14; Ardoino,Fl.Alp.-Mar.
p.358. - O.PICTA Moggrid.Contr.fl.Menton,p.18,t.18.
   Icon. - Barla,l.c.pl.45,f.1-23; Cam.l.c.pl.XVI; M.Schulze,l.
c.t.13,d; Ic.n.pl.19,f.549-554.
   Exsicc. - Dörfler,n°3199.
   Bulbes ovoïdes ou subglobuleux.Tige de 1 à 2 rarement 3 décim.
grêle,le plus souvent flexueuse,surtout à la base,lavée de pourpre carminé au sommet.Feuilles d'un vert clair,maculées ou non
de pourpre à la base,les inférieures oblongues-lancéolées,obtu-
ses ou subobtuses,les supérieures aigues.Bractées un peu plus
courtes que l'ovaire,rosées ou violacées,à bords un peu trans-
parents,à 3 nervures plus ou moins marquées.Fleurs peu nombreuses,6-10,petites,disposées en épi lâche,court,ovale,de couleur
carnée ou d'un rose pâle lavé de violet.Divisions du périanthe
ovales-allongées,obtuses,les inférieures un peu soudées à la
base,les latérales dressées-étalées au sommet,les 2 internes un
peu plus courtes,conniventes en voûte avec la moyenne externe.
Labelle un peu plus long que les autres divisions du périanthe,
plié en deux dans le sens de la longueur,d'un rose carné ou légèrement violacé,blanc ou blanchâtre au centre,maculé de pourpre,3-lobé,à lobes latéraux réfléchis,arrondis en arrière,cré-
nelés ou non,à lobe moyen plus long que les latéraux,divisé en
2 lobes secondaires crénelés ou entiers;et souvent muni d'une
dent à l'angle de bifidité.Eperon égalant ou dépassant l'ovaire,
ascendant,plus ou moins recourbé,un peu renflé au sommet,com-
primé et quelquefois subbilobé.Gynostème court.
MORPHOLOGIE INTERNE.
   Ne se distingue guère de l'O.MASCULA par la structure de son
bulbe (pl.1,f.19),de ses fibres radicales (pl.1,f.1),de sa tige
(pl.2,f.44) et de sa feuille.Diffère de l'O.MASCULA par son labelle et son éperon à papilles plus courtes,n'atteignant que
80-100µ env.au milieu du labelle(pl.8,f.187) et 50-80µ à l'intérieur de l'éperon,par la présence d'épaississements en an-

neaux incomplets,plus ou moins rares dans les parois de l'anthè
re et ordinairement par l'absence de faisceau placentaire.

· V.v. - Mai. - R. Alpes-Maritimes: Sainte-Agnès,Mont-Aiguille;
Drap,Folicon,etc.(Ardoino,Barla,Bergon et auct.plur.); Var: Sol
liès-Toucas (Albert),Hyères,Toulon (Cavalier,Huet,Jacquin);Bou-
ches-du-Rh.: Marseille (de Larambergue),Martigues (Antheman);
Italie :Ligurie; Algérie: Tlemcen (Abel Pignon in Herb.(Martin)
Muséum Paris!)

Sous-esp. O. PINETORUM

O.PINETORUM Boissier et Kotschy,Sched.Cil.(1859); Boissier,Fl
orient.V,p.68.
Bulbes oblongs,entiers.Tige élancée,élevée.Feuilles ressemblant à celles de l'O.MASCULA.Bractées pourprées,membraneuses,
lancéolées-cuspidées,environ de la longueur de la moitié de
l'ovaire.Fleurs roses,ressemblant à celles de l'O.MASCULA,mais
plus petites,à labelle de même forme que dans cette espèce,mais
à éperon de moitié plus court que l'ovaire,étroit à la base et
renflé en sac au sommet.

Mai. - Montagnes subalpines de la Cilicie orientale.

21. - O. QUADRIPUNCTATA.

O. QUADRIPUNCTATA Cyr.in Ten.Prodr.fl.neap.p.LIII(1811); Fl.
nap.2,p.291,excl.syn.O. BRANCIFORTII Biv.; Cup.Syll.p.452; Rei-
chb.f.Icon.XIII,p.45,p.p.; Kraenz.Gen.et spec.p.140; Parlat.Fl.
ital.III,p.508; Ces.Pass.Gib.Comp.190; Arcang.Comp.ed.2,p.169;
Fiori et Paol.Icon.ital.n°834; M.Schulze,Die Orchid.n°16; Asch.
u.Graeb.Syn.III,p.709; Speitz in Zool.bot.Ges.(1877)p.731; Rich
ter,Pl.eur.p.269; Heldr.Fl.Cephal.p.68; Boiss.Fl.orient.V,p.69;
Gelmi in Bull.Soc.bot.ital.p.452(1889); Hausskn.Symb.ad fl.gr.
p.24; Halacsy,Beitr.fl.Ach.p.32 in Oest.bot.Zeitschr.p.98(1897)
Martelli,Monocotyl.Sard.p.57. - O.HOSTII Tratt.in Arch.d.Gewach
II,p.107(1813); Reichb.Fl.germ.excurs.1,p.123; Vis.Fl.dalm.1,p.
168,an ex parte? - ANACAMPTIS QUADRIPUNCTATA Lindl.Gen.et spec.
p.275(1835). - GYMNADENIA HUMILIS Lindl.l.c.p.276.

Icon. - Tratt.l.c.; Biv.Bern.Stirp.t.1; Tenore,t.89; Ch.et
Bory,Exp.Morée,t.XXXII,2; Reichb.f.t.156,DVIII; Ic.n.pl.20,f.
623-626.

Exsicc. - Orph.Fl.gr.n°146; Heldr.Herb.n.n°480 et n°1581; Reverchon,Pl.Crète(1883)n°163; Fl.dalm.n°264; Porta et Rigo,Iter
ital.n°314; Tenore,Fl.sic.n°572

Port d'un GYMNADENIA.Bulbes ovales ou subglobuleux.Feuilles
oblongues ou oblongues-lancéolées.Epi lâche et pauciflore ou

allongé et multiflore.Bractées colorées,lancéolées,égalant
presque l'ovaire,les inférieures 3-nerviées,les supérieures l-
nerviées.Fleurs petites d'un pourpre lavé de violet.Divisions
externes du périanthe ovales-oblongues ou oblongues-obtuses,é-
talées-dressées;divisions internes plus étroites,conniventes.
Labelle égalant environ les divisions externes du périgone,muni
à la base de 2-4 macules,3-lobé,à lobes latéraux arrondis,l'intermédiaire égalant les latéraux ou les dépassant un peu.Epi
filiforme,descendant,droit ou arqué,égalant l'ovaire.Anthère
purpurine.

S.-var. ALBIFLORA. - Var. ALBIFLORA Raul.Cret.p.861. - Fleurs
blanches.
Var. MACROCHILA Halacsy,Consp.fl.gr.p.172. - Exsicc. - Dörfler,Pl.cret,n°121. - Labelle manifestement plus long que les
divisions du périgone,à division moyenne dépassant les latérales.

Avril, mai. - Collines des régions peu élevées et subalpines.-
Sardaigne,Sicile,Italie orientale,Dalmatie,Grèce,Chypre,Crète.-
V.s.

Sous-esp.ou var. ? O. CUPANI.

O.CUPANI Tod.Orch.sic.p.56(1842); Richter,Pl.eur.1,p.272. -
O.QUADRIPUNCTATA var. CUPANI Reichb.f.Icon.XIII,p.46. - Cup.
Pamph.Bonn.Gerv.40.
Bulbes ovales.Tige grêle,peu feuillée,dressée ou un peu si-
mueuse.Feuilles linéaires-lancéolées,décroissant graduellement
de taille,les caulinaires moyennes engaînantes.Bractées plus
courtes que l'ovaire.Fleurs petites,en épi allongé.Eperon plus
court,plus conique que dans l'O. QUADRIPUNCTATA;labelle à lobes
peu prononcés,à ponctuations purpurines nombreuses,divisions
supérieures et latérales du périanthe plus courtes et plus tronquées.
Sicile.

Sous-esp. O. BRANCIFORTII.

O.BRANCIFORTII Biv.Stirp.rar.sic.pl.Man.1,t.1,f.1(1813); Par-
lat.Fl.ital.III,p.509; Ces.Pass.Gib.Comp.p.190; W.Barbey,Fl.
Sard.Comp.p.57,n°1320; Arcang.Comp.ed.2,p.170; Richter,Pl.eur.
1,p.269; Martelli,Monocotyl.Sard.p.57. - O.BIPUNCTATA Rafin.
Précis des découv.p.43; in Journ.Bot.IV,p.272. - ANACAMPTIS
BRANCIFORTII Lindl.Gen.et spec.p.275(1835). - O.perpusilla flo-
re purpureo Cup.H.cath.p.157. - O.parva maculata purpureo flore
culicis effigie Cup.Pamph.sic.2,t.118; Bon.t.40. - Var.b.Label-
lo impunctato Tin.in Guss.l.c.
Icon. - Biv.l.c.t.1,f.1,(optima sec.Parlat.); Reichb.f.Icon.
XIII,t.508,f.1(non bona sec.Parlat.)
Exsicc. - Peter,Fl.dalmat.n°264.

Tige de 1 à 2 décim.Feuilles toutes radicales,oblongues ou oblongues-linéaires.Fleurs petites,nombreuses,d'un rose clair, disposées en épi cylindrique,laxiflore.Labelle égalant environ les divisions externes du périanthe et 3 fois plus court que l'ovaire,planiuscule,ordinairement biponctué à la base,3-lobé, à divisions latérales linéaires divergentes,obtusiuscules.Eperon filiforme,presque droit,descendant,à peine plus court que l'ovaire.Bractées oblongues-cuspidées,lavées de pourpre,les inférieures à 3 nervures,plus courtes que l'ovaire.Gynostème court,obtus.

Lieux herbeux des collines et des montagnes. - Sicile,Sardaigne,Dalmatie.

Sous-esp.ou hybride ? O. BORYI.

×? O.BORYI Reichb.f.Icon.XIII,p.19,t.151(1851); Boissier,Fl. orient.V,p.73.

Bulbes obovales.Tige peu élevée,nue au sommet.Feuilles oblongues-lancéolées,les supérieures réduites à l'état de gaînes. Bractées membraneuses,toutes ovales-acutiuscules,égalant la moitié de l'ovaire.Fleurs petites,peu nombreuses,en épi lâche. Divisions du périanthe conniventes en casque,oblongues-obtuses. Labelle un peu plus long que les divisions du périanthe,un peu plus large que long,3-lobé,à lobes presque égaux,obtus ou tronqués,crénulés,à lobe moyen un peu saillant,souvent émarginé. Eperon filiforme,très long,souvent un peu renflé au sommet,mais non excavé,égalant presque l'ovaire qui est long. - Forme ou hybride de l'O.QUADRIPUNCTATA.

In Messeniâ ad Phigaleam et in monte Rhome cum O.QUADRIPUNCTATA. - Grèce,Corcyre.

22. - O.PROVINCIALIS.

O.PROVINCIALIS Balbis,Misc.p.20,t.2(1806); Lindl.Gen.et spec. p.263; C.Koch,Beitr.fl.orient.in Linn.XXII(1849)p.281; Reichb. f.Icon.XIII,p.44,a; Kraenz.Gen.et spec.p.138; Richter,Pl.eur.p. 269; Seb.et Mauri,Fl.Rom.prodr.p.303; Savi,Bot.etrusc.III,p.166; Bertol.Rar.ital.pl.dec.3,p.40; Pl.gen.in Amoen.ital.p.198; Fl. ital.IX,p.546; Ten.Syll.neap.p.456; Sal.-Marsch.Aufz.in Kors.in Fl.Bot.Zeit.(1833); Tod.Orch.sic.p.42; Guss.Enum.pl.inar.p.317; Fl.sic.syn.2,p.536; Moris,Stirp.Sard.1,p.44; Moris,Stirp.Sard. 1,p.44; Moris et Notar.Fl.capr.p.123; de Notar.Repert.fl.lig.p. 385; Puccin.Syn.fl.luc.p.476; Bertol.Fl.ital.IX,p.546; Parlat. Fl.ital.III,p.491; Ces.Gib.Pass.Comp.p.189; W.Barbey,Asch.et Levier,Comp.et suppl.n°1316; Martelli,Monocot.sard.; Cocconi, Fl.Bolog.p.484; Cortesi in Ann.bot.Pirotta,1,p.34; Macchiati, Orch.sard.in N.g.bot.ital.(1881)p.313; Fiori et Paol.Icon.fl. ital.n°835; DC. Fl.fr.III,p.329,n°2008; Duby,Bot.p.444; Loisel.

Fl.gall.2,p.264; Mutel,Fl.fr.III,p.239; Gr.et Godr.Fl.Fr.III,p.
293; Cast.Cat.B.-d.-Rh.p.157; Ardoino,Fl.Alp.-Mar.p.353; Mog-
grid.Contr.fl.Menton,t.42; Barla,Icon.p.53; Cam.Monogr.Orch.Fr.
p.40; in J.bot.VI,p.151; Car.et S.-Lag.Fl.descr.éd.8,p.803;
Magn.et Hétier,Obs.fl.Jura,p.140; Gaut.Pyr.-Orient.p.398; Bubani,Fl.pyr.p.36; Briquet in Arch.fl.jurass.p.32(1902); Coste,Fl.
Fr.III,p.401,n°3604,cum icone; Colmeiro,Enum.pl.hisp.-lus.V,p.
32; Willk.et Lange,Prodr.hisp.p.168; Suppl.p.42; Guimar.Orch.
port.p.61; Reichb.Fl.exc.1,p.122; Koch,Syn.ed.2,p.791; ed.3,p.
595; ed.Hall.et Wohlf.p.2426; M.Schulze,Die Orchid.n°15; Asch.
u.Graeb.Syn.III,p.707; Schinz u.Keller,Fl.Schweiz,p.121; Rad.
Riv.Coll.bot.alb.(1896)p.93; Halacsy,Consp.fl.gr.p.171; Boiss.
Fl.orient.V,p.69; Fried.Reise,p.277; Ung.Reise,p.120; Battand.
et Trab.Fl.Alg.(1884)p.195; (1895)p.29; O.Debeaux,Fl.Kabyl.
Djurdj.p.340. - O.CYRILLI Ten.Fl.nap.II,p.287(1820). - O.LEUCO-
STACHYS Griseb.Spic.II,p.359(1844). - O.MASCULA Als.Fl.Jadr.p.
210(1832),non L. - O.PALLENS Savi,Fl.pis.p.298(1798); Chaub.et
Bory,Expéd.Morée,p.260; N.fl.Péloponèse,p.261; Bertol.Pl.gen.l;
p.120,b.; Rar.ital.pl.2,p.20. - O.MORIO var. PROVINCIALIS Poll.
Fl.ver.III,p.9(1824). - Orchis ornithophora,candido-lutescens,
Pal ae Christi pratensis maculatae foliis Cup.H.cath.p.157.

Icon. - Hall.Helv.t.30; Balb.Misc.bot.alt.t.2; Tenore,Fl.nap.
t.87; Ann.Sc.nat.s.2,IX,pl.7,f.17-20; Seg.Pl.ver.suppl.p.247,
n°5,t.8,f.3; Bonan.Pamph.sic.t.34; Bot.Mag.t.2569; Rupp.Fl.jen.
ed.1,p.281;t.2,f.2; Reichb.Pl.crit.IX,t.808,f.109; Reichb.f.Ic.
XIII,t.35,CCCXCXXXVII; Mutel,Fl.fr.III,t.495; Moggr.Pl.Ment.t.
42; Barla,l.c.pl.38,f.1-15; M.Schulze,l.c.t.15; Guimar.est.VII,
f.49; Ic.n.pl.20,f.606-609.

Exsicc. - Billot,n°2550; Soc.Rochel.n°2017; Balansa,Pl.d'O-
rient,n°155; Orphan.Fl.gr.n°147; Bald.It.alb.epir.IV,n°146;
Sint.Thessal.n°493.

Bulbes ovoïdes,assez gros.Tige de 1-3 décim. Feuilles oblongues-lancéolées,ou lancéolées-aiguës,mucronées,non élargies au-
dessous de leur sommet,souvent maculées de brun.Bractées jaunâtres,linéaires-lancéolées,acuminées,membraneuses,égalant environ l'ovaire ou un peu plus courtes que lui,les supérieures u-
ninerviées,les inférieures 3-nerviées.Fleurs peu nombreuses,
disposées en épi lâche,d'un jaune pâle.Divisions externes du
périgone oblongues-obtuses,libres,les externes étalées,réflé-
chies au sommet,les internes un peu plus courtes que les externes,connivente ou se recouvrant en voûte.Labelle égalant presque les divisions du périgone,un peu convexe,d'un jaune soufre
pâle,marqué de points purpurins,velouté,à 3 lobes profonds,les
latéraux arrondis en arrière,obtus,réfléchis,un peu crénelés en
avant,le médian tronqué émarginé au sommet,plus long que les
latéraux,égalant ou dépassant l'ovaire;accidentellement l labelle
peut être entier.Eperon d'un blanc jaunâtre,presque aussi
long que l'ovaire,claviforme,arqué,ascendant,un peu renflé et
tronqué ou subbilobé au sommet.Gynostème court.Anthère et masses polliniques jaunâtres.

MORPHOLOGIE INTERNE.

FIBRES RADICALES. Endoderme à plissements subérisés très marqués.Métaxylème souvent assez abondant,entourant,avec les lames vasculaires primaires,un parenchyme non différencié développé.

TIGE. Stomates peu nombreux. 2-5 assises parenchymateuses chlorophylliennes entre l'épiderme et l'anneau lignifié;parfois parenchyme ext. manquant complètement.7-9 assises lignifiées formant l'anneau,formées de cellules à parois peu épaisses.Faisceaux libéro-ligneux souvent complètement entourés de sclérenchyme.Lacune plus ou moins grande occupant la partie centrale de la tige.

FEUILLE. Ep. = 300-370µ .Epiderme sup.haut de 80-150µ,à paroi ext.assez épaisse,non bombée,muni de stomates dans les feuilles sup. seulement.Epiderme inf. haut de 40-60µ,à paroi ext.assez épaisse,bombée,pourvu de nombreux stomates.Paroi ext. des cellules épidermiques formant le bord des feuilles à peine bombée.Mésophylle formé de 7-10 assises de tissu chlorophyllien.

FLEUR. - PERIANTHE. DIVISIONS EXTERNES. Epiderme ext. strié. Epidermes ext.et int.à peine papilleux vers les bords. - DIVISIONS LATERALES INTERNES. Bords munis de papilles assez nombreuses. - LABELLE. Epiderme int. prolongé en papilles atteignant 100-120µ env.,très nombreuses,très grosses à la base,atténuées à l'extrémité (pl.8,f.191).Epiderme ext. muni seulement de quelques papilles. - EPERON. Epiderme int. à papilles courtes,obtuses,striées.Epiderme ext. peu papilleux. - ANTHERE. Epaississements en anneaux incomplets relativement assez nombreux dans les parois. - POLLEN. Exine très délicatement rugueuse à la surface des massules. L = 28-38µ env. - OVAIRE. Epiderme à cuticule striée.Nervure des valves placentifères non ou à peine saillante à l'extérieur (saillante dans les échantillons désséchés),ayant un faisceau libéro-ligneux ext. à bois int. et un faisceau libéro-ligneux int. à bois ext. Placenta à longues divisions.Valves non placentifères très développées,proéminentes à l'extérieur,renfermant un faisceau libéro-ligneux à bois int. - GRAINES. Cellules du tégument à parois plus ou moins ondulées,non striées.Graines très arrondies à la partie sup., 2f.1/2 - 3f.1/2 plus longues que larges. L = 300-370µ env.

V.v. - Avril,mai. - Collines,vallons et montagnes. - Europe méditerranéenne;Afrique boréale;Asie-Mineure;France:Esterel, Grasse,Fréjus,Toulon,Aveyron,Languedoc,Roussillon,Corse;Espagne; Italie,Sardaigne,Sicile;Istrie;Dalmatie;Macédoine;Turquie;Crète; Algérie,AC. vers 800 mèt.d'altitude.

Sous-esp. O. PAUCIFLORA.

O.PAUCIFLORA Tenore,Prodr(1811); Fl.nap.II,p.288(1820); Syll. p.456; Bertol.Fl.ital.IX,p.518; Parlat.Fl.ital.III,p.494; Ces. Pass.Gib.Comp.p.188; Arcang.Comp.ed.2,p.168; Cam.Monogr.Orch. Fr.p.42; in J.bot.VI,p.152; Coste,Fl.Fr.III,p.402,n°365; Richter,Pl.eur.p.42; Raul.Cret.p.861; Halacsy,Consp.fl.gr.p.171. - O.LAETA Steinheil in Ann.Sc.nat.2 s.IX,p.209(1835). - O.PROVIN-

CIALIS Vis.non Balb. - O.PROVINCIALIS a.HUMILIOR Pucc.Syn.Fl.
luc.p.478. - O.PROVINCIALIS b.PAUCIFLORA(vel PAUCIFLORUS) Lindl.
Gen.and spec.Orchid.p.263; Reichb.f.Icon.XIII,t.157,DIX; 365,
CCCLXXXVIII,p.44; Heldreich,Fl.Cephal.p.68; Boiss.Fl.orient.V,
p.69; Fiori et Paol.Fl.ital.p.265; Ung.Reise,p.120; M.Schulze,
Die Orchid.15; Asch.u.Graeb.Syn.III.p.707. - O.PSEUDOPALLENS
Tod.Orchid.sic.p.58(1842); non Koch.
    Exsicc. - Heldr.Herb.n.n°480 et n°1285.
    Icon. - Ic.n.pl.20,f.610-613.
    Diffère de l'O.PROVINCIALIS,dont il n'est peut-être qu'une
variété,par les caractères suivants:Fleurs bien plus grandes,
plus rapprochées,peu nombreuses;labelle plus long que les
autres divisions du périanthe;feuilles plus larges,obtuses,non
maculées.
                    MORPHOLOGIE INTERNE.
    L'O.PAUCIFLORA ne nous a pas paru présenter de différences
notables avec l'O.PROVINCIALIS.

    Var.CALABRA Ten.ap.Arcang.l.c. - Fleurs plus grandes,d'un
jaune intense.

    V.v. - Rochers et collines herbeuses. - TR. Corse:Sartène,
Corte(Herb.Rouy); Italie,Sicile;Istrie,Dalmatie;Grèce;Smyrne.

                    23. - O. PALLENS.

    O.PALLENS L.Mant.II,p.292(1771); Willd.Spec.IV,p.27; Lindl.
Gen.and spec.p.268; Reichb.f.Icon.XIII,p.43; Kraenz.Gen.et spec.
p.138; Richter,Pl.eur.1,p.269; Hocq.Fl.Jemm.p.234; Dumort.Prodr.
fl.Belg.p.132; Tinant,Fl.luxemb.p.439; Michot,Fl.Hain.p.276;
Löhr,Fl.Tr.p.246; Thielens,Orch.Belg.et G.D.Luxemb.p.276; DC.
Fl.fr.III,p.250; Duby,Bot.p.444; Vill.Hist.Dauph.II,p.30; Loisel.
Fl.gall.II,p.264; Mutel,Fl.fr.III,p.239; Boisduval,Fl.fr.III,p.
45; Gr.et Godr.Fl.Fr.III,p.293; Ardoino,Fl.Alp.-Marit.p.353;
Barla,Iconogr.p.57; Cam.Monogr.Orch.Fr.p.41; in J.bot.VI,p.150;
Dulac,Fl.H.-Pyr.p.126; Car.et S.-Lag.Fl.descr.éd.8,p.803; Gau-
tier,Pyr.-Orient.p.399; Magnin,Arch.fl.jurass.n°11; Briquet,op.
cit.n°25; Coste,Fl.Fr.III,p.401,n°3603,cum icone; Gaudin,Fl.
helv.V,n°2063,p.439; Morthier,Fl.Suisse,p.362; Bouvier,Fl.Alp.
éd.2,p.640; Gremli,Fl.Suisse,éd.Vetter,p.480; Rhiner,Prodr.
Waldst.p.126; Lenticchia,Flore-Géologie-Minéral.p.97; Schinz u.
Keller,Fl.Schweiz,p.121; Roth,Germ.1,377; II,386; Dietr.Fl.Bo-
russ.XI,n°722; Hoffm.Germ.514; Reichb.Fl.excurs.p.122; Bluff et
Fingerh.Comp.2,p.420; Oborny,Fl.mehr.Oest.Schl.p.246; Koch,Syn.
ed.2,p.791; ed.3,p.595; ed.Hall.et Wohlf.p.2426; M.Schulze,Die
Orchid.n°14; Garcke,Fl.Deutschl.ed.14,p.377; Caflisch,Ex.Fl.S.
D.p.295; Kuntze,Tasch.Fl.Leipzig,p.65; All.Fl.pedem.n°1829;
Nocc.et Balb.Fl.ticin.2,p.151; Pollin.Fl.veron.III,p.15; Tenore,
Fl.nap.II,p.280,p.p.; Cesi.Pass.Gib.Comp.p.189; Bertol.Fl.ital.
Parlat.Fl.ital.III,p.500; Cocconi,Fl.Bologn.p.485; Arcang.Comp.
ed.2,p.168; Fiori et Paol.Iconogr.ital.n°836; Ambros.Fl.Tir.
austr.1,p.689; Asch.u.Graeb.Syn.III,p.704; Beck,Fl.N.-Oest.p.

203; Schur,Enum.Trans.p.640,n°3404; Simk.Enum.Trans.p.499;
Willk.et Lange,Prodr.hisp.1,p.168; Ledeb.Fl.Ross.IV,p.66; Fried.
Reise,p.279; Boiss.Fl.orient.V,p.68; Bald.Riv.coll.bot.alb.
(1896)p:93; Halacsy,Consp.fl.gr.p.171. - O.SULPHUREA Sims in
Bot.Mag.t.2569(1825). - O.radicibus subrotundis,petalis galeae
lineatis,labello trifido,integerrimo Hall.Helv.n°1281,t.30,f.1.-
Urine felis odore est. - O.pannonica VII,Clus.Hist.1,p.269? -
O.bulbosa,floribus flavescentibus Seg.Suppl.247. - O.foetida
sylvatica praecox,flore albo barba luteola Rupp.Jen.p.297; ed.
1,p.282,t.2,f.2.

Icon. - Haller;l.c.; Jacq.Austr.1,t.45; Seg.Pl.ver.t.8,f.3,
Suppl.; Schlecht.Lang.Deutschl.IV,f.335; Bot.Mag.t.2569; Reichb.
Pl.crit.t.DCCCVIII,f.1093; Reichb.f.Icon.XIII,t.34,CCCLXXXVI;
Mutel,Atl.pl.LXV,f.493; Barla,l.c.pl.43,f.1-17; M.Schulze,l.c.
t.4; Correvon,Alb.Orch.Eur.pl.XLVIII; Ic.n.pl.18,f.546-548.

Exsicc. - Höhenack.Pl.Cauc.; Fiori,Beguin.Pamp.Fl.ital.(1905)
n°24; Bald.It.alban.(1896)n°97; Magnier,Fl.sel.n°4085; Dörfler,
Herb.n.n°54087.

Bulbes ovoïdes,assez gros.Tige de 3-4 décim.,un peu anguleuse
au sommet.Feuilles larges,oblongues-lancéolées,subobtuses,mu-
cronées,non maculées,dilatées un peu au-dessous de leur sommet.
Bractées jaunâtres,lancéolées-acuminées,membraneuses,plus longues que l'ovaire.Fleurs assez grandes,d'un jaune pâle,exhalant
une odeur agréable analogue à celle du sureau,disposées en épi
subcylindrique;divisions externes du périgone libres,obtuses,
les latérales étalées ou réfléchies,les internes conniventes
avec la médiane.Labelle plus long que les divisions supérieures,
un peu convexe,d'un jaune plus vif que les divisions supérieures,velouté,3-lobé,à lobes latéraux arrondis,entiers ou un peu
crénelés;lobe moyen entier,émarginé ou subbilobé.Eperon cylindrique,obtus,horizontal ou ascendant,d'un blanc jaunâtre,éga-
lant presque l'ovaire.Gynostème court,d'un jaune pâle.Anthère
et masses polliniques jaunes.
                    MORPHOLOGIE INTERNE.
  Les plantes étudiées étaient des échantillons d'herbier.
  FEUILLE. Epiderme sup.dépourvu de stomates au moins dans les
feuilles inf.,formé de cellules à parois recticurvilignes,à paroi ext.assez mince,non bombée.Epiderme inf.recticurviligne,
muni de stomates nombreux,à paroi ext.mince.Paroi ext.des cellules épidermiques du bord du limbe légèrement bombée.
  FLEUR. - PERIANTHE. LABELLE. Epiderme int.prolongé en papilles coniques assez nombreuses,atteignant 50-100µ de long env.
Epiderme ext.à papilles rares. - EPERON. Epiderme int.muni de
papilles très nombreuses,coniques,obtuses,striées,atteignant
40-60µ de long env.Epiderme ext.légèrement papilleux. - GRAINES
Cellules du tégument dépourvues de stries,à parois recticurvili-
gnes.Graines arrondies·au sommet.

V.v. - Prés des montagnes et de la région alpine. - Europe
centrale,méridionale et orientale. France:montagnes du Dauphiné,

Alpes-Maritimes,Cantal,Jura,Pyrénées,les localités de Montmo-
rency (Thuillier) et de Folleville près d'Orléans (Duby) sont
erronées; Suisse; Italie; Autriche,Tyrol; Dalmatie; Bosnie; Allemagne; Grèce; Turquie; Orient; Caucase; Belgique; Luxembourg
(non retrouvé récemment). TR.

Var. PSEUDO-PALLENS Reichb.f.Icon.p.43,t.159,DXI; Boiss.Fl.
orient.V,p.69; Kraenz.Gen.et spec.p.139; M.Schulze,Die Orchid.
14,2; Asch.u.Graeb.l.c. - O.PSEUDO-PALLENS C.Koch in Linn.XIX,
p.13,non Todaro. - Plante plus grêle.Bractées longues,attei-
gnant presque la longueur des fleurs.Labelle entier ou presque
entier. - Montagnes de la Bithynie (Thirke).

24. - O.ANATOLICA.

O.ANATOLICA Boiss.Diagn.sér.1,V,p.56; Fl.orient.V,p.70; Stefani,Fors.Major et W.Barbey,Cat.Samos,p.61; Fors.Major in Insu-
lis Archip.n°580(1887); Bull.Herb.Boiss.(1895); Etude Telandos,
p.176; Etude Kos,p.414; Reichb.f.Icon.XIII,p.47,t.37,CCCLXXIX,
f.1,f.11 var.KOCHII (RARIFLORA); Kraenz.Gen.et spec.p.141.

Icon. - Ic.n.pl.21,f.656-659.

Exsicc. - Iter Cil.-Kurd.(1859)n°159; Balansa,Pl.d'Orient
(1855)n°824; Aucher-Eloy,n°2236; Sintenis et Rigo,Iter cypr.
(1880).

Bulbes obovales,non incisés.Tige grêle,non feuillée au sommet.
Feuilles oblongues ou oblongues-lancéolées,les supérieures linéaires-lancéolées,acuminées.Epi lâche,pauciflore Bractées colorées,étroitement lancéolées,un peu plus courtes que l'ovaire.
Fleurs purpurines.Divisions du périanthe étalées,oblongues-li-
néaires,obtuses.Labelle cunéiforme à la base,plus long que les
autres divisions du périgone,3-lobé,rarement presque entier,à
lobes latéraux obtus,le moyen rétus.Eperon légèrement renflé à
la base,cylindro-conique,horizontal ou ascendant,plus long que
l'ovaire.

MORPHOLOGIE INTERNE.
Nous avons pu analyser quelques fragments d'un individu bien
conservé en tant qu'échantillon d'herbier,mais dont le mode de
dessication avait rendu peu favorable l'étude anatomique.
FEUILLE. Epiderme sup.recticurviligne,à paroi ext.épaisse de
8-12µ env.Epiderme inf.recticurviligne,à paroi ext.épaisse de
7-10µ env.,à stomates nombreux. Cellules épidermiques des bords
du limbe à paroi ext.très nettement bombée,formant des dents pa
peu hautes,arrondies,symétriques.
FLEUR. - LABELLE. Epiderme int.prolongé vers la partie médiane du labelle en papilles coniques,très grosses à la base,atté-
nuées à l'extrémité,atteignant 120-150µ de long env. - GRAINES.
Cellules du tégument à parois recticurvilignes,non striées.Grai-
nes arrondies ou légèrement atténuées au sommet,2f.-2f.1/2 plus
longues que larges. L = 270-350µ env.

B. Var. KOCHII Boiss.l.c. - O.RARIFLORA C.Koch in Linn.XX,p.
15. - Ic.n.pl.20,f.627-628. - Plante plus petite.Labelle à lobes latéraux un peu plus étroits ou à peine marqués (s.-var.
TAURICA).

V.s. - Iles de l'Archipel,Chio,Caria,Lycie,Cilicie,Chypre,Pa-
lestine,Mésopotamie.

Sous-genre II. - DACTYLORCHIS.

DACTYLORCHIS J.Klinge,l.c.
Bulbes plus ou moins palmés ou incisés,parfois entiers mais
atténués-fusiformes et non subglobuleux.

Sous-sect. A. CONNIVENTES. - Divisions du périanthe conniventes en casque.

25. - O. IBERICA.

O.IBERICA Marsch.Bieb.in Willd.Spec.IV,p.25(1805); Lindl.Gen.
and spec.p.260; Hohenack.Enum.Talüsch,p.27; C.Koch in Linn.XXII,
p.284; Ledeb.Fl.Ross.IV,p.53; Hausskn.Symb.fl.gr.p.21; Halacsy,
Consp.fl.gr.III,p.169; Klinge,Dactylorchidis(1898)p.13; Richter,
Pl.eur.p.268. - O.LEPTOPHYLLA C.Koch in Linn.XII,p.280(1849);
Ledeb.Fl.Ross.IV,p.54. - O.ANGUSTIFOLIA Marsch.Bieb.Fl.Taur.-
Cauc.II,p.368(1808); Boiss.Fl.orient.IV,p.65. - O.NATOLICA W.et
M.Ann.Sc.nat.(1854)p. 30,sec.Boiss.Fl.orient.V.

Icon. - Reichb.f.Icon.XIII,t.154,155; DVI,f.VIII,III; Ic.n.
pl.21,f.655.

Exsicc. - Heldr.It.gr.(1879); It.thess.IV(1885); Reliq.Orph.
(1886); Siehe's Reise nach Cilic.(1895)n°586; Manissadj.Pl.or.
n°141; Bornmull.Pl.an.orient.n°2628; Sintenis,Iter orient.(1890)
n°3138; Sint.et Rigo(1880)n°870; Kotschy,Iter syr.(1855)n°220,
n°277.

Bulbes plus ou moins palmés ou entiers,mais fusiformes.Port
d'un GYMNADENIA CONOPEA.Tige grêle,de 30 cent.et plus.Feuilles
linéaires,les radicales aiguës,les supérieures ascendantes,acu-
minées-subulées,insensiblement transformées en bractées.Epi
floral un peu lâche,étroitement oblong.Bractées subulées-cuspi-
dées,plus courtes que les fleurs,les dépassant rarement et seulement dans les individus robustes.Fleurs de la même grandeur
que dans l'O.MILITARIS.Périanthe à divisions d'un pourpre pâle,
les extérieures conniventes,d'un pourpre plus foncé.Labelle 3-
lobé,un peu plus long que les autres divisions du périanthe,
étroit à la base,puis élargi,à lobes presque égaux,courts,à lobes latéraux parfois crénulés,à lobe moyen égalant les latéraux
en longueur et en largeur,ou plus étroit et dentiforme.Eperon
grêle,subulé,plus court que l'ovaire.Etamine à loges parallèles
et presque contiguës.

MORPHOLOGIE INTERNE.

Les quelques observations suivantes ont été faites sur un é-
chantillon d'herbier séché au fer.

TIGE. Stomates assez nombreux.2-4 assises chlorophylliennes
entre l'épiderme et l'anneau lignifié.Anneau lignifié formé de
7-9 assises de cellules à parois peu épaisses.Faisceaux libéro-
ligneux entourés extérieurement et latéralement de tissu ligni-
fié.Lacune occupant la partie centrale de la tige jusqu'aux
faisceaux.

FEUILLE. Epiderme sup. à paroi ext. un peu épaisse,légèrement
bombée,muni de stomates même dans les feuilles inf. Epiderme
inf.à paroi ext.peu bombée,pourvu de nombreux stomates.Cellules
épidermiques formant le bord du limbe à paroi ext.bombée,chaque
cellule ayant une petite dent asymetrique.

Var. LONGIFOLIA Reichb.f.l.c.t.154,f.IV. - Feuilles très longues et très étroites.
Var. FRAASII Reichb.f.l.c.p.34;t.156,f.III. - Tige grêle.
Feuilles et bractées courtes.Divisions latérales du périanthe
dilatées à la base,acuminées au sommet.
Var. STEVINI Reichb.f.l.c.p.34,t.156. - Labelle entier,étroit
à la base,puis dilaté et crénelé et acuminé au sommet.
Var. LEPTOPHYLLA. - O.LEPTOPHYLLA C.Koch,l.c. - Labelle à lobes peu marqués,à divisions latérales moins étalées.

V.s. - Prés humides,bords des eaux,dans la région subalpine. -
Grèce,Cilicie,Turquie,Liban,Cataonie,Tauride,Transcaucasie.

Sous-sect. B. SAMBUCINAE. - Labelle à 3 lobes plus ou moins
marqués,plus large que long.

26. - O.SAMBUCINA.

O.SAMBUCINA (SAMBUCINUS) L.Fl.suec.ed.2,p.312(1755); Willd.
Spec.IV,p.30; Lindl.Gen.et spec.p.258; Reichb.f.Icon.XIII,p.64;
Richter,Pl.eur.p.271; Klinge,Dactylorch.p.15; Kraenz.Gen.et
spec.p.149; Correvon,Alb.Orch.Eur.pl.L; Poiret,Encycl.IV,p.596;
DC.Fl.fr.III,p.251; Duby,Bot.p.251; Lapeyr.Abr.Pyr.p.548; Loi-
sel.Fl.gall.2,p.267; Boisduval,Fl.fr.III,p.46; Mutel,Fl.fr.III,
p.241; Fl.Dauph.éd.2,p.593; Gr.et Godr.Fl.Fr.III,p.295; Boreau,
Fl.centre,éd.3,p.645; Lec.et Lam.Cat.pl.centr.p.348; Godet,Fl.
Jura,p.685; Gren.Fl.ch.jurass.p.749; Godr.Fl.Lorr.2,p.288; 3,p.
29; Martr.-Donos,Pl.Tarn,p.704; Barla,Iconogr.p.60; Ardoino,Fl.
Alp.-Mar,p.354; Jeanb.et Timb.-Lagr.Massif du Laurenti,p.290;
Cam.Monogr.Orch.Fr.p.45; in J.bot.VI,p.155; Fr.Gust.et Hérib.
Fl.Auverg.p.43; Magn.et Hétier,Obs.fl.Jura,p.141; Michalet,
Hist.nat.Jura,p.296; Briquet in Arch.fl.ch.jurass.n°25(1902);
Bonnet,Pet.fl.paris.p.382; Legrand,Stat.bot.Forez,p.222; Car.et
S.-Lag.Fl.descr.éd.8,p.806; Bubani,Fl.pyr.p.37; Coste,Fl.Fr.III,
p.403,n°3612,cum icone; Kirschl.Prodr.p.160; Fl.Alsace,p.132;
Fl.Vog.-Rhen.p.81; Dumort.Prodr.fl.Belg.p.132; Tinant,Fl.luxemb.
p.440; Crépin,Man.Fl.Belg.éd.2,en obs.p.293; Meyer,Orch.G.D.
Luxemb.p.11; Reichb.Fl.exc.1,p.126; Poll.Palat.p.848; Gmel.Fl.

Bad.III,p.547; Schultz,Palat.p.441; Bluff.et Fingh.Comp.2,p.421;
Koch,Syn.ed.2,p.792; ed.3,p.596; ed.Hall.et Wohlf.p.2428; Obor-
ny,Fl.Moehr.Oest.Schles.p.248; Bach,Rheinpr.Fl.p.370; Caflisch,
Exc.Fl.S.D.p.296; Garcke,Fl.Deuts.ed.14,p.378; M.Schulze,Die
Orchid.n°22; Kuntze,Tasch.Fl.p.66; Asch.u.Graeb.Syn.III,p.753;
Gaud.Fl.helv.V,p.441,n°2064; Morthier,Fl.Suisse,p.363; Reuter,
Cat.Genève,éd.1,p.99; éd.2,p.203; Gremli,Fl.Suisse,éd.Vetter,p.
481; Schinz u.Keller,Fl.Schweiz,p.123; Bouvier,Fl.Alpes,éd.2,p.
640; Allioni,Fl.pedem.II,p.149; Bertol.Fl.gen.p.121; Biv.Sic.
pl.cent.2,p.42; Nocc.et Balb.Fl.tic.2,p.159; Bertol.Amoen.ital.
p.155; Poll.Fl.veron.3,p.16; Ton.Fl.nap.2,p.298; Syll.p.457;
Vis.Fl.dalm.1,p.171; Tod.Orch.sic.p.50; Guss.Syn.fl.sic.2,p.528;
de Notar.Repert.fl.lig.p.386; Bertol.Fl.ital.IX,p.556; Parlat.
Fl.ital.III,p.512; Pucc.Syn.fl.luc.p.477; Comoll.Fl.com.VI,p.
356; Arcang.Comp.ed.2,p.170; Cocconi,Fl.Bologn.p.485; Fiori et
Paol.Icon.fl.ital.III,n°837; Ambr.Fl.Tirol austr.p.191; Hausm.
Fl.Tirol,p.836; Hinterhuber et Pichl.Fl.Salzb.p.192; Beck,Fl.
N.-Oest.p.203; Schur,Enum.pl.Trans.p.641,n°3410; Simk.Enum.
Trans.p.500; Willk.et Langa,Prodr.hisp.1,p.169; Suppl.p.42,n°
741; Guimar.Orch.port.p.63; Gries,Spic.fl.rum.et bith.2,p.360;
Boiss.Fl.orient.V,p.472; Grecescu,Consp.Fl.Roman.p.544; Marsch.
Bieb.Fl.Taur.-Cauc.II et III,n°1844; Besser,Enum.p.35,n°1158;
Lucé,Fl.osil.p.295; Ledeb.Fl.Ross.IV,p.55; Georgi,Beschr.Russ.
R.III,5,p.1269; Eichw.Skizze,p.124; Casp.Cauc.p.23; Sibth.et
Sm.Prodr.II,p.14; Chaub.et Bory,Expéd.Morée,p.259; Fl.Pélop.p.
61; Halacsy,Consp.fl.gr.III,p.174. - O.SALINA Fries,Verh.s.v.
VIII,p.102(1827). - O.SCHLEICHERI Sweet,Brit.Gard.Fl.II,p.190.
O.PALLENS Mor.Fl.Schw.p.508(1832); Puccin.Syll.fl.luc.p.476,
sec.Parlat. - O.BIPALMATA Pourret sec.Bubani. - O.LUTEA Dulac,
Fl.H.-Pyr.p.125(1867). - O.SACCATA Reichb.Fl.exc.p.123(1830),
non Tenore(1811). - O.MIXTA b. SAMBUCINA Retz,Prodr.p.167(1779)-
O.LATIFOLIA v.1 et 2 Scopoli,Fl.carn.II,p.197(1772). - O.INCAR-
NATA var. SAMBUCINA Lapeyr.Herb.sec.Bubani. - O.pannonica VIII
Clus.Hist.269 et VII,Pann.240. - O.palmata,sambuci odore Bauh.
Pinax 86; Rudb.Elys.2,p.213,f.9. - O.palmata lutea;labio floris
maculato Seg.Pl.ver.p.349,t.8,f.5.

Icon. - Seg.l.c.; Clus.t.269,f.2; Jacq.Austr.t.108; Sw.Bot.
VI,t.362; Sw.Fl.Gard.II,t.199; III,t.299; Fl.Dan.t.1232; Baumg.
Fl.lips.p.14,n°37,t.2; Reichb.f.Icon.XIII,t.60,CCCCXII; Barla,
l.c.pl.46; Cam.Icongr.Orch.Par.p.14; M.Schulze,l.c.n°22; Vayreda,Ap.fl.Catal.p.160,f.5; Flahault,Fl.Alp.et Pyr.p.130; Gui-
mar.l.c.est.VII,f.51; Ic.n.pl.21,f.632-642.

Exsicc. - Reliq.Maill.n°1735; Billot,n°1332; Soc.Rochel.853;
Baenitz,H.E.; Reverchon,Pl.Esp.(1895)n°1043; Sint.It.thess.n°
849.

Bulbes plus ou moins incisés ou lobés,parfois entiers mais
toujours atténués en fuseau et non ovoïdes.Tige de 1 à 2 décim.,
rarement plus,souvent robuste et très manifestement fistuleuse.
Feuilles lancéolées-aiguës ou obtuses,non maculées.Bractées
grandes,d'un vert jaunâtre,lancéolées,à nervures anastomosées,

les inférieures dépassant les fleurs.Fleurs grandes,jaunes dans
le type,disposées en épi un peu dense,exhalant une odeur de su-
reau.Divisions du périgone libres,les externes ovales-lancéolées,obtuses;les latérales étalées-réfléchies au sommet;les internes ovales-obtuses,conniventes.Labelle presque aussi long
que les divisions externes du périanthe,d'un jaune assez foncé,
un peu velouté à la base et muni de ponctuations purpurines.
Eperon d'un blanc jaunâtre,descendant,cylindro-conique,un peu
arqué,égalant ou dépassant l'ovaire.Gynostème obtus.Anthère à
loges parallèles,d'un blanc rosé ou lilas.Masses polliniques
verdâtres.

MORPHOLOGIE INTERNE.

BULBE. Grains d'amidon de forme irrégulière,ovales,ellipti-
ques,atteignant env.18-30μ de long. - FIBRES RADICALES. Assise
subéreuse à parois plus ou moins subérisées.Endoderme à cadres
plissés peu marqués.Métaxylème souvent abondant.

TIGE. Epiderme très légèrement strié (pl.2,f.39). 3-5 assises
de parenchyme chlorophyllien entre l'épiderme et l'anneau lignifié. Anneau lignifié formé de 7-9 assises.Dans certains individus,tissu lignifié extra-libérien manquant ou fort réduit.
Faisceaux libéro-ligneux développés,entourés de tissu lignifié
sauf à la partie interne du bois.Parenchyme central très abondant,se résorbant graduellement jusqu'aux faisceaux.

FEUILLE. Ep. = 280-350μ.Epiderme sup.recticurviligne,haut
de 60-90μ,à paroi ext. épaisse de 4-7μ env. et bombée,pourvu
de stomates nombreux dans toutes les feuilles,même dans les
feuilles inf. Epiderme inf. recticurviligne (pl.5,f.132),haut
de 40-60μ,à paroi ext. épaisse de 4-8μ env.et bombée,pourvu
d'abondants stomates. Cellules épidermiques du bord du limbe
nettement prolongées extérieurement en pointes symétriques.Mé-
sophylle formé de 7-9 assises de cellules arrondies sur une
section transversale et de quelques cellules à raphides.

FLEUR. - PERIANTHE. DIVISIONS EXTERNES ET LATERALES INTERNES.
Epidermes ext. et int. légèrement striés,papilleux vers les
bords. - LABELLE. Epiderme int. prolongé en très nombreuses papilles coniques,atteignant 100-180μ de long.vers la partie médiane du labelle,assez grosses à la base,atténuées à l'extrémité et striées (pl.8,f.192).Epiderme ext. à peine papilleux,muni
de stomates assez abondants. - EPERON. Epiderme int. prolongé
en papilles extrêmement nombreuses,assez développées,longues de
20-100μ.Epiderme ext. à papilles rares et courtes.Nectar s'accumulant entre les épidermes,pas d'émission à l'intérieur de
l'éperon. - ANTHERE. Parois ordinairement dépourvues de cellules fibreuses,rarement quelques cellules prennent un anneau ou
une bande d'épaississement. - POLLEN. Vert. Exine légèrement
rugueuse. L = 25-35μ. - OVAIRE. Nervure des valves placentifères très saillante à l'extérieur,ayant un faisceau libéro-ligneux à bois int. et un faisceau placentaire libérien.Placenta
long,à peine lobé à l'extrémité.Valves non placentifères très
développées,très saillantes extérieurement,ayant un faisceau
libéro-ligneux peu développé,à bois int. - GRAINES. Cellules du
tégument à parois recticurvilignes,réticulées,à mailles polygonales (pl.10,f.265). Graines 2f. - 2f.1/2 plus longues que larges. L = 400-500μ env.

B. Var. INCARNATA Gaud.Fl.helv.IV,p.**441**(1829); Reuter,Catal.
Genève,ed.1,p.99(1832); éd.2,p.203; Barla,l.c.; Gautier,Pyr.-
Or.p.398. - Var. PURPUREA (PURPUREUS) Koch,Syn.éd.2,p.792(1843);
ed.3,p.593; ed.Hall.et Wohlf.p.2428; Weinm.in Bull.Soc.Nat.Mosc.
(1850); Boreau,Fl.cent.éd.3,p.645; Hausm.Fl.Tirol,p.836; Grecescu,l.c.; Cocconi,l.c. et Auct.mult. - F Var.RUBRIFLORUS
Saint-Lag.l.c. - Var.PURPURASCENS Hinterhub.et Pichlm.Fl.Salzb.
p.192. - b.Floribus rubris Lapeyr.Abr.Pyr.p.549(1818. - Floribus purpureis Lind.l.c.(1835); Jeanb.et Timb.-Lagr.Massif du
Laurenti,p.290. - O.INCARNATA Hall.Fl.helv.ed.2,p.36; Villars,
Hist.Dauph.II,p.36,fl.rubescentibus; Willd.Spec.IV,p.30; Gilibert,Exerc.phyt.II,p.481; Bertol.Amoen.ital.199. - Fleurs d'un
pourpre violacé ou d'un rose carminé.Labelle blanchâtre ou jaunâtre à la base.Eperon rosé ou d'un violet clair.Ovaire et bractée lavés de violet.
   Sous-var. CANDIDA (CANDIDUS) Saint-Lager,l.c. - Fleurs blanches.
   Var.BRACTEATA M.Schulze in Ver.Ges.Thür.(1889)p.86; Die Orch.
n°22; Asch.u.Graeb.Syn.III,p.755. - Bractées subfoliacées,dé-
passant beaucoup les fleurs.
   M.Cortesi in Ann.Bot.Pirotta V,p.542,a décrit une forme provenant du croisement de l'O.SAMBUCINA type avec la var.PURPUREA=
O.SAMBUCINA LUTEA × O.SAMBUCINA PURPUREA Cortesi.On a observé
assez fréquemment ce métis en France et dans d'autres contrées.

V.v. - Mai,juillet. - Marais,prairies tourbeuses des montagnes. - Europe moyenne et méridionale;hautes montagnes,descend
jusquà dans les plaines.France:env.de Paris TR.,Ain,Beaujolais,
Saone-et-Loire,Jura,Auvergne,Pyrénées,Alpes,Vosges,Corse,Apen-
nins,Sicile,Luxembourg TR.,n'existe plus en Belgique,Allemagne,
etc.

                    O.LAURENTINA.

   O.LAURENTINA Vayreda,Pl.not.p.16,t.V,et ap Willk.et Lange,
Suppl.Willk.p.42,n°741. - O.LAURENTIANA Bolos,Hb.c.icone,ap.
Willk.l.c.

   Plante des Pyrénées,de la Catalogne,qui nous paraît être une
forme de l'O.SAMBUCINA,à laquelle l'auteur assigne les caractères suivants :
   Bulbes palmés.Tige feuillée.Feuilles oblongues.Labelle large,
entier,crénelé,allongé,au milieu muni de ponctuations purpuri-
nes.Divisions internes du périanthe conniventes,divisions externes étalées.Eperon large,plus long que l'ovaire.Fleurs jaunes,toutes dépassées par les bractées.

                  × ? O.FASCICULATA.

   O.FASCICULATA Tin.ap.Guss.Fl.sic.syn.II,p.875; in add.et
emend.(1844); Reichb.f.Icon.XIII,p.64; Parl.Fl.ital.III,p.524;
Klinge,Dactylorchidis,p.20,×.

Bulbes palmés.Tige fistuleuse,anguleuse au sommet.Feuilles
inférieures subfasciculées,allongées,étroitement linéaires-lancéolées,non engaînantes,longuement atténuées à la base.Fleurs
petites.Divisions latérales du périanthe réfléchies.Labelle 3-
lobé,à lobes presque égaux en longueur,denticulés,les latéraux
plus larges;éperon descendant,un sac émarginé à la base,ne dépassant pas l'ovaire.Capsule grosse,anguleuse.

A. Var. OBTUSIFOLIA Tin. - O.palmata Asphodeli radice;foliis
angustioribus radice crassa Cup.Pamph.1,t.153;et Bon.t.30. -
Feuilles inférieures obtusiusculas.
B. Var.ACUTIFOLIA Tin. - Feuilles toutes aiguës.

N.v. - Prés tourbeux de la Sicile.

27. - O. ROMANA.

O.ROMANA (ROMANUS) Sebast.Pl.rom.f.1,p.12(1813); Seb.et Mauri,
Fl.Rom.pr,p.308,t.IX(1818); F.Cortesi in Ann.bot.Pirotta,1,p.
45-47; Halacsy in Oest.bot.Zeits.(1897); Consp.fl.Gr.III,p.174.
O.PSEUDO-SAMBUCINA Ten.Syn.ed.1,p.72(1815); ed.2,p.64(1819);
Fl.nap.II,p.284; Syll.p.456; Lindl.Gen.et spec.p.263; Reichb.f.
Icon.XIII,p.62; Richter,Pl.eur.p.271; Tod.Orch.sic.p.23; Guss.
Syn.fl.sic.2,p.523; Fl.rom.prodr.alt.p.730; Bertol.Fl.ital.IX,
p.559; Parlat.Fl.ital.III,p.514; Guimar.Orch.port.p.63; W.Bar-
bey,Aschers.et Lev.Fl.Sard.comp.et suppl.n°1321; Arcang.Compend.
ed.2,p.170; Fiori et Paol.Fl.ital.1,p.246; Iconogr.n°838; Gries,
Spic.fl.rum.et bith.; Fried.Reise,p.282; Boiss.Fl.orient.V,p.72;
Kraenz.Gen.et spec.p.149; Klinge,Dactyl.(sous-esp.); Asch.u.
Graeb.Syn.III,p.755. - O.BRACTEATA Ten.Fl.neap.prodr.p.411(1811);
non Willd. - O.LUCANA Spreng.Pugil.II,p.79(1815). - O.SAMBUCINA
Brot.Fl.lus.1,p.21(1804). - O.SULPHUREA Spreng.Syst.III,p.688
(1826). - O.MEDITERRANEA Klinge,sous-esp. O.PSEUDO-SAMBUCINA
Klinge (1).

Icon. - Seb.Rom.pl.f.1,t.III; Seb.et Mauri,l.c.t.IX; Ten.Fl.
nap.t.LXXXVI; Reichb.f.Icon.XIII,t.61,CCCCXIII; Paol.et Fiori,
l.c.; Guimar.l.c.est.VIIIf.52; Ic.n.pl.21,f.643-648.

Exsicc. - Orphan.Fl.gr.n°149; W.Siehe's Bot.Reise nach Cilic.
(1895-96); Kotschy,Iter Cilico-Kurdic.(1859); Syll.415,416; Todaro,Fl.sic.n°965; Porta et Rigo,Iter ital.n°8.

Bulbes plus ou moins incisés ou lobés.Plante ayant le port de
l'O.SAMBUCINA,mais plus grêle.Feuilles comme dans cette espèce,
mais plus étroites et plus aiguës,longuement atténuées à la ba-
se.Fleurs semblables à celles de l'O.SAMBUCINA,disposées en épi
lâche.Divisions du périgone ovales-oblongues,obtuses,les deux
latérales externes réfléchies,la médiane dressée,les deux in-

(1) Klinge,Dactylorchidis p.17,réunit sous le nom d'O.MEDI-
TERRANEA 1° l'O.PSEUDO-SAMBUCINA, 2° l'O.SICILIENSIS Klinge (O.
SICULA Tin.)p.p. et 3° O.GEORGICA Klinge.

ternes latérales conniventes.Labelle 3-lobe,à lobes presque é-
gaux en largeur,les latéraux arrondis,le moyen émarginé,un peu
plus court.Eperon cylindrique,obtus,ascendant,égalant au moins
l'ovaire.Bractées subfoliacées,toutes dépassant les fleurs. Le
reste comme dans l'O.SAMBUCINA.

MORPHOLOGIE INTERNE.

BULBE. Grains d'amidon arrondis,de forme assez régulière,at-
teignant 15-20µ de diam.env. - FIBRES RADICALES. Assise pilifère à parois subérisées.Endoderme à cadres latéraux plissés,peu
marqués.Métaxylème assez abondant entourant,avec les lames vasculaires primaires,un parenchyme central non différencié développé.

TIGE. Stomates peu abondants.Dans les parties non ailées,3-4
assises chlorophylliennes entre l'épiderme et l'anneau lignifié;
dans les régions ailées,assises plus nombreuses.Anneau lignifié
formé de 7-9 assises de cellules à parois peu épaisses.Fais-
ceaux libéro-ligneux développés,entourés de tissu lignifié sauf
à la partie int. du bois,disposés en un cercle régulier au-dessus des feuilles principales,mais ceux allant aux feuilles bractéales restant souvent longtemps en dehors du cercle régulier.
Parenchyme ne se résorbant pas ou se résorbant à peine au centre de la tige.

FEUILLE. Ep. = 400-550µ env. Epiderme sup.recticurviligne,
haut de 150-200µ,à paroi ext.épaisse de 7-9µ env.,légèrement
bombée,pourvu de stomates abondants même dans les feuilles inf.
(surtout vers l'extrémité de la feuille) et vers la base du
limbe,de poils unicellulaires,hyalins. Epiderme inf. haut de
40-55µ,à paroi ext. épaisse de 5-7µ env.,bombée,muni de stomates très nombreux.Mésophylle formé de 8-11 assises de cellules
chlorophylliennes.Cellules épidermiques formant le bord du limbe à paroi ext. prolongée en dents arrondies (pl.4,f.115).

FLEUR. - PERIANTHE. DIVISIONS EXTERNES ET LATERALES INTERNES.
Epidermes ext.et int.legèrement papilleux vers les bords. -
LABELLE. Epiderme int.prolongé au milieu du labelle en papilles
coniques,nombreuses,grosses à la base,atténuées à l'extrémité;
vers les bords cellules épidermiques seulement légèrement saillantes à l'extérieur.Epiderme ext.pourvu de quelques papilles
et de stomates. - EPERON. Epiderme int.à papilles striées,nom-
breuses,peu développées,arrondies à l'extrémité,atteignant 15-
40µ de long.même à l'extrémité de l'éperon.Epiderme ext.légère-
ment papilleux. - POLLEN. Jaune pâle.Exine très délicatement
rugueuse. L = 35-40µ. - ANTHERE. Parois ne paraissant pas différencier d'épaississements en anneaux ou en bandes. - OVAIRE.
(Pl.10,f.282).Epiderme strié,à stomates assez nombreux.Nervure
des valves placentifères très saillante-ailée,à saillie égalant
environ celle des valves stériles,contenant un faisceau libéro-
ligneux ext.à bois int.et parfois un faisceau libérien placen-
taire.Placenta à peine divisé au sommet.Valves non placentifères très saillantes extérieurement,renfermant un faisceau libéro-ligneux à bois int. - Nous n'avons pu observer de graines
complètement mûres.

M.Cortesi,l.c.a décrit deux variétés analogues à celles de
l'O.SAMBUCINA.

Var. A. - Fleurs rouges et rosées. - Reldr.Exsicc.n°2202.
Var. B. - Fleurs jaunes ou jaunâtres.
B. Var.OCHROLEUCA Schur,Sert.n°2897. - O.OCHROLEUCA Schur,En.
Trans.p.641,n°3412;non Reichb.Fl.exsurs. - Tige robuste,un peu
fistuleuse,légèrement flexueuse.Feuilles oblongues-lancéolées,
acuminées,dressées-étalées,maculées.Epi ovale,Fleurs jaunâtres.
Bractées linéaires-lancéolées,insensiblement acuminées,à 3-5
nervures,les inférieures 2 fois plus longues que les fleurs,à
bords serrulés-scabres. - Transylvanie.

V.v. - Mai,juillet. - Marais tourbeux,prés humides;des montagnes. - Portugal,Espagne,Italie,Sicile,Sardaigne,Grèce,Turquie,
Tauride,Asie occidentale.

×? Var. MARKUSII.

Var. MARKUSII W.Barbey,Aschers.et Levier,Fl.Sard.comp.et
Suppl.p.185; Richter,Pl.Eur.p.271. - O.MARKUSII Tineo,Pl.rar.
Sic.p.9(1817); Bert.Fl.ital.IX,p.558; Parlat.Fl.ital.III,p.513;
Ces.Pass.Gib.Comp.p.199; Batt.et Trab.Fl.Alg.p.31; Arcang.Comp.
p.659; Debeaux,Fl.Kabylie Djurdj.p.341; Rouy,Illustr.p.49,t.
CXLVII. - O.PSEUDOSAMBUCINA Batt.et Trab.Fl.Alg.(1884)p.196;
Arcang.Comp.ed.2,p.170; Richter,Pl.eur.p.271. - O.SICILIENSIS
J.Klinge,Dactylorchidis,p.19.

Bulbes palmés,plus rarement incisés ou presque entiers.Tige
de 3-4 décim.de hauteur.Feuilles d'un vert clair,étroitement
lancéolées ou linéaires-lancéolées,atténuées à la base en long
pétiole.Bractées obtuses,foliacées,les inférieures deux fois
environ plus longues que les fleurs,les supérieures les égalant
à peu près.Fleurs d'un jaune pâle ou presque blanches.Divisions
du périgone ovales-obtuses,les 2 externes latérales étalées,ré-
fléchies;divisions internes plus courtes et plus étroites,dres-
sées conniventes en voûte avec la médiane externe.Labelle non
ponctué,convexe,3-lobé,à lobes latéraux arrondis,réfléchis,
presque entiers,dépassés par le lobe moyen plus étroit,droit et
émarginé;base du labelle ayant souvent deux stries rougeâtres.
Eperon ascendant,un peu arqué,conique-cylindrique,obtus,un peu
plus court que l'ovaire.

Sicile : mont Gilbrosso près Palerme (Tineo,Todaro);Sardaigne
(W.Barbey);Algérie ; forêts de Teruet-el-Haad,Taourirt-Iril,
Guerrouch (Battandier).

Var. SICULA W.Barbey,Fl.Sard.comp;Suppl.Asch.et Lev.n°1321;
Richter,Pl.eur.1,p.271. - O.SICULA Tineo,Pl.rar.Sic.1,p.8(1817);
Ces.Pass.Gib.Comp.p.190; Bertol.Fl.ital.IX,p.560; Parlat.Fl.
ital.III,p.515; Arcang.Comp.ed.2,p.170. - O.SICILIENSIS Klinge,
Dactylorchidis,p.19(1898);p.p. (1).

(1) M.Klinge,l.c.,p.20,considère comme hybride de cette plante
les ORCHIS NATALIS Tineo et FASCICULATA.

Bulbes profondément palmés.Feuilles largement lancéolées,un peu aiguës au sommet,longuement atténuées à la base.Bractées inférieures dépassant les fleurs.Fleurs jaunes,petites,disposées en épi ovale.Labelle 3-lobé,à lobes latéraux arrondis, presque entiers;lobe médian presque aussi large que les lobes latéraux,un peu plus long et émarginé au sommet.Eperon un peu plus court que l'ovaire,cylindrique,acutiuscule,grêle,un peu arqué. - Cette var. a été identifiée avec l'O.MARKUSII par M. Klinge.
Avril,Mai. - Sicile.

Var.INSULARIS. - O.SAMBUCINA var. INSULARIS Moris,Stirp.Sard. f.1,p.44; Macchiati,Orch.Sard.in N.giorn.bot.ital.(1881)p.314.- O.INSULARIS Sommier,Nuovo Orch.d.Gigl.in Bull.Soc.bot.ital. (1895)p.247(nomen tantum); Martelli,Monoc.Sard.p.59. - O.PSEUDO-SAMBUCINA Mor.Mss.; Macchiati,l.c.; Barbey,Fl.Sard.Comp.,Suppl. Asch.et Lev.p.57,185. - Icon. - Martelli,l.c.
Tige assez robuste,manifestement fistuleuse,haute de 30-50 centim.Feuilles dressées-étalées,acutiuscules,atténuées à la base,non engaînantes.Bractées inférieures dépassant les fleurs. Fleurs d'un jaune pâle ou rosées,disposées en épi lâche.Divisions du périanthe presque égales,les extérieures ovales-atténuées ou ovales-oblongues,obtuses,arrondies à la base,un peu a-symétriques,réfléchies,la supérieure oblongue,dressée,un peu cucullée au sommet;les internes plus courtes mais un peu plus larges,dressées-conniventes,obtuses,asymétriques.Labelle ovale-oblong,crénelé,convexe,à partie moyenne supérieure pubérulente, muni à la base de 2-4 ponctuations rosées,3-lobé,à lobes latéraux arrondis ou arrondis-tronqués,un peu réfléchis;lobe moyen dépassant les latéraux,mais moins large,obtus,entier ou émarginé.Eperon ascendant ou horizontal ou un peu incliné en bas,cylindrique,obtus,égalant l'ovaire.Gynostème court,apiculé.Ovaire courbé,linéaire,fusiforme.Capsule oblongue,à nervures saillantes.
Sardaigne;Tempio,Genn.,S.Lussurgin et Arizzo(Moris),Desulo, Belvi(Martelli)l.c.

Sous-esp. O. GEORGICA.

O.GEORGICA J.Klinge,Dactylorchidis(1898),p.20. - O.PS-SAMB. var.CAUCASICA Klinge olim. - O.SAMBUCINA Marsch.Bieb.Fl.Taur.-Cauc.non L.;C.A.Mey.Enum. - O.TENUIFOLIA C.Koch in Linn.XXII (1849)n°17; Reichb.f.Icon.XIII,t.62,CCCCXIV,f.1. - O.FLAVESCENS C.Koch,l.c.n°18; Reichb.f.Icon.t.61,f.III; t.62,f.I et II.

Bulbes ordinairement profondément palmés.Feuilles inférieures subspatulées,rapprochées,rarement espacées.Epi densiflore.Divisions externes du périanthe un peu cucullées.Labelle 3-lobé,à lobes latéraux arrondis,denticulés,lobe médian étroit,oblong, émarginé.Eperon de 8-12 millim.,filiforme,cylindrique,droit ou arqué.Fleurs petites,jaunes,purpurines ou blanches.

Avril,juin. - Caucase,Transcaucasie.

Sous-sect. C. LATIFOLIAE (emend.). - Divisions latérales du
périanthe étalées ou un peu réfléchies.Tige très fistuleuse.

28. - O.CORDIGERA.

O.CORDIGERA (CORDIGER vel CORDIGERUS) Fries,Nov.suec,III,p.
130(1814-23); (1); M.Schulze,Die Orchid.n°21,b,cum icone; Schur,
Enum.Trans.; Simk.Enum.Trans.p.501; Hinterhuber et Pichlm.Fl.
Salzb.p.192; Blytt; Nyman; Sauter; Heuf.; Asch.u.Graeb.Syn.III,
p.739. - O.CRUENTA Willd.Spec.IV,1,p.29,p.p.; auct.plur.;
Spreng.Syst.veg.III,p.687; Reichb.f.Icon.XIII,t.43,CCCXCV. -
Cf.Klinge,Revis.d.O.CORDIGERA Fries u.O.ANGUSTIFOLIA Reichb.
(Jurjew-Dorpat)(1893).

Icon. - Ic.n.pl.21,f.660-661.

Exsicc. - Fl.Austr.-Hung.n°1851; Schultz,n°2592; Lagerh.et G.
Sjögren; Zettersted (1853); Oenicke (1849).

Bulbes palmés,2-4-fides.Tige fistuleuse,de 10-30 centim.de
hauteur,munie de 3-5 feuilles,les 2 (rarement une seule) inférieures courtes,engaînantes,en forme d'écailles;les autres inférieures lancéolées ou ovales-elliptiques,plus larges vers le
leur sommet,atténuées vers leur base,arrondies-obtuses ou acutiuscules,un peu récurvées,souvent pliées;les supérieures dressées,linéaires-lancéolées,ordinairement maculées,rarement dépourvues de taches.Fleurs disposées en épi lâche ou un peu den-
se.Bractées linéaires-lancéolées,aiguës,égalant ou dépassant
les fleurs.Fleurs grandes,ordinairement pourprées.Divisions latérales du périanthe étalées-dressées,rarement un peu réflé-
chies.Labelle ordinairement large et indivis,subcordé ou subarrondi,rarement et obscurément 3-lobé,finement crénelé.Eperon
large,conique,court,souvent renflé au sommet.

V.s. - Herzégovine,Bosnie,Serbie,Bulgarie,Montenegro,Istrie,
Banat,Hongrie,Bukowine,Tyrol,Suisse,Scandinavie.

Cette espèce comprend plusieurs variétés ou formes locales
peu connues,dont nous donnons ci-après la description.Leur répartition ne peut être donnée qu'à titre d'indications sommai-
res.
A. Var. ROCHELIANA GENUINA J.Klinge,Révis.,l.c.p.19,20(1893).-
O.CRUENTA Retz,Prodr.fl.scand.n°1804; sec.Rochel,Pl.Ban.rar.p.
3,et t.1,f.1(1828); Reichb.Fl.exc.p.127; Schul.Oest.fl.1,p.49;
Willd.Spec.IV,p.29. - O.ROCHELIANA J.Klinge,Dactylorchidis,p.
33. - Icon. - Rochel,l.c.; Reichb.f.Icon.XIII,t.59,CCCXI,f.2;
Fl.Dan.t.876; M.Schulze,Die Orchid.t.21,b. -
Feuilles ordinairement maculées de brun pourpré,les inférieures lancéolées.Fleurs disposées en épi lâche.Labelle pourpré,

(1) Klinge,Dactylorchidis(1898)p.32,réunit sous le nom d'O.
MONTICOLA les O.CORDIGERA,BOSNIACA et CAUCASICA.

entier,subcordé,ondulé,en coin à la base,réniforme,denté.Divi-
sions du périanthe dressées un peu réfléchies.Eperon conique,
obtusiuscule,environ d'un tiers plus court que l'ovaire.Brac-
tées inférieures rougeâtres,dépassant longuement les fleurs.
Scandinavie.

B.Var.BLYTTII N.Blytt,Norg.Fl.1,p.342(1861); Richter,Pl.eur.
1,p.271; J.Klinge,l.c.p.21. - O.LATIFOLIA L.3 SUBSAMBUCINA b,
CONICA b.b. BLYTTII Reichb.f.Icon.XIII,p.60,t.59,CCCCXI,f.3. -
O.CRUENTA Blytt,Nyt.Mag.f.Natur°1,4 H,p.324. - O.CORDIGERA
Fries,Nov.Mant.3,p.130; Blytt,Handb.Norg.Fl.ed.Ove Dahl,p.227. -
O.INCARNATA CRUENTA Hartm.p.p.
. Feuilles toutes maculées,les inférieures lancéolées ou subar-
rondies.Fleurs disposées en épi lâche.Divisions latérales du
périgone étalées.Labelle entier ou obscurément trilobé.Eperon
conique-cylindrique,arqué,descendant,robuste,dépassant peu la
moitié de la longueur de l'ovaire.Bractées inférieures dépassant les fleurs.
Norvège.

C. Var. RIVULARIS J.Klinge,l.c.p.23(1891). - O.RIVULARIS Heuf.
Pl.exsicc.in Sched.ap.Schur,En.Trans.; Trautv.Increm.Fl.Ross.;
Asch.u.Graeb.l.c.p.740. - O.latifolia a.alpina gracilis fol.an-
gustis vix maculatis Schur,Sert.fl.Trans.Verh.u.Mitth.d.sieb.V,
f.Nat.IV(1853). - O.LATIFOLIA L. b.CONICA a.a.GENUINA Reichb.f.
l.c.p.79(1851). - O.CRUENTA Roch.Banat,p.31,t.1,non Retz.
Diffère de la var.précédente par les feuilles peu ou non maculées,le labelle franchement 3-lobé.
Transylvanie,Banat.

D. Var. BOSNIACA J.Klinge,p.19,23. - O.BOSNIACA Gunter u.Beck,
Fl.Sudbosn.u.Herceg.in An.K.K.nat.Hofmus.Wien,II,p.53(1887)t.1,
f.1-3 et n°2,t.2; Suppl.(1890)V,p.574; J.Klinge,Dactylorchidis,
p.34. - O.CORDIGERA Fries sec.Vand.Beitr.u.Herceg.(Sitzb.d.K.
böhm.G.d.Wiss.Prag.p.281(1890). - O.MONTICOLA supsp.BOSNIACA
Klinge in Act.Hort.Petr.XVII,p.34.
Plante robuste,peu élevée,2-3-4 décim.de hauteur,fistuleuse.
Feuilles inférieures larges,ovales-lancéolées,ordinairement ma-
culées.Fleurs disposées en épi dense.Bractées inférieures sou-
. vent dépassant les fleurs.Labelle entier ou obscurément 3-lobé,
d'un pourpre violacé dégradé à la base,muni de stries et de macules plus foncées.Divisions supérieures du périanthe non macu-
lées.Eperon large,conique,plus court que l'ovaire.
Bosnie,Serbie,Transylvanie,Istrie,Bulgarie,Herzégovine,Macé-
doine.

E. Var.KLINGEI Nobis. - O.CORDIGERA var. BOSNIACA f.ROCHELII
J.Klinge,l.c.p.33. - O.LATIFOLIA var. ROCHELII Griseb.et Sch.
Iter hung.in Wiegmanns Arch.Naturg.XVI,p.355(sec.Fuss.Zur Fl.
Sieb.; Verh.u.Mitth.d.Ver.Nat.V,p.14(1854); Griseb.It.Hung.286
(1852). - O.RIVULARIS Heuf.sec.Fuss.l.c. - O.CORDIGERA Grecescu,
Consp.Fl.Roman.p.545.

Diffère de la variété précédente par les feuilles plus largement ovales,le labelle plus élargi,arrondi,enfin par l'éperon plus court.

Bosnie.

29. - O.INCARNATA.

O.INCARNATA L.Fl.suec.ed.2,p.312(1755); Willd.Spec.IV,n°49,p. 30; Reichb.f.Icon.XIII,p.51,p.p.; Kraenz.Gen.et spec.p.144; Correvon,Alb.Orch.Eur.pl.XL; Richter,Pl.eur.p.271; Fries,Mant.III, p.130; Blytt,Handb.N.Fl.ed.Ove Dahl,p.226; Babingt.Man.Brit.Bot. ed.8,p.345; Dumort.Prodr.fl.Belg.p.132; Tinant,Fl.luxemb.; Crépin,Man.Fl.Belg.éd.1,p.177; éd.2,p.293; Mey.Orch.G.D.Luxemb.p. 12; Thielens,Orch.Belg.et Luxemb.p.81; Lapeyr.Abrégé Pyr.p.549; Boisduval,Fl.fr.III,p.46; Lec.et Lamt.Cat.pl.cent.p.349; Gr.et Godr.III,p.296; Boreau,Fl.cent.éd.3,p.645; Martr.-Donos,Fl.Tarn, p.705; Michalet,Hist.nat.Jura,p.296; Bonnet,Pet.fl.paris.p.382; Dulac,Fl.H.-Pyr.p.38; Barla,Iconogr.p.62; Cam.Monogr.Orch.Fr.p. 46; in J.bot.VI,p.155; Godet,Fl.Jura,p.686; Hariot et Guyot, Contrib.fl.Aube,p.114; Charbonnel in Bull.Soc.nat.Ain,p.55,II, (1902); Magn.et Hétier,Observ.fl.Jura,p.141; Corbière,N.fl.Normand.p.557; Gautier,Pyr.-Or.p.398; Kirschl.Fl.vog.-rhen.p.81; Koch,Syn.ed.2,p.793; ed.3,p.596; Oborny,Fl.Möhr.Oest.Schles.p. 249; Kuntze,Fl.Leip.p.66; Foerst.Fl.Aachen,p.346; Caflisch,Exc. Fl.S.D.p.296; Seubert,Exc.Fl.Bad.p.123; Garcke,Fl.v.Deutschl. ed.14,p.378; M.Schulze,Die Orchid.n°19; Fischer,Fl.Bern,p.77; Rhiner,Prodr.Waldst.p.126; Morthier,Fl.Suisse,p.353; Reuter, Cat.Genève,éd.2,p.203; Bouvier,Fl.Alpes,éd.2,p.642; Gremli,Fl. Suisse,éd.Vetter,p.481; Schinz u.Keller,Fl.Schweiz,p.122; Parl. Fl.ital.III,p.520; Ces.Pass.Gib.Comp.p.190; Arcang.Comp.ed.2,p. 170; Cocconi,Fl.Bolog.p.486; Willk.et Lange,Prodr.hisp.p.744; Simk.En.Trans.p.501; Beck,Fl.N.-Oest.p.204; Asch.u.Graeb.Syn. III,p.716; Boiss.Fl.orient.V,p.71; Grecescu,Consp.Fl.Roman,p. 545; et auct.mult.pro et ex parte. - O.ANGUSTIFOLIA Wim.et Grab. Fl.sil.II,p.252(1829);p.p.; et auct.plur. - O.DIVARICATA Rich. ap.Mérat,Fl.paris.II,p.94(1822)et auct.mult. - O.LATIFOLIA Reichb.Ic.crit.VI,p.7(1828); Mutel,Fl.fr.III,p.243;p.p.et auct. plur. - O.LANCEOLATA Dietr.Fl.Bor.t.5(1833). - O.LATIFOLIA b. ANGUSTIFOLIA Babingt.Man.Br.Bot.p.291(1843). - O.LATIFOLIA b. LONGIBRACTEATA Neilr.Fl.v.Wien,p.129(1846). - O.LATIFOLIA b. STRICTA Tausch. - O.MIXTA a. INCARNATA Retz.Prodr.p.167(1779). - O.STRICTIFLORA Opiz,Natur.X,p.217(1825). - O.COMOSA b. ANGUSTIFOLIA Ambros.Fl.Tir.austr.p.794,ex parte. - O.LATIFOLIA var.INCARNATA Coss.et Germ.Fl.Par.éd.2,p.684; Loret et Barrand.Fl. Montp.p.663; Fr.Gust.et Hérib.Fl.Auv.p.432; Neilr.Fl.Nied.-Oest. et plur auct.

Icon. - Seg.Pl.ver.III,p.249,t.8,f.5; Vaillant,Bot.t.30,f.14, 15; Fl.Dan.XIV,t.2476; Barla,l.c.pl.50,f.1-17; Reichb.f.Icon. XIII,t.CCCXCVII,CCCXCIX; Cam.Iconogr.Par.pl.17; M.Schulze,l.c. t.19; Icon.pl.22,t.691-700.

Bulbes profondément palmés.Tige fistuleuse,de 4-10 décim.,

souvent coudée à la base.Feuilles allongées-lancéolées,dressées,
d'un vert clair,non maculées,à sommet acuminé,cucullé.Bractées
plus longues que les fleurs.Fleurs plus grandes que dans l'O.
LATIFOLIA,de couleur carnée ou plus rarement presque blanches,
disposées en épi assez dense.Divisions du périanthe libres,les
externes latérales plus ou moins étalées,ordinairement maculées
de taches carminées.Labelle plan ou presque plan,à 3 lobes peu
profonds,les latéraux plus larges que le médian,tous trois plus
ou moins arrondis,velouté en dessus,marqué de lignes ou de ponctuations carminées.Eperon un peu plus court que l'ovaire,cylindro-
dro-conique,un peu arqué,dirigé en bas,égalant presque l'ovaire.
Les macules et lignes du labelle et des divisions du périanthe
sont peu visibles dans les formes d'un rosé carné très pâle,el-
les peuvent aussi manquer dans les formes presque blanches.Nous
avons observé cette forme à Souppes et à Arronville.Gynostème
court,apiculé.Anthère purpurine.Masses polliniques,vertes.

Var. TRIFURCA Reichb.f.Icon.XIII,t.163,CCCXCIX. - Labelle à
3 lobes profonds,les latéraux dentés sur leur bord externe,à
lobe moyen acuminé,sinus interlobaux grands.

Var. TRILOBA RETUSA Reichb.f.l.c.t.47. - Labelle à 3 lobes
peu profonds,cunéiformes émoussés au sommet.

Var. RHOMBEILABIA ACROGLOSSA Reichb.f.l.c. - Labelle rhomboïdal,souvent presque à lobes entiers.

Var. BREVICALCARATA Reichb.f.l.c. - Eperon court,égalant environ la moitié de la longueur de l'ovaire.

MORPHOLOGIE INTERNE.

BULBE. Grains d'amidon la plupart petits,de 6-12µ de diam.env.
et de forme irrégulière,quelques-uns plus gros,plus allongés,
atteignant 18-20µ de long.env.(pl.1,f.21). - FIBRES RADICALES.
Assise pilifère ordinairement subérisée latéralement et exté-
rieurement.Endoderme à cadres plissés très nets.Nombreux vaisseaux de métaxylème.

TIGE. Epiderme à cuticule striée.Dans la partie supérieure de
la tige,petites ailes parenchymateuses dues à la décurrence du
bord et de la nervure médiane des feuilles.4-6 assises de parenchyme chlorophyllien,dans les régions non ailées.Anneau lignifié formé de 4-6 assises à parois peu lignifiées et très
minces.Faisceaux libéro-ligneux inégalement développés,entou-
rés seulement à l'extérieur de tissu lignifié,restant longtemps
dans le parenchyme externe,après leur sortie des feuilles,avant
de rentrer dans le cercle de faisceaux.Lacune très grande occupant la partie centrale de la tige.

FEUILLE. Ep. = 350-420µ env. Epiderme sup. recticurviligne,
haut de 60-90µ,à paroi ext. légèrement striée perpendiculairement aux parois,épaisse de 6-9µ et bombée,pourvu de stomates
nombreux même dans les feuilles inf.,portant,vers la base du
limbe,quelques poils hyalins,unicellulaires,laissant une cica-
trice brune après leur chute.Epiderme inf. recticurviligne,haut
de 35-45µ,à paroi ext.épaisse de 6-8µ,et légèrement bombée,

muni d'abondants stomates.Cellules épidermiques du bord du limbe dépourvues de contenu coloré,à paroi ext. légèrement bombée à l'extérieur,mais ne formant pas de dents dans le type très pur(pl.4,f.114).Mésophylle formé de 7-9 assises de cellules chlorophylliennes et renfermant d'assez nombreuses cellules à raphides.

FLEUR. PERIANTHE, DIVISIONS EXTERNES. Epidermes ext. et int. à cuticule délicatement striée,légèrement papilleux vers les bords. - DIVISIONS LATERALES INTERNES. Epiderme ext. peu strié. Bords nettement papilleux. - LABELLE. Epiderme int. prolongé en nombreuses papilles atteignant vers le milieu du limbe 60-90 μ et atténuées à l'extrémité,extrêmement courtes et arrondies au sommet vers les bords du labelle.Epiderme ext. papilleux vers les bords. - EPERON. Epiderme int. prolongé en nombreuses papilles striées,courtes,atteignant 70-90μ au fond de l'éperon et moins développées vers la gorge. Epiderme ext. dépourvu de papilles.Produits sucrés accumulés entre les épidermes,pas d'émission de nectar à l'intérieur de l'éperon. - ANTHERE. Epaississements en anneaux incomplets ou en bandes manquant ou très rares.Quelques papilles à la face dorsale du gynostème. - POLLEN. Vert,à réseau de batonnets délicat. L = 30-40μ env. - OVAIRE. (Pl.10,f.283). Epiderme ext. strié.Nervure des valves placentifères peu saillante extérieurement,ayant un faisceau libéro-ligneux à bois int. et parfois un faisceau placentaire libérien. Placenta divisé très tôt,à lobes divergents.Valves non placentifères très proéminentes à l'extérieur,contenant un faisceau libéro-ligneux à bois int. - GRAINES. Suspenseur développé (pl. 10,f.263).Graines adultes arrondies à l'extrémité sup.,striées, 3f.1/4 - 3f.3/4 plus longues que larges. L = 350-420μ env.

V.v. - Fleurit au moins 20 jours après l'O.LATIFOLIA.Dans les limites de la flore parisienne l'O.LATIFOLIA semble se trouver surtout dans les terrains siliceux,l'O.INCARNATA,dans les marais tourbeux à fond calcaire ou arrosés par un cours d'eau calcaire. - Vallée du Sausseron (Camus et Boudier),Souppes. - Env.de Paris,nord,est,centre,ouest,région méridionale de la France.Presque toute l'Europe,n'existe pas en Espagne où croissent 3 formes décrites ci-après.

Sous-esp. O.LANCEATA.

O.LANCEATA Dietr.ap.Blytt,Norg.Fl.ed.Ove Dahl,p.227; Trautv. Increm.Fl.Ross.p.743,n°5019; M.Schulze,Die Orchid.19,6. - O. INCARNATA aa.LANCEATA FRAASII Reichb.f.Icon.XIII,p.52(1851); Richter,Pl.eur.p.270. - Feuilles largement linéaires-lancéolées, acuminées.Epi laxiflore.Labelle à lobes latéraux subaigus,à bords denticulés,le lobe moyen aigu-lancéolé,dépassant les latéraux,à sinus interlobaux grands;éperon égalant presque l'ovaire,aigu au sommet. - V.s. - Grèce,Pologne.

Var. OCHROLEUCA Boll.Archiv.Nat.Meckl.XIV,p.307(1860); (OCHRO-

178

LEUCUS Asch.u.Graeb.Syn.III,p.719. - O.OCHROLEUCA Schur,En.pl.
Trans.p.641(1866). - Plante robuste,atteignant jusqu'à 5 décim.
Tige assez forte.Fleurs à divisions périgonales d'un blanc jaunâtre,à labelle d'un jaune plus vif au centre. - Allemagne,Au-
triche,Tyrol,Transylvanie.

Sous-esp. O.INTEGRATA

O.INTEGRATA Cam.Monogr.Orch.Fr.p.48; in Journ.bot.VI,p.147. -
O.INCARNATA var.INTEGRATA Cam.in de Fourcy,Vade-mecum herb.par.
éd.6,p.325(1891). - An O. INCARNATA b.OLOCHEILOS Boiss.Fl.or.V,
p.712 ? (labellum dilatatum subintegrum).
    Tige élancée,peu fistuleuse.Feuilles dressées,non maculées,
assez étroites.Fleurs d'un pourpre violacé,assez foncé,dispo-
sées en épi dense,allongé.Labelle plan,suborbiculaire,indivis,
marqué de stries d'un violet noirâtre, peu nombreuses,muni à
la base d'une tache blanche dégradée.Périanthe à divisions disposées comme dans l'O.INCARNATA,colorées d'un pourpre violacé
très foncé.Eperon dirigé en bas,égalant environ l'ovaire.
    France: Souppes près Château-Landon (Camus,ab.Chevallier,
Jeanpert,Luizet).

Sous-esp. O.MUNBYANA.

O.MUNBYANA Boiss.et Reut.Pugil.p.112; Munby,Catal.; O.Debeaux,
Fl.Kabylie Djurdjura,p.341. - O.INCARNATA var.ALGERICA Desfont.
Fl.atlant.; Reichb.1882. - O.LATIFOLIA var.MUNBYANA Coss.in Lacroix,Catal.Kabylie; Battand.et Trab.Fl.Alger(1884),p.196.
Icon. - Reichb.f.Ic.XIII,t.DXV,II.
    Bulbes profondément palmés.Hampe très grosse,fistuleuse,de
taille variable.Tige de 3 à 10 décim.de haut et plus,feuillée.
Feuilles brillantes,d'un vert franc,lancéolées,dressées,engaî-
nantes à leur base.Bractées plurinerviées,foliacées,lancéolées,
toutes dépassant très longuement les fleurs et donnant à l'épi
floral jeune un aspect conique.Epi ovoïde,à fleurs d'un rose
tendre,parfois plus foncées,ordinairement munies de macules et
de lignes plus foncées.Labelle obové,à lobe médian étroit,en-
tier.Eperon conique,très long.
MORPHOLOGIE INTERNE.
Caractères différenciant l'O.MUNBYANA de l'O.INCARNATA:
BULBE. Grains d'amidon ordinairement plus gros,souvent allongés,atteignant 20-23µ de long.env.(pl.1,f.20). - FEUILLE. Epidermes plus hauts,le sup.atteignant 90-120µ,à paroi ext.épais-
se de 8-10µ,l'inf.haut de 50-70µ,à paroi ext.épaisse de 10-
12µ. - FLEUR. Périanthe moins papilleux. - Parois de l'anthère
différenciant quelques épaississements en anneaux incomplets.-
Nervure des valves placentifères saillante-ailée,à un faisceau
libéro-ligneux,ordinairement dépourvue de faisceau placentaire.
Valves placentifères nettement trilobées. - Nous n'avons pu observer de graines mûres.
    V.v. - Mars,mai. - Algérie.
    Var.ELATIOR Battand.et Trab.l.c.,p.196. - O.ELATIOR Poiret,
Voy.II,p.248; Desfont.Fl.atl.II,p.317; Afz.; Reichb.f.Icon.t.

449,CCCXCVI,II. - Plante de 1 m.et plus,à long épi cylindrique,
à petites fleurs.Feuilles très longues et relativement étroites.
Bords des ruisseaux à Djebel Mouzaia (Algérie). - Cette variété
nous paraît peu distincte de l'O.DURANDII,dont elle ne mérite
peut être pas d'être séparée.

Sous-esp. O. CILICICA.

O.CILICICA J.Klinge,**Dactylorchidis**,p.41(**1898**). - O.INCARNATA
var.OLOCHEILOS Boiss.Fl.or.V,p.71.
Bulbes profondément **palmés**.Tige dressée,**de** 20-50 centim,de
hauteur.Feuilles largement lancéolées ou ovales-oblongues,cel-
les de la base obtuses **ou** subobtuses.Fleurs en épi cylindrique
ou ovale.Bractées dressées-étalées,les inférieures dépassant
longuement les fleurs.Labelle un peu cunéiforme à la base,rhom-
boïdal-arrondi,entier ou rarement subtrilobé,**parfois subrétus.**
Eperon plus court que le labelle ou l'égalant presque,largement
conique.
Cilicie . - Perse boréale ap.J.Klinge.

Sous-esp. O. OSMANICA.

O. OSMANICA J.Klinge,l.c. - Les caractères assignés par l'au-
teur:brièveté de l'éperon,fleurs moins étalées,ovaire court,
nous paraissent rapprocher cette plante de l'O.FOLIOSA Solander.
Nous ne connaissons d'ailleurs ces deux sous-espèces que par
leur description.
Caucase,Asie Mineure.

Sous-esp. O. SESQUIPEDALIS.

O.SESQUIPEDALIS Willd.Spec.IV,p.30(1805); **Lindl.**Gen.et spec.
p.262; Loret et Barr.Fl.Montpell.p.662; Cam.Monogr.Orch.Fr.p.
47; in J.bot.p.156; Atlas,pl.XVIII. - O.INCARNATA var.SESQUIPE-
DALIS Reichb.f.Icon.XIII,p.53 et t.CCCC; Willk.et Lange,Prodr.
hisp.I,p.170. - O.INCARNATA SUBLATIFOLIA SESQUIPEDALIS Guimar.
Orch.port.p.65 et est.VII,f.55,b. - O.AMBIGUA Martr.-Don.Fl.
Tarn,p.7015 (1).
Bulbes palmés,assez gros.Tige élevée de 3 à 7 décim.,fistu-
leuse,dressée ou un peu courbée à la base.Feuilles lancéolées,
dressées,les supérieures acuminées.Bractées inférieures plus
longues que les fleurs,les supérieures plus longues que l'ovai-
re.Fleurs nombreuses,d'un rose carminé,disposées en épi dense,
allongé.Divisions externes du périanthe libres;les latérales
dressées ou étalées,réfléchies au sommet,maculées de taches
purpurines.Labelle plus large que long,subétalé,à 3 lobes peu

(1) Sous le nom d'O.AFRICANA J.Klinge réunit dans cette sous-
espèce les O.ALATA,SESQUIPEDALIS et DURANDII.

marqués,les 2 latéraux bien plus larges que le médian,munis de
raies et de ponctuations symétriques;lobe médian court,ovale.
Eperon conique-cylindrique,un peu courbé,égalant environ l'o-
vaire.
V.v. - Juin,juillet. - Prairies tourbeuses. - Portugal;Espa-
gne;France:Tarn.

Sous-esp. O. DURANDII.

O.DURANDII Boiss.et Reut.Pug.p.111(1852); Rouy,Illustr.p.57,
t.CLXXII; Richter,Pl.eur.p.270. - O.INCARNATA var.DURANDII Ball,
Spic.Mar.p.672; Willk.in Willk.et Lg.Prodr.hisp.l,p.170; J.Her-
vier in Bull.Acad.int.géogr.bot.(1907).
Exsicc. - Reverchon,n°1296.
Bulbes palmés.Tige robuste,très fistuleuse,feuillée à la base
et dans la partie moyenne,nue ou munie de feuilles bractéiformes au sommet.Epi long,laxiflore.Bractées dépassant toutes les
fleurs.Fleurs petites,relativement à la grandeur de la plante.
Labelle largement ovale à 3 lobes,le médian plus étroit.Eperon
épais,presque en sac,égalant l'ovaire.
Juin,juillet. - Sierra Nevada;Serrania de Ronda,vallée de Jo-
rez;Maroc,montagne de Tanger.

O.CRUENTA.

O.CRUENTA O.F.Müller Fl.dan.1782,t.876; Willd.Spec.IV,p.20;
J.Klinge,Dactylorch.p.51. - O.CRUENTUS Asch.u.Graeb.Syn.III,p.
720. - O.LATIFOLIA g.CRUENTA Lindley,Gen. et Sp.Orch.p.260. -
O.INCARNATA b.b.RHOMBEILABIA CRUENTA Reich.o.f.Icon.p.53;excl.O.
CRUENTA Roch.et Retz = O.CORDIGERA Fr.

Nous n'avons pas vu cette plante qui peut être déterminée
d'après Klinge l.c.(Dactylorchidis)p.12,par les caractères suivants: Feuilles ordinairement maculées,courtes,dressées ou dressées-étalées ou encore arquées en dehors à leur sommet,les supérieures bractéiformes.Bractées lancéolées-linéaires,dépassant
les fleurs,ordinairement maculées.Fleurs d'un pourpre violacé
ou purpurines,rarement blanchâtres.Labelle toujours plus large
que long,obcordé-arrondi ou rhomboidal-arrondi,ordinairement
plus large vers le sommet.Eperon conique,arqué.

Islande ?,Grande-Bretagne,Scandinavie,Russie moyenne et boréale;Asie boréale. - Juin,juillet.

30. - O. ANGUSTIFOLIA.

O.ANGUSTIFOLIA Reichb.Icon.pl.crit.IX(1831)p.17,et auct.mult.;
Fries,Sum.Veg.scand.; Wimm.et Grab.Fl.siles.II,p.252(1829); Ny-
land.Coll.fl.Kar.(1852),II,p.153; Blytt,Norg.Fl.(1861)p.342;

Meinshausen,Fl.ingr.(1878)p.336; Kanitz,Pl.Roman.(1879-81.)p.
118; Jvanitzky,Fl.Wologda; Celakowsky,Durchf.Böhm(1888)p.183;
Koch,Syn.ed.Hallier et Wohlf.p.2429; et auct.plur. - O.INCARNA-
TA b.ANGUSTIFOLIA Willk.et auct.plur. - O.LATIFOLIA e.ANGUSTI-
FOLIA Lindl.Gen.et Spec.(1835)p.260; F.Nyland.Spic.pl.fenn.cent.
II,p.12(1844); Babingt.Man.ed.3,p.308; Oudemans,Fl.Niederl.p.
144.

Bulbes palmés,sessiles ou l'un sessile,l'autre pédonculé.Tige
plus ou moins fistuleuse,mais bien moins que dans l'O.LATIFOLIA.
Feuilles 3-6,étroitement linéaires-lancéolées,dressées-étalées
ou récurvées,planes au sommet ou légèrement cucullées,souvent
pliées et maculées;les inférieures acutiuscules ou obtusiuscules,souvent plus larges vers le sommet;les supérieures distantes de l'épi.Epi le plus ordinairement laxiflore,rarement den-
siflore.Bractées aiguës,au moins les inférieures dépassant plus
ou moins les fleurs.Fleurs grandes,purpurines.Divisions latérales du périgone aiguës,étalées,à la fin réfléchies.Labelle subcordé ou arrondi au sommet,3-lobé ou à lobe médian nul ou presque nul,à lobes latéraux larges,crénelés.Eperon conique-cylindrique,souvent en sac,plus court que l'ovaire.

V.v. - Russie boréale,Finlande,Ingrie,Provinces Baltiques,Po-
logne,etc.;Suède,Norvège,Danemark,Angleterre,France,Suisse,Ty-
rol,Autriche-Hongrie,Roumanie.

Cette plante comprend les variétés ou sous-espèces suivantes:
A. Var.HAUSSKNECHTII J.Klinge,Revision,l.c.,p.70. - O.INCAR-
NATA L.var.ANGUSTIFOLIA Reichb.f.Diagnosis,p.52,non Icon. - O.
INCARNATA b.TRAUNSTEINERI Sauter ap.Ascherson,Fl.Brandb.(1864)
p.685. - O.TRAUNSTEINERI Sauter ap.Hausskn. - O.ANGUSTIFOLIA
Reichb.Icon.crit.ap.Celakowsky,Durchf.Böh.Prag.p.181. - O.IN-
CARNATA 4.SEROTINA Hausskn.Mitth.B.V.G.Thür.(1884)p.220. - O.
INCARNATUS 2.SEROTINUS Asch.u.Graeb.Syn.III,p.718. - O.SEROTI-
NUS Schwarz,Fl.Nürnb.u.Erl.p.765(1901). - Icon.- M.Schulze,Die
Orchid.t.20. - Exsicc.Soc.Rochel.n°2941. - Tige assez grêle.
Feuilles linéaires-lancéolées,étroites,dressées,non maculées,
les supérieures appliquées contre la tige,lâchement engaînantes.
Epi pauciflore.Périgone à divisions ordinairement aiguës.Label-
le à lobe médian dépassant les latéraux,mais parfois peu dis-
tinct. - Floraison un peu tardive. - France,Allemagne.
B. Var.TRAUNSTEINERI J.Klinge,l.c.,p.73,p.p.,(excl.f.SAUTERI);
Sauter,p.p. - O.ANGUSTIFOLIA Loisel.in Reichb.Herb.fl.germ.exs.
949. - O.LATIFOLIA var.TRAUNSTEINERI Godr.Fl.Lorr.2,p.290. - O.
TRAUNSTEINERI Koch,Syn.ed.2,p.793; ed.3,p.597,p.p.; Schur,Enum.
Trans.p.641,n°3413; M.Schulze,Die Orchid.t.20,b.; Gremli,Fl.an.
Suisse,éd.Vetter,p.482. - Exsicc. Fiori,Beguinot et Pampini,
Fl.ital.n°423. - Feuilles dressées-étalées,linéaires-lancéolées,
les inférieures à partie la plus large vers la base,canalicu-
lées;les supérieures planes,acuminées.Fleurs purpurines,dispo-
sées en épi lâche,toutes ou presque toutes dépassées par les
bractées.Labelle large,trilobé,à lobe moyen évident,parfois

court,dentiforme.Eperon ténu,grêle,aigu ou subaigu. - France,
Allemagne,Suisse.

F.REICHENBACHII J.Klinge,l.c.,caractérisée par la tige fistuleuse et les feuilles non maculées.

M.M.Hariot et Guyot,Contr.à la fl.Aube,p.114 décrivent une
var.ALBA à fleurs d'un blanc pur.

C. Var.ANGUSTIFOLIA (TYPICA) (Reichb.f.Icon.XIII,p.52(1851)O.
INCARNATA var.); Bouvier,Fl.Alpes,p.642. - O.ANGUSTIFOLIA Rei-
chb.Pl.crit.IX,p.17(1831); Fries,Nov.fl.suec.p.127; Mant.III,p.
130; Cam.Monogr.Orch.Fr.p.47; Car.et S.-Lag.Fl.descr.éd.8,p.
805. - O.TRAUNSTEINERI Sauter in Flora(1837)I,Bieb.p.36; et ap.
Koch,Syn.ed.2,p.793; ed.3,p.597; Gremli,Beitr.z.Fl.Schweiz
(1887); Reuter,Cat.Genève,éd.2,p.203; Boreau,Fl.cent.éd.3,p.
646; Schultz bip.Fl.d.Pfalz(1857)p.121; Russow,Fl.v.Revel(1862)
p.29; Gruner,Fl.Allent.(1864)p.143; Rhiner,Prodr.Waldst.p.126;
Schur,Enum.Trans.p.641; Hausm.Fl.Tirol,p.838; Chenevard in
Bull.herb.Poiss.p.1022(1902). - O.INCARNATA Fries,Mant.II,p.54;
et plur.auct.gall. - O.INCARNATA var.ANGUSTIFOLIA Gr.et God.Fl.
Fr.III,p.296; Gren.Fl.ch.jurass.p.750; et plur.auct. - O.LATI-
FOLIA e.ANGUSTIFOLIA Lindl.Orch.p.260(1835). - O.DIVARICATA Boreau,Fl.centre,éd.2,p.522. - O.COMOSA Schur,Herb.Trans.sec.
Schur,Enum. - O.ANGUSTIFOLIA v.RECURVA J.Klinge,Revision,l.c.p.
68,82; f.FICHTEMBERGII s.f.MACULATA et s.f.IMMACULATA,f.SCHMID-
TII et f.SCHURII J.Klinge,l.c. - Icon.Reichb.f.Orchid.t.394; M.
Schulze,t.19. - Exsicc. Dörfler,H.n.n°3197. - Tige fistuleuse,
munie de 4-5 feuilles.Feuilles inférieures lancéolées-linéaires,
dressées-étalées;les supérieures linéaires,planes,subcanalicu-
lées.Bractées nervées,les inférieures dépassant les fleurs,les
supérieures les égalant.Fleurs purpurines disposées en épi la-
xiflore.Labelle 3-lobé,à lobe médian saillant,divisions latérales extérieures du périanthe étalées puis à la fin défléchies.
Eperon conique-cylindrique,plus court que l'ovaire. - France,
Allemagne,Suisse,Russie.

F.FILIFORMIS J.Klinge,l.c.p.8. - Feuilles étroites,plante
grêle,labelle profondément 5-denté.

D. Var.NYLANDRII J.Klinge,Revision,l.c.p.67 et 78;f.GENUINA,
f.FRIESII et f.LEHMERTII Klinge,l.c. - O.LATIFOLIA var.ANGUSTI-
FOLIA F.Nyland.Spicil.fl.fenn.Cent.II,p.12(1844). - O.LATIFOLIA
L.b.vel g.ANGUSTIFOLIA Nyl.sec.Ledeb.Fl.Ross.IV,p.54(1853). -
O.ANGUSTIFOLIA Reichb.Pl.crit.f.1140,sec.Nyl.; Bnge,Reliq.Leh-
manni,p.504,n°1336,sec.Regel et Herder,En.pl.in reg.cis.et tr.
p.106(1869). - Diffère de la var.précédente par:les feuilles
plus larges vers la partie moyenne ou leur sommet,maculées ou
non;le labelle à lobe médian distinct ou non.

E. Var.SANIONIS J.Klinge,Revision,l.c.p.67,79. - O.LATIFOLIA
L.v.TRAUNSTEINERI Sauter ex Sanio Nacht.Fl.Lyccens.in Verh.Bot.
Brand.XXIII,p.47(1881). - Diffère de la var.C. par les feuilles
dressées-étalées,non courbées,maculées.Labelle à lobe médian
distinct.

F. Var.BLYTTII J.Klinge,Revision,l.c.p.67,80; f.GENUINA,LA-
TISSIMA×?;SPATHULATA,REMOTA. - Feuilles étalées ou dressées,
parfois apprimées,lancéolées ou ovales-lancéolées,obtuses,plus
larges,courtes;les inférieures arrondies au sommet.

G. Var.RUSSOWII J.Klinge,l.c.p.84. - O.RUSSOWII J.Klinge,
(sous-esp.)Dactylorchidis,p.31.Comprend:f.VULGARIS,s.f.CONCOLOR,
f.ELONGATA;f.PATENS,s.f.IMMACULATA;f.STRICTA (formes à feuilles
arquées-étalées,celles de la base un peu récurvées);f.SUBCURVA,
s.f.IMMACULATA;f.CURVATA;f.ARCUATA (formes à feuilles arquées-
récurvées). - Toutes ces formes du même auteur sont de simples
formes locales de peu d'importance. - Plantes grandes,élevées,
robustes,à tige fistuleuse.Feuilles assez grandes,longues;les
inférieures à partie la plus large vers le sommet;celles de la
base obtusiuscules.Labelle 3-lobé,à lobes distincts,rarement
presque entier.Bractées ordinairement plus courtes que les
fleurs,rarement les égalant. - Provinces baltiques.

H.Var.GRISEBACHII J.Klinge,Revision,l.c.p.19,33. - O.GRISEBA-
CHII Pantck,Beitr.z.Fl.u.Fau.Herceg.Crnag.u.Dalm.; in Ver.Nat.
Pressb.(1871-72) et p.27(1874). - Icon.Vis.Fl.Dalmat.Suppl.alt.
t.1,f.2. - Tige anguleuse au sommet.Feuilles inférieures largement ovales-lancéolées,souvent maculées d'un pourpre violacé,
les supérieures bractéiformes,aiguës,pourprées.Fleurs disposées
en épi assez dense,les inférieures espacées.Bractées égalant ou
les inférieures dépassant un peu les fleurs.Fleurs pourprées,
munies de stries et de lignes plus foncées.Divisions externes
du périanthe aiguës,les internes obtuses.Eperon épais,court. -
Monténégro.

I. Var.CAUCASICA J.Klinge,ap.Lipsky,Flora Cauc.impr.Colchicae
novit.p.36(1898). - Sous-esp.O.CAUCASICA J.Klinge,Dactylorchi-
dis,p.35. - O.SAMBUCINA aut.Fl.cauc.ex.J.Klinge. - Tige robus-
te.Feuilles inférieures largement lancéolées,les moyennes plus
larges vers leur milieu,plus ou moins espacées,étalées-dressées
ou rarement apprimées.Bractées inférieures dépassant beaucoup
les fleurs.Labelle à 3 lobes accentués,à bords irrégulièrement
fimbriés.Fleurs d'un lilas pourpré.Eperon conique,en sac,éga-
lant la moitié de la longueur de l'ovaire.Gynostème apiculé
longuement.Stigmate subarrondi. - Prés et marais des montagnes.-
Caucase,Transcaucasie,Asie Mineure.

31. - O.LATIFOLIA.

O.LATIFOLIA (LATIFOLIUS) L.Spec.ed.1,p.94(1753); Fl.suec.ed.
2,p.312; Willd.Spec.IV,p.28; Rich.in Mém.Mus.IV,p.55; Lindl.
Gen.and Spec.p.260; Reichb.f.Icon.XIII(emend.); Kraenz.Gen.et
spec.p.146; Richter,Pl.eur.p.271; Correvon,Atl.Orch.Eur.pl.XLI;
Sm.Brit.p.924; Engl.Fl.IV,p.21; Oudemans,Fl.Nederland.III,p.14;
Lej.Fl.Spa; Lej.et Court.Comp.III,p.185; Tinant,Fl.luxemb.p.
440; Crépin,Man.Fl.Belg.éd.1,p.177; éd.2,p.293; Kops,Fl.Bat.t.
20; Mey.Orchid.G.D.Luxemb.p.11; Thielens,Orch.Belg.et Luxemb.p.
80; Poiret,Encycl.IV,p.596; Vill.Fl.Dauph.II,p.35; DC.Fl.fr.
III,p.251,n°2021; Duby,Bot.p.443; Loisel.Fl.gall.2,p.267; Bois-

duval,Fl.fr.III,p.46; Mutel,Fl.fr.III,p.240; Fl.Dauph.éd.2,r.
593; Lapeyr.Abr.Pyrén.p.548; Le Turq.Delon.Fl.Rouen,p.439;
Gren.et God.Fl.Fr.III,p.295; Boreau,Fl.centre,éd.3,p.645; Lec.
et Lamt.Cat.pl.centr.p.349; Godet,Fl.Jura,p.685; Gren.Fl.ch.
juras.p.749; Michalet,Hist.nat.Jura,p.296; Godr.Fl.Lorr.2,p.
289; Martr.-Donos,Fl.Tarn,p.704; Dupuy,FlGGers,p.229; Castag.
Cat.B.-d.-Rh.p.157; Ardoino,Fl.Alp.-Marit.p.354; Barla,Iconogr.
p.61; Dulac,Fl.H.-Pyr.p.125; Loret et Barrandon,Fl.Montpel.p.
662; Renault,Ap.H.-Saône,p.243; Contejean,Rev.Montbél.p.222;
Fr.Gust.et Hérib.Fl.Auv.p.431; Lloyd et Fouc.Fl.ouest,p.334;
Car.et S.-Lag.Fl.descr.éd.8,p.805; Franch.Fl.L.-et-Ch.p.574;
Coss.et Germ.Fl.env.Paris,éd.2,p.683; Bonnet,P.fl.paris.p.382;
Brébisson,Fl.Normand.,ed.pl.; Cam.Monogr.Orch.Fr.p.48; in J.
bot.VI,p.157; Gautier,Fl.pyr.p.38; Charbonnel in Bull.Soc.nat.
Ain(1902)p.55; Koch,Syn.ed.2,p.792; ed.3,p.596; ed.Hallier et
Wohlf.p.2429; Oborny,Fl.Moehr.Oest.Schles.p.248; Rhiner,Prodr.
Waldst.p.126; Foerster,Fl.Aachen,p.345; Bach,Rheinpr.Fl.p.370;
Seubert,Excurs.Bad.p.123; Garcke,Fl.Deuts.ed.14,p.378; M.Schul-
ze,Die Orchid.n°21; Asch.u.Graeb.Syn.III,p.733; Gaud.Fl.helv.V,
p.442,n°2065; Morthier,Fl.Suisse,p.363; Reuter,Cat.Genève,éd.2,
p.203; Bouvier,Fl.Alpes,éd.2,p.641; Fischer,Fl.Bern,p.76; Grem-
li,Fl.Suisse,éd.Vetter,p.481; Schinz u.Keller,Fl.d.Schweiz,p.
123; All.Fl.pedem.2,p.149; Ten.Fl.nap.2,p.297; Pollin.Fl.veron.
III,p.17; Bertol.Fl.ital.IX,p.551; Parlat.Fl.ital.III,p.519; de
Notar.Repert.fl.ligust.p.386; Arcangeli,Compend.ed.2,p.170;
Cocconi,Fl.Bolog.p.486; Guimar.Orch.port.p.88; Hausm.Fl.Tirol,
p.837; Beck,Fl.N.-Oester.p.205; Schur,Enum.Trans.p.642,n°3416;
Griseb.Spic.fl.rum.et bith.p.792; Boiss.Fl.orient.V,p.71; Sibth.
et Sm.Prodr.fl.gr.II,p.214; Chaub.et Bor.Exp.Morée,p.254; Fl.
Pélop.p.61; Ball,Spic.Mar.p.672; et auct.mult.pro et ex parte. -
O.COMOSA Scop.Fl.carn.II,p.198(1772). - O.FISTULOSA Moench,Meth.
p.713(1794). - O.MAJALIS Reichb.Pl.crit.VI,p.7(1828); Blytt,
Handb.Norg.Fl.ed.Ove Dahl,p.228; et auct.plur. - O.INCARNATA
var.MAJOR Boiss.et Kotschy Cilic.exsicc. - O.TRIPHYLLA et O.
AFFINIS C.Koch in Linn.XXII,p.283,sec.Boiss.Fl.orient.V,p.71. -
O.radicibus palmatis,caule fistuloso,bracteis maximis,labello
trifido serrato,medio segmento obtuso Hall.Helv.n°1279,t.32;
Enum.271,n°26. - O.palmata pratensis latifolia,longis calcaribus Bauh.Pinax,85; Vaill.Bot.paris. - O.palmata pratensis maculata et O.palmata palustris tota rubra Bauh.Pinax,85,86. - O.
palmata palustris altera et tertia Rivin.Hexap.t.19. - Satyrium
femina Blackw.t.405.

Icon. - Haller,Helv.t.31; Vaill.Bot.t.31,f.1 à 5; Engl.Bot.t.
2308; Schk,Handb.t.271; Fl.dan.t.266; Reichb.f.t.402; Barla,l.
c.pl.48,f.1-6;pl.49; les f.2,13,représentent une forme hybride
(O.LATIFOLIA+MACULATA); Paol.et Fiori,l.c.p.830; Cortesi,l.c.p.
54,f.1-5; Guimar.l.c.est.VII,f.55; Bonnier,N.Fl.Alb.p.146; Ic.
n.pl.22,f.705-712.

Exsicc. - Billot,n°657 et n°657 bis; Soc.Rochel.n°2247.

Bulbes 2,palmés-digités,rarement entiers et napiformes(fait déjà signalé par Villars!.Tige robuste,très fistuleuse,peu élevée en raison de son diamètre,anguleuse au sommet.Feuilles d'un vert foncé,pourvues ou non de macules brunâtres,les inférieures ovales-oblongues,élargies vers le milieu,obtuses et planes au sommet,ordinairement étalées,les supérieures lancéolées-acuminées.Bractées vertes,souvent lavées de pourpre,les inférieures seules plus longues que l'ovaire et même souvent que les fleurs. Fleurs moyennes d'un pourpre foncé un peu violacé,disposées en épi dense.Périanthe à divisions libres,les externes dressées, les latérales un peu étalées et un peu réfléchies au sommet,non maculées.Labelle ponctué et muni de lignes d'un pourpre foncé, disposées symétriquement,à 3 lobes peu profonds,un peu crénelés, les latéraux rejetés un peu en arrière.Eperon cylindro-conique dirigé en bas,un peu arqué,un peu plus court que l'ovaire.Gynostème court,subobtus.Anthère rougeâtre ou purpurine.Masses polliniques vertes.

MORPHOLOGIE INTERNE.

BULBE. Grains d'amidon ordinairement arrondis,de 6-9 μ de diam. quelquefois de forme irrégulière et atteignant 14-18μ de long. env. - FIBRES RADICALES. Parois de l'assise pilifère et parfois de l'assise subéreuse complètement subérisées.Endoderme à cadres plissés marqués.Vaisseaux de métaxylème souvent assez nombreux,entourant avec les lames vasculaires primaires un parenchyme non différencié abondant.

TIGE. Cuticule à peine striée,stomates nombreux.Petites ailes de la partie sup.de la tige dues au prolongement de la nervure médiane et du bord des feuilles constituées par le parenchyme externe.Absence complète de tissu lignifié extra-libérien ou parfois anneau de cellules à parois légèrement lignifiées séparé de l'épiderme par 2-3 assises de parenchyme ext.dans les parties non ailées de la tige.Faisceaux libéro-ligneux très développés tangentiellement.Lacune occupant le centre de la tige extrêmement grande,parenchyme interne très abondant se résorbant presque jusqu'aux faisceaux.

FEUILLE. Ep. = 300-520μ.Epiderme sup.recticurviligne,strié, chlorophyllifère,ordinairement à macules d'un violet noir formées par des cellules à contenu violet,haut de 70-90μ,à paroi ext.épaisse de 7-10μ et légèrement bombée,pourvu de stomates même dans les feuilles inf.(nombreux vers l'extrémité du limbe), portant quelques rares poils unicellulaires laissant après leur chute leur partie basilaire plus ou moins déchirée et brunâtre. Epiderme inf.recticurviligne,haut de 40-60μ,à paroi ext.épaisse de 5-8μ,bombée,à stomates nombreux.Cellules épidermiques formant le bord du limbe à contenu violacé,à paroi ext.se prolongeant un peu extérieurement(pl.4,f.112).Mésophylle formé de 9-10 assises de cellules de forme irrégulière,constituant un tissu lâche et renfermant des raphides.

FLEUR. - PERIANTHE. DIVISIONS EXTERNES. Epidermes dépourvus de papilles caractérisées. - DIVISIONS LATERALES INTERNES.Bords légèrement papilleux. - LABELLE. Epiderme int.prolongé en papilles coniques,striées ou non,atteignant 90-100μ vers le milieu du labelle,bien plus courtes dans les parties latérales.

Epiderme ext.légèrement papilleux vers les bords. - EPERON. E-
piderme int.muni de papilles courtes et striées,atteignant 20-
50µ de long.Epiderme ext.à papilles peu nombreuses. - ANTHERE.
Epiderme non ou à peine papilleux.Epaississements en anneaux
incomplets peu abondants. - POLLEN. Jaune verdâtre,exine des
tétrades de la périphérie des massules très délicatement ruguleuse. L = 35-40µ env. - OVAIRE. Epiderme strié.Nervure médiane
des valves placentifères peu saillante extérieurement,à un faisceau libéro-ligneux à bois int.Placentas ne se divisant que dans
leur partie sup.en lobes divergents.Valves non placentifères
très développées,proéminentes,à un faisceau libéro-ligneux à
bois int. - GRAINES. Suspenseur développé.Cellules du tégument
des graines adultes à parois rectilignes,non striées dans les
individus vivant isolés,ayant parfois quelques stries dans les
plantes croissant dans le voisinage des O.INCARNATA et MACULATA
et probablement issues de croisements.Graines légèrement atténuées à l'extrémité supérieure et très déprimées à la base,
2 f.1/2 - 3 f.plus longues que larges. L = 650 - 750µ .

Nous avons trouvé dans les terrains tourbeux une forme robuste,à tige peu fistuleuse et peu élevée,à feuilles ovales,cour-
tes,très étalées,fortement maculées de brun,à lobe moyen du labelle un peu plus long que dans le type.Cette forme correspond
assez bien à l'O.MAJALIS Reichb.,nom dont la plupart des auteurs font un simple synonyme d'O.LATIFOLIA.
MONSTRUOSITES. 1° Fleurs à périanthe dont toutes les divisions
sont semblables.
2° Fleurs à divisions découpées en lanières capillaires (Mutel).
3° F.CAULE DISTACHYO (Graves,Catal.Oise,p.120,falaise du Bray,
à La Neuville d'Auneuil).
4° F.ECALCARATA Peterm.Anal.Pfl.p.440(1846); M.Schulze. - E-
peron nul.Marais tourbeux,prairies humides,plaines et montagnes.

Marais tourbeux,prairies humides,plaines et montagnes. - Mai-
juin. - V.v. - Presque toute l'Europe,Sibérie,Himalaya.

Cette espèce polymorphe comprend de nombreuses variations
sans importance,nous signalerons seulement les variétés suivantes qui sont assez distinctes,mais qu'une étude sur place pourrait peut-être en partie faire rattacher au groupe de l'O.MACU-
LATA.
B. Var.CORSICA Reverchon ap.E.G.Cam.l.c. - Fleurs grandes et
disposées en épi très lâche;bractées courtes.Eperon gros,un peu
renflé vers le sommet. - Cette variété fort remarquable mériterait d'être étudiée de nouveau sur des échantillons vivants. -
Corse.
C. Var.FOLIOSA Reichb.f.Icon.XIII,p.69. - Var.MACROCHLAMYS
Asch.u.Graeb.Syn.III,p.735. - O.LATIFOLIA var.MACROBRACTEATA
Schur,Sert.fl.Trans.n°2698(1853). - O.FOLIOSA Lindl.Gen.and sp.;
Solander ap.Lowe,Primit.fl.Maderae(1831)p.13; Schur,Enum.Trans.
p.642; Cam.Monogr.Orch.Fr.p.49. - Icon. - Lindl.Sert.Orch.(1838)
pl.XLIV; Lindl.Botan.Reg.t.1701(1835); Reichb.f.l.c.t.49,CCCCI,

t.163,f.1. - Plante robuste,de hauteur variable,2-4 décim.rarement 4-7 décim.Feuilles maculées ou non,les inférieures largement ovales-lancéolées ou ovales-elliptiques,étalées.Fleurs moyennes ou grandes,nombreuses,disposées en épi dense.Bractées grandes,foliacées,les inférieures souvent 2-3 fois plus longues que les fleurs,souvent lavées de pourpre violacé.Fleurs ordinairement d'un pourpre violacé,parfois d'un pourpre assez clair.- France,Allemagne,Autriche-Hongrie et probablement assez répandue.

D. Var. LAPPONICA Reichb.f.Icon.XIII,p.5(1851). - O.LAPPONICA Laestad.ap.Reichb.f.l.c. - O.MACULATA var.LAPPONICA Nylander et Sael,Herb.mus.fenn.p.20. - Icon. - Reichb.f.l.c.t.CCCV,53. - Bulbes palmés.Plante peu élevée,grêle.Feuilles peu nombreuses. Fleurs paraissant éparses,ressemblant à celles de l'O.LATIFOLIA. Labelle aussi long que large,à 3 lobes,le moyen petit,subdentiforme.Eperon long,conique,peu ou non arqué. - V.s. - Suède.

E. Var. DUNENSIS Reichb.f.l.c.p.59,t.DXVI; Richter,Pl.eur.p. 271. - O.BALTICA Klinge ap.Asch.u.Graeb. - Ressemble à la variété LAPPONICA dont elle diffère par les feuilles plus longues, dressées,élargies presque dès le milieu et par les fleurs plus grandes. - Hollande.

F. Var. AFFINIS. - Var.SUBMACULATUS Asch.u.Graeb,Syn.III,p. 735. - O.AFFINIS C.Koch,Beitr.z.Fl.d.Or.in Linn.XXII,p.284; Reichb.f.Icon.t.56,CCCCVIII,f.II; Bunge,Pl.Abich.p.19; Trautv. Incr.Fl.Ross.p.747,n°5013. - O.MACULATA var.MAJOR Boiss.in Kotschy,Cilic.exsicc.p.p. - O.LATIFOLIA FORMA L.Boissier,Fl. orient.V,p.71; Ledeb.Fl.Ross.IV,p.54. - O.LATIFOLIA SUBMACULATA Reichb.f.Icon.XIII,p.61; et in Walpers.Ann.III,p.578. - Plante grêle,peu élevée,fistuleuse.Feuilles inférieures comme dans l'O.MACULATA.Bractées égalant l'ovaire.Fleurs comme dans les petites formes de l'O.LATIFOLIA ou de l'O.INCARNATA.Labelle à 3 lobes dentés,très prononcés. - Probablement forme locale du Caucase.

G. Var.PINGUIS Asch.u.Graeb.et auct.plur. - O.ACAULIS Schrk, non Reichb. - Forme à tige épaisse,très courte. - Répandue çà et là.

Sous-esp. O.BALTICA.

O.BALTICA J.Klinge,Dactylorchidis,p.24; et ap.Ed.Lehmann,Fl. v.Polnisch-Lioland(1895)p.188;et ap.N.Puring,Fl.d.Westl.Th. Gouv.Pleskau(1898)p.193.

Bulbes profondément palmés.Tige élevée,de 25-70 centim.de hauteur,grêle,souvent flexueuse.Feuilles 4-7,étroites,dressées-étalées,ordinairement maculées de brun,rarement non maculées. Epi ovale-oblong,souvent dépassé par les bractées.Bractées inférieures étalées,dépassant les fleurs.Périanthe à divisions ovales ou lancéolées,obtusiuscules ou acutiuscules.Labelle plus large que long,à lobes plus ou moins crénelés,à lobe médian plus ou moins largement ligulé,rarement émarginé ou encore obtus-subtriangulaire.Eperon de 6 à 9 mm.de long. - Les fleurs sont ordinairement d'un lilas pourpré.

Mai,juin. - Croît dans les lieux humides et aussi en lieux
secs. - Europe orientale moyenne,Asie boréale tempérée,région
du Caucase;Lithuanie,Curonie,Livonie,Ingrie,Russie moyenne,Si-
bérie,Transcaucasie,Perse boréale. - S'hybride avec les O.IN-
CARNATA,MACULATA,CRUENTA,RUSSOWII selon Klinge.

Sous-sect. D. MACULATAE (emend.). - Divisions latérales externes du périanthe étalées ou un peu réfléchies.Tige très peu
ou non fistuleuse.

32. - O.MACULATA.

O.MACULATA (MACULATUS) L.Spec.ed.1,p.942(1753); Richard,in
Mém.Mus.IV,p.55; Lindl.Gen.and Spec.p.266; Reichb.f.Icon.XIII,
p.65,v.d.t.CCCCVII; Kraenz.Gen.et spec.p.150; Richter,Pl.eur.p.
271; (1); Blytt,Norg.Fl.ed.Ove Dahl,p.228; Babingt.Man.Brit.
Bot.ed.8,p.344; Oudemans,Fl.Nederl.p.144; Crépin,Man.Fl.Belg.
éd.2,p.293; de Vos,Fl.Belg.p.554; D C.Fl.fr.III,p.252; Duby,
Bot.p.443; Loisel.Fl.gall.2,p.267; Mutel,Fl.fr.III,p.243; Fl.
dauph.éd.2,p.594; Boisduval,Fl.fr.III,p.46; Vill.Hist.Dauph.II,
p.36; Lapeyr.Abr.Pyr.p.548; Le Turq.Delon.Fl.Rouen,p.39; Lec.et
Lamt.Cat.cent.p.318; Gr.et God.Fl.Fr.III,p.296; Boreau,Fl.cent.
éd.1,éd.2,éd.3; Coss.et Germ.Fl.Par.éd.2,p.683; Godr.Fl.Lorr.2,
p.289; Martr.-Donos,Fl.Tarn,p.706; Godet,Fl.Jura,p.686; Michalet,Hist.nat.Jura,p.296; Gren.Fl.ch.jurass.p.750; Ardoino,Pl.
Alp.-Mar.p.354; Barla,Iconogr.p.60; Poirault,Cat.Vienne,p.96;
Dulac,Fl.H.-Pyr.p.125; Fr.Gust.et Hérib.Fl.Auv.p.431; Bonnet,P.
fl.paris.p.382; Franchet,Fl.L.-et-Ch.p.574; Cam.Monogr.Orch.Fr.
p.49; in J.bot.VI,p.158; Lloyd et Fouc.Fl.Ouest,p.334; Car.et
S.-Lag.Fl.descr.éd.8,p.805; Bubani,Fl.pyr.p.38; Kirschl.Fl.Al-
sace,p.133; Reichb.Fl.excurs.p.126; Oborny,Fl.Möhr.Oest.Schl.p.
249; Koch,Syn.ed.2,p.792; ed.3,p.596; ed.Hallier et Wohlf.p.
2428; Rhiner,Prodr.Waldst.p.126; Foerster,Fl.Aachen,p.345; Bach.
Rheinpreuss.p.370; Caflisch,Exc.S.D.p.296; Garcke,Fl.Deutsch.ed.
14,p.378; Seubert,Ex.Bad.p.123; M.Schulze,Die Orchid.n°23; Asch.
u.Graeb.Syn.III,p.744; Gaud.Fl.helv.V,n°2066; Morthier,Fl.Suis-
se,p.363; Bouvier,Fl.Alp.éd.2,p.641; Reuter,Cat.Genève,éd.2,p.
204; Fischer,Fl.Bern,p.76; Gremli,Fl.Suisse,éd.Vetter,p.481;
Schinz u.Keller,Fl.Schweiz,p.122; All.Fl.pedem.II,p.150; Ucria,
H.r.pan.p.383; Savi,D.cent.p.196; Noc.et Balb.Fl.tic.p.1152;
Seb.et Mauri,Fl.Rom.prodr.p.307; Ten.Fl.nap.2,p.298; Savi,Bot.
etrus.III,p.168; Bertol.Amoen.ital.p.416; Pollin.Fl.ver.3,p.18;
Guss.Syn.fl.sic.2,p.527; et in Add.et em.p.875,p.p.; de Not.Re-
pert.fl.lig.p.386; Pucc.Syn.fl.luc.p.477; Comoll,Fl.comens.VI,
p.358; Bertol.Fl.ital.V,p.555; Parlat.Fl.ital.III,p.516; Cortesi in Ann.bot.Pirotta,1,p.51; Fiori et Paol.Iconogr.n°139; Cocconi,Fl.Bolog.p.486; Willk.et Lange,Prodr.hisp.p.170; Barcelo,

(1) Sous le nom d'O.BASILICA (L.Oel.Innehalt,p.17)J.Klinge,
Dactylorchidis p.11,44,réunit à titre de sous-espèces les O.
MACULATA,SACCIFERA et CARTALINIAE J.Klinge.

Apunt.Bal.; Marès et Vigineix,Catal.Baléar.p.281; Guimar.Orch.
port.p.69; Ambros.Fl.Tir.austr.p.692; Suffren,Pl.Frioul,p.184;
Hausm.Fl.Tirol,p.837; Boiss.Fl.orient.V,p.73; Sibth.et Sm.Procr.
fl.Gr.II,p.214; Form.in Deutsch.bot.Monat.p.10(1890); Halacsy,
Consp.fl.gr.p.175; Grecescu,Consp.fl.Roman.p.545; Simk.Enum.
Transs.p.500; Kalm.Fl.fenn.n°500; Fellm.Ind.Kola,n°325; Eichw.
Skizze,p.124; Ledeb.Fl.alt.IV,p.168; Fl.ross.V,p.58; Gorter,Fl.
ingr.p.144; Ruprecht,Fl.Sam.cisural.n°273; Fellm.Ind.Lapp.n°
309; Georgi,It.1,p.232; Beischr.Russ.R.III,V,p.1269; Besser,
Enum.p.35,n°1160; - O.LONGIBRACTEATA Schm.in Mey.Phys.Aufs.
(1791). - O.SOLIDA Moench,Meth.p.713(1794). - O.MIXTA Swartz in
Vet.Acad.Hand.(1800)p.207. - O.GERVASIANA Todaro,Orch.sic.p.57;
Guss.Syn.fl.sic.2,p.540; Parlat.Fl.ital.III,p.525 ? - O.BONAN-
NIANA Todaro; Guss.; Parlat.l.c. ? - Orchis radicibus palmatis,
caule solido,labello 3-fido,serrato medio segmento acuminato
Hall.Helv.n°1278,t.31,f.1. - Orchis palmata,montana,purpureo
flore,folio maculato,radice bifida Cup.Pamph.sic.1,t.153;et II,
t.173; Bonann.t.30. - Orchis palmata pratensis maculata Cup.
Hort.cath.p.157; Suppl.alt.p.68; Bauh.Pinax,85. - Orchis palmata montana maculata Seg.Pl.ver.2,p.132,t.15,f.16; Bauh.Pinax,
86; Vaillant,Bot.paris.t.31,f.9,10. - Palmata maculata,non maculata et angustifolia maculata Riv.Hexapt.t.8 et 11. - Satyrium basilicum femina Dod.Pempt.240.

Icon. - Hall.l.c.; Vaillant,l.c.; Seg.l.c.; Lobel,Obs.p.91,f.
sin. sup.,189;f.1; Schnk,Fl.Monac.t.112; Riv.l.c.; Schlectd.
Lang.Deuts.IV,f.340; Fl.Dan.t.933; Curt.ed.Grav.IV,t.93; Sw.
Bot.VI,t.413; Reichb.t.CCCCVII; Mutel,Atl.f.499; Cortesi,l.c.;
Paol.et Fiori,Fl.ital.f.839; Barla,l.c.pl.47(exc.f.6 et 8 repr.
χ); Cam.Icon.Orch.Par.pl.15; Correvon,Alb.Orch.Eur.pl.XLIII;
M.Schulze,Die Orchid.t.23; Guimar.l.c.est.VIII,f.57; Bonnier,
Alb.N.Fl.p.146; Ic.n.pl.22,f.671-687.

Exsicc. - Billot,n°2379; Bourg.Pl.Alp.Sav.n°259; Forman.Pl.
Thessal.1895.

Bulbes palmés.Tige non fistuleuse,de 3-6 décim.,dressée,sou-
vent un peu flexueuse,un peu anguleuse au sommet.Feuilles de
formes variables suivant les terrains,les inférieures plus ou
moins obtuses ou lancéolées,les supérieures longuement acuminées,bractéiformes,maculées de taches brunâtres ou noirâtres
s'atténuant beaucoup par la dessication.Bractées lancéolées-acuminées,plus longues que l'ovaire,souvent lavées de pourpre au
sommet.Fleurs nombreuses,disposées en épi dense.Périanthe à divisions libres;les externes dressées,les 2 latérales un peu é-
talées et un peu réfléchies au sommet,les 2 internes conniven-
tes.Labelle à circonscription suborbiculaire,étalé,à 3 lobes
plus ou moins profonds;les lobes latéraux larges,ondulés,denti-
culés;lobe moyen obtus et court ou allongé et même acuminé;les
lobes latéraux après l'anthèse un peu réfléchis.Divisions externes du périanthe ordinairement ponctuées,maculées de rose
purpurin.Labelle muni de taches et de lignes de même couleur et
offrant par leur disposition pour les deux côtés une symétrie

assez régulière.Eperon cylindro-conique dirigé en bas,un peu
arqué,plus court que l'ovaire.Gynostème obtus,apiculé,a bec
sillonné en avant.Anthère rougeâtre ou lavée de rose.Masses
polliniques vertes.

L'intensité de la coloration des fleurs est très variable:les
individus qui croissent dans les endroits peu éclairés sont
souvent presque ou totalement blancs,mais on en trouve aussi de
semblables,plus rarement il est vrai,dans les endroits éclairés.
Nous avons,pendant plusieurs années,conservé des pieds de cette
espèce en pots et nous avons observé les faits suivants:La reproduction a eu lieu par les bulbes.A des individus à fleurs
fortement colorées en ont succédé d'autres à fleurs peu ou non
colorées.Par l'âge les fleurs souvent se décolorent et nous a-
vons toujours remarqué que la décoloration s'opérait dans l'ordre suivant:l'ensemble pâlit un peu,puis les points s'effacent,
les lignes s'atténuent et enfin disparaissent presque entière-
ment.Les formes du labelle restent stables pour tous les individus issus d'un même pied.

MORPHOLOGIE INTERNE.

BULBE. Grains d'amidon arrondis ou peu allongés,atteignant
5-15µ de diam.env. - FIBRES RADICALES. Parois de l'assise pilifère et parfois de l'assise subéreuse complètement subérisées.
Endoderme à cadres plissés marqués.Vaisseaux de métaxylème assez abondants.

TIGE. Parenchyme ext.situé entre l'épiderme et l'anneau lignifié,formé de 2-4 assises dans les parties non ailées et d'assises plus nombreuses dans les parties ailées.Ailes moins développées que dans L'O.LATIFOLIA. 5-6 assises lignifiées à parois
très minces,parfois séparées du liber des faisceaux par 1-2 assises non lignifiées.Faisceaux libéro-ligneux de grandeur très
inégale,à bois abondant.Parenchyme int.relativement peu développé,non ou à peine résorbé au centre de la tige,contenant
quelques cellules à raphides.

FEUILLE. Ep. = 250-400µ .Epiderme sup.pourvu de plages de
cellules à contenu violet et même dans les feuilles inf.de quelques stomates(plus abondants vers la pointe);portant de rares
poils unicellulaires,très caducs et laissant après leur chute
une cellule déchirée et brunâtre;haut de 80-160µ ;à paroi ext.
épaisse de 6-9µ ,bombée,striée,à stries perpendiculaires aux
parois et convergeant vers le centre de chaque cellule.Epiderme
inf.recticurviligne,renfermant de la chlorophylle,muni de nombreux stomates,haut de 40-50µ ,à paroi ext.épaisse de 5-9µ et
légèrement bombée.Cellules épidermiques du bord du limbe à contenu violet,à paroi ext.formant presque toujours une dent inclinée (pl.4,f.113).Mésophylle comprenant 6-8 assises de cellules plus ou moins régulièrement arrondies sur une section transversale,et contenant des cellules à raphides peu abondantes.

FLEUR. - PERIANTHE. DIVISIONS EXTERNES. Epidermes ext.et int.
striés.Bords légèrement papilleux. - DIVISIONS LATERALES INTER-
NES. Epiderme ext.nettement strié.Cellules épidermiques des
bords prolongées en papilles courtes. - LABELLE. Epiderme int.
muni de papilles coniques,striées,courtes,ne dépassant guère
50-70µ vers la partie centrale du labelle,encore plus rédui-

tes vers les bords. - EPERON (pl.8,f.193).Epiderme int.pourvu
de papilles assez nombreuses,atteignant 50-60μ env.de long.Epi-
derme ext.légèrement papilleux.Produits sucrés s'accumulant entre les épidermes.Pas d'émission de nectar à l'intérieur de l
l'éperon. - ANTHERE. Parois à épaississements en anneaux incomplets peu nombreux,mais ne manquant pas.Epiderme du dos du gynostème un peu papilleux. - STAMINODES. Cellules contenant de
nombreux petits paquets de raphides. - POLLEN. Vert,à exine légèrement ruguleuse à la surface des massules. L = 30-40μ. -
OVAIRE. Nervure médiane des valves placentifères saillante-ailée,à peine moins proéminente que les valves placentifères,con-
tenant un faisceau libéro-ligneux à bois int.Placenta se divisant presque dès la base.Valves non placentifères proéminentes
extérieurement,à un faisceau libéro-ligneux à bois int. - GRAI-
NES. Suspenseur développé.Graines adultes atténuées aux extrémités,3-4 fois plus longues que larges.L = 600-750μ.Cellules
du tégument à épaississements rayés,à parois recticurvilignes
(pl.10,f.266).

 A.Var.TRILOBA auct.; Brébiss.Fl.Normand.(1838). - Epi grêle,
d'abord conique,puis allongé.Fleurs petites;labelle à 3 lobes
profonds,le médian dépassant longuement les latéraux.Feuilles
inférieures ovales-suborbiculaires. - Forme des coteaux arides,
siliceux ou calcaires.
 B.Var.MEDIA auct. - Epi cylindro-conique,assez allongé.Fleurs
assez grandes;labelle à 3 lobes peu profonds.Feuilles inférieures ovales,un peu acuminées. - Forme des prairies.
 C.Var.g.PALUSTRIS Cam.Monogr.(1892). - Var.ELONGATA Gadeceau,
Orchid.Loire-Inf.in Bull.Soc.sc.nat.Ouest.France(1892),p.10,
extr.,cum icone. - Epi cylindro-conique,assez allongé.Fleurs
grandes,ordinairement colorées d'un rose assez intense.Labelle
à 3 lobes,le médian acuminé,les latéraux amples,ondulés-créne-
lés.Feuilles inférieures acuminées ou ovales-lancéolées-acumi-
nées. - Forme des marais tourbeux.
 D.Var.ALPINA Schur,Enum.Trans.p.643,n°3417. - Plante grêle.
Fleurs peu ou non maculées de rose.Feuilles étroites,allongées,
peu ou non maculées. - Nous avons récolté et reçu vivante de
plusieurs contrées cette forme que nous trouvons peu distincte
de l'O.ELODES. - Forme des marais de la zone alpine et subalpine.
 Les var.IMMACULATA et PSEUDO-MACULATA Schur in Oest.bot.Zeit.
(1866)p.366; CANDIDISSIMA Krock. Fl.siles.; ALBIFLORA IMPUNCTA-
TA Schur,O.B.Z.(1870)p.295,sont des formes de peu d'importance.
 E.Var.CAVELLII (Terr.j.) Arcang.Comp.ed.2,p.170. - Bractées
égalant les fleurs.Périanthe blanc.Eperon égalant environ l'o-
vaire. - Italie.
 F.Var.LUSITANICA Guimar.l.c.p.68. - Cette var.est surtout
caractérisée par son éperon filiforme et les différentes formes
du labelle dessinées par l'auteur nous indiquent que c'est la
réunion de simples variations de plantes grêles qui peuvent
être observées facilement en France,en Italie,etc.
 G.Var.BROTHERI Sommier et Levier,En.plant.in Cauc.A.Horti Pe-
trop.XVI(1900)p.419. - Plante robuste,à tige fistuleuse,striée.

Feuilles caulinaires dressées-étalées,les inférieures longuement engaînantes,elliptiques-aiguës.Epi d'abord densiflore.
Bractées étroitement lancéolées,toutes dépassant les fleurs,
plurinerviées,les inférieures à 7 nervures.Fleurs purpurines.
Divisions du périanthe libres,les extérieures étalées.Labelle à
circonscription suborbiculaire,à lobes latéraux larges,arrondis,
crénelés-lobulés;le médian aigu,dépassant les latéraux.Eperon
cylindrique,droit,descendant,dirigé en bas,égalant presque l'o-
vaire. - Nous n'avons pas vu cette plante qui par sa description paraît peut-être plus se rapprocher de l'O.LATIFOLIA. -
Tschwichi ad flumen Rion,in Imeretia (Brotherus).
    Les var.OBTUSIFOLIA Schur,En.pl.Trans.; OBTUSIFOLIUS Asch.u.
Graeb.Syn.III,p.745; et OVALIFOLIA Beck,Fl.N.Oest.1,p.204(1890);
OVALIFOLIUS Asch.u.Graeb.l.c. sont de simples variations du type. - Les var.OCHRANTHUS Panc.Verh.Z.B.G.Wien,VI,p.575; et PUR-
PUREUS Asch.u.Graeb.l.c.paraissent manifestement plus distinctes.

    MONSTRUOSITES. - F.REVERSA. - Var.REVERSA Brébiss.(Perrier)
Fl.Normand.éd.3. - Fleur à labelle supérieur,large,crénelé,à
peine 3-lobé;éperon très court,obtus. - France:Normandie.
    F.ELABIATA. - Var.ELABIATA R.Keller in Bull.Herb.Boissier,
III,p.379. - Divisions externes du périanthe dépassant peu les
internes;divisions internes toutes semblables,rendant le périanthe régulier.Nous avons reçu cette monstruosité de plusieurs points de la France centrale.
    Nous avons reçu aussi l'O.MACULATA à bulbes non palmés et fu-
siformes.

    V.v. - Mai,juin. - Plante répandue dans toute l'Europe;Sibé-
rie;Algérie(TR),Battand.et Trab.Fl.Alg.(1904). - Prairies humides,tourbières,bois secs.Préfère les terrains siliceux,mais se
trouve aussi sur le calcaire.Rare dans la région méridionale,
sauf dans les parties montagneuses.

                        Sous-esp. O.ELODES.

    O.ELODES (HELODES) Griseb.in Gött.Stud.p.65; Ueber Bild.d.
Torfs.p.26(1846); Gremli,Fl.Suisse,éd.Vetter,p.481; Cam.Monogr.
Orch.Fr. p.50. - O.MACULATA d.)ELODES Reichb.f.Icon.XIII,p.67;
Richter,Pl.eur.p.272; Gaut.Pyr.-Or.p.398; (HELODES) M.Schulze,
Die Orch.24,3; Asch.u.Graeb.Syn.III,p.747. - O.MACULATA var.MI-
NOR Brébis.Fl.Normand.éd.5,p.389 ?
    Icon. - Reichb.f.l.c.t.54,CCCCVI; Camus,Atl.pl.XX; Ic.n.pl.
22,f.701-704.
    Bulbes palmés.Tige grêle,élancée,de 2 à 4 décim.,dressée ou
flexueuse,non fistuleuse.Feuilles oblongues-allongées,les infé-
rieures obtuses,mucronées;les supérieures atténuées,bractéifor-
mes,toutes non maculées ou pourvues de macules à peine visibles.
Fleurs moyennes,d'un blanc pur ou lavé de rose pâle,disposées
en épi allongé.Divisions du périanthe disposées comme dans l'O.

MACULATA mais plus acuminées.Labelle à 3 lobes,les 2 latéraux larges,ordinairement ni crénelés,ni dentés,un peu ondulés,le moyen ovale-subtriangulaire.Fleurs non maculées ou munies de macules peu visibles.Eperon égalant environ la moitié de l'o-vaire,un peu arqué,dirigé en bas.

Mai,juillet. - V.v. - Environs de Paris !,région méridionale, etc.,à rechercher dans les marais surtout dans les régions montagneuses. - France,Suisse,Allemagne,Europe septentrionale.

Sous-esp. O.MEYERI.

O.MEYERI Reichb.f.Icon.XIII-XIV,p.67(1851),t.164,DXVI. - O. MACULATA b.C.A.Mey.Beitr.p.3(1850). - O.MACULATA c.MEYERI Richter,Pl.eur.p.272; M.Schulze,Die Orchid.n°23,2; Asch.u.Graeb. Syn.III,p.746. - Plante élancée,grande,peu rigide.Feuilles la plupart bractéiformes,les inférieures plus longues,obtuses. Fleurs petites,en épi long,laxiflore.Labelle profondément 3-lobé.Eperon petit.
Europe septentrionale,Suisse,Tessin.

Sous-esp. O.SACCIFERA.

O.SACCIFERA Brongn.ap.Chaub.et Bor.Fl.du Pélopon.p.60(1838); Expéd.sc.Morée,p.259,t.30; Form.in Ver.Brünn(1897),p.25; Griseb. Spic.fl.rum.et bith.p.361; C.Koch in Linn.XXII,p.283; Ledeb.Fl. Ross.IV,p.58; Klinge,Dactylorchidis,p.48. - O.LANCIBRACTEATA C. Koch in Linn.XXII,p.284(1849); Schur,Enum.Trans.p.643,n°3418. - O.MACEDONICA Griseb.Reise Rumel.II,p.219,302(1840). - O.MACRO-STACHYS Tineo,Pl.rar.sic.1,p.7(1817). - O.MACULATA 5.SACCIFERA Reichb.f.Icon.XIII,p.67,68(1851); Arcang.Comp.ed.2,p.170; Boiss. Fl.orient.V,p.73; Heldr.Chlor.parn.p.27. - O.MACULATA e.SACCI-FERA Parlat.Fl.ital.III,p.517(b.); Richter,Pl.eur.p.272. - O. SACCIGERA Reichb.l.c.; Hausskn.Symb.fl.gr.p.24; Grecescu,Consp. fl.Roman.p.545. - O.MACULATUS B.MACROSTACHYS Asch.u.Graeb.Syn. III,p.748(1907).
Icon. - Brongn.l.c.t.32,f.1; Reichb.f.l.c.t.57,CCCCIX,f.1; Ic.n.pl.22,f.687.
Exsicc. - Heldr.Pl.fl.hell.(1898); Baenitz(1896)leg.Adamovic; J.Wagner,It.orient.sec.n°157.
Bulbes palmés,3-5-fides.Plante assez robuste.Feuilles infé-rieures oblongues,les supérieures lancéolées-linéaires.Fleurs purpurines,disposées en épi allongé-conique.Bractées longuement acuminées,nerviées,dépassant l'ovaire,les inférieures étalées ou un peu réfléchies,dépassant un peu les fleurs.Divisions du périanthe oblongues-lancéolées,aiguës,les latérales réfléchies. Labelle plus large que long,3-lobé,à lobes profonds,presque égaux,les latéraux subquadrangulaires,un peu crénelés ou dentés, le moyen plus ou moins long,linguiforme ou un peu arrondi au sommet.Eperon de 8-15 mm.de longueur,en sac,renflé-cylindrique, égalant presque l'ovaire.Gynostème obtus ou peu apiculé.
V.s. - Mai,juillet. - Lieux herbeux de la région subalpine. - Portugal,Sicile,Espagne australe,Dalmatie,Banat,Laconie,Macé-doine,Roumélie,provinces du Caucase;nord de l'Afrique(ap.Asch. u.Graeb.).

Sous-esp. O.CARTALINIAE.

O.CARTALINIAE J.Klinge,Dactylorch.p,12,50. - Icon. - Reichb.
f.Icon.XIII,t.5,f.II.
L'auteur distingue cette sous-espèce de l'O.SACCIFERA par les
caractères suivants:
O.SACCIFERA. - Tous les lobes du labelle presque égaux.Epi
allongé,fusiforme,un peu dense. - Cellules du testa munies de
lignes spiralées-réticulées.
O.CARTALINIAE. - Lobes latéraux du labelle plus grands que
le lobe médian. - Cellules du testa hyalines.
Caucase,Arménie,Perse.

Sous-esp. O.CURVIFOLIA.

O.CURVIFOLIA F.Nyland.Spicil.fl.fenn.Cent.II(1844),p.12,n°25;
Fries,Summ.veg.Scand.1,p.61(1846); Ledeb.Fl.Ross.IV,p.55(1853);
Alcenius,Finl.Karlvext.(1863)p.53; Herder,Fl.eur.Russ.(1892)p.
128; Schmalhausen,Fl.Nowol.(1872)p.132; Meinhausen,Fl.ingr.
(1878)p.337; Kusnezow,Fl.Schen.et Cholmog.p.140(1888). - O.RE-
CURVA N.Nylander,Spicil.II,p.12,n°25; W.Nylander,Coll.in flor.
Karelicam (Notiser u.Sallok.pro fauna et fl.fen.(1852)II,p.153);
Bot.Notis.(1844)p.44-53. - O.COMOSA Schm.in Mey.Phys.Aufs.(1791)
p.233. - O.MACULATA var.CURVIFOLIA Nyl.sec.Rupr. - O.MACULATA
var.SUDETICA Poch ap.Reichb.f.Icon.XIII,p.66(1851); Richter,Pl.
eur.p.272; Blytt,Norg.Fl.p.343(1861). - O.MACULATA var.RECURVA
F.Nyl.sec.Nym.Consp.fl.eur.(1878)p.692. - O.ANGUSTIFOLIA var.
CURVIFOLIA J.Klinge,Rev.d.ORCH.CORDIGERA u.O.ANGUSTIFOLIA Reichb
(Jur.Dorpat,1893). - O.TRAUNSTEINERI var.CURVIFOLIA Nyl.sec.
Norrlin,Fl.Karel.in Notis.pro fauna et fl.fen.(1871-1874)p.171;
Günther,Fl.Obonesk,p.37(1880); Elfving,Veg.Kring.fluv.Svir.
(1876)p.152; Brenner,Resa i Kajana,p.72(1880):Herb.Mus.Fenn.p.
30(1889).
Icon. - Reichb.f.l.c.t.54,CCCCVI,f.1,1-3.
Bulbes palmés.Tige arrondie,un peu fistuleuse,de 30 centim.
env.Feuilles étroitement lancéolées,carénées,canaliculées,ré-
curvées,non maculées.Bractées inférieures et moyennes dépassant
les fleurs.Fleurs purpurines,disposées en épi lâche.Périgone à
divisions externes latérales réfléchies,la supérieure dressée-
étalée.Labelle crénelé,légèrement trilobé.Eperon conique-cylindrique,plus court que l'ovaire.Ovaire à côtes saillantes-mem-
braneuses,caractère plus accentué après la dessication.
V.s. - Plusieurs provinces de la Russie septentrionale.

Var.TRANSSILVANICA. - O.TRANSSILVANICA Schur,Sert.p.72,n°2699;
Enum.pl.Transs.p.643,n°3430(1866). - O.TETRAGONA Heuf.in Flora,
p.363(1833). - O.MACULATA var.PYRAMIDATA Schur,Herb.l.c. -
Bulbes entiers.Tige grêle,nue au sommet.Feuilles linéaires-lancéolées,canaliculées,arquées,récurvées,non maculées.Labelle à 3
lobes profonds. - Cette forme établit le passage de l'O.MACULA-
TA à l'O.CURVIFOLIA. - Transylvanie.

TABLEAU ANALYTIQUE

DES ESPECES,SOUS-ESPECES,PRINCIPALES VARIETES ET FORMES

DU GENRE ORCHIS(1).

1. Bulbes ovoïdes ou subglobuleux,jamais atténués à l'extrémité
(fusiformes) (EUORCHIS)..................................2
Bulbes plus ou moins palmés ou incisés,rarement entiers et
alors fusiformes et non subglobuleux (DACTYLORCHIS).....23

2. Divisions du périanthe libres,les latérales extérieures plus
ou moins étalées ou réfléchies..........................14
Divisions du périanthe conniventes en casque,mais libres,non
soudées même à la base.Labelle entier,Bractées égalant environ l'ovaire.............................O.PAPILIONACEA.
Divisions du périanthe conniventes en casque,les extér.sou-
dées à la base.Labelle à 3 lobes,le médian tronqué ou é-
marginé...3
Divisions du périanthe conniventes en casque,les externes
ordin.soudées à la base.Labelle à 3 lobes,le médian plus
grand et plus long que les latéraux..................... 5
Divisions du périanthe conniventes en casque,les ext.soudées
à la base.Labelle à 3 lobes,les latéraux larges,oblique-
ment tronqués,le moyen moins large et plus long.Bractées
plus longues que l'ovaire............................... 13

3. Labelle à 3 lobes très marqués.......................... 4
Labelle obscurément 3-lobé;fleurs blanches ou blanchâtres.
Plante d'Orient (Syrie)......................... O.SYRIACA.

4. Périanthe à divisions munies de nervures vertes visibles
surtout à la base.Labelle à lobe moyen court,émarginé;lo-
bes latér.repliés,plus ou moins crénelés;éperon subcylindrique ou ascendant,un peu comprimé,tronqué au sommet,un
peu plus court que l'ovaire.Bractées égalant ou dépassant
l'ovaire ....O.MORIO.
Caractères de l'O.MORIO,mais fl.env.moitié plus petites;
plante assez élevée mais grêle dans toutes ses parties;
éperon claviforme,à sommet tronqué;macules du labelle très
marquées.. O.PICTA.
Port de l'O.MORIO,mais divisions extér.du périanthe aiguës
et étalées..................................... O.NICODEMI.
Port et caractères de l'O.PICTA,mais éperon horizontal ou
ascendant, renflé-claviforme,subbilobé au sommet;macules
du lobe moyen peu visibles.................. O.TLEMCENSIS.
Labelle replié de manière à ce que les 2 moitiés soient a-
dossées l'une à l'autre longitudinalement.Périanthe pâle,
à nervures vertes très marquées.Eperon presque aussi long
que l'ovaire,élargi,subbifide au sommet.Bractées plus
courtes que l'ovaire.Bulbes pédonculés. - Croît en touffes.
O.CHAMPAGNEUXII.
(1) Les cas tératologiques ne sont pas compris dans ce tableau.

Bractées bien plus courtes que l'ovaire.Labelle à lobe moyen
pâle,à lobes latéraux plus longs et d'un pourpre noirâtre,
Eperon 2-3 fois plus long que le labelle,ascendant ou horizontal,renflé et subbilobé au sommet...... O.LONGICORNU.

5. Divisions int.du périanthe 3-dentées au sommet;labelle grand,
muni de 4 lanières étroites enroulées avant l'ouverture de
la fleur.. O.COMPERIANA.
Divisions internes du périanthe non dentées.............. 6

6. Divisions du périanthe libres jusqu'à la base.Fleurs petites,
en épi dense;casque subglobuleux,d'un pourpre noirâtre;lo-
bes latéraux linéaires,tronqués;lobe médian à 2 lobules
presque parallèles.............................. O.USTULATA.
Divisions du périanthe soudées au moins à la base........ 7

7. Divisions du périanthe en casque subglobuleux............ 9
Divisions du périanthe en casque acuminé;fleurs petites,ro-
sées ou blanches;lobe moyen du labelle ordinairement entier ou peu divisé..................................... 8
Divisions du périanthe en casque acuminé;fleurs d'un gris
cendré,lavé de rose ou légèrement violacé,notablement plus
grandes;lobe moyen du labelle divisé en 2 lobules nettement distincts....................................... 10

8. Labelle à lobe moyen élargi et muni d'une dent à l'angle de
l'échancrure du sommet,lobes latéraux linéaires,tronqués,
divariqués;éperon égalant env.la moitié de la longueur de
l'ovaire..................................O.TRIDENTATA.
Mêmes caractères,mais fleurs plus petites;lobe médian souvent indivis;lobes latéraux presque en croix avec le lobe
médian...................................O.LACTEA.
Plante plus robuste,plus grande.Eperon et bractée courts;la-
belle à divisions latérales largement linéaires ou oblongues,incurvées .... O.PUNCTULATA.

9. Casque ordinairement d'un pourpre foncé.Labelle à division
médiane très large,élargie à la base qui est divisée en 2
lobes secondaires séparés par une dent située à l'angle de
bifidité;lobes latéraux linéaires,presque parallèles aux
côtés du lobe moyen;ces lobes blancs ou lavés de rose,
munis de ponctuations ou de houppes purpurines.O.PURPUREA.
Mêmes caractères mais divisions du casque plus acuminées;
fleurs pâles,d'un jaune blanchâtre............ O.MORAVICA.
Labelle entier ou subtrilobé............. .. ....O.CAUCASICA.

10.Lobe moyen divisé en 2 lobules au moins trois fois plus larges que les 2 lobes latéraux,ceux-ci linéaires;bractée
très courte;anthère d'un pourpre violacé..... O.MILITARIS.
Lobe moyen divisé en 2 lobes secondaires longs,linéaires,
ressemblant aux 2 lobes latéraux et environ de même largeur... 11

11. Feuilles fortement ondulées;lobes latéraux et secondaires
     du labelle linéaires,assez longs,acuminés......O.ITALICA.
     Feuilles non ondulées................................ 12

12. Labelle à divisions latérales linéaires,très étroites ou
     subfiliformes,à lobe moyen divisé en 2 lobes secondaires
     de même forme et de même grandeur que les divisions laté-
     rales,toutes arquées en avant;bractée très courte.Eperon
     courbé,descendant............................. O.SIMIA.
     Mêmes caractères,mais lobes secondaires du lobe moyen du
     labelle plus courts et un peu plus larges que les laté-
     raux,ceux-ci étant déjà relativement courts....O.STEVENI.
     Caractères de l'O.SIMIA,mais périanthe encore plus acuminé,
     divisions du labelle très étroites non ponctuées.Eperon
     court.Bractée égalant presque l'ovaire........ O.BIVONAE.

13. Plante de 2-4 décim.Fleurs moyennes,d'un pourpre livide,
     lavé de vert et de brun,exhalant une odeur de punaise
                                               O.CORIOPHORA.
     Mêmes caractères,mais fleurs d'un pourpre plus clair,exha-
     lant une odeur de vanille,éperon arqué seulement au som-
     met................................... O.FRAGRANS.
     Mêmes caractères que l'O.CORIOPHORA, casque plus obtus,
     éperon 2 fois plus long que le labelle........ O.CIMICINA.
     Port de l'O.CORIOPHORA mais fleurs plus grandes,casque plus
     long que le labelle;labelle pendant,long,cunéiforme à la
     base,à lobe moyen recourbé,2 fois plus long que les laté-
     raux,ceux-ci rhomboïdaux munis chacun de 3-5 nervures
     prolongées en dents très manifestes........... O.SANCTA.

14. Labelle indivis ou un peu crénelé,étalé;fleurs pourprées;
     éperon conique,court........................ O.SACCATA.
     Labelle à 3 lobes plus ou moins profonds............... 15

15. Fleurs ordinairement purpurines ou violacées,rarement ro-
     sées ou blanches....................................17
     Fleurs d'un jaune plus ou moins vif..................16

16. Labelle à lobes latéraux arrondis,lobe moyen plus long,sou-
     vent émarginé ou subbilobé;bractée à 1-3 nervures,fleurs
     ponctuées de pourpre;feuilles ordinairement maculées
                                            O.PROVINCIALIS.
     Mêmes caractères,mais fleurs peu nombreuses,grandes;feuil-
     les plus obtuses,non maculées............. O.PAUCIFLORA.
     Labelle à 3 lobes peu profonds,le moyen très large,dépas-
     sant les latéraux;fleurs non ponctuées,exhalant une odeur
     de sureau...................................O.PALLENS.
     Mêmes caractères,mais fleurs plus petites;labelle entier ou
     presque entier;bractées atteignant presque la longueur
     des fleurs..................... Var.PSEUDO-PALLENS.

17. Eperon conique ou un peu arqué,dirigé en bas,ordinairement
      court...13
      Eperon long,horizontal ou ascendant,rarement arqué,descen-
      dant..19

18. Fleurs peu nombreuses,marquées de vert à l'intérieur;label-
      le cunéiforme à la base,à 3 lobes,le moyen souvent émar-
      giné;bractées un peu plus courtes que l'ovaire,étroite-
      ment lancéolées,à 1 nervure............... O.SPITZELII.
      Fleurs peu nombreuses,labelle à 3 lobes,les 2 latéraux d'un
      pourpre foncé,subrhomboïdaux,le moyen subbilobé,parfois
      denticulé;divisions du périanthe ovales-obtuses.O.PATENS.
      Mêmes caractères,fleurs plus grandes,peu nombreuses,labelle
      à lobe moyen étroit,éperon gros,court.Plante plus grêle.
                                             O.BREVICORNIS.
      Caractères de l'O.PATENS;fleurs de coloration plus foncée,
      à labelle obscurément 3-lobé.... O.PATENS var.ORIENTALIS.

19. Fleurs grandes ou moyennes............................20
      Fleurs petites en épi allongé;port d'un GYMNADENIA.......22

20. Labelle à lobes plus ou moins profonds,rarement presque
      entier,lobe moyen rétus.Eperon renflé un peu à la base,
      cylindro-conique,horizontal ou ascendant,plus long que
      l'ovaire.............................. O.ANATOLICA.
      Fleurs d'un pourpre violacé,en épi assez lâche.......... 21

21. Lobes latéraux réfléchis;lobe moyen très court ou presque
      nul,atteignant au plus la longueur des latéraux;éperon
      brusquement tronqué,déprimé................ O.LAXIFLORA.
      Lobes latéraux du labelle d'abord étalés puis réfléchis;
      lobe moyen émarginé plus long que les latéraux;éperon un
      peu obtus,conique au sommet................ O.PALUSTRIS.
      Fleurs purpurines en épi dense;lobe moyen du labelle dépas-
      sant les latéraux,élargi,subbilobé et présentant une dent
      à l'angle de bifidité.Eperon subcylindrique,subclaviforme,
      égalant environ l'ovaire.................... O.MASCULA.
      Mêmes caractères que l'O.MASCULA,mais plante plus grêle;
      éperon un peu arqué,renflélégèrement et tronqué au sommet;
      lobe moyen moins saillant...................O.OLBIENSIS.
      Caractères de l'O.MASCULA;fleurs plus petites,éperon de
      moitié plus court que l'ovaire............. O.PINETORUM.

22. Fleurs petites,purpurines.Labelle égalant environ les divi-
      sions ext.du périgone,muni à la base de 2-4 macules,3-
      lobé,à lobes latéraux arrondis,l'intermédiaire égalant
      les latéraux ou les dépassant.Eperon filiforme,dirigé en
      bas,droit ou arqué,égalant l'ovaire.... O.QUADRIPUNCTATA.
      Mêmes caractères,mais éperon un peu plus court et plus co-
      nique.. O.CUPANI.
      Même port,fleurs moins rapprochées.Labelle biponctué à la
      base;lobes latéraux divergents..............O.BIPUNCTATA.
      Lobes du labelle presque égaux;éperon filiforme très long
      (divisions du périanthe en casque).......... X ? O.BORYI.

23. Bulbes plus ou moins palmés ou incisés ou entiers et fusi-
    formes;labelle plus large que long;divisions du périanthe
    conniventes en casque;éperon dirigé en bas,grêle;feuilles
    non maculées.................................... O.IBERICA.
    Bulbes plus ou moins palmés ou incisés ou entiers et fusi-
    formes;labelle plus large que long;divisions externes la-
    térales du périanthe étalées;éperon droit ou arqué;feuil-
    les non maculées.................................24
    Bulbes profondément palmés ou digités;divisions externes
    latérales du périanthe étalées ou réfléchies,la médiane
    connivente ou non avec les divisions internes........26

24. Eperon de 13-15 mm.long,dirigé en bas;labelle suborbicula-
    re,subcordé ou subquadrangulaire,lobes latéraux irrégu-
    lièrement dentés ou lobés,lobe moyen plus ou moins marqué,
    nervures divergentes;feuilles ordinairement espacées.
                                                    O.SAMBUCINA.
    Eperon horizontal ou ascendant,de 8-25 mm.de long.;labelle
    subtriangulaire ou subquadrangulaire,à angles arrondis;
    feuilles souvent rapprochées......................25

25. Eperon (après l'anthèse)filiforme-cylindrique,horizontal ou
    ascendant,plus long que l'ovaire;bractées toutes folia-
    cées,dépassant les fleurs....................O.ROMANA.
    Eperon assez épais,peu courbé,de 15 mm.de long.env.;labelle
    à 3 lobes presque égaux,les latéraux arrondis.O.MARKUSII.
    Mêmes caractères,mais bractées inférieures dépassant les
    fleurs;labelle ovale-oblong,crénelé;éperon obtus,égalant
    environ l'ovaire........................... Var.INSULARIS.
    Eperon filiforme,arqué ou droit,de 12 mm.de long.;fleurs
    rapprochées,petites;labelle 3-lobé,à lobe médian bien
    plus petit.................................O.GEORGICA.

26. Tiges relativement grosses,largement fistuleuses........28
    Tiges relativement grêles,fistuleuses,souvent peu élevées,
    de 20 cent.env.;labelle large,subcordé,plus ou moins obs-
    curément lobé.................................27
    Tiges fermes,très peu ou non compressibles à l'état frais,
    à partie fistuleuse à peine sensible................29

27. Labelle subcordé,entier ou obscurément trilobé;fleurs pour-
    prées;feuilles inférieures lancéolées ou largement lan-
    céolées,la plupart longuement étroites vers la base;plan-
    te grêle....................................O.CORDIGERA.
    Labelle subquadrangulaire ou subarrondi;feuilles inférieu-
    res largement lancéolées ou ovales-lancéolées,plus étroi-
    tes à leur base;plante robuste;éperon large,conique.
                                                    Var.BOSNIACA.

28. Feuilles larges,plus ou moins étalées,ordinairement macu-
    lées;bractées grandes,toutes ou presque toutes dépassant,
    les inférieures longuement.les fleurs....... O.LATIFOLIA.
    Plante grêle;fleurs éparses, labelle à lobe moyen subdenti-
    forme,éperon long,conique.................. Var.LAPPONICA.
    Plante grêle;fleurs petites,à lobes du labelle très accen-
    tués;bractées égalant l'ovaire.............. Var.AFFINIS.

Plante élevée mais grêle;labelle plus large que long;brac-
tées infér.étalées,dépassant les fleurs........O.BALTICA.
Feuilles étroites,maculées ou non,souvent un peu arquées en
dehors,décroissantes de largeur de la base au sommet;
fleurs purpurines,en épi lâche;éperon plus court que l'o-
vaire;bractées infér.dépassant les fleurs.O.ANGUSTIFOLIA.
Feuilles larges,dressées,non maculées;fleurs d'un rose plus
ou moins vif.................................O.INCARNATA.
Labelle entier..................................O.INTEGRATA.
Plante robuste;fleurs nombreuses,longuement dépassées par
les longues bractées;labelle à lobe médian étroit,entier;
éperon conique,très long........... ........O.MUNBYANA.
Caractères de l'O.MUNBYANA,mais bractées un peu moins longues et labelle subétalé,à 3 lobes peu marqués.
O.SESQUIPEDALIS.
Fleurs espacées,peu nombreuses;labelle à lobes latéraux
aigus en avant,à lobe moyen grand,aigu,à sinus interlo-
baires grands..............................O.LANCEOLATA.
Caractères de l'O.INCARNATA,mais labelle subcunéiforme à
la base,rhomboïdal ou subtrilobé............O.CILICICA.

29. Fleurs en épi conique,dense;bractées infér.égalant ou dépassant un peu les fleurs;feuilles un peu canaliculées,
normalement maculées.Labelle à 3 lobes plus ou moins profonds,le moyen large et souvent plus large que les latéraux;divisions du périanthe et labelle ordinairement maculées;éperon de 6-10 mm.de long.,grêle,conique-cylindri-
que,un peu arqué,plus court que l'ovaire......O.MACULATA.
Tige grêle,flexueuse;fleurs pâles ou blanches,peu ou non
maculées ainsi que les feuilles;divisions du périanthe un
peu plus acuminées.Labelle à 3 lobes plus ou moins distincts,non denticulés.....................O.ELODES.
Plante assez robuste;bractées égalant les fleurs ou les dépassant;feuilles non maculées;fleurs en épi peu dense,
allongé;labelle plus large que long,à 3 lobes profonds,
éperon égalant env.la longueur de l'ovaire,renflé-cylin-
drique,en sac...................O.SACCIFERA.
Mêmes caractères,mais épi laxiflore;lobes latéraux du labelle plus larges que le lobe moyen;éperon long,cylindri-
que,acutiuscule..........................O.CARTALINIAE.
Tige très peu fistuleuse;feuilles étroitement lancéolées,
carénées,canaliculées,récurvées,non maculées;labelle obscurément 3-lobé;ovaire à côtes saillantes,ailées-membra-
neuses.................................O.CURVIFOLIA.
Mêmes caractères,mais labelle à 3 lobes profonds;ovaire à
côtes un peu moins saillantes..........O.TRANSSILVANICA.

MORPHOLOGIE INTERNE.

TABLEAU DES ESPÈCES (1).

1. Épiderme supérieur des feuilles inférieures dépourvu de
stomates.. 2
Épiderme supér.de toutes les feuilles pourvu de stomates
(au moins vers l'extrémité)................................ 9

2. Cellules du tégument de la graine munies d'épaississements
striés très marqués,à anastomoses manquant ou peu nombreu-
ses.Nervure des valves placentifères non ou à peine saillante extérieurement,jamais ailée(pl.10,f.275)............ 3
Cellules du tégument de la graine munies d'épaississements
réticulés.Nervure des valves placentifères non ou à peine
saillante extérieurement(pl.10,f.280),jamais ailée(ne
formant une saillie qu'après dessication de l'ovaire).. 4
Cellules du tégument de la graine munies d'épaississements
striés ou réticulés.Nervure des valves placentifères saillante-ailée (pl.10,f.276,278).............................. 5
Cellules du tégument de la graine dépourvues d'ornements.
Nervure des valves placentifères saillante-ailée (pl.10,
f.279)... 6
Cellules du tégument de la graine dépourvues d'ornements.
Nervure des valves placentifères non ou à peine saillante
extérieurement,jamais ailée(pl.10,f.281), (ne formant
saillie qu'après dessication des ovaires)............. 7

3. Placenta profondément divisé (pl.10,f.275).Eperon dépourvu
de papilles caractérisées (pl.7,f.175),à substances sucrées s'accumulant entre les épidermes;pas d'émission de
nectar à l'intérieur de cette expansion du labelle.Cellu-
les épidermiques formant le bord du limbe développées en
dents arrondies (pl.4,f.100).Pas d'épaississements dans
les parois de l'anthère...................O.PAPILIONACEA.
Mêmes caractères,mais quelques épaississements en forme
d'anneaux incomplets dans les parois de l'anthère.
                                            O. RUBRA.
Placenta profondément divisé.Eperon pourvu de papilles atteignant 50µ de long.env.,à substances sucrées accumulées
entre les épidermes;pas d'émission de nectar à l'intérieur
de l'éperon.Paroi externe des cellules épidermiques formant les bords du limbe non ou à peine bombée (pl.4,f.101)
Paroi de l'anthère sans épaississements..O.MORIO,O.PICTA.
Mêmes caractères que l'O.MORIO,mais paroi externe des épidermes du limbe plus épaisse;éperon à papilles un peu
plus longues.................................O.LONGICORNU.

(1) Nous n'avons pu comprendre dans ce tableau que les espèces suffisamment étudiées par nous,d'après des plantes vivantes.
Lorsque des espèces ou sous-espèces nous ont paru ne présenter
que des différences internes très peu importantes,nous n'avons
pas fait figurer ces différences dans ce tableau.

Placenta profondément divisé.Eperon pourvu de papilles atteignant 150-170µ de long.env.(pl.8,f.188-189),à épidermes ext.et int.séparés par plusieurs assises de cellules;
émission assez abondante de nectar à l'intérieur de cette
expansion du labelle.Cellules épidermiques des bords du
limbe formant des dents allongées(pl.4,f.102).Parois de
l'anthère à épaississements en anneaux incomplets assez
nombreux...........O.CORIOPHORA,O.FRAGRANS,O.SANCTA.'
Placenta divisé profondément.Eperon pourvu de papilles atteignant 250-500µ de long.env.(pl.8,f.190).Cellules épidermiques des bords du limbe à paroi ext.bombée,arrondie.
Parois de l'anthère à épaississements en anneaux incomplets.....................................O.SACCATA.
Placenta non ou à peine divisé(pl.10,f.277).Eperon légèrement papilleux à la gorge,à substances sucrées accumulées
entre les épidermes;pas d'émission de nectar à l'intérieur de l'éperon.Cellules épidermiques des bords du limbe à paroi ext.formant de petites dents (pl.4,f.103).
                                              O.USTULATA.

4.   Cellules épidermiques des bords du limbe à paroi ext.nette-
     ment prolongée en pointes arrondies (pl.4,f.109).
                                              O.LAXIFLORA.
     Cellules épidermiques des bords du limbe à paroi ext.non ou
     à peine bombée (pl.4,f.110)...............O.PALUSTRIS.

5.   Cellules épidermiques des bords du limbe à paroi ext.pro-
     longée en pointes droites(pl.4,f.104).Cellules du tégu-
     ment de la graine réticulées.Placenta à peine divisé.Ner-
     vure des valves placentifères aussi ou moins saillante
     que les valves non placentifères (pl.10,f.276).
                                  O.TRIDENTATA, O.LACTEA.
     Cellules épidermiques des bords du limbe à paroi ext.à pei-
     ne bombée à l'extérieur(pl.4,f.105).Cellules du tégument
     de la graine striées.Placenta profondément divisé.Nervure
     des valves placentifères bien plus saillante que les
     valves non placentifères(pl.10,f.278).........O.ITALICA.

6.   Cellules épidermiques des bords du limbe à paroi ext.à pei-
     ne bombée(pl.4,f.106).Epiderme int.des divisions ext.et
     latérales int.du périgone à papilles caractérisées.Papil-
     les du labelle atteignant 200-500µ de long.env. (pl.8,f.
     180-182).................................O.MILITARIS.
     Cellules épidermiques des bords du limbe à paroi ext.for-
     mant de grandes dents arrondies(pl.4,f.107).Epiderme int.
     des divisions ext.et latér.int.du périanthe légèrement
     papilleux.Papilles du labelle atteignant 200-250µ de long.
     env...O.SIMIA.
     Cellules épidermiques formant le bord du limbe à paroi ext.
     non ou à peine bombée.Epiderme int.des divisions ext.et
     latér.int.du périanthe dépourvu de papilles caractérisées.
     Papilles du labelle atteignant 200-450µ de long.env.(pl.
     8,f.178-179).............................O.PURPUREA.

7. Cellules épidermiques des bords du limbe à paroi ext.à peine bombée.Parois de l'anthère prenant des épaississements en anneaux incomplets.......O.PROVINCIALIS, O.PAUCIFLORA.
Cellules épidermiques des bords du limbe à paroi ext.très bombée (pl.4,f.111)...................................... 8

8. Parois de l'anthère dépourvues d'épaississements.Papilles de l'éperon atteignant 100-120μ de long.env....O.MASCULA.
Parois de l'anthère ayant quelques épaississements en anneaux incomplets.Papilles de l'éperon atteignant 50-80μ de long.env....................................O.OLBIENSIS.
Parois de l'anthère ayant d'abondants ornements.Papilles de l'éperon atteignant 150-250μ de long.env.....O.PATENS.

9. Placenta à peine lobé (pl.10,f.282).Cellules épidermiques formant le bord du limbe nettement prolongées en pointes (pl.4,f.115).Nervure des valves placentifères très saillante à l'extérieur.. 10
Placenta nettement lobé(pl.10,f.283)................... 11

10. Papilles de l'éperon atteignant 20-100μ de long.env.,très nombreuses. Grains d'amidon du bulbe assez irréguliers de forme,souvent ovales,atteignant 18-30μ de long.env.
O.SAMBUCINA.
Papilles de l'éperon atteignant 15-50μ de long.,peu développées.Grains d'amidon du bulbe plus arrondis,ne dépassant guère 20μ de diam............................O.ROMANA.

11. (1) Cellules du tégument de la graine dépourvues d'ornements.Partie centrale de la tige occupée par une énorme lacune allant jusqu'aux faisceaux.Cellules épidermiques des bords du limbe à contenu violacé,à paroi ext.légèrement bombée (pl.4,f.112)...................O.LATIFOLIA.
Cellules du tégument de la graine à épaississements en forme de stries.Partie centrale de la tige occupée par une énorme lacune allant jusqu'aux faisceaux.Cellules épidermiques du bord du limbe dépourvues de contenu violet,à paroi ext.à peine bombée,ne formant pas de dents (pl.4,f.114)...........................O.INCARNATA, O.MUNBYANA.
Cellules du tégument de la graine striées,à stries spiralées ayant quelques anastomoses(pl.10,f.266).Partie centrale de la tige non ou à peine lacuneuse.Cellules épidermiques du bord du limbe à contenu violet,à paroi ext. formant assez régulièrement une dent inclinée(pl.4,f.113).
O.MACULATA.

(1) Lorsque les O.LATIFOLIA,INCARNATA,MACULATA,croissent ensemble,il est souvent très difficile de savoir si les individus sont issus de croisement ou ne le sont pas;les plantes vivant dans de telles conditions ne peuvent donc servir à déterminer les caractères anatomiques d'une espèce.Afin d'éviter ces chances d'erreur,nous avons établi nos diagnoses sur d'assez nombreux échantillons vivant aussi isolés que possible des espèces affines.

HYBRIDES INTERGENERIQUES.

§ I.O.PAPILIONACEA; § II.O.MORIO,O.PICTA et O.CHAMPAGNEUXII;
§ III. O.PURPUREA,O.MILITARIS,O.SIMIA et O.TRIDENTATA; § IV.O.
CORIOPHORA et O.FRAGRANS; § V. O.MASCULA; § VI. O.PALUSTRIS et
O.LAXIFLORA; § VII. O.SAMBUCINA; § VIII. O.LATIFOLIA,O.INCARNA
TA et O.MACULATA.

§ I. HYBRIDES DE L'O.PAPILIONACEA.

O.PAPILIONACEA (PAPILIONACEUS) + LONGICORNU.
Asch.in O.B.Z.XV(1865)p.70; Asch.u.Graeb.Syn.III,p.693.

× O.BORNEMANNIAE (PERPAPILIONACEA × LONGICORNU, Asch.ap. W.
Barb.Fl.Sard.Comp.Suppl.p.183,t.VII,f.2 et 2 bis. - O.PAP. +
LONG. A.BORNEMANNIAE Asch.u.Graeb.l.c.

Icon.Ic.n.pl.13,f.367-368.

Bulbes subglobuleux.Feuilles oblongues-lancéolées;les caulinaires 3-4,plus ou moins rapprochées de la tige et engaînantes;
les inférieures étalées.Fleurs 5-9,disposées en épi lâche.Brac-
tées grandes,membraneuses,pourprées,nervées.Fleurs ressemblant
à celles de l'O.PAPILIONACEA,à divisions en casque obtus.Label-
le large,un peu émarginé au sommet,à lignes violacées disposées
comme les plis d'un éventail,muni dans la partie moyenne de
ponctuations violacées.Eperon conique,obtus,non renflé,égalant
à peu près le labelle et plus court que l'ovaire.
MORPHOLOGIE INTERNE.
La plante que nous avons étudiée se rapprochait surtout de
l'O.PAPILIONACEA,dont elle différait par la paroi ext.des cellules épidermiques du bord du limbe à peine bombée et ne s'ar-
rondissant pas en dents.

V.v. - Sardaigne:Casargio près d'Ingurtosu(Doct.Bornemann);
Algérie:forêts de Teniet el Haad,d'El Afroun(Battandier).

× O.BORNEMANNI(PAPILIONACEA × PERLONGICORNU) Asch.in O.B.Z.
XV,p.70(1865); At.Soc.ital.sc.nat.VIII,p.184; Asch.ap.W.Barbey,
Fl.Sard.Comp.Suppl.p.184,t.VII; Ces.Pass.Gib.Comp.p.188; Martel-
li,Monocot.Sard.p.40; Kraenz.Gen.et spec.p.120. - O.PAP. + LONG.
P.BORNEMANNI Asch.u.Graeb.l.c.

Icon. - Ic.n.pl.13,f.369-370.

Port de l'O.LONGICORNU.En diffère par les fleurs plus grandes,
l'éperon arqué-ascendant,brusquement tronqué et muni d'une dépression au sommet.Bractées entièrement membraneuses,plus grandes et plus colorées,sinus séparant les lobes latéraux moins
grands.
Diagnose du Florae Sardoae compend.W.Barbey " Tubera subglo-

bosa vel ovali-globosa;folia frondosa inferiora 2-5 caulis basin versus plus minus approximata,lanceolata-lanceolato-oblonga;
superiora ca. 3 diminuta,abbreviata,caulem involventia;spica
laxiuscula vel densiuscula,4-15 flora;bracteae mediocres,ovario
breviores,purpurascentes,inferne subherbaceae tri-(superiores
uni-)nerves;flores mediocres;galea oblongo-ovata,obtusa,rosea;
labellum late obovatum vel transverse latius,basi late cuneatum,
trilobum,lobo intermedio (lateralibus multo vel subbreviore)
usque ad labelli basin albido,plerumque violaceo-vedutino-macu-
lato,lateralibus atroviolaceis,radiali-substriatis,crenulato-
verticulatis;calcar ascendens vel porrectum,cylindraceum,apice
subinflatum,labello subduplo longius,ovario subbrevius ".

Il faut reconnaître que les figures du Compendium permettent
dans l'hypothèse fort probable de l'hybridité d'admettre l'ancestralité de l'O.LONGICORNU.Pour le deuxième parent le doute
subsiste.

Sardaigne : Flumini-maggiore entre Flumini et Gennamari (Doct.
Bornemann et Gennari).

O.MORIO (SENSU LAT.) + PAPILIONACEA.

O.PAPILIONACEA (PAPILIONACEUS)✕ PICTA (PICTUS) Asch.u.Graeb.
Syn.III,p.692.

✕O.GENNARII Reichb.f.Icon.Suppl.p.182(1851); Parlat.Fl.ital.
III,p.459; Barla,Iconogr.p.44; Cam.Monogr.Orch.Fr.p.52; in J.
bot.VI,p.350; Kraenz.Gen.et spec.p.118; F.Cortesi,Orch.Rom.in
Ann.bot.Pirotta,1,p.7; Koch,Syn.ed.Hallier et Wohlf.p.2428. -
O.MORIO - PAPILIONACEA Timb.-Lagr.Mém.hybr.Orch.p.14(1854);
Barla,l.c.; Debeaux in Rev.botanique(1891)p.275; Koch,Syn.ed.
Hallier et Wohlf.l.c. - O.MORIO (PICTA)✕ PAPILIONACEA Freyn,Fl.
Süd-Istr.in Verh.K.K.zool.bot.Ges.XXVII,p.434; M.Schulze,Die
Orchid.2,2. - O.PAPILIONACEUS✕ PICTUS Asch.u.Graeb.Syn.III,p.
692.

Icon. - Timb.-Lagr.l.c.pl.21,f.3,A.et B.; Reichb.l.c.t.520;
Barla,l.c.pl.29; M.Schulze,pl.2,f.3?; Cortesi,l.c.pl.2,f.1,2,3,
4,5; Moggridge,Contr.fl.Menton,t.96,f.(lab.3-lobé); Ic.n.pl.14,
f.382-385.

Exsicc. - Dörfler,H.n. n°3418.

Bulbes ovoïdes,subsessiles.Tige de 2-4 décim.,cylindrique,
lavée de violet au sommet.Feuilles ovales-oblongues,d'un vert
foncé,les inférieures obtuses,les supérieures aigues,longuement
engaînantes.Bractées plus longues que l'ovaire,ovales,presque
obtuses,assez larges,nerviées,lavées souvent de violet.Fleurs
4-8 disposées en épi court.Divisions du périanthe libres,conni-
ventes en casque subglobuleux;les externes un peu étalées au
sommet,aiguës ou presque aiguës;les internes latérales obtuses,
plus étroites.Labelle étalé,plus long que les divisions du

périanthe,plus large que long,en forme d'éventail subtrilobé et
très légèrement émarginé au sommet,d'un violet clair,marqué de
nervures d'un violet foncé,pourvu de taches de même couleur.
Eperon un peu plus court que l'ovaire,élargi au sommet,obtus,
réfléchi.

MORPHOLOGIE INTERNE.

Diffère très nettement de l'O.MORIO par les cellules épidermiques du bord du limbe à paroi ext.très bombée,l'épiderme sup.
de la feuille à paroi ext.plus épaisse (6-8µ env.),l'éperon à
papilles moins nombreuses,peu développées.

Se distingue de l'O.PAPILIONACEA par l'épiderme sup.du limbe
à paroi ext.moins épaisse,la présence de quelques papilles à
l'épiderme int.de l'éperon,le développement moindre des papilles du labelle (100-150µ de long env.).

V.v. - Italie : env.de Rome(Cortesi,Grampini),Ligurie(P.Ber-
gon); France : Alpes-Maritimes(Barla,Bergon),prairies du Portet
près de Toulouse(Timb.-Lagr.),Corse ?; etc.

⨯O.PSEUDO-RUBRA Freyn in O.B.Z.XXVII,p.52-55(1877); Rouy,
Illustr.XI,p.90,t.CCLXXIII. - O.SUBPICTA⨯RUBRA Freyn,l.c.;
Rouy,l.c. - O.GENNARII b. PSEUDO-RUBRA M.Schulze,Die Orchid.-
O.PAPILIONACEA⨯PICTA auct.plur. - O.PAPILIONACEUS⨯PICTUS B.
PSEUDORUBER Asch.u.Graeb.Syn.l.c.

Bulbes subsessiles,subglobuleux.Port de l'O.GENNARII,mais
plus grêle.Fleurs 3-12,assez rapprochées.Voisin de l'O.GENNARII
Reichb.,en diffère par les caractères suivants:fleurs de grandeur moindre,à divisions du périgone obtuses,labelle peu ou non
ponctué,non émarginé,à lobes moins marqués;éperon presque aussi
long que l'ovaire,atténué-obtus au sommet.

Italie : Istrie,env.de Pola,à Corniale (Freyn,Hellveger).

⨯ O.YVESII Verguin in Bull.Soc.bot.Fr.novemb.1907. - Ic.n.pl.
13,f.361. - Forme voisine de l'O.PSEUDO-RUBRA,peut-être même
identique à cette forme. - Cette plante ressemble à l'O.PAPILIO-
NACEA par ses grandes fleurs à labelle strié,par la grandeur
des bractées dépassant l'ovaire et 7-nerviées.Les fleurs sont
en épi plus lâche et cylindrique comme dans l'O.PICTA,elles
s'épanouissent presque simultanément et sont presque de même
couleur que les divisions externes du périanthe et que le labelle de l'O.GENNARII.Le labelle n'est pas concave comme dans l'O.
PAPILIONACEA,mais le centre est convexe et les bords sont un
peu relevés en dessus ou légèrement réfléchis,les macules sont
ordinairement faciles à constater.Ressemble à l'O.GENNARII,mais
à fleurs plus petites. - V.s. - France méridionale (Verguin).

O.PAPILIONACEA× PICTA C.PSEUDOPICTA (O.PAPILIONACEUS× PICTUS
C.PSEUDOPICTUS, Asch.u.Graeb.l.c. - × O.GENNARII b.PSEUDOPICTA
(SUPERPICTA× RUBRA(PAPIL.)) Freyn,l.c.; M.Schulze,l.c.

Plante plus grêle que l'O.GENNARII,à labelle pourvu de macules purpurines faibles;casque à divisions externes munies de
nervures vertes,visibles par transparence.
Ce n'est que sur place qu'il est possible de distinguer les
hybrides de l'O.MORIO et de l'O.PICTA avec l'O.PAPILIONACEA ou
avec l'O.RUBRA.

× O.DEBEAUXII Cam.Monogr.Orch.Fr.p.53; in J.bot.VI,p.350. -
O.PAPILIONACEO - MORIO Timb.-Lagr.et Marçais in Bull.soc.sc.
phys.et nat.Toul.VII,p.457(1888),cum ic.; Deb.in Bull.Soc.bot.
Fr.mai(1891); Cam.l.c.; Kraenz.Gen.et spec.p.117.

Port d'un O.MORIO à fleurs éloignées,dirigées en haut,à labelle plus large et un peu échancré,muni d'une dent petite au
milieu du sommet.Périanthe à divisions aiguës.Eperon plus long
et plus arrondi que dans l'O.MORIO.Bractées,fleurs et sommet de
la tige d'un pourpre carminé.

France:Haute-Garonne,Avignonet(Timb.-Lagr.)et Marçais); Corse
(Debeaux).

O.PAPILIONACEA + LAXIFLORA.

× O.NICODEMI Ten.Fl.neap.prodr.p.LIII(1811); Fl.nap.2,p.291;
Syll.p.453; et Ad.fl.neap.syll.app.IV,p.42; Icon.Ten.Fl.nap.t.
90; Parlat.Fl.ital.III,p.522; Arcang.Comp.ed.2,p.169; Kraenz.
Gen.et spec.p.119. - O.PAPILIONACEA× LAXIFLORA Aschers.ex Ces.
Pass.et Gib.Comp.p.189; Arcang.l.c.

Tige dressée,sinueuse,de 1-3 décim.Feuilles obtuses,lancéo-
lées.Fleurs purpurines,disposées en épi lâche.Bractées plus
longues que l'ovaire,à 5-7 nervures.Divisions externes du périanthe étalées,subaiguës.Labelle ample,ponctué,à 3 lobes presque égaux,le médian émarginé.Eperon ascendant,presque aussi
long que l'ovaire.

Italie:Prateria della Puglia ed altrove Napilaton (Tenore).

× O.NEO-GENNARII Nobis. - O...n°2845 W.Barbey in Fl.Sard.
Comp.suppl.Aschers.et Levier (O.RUBRA× PROVINCIALIS) ? (Genn.
Spec.)ap.Fl.Sard.suppl.l.c.

Plante ayant la stature 2 fois plus grande que l'O.RUBRA.
Feuilles analogues à celles de l'O.PROVINCIALIS.Fleurs 8-10,un
peu plus petites que dans cette espèce.Labelle plus court, à

à bords presque entiers,non denticulés;nervures plus rameuses
et moins en éventail que dans l'O.RUBRA.

Sardaigne.

× O.CACCABARIA Verguin in Bull.Soc.bot.Fr.nov.1907. - O.LAXI-
FLORA × PAPILIONACEA Verguin,l.c.

Icon. - Ic.n.pl.13,f.359,

Bulbes obovales,sessiles.Tige de 2-5 décim.env.,verte,cylin-
drique,dressée,assez feuillée.Feuilles linéaires-lancéolées,ai-
guës,dressées,les supérieures engaînantes.Fleurs peu nombreuses,
3-4,en épi très lâche,régulier,très court,s'épanouissant simul-
tanément.Bractées purpurines,égalant l'ovaire ou le dépassant
un peu,lancéolées-aiguës,à 7 nervures.Divisions externes du périanthe dressées,non conniventes,ovales-elliptiques,d'un violet
foncé,marquées de nervures purpurines.Divisions internes un peu
plus petites,de même couleur que les divisions externes.Labelle
grand,obscurément pentagonal,plus large que long,large de 14 mm.
long de 9 mm.,un peu plié en dessous,d'un violet pourpre,de même couleur que les divisions externes du périanthe,marqué de
stries divergentes,à bords irrégulièrement crénelés.Eperon descendant,en massue,de moitié plus court que l'ovaire. - Proche
de l'O.LAXIFLORA,dont il diffère par les fleurs peu nombreuses,
les divisions latérales externes du périanthe dressées et le
labelle presque étalé.Diffère de l'O.PAPILIONACEA par les divisions externes du périanthe plus petites et par le labelle non
replié en dessus.

V.s. - Massif des Maures,au-dessus de Cavalaire (Verguin).

§ II. HYBRIDES DES O.MORIO, PICTA ET CHAMPAGNEUXII.

O.LAXIFLORA + MORIO.

× O.ALATA (ALATUS) Fleury,Orchid.env.Rennes,p.17(1819); Bo-
reau,Fl.centre,éd.3,II,p.644; Le Gall,Fl.Morbih.p.585;_Lloyd,
Fl.ouest,éd.2,p.439; Lloyd et Fouc.Fl.ouest,p.337; Gadeceau in
Bull.sc.nat.Ouest,II,p.3; Gillot in Bull.Ass.fr.Bot.(1898); in
Bull.Soc.bot.Fr.(1887)p.325; Bonnet,P.fl.paris.p.381; Franchet,
Fl.Loir-et-Cher,p.573; Lassimone in Revue scient.Bourb.(1893)
p.56; Cam.in de Fourcy,Vade-mec.herb.paris.éd.6,ad.p.324; Mono-
gr.Orch.Fr.p.60; in J.bot.VI,p.407; de Kersers in Bull.Soc.bot.
Fr.(1905)p.530; Car.et Saint-Lag.Fl.descr.éd.8,p.204; Martin,
Cat.Romor.éd.2,p.387; Legué,Cat.Mondoubl.p.80; Richter,Pl.eur.p.
272. - O.MORIO-LAXIFLORA Reuter ap.Reichb.f.Icon.XIII,p.50,t.
41,f.2; Catal.Genève,éd.2,p.202; Boreau,l.c.; Franchet,l.c.;
Bonnet,l.c.; Debeaux,l.c.; Gadeceau,l.c.; Gillot,l.c.; Lloyd,l.
c.; Lajunchère,l.c.; Menier,l'.c.; Migault,l.c. - O.LAXIFLORA-
MORIO M.Schulze,Die Orchid.18,2. - O.MORIO - LAXIFLORA for.

SUPER LAXIFLORA Schmidely in Bull.trav.Soc.bot.Genève(1881-83).-
O.MORIO× ENSIFOLIUS Asch.u.Graeb.Syn.III,p.767.

Icon. - Reichb.f.l.c.t.41,DXIV,f.2; Bull.Soc.sc.nat.Ouest,t.
11,pl.1,f.4,A.et B.; Cam.Icon.Orch.Par.pl.XXV; Ic.n.pl.21,f.
662-663.

Tige de 2-4 décim.Feuilles lancéolées-linéaires,aiguës,peu
caniculées.Epi serré,à fleurs grandes,violacées et non d'un
rouge pourpre.Divisions externes du périanthe non conniventes
en casque,mais étalées et toutes sur un même plan,munies ordinairement de nervures vertes,visibles seulement par transparen-
ce.Bractées égalant ou dépassant un peu l'ovaire.Labelle à 3
lobes profonds et presque égaux,les latéraux étalés,ordinaire-
ment non réfléchis. - Cette plante se distingue de l'O.MORIO
par les divisions étalées du périanthe.Plus voisine de l'O.LA-
XIFLORA,elle s'en distingue par ses feuilles plus courtes,moins
caniculées et par son labelle étalé.

D'après les nombreux échantillons que nous avons pu observer
soit vivants,soit dans les herbiers,nous avons pu constater que
la forme que nous venons de décrire est la plus fréquente.Une
deuxième forme que nous avons figurée dans notre Atlas est plus
proche de l'O.MORIO,elle nous paraît être le terme extrême du
même croisement.
× O.SUBALATA Cam.Atlas,pl.XXVI. - O.MORIO× LAXIFLORA f.SUPER
MORIO Schmidely.

Icon. - Ic.n.pl.21,f.664.

Tige de 2 à 3 décim. Feuilles lancéolées-linéaires,aiguës,peu
caniculées.Divisions externes du périanthe non conniventes en
casque,étalées,toutes sur un même plan,munies de nervures vertes,visibles surtout par transparence.Epi court comme dans l'O.
MORIO,fleurs moins grandes que dans l'O.ALATA,moins violacées,
d'un rouge carné foncé.Bractées ordinairement égales à l'ovaire
ou plus courtes que lui.Labelle à 3 lobes presque égaux,étalés
ou peu repliés.Quelques individus de cette forme se rapprochent
tellement de l'O.MORIO,que les divisions externes étalées constituent le seul caractère qui les distingue de cette espèce. -
Cette forme est probablement celle indiquée par Brisson,Catal.
Marne,p.249.

MORPHOLOGIE INTERNE.

Les O.ALATA et SUBALATA ont ordinairement la paroi.ext.des
épidermes foliaires plus épaisse que l'O.MORIO,les cellules
épidermiques du bord du limbe présentent parfois des dents assez marquées (même dans le f.SUBALATA)et n'ont jamais leur pa-
roi.ext.aussi mince et aussi peu bombée que l'O.MORIO.La forme
de ces cellules varie d'un individu à l'autre,dans ces hybrides,
en présentant tous les intermédiaires allant de l'O.MORIO (pl.
4,f.101) à l'O.LAXIFLORA (pl.4,f.109).

V.v. - Dans les prairies où l'O.MORIO occupe les parties un
peu sèches,on trouve l'O.LAXIFLORA dans les fonds humides et
les individus hybrides sont dans la zone intermédiaire.Les deux
formes croissent ensemble. - France : ouest,centre,Sologne,env.
de Paris (Boudier),etc.; Suisse (Reuter,Schmidely); à rechercher en Italie.

O.LAXIFLORA + PICTA.

. ✕ O.HERACLEA Verguin in Bull.Soc.bot.Fr.15 novembre 1907,cum
tab.B. - O.LAXIFLORA + PICTA Verguin,l.c.

Icon. - Ic.n.pl.13,f.360.

Bulbes 2,ovoïdes,sessiles ou l'un d'eux brièvement pédonculé.
Tige de 30-45 centim.,verte,violacée dans l'épi.Feuilles lancéolées-aiguës,pliées en gouttières,les infér.étalées-réfléchies,
les moyennes et supér.dressées,engaînantes.Fleurs 8-16,en épi
lâche,s'épanouissant simultanément.Bractées violettes,lancéo-
lées-obtuses,trinerviées,égalant l'ovaire ou un peu plus courtes que lui.Périanthe à divisions externes libres,ovales-obtu-
ses,non conniventes,étalées dans un plan perpendiculaire au
plan supérieur du labelle et de l'éperon,violettes,à nervures
plus foncées;divisions internes un peu conniventes,petites,ob-
tuses,nervlées.Labelle convexe,plus large que long,15mm. - 7mm.,
d'un pourpre violet,plus pâle au centre,présentant ordinairement des taches linéaires,plus foncées;lobes latéraux crénelés,
obliques,subrectangulaires,un peu réfléchis,mais ne se touchant
pas par les bords;lobe médian bidenté.Eperon plus court que
l'ovaire,cylindrique,arqué,ascendant ou horizontal,arrondi ou
sublobé au sommet. - Voisin de l'O.ALATA,mais à fleurs plus petites et à inflorescence plus lâche.

V.s. - Massif des Maures,Cavalaire,alt.450 mètres (Verguin).

O.MORIO + PALUSTRIS.

✕ O.GENEVENSIS Chenevard in Bull.trav.Soc.Bot.Genève,IX(1898)
p.111. - O.MORIO + PALUSTRIS (PALUSTER) Gremli,Exc.Fl.Schweiz,
387(1893); M.Schulze,Die Orch.3,3; Mitth.Thür.B.V.N.F.X,67(1897);
Asch.u.Graeb.Syn.III,p.767.

Plante voisine de l'O.ALATA,à déterminer sur les échantillons
vivants et surtout sur place.

Suisse.

✕ O.ALATA forma ALATIFLORA Lassimone ap.Cam.Monogr.Orch.Fr.p.
61; in Journ.bot.p.407. - ✕ O.ALATIFLORA Lassimone in Revue sc.

du Bourbonn.(1893). - O.MORIO × ...? MASCULA,PALUSTRIS,LAXIFLO-
RA vel LATIFOLIA.

Bulbes ovoïdes ou subglobuleux.Tige de 1 à 2 décim.,fistuleu-
se,dressée,cylindrique,striée au sommet.Feuilles non maculées,
les infér.oblongues-obtuses,non caniculées,les supér.engaî-
nantes,n'atteignant pas l'épi.Bractées colorées,minces,les supérieures à 1 nervure,égalant environ la longueur de l'ovaire
qui est tordu et plus court que dans l'O.LAXIFLORA.Labelle large,à 3 lobes,le médian bien prononcé et échancré;les latéraux
crénelés et plus ou moins déjetés,à coloration plus claire vers
la gorge et le milieu,mais relevée de lignes et de ponctuations
plus foncées.Eperon à peu près cylindrique,obtus,parfois un peu
élargi et échancré au sommet,égalant environ l'ovaire ou un peu
plus court.Sépales latéraux plutôt colorés que verdâtres,élar-
gis au sommet,plus ou moins sinués-crénelés,vus par leur face
interne ils sont concaves du côté du sépale médian avec lequel
ils sont peu ou non connivents,étalés ou déjetés par leur bord
interne et marqués parfois de ponctuations semblables à celles
du labelle,à mesure que la floraison s'avance ils s'étalent et
deviennent à la fin convexes et plus ou moins renversés.L'épi
floral est court et composé de 3 à 8 fleurs d'un rouge violacé,
parfois roses.Port général de l'O.MORIO.

V.v. - Allier : Yzeure (Lassimone).

× O.ALATOIDES Gadeceau in Bull.Soc.bot.Fr.XXIV,p.162(1887);
Cam.Monogr.Orchid.Fr,p.58; in J.bot.VI,p.406. - O,CORIOPHORA×
ALATA Lajunchère ex Gadeceau in Orchid.Loire-Infér.in Bull.Soc.
sc.nat.Ouest,Nantes (1892).

Icon. - Cam.Journ.bot.IV,pl.1; G.Cam.Monogr.Atlas,pl.XXIV;
Gadeceau,l.c.t.II,p.1,f.3,A. et B.; Ic.n.pl.20,f.620-621.

Bulbes entiers.Feuilles linéaires-lancéolées-aiguës,en gouttière,engaînantes.Bractées lancéolées-linéaires,égalant l'ovai-
re.Fleurs d'un rouge violacé,en épi assez compact.Divisions externes du périanthe lancéolées-subaiguës,soudées à la base,puis
libres dans les deux tiers supérieurs;d'abord étalées toutes
trois sur un même plan comme dans l'O.ALATA,à pointe cuculée,à
la fin un peu redressée,munies de nervures vertes visibles par
transparence;divisions internes étroites,réunies en voûte et
entre-croisées au sommet.Labelle d'un rouge violacé un peu plus
clair à la base,qui est ponctuée de pourpre violacé,à 3 lobes,
les latéraux rhomboïdaux,obscurément crénelés,un peu réfléchis
sur les bords,le moyen entier,non échancré,en gouttière en dessous,plus étroit et plus long que les latéraux,lancéolé,plus
rarement labelle non lobé,crénelé-denté.Eperon cylindrique,ob-
tus,conique,plus court que l'ovaire.Odeur douce,très faible.

V.v. - France : Bourgneuf,Loire-Inférieure (Lajunchère).

O.CORIOPHORA et FRAGRANS + MORIO.

✕ O.OLIDA Brébis.Fl.Norm.éd.2(1849); Brébis.et Morière,Fl.
Norm.éd.5,p.391; Corbière,N.fl.Norm.p.556; Franchet,Fl.L.-et-Ch.
p.569; Cam.Monogr.Orch.Fr.p.55; in J.bot.Fr.(1905)p.530. - O.
MORIO - CORIOPHORA Aut.cit. - O.CIMICINA Brébis.Fl.Norm.éd.1,
non Crantz.

Icon. - Reichb.f.Icon.XIII,p.22,t.DIV,f.1-10; Ic.n.pl.16,f.
451.

Plante exhalant une odeur faible de punaise ou encore une
odeur agréable.Bulbes ovoïdes ou subglobuleux.Tige de 1 à 2
décim.Feuilles lancéolées-linéaires,aiguës,un peu caniculées
au sommet,les supérieures dressées.Bractées blanchâtres,un peu
membraneuses,lancéolées,uninerviées,plus courtes que les fleurs,
égalant environ l'ovaire.Fleurs disposées en épi lâche,allongé,
d'un pourpre violacé foncé,avec un labelle un peu pâle et ponctué à la base.Divisions supérieures du périanthe elliptiques,
acuminées,connivents en casque,un peu séparées au sommet.La-
belle à 3 lobes presque égaux,tronqués,inégalement dentés,le
moyen un peu échancré,les latéraux rejetés en arrière,ces 3 lobes sont plus larges au sommet qu'à la base.Eperon un peu plus
court que l'ovaire,horizontal ou peu incliné,conique. - Cette
plante a le port de l'O.CORIOPHORA,mais s'en distingue par ses
fleurs plus grandes,plus colorées,par son labelle plus large,à
divisions érodées-denticulées au sommet,à lobe médian émarginé.
On ne peut adopter la synonymie de M.K.Richter dans les Pl.
eur.En premier lieu cette plante n'est pas une espèce,puis le
nom d'O.CIMICINA Brébis.bien antérieur à celui d'O.OLIDA avait
été donné par Crantz à une espèce dès 1769,c'est pour cette
raison que Brébis.a donné le nouveau nom d'O.OLIDA,qui doit
être employé.

MORPHOLOGIE INTERNE.

L'échantillon sec que nous avons étudié différait de l'O.MO-
RIO par les cellules épidermiques du bord du limbe à paroi ext.
irrégulièrement bombée,la paroi ext.des cellules épidermiques
du limbe foliaire plus épaisse et la présence d'épaississements
en anneaux incomplets dans les parois de l'anthère. - Il se
distinguait de l'O.CORIOPHORA par les cellules épidermiques du
bord du limbe dépourvues de dents allongées,le labelle et l'éperon à papilles moins développées,les parois de l'anthère à
épaississements moins nombreux.

V.v. - France : Calvados,Falaise(Brébis.);Chemery et Coutres,
Loir-et-Cher(Franchet);Berry(Lambert);env.de Nice(Bergon).

C'est à dessein que nous avons omis dans la synonymie l'O.MO-
RIO - CORIOPHORA de Pommaret et Timb.-Lagr.,Mém.hybr.Orchid.p.
40,pl.24. - Cette plante a été récoltée en 1856,près d'Agen,par
M.de Pommaret;elle diffère de l'O.OLIDA par son casque plus ouvert et par les divisions supérieures du périanthe plus allongées et plus aiguës.

Voici la description donnée par les auteurs : fleurs en épi
allongé (9 centim.),lâche,d'un rouge foncé;bractées blanchâtres,
lancéolées,scarieuses,uninerviées,plus courtes que les fleurs,
égalant l'ovaire;divisions supérieures du périanthe courtes,el-
liptiques,acuminées,connivantes en casque jusqu'au milieu,sépa-
rées au sommet.Labelle à 3 divisions,les 2 supérieures étalées,
fortement émarginées aux bords;lobe moyen à peu près de même
forme que les latéraux,tous les trois plus larges au sommet
qu'à la base et parcourus par de grosses veines simples sans
ramifications.Le labelle présente à sa surface une pubescence
blanchâtre,soyeuse,sur un fond pourpre foncé.Les deux lobes latéraux sont repliés en dessous,le moyen par le milieu comme
dans l'O.CORIOPHORA.Eperon en sac court,horizontal ou un peu
incliné,plus court que l'ovaire.Feuilles lancéolés,acuminées.
Tige de 20 centim.env.Fleurit en mai. - Environs d'Agen,Lot-et-
Garonne (1856) (de Pommaret).

L'O.TECTULUM Des Moulins (Catalogue raisonné des plantes qui
croissent spontanément dans le départ.de la Dordogne,1840)est
une plante voisine de l'O.MORIO-CORIOPHORA de Pommar.et Timb.-
Lagr.,elle est caractérisée par ses bractées infér.plus longues
que l'ovaire et 3-nervées;le lobe médian du labelle est entier
et non émarginé,l'odeur est nulle,les autres caractères sont
ceux de l'O.OLIDA. - France,Dordogne,Lanquais,juin(1837)(Ch.Des
Moulins).

Il n'est pas possible de se prononcer sur l'origine de ces
deux plantes O.MORIO-CORIOPHORA de Pomm.et Timb.-Lagr.et O.TEC-
TULUM.Elles sont peu distinctes de l'O.OLIDA et les différences
signalées peuvent être attribuées soit à une inversion dans le
rôle respectif des parents,soit encore à la substitution de l'O.
FRAGRANS à l'O.CORIOPHORA type.

x O.PAULIANA Malvd in Bull.Soc.bot.Fr.Congr.Bot.(1889),cum
ic.pl.1; Cam.Monogr.Orch.Fr.p.55; in J.bot.VI,p.354. - O.MORIOx
CORIOPHORA var.FRAGRANS Malvd.l.c. - Ic.n.pl.16,f.452.

Bulbes ovoïdes,entiers.Tige de 30 centim.,assez robuste,munie
de feuilles jusqu'à la base de l'inflorescence.Feuilles 8,rap-
prochées,oblongues-lancéolées,larges,les moyennes et les supérieures engaînantes et recouvrant entièrement la tige.Epi de 10
centim.composé de 26 fleurs,sensiblement plus grandes que celles de l'O.CORIOPHORA.Bractées lancéolées d'un pourpre foncé
avec une nervure médiane verdâtre;les inférieures dépassant
l'ovaire,les supérieures l'égalant ou plus courtes.Divisions
du périanthe connivantes en casque subglobuleux;un peu entr'ouvert au sommet,d'un pourpre foncé veiné de vert.Labelle plus
large que long,verdâtre,livide,plus ou moins teinté et ponctué
de pourpre sur quelques fleurs,à 3 lobes peu profonds,denticu-
lés ou crénelés,presque égaux,élargis au sommet,le moyen émarginé,les latéraux souvent repliés en arrière.Eperon horizontal
ou ascendant,cylindrique,presque droit,à sommet obtus,égalant à
peu près le labelle et de moitié plus court que l'ovaire.Odeur
fade,presque nulle. - Cette plante diffère de l'O.OLIDA par ses
feuilles oblongues-lancéolées,ses bractées membraneuses roses

et ses fleurs plus étalées.Le lobe moyen du labelle est fortement denté et à ces dents correspondent les extrémités des ner-
vures.L'éperon est notablement plus court.

V.v. - France:Mas de Lafont près Thémines,Lot (Malinvaud).

✕O.CAMUSI Duffort,Nov.hybr.in litt.1 mai(1896),ap.Cam.et Duffort in Bull.Soc.bot.Fr.(1898)p.434. - O.FRAGRANS var.APRICORUM
Duffort✕ MORIO Duffort,l.c. - Icon. - Ic.n.pl.16,f.448-450.

Plante ne pouvant être identifiée avec aucune des formes hybrides de l'O.MORIO croisé avec l'une des var.de l'O.CORIOPHORA;
exhale une odeur de vanille prononcée. - Bulbes deux,entiers,
ovoïdes.Port de l'O.CORIOPHORA.Feuilles oblongues-lancéolées,
dressées,les moyennes et les supérieures engaînantes.Epi étroit
lâche,long de 10 centim.,ayant de 15 à 20 fleurs,rarement moins.
Fleurs petites,munies de bractées lavées de pourpre,les inférieures un peu plus longues que l'ovaire,les supérieures l'égal-
lant.Divisions supérieures du périanthe conniventes en casque
acuminé,ouvert au sommet,d'un pourpre vineux.Labelle muni de
houppes d'un pourpre foncé,3-lobé,à lobe médian non émarginé,
mucroné,à lobes latéraux repliés latéralement,muni de dents
correspondant aux extrémités des nervures.Eperon cylindro-conique,égalant au moins le labelle et plus court que l'ovaire. -
Diffère 1° de l'O.OLIDA par le labelle non émarginé,l'odeur
agréable; 2° de l'O.MORIO-CORIOPHORA par les bractées plus colorées,le casque acuminé et non obtus,les fleurs plus petites;
3° de l'O.TECTULUM par l'odeur de vanille,le port très grêle,la
coloration générale du sommet de la plante lavée de violet; 4°
enfin de l'O.PAULIANA Malvd par le port non trapu,l'odeur et
les 3 lobes du labelle plus profonds.

V.s. - France:Gers,Masseube (Duffort).

O.CORIOPHORA + PICTA.

✕ O.DARCISII Murr in Dalla Torre u. Sarnth. Fl.Tir.VI,p.505.
- O.PICTA✕CORIOPHORA Asch.u.Graeb.Syn.III,p.690(1907). - O.CO-
RIOPHORA var.FRAGRANS ✕ PICTA Murr,A.B.Z.IX(1903)p.144. - Dif-
fère peu de l'O.OLIDA et cependant outre l'odeur plus agréable,
se rapproche plus de l'O.PICTA par le casque. - Sud du Tyrol:
Trient (Murr).

O.LATIFOLIA + MORIO.

✕O.BOUDIERI Cam.in Bull.Soc.bot.Fr.XXXVIII,p.285(1891); in
de Fourcy,Vade-mecum herb.par.éd.6,Add.; Monogr.Orch.Fr.p.54;
in J.bot.VI,p.352; Koch,Syn.ed.Hall.et Wohlf.p.2429; Hariot et
Guyot,Contr.Fl.Aube,p.114. - O.LATIFOLIA✕ MORIO Cam.l.c.; Hariot,l.c.; M.Schulze,Die Orchid.; Hall.et Wohlf.l.c. - O.MORIO✕
LATIFOLIUS Asch.u.Graeb.Syn.III,p.768.

Icon. - Cam.Atl.pl.XXII; Reichb.f.Icon.XIII,t.150,DII,f.1;
Ic.n.pl.20,f.622,622'.

Bulbes oblongs ou subglobuleux,2 ou plus.Plante formant souvent des touffes.Tige de 2-3 décim.,très fistuleuse.Feuilles
oblongues-lancéolées,non maculées,d'un vert foncé.Bractées d'un
pourpre violacé,les supér.égalant environ l'ovaire,les infér.un
peu plus longues.Fleurs d'un pourpre violacé,à casque veiné de
vert,à labelle muni de ponctuations d'un violet foncé ou pour-
pré.Périanthe à divisions d'abord non conniventes,puis toutes
sur un même plan.Labelle à 3 lobes larges,obtus,le moyen émarginé,les latéraux repliés en arrière.Eperon oblong,tronqué à
son extrémité,un peu plus court que l'ovaire. - Diffère de l'O.
MORIO par sa tige fistuleuse,ses bractées plus développées et
herbacées,les divisions du périanthe non conniventes après
l'anthèse.L'O.ALATA lui ressemble,mais sa grappe florale est
plus longue,plus fournie,la tige n'est pas fistuleuse et les
divisions du périgone sont plus étalées. - Voisin de l'O.ARBOS-
TII,aussi il faut s'assurer pour être sûr de la détermination
que l'O.INCARNATA n'existe pas dans la localité.
    Asch.u.Graeb.l.c.distinguent une forme MORIO-LATIFOLIUS B.
PER-MORIO plus rapprochée de l'O.MORIO.

    V.v. - France:Bouffémont (Boudier), Montfort-l'Amaury (Belèze),
Saint-Léger (Camus,Jeanpert), Allemagne (M.Schulze,Hausskn.).

                      O.INCARNATA + MORIO

    ×O.ARBOSTII Cam.in Bull.Soc.bot.Fr.XXXVIII,p.53; Monogr.Orch.
Fr.p.54; in J.bot.VI,p.351. - O.MORIO-INCARNATA Cam.l.c. - O.
MORIO× INCARNATUS Asch.u.Graeb.Syn.III,p.768.

    Icon. - Cam.Atlas,pl.XXI; Ic.n.pl.20,f.629-631.

    Bulbes entiers ou subglobuleux.Tige de 3 décim.env.,très fis-
tuleuse.Feuilles oblongues-lancéolées,un peu canaliculées,non
maculées.Bractées inférieures plus longues que l'ovaire,d'un
vert lavé de violet.Fleurs en épi lâche,peu nombreuses,d'un rose violacé.Divisions externes du périanthe libres jusqu'à la
base,conniventes en casque,munies de nervures manifestement
vertes.Labelle large,à 3 lobes,le moyen émarginé.Eperon conique-
obtus,mais non tronqué,horizontal ou descendant.Port de l'O.MO-
RIO. - L'influence de l'O.INCARNATA se manifeste par la longueur
des bractées,la tige très fistuleuse,l'absence de troncature à
l'éperon,enfin par les fleurs un peu charnues comme dans certaines formes de l'O.INCARNATA.

    V.v. - TR. France : Puy-de-Dôme,prairie des Giliberts,commune
d'Escoutoux,mai(1890)(Arbost).

                      O.MASCULA + MORIO.

    ×O.MORIOIDES Brand ap.Koch,Syn.ed.Hall.et Wohlf.p.2427. - O.
WILMSII Cam.Monogr.Orch.Fr.p.57; non Richter. - O.MORIO× MAS-
CULA (MASCULUS) Wilms,Jahresb.bot.S.d.Westf.Prov.-Ver.f.Wiss.

Kunst.(1879)p.5; Cam.l.c.; Corboz in Arch.fl.jurass.n° 8; Klinge in Act.H.Petrop.XVII,151(1899); Asch.u.Graeb.Syn.III,p.766.-
O.MASCULA×MORIO M.Schulze,Die Orchid.13,5.

Icon. - Cam.Atl.pl.XXII.

Bulbes ovoïdes ou subglobuleux.Tige de 3 à 5 décim.,dressée,
lavée de pourpre et un peu anguleuse au sommet.Feuilles dressées,les inférieures allongées,oblongues-lancéolées,les moyennes engaînantes,les supérieures bractéiformes.Fleurs disposées
en épi lâche,peu nombreuses.Divisions du périanthe ayant à peu
près les mêmes formes que dans l'O.MORIO,mais les 2 divisions
latérales étalées,toutes munies de nervures très visibles,la-
vées de vert à la base.Labelle presque de même forme que dans
l'O.MORIO,mais à lobe moyen plus allongé.Les fleurs desséchées
sont violettes et non carnées comme dans l'O.MASCULA. - L'influence de l'O.MASCULA est marquée par la forme allongée des
feuilles et surtout par les divisions étalées du périanthe.

V.v. - Allemagne; Suisse,Aclens(Corboz); France,Montfort-l'A-
maury (Belèze).

O.MORIO + TRIDENTATA.

×O.HUTERI. - O.MORIO×TRIDENTATA (TRIDENTATUS) M.Schulze,
Thür.B.V.N.F.XVII,39(1902); Asch.u.Graeb.Syn.III,p.690.

Port d'un O.TRIDENTATA très développé;divisions extérieures
du périanthe acuminées,plus longues que le labelle.

Tyrol (Huter).

O.MORIO + USTULATA.

O.MORIO×USTULATA (USTULATUS) Schinz u.Keller,Fl.Schw.2,Auf.
Krit.Fl.50(1905); Asch.u.Graeb.Syn.III,p.690.

Tessin:Bellinzona (Meyer-Darcis).

O.MORIO + PURPUREA.

×O.PERRETI Richter,Pl.eur.p.272(1890); Cam.Monogr.Orch.Fr.p.
53; in J.bot.VI;p.351. - O.MORIO × PURPUREA(PURPUREUS) Asch.u.
Graeb.Syn.III,p.691. - O.PURPUREO-MORIO Perret in Bull.Soc.bot.
Lyon,1,p.38(1872); Cam.l.c.

Bulbes ovoïdes.Tige robuste,de 5-8 décim.Feuilles grandes,
oblongues,d'un beau vert,luisantes.Bractées 4-5 fois plus courtes que l'ovaire,membraneuses-pellucides,fortement colorées.
Fleurs s'épanouissant successivement,disposées en épi court,un

peu lâche,ovoïde.Périanthe à divisions externes brièvement aiguës,conniventes en casque ovoïde ou subgiobuleux,d'un pourpre
carminé,veinées,ponctuées;divisions internes sublinéaires.La-
belle de l'O.MORIO,à 3 lobes élargis,presque égaux,le moyen
pourpre aux bords,plus pâle au centre et muni de taches purpu-
rines.Eperon courbé,égalant au plus la moitié de la longueur de
l'ovaire. - Cette plante a le port de l'O.PURPUREA,elle s'en
éloigne par son labelle,par ses fleurs très colorées et par les
feuilles semblables à celles de l'O.MORIO.

France : Couzon,Rhône (Perret,1872).

O.MILITARIS + PICTA.

×O.LADURNERI Murr in Allg.bot.Zeit.(1905)p.105. - O.MILITA-
RIS × MORIO s.sp.PICTA Murr,l.c. - O.PICTA(PICTUS)× MILITARIS
Asch.u.Graeb.Syn.III,p.691.

Port grêle.Feuilles comme dans l'O.MILITARIS. Fleurs à divisions du périanthe en casque presque de même forme et de même
couleur que dans cette espèce.Labelle un peu plus long que le
casque,non divisé,en coeur renversé,coloré en pourpre intense,
pâle au centre.Eperon et bractée comme dans l'O.MILITARIS.

Trient.

O.CHAMPAGNEUXII + SACCATA.

×O.SEMI-CHAMPAGNEUXII G.Cam. - O.CHAMPAGNEUXII× SACCATA F.
Raine.

Port de l'O.CHAMPAGNEUXII.Fleurs purpurines-violacées,peu
nombreuses.Bractées lavées de violet,plus courtes que l'ovaire.
Périanthe ressemblant à celui de l'O.CHAMPAGNEUXII.Eperon long,
horizontal ou descendant,arrondi,un peu renflé au sommet.Label-
le très coloré,plus long que les autres divisions du périgone,
à 3 lobes peu profonds.
Habitu O.CHAMPAGN.Spica plus minusve laxiflora,floribus atroviolaceis,bracteis violaceis ovario minoribus;perigonii phyllis
conniventibus,obtusis;calcare horizontalis vel pendente,ad api-
cem inflato-rotundato,phyllis perigonii longiore.Labello colo-
rato,3-lobo,lobis breviter repandis,phyllis perigonii longiore.

V.s. - Château d'Hyères (F.Raine).

× O.SEMI-SACCATA G.Cam. - O.SACCATA× CHAMPAGNEUXII F.Raine.

Port de l'O.SACCATA Fleurs purpurines.Divisions du périanthe
comme dans l'O.CHAMPAGNEUXII.Eperon un peu plus court que dans
la forme précédente,conique et descendant.Labelle étalé,dirigé
en avant,à 3 lobes très peu marqués,le lobe médian très court,
émarginé.

Habitu O.SACCATAE.Floribus purpurascentibus,in spicam laxam dispositis;perigonii phyllis conniventibus,obtusis.Calcare pendente,conico,brevi.Labello explanato,porrecto,3-lobo,lobis breviter repandis,lobo medio truncato-emarginato.

Château d'Hyères (communiqué par M.Raine,récolté par M.G.Hardy.) - V.s.

O.MACULATA + MORIO.

✕O.NEUSTRIACA Asch.u.Graeb.Syn.III,p.768. - O.TIMBALIANA G. Cam.in J.bot.II(1888)p.349,pl.IX; (1892)p.352; Klinge in Act. hort.Petrop.XVII,II(1899). - O.MORIO-MACULATA G.Cam.l.c. - O. MORIO✕MACULATUS Asch.u.Graeb.l.c.

Plante de 20-25 centim.de hauteur,Bulbes palmés.Feuilles lancéolées,canaliculées,portant à la face interne des macules brunâtres faiblement marquées.Bractées herbacées,la plupart plus grandes que l'ovaire.Fleurs d'un rose lilas,en épi oblong,conique.Périanthe à divisions supérieures conniventes,les latérales un peu écartées,mais non étalées.Labelle à 3 lobes,les latéraux un peu réfléchis en arrière,le médian au plus de la longueur des latéraux,un peu moins large et émarginé au sommet.Labelle et divisions latérales externes du périanthe maculés de pourpre comme dans l'O.MACULATA.

France : Seine Inférieure,Pourville près de Dieppe.

§ III. HYBRIDES DES O.PURPUREA,MILITARIS,SIMIA,

ITALICA,TRIDENTATA.

O.MILITARIS + PURPUREA.

O.MILITARIS✕PURPUREUS Asch.u.Graeb.Syn.III,p.686.

✕ O.DUBIA Cam.in Bull.Soc.bot.Fr.XXXII(1885); Iconogr.Orch. env.Paris,pl.6,f.C; Monogr.Orch.Fr.p.63; in J.bot.VI,p.401; de Kersers in Bull.Soc.bot.Fr.(1905)p.530. - O.MILITARI-PURPUREA M.Schulze,Die Orchid.9,4,t.9b.,p.p.et auct.plur. - O.RIVINO-FUSCA Timb.-Lagr.Mém.hybr.Orchid. - ✕ O.HYBRIDA auct.mult.p.p. (1); Boenningh.ap.Reichb.Fl.exc.p.125(1830); Martr.-Don.Fl.Tarn; Kerner; Kirschl.; E.Bonnet;etc. - O.PURPUREO-MILITARIS Gr.et Godr.Fl.Fr.III,p.290; Reuter,Cat.Genève,éd.2,p.202; Kerner in Abhandl.K.K.zool.bot.Ges.(1865)p.210; Kraenz.Gen.et spec.p.127.- O.FUSCO-CINEREA Kirschl.Fl.Alsace,II,p.127.

(1) Nous n'avons pu conserver le nom d'O.HYBRIDA Boenn.qui a pour lui l'antériorité,mais qui a été appliqué par la plupart . des auteurs à toutes les formes hybrides de l'O.PURPUREA..

Icon. - Cam.in Bull.Soc.bot.Fr.XXXII,pl.VIII,f.14-16; Icon, Orch.Par.pl.6,f.C; Ic.n.pl.18,f.520-522.

Port d'un O.MILITARIS robuste.Fleurs grandes,d'un pourpre violacé lie de vin,nombreuses,d'abord en épi conique,puis globuleux au sommet et un peu allongé.Périanthe à divisions conniventes en casque plus long que dans l'O.PURPUREA,presque aussi long que dans l'O.MILITARIS,mais d'un pourpre vineux.Médiastin plus court que les lobes latéraux,mais plus long que la moitié de leur longueur;lobes secondaires du lobe médian plus larges que dans l'O.MILITARIS et moins larges que dans l'O.PURPUREA.
Comprend deux formes principales:
1° F.SPATHULATA Cam.l.c. - O.RIVINO-FUSCA(O.MILITARI-PURPUREA) Timb.-Lagr.l.c. - Lobes latéraux rétrécis à la base;médiastin moyen;dent courte;lobes secondaires arrondis en forme de spatule.
2° F.ROTUNDILOBA Cam.l.c. - Lobe médian en forme de coeur renversé,incisé au sommet,à lobules ovales-arrondis.

V.v. - France:env.de Paris ! centre !(de Kersers), Tarn, Gers(Duffort) etc.; Lorraine, Alsace; Allemagne,Westphalie, Thuringe,Bade,Bavière; Autriche; Suisse; Italie;à rechercher.

✗ O.JACQUINI Godr.Fl.Lorr.III,p.33(1844); Cam.in Bull.Soc.bot. Fr.XXXII,p.274; in de Fourcy,Vade-mec.herb.par.Add.p.323; Monogr.Orch.Fr.p.62; in J.bot.VI,p.409; Hariot et Guyot,Contr.fl. Aube,p.114. - O.HYBRIDA auct.plur.p.p. - O.MILITARIS g.HYBRIDA Lindl.Gen.and spec.p.271. - O.FUSCA b.STENOLOBA Coss.et Germ. Fl.env.Par.éd.1,p.550(1845). - O.SUPERPURPUREO-MILITARIS Timb.-Lagr.l.c. - O.FUSCO-RIVINI Timb.-Lagr.l.c. - O.PURPUREA var. TRIANGULARIS Wirtg.Fl.d.preuss.Rheinpr.p.441; M.Schulze,Die Orchid. - O.PURPUREA var.JACQUINI Coss.et Germ.Fl.env.Paris,éd. 2; Brisson,Catal.Marne,p.115.

Icon. - Reichb.f.Icon.XIII,p.31,t.377; Timb.-Lagr.pl.21,f.8, 9; Coss.et Germ.Atlas,pl.XXXII,f.3; Cam.Icon.Orch.Paris,pl.6, f.B; in Bull.Soc.bot.Fr.XXXII,f.11-13; Ic.n.pl.18,f.523-524.

Plante ayant le port d'un O.MILITARIS robuste.Casque de même forme que celui de l'O.PURPUREA,mais de coloration rouge violacée,strié et ponctué en dehors et en dedans,les taches vertes qui existent à la base du casque de l'O.PURPUREA faisant défaut. Divisions secondaires du lobe médian moins larges que dans l'O. PURPUREA;médiastin atteignant au plus la longueur de la moitié des lobes latéraux.C'est donc avec une légère modification le labelle de l'O.PURPUREA,mais plus étroit,et le casque de l'O. MILITARIS,mais un peu moins acuminé.
Nous avons observé 3 formes principales reliées par des intermédiaires:
1° F.SPATHULATA Cam.l.c.f.11. - Lobes latéraux rétrécis à la base,longs;médiastin moyen;lobes secondaires arrondis,spatulés, munis d'une dent courte à l'angle de bifidité.
2° F.PARALLELA Cam.l.c.f.12. - O.FUSCO-RIVINI (PURPUREA-MILI-

TARIS)Timb.-Lagr. - O.STENOLOBA Coss.et Germ.Atlas,pl.XXXII,c.
3. - Lobes latéraux un peu longs et rétrécis à la base,lignes
latérales des lobes secondaires parallèles;dent de l'angle de
bifidité courte.

3° F.CONVERGENS Cam.l.c.f.13. - O.SUPERPURPUREO-MILITARIS
Timb.-Lagr.l.c. - Lobes latéraux rétrécis à la base;médiastin
moyen;lignes latérales des lobes secondaires convergentes;dent
de l'angle de bifidité courte.

V.v. - France:env.de Paris,centre,région méridionale,Gers,
etc.;Allemagne;Italie;etc.

MORPHOLOGIE INTERNE.

Nous avons pu étudier quelques individus appartenant à l'O.
DUBIA et à l'O.JACQUINI.Les échantillons que nous avons exami-
nés se distinguaient de l'O.PURPUREA par:les faisceaux libéro-
ligneux de la tige presque ou entièrement dépourvus de tissu
lignifié à l'intérieur du bois;les feuilles plus épaisses,à
épiderme sup.plus développé;la présence de papilles plus ou
moins longues sur l'épiderme int.des divisions ext.et latérales
int.du périanthe;la nervure des valves placentifère un peu moins
moins saillante. - Ils différaient de l'O.MILITARIS par:le développement moindre(30-70 env.)des papilles de l'épiderme int.
des divisions ext.et latérales int.du périanthe;l'éperon à épiderme int.plus papilleux.Le nombre des tétrades de pollen paraissant bien conformées était assez grand relativement.Quel-
ques capsules avaient donné des graines d'apparence normale,un
peu moins allongées que dans l'O.PURPUREA.

O.MILITARIS + SIMIA.

O.SIMIA×MILITARIS Asch.u.Graeb.Syn.III,p.682.

×O.BEYRICHII.

× O.BEYRICHII Kerner et auct.mult. - Cet hybride intermédiaire entre les deux parents comprend 4 formes distinctes:

×O.GRENIERI Cam.Monogr.Orch.Fr.p.63; in J.bot.VI,p.410. - O.
SIMIO-MILITARIS Timb.-Lagr.Mém.hybr.Orch.p.11; Gr.et Godr.Fl.
Fr.III,p.291; Cam.in Bull.Soc.bot.Fr.XXXII,p.217; in de Fourc.,
Vade-mec.herb.par.éd.6,Add.p.223; Kraenz.Gen.et spec.p.130.

Icon. - Ic.n.pl.18,f.519.

Port de l'O.MILITARIS.Feuilles comme dans cette espèce.Fleurs
en épi oblong,assez dense.Périanthe d'un rose cendré pâle,pres-
que uniforme à l'extérieur,ponctué de pourpre à l'intérieur.La-
belle 3-lobé;lobes latéraux étroits,linéaires;lobe moyen divisé
en 2 lobes secondaires divergents,2 ou 3 fois plus larges que
les lobes latéraux;ces lobes latéraux et secondaires un peu arqués en avant et ordinairement d'un pourpre lavé de violet. -

Diffère de l'O.MILITARIS par les lobes latéraux plus longs
que le médiastin (caractère commun avec l'O.DUBIA) au lieu d'ê-
tre d'égale grandeur,par les lobes secondaires plus longs et
moins larges. - Diffère de l'O.CHATINI par le labelle à segments inégaux comme largeur et par le casque un peu moins acuminé.

France : env.de Toulouse(Timb.-Lagr.),Seine-et-Oise!,Seine-
et-Marne!,Oise!,Gers(Duffort);Allemagne;Autriche-Hongrie.

× O.DECIPIENS Cam.in Bull.Soc.bot.Fr.XXXII,p.217; Monogr.Orch.
Fr.p.63; in J.bot.VI,p.413; Chenevard in Bull.Soc.bot.Genève
(1899). - O.RIVINO-SIMIA ;O.MILITARI-SIMIA Timb.-Lagr.l.c.p.18;
Martr.-Donos,Fl.Tarn,p.700. - O.SUBSIMIO-MILITARIS Gr.et Godr.
Fl.Fr.III,p.291.

Icon. - Timb.-Lagr.l.c.pl.22,f.10; Cam.in Bull.Soc.bot.Fr.pl.
VIII.

Cette plante ressemble à l'O.CHATINI.Elle en diffère par son
épi court comme dans l'O.SIMIA,par son périanthe pâle et verdâ-
tre.Les lobes secondaires du lobe médian du labelle sont un peu
plus larges que les lobes latéraux et non arqués.Ce labelle se
rapproche de celui figuré par M.M.Cosson et Germain,Fl.env.Pa-
ris,Atlas (O.JACQUINI),mais avec des lobes plus étroits.Nous
avons trouvé cet hybride rarement et comme Timbal-Lagrave nous
pensons que les parents sont les O.SIMIA et MILITARIS,mais à
quel titre,nous ne saurions le dire:hybride simple ou secondaire ?

France :env.de Toulouse(Timbal-Lagr.);Champagne(Seine-et-Oise);
Jura,près de Genève(Chenevard).

× × O.CHATINI Cam.Icon.Orch.env.Par.; in Bull.Soc.bot.Fr.XXXII;
p.273; in de Fourcy,Vade-mec.herb.paris.éd.6,Add.p.324; Monogr.
Orch.Fr.p.66; in J.bot.VI,p.413

Icon. - Ic.c.pl.18,f.516-517.

Plante ayant le port de l'O.SIMIA,avec lequel elle a été
confondue,mais plus robuste et à épis plus longs et plus densi-
flores.Labelle à lobes tous arqués en avant,les latéraux semblables aux lobes secondaires du lobe moyen,mais spatulés et
aussi larges que le médiastin;la dent qui sépare les lobes moyens est un peu moins longue,la section des lobes est une ellip-
se à foyers éloignés,le sommet des lobes est lavé d'un pourpre
violacé.Le casque ressemble à celui de l'O.SIMIA.

V.v. - France:env.de Paris,Maisse(S.-et-M.),Champagne(S.-et-
O.)Creil(Oise),Somme(Gonse),Gers(Duffort);Allemagne;Autriche.

× × O.BEYRICHII Kern.in Abh.K.K.z.b.Ges.XV(1865) (1); Cam.in
Bull.Soc.bot.Fr.XXXII,p.275(1885); in de Fourcy,Vade-mec.herb.
par.éd.6,Add.p.223; Monogr.Orch.Fr.p.65; in J.bot.VI,p.414;
Corbière,N.Fl.Normand.p.551; M.Schulze,Die Orch.n°9,ém. - O.SI-
MIA var.BEYRICHII Reichb.f.Icon.XIII,p.28. - O.SIMIO-MILITARIS
Gr.et Godr.Fl.Fr.III,p.291; et auct.plur.; p.p. - O.(SIMIO-MI-
LITARIS× SIMIA Cam.l.c.

    Icon. - Kern.l.c,t.II,f.IV;t.III,f.1 et 2; M.Schulze,reprod.
il.Kern.; Cam.Orch.env.Paris,pl.8,f.6; Ic.n.pl.18,f.525-527.

    Exsicc. - Dörfler,H.n.n°4084; Fl.Austr-Hung.n°1849,p.p.; Por-
ta,Pl.Lombard.

    Port de l'O.CHATINI.
     Caractères différentiels des deux formes (labelle).

O.CHATINI.	O.BEYRICHII.
Segments notablement rétrécis à la base (spatulés).	Segments non spatulés.
Segments latéraux dépassant la pointe de la dent,qui est longue.	Segments latéraux atteignant à peine ou dépassant peu la pointe de la dent,qui est courte.
Segments latéraux arqués en avant.	Segments latéraux peu ou non arqués en avant.
Epi floral dense,long comme dans l'O.MILITARIS	Epi floral plus court,laxiuscule comme dans l'O.SIMIA.

    V.v. - Mêmes stations que l'O.CHATINI,mais moins rare.

MORPHOLOGIE INTERNE.

    Nous avons pu observer quelques échantillons hybrides prove-
nant du croisement de l'O.MILITARIS avec l'O.SIMIA.Ils différaient de l'O.MILITARIS par:la paroi ext.des cellules épidermiques du bord du limbe plus bombée,les papilles des divisions
ext.et latérales int.du périgone moins développées,la présence
de papilles plus longues à l'intérieur de l'éperon,le pollen à
réseau épaissi plus marqué.Ils se distinguaient de l'O.SIMIA
par la paroi ext.des cellules épidermiques du bord du limbe un
peu moins bombée,présentant toutes les formes intermédiaires
entre celles des parents;les papilles de l'éperon un peu moins
longues et les papilles assez développées des divisions ext.et
latérales du périgone(atteignant parfois 50-70µ de long.).

O.PURPUREA + SIMIA.

    × O.WEDDELLII Cam.in Bull.Soc.bot.Fr.XXXIV,p.242(1887); Mono-
gr.Orch.Fr.p.66; in J.bot.VI,p.414; in de Fourcy,Vade-mec.herb.
paris.éd.6,p.323; Legué,Catal.Mondoubl.p.80; Corbière,N.fl.Nor-
mand.p.555. - O.WEDDELI Richter,Pl.eur.p.273;p.p. - O.ANGUSTI-
CRURIS Franchet ap.Humnicki,Catal.pl.nouv.Orléans,p.27; Fl.Loir-
et-Cher,p.571;p.p. - O.SIMIO-PURPUREA Weddell ap.Gr.et God.Fl.

    (1) Beaucoup d'auteurs désignent sous ce nom les différentes
formes issues du croisement de l'O.SIMIA avec l'O.MILITARIS.

Fr.III,p.290(1856); Martr.-Donos,Fl.Tarn.p.70; Legué,Cat.Mon-
doubleau; Corbière,l.c.; Reuter,Catal.Genève,éd.2; Koch,Syn.éd.
Hallier et Wohlf.p.2424; Kraenzlin,Orchid.gen.et spec.p.128. -
O.PURPUREA × TEPHROSANTHOS Beauverd in Archiv.fl.jurass.n°9(1
(1900). - O.CERCOPITHECUS Boreau,Fl.centre,éd.2,ap.Debeaux,Rév.
fl.agen. - O.HYBRIDA Boreau,Fl.centre,éd.3,II,p.643; Martin,
Catal.Romorantin,éd.2,p.386. - O.HYBRIDUS Debeaux,Rév.fl.agen.
p.518.

Icon. - Ic.n.pl.18,f.518.

Bulbes ovoïdes ou subglobuleux.Tige élancée de 2 à 4 décim.
Feuilles luisantes,grandes,oblongues-lancéolées.Bractée très
courte,rosée.Fleurs nombreuses,en épi allongé.Casque de l'O.
PURPUREA,à divisions d'un pourpre foncé,souvent tachées de vert
à la base.Labelle blanc,maculé de taches purpurines,3-lobé,à
lobes latéraux linéaires,à direction sensiblement parallèle;mé-
diastin peu distinct;lobe médian bifide,à lobes secondaires à
direction convergente,environ une fois plus larges que les latéraux.
Une monstruosité de cet hybride a été observée par M.Legué.
Dans plusieurs fleurs des divisions externes du périanthe
étaient étalées et parfois prolongées en éperon court.

V.v. - Env.de Paris !; Loir-et-Cher(Franchet,Legué); Gers
(Duffort); Sarthe; Suisse?

× O.FRANCHETII Cam.in Bull.Soc.bot.Fr.XXXIV,p.242(1887); in
de Fourcy,Vade-mec.herb.paris.Add.éd.6,p.323; Monogr.Orchid.Fr.
p.66; in J.bot.(1892)VI,p.415; Legué,Cat.Mondoubl.p.80. - O.AN-
GUSTICRURIS Franchet ap.Humnicki,Cat.pl.Nouv.Orléans,p.27; Franchet,Fl.Loir-et-Cher,p.571;p.p.;non Reichb. - O.PURPUREA× SIMIA
Focke,Pfl.misc.p.375; Cam.l.c.; Cortesi in An.bot.Pirotta,1,p.
19.

Icon. - G.Cam.Atl.pl.III; M.Schulze,t.10,f.7 !labelle; Ic.n.
pl.18,f.516-517.

Bulbes ovoïdes ou subglobuleux.Tige élancée de 2 à 4 décim.
Feuilles luisantes,grandes,oblongues-lancéolées.Bractée très
courte,rosée.Fleurs nombreuses,en épi court,subglobuleux.Casque
de l'O.PURPUREA,à divisions d'un pourpre foncé un peu violacé,
souvent tachées de vert à la base.Labelle blanc,à macules purpurines,3-lobé,à lobes latéraux à direction un peu divergente;
médiastin distinct,mais plus court que les lobes latéraux;lobe
médian bifide,à lobes secondaires au moins une fois plus larges
que les lobes latéraux,linéaires-spatulés,à direction franchement divergente.Fleurs plus grandes que dans l'O.WEDDELLII.

V.v. - France:env.de Paris !; Chitenay,Loir-et-Cher(Franchet);
Gers(Duffort);Allemagne;etc.

✗ O.PSEUDO-MILITARIS Hy in Act.Congrès de Botanique(1900)p.
362. - Plante ressemblant à l'O.MILITARIS,mais ayant l'origine
hybride.L'O.MILITARIS espèce,n'existe pas dans la contrée où M.
Hy a distingué la plante litigieuse.Cette forme probablement
hybride a peut-être les mêmes parents que l'O.WEDDELLII dont
elle diffère par les divisions secondaires du lobe médian plus
larges et pourvues de taches purpurines. - France:env.d'Angers
(Hy).

O.MILITARIS + INCARNATA.

✗ O.JEANPERTI Cam.et Luizet in de Fourcy,Vade-mec.herb.paris.
éd.6,Add.(1890); Monogr,Orch.Fr,p.67; in J.bot,p.416; Atlas,pl.
XXVII. - O.MILITARIS + INCARNATA Cam.et Luizet,l.c.

Bulbes entiers ovoïdes ou subglobuleux.Tige de 3 à 6 décim.
assez robuste,compressible,mais non fistuleuse;feuilles oblongues;bractées atteignant env.la moitié de la longueur de l'ovai-
re.Fleurs en épi dense,à casque rosé en dehors et ponctué,strié
de lilas en dehors et ponctué,strié de lilas en dedans;labelle
d'un blanc rosé,muni de taches purpurines.Périanthe à divisions
conniventes en casque acuminé;les externes soudées à leur partie inférieure et dressées,recourbées en dehors dans leur partie supérieure.Labelle et éperon de l'O.MILITARIS.Cette plante
ressemble à un O.MILITARIS dont les fleurs seraient de coloration foncée,les bractées environ deux fois plus longues que
dans le type et enfin les divisions externes du périanthe seraient étalées-dressées au sommet.

V.v. - France:Seine-et-Marne; tourbière de Maisse(Luizet et
Jeanpert).

O.MILITARIS + PALUSTRIS.

✗ O.BONNIERIANA Cam.in de Fourcy,Vade-mec.herb.paris.éd.6,Add.
p.324(1890); Monogr.Orch.Fr.p.67; in J.bot.VI,p.416. - O.PALUS-
TRI✗ MILITARIS Cam.l.c.

Icon. - Cam.Atlas,pl.XXIX,XXIX bis; Ic.n.pl.14,f.383-389.

Bulbes entiers,ovoïdes ou subglobuleux.Tige de 3-5 décim.,
feuillée.Feuilles lancéolées-linéaires,aiguës,canaliculées.
Bractées herbacées,colorées en rouge violacé ainsi que la partie supérieure de la tige et égalant environ la moitié de la
longueur de l'ovaire.Fleurs en épi lâche,d'un pourpre foncé.Pé-
rianthe à divisions externes oblongues-obtuses,les 2 latérales
ascendantes.Labelle large et presque plan,à 3 lobes,le médian
dépassant les latéraux.Eperon assez court,courbé en bas,un peu
renflé à son extrémité. - Ressemble à un O.PALUSTRIS à labelle
presque plan et à éperon d'O.MILITARIS.
Les stations favorables pour la recherche de cette plante

sont celles où les deux parents ont la floraison contemporaine.
Dans les tourbières l'O.MILITARIS fleurit tard,c'est-à-dire en
même temps que l'O.PALUSTRIS.

V.v. - France:vallée du Loing près de Souppes !

O.MASCULA + PURPUREA.

×O.WILMSII Richter,Pl.eur.p.273; Koch,Syn.ed.Hallier et Wohl
p.3427. - O.MASCULA×PURPUREA Wilms in Verh.nat.Ver.Rheinl.West
ph.XXV,p.72(1868); M.Schulze,Die Orch.13,7. - O.PURPUREA×MAS-
CULA(PURPUREUS + MASCULUS) Asch.u.Graeb.Syn.III,p.772.

Bulbes oblongs,gros,arrondis.Tige de 30 à 35 centim.de haut.
Feuilles 6,toutes non maculées,arrondies et plus larges vers
leur sommet.Inflorescence assez dense,de 10 centim.de long.
Bractées lancéolées,rougeâtres aux bords,la plupart moins longues que la moitié de l'ovaire.Divisions externes latérales du
périgone étalées mais non réfléchies.Labelle 3-lobé,à lobe médian divisé au sommet,portant une petite dent dans l'échancrure,
labelle entier parsemé de petites nervures délicates,2-3 bifurquées,d'un rouge rosé,brillant,avec des macules plus foncées
comme dans les 2 espèces procréatrices.Eperon un peu épaissi
et plus court que l'ovaire.

Allemagne:Westphalie (Wilms,Schultz).

O.LATIFOLIA + PURPUREA.

× O.GUESTPHALICA Richter,Pl.eur.p.273; Koch,Syn.ed.Hall.et
Wohlf.p.3429. - O.LATIFOLIA×PURPUREA Wilms in Verh.nat.Ver.
Rheinl.West.XXV,Corr.p.72(1868); M.Schulze,Die Orchid.21,7;
Koch,l.c. - O.PURPUREA×LATIFOLIA (PURPUREUS×LATIFOLIUS) Asch.
u.Graeb.Syn.III,p.772.

Bulbes palmés.Tige de 15 centim.de hauteur environ,non fistu-
leuse.Feuilles 6,les supérieures plus petites,toutes non macul-
lées et acuminées,les 4 moyennes ayant jusqu'à 4 centim.de largeur,munies de 13 nervures,dont 3 plus fortes.A la base de la
tige 3 bractées foliacées.Inflorescence dense,de 8 centim.de
longueur environ.Bractées à 3 nervures larges,lancéolées,plus
longues que les fleurs.Divisions du périgone de même longueur,
conniventes en casque,d'un rouge pâle grisâtre(comme dans l'O.
MILITARIS).Labelle plan,arrondi,irrégulièrement échancré,avec
le sommet d'un rouge tendre,blanchâtre à la base,muni de stries
irrégulières formées de lignes courbes.Eperon presque conique,
n'atteignant pas la moitié de la longueur de l'ovaire.Extrémité
du gynostème formant un appendice ovale en forme de cuiller.

Allemagne:Westphalie (Wilms).

O.TRIDENTATA + USTULATA.

×O.DIETRICHIANA Bogenh.Tasch.Fl.Jena,p.351(1850); A.Kerner
in Abhand.K.K.z.b.Ges.(1865)p.4; Richter,Pl.eur.p.272; Beck,F.
N.-Oest.p.201; Cam.Monogr.Orch.Fr.1.52; in J.bot.VI,p.439. - O.
USTULATA× TRIDENTATA(USTULATUS× TRIDENTATUS) Asch.u.Graeb.Syn.
III,p.677. - O.TRIDENTATA× USTULATA M.Schulze,Die Orchid.7,3;t.
7,b.(1894). - O.USTULATO-TRIDENTATA Canut in Barla,Iconogr.p.
48(1868). - O.USTULATA× VARIEGATA Kerner,l.c.; Halacsy u.Braun,
Nachtr.Fl.N.-Oest.1,p.201. - O.USTULATA× AUSTRIACA Kerner in O.
B.Z.XIV,p.139(1864).

Icon. - Kerner,l.c.t.IV,f.1-3; Barla,l.c.pl.23,f.16,23; Ic.n.
pl.18,f.542.

Exsicc. - Dörfler,H.n.n°3196; Austr.-Hung.n°672; Schultz,n°
616; Huter(1881).

Bulbes ovoïdes ou subglobuleux.Tige d'un vert pâle,nue au
sommet,de 2-4 décim.Feuilles d'un vert glaucescent,les inférieures presque obtuses,les supérieures subaiguës,cucullées,en-
gaînantes,celles près des bulbes réduites à l'état de gaînes
brunâtres.Bractées acuminées,égalant environ l'ovaire,à 1 nervure,membraneuses,rosées.Fleurs nombreuses,disposées en épi
souvent dense,oblong.Divisions du périanthe conniventes en casque;les externes soudées à la base,ovales-lancéolées,aiguës,
apiculées,réfléchies au sommet,munies de 3 nervures obscures,
d'un pourpre violet assez foncé à l'extérieur,plus pâle à l'intérieur;la médiane à une nervure;les internes d'un violet clair,
à une nervure,obtuses,spatulées,soudées à la médiane et plus
courtes qu'elles.Labelle 3-lobé,un peu plus long que les divisions du périanthe,d'un rose violacé,blanchâtre et rétréci à la
base,marqué de taches purpurines comme dans l'O.USTULATA.Label-
le étalé,dirigé en avant;lobes latéraux linéaires-oblongs,obli-
quement arrondis ou falciformes,ou cunéiformes à la base et
plus ou moins dentés-ondulés au sommet;lobe médian souvent flabelliforme et divisé en 2 lobes secondaires ordinairement
courts,arrondis et plus ou moins sinués et dentés.Masses polliniques vertes.Eperon dirigé én bas,légèrement recourbé en avant,
subcylindrique,obtus ou claviforme,de moitié plus court que
l'ovaire,d'un blanc lavé de violet. - Rappelle l'O.TRIDENTATA
par son port,son labelle et ses masses polliniques verdâtres;
l'O.USTULATA par ses fleurs bicolores à casque foncé.

MORPHOLOGIE INTERNE.

La détermination de cet hybride est rendue assez difficile
par le petit nombre de caractères anatomiques séparant les deux
espèces procréatrices.

Les individus issus du croisement de l'O.TRIDENTATA avec l'O.
USTULATA se distinguent surtout du premier par la réduction des
papilles du labelle et du second par leur pollen verdâtre,
en tétrades un peu plus grosses et par la nervure des valves
placentifères un peu plus saillante.Nous n'avons pu observer de
graines.Les cellules épidermiques du bord du limbe ont plutôt
la forme de celles de l'O.TRIDENTATA,mais avec les stries nombreuses des cellules de l'O.USTULATA.

V.v. - France:Var,Alpes-Maritimes; Italie,Ligurie(P.Bergon);
Allemagne,Thuringe,Franconie; Suisse,Unterwalden,Bellinzona,
Monte Salvatore; Autriche,Tyrol; Caucase ap.Asch.u.Graeb.

O.ITALICA + TRIDENTATA.

✕ O.ATTICA Hausskn.Symb.ad fl.gr.in Mitt.Thür.bot.(1885). -
O.LONGICRURIS ✕ TRIDENTATA Hausskn.l.c. - O.LONGICRURIS ✕ COMMU-
TATA Halacsy.Consp.fl.gr,III,p.166. - O.TRIDENTATA ✕ LONGICRURIS
(TRIDENTATUS ✕ LONGICRURIS) Asch.u.Graeb.Syn.III,p.689.

Diffère de l'O.ITALICA par:les bractées plus longues,les divisions du labelle plus larges et plus courtes. - Se distingue
de l'O.TRIDENTATA par:la tige plus robuste,les feuilles un peu
ondulées,les bractées de moitié plus courtes,les divisions du
périgone plus longuement acuminées,le labelle large à divisions
plus étroites et plus longues.

Grèce :Attique,Eleusis (Hausskn.)

O.MILITARIS + TRIDENTATA.

✕ O.CANUTI Richter,Pl.eur.p.272(1890); Cam.Monogr.Orch.Fr.p.
31; in J.bot.VI,p.349. - O.GALEATA Reichb.Fl.exc.p.125,non
Lamk; Kern.in Verh.K.K.z.b.Ges.(1865),sep.p.10. - O.TRIDENTATO-
MILITARIS Camut in Barla,Iconogr.p.50(1868); Cam.l.c.; Kraenz.
Gen.et spec.p.124. - O.TRIDENTATA(TRIDENTATUS) ✕ MILITARIS Asch.
u.Graeb.Syn.III,p.638.

Icon. - Barla,l.c.pl.34,f.19-26; Ic.n.pl.18,f.543-545.

Bulbes ovoïdes ou subglobuleux.Tige assez forte,élancée.
Feuilles ovales-lancéolées,aiguës,nombreuses.Bractées égalant
environ l'ovaire.Fleurs d'un rose violacé,disposées en épi ovale;divisions supérieures du périanthe conniventes en casque;la-
belle dirigé un peu en avant ou en haut,3-lobé,à taches purpurines,à lobes latéraux courbés,subrhomboïdaux,à lobe médian
ovale,subbilobé et muni d'une petite dent à l'échancrure.

France:Bonvillars près la vallée de Londe,Alpes-Maritimes(Canut); Italie,Ligurie(Bergon); Tessin(Chenevard); Kahlenberg
près Vienne(Heynol)(O.GALEATA Reichb.)

✕? O.TAURICA Lindley,Gen.and spec.Orch.p.271. - O.VARIEGATA ✕
MILITARIS Schur,Enum.pl.Trans.p.639.

Port de l'O.TRIDENTATA,mais plus robuste.Feuilles 2 fois plus
longues que larges,embrassant la tige.Epi à fleurs nombreuses,
grandes.Labelle à lobe moyen inégalement 3-denté,à division médiane bien plus petite,à lobes latéraux acutiuscules;labelle
dirigé en bas,un peu rétus au sommet. - Transylvanie.

O.MASCULA ÷ TRIDENTATA.

× O.UNTCHJII M.Schulze in Asch.u.Graeb.Syn.IIJ,p.770(1907). -
O.TRIDENTATUS×MASCULUS M.Schulze ap.Asch.u.Graeb.l.c.

Plante élevée de 50 centim.Feuilles inférieures rapprochées,
grandes,oblongues-lancéolées.Hampe cylindrique allongée, à
fleurs assez nombreuses,assez laxiflore dans la partie inférieu-
re.Fleurs intermédiaires comme taille entre celles des parents.
Bractées lancéolées,sétacées,les inférieures plus longues que
l'ovaire,les supérieures de même longueur.Divisions du périanthe libres,les externes ovales-lancéolées,1-3 nerviées;les latérales internes linéaires-lancéolées,1-nerviées,2/3 aussi longues que les externes.Labelle 3-lobé,à divisions latérales
rhomboïdales,environ 1 fois 1/2 aussi longues que larges,den-
tées,à division médiane rétrécie à la base et brusquement dilatée,à bords dentés.Eperon presque de la longueur de l'ovaire,
assez fort,assez épais,un peu relevé.

Istrie :Wiesen bei Brest am Fusse des Monte Maggiore(Untchj).

§ IV. HYBRIDES DE L'O.CORIOPHORA.

O.CORIOPHORA + PALUSTRIS.

× O.TIMBALI Velen.in Sitzb.Bohm.Ges.Wiss.(1882)p.254; Richter,
Pl.eur.p.278; Cam.Monogr.Orch.Fr.p.58; in J.bot.VI,p.405; Koch,
Syn.ed.Hall.et Wohlf.p.2428. - O.CORIOPHORO-PALUSTRIS Timb.-
Lagr.in Bull.Soc.bot.Fr.IX,p.587(1862); Hall.et Wohlf.l.c. -
O.CORIOPHORO-PALUSTRIS Barla,l.c.pl.56 et pl.42,f.1-18! - O.
LAXIFLORO + CORIOPHORA de Pommar. et Timb.-Lagr.Mém.hybr.Orch.,
p.41,pl.24,f.3 et 4; Mém.Acad.Toulouse,JI,4,p.59. - O.CORIOPHO-
RUS×PALUSTER Asch.u.Graeb.Syn.III,p.769.

Icon. - Ic.n.pl.20,f.618-619.

Bulbes ovoïdes ou subglobuleux.Tige élancée,de 3-4 décim.,
feuillée.Feuilles lancéolées-aiguës,très arquées.Fleurs disposées en épi de longueur très variable,lâche,comme dans l'O.PA-
LUSTRIS,d'un pourpre foncé,une fois plus grandes que dans l'O.
CORIOPHORA.Divisions du périanthe ovales,atténuées au sommet,
mais non acuminées,formant un casque moins fermé que dans cette
dernière espèce.Labelle d'un pourpre foncé,pubescent à la surface et replié en dehors vers le milieu;lobe médian plus long
que les latéraux,souvent tronqué ou émarginé,rarement acuminé,
les lobes latéraux plus larges que le médian et denticulés,à
dents correspondant à l'extrémité des nervures.Eperon horizontal,obtus,égalant environ la moitié de la longueur de l'ovaire.

TR. France :Agen (de Pommaret).

×O.BARLAE Cam.Monogr.Orch.Fr.p.58; in J.bot.VI,p.406. - O.
PALUSTRI-CORIOPHORA Barla,Iconogr.Orchid.p.56 et pl.41,f.11-15;
Cam.l.c.; Kraenz.Gen.et spec.p.123; p.p. - O.PALUSTRI-CORIOPHO-
RA (FRAGRANS) !

Icon. - Ic.n.pl.20,f.614-617.

Bulbes entiers.Feuilles linéaires-lancéolées,aiguës,en gouttière,engaînantes.Bractées lancéolées;égalant environ l'ovaire!
Fleurs disposées en épi assez lâche,nombreuses,15 à 20 environ.
Divisions externes du périanthe non soudées à la base,disposées
comme dans l'O.PALUSTRIS;divisions internes conniventes.Labelle
3-lobé,d'un pourpre violacé,jaunâtre au centre et marqué de taches purpurines;lobes latéraux rejetés en arrière,rhomboïdaux,
crénelés-réticulés;lobe médian plus long que les latéraux,lan-
céolé,un peu recourbé au sommet.Eperon horizontal ou un peu
descendant,un peu plus court que l'ovaire. - Plante répandant
une odeur forte et agréable de vanille.

MORPHOLOGIE INTERNE.

Nous avons pu étudier une feuille et une fleur de cet hybride.
Cette plante différait de l'O.CORIOPHORA par:les cellules épidermiques du bord du limbe à paroi ext.bombée,mais ne formant
pas de dents développées;la rareté des épaississements dans les
parois anthérales et les papilles de l'éperon plus courtes.Elle
se distinguait nettement de l'O.PALUSTRIS par la paroi ext.des
cellules épidermiques du bord du limbe bombée et la présence
d'épaississements aux parois de l'anthère.

V.v. - Alpes-Maritimes:bois du Var(Canut et Foissac), prairies
Caras(Sarato), champ de courses de Nice(Bergon); à rechercher
en Ligurie.

O.CORIOPHORA + LAXIFLORA.

×O.PARVIFOLIA Chaub.Fl.agen.p.369; Gr.et God.Fl.Fr.III,p.292;
Cam.Monogr.Orch.Fr.p.58; in J.bot.VI,p.405; Kraenz.Gen.et spec.
p.143; Debeaux,Révis.fl.agen.p.519. - O.CORIOPHORA + LAXIFLORA
Laramberg.et Timb.-Lagr.Mém.hybr.Orchid.p.41; Cam.l.c.; Kraenz.
l.c. - O.CORIOPHORA × PALUSTRIS Rouy ap.Debeaux;inter O.MASCULUS
et LAXIFLORUS ? - O.MASCULO-LAXIFLORUS Gr.et God.Fl.Fr.III,p.
366.

Icon. - Chaubard,l.c.pl.7; Timb.-Lagr.Mém.hybr.pl.24,f.5;
Reichb.f.Icon.t.160,DXII.

Bulbes ovoïdes ou subglobuleux.Plante de 5 à 7 décim.environ.
Feuilles très étroites,linéaires,très aiguës,canaliculées.
Fleurs petites,à odeur faible de punaise,en épi plus ou moins
lâche,d'un pourpre violacé foncé.Divisions supérieures du périanthe elliptiques,courtes,non conniventes,les trois externes
réunies,les 2 latérales relevées et rejetées en arrière;labelle
à 3 lobes offrant en grand le labelle de l'O.CORIOPHORA,d'un

pourpre violacé.Eperon horizontal,conique,un peu atténué au
sommet,souvent plus court que l'ovaire. - Cette plante diffère
de l'O.TIMBALI par ses fleurs plus grandes,moins nombreuses,à
labelle glabre,exhalant une forte odeur de punaise.

France:Agen,Castres(de Larambergue);Landes(Chaubard),Saint-
Martin près de Tours(Noulet).

×O.REINHARDII K.Ougrinski in litt.(forme dédiée à M.le Prof.
L.Reinhard,premier recteur élu de l'Université de Kharkoff(Russie). - O.CORIOPHORA×LAXIFLORA FORMA K.Ougrinski,l.c.

Forme plus rapprochée de l'O.LAXIFLORA,à éperon un peu plus
long,égalant presque l'ovaire;divisions du périanthe étalées
comme dans cette espèce.
Planta ORCHIDIS PARVIFLORAE Chaub.robustior,spica laxa,magis
tamen multiflora;phyllis perigonii exter.patulis,non coalitis,
floribus pallidioribus.
MORPHOLOGIE INTERNE.
La plante que nous avons étudiée différait de l'O.CORIOPHORA
par l'épiderme sup.de la feuille à paroi ext.moins épaisse,ne
formant pas de pointes vis-à-vis des nervures et ne se prolongeant pas en dents développées au bord du limbe et par l'éperon
à papilles moins longues,à produits sucrés s'accumulant entre
les épidermes(nous n'avons pas observé l'émission de nectar à
l'intérieur de l'éperon). Elle se distinguait de l'O.LAXIFLORA
par la tige à lacune,centrale moins grande,la présence d'épaississements en anneaux incomplets assez nombreux dans les parois
de l'anthère,le pollen jaune et l'éperon à épiderme int.plus
papilleux.Le pollen était relativement assez bien développé
pour le pollen d'une plante hybride et quelques ovules déjà assez gros semblaient normalement constitués.

Russie méridionale;env.de Kharkoff(in pratis ad fl.Udy,K.
Ougrinski).

×O.BICKNELLI Nobis. - O.LAXIFLORO-FRAGRANS Bicknell in Catal.
pl.Herb.Fac.Montp.p.5(1896),ne peut être déterminé que sur place et ne diffère de l'O.PARVIFOLIA et de l'O.TIMBALI que par
les fleurs à lobe moyen du labelle plus court.

O.CORIOPHORA + LATIFOLIA.

×O.SCHULZEI Hausskn.in Irmischia,p.32(1882). - O.SAUZAIANA
Cam.Monogr.Orch.Fr.p.70; in J.bot.VI,p.419. - O.CORIOPHORA×LA-
TIFOLIA (O.CORIOPHORUS×LATIFOLIUS) Hausskn.l.c.; Cam.in Bull.
Soc.bot.Fr.XXVII,p.217; M.Schulze,Die Orchid.5,4; Asch.u.Graeb.
Syn.III,p.770.

Icon. - Cam.Atlas,pl.XXXII.

Bulbes palmés.Tige assez robuste,de 3 **décim.environ,fistuleu**-se.Feuilles dressées,lancéolées,non maculées.**Fleurs à odeur** faible,désagréable,disposées en épi oblong,serré,**Bractées** rougeâtres.Périanthe à divisions latérales non maculées,redressées, d'un rouge violacé.Labelle rejeté un peu en arrière,à 3 lobes, le moyen entier,oblong,un peu plus long que les latéraux,verdâtre;les rhomboïdaux,inégalement dentés.Eperon conique,arqué,dirigé en bas,plus court que l'ovaire. - Plante intermédiaire entre l'O.CORIOPHORA et l'O.LATIFOLIA,mais se rapprochant plus de cette dernière espèce.

V.v. - France:Cher,Neuvy-sur-Barangeon!; Allemagne(Haussknecht.

O.CORIOPHORA + USTULATA.

✕ ?.FRANZONII Schulze,in Asch.u.Graeb.Syn.III,p.678; et in Th .B.V.N.F.XIX,102(1904). - O.CORIOPHORA + USTULATA(CORIOPHO-RUS + USTULATUS)M.Schulze,l.c.; Asch.u.Graeb.l.c.

Hampe plus grande que dans l'O.USTULATA.Casque d'un pourpre foncé,plus longuement acuminé que dans l'O.USTULATA.Divisions latérales internes du périanthe spatulées comme dans cette espèce.Divisions latérales du labelle égalant au moins la moitié de la largeur de la division moyenne.Eperon conique,en sac, plus long que celui de l'O.USTULATA et plus court que celui de l'O.CORIOPHORA.

Tessin: Val Maggia.

§ V. HYBRIDES DE L'O.MASCULA.

Nous réunissons les hybrides de l'O.MASCULA type avec ceux de l'O.SPECIOSA qui sont difficiles à distinguer si ce n'est sur place.Les formes issues de l'O.SPECIOSA ont cependant les divisions externes du périgone plus acuminées.

O.MASCULA + PALLENS.

✕ O.LOREZIANA Brügg.Beitr.z.Kennt.Umg.Chur.p.56(1874); Richter,Pl.eur.p.273. - O.HAUSSKNECHTII M.Schulze in Mitt.geogr.Ges. Jena,II,p.228(1885); Koch,Syn.ed.Hall.et Wohlf.p.2427; M.Schulze, Die Orch.13;6. - O.MASCULA(MASCULUS)✕ PALLENS Brügg.l.c.; Hausskn.in Verh.Ges.Thür.(1884)p.225; Asch.u.Graeb.Syn.III,p.707.
M.Beck v.Mann.Fl.Nied.-Oest.1,p.201,décrit les 2 formes suivantes:
✕O.KISSLINGII Beck in Verh.z.b.Ges.XXXVIII,p.768(1888); Fl. N.O.p.203(1890); Koch,Syn.ed.Hall.et Wohlf.p.2427. - O.MASCULA'(SPECIOSA)✕ PALLENS Beck,l.c.; - O.MASCULUS✕ PALLENS C.KISSLIN-GII Asch.u.Graeb.l.c.
Bulbes oblongs.Tige de 20-25 centim.de hauteur. euilles oblon-

gues,larges de 14-17 mm.,pourvues de macules pourpres à leur
base.Labelle 3-lobé,peu ou non maculé,à divisions non dentées.
Périanthe à divisions acuminées,à peu près de même longueur.Epi
assez compact.Bractées aussi longues ou presque aussi longues
que les fleurs.

× O.ERYTHRANTHA Beck in Fl.Nied.-Oester.1,p.201(1890); M.
Schulze,Die Orch.13,6. - O.MASCULUS× PALLENS B.ERYTHRANTHUS
Asch.u.Graeb.l.c.

Tige feuillée.Feuilles pointillées de rouge,les supérieures
non engaînantes.Labelle plan,à 3 lobes peu profonds,d'un rose
lilas,ou blanc au centre et muni de taches pourpres,à lobes arrondis,non dentés,le moyen moitié moins large que les latéraux.
Divisions externes brièvement acuminées,les internes subobtuses.

    Suisse, Basse-Autriche.

O.MACULATA + MASCULA (SPECIOSA).

× O.PENTECOSTALIS Wetts.u.Sennh.in O.B.Z.XXXIX,p.319(1889);
Richter,Pl.eur.p.273; Koch,Syn.ed.Hall.et Wohlf.p.2429; Beck,
Fl.N.-Oest.p.204. - O.MACULATA×MASCULA(SPECIOSA) Wettst.et
Sennh.l.c.; Richter,l.c.; M.Schulze,Die Orch.23,5; Hall.et
Wohlf.; non Halacsy; Beck,l.c. - O.MASCULUS×MACULATUS B.PENTE-
COSTALIS Asch.u.Graeb.Syn.III,p.762.

Bulbes palmés.Tige feuillée,rigide,droite,un peu anguleuse au
sommet,un peu maculée de pourpre au sommet.Feuilles largement
lancéolées,un peu maculées de pourpre en dessus.Inflorescence
dense,à bractées acuminées,les inférieures égalant environ les
fleurs,les supérieures plus courtes qu'elles.Divisions externes
du périgone lancéolées-acuminées.Labelle large,cunéiforme à la
base,3-lobé,lobes latéraux courts,acuminés;lobe médian 3-lobé,
crénelé.Eperon cylindrique,presque aussi long que l'ovaire,ho-
rizontal ou un peu descendant.Fleurs d'un pourpre pâle,divi-
sions externes du périgone plus foncées,labelle maculé.

    Autriche-inférieure (Sennholz).

O.MACULATA + MASCULA.

× O.KROMAYERI M.Schulze in Thür.B.V.N.F.XIX,112(1904). - O.
MACULATA×MASCULA M.Schulze,l.c. - O.MACULATUS×MASCULUS Asch.
u.Graeb.Syn.III,p.763:p.p.

    Diffère peu de l'O.PENTECOSTALIS.
    Allemagne,Thuringe(Kromayer).

O.MASCULA F.SPECIOSA + SAMBUCINA.

× O.SPECIOSISSIMA(SPECIOSISSIMUS) Wettst.u.Sennh.in O.B.Z.
XXXIX,p.319(1889); Beck,Fl.Nied.-Oest.p.203; Koch,Syn.ed.Hall.

et Wohlf.p 2426; Richter,Pl.eur.p.273. - O.MASCULA f.SPECIOSA×
SAMBUCINA Wettst.et Sennh.l.c.; Koch,Syn.ed.Hall.et Wohlf.l.c.;
M.Schulze,Die Orch.n°13,8. - O.MASCULUS× SAMBUCINUS Asch.u.
Graeb.Syn.III,p.763.

Bulbes obscurément palmés.Tige robuste,un peu anguleuse au
sommet,feuillée à la base et dans la partie supérieure.Feuilles
inférieures ovales-lancéolées,les supérieures lancéolées-cunéi-
formes,acuminées,toutes luisantes,maculées de pourpre vers la
base.Inflorescence ovale-allongée.Bractées lancéolées,longue-
ment acuminées,de 3-4 mm.de large à la base,vertes ou lavées de
pourpre à leur sommet,les inférieures dépassant les fleurs,les
supérieures les égalant.Divisions externes du périgone allongées,longuement acuminées;divisions internes plus courtes,ova-
les-lancéolées,obtuses.Labelle court,3-lobé,à lobes latéraux
courts,acuminés,un peu dentés;lobe médian à bords dentés.Eperon
cylindrique-obtus,horizontal,aussi long que l'ovaire.

Autriche-Inférieure (Sennholz).

O.MASCULA ROSEA + PROVINCIALIS PAUCIFLORA.

× O.COLEMANNI Cortesi in Ann.Bot.Pirotta,V,p.540. - O.PROVIN-
CIALIS PAUCIFLORA + MASCULA ROSEA Cortesi,l.c.

Bulbes 2,entiers.Tige de 4 décim.Feuilles oblongues ou lan-
céolées.obtuses ou obtusiuscules,mucronulées.Fleurs en épi un
peu lâche.Divisions du périanthe non soudées,les latérales étalées-réfléchies comme dans l'O.PROVINCIALIS,les 2 internes ovales-obtuses,conniventes,plus courtes que les externes.Labelle
plus long que les divisions externes du périgone,3-lobé,à lobes
latéraux arrondis ou denticulés,le moyen entier ou 3-denté.Epe-
ron claviforme,obtus,horizontal,non ascendant,égalant l'ovaire
ou le dépassant un peu.Bractées égalant l'ovaire ou le dépas-
sant.Fleurs jaunes,lavées de rose,à labelle maculé de pourpre.

Italie:lieux herbeux du mont Terminillo,800-1400 mètr.alt.

O.MASCULA + PALUSTRIS.

×? O.MASCULA× PALUSTRIS H.Maus in Vergl.Mitth.bad.bot.Ver.
(1892),p.9. - O.PALUSTRIS var.DOLICHEILOS Döll sec.H.Maus,ex M.
Schulze,Die Orchid.17,2. - Cf.Asch.u.Graeb.Syn.III,p.714.

Plante douteuse,portant dans l'Herbier Döll le nom d'O.PALUS-
TRIS var.DOLICHEILOS et ayant peut-être pour parents les O.PA-
LUSTRIS et MASCULA.

O.MASCULA + LAXIFLORA.

×O.LANGEI Richter,Pl.eur.p.278. - O.MASCULO-LAXIFLORA Lange,
Pug.p.78; Willk.et Lange,Prodr.Hisp.1,p.169. - O.MASCULUS×EN-
SIFOLIUS Asch.u.Graeb.Syn.III,p.714.

Tige de 45 centim.de hauteur.Epi lâche;bractées à 3 nervures;
divisions externes du périanthe obtuses;eperon plus court que
l'ovaire,s'approchant ainsi de l'O.LAXIFLORA et ayant les autres caractères de l'O.MASCULA.

Espagne:près de l'Escurial (Lange).

§ VI. HYBRIDES DES O.PALUSTRIS ET LAXIFLORA.

O.LAXIFLORA + PALUSTRIS.

×O.INTERMEDIA Gadeceau Orchid.de la Loire-Inf.in Bull.Soc.
sc.nat.Ouest(1892),pl.1,f.6,A.;6,B.; Cam.Monogr.Orchid.Fr.p.61;
in J.bot.VI,p.408; Lambert ap.de Kersers in Bull.Soc.bot.Fr.
(1905)p.530; Koch,Syn.ed.Hall.et Wohlf.p.2428. - O.LAXIFLORA
var.INTERMEDIA Lloyd,Herb.(1887-1890)p.11. - O.LAXIFLORA + PA-
LUSTRIS Schmidely in Bull.Soc.bot.Genève(1881-1883)p.141; Gadeceau,l.c.;Cam.l.c.;M.Schulze,Die Orchid.18,2. - O.ENSIFOLIUS×
PALUSTER Asch.u.Graeb.Syn.III,p.713(1907).

Icon. - Ic.n.pl.20,f.602-605.

Plante robuste.Tige flexueuse.Fleurs d'un rouge violacé,dis-
posées en épi plus dense que dans l'O.LAXIFLORA et ressemblant
aux fleurs de cette espèce,mais à lobe moyen très échancré,ma-
nifestement distinct,égalant ou dépassant les lobes latéraux.
Eperon long,cylindrique,obtus.
MORPHOLOGIE INTERNE.
Nous avons pu étudier une feuille de cet hybride.Les cellules
épidermiques du bord du limbe ont une forme intermédiaire entre
celle que l'on observe chez les parents,la paroi ext.de ces
cellules est légèrement bombée.

V.v. - France:Fresnay et Saint-Joachim(Gadeceau); Char.Inf.,
Virollet(Foucaud);Saint-Cassien près Cannes(Abbé Pons);envir.
de Nice(P.Bergon); Suisse:Genève(Chenevard).
Cette plante sera rencontrée assez difficilement parceque
l'O.PALUSTRIS croît ordinairement dans les terrains calcaires,
ou au moins arrosés par un cours d'eau calcaire;tandis que l'O.
LAXIFLORA nous paraît préférer les terrains siliceux.La forme
intermédiaire décrite avec raison comme hybride sous le nom
d'O.INTERMEDIA n'existe que dans les rares stations où les deux
espèces croissent ensemble.

O.LATIFOLIA + PALUSTRIS.

× O.ROUYANA G.Cam.in de Fourcy,Vade-mec.herb.paris.,Add.éd.6,
p.323(1890); Monogr.Orch.Fr.p.67; in J.bot.VI,p.416. - O.LATI-
FOLIA × PALUSTRIS M.Schulze,Die Orch.21,7; Klinge in Act.H.Petrop.
XVII(1878). - O.PALUSTRIS × LATIFOLIA G.Cam.l.c.; Koch,Syn.ed.
Hall.et Wohlf.p.2429. - O.PALUSTER × LATIFOLIUS Asch.u.Graeb.Syn.
III,p.765.

Icon.- Atl.pl.XXVIII.

Plante ayant le port de l'O.LATIFOLIA.Tige canaliculée ,fis-
tuleuse,lavée de violet au sommet ainsi que les bractées.Brac-
tées ne dépassant pas les fleurs.Feuilles dressées,canaliculées,
étroites,non maculées.Fleurs en épi allongé,un peu lâche,d'un
pourpre violacé,dépourvues de macules et de stries.Périanthe à
divisions externes libres,dressées.Labelle à 3 lobes peu pro-
fonds.Eperon conique-allongé,égalant l'ovaire,horizontal ou dirigé en bas.

V.v. - France:Seine-et-Marne,Souppes(Abbé Chevalier,Jeanpert,
Luizet,G.Camus);Allemagne,Bavière-Supérieure,Haselbacher Moor
près de Rain(Zinsmeister ap.Schulze),etc.;Suisse,Aigle(Hausskn.).

O.INCARNATA + PALUSTRIS.

× O.UECHTRITZIANA(UECHTRITZIANUS) Hausskn.in Mitth.geogr.Ges.
Thür.II,225(1884); Cam.Monogr.Orch.Fr.p.69; in J.bot.VI,p.418;
Richter,Pl.eur.p.273; M.Schulze,Die Orchid.19,12; Koch,Syn.ed.
Hall.et Wohlf.p.2430. - O.INCARNATA × PALUSTRIS Hausskn.l.c.;
Cam.l.c.; M.Schulze,l.c.; Koch,Syn.ed.Hall.et Wohlf.p.2430. -
O.PALUSTER × INCARNATUS Asch.u.Graeb.Syn.III,p.764.

Icon. - Cam.Atlas,pl.XXX; Ic.n.pl.17,f.487-488.

Bulbes palmés.Tige non fistuleuse,grêle,élancée,dressée,quel-
quefois coudée un peu à la base.Feuilles linéaires-lancéolées,
allongées,un peu canaliculées,non maculées.Fleurs carnées,dis-
posées en épi lâche comme dans l'O.LAXIFLORA.Périanthe à divisions dressées,les latérales un peu rejetées en arrière au sommet,les internes conniventes.Labelle rhomboïdal,à lobes latéraux peu accentués;lobe médian formant à lui seul les 3/4 de la
largeur du labelle,tronqué-émarginé,muni au centre d'une dent
triangulaire-obtuse.Stries du labelle concentriques,rappelant
par leur disposition celles que l'on observe dans l'O.INCARNATA.
Eperon cylindro-conique,plus court que l'ovaire,dirigé en bas.

Allemagne; Autriche; France:Violet(Foucaud).

× O.EICHENFELDII Beck,Fl.N.-Oest.p.202. - O.PALUSTER × INCAR-
NATUS B.EICHENFELDII Asch.u.Graeb.Syn.III,p.764. - Bulbes non
divisés,fleurs petites,le reste comme dans la forme précédente.-
Autriche.

✕O.ANGUSTIFOLIA + PALUSTRIS.

✕O.LUIZETIANA Cam.in Journ.bot.III,n°6(1889),cum icone; in
de Fourcy,Vade-mec.herb.par.éd.6,p.224; Monogr.Orch.Fr,p.66; in
J.bot.VI,p.415. - O.PALUSTRIS✕ANGUSTIFOLIA Cam,l.c.

Bulbes comprimés,digités-palmés.Tige assez grêle,haute de 50
centim.env.,cylindrique,dressée,un peu flexueuse,striée et violacée au sommet.Feuilles dressées,légèrement canaliculées,li-
néaires,larges de 2 centim.env.,les inférieures obtuses au sommet,les supérieures aiguës.Bractées surtout les inférieures dépassant les fleurs.Fleurs peu nombreuses,d'un pourpre violacé,
disposées en épi lâche.Divisions du périanthe libres,les externes allongées,obtuses au sommet,les intérieures plus courtes
que les extérieures,conniventes.Labelle 3-lobé,à lobes latéraux
assez larges,dirigés en bas,arrondis,subcrénelés en avant;lobe
médian entier,plus long que les latéraux.Eperon conico-cylindri-
que,horizontal ou descendant,un peu plus court que l'ovaire.

V.v. - France:vallée du Loing(Luizet).

O.INCARNATA + LAXIFLORA.

✕O.LEGUEI Cam.Monogr.Orch.Fr.p.71; in J.bot.VI,p.420. - O.
INCARNATA vel ANGUSTIFOLIA✕LAXIFLORA Cam.l.c. - O.ENSIFOLIUS✕
INCARNATUS Asch.u.Graeb.Syn.III,p.764.

Icon.- Cam.Atlas,pl.XXXII; Ic.n.pl.21,f.652-654.

Bulbes ? Tige de 3-5 décim.assez grêle.Feuilles canaliculées,
linéaires ou lancéolées-linéaires.Fleurs violacées,disposées en
épi lâche.Périanthe à divisions externes libres,les deux latérales dressées;labelle à 3 lobes,le moyen égalant les 2 latéraux qui sont repliés en arrière.Eperon un peu plus court que
l'ovaire,cylindrique,atténué à l'extrémité. - Cette plante par
ses fleurs se rapproche de l'O.INCARNATA;elle s'en distingue
par ses feuilles étroites,linéaires et canaliculées,enfin par
son inflorescence en épi lâche.
MORPHOLOGIE INTERNE.
Nous avons étudié une feuille de cet hybride provenant d'un
échantillon d'herbier.Cette plante différait de l'O.INCARNATA
par les cellules épidermiques du bord du limbe à paroi ext.à
peine moins bombée que chez l'O.LAXIFLORA. - Elle se distinguait
de l'O.LAXIFLORA par la présence de stomates à l'épiderme sup.
de toutes les feuilles.

V.v. - France:prairies à Thorée près La Flèche,Sarthe (Legué).

O.MACULATA + PALUSTRIS.

✗ O.NEGLECTA Cam.in de Fourcy,Vade-mec.herb.par.éd.6;Add.
(1891); Monogr.Orch.Fr.p.70; in J.bot.p.419. - O.MACULATA✗ PA-
LUSTRIS Cam.l.c.; Atlas,pl.XXXI. - O.PALUSTER✗ MACULATUS Asch.
u.Graeb.Syn.III,p.765.

Bulbes oblongs,2-3 lobés.Tige de 6 décim.environ,non fistuleuse,feuillée.Feuilles oblongues-lancéolées ou lancéolées-linéaires,non atténuées à la base,pourvues de macules brunes peu
marquées.Bractées égalant environ les fleurs.Fleurs en épi lâche,d'un pourpre violet.Périanthe à divisions externes libres,
lancéolées,les deux latérales dressées-étalées,non maculées.
Labelle muni de stries symétriques d'un violet foncé,large,à 3
lobes,le médian moins large et plus long que les latéraux.Epe-
ron conique-allongé,horizontal ou un peu incliné vers le bas,
égalant environ l'ovaire. - Se distingue de l'O.MACULATA par
sa tige fistuleuse,ses feuilles inférieures non atténuées,son
épi lâche,les bords latéraux du périanthe non maculés,enfin par
son éperon allongé égalant environ la longueur de l'ovaire.

V.v. - France:Seine-et-Marne,Souppes !

✗ O.VALLONI Nobis. - O.LAXIFLORA!✗ MACULATA vel INCARNATA de
Vallon in Bull.Soc.bot.Fr.(1868)p.18. - " J'ai rencontré en
juin 1866 quelques échantillons d'un ORCHIS paraissant hybride
de l'O.LAXIFLORA d'une part et de l'autre de l'O.MACULATA ou
de l'O.INCARNATA.Ces 3 plantes sont abondantes dans cette loca-
lité.Mes échantillons se rapprochent de l'O.LAXIFLORA par des
fleurs presque semblables,à labelle très grand,à lobes latéraux
larges et dejetés,à lobe central très petit;mais ils s'en écar-
tent tout à fait par leurs bractées à nervures très nettement
anastomosées et par leurs feuilles très larges et non linéaires-
lancéolées.Ces caractères rapprochent mon ORCHIS des O.MACULATA
et INCARNATA.Par rapport à l'épi de l'O.LAXIFLORA cet épi est
étroit,à fleurs très nombreuses,assez grandes et assez serrées.
Par rapport à l'épi des O.MACULATA et INCARNATA il est lâche,à
fleurs assez nombreuses et très grandes.Je me borne pour le moment à ces indications."- Dauphiné.

§ VII. HYBRIDES DE L'O.SAMBUCINA.

O.PALLENS + SAMBUCINA.

✗ O.CHENEVARDI M.Schulze in Oest.bot.Zeit.p.53(1898); Klinge
in Act.Hort.Petrop.XVII,1,16(1879). - O.PALLENS✗ SAMBUCINA Chenevard ap.Schulze l.c. - O.PALLENS✗ SAMBUCINUS Asch.u.Graeb.Syn.
III,p.763.

Bulbes ? Tige de 20 centim.env.Feuilles presque toutes ou
toutes à la base de la tige comme dans l'O.PALLENS,5-6,attei-

gnant jusqu'à 13 cent.de long et 5 cent.de large,ayant leur
plus grande largeur au milieu ou un peu au-dessus,les inférieures obtuses au sommet,les supérieures aiguës.Fleurs en épi dense rappelant celui de l'O.SAMBUCINA.Bractées inférieures plus
longues que les fleurs,les supérieures plus longues que l'ovaire,les inférieures à plusieurs nervures anastomosées.Fleurs
jaunes.Divisions externes du périanthe ovales-obtuses,arrondies,
3-nervées;divisions internes plus courtes.Labelle égalant environ les divisions du périanthe,à 3 lobes peu profonds et ressemblant à celui de l'O.PALLENS.Eperon égalant environ l'ovaire,
cylindro-conique,horizontal ou dressé,ou encore descendant dans
les fleurs inférieures.En résumé:forme et largeur des fleurs
de l'O.PALLENS,bractées foliacées de l'O.SAMBUCINA.

Suisse: Valais,Joux-Brûlée (Chenevard).

O.MACULATA + SAMBUCINA.

✕ O.INFLUENZA Sennh.in Verh.K.K.zool.bot.Ges.(1891)p.40; Koch,
Syn.ed.Hall.et Wohlf.p.2429. - O.MACULATA✕ SAMBUCINA Sennh.l.c.;
M.Schulze,Die Orchid.23,6; Koch,Syn.ed.Hall.et Wohlf.; Klinge
in Act.Hort.Petrop.XVII,1,48(1898). - O.MACULATUS✕ SAMBUCINUS
Asch.u.Graeb.Syn.III,p.757.

Bulbes palmés.Tige robuste,de 25-40 centim.de long,feuillée
jusqu' en haut.Feuilles 6-7,les inférieures lancéolées-arron-
dies,émoussées,de 5-7 centim.de long,1,5 à 2 centim.de large,
les supérieures lancéolées-acuminées,presque toutes maculées.
Inflorescence dense,de 5-6 centim.de long,de 3 centim.de large.
Bractées plus longues que l'ovaire,mais plus courtes que les
fleurs,les supérieures égalant seulement l'ovaire.Labelle court,
à 3 lobes,le médian petit.Eperon cylindrique,environ de la longueur de l'ovaire.Fleurs d'un blanc jaunâtre,panachées et ponctuées de pourpre pâle,jaunes à la base du labelle.Ensemble se
rapprochant plus de l'O.MACULATA.

Autriche-Inférieure (Sennholz,Rechinger).

O.LATIFOLIA + SAMBUCINA.

✕ O.LATIFOLIA + SAMBUCINA M.Schulze,Die Orchid.21,7(1894); et
in O.B.Z.(1899)p.263-264. - O.LATIFOLIUS✕ SAMBUCINUS Asch.u.
Graeb.Syn.III,p.755.

Plante intermédiaire entre les deux parents.Comprend deux
formes,l'une proche de l'O.LATIFOLIA,décrite sous le nom d'O.
MONTICOLA Richter in V.M.D.Gess.(1888)p.220.La deuxième forme
O.RUPPERTII M.Schulze in O.B.Z.(1899)p.264,plus rapprochée de
l'O.SAMBUCINA,a l'éperon conique,descendant,égalant environ
l'ovaire.

Thuringe(Ruppert,M.Schulze); Boheme:Kundratitz(Domin); Tessin:

Airolo(Chenevard); Bavière-Supérieure:Wiessee près Tegernsee
(Hofmann); Tyrol:Duxer Joch(Fleissner).

§ VIII. HYBRIDES DES O.LATIFOLIA,INCARNATA,MACULATA.

O.INCARNATA + LATIFOLIA.

✕ O.ASCHERSONIANA Hausskn.in Mitth.geogr.Ges.Jena,II,p.221
(1885); Richter,Pl.eur.p.274; Chenevard in Bull.Herb.Boiss.II,
(1902)p.1022; Briquet in Archiv.fl.jurass.n°1905,p.164; Koch,
Syn.ed.Hall.et Wohlf.p.2430. - O.ASCHERSONIANUS Asch.u.Graeb.
Syn.III,p.759. - O.ANGUSTATA Arvet-Touvet,Diagn.spec.nov.(1871).
O.MATODES(HAEMATODES err.typ.)G.Cam.Monogr.l.c.p.418. - O.IN-
CARNATA✕ LATIFOLIA F.Schultz in Pollichia,1863,p.234; M.Schulze,
Die Orchid.19,7,t.19 b.; vgl.Klinge in Act.Hort.Petrop.XVII;1,
p.54; II,n°5,54,55. - O.INCARNATA + MAJALIS J.Klinge in Act.
Hort.Petrop.XVII,f.2.

Bulbes palmés.Tige grêle,élancée,peu fistuleuse.Feuilles assez larges,dressées,lancéolées-linéaires,allongées,non maculées.
Fleurs d'un rose carminé,assez nombreuses,disposées en épi ser-
ré.Bractées inférieures plus longues que les fleurs.Divisions
latérales du périanthe à macules peu intenses,plus rarement non
maculées. - Cette plante a le port d'un O.LATIFOLIA à feuilles
étroites,à fleurs de coloration vive et à bractées inférieures
seules dépassant les fleurs.Elle se distingue de l'O.INCARNATA
par les macules des divisions latérales du périgone,par ses
fleurs un peu plus grandes et plus colorées.

V.v. - France:vallée du Loing,Pierrefonds,Oise(G.Camus),chaî-
ne du Salève(Chenevard),du Ratz(Briquet);Allemagne:Bavière,Silé-
sie,Thuringe,Hesse,etc.;Russie;Scandinavie;Suisse.

O.INCARNATA + ELODES ?

✕ O.CARNEA Cam.in de Fourcy,Vade-mec.herb.par.éd.6,Add.p.325;
Monogr.Orch.Fr.p.70; in J.bot.VI,p.419. - O.INCARNATA✕ ELODES?

Icon. - Cam.Atl.pl.XXXIII; Ic.n.pl.23,f.746-747.

Plante ayant le port de l'O.INCARNATA.Tige fistuleuse,striée
au sommet,haute de 4-6 décim.Feuilles oblongues-lancéolées,
d'un vert clair,non maculées.Fleurs assez grandes,en épi allongé,de couleur carnée,dépourvues de stries et de macules sur
les lobes extérieurs du périanthe et sur le labelle.Eperon conique,arqué,dirigé en bas.

V.v. - France : Seine-et-Marne,Souppes; Russie ap.Aschers.

O.INCARNATA + TRAUNSTEINERI.

O.INCARNATA(INCARNATUS)X TRAUNSTEINERI M.Schulze in O.B.Z.
XLIX,1899; Asch.u.Graeb.Syn.III,p.758.

Port de l'O.TRAUNSTEINERI.Feuilles étroites,dressées,maculées.
Fleurs d'un rose un peu foncé.A distinguer sur le vif.

Allemagne,Alsace,Suisse,Jura.

OBSERV. - Il existe au Muséum de Paris(Herb.Grenier),une plante désignée sous le nom d'O.MASCULO-INCARNATA Grenier,recueil-
lie par cet auteur à Pringy(Haute-Savoie).Cette plante en très
bon état de conservation,ne nous paraît être autre chose que
l'O.ANGUSTIFOLIA Reichb.Grenier ne distinguait pas cette plante.

O.MACULATA + TRAUNSTEINERI.

X O.JENENSIS Brand ap.Koch,Syn.ed.Hall.et Wohlf.p.2430. -
O.SCHULZEI Richter,Pl.eur.p.274;non Hausskn. - O.MACULATAX
TRAUNSTEINERI M.Schulze,in Bot.Ver.Ges.Thür.(1889)p.26; Die
Orchid.n°23,6. - O.ANGUSTIFOLIAX MACULATA Richter l.c. - O.
TRAUNSTEINERIX MACULATA Ruthe,D.B.M.XIII,66,106,115(1895);
Asch.u.Graeb.Syn.III,p.750.

Bulbes palmés.Tige peu fistuleuse,d'environ 35 centim.de hau-
teur.Feuilles espacées,dressées,maculées.Bractées lancéoléas-
acuminées,vertes et marquées de pourpre comme l'ovaire,à 4-5
nervures.Fleurs rappelant celles de l'O.TRAUNSTEINERI,mais labelle à lobes plus acuminés.Eperon peu conique et presque cylindrique,un peu plus court que l'ovaire.

Allemagne:Thuringe; Suisse:Zurich,Tessin,Grisons.

O.INCARNATA + MACULATA.

X O.AMBIGUA A.Kerner in Verh.K.K.bot.Ges.XV,p.205(1865); Sep.-
Abdr.p.3; Cam.in Vade-mec.herb.paris.éd.6,Add.p.325; Monogr.
Orchid.Fr.p.69; in J.bot.VI,p.418; M.Schulze,Die Orchid.11,19;
Kraenz.Gen.et spec.p.146. - O.INCARNATA var.AMBIGUA Guimar.
Orch.port.p.65 ? - O.ELATIOR Lönnr.?sec.Nyman;non Fries. - O.
MACULATAX INCARNATA Kerner,l.c.; Richter,l.c.; Koch,ed.Hall,et
Wohlf.l.c. - O.INCARNATUSX MACULATUS Asch.u.Graeb.Syn.III,p.759.

Icon. - Kerner,l.c.t.II,f.I-III; M.Schulze,l.c.t.19,c.,repro-
duction de l'excellente planche de Kerner; Ic.n.pl.21,f.668-670.

Bulbes palmés,comprimés.Tige robuste,dressée,anguleuse,mani-
festement fistuleuse à la base et à la partie moyenne.Feuilles
de la base rougeâtres,réduites à l'état de gaînes;feuilles moyennes oblongues-ovales,obtuses,les supérieures bractéiformes,

toutes dressées,non maculées ou pourvues de macules obscures.
Bractées lancéolées-acuminées,les inférieures égalant environ
les fleurs,les supérieures plus courtes.Fleurs nombreuses,car-
nées,parfois assez pâles.Périanthe à divisions externes obtusiuscules ou acutiuscules,les internes plus courtes et conni-
ventes.Labelle rhomboïdal-suborbiculaire,3-lobé,à lobe moyen
subaigu,presque triangulaire;lobes latéraux presque égaux en
longueur,ordinairement un peu crénelés;macules du labelle obscurément marquées,mais formant les mêmes dessins que dans l'O.MA-
CULATA.

MORPHOLOGIE INTERNE.

La plante que nous avons étudiée se différenciait de l'O.MA-
CULATA par:sa tige à lacune centrale bien plus grande,l'absence
presque totale d'épaississements en bandes dans les parois de
l'anthère.Elle se distinguait nettement de l'O.INCARNATA par:
le développement en hauteur des épidermes du limbe,la présence
dans l'épiderme sup.de plages de cellules à contenu violet;les
cellules épidermiques formant le bord du limbe à paroi ext.for-
mant des dents très nettes,la nervure des valves placentifères
un peu plus saillante à l'extérieur.Beaucoup de grains de pollen étaient mal conformés.

V.v. - France,Allemagne,Autriche,Transylvanie,Suisse.

Var.CLAUDIOPOLITANA Simk.Enum.fl.Trans.p.500. - Tige peu fis-
tuleuse.Feuilles étroites comme dans l'O.MACULATA.Bractées souvent rougeâtres,dépassant les fleurs inférieures.Fleurs ressemblant à celles de l'O.INCARNATA. - Transylvanie.

O.LATIFOLIA + TRAUNSTEINERI.

×O.DUFFTII Hausskn.in Mitth.geog.Ges.Jena,II,p.221(1885);
Richter,Pl.eur.p.274; Chenevard et Briq.in Arch.fl.jurass.n°60.
p.165; Koch,Syn.ed.Hall.et Wohlf.p.2430. - O.DUFFTIANA M.Schul-
ze,Die Orchid.21,8. - O.LATIFOLIA× TRAUNSTEINERI M.Schulze,l.c.-
O.TRAUNSTEINERI× LATIFOLIUS Asch.u.Graeb.Syn.III,p.743. - O.MA-
JALIS + TRAUNSTEINERI J.Klinge in Act.Hort.Petrop.XVII,II,n°5,
(1899).

Port de l'O.TRAUNSTEINERI.Tige souvent plus fistuleuse,un peu
plus grosse.Feuilles plus distantes.Forme du labelle intermédiaire,mais rappelant l'un ou l'autre parent.Inflorescence
presque aussi précoce que chez l'O.TRAUNSTEINERI.

Allemagne;Suisse;Tyrol;France,Salève(Chenevard).

O.LATIFOLIA + MACULATA.

×O.BRAUNII Halacsy in O.B.Z.XXXI,p.137(1881); Cam.Monogr.
Orchid.Fr.p.68; in J.bot.VI,p.417; Hal.u.Braun,Nachtr.Fl.N.-
Oest.p.59; J.Klinge in Act.Hort.Petrop.XVII,I,p.48; Richter,Pl.

eur.1,p.274; Hariot et Guyot,Contrib.fl.Aube,p.114; M.Schulze,
Die Orchid.n°21,6; Koch,Syn.ed.Hall.et Wohlf.p.2429. - O.LATI-
FOLIA× MACULATA Halacsy,l.c.; Cam.l.c.; Koch,Syn.ed.Hall.et
Wohlf.l.c. - O.LATIFOLIUS× MACULATUS Asch.u.Graeb.Syn.III,p.751.

Bulbes palmés.Tige robuste,un peu fistuleuse,dressée,de 3-5
décim.environ.Feuilles ovales,larges,lancéolées ou lancéolées-
allongées,pourvues de macules assez larges.Bractées inférieures
bien plus longues que les fleurs.Divisions du périanthe comme
dans l'O.MACULATA.Labelle très large,à 3 lobes;lobes latéraux
larges,plus ou moins étalés;lobe médian moins large et un peu
plus long que les lobes latéraux.Stries peu marquées,disposées
symétriquement.Eperon cylindro-conique,dirigé en bas,plus court
que l'ovaire.

Autriche-Inférieure,Allemagne,Suisse,Lorraine,France,Suisse.
Probablement peu rare. - V.v.

OBSERV. - Nous ne pouvons séparer de cette plante l'O.RUTHEI
M.Schulze in Deut.bot.Monat.p.237,XV,(1897); Koch,Syn.ed.Hall.
et Wohlf.p.2430; l'O.LATIFOLIA× RUTHEI Hall.et Wohlf.l.c.; l'O.
MACULATA-LATIFOLIA Stieger in Bull.Soc.bot.Belgique(1882)XXI,
p.251. - Autriche,France,env.de Paris.

M.M.Schulze in O.B.Z.XLVIII(1898)p.109,décrit un hybride de
l'O.LATIFOLIA avec l'O.RUTHEI et in Thür.B.V.N.F.XIX,l'O.INCAR-
NATA× LATIFOLIA× MACULATA.

Cf.J.Klinge in Revision der ORCHIS CORDIGERA Fries und O.AN-
GUSTIFOLIA Reichb.(Jurjew,Dorpat,1893)pour les croisements suivants: O.LEHMANNII=O.ANGUSTIFOLIA var.RUSSOWII Klinge× O.INCAR-
NATA var.LONGIBRACTEATA Klinge; et in Dactylorchidis,Orchidis
subgeneris,Monographiae prodromus,in Act.Hort.Petrop.XVII; et
in Zur Orientierung der ORCHIS-Bastarte in Act.Hort.Petrop.XVII,
f.II :

   O.IBERICA + PSEUDOSAMBUCINA;
   . . . . . + SACCIFERA;
   . . . . . + ORIENTALIS;
   O.SAMBUCINA + PSEUDOSAMBUCINA;
   . . . . . . + MAJALIS;
   . . . . . . + SICILIENSIS;
   . . . . . . + SERAPIAS LINGUA;
   O.PSEUDOSAMBUCINA + PALLENS;
   O.MAJALIS + ACERAS ANTHROPOPHORA;
   O.BALTICA + INCARNATA;
   . . . . . + MACULATA;
   . . . . . + CRUENTA;
   . . . . . + RUSSOWII;
   O.TRAUNSTEINERI + MASCULA;
   O.RUSSOWII + MACULATA;
   . . . . . + INCARNATA;
   . . . . . +BALTICA;
   . . . . . + CRUENTA;

```
O.RUSSOWII + GYMNADENIA CONOPEA;
O.CORDIGERA + INCARNATA;
. . . . . . + SACCIFERA;
O.BOSNIACA + INCARNATA;
. . . . . . + SACCIFERA;
. . . . . + MACULATA;
O.CAUCASICA + SACCIFERA;
. . . . . . + INCARNATA;
O.AFRICANA (MUNBYANA) + SACCIFERA;
O.CILICICA + SACCIFERA;
. . . . . . + OSMANICA;
O.SACCIFERA + CORDIGERA;
. . . . . . + ORIENTALIS;
. . . . . . + INCARNATA;
. . . . . . + IBERICA;
. . . . . . + MACULATA;
O.MACULATA + CRUENTA;
. . . . . + PALUSTRIS;
. . . . . + LAXIFLORA;
. . . . . + MORIO;
O.CARTALINIAE + CAUCASICA;
. . . . . . . + TURCESTANICA;
. . . . . . . + GEORGICA;   .
O.CRUENTA + INCARNATA;
. . . . . + BALTICA;
. . . . . + RUSSOWII;
. . . . . + SALINA;
O.INCARNATA + BALTICA;
. . . . . . + RUSSOWII;
. . . . . . + SALINA;
. . . . . . + CARTALINIAE;
. . . . . . + GEORGICA;
. . . . . . + CORDIGERA;
. . . . . . + BOSNIACA;
. . . . . . + CAUCASICA;
O.OSMANICA + IBERICA;
O.MAJALIS + MACULATA;
. . . . . + INCARNATA;
. . . . . + TRAUNSTEINERII.
```

Gen. 9. - NEOTINEA Reichb.f.

NEOTINEA Reichb.f.in De pollin.Orchid.gen.ac struct.p,29(1852);
Pfitzer in Engl.u:Prantl,Pflanz.p.95; Kraenz.Gen.et spec.p.173.-
TINEA Biv.in Gior.di scienz.lett.arti per la Sicilia,n°149; Todaro,Orch.sic.p.7; Guss.Syn.sic.2,p.540; Parlat.Fl.ital.III,p.
453. - SATYRII spec.Desfont.Fl.atl.2,p.319. - ORCHIDIS spec.
Willd.Spec.IV,p.42. - OPHRYDIS spec.Desfont.in Ann.Muséum,X,p.
228. - HIMANTOGLOSSI spec.Reichb.Fl.excurs.1,p.120. - ACERATIS
spec.Lindl.in Bot.reg:t.1525. - PERISTYLI spec.Lindl.Orchid.p.
298,300; de Notar.Rep.fl.ligust.p.389.

Divisions du périanthe conniventes en casque,les externes
soudées inférieurement,les internes un peu plus étroites et légèrement prolongées en forme de sac,comme les latérales exter-
nes.Labelle dirigé en avant,plan,trilobé,muni d'un éperon très
court en forme de sac.Anthère à loges presque parallèles,rappro-
chées à la base et séparées par un petit bec.Masses polliniques
lobulées,à caudicules très courts,à rétinacles contigus,renfer-
més dans une bursicule.Ovaire subsessile,à peine contourné.

Labelle dépourvu de papilles caractérisées.Faisceaux libéro-
ligneux de la tige assez régulièrement disposés en cercle au-
dessus des feuilles principales.

· 1 . - N. INTACTA.

N. INTACTA Reichb.f.in De pollin.Orchid.gen.ac struct.p.29,
(1852); Babingt.Man.Brit.Bot.ed.8,p.346; Kraenz.Gen.et sp.p.172;
K.Richter,Pl.eur.p.281; Halacsy,Consp.fl.Grec.III,p.163; Corto-
si in Ann.Bot.Pirotta,II,p.130. - TINEA CYLINDRICA Biv.Orch.n.
gen.in Gior.di scienz.lett.arti per la Sicilia,149; et Enum.pl.
inar.p.320; Parlat.Fl.ital.III,p.454; Barla,Iconogr.p.42; Cam.
Monogr.Orch.Fr.p.27; in J.bot.VI,p.111; Gautier,Pyr.-Or.p.400;
Todaro,Orchid.sic.p.7; Guss.Fl.sic.syn.2,p.540; et Enum.pl.inar.
p.320; W.Barbey,Fl.Sard.comp.Aschers.et Lev.Suppl.n°1307; Vaccari,Fl.arcip.Maddal.in Malpighia,8,p.266; Hausskn.Symb.ad fl.gr.
p.26; Spreitz in Zool.bot.Ges.(1887)p.669. - T.INTACTA Boiss.
Fl.orient.V,p.58(1884); Bonnet et Barr.Cat.Tunisie,p.405; Ha-
lacsy in Oest.bot.Zeit.(1878)p.98. - ACERAS DENSIFLORA Boiss.
Voy.Esp.II,p.595(1845); Gr.et God.Fl.Fr.III,p.282; Willk.et Lan-
ge,Prodr.hisp.p.164; Guimar.Orch.port.p.44; Castagne,Cat.B.-d.-
Rh.p.156; Debeaux,Fl.Kab.Djurdjura,p.343. - A.INTACTA Reichb.f.
Icon.XIII,p.2(1851); Ball,Spic.fl.mar.p.672; Marès et Vig.Cat.
Baléar.p.279; Cosson in Bull.Soc.bot.Fr.XXXII,p.321. - A.SECUN-
DIFLORA Lindl.in Bot.reg.t.1525; Gen.and spec.p.283(1835). -
SATYRIUM MACULATUM Desf.Fl.atl.2,p.319; Tenore,Fl.nap.2,p.301. -
S.DENSIFLORUM Brot.Fl.lusit.1,p.22(1804). - PERISTYLUS ATLANTI-
CUS Lindl.Gen.and spec.p.300(1835). - P.SECUNDIFLORUS de Notar.
Repert.fl.lig.p.389. - P.DENSIFLORUS Lindl.l.c.p.298. - P.MACU-
LATUS Lindl.l.c.p.300. - HIMANTOGLOSSUM SECUNDIFLORUM Reichb.
Fl.excurs.p.120(1830). - ORCHIS ATLANTICA Willd.Spec.IV,p.42,

(1805); Battand.et Trab.Fl.Alg.(1896)p.96; Ces.Pass.Gib.Com.p.
189; Arcang.Comp.ed.2,p.168; Bicknell,Fl.Riviera,t.61,2.B.;
Macchiatti,Orch.sard.in Nig.bot.it.(1881)p.313. - O.SECUNDIFLO-
RA Bertol.Rar.ital.pl.dec.IJ,p.42(1806); Amoen.ital.p.82; Fl.
ital.IX,p.534; Duby,Bot.g.446; Mutel,Fl.fr.III,p.246; Loisel,
Fl.gall.2,p.265; Sang.Cent.fl.rom.p.125; Fl.rom.prodr.alt.p.725;
Savi,Bot.Etr.III,p.167; Moris et de Notar.Fl.capr.p.123; Ten.
Syll.p.452; Puccin.Syn.fl.luc.p.473; Campb.Enum.Balear.p.547. -
O.INTACTA Link in Schrad.Journ.p.322(1799); Willd.Sp.IV,p.21;
Lindl.Gen.and spec.p.274; Ardoino,Fl.Alp.-Mar.p.352; Fiori et
Paol.Fl.ital.1,p.248; Martelli,Monoc.Sard.p.46; Coste,Fl.Fr.V,
p.397,n°3586,cum icone. - O.SAGITTATA Munby,Fl.Alg.p.100(1847).-
O.ECALCARATA Costa et Vayreda in Ann.hist.nat.Madrid,X,p.98,
(1880). - COELOGLOSSUM DENSIFLORUM Nyman,Syll.p.359(1855). -
GYMNADENIA LINKII Presl.Fl.sic.p.XLI(1826). - OPHRYS DENSIFLORA
Desf.Cor.p.11(1808; in Ann.Mus.X,p.228; Colmeiro,Enum.pl.hisp.-
lusit.V,p.22. - O.SECUNDIFLORA Steud.Nomencl.1,p.768(1841). -
Orchidis species capsellis orbiculatis per longum irretitis Cup.
H.cath.p.66. - Orchis orientalis anthropophora,flore minimo albo,umbilico subrubente Tourn.Coroll.p.31. - Orchis anthropopho-
ros,foliis maculis paucissimis notatis,flore albo,exiguo,punc-
tis rubris asperso Mich.in Till.Cat.h.pis.p.125. - Orchis Or-
chidi Leodiensi affinis idest culicem referens purpurea et con-
fertior Cup.Pamph.2,t.221; Bon.t.32.

Icon. - Desf.in Ann.Mus.X,t.14; Lindl.Bot.reg.t.1525; Reichb.
f.Icon.XIII,t.148,D.; Barla,l.c.pl.27,f.1-16; Bicknell,l.c.;
Fiori et Paol.1,f.820; Ic.n.pl.15,f.396-403.

Exsicc. - Soleirol,n°41; Billot,n°2549; Heldr.et Hal.Fl.spor.
(1896); Huter,Porta et Rigo,It.ital.III,n°211; Magn.Pl.Gall.et
Belg.n°494.

Bulbes ovoïdes ou subglobuleux,sessiles ou l'un sessile et
l'autre brièvement pédicellé.Tige assez grêle,de 1-4 décim.,
parfois plus,dressée,souvent flexueuse,d'un vert pâle.Feuilles
inférieures ovales-oblongues,souvent mucronées,les supérieures
oblongues-aiguës,ordinairement toutes maculées de taches pourprées ou noirâtres.Fleurs assez nombreuses,petites,en épi dense,
subunilatéral.Bractées lancéolées-acuminées,membraneuses,plus
courtes que l'ovaire.Divisions externes du périgone conniventes
en casque,soudées inférieurement,les latérales un peu gibbeuses
à la base,marquées d'une nervure purpurine.Labelle dirigé en
avant,étalé,presque aussi long que les divisions du périgone,
blanc ou rosé,marqué de lignes purpurines,trifide;lobes latéraux linéaires,étroits;lobe moyen plus large et plus long,2-3-
fide au sommet,parfois bifide et muni d'une dent à l'angle de
bifidité.Eperon en forme de sac obtus et conique (de 2 mm.),di-
rigé en bas.

MORPHOLOGIE INTERNE.

BULBE. Grains d'amidon arrondis ou peu allongés,dépassant rarement 12-18μ de long. - FIBRES RADICALES. Assise pilifère et
cadres de l'endoderme très subérisés.Cylindre central réduit.
Vaisseaux de métaxylème manquant souvent.

TIGE. 4-6 assises de parenchyme chlorophyllien à méats entre l'épiderme et l'anneau lignifié.Tissu lignifié extra-libérien formé seulement de 2-4 assises à parois très minces.Faisceaux libéro-ligneux assez régulièrement disposés en un cercle au-dessus des feuilles principales,revenant dans le cercle après leur sortie des feuilles,mais lentement et sans pénétrer dans les régions profondes.

FEUILLE. Ep. = 190-270μ .Epiderme sup.haut de 60-80μ ,à paroi ext.épaisse de 5-9μ ,légèrement bombée,muni de quelques stomates seulement dans les feuilles supérieures.Epiderme inf.haut de 30-50μ ,à paroi ext.épaisse de 5-8μ ,légèrement bombée,à stomates très nombreux.Cellules épidermiques du bord du limbe à paroi ext.prolongée en dents arrondies,très développées.Mésophylle formé de 5-8 assises chlorophylliennes et contenant des cellules à raphides peu abondantes.NERVURES principales munies de collenchyme à parois épaisses à la partie inférieure du faisceau,dépourvues de sclérenchyme.Petites nervures dépourvues de sclérenchyme et de collenchyme.Faisceau allongé,à bois réduit.

FLEUR. - PERIANTHE. DIVISIONS EXTERNES ET LATERALES INTERNES. Epidermes légèrement striés,sans papilles caractérisées. - LABELLE. Epidermes dépourvus de papilles,l'inf.à stries légères. - ANTHERE. Parois à épaississements fibreux assez abondants. - POLLEN. Massules très peu nombreuses.Caudicules très courts, longs de 150μ env.Exine délicatement ponctuée à la périphérie des massules. L = 30-35μ env. - OVAIRE. Nervure des valves placentifères non saillante extérieurement,à un faisceau libéro-ligneux très réduit.Placenta extrêmement court,peu divisé.Valves non placentifères proéminentes,contenant un faisceau libéro-ligneux assez réduit. - GRAINES. Suspenseur développé.Graines adultes atténuées à la base,légèrement arrondies au sommet, 2f.1/2-3f.1/2 plus longues que larges.L. = 400-600μ .Cellules du tégument à parois recticurvilignes,à épaississements striés-anastomosés,à anastomoses peu nombreuses.

Guimaraes,l.c.distingue à titre de variétés les 2 formes suivantes:

1° Var. TRIDENTATA. - Lobe moyen du labelle bifide et muni d'une dent à l'angle de bifidité. - Guim.est.IV,f.a,b,c,d,e,h,i, j.

2° Var.BIFIDA. - Lobe moyen du labelle bifide,sans dent intercalaire. - Guim.est.IV,f.f,e,g.

V.v. - Mars,mai. - Pâturages montueux,broussailles et coteaux calcaires,clairières des forêts. - France méridionale,Corse, Portugal,Espagne,Baléares,Italie,Sicile,Sardaigne,Dalmatie,Grèce,Chypre,Canaries,Madère,Tunisie,Algérie,Maroc.

C. Masses polliniques terminées par des caudicules à rétinacles distincts renfermés dans 2 bursicules distinctes.

Gen. 10. - OPHRYS Swartz.

OPHRYS(L.Gen.pl.ed.1,272,ed.5,406(emend)) Swartz in Act.holm.
(1800)p.222,t.3,f.D.; Willd.Spec.IV,p.61,n°1595; R.Br.in Ait.
Hort.Kew.ed.2,pl.5,p.195; Rich.in Mém.Muséum,IV,p.48; Lindl.
Gen.and spec.p.372; Endl.Gen.p.212; Reichb.f.Icon.XIII,p.69;
Benth.et Hook.Gen.III,p.621; Pfitzer in Engl.u.Prantl,Pflanz.
II,VI Abt.p.86,87; Parlat.Fl.ital.III,p.529; Kraenz.Gen.et spec.
p.89; M.Schulze,Die Orchid.p.24; Asch.u.Graeb.Syn.III,p.621. -
OPHRIS Tournef.Inst.437,t.250. - ORCHIDIS spec.All.Fl.pedem.2,
p.145;(Tournef.Inst.2,t.247,f.C.,D.). - ARACHNITES Schm.Fl.
Boëm.1,p.74(p.p.). - MYODIUM Salisb.Trans.Hort.Soc.1,p.289.

Périanthe à divisions libres,les externes presque égales entre elles,les latérales plus ou moins étalées ou réfléchies,la
médiane dressée,les deux latérales internes plus courtes que
les externes et plus ou moins étalées.Labelle dépourvu d'éperon,
dirigé en avant,entier ou lobé.Gynosteme souvent terminé par
un appendice en forme de bec.Stigmate assez grand,oblique.Mas-
ses polliniques à caudicules pourvus de rétinacles libres,ren-
fermés dans deux bursicules distinctes.Ovaire non tordu. -
Bulbes entiers.

Labelle muni de longs poils unicellulaires,souvent ondulés,
non pourvus de ramuscules.Faisceaux libéro-ligneux de la tige
disposés en un cercle à peu près régulier au-dessus des feuilles principales. - Nervure médiane des feuilles à section
concave-convexe,les autres à section à peu près plane.Faisceaux
libéro-ligneux des nervures souvent entouré de parenchyme chlorophyllien,parfois de parenchyme incolore,rarement de collen-
chyme.Cellules épidermiques du bord du limbe à paroi ext.non
prolongée en dents.

L'étude suivie des espèces de ce genre ne nous a pas permis
de conserver les sections admises par la plupart des auteurs.
Nous avons à peu près admis les groupements établis par Parla-
tore en les envisageant comme des sous-sections et en modifiant
les diagnoses.

Sous-sect. A. MUSCIFERAE (Parlat.l.c.p.552). - Divisions du
périanthe étalées,la médiane rapprochée du gynostème,les deux
latérales internes sublinéaires ou filiformes et plus courtes
que les externes.Labelle plan,dépourvu de gibbosités latérales
coniques à sa base,trilobé;à lobes latéraux subarrondis ou sublinéaires;à lobe médian plus grand que les latéraux,bilobé ou
émarginé,ordinairement sans appendice.

1. - O.FUSCA.

O.FUSCA Link in Schrad.Journ.II,p.324(1799); Willd.Spec.IV,p.
69; Lindl.Gen.and spec.p.373; Reichb.f.Icon.XIII,p.73; Richter,
Pl.eur.p.261; Kraenz.Gen.et spec.p.96; Loisel.Fl.gall.ed.2,t.2,
p.270,n°9; Mutel,Fl.fr.III,p.249; S.-Am.Fl.agen.p.375,f.1; Noul.
Fl.Bass.s.-pyr.p.617,n°3; Martr.-Donos,Fl.Tarn,p.708; Lagr.Fos-
sat,Fl.Tarn,p.1; Gr.et Godr.Fl.Fr.III,p.305; Castagne,Cat.B.-d.-
Rh.p.157; Ardoino,Fl.Alp.-Mar.p.357; Barla,Iconogr.p.75; Moggr.
Contr.fl.Menton,t.46;p.p.; Cam.Monogr.Orch.Fr.p.95; in Journ.
bot.VII,p.138; Lloyd et Fouc.Fl.Ouest,p.339; Debeaux,Révis.fl.
agen.p.521; Dulac,Fl.H.-Pyr.p.127; Guill.Fl.Bord.et S.-O.p.171;
Coste,Fl.Fr.III,p.388,n°3570,cum icone; Guss.Fl.sic.II,p.550;
Ten.Fl.nap.2,p.303; et Syll.p.460; de Notar.Repert.fl.lig.n°
1175; Vaccari,Fl.arcip.Maddal.in Malp.8,p.267; Ces.Pass.Gib.
Comp.p.193; W.Barbey,Fl.Sard.comp.n°1329; Arcang.Comp.ed.2,p.
173; Fiori et Paol.Iconogr.ital.n°807; Ross,Beitr.z.fl.Sicil.in
Bull.Herb.Boiss.p.94(1899); Cocconi,Fl.Bologn.p.488; Boiss.Voy.
Esp.p.597; Willk.et Lange,Prodr.hisp.1,p.174; Colmeiro,Enum.pl.
hisp.-lusit.V,p.44; Guimar.Orch.port.33 et 81; Bertol.Fl.ital.
IX,p.595; Parlat.Fl.ital.III,p.557; Risso,Fl.Nice,p.432; M.
Schulze,Die Orchid.n°24; Griseb.Spic.fl.rum.et bith.p.366;
Sibth.et Sm.Fl.gr.prodr.II,p.218; Fl.gr.X,p.22,t.930; Chaub.et
Bor.Expéd.Morée,p.263,t.32,f.1; Fl.Pélop.p.61,t.34,f.1; Marg.
et R.Fl.Zante,p.86; Friedr.Reise,p.268,269; Ung.Reise,p.120;
Weiss.in Z.b.Ges.(1869)p.754; Raulin,Crète,p.862; Spreitz in Z.
b.Ges.(1877)p.731; Heldr.Fl.Cephal.p.65; Fl.Aeg.p.391,in Bull.
Herb.Boiss.(1898); Haussknn.Symb.fl.gr.p.25; Boiss.Fl.orient.V,
p.75; Barbey,Et.Kasos,op.cit.(1894); Etude Syra(1895); Munby,
Catal.; Lacroix,Catal.Kabylie; Battand.et Trab.Fl.Alg.(1884)p.
200;(1895)p.23; Bonnet et Barr.Catal.Tunisie,p.404; Debeaux,Fl.
Kabyl.Djurdjura,p.343. - O.INSECTIFERA g.et c. L.Spec.ed.1,p.
949(1753). - O.LUTEA Bivone,Cent.sic.dec.II(1807),t.5; non Cavan. - O.MYODES z.Poiret,Dict.IV,p.572(1797). - O.MYODES Lapeyr.
Abr.Pyr.p.551,fide Nollet,non L. - ARACHNITES FUSCA Tod.Orch.
sic.p.98(1842). - O.myodes fusca lusitanica Breyn.Cent.p.101.

Icon. - Reichb.Pl.crit.DCCCLV; Reichb.f.Icon.t.92,t.CCCCLIV;
Brotero,Fl.lusit.II,t.93,f.1; Tod.l.c.t.2,f.11-12; Mutel,Atlas,
pl.LXVI,f.508 a.; S.-Am.Bouq.t.8,f.1; Sibth.et Sm.Fl.gr.t.930;
Bory et Chaub.Exp.Morée,n°1231,t.32,f.1; Fl.Pélop.t.34,f.1;
Guimar.l.c.pl.III,f.23; Barla,l.c.pl.62,f.1-13; Ic.n.pl.24,f.
840-843.

Exsicc. - Billot,n°858; F.Schultz,H.n.n°146; Orphanides,Fl.
gr.n°153; Heldr.Herb.gr.n°69; W.Siehe's,Bot.Reise nach Cilicien
(1895); Magnier,Fl.sel.n°3864,n°1810; Tribout,Fr.fl.Alg.n°385,
n°483.

Bulbes ovoïdes ou subglobuleux.Tige de 1-3 décim.,grêle,nue
et un peu anguleuse au sommet,sinueuse.Feuilles oblongues ou
oblongues-lancéolées,les inférieures obtuses,mucronées,les caulinaires un peu aiguës,à gaînes renflées.Bractées inférieures
égalant l'ovaire ou le dépassant un peu Fleurs 2-6,disposées

en épi lâche.Divisions externes du périanthe d'un vert jaunâtre,très rarement roses,à 3 nervures,les latérales elliptiques,
obtuses,étalées,la moyenne tronquée au sommet,recourbée en
avant et recouvrant en partie le gynostème;divisions internes
linéaires,obtuses au sommet,à bords souvent ondulés,d'un vert
jaunâtre plus ou moins foncé.Labelle oblong,insensiblement atténué en coin à la base,bigibbeux,3-lobé au sommet,à lobes latéraux courts et obtus,à lobe moyen large et subdivisé en 2 lobules égalant presque les lobes latéraux,ce qui rend le labelle
4-lobé en avant;lobes latéraux un peu défléchis,plus courts que
que le lobe moyen.Labelle jaunâtre,velouté,marqué depuis la base jusque vers son milieu de deux taches oblongues,contiguës,
séparées en avant,un peu luisantes,d'un gris de plomb,entou-
rées d'une marge étroite jaunâtre,glabre seulement à la base.
Anthère en S,à loges non contiguës.Gynostème court,assez gros,
courbé en avant,à bec obtus,émarginé.

MORPHOLOGIE INTERNE.

FIBRES RADICALES. Assise pilifère subérisée.Endoderme à cadres peu marqués.Vaisseaux de métaxylème ordinairement différenciés.

TIGE. Stomates assez nombreux.2-4 assises de parenchyme chlorophyllien entre l'épiderme et l'anneau lignifié (pl.2,f.38).
3-6 assises lignifiées composées de cellules à parois minces
et de forme plus ou moins régulière.Faisceaux libéro-ligneux
touchant au tissu lignifié ou séparés de celui-ci par un peu
de parenchyme.Liber très développé.Parenchyme central abondant,
non lignifié,contenant quelques cellules à raphides,peu lacuneux au centre.

FEUILLE (pl.5,f.136).Ep. = 250-480μ env.Epiderme sup.strié,à
parois à peine recticurvilignes,haut de 60-70μ,à paroi ext.
épaisse de 8-10μ env.,légèrement bombée,parfois dépourvu de
stomates dans les feuilles inférieures.Epiderme inf.à parois
recticurvilignes,haut de 40-60μ,à paroi ext.légèrement bombée
épaisse de 6-9 env.,à stomates abondants.Mésophylle formé de
6-9 assises de cellules à section elliptique,à grand axe horizontal et contenant des faisceaux de raphides.

FLEUR. - PERIANTHE. DIVISIONS EXTERNES. Epidermes ext.et int.
striés,un peu papilleux vers les bords seulement. - DIVISIONS
LATERALES INTERNES. Epidermes ext.et int.non ou à peine striés,
se soulevant seulement légèrement vers les bords en grosses papilles courtes et obtuses (pl.8,f.194). - LABELLE (pl.8,f.195-
196).Epiderme int.de la tache sup.centrale bleuâtre bordée de
jaune muni de papilles étroites,allongées,atteignant 20-70μ de
long,à contenu d'un bleu intense (pl.8,f.197).Partie périphéri-
que violacée du labelle prolongée en poils longs de 250-370μ
env.,coniques,quelquefois légèrement tortillés à l'extrémité,
non ondulés.Partie jaune marginale pourvue vers l'extérieur de
poils peu nombreux assez longs, vers l'intérieur de cellules
papilliformes.Epiderme inf.du labelle dépourvu de papilles caractérisées et de stomates. - ANTHERE. Epiderme de la partie
dorsale du gynostème papilleux.Epiderme des loges non papilleux.
Assise mécanique à anneaux épaissis peu nombreux. - POLLEN.
Exine des tétrades de la périphérie des massules légèrement

ruguleuse. L = 32-42μ env. - OVAIRE. Epiderme strié (pl.10,f.
255). Nervure des valves placentifères plus saillante que les
valves non placentifères,à saillie très brusque,ayant un faisceau libéro-ligneux à bois int.et un faisceau int.placentaire
tendant à se diviser et entièrement libérien ou ayant 1-3 vaisseaux à l'extérieur.Placenta très long,nettement divisé au som-
met.Valves non placentifères très proéminentes extérieurement,
trilobées,ayant un faisceau libéro-ligneux à bois int. - GRAI-
NES. Cellules du tégument à parois recticurvilignes,munies
d'épaississements striés,à anastomoses rares.Graines allongées,
arrondies au sommet,1f.1/2-2f.1/4 plus longues que larges. L =
400-500μ env.

Var. FORESTIERI Reichb.f.Icon.XIII,t.CCCCLXIV,f.12(1851): -
Labelle à lobes latéraux presque verticaux et à lobe médian
presque quadrangulaire. - Nous paraît une forme de l'O.FUNEREA.-
France,L'Escalieu (de Forestier).

V.v. - Février en Afrique,mars,avril. - Collines arides,sur-
tout des terrains calcaires de la région méditerranéenne. -
France:ouest,régions méridionale et méditer.; Espagne;Portugal;
Italie,Sicile,Sardaigne;Dalmatie;Malte,Grèce;Palestine,Asie-Mi-
neure,Syrie,nord de l'Afrique.

Var. TRICOLOR Brogn,ap.Chaub.et Bory,Expéd.sc.Morée,t.32,f.1
(1832); Mutel,Ophr.bon.in Ann.sc.nat.Strasbourg(1835),f.2; Fl.
Fr.III,p.250; Atlas,t.LXVI,f.508; Reichb.Cent.IX,f.148; Reichb.
f.Icon.XIII,p.73; Heldr.Fl.Egine; Richter,Pl.eur.p.261; Cam.
Monogr.Orch.Fr.p.96; in J.bot.VII,p.139; M.Schulze,Die Orchid.
n°25. - O.TRICOLOR Desf.Ch.Pl.Coroll.Inst.Tourn.p.56,t.3(1808)
(O.FORESTIERI). - O.FUSCA S.-Am.Fl.Agen.t.8. - Icon. - Desf.l.
c.; Reichb.Pl.crit.t.DCCCLVI; Reichb.f.Icon.XIII,t.112,CCCCLXIV,
f.12; Ic.n.pl.25,f.847. - Exsicc. - Orph.Herb.(1853); Fl.Pélop.
(1889); Dörfler,Pl.Crè.e,n°122. - Fleurs plus grandes que dans
le type.Labelle à marge d'un violet noirâtre,à taches bicolores
d'un gris bleu d'acier,souvent bordé de jaune.Lobes latéraux
subquadrangulaires,lobe médian rétus. - V.v. - Plante mal connue,à répartition incertaine. - Espagne,France méridionale,Cor-
se,Sardaigne,Grèce,Crète,Algérie? à rechercher.

Var. ou sous-esp.? O.ATLANTICA.

O.ATLANTICA Munby in Bull.Soc.bot.Fr.(1856)III,p.108; Battand.
in Bull.Soc.bot.Fr.(1886)p.298; Battand.et Trab.Fl.Alg.(1884)p.
200; (1904)p.321. - O.FUSCA var.ATLANTICA Lacroix,Catal.Kabylie;
Reichb.f.Icon.XIII,p.73 et 75,t.CCCCLXII,110(s.O.DURIEUI).
Exsicc. - Tribout,Fragm.fl.Alg.n°385.
Hampe 1-2,rarement 3-fl.Fleurs très grandes.Sépales élancés
plus longs que dans l'O.FUSCA,les latéraux étalés un peu aigus.
Labelle très grand,mais rétréci à la base,largement bordé,à lobes latéraux érodés-dentés;tache centrale homochrome,d'un bleu

métallique brillant,bilobé à la base.Anthère linéaire,droite,un
peu arquée au sommet.

MORPHOLOGIE INTERNE.

Ne diffère guère de l'O.FUSCA que par le développement plus
grand de presque tous les tissus.Les papilles des divisions latérales int.sont un peu moins courtes,les poils du labelle atteignent 450-500μ de long et l'épiderme sup.du limbe 100-110μ
de haut.

V.v. - Hautes montagnes de l'Algérie,R.

Sous-esp. O.PALLIDA.

O.PALLIDA Rafinesque,Carat.n.gen.p.207(1810); Guss.Syn.fl.sic.
2,p.550; Ces.Pass.Gib.Comp.p.193; Battand.et Trab.Fl.Alg.p.201,
(1884); Arcang.Comp.ed.2,p.173; Battand.et Trab.Fl.Alg.(1884)p.
201; Richter,Pl.eur.1,p.261. - O.PECTUS Mutel in Mém.Soc.hist.
nat.Strasb.(1835); Extr.4,t.1,f.7,a,b,c; Ann.Sc.nat.s.2,II,t.1;
Lindl.Gen.and spec.p.378. - O.FUSCA PALLIDA Reichb.f.Icon.XIII,
p.73(1851),t.91,CCCCXLIII,f.1. - ARACHNITES PALLIDA Tod.Orchid.
sic.p.100(1842),t.1,f.11,12. - Orchis myodes minor seu minori
macricrique flore cinereo Cup.H.cath.suppl.p.249.

Icon. - Todaro,l.c.; Reichb.f.l.c.; Cup.Pamph.2,t.163; Bonan.
t.29.

Exsicc. - Todaro,Fl.sic.n°903!

Bulbes subglobuleux,pédicellés.Feuilles 3-5,basilaires,oblon-
gues,obtuses ou acuminées,de 3-5 centim.de long,de 15 mm.de
large;feuille caulinaire une,engaînante.Bractées aiguës,un peu
cucullées,dépassant peu les fleurs.Fleurs peu nombreuses,2-6..
Périanthe à division supérieure externe ovale-obtuse,infléchie,
cucullée;divisions latérales oblongues-obtuses,étalées.Divisions
internes linéaires,un peu plus courtes que les externes.Labelle
blanchâtre à la base,allongé,arqué,3-lobé,à lobes latéraux presque nuls,recourbés en dessous,à lobe médian très recourbé et
émarginé.

V.s. - Avril,mai. - Montagnes et collines dans la région du
chêne et du châtaignier. - Bône,Philippeville,La Calle(Mutel),
Sicile,assez répandu.

Sous-esp. O.FUNEREA.

O.FUNEREA Viv.Fl.cors.p.15(1824); Lindley,Gen.and spec.p.372;
de Notar.Rep.fl.lig.p.392; Bertol.Fl.ital.IX,p.599; Parlat.Fl.
ital.III,p.651; Ces.Pass.Gib.Comp.p.193; Cam.Monogr.Orchid.Fr.
p.96; in Jour.bot.p.139. - O.FUSCA var.FUNEREA Barla,Iconogr.p.
75; Arcang.Comp.ed.2,p.173.

Icon. - Barla,l.c.pl.62,f.14-27; Ces.Pass.Gib.l.c.t.XXIV,f.4,
a et b; Ic.n.pl.25,f.844.

Exsicc. - Soc.Rochelaise,n°3434,r.p.

Bulbes ovoïdes,subglobuleux.Tige de 1 à 3 décim.,grêle,sinueu-
se,nue au sommet.Feuilles oblongues ou oblongues-lancéolées;les
inférieures obtuses,mucronées;les caulinaires un peu aiguës,à
gaînes renflées.Bractées inférieures dépassant peu l'ovaire ou
l'égalant.Fleurs 2-6,disposées en épi lâche.Divisions externes

du périgone d'un vert jaunâtre,à 3 nervures dont deux latérales
peu marquées;les latérales elliptiques-obtuses,étalées,la moyenne tronquée au sommet et recouvrant en partie le gynostème.
Divisions internes latérales obtuses au sommet,à bords souvent
ondulés,d'un jaune plus ou moins lavé de brun.Labelle oblong,
insensiblement atténué-cunéiforme à la base,bigibbeux,3-lobé
au sommet,à lobes latéraux courts et obtus,à lobe moyen un peu
plus large que les latéraux,rhomboidal,entier ou un peu émargi-
né(parfois muni d'un petit appendice(Barla));lobes latéraux un
peu réfléchis,plus courts que le lobe moyen.Labelle d'un pourpre brunâtre,entouré d'une marge étroite,jaunâtre,glabre seulement à la base.Anthère à loges parallèles et contiguës.Gynostè-
me court,dressé,verdâtre,à bec obtus.

MORPHOLOGIE INTERNE.

Très proche des O.FUSCA et LUTEA et présentant des caractères
intermédiaires.Ne diffère guère de l'O.FUSCA que par la présence de longs poils à contenu jaune tout autour du labelle et de
l'O.LUTEA par l'abondance bien moindre de ces poils.

V.v. - T.R. France:env.de Nice(Barla,Bergon),Corse(Viviani);
Italie:Ligurie,env.de Parme.

2. - O.LUTEA.

O.LUTEA Cavan.Icon.et descr.II,p.46,t.160(1793); Willd.Spec.
IV,p.70; Lindl.Gen.and spec.p.372; Reichb.f.Icon.XIII,p.75;
Richter,Pl.eur.p.261; Kraenz.Gen.et spec.p.97; D C.Fl.fr.V,p.
331,n°2030,a; Duby,Bot.p.447; Loisel.Fl.gall.p.269; Mutel,Fl.
fr.III,p.248; Gr.et God.Fl.Fr.III,p.305; Sal.-Marsch.in Fl.Bot.
Zeit.p.492(1833); Noulet,Fl.bass.s.-pyr.Add.p.33; Castagne,Cat.
B.-d.-Rh.p.157; Ardoino,Fl.Alp.-Mar.p.356; Moggridge,Contr.Fl.
Menton,p.p.t.46; Barla,Iconogr.p.74; Martr.-Don.Fl.Tarn,p.708;
Dulac,Fl.H.-Pyr.p.127; Cam.Monogr.Orch.Fr.p.97; in J.bot.VII,p.
140; Lloyd et Fouc.Fl.Ouest,p.339; Gautier,Pyr.-Or.p.401; Debeaux,Rév.fl.agen.p.521; Guill.Fl.Bord.et S.-O.p.171; Viv.Ann.
d.bot.I,II,p.185; Biv.Sic.pl.cent.2,p.40,excl.ic.; Ten.Fl.nap.
2,p.211; Guss.Sic.2,p.550; de Notar.Rep.fl.ligust.p.396; Bertol.
Fl.ital.III,p.557; Moris,Fl.Sard.1,p.44; W.Barbey,Fl.sard.comp.
et suppl.n°1328; Martelli,Monoc.Sard.p.72; Ces.Pass.Gib.Comp.p.
193; Arcang.Comp.ed.2,p.173; Fiori et Paol.Icon.fl.ital.n°806;
Brotero,Phyt.lusit.1,p.6; Rodrig.Catal.Menorca; Barcelo,Apunt.
Balear.p.45,n°415; Willk.et Lange,Prodr.hisp.p.174; Guimar.Orch.
port.p.35; Debeaux et Dauter,Syn.fl.Gibr.p.202; Asch.u.Graeb.
Syn.III,p.628; Ross,Beitr.Sicil.in Bull.Herb.Boiss.(1899);
Reichb.Fl.excurs.p.128; Vis.Fl.Dalm.1,p.179; Griseb.Spic.fl.Rum.
et Bith.2,p.366; Boiss.Fl.orient.V,p.75; Chaub.et Bory,Exp.sc.
Morée,p.263,n°1232,t.32,f.2; N.fl.Pélop.n°1515,p.61,t.34,f.2;
Marg.et R.Fl.Zant.p.82; Ung.Reise,p.119; Weiss.in Zool.bot.Ges.
(1869)p.754; Raulin,Crète,p.862; Spreitz in Zool.bot.Ges.(1877)
p.731; Heldr.Fl.Cephal.p.68; Fl.Egine,p.391(f.MINOR et f.PARVI-
FLORA)in Bull.Herb.Boiss.(1898); Gelmi in Bull.Soc.bot.ital.
(1889)p.452; Hausskn.Symb.fl.gr.p.25; Halacsy,Consp.fl.gr.III,
p.180; Munby,Catal.101; Lacroix,Catal.Kabylie; Mutel in Ann.sc.

nat.Strasb.(1835); Battand.et Trab.Fl.Alg.(1884)p.201; (1904)r.
23; Ball,Spic.Maroc.p.673; Debeaux,Fl.Kabyl. Djurdj.p.344. - O.
INSECTIFERA e. L.Spec.ed.1,p.949(1753). - O.INSECTIFERA d.GLA-
BERRIMA Desf.Fl.atl.II,p.321(1800). - O.MYODES g. DC.Fl.fr.II,
n°2031. - O.MYODES g. LUTEA Gouan,Fl.monsp.p.299(1765). - O.SI-
CULA Tod.Pl.sic.l,p.13(1845); exsicc.n°509!. - O.VESPIFERA
Willd.Spec.IV,p.65!(1805); Brot.Phyt.lus.1,p.24(1816) (1), -
O.EPISCOPALIS Poiret,Dict.suppl.? - ARACHNITES LUTEA (Tod.Orch.
sic.p.95,n°10); Bubani,Fl.pyr. - O.BILUNULATA Risso,Fl.Nice,ex
de Notar. - Orchis myodes lutea,lusitanica Breyn.Cent.75; Moris.
Hist.3,p.495,t.12,t.13,f.15. - Orchis muscam referens lutea Cup.
H.cath.p.158.

Icon. - Cav.l.c.; Sweet,Brit.fl.Gard.III,t.206; Tod.l.c.;
Bot.Mag.t.193; Moore,Orch.pl.t.1; Brot.l.c.t.3; Tin.Pl.rar.sic.
f.1,p.13; Brongn.ap.Ch.et Bory,t.32,34; Reichb.Pl.crit.DCCCLVII;
Reichb.f.Icon.XIII,t.94,CCCXLVI; Mutel,Atlas,t.LXVI,f.506; et
Ann.Sc.nat.Strasb.(1835)t.1,f.1; Risso,Fl.Nice,t.15; Moggr.l.c.;
Ic.n.pl.25,f.829-833.

Exsicc. - Billot,n°1799; Heldr.Pl.fl.hell.(1879); Dörfler,n°
120; Soc.Dauph.n°160; Bourgeau,Pl.Espag.n°450 et n°450 b.; Todaro,Fl.sic.n°411; Willk.It.hisp.n°599; Porta et Rigo,It.II,
ital.n°190; Balansa,Pl.Alg.(1852)n°246; G.Paris,It.bor.-afric.
n°185.

Bulbes ovoides ou subglobuleux.Tige de 1-3 décim.,subcylin-
drique,nue au sommet.Feuilles ovales-oblongues,à bords ondulés,
les inférieures obtuses,mucronulées;les supérieures aiguës,en-
gaînantes.Fleurs peu nombreuses,2-5,exhalant une odeur faible.
Bractées inférieures égalant l'ovaire.Divisions externes du périanthe d'un jaune verdâtre,ovales-elliptiques,obtuses,un peu
concaves,la médiane un peu cucullée au sommet;divisions internes linéaires,tronquées au sommet,à bords souvent ondulés.La-
belle plus long que les divisions externes,trilobé,un peu convexe,velouté,grenat foncé,muni vers le sommet de deux taches
glabres,bleuâtres,contiguës ou un peu séparées en avant,entouré
d'une large marge,glabre et jaune.Lobes latéraux courts,arron-
dis en arrière,parfois à bords ondulés.Gynostème court.Anthère
et masses polliniques jaunes.
MORPHOLOGIE INTERNE.
BULBE. Grains d'amidon très allongés,de forme plus ou moins
régulière,isolés,atteignant 25-38µ de longueur env.(pl.1,f.29).-
FIBRES RADICALES. Assise pilifère fortement subérisée.Endoderme
peu différencié.Vaisseaux de métaxylème manquant souvent.
TIGE. Epiderme muni de stomates assez nombreux.2-5 assises
chlorophylliennes entre l'épiderme et l'anneau lignifié.4-8 assises lignifiées extra-libériennes.Parenchyme central contenant
des raphides,plus ou moins résorbé.
FEUILLE. Ep. = 250-350µ .Epiderme sup.presque rectiligne,haut
de 60-100µ ,à paroi ext.épaisse de 7-10µ env.,légèrement bombée,
striée perpendiculairement aux parois latérales,muni de stoma-

tes même à l'extrémité des feuilles inférieures.Epiderme inf.
recticurviligne ou ondulé,haut de 40-60µ ,à paroi ext.épaisse
de 6-9µ ,bombée,pourvu de nombreux stomates.Mésophylle formé de
6-9 assises et contenant de rares raphides.
    FLEUR. PERIANTHE. DIVISIONS EXTERNES. Epidermes ext.et int.à
stries délicates,perpendiculaires aux parois latérales et convergeant vers le centre de la cellule.Bords légèrement papilleux. - DIVISIONS LATERALES INTERNES. Epiderme ext.dépourvu de
papilles.Epiderme int.muni vers les bords de papilles très courtes et très arrondies. - LABELLE. Partie supérieure luisante à
épiderme int.muni de papilles étroites,longues de 50-120µ env.
et striées.Longs poils striés,à contenu brun,atteignant 250-350µ
de long,très élargis à la base,quelquefois un peu recourbés à
l'extrémité(pl.8,f.198).Partie jaune marginale à poils semblables aux précédents,mais à contenu jaune,décroissant de grandeur vers le bord.Epiderme inf.dépourvu de papilles. - ANTHERE.
Assise mécanique ayant des cellules à épaississements (pl.9,f.
233). - POLLEN. Jaune.Exine légèrement ruguleuse à la périphérie des massules.L = 32-42µ env. - OVAIRE. Epiderme très strié.
Nervure des valves placentifères moins proéminente que les valves non placentifères,à un faisceau libéro-ligneux ext.et un
faisceau libérien int.ce dernier tendant à se diviser radialement et ayant parfois 1-2 vaisseaux vers l'extérieur.Masse placentaire développée,longue,divisée au sommet.Valves non placentifères saillantes à l'extérieur,trilobées,à un faisceau libéro-
ligneux. - GRAINES. Cellules du tégument munies d'épaississements striés,à anastomoses assez rares.Graines arrondies au sommet,1f.1/2 - 2f.1/2 plus longues que larges. L = 300-400µ env.

    Var. MINOR Guss.Fl.sic.syn.2,p.550 et 877; Parlat.Fl.ital.III,
p.558. - ARACHNITES LUTEA b.MINOR Tod.Orch.sic.p.97. - Fleurs
plus petites. - Sicile.

    V.v. - Mars,avril. - Collines chaudes et sèches du littoral
méditerranéen. - Portugal,Espagne,France:sud-ouest et région
mérid.,Corse;Sardaigne,Sicile,Italie;Dalmatie;Turquie;Grèce;
Crète;Asie-mineure,Syrie,Palestine;Perse;Maroc,Algérie.

                    3. - O.MUSCIFERA.

    O.MUSCIFERA Huds.Fl.angl.ed.1,p.340(1762); ed.2,p.391; Smith,
Brit.III,p.937; Reichb.Icon.XIII,p.78; Correvon,Alb.Orch.Eur.pl.
XXXVI; Orch.rust.p.128; Kraenz.Gen.et spec.p.92; Babingt.Man.
Brit.Bot.p.348; Oudemans,Fl.Nederl.pl.LXX,n°367; Lej.Fl.Spa,F.
186; Crépin,Man.Fl.Belg.éd.1,p.178; éd.2,p.293; Meyer,Orch.Lux.
p.12; de Vos,Fl.Belg.p.556; Gr.et God.Fl.Fr.III,p.304; Coss.et
Germ.Fl.env.Paris,éd.2,p.684; Godet,Fl.Jura,p.689; Gren.Fl.ch.
jurass.p.756; Ardoino,Fl.Alp.-Marit.p.357; Barla,Iconogr.p.73;
Boreau,Fl.cent.éd.3,p.648; Brébis.Fl.Norm.pl.éd.; Dulac,Fl.H.-
Pyr.p.127; Poirault,Cat.Vienne,p.96; Franchet,Fl.L.-et-Ch.p.577;
Martin,Cat.Romor.p.270; Hérib.Fl.Auv.p.433; Cam.Monogr.Orch.Fr.
p.95; in J.bot.VII,p.138; Car.et S.-Lag.Fl.descr.éd.8,p.809;

Magn.et Hétier,Obs.fl.Jura,p.141; Bonnet,P.fl.paris.p.385; Mas-
clef,Cat.P.-d.-C.p.155; Débeaux,Rév.fl.agen.p.520; Gautier,Pyr-
Or.p.401; Corbière,N.Fl.Norm.p.563; Guill.Fl.Bord.et S.-O.p.171;
Coste,Fl.Fr.III,p.385,n°3572,cum ic.; Kirschl.Fl.Als.II,p.134;
Schultz,Palat.p.447; Döll,Rhein.p.228; Fleisch et Lind.Fl.Ost-
seepr.p.307; Seubert,Ex. Bad.p.124; Koch,Syn.ed.2,p.796; ed.3,
p.529; ed.Hall.et Wohlf.p.2436; Foerst.Fl.Aachen,p.348; Garcke,
Fl.v.Deutschl.ed.14,p.381; Caflisch,Ex.S.-D.p.298; Asch.u.Graeb.
Syn.III,p.624; Willk.et Lange,Prodr.hisp.p.173; Suppl.p.43; Bou-
vier,Fl.Alp.éd.2,p.445; Gremli,Fl.Suisse,éd.Vetter,p.484;
Schinz u.Keller,Fl.Schweiz,p.124; Comoll,Fl.com.VI,p.372; Par-
lat.Fl.ital.III,p.552; Ces.Pass.Gib.Comp.p.193; Cocconi,Fl.Bo-
logn.p.488; Ambr.Fl.Tirol austr.1,p.713; Hausm.Fl.Tirol,p.843;
Rhiner,Prodr.Waldst.p.127; Hinterhuber et Pichlm.Fl.Salz.p.194;
Boiss.Fl.orient.V,p.76; Sibth.et Sm.Prodr.II,p.216; Chaub.et
Bor.Fl.Pélop.p.61. - O.MYODES Jacq.Icon.rar.1,t.184(1781-86);
Miscel.2,p.373; Willd.Spec.IV,p.64; Lindley,Gen.and spec.p.373;
Richter,Pl.eur.p.262; Blytt,Haandb.Norg.Fl.ed.Ove Dahl(1906)p.
224; Kichx,Fl.brux.p.60; Hocq.Fl.Jemm.p.235; Dumort.Prodr.fl.
Belg.p.132; Lej.et Court.Comp.III,p.188; Tinant,Fl.luxemb.p.443;
Michot,Fl.Hain.p.279; Bellynck,Fl.Nam.p.264; Piré et Muller,Fl.
Belg.p.193; Dumoul.Fl.Maestr.p.103; DC.Fl.fr.III,p.255; Lapeyr.
Fl.Pyr.p.551; Boisduval,Fl.fr.III,p.49; Mutel,Fl.fr.III,p.250;
Dupuy,Fl.Gers,p.231; Godr.Fl.Lorr.II,p.97; Lefr.Catal.; Coss.et
Germ.Fl.env.Paris,éd.1,p.557; Kirschl.Fl.Als.p.161; Reichb.Fl.
excurs.1,p.128; Hoffm.Germ.328; Roth,Germ.1,p.382; Gmel.Fl.bad.
III,p.565; Bach,Rheinpr.Fl.p.371; Spenner,Fl.frib.p.241; Nocc.
et Balb.Fl.ticin.2,p.155; Poll.Fl.veron.III,p.25; Ten.Syll.p.
458; Fl.nap.V,p.241; Bertol.Fl.ital.IX,p.581; Arcang.Comp.ed.2,
p.173; Fiori et Paol.Iconogr.fl.ital.n°808; Gaud.Fl.helv.V,p.
496,n°2077; Weinm.Fl.petrop.p.85; Ledeb.Fl.Ross.V,p.75; Lucé,
Fl.osil.p.300; Fried.Reise,p.269,279; Heldr.Fl.Egine,p.391; in
Bull.Herb.Boiss.(1898); Halacsy,Consp.fl.gr.III,p.181. - O.IN-
SECTIFERA a.MYODES L.Spec.ed.1,p.948(1753); Vill.Hist.Dauph.II,
p.49. - O.MUSCIFLORA Schrk,Baier Fl.p.75(1789); Bub.Fl.pyr.p.50.
O.MUSCARIA Suffr.Pl.Frioul,p.185(1802); Lamk,Fl.fr.III,p.515;
Gilib.Exerc.phyt.II,p.491; Trautv.Increm.Fl.Ross.p.752,n°5039. -
O.ARANIFERA Labram,Schweiz Pfl. - ORCHIS MUSCARIA Scop.Fl.carn.
éd.2,p.198(1772); Allioni,Fl.pedem.n°1830; Rouc.Fl.Nord,p.295;
Pl.rar.n°107. - O.INSECTIFERA Crantz,Austr.481; Pallas et auct.
plur. - EPIPACTIS MYODES Schmidt in Mey.Phys.Afs.p.248(1791). -
ARACHNITES MUSCIFLORA Schrank,Baier Fl.p.75(1789); Schmidt,Fl.
Böhm.p.75(1794); Hoffm.Germ.; Baumgt.Fl.Trans.III,n°1926; Sm.
Brit.Fl.937. - Orchis vespam referens Riv.Hex.t.13,19. - O.mus-
cae corpus referens minor,galea et alis herbidis Bauh.Pinax,83;
Rudb.Elys.2,201,f.11; Vaillant,Paris.p.147,t.13,f.17,18. - O.
myodes prima,floribus muscam exprimens Lobel,Icon.181.

Icon. - Jacq.Rar.1,t.184; Gunn.Norv.2,t.5,f.1,2; Nees Esenb.
Gen.V,t.5; Fl.Dan.VIII,t.1398; Sw.Bot.V,t.23; Haller,Icon.Helv.
t.24; Vaillant,l.c.; Dietr.Fl.Boruss.1,t.169; Engl.Bot.t.64;
Curt.Fl.lond.ed.Grav.IV,t.101; Sturm,Deuts.Fl.X,t.40; Turpin,

Fl.méd.VII,t.41,f.20; Regel,Gartenfl.V,t.147; Andr.Repos.7,t.47;
Reichb.Fl.crit.IX,t.DCCCLIV; Reichb.f.Icon.XIII,t.95,CCCCXLVII;
Coss.et Germ.Atl.t.XXXII; Barla,l.c.pl.60,f.14-20; Cam.Icon.
Orch.Par.pl.18; M.Schulze,t.26; Correvon,l.c.; Bonnier,Alb.N.
Fl.p.147; Ic.n.pl.25,f.810-821.

Exsicc. - Billot,n°2380; Schultz,n°932; Reichb.n°937; Soc.
Rochel.n°1798.

Bulbes ovoïdes ou subglobuleux.Tige de 2-6 décim.,flexueuse,
très grêle.Feuilles oblongues ou oblongues-lancéolées.Bractées
herbacées,égalant ou dépassant l'ovaire.Fleurs peu nombreuses,
espacées,disposées en épi lâche,simulant le corps d'une mouche.
Divisions externes du périanthe ovales-lancéolées,obtuses,ver-
dâtres;divisions internes linéaires,dépassant les externes,
d'un pourpre violacé foncé,veloutées sur la face interne.Label-
le plus long que large,velouté,d'un brun rougeâtre,noirâtre
lorsque la fleur vient de s'épanouir,devenant roussâtre après
l'anthèse,marqué à sa partie moyenne d'une large tache quadrangulaire glabre,d'un blanc bleuâtre,3-lobé,à lobes latéraux
courts,étroits,le moyen plus large et plus long,bilobé,élargi
au sommet et dépourvu d'appendice à l'angle de bifidité.Gyno-
stème court,à bec très obtus.Loges de l'anthère rougeâtres.Mas-
ses polliniques et caudicules jaunâtres.
MORPHOLOGIE INTERNE.
BULBE. Grains d'amidon très irréguliers,atteignant 30-45μ env.
de long,très gros(pl.1,f.32). - FIBRES RADICALES. Assise pilifère subérisée extérieurement et latéralement.Endoderme à plissements marqués.Vaisseaux de métaxylème ordinairement différen-
ciés.Grains d'amidon n'atteignant 10-20μ de diam.de forme irrégulière.
TIGE. Stomates nombreux.2-4 assises chlorophylliennes à méats
et canaux aérifères entre l'épiderme et l'anneau lignifié.6-8
assises de cellules lignifiées,les assises externes à parois
bien plus épaisses.Faisceaux libéro-ligneux bordés de tissu lignifié seulement à l'extérieur.Parenchyme ligneux non lignifié
abondant entre les vaisseaux.Lacune plus ou moins grande au
centre de la tige.
FEUILLE. Ep. = 230-350μ .Epiderme sup.recticurviligne,haut
de 70-100μ ,à paroi ext.épaisse de 4-7μ ,bombée.Epiderme inf.
recticurviligne,haut de 40-60μ ,à paroi ext.épaisse de 4-7μ ,
peu bombée,muni d'abondants stomates.Mésophylle formé de 6-8
assises de cellules chlorophylliennes et de cellules à raphides
peu nombreuses.
FLEUR. - PERIANTHE. DIVISIONS EXTERNES. Epidermes ext.et int.
peu striés,non papilleux. - DIVISIONS LATERALES INTERNES. Epiderme ext.pourvu de papilles seulement vers les bords.Epiderme
int.muni de papilles nombreuses,étroites,allongées,atteignant
50-100μ de long. - LABELLE. Tache médiane à papilles très étroites,longues de 20-30μ env.,non ou peu striées.Parties les plus
longuement pubescentes munies de poils atteignant seulement 50-
100μ de long,rarement 120μ ,gros à la base et très effilés au
sommet (pl.8,f.208).Epiderme inf.pourvu vers les bords du labelle de papilles nombreuses et courtes. - ANTHERE. Epiderme des

loges d'anthère à cellules légèrement prolongées en papilles.
Epiderme de la partie dorsale du gynostème muni de papilles a'-
teignant 50-60μ de long.Assise fibreuse ne contenant que peu
de cellules à bandes épaissies. - POLLEN. Jaune or.Exine non
ou à peine granuleuse.L = 30-40μ . - OVAIRE.(Pl.10,f.284.)Nervu-
re des valves placentifères saillante à l'extérieur,contenant
un faisceau libéro-ligneux à bois int.et parfois un faisceau
placentaire libérien très réduit.Placenta profondément divisé,
assez long.Valves non placentifères saillantes extérieurement,
à un faisceau libéro-ligneux int. - GRAINES. Suspenseur déve-
loppé.Cellules du tégument pourvues d'épaississements striés.
Graines arrondies au sommet,2f.1/2 - 2f.2/3 plus longues que
larges.L = 350-450μ env.

Var. BOMBIFERA Brébis.Fl.Normand.et auct.plur.; Reichb.f.Icon.
XIII,1.c.,f.III; Koch,Syn.ed.Hall.et Wohlf.p.2436; M.Schulze,
Die Orchid.t.26,f.13. - Icon. - Ic.n.pl.25,f.821. - Fleurs plus
grandes que dans le type;divisions du périanthe plus larges;la-
belle très large,court,à lobes arrondis,muni d'une petite dent
à l'échancrure du lobe médian. - Normandie. - Nous n'avons pas
vu cette plante,mais la fig.de Reichb.et la description nous
font l'identifier à l'O.ARANIFERA + MUSCIFERA.
Var.PARVIFLORA M.Schulze in Mitt.d.bot.Ver.Ges.Thür.(1889);M.
Schulze,Die Orchid.t.26,f.14 est une simple forme naine qui
croît dans les terrains arides.
F.OCHROLEUCA. - Fleurs petites,d'un blanc jaunâtre. - France:
Lardy (S.-et-O.)(Bergon).
F.PELORIA. - M.Geysenheyner à Kreuznach ap.M.Schulze,Die Or-
chid.signale la pélorie de cette espèce.

V.v. - Mars,mai. - Pâturages,clairières des bois,coteaux arides et calcaires. - A été récolté à d'assez grandes altitudes:
1550 m.dans le Valais(Jaccard);1400 m.dans le Tyrol (Dalla Torre u.Sarnth.) - Assez répandu dans toute la France,mais rare
dans le centre.le Jura,la région mérid. Norvège,Europe moyenne
et méridionale;Espagne,Allemagne,Angleterre,Belgique,Autriche-
Hongrie,Suisse,etc.

4. - O.SPECULUM.

O.SPECULUM Link ap.Schrad.Journ.bot.II,p.24(1799); Lindl.Gen.
and spec.p.379; Reichb.f.Icon.XIII,p.80; Richter,Pl.eur.p.262;
Kraenz.Gen.et spec.p.95; Ardoino,Fl.Alp.-Mar.p.357; Barla,Icono-
gr.p.73; Moggridge,Contr.fl.Menton,t.72; Cam.Monogr.Orch.Fr.p.
94; in J.bot.VII,p.137; Coste,Fl.Fr.III,p.390,n°3573; Ten.Fl.
nap.2,p.309; Guss.Fl.sic.syn.2,p.549; Bertol.Fl.ital.IX,p.592;
Parlat.Fl.ital.III,n°946; Ces.Pass.Gib.Comp.p.193; Macchiati in
N.g.bot.ital.(1881)p.316; Moretti,Dec.6,p.8; W.Barbey,Fl.Sard.
comp.n°1327; Arcang.Comp.ed.2,p.662; Fiori et Paol.Iconogr.fl.
ital.n°809; Boiss.Voy.Esp.2,p.598; Rodrig.Catal.Menorca; Marès
et Vigin.Cat.Baléar.p.283; Willk.et Lange,Prodr.hisp.1,p.173;
Guimar.Orch.port.p.32; Debeaux et Daut.Syn.fl.Gibralt.p.201;

Boiss.Fl.orient.V,p.75; Bory et Chaub.Fl.Péloponèse,n°1517; de
Boissieu in Bull.Soc.bot.Fr.(1898); Ross,Beitr.fl.Sicil.in Bull.
Herb.Boiss.(1899); Asch.u.Graeb.Syn.III,p.626; Griseb.Spicil.
fl.Rum.et Bith.2,p.366; Battand.et Trab.Fl.Alg.(1884)p.201;
(1895)p.24; Ball,Spic.Maroc.p.873; Bonnet et Barr.Cat.Tunisie,
p.404; Murbeck,Contr.conn.fl.Nord-Ouest de l'Afr.et Tunisie,p.
70. - O.VERNIXIA Brot.Fl.lusit.1,p.29(1804); Cambes.Enum.pl.
Baléar.n°550. - O.SCOLOPAX Willd.Spec.IV,p.69(1805); non Cavan.
(1793); Brot.Phyt.lusit.t.2. - O.INSECTIFERA d. L.Spec.ed.1,p.
949(1753). - O.HIRSUTA Dufour,Herb.Kunth.sec.Kraenz. - ARACHNI-
TES SPECULUM Tod.Orch.sic.p.93(1842); Bubani,Fl.pyr.p.48. -
ORCHIS CILIATA Biv.Pl.sic.cent.1,p.60(1806); Tenore,Fl.nap.2,p.
300; Syll.fl.nap.p.460; Moris,Stirp.Sard.1,p.44. - O.MUSCIFERA
Bina,Orchid.Sard.p.12. - Orchis ricinum villosum referens Cup.
H.cath.p.158 et Suppl.alt.p.68; Bon. t.28; - Orchis muscam
caeruleam majorem representans Breyn.Cent.1,p.100,t.44.

Icon. - Cup.Pamph.Sic.1,t.175; II,t.146; Breyn.l.c.; Brot.l.
c.; Todaro,t.2,f.5,6; Reichb.Pl.crit.t.DCCCLIX; Reichb.f.Icon.
XIII,t.96,CCCLVIII,f.I-III; Barla,l.c.pl.61,f.1-6; Mutel,Atlas,
t.66,f.511; Ten.l.c.t.95; Moggridge,l.c.t.72,f.1,A.; Bot.reg.t.
370.

Exsic. - Choulette,Fragm.fl.alg.n°87; Tod.Orch.sic.n°510;
Bourgeau,Pl.Esp.(1849) n°459;(1852); Pl.Esp.et Port.(1853);
Willk.It.hisp.n°639; Welwitsch,Iter lusit.n°343; Soc.Dauph.n°
5061; Bove,Un. itiner.n°1832; Schimper; Durando,Fl.atlant.
(1851); Jamin,Pl.Alg.n°87; Heldreich,Pl.fl.hellen.(1889).

Bulbes ovoïdes ou subglobuleux.Tige de 1-3 décim.,un peu anguleuse au sommet.Feuilles oblongues,les inférieures presque
obtuses,les supérieures lancéolées-aiguës.Bractées concaves,ob-
tuses,égalant ou dépassant l'ovaire.Fleurs peu nombreuses,2-6,
assez rapprochées.Périanthe à divisions externes ovales-obtuses,
d'un jaune verdâtre,à bords réfléchis,les deux latérales étalées,munies de nervures d'un pourpre foncé;divisions internes
latérales plus courtes et plus étroites que les externes,ova-
les-lancéolées,rétrécies à la base,subulées et recourbées au
sommet,pubescentes à la face interne,d'un brun violacé.Labelle
entouré par une bande de longs poils fauves,à 3 lobes,plus long
que les divisions externes du périgone,un peu convexe,marqué
d'une tache large,d'un bleu métallique,entouré d'une ligne jaunâtre en avant et latéralement,muni à la base de deux petites
protubérances,luisantes,éloignées l'une de l'autre.Lobes latéraux dirigés obliquement en avant,courts,arrondis,marqués de
2-3 raies parallèles,d'un brun foncé,à bords ciliés;lobe moyen
en coeur,à bords d'un brun foncé,velouté,à bords réfléchis,sans
appendice.Gynostème à bec très court,obtus.Anthère d'un vert
jaunâtre.Masses polliniques jaunes.

MORPHOLOGIE INTERNE.

BULBE. Grains d'amidon de forme très irrégulière ,non groupés
non sphériques,plus ou moins allongés,très gros,atteignant 40-
60µ de long env. (pl.1,f.33). - FIBRES RADICALES. Assise pili-

fère subérisée surtout extérieurement.Endoderme à plis assez
marqués.Vaisseaux de métaxylème ordinairement différenciés.

TIGE. Stomates peu nombreux.2-4 assises de parenchyme chlorophyllien entre l'épiderme et l'anneau lignifié.Anneau lignifié
formé de 5-9 assises de cellules à parois minces et à section
de forme irrégulière,ordinairement séparé du liber des faisceaux par 1-3 assises non lignifiées.Parenchyme central résorbé.

FEUILLE. Ep. = 260-320μ.Epiderme sup.strié,à peine recticurviligne,haut de 60-100μ,à paroi ext.bombée et épaisse de 5-7μ,
dépourvu de stomates au moins dans les feuilles inf.Epiderme
inf.recticurviligne,haut de 30-60μ,à paroi ext.légèrement bombée et épaisse de 5-8μ,à stomates abondants.Mésophylle formé
de 6-8 assises de cellules chlorophylliennes et renfermant des
cellules à raphides peu nombreuses.

FLEUR. - PERIANTHE. DIVISIONS EXTERNES. Epidermes ext.et int.
striés,sans papilles même vers les bords. - DIVISIONS LATERALES
INTERNES. Epiderme ext.dépourvu de papilles.Epiderme int.pro-
longé en papilles croissant de grandeur en approchant de la base des divisions,allongées,étroites,atteignant 120-200μ de long,
à contenu violacé. - LABELLE. Epiderme int.de la partie centrale lisse et brillante dépourvu de papilles,formé de cellules
polygonales semblables à celles de l'O.BERTOLONI.Poils existant
seulement au bord du labelle,très fortement ondulés,tortillés,
atteignant 800-2300μ de long,très striés,à contenu jaune pâle
vers leur base et violacé vers leur extrémité.Partie portant
des poils bien plus restreinte que celle n'en portant pas.Epi-
derme inf.dépourvu de papilles,vers les bords seulement muni
de quelques poils ressemblant à ceux de l'épiderme int. - AN-
THERE. Epiderme de la partie dorsale du gynostème prolongé en
papilles.Epiderme des loges non sensiblement papilleux.Assise
fibreuse à épaississements relativement nombreux (pl.9,f.234).-
POLLEN. Tétrades de la périphérie des massules à exine très
fortement granuleuse. L = 34-42μ env. - OVAIRE. Nervure des
valves placentifères très saillante extérieurement,à un faisceau libéro-ligneux à bois int.et à un faisceau placentaire libérien très rudimentaire.Placenta très long,se divisant tardivement en deux parties divergentes.Valves non placentifères
très proéminentes à l'extérieur,renfermant un faisceau libéro-
ligneux à bois int. - GRAINES. Cellules du tégument striées.
Graines arrondies au sommet,2-3 f.env.plus longues que larges.
L = 250-300μ env.

V.v. - Coteaux arides,prairies des terrains calcaires. -
France:TR.,Menton(Ardoino),Portugal,Espagne méridionale,Corse,
Sardaigne,Sicile,Italie,Grèce,Crète,Rhodes,Macédoine;Bithynie,
Syrie,Asie-Mineure;Tripoli,Tunisie,Algérie,Maroc.

Sous-sect. B.TENTHREDINIFERAE (Parlat.l.c.p.545). - Divisions
du périanthe étalées,les deux internes courtes,en coeur à la
base ou onguiculées.Labelle convexe,à bords non repliés brusquement,muni à la base de 2 gibbosités coniques;trilobé,à lobes
latéraux plus ou moins apparents,à lobe médian plus grand que

les latéraux,émarginé ou non,muni d'un appendice au sommet ou
dans le sinus de la partie émarginée.

5. - O.TENTHREDINIFERA.

O.TENTHREDINIFERA Willd.Spec.IV,p.67(1805); Lindl.Gen.and sp.
p.376; Reichb.f.Icon.XIII,p.81; Kraenz.Gen.et spec.p.98; Richter,Pl.eur.p.262; Cosson,Notes sur qq.pl.Fr.Cor.;Gr.et Godr.Fl.
Fr.III,p.302; Loret et Barr.Fl.Montp.p.665; Ardoino,Fl.Alp.-Mar.
p.357; Barla,Iconogr.p.72; Cam.Monogr.Orch.Fr.p.89; in J.bot.
VII,p.132; Debeaux in Rev.de bot.(1891)p.280; Gautier,Pyr.-Or.
p.401; Coste,Fl.Fr.V,p.391,n°3578,cum ic.; Cambes.Enum.pl.Ba-
léar.p.548; Rodriguez,Cat.Men.p.88,n°603; Marès et Vigineix,Cat.
Baléar.p.282; Willk.et Lange,Prodr.hisp.p.172; Debeaux et Daut.
Syn.Gibralt.p.201; Brot.Phyt.lus.2,t.87; Guimar.Orch.port.p.25;
Asch.u.Graeb.Syn.III,p.635; Biv.Sic.pl.cent.2,p.39; Guss.Fl.sic.
syn.p.546; Bertol.Fl.ital.IX,p.589; Parl.Fl.ital.III,p.550; Ces.
Pass.Gib.Comp.p.193; W.Barbey,Fl.Sard.comp.et suppl.n°1326;
Martelli,Monoc.Sard.p.66; Arcang.Comp.ed.2,p.172; Fiori et Paol.
Iconogr.fl.ital.n°805; Sibth.et Sm.Prodr.2,p.217; Fl.gr.X,p.22;
Chaub.et Bor.Exp.sc.Morée,p.263,t.32,f.3; N.fl.Pélop.p.61,t.34,
f.3; Fried.Reise,p.269; Weiss.in Z.bot.Ges.(1869)p.754; Raul.
Crèt.p.862; Boiss.Fl.orient.V,p.76; Gelmi in Bull.Soc.bot.ital.
(1889)p.452; de Boissieu in Bull.Soc.bot.Fr.(1896)p.288; Heldr.
Fl.Egine,p.391; in Bull.Herb.Boiss.(1898); Aznav.in Mag.bot.Lap.
1,p.196; Ball,Spicil.Mar.p.674; Battand.et Trab.Fl.Alg.(1884)p.
203;(1904)p.25; Munby,Cat.; Lacroix,Cat.Kabyl.; Mutel,Oph.Bon.
in Ann.Soc.Strasb.(1835)et Fl.Fr.III,p.25; Bonnet et Barr.Cat.
Tunisie,p.404; Debeaux,Fl.Kabylie Djurdjura,p.345; Cam.in Act.
Congr.Bot.(1900)p.342. - O.ARACHNITES Link in Schrad.J.bot.1,p.
325(1799). - O.EPISCOPALIS Poiret,Encycl.suppl.IV,p.170(1816).-
O.GRANDIFLORA Ten.Fl.nap.II,p.309(1820); Syll.fl.neap.p.459. -
O.INSECTIFERA A. ROSEA Desf.Fl.atl.II,p.321(1800). - O.LIMBATA
Link,Hdb.1,p.247(1829). - O.TENOREANA Lindl.in Bot.reg.t.1093,
(1827). - O.VILLOSA Desf.Ch.pl.p.8,t.4; in Ann.Mus.X,p.225(1807).-
ARACHNITES TENTHREDINIFERA Tod.Orch.sic.p.85(1842). - Orchis
ornifuciflora,genata,rubiginea,ambitu viridi Cup.Pamph.sic.1,t.
175;II,t.146; Bon.t.28. - Orchis orniflora,amplo labello,gemma-
to,rubigineo,ambitu viridi,larvulum fictitante et eadem torque-
ta gemmosa Cup.H.cath.p.158.

Icon. - Ten.l.c.t.93,non t.94; Sibth.et Sm.l.c.t.929; Bot.reg.
t.205; Biv.l.c.t.4; Brotero,l.c.; Chaub.et Bor.l.c.; Mutel,Fl.
fr.Atl.t.67,f.514; Ann.soc.Strasb.t.1,f.A; Bot.Mag.t.1930;
Reichb.Pl.crit.DCCCLXXIV;DCCCLXXVI; Reichb.f.Icon.XIII,t.111,
CCCCLXIII; Barla,l.c.pl.60,f.12-13.; Ic.n.pl.24,f.775-777.

Exsicc. - Heldr.H.n.n°264; Orphan.Fl.gr.n°264; Salzm.; Balan-
sa,n°248; Jamin,Pl.Alg.n°88; Tod.Pl.sic.n°511; Bové,Pl.Maurit.;
Choulette,Fr.fl.Alg.n°384; Soc.Dauph.n°5062; Billot,n°3920;
Schimper,Un.itin.(1832).

Bulbes ovoïdes ou subglobuleux.Tige de 1-3 décim.,rarement
plus,droite ou sinueuse,un peu anguleuse au sommet.Feuilles
larges,ovales ou ovales-oblongues,aiguës ou subaiguës.Bractées
plus longues que l'ovaire,presque obtuses,souvent lavées de rose au sommet.Fleurs assez grandes,disposées en épi lâche.Divi-
sions externes du périgone ovales ou ovales-oblongues,obtuses,
rosées ou blanchâtres,munies de 3 nervures vertes;divisions internes 3-4 fois plus courtes que les externes,ovales-obtuses,
pubescentes en avant,à bords ciliés,d'un rouge purpurin.Labelle
subtrilobé,plus long que les divisions du périanthe,grand,pres-
que quadrangulaire,convexe,élargi en avant,d'un brun foncé velouté,marqué d'une tache rhomboïdale glabre,brunâtre,bordé par
une ligne jaune,muni à la base de deux gibbosités noirâtres.Lo-
bes latéraux un peu réfléchis,peu veloutés,formant deux gibbosités à la base du labelle;lobe médian émarginé,très velouté
de poils verdâtres,terminé par un appendice glabre,obtus,d'un
jaune verdâtre,recourbé en dessus.Gynostème à sommet arrondi,
dépourvu de bec.Anthère et masses polliniques d'un jaune pâle.

MORPHOLOGIE INTERNE.

BULBE. Grains d'amidon atteignant 20-30μ de long,allongés,de
forme peu régulière(pl.1,f.30). - FIBRES RADICALES. Assise pilifère très subérisée à l'extérieur.Endoderme à peine différen-
cié.Vaisseaux de métaxylème assez nombreux.

TIGE. Stomates peu abondants.3-5 assises de parenchyme lâche
entre l'épiderme et l'anneau lignifié.6-8 assises lignifiées
formées de cellules à section assez irrégulière.Parenchyme se
résorbant dans la partie centrale de la tige.

FEUILLE. Ep. = 250-350μ .Epiderme sup.strié,recticurviligne,
haut de 70-100μ ,à paroi ext.légèrement bombée et épaisse de
9-10 μ ,muni de stomates seulement dans les feuilles moyennes et
supérieures.Epiderme inf.recticurviligne,haut de 40-60μ ,à paroi ext.bombée et épaisse de 7-10μ ,à stomates abondants.Méso-
phylle comprenant 7-9 assises chlorophylliennes et de peu nombreux paquets de raphides.

FLEUR. - PERIANTHE. DIVISIONS EXTERNES. Epidermes ext.et int.
striés,à stries convergeant vers le centre de chaque cellule,dé-
pourvus de papilles même vers les bords et à l'extrémité de
ces pièces du périanthe. - DIVISIONS LATERALES INTERNES. Epiderme ext.muni de papilles nombreuses,courtes dans la partie
centrale,atteignant 200-250μ dans les parties marginales.Epi-
derme int.entièrement couvert de papilles très nombreuses,at-
teignant 200-250μ de long et très minces. - LABELLE. Epiderme
int.de la partie médiane luisante prolongé en courtes papilles
ondulées,atteignant 50μ de long,très striées.Région voisine de
l'ouverture du style sans papilles caractérisées.Parties longuement pubescentes pourvues de poils plus ou moins ondulés,
striés,atteignant 500-1000μ de long et env.20μ de diam.à la ba-
se.Epiderme inf.du labelle sans papilles caractérisées. - AN-
THERE. Epiderme de la partie dorsale du gynostème à cellules
nettement prolongées en papilles.Assise fibreuse différenciant
quelques épaississements. - POLLEN. Jaune or.Exine nu ou à
peine ruguleuse à la périphérie des massules.L = 28-35μ . -
OVAIRE. Nervure des valves placentifères très brusquement sail-

lante,ayant 2 faisceaux libéro-ligneux,l'ext.à bois int.,l'int.
placentaire à bois ext.Placenta très gros,divisé tardivement.
Valves non placentifères très proéminentes à l'extérieur,conte-
nant un faisceau libéro-ligneux à bois int. - GRAINES. Cellules
du tégument à parois recticurvilignes,pourvues de nombreux
épaississements striés.Graines arrondies au sommet,atténuées à
la base,2-3 fois plus longues que larges. L = 300-400μ env.

Var.LUTESCENS Battand.in Bull.Soc.bot.Fr.(1904)p.353. - Périanthe à divisions externes jaunâtres;labelle court. - Algérie.

V.v. - Mars,avril,en Europe mai. - Prairies et coteaux arides
calcaires de la région méditerran. - Portugal;Espagne;Baléares;
France,Corse;Sardaigne,Sicile,Italie;Dalmatie;Grèce;Crète;Malte;
Tunisie,Tripolie,Algérie,Maroc. - En France limité à la région
méditerran.et à la Corse.R.

M.Guimaraes Orch.port.admet les var.suivantes:
A. GENUINA Guimar.l.c.p.26 et 79. - Labelle obovale,peu lar-
ge,à gibbosités assez saillantes.
S.-.var.PRAECOX Guimar.est.l,f.8. - Var.PRAECOX Reichb.l.c. -
Fleurs petites.Floraison en février et mars.
S.-var.SEROTINA Guimar.est.l,f.8,a,e,b,c;est.II,f.11. - Fleurs
grandes.Floraison en avril,mai.
B.FICALHEANA Guimar.l.c. - Labelle subquadrangulaire,à gibbosités moins saillantes.
S.-var.DAVEI Guimar.l.c.,cum ic. - Divisions du périanthe rosées;labelle subquadrangulaire,muni d'une tache d'un pourpre
plus ou moins foncé.
S.-var.CHOFFATI Guimar.l.c.,cum ic. - Divisions du périanthe
d'un blanc jaunâtre;labelle presque de même forme que dans la
s.-var.DAVEI,mais jaunâtre et à macule centrale purpurine et
petite.

Sous-esp.O.NEGLECTA.

O.NEGLECTA Parlat.Fl.ital.III,p.548; W.Barbey,Fl.Sard.Suppl.
Aschers.et Lev.n°2585; Ces.Pass.Gib.Comp.p.192; Arcang.Comp.ed.
2,p.172; Richter,Pl.eur.p.262; Cam.Monogr.Orch.Fr.p.89; in J.
bot.VII,p.132. - O.GRANDIFLORA Ten.Fl.nap. t,94(mala),non Fl.
nap.II,p.308. - O.TENTHREDINIFERA Todaro,Fl.nap.2,p.308;p.p.;
non t.93; Seb.et M.Pr.p.309;p.p.
Diffère de l'O.TENTHREDINIFERA par la gracilité de toutes ses
parties,son épi court,à fleurs petites,2-5,très rapprochées.Pé-
rianthe à divisions externes d'un rose pâle,à divisions internes rosées,pubescentes.Labelle un peu court,égalant à peine les
divisions du périanthe,3-lobé,à lobe médian très émarginé,sub-
bilobé,ce qui donne un aspect 4-lobé,muni d'un petit appendice
au milieu du sinus qui sépare les deux lobules du lobe moyen. -
Avril,mai. - Italie centrale et mérid.,Sardaigne,France:TR.,
Pyrénées (de Franqueville).

6. - O.FUCIFLORA.

O.FUCIFLORA Haller,Icon.pl.Helv.t.24,f.2,3; Crantz,Stirp.aust.
VI,p.483(1769); Schmidt,Bohm.p.76; Reichb.Fl.excurs.t.1,p.128!
(1830); Reichb.f.Icon.XIII,p.85; Guss.Enum.pl.inar.p.321; Gren.
Fl.ch.jurass.p.756; Franchet,Fl.L.-et-Ch.p.577; Bonnet,Pet.fl.
par.p.185; Magn.et Hétier (O.FUCIFERA) Obs.fl.Jura,p.141; Mas-
clef,Cat.P.-d.-C.p.155; S.-Lager,Fl.descr.éd.8,p.818; de Vos,
Fl.Belg.p.556; Gremli,Fl.Suisse,éd.Vetter,p.484; Koch,Syn.ed.
Hall.et Wohlf.p.2437; Garcke,Fl.Deut.ed.14,p.381; Bach,Rheinpr.
Fl.p.372; Caflisch,Ex.Fl.S.-D.p.298; Godet,Fl.Jura,II,p.690; M.
Schulze.Die Orchid.n°27; Asch.u.Graeb.Syn.III,p.629. - O.ARACH-
NITES Richard,Fl.moen.-franc.II,p.89(1772); Willd.Spec.IV,p.67;
Lindl.Gen.and spec.p.376; Richter,Pl.eur.p.262; Correvon,Alb.
Orch.Eur.pl.XXXIV; Babingt.Man.Brit.Bot.p.347,ed.8; Lej.Rév.fl.
Spa; Hocq.Fl.Jemm.p.236; Tinant,Fl.luxemb.p.444; Bellynck,Fl.
Namur,p.264; Crépin,Man.fl.Belg.éd.1,p.178; Löhr,Fl.Tr.p.249;
Meyer,Orch.Luxemb.; DC.Fl.fr.V,p.332,non III,p.255; Duby,p.447;
Loisel.Fl.gall.2,p.270; Mutel,Fl.fr.III,p.252; Fl.Dauph.éd.2,p.
597; Boisduval,Fl.fr.III,p.49; Lapeyr.Abr.Pyr.p.561; Dupuy,Fl.
Gers,p.233; Gren.et God.Fl.Fr.III,p.302; Boreau,Fl.centre,éd.3,
p.649; Coss.et Germ.Fl.env.Paris,éd.2,p.687; God.Fl.Lorr.2,p.
298(1857); Brébis.Fl.Norm.pl.ed.; Castagne,Catal.B.-d.-Rh.p.157;
Loret et Barr.Fl.Montp.p.665; Ravin,Fl.Yonne,éd.3,p.362; Lloyd
et Fouc.Fl.Ouest.p.338,p.p.; Ardoino,Fl.Alp.-Mar.p.545; Barla,
Iconogr.p.71; Cam.Monogr.Orch.Fr.p.92; in J.bot.VII,p.135;
Guill.Fl.Bord.et S.-O.; Corbière,N.fl.Norm.p.562; Gautier,Pyr.-
Or.p.401; Hort.Vilmorin.in Bull.Soc.bot.Fr.1904; Coste,Fl.Fr.V,
p.393,n°3579;cum ic.; Kirschl.Fl.Als.prodr.p.161; Gaud.Fl.helv.
V,p.490,n°2079; Spenn.Fl.frib.p.242; Schinz u.Kell.Fl.Schweiz,
p.133; Fisch.Fl.Bern,p.78; Reichb.Fl.exc.p.129; Host,Syn.p.492,
(1797); Hoffm.Deuts.Fl.p.318; Roth,Tent.germ.1,p.382,II,p.405;
Koch,Syn.ed.2,p.797; ed.3,p.600; Rhiner,Prodr.Waldst.p.128;
Foerster,Fl.Aachen,p.348; Balbis,Fl.taur.p.149; Seb.et Mauri,
Prodr.Rom.p.310; Moric.Fl.venet.1,p.372; Pollin.Fl.veron.III,p.
27; Ten.Fl.nap.2,p.304; Syll.p.459; de Notaris,Rep.fl.lig.p.391;
Bertol.Fl.ital.IX,p.584; Moris,Stirp Sard.f.1,p.44; Parlat.Fl.
ital.III,p.545; Ces.Pass.Gib.Comp.p.192; W.Barbey,Fl.Sard.comp.
et suppl.n°1324; Arcang.Comp.ed.2,p.173; Martelli,Monoc.Sard.p.
65; Cocconi,Fl.Bolog.p.486; Fiori et Paol.Iconogr.fl.ital.n°804;
Suffren,Pl.du Frioul,p.185; Vis.Fl.Dalm.1,p.175; Ambr.Fl.Tir.
austr.1,p.715; W.Barbey in Bull.Herb.Boiss.(1894-95); Etude bot.
Kos; Et.bot.Kasos; Et.bot.Telandos; Et.bot.Syra; Hausm.Fl.Tirol,
p.844; Beck,Fl.N.-Oest,p.197; Schur,Enum.Trans.p.647,n°3438 ?;
Sibth.et Sm.Fl.gr.prodr.II,p.216; Pieri,Corc.fl.p.126; Marg.et
P.Fl.Zante,p.86; Boiss.Fl.orient.V,p.77; Fors in Bull.Herb.
Boiss.III,p.88; Halacsy,Consp.fl.gr.III,p.177; Asso,Syn.Arag.p.
130; Barcelo,Ap.Balear.p.45,n°413; Willk.et Lange,Prodr.hisp.1,
p.172; Marès et Vigin.Cat.Baléar.p.282; Colm.En.pl.hisp.-lusit.
Guimar.OrchMport.p.28. - O.ADRACHNITES Bertol.Pl.gen.p.123,et
Amaen.it.p.200; Lapeyr.Herb. - O.DISCORS Bianca! in Tod.Orch.
sic.p.84,et pl.nov.p.5,et pl.ex. - O.INSECTIFERA ADRACHNITES
L.Spec.ed.1,p.949(1753). - O.INSECTIFERA ARACHNITES a.Hall.Ic.

pl.Helv.p.26. - O.TRUNCATA Dulac,Fl.H.-Pyr.p:128(1867). - O.
OESTRIFERA Reichb.Fl.excurs.p.128;non Marsch.Bieb. - ORCHIS
ARACHNITES Scop.Fl.Carn.ed.2,II,p.194(1772); All.Fl.pedem.2,p.
147. - ARACHNITES BIANCAE Tod.Orch.sic.p.83. - Orchis araneam
referens Bauh.;Vaill.Bot.paris.t.30,f.10-13; Seg.Pl.veron.p.244;
t.8,f.1.

Icon. - Vaill.Bot.par.l.c.; Haller,l.c.; Seg.l.c.; Spach,S.à
Buffon,Atl.t.123,f.2; Bisch.Hdb.t.31,f.1004; Brongn.ap.Chaub.et
Bory,Pélop.t.34,f.5; Bot.Mag.t.2516; Séb.et Mauri,l.c.t.2,f.2;
Reichb.Pl.crit.t.DCCCLVIII;DCCCLJX; Reichb.f.Icon.XIII,t.109,
CCCCLXI; Coss.et Germ.Atlas,pl.32,f.D; Barla,l.c.pl.60,f.1-11;
Cam.Iconogr.Orch.env.Paris,pl.20; M.Schulze,l.c.t.27; Bonnier,
Atl.N.Fl.p.147; Ic.n.pl.24,f.791-800.

Exsicc. - Todaro,Fl.sic.n°108; Reliq.Maill.n°1734; F.Schultz,
n°79; Soc.Rochel.n°2943; Dörfler,Pl.cr.n°122,a.

Bulbes entiers ou subglobuleux.Tige grêle,de 2 à 4 décim.,si-
nueuse,cylindrique.Feuilles ovales-oblongues,les inférieures
étalées,obtuses;les moyennes subaiguës,engaînantes.Bractées herbacées,concaves,obtuses,dépassant l'ovaire.Fleurs peu nombreuses,en épi lâche.Divisions externes du périanthe étalées,ovales-
oblongues,obtuses,d'un rose plus ou moins vif,s'atténuant après
l'anthèse,munies d'une nervure verte très marquée;les latérales
internes plus petites,oblongues-lancéolées,veloutées,un peu lavées de rose.Labelle velouté,d'un brun pourpré,présentant à la
base une tache glabre circonscrite par des lignes jaunâtres et
brunâtres disposées avec symétrie et arquées,formant des îlots
arrondis ou ovales;à la base deux gibbosités plus ou moins marquées,dirigées en avant,semblent par un repli former deux lobes
latéraux qui ne sont pas séparés;au sommet le labelle est terminé par un appendice glabre ou d'un jaune verdâtre formé de 3
lobules et arqué fortement en avant.Gynostème terminé par un
bec droit,court.Anthère et masses polliniques jaunes.
                    MORPHOLOGIE INTERNE.
  BULBE. Grains d'amidon de forme très irrégulière,plus ou
moins allongés ou arrondis,atteignant 20-40μ de long,ordinaire-
ment non groupés(pl.1,f.26). - FIBRES RADICALES. Assise pilifère subérisée.Endoderme à cadres plissés marqués.Vaisseaux de
métaxylème souvent nombreux.Parenchyme central développé.
  TIGE. Epiderme délicatement strié,à stomates assez abondants.
2-4 assises parenchymateuses,à méats et canaux aérifères entre
l'épiderme et l'anneau lignifié.5-10 assises lignifiées à parois peu épaisses,touchant au liber des faisceaux ou séparées
de lui par 1-2 assises non lignifiées.Faisceaux libéro-ligneux
ordinairement entourés de tissu lignifié à l'extérieur et laté-
ralement.Liber développé.Parenchyme interne très abondant,non
ou à peine résorbé.
  FEUILLE. Ep. = 250-400μ .Epiderme sup.recticurviligne,haut de
60-120μ,à paroi ext.épaisse de 4-6μ et non ou peu bombée,dé-
pourvu de stomates au moins dans les feuilles inf.Epiderme inf.
recticurviligne,haut de 40-70μ,à paroi ext.épaisse de 4-6μ et
bombée,à stomates nombreux.Mésophylle formé de 4-7 assises de

cellules allongées sur une section transversale de la feuille.
FLEUR. - PÉRIANTHE. DIVISIONS EXTERNES.Épidermes ext.et int.
munis de quelques papilles courtes surtout dans les parties marginales. - DIVISIONS LATÉRALES INTERNES. Épiderme ext.à papilles développées vers les bords seulement.Épiderme int.pourvu
de papilles très nombreuses,courtes vers la partie médiane,at-
teignant 100-200µ de long vers les parties marginales,striées,
grosses à la base,amincies a l'extrémité (pl.8,f.207). - LABEL-
LE. Épiderme de la tache bordée de vert prolongé en papilles
très courtes et striées.Partie brunâtre surmontant cette tache
munie de papilles assez courtes,légèrement striées.Dessins
verts à épiderme pourvu de papilles semblables à celles des
parties brunâtres,mais un peu plus longues.Régions les plus
longuement pubescentes portant des poils atteignant 250-400µ ,
non ondulés,cylindriques,très gros à l'extrémité,rarement quelques-uns atténués à l'extrémité et plus ou moins recourbés.
Épiderme ext.à peine papilleux vers les bords. - ANTHÈRE. Épiderme de la partie dorsale du gynostème prolongé en papilles
courtes et striées.Épiderme des loges à paroi ext.très bombée.
Assise fibreuse relativement assez caractérisée;cellules à
épaississements assez nombreuses. - POLLEN. Jaune or.Tétrades
de la périphérie des massules à exine délicatement rugueuse.
L = 30-40µ . - OVAIRE. Nervure des valves placentifères très
saillante extérieurement,à un faisceau libéro-ligneux ext. et
à un faisceau libérien int.développé.Placenta long,très divisé
au sommet,à divisions divergentes.Valves non placentifères très
proéminentes à l'extérieur,renfermant un faisceau libéro-ligneux int. - GRAINES. Cellules du tégument munies d'épaississe
ments striés.Graines arrondies ou légèrement déprimées au sommet,très atténuées à la base,2f.1/4-2f.3/4 plus longues que
larges. L = 350-470µ env.

B. Var.VIRIDIFLORA Cam.in Bull.Soc.bot.Fr.XXXVIII,p.42; Mono-
gr.Orchid.Fr.p.93; Atl.pl.XLII,f.A. - Var.FLAVESCENS Rosb.Fl.v.
Tr.1,p.182;II,p.137; M.Schulze,Die Orchid.l.c. - Plante de mêmes
dimensions et de même forme que dans le type,mais à fleurs d'un
jaune verdâtre,à labelle muni de lignes d'un jaune brunâtre;
divisions externes du périanthe d'un blanc franc,munies d'une
nervure verte.
La var.ALBESCENS de Brébis.Fl.Norm.éd.3,4,5,est une simple
variation dont les divisions du périanthe sont blanches et non
rosées.Sur les coteaux calcaires arides cette forme est souvent
abondante et se trouve reliée au type par toutes les teintes
intermédiaires.De plus dans les formes à teintes peu accentuées,
après l'anthèse,les divisions du périanthe pâlissent et deviennent blanchâtres.Le même pied cultivé en pot et à l'ombre 'a
donné pendant plusieurs années des hampes à fleurs ayant les
divisions du périanthe blanches et cependant le pied que nous
avions rapporté avait la première année des fleurs franchement
rosées.
C. Var.ATTICA Boiss.et Orphanid.Diagn.pl.or.ser.II,IV,p.91,
(1859); Boiss.Fl.orient.V,p.77; Halacsy,Consp.fl.gr.III,p.177;
Richter,Pl.eur.p.262. - Exsicc. - Heldr.Reliq.Orph.(1886). -

Plante naine,à fleurs petites,verdâtres;labelle d'un jaune verdâtre,brièvement atténué à la base,maculé de taches brunes. -
Grèce:Attique,près de Stadium (Orphanides).

D. Var.LATISSIMA Mutel,Fl.fr.III,p.252(1836); Fl.Dauph.éd.2,
p.597. - Var.GRANDIFLORA Löhr in Jahr.bot.Ver.Mitt.-u.-Nied. .
(1839); Asch.u.Graeb.Syn.l.c.p.631.- Var.EXPLANATA Barla,Icono-
gr. - Var.PLATYCHEILA Rosbach,Verh.nat.Ver.d.preuss.33,p.433
(1876); M.Schulze,Die Orchid.t.27,3. - Icon. - Mutel,Atlas,pl.
LXVII,p.518,a et b; M.Schulze,l.c.f.6 et 7. - Exsicc. - Soc.et.
fl.fr.-helv.n°1449. - Plante robuste.Fleurs grandes,à labelle
très large,assez fortement échancré,subtrapézoïde;gibbosités
peu saillantes. - Italie,Allemagne,Europe méridionale.

E. Var.CORONIFERA Beck in Oest.bot.Zeit.(1879)p.356; Fl.N.-
Oester.l,p.197; M.Schulze,l.c. - Divisions internes du périgone
subquadrangulaires,de 4 mm.sur 5 mm.;le reste comme dans le type. - Autriche.

F. Var.PSEUDAPIFERA Rosbach,l.c.; M.Schulze,l.c.cum ic.t.27,
f.8. - Fleurs de grandeur moyenne;labelle à lobe moyen peu allongé,un peu rétus,muni au sommet d'un appendice petit et dirigé en avant;les 2 gibbosités latérales obscurément confondues
avec les 2 lobes latéraux,non séparés mais indiqués par un repli très accentué comme dans l'O.APIFERA. - Autriche.

G.Var.PANORMITANA. - ARACHNITES FUCIFLORA var.PANORMITANA Tod.
Hortus botan.panorm.II,t.XXVIII,f.dextra. - Labelle oblong-obo-
vale ou arrondi,à lobes latéraux faisant presque défaut,muni
au milieu de lignes latérales glabres,parallèles,distinctes,mu-
ni à la base de 2 gibbosités latérales. - Nous n'avons vu que
la planche représentant cette plante.C'est soit une variation
de peu d'importance soit une forme hybride. - Sicile.

H. Var.BRACHYOTUS. - O.BRACHYOTUS Reichb.Fl.excurs.p.128
(1830). - Labelle velu,brunâtre,obovale,triangulaire,subtrilobé,
muni au sommet d'un appendice grand.Divisions internes du périanthe plus courtes que les externes,velues.Diffère de l'O.A-
PIFERA par le labelle subindivis-denté et le bec du gynostème
court. - Lusus ou hybride ?

I.Var.OXYRHYNCHOS(b.),gibbis labelli obsoletis Parlat.Fl.ital.
III,p.546; Barla,Iconogr.p.72; Richter,Pl.eur.p.262. - O.OXY-
RHYNCHOS Todaro,Nell'Imparziale giorn.scien.Sic.p.74(1840);
Guss.Syn.fl.sic.2,p.545; Reichb.f.Icon.XIII,p.82,t.110,
CCCCIXVII; Kraenz.Gen.et spec.p.99. - ARACHNITES OXYRHYNCHOS
Orch.sic.p.81(1842). - OPHRYS TENOREANA Bertol.Fl.ital.IX,p.591
(1853),non Lindl. - Bulbes ovoïdes ou subglobuleux,petits.Tige
naine de 12 centim.de hauteur env.Feuilles basilaires 4-5,
oblongues-lancéolées,aiguës,environ 4 fois plus longues que
larges;feuille caulinaire une,engaînante.Bractées longuement
lancéolées,dépassant beaucoup les fleurs.Fleurs 4-5,de moyenne
grandeur.Divisions externes du périanthe vertes ou d'un vert
glauque,ovales-oblongues,aiguës,divisions internes plus courtes,
subtriangulaires,un peu poilues au sommet.Labelle brunâtre,un
peu pourpré à la base,muni de macules obscures,peu convexe,à
gibbosités peu marquées,entier,subquadrangulaire,muni d'une
dent subulée,située au milieu du sinus.Gynostème aigu. - V,s.
Italie.

J.Var.ORGYIFERA M.Schulze in O.B.Z.XLIX(1899). - Divisions externes du périanthe 3-divisées,la médiane projetée en avant; la supérieure ne recouvrant pas le gynostème.Labelle d'un pourpre brun,à appendice long. - Comme Asch.u.Graeb.Syn.III,p.631, nous considérons cette var.comme une monstruosité. - Autriche.

K.Var.CORNIGERA Asch.u.Graeb.l.c.p.631. - O.ARACHNITES var. CORNIGERA Beck,Glasn.XV,221(85)(1903); Wiss.Mitth.IX,506(100) (1904). - Appendice du labelle en protubérance cornée,forme voisine de l'O.CORNUTA.

L.Var.UNTCHJII Asch.u.Graeb.l.c.p.631. - O.FUCIFLORA× TOMMASINII M.Schulze ap.Asch.u.Graeb.l.c. - Fleurs de la grandeur de celles de l'O.TOMMASINII;divisions du périanthe vertes.Labelle à dessins blanchâtres.Floraison coïncidant avec celle de l'O. TOMMASINII.Structure de la fleur ne rappelant d'après Ascherson en rien cette espèce.

M.Var.LINEARIS Moggr.Verh.Leop.Car.Acad.Nat.XXXV,12,t.III,f. 21(1870). - Divisions internes latérales du périanthe linéaires-oblongues. - A rechercher avec le type.

Var. ?,× ? O.BIANCAE Macchiati in Nuovo gior.bot.it.XIII,p. 315(1881). - ARACHNITES BIANCAE Todaro,Orchid.sic.p.83(1842). - O.BOMBYLIFLORA Reichb.f.Icon.IX,p.24,f.1160,ex Guss.non Link.- O.SCOLOPAX Cav.Icon.2,p.46,t.161,sec.Reichb.f.Icon.XIII-XIV,p. 84. - Diffère de l'O.OXYRHYNCHOS par l'appendice du lobe médian obscurément triangulaire et infléchi et le labelle subtrilobé.- Avril,mai. - Sicile.

MONSTRUOSITES. - Mutel,Fl.fr.III,p.253,décrit une forme à labelle bifide muni de 2 appendices;il la figure dans l'Atlas pl. LXVII,f.518,a',b'.Une monstruosité analogue a été figurée par M.Schulze dans son ouvrage Die Orchid.t.27,f.2-3.Dans cet exemple,les deux fleurs soudées sont nettement faciles à distinguer. Nous avons trouvé une forme semblable à Champagne(Seine-et-Oise) les deux ovaires soudés étaient inégalement développés.

V.v. - Pelouses,talus,prairies,surtout sur les coteaux arides à sol calcaire. - Europe moyenne et méridionale,îles de la Méditerranée.

7. - O.SCOLOPAX.

O.SCOLOPAX Cav.Icon.p.46,t.171(1793); Lindl.Gen.and spec.r. 374; Reichb.f.Icon.XIII,p.18; Richter,Pl.eur.p.264; Kraenz.Gen. et spec.p.108; Mutel,Fl.fr.III,p.252; Gren.et God.Fl.Fr.III,p. 304; Ardoino,Fl.Alp.-Mar.p.356; Barla,Iconogr.p.70; Loret et Barr.Fl.Montp.p.665; Fr.Gast.et Hérib.Fl.Auverg.p.433; Cam.Monogr.Orch.Fr.p.93; in J.bot.VII,p.136; Gautier,Pyr.-Or.p.401; Coste,Fl.Fr.V,p.391,n°3580; Gallé in Act.Congr.bot.1900,p.112; Willk.et Lange,Prodr.hisp.1,p.173; Debeaux et Daut.Syn.Gibr.p. 201; Mutel,Oph.bon.in Ann.Soc.Strasb.(1835),t.1,f.3; in Ann.sc. nat.(1835)t.8,B,f.1; Munby,Cat.; Lacroix,Cat.Kabylie; Battand. et Trab.Fl.Alg.(1884)p.202; (1904)p.24; Ball,Spic.Mar.p.673; Bonnet et Barr.Cat.Tunis.p.403; M.Schulze,Die Orchid.n°32?,pl.

32,b; Guimar.Orch.port.p.30; Aschers.u.Graeb.Syn.JJJ,p.652. -
O.ARACHNITES Lloyd,Fl.Ouest,pl.ed.; Lloyd et Fouc.; et auct.
gall.occ.p.max.parte. - O.SPHEGIFERA Willd.Spec.IV,p.65(1805);
Lindl.Gen.and spec.p.374. - O.PICTA Link ap.Schrad.Journ.JJ,p.
325(1799); Boiss.Voy.JJ,p.596. - O.BOMBYLIFLORA Reichb.Pl.crit.
IX,p.24; non Link. - O.CORNICULATA Brot.Phyt,lus.1,p.93(1816).-
O.INSECTIFERA APIFORMIS Desf.Fl.atl.JJ,p.321(1800).

Icon. - Cav.l.c.; Mutel,l.c.; Reichb.f.Icon.XJJJ,t.106,
CCCCLVJJJ; Barla,l.c.pl.59,f.1-17; Jc.n.pl.24,f.801-809.

Exsicc. - Billot,n°1334 et n°1334 bis; Reichb.n°174; Schultz,
H n.n.ser.n°1669; Kotschy,Iter Cil.-Kurd.n°268.

Bulbes ovoïdes ou subglobuleux.Tige grêle,de 2-4 décim.Feuil-
les oblongues-lancéolées,subobtuses.Bractées lancéolées-aiguës,
plus longues que l'ovaire.Fleurs peu nombreuses,3-8,rarement
plus,assez grandes.Périanthe d'un rose plus ou moins violacé,à
divisions externes allongées,atténuées au sommet,concaves,à 3
nervures,la moyenne verte,assez forte;divisions internes plus
étroites et plus courtes,ordinairement purpurines ou violacées.
Labelle ovale-oblong,3-lobé,à bords réfléchis et contournés en
dessous,veloutés,d'un pourpre brun,jaunâtre vers la base,marqué
de 5 taches anguleuses,arrondies,disposées symétriquement et
bordées de lignes jaunes.Lobes latéraux obscurément triangulaires,formant deux gibbosités prononcées,arquées en avant;lobe
médian à bords roulés en dessous,très rétréci au sommet,muni
d'un appendice lancéolé-aigu,rarement obtus,glabre,d'un vert
jaunâtre,recourbé en avant.Gynostème à bec court,verdâtre ou
jaunâtre.Anthère et masses polliniques jaunes.
                    MORPHOLOGIE INTERNE.
BULBE. Grains d'amidon ordinairement arrondis,rarement un peu
allongés,de 12-20µ,quelquefois 30µ de diam.(pl.1,f.27). - FI-
BRES RADICALES. Assise pilifère subérisée.Endoderme à cadres
peu marqués.Vaisseaux de métaxylème alternant souvent avec les
lames de bois primaire et en nombre égal.
TIGE. Epiderme strié. 2-4 assises de parenchyme entre l'épiderme et l'anneau lignifié.Anneau lignifié formé de 3-6 assises
séparé du liber des faisceaux par quelques cellules non ligni-
fiées.Parenchyme se résorbant souvent au centre de la tige.
FEUILLE. Ep.=250-320µ.Epiderme sup.recticurviligne,haut de
60-90µ,à paroi ext.légèrement bombée et épaisse de 4-7µ,dé-
pourvu de stomates.Epiderme inf.recticurviligne,haut de 35-50µ,
à paroi ext.épaisse de 4-6µ et bombée,à stomates nombreux.Méso-
phylle formé de 6-8 assises de cellules chlorophylliennes,plus
ou moins arrondies sur une section transversale.
FLEUR. - PERIANTHE. DIVISIONS EXTERNES. Epiderme ext.strié.
Epiderme int.papilleux vers les bords. - DIVISIONS LATERALES
INTERNES. Epiderme ext.portant des papilles vers les bords.Epi-
derme int.prolongé en poils nombreux,amincis à l'extrémité,
recourbés,atteignant 200-370µ de long env. - LABELLE.Partie
voisine de l'ouverture du style dépourvue de papilles.Tache médiane luisante à papilles étroites.Parties nettement pubescentes

munies de poils les uns coniques,légèrement ondulés,atteignant
150µ de long env.,gros à la base,atténués à l'extrémité,à contenu jaune;d'autres à peine ondulés ou légèrement recourbés au
sommet,de 450-550µ de long,à contenu violacé.Epiderme inf.por-
tant quelques papilles. - ANTHERE. Epiderme des loges et de la
partie dorsale du gynostème muni de papilles assez longues.Cel-
lules à épaississements assez nombreuses. - POLLEN. Exine légèrement rugueuse.L = 27-37µ . - OVAIRE. Nervure des valves
placentifères très saillante à l'extérieur,ayant profondément
situés:un faisceau libéro-ligneux à bois int.et un faisceau libérien ou libéro-ligneux à bois réduit.Placenta très long,à divisions divergentes.Valves non placentifères saillantes,mais
moins que les nervures des valves placentifères,renfermant un
faisceau libéro-ligneux situé intérieurement. - GRAINES. Cellules du tégument à épaississements striés.Graines arrondies au
sommet,2f.1/2-3f.1/4 plus longues que larges. L=250-300µ env.

B.Var.CORNUTA Barla,l.c.; G.Cam.l.c.; Reichb.f.Orchid.pl.460.-
Tige grêle,sinueuse.Feuilles glaucescentes,lancéolées-aiguës.
Bractées plus longues que l'ovaire.Fleurs peu nombreuses.Divi-
sions externes du périgone oblongues-obtuses,étalées,concaves,
d'un rose clair;divisions internes plus courtes que les externes,linéaires-étroites,obtuses,ciliées.Labelle ovale-allongé,
convexe,à bords roulés en dessous,rétréci à la base,arrondi au
sommet,d'un brun rougeâtre,velouté,marqué de 3 taches d'un brun
violacé,bordé d'une ligne fine d'un jaune clair,3-lobé,à lobes
latéraux formant 2 gibbosités acuminées,arquées et ciliées;lobe
médian muni d'un appendice glabre,jaune,long,recourbé en avant.-
France;Orient.
    C. Var.HONCKENSIS Cam.in Actes du Congr.bot.1900,p.342. -
Fleurs de même forme que dans l'O.SCOLOPAX,mais plus grandes
que dans le type.Divisions externes du périanthe d'un blanc
jaunâtre,munies de nervures vertes.Labelle à lobe médian brunâtre,bordé près de l'appendice d'une zone jaunâtre,muni à sa base d'un écusson rectangulaire à angles arrondis,limité par 2
lignes d'un jaune citron;2 anses symétriques formées par une
ligne de même nuance ornent la partie moyenne. - Maroc:La Honc-
ke (Mellerio).
    D. Var.ATROPOS Barla,Iconogr.Orchid.p.71,f.18-19(1868); Cam.
Monogr.Orchid.Fr.p.93. - O.VETULA Risso,Fl.de Nice. - Port de
l'O.SCOLOPAX.Fleurs 4-6,disposées en épi subunilatéral.Labelle
3-lobé,d'un brun marron velouté,marqué de 3 taches brunes,en-
tourées d'une ligne jaune;lobes latéraux formant 2 gibbosités
prononcées,acuminées,arquées;lobe médian émarginé,muni d'un appendice 2-3-fide,à divisions filiformes,aiguës,recourbées en
avant,d'un jaune verdâtre. - R.Nice.

V.v. - Même habitat que l'O.ARACHNITES. - France méridionale
et austro-occidentale; littoral méditerranéen de l'Europe occidentale;Espagne;Algérie;Perse?,Crète ? - La présence de cette
espèce signalée par M.Gallé en Meurthe-et-Moselle est très intéressante,mais mérite d'être confirmée.

Sous-esp. O.CORNUTA.

O.CORNUTA Steven in Mém.soc.nat.Moscou,II,p.175(1809); Lindl.
Gen.and spec.Orch.p.375; Marsch.Bieb.II,p.370(en note); Lede-
bour,Fl.Ross.IV,p.75; Heldreich, Fl.de l'île d'Egine,p.39,in
Bull.Herb.Boiss.(1898); M.Schulze,Die Orch.33; Koch,Syn.ed.Hall.
et Wohlf.p.2438. - O.OESTRIFERA var.CORNUTA Marsch.Bieb.Fl.Taur.-
Cauc.III,p.370(1819); Reichb.f.Ic.XIII(O.SCOLOPAX var.)p.99;
Gelmi in Bull.Soc.bot.ital.(1899)p.452; Hall.Beitr.fl.Ach.p.32,
in Oest.bot.Zeit.(1897)p.98; Heldr.Fl.Egine,p.391; Boiss.Fl.
orient.V,p.80; Barbey,Herb.au Levant,p.157; Richter,Pl.eur.p.
264. - O.BICORNIS Sadl.ap.Nend.Pl.quinque eccl.p.35(1836); Haus-
skn.Symb.ad fl.gr.; Trautv.Increm.fl.Ross.p.751. - O.OESTRIFERA
Alsch.Jadr.p.213(1832); Chaub.et Bor.Exp.sc.Morée,p.265,t.31,f.
1;t.32,f.8; Marg.et R.Fl.Zante,p.86. - O.PICTA FChaub.et Bory,
Fl.Pélop.t.33. - O.SCOLOPAX Host,Fl.austr.II,p.541(1831). -
Icon. - Reichb.Pl.crit.DCCCLXX; Reichb.f.Icon.XIII,t.108,CCCCLX;
Moore,Orch.pl.II; M.Schulze,l.c.; Chaub.et Bory,l.c.; Ic.n.pl.
24,f.808-809. - Exsicc. - Sintenis et Bornm.It.turc.(1891)n°670;
A.Baldacci,It.alban.ep.IV,n°146. -
Port de l'O.SCOLOPAX.Divisions internes du périanthe courtes,
brièvement velues.Labelle un peu plus court proportionnelle-
ment que dans cette espèce,subtriangulaire,3-lobé.Lobes latéraux courts,terminés par 2 cornes ascendantes,filiformes,très
longues,ayant environ la longueur du labelle;lobe moyen obtus,
infléchi,muni d'un appendice court dirigé en avant. - Cette
sous-espèce est intermédiaire entre l'O.OESTRIFERA et l'O.SCO-
LOPAX.Elle relie ces deux espèces et paraît propre à la région
orientale. - Dalmatie,Istrie,Grèce,Hongrie,Russie,Transcaucasie,
Asie-Mineure.

× ? O.ASILIFERA Vayreda in Ann.hist.nat.Madrid,X,p.98(1886);
Willk.Suppl.Prodr.hisp.p.43; Richter,Pl.eur.p.261. - O.MONOR-
CHIS Bol.(hb.c.ic.)sec.Willk.l.c. - Cette plante d'après sa
description mérite d'être placée entre l'O.APIFERA dont elle a
le gynostème longuement rostré et l'O.SCOLOPAX dont elle a le
labelle profondément 3-lobé. - Catalogne,TR. - D'après M.Willk.
on n'a observé que 3 échantillons de cette plante qui serait
peut-être une monstruosité de l'O.SCOLOPAX.

8. - O.OESTRIFERA.

O.OESTRIFERA Marsch.Bieb.Fl.Taur.-Cauc.II,p.369,n°1848(1808);
Stev.in Mém.Soc.Nat.Moscou,II,p.176,t.11,f.4,5; Hohenack.Enum.
Talüsch,p.27; Koch in Linn.XXII,p.288; Ledeb.Fl.Ross.IV,p.75;
Boiss.Fl.orient.V,p.80; Hausskn.Symb.ad fl.gr.p.25; Kraenz.Gen.
et spec.p.109; Richter,Pl.eur.p.264; Arcang.Comp.ed.2,p.172; W.
Barbey,Herb.au Levant,p.157. - O.INSECTIFERA Güld.It.1,p.422,
(1787); Pallas,Ind.Taur.; Georgi,Beschr.Russ.R.III,V,p.1273. -
ORCHIS(lapsus)OESTRIFERA Marsch.Bieb.Fl.Taur.-Cauc.III,p.605,
(n°1848). - O.SCOLOPAX Bory et Chaub.N.fl.Pélop.p.62,t.34,f.7;
Fried.Reise,p.279; Trautv.Increm.fl.Ross.p.752,n°5040. - O.SCO-

LOPAX OESTRIFERA Reichb.f.d.LACONI(Müller sub.TENTHREDINIFERA)
Reichb.f.p.101; Heldr.Fl.Cephal.p.68. - O.PICTA Bor.et Chaub.
Fl.Pélop.p.62,t.33,f.1,t.34,f.8,b.OESTRIFERA; Raul.Crèt.p.863.

Exsicc. - Orphanid.Fl.gr.n°152; Heldreich,Herb.gr.n°70.

Bulbes obovales.Tige feuillée.Feuilles lancéolées-linéaires.
Bractées lancéolées,subulées,plus longues que l'ovaire.Fleurs
de même grandeur que dans l'O.ARACHNITES,en épi lâche.Divisions
internes du périgone lancéolées ou subulées,linéaires,briève-
ment velues;divisions externes lancéolées,acutiuscules,presque
égales,étalées,roses,striées de vert.Labelle ample,velu,3-lobé,
lobes latéraux d'un brun pâle,triangulaires,semi-cordés,termi-
nés en corne;lobe médian plus long que les latéraux,d'un pourpre foncé,convexe,émarginé,muni d'un appendice subcylindrique,
réfléchi en hameçon.

Mai. - Sardaigne,Dalmatie,Grèce,Tauride méridionale,Algérie.

Var.BREMIFERA Reichb.f.Icon.p.99,t.107,CCCLIX,f.1; Marsch.
Bieb.l.c.III,p.369(1819); Richter,Pl.eur.p.264. - O.SCOLOPAX
var.OESTRIFERA s.-var.BREMIFERA Battand.et Trab.Fl.Alg.(1884)p.
202. - O.BREMIFERA Stev.in Mém.Soc.Nat.Mosq.II,p.174,t.11,f.2,
(1809); Lindl.Gen.and spec.p.375; C.Koch in Linn.XXII,p.288. -
Labelle à gibbosités de la base peu marquées,velu à la base,3-
lobé,le lobe moyen émarginé,pourvu d'un appendice court.Divi-
sions internes du périanthe courtes. - Peut-être hybride de l'O.
SCOLOPAX et de l'O.TENTHREDINIFERA d'après M.M.Battandier et
Trabut. - Grèce,Algérie.

Sous-sect. C. SPECULIFERAE (Bertol.l.c.p.543). - Divisions
du périanthe étalées,les deux latérales internes plus courtes
que les externes,sublinéaires.Labelle convexe,à bords latéraux
repliés,dépourvu de gibbosités coniques à sa base,trilobé ou
non,à lobes latéraux obtus,à lobe médian plus grand que les latéraux et muni d'un appendice recourbé en dessus.

9. - O.BERTOLONII.

O.BERTOLONII Moretti,Pl.ital.dec.VI,p.9; Lindl.Gen.and spec.
p.374; Reichb.f.Icon.XIII,p.94; Kraenz.Gen.et spec.p.102; Ri
chter,Pl.eur.p.263; Gr.et God.Fl.Fr.III,p.302; Castagne,Cat.B.-
d.-Rh.p.102; Ardoino,Fl.Alp.-Mar.p.356; Moggridge,Contr.fl.Ment.;
Barla,Fl.Alp.-Mar.p.69,t.58,f.1-23; Cam.Monogr.Orch.Fr.p.88; in
J.bot.VII,p.131; Gautier,Pyr.-Or.p.401; Coste,Fl.Fr. III,p.390,
n°3576,cum ic.; Ten.Syll.p.460; Guss.Syn.fl.sic.2,p.545; de Notaris,Rep.fl.ligust.p.391; Com.Fl.comens.VI,p.374; Bertol.Fl.
ital.IX,p.593; Parlat.Fl.ital.III,p.543; Ces.Pass.Gib.Comp.p.
192; Cocconi,Fl.Bolog.p.488; Gelmi in Bull.Soc.bot.ital.(1889)
p.452; Fiori et Paol.Fl.ital.et Iconogr.n°803; Ross,Beitr.z.fl.
Sic.in Bull.Herb.Boiss.(1899)p.294; Reichb.Fl.exc.1,p.128; Koch,
Syn.ed.2,p.797; ed.3,p.599; ed.Hall.et Wohlf.p.2437; M.Schulze,

Die Orchid.n°30; Asch.u.Graeb.Syn.III,p.643; Barcelo,Apunt.Ba-
lear.p.45,n°412; Rodrig.Cat.Suppl.p.55; Marès et Vigin.Cat.Ba-
léar.p.282; Heldr.Fl.Cephal.p.68; Halacsy,Consp.fl.gr.III,p.180.-
O.SPECULUM Bertol.Pl.gen.p.124; Rar.pl.dec.3,p.41,non Link; Biv.
Sic.pl.cent.1,p.61; Bertol.Amaen.ital.p.201; Mauri,Roman.pl.
cent.13,p.42; Ten.Fl.nap.II,p.310. - O.SCOLOPAX Alschinger,Fl.
Jadr.p.213. - O.GRASSENSIS Jauvy,cf,Steudel,Nomencl.ed.2. -
ARACHNITES BERTOLONII Todaro,Orch.sic.p.79(1842). - Orchis ornifuciflora,clunicula depilata Cup.K.cath.p.158 et Suppl.alt.p.
68; Pamph.1, t.146; Bonan,t.28.

Icon. - Biv.l.c.; Todaro,l.c.; Reichb.Pl.crit.DCCCLXV; Reichb.
f.Icon.XIII,t.103,CCCCLV; Ces.Pass.Gib.t.XXIV,f.4,e-i; Barla,l.
c.pl.58,f.1-14; M.Schulze,t.30; Ic.n.pl.25,f.870-878.

Exsicc. - Schultz,H.n.n°949; Reichb.n°212; Reliq.Maill.n°393;
Tod.Fl.sic.n°410; Schultz,N.s.n°2495; Fl.Aust.-Hung.n°1473.

Bulbes ovoïdes ou subglobuleux.Tige de 1-3 décim.,rarement
plus,nue,un peu anguleuse au sommet.Feuilles petites,oblongues-
lancéolées,glaucescentes.Bractées ovales-lancéolées,presque obtuses,plus longues que l'ovaire.Fleurs grandes,3-6,à décoloration assez vive,disposées en épi lâche.Divisions du périanthe
étalées,les externes ovales-lancéolées,obtuses,d'un rose violacé plus ou moins clair,parfois presque blanches,à 3 nervures,
les 2 latérales peu visibles,purpurines,la médiane plus apparente,verdâtre;divisions internes plus étroites que les externes,à
une nervure,à bords ciliés et réfléchis,d'un violet pourpré.La-
belle trilobé,ovale-elliptique,plus ou moins allongé,d'un pourpre foncé presque noirâtre,velouté en dessus,verdâtre et à nervures disposées en éventail en dessous;muni à la base de deux
petites proéminences noires,luisantes,éloignées l'une de l'autre;marqué vers le sommet d'une tache glabre bleuâtre,miroitan-
te,concave,en forme d'écusson subquadrangulaire,ordinairement
échancré en avant et tridenté en arrière,orné au centre d'un
point arrondi velouté.Lobes latéraux arrondis,à bords réfléchis;
lobe moyen plus long et plus large que les latéraux,émarginé au
sommet et muni d'un appendice glabre et jaunâtre,recourbé en
avant.Gynostème à bec court,aigu,verdâtre.Anthère d'un jaune
rougeâtre.Masses polliniques jaunes.

MORPHOLOGIE INTERNE.

BULBE. Grains d'amidon arrondis,souvent groupés,atteignant
3-10µ de diam.rarement plus. - FIBRES RADICALES. Assise pilifère subérisée.Endoderme à cadres marqués.Quelques vaisseaux de
métaxylème différenciés autour d'un parenchyme à parois minces.

TIGE. Stomates peu abondants.2-4 assises de parenchyme chlorophyllien entre l'épiderme et l'anneau lignifié.6-9 assises
lignifiées à parois très minces,touchant au liber des faisceaux
ou séparés de lui par quelques cellules de parenchyme non li-
gnifié.Parenchyme central ordinairement résorbé.

FEUILLE. Ep.=200-300µ.Epiderme sup.recticurviligne,dépourvu
de stomates au moins dans les feuilles inf.haut de 100-120µ,à
cuticule légèrement striée,à paroi ext.non bombée et épaisse

de 4-6µ .Epiderme inf.recticurviligne,haut de 40-50µ env.,à
paroi ext.bombée et épaisse de 4-7µ ,muni de stomates abondants.
Mésophylle comprenant 5-7 assises de cellules chlorophylliennes
allongées sur une section transversale et quelques cellules à
raphides.

FLEUR. - PERIANTHE. DIVISIONS EXTERNES. Epiderme ext.strié.
Epiderme int.non strié.Bords seulement un peu papilleux. - DI-
VISIONS LATERALES INTERNES. Epiderme ext.muni de quelques courtes papilles.Epiderme int.pourvu vers les bords de papilles les
unes très obtuses,très nombreuses,les autres très atténuées à
l'extrémité,peu abondantes et atteignant 100-120µ de long env.
(pl.8,f.103).- LABELLE.Tache médiane luisante entièrement dépourvue de papilles (pl.8,f.204).Parties longuement velues munies de poils très ondulés,atteignant 500-700µ de long,non ou
peu striés,effilés à l'extrémité(pl.8,f.205).Vers cette tache
glabre médiane poils peu longs et non ondulés.Epiderme inf.
pourvu de rares papilles. - ANTHERE. Epiderme de la base du gynostème portant quelques papilles atteignant 30-50µ de long.
Epiderme du connectif et des loges non sensiblement papilleux.
Assise fibreuse à bandes d'épaississement peu nombreuses. -
POLLEN. Tétrades de la périphérie des massules à exine non ou à
peine granuleuse. L=30-40µ . - OVAIRE.Nervure des valves placentifères très saillante extérieurement,plus proéminente que
les valves non placentifères,pourvue d'un faisceau libéro-ligneux ext.à bois int.et d'un faisceau libéro-ligneux int.assez
réduit,à bois ext.Placenta long,à 2 divisions divergentes.Val-
ves placentifères très saillantes,à un faisceau libéro-ligneux
tendant parfois à se diviser. - GRAINES. Cellules du tégument
munies d'épaississements en stries.Graines très allongées,atté-
nuées aux extrémités,3-4 fois plus longues que larges.L=250-350µ.

B. Var.PARVIFLORA Cam.Monogr.l.c. - Fleurs env.moitié plus
petites que dans le type.

C. Var.INZENGAE Nym.Syll.suppl.p.61(1865); Arcang.Comp.ed.2,
p.173; Richter,Pl.eur.p.263. - O.INZENGAE Ces.Pass.Gib.Comp.p.
193(1867). - ARACHNITES INZENGAE Todaro,Nuovo gen.p.12(1858).-
Divisions internes du périanthe velues.Labelle à bords jaunâtres,muni d'une tache glabre brillante entourée de lignes cir-
culaires de couleur brunâtre.

Var.FLAVICANS Richt.Pl.eur.1,p.263(1890). - O.FLAVICANS Vis.
Fl.Dalm.p.178(1842). - Cette var.selon Reichb.appartient probablement à l'O.TENTHREDINIFERA,d'après la description incomplète
de l'auteur.

Var.LANDAUERI Arp.A.B.Z.IV(1898)p.187; M.Schulze in OE.B.Z.
XLIX(1899)p.269. - Divisions du périanthe d'un blanc pur.Label-
le d'un jaune foncé. - Lusus ?

D. Var.DALMATICA Murr,D.B.M.XIX(1901)p.72. - Labelle à peine
plus grand que les divisions du périanthe,à pubescence jaunâtre,
plus manifeste sur les bords,à dessins relativement plus petits,
occupant la partie large et rapprochée du sommet du labelle.Di-
visions du périanthe d'un rose brillant.

V.v. - Mars,avril,commencement de mai. - Bosquets et lieux

herbeux des collines de la région méditerranéenne. - Baléares,
Corse,France méridionale,Italie,Dalmatie,Herzégovine,rare en
Grèce. - Var.B. Sicile,monte Catalfano. - Var.D. Dalmatie,Zara
(Hellweger).

10. - O.FERRUM-EQUINUM.

O.FERRUM-EQUINUM Desf.Ch.pl.des Corol.Inst.Tourn.p.9;in Ann.
Mus.t.15; Bot.Reg.(1847)33,t.46; Lindl.Gen.and spec.p.377; Reichb.f.Icon.XIII,p.92,t.99,CCCCLI,f.1,II; Richter,Pl.eur.p.263;
Kraenz.Gen.et spec.p.104; C.A.Mey.Ind.Cauc.p.39; Ledeb.Fl.Ross.
IV,p.76; Chaub.et Bory,Exp.sc.Morée,p.264,t.32,f.6; Marg.et R.
Fl.Zante,p.86; Ung.Reise,p.119; Raul.Crèt.p.862; Spreitz in
Zool.bot.Ges.(1877)p.731; Boiss.Fl.orient.V,p.78; Halacsy,Consp.
fl.gr.III,p.178.

Icon. - Desf.l.c.; Brongn.ap.Chaub.et Bory,l.c.; Reichb.f.l.
c. - Ic.n.pl.25,f.869.

Exsicc. - Spreitz,It.ion.(1877 et 1878).

Bulbes 2,ovoïdes ou oblongs.Tige de 1-2 décim.Feuilles de 4-6
centim.de long,de 2 centim.de large.Bractées grandes,foliacées,
dépassant l'ovaire.Divisions du périgone roses,striées de vert;
les externes oblongues,glabres;les internes 2 fois plus courtes,
étroitement linéaires,pubescentes.Labelle grand,noirâtre,à limbe non gibbeux,convexe,entier,obovale,plus long que les autres
divisions du périanthe,velu,d'un pourpre violacé,muni au centre
de deux lignes glabres bleuâtres divergentes souvent réunies à
la base et simulant un fer à cheval,brièvement apiculé au sommet.

V.v. - Mars,avril. - Grèce,Crète,Egine,Asie occidentale,Transcaucasie.

Sous-esp.O.SPRUNNERI.

O.SPRUNNERI Nym.Consp.p.698(1882); Halacsy,Consp.fl.gr.p.181.-
O.HIULCA Sprunner ap.Reichb.f.Icon.XIII,p.93(1851),non Mauri
(1828); Boiss.Fl.orient.V,p.79; Plantae Postianae in Bull.Herb.
Boiss.p.100(1900). - O.GALACTOSTICTIS Heldreich ap.Boiss.l.c. -
O.FERRUM EQUINUM var.AEGINENSIS Reichb.f.l.c.p.92; Heldreich,Fl.
Aeg.in Bull.Herb.Boiss.(1898).
Icon. - Reichb.f.l.c.t.101,f.2,CCCCLIII;t.169,DXXI(s.EXALTATA).
Exsicc. - Sprunner,Pl.gr.(1840).
Feuilles oblongues-lancéolées,linéaires.Epi pauciflore.Divisions externes du périanthe oblongues,verdâtres,les internes
plus courtes,velues.Labelle largement obovale,d'un pourpre noirâtre,velu,pourvu de 2 macules blanches ou bleuâtres,glabres,
parallèles,réunies par une ligne parallèle au-dessus de leur
milieu,3-lobé,à lobes latéraux ovales-obtus,le médian plus
grand,ovale,terminé par un appendice court,ascendant.Gynostème
subobtus.
Mars,avril. - Collines herbeuses de l'Attique,Chypre,Syrie.

Sous-sect. D. APIFERAE Parlat.l.c.p.538 (emend.,p.p.). -
Divisions du périanthe étalées ou réfléchies,les 2 internes latérales très courtes,en coeur et subonguiculées.Labelle convexe,
à bords repliés,muni à la base de 2 gibbosités coniques,profon-
dément 3-lobé,à lobes latéraux pendants,à lobe médian constitué
par 3 lobules,le moyen terminé en appendice recourbé en dessous.
Gynostème long,à bec long et flexueux.

11. - O.APIFERA.

O.APIFERA Huds.Fl.angl.p.349(1762);ed.2,p.391; Willd.Spec.IV,
p.66; Lindl.Gen.and spec.p.375; Reichb.f.Icon.XIII,p.96; Richter,Pl.eur.p.264; Kraenz.Gen.et spec.p.107; Correvon,Alb.Orch.
Eur.pl.XXXIII; Babingt.Man.Brit.Bot.ed.8,p.347; Lej.Fl.Spa,II,
p.193;Revue,p.187; Lej.et Court.Comp.III,p.188; Tinant,Fl.luxemb.
p.444; Mich.Fl.Hain.p.79; Bellynck,Fl.Namur,p.264; Crépin,Man.
Fl.Belg.éd.1,p.178;ed.2,p.293; Löhr,Fl.Tr.p.249; Meyer,Orch.G.-
D.Luxemb.p.13; Dumoul.Fl.Maestr.p.103; Lamk,Fl.fr.III,p.519;
DC.Fl.fr.V,p.333,n°2032,a; Duby,Bot.p.447; Loisel.Fl.gall.2,p.
271; Mutel,Fl.fr.III,p.251; Boisduval,Fl.fr.III,p.49; Godr.Fl.
Lorr.2,p.298(1857); Gren.et God.Fl.Fr.III,p.303; Boreau,Fl.
cent.éd.3,II,p.649; Coss.et Germ.Fl.env.Paris,éd.2,p.686; Godet,
Fl.Jura,II,p.600; Gren.Fl.ch.jurass.p.756; Lapeyr.Abr.p.551;
Dupuy,Fl.Gers,p.233; Castagne,Cat.B.-d.-Rh.p.157; Martr.-Donos.
Fl.Tarn,p.709; Dulac,Fl.H.-Pyr.p.128; Ardoino,Fl.Alp.-Marit.p.
356; Barla,Iconogr.p.67; Poirault,Cat.Vienne,p.96; Lefrou,Cat.
p.24; Martin,Cat.Romor.p.270; Franchet,Fl.L.-et-Ch.p.577; Legué,
Cat.Mondoubl.p.81; Fr.Gust.et Hérib.Fl.Auv.p.433; Car.et S.-Lag.
Fl.descr.éd.8,p.809; Magnin et Hétier,Observ.fl.Jura,p.141; Cam.
Monogr.Orch.Fr.p.91; in J.bot.VII,p.134; Brébiss.Fl.Norm.pl.ed.;
Masclef,Cat.P.-d.-C.p.155; Debeaux,Rév.fl.agen.p.520; Corbière,
N.fl.Norm.p.562; Gautier,Pyr.-Or.p.401; Guill.Fl.Bord.et S.-O.
p.171; Coste,Fl.Fr.III,p.391,n°3575,cum ic.; Kirschl.Prodr.fl.
Als.p.161; Fl.Alsace,p.135; Döll,Rhein.p.229; Koch,Syn.ed.2,p.
797; ed.3,p.600; ed.Hall.et Wohlf.p.2437; Rhiner,Prodr.Waldst.
p.128; Caflisch,Exc.Fl.p.298; Foerster,Fl.v.Aachen,p.348; M.
Schulze,Die Orchid.n°31; Garcke,Fl.Deutsch.ed.14,p.381; Gaud.
Fl.helv.V,p.459,n°2078; Morthier,Fl.anal.Suisse,p.364; Gremli,
Fl.Suisse,éd.Vetter,p.484; Schinz u.Kell.Fl.Schweiz,p.122; Bar-
celo,Apunt.Balear.p.45; Marès et Vigin.Cat.Balear.p.282; De-
beaux et Dauter,Syn.Gibr.p.201; Boiss.Voy.Esp.p.596; Willk.et
Lange,Prodr.hisp.1,p.172; Colmeiro,Enum.pl.hisp.-lusit.V,p.41;
Guimar.Orch.port.p.29; Bertol.Pl.gen.p.122; Am enit.ital.p.200;
Fl.ital.IX,p.582; Asch.u.Graeb.Syn.III,p.647; Biv.Sic.pl.cent.
1,p.62; Nocc.et Balb.Fl.ticin.2,p.157; Sebast.et Mauri,Fl.rom.
prodr.p.311; Tenore,Fl.nap.V,p.441; Puccin.Syn.pl.luc.p.480; de
Notar.Rep.fl.ligust.n°1172; Guss.Fl.sic.syn.II,p.548;n°8; Parl.
Fl.ital.III,p.538; Ces.Pass.Gib.Comp.p.282; W.Barbey,Fl.Sard.
comp.suppl.n°2584; Cocconi,Fl.Bologn.p.486; Fiori et Paol.Ico-
nogr.fl.ital.n°802; Vis.Fl.dalm.1,p.177; Ambros.Fl.Tirol austr.
1,p.716; Beck,Fl.N.-Oester.p.198; Boiss.Fl.orient.V,p.79; Sibth.
et Sm.Prodr.fl.gr.p.216; Chaub.et Bory,Expéd.Morée,p.264,t.32;
N.fl.Péloron.p.62,t.34,f.5; Ung.Reise,p.120; Heldr.Fl.Egine,p.

391; Battand.et Trab.Fl.Alg.(1884)p.202;(1904)p.24; Ball,Spicil.
Mar.p.673; Bonnet et Barr.Cat.Tunisie,p.403; Debeaux,Fl.Kabyl.
Djurdj.p.345. - O.INSECTIFERA i.L.Spec.ed.1,p.949(1753); Hocq.
Fl.Jemm.p.235. - O.INSECTIFERA ARACHNITES b.Hall.Ic.pl.Helv.r.
26,t.24,f.45(1795). - O.ARACHNITES a.Savi,Fl.Pis.II,p.303(1798);
DC.Fl.fr.II,n°2032. - O.INSECTIFERA var.APIFERA Dumort.Prodr;
fl.Belg.p.132. - O.APIFERA SUBTERROSTRUNCA Brot.Phyt.lusit.p.32.
O.ROSTRATA Ten.Ind.sem.h.r.n°1830,p.15;et Syll.p.458; Fl.nap.
V,p.242. - ARACHNITES APIFERA Todaro,Orchid.sic.p.88,t.2,f.1,2,
(1842); Bubani,Fl.pyr.p.47. - O.PSEUDO-APIFERA Cald.in N.G.bot.
ital.XII,p.358(1880),sec.Asch.u.Graeb.l.c. - O.fucum referens
major,foliolis superioribus candidis et purpurascentibus Bauh.
Pinax,83;Vaill.Bot.paris.p.146,t.30,f.9; Cup.H.cath.p.157. - O.
fuciflora,galea et alis purpurascentibus Raj.Syn.p.391; Bauh.
Hist.2,p.766; quoad descriptionem. - O.araneam referens,rostro
recurvo Seg.Pl.ver.III,p.246,t.8,f.2.

Icon. - Vaill.l.c.; Haller,l.c.; Seg.l.c.; Brot.Phyt.lus.t.90,
f.2; Tod.l.c.t.2,f.1-2; Ten.Nap.V,t.245; Curtis,Fl.lond.ed.Gr.
V,t.126; Engl.Bot.t.383; Schrank,Fl.Monac.t.4; Reichb.Pl.crit.
t.DCCCLXVI; Reichb.f.Icon.XIII,105,CCCCLVII; Coss.et Germ.Atl.
pl.32,f.C; Cam.Iconogr.Orch.Paris,pl.20; M.Schulze,Die Orchid.
t.31; Guimar.Orch.port.; Bonnier,Alb.N.Fl.p.29; Ic.n.pl.25,f.
781-788.

Exsicc. - Billot,n°3447; Soc.Rochel.n°1797; Soc.Dauph.s.2,n°
211; Lejeune et Courtois,Choix,n°555; Heldr.Pl.hell.(1891 1895);
Bourgeau,Pl.Esp.et Portug.(1853);(1851)n°1490; Todaro,Fl.Sicula,
n°409.

Bulbes ovoïdes ou subglobuleux.Tige sinueuse,de 2-4 décim.
Feuilles larges,ovales,oblongues-obovales.Bractées herbacées
dépassant la longueur de l'ovaire.Fleurs peu nombreuses,espa-
cées,en épi lâche.Divisions externes du périanthe étalées,ova-
les-oblongues,obtuses,d'un rose plus ou moins vif,rarement presque blanches,devenant plus pâles après l'anthèse,munies d'une
nervure médiane verte assez marquée;divisions internes linéaires-lancéolées,élargies à la base,courtes,pubescentes,veloutées
à la face interne,d'un rose verdâtre.Labelle velouté,d'un brun
pourpré,muni à la base d'une tache glabre,entouré de 1-2 lignes
jaunes et de 1-2 lignes brunâtres disposées avec symétrie et
formant un écusson,trilobé,à lobes latéraux très veloutés,for-
mant en avant 2 gibbosités latérales coniques,souvent jaunâtres
à leur sommet;lobe moyen plus grand que les latéraux,plan-con-
vexe,trilobé au sommet,à lobes rejetés en dessous,le médian
terminé en appendice glabre,sinueux et recourbé en dessous.Gy-
nostème terminé en bec long et flexueux,à double courbure en S.
Anthère et masses polliniques jaunes;celles-ci à caudicules
très longs,sortant facilement des loges de l'anthère.
.MORPHOLOGIE INTERNE.
BULBE. Grains d'amidon le plus souvent arrondis,groupés,pe-
tits,atteignant 8-12µ de diam.rarement 20-25µ (pl.1,f.31). -
FIBRES RADICALES. Assise pilifère subérisée.Lames vasculaires

formées de vaisseaux peu abondants.Vaisseaux de métaxylème ordinairement différenciés.

TIGE Epiderme pourvu de stomates peu nombreux.2-5 assises de parenchyme très lâche entre l'épiderme et l'anneau lignifié. Anneau lignifié formé de 5-10 assises,les externes formées de cellules assez grandes et ne touchant ordinairement pas aux faisceaux libéro-ligneux.Parfois quelques cellules lignifient leurs parois à l'extérieur du liber sans que la lignification rejoigne l'anneau sclérifié.Parenchyme central contenant des cellules à raphides,plus ou moins résorbé au milieu de la tige.

FEUILLE. (Pl.6,f.140.) Ep.=300-370μ.Epiderme sup.à peine recticurviligne,haut de 60-100",à paroi ext.non ou peu bombée et épaisse de 8-10",muni souvent d'un peu de cire et pourvu de stomates seulement dans les feuilles bractéiformes sup.Epiderme inf.recticurviligne,haut de 50-80",à paroi ext.bombée épaisse de 5-8" et striée ou non,recouvert parfois d'un peu de cire,à stomates abondants.Mésophylle formé de 5-9 assises de cellules chlorophylliennes et d'assez nombreuses cellules à raphides.

FLEUR. - PERIANTHE. DIVISIONS EXTERNES.Epiderme ext.strié,à stries convergeant vers le centre de chaque cellule,légèrement papilleux vers le bord de ces pièces du périanthe.Epiderme int. muni de papilles courtes,obtuses,assez nombreuses. - DIVISIONS LATERALES INTERNES. Epiderme ext.non ou à peine papilleux vers la partie médiane,prolongé en assez nombreuses papilles caractérisées vers les bords.Epiderme int.muni dans les parties marginales de poils ondulés,striés,semblables à ceux des parties pubescentes du labelle,moins ondulés,atteignant 250-300" de long. - LABELLE.Tache centrale brillante paraissant lisse pourvue de papilles striées,coniques,aiguës,atteignant 15-50" de long (pl.8,f.201).Partie recourbée du labelle voisine de l'ouverture du style et épiderme de quelques dessins verts latéraux dépourvus de papilles.Régions longuement pubescentes munies de poils striés,très ondulés,dilatés à la base,amincis au sommet, longs de 350-750" (pl.8,f.199).Parties peu velues portant des poils courts,atteignant 30-50" de diam.et 100-150μ de long,atténués à l'extrémité,coniques (pl.8,f.200).Epiderme inf.pourvu de quelques courtes papilles. - ANTHERE. Partie dorsale du gynostème munie de papilles nombreuses,longues de 60-120μ.Epiderme des parois seulement papilleux.Epaississements assez abondants dans les parois. - POLLEN. Jaune or.Exine à bâtonnets nombreux dans les tétrades de la périphérie des massules.L=32-42μ. - OVAIRE. Nervure des valves placentifères très saillante extérieurement,à un faisceau libéro-ligneux à bois int.et un faisceau placentaire à bois ext.,très réduit ou entièrement libérien.Placenta divisé,à divisions écartées,divergentes.Valves non placentifères relativement assez peu développées,un peu moins proéminentes que les nervures des valves placentifères, contenant un faisceau libéro-ligneux int.tendant parfois à se diviser. - GRAINES. Cellules du tégument munies d'épaississements striés (pl.10,f.269).Graines insensiblement atténuées aux extrémités,3-4 fois plus longues que larges. L = 450-550" env.

B. Var.CHLORANTHA Arcang.Comp.ed.2,p.173(1894); Richter,Pl. eur.p.91; Cam.Monogr.Orch.Fr.p.91; in J.bot.VII,p.135; M.Schul-

ze,Die Orchid.n°31,et 31 b.; Koch,Syn.ed.Hall.et Wohlf. - Var.
IMMACULATA Brébiss.Fl.Norm,éd.3,p.299. - O.CHLORANTHA Hegets
chweiler u.Heer,Fl.Schweiz,p.876(1840). - Fleurs plus petites
que dans le type,de même forme.Divisions externes du périanthe
blanches,munies d'une nervure médiane verte,très marquée.Label-
le d'un jaune verdâtre,pâle,muni de poils d'un roux clair.Ecus-
son de la base limité par des lignes concentriques circonscrivant une tache glabre,ces lignes peu marquées disparaissant peu
à peu après l'anthèse.
    C. Var.INTERMEDIA Cam.in Bull.Soc.bot.Fr.XXXVIII,p.42; et Atl.
pl.XLI,f.B.; Monogr.Orch.Fr.p.91; in J.bot.p.135. - Fleurs plus
petites mais de même forme que dans le type;divisions externes
du périanthe blanches,munies d'une nervure médiane verte très
marquée.Labelle d'un pourpre brun,muni de lignes vertes symétriques formant de l'écusson de la base.
    D. Var.FRIBURGENSIS Freyhold in Bot.Zeit.(1880)p.142; M.Schul-
ze,l.c.; Schinz u.Keller,Kritische Flora,p.51. - Divisions internes et externes du périanthe semblables.Labelle plan,presque
entier. - Très probablement simple lusus.
    E. Var.AURITA Moggridge,l.c.; Beck,Fl.N.-Oest.p.198; M.Schul-
ze,l.c. - Forme hybride de l'O.APIFERA avec l'O.ARACHNITES l'
O.SCOLOPAX ou l'O.ARANIFERA.
    F. Var.AUSTRIACA Wiesb.Fl.Regensb.(1883)p.10; M.Schulze,l.c.-
Ecusson de la base du labelle ovale-arrondi,jaunâtre,bordé d'un
liséré vert bleu,cette zone circonscrivant vers le milieu de la
surface plane 2 taches brunes; 2 autres taches d'un vert bleu
se trouvent aussi vers le bord extérieur. - Autriche.

    Hab.et répart.géogr.de l'O.APIFERA s.lat. - Mai,juin,juillet,
20 jours après l'O.ARACHNITES.Coteaux arides,prairies et pelouses montueuses surtout des terrains calcaires. - V.v. - Angleterre,Belgique,France,Allemagne,Autriche-Hongrie,Portugal,Espa-
gne,Suisse,Italie,Sardaigne,Sicile,Dalmatie,Transylvanie,Grèce;
Algérie,Maroc. - La var.CHLORANTHA récoltée en Suisse et en
France est propre aux coteaux calcaires très arides(Seine-et-
Oise). - Var.FRIBURGENSIS:Suisse,Fribourg.

    La var.MUTELIAE Mutel in Ann.Sc.nat.III,(1835)p.243 nous
paraît être simplement une forme développée du type.
    La var.FLAVESCENS Rosb.Fl.Tr.1,p.182(1880),est une forme de
passage du type à l'O.CHLORANTHA Hegetschw.

    ✗ ? O.TROLLII Hegetschw.et Heer,Fl.Schweiz,p.874(1840); Reichb.
f.Icon.XIII,p.97,t.105,CCCCLVII,II et 113,n°V; Reuter,Cat.Genè-
ve,éd.2,p.205; Duffort,Orch.Gers in Bull.vulg.sc.nat.Org.de la
Soc.bot.et entom.du Gers(1902); Koch,Syn.ed.Hall.et Wohlf.; M.
Schulze,Die Orchid.n°31,3,t.31 c. - ✗? O.FUCIFLORA✗MUSCIFERA
Gremli,Fl.anal.Suisse,éd.Vetter,p.484.
    Icon. - Heer,Fl.d.Schweiz,t.VIII; Reichb.f.l.c.; M.Schulze,l.
c; Ic.n.pl.27,f.956.
    Port de l'O.APIFERA.Divisions externes du périanthe grandes,
acuminées,rosées,à nervures vertes.Divisions internes supérieures brunâtres ou rougeâtres.Labelle longuement acuminé,dépas-
sant les autres divisions du périanthe,non recourbé en dessous,

à lobes latéraux entièrement ou en partie avortés.Labelle de
coloration roussâtre ou lavé de rose ou encore jaunâtre.Bec du
gynostème très court ou à 2 courbures ! - Plante qui ne peut à
notre avis être envisagée comme une variété.C'est une monstruosité,probablement avec retour partiel à un type régulier.Elle
est de forme telle que l'hybridité possible signalée par Gremli,
tant par le gynostème que par la forme du labelle,est justifiée.
    V.v. - Plante rare :Suisse,France:Lot,Saint-Denis près Martel
(Lamothe),Gers(Duffort),Dordogne,Forgeneux(Hoschedé),Contrexe-
ville(Raine),Seine-et-Oise,Nesles-la-Vallée (G.Camus).

    Sous-sect. E. BOMBYLIFLORAE Nobis. - Divisions du périanthe
étalées ou réfléchies.Labelle convexe,subglobuleux,à 3 lobes,
les latéraux pendants,munis de gibbosités;lobe médian formé par
3 lobules,le moyen ordinairement terminé en appendice recourbé
en dessous.Gynostème très court,obtus.

12. - O.BOMBYLIFLORA.

    O.BOMBYLIFLORA! Link ap.Schrad.Journ.bot.II(1799)p.225;(La
plupart des auteurs ont adopté la création spécifique de Link
in Journ.bot.de Schrader,mais ils ont fait subir au nom donné
par cet auteur des modifications onosmatiques plus ou moins
justifiées.On a écrit O.BOMBYLIFLORA,BOMBYLIFERA,BOMBYLIIFERA.
Nous reprenons le nom imposé par l'auteur.) Willd.Spec.IV,p.68;
Reichb.f.Icon.XIII,p.95; Kraenz.Gen.et spec.p.106; Richter,Fl.
eur.p.264; Gren.et God.Fl.Fr.III,p.303; Ardoino,Fl.Alp.-Mar.p.
357; Moggridge,Contr.fl.Ment.; Barla,Iconogr.p.68; Bertol.Fl.
ital.IX,p. 597,n°13; Parlat.Fl.ital.III,p.540; Cam.Monogr.Orch.
Fr.p.90; in J.bot.p.133; et in Act.Congr.bot.1900,p.342; Coste,
Fl.Fr.p.390,n°3574,cum icone; Guss.Fl.sic.syn.II,p.549,n°10;
Bina,Orchid.sard.p.12; Ces.Pass.Gib.Comp.p.192; W.Barbey,Fl.
Sard.comp.n°1325; Arcang.Comp.ed.2,p.172; Martelli,Monoc.Sard.
p.68; Fiori et Paol.Iconogr.fl.ital.n°801; Rodrig.Cat.Menor.p.
88,n°604; Marès et Vigin.Cat.Baléar.p.282; Willk.et Lange,Prodr.
hisp.1,p.173; Coss.Pl.crit.p.64; Colmeiro,Enum.pl.hisp.-lusit.
V,p.43; Guimar.Orch.port.p.31; Debeaux et Dauter,Syn.fl.Gibralt.
p.201; Asch.u.Graeb.Syn.III,p.354; Raul.Crèt.p.163; Spreitz in
Zool.bot.Ges.(1877)p.731; Chaub.et Bory,Fl.Pélop.p.63,t.33,f.2;
Boiss.Fl.orient.V,p.80; Heldr.Fl.Egine in Bull.Herb.Boiss.(1898);
Halacsy,Consp.fl.gr.III,p.183; Ball,Spicil.fl.Maroc.p.673; Bat-
tand.et Trabut,Fl.Alg.(1884)p.901;(1904)p.24; Debeaux,Fl.Kabyl.
Djurdj.p.344. - O.CANALICULATA Viv.App.fl.cors.pr.p.7(1825);
Mutel,Fl.fr.III,p.254. - O.DISTOMA Biv.Sic.pl.cent.1,p.59(1806);
Bertol.Jncubr.p.2; Ten.Syll.p.460. - O.HIULCA Mauri,Rom.pl.cent.
XIII,p.43(1820),non Sprunner ap.Reichb.; Puccin.Syn.pl.Luc.p.
481. - O.INSECTIFERA b. BIFLORA Desfont.Fl.atl.II,p.320(1800).-
O.LABROFOSSA Brot.Phyt.lus.II,p.29,t.88,f.2(1827). - O.MYODES
Alsch.Fl.Jadr.p.213(1832). - O.PULLA Cyr.ap.Tenore,Fl.nap.II,p.
311,t.97(1820). - O.TABANIFERA Willd.Spec.IV,p.68(1805); Cambes.
Enum.Baléar.p.549; Lindl.Gen.and spec.p.375; Moris,Stirp.Sard.
1,p.44; Boiss.Voy.Esp.p.597; Vis.Fl.Dalm.IV,p.178; Brongn.in

Ch.et Bor.Exp.sc.Morée,p.264; Marg.et R.Fl.Zante,r.86; Ung.Rei-
se,p.119. - O.UMBILICATA Desf.Ch.pl.Coroll.Inst.Tourn.p.10,t.5,
(1808). - ARACHNITES BOMBYLIFLORA Tod.Orch.sic.p.91(1842). - O
Orchis aranea,moschata Cup.Pamph.3,t.135.

Icon. - Cup.l.c.; Mauri,l.c.t.2 f.dextra bona!; Brotero,l.c.;
Tenore,l.c.; Desf.l.c.; Brongn.l.c.; Todaro,l.c.II,3,4; Reichb.
Pl.crit.DCCCLXXIII; Reichb.f.Icon.XIII,t.104; Barla,l.c.pl.57,
f.1-17; Ic.n.pl.25,f.854-860.

Exsicc. - Kralik,Pl.corses,n°792; Orphan.n°150; Welwitsch,It.
lusit.n°342; Reverch.Pl.Esp.n°1044; Pl.Sard.(1882)n°286; Billot,
n°3248; Schousb.Pl.Maroc.; Bornm.Pl.canar.n°2878; Jamin,Pl.Alg.
n°89(1850); Todaro,Fl.Sicula,n°902.

Bulbes 3-5,ovoïdes ou subglobuleux.Tige de 1-2 décim.,cylin-
drique,dressée,souvent flexueuse,nue au sommet.Feuilles oblongues-lancéolées,presque obtuses,les inférieures étalées,les supérieures un peu engaînantes.Bractées ovales-lancéolées,conca-
ves,toutes plus courtes que l'ovaire.Fleurs 1-4,rarement plus,
en épi lâche.Périanthe à divisions externes étalées ou dirigées
en arrière,ovales-elliptiques,obtuses,à 3 nervures;divisions
internes petites,ovales,en coeur ou en fer de lance,concaves et
pubescentes en avant,d'un vert lavé de pourpre.Labelle petit,
3-lobé,un peu plus court que les divisions externes du périanthe
ovale-arrondi,brun,velouté,marqué de 2 lignes glabres,convergen-
tes en avant,muni à la base près de l'ouverture du style de 2
petites protubérances lamelliformes luisantes;lobes latéraux
repliés,disposés verticalement,à sommet terminé en gibbosité
glabre,luisante;lobe médian convexe,subtrilobé,à lobules latéraux arrondis,réfléchis ou recourbés en dessous,à lobule médian
tronqué,parfois presque nul,muni au sommet d'un appendice charnu triangulaire,glabre,réfléchi en S en dessous.Gynostème à bec
très court et très obtus.Anthère d'un jaune rougeâtre.Masses
polliniques jaunes.

MORPHOLOGIE INTERNE.

BULBE. Grains d'amidon irréguliers de forme,souvent allongés,
très gros,atteignant 25-45μ de long,non groupés (pl.1,f.28). -
FIBRES RADICALES. Assise pilifère subérisée.Endoderme à plis
peu marqués.Quelques vaisseaux de métaxylème différenciés autour d'un parenchyme abondant.

TIGE. Epiderme à stomates peu nombreux.2-5 assises de parenchyme entre l'épiderme et l'anneau lignifié.4-6 assises lignifiées touchant au cercle de faisceaux ou séparées de lui par
2-5 assises non lignifiées.Parenchyme central abondant,conte-
nant de nombreuses cellules à raphides,souvent non résorbé vers
le milieu de la tige et résorbé vers la partie basilaire.

FEUILLE. Ep.=200-300μ.Epiderme sup.légèrement strié,ondulé
dans les feuilles inf.,recticurviligne dans les sup.,haut de
60-100μ,à paroi ext.bombée et épaisse de 8-10μ,dépourvu de
stomates au moins dans les feuilles inf.,souvent couvert d'un
peu de cire.Epiderme inf.ondulé,haut de 40-60μ,à paroi ext.
épaisse de 7-9μ et légèrement bombée,muni de nombreux stomates

et de granulations de cire.Mésophylle formé de 5-8 assises de
cellules plus ou moins arrondies sur une section transversale
et contenant de rares paquets de raphides.

FLEUR. - PERIANTHE. DIVISIONS EXTERNES. Epiderme ext.très
strié,a stries convergeant vers le centre de chaque cellule,dé-
pourvu de papilles.Epiderme int.non sensiblement strié,sans papilles même vers les bords. - DIVISIONS LATERALES. Epiderme ext.
à cellules papilleuses.Epiderme int.portant des poils bruns atteignant 250 μ de long,excessivement nombreux. - LABELLE. Gibbosités latérales sup.et partie avoisinant l'ouverture stylaire
dépourvues de papilles.Tache centrale munie seulement de quelques papilles courtes.Régions longuement velues des deux parties sup.réfléchies au labelle portant des poils longs de 350-
450 μ env.,striés,ondulés.Parties a pubescence courte munies de
poils atteignant 50-200 μ de long env. - ANTHERE. Epiderme de la
partie dorsale du gynostème prolongé en papilles atteignant 50-
60 μ de long.Epiderme des loges assez nettement papilleux.Epais-
sissements en anneaux incomplets assez nombreux dans l'assise
mécanique. - POLLEN. Tétrades de la périphérie des massules à
exine délicatement ponctuée. L=35-42 μ . - OVAIRE.(Pl.10,f.285.)
Nervure des valves placentifères très saillante extérieurement,
à un faisceau libéro-ligneux ext.et un faisceau placentaire li-
bérien.Placenta long,se divisant au sommet.Valves non placentifères très proéminentes à l'extérieur et un peu à l'intérieur,
parcourues par un faisceau libéro-ligneux. - GRAINES. Cellules
du tégument à parois recticurvilignes,munies d'épaississements
striés.Graines à peine atténuées au sommet,2f.1/2-3f.1/2 plus
longues que larges.L=350-450 μ .

V.v. - Mars,mai. - Lieux herbeux,surtout des collines de la
région méditerranéenne maritime. - Portugal;Espagne;France méridionale R.,Corse;Sardaigne,Sicile,Italie;Dalmatie;Grèce;Crète;
Algérie;Canaries;Maroc.

Sous-sect.F. ARANIFERAE Parlat.l.c.p,529. - Divisions du périanthe étalées,les 2 internes un peu plus courtes que les externes,linéaires ou ligulées.Labelle convexe,à bords latéraux
repliés,souvent muni de deux gibbosités coniques,subtrilobé,à
lobes latéraux pendants,plus ou moins marqués;lobe médian plus
grand que les latéraux,mutique ou muni d'un appendice.

13. - O.ARANIFERA.

O.ARANIFERA Huds.Fl.angl.ed,2,p.392(1778); Willd.Spec.IV,p.
66; Lindl.Gen.and spec.p.374; Reichb.f.Icon.XIII,p.88; Richter,
Pl.eur.p.263,p.p.; Kraenz.Gen.et spec.p.104; Babingt.Man.Brit.
Bot.ed.8,p.347; Lej.Fl.Spa,p.187; Lej.et Court.III,p.189; Ti-
nant,Fl.luxemb.p.443; de Vos,Fl.Belg.p.556; Löhr,Fl.Tr.p.250;
Meyer,Orch.G.-D.Luxemb.p.132; Correvon,Alb.Orch.Eur.pl.XXXV;
DC.Fl.fr.V,p.322,n°2031,p.p.; Duby,Bot.p.447; Loisel.Fl.gall.2,
p.270; Mutel,Fl.fr.III,p.252; Fl.Dauph.éd.2,p.598; Boisduval,
Fl.fr.III,p.49; Gr.et God.Fl.Fr.III,p.301,p.p.; Godr.Fl.Lorr.2,
p.297;3,p.39; Boreau,Fl.centre,éd.2,p.529; éd.3,p.648; Coss.et

Germ.Fl.Paris,éd.2,p.685,p.p.; Martr.-Donos,Fl.Tarn,p.707; Michalet,Hist.nat.Jura,p.298; Godet,Fl.Jura,p.689; Grén.Fl.ch.
jurass.p.754; Renault,Ap.H.-Saône,p.226; Contejean,Rev.Montbél.
p.223; Ard.Fl.Alp.-Mar.p.356; Barla,Iconogr.p.64; Poirault,Cat.
Vienne,p.96; Ravin,Fl.Yonne,2,p.362; Lloyd et Fouc.Fl.Ouest,p.
337; Lloyd,Fl.Ouest,pl.ed.; Martin,Cat.Romor.p.269; Franchet,
Fl.Loir-et-Cher,p.577; Brébiss.Fl.Norm.pl.éd.; Corbière,N.Fl.
Norm.p.563; Cam.Monogr.Orch.Fr.p.84; in J.bot.VII,p.112; Gautier,Pyr.-Or.p.401; Debeaux,Rév.fl.agen.p.520; Guill.Fl.Bord.
et S.-O.p.171; Coste,Fl.Fr.III,p.388,n°3567; Kirschl.Pr.fl.Als.
p.161; Fl.Als.p.134; Vog.-Rhen.p.82; Reichb.Fl.excurs.p.129;
Döll,Rh.p.229; Gmel.Bad.III,p.567; Bach,Rh.pr.Fl.p.371; Koch,
Syn.ed.2,p.796; ed.3,p.599,p.p.; éd.Hall.et Wohlf.p.2436; Caflisch,Ex.S.D.p.298; Gaud.Fl.helv.V,p.462; Reuter,Cat.Genève,
éd.2,p.205; Bouvier,Fl.Alp.éd.2,p.641; Gremli,Fl.Suisse,éd.Vet-
ter,p.484; Schinz u.Keller,Fl.Schweiz,p.124; Séb.et Mauri,Fl.
Rom.pr.p.310; Sang.Fl.rom.pr.alt.p.734; Biv.Sic.cent.2,p.40;
Guss.Syn.2,p.544,p.p.; Poll.Fl.veron.III,p.26,p.p.; Pucc.Fl.luc.
p.481; Vis.Fl.Dalm.p.176; Ten.Fl.nap.II,p.305; Syll.p.450; de
Notar.Rep.fl.lig.p.392; Bertol.Fl.ital.IX,p.586; Pl.gen.p.123;
Amoen.ital.p.201; Lucubr.p.13; Parlat.Fl.ital.III,p.531; Ces.
Pass.Gib.Comp.p.192; W.Barbey,Fl.Sard.comp.p.58; Macchiati,N.C
bot.ital.XIII,p.314; Arcang.Comp.ed.2,p.171; Fiori et Paol.Ico-
nogr.ital.n°80; Fl.ital.p.233; Cocconi,Fl.Bologn.p.487; Cortesi
in Ann.bot.Pirotta,V,p.560; Beck,Fl.N.-Oest.p.198; Schur,Enum.
Trans.p.647,n°3437; Simk.Enum.Trans.p.503; Ambr.Fl.Tir.austr.p.
314; Marès et Vigineix,Cat.Baléar.p.282; Colmeiro,Enum.pl.hisp.-
lusit.V,p.39; Willk.et Lange,Prodr.hisp.p.p.; Debeaux et Dauter,
Syn.Gibralt.p.200; Boiss.Fl.orient.V,p.78; Heldr.Fl.Céphal.p.68.-
O.ARANIFERA Hummel ap.Asch.u.Graeb.Syn.III,p.636. - O.INSECTI-
FERA d. L.Spec.p.1343. - O.ARACHNITES b.Savi,Fl.Pis.II,p.303;
DC.Fl.fr.II,n°2032. - O.ARANIFERA a.MAJOR Reichb.Cent.IX,f.1155.-
ARACHNITES FUCIFLORA Tod.Orch.sic.p.72,excl.var.b.g.d. - O.ARA-
NIFERA Bubani,Fl.pyr.p.49. - Orchis fucum referens,colore rubi-
ginoso Vaill.Bot.par.p.146; Rudb.Elys.2,205,f.25. - Orchis fu-
cum referens,flore subvirente Cup.H.cath.p.156.

Icon. - Vaill.t.31,f.15-16; Seg.Pl.veron.2,p.131,n°19,t.15,f.
13; Tod.Or.sic.; Curt.Fl.lond.t.188; Dietr.Fl.reg.bor.1,t.60;
Reichb.f.Icon.XIII,p.88,t.97,CCCCXLIX; Barla,l.c.pl.51,f.1-6;
Engl.Bot.t.65; Mutel,Atlas,III,p.253; Moggridge,Contr.fl.Ment.
t.43; Cortesi,l.c.p.561(fig.schem.); Bonnier,Alb.N.Fl.p.147;
Ic.n.pl.24,f.757-765.

Exsicc. - Billot,n°1333; Schultz,n°729; Van Heurck et Mar-
tins,n°339.

Bulbes ovoïdes ou subglobuleux.Tige de 1-3,rarement 4 décim.,
flexueuse,cylindrique,d'un vert jaune.Feuilles oblongues,pres-
que obtuses,souvent mucronulées;les inférieures étalées,souvent
courbées en dehors;les supérieures dressées,engaînantes.Brac-
tées lancéolées-linéaires,subobtuses au sommet,concaves;les inférieures plus longues que les fleurs.Fleurs 2-4,rarement 10,

en épi très lâche.Divisions externes du périanthe étalées,ovales-oblongues,obtuses,concaves,d'un jaune verdâtre,à 3 nervures, la médiane très apparente en dehors;divisions internes linéaires,étroites,obtuses au sommet,un peu réfléchies,à bords ondulés.Labelle convexe,a bords réfléchis,oblong-ovale,un peu émarginé au sommet,velouté,d'un brun foncé,à bords jaunâtres,muni au centre de 2-4 raies symétriques de couleur bleuâtre,souvent réunies par une ligne transversale donnant à l'ensemble la forme de la lettre H;muni à la base de deux gibbosités peu marquées, dirigées en avant.Gynostème à bec court,obtus ou subobtus.Loges de l'anthère d'un jaune orangé:Masses polliniques jaunes.

Les fleurs de cette espèce se décolorent beaucoup après l'anthèse,elles deviennent de couleur terreuse ou jaunâtre.Il n'est pas rare de voir dans les individus à fleurs relativement nombreuses,6-8,des fleurs inférieures dont la floraison est passée, de couleur jaunâtre ou d'un brun clair et des fleurs du sommet récemment épanouies d'un brun foncé un peu violacé.

MORPHOLOGIE INTERNE.

BULBE. Grains d'amidon plus ou moins régulièrement arrondis, non allongés,atteignant 10-12μ de diam.,rarement 20-24μ (pl.1, f.25. - FIBRES RADICALES. Assise pilifère subérisée.Quelques vaisseaux de métaxylème se différenciant ordinairement.Paren-

TIGE. Stomates peu nombreux.Epiderme strié.2-4 assises non lignifiées entre l'épiderme et l'anneau lignifié extra-libérien. Parenchyme interne abondant.

FEUILLE. Ep.=150-270μ.Epiderme sup.à parois recticurvilignes, haut de 80-90μ,à paroi ext.à peine bombée et épaisse de 6-8μ, portant souvent un peu de cire,muni de stomates dans les feuilles supérieures seulement.Epiderme inf.recticurviligne,haut de 60-75μ,à paroi ext.bombée et épaisse de 5-9μ,à stomates abondants,parfois couvert d'un peu de cire.Mésophylle formé de 3-6 assises de cellules chlorophylliennes,à paquets de raphides rares ou manquant.

FLEUR. - PÉRIANTHE. DIVISIONS EXTERNES. Epiderme ext.légèrement strié.Epidermes ext.et int.légèrement papilleux seulement vers les bords. - DIVISIONS LATERALES INTERNES. Epiderme ext. à papilles caractérisées.Epiderme int.muni de papilles peu développées même vers les bords,atteignant 20-100μ de long. - LABELLE. Partie lisse en H et partie supér.brune à papilles très courtes et très étroites(pl.8,f.202).Poils les uns très longs,atteignant 250-750μ,striés,dilatés à la base,amincis à l'extrémité,les autres coniques,aigus. - ANTHERE. Epiderme de la partie dorsale du gynostème muni de papilles étroites,très nombreuses,striées,atteignant 60-120μ de long.Epiderme des parois à peine papilleux.Cellules à épaississements peu nombreuses. - POLLEN. Jaune.Réseau de batonnets assez net sur les tétrades de la périphérie des massules.L=30-40μ. - OVAIRE. (Pl. 10,f.286.)Nervure des valves placentifères très saillante extérieurement,contenant 2 faisceaux libéro-ligneux,l'ext.à bois int.,l'int.à bois ext.,très réduit.Placenta assez long,à divisions développées.Valves non placentifères très proéminentes extérieurement,renfermant un faisceau libéro-ligneux. - GRAINES Cellules du tégument à parois ondulées,à épaississements striés

abondants,sans anastomoses ou à anastomoses rares.Graines arrondies au sommet,2-3 f.plus longues que larges.L=300-500µ.

B.Var.SUBFUCIFERA Reichb.f.Icon.XIII,p.89,t.102,CCCCLIV,f.2;
Barla,Iconogr.Orchid.pl.52,f.6-8; Cam.Monogr.Orchid.p.85. -
Divisions externes du périanthe plus ou moins rosées.Labelle à
gibbosités très saillantes,souvent 3-lobé vers le milieu,velou-
té,à bords jaunes ou d'un jaune verdâtre,muni au centre de 2
taches glabres réunies au sommet par une tache transversale.
C.Var.SPECULARIA Reichb.f.Icon.XIII,ppl.90,t.112,CCCCLXIV,f.
3-7. - Var.NICAEENSIS Barla,Iconogr.p.66,pl.55,f.1-23; Cam.Mo-
nogr.Orchid.Fr.p.113 et Atlas,pl.XXXIX. - (Sous ce nom Barla a
donné des figures représentant des plantes d'origines différen-
tes:1°O.ARANIFERA var.SPECULARIA Reichb.,2°O.ARACHNITIFORMIS
Gren.,3°des formes hybrides dont l'origine devra être recher-
chée sur place.) - "Cette var.présente plusieurs formes surtout
dans la tache glabre du labelle qui a parfois une grande analogie avec l'écusson de l'O.SCOLOPAX et de l'O.ARACHNITES."Barla,
l.c. - Les espèces qui peuvent donner des hybrides se rapprochant de l'O.ARANIFERA var.NICAEENSIS Barla sont les O.ATRATA,
ARACHNITES,SCOLOPAX,APIFERA.Ces produits adultérins sont à rechercher. - Fleurs assez grandes.Divisions externes du périanthe rosées comme dans l'O.ARACHNITES,mais d'un rose moins vif,
parfois lavé de vert.Labelle ordinairement gibbeux à la base,
marqué de 2 taches glabres reliées souvent en H par une ligne
transversale,émarginé au sommet et muni ordinairement d'un petit mucron. - Au point de vue anatomique cette var.ne diffère
pas sensiblement du type.
D.Var.ELONGATA Moggr.Uber O.INSECTIFERA L.(p.p.)in Verh.Leop.
Car.Ac.XXXV,13,t.IV,32; M.Schulze,Die Orchid. - Bractées dépassant longuement les fleurs.Divisions externes du périanthe vertes;labelle oblong.
E.Var.FISSA Moggr.l.c.; M.Schulze,l.c. -×? Labelle très ou
peu nettement 3-lobé,à gibbosités latérales masquant les lobes
latéraux;divisions internes du périanthe velues. - Parmi les O.
ARACHNITES et ARANIFERA,un seul individu,Iéna.
F.Var.VIRIDIFLORA Gren.Fl.ch.jurass.p.258; Barla;Iconogr.p.6,
f.10-13; Cam.Monogr.p.84; Toussaint et Hoschédé,Fl.Vernon. -
Plante un peu grêle,de 1-2 décim.env.Divisions du périgone d'un
vert clair.Labelle d'un jaune un peu verdâtre,velouté,à poils
soyeux,jaunâtres ou verdâtres;gibbosités latérales assez marquées.
La Var.EUCHLORA Murr in Allg.bot.Zeitschr.XI(1905)p.50 ne
nous paraît pas différer sensiblement de cette variété.
G.Var.ROTULA Beck,Fl.N.-Oest.p.198; M.Schulze,l.c. -×? -Label-
le de l'O.ARACHNITES avec tache en forme de lettre H.
H.Var.PARALLELA Reichb.Pl.crit.IX,p.23,t.DCCCLII,f.1154; Mutel,Atlas,t.LXVII,f.520; Fl.fr.III,p.253; Fl.Dauph.éd.2,p.598.-
Labelle d'un brun roussâtre,petit,dépourvu de gibbosités latérales,muni de deux taches cendrées,glabres,un peu plus longues
que larges.
I.Var.LATIPETALA Chaub.ap.Saint-Am.Fl.agen.p.376(1820); Debeaux,Rév.fl.agen.p.520. - Var.LIMBATA Reichb.Pl.crit.t.DCCCLII,

f.1156; Mutel,Atlas,t.LXVII,f.521; Fl.fr.III,p.253; Fl.Dauph.
éd.2,p.598. - Labelle un peu plus grand,plus long que large,mu-
ni au centre de deux taches cendrées,glabres,linéaires,un peu
sinueuses en dehors.Diffère de la précédente var.par le labelle
plus long que les divisions externes du périanthe,plus large à
la base et les taches plus grandes et sinueuses.
    J.Var.AMBIGUA Gren.Fl.ch.jurass.p.755; excl.syn. - O.EXALTATA
Gren.Orch.Toulon,p.7,non Ten. - Divisions externes du périanthe
roses et munies d'une nervure verte.Le reste comme dans l'O.
ARANIFERA type. - Alpes-Maritimes,chaîne du Jura(Grenier),env.
de Paris,etc.
    Var.ou sous-esp. O.TAURICA Aggi in Schrift.S.Petersb.Naturf.
Ges.(1889) B.C.B.XXXI,p.273. - O.ARANIFERA var.TAURICA. - Nous
n'avons pu nous documenter que trop imparfaitement sur cette
plante et nous prions nos confrères de se reporter à la bibliographie citée ci-dessus.

    Répartition de l'ensemble de ces variétés de l'O.ARANIFERA
et du type:Europe moyenne et méridionale. - V.v.

Sous-esp. O.LITIGIOSA.

    O.LITIGIOSA Cam.in Journ.bot.n°1(1896); Duffort in Bull.Soc.
bot.Fr.(1898)p.435; Coste,Fl.Fr.III,p.388,n°3568,cum ic.; Saint-
Ange Savouré in Bull.Soc.Lin.Norm.(1905). - O.PSEUDO-SPECULUM
Reichb.f.Icon.XIII,p.89!,non p.74!; non DC; Godr.Fl.Lorr.III,p.
39; Coss.Not.pl.crit.; Boreau,Fl.cent.éd.3,p.648; Lec.et Lamt.
Cat.pl.centr.p.351; Bonnet,P.fl.paris.p.385; Kirschl.Fl.Alsace,
II,p.135; App.p.66; Magn.Arch.fl.jurass.n°33(1903); Corbière,N.
fl.Norm.p.563; et auct.plur. - O.ARANIFERA var.PSEUDO-SPECULUM
Coss.et Germ.Fl.env.Paris,éd.2,p.685; Parla,Iconogr.p.65,pl.52,
f.1-5; Brébis.Fl.Norm.éd.Morière,p.394; Le Grand,Fl.Berry,éd.1,
p.250; Fr.Gust.et Hérib.Fl.Auv.p.443; Koch,Syn.ed.Hall.et Wohlf.
p.2434. - O.ARANIFERA var.FLAVESCENS Car.et S.-Lag.Fl.descr.éd.
8,p.808.
    Icon. - Reichb.Pl.crit.IX,t.860,f.1152; Barla,l.c.; Cam.Ico-
nogr.Orch.Paris,pl.19,f. B.; Ic.n.pl.24,f.766-770.
    En 1891,le 12 juin,M.Copineau faisait à la Société botanique
de France une communication sur l'O.PSEUDO-SPECULUM des auteurs
français et démontrait qu'on s'était mépris sur la plante décrite dans le t.V.p.332,de la Flore française.M.M.Burnat,Buser,
et Gremli qui avaient examiné les 8 échantillons,objets de la
Flore,étaient d'avis qu'ils étaient voisins de l'O.LUTEA,mais
un peu dissemblables les uns des autres.Nous devons à M.C.de
Candolle d'avoir pu voir les plantes litigieuses.L'hybridité
d'ailleurs soupçonnée par l'auteur ne nous paraît pas douteuse.
Les variations que nous avons constatées ne dépassant pas ce
que l'on voit ordinairement dans les hybrides.En recherchant
l'origine de l'erreur qui a fait donner le nom d'O.PSEUDO-SPE-
CULUM à la plante que nous décrivons comme sous-esp.de l'O.ARA-
NIFERA nous avons vu qu'elle peut être établie ainsi:Reichb.f.
Orchid.p.75,fait de l'O.PSEUDO-SPECULUM DC.un simple synonyme
de l'O.LUTEA suivi de deux points d'affirmation(!!),indiquant

qu'il a vu les échantillons de l'auteur.Puis dans le même ouvrage,p.89,il décrit le groupement ci-après:OPHRYS ARANIFERA;
II FUCIFERAE; b.FUCIFERA,a.a. O.PSEUDO-SPECULUM DC. - Par suite
d'un lapsus comme il s'en glisse dans les ouvrages considérables,à 15 pages de distance,le même auteur a désigné sous le
même nom: 1°les plantes qu'il considére comme à peine distinctes et synonymes de l'O.LUTEA et 2° l'espèce ou sous-esp.qui
croît dans des régions où l'O.LUTEA n'existe pas.

Bulbes ovoïdes ou subglobuleux.Tige de 1-3 décim.,flexueuse,
cylindrique,lisse,d'un vert jaunâtre.Feuilles oblongues presque
obtuses,souvent mucronulées,les inférieures étalées,courbées en
dehors;les supérieures dressées,engaînantes.Bractées lancéolées,
linéaires,subobtuses au sommet,concaves,les inférieures plus
longues que les fleurs.Fleurs de moitié plus petites que dans
l'O.ARANIFERA,peu nombreuses,disposées en épi très lâche.Périanthe à divisions externes d'un jaune verdâtre,ovales-oblongues,obtuses,tronquées;divisions internes ligulées,obtuses,d'un
jaune brunâtre,à bords ondulés.Labelle petit,suborbiculaire,
d'un brun verdâtre,pâle au centre,velouté de brun,à bords jaunâtres,un peu convexe,à gibbosités latérales peu ou non marquées,muni souvent d'une dent courte au sommet.Gynostème à bec
court,obtus.

MORPHOLOGIE INTERNE.
Ne diffère pas sensiblement de l'O.ARANIFERA.

V.v. - Mars,avril. - Env.de Paris,Lorraine,Normandie,Anjou,
Centre,Auvergne,Alpes-Maritimes,etc.Le plus précoce des OPHRYS
de la France centrale et septentrionale.

Var.VIRESCENS Cam.Monogr.Orch.Fr.p.87; in Bull.Soc.ét.fl.fr.-
helv.n°1028(exsicc.)(1899),in Bull.Herb.Boiss. - O.ARANIFERA
var.VIRESCENS Gren.in Rech.s.qq.Orch.env.Toulon comm.par M.Philippe,p.6; Gren.Fl.ch.jurass.p.755; Moggridge in Vern.Leop.Car.
Ac.XXXV,13,t.IV,32.- Tige grêle,élancée.Fleurs assez petites,
presque entièrement vertes.Labelle pâle,dépourvu de gibbosités
à la base,arrondi,plus petit que les divisions externes du périanthe.Floraison de 3 semaines plus tardive que dans l'O.ARANIFERA type et de 6 semaines que dans l'O.LITIGIOSA. - Env.de
Toulon(Grenier);Alpes-Maritimes(Bergon);Deux-Sèvres,Chantemerle
(Grelet); très probablement en Ligurie.

Sous-esp. O.ATRATA.

O.ATRATA Lindl.in Bot.Regensb.t.1087(1827); Gen.and spec.p.
376; Ces.Pass.Gib.Comp.p.192; Parlat.Fl.ital.III,p.533; Barbey,
Fl.Sard.comp.et suppl.n°1323; Cam.Monogr.Orch.Fr.p.86; in J.
bot.VII,p.114; Guimar.Orch.port.p.25; Richter,Pl.eur.1,p.263;
Chaub.et Bory,Expéd.Morée,p.264,t.32,f.4; Fl.Pélop.p.62,t.4,f.
4; Marg.et R.Fl.Zante,p.86; Ung.Reise,p.120; Weiss.Zool.bot.Ges.
(1877)p.731; Boiss.Fl.orient.V,p.78; Heldr.Fl.Egine,p.391; in
Bull.Herb.Boiss.(1898); Halacsy,Consp.fl.gr.III,p.178; Cortesi
in Ann.bot.Pirotta,V,p.563. - O.ARANIFERA c.ATRATA Reichb.f.
Icon.XIII,p.91(1851); Sang.Fl.rom.prodr.alt.p.734; Barla,Iconogr.p.66; Willk.et Lange,Prodr.hisp.1,p.172; Marès et Vigineix,

Cat.Baléar.p.282; Gren.Fl.ch.jur.p.755; Saint-Lager,Fl.descr.
éd.8,p.809; Arcang.Comp.ed.2,p.171; Kraenz.Gen.et spec.p.105;
Koch,Syn.ed.Hall.et Wohlf.p.2436; Fiori et Paol.Fl.ital.p.233.-
O.ARANIFERA b.Bertol.Fl.ital.IX,p.586(1851). - O.CRUCIGERA Jacq.
Icon.rar.1,p.185(1381-86)forma. - O.INCUBACEA Bianca in Tod.
Orch.sic.p.75(1842). - O.MAMMOSA Desf.Cor.Tourn.t.2(1808). -
ARACHNITES FUCIFLORA d.AMBIGUA et g.PANORMITANA Tod.l.c.(1842).-
A.ATRATA Bubani,Fl.pyr.p.49.
    Icon. - Lindl.l.c.; Reichb.f.Icon.XIII,t.100,CCCCLII; Barla,
l.c.pl.53,54; Cortesi,pl.VI,f.II; Cam.Icon.Orch.Paris,pl.19,f.
A; Ic.n.pl.24,f.768-769.
    Exsicc. - Heldr.Herb.n.n°68; Orphanides,Fl.gr.n°151 et n°2216.
    Bulbes ovoïdes ou subglobuleux.Tige de 2-3,rarement 4 décim.,
flexueuse,cylindrique,lisse,d'un vert jaunâtre.Feuilles oblongues ou presque obtuses,souvent mucronulées,les inférieures
étalées,souvent arquées en dehors,les supérieures engaînantes.
Bractées lancéolées-linéaires,subobtuses,concaves;les inférieures plus longues que les fleurs.Fleurs 2-6,rarement 8-10,en épi
lâche.Divisions externes du périanthe étalées,ovales-oblongues,
obtuses,concaves,d'un vert jaunâtre,à 3 nervures vertes,la médiane très apparente en dehors;divisions internes linéaires,
étroites,obtuses,au sommet,un peu réfléchies,glabres,à bords
ondulés.Labelle convexe,à bords réfléchis,oblong-ovale,un peu
ou non émarginé au sommet,souvent muni d'un petit appendice dentiforme,velouté,d'un brun foncé violacé ou noirâtre,à bords
jaunâtres,muni au centre de 2 raies symétriques glabres de couleur bleuâtre,subtrilobé par la présence de 2 gibbosités très
accentuées dirigées en avant.Gynostème à bec obtus.Anthère à
loges rougeâtres.
                    MORPHOLOGIE INTERNE.
    Ne se distingue qu'à peine du type par les poils du labelle
plus longs.
    La var.SQUALIDA Gren.Fl.ch.jur.p.755,est une simple variation
de l'O.ATRATA dont les divisions externes du périanthe sont
verdâtres,ferrugineuses.
    V.v. - Mars,mai. - France surtout méridionale,Espagne,Corse,
Sardaigne,Sicile,Italie,Istrie,Dalmatie,Cilicie,Grèce,Rhodes.

                Sous-esp. O.ARACHNITIFORMIS.

    O.ARACHNITIFORMIS.Gren.et Philippe,Rech.s.qq.Orchid.env.Tou-
lon,p.19(1859); Cam.Monogr.Orch.Fr.p.87; et Atl.pl.XL; Coste,Fl.
Fr.III,p.391,n°3577. - O.ARANIFERA var.NICAEENSIS Barla,l.c.;.
p.p.
    Icon. - Ic.n.pl.24,f.772 et 780.
    Bulbes ovoïdes ou subglobuleux.Tige dressée,sinueuse,de 2-4
décim.Feuilles ovales-lancéolées,subobtuses,étalées,les caulinaires engaînantes,les supérieures bractéiformes.Bractées 2
fois env.plus longues que l'ovaire.Fleurs assez grandes,2-6,en
épi lâche.Divisions externes du périanthe obtuses,étalées,un
peu réfléchies au sommet,concaves,à 3 nervures vertes,la médiane plus apparente;divisions internes latérales plus courtes que
les externes,à bords ondulés,d'un rose brunâtre.Labelle 3-lobé,

un peu plus long que les divisions du périanthe,à bords réfléchis,roussâtre en dessous,d'un brun pourpré lavé de violet,obs-
curément quadrangulaire,marqué de 2 taches glabres assez larges,
symétriques,réunies par 1-2 raies transversales également glabres,circonscrivant au sommet du labelle un écusson rectangulaire à angles arrondis en avant.Lobes latéraux formant 2 gibbosités latérales assez.marquées mais non séparées;lobe médian
plus long que les latéraux,émarginé,muni d'un petit appendice
dentiforme,un peu recourbé en avant.Gynostème terminé en bec
subobtus.

F. a. CORNUTA Gren.l.c. - Labelle à gibbosités très marquées,
égalant la moitié de la longueur du bec.

F. b. MAMMOSA Gren.l.c. - Gibbosités courtes et arrondies.

F. c. EXPLANATA Gren.l.c. - Gibbosités nulles.

L'O.ARACHNITIFORMIS diffère de l'O.ARACHNITES par:les divisions latérales internes du périanthe non veloutées,égalant
près de la moitié de la longueur des divisions externes;la va-
riabilité des gibbosités qui manquent souvent;l'extrême brièveté de l'appendice du labelle,appendice porrigé,non étranglé à
la base et non recourbé en dessus;la floraison précoce;les dimensions réduites de la plante et des fleurs.

MORPHOLOGIE INTERNE.

Ne diffère pas sensiblement de l'O.ARANIFERA type.Poils du
labelle ordinairement plus longs (pl.8,f.206).

V.v. - Mars,mai. - France méridionale,Var,Alpes-Maritimes;
probablement Ligurie.

Sous-esp. O.EXALTATA.

O.EXALTATA Tenore in Cat.hort.neap.app.alt.p.83(1819); Fl.nap.
2,p.306; Guss.Enum.pl.inar.p.321; Parlat.Fl.ital.III,p.534; Ces.
Pass.Gib.Comp.p.192; Arcang.Comp.ed.2,p.171; Fiori et Paol.Fl.
an.ital.p.235; Cortesi in Ann.bot.Firenze,V,p.544. - O.CRABRO-
NIFERA Mauri,Rom.pl.cent.XIII,p.42(1820). - O.ARANIFERA var.
EXALTATA Cam.Monogr.Orch.Fr.p.85; in J.bot.p.113. - ARACHNITES
FUCIFLORA b.EXALTATA Tod.Orch.sic.p.72(1842).

Icon. - Mauri,l.c.pl.II(sinistra bona!); Cent.decimatertia
Ten.Fl.nap.96;

Tige élancée,de 2-3 décim.Bractées foliacées,environ de la
longueur de l'ovaire.Fleurs 2-5,grandes.Divisions externes du
périanthe rosées ou blanchâtres,avec une nervure médiane verte,
lancéolées;divisions internes plus foncées,lavées d'un peu de
vert,ciliolées,un peu pubérulentes,plus courtes,à bords ondulés.
Labelle à gibbosités plus ou moins marquées,parfois presque
nulles(f.EGIBBOSA),grand,largement ovale,émarginé au sommet et
muni dans l'échancrure d'un appendice dirigé en avant.Labelle
velu,à bords glabrescents et marqué au centre d'une tache glabre,brillante,en forme d'H,à partie dirigée en avant un peu ar-
quée.Gynostème aigu,mais court. - Cette plante qui se rapproche
de l'O.ARACHNITES par son port et ses colorations a de l'O.ARA-
NIFERA:la brièveté du gynostème et la tache glabre en forme d'H.

Avril. - Sicile,Capri,Corse.

Sous-esp. O.TOMMASINII.

O.TOMMASINII Vis.Fl.dalm.III,p.354(1852); Richter,Pl.eur.p.
263; M.Schulze,Die Orchid.n°29,c.tab.; Koch,Syn.ed.Hall.et
Wohlf.p.2437; Asch.u.Graeb.Syn.III,p.642. - O.ARANIFERA e.TOM-
MASINII Reichb.f.Icon.XIII,p.178(1851),t.165,DXVII,f.IV.
Icon. - Ic.n.pl.27,f.955.
Port de l'O.ARANIFERA.Fleurs petites comme dans l'O.LITIGIOSA.
Périanthe à divisions d'un jaune verdâtre,à nervures vertes.La-
belle suborbiculaire,peu convexe,portant une tache glabre,d'un
blanc bleuâtre en forme d'H,placée à la base du labelle dont la
partie moyenne est d'un roux brunâtre et la périphérie jaunâ-
tre.Lignes de la tache glabre plus distantes au sommet du labelle qu'à la base.
Dalmatie,Istrie.

✕ ? O.MUELLERI H.Fleischmann in Z.B.G.Wien,LIV,471,t.1,f.7
bis,10(1904). - Par son port,ses couleurs et ses dessins du labelle rappelle l'O.TOMMASINII.Le labelle 3-lobé offre des gibbosités rappelant l'O.CORNUTA. - Plante incomplètement étudiée,
qui mériterait d'être revue sur place.

Sous-esp. ? O.LUNULATA.

O.LUNULATA Parlat.in Giorn.sc.let.et ar.Sic.LXII,p.4(1838);
Ces.Pass.Gib.Comp.p.192; Richter,Pl.eur.p.263; Parl.Rar.pl.f.1,
p.12. - ARACHNITES LUNULATA Tod.Orch.sic.p.77(1842)t.1,f.3-4,et
t.98,f.2-3. - O.ARANIFERA b.LUNULATA Reichb.f.Icon.XIII,t.98,
CCCCL.
Exsicc. - Todaro,Fl.sic.n°509.
Port de l'O.ARANIFERA.Fleurs 4-5,rarement plus,en épi lâche.
Divisions externes du périanthe d'un rose violacé,les latérales
un peu défléchies.Labelle oblong,muni d'une tache glabre,bril-
lante,en forme de demi-lune;lobes latéraux peu marqués,repliés
en dessous;lobe médian émarginé au sommet,muni à l'angle de la
partie émarginée d'un petit appendice qui manque parfois.
V.s. - Mars,mai. - Prairies peu éloignées du littoral. - Sardaigne,Sicile.

La var.BENOITIANA Todaro(ARACHN.LUNULATA var.BENOITIANA)in H.
bot.panorm.(1789-92)t.XXVIII,paraît une forme intermédiaire entre l'O.LUNULATA et l'O.ATRATA.mais plus voisine de cette dernière espèce.

Var.LONGIPETALA Macchiati,Orch.d.Sass.fior.(1880)p.6. - Variété ou monstruosité que nous ne connaissons que par la description ci-après:"Questa varietà differisce dall'O.LUNULATA perchè
nell'apice del labello invec dell'appendice vivolto all'insu,ha
una specie di linguetta pressoché orrizontalee della longheizza
de circa un centimetro."
Monte Fiocca,Sardaigne (Macchiati).

TABLEAU ANALYTIQUE

DES ESPECES,SOUS-ESPECES ET VARIETES PRINCIPALES

DU GENRE OPHRYS (1).

1. Divisions externes du périanthe étalées,les 2 latérales int.
   étalées ou très étalées,plus ou moins courtes,sublinéaires.
   Labelle convexe,à bords repliés latéralement,souvent muni
   à la base de 2 gibbosités plus ou moins manifestes,manquant
   rarement,subtrilobé,à lobes latéraux marqués par un repli
   ou à peine incisés;lobe moyen plus grand que les latéraux,
   souvent obscurément lobé au sommet ou émarginé et pourvu
   ou non d'une petite dent dirigée en avant............... .2
   Divisions externes du périanthe étalées ou réfléchies,les 2
   latérales int.très courtes,subcordées ou subonguiculées.
   Labelle convexe,à bords repliés latéralement,muni de 2 gibbosités basilaires,3-lobé,à lobe moyen dépassant les latéraux,muni au sommet d'un appendice dirigé en dessous.... 4
   Divisions du périgone toutes étalées,les 2 int.latérales
   plus courtes,sublinéaires.Labelle convexe,à bords repliés
   latéralement,dépourvu de gibbosités latérales,3-lobé ou
   non,à lobes latéraux obtus,lobe moyen très grand,muni d'un
   appendice dirigé en avant.................................5
   Divisions du périgone toutes étalées,les 2 internes très
   courtes,cordées à la base ou subonguiculées.Labelle convexe,muni de gibbosités basilaires,3-lobé,plus ou moins profondément,à lobe moyen dépassant beaucoup les latéraux et
   muni d'un appendice dirigé en avant.................... 6
   Divisions du périanthe d'un jaune verdâtre,toutes étalées,ou
   l'extérieure sup.proche du gynostème,les 2 int.latérales
   plus courtes,sublinéaires ou filiformes.Labelle presque
   plan,dépourvu de gibbosités latérales,3-lobé,à lobe médian
   étalé,subdivisé en 2 lobules,ordinairement dépourvu d'appendice au sommet.......................................7

2. Labelle à colorations variables,gibbeux ou non à la base,mu-
   ni au centre de 2 lignes bleuâtres réunies ordinairement
   par une autre ligne transversale donnant à l'ensemble la
   forme d'un H;rarement 4 taches plus petites,parallèles,non
   réliées par une ligne transversale;gynostème court et
   très obtus... 3
   Labelle grand,à taches en H,lobe médian émarginé,muni d'un
   petit appendice relevé en avant;gibbosités marquées ou
   presque nulles;gynostème court,mais aigu.......O.EXALTATA.
   Fleurs petites;labelle presque plan,tache en H,placée près
   de la base;floraison précoce............... O.TOMMASINII.
   Mêmes caractères,labelle plan,macules du labelle placées au
   centre,de forme très variable.Floraison précoce.
                                              O.LITIGIOSA.

(1) Les cas tératologiques ne sont pas compris dans ce tableau

Labelle assez grand,muni au centre d'une tache glabre,brillante en forme de demi-lune;lobes latéraux peu marqués;
divisions externes du périanthe violacées..... O.LUNULATA.

3. Divisions externes du périanthe verdâtres;labelle à gibbosités latérales plus ou moins marquées...........O.ARANIFERA.
Mêmes caractères;labelle noirâtre,velouté;gibbosités marquées
floraison tardive.. O.ATRATA.
Divisions externes du périanthe plus ou moins lavées de rose;
labelle de l'O.ARANIFERA,assez variable de forme.
          Var.SUBFUCIFERA et SPECULARIA.
Mêmes caractères,mais labelle plus grand,à colorations plus
vives,à appendice assez marqué relevé en avant.
          O.ARACHNITIFORMIS.

4. Périanthe à divisions externes rosées ou blanches;gibbosités
latérales très marquées;gynostème long,à bec flexueux;labelle à colorations assez vives............... O.APIFERA.
Mêmes caractères;fleurs plus petites,d'un jaune un peu verdâtre...................................... O.CHLORANTHA.
Caractères de l'O.APIFERA,mais labelle à appendice atténué,
longuement et dirigé en avant;gynostème court(éch.allemands)ou long(éch.français),à 1 ou 2 courbures..O.TROLLII.
Fleurs grandes;divisions externes du périanthe rosées;lobes
latéraux du labelle grands,munis de gibbosités en forme de
corne;lobe moyen à appendice grand,subcylindrique,recourbé
en hameçon...................................... O.OESTRIFERA.
Fleurs petites,peu nombreuses,d'aspect noirâtre.Divisions
externes du périanthe verdâtres,lavées de pourpre;labelle
petit,à lobes latéraux recourbés en dessous;gynostème très
court....................................O.BOMBYLIFLORA.

5. Fleurs grandes;divisions externes du périanthe d'un rose
violacé;labelle marqué vers le sommet d'une tache glabre,
bleuâtre,miroitante,concave en forme d'écusson subquadrangulaire,ordinairement échancré en avant,tridenté en arrière et orné au centre d'un point arrondi,velouté.
          O.BERTOLONII.
Fleurs grandes;divisions du périanthe roses,striées de vert;
labelle muni au centre de 2 lignes glabres,bleuâtres,divergentes,souvent réunies à la base et simulant un fer à
cheval....................................O.FERRUM-EQUINUM.

6. Divisions externes du périanthe roses ou blanches;labelle
élargi,subquadrangulaire;lobe moyen très émarginé,appendice de ce lobe assez développé;gynostème obtus,sans bec.
          O.TENTHREDINIFERA.
Divisions ext.du périanthe roses ou blanches;labelle à 3 lobes très séparés,lobe moyen allongé,muni de taches symétriques bordées de lignes jaunes,muni au sommet d'un appendice lancéolé,aigu ou obtus,recourbé en avant;gynostème
obtus à bec court....................................O.SCOLOPAX.

Mêmes caractères,mais divisions du périanthe d'un blanc jaunâtre,munies de nervures vertes...........Var.HOMCREHSIS.
Mêmes caractères que l'O.SCOLOPAX,mais gibbosités latérales
très marquées.............................. Var.ATROPOU.
Divisions du périanthe roses ou d'un blanc rosé;labelle paraissant 3-lobé par un repli qui limite les 2 lobes latéraux donnant naissance aux gibbosités de la base;lobe médian grand,muni au sommet d'un appendice assez grand,rele-
vé en avant et formé par 3 lobules............O.FUCIFLORA.
Mêmes caractères,mais gibbosités latérales à peine marquées;
appendice dentiforme;gynostème aigu......Var.OXYRHYNCHOS.

7. Labelle oblong,cunéiforme à la base,marqué depuis la base
jusqu'au milieu de 2 taches oblongues,contiguës,séparées
en avant,un peu luisantes,d'un gris de plomb;loges de
l'anthère non contiguës...........................O.FUSCA.
Mêmes caractères,mais labelle plus grand,plus largement bordé,plus longuement velu et de coloration plus foncée;an-
thère linéaire,droite,un peu arquée au sommet,O.ATLANTICA.
Caractères de l'O.FUSCA,mais lobe moyen à peine divisé,ce
qui rend l'aspect 3-lobé;loges de l'anthère parallèles et
contiguës... O.FUNEREA.
Labelle oblong,atténué à la base,pourvu dans sa partie moyenne d'une tache quadrangulaire;d'un blanc bleuâtre,à lobes latéraux courts et étroits.............. O.MUSCIFERA.
Labelle brusquement rétréci à la base,muni vers le sommet de
2 taches glabres,un peu séparées en avant ou contiguës,
bleuâtres,entouré dans toute sa circonscription par une
large marge d'un jaune vif......................O.LUTEA.
Labelle entouré par une bande de longs poils bruns circonscrivant une tache centrale d'un bleu métallique,lobe médian cordiforme.............................O.SPECULUM.

MORPHOLOGIE INTERNE.

TABLEAU DES ESPECES (1).

1. Divisions latérales internes du périanthe dépourvues de papilles étroites et allongées,cellules épidermiques marginales de ces divisions à paroi ext.seulement plus ou moins bombée,arrondie (pl.8,f.194).Tache luisante centrale du labelle à épiderme pourvu de papilles (pl.8,f.197)...... 2

   Divisions latérales int.du périanthe munies vers les bords de papilles les unes très nombreuses,obtuses;les autres peu abondantes,atténuées à l'extrémité et atteignant 100-120 μ de long env.(pl.8,f.203).Tache luisante centrale du labelle à épiderme non papilleux (pl.8,f.204)..

   O.BERTOLONII.

   Divisions latérales int.du périanthe munies de papilles étroites,allongées,toujours assez nombreuses (pl.8,f.207).3

2. Poils à contenu jaune très nombreux tout autour du bord du labelle.....................................O.LUTEA.

   Poils à contenu jaune peu abondants,existant au bord du labelle................................... O.FUNEREA.

   Poils à contenu jaune très peu nombreux,existant seulement au bord de la partie sup.du labelle............... O.FUSCA.

3. Divisions latérales int.du périanthe à papilles ne dépassant pas 50-160μ de long................................. 4

   Divisions latérales int.du périanthe à papilles atteignant 250-350 μ de long env.............................. 5

4. Poils du labelle atteignant 50-120μ de long (pl.8,f.208). Exine non ou à peine granuleuse à la périphérie des massules.................................O.MUSCIFERA.

   Poils du labelle atteignant 250-1000μ de long (pl.8,f.206). Exine à réseau de batonnets assez net à la périphérie des massules.....O.ARANIFERA,O.ATRATA,O.ARACHNITIFORMIS,O.LITIGIOSA.

5. Tache centrale luisante du labelle absolument dépourvue de papilles....................................O.SPECULUM.

   Tache luisante ayant toujours des cellules épidermiques munies de papilles (pl.8,f.201)...................... 6

(1) On voit d'après ce tableau que certaines espèces bien distinctes à l'examen externe sont très peu caractérisées au point de vue anatomique.Nous n'avons fait figurer dans ce tableau que les espèces ou sous-espèces étudiées d'après des plantes vivantes.Lorsque les espèces ou sous-espèces nous ont paru ne présenter que des différences minimes nous n'avons pas noté ces caractères distinctifs.

6. Divisions externes du périanthe à cellules épidermiques papilleuses vers les bords................................... 7
Divisions ext.du périanthe dépourvues de papilles.Epiderme sup.du limbe à paroi ext.épaisse de 8-10µ 9

7. Epiderme sup.du limbe à paroi ext.épaisse de 6-10µ .Exine des tétrades de la périphérie des massules à réseau de batonnets marqué......................................O.APIFERA.
Epiderme sup.du limbe à paroi ext.épaisse de 4-6µ env.Exine des tétrades de la périphérie des massules à peine granuleuse... 8

8. Grains d'amidon des bulbes atteignant 20-40µ de long env. (pl.1,f.26).Graines adultes longues de 350-450µ env.
O.FUCIFLORA.
Grains d'amidon des bulbes atteignant 12-30µ de diam.env. (pl.1,f.27).Graines adultes longues de 250-300µ env.
O.SCOLOPAX.

9. Poils du labelle atteignant 500-1000µ de long.Grains d'amidon des bulbes atteignant 25-35µ de long (pl.1,f.30).
O.TENTHREDINIFERA.
Poils du labelle atteignant 300-450µ de long.Grains d'amidon atteignant 25-45µ de long (pl.1,f.28)..... O.BOMBYLIFLORA.

HYBRIDES INTERGENERIQUES.

§ I.HYBRIDES DE L' OPHRYS ARANIFERA.

O.ARANIFERA + FUSCA.

X O.PSEUDOFUSCA Albert et Cam.in Bull.Soc.bot.Fr.XXXVIII,p. 392(1891); Cam.Monogr.Orch.Fr.p.101; in J.bot.VII,p.158; Atlas, pl.XLVI. = O.ARANIFERA + FUSCA Albert et Cam.l.c.; Asch.u.Graeb. Syn.III,p.658.

Bulbes ovoïdes ou subglobuleux.Tige de 2-3 décim.,sinueuse, nue au sommet.Feuilles ovales-lancéolées;les inférieures étalées,obtuses,mucronées;les supérieures aiguës,engaînantes.Bractées plus longues que l'ovaire.Périanthe à divisions verdâtres, les externes ovales-elliptiques,obtuses,3-nerviées,les latérales étalées,la supérieure recouvrant en partie le gynostème.Divisions latérales internes linéaires-obtuses,à bords ondulés. Labelle ovale,allongé,plus long que les divisions externes du périanthe,convexe,à bords réfléchis légèrement,muni de 2 lobes latéraux un peu réfléchis et gibbeux à la base;lobe moyen occupant la partie antérieure et égalant la largeur totale du labelle,bifide au sommet,ce qui rend le labelle 4-lobé,mais à lobes peu profonds,dépourvu de dent à l'angle de bifidité.Labelle velouté,d'un brun foncé,un peu roux,bordé d'une zone étroite, d'un jaune verdâtre,orné de deux lignes bleuâtres,luisantes,

parallèles,dirigées en avant et réunies à la base.Gynostème
court,très obtus,dirigé en avant.

V.v. - France:Var,Solliès-Toucas (Albert).

O.ATRATA + FUSCA.

× O.CORINTHIACA Hausskn.Symb.fl.gr.p.25; in Mitth.d.Th.bot.
Ver.(1885). - O.ATRATA×FUSCA Hausskn.l.c. - O.MAMMOSA×FUSCA
Halacsy,Consp.fl.gr.III,p.180;

Diffère de l'O.ATRATA par le labelle presque plan,plus ou
moins lobé,plus glabre à la base.Diffère de l'O.FUSCA par le
labelle moins profondément lobé,légèrement apiculé au sommet. -
Inter parentes ad radices Acrocorinthi (Hausskn.).

M.Bergon a récolté près de Nice et en Ligurie les métis suivants entre les différentes autres formes de l'O.ARANIFERA:O.
ARANIFERA type + ARACHNITIFORMIS; O.ARANIFERA VIRESCENS + ARA-
CHNITIFORMIS; O.ATRATA + ARANIFERA NICAENSIS.Ces métis sont
assez faciles à reconnaître,mais sur place seulement et nous
ne pouvons donner de caractères distinctifs constants.

O.ARACHNITIFORMIS + FUSCA.

×O.CARQUIERANNENSIS Cam. - O.ARACHNITIFORMIS + FUSCA Raine.
Port de l'O.ARACHNITIFORMIS.Périanthe à divisions externes lavées de rose;divisions internes brunâtres,obtuses.Labelle ressemblant à celui de l'O.FUSCA,oblong,atténué en coin à la base,
3-lobé,à lobes latéraux naissant au-dessus de la moitié du labelle;lobes latéraux subobtus,un peu réfléchis,formant 2 gibbosités basilaires,courtes,munis de poils nombreux,roussâtres;
lobe moyen grand,étalé,large,échancré au milieu et portant dans
le sinus une petite dent,muni au centre de 2 taches glabres,
luisantes,presque contiguës.Bords du labelle bordés de quelques
poils courts.
Planta pulchra,habitu O.ARACHNITIFORMIS;perigonii phyllis exterioribus roseis vel viridis roseis;binis interioribus brun-
neis,obtusis;labello cuneato-obovato,convexiusculo,basi utrinque in gibbam obtusam producto; basi 3-lobo;lobis lateralibus,
subobtusis,breviter reflexis,hirsutis,pilis fulvis;lobo medio
magno lato,emarginato,dente minuto inter lobulos sito,maculis
binis,magnis,oblongis lucidis,subcontiguis notato.Ambitus labelli breviter et parce pilosus.
Mars. - Carquieranne,Var (Raine).

O.ARANIFERA + LUTEA.

×O.QUADRILOBA Nobis. - O.ARANIFERA×LUTEA Cam.Monogr.Orch.
Fr.p.101; in J.bot.VII,p.159. - O.ARANIFERA var.QUADRILOBA Rei-
chb.f.Icon.XIII,p.89;t.102,f.2; Barla,Iconogr.p.65.

Port de l'O.ARANIFERA.Divisions externes du périanthe ovales-
oblongues,d'un jaune verdâtre;les internes linéaires-obtuses.

Labelle dépourvu de gibbosités latérales,convexe,profondément 3-lobé,à lobe moyen très divisé comme dans l'O.LUTEA,velouté de brun,bordé largement de jaune,marqué d'une tache jaunâtre ou un peu blanchâtre ayant la forme de la lettre H.Labelle muni d'une dent à l'angle de bifidité du lobe moyen.

France:environs de Nice (Barla).

O.ARANIFERA + LITIGIOSA.

× O.JEANPERTI Cam.in Bull.Soc.bot.Fr.XXXVIII,p.LI(1891); Monogr.Orch.Fr.p.98; in J.bot.p.156; de Kersers in Bull.Soc.bot. Fr.(1905)p.531. - O.ARANIFERA×LITIGIOSA'PSEUDO-SPECULUM auct. plur.)

Plante ayant le port de l'O.LITIGIOSA.Fleurs petites,à labelle suborbiculaire,dépourvu de gibbosités latérales et d'appendice terminal,muni de 4 taches parallèles,symétriques.

France:env.de Paris,Lardy(Jeanpert,Luizet;G.Camus,Bergon); Maisse(G.Camus);Champagne (Seine-et-Oise)(G.Camus).

O.ARANIFERA + ATRATA.

×O.TODAROANA Macch.in Nuovo giorn.bot.ital.XIII,p.314(1881); Cam.Monogr.Orch.Fr.p.98, in J.bot.VII,p.156; Richter,Pl.eur.p. 265. - O.ARANIFERA×ATRATA Macch.l.c.; Cam.l.c.; Richter;l.c.

Il est difficile d'assigner des caractères fixes à cette combinaison hybride que nous avons trouvée plusieurs fois.Plus facilement distinguable sur place on observe que le labelle est ordinairement d'un brun marron,à gibbosités assez marquées,entier,mais un peu émarginé au sommet,dépourvu de dent et muni de de 2 taches d'un blanc bleuâtre.

V.v. - France:Champagne,S.-et-O.,station aujourd'hui détruite; environs de Nice (Bergon); Italie.

O.ARANIFERA + EXALTATA.

× O.CAMUSII Cortesi in Ann.bot.Pirotta,V,p.541. - O.ARANIFERA× EXALTATA Cortesi,l.c.p.540 et 565.

Plante ayant le port de l'O.ARANIFERA.Fleurs 3-6,en épi laxiflore.Fleurs plus grandes que dans l'O.ARANIFERA,plus petites que dans l'O.EXALTATA.Divisions externes du périanthe grandes, ovales-lancéolées,à bords réfléchis,d'un blanc rosé,lavées de vert,3-nerviées;les 2 latérales internes lancéolées,aiguës,à bords ondulés,soyeuses,égalant la moitié ou un peu plus longues que la moitié de la longueur des divisions externes,d'un brun rougeâtre.Labelle ovale comme dans l'O.ARANIFERA,2-3-lobé,à lobe moyen émarginé,muni d'un appendice triangulaire-lancéolé,un peu charnu,relevé en avant,à lobes latéraux réfléchis,souvent bigibbeux,brunâtre avec 2 macules linéaires,d'un jaune brunâtre, de formes variables.Gynostème à bec court,aigu ou obtus.Bractées égalant env.la moitié de l'ovaire.

M.Cortesi l.c.distingue 2 formes:a)GIBBOSA à gibbosités latérales proéminentes; b)AGIBBA sans gibbosités latérales.

Italie:Maccarese (Cortesi).

O.ARANIFERA + MUSCIFERA.

O.ARANIFERA✕MUSCIFERA M.Schulze,Die Orchid.28,4. - O.MUSCIFERA✕ARANIFERA Asch.u.Graeb Syn.III;p.657(1907). - O.MYODES✕ARANIFERA Richter,Pl.eur.1,p.265. - O.ARANIFERO-MYODES Neilr. Fl.N.Oest.p.199.

Comprend les trois formes principales suivantes:

I.✕ O.HYBRIDA Pokorny in Oest.bot.W.Bl.(1851)p.167; Kerner, Die hybr.Orch.Oest.Fl.in Alb.d.K.K.zool.bot.Ges.XV(1865)p.33; Reichb.f.Icon.XIII,p.7,t.113,CCCCLXV;t.169,DXXI,f.1;M.Schulze, Die Orch.t.28,c,f.A.B.; Kraenz.Gen.et spec.p.93; A.B.R.in J.of bot.XLIV(1906)p.347,349,cum ic.; Koch,Syn.ed.Hall.et Wohlf.p. 2437; Asch.u.Graeb.l.c. - Icon. - Ic.n.pl.25,f.827-828.

Bulbes ovoïdes ou subglobuleux.Port et feuilles de l'O.ARANIFERA.Divisions internes du périgone étroites.Labelle oblong,obtus,3-lobé,étroit à la base,subitement dilaté,à bords largement et brièvement velus;macule bleuâtre,assez grande,en forme de lettre H plus ou moins régulière,le reste du labelle d'un brun rougeâtre en dessus,verdâtre en dessous;lobes latéraux petits, à bords repliés;lobe médian grand,émarginé,dépourvu de dent intermédiaire ou muni d'une dent large rudimentaire;les autres divisions du périanthe comme dans l'O.MUSCIFERA,mais plus larges

MORPHOLOGIE INTERNE.

Nous avons pu analyser une fleur d'un individu provenant de Lardy.Elle se rapprochait plutôt de la fleur de l'O.MUSCIFERA dont elle ne différait guère que par les poils du labelle un peu plus longs,atteignant 150-200µ env.,l'épiderme inf.du labelle n'ayant que quelques papilles vers les bords,la présence dans l'ovaire de faisceaux placentaires libériens.Cette plante se distinguait de l'O.ARANIFERA par les poils du labelle bien plus courts,atteignant au plus 150-200µ de long et de forme à peu près identique à celle des poils du labelle de l'O.MUSCIFERA,par le gynostème portant des papilles ne dépassant guère 60-70µ de long et par l'absence de vaisseaux dans les faisceaux placentaires. - Les tétrades normalement conformées étaient relativement assez nombreuses, leur exine était granuleuse.

V.v. - Angleterre;Autriche;France:Lardy,S.-et-O. ! (Bergon).

Var.GIBBOSA Beck in O.B.Z.XXIX(1879)p.355; Asch.u.Graeb.l.c.-
O.HYBRIDA s.-f.O.GIBBOSA M.Schulze,l.c. - O.GIBBOSA Beck,Fl.M.-
Oest.p.198(1900). - Labelle muni de gibbosités marquées.

II.×O.APICULA J.C.Schmidt,Verz.Aarg.Pfl.M.ap.Reichb.f.Icon.
XIII,p.79,t.102,CCCCLIV,f.5-9; Godet,Fl.Jura,II,p.689; Gremli,
Fl.Suisse,éd.Vetter,p.484; M.Schulze,Die Orchid.t.28,c,f.3,4,
I et II; Asch.u.Graeb.l.c. - Icon. - Ic.n.pl.25,f.834.

Cette forme se rapproche plus de l'O.ARANIFERA dont elle se
distingue par les deux lobes rudimentaires et la tache moyenne
bleuâtre formée de lignes contiguës.

Suisse:Argovie.

III×O.REICHENBACHIANA M.Schulze in Verh.d.bot.V.f.Ges.Thür.
VII,p.29; Die Orchid.28,c.f.6 I et II,7; Asch.u.Graeb.l.c. -
Icon. - Ic.n.pl.25,f.835-839.

Forme à fleurs petites.Labelle bombé,suborbiculaire,un peu
émarginé au sommet, à 2 macules bleuâtres,contiguës;rappelle
la forme de l'O.LITIGIOSA.

Allemagne.

O.ARANIFERA VEL ATRATA + BERTOLONII.

×O.BARLAE Cam.Monogr.Orch.Fr.p.101; in J.bot.VI,p.159. - O.
BERTOLONI hybr.c.BILINEATA Barla,Iconogr.p.70,pl.58,f.19-23. -
O.ARANIFERA vel ATRATA + BERTOLONI Barla,l.c.; Cam.l.c. - Icon.-
Ic.n.pl.25,f.883,883'.

Plante ayant le port de l'O.BERTOLONII.Fleurs 3-4,plus petites que dans cette espèce.Divisions externes du périgone ovales-
allongées,obtuses,concaves en avant,à bords repliés en dehors,
d'un rose violacé,la médiane relevée et étalée en arrière;les
latérales étalées;divisions internes linéaires,subobtuses,d'un
rose violacé assez vif,lavé de vert au sommet.Labelle un peu
plus long que les divisions externes du périanthe,3-lobé,ovale,
convexe,à bords un peu réfléchis,d'un pourpre foncé velouté,
à tache luisante bleuâtre,anguleuse,émarginée en avant et prolongée en 2 lignes blanches,un peu divergentes en arrière jusqu'à la base.Lobes latéraux formant vers la base 2 gibbosités
coniques,lobe moyen bien plus long que les latéraux,à bords
crénelés,verdâtres et légèrement veloutés,émarginé au sommet et
muni d'un petit appendice entier,obtus,relevé en avant. - Cette
forme nous paraît avoir les mêmes parents que l'O.SARATOI.

V.v. - TR. - Montgros,Alpes-Marit.(Sarato in Barla)environs
de Nice,plus.localités (Bergon).

×O.SARATOI Cam.Monogr.Orch.Fr.p.101; in J.bot.VI,p.159(1892).
O.PSEUDO-ARANIFERA Murr in D.B.M.XVI,p.217(1898). - O.ARANIFERO-
BERTOLONI Barla et Sarato in Barla,Iconogr.p.70(1868); Cam.l.c.

Icon. - Barla,l.c.pl.58,f.16-18; Ic.n.pl.25,f.879-882.

Port de l'O.BERTOLONII.Fleurs 3-5,espacées.Divisions externes
du périanthe étalées ou réfléchies,d'un rose pâle ou blanches
et lavées de vert;divisions latérales internes planes,linéaires,
d'un rose pâle.Labelle égalant environ les divisions internes
du périanthe,velouté,d'un grenat foncé,présentant au centre et
non au sommet un écusson d'un blanc bleuâtre,marqué d'un point
grenat velouté,à base munie ou non de gibbosités.Gynostème à
bec obtus.Labelle assez variable,un peu convexe ou un peu arqué
en avant,lobes latéraux rudimentaires ou nuls. - Dans l'O.SA-
RATOI comme dans l'O.BARLAE les divisions externes du périanthe
sont souvent lavées de vert et les fleurs sont de dimensions
sensiblement moindres que dans l'O.BERTOLONII.

Var.ROSEA. - Divisions externes du périanthe d'un rose vif. -
A rechercher au milieu des parents O.ARACHNITIFORMIS et BERTO-
LONII.

V.v. - TR. - France:col de Villefranche(Sarato in Barla),env.
de Nice,col des Quatre-Chemins où M.Bergon a récolté un exemplaire à 2 fleurs soudées.

Les différentes variétés ou sous-esp.de l'O.ARANIFERA s'hy-
brident avec l'O.BERTOLONII.Ces formes difficiles à séparer ne
peuvent être étudiées avec fruit que sur place.Elles constituent
entre les O.SARATOI et BARLAE une série à éléments peu distincts
que nous nous bornons à signaler:
    O.ARANIFERA× BERTOLONII b.PSEUDO-BERTOLONII Murr in D.B.M.
(1898).
    × O.ARANIFERIFORMIS (SUPER-ARANIFERA× BERTOLONII Dalla Tor-
re u.Sarnth.Fl.Tir.u.Vorarlb.VI,I,p.522(1906); Asch.u.Graeb.l.
c.
    × O.DISJECTA (DISIECTA)Murr in D.B.M.XIX(1901); Asch.u.Graeb.
    O.ARANIFERA× BERTOLONII c.GELMII Murr,l.c.; Asch.u.Graeb.l.c.
    × O.LYRATA = O.BERTOLONII× ATRATA H.Fleischmann,Zool.bot.Ges.
Wien,LIV,474,t.II,f.4-7(1904); Asch.u.Graeb.l.c. - Sicile,Li-
gurie(Bergon).

O.ARANIFERA + BOMBYLIFLORA.

× O.SEMIBOMBYLIFLORA Bergon et G.Cam. - O.BOMBYLIFLORA× ARA-
NIFERA var.NICAEENSIS Bergon et G.Cam. - Icon.- Ic.n.pl.25,f.
861-862.

Port de l'O.BOMBYLIFLORA,mais un peu plus élevé et robuste.
Fleurs peu nombreuses,3-4,un peu plus petites que celles de l'O.
ARANIFERA.Divisions externes du périanthe comme dans l'O.ARANI-
FERA var.NICAEENSIS,souvent lavées de vert.Divisions internes
très courtes,ovales-lancéolées,munies seulement de quelques
poils vers leur sommet.Labelle ovale-lancéolé,obscurément 3-lo-
bé,d'un pourpre noirâtre,à macule vers la base,de forme un peu
variable;lobes latéraux très velus,repliés en dessous;lobe

médian bien plus grand,échancré au sommet,muni à l'angle d'une
dent rudimentaire.Gynostème à bec court,obtus.Anthères jaunâtres.

Planta robusta et humilis,habitu O.BOMBYLIFLORAE,sed floribus
majoribus,3-4,laxe spicatis;perigonii phyllis exterioribus roseis vel viridis roseis;binis interioribus parvulis,ovato-lan-
ceolatis,puberulis.Labello ovato-lanceolato,obscure 3-lobato,
atropurpureo,lobis lateralibus hirsutissimis ,reflexis;lobo medio multo majore,leviter emarginato,denticulato;gynostemio breviter rostrato.

V.v. - France:env.de Nice et d'Antibes (Bergon,avril 1905,
1906).

O.ARANIFERA + SPECULUM.

✕O.MACCHIATII Nobis. - O.ARANIFERA✕ SPECULUM Macchiati in N.
g.bot.ital.XIII,p.316(1881); W.Barbey,Fl.Sard.comp.add.p.239;
Arcang.Comp.ed.2,p.171.

Tige de 12-20 centim.,cylindrique à la base,anguleuse au som-
met.Feuilles basilaires ovales-lancéolées.Bractées ovales-lancéolées,égalant env.l'ovaire.Fleurs de 1-5,en épi,lâche.Divi-
sions externes du périgone étalées-dressées,ovales-oblongues,
obtuses au sommet,d'un blanc rosé,munies d'une nervure moyenne
verdâtre;divisions internes d'un rose plus vif sur les bords,
plus étroites et de moitié plus courtes que les externes.Label-
le très convexe,à bords largement réfléchis,de forme ovale-ar-
rondie,muni à la base de 2 petites gibbosités,un peu émarginé
au sommet et muni d'un petit appendice à l'angle de la partie
émarginée.Face supérieure d'un violet intense,pourvue à la base
d'une tache luisante,bleu d'acier.

Mars,avril. - Sardaigne.

O.APIFERA + ARANIFERA.

O.ARANEIFERA✕ APIFERA Asch.u.Graeb.Syn.III,p.655 .

✕O.EPEIROPHORA Peter in Regensb.Fl.(1883)p.10; Richter,Pl.
eur.p.265; M.Schulze,Die Orchid.31(5); Koch,Syn.ed.Hall.et
Wohlf.p.2438; d'Abzac de Ladouze in Bull.Soc.bot.Fr.1890. -
O.ARANIFERA✕ APIFERA Peter l.c.; Richter,l.c.; M.Schulze,l.c.;
Koch,l.c.

Bractées plus étroites que dans l'O.APIFERA.Divisions externes du périanthe roses,grandes,ovales,cucullées au sommet,à 3
nervures;divisions internes plus courtes,linéaires,acuminées.
Labelle oblong ou oblong-ovale,plus étroit à la base,muni de 2
gibbosités basilaires,brièvement incisé latéralement des 2 côtés,muni de dessins brunâtres et dépourvu d'appendice au sommet.

V.s. - Bavière;France:Vigneras près Champcevinel(d'Abzac de
Ladouze in Herb.Camus).

× O.LUIZETII Cam.in Bull.Soc.bot.Fr.XXXVIII,p.41(1891); Monogr.Orch.Fr.p.98; in de Fourcy,Vade-mecum herb.paris.éd.6,p.327. - O.APIFERA var.CHLORANTHA× LITIGIOSA (PSEUDO-SPECULUM) Cam.l.c. Icon. - Ic.n.pl.25,f.868.

Plante ayant le port de l'O.APIFERA var.CHLORANTHA.Fleurs petites,à labelle suborbiculaire,d'un vert jaunâtre,muni au centre de 2 taches allongées,à appendice recourbé en dessous;lobes latéraux peu marqués.Divisions externes du périanthe blanches, munies d'une forte nervure verte.Diffère de l'O.APIFERA var. CHLORANTHA par le lobe moyen du labelle de même forme et les mêmes dispositions que l'O.LITIGIOSA et par les lobes latéraux presque avortés.

France:Etréchy,S.-et-O.(Luizet et Jeanpert).

O.ARANIFERA + TENTHREDINIFERA.

O.TENTHREDINIFERA× ARANIFERA Asch.u. Graeb.Syn.III,p.661.

A.× O.GRAMPINII F.Cortesi ap.Pirotta,Ann.bot.1,p.359. - O.ARANIFERA× TENTHREDINIFERA Cortesi,l.c.cum ic. - O.TENTHREDINIFERA× ARANIFERA Sommier in Bull.Soc.bot.ital.1892,p.352.

Port de l'O.ARANIFERA.Tige de 4-5 décim.Feuilles oblongues-lancéolées,mucronulées,brillantes en dessus.Fleurs peu nombreuses,4-7.Bractées verdâtres,herbacées,à nervure visible,les inférieures une fois et demie plus longues que l'ovaire,les supérieures l'égalant.Divisions externes du périanthe ovales-obtuses,verdâtres,lavées de rose,3-nerviées;divisions internes d'un vert brunâtre,bien plus courtes et plus étroites que les externes.Labelle comme dans l'O.ARANIFERA,gibbeux à la base,à lobes latéraux assez marqués,révolutés,à lobe moyen subbilobé,émarginé,muni à l'angle de bifidité d'un mucron un peu retourné,à partie moyenne brunâtre,à bords presque membraneux,d'un jaune verdâtre.Gynostème terminé en bec court,aigu.

B.× O.ETRUSCA Asch.u.Graeb.Syn.III,p.661. - O.TENTHREDINIFERA× ARANIFERA Sommier in Bull.Soc.bot.ital.(1892)p.353. - Forme plus rapprochée de l'O.TENTHREDINIFERA.

Italie: A. Via Appia antica (Grampini); B. Orbetello,Toscane (Sommier); Monte Testaccio (Cortesi).

O.ARANIFERA + FUCIFLORA.

×O.ASCHERSONI de Nanteuil in Bull.Soc.bot.Fr.XXXIV,p.423 (1887); Cam.in de Fourcy,Vade-mec.herb.par.éd.6,add.p.327; Monogr.Orch.Fr.p.99,in J.bot.p.156; Hariot et Guyot,Contrib.Fl. Aube,p.116. - O.ARANIFERA× FUCIFLORA Asch.Verh.B.V.Brand.XIX (1877); Asch.u.Graeb.Syn.III,p.660. - O.FUCIFLORA× ARANEIFERA Asch.u.Graeb.l.c. - O.ARANIFERA×ARACHNITES de Nant.l.c.; Cam. l.c.; Hariot et Guyot,l.c.

Icon. - Cam.Atlas,pl.XLV; Ic.n.pl.25,f.823.

Port de l'O.ARANIFERA.Divisions externes du périanthe d'un rose vif dans la fleur jeune,puis s'atténuant après l'anthèse, munies d'une nervure verte prononcée.Labelle entier,d'un pourpre brunâtre,muni à la base d'une tache glabre entourée de lignes symétriques formant à la base un écusson,pourvu au centre de 2 taches jaunâtres sur les bords,muni au sommet d'un appendice glabre,d'un jaune verdâtre,peu saillant et dirigé en avant. Diffère de l'O.ARACHNITES par ses teintes moins vives,par les divisions internes latérales du périanthe moins veloutées,par l'appendice du labelle très court et par les gibbosités latérales peu marquées.

Cette plante peut être confondue avec l'O.ARACHNITIFORMIS Gr. plante abondante dans certaines localités du Var et des Alpes-Maritimes.Notre savant correspondant de Solliès-Toucas,M.Albert, a suivi depuis plusieurs années ce dernier OPHRYS et le considère comme espèce.Les différences doivent être constatées sur le vif,elles ne peuvent être saisies que difficilement sur des plantes d'herbier.

V.v. - France:Champagne,S.-et-O.(Bergon,1887;Camus,1890); Viarmes(Boudier et Camus); Droupt-Sainte-Basle,Aube(Hariot et Guyot); Aarau,Suisse(Keller).

✕O.OBSCURA Beck,O.B.Z.XXIX(1879)p.353; Richter,Pl.eur.I,p. 263. - O.ARANIFERA✕ ... Asch.in Verh.d.bot.Prov.Brand.(1877)p. IX; et Monat.Ver.z.Bef.d.Gart.ind.Konigl.pr.Staat.(oct.1878) (Sep.Abdr.cum ic.t.); M.Schulze,Die Orchid.28,b. - O.ARANIFERA GENUINA✕FUCIFLORA Beck,Fl.N.-Oest.1,p.197(1890). - O.FUCIFLORA✕ ARANEIFERA B.OBSCURA Asch.u.Graeb.Syn.III,p.661.

Port d'un O.ARANIFERA robuste.Fleurs peu nombreuses.Périanthe à divisions à peu près semblables à celles de cette espèce,les 3 externes d'un blanc verdâtre,les 2 latérales internes jaunâtres,lavées de brun.Labelle obovale,non émarginé,pourvu d'un petit appendice dirigé en avant;gibbosités latérales peu marquées.Tache bleuâtre de la base ayant obscurément la forme de la lettre H,entourée d'une ligne d'un blanc jaunâtre;le reste du labelle d'un blanc roux violacé avec des macules d'un roux plus pâle. - Les f.1 et 3 de M.M.Schulze représentent,croyonsnous,deux formes ayant la même origine ancestrale,mais se rapprochant plus de l'O.ASCHERSONI de Nant.Il est d'ailleurs compréhensible que ces deux parents puissent donner des hybrides de formes distinctes.

Autriche.

O.FUCIFLORA + LITIGIOSA.

✕O.PULCHRA Cam.in Bull.Soc.bot.Fr.XXXVIII,p.43(1891); in de Fourcy,Vade-mec.herb.par.éd.6,Add.p.327; Monogr.Orch.Fr.p.99;

in J.bot.VII,p.157. - O.FUCIFLORA + LITIGIOSA Nobis. - O.ARACH-
NITES + LITIGIOSA(PSEUDO-SPECULUM auct.plur.)Cam.l.c.

Cette plante ressemble à l'O.ARACHNITES.Les fleurs en ont le
périanthe externe,le labelle est entier,très velouté,ovale-
oblong,à bords enroulés en dessous,les gibbosités latérales
font complètement défaut,ce qui donne au labelle la forme d'un
oeuf;l'appendice terminal recourbé en avant est glabre,d'un
blanc jaunâtre;à la base du labelle se trouve une tache brunâtre très foncée,circonscrite par une ligne blanche.

V.v. - France:Seine-et-Oise,Champagne au Montrognon (Camus).

O.ARANIFERA + SCOLOPAX.

× O.NOULETII G.Cam.Monogr.Orch.Fr.p.100; in J.bot.VII,p.158.-
O.SCOLOPAX×ARANIFERA Noulet in Herb.Muséum Paris ap.G.Cam.l.c.-
O.ARANIFERA×SCOLOPAX Asch.u.Graeb.Syn.III,p.656;p.p. - Icon. -
Ic.n.pl.25,f.866.

Plante se rapprochant plus de l'O.ARANIFERA que de l'O.SCOLO-
PAX,envoyée par Noulet à Grenier qui la définit ainsi: Plante
ayant le périanthe peu coloré de l'O.ARANIFERA et le labelle de
l'O.SCOLOPAX,dépourvu de tache glabre.

TR. - France:Le Vernet,rives de l'Ariège,mai 1854 (Noulet).

× O.PHILIPPI Gren.Rech.sur quelques Orchid.Toulon,p.11(1859);
Cam.Monogr.Orch.Fr.p.100; in J.bot.VII,p.158. - O.SCOLOPAX×
ARANIFERA ? Cam.l.c. - O.ARANIFERA×SCOLOPAX Asch.u.Graeb.l.c.
p.656;p.p.

Fleurs 5-8,disposées en épi lâche.Port de l'O.SCOLOPAX.Brac-
tées lancéolées,aiguës ou subaiguës,les inférieures dépassant
les fleurs.Divisions externes du périanthe ovales-lancéolées
ou suboblongues,un peu plus longues que dans l'O.SCOLOPAX,obtu-
ses,blanches,un peu verdâtres avec une nervure médiane verte;
les deux latérales internes blanches,lancéolées-linéaires,obtu-
ses,veloutées.Labelle 3-lobé,bigibbeux à la base;à lobes latéraux triangulaires,contournés,longuement velus-soyeux,appliqués
contre le lobe moyen et surmontés chacun d'une corne ordinairement porrigée;ces lobes sont situés vers le tiers supérieur du
labelle et non près de sa base comme dans l'O.SCOLOPAX,de sorte
qu'entre les lobes latéraux et la base du gynostème le labelle
se prolonge en un quadrilatère libre qui lui sert de support
large;lobe moyen ordinairement un peu plus court que les divisions latérales internes du périanthe,oblong,replié latéralement par les bords de manière à former presque un cylindre,brun
velouté surtout près du sommet,marqué au centre d'une tache
brunâtre qui,de la base du gynostème,ne s'étend que jusqu'à la
naissance des lobes latéraux et ne se prolonge point au-delà de
leur insertion comme dans l'O.SCOLOPAX;appendice du sommet du
labelle gros,épais,vert et relevé en dessus.Gynostème terminé

par un bec court ou simplement apiculé.Fleurit 15 jours plus
tard que l'O.SCOLOPAX(Gren.l.c.).Plante se rapprochant plus de
l'O.SCOLOPAX que de l'O.ARANIFERA;
  b.BREVIAPPENDICULATA. - O.SCOLOPAX+ATRATA Duffort.
C'est avec dessein que nous confondons les hybrides que l'O.
SCOLOPAX forme avec les diverses sous-esp.ou var.dérivées de
l'O.ARANIFERA (sensu lat.).

France:env.de Toulon(Philippe ap.Gren.);près de Masseube,Gers
(Duffort);env.de Nice et de Cannes(Bergon);Italie,Ligurie(Bergon).

§ II. HYBRIDES DE L'O.FUCIFLORA ET DE L'O.SCOLOPAX.

O.FUCIFLORA + MUSCIFERA.

×O.DEVENENSIS Reichb.f.Icon.XIII,p.87(1851); Gremli,Fl.Suis-
se,éd.Vetter,p.84; Richter,Pl.eur.p.265; Cam.et Legrand in Bull.
Soc.bot.Fr.(1903)p.113; de Kersers in Bull.Soc.bot.Fr.(1905);
Koch,Syn.ed.Hall.et Wohlf.p.2437. - O.FUCIFLORA×MUSCIFERA M.
Schulze,Die Orch.27(4); O.B.Z.XLIX(1899)p.267. - O.MUSCIFERA×
FUCIFLORA Gremli,l.c.; Asch.u.Graeb.Syn.III,p.636. - O.MUSCIFE-
RA×ARACHNITES Cam.et Legr.l.c. - O.FUCIFLORA×MYODES Reichb.f.
l.c. - O.APICULATA Reichb.f.Icon.XIII,t.CCCCLIV,f.1-4; non J.C.
Schmidt.

Port de l'O.MUSCIFERA.Epi pauciflore.Divisions externes du
périgone lancéolées acuminées vers le sommet.Divisions latérales internes étroitement ligulées,velues en avant.Labelle entier,oblong parfois subtrilobé ou brièvement trilobé,avec dessins d'un brun foncé ou noirâtre,muni ou non de gibbosités basilaires avec la vestiture de l'O.MUSCIFERA.

TR. - V.v. - Suisse:les Devens,Vaud; France:Cher,La Chapelle
Saint-Ursin; Meuse,Saint-Mihiel(Breton).

O.APIFERA + FUCIFLORA.

×O.BOTTERONI Chodat,Not.in Not.Polyg.d'Eur.et d'Or.; Thèse
Doctorat Genève(1887); Révis.et crit.Polyg.suiss.; Un nouv.
OPHRYS in Bull.soc.bot.Genève,p.65,187(1889); M.Schulze,Die
Orchid.31; Schinz u.Keller,Fl.Schweiz,p.124. - O.FUCIFLORA
(ARACHNITES)×APIFERA auct.plur.; M.Schulze,l.c. - O.APIFERA
var.AURITA Gremli,N.Beitr.Fl.Schweiz(1887)p.31. - O.APIFERA e)
BOTTERONI Koch,Syn.ed.Hall.et Wohlf.p.2438.

Port de l'O.ARACHNITES.Bulbes petits,arrondis.Tige de 2 décim.
env.,portant plusieurs feuilles.Bractées 2 fois plus longues
que l'ovaire.Périanthe à divisions assez semblables à celles de
l'O.APIFERA,les internes à nervure moyenne verte,pubescentes ou
glabres ? et pétaloïdes.Labelle presque plan,brunâtre,pourpré,
muni de lignes d'un beau jaune,limitant en haut du labelle une
tache en forme d'écusson,ces lignes symétriques vers la base,

non symétriques au sommet;gibbosités de la base assez sensibles,
coniques,mais ne simulant pas de lobes latéraux,à la base et
latéralement 2 petites cornes;sommet du labelle peu recourbé
mais portant un petit appendice dirigé en avant,mais cependant
sur un plan en arrière de la partie moyenne du labelle.Gynostè-
me de l'O.APIFERA,à bec long,à 2 courbures.

Suisse:Berne,env.de Bienne (Botteron,Chodat).

Var.CHODATI Wilczek in Bull.Herb.Boissier,s.2,VI(1906)p.324.-
Divisions latérales internes du périanthe pétaloïdes et velues
ciliées sur les bords.Labelle trilobé,à lobes révolutés;lobe
médian prolongé en un petit appendice aigu,manquant dans le type. - Il est intéressant de noter que dans cette station comme
dans la station classique de Chodat (Bienne)l'O.BOTTERONI est
mêlé aux O.ARACHNITES et APIFERA.(M.Wilczek croit à l'hybridité,
M.Chodat ne partage pas cette opinion.)

× O.ALBERTIANA G.Cam.in Bull.Soc.bot.Fr.XXXVIII,p.41(1891);
in de Fourcy,Vade-mec.herb.par.p.327,add.éd.6; Monogr.Orch.Fr,
p.97; in J.bot.VII,p.155; de Kersers in Bull.Soc.bot.Fr.(1905)
p.531. - O.APIFERA×FUCIFLORA M.Schulze in O.B.Z.(1899)p.270. -
O.FUCIFLORA×APIFERA Asch.u.Graeb.Syn.III,p.661. - O.APIFERA +
ARACHNITES G.Cam.l.c. - Icon. - G.Cam.Atlas,pl.XLIII; Ic.n.pl.
25,f.867.

Bulbes ovoïdes,assez gros.Tige de 1-3 décim.,un peu anguleuse
au sommet.Feuilles larges,oblongues-lancéolées,subobtuses.Port
de l'O.ARACHNITES.Périanthe à divisions externes d'un rose plus
ou moins vif.Labelle déprimé vers le milieu de son lobe moyen,
puis recourbé en dessous près de l'appendice,celui-ci restant
dirigé en avant;gibbosités formées par les lobes latéraux non
ou peu séparées du lobe moyen.Bec du gynostème assez court,mais
en S moins marqué que dans l'O.APIFERA.

V.v. - France:env.de Paris,Champagne,S.-et-O.(Camus); Meuse,
Saint-Mihiel (Breton).

× O.INSIDIOSA Duffort,Orch.au Gers,p.27; Extr.Bull.vulg.sc.
nat.Soc.bot.et Ent.Gers,11(1902). - C.ARACHNITES× APIFERA Duffort,l.c. - Diffère de l'O.ARACHNITES par le labelle plus ou
moins profondément trilobé,à bords rejetés en dessous,à lobes
latéraux éloignés de la base;appendice large,épaissi,relevé en
avant;plus rarement labelle indivis,mais alors à côtés très repliés en dessous et se touchant presque par les bords.Gynostème
à bec long et flexueux. - V.s. - France:Gers,env.de Masseube
(Duffort).

O.FUCIFLORA + SCOLOPAX.

× O.VICINA Duffort,Orch.Gers,p.26; Extr.Bull.vulg.sc.nat.Soc.
bot.et ent.Gers,II(1902). - O.ARACHNITES× SCOLOPAX Duffort,l.c.

Labelle à 3 lobes plus ou moins profonds et à bords plus ou moins recourbés en dessous,ce qui le différencie de l'O.ARACH-NITES;lobes latéraux éloignés de la base,ce qui le sépare de l'O.SCOLOPAX.Appendice du labelle large,épaissi,relevé en avant. Bec du gynostème court,droit.Rarement labelle indivis à côtés repliés en dessous.

France:Gers,env.de Masseube (Duffort).

O.SCOLOPAX + APIFERA.

× O.MINUTICAUDA Duffort,Orch.Gers,p.27,(1902). - O.SCOLOPAX× APIFERA Duffort,l.c. - Icon. - Ic.n.pl.25,f.865.

Labelle de l'O.SCOLOPAX vu en dessous.Sommet du lobe médian réfléchi,entier,terminé par une languette triangulaire,peu épaissie,plus longue que large,brusquement dirigé en avant.Bec du gynostème long et flexueux comme dans l'O.APIFERA.

V.s. - France:env.de Masseube,Gers (Duffort).

O.LUTEA + SCOLOPAX.

× O.PSEUDO-SPECULUM DC.Fl.fr.V,p.332,n°2030 b. - O.LUTEA !× SCOLOPAX ? DC.l.c. - O.SPECULUM DC.Rapp.2,p.81. - Cf.G.Camus in Morot,J.bot.(1896)p.1-3 et la note sur l'O.LITIGIOSA.

Port et feuilles comme dans l'O.LUTEA.Fleurs 2-4.Divisions externes du périgone très obtuses,étalées,d'un jaune pâle,les 2 latérales internes plus planes,plus étroites et plus courtes. Labelle concave à la base,muni de 2 callosités lisses et noirâtres,ovale-arrondi,presque carré,à bords réfléchis,à partie antérieure munie de 3 petites dents obtuses;face supérieure brune, jaunâtre sur les bords,velue avec une tache glabre,de couleur pâle,située vers le milieu,au centre de cette tache se trouve un point hérissé.Gynostème long,terminé en pointe aiguë,mais moins long que dans l'O.SCOLOPAX.

France:collines de Fontfroide près Montpellier(1 mai 1807,DC.)

O.BOMBYLIFLORA + SCOLOPAX.

× O.OLBIENSIS Cam. - O.BOMBYLIFLORA + SCOLOPAX F.Raine;G.Hardy,in litt.

Port de l'O.SCOLOPAX.Fleurs de même taille que dans cette espèce.Périanthe à divisions externes grandes,rosées lavées de vert;divisions internes très petites,obscurément triangulaires, d'un brun pourpré,brièvement velues.Labelle ovale-oblong,rappelant celui de l'O.SCOLOPAX,mais à lobes latéraux peu séparés, très velus à leur base et formant deux gibbosités coniques;appendice du lobe médian petit et dirigé en avant.Gynostème assez brièvement apiculé.

Habitus O.SCOLOPACIS.Floribus magnis,perigonii phyllis exterioribus roseis viridi-nervosis;binis interioribus parvis triangularibus velutinis purpurascentibus;labello phyllis exterioribus longiore,oblongo,basi utrinque conico,obscure 3-lobato,lobis lateralibus hirsutissimis ad basin;lobo medio appendiculato, appendicula sursum versa;gynostemio breviter rostrato.

§ III. AUTRES HYBRIDES D'OPHRYS.

O.BOMBYLIFLORA + TENTHREDINIFERA.

×O.SOMMIERI Cam.ap.F.Cortesi in Ann.bot.Pirotta,1,p.360. - O.BOMBYLIFLORA × TENTHREDINIFERA Sommier in N.G.bot.ital.n.s. (1896)p.254.

Périanthe à divisions externes rosées comme dans l'O.TENTHREDINIFERA,mais cependant d'un rose moins franc.Labelle de forme intermédiaire à ceux des parents;appendice terminal rappelant celui de l'O.TENTHREDINIFERA et dirigé en avant;macule centrale plus ou moins distincte,ressemblant à celle de cette espèce. Fossette stigmatifère de grandeur intermédiaire.Gynostème court.

Italie:Monte Argentario (Sommier).

O.FUSCA + LUTEA.

Sous-esp. ou × ? O.SUBFUSCA Mürbeck,Contr.fl.N.-O.de l'Afrique et de la Tunisie,p.21,t.XII,f.4; Battand.et Trab.Fl.Alg.(1904) p.320. - O.FUNEREA Munby,Cat. - O.LUTEA var.SUBFUSCA Battand.et Trab.Fl.Alg.(1884)p.201;p.p. - Icon - Ic.n.pl.25,f.864. - Exsicc. - Ap.Mürbeck:Jamin,Pl.Alg.(1850)n°90(H.Cosson mixt.c. LUTEA); Choulette,Fragm.fl.alg.s.2,n°86(H.Cosson).

Deux plantes à notre avis ont été confondues sous ce nom.M. Mürbeck a figuré un OPHRYS très voisin comme forme de l'O.FUSCA mais rappelant par ses couleurs et la bordure de son labelle l'O.LUTEA.Cette forme qui a été trouvée seule dans des localités où l'hybridité supposée ne pouvaît être invoquée a été recueillie d'abord par M.Mürbeck,puis par M.M.Battandier et Trabut.Il existe une deuxième forme intermédiaire entre les O.FUSCA et LUTEA plus proche de cette dernière espèce,et dont l'examen lève les doutes sur l'hypothèse de l'hybridité.Cette plante est plus rare.Nous l'avons reçue de M.Battandier,qui nous a si obligeamment envoyé vivantes beaucoup d'Orchidées d'Algérie. Pour la distinguer de l'O.SUBFUSCA Mürbeck nous proposons de lui donner le nom d'O.BATTANDIERI puisque cet éminent botaniste en a reconnu le premier l'origine bâtarde.Sa description peut être ainsi résumée:
× O.BATTANDIERI G.Cam. - O.FUSCA + LUTEA. - O.LUTEA var.SUBFUSCA Battand.et Trab.Fl.Alg.p.201(1884);p.p. - Icon. - Ic.n. pl.25,f.863. - Port de l'O.LUTEA.Fleurs de moitié de la grandeur de cette espèce et presque de même forme;labelle très

largement bordé de jaune,lobe médian moins fortement bilobé que
dans cette espèce,centre du labelle et divisions internes du
périanthe comme dans l'O.FUSCA.

L'O.SUBFUSCA Murbeck est assez répandu en Algérie et en Tunisie;l'O.BATTANDIERI est bien plus rare.Nous l'avons reçu de M.
Battandier des localités suivantes;env.d'Alger;anciennes car-
rières entre Birmandreis et le Sanatorium.M.Bergon l'a récolté
en Ligurie.

L'× O.MIGOUTIANA Gay,trouvé une seule fois à Médéah est proche de ces deux plantes;il a les divisions du périanthe de l'O.
ATLANTICA et est peut-être hybride de l'O.FUSCA ATLANTICA et
de l'O.LUTEA.

×O.INTEGRA Saccardo,Nuovo Giorn.bot.ital.III,p.165; Estratto
d.Bull.della Soc.V.-Trent.di Scienze natur.III,n°4,Padowa(1886);
Ces.Passer.Gibelli,Compend.; Arcang.Compend.ed.2,p.172; M.Schul-
ze,Die Orchid.n°31,cum icon.t.31 d.f.2. - O.APIFERA×EPIPACTIS
(CEPHALANTHERA)RUBRA ??

Port de l'O.ARACHNITES.Tige subcylindrique,de 3-4 décim.Feuil-
les oblongues-lancéolées.Divisions externes du périanthe rosées,
les internes étroitement lancéolées,velues,verdâtres.Labelle
ovale,entier,brièvement acuminé,dépourvu de gibbosités à la base,muni au centre de 2 macules linéaires,glabres,rosées.Gyno-
stème de l'O.ARACHNITES.

R. Italie:lieux herbeux "La Tombola a Colfosco près Coneglia-
no"(Eurico Gelmi).

Sous-tribu II. - GYMNADENINAE (emend.).

GYMNADENIAE Parlat.Fl.ital.III,p.393. - GYMNADENIDAE Lindl.
Veget.Kingd.182(1847). - GYMNADENIEAE Pfitzer,Entw.Anord.Orch.
96(1887); Nat.Pfl.II,6,90. - GYMNADENIINAE Engl.Syllab.90(1892);
Aschers.u.Graeb.Syn.III,p.800. - EBURSICULATAE Reichb.f.Icon.
XIII,p.105.

Glandes distinctes,nues ou n'ayant à la base qu'un léger repli,rudiment de bursicule.

Gen.11. - HERMINIUM R.Br.

HERMINIUM R.Brown in Ait.Hort.Kew.ed.2,V,p.191(1813); Rich.in
Mém.Mus.IV,p.49; Endl.Gen.p.210; Pfitzer in Engl.u.Prantl,Pfl.
p.91; Kraenz.Gen.et spec.p.351. - OPHRYDIS spec.L.Spec.p.1342
(1753). - ORCHIDIS spec.All.Fl.pedem.2,p.148. - SATYRII spec.
Pers.Synops.2,p.507. - MONORCHIS Mich.Nov.pl.gen.p.30,t.26. -
ARACHNITIDIS spec.Hoffm.Deutsch.Fl.ed.2,II,p.79. - HERMINIOR-
CHIS Foerster,Fl.Aachen,p.348. - EPIPACTIDIS spec.Schmidt in
May.Phys.Aufs.1791.

Divisions du périanthe libres,conniventes,campanulées,oblon-
gues,subobtuses;les internes latérales plus étroites.Labelle
dirigé en avant,à 3 lobes entiers,concave à la base.Gynostème
très court.Stigmate subarrondi,transversal.Anthère dressée,à
pointes libres au-dessus des lobes latéraux du rostellum soutenant les rétinacles.Masses polliniques à caudicules courts,à
rétinacles gros,non renfermés dans une bursicule,éloignés à la
base.Ovaire contourné.Graines petites,atténuées aux deux extrémités.

Labelle à papilles dépourvues de ramuscules.Faisceaux libéro-
ligneux de la tige disposés en cercle peu régulier au-dessus
des feuilles principales.

1. - H.MONORCHIS.

H.MONORCHIS R.Br.in Ait.Hort.Kew.ed.2,V,p.191(1813); Rich.in
Mém.Mus.IV,p.57; Lindl.Gen.and spec.p.30; Reichb.f.Icon.XIII,p.
105; Kraenz.Gen.et spec.p.531; Correv.Alb.Orch.Eur.pl.XXII;
Orchid.rust.p.97; Richter,Fl.eur.p.277; Blytt,Haand.Norg.Fl.ed.
Ove Dahl,p.230; Babingt.Man.Brit.Bot.p.348; Oudemans,Fl.Nederl.
III,p.340; Dumort.Pr.fl.Belg.p.133; Crépin,Man.fl.Belg.éd.1,p.
178; éd.2,p.294; Löhr,Fl.Tr.p.250; J.Mey.Orch.G.-D.Luxemb.p.14;
Dumoul.Fl.Maestr.p.72; Cogniaux,Fl.Belg.p.251; Boreau,Fl.cent.
éd.3,p.647; Coss.et Germ.Fl.Par.éd.2,p.687; Michal.Hist.nat.
Jura,p.298; Ard.Fl.Alp.-Mar.p.356; Barla,Iconogr.p.22; Bonnet,
Pet.fl.paris.p.384; Brébis.Fl.Norm.éd.5,p.393; Cam.Monogr.Orch.
Fr.p.81; in J.bot.VI,p.482; Corbière,N.Fl.Norm.p.564; Masclef,
Cat.P.-d.-C.p.155; Coste,Fl.Fr.III,p.405,n°3618,cum ic.; Kirschl.
Fl.Als.II,p.139; Koch,Syn.ed.2,p.798; éd.3,p.600; ed.Hall.et
Wohlf.p.2439; Garcke,Fl.Deutsch.ed.14,p.381; Seubert,Fl.Bad.p.
125; Bach,Rheinpreus.p.373; Caflisch,Ex.Fl.S.D.p.298; M.Schulze,
Die Orchid.n°41; Asch.u.Graeb.Syn.III,p.804; Spenn.Fl.frib.p.
240; Fischer,Fl.Bern,p.78; Rhiner,Pr.Waldst.p.128; Reuter,Cat.
Genève,éd.2,p.206; Bouvier, Fl.Alp.éd.2,p.645; Morthier,Fl.Suis-
se,p.363; Gremli,Fl.Suisse,éd.Vetter,p.485; Schinz u.Keller,Fl.
Schweiz,p.125; Bertol.Fl.ital.IX,p.573; Parlat.Fl.ital.III,p.
394; Ces.Pass.Gib.Comp.p.182; Fiori et Paol.Iconogr.fl.ital.n°
849; Ambr.Fl.tir.aust.p.719; Hausm.Fl.Tirol,p.846; Hinterhuber
et Pichlm.Fl.Salzb.p.194; Schur,Enum.Trans.p.647,n°3441; Simk.
Enum.Trans.p.504; Beck,Fl.N.-Oest.p.207; Besser,Enum.p.35,n°
1163; Ledeb.Fl.alt.IV,p.171; Fl.Ross.IV,p.73; Fellm.Ind.Kola,p.
330; Lessing in Linn.IX,p.156,205; Wienm.Fl.Petrop.p.85; Eichw.
Prodr.Roman.p.546. - H.CLANDESTINUM Gr.et God.Fl.Fr.III,p.299
(1856); Godr.Fl.Lorr.2,p.295; Gr.Fl.ch.juras.p.757; Bl.et Malbr.
Cat.S.-Inf.p.95. - OPHRYS MONORCHIS L.Spec.ed.1,p.947(1753);
Willd.Spec.IV,p.61; Poiret,Encycl.IV,p.571; Lej.Rev.fl.Spa,p.
187; Lej.et Court.Comp.III,p.190; Tinant,Fl.luxemb.p.442; Gorter,Fl.VII Prov.p.238; Kops,Fl.Batav.IV,n°274; Hall,Fl.Belg.
sept.p.626; DC.Fl.fr.III,p.254,n°2028; Duby,Bot.p.447; Loisel.
Fl.gall.2,p.269; Villars(OPHRYS)Hist.Dauph.II,p.48; Mutel,Fl.
fr.III,p.247; Fl.Dauph.éd.2,p.596; Boisduval,Fl.fr.III,p.50;
Lapeyr.Abr.Pyr.p.550; Le Turq.Delon.Fl.Rouen,p.464; de Jouffroy

in Mém.Soc.ém.Doubs,p.119(1853); Guill.Fl.Bord.et S.-O.p.171;
Gaudin,Fl.helv.V,p.451; Reuter,Cat.Genève,éd.1,p.100; Poll.Fl.
veron.III,p.23; Ten.Syll.fl.neap.p.458; Fl.neap.V,p.241; Suffr.
Pl.Frioul,p.185; Kalm,Fl.fenn.n°507; Gorter,Fl.ingr.p.146; Pall.
It.1,p.9; Georgi,It.1,p.232; Beschr.Russ.R.III,V,p.1273; Falk.
Beitr.II,p.248; Gilib.Exerc.phyt.II,p.490,cum ic.; Steph.Fl.
Mos.n°615; Lucé,Fl.osil.p.299. - ORCHIS MONORCHIS All.Fl.pedem.
II,p.148,n°1832(1785); Crantz,Austr.478; Scop.Fl.carn.n°1116;
Marsch.Bieb.Fl.Taur.-Cauc.III,p.604,n°1847". - O.TRIORCHIS Car.
et S.-Lag.Fl.descr.éd.8,p.809. - EPIPACTIS MONORCHIS Schmidt in
Mey.Phys.Aufs.p.246(1791). - ARACHNITES MONORCHIS Hoffm.Deuts.
Fl.sec.Reichb. - SATYRIUM MONORCHIS Pers.Syn.II,p.507(1807);
Jundz.Fl.Lith.p.266; Mart.Fl.Mosq.p.156. - HERMINIORCHIS MONOR-
CHIS Foerst.Fl.Aachen,p.347. - Monorchis montana minima flore
obsoleto,vix conspicuo Mich.Nov.pl.gen.p.30,t.26; Seg.veron.3,
p.251. - Orchis bulbo unico,subrotundo labello cruciformi Hall.;
Monorchis Hall.Icon.n°1262,t.22; Enum.2690,n°20. - b.Orchis lu-
tea hirsuto folio;Triorchis lutea,folio glabro et altera Bauh.
Pinax,84.-O.odorata moschata Monorchis Bauh.l.c.

Icon. - Hall.l.c.t.22,f.2; Seg.l.c.t.8,f.8; Mich.l.c.t.26;
Schlec.Lang.Deut.IV,f.365; Gmel.Sib.l.p.18,n°15,t.4,f.1; Loesel.
Fl.pruss.p.184,n°61; Fl.dan.l,t.102; Engl.Bot.t.711; Dietr.Fl.
r.bor.1,9; Nees Esenb.Gen.5,9; Reichb.f.Icon.XIII,t.63,CCCCXV;
Ces.Pass.Gib.l.c.t.XXII,f.7,a-g; Oudemans,l.c.pl.LXXI,f.369;
Correvon,l.c.; Barla,l.c.pl.11,f.17-27; Cam.Icon.Orch.Paris,pl.
22; M.Schulze,l.c.t.41; Flahault,N.fl.Alp.et Pyr.p.136,cum ic.;
Bonnier,Alb.N.Fl.p.148; Ic.n.pl.28,f.997-1005.

Exsicc. - Schultz,n°1152; Reichb.n°166; Billot,n°658; Fl.
Austr.-Hung.n°185; Bourg.Pl.Alp.Sav.n°266; Charmont,Pl.alpest.;
Soc.ét.fl.fr.-helv.n°209; Soc.Rochel.n°4332 et n°4332".

Bulbes petits,ordinairement 1 sessile,et 2-3 parfois 4-5 longuement pédicellés.(Le nom d'H.MONORCHIS n'est donc justifié
qu'incomplètement parceque le bulbe sessile reste seul attaché
à la plante lorsqu'on l'arrache avec peu de précaution)Tige grêle,de 10-25 centim.,naissant du bulbe sessile.Feuilles inférieures 2,ovales ou ovales-lancéolées;feuille caulinaire bractéifor-
me et située vers le milieu de la tige,manquant assez souvent.
Bractées égalant environ la longueur de l'ovaire dans la forme
européenne,la dépassant dans les formes asiatiques.Fleurs très
petites,verdâtres,en épi grêle,allongé exhalant une odeur de
fourmi.Périanthe à divisions conniventes en cloche réfléchie;
les externes allongées,subobtuses,la médiane plus large et émarginée au sommet;les internes latérales munies chacune d'une
dent de chaque côté à la partie moyenne.Labelle un peu plus
court que les divisions latérales internes du périanthe,3-lobé,
à lobe moyen allongé,obtus,dépassant beaucoup les latéraux;ceux-
ci divergents,falciformes.Anthère petite,dressée,caudicules
distants à la base.Masses polliniques blanchâtres.

MORPHOLOGIE INTERNE.

BULBE. Grains d'amidon atteignant 30-50µ de long env.,de forme très irrégulière,plus ou moins allongés. - FIBRES RADICALES. Endoderme à cadres plissés marqués.Vaisseaux de métaxylème très peu nombreux.

TIGE. Stomates abondants.Dans les parties non ailées 1-3 assises de parenchyme chlorophyllien entre l'épiderme et l'anneau lignifié.Faisceaux libéro-ligneux plus ou moins régulièrement disposés en cercle,parfois quelques petits faisceaux plus externes.Liber très développé.Petits faisceaux libéro-ligneux complètement entourés de fibres lignifiées,gros faisceaux entourés de sclérenchyme sauf à l'intérieur du bois.Lacune occupant la partie centrale de la tige.

FEUILLE. Ep. = 150-270µ env.Epiderme sup.haut de 22-35µ ,à paroi ext.peu épaisse et non bombée,muni de quelques stomates dans les feuilles sup.seulement.Epiderme inf.haut de 22-30µ env. à paroi ext.peu épaisse et légèrement bombée,à stomates nombreux.Cellules épidermiques des bords du limbe à paroi ext.prolongée en petites pointes.Mésophylle formé de 4-6 assises chlorophylliennes.NERVURES dépourvues de sclérenchyme et de collenchyme,les principales à faisceauxlibéro-ligneux entouré de parenchyme incolore.

FLEUR. - PERIANTHE. DIVISIONS EXTERNES. Epidermes ext.et int. striés,à stries ondulées. - LABELLE. Epiderme int.prolongé en papilles obtuses,nombreuses,courtes,atteignant 40-60µ de long env. - Pas d'émission de nectar à l'intérieur de l'éperon (Darwin). - OVAIRE. Nervure des valves placentifères à peine saillante à l'extérieur.Placenta bilobé.Valves non placentifères proéminentes extérieurement. - GRAINES. Suspenseur se développant souvent beaucoup,formant des sinuosités et des gibbosités nombreuses.Graines adultes à peine striées,atténuées au sommet, 2f. - 2f.1/2 env.plus longues que larges.L = 450-530µ env.

V.v. - Juin,août. - Dans la région des plaines l'H.MONORCHIS ne fleurit pas toujours,sa propagation et sa reproduction se font par les bulbes supplémentaires. - Cette espèce est visitée par des insectes très petits appartenant d'après G.Darwin aux genres TETRASTICHUS,Hyménoptères;MALTHODES,Coléoptères;etc. - Prairies humides,collines herbeuses,pelouses des montagnes,pâturages humides et argileux;dunes,plaines,marais de la région subalpine,etc.

Cette espèce outre la forme que nous venons de décrire comprend 3 variétés qui pourraient être considérées comme des sousesp.Notre savant confrère M.Finet qui les a remarquées ne les envisage qu'à titre de simples variations:

B.ALASCHANICUM Maxim. - Plante plus élevée,plus robuste;feuilles de la base 3-4,lancéolées-aiguës;bractées longuement acuminées,les inférieures dépassant les fleurs.Labelle un peu plus longuement acuminées que dans le type. - Alaska.

C. YUNNANENSE. - Bulbes assez gros.Plante élevée,de 12-15 centim.Feuilles plus larges que dans B.Fleurs très rapprochées; bractées longuement acuminées;toutes les divisions internes du

périanthe plus étroites et plus longuement acuminées. - Yun-nan.
D. POLYPHYLLUM. - Feuilles basilaires 3-5,grandes,lancéolées,
subaiguës;feuilles caulinaires 2-5,passant insensiblement à
l'état de bractées.Hampe sinueuse.Epi long,dense.Bractées inférieures un peu plus longues que l'ovaire.Fleurs semblables comme grandeur et comme forme à celles de la plante d'Europe. -
Mongolie orientale.

Aire géogr.de l'ensemble des formes de l'H.MONORCHIS. - Presque toute l'Europe,la Sibérie,l'Himalaya oriental,le Yun-nan,la
Mongolie orientale.

HYBRIDE BIGENERIQUE.
BICCHIA + HERMINIUM = HERMIBICCHIA.
BICCHIA ALBIDA + HERMINIUM MONORCHIS.

✕✕HERMIBICCHIA ASCHERSONII Nobis. - GYMNADENIA ASCHERSONII
Brügg.ap.Killias(1887). - GYMN.ALBIDA✕HERM.MONORCHIS Brügg.in
Jahr.Nat.Ges.Gr.(1863); Killias(Fl.Unterengad.)op.cit.XXXI,p.
174(1887); M.Schulze,Die Orchid.45,5.- HERMIN. ✕GYMNAD. ? Asch.
u.Graeb.Syn.III,p.837.
Bulbes plus ou moins lobés.Tige de 16-18 centim.,feuillée
comme dans le B.ALBIDA,mais à feuilles plus petites.Fleurs ressemblant comme grosseur et comme couleur à celles de l'H.MONOR-
CHIS.Divisions externes du périgone presque d'égale grandeur.
Labelle 3-fide,muni d'un éperon égalant environ le tiers de la
longueur de l'ovaire.Ovaire peu contourné. - Engadine.

Gen.12. - BICCHIA Parlat.

BICCHIA Parlat.Fl.ital.III,p.396. - SATYRII spec.L.Spec.p.
1338. - ORCHIDIS spec.Scop.Fl.carn.ed.2,II,p.201. - HABENARIAE
spec.R.Br.in Ait.Hort.Kew.ed.2,V,p.193; Swartz,Sum.Veg.Scand.p.
32(1814). - GYMNADENIAE spec.Rich.in Mém.Mus.IV,p.57. - PLATAN-
THERAE spec.Lindl.Synops.p.261. - PERISTYLI spec.Lindl.Gen.and
spec.p.299. - LEUCORCHIS Meyer,Preuss.Pfl.p.50. - PSEUDO-ORCHIS
Mich.Nov.pl.gen.p.30.

Divisions du périgone non soudées,campanulées,toutes presque
égales et conniventes.Labelle dirigé en avant,étalé,trilobé,mu-
ni d'un éperon.Gynostème court.Anthère dressée,à loges divergentes à la base.Staminodes courts,planiuscules.Masses polli-
ques à caudicules courts,à rétinacles libres,non renfermés dans
une bursicule.Ovaire contourné.Graines très petites,courtes,
oblongues,linéaires.

Labelle à peine papilleux.Faisceaux libéro-ligneux de la tige
disposés en cercle plus ou moins régulier au-dessus des feuilles principales.

1. - B.ALBIDA.

B.ALBIDA Parlat.Fl.ital.III,p.397(1858); Barla,Iconogr.p.23;
Ces.Pass.Gib.Comp.p.171; Lassim.in Rev.scient.du Bourb.p.56
(1893); Cocconi,Fl.Bologn.p.486. - GYMNADENIA ALBIDA Rich.in
Mém.Mus.IV,p.57; Reichb.f.Icon.XIII,p.110; Richter,Pl.eur.p.280;
Kraenz.Gen.et spec.p.554; Blytt,Norg.Fl.ed.Ove Dahl,p.232; Ba-
bingt.Man.Brit.Bot.p.346; Oudemans,Fl.Nederl.III,p.146; Crépin,
Man.fl.Belg.éd.1,p.178; éd.2,p.319; Thielens,Acq.fl.belg.p.35;
Orchid.Belg.et G.D.Luxemb.p.16; Lec.et Lamt.Cat.pl.centr.p.349;
Jeanb.et Timb.-Lagr.Massif Laurenti,p.290; Corbière,N.fl.Norm.
p.560; Correvon,Alb.Orchid.Eur.pl.XVIII; Godet,Fl.Jura,p.692;
Bouvier,Fl.Alp.éd.2,p.643; Schinz u.Keller,Fl.Schweiz,p.126;
Hausm.Fl.Tirol,p.840; Ambr.Fl.Tir.austr.1,n°83; Fiori et Paol.
Icon.fl.ital.n°841; Rhiner,Prodr.Waldst.p.127; Bach,Rheinpreuss.
p.372; Foerster,Fl.ex.Aachen,p.347; Oborny,Fl.Moehr.Oest.Schl.
p.251; Garcke,Fl.Deutschl.ed.14,p.379; Koch,Syn.ed.2,p.794; ed.
3,p.597; ed.Hall.et Wohlf.p.2432; M.Schulze,Die Orchid.n°46;
Asch.u.Graeb.Syn.III,p.822; Simk.Enum.fl.Trans.p.502; Beck,Fl.
Nied.-Oest.p.209; Hinterhuber et Pichlm.Pr.Fl.Herz.Salzb.p.196;
Grecescu,Consp.Fl.Roman.p.546. - G.LUCIDA Schur in Oest.Bot.
Zeit.VIII,p.22(1852). - COELOGLOSSUM ALBIDUM Hartm.Handb.Scand.
Fl.3,p.205(1838); Gmel.Fl.bad.III,p.552; Kirschl.Fl.Als.II,p.
138; Gremli,Fl.Suisse,éd.Vetter,p.483; Cam.Monogr.Orch.Fr.p.79;
in J.bot.VI,p.481; Bubani,Fl.pyr.p.41. - ORCHIS ALBIDA(ALBIDUS)
Scop.Fl.carn.ed.2,p.204(1772); Willd.Spec.IV,p.38; All.Fl.pedem.
n°1838; DC.Fl.fr.n°2027; Swartz in Act.helm.(1800)p.207; Duby,
Bot.p.443; Loisel.Fl.gall.2,p.269; Gr.et God.Fl.Fr.III,p.299;
Boreau,Fl.centre,II,éd.3,p.646; Ardoino,Fl.Alp.-Mar.p.359; de
Brébis.Fl.Norm.pl.éd.; Blanche et Malbr.Cat.S.-Inf.p.95; Gren.
Fl.ch.jurass.p.752; Michalet,Hist.nat.Jura,p.296; Renault,Aper.
H.-Saône,p.246; Legr.Stat.bot.Forez,p.223; Lapeyr.Abr.Pyr.p.550;
Dulac,Fl.H.-Pyr.p.124; Car.et S.-Lager,Fl.descr.éd.8,p.798; Ma-
gnin et Hétier,Observ.fl.Jura,p.140; F.Gust.et Hérib.Fl.Auv.p.
428; Guillaud,Fl.Bord.et S.-O.p.169; Poll.Fl.veron.3,p.21; Ten.
Syll.neap.p.458; Nocc.et Balb.Fl.ticin.2,p.154; Lejeune et Court.
Comp.III,p.188; Smith Engl.Fl.IV,p.18; Spenn.Fl.frib.p.238;
Gaud.Fl.helv.V,n°2073,p.452; Morthier,Fl.Suisse,p.362; Seubert,
Ex.flora,p.123; Willk.et Lang.Prodr.hisp.1,p.42; Fellmann,Ind.
Kola,n°328. - ORCHIS ALSATICA Herm.Fl.alsat. - SATYRIUM ALBIDUM
L.Spec.ed.1,p.944,n°1338(1753); Poiret,Encycl.IV,p.578; Sm.Brit.
929; Vill.Hist.Dauph.II,p.42; Boisduval,Fl.fr.III,p.48; Le Turq.
Delon.Fl.Rouen,p.461; Lejeune,Fl.Spa,II,p.192; Revue Fl.Spa,p.
186; Kalm,Fl.fenn.n°503; Pall.It.II,p.124,172; Falk.Beitr.II,p.
248; Gilib.Exerc.phyt.II,p.484,cum icone; Georgi,Bschr.Russ.III,
V,p.1271. - ORCHIS ALPINA Crantz,Stirp.austr.p.486(1769). - O.
PARVIFLORA Poir.Encycl.IV,p.599(1797). - HABENARIA ALBIDA
Swartz in Sum.veg.scand.(1814)p.32; Schur,Enum.pl.Trans.p.645,
n°3425. - H.DENSIFLORUM Schur,Enum.pl.Trans.p.645(1866). -
CHAMORCHIS ALBIDA Dumort.Prodr.fl.Belg.p.133; Mich.Fl.Hainaut,
p.279. - ORCHIS ECALCARATA Vayr.et Costa in Ann.hist.nat.Madr.
X,p.98(1880). - PERISTYLUS ALBIDUS Lindl.Gen.and spec.p.299,
(1835); Bertol.Fl.ital.IX,p.572; Ledeb.Fl.Ross.IV,p.73. -
LEUCORCHIS ALBIDA Meyer,Preuss.Pfl.p.50 ex Reichb.Fl.sachs.;

Jungft,Fl.Westfal.p.339. - SATYRIUM SCANENSE It.Scan.153. - Orchis palmata alpina,spica densa albo-viridi Hall.Opus.149. - O. radicibus confertis teretibus,calcare brevissimo,labello trifido Hall.Helv.n°1270. - Helleborine Broccenbergensis Riv.Hex.t. 3. - Pseudo-Orchis alpina,flore herbaceo Mich.Gen.30,t.26. - Limodorum montanum,flore albo dilute virescente Chom.Act.paris. 1705,p.517.

Icon. - Hall.Ic.helv.t.25,f.1; Fl.Dan.t.115; Curtis,Fl.Lond. ed.Grav.IV,t.99; Sw.Bot.VIII,t.507,f.1; Sm.Engl.Bot.t.505; Hook. Fl.Lond.V,t.107; Michel.Gen.p.30,t.26,f.A,B,C; Nees Esenb.Gen. V,6,13-20; Dietr.Preuss.Fl.1,67; Schlctd.Schk.f.348; Reichb.f. Icon.XIII,t.67,CCCCXLIX; Barla,l.c.pl.11,f.1-16; Ces.Pass.Gib. Comp.t.XXIV,f.5,a-f; M.Schulze,l.c.t.46.

Exsicc. - Billot,n°466; Reichb.n°1845; Bourg.Pl.Alp.Savoie,n° 257.

Bulbes profondément incisés,ce qui leur donne l'aspect fasciculé.Tige de 2-4 décim.,cylindrique,d'un vert clair.Bractées lancéolées,acuminées,égalant ou dépassant l'ovaire.Feuilles inférieures oblongues,ovales-obtuses,étalées,les supérieures lancéolées-aiguës,acuminées,mucronulées.Fleurs nombreuses,petites, blanchâtres ou jaunâtres,très rapprochées,en épi dense subunilatéral.Périanthe à divisions ovales-obtuses,conniventes en casque.Labelle jaunâtre,égalant environ les divisions externes du périanthe,à 3 lobes,les latéraux linéaires,presque obtus,le médian une fois plus large et ordinairement plus long que les latéraux.Eperon jaunâtre,dirigé en bas,obtus,court,égalant le tiers ou au plus la moitié de la longueur de l'ovaire.

MORPHOLOGIE INTERNE.

BULBE FUSIFORME. Structure semblable à celle des bulbes des ORCHIS appartenant au sous-genre DACTYLORCHIS.Plusieurs cylindres centraux.Endoderme à cadres subérisés peu marqués.Vaisseaux de métaxylème manquant souvent.Grains d'amidon très abondants dans l'écorce,souvent groupés,atteignant 5-10μ de diam.

TIGE. Cuticule striée.3-6 assises de parenchyme chlorophyllien à méats et canaux aérifères entre l'épiderme et l'anneau lignifié.9-12 assises sclérifiées à parois très épaisses,englobant souvent les petits faisceaux libéro-ligneux ext.Faisceaux libéro-ligneux en cercle plus ou moins régulier,au-dessus des feuilles principales,ne pénétrant pas profondément dans la tige,tous entourés de tissu lignifié au moins en dehors du liber.Parenchyme ordinairement résorbé au centre de la tige.

FEUILLE. Ep. = 400-500μ.Epiderme sup.recticurviligne(pl.5,f. 130),strié,haut de 60-100μ,à paroi ext.légèrement bombée et épaisse de 10-15μ,muni de stomates même dans les feuilles inf. Epiderme inf.recticurviligne,haut de 30-60μ,à paroi ext.légèrement bombée et épaisse de 8-10μ,à stomates très nombreux. Paroi ext.des cellules épidermiques des bords du limbe prolongée en pointes nettes,symétriques,un peu arrondies.Mésophylle formé de 7-10 assises de cellules,les assises sup.contenant beaucoup plus de chlorophylle que les assises inf.NERVURES principales munies de collenchyme à parois très épaisses à la partie inf.du faisceau et de parenchyme incolore et chlorophyllien au-dessus et au-dessous du faisceau;la médiane à section concave-convexe,les autres à section plane.

FLEUR. - PERIANTHE. DIVISIONS EXTERNES Cuticule striée perpendiculairement aux parois latérales de l'épiderme.Bords non sensiblement papilleux. - DIVISIONS LATERALES INTERNES. Cuticule non ou peu striée.Bords à papilles courtes. - LABELLE.Epidermes sup.et inf.à peine papilleux. - EPERON. Epidermes pourvus de papilles très rudimentaires.4-6 assises de cellules entre les épidermes.Emission très nette de liquide sucré à l'intérieur de l'éperon. - ANTHERE. Epaississements en anneaux incomplets peu abondants dans l'assise mécanique. - POLLEN.Cellules gélifiées du caudicules peu nombreuses.Exine légèrement rugueuse à la périphérie des massules. L = 20-30μ env. - OVAIRE. (Pl.10,f.287.)Valves placentifères à nervure non saillante extérieurement et ayant un faisceau libéro-ligneux ext.à bois int. et un faisceau int.libérien placentaire.Placenta long,divisé à l'extrémité,à divisions divergentes.Valves non placentifères assez développées,proéminentes à l'extérieur,à un faisceau libéro-ligneux. - GRAINES.Cellules du tégument à parois rectilignes,non ou à peine striées.Graines arrondies au sommet,1f.1/2-2f.1/4 plus longues que larges. L = 340-430μ env.

Var.TRICUSPIS Beck,Fl.Nied.-Oest.p.209(1890); M.Schulze,Die Orchid.46,2; in O.B.Z.XLIX,p.12; Mitth.B.V.N.F.XVII,p.69; XIX, p.118. Labelle à lobes latéraux égalant environ le lobe moyen.

V.v. - Juillet,août. - Pelouses rases et prés des montagnes; landes et clairières alpestres,descend jusque dans les plaines. Europe boréale et moyenne,Ecosse,Pyrénées espagnoles,Italie, Belgique,Luxembourg,France;hautes Vosges,Jura,Forez,Auvergne, Alpes,Pyrénées,etc.

HYBRIDES BIGENERIQUES.

BICCHIA + GYMNADENIA = GYMNABICCHIA.

BICCHIA ALBIDA + GYMNADENIA CONOPEA.

×× GYMNABICCHIA SCHWEINFURTHII Nobis. - × G.SCHWEINFURTHII Hegelm.ap.A.Kern.in Verh.K.K.zool.bot.Ges.XV,p.203(sep.p.11) (1865); Oborny,Fl.Moehr.Oest.Schles.p.251; Koch,Syn.ed.Hall.et Wohlf.p.2432; Kraenz.Gen.et spec.p.563. - G.CONOPEA× ALBIDA Hegelm.in Oest.bot.Zeit.XIV,p.102(1864); M.Schulze,Die Orchid.46, 3; Oborny;l.c.; Hall.et Wohlf.l.c. - Icon. - A.Kern.l.c.t.V,f. XV-XVI; M.Schulze(reprod.pl.Kern.)t.46,b.

Bulbes 2,comprimés,profondément incisés-digités,étroitement cylindracés.Tige de 25 centim.env.,dressée.Feuilles 5,l'infér. ovale-obtuse,les supérieures ovales-lancéolées,aiguës.Epi cylindrique.Fleurs d'un rose blanchâtre.Labelle un peu plus dila-

té au sommet qu'à la base,un peu étalé,pendant,à 3 lobes accentués,subobtus,presque égaux en longueur et en largeur.Eperon
dirigé en bas,assez long(4 mm.)dépassant le labelle,mais plus
court que l'ovaire.Divisions externes du périanthe courtes,ob-
tuses,larges à leur base,très étalées;divisions internes larges,
obtuses,légèrement conniventes.Ovaire cylindrique,contourné.
Moravie.

BICCHIA ALBIDA + GYMNADENIA ODORATISSIMA.

××GYMNABICCHIA STRAMPFFII Nobis. - GYMNADENIA STRAMPFFII As-
chers.in Oest.bot.Zeit.XV,p.179(1865); Asch.u.Graeb.Syn.III,p.
825; Richter,Pl.eur.l,p.280; Koch,Syn.ed.Hall.et Wohlf.p.2432.-
G.ODORATISSIMA×ALBIDA Aschers.l.c.; Koch,Syn.ed.Hall.et Wohlf.
p.2432. - G.ALBIDA×ODORATISSIMA M.Schulze,Die Orchid.46,4. -
G.ODORATISSIMA×COELOGLOSSUM ALBIDUM Gremli,Fl.Suisse,éd.Vetter,
p.483.

Bulbes palmés.Feuilles dressées,les inférieures linéaires-
lancéolées,obtuses,celles de la tige linéaires,acuminées.Fleurs
en épi de 3-5 centim.de long.Bractées vertes,les inférieures
presque aussi longues que les fleurs.Divisions latérales externes du périanthe lancéolées,étalées horizontalement comme dans
le G.ODORATISSIMA et non conniventes en casque comme dans le B.
ALBIDA.Divisions externes entièrement jaunes en dehors ou lavées de pourpre surtout sur les bords.Labelle d'un jaune brill-
lant,peu ou profondément 3-lobé,ovale,plus large à la base.Epe-
ron cylindrique,un peu recourbé en avant comme dans le B.ALBIDA,
égalant presque la moitié de l'ovaire. - Samaden,Engadine.

B.ALBIDA + ORCHIS MACULATA.

××ORCHIS BRUNIANA Brügg.in Jahr.nat.Ges.Graub.XXIII-XXIV,p.
118. - GYMNADENIA ALBIDA×ORCHIS MACULATA Brügg.l.c.; M.Schulze,
Die Orchid.46,6. - Cette plante n'a pas été décrite,croyons-
nous,jusqu'à présent et nous n'avons pu voir d'échantillon. -
Engadine.

Gen.13. - COELOGLOSSUM Hartm.

COELOGLOSSUM Hartm.Fl.scand.ed.1,p.329(1820). - CAELOGLOSSUM
Steudel,Nomencl.ed.2,1,p.247. - SATYRII spec.L.Spec.1337. -
ORCHIDIS spec.Crantz,Stirp.austr.VI,p.491. - HABENARIAE spec.R.
Brown in Ait.Hort.Kew.ed.2,V,p.192. - GYMNADENIAE spec.Rich.in
Mém.Muséum,IV,p.57. - HIMANTOGLOSSI spec.Reichb.Fl.excurs.l,p.
119. - PERISTYLI spec.Lindl.Gen.and spec.p.299; Endl.Gen.p.209;
Benth.et Hook.Gen.III,p.625(1883). - PLATANTHERA § 2 CRASSICOR-
NES Reichb.f.Orch.p.129.

Périanthe à divisions libres,conniventes,les externes ovales;

les internes latérales étroites,linéaires,presque aussi longues
que les externes.Labelle dirigé en avant,ordinairement plus
long que les divisions du périanthe,enroulé pendant la préfloraison,bilobé au sommet,à lobes séparés par un appendice ou 3-
lobé.Eperon court,obtus,recourbé.Masses polliniques à caudicules courts,à rétinacles libres,non renfermés dans une bursicule.
Pointes de l'anthère libres au-dessus des lobes latéraux du
rostellum soutenant les glandes.Graines très petites,courtes,
linéaires.

Labelle peu papilleux,papilles dépourvues de ramuscules.
Faisceaux libéro-ligneux de la tige disposés en cercle assez
régulier au-dessus des feuilles principales.

1. - C.VIRIDE.

C.VIRIDE Hartm.Fl.scand.ed.1,p.329(1820); Babingt.Man.Brit.
Bot.ed.8,p.546; Oudemans,Fl.Nederl.LXX,n°365; Richter,Pl.eur.1,
p.277; Parlat.Fl.ital.III,p.407; Visiani et Saccardo,Cat.Ven.p.
56; Ces.Pass.Gib.Comp.p.183; Arcang.Comp.ed.2,p.163; Paol.et
Fiori,Fl.an.ital.p.248; Iconogr.n°848; Cortesi in Ann.bot.Pi-
rotta,II,p.184; Lec.et Lamt.Cat.pl.cent.p.350; Barla,Iconogr.p.
26; Cam.Monogr.Orch.Fr.p.78; in J.bot.VI,p.480; Bubani,Fl.pyr.
p.42; Gautier,Pyr.-Or.p.400; Correvon,Alb.Orch.Eur.pl.VIII;
Orchid.rust.p.61,f.11; Rhiner,Prodr.Waldst.p.127; Gremli,Fl.
Suisse,éd.Vetter,p.483; Schinz u.Keller,Fl.d.Schweiz,p.125;
Keller in Bull.Herb.Boiss.III,p.379; Fischer,Fl.Bern,p.77;
Blytt,Norg.Fl.ed.Ove Dahl,p.230; Schultz,Palat.p.445; Koch,Syn.
ed.2,p.795; ed.3,p.598; ed.Hall.et Wohlf.p.2434; Caflisch,Ex.
Fl.S.D.p.297; Foerster,Fl.Aachen,p.347; M.Schulze,Die Orchid.n°
42; Sturm et Schinz,Vez.Nurnb.Erl.p.95; Asch.u.Graeb.Syn.III,p.
805; Ambr.Fl.Tirol austr.1,p.703; Hausm.Fl.Tirol,p.841; Hinter-
huber et Pichlm.Fl.Salzb.p.193; Beck,Fl.N.-Oest.p.208; Simk.
Enum.Trans.p.303. - C.ALPINUM Schur,Verh.Siebenb.Ver.II,p.169
(1851). - C.PURPUREUM Schur,Enum.Trans.p.646(1866). - CHAMOR-
CHIS VIRIDIS Dumort.Prodr.fl.Belg.p.133; Michot,Fl.Hain.p.279. -
PLATANTHERA VIRIDIS Lindl.Gen.and spec.1,p.619; Syn.p.261
(1829); Reichb.f.Icon.XIII,p.129,var.a.; Bertol.Fl.ital.IX,p.
570; Reuter,Cat.Genève,éd.2,p.205; Boissier,Fl.orient.V,p.83;
Bach,Rheinpr.p.373; Seubert,Ex.Fl.Bab.p.124; Kraenz.Gen.et spec.
p.616. - GYMNADENIA VIRIDIS Rich.in Mém.Mus.IV,p.57(1817); Lin-
dl.Syn.261(1829); Bellynck,Fl.Nam.p.263; Crép.Man.fl.Belg.éd.1,
p.178; éd.2,p.294; Piré et Mull.Fl.analyt.Belg.p.193; Dum.Fl.
Maestr.; Coss.et Germ.Fl.Paris,éd.2,p.689; Poirault,Cat.Vienne,
p.96; de Vicq,Fl.Somme,p.429; Timb.-Lagr.et Jeanb.Massif Lau-
renti,p.290; Godet,Fl.Jura,p.92; Garcke,Deutschl.Fl.ed.14,p.380;
Finet,Orch.Asie or.in Rev.géner.bot.XIII,p.518. - HABENARIA VI-
RIDIS R.Brown in Ait.Hort.Kew.V,p.192(1813); Babingt.Man.Brit.
Bot.ed.8,p.348; Graves,Cat.Oise,p.120; Godr.Fl.Lorr.III,p.55;
Franch.Fl.L.-et-Ch.p.579; Bouvier,Fl.Alp.éd.2,p.644; Tod.Orch.
sic.p.161; Guss.Fl.sic.II,p.542; Pucc.Syn.fl.luc.p.479; Kirslg.
Fl.Als.II,p.137; Gmel.Fl.bad.III,p.550; Palat.n°852; Löhr,Fl.
Tr.p.248. - HIMANTOGLOSSUM VIRIDE Reichb.Fl.exc.1,p.119(1830).-
ORCHIS VIRIDIS Crantz,Stirp.austr.p.49(1769); Willd.Spec.IV,p.

33; Lej.et Court.Comp.III,p.185; Tinant,Fl.luxemb.p.442; Hall,
Fl.Belg.sept.p.626; de Vos,Fl.Belg.p.555; DC.Fl.fr.III,p.253;
Duby,Bot.p.442; Loisel.Fl.gall.2,p.268; Mutel,Fl.fr.III,p.245;
Fl.Dauph.éd.2,p.595; Lapeyr.A: r.Pyr.p.549; Boreau,Fl.cent.éd.3,
p.645; Castag.Cat.B.-de-Rh.p.152; Ard.Fl.Alp.-Mar.p.355; Gr.et
God.Fl.Fr.III,p.298; Godr.Fl.Lorr,II,p.292; Gr.Fl.ch.jurass.p.
752; Michal.Hist.nat.Jura,p.296; Renault,Ap.H.-Saône,p.246;
Martin,Cat.Romor.éd.1,p.269; éd.2,p.389; Fr.Gust.et Hérib.Fl.
Auv.p.428; Valot,Guide Cauter;p.279; Dulac,Fl.H.-Pyr.p.124;
Car.et S.-Lag.Fl.descr.éd.8,p.798; Debeaux,Rév.fl.agen.p.516;
Guill.Fl.Bord.et S.-O.p.169; Flahault,N.Fl.Alp.et Pyr.p.139,cum
ic.; Coste,Fl.Fr.V,p.393,n°3584,cum ic.; Spenn.Fl.frib.p.237;
Gaud.Fl.helv.V,p.449; All.Fl.pedem.n°1846,p.160; Nocc.et Balb.
Fl.ticin.2,p.153; Poll.Fl.veron.III;p.20; Ten.Syll.p.457;
Marsch.Bieb.Fl.Taur.-Cauc.II,n°1847. - O.BATRACHITES Schrank,
Baier.Fl,p.86(1788). - O.VIRENS Scop.Fl.carn.II,p.199(1792). -
PERISTYLUS VIRIDIS Lindl.Syn.p.261(1829); Sang.Fl.rom.prodr.
alt.p.731; Bertol.Fl.ital.IX,p.570; de Not,Repert.fl.ligust.p.
389; Blytt,Norg.Fl.; Schur,Enum.Transs.p.645,n°3429. - SATYRIUM
ALPINUM Schmidt,Fl.boh.p.63(1794). - S.FERRUGINEUM Schmidt in
May.Phys.Aufs.p.238(1791). - S.FUSCUM Huds.Fl.angl.p.337(1762).-
S.VIRIDE L.Spec.ed.1,p.944(1753); Lamk Illustr.;Poiret,Encycl.
VI,p.576; Villars,Hist.Dauph.2,p,41; Le Turq.Delon.Fl.Rouen,p.
461; Smith,Brit.p.923; Boisduval,Fl.fr.III,p.48; Bonnet,Pet.fl.
paris.p.383; Séb.et Mauri,Fl.rom.pr.p.308; Ten.Fl.nap.II,p.301;
Lej.Fl.Spa,II,p.191; Rév.fl.Spa,p.186; Hocq.Fl.Jemm.p.255; Gor-
ter,Fl.VII,Prov.p.236. - Orchis radicibus palmatis,foliis obtu-
sis,nectarii labio lineari trifido,calcare brevissimo Hall.Helv.
n°1269,t.26; - Satyrium foliis oblongis caulinis Fl.lapp.p.313;
Orchis palmata,odore gravi,ligula bifariam divisa flore viridi
Seg.Pl.veron.2,p.133,t.16,f.18. - O.palmata flore viridi Bauh.
Pin.86; Prodr.30; b.O.palmata batractites Bauh.Pin.86; Vaill.
Bot.paris. - O.palmata,flore galericulato dilute viridi Loes.
Pruss,182,t.59.

Icon. - Hall.Helv.t.26,f.2; Lamk,Illustr.t.726,f.2; Vaillant,
Bot.paris.p.53,n°25,t.31,f.6,78; Seg.l.c.t.15,f.18;t.16,f.18;
Besch.Hndb.t.3,f.106; Curtis,Fl.lond.ed.Grav.IV,t.98; Sw.Bot.
VIII,t.507; Engl.Bot.II,t.94; Mutel,Atlas,p.66,pf.505; Schlecht.
Lang.Deutschl,IV,546; Ces.Pass.Gib.l.c.t.XXIII,f.2,a-g; Barla,
l.c.pl.16,f.16-26; Cam.Iconogr.pl.25; Fiori et Paol.t.846; Bon-
nier,Alb.N.Fl.p.146; Ic.n.pl.23,f.748-756.

Exsicc. - Schultz,n°78; Reichb n°167; Billot,n°2936; Soc.Ro-
chel.n°2611; Fl.Austr.-Hung.n°3085; Lej.et Court.Choix pl.n°617;
Fiori,Bég.Pamp.Fl.ital.n°25; Bourg.Pl.Alp.Savoie,n°256; Magn.Fl.
sel.,n°980.

Bulbes palmés.Tige de 1-2 décim.,un peu anguleuse au sommet,
feuillée.Feuilles inférieures ovales,subobtuses,les supérieures
lancéolées-aiguës.Fleurs verdâtres,en épi lâche.Périanthe à divisions conniventes en casque obtus,subglobuleux;les extérieures ovales-triangulaires ou ovales-oblongues,un peu asymétri-
ques;les deux latérales internes plus étroites,entre-croisées

après l'anthèse.Labelle dirigé en avant,verdâtre,à bords souvent rougeâtres,un peu élargi au delà de sa partie moyenne,muni au sommet de 3 dents,la moyenne plus courte que les latérales. Eperon obtus,renflé,assez gros,recourbé en avant,4-5 fois plus court que l'ovaire.

Dans les montagnes du Jura,dans les Alpes,nous avons vu très souvent cette plante prendre un facies particulier dû à la coloration d'un brun rouge du casque et en partie du labelle.Cette coloration se manifeste surtout dans les lieux très arides où les Orchidées dépassent en hauteur les autres plantes et sont alors plus facilement exposées à l'action de la radiation solaire.M.M.Schulze,Die Orchid.t.42 donne une planche qui représente assez bien cette forme ordinairement montagnarde qui se retrouve aussi,mais rare dans les plaines.M.Debeaux dans sa Revue de la flore agenaise lui a donné le nom de var.FERRUGINEUS.

MORPHOLOGIE INTERNE.

BULBE. Cylindres centraux peu nombreux,souvent 4(pl.1,f.2). Grains d'amidon petits,arrondis,la plupart groupés,les plus gros isolés,arrondis,atteignant 7-10μ de diam.env. – FIBRES RADICALES Assise pilifère très subérisée.Cadres plissés de l'endoderme assez marqués.Pôles ligneux et libériens assez nombreux. Quelques vaisseaux de métaxylème ordinairement différenciés.

TIGE.Stomates peu nombreux.Parenchyme inégalement développé entre l'épiderme et l'anneau lignifié,à canaux aérifères assez nombreux.Petites ailes dues à la décurrence des feuilles formées par du parenchyme.Anneau lignifié comprenant 5-9 assises à parois assez épaisses.Faisceaux libéro-ligneux régulièrement disposés en cercle,développés tangentiellement,souvent complètement entourés de tissu lignifié (pl.2,f.41).Parenchyme se résorbant au centre de la tige.

FEUILLE. (Pl.6,f.142.) Epiderme sup.recticurviligne,haut de 40-60 μ,à paroi ext.épaisse de 4-7μ et bombée très fortement, chaque cellule se prolongeant en une sorte de pointe,muni de stomates dans les feuilles sup.seulement.Epiderme inf.recticurviligne,haut de 30-40μ,à paroi ext.épaisse de 3-6μ et bien moins bombée que celle de l'épiderme sup.,à très nombreux stomates.Cellules épidermiques des bords du limbe formant de petites dents nettes,légèrement inclinées.Mésophylle comprenant 5-7 assises de tissu assez lâche et quelques cellules à raphides.NERVURE médiane à section concave-convexe,les autres à section légèrement biconvexe,toutes dépourvues de tissu lignifié les assises ext.du parenchyme chlorophyllien à parois parfois un peu épaisses,mais formées de cellules laissant entre elles des méats.

FLEUR. – PERIANTHE. DIVISIONS EXTERNES. Epiderme ext.strié. Epidermes ext.et int.dépourvus de papilles. – DIVISIONS LATERALES INTERNES. Epidermes ext.et int.dépourvus de papilles. – LABELLE. Epiderme int.à peine papilleux.Dans le fond des fossettes,à la base du labelle,épiderme formé de petites cellules à cuticule striée,à stries s'anastomosant vers le centre de chaque cellule.Epiderme inf.non prolongé en papilles. – EPERON. Epiderme ext.et int.dépourvus de papilles caractérisées.3-4 assises de cellules entre les deux épidermes.Épaisseur des parois de l'éperon = 120-140 µ env.Émission assez abondante de nectar à l'intérieur de l'éperon. - ANTHÈRE. Épaississements en anneaux incomplets dans l'assise fibreuse assez peu nombreux. - POLLEN. Exine très fortement réticulée à la périphérie des massules,réseau à grosses mailles. L = 32-42 µ env. - OVAIRE. Stomates peu nombreux.Nervure des valves placentifères peu et brusquement saillante à l'extérieur,à un faisceau libéro-ligneux ext.à bois int.et un faisceau placentaire libérien.Lame placentaire à peine divisée au sommet.Valves non placentifères très proéminentes,à un faisceau libéro-ligneux. - GRAINES. Cellules du tégument non réticulées,ni striées.Graines légèrement atténuées à l'extrémité,env.2f.-2f.2/3 plus longues que larges, L = 400-500 µ env.

B. Var.BRACTEATUM Richter,Pl.eur.1,p.278; Reichb.f.(PLATANTHERA VIRIDIS)Icon.XIII,p.130. - Var.MACROBRACTEATUM Schur(PERISTYLUS VIRIDIS var.)Enum;Trans.p.645. - Var.VAILLANTII Ten, (ORCHIS VIRIDIS)Syll.add.p.629(1831). - Var.MAJOR Tinant(O.VIRIDIS)Fl.luxemb.; Vayreda y Vila;Pl.ap.fl.catal.(1880)p.162; - ORCHIS BRACTEATA Willd.Spec.IV,p.34(1805); Koch,Syn.ed.Hall.et Wohlf. - HABENARIA BRACTEATA R.Br.in Ait.Hort.Kew,V;192(1813).- PERISTYLUS BRACTEATUS Lindl.Orchid.p.298(1835). - P.MONTANUS Schur,l.c. - SATYRIUM BRACTEALE Salisb.Trans.Hort.Soc.1,p.290 (1812). - Icon. - Reichb.f.l.c.t.83,CCCCXXXV. - Bractées grandes,foliacées,les inférieures dépassant les fleurs.Cette variété très caractérisée dans certains cas serait peut-être mieux à conserver comme simple forme,car nous l'avons souvent vue reliée au type par de nombreux intermédiaires. - C'est à dessein que nous réunissons les var.BRACTEATUM et LONGIBRACTEATUM ou MACROBRACTEATUM qui sont simplement les formes plus développées. On trouve entre elles tous les passages intermédiaires.
La var.BREVIBRACTEATA de Bréb.Fl.Normand.;Asch.u.Graeb,l.c. p.807;var.MICROBRACTEATUM Schur,O.B.T.XX,1870,p.294 est la forme extrême inverse.Sa valeur comme variété est peut-être encore moins justifiée.
C. Var.LABELLIFIDUM Costa,Suppl.p.78; Vayreda,Plant.not.p.162; Willk.Suppl.prodr.hisp.p.43. - C.ALATA Bolos sec.Vayreda. - Tige à feuilles caulinaires lancéolées,les radicales subovales, toutes amplexicaules.Labelle 3-fide,à division moyenne très courte.Éperon subarrondi,très court.Fleurs d'un vert pourpré, labelle d'un vert jaunâtre,bordé de pourpre.Bractées inférieures 2 fois plus longues que l'ovaire. - R.Espagne,Catalogne (Bolos,Tremols). - A peine distincte de la var.BRACTEATUM.
D.Var.GRACILLIMUM Schur,Enum.Trans.p.645. - Plante grêle,laxiflore;bractées deux fois plus longues que les fleurs. - Transylvanie.
La variation à bractées et fleurs lavées de rouge,fréquente dans les montagnes,constitue la var.PURPUREUM Asch.u.Graeb. = C. PURPUREUM Schur,Enum.pl.Trans.p.646.

V.v. - Mai,juin,dans les plaines;juin,juillet et août dans les montagnes.Prés des plaines,lieux herbeux humides,montagnes.- Presque toute l'Europe,Sibérie,Chine,Yun-nan,Amérique boréale; de la plaine jusqu'à 2400 mètres d'altitude (Keller).

Sous-esp. C.ISLANDICUM.

C.ISLANDICUM Nym.Syll.p.359(1855). - C.VIRIDE b.ISLANDICUM M.
Schulze,in O.B.Z.XLVIII(1898)p.113. - PERISTYLUS ISLANDICUS
Lindl.Orch.p.297. - C.VIRIDE b.ISLANDICUM Asch.u.Graeb.Syn.III,
p.807. - Cf.Reichb.Icon.XIII;p.131. - Plante mal connue,à observer de nouveau. - Islande.

HYBRIDES BIGENERIQUES.
ORCHIS + COELOGLOSSUM = ORCHICOELOGLOSSUM.
COELOGLOSSUM VIRIDE + ORCHIS SAMBUCINA.

xx ORCHICOEL.ERDINGERI Asch.u.Graeb.Syn.III,p.849. - ORCHIS
SAMBUCINUSx COEL.VIRIDE Asch.u.Graeb.l.c.p.848. - PLATANTHERA
ERDINGERI Kerner in Verh.K.K.zool.bot.Ges.XV(1865)p.229. - COE-
LOGLOSSUM ERDINGERI Kerner in Oest.bot.Zeit.XIV,p.140(1864):
Richter,Pl.eur.p.278; M.Schulze,Die Orchid.42,3. - Pl.VIRIDISx
ORCH.SAMBUCINA var.PURPUREA Kerner,l.c. - C.VIRIDEx O.SAMBUCINA
Kerner,l.c.; Koch,Syn.ed.Hall.et Wohlf.p.2433. - C.VIRIDIx SAM-
BUCINUM Neilr.Nacht.Fl.N.-Oest.p.18(1866). - ORCHIS ERDINGERI
Sennholz,Bot.Ges.Wien,XLI,41(1891).

Icon. - A.Kerner,l.c.t.IV,f.IV-VIII; M.Schulze,l.c.t.12,b.,
reprod.de pl.de Kerner; Ic.n.pl.14,f.381.

Bulbes palmés,comprimés.Tige dressée,feuillée, cylindrique.
Feuilles de la base réduites à l'état de gaînes,les moyennes
espacées,elliptiques ou oblongues,vertes,acutiuscules,engaînan-
tes à la base;la supérieure subsessile,lancéolée,atteignant la
base de l'inflorescence ou la dépassant.Fleurs en épi court un
peu lâche.Bractées vertes en dedans,purpurines au dehors,lan-
céolées-acuminées,les inférieures dépassant les fleurs,les supérieures les égalant,nerviées,les inférieures à nervures anastomosées par de petites nervures transversales.Périanthe verdâtre,lavé de pourpre;divisions externes étalées,élargies à leur
base,ovales-lancéolées,aiguës,3-5 nerv.;divisions internes plus
courtes,lancéolées-aiguës,à 3 nervures.Labelle pendant,obscuré-
ment triangulaire,en coin à la base.à nervures flabelliformes,
obscurément 3-lobé ou 3-denté au sommet,le lobe moyen triangulaire,les 2 latéraux rhomboïdaux.Eperon dirigé en bas,un peu
arqué et renflé au sommet,égalant à peu près la moitié de la
longueur de l'ovaire.Anthère dressée à loges parallèles,pas de
bursicule.

Autriche-Inférieure.

COELOGLOSSUM VIRIDE + ORCHIS INCARNATA.

x x ORCHICOEL.GUILHOTI = O.GUILHOTI Nobis. - COEL.VIRIDE + O.
INCARNATA. - O.VIRIDI-INCARNATA Guilhot in Herb.Camus.

Plante élevée,robuste,à tige manifestement fistuleuse,de 20-
25 centim.de hauteur,très feuillée.Feuilles de la base ovales,

subobtuses,larges,engaînantes,diminuant insensiblement à l'état
de bractées.Bractées inférieures plus longues que les fleurs,
celles du sommet les égalant environ.Divisions du périgone en
casque comme dans le C.VIRIDE;labelle plus large que dans cette
espèce;éperon court.L'influence de l'O.INCARNATA se manifeste
surtout par la grandeur des feuilles et de la tige,par la fis-
tulosité.

Planta robusta,tuberibus palmato-partitis,caule fistuloso fo-
lioso;foliis anguste lanceolatis plus minusve elongatis,infimo
elliptico,ovali-obtuso;bracteis inferioribus florem subaequantibus;floribus flavido-virescentibus,parvis in spicam laxam
dispositis;labello lato,tridentato;calcare ovario breviore.

France:Ariège,Saint-Jean-du-Falgo,24 juin,1899(Guilhot).-V.s.

Var.LATIBRACTEATUM Nobis. - O.INCARNATA-VIRIDIS ? Guilhot,l.
c. - Plante ayant probablement les mêmes parents,mais à tige
plus fistuleuse,plus robuste,à feuilles très larges et très
grandes.Epi floral plus ramassé,caché par les bractées larges,
longues et foliacées.Fleurs rosées,plus grandes,munies d'un
éperon conique,réfléchi.

Planta elata,robusta,caule lato fistuloso;bracteis omnibus
florem superantibus;floribus roseis,in spicam densam dispositis,
calcare cylindrico-conico.

France:Ariège,Emblaous à Cosson,29 mai 1900(Guilhot). - V.s.

××ORCHICOEL.DOMINIANUM= O.DOMINIANA Nobis. - O.MIXTA Domin in
Sitzungsb.b.Kön.böhm.Ges.Wiss.Prag.(1902); Beitr.Kennt.Phan.
Böhm.p.7(25 avril 1902); non Sw.Vet.Ak.Hand.(1800)p.207; ex Sv.
Bot.VI,p.413. - ORCHICOEL.MIXTUM Asch.u.Graeb.Syn.III,p.847,non
O.MIXTUM Sv. - C.VIRIDE×O.LATIFOLIA vel INCARNATA Domin l.c. -
An C.VIRIDE×O.INCARNATA M.Schulze in Mitth.Th.B.V.N.F.XIX,p.
117(1904) ?; Asch.u.Graeb.l.c.p.847.

Tige robuste,fistuleuse,élevée,de 35 centim.de hauteur.Feuil-
les 3,cunéiformes à la base,ovales-oblongues,non maculées,en-
gaînantes;feuille supérieure espacée,plus petite,sessile,lan-
céolée;bractées petites,acuminées,plurinerviées,les feuilles
inférieures ayant environ 6 centim.de long et 2 centim.de large,à partie la plus large vers la pointe;les feuilles supérieures bractéiformes.Fleurs peu nombreuses,en épi long.Fleurs
d'un rose sordide.Divisions externes du périanthe ovales-oblongues;les internes linéaires,conniventes en casque subglobuleux,
les externes non manifestement renversées ou dressées-étalées;
labelle 3-lobé,à lobes obscurément carrés,crénelés;lobe moyen
environ moitié plus long que les lobes latéraux.Eperon cylindrique,presque aussi long que l'ovaire.Gynostème étroit,briève-
ment acuminé.Ovaire contourné. - Se rapproche du C.VIRIDE par
l'inflorescence lâche,à bractées plurinerviées et par les divisions du périanthe conniventes en casque.La forme du labelle et
celle de l'éperon rattachent cette plante à un ORCHIS du groupe
de l'O.INCARNATA ou de l'O.LATIFOLIA.

" Nur in einem Exemplar im Riesengebirge oberhalb des Kleinen
Teiches" (A.Kaspar in Herb.Schulze).

Gen.14. - GYMNADENIA R.Br.

GYMNADENIA R.Br.in Ait.Hort.Kew.ed.2,V,p.191(1813); Rich.in
Mém.Mus.IV,p.57; Lindl.Gen.and spec.p.275; Endl.Gen.p.208; Meis.
Gen.p.381; Reichb.f.Icon.XIII,p.208; Pfitzer in Engl.u.Prantl,
Pfl.p.92. - SIEBERIA Spreng.Anleit.ed.2,II,I,282(1817),ap.Asch.
u.Graeb.Syn.III,p.812. - ORCHIDIS spec.L.Spec.p.1335. - HIMAN-
TOGLOSSI spec.Reichb.Excurs.(G.CUCULLATA). - HABENARIA Franchet
Fl.L.-et-C.p.578.

Périanthe à divisions libres;les externes latérales étalées,
la médiane connivente avec les deux internes latérales.Labelle
dirigé en avant,3-lobé,muni d'un éperon.Gynostème court.Masses
polliniques à caudicules courts ou moyens,à rétinacles libres,
non renfermés dans une bursicule.Ovaire contourné.

Labelle à papilles très courtes,non munies de ramuscules,
Faisceaux libéro-ligneux de la tige assez régulièrement disposés en cercle au-dessus des feuilles principales.

§ I. - EUGYMNADENIA(sous-genre) Reichb.Pl.crit. - Rétinacles
perpendiculaires au diamètre longitudinal du processus du rostellum. - Bulbes plus ou moins incisés ou digités.

1. - G.CONOPEA.

G.CONOPEA(CONOPSEA) R.Br.in Ait.Hort.Kew.ed.V,p.191(1813);
Rich.in Mém.Mus.IV,p.57; Lindl.Gen.and spec.p.275; Reichb.f.Ic.
XIII,p.113; Kraenz.Gen.et spec.p.557; Correv.Alb.Orch.Eur.pl.
XIX; Orchid.rustiq.p.90; Richter,Fl.eur.p.279; Blytt,Hndb.Norg.
Fl.ed.Ove Dahl,p.232; Nyland.Parocc.Paj.n°322; Babingt.Man.Brit.
Bot.ed.8,p.346; Oudemans,Fl.Nederl.III,p.146,n°364; Dumort.Pr.
fl.Belg.r.133; Mich.Fl.Hainaut,p.279; Bellynck,Fl.Namur;p.263;
Crépin,Man.fl.Belg.éd.1,p.178; éd.2,p.294; Mey.Orch.G.D.Luxemb.
p.15; Thielens,Orch.Belg.et Luxemb.p.87; Lec.et Lamt.Cat.pl.
cent.p.348; Martr.-Donos,Fl.Tarn,p.710; Jeanb.et Timb.-Lagr.
Mass.Laurenti,p.290; Godet,Fl.Jura,p.692; Dupuy,Fl.Gers,p.229;
Barla,Iconogr.p.24; Coss.et Germ.Fl.Paris,éd.2,p.687; Bonnet,P.
fl.paris.p.383; Poirault,Cat.Vienne; Cam.Monogr.Orch.Fr.p.73;
in J.bot.VI,p.475; Corbière,N.fl.Norm.p.559; Masclef,Cat.P.-d.-
C.p.154; Gautier,Pyr.-Or.p.400; Bubani,Fl.pyr.p.40; Kirschl.Fl.
Als.2,p.138; Fl.vog.-rhén.p.85; Rhiner,Prodr.Waldst.p.126; Fis-
cher,Fl.Bern,p.77; Bouvier,Fl.Alp.éd.2,p.643; Gremli,Fl.Suisse,
éd.Vetter,p.482; Schinz u.Keller,Fl.Schweiz,p.126; Koch,Syn.ed.
2,p.794; ed.3,p.597; ed.Hall.et Wolf.p.2431; Foerster,Fl.
Aachen,p.347; Bach,Rheinpreuss.p.372; Caflisch,Ex.Fl.S.D.p.297;
Garcke,Fl.Deutsch.ed.14,p.379; M.Schulze,Die Orchid.n°48; O.B.
Z.XLIX(1899)p.297; Asch.u.Graeb.Syn.III,p.812; Todaro,Orchid.
sic.p.59; Guss.Syn.fl.sic.2,p.541; de Notar.Repert.fl.lig.p.387;
Pucc.Fl.luc.syn.p.478; Parlat.Fl.ital.III,p.400; Ces.Pass.Gib.
Comp.p.184; Cocconi,Fl.Bolog.p.479; Arcang.Comp.ed.2,p.164;
Fiori et Paol.Iconogr.fl.ital.n°843; Fl.ital.p.247; Cortesi in
Ann.bot.Pirotta,II,p.127; Ambros.Fl.Tir.aust.2,p.699; Hausm.Fl.

Tirol,p.838; Hinterhuber et Pich?m.Fl.Salzb.p.193; Beck,Fl.N.-
Oest.p.209; Schur,Enum.Trans.n°3422; Simk.Enum.Trans.p.502;
Besser,Enum.pl.Volh.p.35,n°1162; C.A.Mey.Ind.Cauc.p:39; Ledeb.
Fl.Ross.IV,p.64; Fl.alt.IV,p.169; Sibth.et Sm.Prodr.II,p.214;
Chaub;et Bor.Expéd.Morée,p.260; Fl.Pélop.p.61; Grecescu;Consp.
Roman.p.546. - ORCHIS CONOPSEA(CONOPEA vel CONOPSEUS) L.Spec.
ed.1,p.942,1335(1753); Willd.Spec.IV,p.32; Smith,Brit.926; Le-
jeune,Fl.Spa,II,p.190; Rév.fl.Spa,p.196; Lej.et Court.Comp.III,
p.186; Tinant,Fl.luxemb.p.442; de Vos,Fl.Belg.p.555; Lamk,En-
cycl.IV,p.598; DC,Fl.fr.III,p.252,n°2024; Duby,Bot.p.443; Loi-
sel.Fl.gall.2,p.268; Mutel,Fl.fr.III,p.245; Fl.Dauph.éd.2,p.594;
Vill.Hist.Dauph.II,p.39; Boisduval,Fl.fr.III,p.47; Gr.et God.
Fl.Fr.III,p.298; Lapeyr.Abr.Pyr.p.349; Le Turq.Delon.Fl.Rouen,
p.460; Godr.Fl.Lorr.2,p.291; Boreau,Fl.centr.éd.3,p.646; Gren.
Fl.ch.jurass.p.751; Michal.Hist.nat.Jura,p.296; Castagne,Cat.
B.-d.-Rh.p.155; Fr.Gust.et Hér:b.Fl.Auv.p.431; Ard.Fl.Alp.-Mar.
p.350; Lor.et Barrand.Fl.Montp.p.663; Dulac,Fl.H.-Pyr.p.125;
Ravin,Fl.Yonne,p.361; Lloyd et Fouc.Fl.Ouest,p.334; Vallot,Gui-
de Cauter.p.279; Legué,Cat.Mondoubl.p.81; Léveillé,Fl.Mayenne,
p.200; Gentil,Fl.mancelle,p.173; Car.et S.-Lag.Fl.descr.éd.8,p.
804; Martin,Cat.Romorantin,éd.2,p.389; Debeaux,Rév.fl.agen.p.
516; Coste,Fl.Fr.III,p;403,n°3610,cum icone; Gaud.Fl.helv.V,p.
446,n°2069; All.Fl.pedem.2,p.150; Suffren,Pl.Frioul,p.184; Ber-
tol.Pl.gen.p.121; Amoen.it.p.199; Balbis,Fl.taur.p.143; Noc.et
Balb.Fl.tic.2,p.153; Ten.Fl.nap.II,p.299; Syll.p.457; Seubert,
Ex.Fl.Bad.p.123; Gmel.Fl.sib.II,p.22,n°19; Marsch.Bieb.Fl.Taur.
Cauc.II,p.368; Georgi,It.1,p.232; Beschr.Russ.R.III,V,p.1270;
Jundz.Fl.lith.p.265; Willk.et Lange,Prodr.hisp.1,p.170; Marès
et Vigin.Cat.Baléar.p.281; Boissier,Fl.orient.V,p.81; Heldr.
Chlor.Parn.p.27; Hausskn.Symb.fl.gr.p.25. - G.ORNITHIS Rich.in
Mém.Mus.IV,p.57(1817). - G.SIBIRICA Turcz.Pl.ex.; Lindl.Gen.and
spec.p.65. - G.ORNITHIA Schur,Verh.S.II,p.644(1851). - G.TRANS-
SILVANICA Schur,Enum.Trans.p.644(1866). - G.ODORATISSIMA Gouan
ap.Lor.et Barr.l.c. - ORCHIS ORNITHIS Jacq.Fl.austr.II,p.23,
(1754). - O.SETACEA Gilib.Exerc.phyt.III,p.482(1792). - SATY-
RIUM CONOPSEUM Wahlbg.Fl.suec.p.557(1824-26). - HABENARIA CONO-
PEA Franchet,Fl.L.-et-Ch.p.578(1885). - Orchis radicibus palmatis,calcare longissimo,labello unicolore,obtuse trifido Haller,
Helv.n°1287,t.29; L.Mant.487; Syst.IV,14. - O.angustifolia non
maculata Riv.Hex.t.29. - O.palmata minor calcaribus oblongis
Bauh.Pinax,85; Vaill.Bot.paris.t.30,f.8; Rudb.Elys.2,p.212,f.5.
O.palmata angustifolia minor Bauh.Pinax,85. - O.palmata pratensis maxima Bauh.Pinax,85; Poll.Pal.n°850 b. - Satyrium basilicum mas Fusch,Hist.712. - O.longicalcarata L.Olandska och Goth-
landsk sub.GYNANDRIA p.17.

Icon. - Haller,l.c.; Rivin.l.c.; Dalech.Hist.t.66,f.500; Jacq.
Austr.II,t.138; Vaill.Bot.paris.t.30,f.8; Fl.dan.II,t.224; Sm.
Engl.Bot.t.10; Schr.Fl.Mon.t.268; Schlectd.Lang.Deuts.IV,f.346;
Seg.Pl.ver.suppl.251,n°9,t.8,f.7; Zann.Ven.98; Reicho.Pl.crit.
DXCVI; Reichb.f.Icon.XIII,t.70,CCCCXII; Mutel,Atlas,t.66,f.500;
Ces.Pass.Gib.t.XXII,f.8 a-d; Correv.Orch.rust.f.20; Alb.pl.XIX;
Barla,l.c.pl.12,f.1-26; Cam.Iconogr.Par.pl.24; M.Schulze,l.c.n°
48; Flahault,N.fl.Alp.et Pyr.p.137 cum ic.; Ic.n.pl.26,f.918-952

Exsicc. - Reichb.n°1317; Billot,n°2378; Fries,H.n.n°67; Heldr.
It.IV; Thess.(1885); Reliq.Maill.n°1740; Austr.-Hung.n°670.

Bulbes comprimés,palmés.Tige élancée de 2-5 décim.,rarement
plus,verte,cylindrique.Feuilles d'un vert glaucescent,linéaires-
lancéolées,allongées,carénées,les inférieures engaînantes à la
base,les supérieures bractéiformes,toutes aiguës.Bractées herbacées,lancéolées,acuminées,3-nervées,égalant ou dépassant la
longueur de l'ovaire.Fleurs d'un rose-carminé intense,plus rarement pâles ou entièrement pâles ou entièrement blanches,assez
petites,de 8-10 mm.env.exhalant surtout le soir une odeur agréable,en épi allongé,compact,cylindrique.Labelle largement obové,
plus large que long,rétréci à la base,à 3 lobes courts,ovales,
obtus.Eperon grêle,subulé,arqué,environ deux fois aussi long
que l'ovaire qui est long lui-même.Stigmate transversal,subré-
niforme.Gynostème court.Masses polliniques verdâtres.Capsule
allongée. - Nous avons observé sur nos collines arides calcaires peu élevées une forme à épi très lâche,à fleurs peu nombreu-
ses(12-15)et peu odorantes,cette forme constitue la var,MONTANA
Dumort.Prodr.fl.Belg.

MORPHOLOGIE INTERNE.

BULBE. Grains d'amidon plus ou moins arrondis,atteignant 5-12μ
de diam.env.,ordinairement isolés. - FIBRES RADICALES. Endoderme à cadres subérisés nets.Vaisseaux de métaxylème abondants.
Lames vasculaires relativement assez écartées les unes des autres.

TIGE. Epiderme à cuticule délicatement striée.Stomates assez
nombreux.3-6 assises de parenchyme chlorophyllien à grands
méats entre l'épiderme et l'anneau lignifié.6-9 assises lignifiées extra-libériennes à parois minces.Faisceaux libéro-ligneux développés tangentiellement sur une section transversale,
les plus petits immergés dans l'anneau lignifié,les plus gros
entourés seulement à l'extérieur de tissu lignifié.Bois à peu
près aussi développé que le liber.Parenchyme plus ou moins résorbé au centre de la tige.

FEUILLE. Ep. = 220-250μ vers les bords,500μ au milieu du lim-
be.Epiderme sup.à parois recticurvilignes,délicatement strié,à
stries perpendiculaires aux parois latérales,haut de 60-120μ,à
paroi ext.épaisse de 7-10μ et légèrement bombée,muni de stomates même dans les feuilles inférieures,mais à stomates plus rares dans les feuilles inf.que dans les feuilles sup.Epiderme
inf.à parois recticurvilignes,strié,haut de 30-60μ,à paroi ext.
épaisse de 4-7μ env.et légèrement bombée,muni de stomates nom-
breux.Paroi ext.des cellules épidermiques du bord du limbe bombée extérieurement (pl.5,f.118).Mésophylle formé de 6-9 assises
d'un tissu assez lâche,contenant des cellules à raphides surtout dans la deuxième assise sup.NERVURE médiane à section concave-convexe,les autres à section plane,toutes dépourvues de
sclérenchyme,la médiane munie de collenchyme à la partie inf.du
faisceau,les petites nervures n'ayant autour du faisceau libéro-ligneux que du tissu chlorophyllien.

FLEUR. - PERIANTHE. DIVISIONS EXTERNES.Epiderme ext.strié.
Epidermes ext.et int.papilleux vers les bords. - DIVISIONS

LATERALES INTERNES. Épidermes à cellules légèrement prolongées
en papilles vers les bords. - LABELLE. Épiderme sup.muni de papilles très courtes même vers la partie médiane du labelle.Épi-
derme inf.dépourvu de papilles caractérisées. - ÉPERON. Épiderme int.prolongé en papilles peu nombreuses,arrondies à l'extrémité,atteignant 10-40µ de long.Épiderme ext.non papilleux.Plu-
sieurs assises et de nombreux faisceaux libéro-ligneux entre
les épidermes.Émission abondante de nectar à l'intérieur de
l'éperon. - ANTHÈRE. Épaississements peu abondants dans l'assise fibreuse. - STAMINODES.Cellules renfermant d'abondants paquets de raphides. - POLLEN. Jaune verdâtre.Exine très légèrement rugueuse à la périphérie des massules. L = 30-40µ. -
OVAIRE. Nervure des valves placentifères non saillante à l'extérieur,parfois à section concave,contenant un faisceau libéro-
ligneux ext.à bois int.et parfois un faisceau placentaire libé-
rien.Placenta relativement assez long,à 2 divisions assez déve-
loppées.Valves non placentifères peu proéminentes à l'extérieur,
à un faisceau libéro-ligneux à bois int. - GRAINES. Cellules du
tégument à parois recticurvilignes,non striées.Graines non ou à
peine atténuées au sommet,3-4 fois plus longues que larges.
L = 450-530µ env.

B.Var.ALPINA Reichb.f.Icon.XIII,115,t.CCCCXXV,f.III,3; Beck,
Fl.N.-Oest.p.209; Schur,Enum.pl.Trans. - Plante plus petite
dans toutes ses proportions.Épi pauciflore,à fleurs disposées
lâchement;labelle à lobes peu profonds.Port rappelant le G.ODO-
RATISSIMA.Odeur agréable,mais peu intense. - Au point de vue
anatomique diffère du type par les caractères suivants:épidermes
foliaires plus striés,paroi ext.des cellules épidermiques des
bords du limbe formant des dents inclinées très marquées (pl,5,
f.119). - Montagnes,régions alpestre et alpine.
Var.MONTICOLA Schur in O.B.Z.XX(1870)p.368; M.Schulze,Die Or-
chid.48,3; Asch.u.Graeb.Syn.III,p.816. - Divisions supérieures
du périanthe courtes,labelle presque entier.
C. Var.CRENULATA Beck,l.c. - Lobes du labelle très marqués,
égaux ou inégaux,le médian subtriangulaire,dépassant souvent
les latéraux,ceux-ci plus larges et denticulés. - Autriche,
France,Salève(Chenevard ap.M.Sch lze).
D. Var.SIBIRICA Reichb.f.p.114,t.73,CCCCXXV. - G.SIBIRICA
Turcz.; Lindl.l.c.p.277. - Plante assez forte,ramassée.Labelle
allongé,à 3 lobes obtus,le médian dépassant les latéraux,ceux-
ci ondulés sur leur côté externe.
E. Var. INODORA Reichb.f.p.114;t.71,CCCCXXIII; Arcang.p.164.-
G.WAHLENBERGII P.C.Afzelius ex M.Schulze,l.c. - Labelle plus
court.Fleurs peu ou non odorantes.Feuilles très étroites.Tige
peu ou non feuillée au sommet.
F.Var.CLAVATA Reichb.f.l.c.t.166,DXVIII; M.Schulze,l.c.;Asch.
u.Graeb.l.c. - Divisions du périanthe courtes.Éperon claviforme.
G. Var.ORNITHIS. - G.ORNITHIS Rich.Mém.Mus.IV,p.57(1817). -
O.ORNITHIS Jacq.Fl.austr.II,p.23(1754)t.138; Murr,Syst.ed.14,p.
808; Host,Syn.483. - G.CONOPEA var.LEUCANTHA Schur,Enum.Transs.
p.644(1866). - Forme à fleurs d'un beau blanc,très odorantes,
des Alpes d'Autriche.Nous ne pouvons la séparer de la var.ALBA
de plusieurs auteurs:Dumortier,Graves,de Vicq,etc.

MONSTRUOSITES. - 1°F.BICALCARATA Cf.Cam.in Journ.bot.III,pl.
II. - Labelle à lobes paraissant normaux,à base pourvue de 2
dépressions donnant naissance à 2 éperons de forme semblable. -
Oise(Luizet et Camus).

2° F.PELORIA. - La pélorie a été observée et signalée par
Poiret,Encycl.suppl.IV,p.179; Reichb.f.Icon.XIII,p.115; M.Schul-
ze,l.c.; Asch.u.Graeb.l.c.; Lambert à Bengy-sur-Craon(Cher).

3° Coss.et Germ.Fl.env.Paris,éd.2,p.687,signalent une forme
dans laquelle les éperons de la plupart des fleurs font saillie
en avant à l'intérieur du périanthe.

4° Nous avons récolté en montant au Suchet un échantillon à
hampe bifurquée et portant 2 épis floraux (G.Camus et Meylan).

5° La même monstruosité a été récoltée par M.Scherfel à Tatra
pour le G.DENSIFLORA.

6° M.Gadeceau in Bull.Soc.sc.nat.Ouest France,1,signale avoir
recueilli dans la Loire-Inférieure un individu à ovaire droit,à
lobes du périanthe inversés,c'est-à-dire le labelle dirigé en
haut,l'éperon bifurqué,enfin analogie avec les Cypripèdes, le
gynostème présente 2 mamelons représentant les étamines stériles et la troisième est représentée par une lame ovale,pétaloï-
de repliée en gouttière.

V.v. - Juin,août. - Prairies,coteaux herbeux,friches arides
calcaires,clairières des bois,des plaines jusque dans les hautes montagnes. - Presque toute l'Europe,la Sibérie.

Sous-esp. G.DENSIFLORA.

G.DENSIFLORA Dietr.Allg.Gart.VII,p.170(1839); Cam.Monogr.Or-
ch.Fr.p.74; in J.bot.VI,p.476. - G.ANISILOBA Peterm.Deutschl.
Fl.II,p.548(1846-49). - G.CONOPSEA b. DENSIFLORA Lindl.Gen.and
spec.p.275(1835); Reichb.f.Icon.XIII,p.115; Koch,Syn.ed.Hall.et
Wohlf.p.2431. - G.CONOPSEA var.PALUDOSA Dumort.Prodr.fl.Belg.;
Thielens. - G.ODORATISSIMA Wahlbg.Act.holm.(1806)p.68; Dietr.
Fl.Boruss.1,p.65(1833). - SATYRIUM CONOPSEUM var.b.DENSIFLORUM
Wahlbg.Fl.suec.p.558(1824-26). - ORCHIS DENSIFLORA Wahlbg.Act.
Holm.(1806)p.68. - O.CONOPEA var.b.INTERMEDIA Gren.Fl.ch.juras.
p.751; non G.INTERMEDIA Peterm. - ORCHIS PSEUDO-CONOPEA Gren.l.
c. - O.CONOPEA var.LATIFOLIA Gave in Liste des contrib.Fl.Sa-
voie,p.33(1906); ex Compte-rend.XVII,Congr.Sav.Aix-les-Bains,
(1905).

Icon. - Dietr.Fl.boruss.t. 65; Peterm.l.c.t.85,669,6; Reichb.
f.Icon.XIII,t.72,CCCCXXIV,f.I-II,1-11; Ic.n.pl.26,f.913-917.

Plante robuste,très développée.Epi très dense et très allon-
gé.Fleurs d'un beau rose,exhalant surtout le soir une odeur
suave mais distincte de celle répandue par le G.CONOPEA type.
Eperon relativement un peu plus court que dans le type,mais
bien plus long que dans le G.ODORATISSIMA.

Schönheit Taschenb.Fl.Thür.p.432,(1850)cite les 2 formes suivantes:

a.) PRAECOX. - Plante robuste,très florifère,à floraison précoce.

b.) SEROTINA. - Plante grêle,à fleurs moins nombreuses,florai-
son tardive.

Var.ANISOLOBA Asch.u.Graeb.Syn.III,p.817. - G.ANISOLOBA Pe-
term.l.c.; Reichb.f.XIII,115,t.DXVIII,f.2. - Labelle à 3 divisions inégales,la moyenne subquadrangulaire,à angles obtus. -
Variété reliée au type par de nombreuses formes de passage.
Plante des tourbières profondes. - Env.de Paris,Jura,Bourgo-
gne,Allemagne.Autriche-Hongrie,Suisse,Italie,etc.

Sous-esp. G.COMIGERA.

G.COMIGERA Reichb.Fl.excurs.p.121(1830); Cam.Monogr.Orch.Fr.
p.78 et 74; in Journ.bot.VI,p.476. - O.PYRENAICA Philippe,Fl.
Pyr.II,p.354(1860); Exsicc.Soc.ét.fl.fr.-helv,n°90. - G.CONOPEA
var.PYRENAICA Gautier,Pyr.-Orient.p.400. - G.CONOPEA×O.LATIFO-
LIA O.Kuntze,Tasch.Fl.v.Leipz.p.67.
Plante assez grêle.Fleurs en épi court,aigu,presque pyramidal,
plus petites que dans le G.CONOPEA;éperon relativement court.
(Le G.CONOPEA croît à la même altitude sans que ses caractères
soient altérés et sans que l'on puisse trouver un passage entre
les 2 formes(Giraudias)).
V.s. - Pyrénées.

2 - G.FRIVALDII.

G.FRIVALDII (1) Grisen.Spicil.II,p.363(1844); Reichb.f.Icon.
XIII,p.111,t.CCCCXX,f.I-III; Boiss.Fl.orient.V,p.81. - G.FRI-
VALDSZKYANA Hampe in Flora(1837)p.230,nomen nudum; Richter,1,p.
280; Nyman,Consp.695; Suppl.292; Kraenz.Gen.et spec.p.555. -
HABENARIA DENSIFLORA et H.TRANSSILVANICA Schur,Enum.Trans.p.645?

Ic.n.pl.26,f.897-898; Reichb.f.l.c.t.CCCCXX,f.I-III,1-8.

Bulbes palmés,comprimés.Tige grêle.Feuilles peu nombreuses,
oblongues-lancéolées,la supérieure aiguë,bractéiforme.Epi densiflore,court,cylindrique,grêle.Bractées lancéolées-aiguës,plus
longues que l'ovaire.Fleurs petites,blanches ou lilacées.Périan-
the à divisions conniventes,ovales-oblongues,obtuses,les internes oblongues.Labelle cunéiforme,ovale-obtus,à 3 lobes presque
égaux et séparés jusqu'au tiers de la longueur.Eperon filiforme,
arqué,égalant environ la moitié de la longueur de l'ovaire.Gy-
nostème étroit,allongé.Fossette du stigmate obscurément quadrangulaire.

V.s. - Juin-août. - Alpes de Roumélie et de Hongrie.

3. - G.ODORATISSIMA.

G.ODORATISSIMA Rich.in Mém.Mus.IV,p.57(1817); Lindl.Gen.and
spec.p.277; Reichb.f.Icon.XIII,p.112; Kraenz.Gen.et spec.p.556;
Richter,Pl.eur.1,p.279; Michot,Fl.Hain.p.279; Crépin,Man.fl.
Belg.éd.2,obs.; Löhr,Fl.Tr.p.247; Cogniaux,Fl.Belg.p.251; Godet,

(1) Cette espèce a été dédiée à Frivalszky von Frivald.

Fl.Jura,p.692; Michalet,Hist.nat.Jura,p.296; Barla,Iconogr.p.
25; Coss.et Germ.Fl.Paris,éd.2,p.688; Poirault,Cat.Vienne,p.97;
Bonnet,P.fl.paris.p.383; de Fourcy,Vade-mec.herb.paris.éd.6,Add.
p.325; Cam.Monogr.Orch.Fr.p.74; in J.bot.VI,p.47; Deheaux,Rév.
fl.agen.p.516; Hariot et Guyot,Contrib.fl.Aube,p.115; Corbière,
N.fl.Norm.p.559; Flahault,N.fl.Alp.et Pyr.p.137,cum icone; Cos-
te,Fl.Fr.III,p.403,n°3611,cum icone; Kirschl.Fl.Als.2,p.139;
Fl.vog.-rhen.p.85; Koch,Syn.ed.2,p.794; ed.3,p.597; ed.Hall.et
Wohlf.p.243; Gmel.Fl.bad.III,p.550; Caflisch.Ex.Fl.p.297; Bach,
Rheinpreuss.p.372; Garcke,Fl.Deutschl.ed.14,p.379; M.Schulze,
Die Orchid.n°47; Bouvier,Fl.Alpes,éd.2,p.643; Rhiner,Prodr.
Waldst.p.126; Gremli,Fl.Suisse,éd.Vetter,p.483; Schinz u.Keller,
Fl.Schweiz,p.126; Fleisch et Lind.Fl.Ost. eepr.p.306; Asch.u.
Graeb.Syn.III,p.818; Ambros.Fl.Tir.austr.1,p.701; Hausm.Fl.Ti-
rol,p.839; Beck,Fl.N.-Oest.p.210; Hinterhuber et Pichlm.Fl.Salz.
p.193; Bertol.Fl.ital.IX,p.561; Parlat.Fl.ital.III,p.402; Ces.
Pass.Gib.Comp.p.184; Arcang.Comp.ed.2,p.164; Fiori et Paol.Ico-
nogr.fl.ital.n°842; Simk.Enum.Trans.p.502; Eichw.Skizze,p.124;
Ledeb.Fl.Ross.IV,p.65; Comoll,Fl.comens.VI,p.364; Grecescu,Pr.
fl.Roman.p.546. - G.ERUBESCENS Zucc.in Moessl.Handb.II,p.1565
(1828)? - G.SUAVEOLENS Reichb.Fl.excurs.p.121(1830),excl.syn. -
ORCHIS ODORATISSIMA L.Syst.ed.X,p.1243(1759); Vill.Hist.pl.Dau-
phin.II,p.38; Willd.Spec.IV,p.32; Lej.Fl.Spa,II,p.90; Dumort.
Prodr.fl.Belg.p.132; Poiret,Encycl.IV,p.597; DC.Fl.fr.III,p.252,
n°2023; Duby,Bot.p.443; Loisel.Fl.gall.2,p.268; Mutel,Fl.fr.III,
p.245; Fl.Dauph.éd.2,p.594; Lapeyr.Abr.Pyr.p.549; Godr.Fl.Lorr.
II,p.291; III,p.31; Gr.et Godr.Fl.Fr.III,p.298; Gren.Fl.ch.ju-
rass.p.752; Boreau,Fl.cent.éd.2,p.521; éd.3,p.647; Coss.et Germ.
Fl.Par.éd.1,p.554; Legrand,Stat.bot.Forez,p.223; Ravin,Fl.Yonne,
p.361; Car.et S.-Lag.Fl.descr.éd.8,p.805; Brisson,Cat.Marne,p.
249; Lloyd et Fouc.Fl.Ouest,p.334; Martin,Cat.Romor.éd.2,p.389;
Ard.Fl.Alp.-LMar.p.355; All.Fl.pedem.2,p.150; Suffren,Pl.Frioul,
p.184; Bertol.Amoenit.ital.p.416; Poll.Fl.veron.III,p.19; Seubert,Ex.Fl.Bad.p.123; Lepech,It.1,p.29; Falk.Beitr.II,p.248;
Guldst.It.1,p.113; Georgi,Beschr.Russ.R.III,V,p.1270; Bess.Enum.
Volhyn.p.35. - O.CONOPSEA Asso,Syn.st.Arag.p.130,sec.Willk.et
Lange. - SATYRIUM ODORATISSIMUM Wahlenb.Fl.Suec.p.557(1824-26). -
Orchis radicibus palmatis,labello obtuse trifido,concolore,cal-
care germine breviori Hall.Helv.n°1274,t.29. - Orchis conopseae
varietas Jacq.Vindb.293,huc pertinet Jacq.R. - Orchis palmata
angustifolia minor odoratissima Bauh.Pinax,86; Prodr.30,t.30;
Raj.Hist.1225; Seg.Pl.ver.III,p.250.

Icon. - Hall.l.c.t.28; Seg.l.c.t.8,f.6; Jacq.Austr.t.264;
Reichb.f.Icon.XIII,t.69,CCCCXXI; Reichb.Pl.crit.DXCV; Mutel,
Atlas,t.66,f.501; Schlecht.Lang.Deutschl.IV,f.347; Barla,l.c.
pl.13,f.1-15; Cam.Orch.Par.pl.24; Correvon,Alb.Orch.Eur.pl.XXI;
Bonnier,Alb.N.Fl.p.140; M.Schulze,l.c.n°47; Ic.n.pl.26,f.905-
912.

Exsicc. - F.Schultz,n°77; Reichb.n°1316; Soc.Rochel.n°2490;
Fries,H.n.VI,n°59; Fl.Austr.-Hung.n°669; Baenitz,H.Eur.

Bulbes palmés.Tige grêle,élancée,de 2-3,rarement 4 décim.,
verte,un peu anguleuse au sommet.Feuilles d'un vert glauque,
dressées ou arquées,carénées,plus étroites que dans le G.CONO-
PEA,linéaires.Fleurs très petites (5-8 mm.env.),d'un lilas pâle,
parfois blanches,très pâles surtout dans les hautes régions,dis-
posées en épi dense,assez court.Labelle 3-lobé,plus long que
large;éperon pendant,court,un peu renflé,égalant l'ovaire.Gyno-
stème très court.Anthère dressée,rougeâtre.Masses polliniques
d'un jaune verdâtre. - Cette espèce a le port d'un G.CONOPEA
grêle,mais il est plus petit dans toutes ses proportions.Ses
fleurs exhalent une odeur de vanille très prononcée,cette odeur
se dégage des feuilles lorsqu'on les fait sécher au fer comme
pour le G.DENSIFLORA.

MORPHOLOGIE INTERNE.

FIBRES RADICALES. Endoderme à cadres subérisés nets.Vaisseaux
de métaxylème se différenciant souvent.

TIGE. Stomates nombreux.3-6 assises parenchymateuses chlorophylliennes entre l'épiderme et l'anneau lignifié.Anneau lignifié formé de 5-8 assises à parois très minces.Faisceaux libéro-
ligneux entourés de tissu lignifié à l'extérieur,très développés tangentiellement sur une section transversale,à vaisseaux
peu nombreux et à parenchyme non lignifié assez abondant.Lacune
occupant la partie centrale de la tige.

FEUILLE. (Pl.6,f.138) Ep. = 250-350μ.Epiderme sup.haut de
80-100μ,à paroi ext.striée,épaisse de 9-12μ et très bombée,
muni de stomates très nombreux vers l'extrémité des feuilles.
Epiderme inf.haut de 25-50μ,à paroi ext.épaisse de 8-10μ et
bombée,à stomates très nombreux.Cellules épidermiques du bord
du limbe prolongées en dents effilées de forme caractéristique,
souvent un peu renflées en spatule à l'extrémité,atteignant 30-
100μ de long (pl.5,f.117).Mésophylle formé de 8-10 assises de
tissu lacuneux assez lâche et contenant de nombreuses cellules
à raphides.Bord du limbe collenchymateux.NERVURES principales
munies de collenchyme à parois peu épaisses à la partie inf.du
faisceau libéro-ligneux,les autres n'ayant que du tissu chlorophyllien ou incolore.

FLEUR. - PERIANTHE. DIVISIONS EXTERNES. Epiderme ext.à cuticule striée.Bords légèrement papilleux. - DIVISIONS LATERALES
INTERNES. Epidermes ext.et int.à peine prolongés en papilles
vers les bords. - LABELLE. Epiderme sup.muni de papilles très
courtes.Epiderme inf.dépourvu de papilles caractérisées. - EPE-
RON. Epiderme int.à papilles peu nombreuses et courtes.Epiderme
ext.à peine papilleux.Emission de nectar à l'intérieur de l'é-
peron. - ANTHERE. Epaississements en anneaux incomplets peu
nombreux. - POLLEN. Exine rugueuse à la périphérie des massules.
L = 30-35μ env. - OVAIRE. Nervure des valves placentifères à
peine saillante extérieurement,contenant un faisceau libéro-ligneux,à bois int.Valves non placentifères proéminentes à l'extérieur,renfermant un faisceau libéro-ligneux. - GRAINES. Suspenseur développé.Cellules du tégument dépourvues d'épaississements striés ou réticulés,à parois latérales ondulées.Graines
arrondies ou à peine atténuées au sommet,2-3 fois plus longues
que larges. L = 400-500μ env.

B.Var.OXYGLOSSA Beck,Fl.N.-Oest.r.210; M.Schulze,Die Orchid.
n°47,2,t.47,f.8,9,10; Asch.u.Graeb.Syn.III,p.819. - G.ALBIDA×
ODORATISSIMA Halacsy u.Braun,Nachtr.z.fl.Nied.-Oest.p.61(1882);
Beck,olim. - Ic.u.pl.26,f.908-910. - Labelle étroit,oblong,2 ou
3 fois plus long que large,3-lobé ou entier,atténué,crénulé au
sommet. - TR. Autriche,Allemagne.
    C.Var.BOREALIS Reichb.f.Icon.XIII,113,CCCCXXI,f.III(1851); M.
Schulze,l.c.; Asch.u.Graeb.l.c. - Plante réduite dans toutes
ses parties,fleurs presque blanches.Forme des régions élevées.-
V.v.
    D.Var.RETZDORFFII Asch.u.Graeb.l.c. - Feuilles allongées,non
rigides.Fleurs espacées,les inférieures distantes de 2 centim.
env.Bractées grandes,les inférieures dépassant longuement les
fleurs,les supérieures dépassant les fleurs non épanouies.Divi-
sions latérales internes du périanthe conniventes en cloche. -
Serait peut-être à identifier avec le GYMNABICCHIA STRAMPFFII=
B.ALBIDA + G.ODORATISSIMA? - Sud du Tyrol,Retzdorff ap.M.Schul-
ze in Mitth.Th.B.V.N.F.XVII,p.69(1902).
    E.Var.CARPATICA Simk.Enum.Trans.p.502(1886); Asch.u.Graeb.Syn.
III,p.820. - Plante très développée,à inflorescence large,mais
courte. - Carpathes.

MONSTRUOSITE. - F.ECALCARATA. - Var.ECALCARATA Reichb.Icon.
XIII,p.113,t.166,DXVIII,f.1,1; M.Schulze,Die Orchid.47,2. -
Fleurs toutes dépourvues d'éperon. - Tyrol(Hausm.)

    V.v. - Juin,juillet. - Prés humides,marais,de la plaine à la
zone alpine. - Europe moyenne de la Suède méridionale au nord
de l'Italie;Espagne TR,,France,Allemagne,Autriche,Suisse,plus
rare dans les plaines.

    § II.NEOTTIANTHE (sous-genre) Reichb.Pl.crit.VI,26,t.DXCVII
(1828); Asch.u.Graeb.Syn.III,p.826. - Rétinacles parallèles
au diamètre longitudinal du processus du rostellum.Bulbes ovoïdes ou subglobuleux.

4. - G. CUCULLATA.

    G.CUCULLATA Rich.in Mém.Mus.IV,p.57(1817); Lindl.Gen.and spec
p.279; Reichb.f.Icon.XIII,p.109; Kraenz.Gen.et spec.p.553; Garc
ke,Fl.Deuts.ed,14,p.330; Koch,Syn.ed.Hall.et Wohlf.p.2432; M.
Schulze,Die Orchid.n°45; Asch.u.Graeb.Syn.III,p.826; Turcz.Cat.
Baical.n°1101; Ledeb.Fl.Alt.IV,p.170; Fl.ross.IV,p.66; Finet,
Orch.Asie or.in Rev.génér.bot.XIII,p.516. - ORCHIS CUCULLATA L.
Spec.ed.1,p.939(1753); Gilib.Ex.phyt.II,p.475; Georgi,Beschr.
Russ.k.III,V,p.1267; Jundz.Fl.lith.p.263; Bess.Enum.Volhyn.p.35
n°1152; Ledeb.Fl.Ross.IV,p.66. - HABENARIA CUCULLATA Höfft,Cat.
Kursk.p.56(1826). - HIMANTOGLOSSUM CUCULLATUM Reichb.Fl.excurs.
p.120(1830). - OPHRYS BIFOLIA Pallas in Willd.h.sec.Ledebour. -
Ophrys radice rotunda cucullo tridentato Gmel.Fl.sib.1,p.16,t.
3,f.2.

Icon. - Reichb.Pl.crit.1,t.816; M.Schulze,l.c.t.45; Correvon,
Alb.Orch.Eur.pl.XX; Ic.n.pl.26,f.894,896,899,900.

Port d'un HERMINIUM MONORCHIS bien développé.Bulbes arrondis,
entiers.Feuilles radicales 2,ovales.Tige anguleuse,dressée ou
sinueuse,ordinairement grêle,portant à la base 2-3 gaînes,l'une
suborbiculaire,l'autre oblongue-elliptique;feuilles caulinaires
bractéiformes,1 ou 2,espacées,lancéolées-linéaires,acuminées,
d'abord dressées,puis étalées.Fleurs de la grosseur de celles
du COELOGLOSSUM VIRIDE,purpurines,4-5,en épi court,lâche.Brac-
tées plus ou moins aiguës,foliacées.Périanthe à divisions aiguës,cucullées-conniventes en casque,à bords extérieurs très
finement denticulés.Labelle horizontal,profondément 3-lobé,à
divisions latérales subfiliformes,la division moyenne entière,
linéaire,dépassant les latérales.Eperon filiforme,arqué,plus
court que l'ovaire.Ovaire arrondi,court,recourbé en avant.

V.s. - Juillet,août. - Galicie,Allemagne,Russie,Dahourie,Si-
bérie,Chine.

Sous-esp. G.PURPUREA.

G.PURPUREA Schur,Enum.Trans.p.646,n°3420. - COELOGLOSSUM PUR-
PUREUM Schur,Sert.p.72,n°2706,var.c. - C.ALPINUM Schur,Herb.
Trans.
Plante assez robuste.Feuilles épaisses,d'un vert foncé,bril-
lantes,elliptiques,obtuses,de forme variable,parfois les supérieures bien plus étroites,les radicales ordinairement au nombre de 2.Epi multiflore.Fleurs petites,sordides,purpurines.
Bractées inférieures plus longues que les fleurs,les supérieures les égalant.Divisions externes du périanthe cucullées,conni-
ventes,labelle à lobe moyen très court,à lobes latéraux deux
fois plus larges que longs.Ovaire égalant environ le labelle. -
Peu éloigné du G.CUCULLATA.
Août. - Transylvanie.

HYBRIDE INTERGENERIQUE.

G.CONOPEA + ODORATISSIMA.

×G.INTERMEDIA Peterm.Fl.Bienitz,p.30(1841); A.Kerner in Verh.
K.K.zool.bot.Ges.Wien,XV,21(1865);sep.p.13; Cam.Monogr.Orch.Fr.
p.75; in J.bot.VI,p.477; O.Kuntze,Tasch.Fl.Leipzig,p.67; Beck,
Fl.N.-Oest.p.210; Kraenz.Gen.et spec.p.558; Hariot et Guyot,
Contrib.fl.Aube,p.115. - G.ERUBESCENS Zuccar.et G.CONOPEA var.
ODORATA H.Maus sec.M.Schulze,l.c. - G.GRACILLIMA Schur in Oest.
bot.Zeit.p.44(1871). - G.CONOPEA(CONOPSEA)× ODORATISSIMA Peterm.
l.c.; A.Kerner,l.c.; Reichb.f.Icon.XIII,p.115; Cam.Monogr.l.c.;
O.Kuntze,l.c.; M.Schulze,Die Orchid.t.48,d.; Koch,Syn.ed.Hall.
et Wohlf.p.2432; Asch.u.Graeb.Syn.III,p.821; - G.CONOPSEA d.
BRACHYCENTRA Peterm.Anal.Pflzschl.p.442(1846). - G.CONOPEA b.
AMBIGUA Beck,Fl.N.-Oester.p.210(1890).

Icon. - Kerner,l.c.pl.III,f.3-5; M.Schulze,l.c.t.48,d.; Ic.n.
pl.26,f.901-904.

Bulbes comprimés,palmatifides.Port du G.CONOPEA.Tige élancée,
de 30 centim.env.,un peu anguleuse au sommet,les supérieures
décroissantes,bractéiformes,les inférieures engaînantes à la
base,linéaires,canaliculées,aiguës,un peu arquées,celles de la
base réduites à l'état de gaînes scarieuses.Epi cylindrique,
assez dense.Bractées inférieures dépassant un peu les fleurs,
les supérieures plus courtes qu'elles.Fleurs d'un pourpre violacé pâle,petites,8 mm.env.Labelle 3-lobé,aussi long que l'épe-
ron.Eperon filiforme,arqué,égalant environ l'ovaire.Odeur de
vanille très prononcée.

MORPHOLOGIE INTERNE.

Nous avons étudié cet hybride sur un échantillon d'herbier.
Il se distinguait très nettement du G.CONOPEA par la forme des
cellules épidermiques du bord du limbe , par leurs dents effilées et spatulées rappelant le G.ODORATISSIMA.La paroi ext.
des épidermes du limbe était un peu moins épaisse que dans cette dernière espèce.

M.Richter a signalé cette plante comme var.du G.CONOPEA et
lui a donné pour synonyme inexact le G.PSEUDOCONOPEA Grenier.

V.v. - Juin,juillet. - Plante toujours peu abondante dans ses
stations. - France:Malesherbes,Loiret(G.Camus),Nesles-la-Vallée,
S.-et-O.(G.Camus); Allemagne:Thuringe,Saxe,Bade,Bavière; Autriche,Tyrol;très probablement la Suisse.

HYBRIDES BIGENERIQUES.
ORCHIS + GYMNADENIA = ORCHIGYMNADENIA.

O.MACULATA + G.CONOPEA.

××ORCHIGYMN.HEINZELIANA Nobis.- ORCHIS HEINZELIANA Reichardt
in Verh.K.K.zool.bot.Ges.XXV,p.464(1876); Richter,Pl.eur.l,p.
274; M.Schulze,Die Orchid.48,8; Koch,Syn.ed.Hall.et Wohlf.p.
2431; Kraenz.Gen.et spec.p.565. - O.MACULATA× G.CONOPEA Reich.
l.c.; Richter,Pl.eur.l.c. - O.MACULATUS× G.CONOPEA Asch.u.
Graeb.Syn.III,p.852,p.p.

Tige dressée,haute de 30-40 centim.,anguleuse au sommet.Feuil-
les plus larges et plus courtes que dans le G.CONOPEA,aiguës,
les supérieures bractéiformes,parfois maculées.Epi compact,
d'abord conique,puis cylindrique.Fleurs colorées de violet pour-
pré.Bractées linéaires-lancéolées,acuminées,plus grandes que
dans l'O.MACULATA,les inférieures plus longues que les fleurs,
vertes;les supérieures plus courtes,lavées de violet.Divisions
du périanthe plus grandes que dans le G.CONOPEA,les externes
allongées,ordinairement obtuses,non maculées;les internes ovales-allongées,subaiguës,bien plus courtes que les externes et
marquées de 2-3 taches d'un pourpre clair.Labelle trilobé,un
peu plus large que long,muni de macules comme dans l'O.MACULATA;

lobes latéraux obliques et tronqués,quadrangulaires,à bords
plus ou moins échancrés;lobe moyen bien plus petit que les lobes latéraux,ovale-elliptique,tronqué.Eperon courbé,en pointe,
plus mince que dans l'O.MACULATA,égalant ou dépassant l'ovaire,
10-12 mm.de long.Gynostème de l'O.MACULATA.

TR. - Autriche-Inférieure.

×× ORCHIGYMN. LEGRANDIANA G.Cam.Monogr.Orch.Fr.p.76; in J.bot
VI,p.478; Atlas,pl.XXXVI. - G.LEGRANDIANA G.Cam.in Bull.Soc.bot
Fr.XXXVII,p.217. - G.CONOPEA× O.MACULATA G.Cam.l.c. - Icon. -
Ic.n.pl.26,f.884-887.

Plante ayant le port d'un G.CONOPEA grêle,exhalant une odeur
faible de vanille.Bulbes bilobés.Tige grêle,feuillée,de 2 dé-
cim.env.,fistuleuse.Feuilles lancéolées-linéaires,un peu canali
culées en dessus,pourvues ou non,seulement au sommet,de macules
obscures.Bractées rosées,égalant environ l'ovaire,à une seule
nervure.Fleurs de couleur lilas,peu nombreuses,en épi court.Pé-
rianthe à divisions supérieures égales,lancéolées-acuminées,les
deux latérales ascendantes,non maculées.Labelle oblong,à 3 lobes,le médian entier,un peu plus long que les latéraux,mais
moins large,à stries et macules disposées avec symétrie et rappelant l'O.MACULATA.Eperon filiforme,dirigé en bas,égalant ou
dépassant peu l'ovaire.Masses polliniques à rétinacles libres
et non renfermés dans une bursicule.

TR. - V.v. - Neuvy-sur-Barangeon! (Cher);Orthez(Loret in Herb
Muséum s.n.O.MACULATA ?); Allier(Lassimonne).

G.CONOPEA + O.ELODES.

×× ORCHIGYMN.SOUPPENSIS G.Cam.Monogr.Orch.Fr.p.75; in J.bot.
VI,p.477. - GYMNADENIA SOUPPENSIS G.Cam.in Bull.Soc.bot.Fr.
XXXVIII,p.157(1891); Monogr.Orch.Fr.l.c. - G.CONOPEA× O.ELODES
G.Cam.l.c.

Icon. - G.Cam.Atlas,pl.XXXV.

Plante ayant le port du G.CONOPEA.Bulbes palmés.Tige de 4-6
décim.Feuilles supérieures lancéolées-linéaires,les inférieures
ovales-lancéolées.Fleurs en épi compact,cylindrique-allongé,ro-
ses ou presque blanches,à odeur agréable peu développée.Périan-
the à divisions latérales internes étalées;labelle à 3 lobes,
le moyen dépassant les latéraux.Eperon un peu conique,plus
court que l'ovaire,courbé et dirigé en bas. - Cette plante se
différencie facilement du G.CONOPEA par son éperon court;elle
diffère du G.ODORATISSIMA par son port bien plus robuste,par
son éperon conique et non filif`rme,enfin par ses feuilles in-
férieures lancéolées et non linéaires-aiguës.

V.v. - Prairie tourbeuse du Loing à Souppes(G.Camus,abbé Chevallier,Jeanpert et Imizet).

O.MACULATA + G.ODORATISSIMA.

×× ORCHIGYMN.REGELIANA(REGELII) Cam.Monogr.Orch.Fr.p.77; in
J.bot.VI,p.478. - ORCHIS REGELIANA Brügg.in Jahr.Nat.Ges.Graub.
XIII,p.118(1880); Koch,Syn.ed.Hall.et Wohlf.p.2432. - O.REGELII
Cam.in J.bot.IV,pl.1,(1889). - O.INTUTA Beck,Fl.Nied.-Oest.p.
205(1890-93). - G.ODORATISSIMA× O.MACULATA Brügg.l.c.; Kraenz.
Gen.et spec.p.565; M.Schulze,Die Orchid.47,3. - O.MACULATUS× G.
ODORATISSIMA Asch.u.Graeb.Syn.III,p.853.

Icon. - Regel,Gard.Fl.V,p.26,f.148; G.Cam.in J.bot.(1889)pl.
1; Atlas,pl.XXXVII; Ic.n.pl.26,f.888-890.

Port du G.ODORATISSIMA.Bulbes palmés.Tige de 2-4 décim.,assez
grêle,feuillée,non fistuleuse.Feuilles lancéolées-linéaires,à
macules obscures.Fleurs assez nombreuses,disposées en épi cylindrique assez compact.Bractées plus longues que l'ovaire.
Fleurs d'un rose clair,exhalant une odeur agréable.Périanthe à
divisions externes libres,les 2 latérales étalées,maculées de
taches d'un violet assez intense.Labelle ayant la forme de celui du G.ODORATISSIMA,à 3 lobes profonds,le moyen entier égalant au moins les latéraux.Eperon conique,dirigé en bas,plus
petit que l'ovaire.
La plante de Moret ne diffère de l'hybride recueilli à Oto
près Zurich par Regel que par l'intensité de coloration et par
les macules obscures des feuilles et des divisions du périanthe.
Je n'hésite pas à identifier ces deux plantes parceque d'après
la figure du Garden Flora,elles sont de forme à peu près sem-
blable.De plus Regel assigne à la plante d'Oto les mêmes parents.

V.v. - TR. Episy près Moret,France(G.Camus); Oto près Zurich,
Suisse(Regel).

O.LATIFOLIA + G.CONOPEA.

×× ORCHIGYMN.LEBRUNII Cam.in Bull.Soc.bot.Fr.p.351(1891); Mo-
nogr.Orch.Fr.p.77; in J.bot.VI,p.479. - O.LEBRUNII Cam.l.c.;
Lassimonne in Revue scient.du Bourbonnais,p.59(1893). - G.CONO-
PEA×O.LATIFOLIA Camus,l.c.; Lassimonne,l.c.

Icon. - G.Cam.Atlas,pl.XXXVIII; Ic.n.pl.26,f.891-893.

Bulbes palmés.Tige de 2-3 décim.,grêle,élancée.Feuilles inférieures engaînantes à la base,dressées,canaliculées,obtuses au
sommet,les moyennes acuminées et les supérieures bractéiformes.
Feuilles toutes pourvues de macules obscures,mais nettement visibles ou bien toutes non maculées.Bractées inférieures dépassant ordinairement les fleurs.Fleurs d'un rose vif,disposées en
épi allongé,dense,aigu au sommet.Fleurs aussi petites que dans
le G.CONOPEA;périanthe de l'O.LATIFOLIA,réduit en grandeur mais
nettement maculé.Labelle ayant la forme et les stries symétriques que l'on observe dans l'O.LATIFOLIA;éperon filiforme,des-
cendant,égalant l'ovaire ou le dépassant un peu. - Cette plante

curieuse a l'aspect d'un G.CONOPEA grêle à fleurs d'O.LATIFOLIA
munies d'un éperon filiforme.

V.v. - France,TR. : environs de Cauterets(Lebrun);Trevol,Al-
lier(Lassimone).

Pour M.M.Schulze cette plante est le G.COMIGERA Reichb.Nous
ne pouvons partager cette opinion.

× × ORCHIGYMN.ROSEA Nobis. - O.ROSEA Arvet-Touvet,Diagn.spec.
nov.vel dubio praedit.(1871). - D'après Arvet-Touvet,l.c.,cette
plante a les mêmes parents fort probablement que l'ORCHIGYMN.
LEBRUNII,mais l'éperon et le périanthe ressemblent plus au G.
CONOPEA,les bractées sont grandes comme dans l'O.LATIFOLIA,
l'auteur n'a pas indiqué si les feuilles étaient ou non maculées. - Le Lautaret.

O.LAXIFLORA + G.ODORATISSIMA.

× × ORCHIGYMN.EVEQUEI Lambert,Notes sur quelques Orchidées hybrides du Cher(1907). - × × ORCHIS EVEQUEI Lambert ap.de Kersers
in Bull.Soc.bot.Fr.(1905)p.530,nomen nudum. - G.ODORATISSIMA ×
O.LAXIFLORA Lambert,l.c.

Bulbes atténués et non subglobuleux.Port de l'O.LAXIFLORA
pour la tige et les feuilles.Epi long,très laxiflore.Bractées
égalant l'ovaire.Labelle à 3 lobes presque égaux en largeur e
en longueur,à sinus large mais peu profond.Eperon court,égalant
environ la moitié de la longueur de l'ovaire,horizontal ou un
peu descendant,obtus au sommet,un peu arqué.La forme du labelle,
celle de l'éperon,le bulbe non globuleux sont les caractères
imprimés par l'influence du G.ODORATISSIMA.

V.s. - Mai. - Prairies. - France:Cher,Saint-Symphorien(Lambert).

× × G.HETEROGLOSSA Nobis. - G.ODORATISSIMA var.HETEROGLOSSA
Reichb.f.Icon.XIII,p.112;t.CCCCXXI,69,IV,f.9,10,11; A.Kerner in
Verh.K.K.zool.bot.Ges.(1865)p.14(216); M.Schulze,Die Orchid.n°
47,3. - An× ? HERMINIUMAALPINUM × G.ODORATISSIMA Reichb.f.l.c. -
G.ODORATISSIMA × CHAMAEORCHIS ALPINA = G.ODORATISSIMA × ... Kern.
l.c. - Port du G.ODORATISSIMA.Périanthe à divisions toutes
étroites.Labelle étroit à lobes latéraux oblitérés.Gynostème
large,terminé en appendice triangulaire. - Autriche.

O.RUSSOWII + G.CONOPEA.

× × ORCHIGYMN.KLINGEANA Asch.u.Graeb.Syn.III,p.851. - G.CONO-
PEA + O.RUSSOWII Klinge in Act.Horti Petrop.XVII,f.1,c.,t.V et
VI(1899). - O.TRAUNSTEINERI × G.CONOPEA Asch.u.Graeb.l.c.

Port intermédiaire entre un ORCHIS et un GYMNADENIA pour l'in-
florescence.Se rapproche beaucoup par ses feuilles très allongées du G.CONOPEA.Les fleurs de taille moyenne rappellent celles

de l'O.RUSSOWII.Le labelle a 3 lobes plus ou moins marqués,l'éperon ressemble à celui que l'on observe dans le G.CONOPEA,mais un peu plus court.La plante représentée pl.V(1)est plus proche du G.CONOPEA;celle représentée pl.VI(11)ressemble plutôt à l'O. RUSSOWII.

Livland,pâturages marécageux de Schwarzbachthales.

O.INCARNATA + G.CONOPEA.

✕ ✕ ORCHIGYMN.VOLLMANNI M.Schulze ap.Asch.u.Graeb.Syn.III,p.850 (1907). - O.INCARNATUS ✕ G.CONOPEA Asch.u.Graeb.l.c. - G.CONOPEA ✕ O.INCARNATA Vollmann ap.M.Schulze in Mitth.Th.B.V.N.F.XIX,p.120 (1904).

Tige de 3 décim.de haut env.,fistuleuse et forte à la base. Feuilles inférieures larges,celles du milieu de la tige engaînantes,plus étroites,dépassant les premières fleurs,celles du sommet bractéiformes.Périanthe comme dans le G.CONOPEA,à divisions externes étalées ou non.Labelle maculé.

Bavière (1901,Vollmann).

GYMNADENIA + PLATANTHERA = GYMNPLATANTHERA.

G.CONOPEA + P.BIFOLIA.

✕ ✕ GYMNPLAT.CHODATI Nobis. - G.CHODATI Lendner in Bull.Herb. Boissier,III,p.648(1903). - G.CONOPEA + P.BIFOLIA Lendner,l.c.

Port d'un GYMNADENIA.Feuilles étroites.Bractées plus longues que l'ovaire.Fleurs d'un rose clair.Divisions du périgone ovales-lancéolées,l'externe supérieure recourbée.Labelle 3-lobé,à lobe médian plus long que dans le GYMNADENIA.Eperon de 17 mm.de long.Etamine absente.

Suisse:bois de Peney près de Genève(Lendner).

G.ODORATISSIMA + P.MONTANA.

✕ ✕ GYMNPLAT.BORELII Lambert,Notes sur quelques Orchidées hybr. du Cher(1907)avril; de Kersers in Bull.Soc.bot.Fr.(1905)p.530. (nomen nudum). - G.ODORATISSIMA + P.MONTANA Lambert,l.c.

Bulbes palmés.Tige assez robuste,de 3-4 décim.Feuilles lancéolées-linéaires,dressées.Fleurs assez petites,d'un rose carminé,exhalant une odeur agréable,disposées en épi cylindrique, compact.Labelle aussi long que large,divisé en 3 lobes courts, obtus,le moyen dépassant un peu les latéraux.Eperon une fois et demie plus long que l'ovaire,non filiforme,renflé et élargi à l'extrémité.Plante ayant le port et la taille du G.ODORATISSIMA dont il se distingue facilement par son éperon assez semblable à celui du P.MONTANA.

France:prairie à Saint-Symphorien,Cher(Lambert).

Gen.15. - GENNARIA Parlat.

GENNARIA Parlat.Fl.ital.III,p.404. - SATYRII spec.Link in
Schrad.Journ.2,p.323(1799). - ORCHIDIS spec.Willd.Spec.IV,p.p.-
HABENARIAE spec.R.Br.Prodr.p.312,in obs.; Benth.et Hook.Gen.III,
p.625(s.gen.PERISTYLIS). - GYMNADENIAE spec.Link,Hndb.1,p.242.-
HERMINII spec.Lindl.Bot.Reg.t.1499. - PERISTYLI spec.Lindl.Gen.
et spec.p.298. - PLATANTHERAE spec.Reichb.f.Icon.XIII,p.128;
Pfitzer in Engl.u.Prantl,Pfl.II,VI,p.92.

Périanthe subcampanulé,à divisions externes un peu soudées à
la base;les deux internes un peu plus grandes,rhomboïdales.La-
belle muni d'un éperon en sac à la base,3-lobé,à lobes latéraux
dressés-étalés,égalant environ le lobe médian.Gynostème court.
Anthère dressée,à loges contiguës,un peu divergentes à la base.
Masses polliniques sans caudicules.Deux rétinacles distincts,
nus et latéraux.Staminodes largement linéaires,subclaviformes,
égalant ou dépassant l'anthère.Ovaire contourné.Capsule fusiforme,atténuée à la base.Graines très petites,linéaires.

Labelle dépourvu de papilles caractérisées.Faisceaux libéro-
ligneux de la tige assez régulièrement disposés en cercle au-
dessus des feuilles principales.

1. - G.DIPHYLLA.

G.DIPHYLLA Parlat.Fl.ital.III,p.405(1858); Ces.Pass.Gib.Comp.
p.182; Macchiati,Orch.Sard.in N.Giorn.bot.ital.(1881)p.310; Ar-
cang.Comp.ed.2,p.163; W.Barbey,Fl.Sard.Comp.p.58; Vaccari,Fl.
arc.Maddalena in Malp.VIII,p.266; Battand.et Trab.Fl.Alg.(1895)
p.32; Martelli,Monocot.Sard.p.23; Rouy,Illustr.p.7,t.XXI. -
ORCHIS CORDATA Willd.Spec.IV,p.27(1805); Battand.et Trab.Fl.Alg.
(1884)p.197; Willk.et Lange,Prodr.hisp.1,p.171; Suppl.p.43;
Colm.Enum.pl.hisp.lus.V,p.58; Guimar.Orch.port.p.69,f.58. - PE-
.RISTYLUS CORDATUS Lindl.Gen.et sp.p.298(1835); Boiss.Voy.Espag.
2,p.596; Reichb.f.in Webb et Berth.Phyt.canar.3,p.308. - PLA-
TANTHERA DIPHYLLA Reichb.f.Icon.XIII,p.128(1851); Ball,Spic.
Maroc.p.673; Kraenz.Gen.et spec.p.616; Richter,Pl.eur.p.281. -
HABENARIA CORDATA R.Brown,Prodr.p.312(1809). - SATYRIUM DIPHYL-
LUM Link in Schrad.Journ.bot.p.323(1799); Brot.Fl.lusit.1,p.22.-
GYMNADENIA DIPHYLLA Link,Hndb.1,p.243(1829). - COELOGLOSSUM
CORDATUM Nym.Syll.p.359(1865). - C.DIPHYLLUM Fiori et Paol.Icon.
fl.ital.n°847.

Icon. - Lindl.Bot.Reg.t.1499; Bot.Mag.t.3164; Hook.in Bot.
Misc.1,t.56; Reichb.f.Icon.XIII,t.486; Ces.Pass.Gib.l.c.t.XXIII,
a-c; Martelli,Monoc.Sard.pl.1,f.678; Guimar.l.c.est.; Ic.n.pl.
14,f.392-395.

Exsicc. - Reverchon(1882)n°249; Fiori,Beguin.et Pamp.; Willk.
It.hisp.n°1077.

Racine fibreuse,une fibre radicale renflée fusiforme,allongée,
souvent accompagnée de deux petits bulbes pédicellés.Tige de
15-30 centim.,dressée,cylindracé.Feuilles 2,cordées-ellipti-
ques,acuminées,situées à la partie moyenne de la tige,l'inférieure plus grande,mucronulée,celles de la base réduites à l'é-
tat de gaines.Bractées petites,lancéolées,plus courtes que les
fleurs.Fleurs pédicellées,d'un jaune verdâtre,petites,disposées
en épi petit,étroit,spiralé.Divisions du périanthe linéaires-
lancéolées,conniventes,campanulées,les 3 externes égales en
longueur,soudées à leur base;les 2 latérales internes un peu
plus longues.Labelle subtrilobé au sommet,gibbeux à la base;
lobes latéraux égalant la longueur du périanthe, lobe moyen
dépassant les latéraux.Gynostème court.Anthère à loges divergentes à la base.Graines très petites,pâles.

.MORPHOLOGIE INTERNE.

BULBE. Grains d'amidon plus ou moins arrondis,ayant ordinairement 6-12μ de long env. - FIBRES RADICALES. Endoderme à cadres subérisés non ou peu marqués.Vaisseaux à très petite section.

TIGE. 2-5 assises de parenchyme chlorophyllien entre l'épiderme et l'anneau lignifié.3-7 assises formant l'anneau ligni-
fié.Faisceaux libéro-ligneux très inégalement développés,à peu
près régulièrement disposés en cercle au-dessus des feuilles
principales,très disséminés vers la base de la tige,pénétrant
même dans la partie interne de la tige.

FEUILLE. Ep.= 250-320μ env.Epiderme sup.dépourvu de stomates,
haut de 80-100μ,à paroi ext.épaisse de 4-7μ et légèrement bom-
bée.Epiderme inf.haut de 50-70μ,à paroi ext.épaisse de 4-7μ
et peu bombée,à stomates abondants.Cellules épidermiques non
sensiblement prolongées à l'extérieur au bord des feuilles.Mé-
sophylle comprenant 5-6 assises de cellules irrégulièrement allongées ou légèrement rameuses et pourvu de quelques cellules à
raphides.NERVURES manquant de collenchyme et de sclérenchyme.

FLEUR. - PERIANTHE. DIVISIONS EXTERNES. Epidermes ext.et int.
très délicatement striés. - DIVISIONS LATERALES INTERNES. Bords
légèrement papilleux. - Labelle. Epidermes ext.et int.dépourvus
de papilles caractérisées. - EPERON. (Pl.8,f.211) Epiderme int.
pourvu de papilles très nombreuses,peu longues,obtuses.Epiderme
ext.à peine papilleux.Plusieurs assises entre les épidermes.
Nectar probablement émis à l'intérieur de l'éperon comme dans
le genre PLATANTHERA. - ANTHERE. Cellules fibreuses relativement assez abondantes. - POLLEN. Ex'ne ruguleuse à la périphérie des massules.Massules du sommet des loges bien plus développées que celles de la partie inférieure.Pollen se développant dans toute la loge de l'anthère,pas de caudicule. - OVAIRE.
(Pl.10,f.288) Nervure des valves placentifères très légèrement
saillante extérieurement,contenant un faisceau libéro-ligneux à
bois in.réduit à quelques vaisseaux et un faisceau placentaire
libérien ou libéro-ligneux à bois ext.Placenta non ou à peine
divisé.Valves non placentifères proéminentes à l'extérieur,ren-
fermant un faisceau libéro-ligneux peu développé à bois int. -
GRAINES. Suspenseur développé,souvent 5-6 cellul.Graines adultes atténuées aux extrémités,3f.1/2-4fois plus longues que lar-

ges.Cellules du tégument striées-réticulées,à réseau d'épaississement peu épais (pl.10,f.267). L = 500-550µ env.

V,v. - Février,mai. - Lieux ombragés et herbeux. - Sardaigne,
Maddalena,Portugal,Espagne;Afrique boréale occidentale,Maroc,
Madère,Canaries.

Gen.16. - PLATANTHERA Rich.

PLATANTHERA Rich.in Mém.Mus.IV,p.35(1817); Lindl.Gen.and spec.
p.284; Endlicher,Gen.p.20; Reichb.f.Icon.XIII,p.117; Meisner,
Gen.p.380; Comment.p.284; Pfitzer in Engl.u.Prantl,Pfl.II,6,p.
92. - SATYRII spec.L.Spec.944. - ORCHIDIS spec.L.Spec.p.1331. -
HABENARIAE spec.R.Br.in Ait.Hort.Kew.ed.2,V,p.193; Benth.et
Hook.Gen.III,p.626,s.gen.PLATANTHERA. - GYMNADENIAE spec.Mey.
Chl.hanov.p.540. - CONOPSIDIUM Wallr.Beitr.1,p.103(1842)p.p. -
LYSIAS Salisb.in Trans.Hort.Soc.1(1812)p.288. - D'après Asch.u.
Graeb.Syn.III,p.828 il y a lieu d'ajouter les synonymes sui-
vants:BENTHAMIA A.Rich.in Mém.Soc.hist.nat.Par.IV,p.37(1828);
non Lindl. - CENTROCHILUS Schauer in Nov.Act.nat.cur.XIX,Suppl.
1,p.435,t.12(1843). - LINDBLOMIA Fries,Bot.Not.1(1843)p.134. -
CYBELE Falc.ap.Lindl.Veg.Kingd.183(1847).

Périanthe à divisions libres,les deux latérales externes étalées,la moyenne connivente avec les internes,celles-ci un peu
plus courtes.Labelle entier,lingulé,dirigé en avant,terminé en
éperon.Gynostème large,concave.Anthère dressée,à loges non
contiguës.Pointes de l'anthère soudées latéralement aux stami-
nodes.Masses polliniques à caudicules courts,à rétinacles latéraux,non renfermés dans une bursicule.Ovaire contourné,subses-
sile.

Labelle à peine papilleux,à papilles dépourvues de ramuscules.
Faisceaux libéro-ligneux de la tige assez régulièrement disposés en cercle au-dessus des feuilles principales.

1. - P.BIFOLIA.

P.BIFOLIA Rich.in Mém.Mus.IV,p.43(1817)p.p.; Lindl.Gen.and
spec.p.285; Kraenz.Gen.et spec.p.25; Correv.Alb.Orch.Eur.pl.
LV; Orchid.rust.p.164,f.31; Richter,Fl.eur.1,p.280; Nyland.Par.
Poje,n°326; Blytt,Hndb.Norg.Fl.ed.Ove Dahl,p.238; Oudemans,Fl.
Nederl.III,p.147; Crépin,Man.fl.Belg.éd.1,p.179; éd.2,p.294; J.
Mayer,Orchid.G.-D.Luxemb.p.17; Dumoul.Fl.Maestr.p.114; Thiel.
Orch.Belg.et Luxemb.p.34; Cogniaux,Fl.Belg.p.252; Coss.et Germ.
Fl.Par.éd.2,p.689; Martr.-Donos,Fl.Tarn,p.711; Barla,Iconogr.p.
27; Loret et Barrand.Fl.Montp.p.662; Bonnet,Fl.par.p.382; Cam.
Monogr.Orch.Fr.p.71; in J.bot.VI,p.473; Masclef,Cat.P.-d.-C.p.
156; Corbière,N.fl.Norm.p.561; Debeaux,Révis.fl.agen.p.517;
Kirschl.Fl.Alsace, II,p.156; Reichb.Fl.excurs.p.120(1830); Koch,
Syn.ed.2,p.795; ed.3,p.598; ed.Hall.et Wohlf.p.2434; Oborny,Fl.

Moehr.Oest.Schles.p.252; Bach,Rheinpr.p.373,p.p.; Caflisch,Ex.
Fl.S.-D.p.297; Foerster,Fl.Aachen,p.347; Garcke,Fl.Deutschl.ed.
14,p.380; Seubert,Ex.Fl.Bad.p.124; Rhiner,Prodr.Waldst.p.127;
Asch.u.Graeb.Syn.III,p.829; Reuter,Cat.Genève,éd.2,p.204; Godet,
Fl.Jura,p.693; Gremli,Fl.anal.éd.Vétter,p.483; Schinz u.Keller,
Fl.Schweiz,p.126; Ten.Fl.nap.2,p.289,p.p.; Bina,Orch.Sard.p.7;
Tod.Orch.sic.p.63; Tin.Rar.pl.sic.1,p.11; de Notar.Repert.fl.
ligust.p.388; Moris,St.sard.1,p.44; Bertol.Fl.ital.IX,p.564,p.
p.; Parlat.Fl.ital.III,p.411; W.Barbey,Fl.Sard.Comp.p.58; Ces.
Pass.Gib.Comp.p.183; Cocconi,Fl.Bologn.p.479; Vis.Fl.Dalmat.?.
165; Hausm.Fl.Tirol,p.842; Hinterhuber et Pichlm.Fl.Salzb.p.192;
Beck,Fl.N.-Oest.p.211; Schur,Enum.Trans.p.646,n°3431; C.A.Mey.
Ind.Cauc.p.39; Eichw.Skizze,p.125; Hohenack.Enum.Elisabet.p.258;
Enum.Talusch,p.27; Ruprecht in Beitr.z.Pfl.Russ.R.IV,p.83; .
Koch in Linn.XII,p.288; Boiss.Fl.orient.V,p.82; Hausskn.Symb.fl.
gr.p.25; Halacsy,Consp.fl.gr.III,p.162; Grecescu,Consp.fl.Roman.
p.545; Boiss.Voy.Esp.p. 596; Bonn.et Barr.Cat.Tunisie,p.405;
Finet,Orch.Asie or.in Rev.gén.bot.XIII,p.15,512. - P.SOLSTITIA-
LIS Bönningh.ap.Reichb.Fl.excurs.p.120(1830); Gautier,Pyr.-Or.
p.400; M.Schulze,Die Orchid.n°49. - P.SCHURIANA Fuss,Verh.d.S.
V.XIX,p.206(1863). - ORCHIS BIFOLIA (BIFOLIUS) L.Spec.ed.1,1331
(1753); Willd.Spec.IV,p.10; DC.Fl.fr.III,p.245,p.p.; et auct.
plur.; Duby,Bot.p.446; Loisel.Fl.gall.2,p.262; Mutel,Fl.fr.III,
p.232; Fl.Dauph.éd.2,p.589; Godr.Fl.Lorr.II,p.291; Gr.et Godr.
Fl.Fr.III,p.297; Gren.Fl.ch.jurass.p.750; Michalet,Hist.nat.Ju-
ra,p.297; Boreau,Fl.cent.éd.3,p.647; Ravin,Fl.Yonne,éd.3,p.363;
Lloyd et Fouc.Fl.Ouest,p.334; Dulac,Fl.H.-Pyr.,p.125; Castag.
Cat.B.-d.-Rh.p.155; Vallot,Guide Cauterets,p.278; Léveillé,Fl.
Mayenne,p.199; Legué,Cat.Mondoubl.p.81; Fr.Gust.et Hérib.Fl.Auv.
p.432; Gentil,Fl.Mancelle,p.174; Magnin et Hétier,Observ.fl.Ju-
ra,p.140; Car.et S.-Lag.Fl.descr.éd.8,p.799; Coste,Fl.Fr.III,p.
401,n°3601,cum icone; Gaudin,Fl.helv.V,p.251 et App.p.498; de
Vos,Fl.Belg.p.556; Willk.et Lange,Prodr.hisp.1,p.170; Colmeiro,
Enum.pl.hisp.-lusit.V,p.36; Barcelo,Apunt.Balear.p.45; Mar.et
Vigin.Cat.Balear.p.281; Seb.et Mauri,Fl.Rom.prodr.p.302; All.
Fl.pedem.; Marsch.Bieb.Fl.Taur.-Cauc.III,p.362; Gmelin,Fl.sib.
1,p.16,n°13; Pall.It.1,p.10; It.II,p.124; Gilib.Ex.phyt.II,p.
472; Ledeb.Fl.Ross.IV,p.69; Kalm.Fl.fenn.n°478. - O.BIFOLIA b.
Guss.Fl.sic.II,p.529(1844). - O.ALBA Lamk,Fl.fr.III,p.502; an
Guldsd.It.1,p.288 ? sec.Ledeb. - LYSIAS BIFOLIA Salisb.in Tr.
Hort.Soc.1,p.288(1812). - CONOPSIDIUM BIFOLIUM Wahlbg.Fl.suec.
p.558(1824-26). - C.STENANTHERUM Wallr.Beitr.1,p:103. - GYMNA-
DENIA BIFOLIA Mey.Chl.hanov.p.540(1836); Ambr.Fl.Tir.aust.p.704.
HABENARIA BIFOLIA Swartz,Summ.veg.Scand.p.31(1814); Babingt.
Man.Brit.Bot.ed.8,p.347; Franchet,Fl.L.-et-Ch.p.579,n°367; Fou-
vier,Fl.Alp.éd.2,p.644. - H.FORNIC. TA Babingt.in Trans.Linn.
Soc.XVII,III,p.463(1837). - SATYRIUM RIVINI Endt.Vir.Warsaw.p.
p.109. - S.BIFOLIUM Wahlenb.Fl.suec.p.558. - Orchis radicibus
oblongis,labello lineari Hall.Helv.n°1285,t.35. - Orchis labio
lanceolato,simplici,cornu setaceo,longissimo,subangulato Scop.
Fl.carn.1,p,244,ed.2,n°1102. - Orchis alba,bifolia,calcare o-
blongo Zannich.Istor.del.pl.venet.p.196,t.42,f.2. - Satyrium
flore albo Riv.t.12.

Icon. - Haller,l.c.; Zannich.l.c.; Seg.l.c.; Rivin.l.c.; Loc.
Ic.179,f.1; Fl.Dan.t.235,230,2361; Curtis,Fl.lond.ed.Gr.i,t.125;
Mutel,Atlas,t.LXVII,f.474-475; Coss.et Germ.Atl.t.32,f.E.;Schnk,
Fl.Monac.t.136; Fl.Bat.III,t.225; Barla,l.c.pl.14,15,f.1-3,var.
B.LAXIFLORA; Ces.Pass.et Gib.t.XXIII; Cam.Icon.Orch.Paris,pl.
26,f.1; M.Schulze,l.c.t.49; Bonnier,Alb.N.Fl.p.147; Ic.n.pl.23,
f.714-720.

Exsicc. - Billot,n°2746; Fries,Herb.n.n°6 et n°161; Reichb.n°
948; Soc.Rochel.n°1796.

Bulbes tubéreux,fusiformes.Tige de 2-5 décim.,anguleuse au
sommet,munie à la base de 2-3 gaînes brunâtres.Feuilles inférieures 2,rarement 3-4,grandes,ovales-oblongues,obtuses,à bords
souvent ondulés;les supérieures bractéiformes,aigues.Bractées
herbacées à plusieurs nervures,égalant l'ovaire ou plus courtes
que lui.Fleurs grandes,plus ou moins nombreuses,en épi assez
dense,blanchâtres,à éperon et labelle d'un vert jaunâtre à leur
sommet,exhalant vers le soir une odeur agréable rappelant un
peu celle de l'oeillet ou celle du chèvrefeuille.Périanthe à
division externe moyenne largement ovale-triangulaire,obtuse au
sommet;les latérales oblongues,étalées;les 2 latérales internes
conniventes,falciformes.Eperon filiforme,subulé,arqué,peu renflé et comprimé au-dessous du sommet.Fossette stigmatique à
bords épais.Anthère à loges rapprochées et parallèles.Masses
polliniques jaunâtres,à caudicules courts.Ovaire subsessile,
tordu et contourné en S.
MORPHOLOGIE INTERNE.
BULBE. Grains d'amidon plus ou moins arrondis ou un peu allongés,atteignant 12-25µ de long. - FIBRES RADICALES. Endoderme
muni de cadres légèrement subérisés.Vaisseaux de métaxylème
parfois assez nombreux.
TIGE. Stomates abondants.2-5 assises de parenchyme à méats
entre l'épiderme et l'anneau lignifié.Ailes dues à la décurrence des feuilles constituées par du parenchyme chlorophyllien.
Anneau lignifié formé de 7-9 assises à parois relativement assez épaisses.Faisceaux libéro-ligneux très développés tangentiellement,se détachant tôt du cercle pour aller aux feuilles,
entourés extérieurement par l'anneau lignifié,munis à l'intérieur de quelques fibres lignifiées à parois peu épaisses.Pa-
renchyme ligneux non lignifié abondant.Parenchyme central contenant quelques paquets de raphides,résorbé dans la partie interne.
FEUILLE. Ep.=240-360µ env.Epiderme sup.contenant un peu de
chlorophylle,haut de 60-80µ,à paroi ext.striée,épaisse de 5-8µ
et bombée,dépourvu de stomates dans les grandes feuilles ou muni de quelques stomates vers leur extrémité seulement.Epiderme
inf.recticurviligne,haut de 30-50µ,à paroi ext.épaisse de 5-8µ,
et légèrement bombée,à stomates très nombreux.Cellules épidermiques du bord du limbe à paroi ext.nettement et symétriquement
bombée (pl.5,f.121).Mésophylle forme de 6-10 assises de cellules chlorophylliennes allongées sur une section transversale,
contenant quelques paquets de raphides.NERVURES dépourvues de

sclérenchyme et de collenchyme,la médiane à section concave-
convexe et à faisceau libéro-ligneux entouré de parenchyme incolore à parois un peu épaisses.

FLEUR. - PERIANTHE. DIVISIONS EXTERNES ET LATERALES INTERNES.-
Bords non ou à peine papilleux. - LABELLE. Cellules épidermiques dépourvues de papilles caractérisées. - EPERON. Epiderme
int.muni de grosses papilles assez nombreuses,atténuées à l'extrémité,de longueur très inégale,atteignant 120-150µ de long
env.Epiderme ext.non prolongé en papilles.Plusieurs assises de
cellules entre les épidermes,nervures à bois réduit et à parenchyme abondant.Emission considérable de nectar à l'intérieur de
l'éperon. - ANTHERE. Bandes épaissies assez nombreuses dans les
parois de l'anthère. - POLLEN. Jaune pâle.Exine à peine granuleuse à la périphérie des massules. L = 30-37µ env. - OVAIRE.
Epiderme ext.à cuticule striée et à stomates abondants.Nervure
des valves placentifères très développée,saillante extérieurement,à un faisceau libéro-ligneux à bois int.Valves non placentifères très développées,très proéminentes à l'extérieur,conte-
nant un faisceau libéro-ligneux à bois int.Placenta long,non
div·sé;ovules se développant sur toute l'extrémité du placenta.-
GRAINES. Suspenseur développé,à processus souvent nombreux.Cel-
lules du tégument munies d'épaississements striés nombreux ,à
stries anastomosées.Graines déprimées aux extrémités.

Forma TRIFOLIA. - Var.TRIFOLIA Gaud.Fl.helv.V,p.424; (Fusch.
Hist.710); Graves,Cat.Oise,p.122. - Var.TRIFOLIATA Thielens ap.
M.Schulze,Die Orchid.49,1. - Orchis trifolia major et minor
Bauh.Pinax,83. - Tige pourvue de 3 feuilles.
F.QUADRIFOLIA. - Var.QUADRIFOLIA Peterm.Analyt.Pflanz.p.442.-
Tige munie de 4 feuilles.
B. Var.LAXIFLORA Drej.in Kröjers Tidsskr.IV,p.46(1842);Reichb.
f.Icon.XIII,p.121,t.CCCCXXVIII,CCCCXXIX; Barla,l.c.; Cam,l.c.;
M.Schulze,l.c. - Var.LAXA Peterm.Anal.Pflanz.p.443(1846). -
GYMN.BIFOLIA a.TENUIFLORA Mey.Chl. Hanov.p.540(1836). - HABENA-
RIA FORNICATA Babingt.Trans.Linn.Soc.XVII,p.463; in Ann.nat.
Hist.1838,p.374. - Seg.Pl.Ver.II,XV,t.X; Sv.Bot.t.314; Reichb.
Pl.crit.DCCCLI; Nees Esenb.Gen.V,t.7; Fl.Dan.MMCCCXI. - Epi
grêle,à fleurs lâches,éperon effilé,ordinairement aminci au
sommet,bords de la fossette du stigrate renflés-gibbeux.
C. Var. DENSIFLORA Drej.l.c.; Reichb.f.l.c.;t.76,CCCCXXVIII,-
Var.CONFERTA Peterm.l.c.; Sm.Engl.Bot.t.22; Fl.Dan.t.MMCCCXI,
CCXXXV; Reichb.Pl.crit.DCCCLII. - Var.BRACHYGLOSSA Reichb.Pl.
crit.IX,p.19(1851)f.1144; C.A.Mey.Beitr:Pfl.Russ.V,n°66. - Orchis bifolia b.brachyglossa Wallr.Sched.crit.p.486(1822); Mutel,
Fl.fr.III,p.232; Atlas,t.LXIV,f.475. - Hampe plus forte.Feuil-
les ovales,plus étalées,Inflorescence plus dense.Divisions du
périanthe toutes plus obtuses.Eperon plus court,environ une
fois et demie plus long que l'ovaire.Labelle plus court que
dans le type.Anthère courte.
A cette variété Asch.u.Graeb.rattachent le P.SCHURIANA Fuss,
Verh.Sieb.Ver.XIX,p.206(1868)se différenciant seulement par une
floraison plus tardive.
M.Wilms in Jahresb.Westf.Prov.V,Bot.Sect.(1878)p.8(1879)admet

les deux formes suivantes:

P.REICHENBACHIANA. - Fleurs d'un blanc de lait,à odeur suave.
P.BOENNINGHAUSIANA. - Fleurs d'un blanc verdâtre,assez fortement odorantes.

D. Var. PATULA Drej.ap.Reichb.f.l.c.p.121;t.165,DXVIII; M.
Schulze,l.c. - P.SOLSTITIALIS g.PATULA Drej.in Kröjers Tidsskr.
IV,46; Fl.Dan.t.MMCCCLXI. - P.BIFOLIA var.GRANDIFLORA Hartm.in
Sch.ex Reichb.f.- Plante robuste.Fleurs grandes,peu nombreuses,
à divisions internes latérales étalées.Eperon claviforme.Bords
de la fossette du stigmate non gibbeux.

E. Var. PERVIA Reichb.f.l.c.p.121;t.76,CCCXXVII;165,DXVII. -
P.PERVIA Peterm.l.c.p.591(1846);Deutsch.Fl.t.85,672. - Fleurs
nombreuses,grandes,serrées.Eperon claviforme.Bords de la fossette du stigmate non gibbeux.

Forma NUDICAULIS. - Var.NUDICAULIS Beck,Fl.N.-Oest.p.211; M.
Schulze,l.c. - Feuilles 2,basilaires;tige nue.Forme montagnarde.

F. Var.ROBUSTA O.Seemen in O.B.Z. XLIV(1894)p.448. - P.SOLS-
TITIALIS var.ROBUSTA M.Schulze in Mitth.Th.B.V.N.F.X,p.85(1897)
XVII,p.72(1902). - Plante robuste,peu élevée,atteignant 2 décim.
env.Feuilles assez larges à la base;tige dépourvue de feuilles
bractéales;fleurs nombreuses,ovaire court;labelle court,linéai-
re;éperon distinctement renflé au sommet. - Autriche.

G. Var.SUBALPINA Brügg.in Jahr.Nat.Ges.Graub.XXIX,p.165(1884);
Pl.eur.1,p.58. - P.SOLST.f.SUBALPINA M.Schulze,Die Orchid.49,3.-
Plante souvent assez forte et peu élevée,laxiflore,à feuilles
étroitement lancéolées,loges de l'anthère contiguës vers la base;divisions externes du périanthe ovoïdes. - Alpes,Grisons.

H. Var.CARDUCCIANA Koch,Syn.ed.Hall.et Wohlf. - P.CARDUCCIANA
Goiran in N.Giorn.bot.ital.XV,p.332(1883); Arcang.Comp.ed.2,p.
163. - Fleurs en épi dense.Feuilles inférieures largement el-
liptiques.Eperon et bractée 2 fois plus longs que l'ovaire. -
Sud du Tyrol.

MONSTRUOSITES. - 1° MONSTROSO REGULARIS Mutel,Fl.fr.III,p.237.
Corolle régulière;éperon avorté.

2° F.ECALCARATA Heinricher in O.B.Z.(1894)p.165. - Ne nous
paraît pas différer sensiblement de la plante signalée par Mutel.

V.v. - Avril,juin. - Clairières des bois,coteaux arides et
montueux. - Toute l'Europe,R.en Grèce;Asie-Mineure,Tauride,Cau-
case,Sibérie,Chine,Afrique boréale.

2. - P.MONTANA.

P.MONTANA Schmidt,Fl.Bohem.35(1793) (1); Reichb.f.Icon.XIII,
p.123; Richter,Pl.eur.1,p.281; Blytt,Hndb.Norg.Fl.ed.Ove Dahl,
p.234; Cogniaux,Fl.Belg.p.252; Coss.et Germ.Fl.Par.éd.2,p.689;
Bonnet,P.fl.paris.p.383; Martr.-Don.Fl.Tarn,p.712; Hérihaud,Fl.
Auv.p.432; Cam.Monogr.Orch.Fr.p.72; in J.bot.VI,p.474; de Vicq,

(1) Pour cette espèce nous devrons nous abstenir de citer un
grand nombre d'auteurs qui ont négligé de distinguer le P.BIFO-
LIA du P.MONTANA.

Fl.Somme,p.430; Masclef,Cat.P.-d.-C.p.156; Gremli,Fl.Suisse,éd.
Vétter,p.483; Kirschl.Fl.Als.p.137; Seubert,Ex.Fl.Bad.p.124;
Foerster,Fl.Aachen,p.347; Fischer,Fl.Bern,p.77; Caflisch,Ex.Fl.
S.D.p.297; Arcang.Comp.ed.2,p.163; et auct.plur. - P.CHLORANTHA
b.Custer ap.Reichb.in Möls.Hndb.II,p.156(1828); Excurs.p.120;
Lindl.Gen.and spec.p.285; Oudemans,Fl.Nederl.III,p.147; Crépin,
Man.fl.Belg.éd.1,p.179; Löhr,Fl.Tr.p.248; Thielens,Orch.Belg.et
Luxemb.p.8; Mutel,Fl.fr.III,p.232; Fl.Dauph.éd.2,p.589; Coss.et
Germ.Fl.Par.éd.1,p.555; Parlat.Fl.ital.III,p.413; Barla,Iconogr.
p.28; Gautier,Pyr.-Or.p.400; Bubani,Fl.pyr.p.43; Correvon,Alb.
Orch.Eur.pl.LVI; Godet,Fl.Jura,p.693; Koch,Syn.ed.2,p.795; ed.
3,p.508; ed.Hall.et Wohlf.p.2434; Oborny,Fl.Moehr.Oest.Schles.
p.253; M.Schulze,Die Orchid.50; Asch.u.Graeb.Syn.III,p.834;
Rhiner,Prodr.Waldst.p.127; Schinz u.Keller,Fl.Schweiz,p.127;
Tin.Pl.rar.sic.1,p.11; Guss.Enum.pl.inarim.p.319; Ces.Pass.Gib.
Comp.p.183; Cocconi,Fl.Bologn.p.479; Hausm.Fl.Tirol,p.892; Hin-
terhuber et Pichlm.Fl.Salz.p.193; Beck,Fl.N.-Oest.p.211; Haussk
Symb.fl.gr.p.25; Halacsy,Consp.fl.gr.III,p.163; Finet,Orch.Asie
or.in Rev.génér.bot.XIII,p.15,512. - P.VIRESCENS C.Koch in Linn.
XXII,p.288(1849). - P.WANKELII Reichb.Fl.sax.p.89(1842). - P.
BIFOLIA Richard in Mém.Mus.IV,p.57(1817)p.p.; et auct.mult. -
P.BIFOLIA var.MONTANA auct.plur.; Bach,Rheinpreuss.p.373(1879).-
ORCHIS BIFOLIA Crantz,Stirp.austr.p.504(1769); Marsch.Bieb.Fl.
Taur.-Cauc.III,p.599; Ledeb.Fl.alt.IV,p.171. - O.BIFOLIA g.L.
Spec.ed.1,p.939(1753); Willd.Spec.IV,p.10. - O.BIFOLIA b.ELATIOR
Gaud.Fl.helv.V,p.425(1829). - O.BIFOLIA var.MACROGLOSSA Wallr.
Sched.crit.p.486(1822). - O.BIFOLIA b.MAJOR Besser,Fl.gall.p.43
(1809). - O.MONTANA (MONTANUS) Schmd.Fl.bohem.p.120(1794) ? ;
Boreau,Fl.cent.ed.3,II,p.647; Gr.et God.Fl.Fr.III,p.297; Gren.
Fl.ch.jurass.p.751; Michal.Hist.nat.Jura,p.297; Lor.et Barrand.
Fl.Montpel.p.662; Gentil,Fl.mancelle,p.174; Ravin,Fl.Yonne,éd.
3,p.362; Legué,Cat.Mondoubl.p.81; Lloyd,Fl.Ouest; Lloyd et Fouc.
Fl.Ouest,p.334; Léveillé,Fl.Mayenne,p.199; Coste,Fl.Fr.V,p.401,
n°3602; Crépin,Man.Fl.Belg.2,p.294; Willk.et Lange,Prodr.hisp.
1,p.171. - O.CHLORANTHA a.Guss.Syn.Fl.sic.II,p.529(1847); Car.
et S.-Lag.Fl.descr.éd.8,p.792; Dulac,Fl.H.-Pyr.p.125; Lej.et
Court.Comp.III,p.178; de Vos,Fl.Belg.p.553. - O.VIRESCENS Zollik.
ap.Gaud.Fl.helv.V,p.425(1829); Godr.Fl.Lorr.II,p.291;III,p.26.-
O.OCHROLEUCA Reichb.Fl.excurs.p.120(1830). - CONOPSIDIUM PLA-
TANTHERUM Wallr.Beitr.II,1,p.107(1842). - GYMNADENIA CHLORANTHA
Ambr.Fl.Tir.austr.p.705(1854). - HABENARIA BIFOLIA b.Hook.Brit.
Fl.p.369(1830). - H.CHLORANTHA Babingt.in Trans.of Linn.Soc.
XVII,III,p.463(1837); Man.Brit.Bot.ed.8,p.347; Bouvier,Fl.Alp.
éd.2,p.644; Franch.Fl.L.-et-Ch.p.579. - Orchis bifolia altera
et O.bifolia latissima Bauh.Pinax,82.

Icon. - Hall.t.35,f.2; Vaill.Bot.paris.151,t.30,f.7; Lobel,
Ic.t.178,f.1; Fl.Dan.t.2352; Curtis,Fl.Lond.II,t.186; Mutel,
Atl.t.64,f.476; Wallr.Beitr.1,t.II,9-10; Reichb.Pl.crit.IX,t.
DCCCLII,f.1145; Reichb.f.Icon.XIII,t.78,CCCCXXX; Coss.et Germ.
Atl.pl.32,f.F; Ces.Pass.Gib.Comp.t.XXIII,f.3 a-f; Barla,l.c.pl.
15,f.4-17; Cam.Icon.Orch.Par.pl.26,f.B; M.Schulze,l.c.50; Bon-
nier,Alb.N.Fl.p.147; Ic.n.pl.23,f.721-726.

Exsicc. - Soc.Dauph.n°2262; Schultz,Herb.n.153; Puenitz,M.Eur.
Billot,n°2747; Fries,Herb.n.n°61; Reichb.n°948; Soc.Rochel.n°
2942.

Bulbes tubéreux,fusiformes.Tige de 3-6 décim.,anguleuse,au
sommet,munie à la base de 2 à 3 gaînes brunâtres.Feuilles inférieures 2,rarement 3,grandes,oblongues,obtuses ou subobtuses,
les supérieures bractéiformes,lancéolées-aiguës.Bractées herbacées,à plusieurs nervures,égalant l'ovaire ou un peu plus longues ou plus courtes.Fleurs très grandes,en épi oblong plus ou
moins dense,blanches,à labelle et à éperon d'un vert jaunâtre à
leur sommet,exhalant vers le soir une odeur agréable,presque
inodores dans la journée.Périanthe à division extérieure moyenne très largement ovale-triangulaire,les latérales ovales-subtriangulaires,étalées;les deux internes latérales oblongues,se-
mi-lunaires,plus étroites.Eperon filiforme,subulé,arqué,un peu
renflé et comprimé au-dessous du sommet.Fossette stigmatifère à
bords étroits.Anthère à loges éloignées et divergentes inférieurement,séparées à la base par un petit bec plan et obtus.
Masses polliniques d'un jaune clair ou verdâtre;caudicules
longs.Ovaire long,subsessile,contourné en S. - Plante peu odo-
rante et le soir seulement.

MORPHOLOGIE INTERNE.

BULBE. Grains d'amidon de forme très irrégulière,les petits
ordinairement isolés,les plus gros atteignant 18-20μ de long et
plus ou moins allongés. - FIBRES RADICALES. Endoderme à cadres
légèrement subérisés.Vaisseaux de métaxylème très nombreux dans
un parenchyme central abondant.

TIGE. Stomates nombreux.2-6 assises de parenchyme chlorophyllien à méats entre l'épiderme et l'anneau lignifié.Petites ailes dues à la décurrence de la nervure médiane et à celle du
bord des feuilles formées par du parenchyme chlorophyllien.9-10
assises lignifiées extra-libériennes à parois assez épaisses.
Faisceaux libéro-ligneux très développés tangentiellement sur
une section transversale,souvent entourés de tissu lignifié
seulement à l'extérieur du liber,parfois entièrement plongés
dans le tissu lignifié.Parenchyme ligneux non lignifié abondant.
Liber très développé.Faisceaux allant aux feuilles se séparant
tôt du cercle.Parenchyme interne plus ou moins résorbé au centre de la tige vers la fin de l'été,formé de cellules laissant
entre elles des méats et des canaux aérifères,renfermant quelques paquets de raphides.

FEUILLE. Ep. = 350-500μ .Epiderme sup.recticurviligne,haut de
80-100μ ,muni de quelques stomates à l'extrémité des grandes
feuilles basilaires,à paroi ext.épaisse de 4-6μ et non ou peu
bombée.Epiderme inf.recticurviligne ou ondulé,haut de 40-50μ ,
à stomates abondants,à paroi ext.épaisse de 3-6μ env.et légèrement bombée.Cellules épidermiques du bord du limbe à paroi ext.
nettement bombée (pl.5,f.121).Mésophylle formé de 6-10 assises
de cellules ovales sur une section transversale du limbe,les
assises supérieures contenant une assez grande quantité de
chlorophylle,les inférieures formées de cellules laissant entre
elles des lacunes assez grandes et contenant de très grandes
cellules à raphides,les aiguilles d'oxalate de calcium attei-

gnant parfois 200-250μ de long.NERVURES dépourvues de sclérenchyme et de collenchyme,la médiane à section concave-convexe,à
faisceau libéro-ligneux entouré de parenchyme incolore.
    FLEUR. - PÉRIANTHE, DIVISIONS EXTERNES. Epidermes dépourvus
de papilles caractérisées. - DIVISIONS LATERALES INTERNES. Epidermes à peine papilleux vers les bords. - LABELLE. Cellules de
l'épiderme int.à paroi ext.à peine bombée.Epiderme ext.dépourvu
de papilles. - EPERON.(Pl.8,f.210.)Epiderme int.muni de papilles de longueur très inégale,atteignant 120-150μ de long,un peu
renflées à l'extrémité.Epiderme ext.dépourvu de papilles.Epais-
seur de la paroi de l'éperon = 120-160μ env.4-6 assises de cellules entre les épidermes.Emission très abondante de nectar à
l'intérieur de l'éperon. - ANTHERE. Epiderme dépourvu de papil-
les.Cellules à bandes d'épaississement relativement assez nombreuses. - POLLEN. Jaune.Non ou à peine ruguleux.L = 25-35μ env.
STAMINODES. Cellules renfermant chacune un très gros paquet de
raphides(pl.9,f.238). - OVAIRE.(Pl.10,f.288.)Stomates peu nom-
breux.Nervure des valves placentifères très saillante-ailée à
l'extérieur,renfermant un faisceau libéro-ligneux peu développé,
à vaisseaux peu abondants et à bois int.Placenta assez long,non
divisé,ovules se formant sur toute son extrémité et non en deux
régions comme chez la plupart des Orchidées.Valves non placentifères très développées,proéminentes,à un faisceau libéro-ligneux int.à bois int.,développé. - GRAINES. Cellules du tégument striées.Graines atténuées aux extrémités,4-5 fois plus
longues que larges.L = 650-750μ env.

    B. Var.SCHULZEI Asch.u.Graeb.Syn.III,p.835(1907). - Plante
robuste.Bractées inférieures très grandes,dépassant les fleurs;
feuilles caulinaires petites,2-5;inflorescence dense.Eperon un
peu plus long que l'ovaire,peu renflé au sommet.
    C. Var.WANKELII M.Schulze,in Mitth.Th.B.V.N.F.XIX,p.73. - P.
WANKELII Reichb.f.in Reichb.Fl.sax.(1842); Icon.XIII,p.12. -
Fleurs blanches,division supérieure externe du périanthe allon-
gée.Gynostème grêle.
    D. Var.GRANDIFLORA M.Schulze,l.c. - Fleurs très grandes.
    E. Var.LANCIFOLIA Rohlena in Mag.Bot.Lap.III(1904)p.321. -
Feuilles étroitement lancéolées.

    MONSTRUOSITES. - F.ECALCARATA Cf.Fr.Seydler in Schr.d.K.phys.-
ökon.Ges.z.Königsb.XI(1870)p.114; Heinricher in Oest.bot.Zeit.
(1894)p.166. - Labelle court,dépourvu d'éperon.
    F.BICALCARATA. - M.Schulze,l.c.décrit une plante avec 2 la-
belles et 2 éperons par fleur.
    F.TRICALCARATA Murr ap.M.Schulze,l.c.a trouvé une plante à
fleurs munies de 3 labelles et de 3 éperons.
    F.PELORITA. - F.TRICALCARATA Hemsley in Journ.Linn.Soc.XXXVIII,
p.3,t.1(1907). - Fleurs non résupinées,à divisions externes du
périgone toutes munies d'éperon.

    V.v. - Mai,juin. - Bois,bruyères,collines arides,lieux her-
beux et humides.Plus abondant que le P.BIFOLIA,fleurit 20 jours
avant cette espèce. - Espagne,R; presque toute l'Europe,Trans-
caucasie,Sibérie altaïque.

3. - P.ALGERIENSIS.

P.ALGERIENSIS Battand.et Trab.in Bull.Soc.bot.Fr.(1892)p.75;
Fl.Alg.(1904)p.322.

Icon. - Batt.et Trab.Atl.Fl.Alg.pl.19; Ic.n.pl.23,f.729,730,
748,749(pl.de M.Trabut en partie eproduite).

Tige de 6 à 8 décim.,dressée,robuste,un peu anguleuse.Feuil-
les 2,rarement 3.basilaires,grandes,oblongues-lancéolées,subai-
guës,épaisses,canaliculées,longues de 2-3 décim.,dressées.Brac-
tées foliacées,larges,à plusieurs nervures,dépassant les fleurs.
Fleurs très nombreuses,d'un jaune verdâtre,appliquées près de
la tige;épi droit,long et très dense,dépassé au sommet par les
bractées.Ovaire presque droit,épais,le plus court du genre.Di-
visions du périgone jaunes,les externes à 5-7 nervures,ovales-
obtuses,les internes plus courtes.Eperon claviforme,presque
droit,atténué à la base,obtus au sommet,égalant environ l'ovai-
re.Labelle entier,oblong-linéaire,obtus,4-5 fois plus long que
large,épais.Divisions internes du périanthe de même forme que
le labelle,mais plus étroites et un peu plus courtes,dressées,
conniventes au-dessus du gynostème.Gynostème large.Anthère à 2
loges éloignées,divergentes à la base. - Excellente espèce très
manifestement distincte et ayant au premier abord le port d'un
ORCHIS de la section DACTYLORCHIS.

MORPHOLOGIE INTERNE.

TIGE. Cuticule très légèrement striée,stomates nombreux.2-4
assises de parenchyme chlorophyllien à canaux aérifères et à
méats entre l'épiderme et l'anneau lignifié.Ailes dues a la décurrence des feuilles bractées formées par du parenchyme.An-
neau lignifié comprenant 7-9 assises,les ext.à parois épaisses
et à ponctuations nombreuses.Faisceaux libéro-ligneux développés
tangentiellement,à liber abondant,contenant des cellules de parenchyme ligneux non lignifié en assez grande quantité,touchant
extérieurement a l'anneau lignifié,parfois munis de quelques
fibres lignifiées latéralement et à l'intérieur du bois.Partie
centrale occupée par une lacune dans la partie sup.de la tige.

FEUILLE. Ep. = 400-500µ env.Epiderme sup.à peine recticurviligne,haut de 140-150µ env.,à paroi ext.striée,non bombée et
épaisse de 10-12µ env.,muni de stomates dans les feuilles bractéiformes de la partie sup.de la tige,dépourvu de stomates dans
les 2 grandes feuilles.Epiderme inf.recticurviligne,haut de 45-
55µ,à paroi ext.striée,peu bombée et épaisse de 8-10µ env.,mu-
ni de quelques granulations de cire et de stomates très nombreux et à ostiole souvent non dirigée suivant la longueur de
la feuille.Cellules épidermiques du bord du limbe à paroi ext.
non sensiblement bombée(pl.5,f.122).Mésophylle comprenant 8-10
assises,lacuneux surtout vers la face inf. NERVURES dépourvues
de sclérenchyme,la médiane à section concave-convexe,à parenchyme incolore très abondant à la partie inf.du faisceau,les
assises inf.légèrement collenchymateuses;les autres nervures à
section plane,n'ayant autour de leur faisceau libéro-ligneux
que du parenchyme plus ou moins chlorophyllien.Faisceau libéro-

ligneux très développé,parenchyme ligneux non lignifié abondant.
FLEUR. - PERIANTHE. DIVISIONS EXTERNES. Epidermes ext.et int.
à paroi ext.striée,légèrement papilleux vers les bords. - DIVI-
SIONS LATERALES INTERNES. Cellules épidermiques papilleuses
vers les bords. - LABELLE. Epiderme int.et ext.à peine papilleux,dépourvus de papilles caractérisées. - EPERON. Epiderme
int.à paroi ext.très mince,prolongé en papilles peu nombreuses,
atteignant 60-90μ de long vers la gorge de l'éperon.Epiderme
ext.à paroi ext.épaisse,dépourvu de papilles.4-6 assises de
cellules entre les épidermes. - ANTHERE. Bandes épaissies assez
nombreuses dans l'assise mécanique. - POLLEN. Jaune,exine non
ou à peine ruguleuse.L = 25-35μ env. - STAMINODES. Cellules
contenant chacune un paquet de raphides. - OVAIRE. Epiderme ext.
strié,à stomates nombreux.Nervure des valves placentifères ai-
lée-saillante,contenant un faisceau libéro-ligneux à bois int.
Placenta très gros,portant des ovules sur toute sa surface int.
et non en deux régions comme dans la plupart des Orchidées.Val-
ves non placentifères développées,à un faisceau libéro-ligneux.

V.v. - Environs d'Alger (Battandier et Trabut).

4. - P.DILATATA.

P.DILATATA Lindl.in Beck,Bot.of N.et M.Amer.p.347(1833); Gen.
and spec.p.287; Ledeb.Fl.Ross.IV,p.70. - P.HYPERBOREA var.DILA-
TATA Reichb.f.Icon.XIII,p.126,t.81,CCCXXXIII,1,2,3. - HABENA-
RIA DILATATA Hook.Fl.Exot.II,t.95(1823-27). - H.BOREALIS Cha-
misso in Linn.III,p.28; Bong.Veget.ins.Sitcha,p.165. - ORCHIS
DILATATA Pursh,Fl.Am.sept.II,p.588(1814). - O.ACUTA Banks.ex
Pursh.l.c. - O.AGASTACHYS Fison ex Lindl.l.c.

Bulbes palmés.Tige ordinairement peu élevée,feuillée.Feuilles
étroites,lancéolées,graminiformes,les caulinaires subaigués et
plus longues que les entre-noeuds.Fleurs petites,blanches ou
verdâtres(var.VIRIDIFLORA Ledeb.?),disposées en épi lâche et
court.Bractées lancéolées ou linéaires,acuminées,égalant ou dépassant les fleurs.Périanthe à divisions externes ovales-obtuses,la médiane plus large et plus obtuse,les intérieures plus
petites,conformes,membraneuses.Labelle non tombant,linguiforme,
subrhomboïdal ou linéaire-lancéolé,obtus,égalant l'éperon qui
est plus court que l'ovaire et dirigé en bas.Gynostème apiculé
ou émarginé.

Lieux marécageux. - Islande;Amérique boréale.

5. - P.HYPERBOREA.

P.HYPERBOREA Lindl.Gen.and spec.p.287(1835); Reichb.f.Icon.
XIII,p.125,p.p.var.GENUINA. - P.HURONENSIS Lindl.? - GYMNADENIA
HYPERBOREA Link,Handb.I,p.242(1829). - HABENARIA HYPERBOREA R.
Br.in Ait.Hort.Kew.ed.2,V,p.193(1813). - ORCHIS HYPERBOREA L.

Mant.1,p.121(1767). - O.KOENIGII Retz,Fl.scand.1,p.168(1779);
Ledeb.Fl.Ross.IV,p.70. - O.DOLICHORHIZA Fisch.ex Lindl. - PL.
KOENIGII a.Lindl.Gen.and spec.p.286(1835).

Icon. - Fl.Dan.t.CCCXXIII; Retz,Fasc.IV,t.III; Reichb.t.80,
CCCXXXII.

Bulbes palmés.Tige feuillée,de 15 à 20 centim.Feuilles inférieures oblongues-lancéolées,les inférieures obtuses ou émarginées,celles les plus proches de l'épi linéaires,plus longues
que les entre-noeuds.Epi cylindrique,dense,de 6 à 8 centim.de
longueur.Bractées égalant les fleurs.Labelle subrhomboidal,li-
néaire,obtus,en forme de langue,presque horizontal.Eperon obtus,
dirigé en bas.Divisions du périanthe presque égales en longueur,
les externes plus larges,toutes obtuses à leur sommet.Anthère à
loges divergentes à la base.Gynostème petit.Fossette du stigmate obscurément quadrangulaire.

Pâturages humides et marais tourbeux siliceux. - V.s. - Islande,Amérique arctique.

6. - P.OBTUSATA.

P.OBTUSATA Lindl.Gen.and spec.p.284(1835); Reichb.f.Icon.XIII
p.118,t.75,CCCCXVII; Pursh,Fl.Am..ber.II,p.588; Ledeb.Fl.Ross.
IV,p.68; Blytt,Hndb.Norg.Fl.ed.Ove Dahl,p.234. - HABENARIA OB-
TUSATA Richards.in Frankl.Journ.p.761(1830); Hook.et Arn.in
Brech.Voy.p.130. - ORCHIS OBTUSATA Pursh,Fl.Amer.sept.II,p.588
(1814).

Icon. - Ic.n.pl.23,f.733-734.

Bulbes fusiformes,entiers ou digités.Tige souvent aphylle,mo-
yenne,portant à la base 2 ou 3 feuilles réduites à l'état de
gaînes membraneuses courtes et obtuses et une feuille unique,
grande,obovale.Bractées lancéolées-aiguës,les supérieures plus
courtes que les fleurs.Fleurs blanches,en épi lâche et pauci-
flore.Périanthe à divisions externes souvent recourbées en arrière à leur sommet,la moyenne très large;divisions intérieures
subtriangulaires,acuminées-obtuses.Labelle élargi à la base,
subobtus ou acuminé au sommet.Eperon conique,arqué,aigu ou subobtus,environ de la longueur de l'ovaire.Gynostème petit,couché
Antnère à loges arquées.

V.s. - Lieux humides et marais tourbeux,en compagnie souvent
de l'ANDROMEDA TETRAGONA. - Suède boréale,Asie boréale et Amérique boréale.

7. - P.TIPULOIDES.

P.TIPULOIDES Lindl.Gen.et spec.p.285; Reichb.f.Icon.XIII-
XIV,p.119. - ORCHIS TIPULOIDES L.Suppl.p.401.

Icon. - Reichb.l.c.pl.76,CCCCXXVIII;et non 86 comme il est indiqué dans le texte; Ic.n.pl.23,f.731,732.

Tige grêle,presque arrondie ou a. nuleuse comme dans le P.BI-FOLIA;gaînes supérieures allongées,obtusiuscules au sommet. Feuilles étroites,lancéolées-oblongues,acutiuscules,en coin à la base,les moyennes subsessiles.Epi 5-11 fl.Bractées lancéo-lées-aiguës.Ovaire fusiforme.égalant presque les bractées lors de l'anthèse.Périanthe à divisions externes oblongues,obtusius-cules,à divisions latérales internes linéaires.Labelle subob-tus,épais,à éperon filiforme,épaissi en massue à l'extrémité, incurvé et 2-3 fois plus long que le labelle.Gynostème court. Anthère à loges contiguës au sommet,à base divergente,rostellum subquadrilobé,lobe médian grand,profondément émarginé.

Russie ap.Reichb.; Kamtchatka.

8. - P.SATYRIOIDES.

P.SATYRIOIDES Reichb.f.Icon.XIII,p.131(1851)t.CCCCXXXVII,85,- HIMANTOGLOSSUM SATYRIOIDES Spreng.Syst.III,p.694(1826); - PE-RISTYLUS SATYRIOIDES Reichb.f.in Flora(1849)p.868. - ORCHIS SA-TYRIOIDES Steven in Soc.nat.cur.Mosc.II,p.176(1869)t.11,f.6; Lindl.Gen.and spec.p.537; Marsch.Bieb.Fl.Taur.-Cauc.p.604; Le-deb.Fl.Ross.IV,p.63. - COELOGLOSSUM SATYRIOIDES Nym.Syll.p.359 (1855).

Bulbes 2,obovales-oblongs.Tige un peu épaisse,striée,de 30 centim.environ.Feuilles radicales elliptiques-obtuses,les caulinaires subaigués,longuement engaînantes.Fleurs peu nom-breuses,disposées en épi laxiflore.Bractées scarieuses,très courtes,les inférieures obtuses,les supérieures aiguës.Fleurs ressemblant à celles de l'O.CORIOPHORA,mais plus grandes,à pé-rigone d'un vert sordide pourpré.Divisions externes du périan-the oblongues-aiguës,conniventes en casque,sauf au sommet,les 2 internes plus étroites et incluses dans le casque.Labelle d'un vert lavé de brun,pubescent,finement denticulé dans tout son pourtour,pendant,3-lobé,à lobes latéraux oblongs,subrhom-boïdaux,obtus,le médian spatulé,rétus,deux fois plus long que les latéraux.Eperon court,moins long que la moitié de l'ovaire, subbilobé,arqué en avant.Ovaire glabre.

Juin. - Tauride. - Cette plante dont il n'a été récolté que 2 exemplaires aurait besoin d'être observée à nouveau à l'état vivant pour l'étude du gynostème et des masses polliniques.Nous la laissons dans les PLATANTHERA où Reichb.f.l'a placée tout en déclarant que d'après la description elle serait peut-être mieux dans le genre ORCHIS ou dans le genre COELOGLOSSUM.

HYBRIDE INTERGENERIQUE.
P.BIFOLIA + MONTANA.

✕ P.HYBRIDA Brügg.in Jahr.Nat.Ges.Graub.XXV,p.107(1882)?;
Kraenz.Gen.et spec.p.628. - P.BIFOLIA✕ MONTANA Graebner,Schr.
Naturf.Ges.Danz.N.F.IX,p.355,t.VIII,f.2-4 b (1895). - P.CHLO-
RANTHA✕ BIFOLIA Brügg.l.c. - P.BIFOLIA✕ CHLORANTHA Asch.u.Graeb.
Fl.Nordostd.Flachl.p.214(1898); Syn.III,p.836. - P.CHLORANTHA✕
SOLSTITIALIS M.Schulze,Die Orchid.50,3; Mitth.Th.B.N.F.X,85,
(1897); XVII,73(1902); XIX,122(1904).

Icon. - Ic.n.pl.23,f.727,728.

Port du P.BIFOLIA.Tige de 3 à 4 décim.Feuilles grandes,de 10
à 16 centim.de longueur,de 2 1/2 à 4 1/2 centim.de largeur.Epi
plus lâche que dans le P.BIFOLIA et à fleurs plus nombreuses
que dans le P.MONTANA.Périanthe à divisions externes ovoïdes-
arrondies à leur base,franchement acuminées à leur sommet;divi-
sions internes à bords verdâtres.Labelle verdâtre.Eperon horizontal,arqué,comprimé en massue vers le sommet,long environ de
20 millim.Loges de l'anthère éloignées,mais parallèles. - Rappelle par ses fleurs peu odorantes,par les divisions du périgone larges et par son éperon gros le P.MONTANA.

B.Var.GRAEBNERI M.Schulze in O.B.Z.1898,p.115; Asch.u.Graeb.
l.c. - Plante robuste,divisions du périanthe étalées.

V.v. - Suisse:pentes de Lürli-Bade,près Coirre(Brugger);Alle-
magne;Prusse;France:Esbly,Seine-et-Marne.

HYBRIDES BIGENERIQUES.
ORCHIS + PLATANTHERA = ORCHIPLATANTHERA.

✕✕ORCHIPL.CHEVALLIERIANA Cam.Monogr.Orch.Fr.p.73; in J.bot.
VI,p.474. - ORCHIS CHEVALLIERIANA Cam.in Bull.Soc.bot.Fr.
XXXVIII,p.156. - O.MACULATA ELODES✕ P.BIFOLIA Cam.l.c.

Icon. - Cam.Atlas,pl.XXXIV; Ic.n.pl.23,f.743-745.

Bulbes palmés.Tige de 2-5 décim.Feuilles supérieures bractéiformes,les 2 ou 3 inférieures obtuses ou lancéolées.Périanthe
de l'O.ELODES;labelle à 3 lobes,le médian plus étroit et presque aussi long que les latéraux.Eperon plus long que le labelle
et plus court que l'ovaire,horizontal,arqué,un peu renflé au
sommet et légèrement comprimé en dessous du sommet.Port de l'O.
MACULATA var.ELODES;mais à feuilles de P.BIFOLIA.Cette plante
se distingue de l'O.MACULATA par la forme des feuilles et par
l'éperon.Il est à remarquer que les organes végétatifs ressemblent à ceux du PLATANTHERA mais cependant les bulbes sont palmés.

V.v. - France:Souppes,prairies tourbeuses du Loing(Camus,abbé
Chevallier,Jeanpert et Luizet).

COELOGLOSSUM VIRIDE + PLATANTHERA CHLORANTHA (MONTANA).

L'hybride correspondant à cette formule a été signalé par M.
Brugger in Jahr.Nat.Ges.Graub.(1878-80)p.121. - Plante d'origine douteuse signalée dans les Grisons.

Gen.17. - NIGRITELLA Rich.

NIGRITELLA Rich.in Mém.Mus.IV,p.42(1817); Lindl.Gen.and spec.
p.281; Endl.Gen.p.208; Meisner,Gen.p.381; Reichb.f.Icon.XIII,p.
101; Pfitzer in Engl.u.Prantl,Pfl.p.92. - SATYRII spec.L.Spec.
ed.1,944(1753). - ORCHIDIS spec.Crantz,Stirp.austr.488(1769);
Scopoli,Fl.carn.ed.2,p.220. - HABENARIA R.Brown in Ait.Hort.Kew.
ed.2,V,p.192(1813). - GYMNADENIAE spec.Reichb.f.in Bonplandiana,
p.320(1856);

Périanthe à divisions toutes à peu près égales et étalées.La-
belle dressé directement et non pendant,entier ou 3-lobé,conca-
ve à la base et muni d'un éperon.Gynostème court,rapproché du
labelle.Anthère dressée,à loges parallèles,contiguës.Masses
polliniques lobulées,à caudicules allongés,à rétinacles distincts,presque nus.Ovaire contourné,subtrigone,ovale,subglobu-
leux.

Labelle à papilles très courtes,dépourvues de ramuscules.Fais-
ceaux libéro-ligneux de la tige disposés en cercle peu régulier
au-dessus des feuilles principales.

1. - N.ANGUSTIFOLIA.

N.ANGUSTIFOLIA Rich.in Mém.Mus.IV,p.56(1817); Lindl.Gen.and
spec.p.281; Gr.et God.Fl.Fr.III,p.300; Lec.et Lamt.Prodr.pl.
cent.p.350; Boreau,Fl.cent.éd.3,p.647; Michal.Hist.nat.Jura,p.
297; Ardoino,Fl.Alp.-Mar.p.355; Barla,Iconogr.p.63; Dulac,Fl.
H.-Pyr.p.123; Cam.Monogr.Orch.Fr.p.82; in J.bot.VI,p.483; Jeanb.
et Timb.-Lagr.Mass.Laurenti,p.290; Gautier,Pyr.-Or.; Bubani,Fl.
pyr.p.44; Kirschl.Prodr.Als.p.159; Fl.Als.p.159; Koch,Syn.ed.2,
p.796; ed.3,p.599; Caflisch,Ex.Fl.S.D.p.297; Garcke,Fl.Deutschl.
ed.14,p.381; Lessing in Linn.IX,p.156,206; Bouvier,Fl.Alpes,éd.
2,p.646; Godet,Fl.Jura,p.691; Rhiner,Prodr.Waldst.p.127; Gremli,
Fl.Suisse,éd.Vétter,p.482; Visiani et Saccardo,Catal.Ven.p.57;
Bertol.Fl.ital.IX,p.573; Parlat.Fl.ital.III,p.934; Ces.Pass.Gib.
Comp.p.184; Willk.et Lange,Prodr.hisp.1,p.171; Hausm.Fl.Tirol,
p.842; Hinterhuber et Pichlm.Fl.salzb.p.193; Beck,Fl.N.-Oest.p.
208; Schur,En.Trans.p.646,n°3434; Boiss.Fl.orient.V,p.74. - N.
NIGRA Reichb.f.Icon.XIII,p.102(1830); Blytt,Norg.Fl.ed.Ove Dahl,
p.231; Gren.Fl.ch.jurass.p.758; Briquet in Arch.fl.jurass.n°60,
p.165(1905); Coste,Fl.Fr.III,p.405,n°3616,cum icone; Flahault,
N.fl.Alp.et Pyr.p.136; Seubert,Ex.Fl.Bad.p.123; Richter,Pl.eur.
1,p.278; Koch,Syn.ed.Hall.et Wohlf.p.2434; Asch.u.Graeb.Syn.III,
p.809; Schinz u.Keller,Fl.Schweiz,p.126; Arcang.Comp.ed.2,p.164;
Fiori et Paol.Iconogr.ital.n°844; Simk.Enum.Trans.p.503; Grecescu,Consp.Roman.p.547. - GYMNADENIA NIGRA Reichb.f.in Bonpl.

(1856)p.321; Wettst.in Ber.Deuts.bot.Ges.(1889)p.307; M.Schulze,
Die Orchid.n°43; Kraenz.Gen.et spec.p.559. - HABENARIA NIGRA R.
Br.in Ait.Hort.Kew.ed.2,V,p.192(1793). - ORCHIS MINIATA Crantz,
Stirp.austr.p.488(1769). - O.NIGRA (NIGER) Scop.Fl.carn.ed.2,
II,p.200; All.Fl.pedem.n°1845; Willd.Spec.IV,p.35; DC.Fl.fr.III,
p.253,n°2026; Duby,Bot.p.442; Loisel.Fl.gall.2,p.268; Mutel,Fl.
fr.III,p.245; Fl.Dauph.ed.2,p.595; Lapeyr.Abr.Pyr.p.550; Fr.
Gust.et Hérib.Fl.Auv.p.431; Car.et St.-Lag.Fl.descr.éd.8,p.806;
Gaudin,Fl.helv.V,p.451; Sibth.et Sm.Prodr.II,p.215; Chaub.et
Bory,Expéd.Morée,p.259; Nouv.fl.Pélopon.p.60; Swartz in Act.
holm.(1800)p.207. - O.SUAVEOLENS Steud.et Hochst.Enum.p.127
(1826). - SATYRIUM NIGRUM L.Spec.ed.1,1338,p.944(1753); Mantis.
488; Act.Ups.(1740)p.19; Fl.suec.731,805; Jacq.Vind.293; Austr.
IV,p.35,t.368; Gmel.Fl.bad.III,p.551; Lamk,Illustr.III; Fisch.
Livl.p.292; Gilib.Exerc.phyt.II,p.483,cum icone; Georgi,Beschr.
Russ.R.III,V,p.1271; Jundz.Fl.lith.p.266. - Satyrium foliis linearibus Roy.Lugd.14. - Orchis radicibus palmatis,spica densissima,flore resupinato,calcare brevissimo Haller,Helv.n°1271,t.
27; Enum.270,n°23,Opusc.228. - Orchis palmata angustifolia alpina,nigro flore Bauhin,Pinax,86; Seg.Pl.veron.133,t.15,f.17;
Tournef.Inst.436; Mapp.Als.222. - Palma christi minor Cam.Epit.
627; Dodon.Pempt.241; Tab.Ic.681; Lugd.1569,éd.fr.II,440. -
Palmata angustifolia,flore supinato,calcare brevissimo Haller,
Opusc.228.

Icon. - Haller,l.c.; Bauh.l.c.; Lamk,Illustr.t.726; Jacq.l.c.;
Fl.Dan.t.998; Ann.Mus.IV,t.5,f.4; Sv.Bot.VII,t.500; Seg.l.c.;
Nees Esenb.Gen.X,VIII; Schlecht.Lang.Deuts.IV,f.353; Mutel,Atl.
pl.66,f.504; Reichb.f.Icon.XIII,t.115,CCCCLXVII; Reichb.Pl.crit.
t.DCCLXII,DLXVIII; Barla,l.c.pl.27,f.17-30; Correvon,Alb.Orch.
Eur.pl.XXXI; M.Schulze,l.c.t.43; Icon.n.pl.27,f.933-945.

Exsicc. - Billot,n°857; Reichb.n°168; Soc.Rochel.n°339; Magnier,n°1809.

Bulbes palmés.Tige grêle,de 1-3 décim.,un peu anguleuse au
sommet,munie de 2 ou 3 gaînes à la base.Feuilles nombreuses,li-
néaires,carénées,canaliculées,finement denticulées sur les bords
(visible seulement à la loupe).Bractées égalant environ les
fleurs,vertes,lavées de pourpre au sommet,munies de 2 nervures
violettes latérales.Fleurs petites,paraissant renversées,en épi
compact,d'abord conique,puis ovale.Divisions du périanthe étalées,d'un pourpre foncé,plus rarement carminées ou d'un lilas
tendre presque blanc.Les fleurs de coloration pâle sont ordinairement plus grandes et exhalent une odeur moins prononcée.
Labelle environ aussi long que les autres divisions du périanthe,dirigé en haut,subrhomboïdal,un peu concave à la base.Epe-
ron bien plus court que l'ovaire,obtus,renflé,d'un rose purpurin ou blanchâtre.Gynostème court.Anthère purpurine,à loges
contiguës.Masses polliniques d'un jaune verdâtre.Ovaire non
contourné,subtrigone.Capsule à côtes assez saillantes.

MORPHOLOGIE INTERNE.

FIBRES RADICALES. Endoderme muni de cadres subérisés assez marqués.Quelques vaisseaux de métaxylème.

TIGE. Epiderme à cuticule striée ou dépourvue de stries,à stomates assez nombreux (pl.2,f.42).Petites ailes dues à la décurrence de la nervure médiane et à celle du bord des feuilles formées par du parenchyme.3-5 assises de parenchyme chlorophyllien à parois minces,à méats et à canaux aérifères,entre l'épiderme et l'anneau lignifié.Anneau lignifié formé de 7-8 assises, de cellules à parois peu épaisses.Faisceaux libéro-ligneux peu régulièrement disposés en cercle,faisceaux des feuilles bractéiformes sortant très tôt du cercle et restant assez longtemps plongés dans l'anneau lignifié,les autres faisceaux entourés de tissu lignifié à l'extérieur et latéralement.Pas de faisceaux libéro-ligneux au centre de la tige.Liber très développé.Lacune occupant la partie centrale de la tige.

FEUILLE. (Pl.6,f.143.)Ep. = 250-320μ au milieu du limbe,décroissant rapidement vers les bords.Epiderme sup.recticurviligne,haut de 50-100μ,à paroi ext.peu bombée,épaisse de 8-15μ env.et légèrement striée perpendiculairement aux parois latérales,muni de stomates assez nombreux à l'extrémité des feuilles (rares ou manquant à la base du limbe des feuilles inf.).Epiderme inf.recticurviligne,haut de 20-35μ,à paroi ext.striée, épaisse de 7-12μ et légèrement bombée,muni de très abondants stomates.Cellules épidermiques du bord du limbe prolongées en dents effilées ou spatulées,très striées,très développées (pl.5, f.120).Mésophylle formé de 5-8 assises de cellules arrondies sur une section transversale du limbe et laissant entre elles des lacunes assez nombreuses à la partie inf.de la feuille.Cellules à raphides très nombreuses.NERVURES dépourvues de sclérenchyme et de collenchyme,à faisceau libéro-ligneux entouré de tissus chlorophyllien et incolore,les assises inf.seulement à parois un peu épaisses.

FLEUR. - PERIANTHE. DIVISIONS EXTERNES ET LATERALES INTERNES. Epiderme des parties marginales légèrement papilleux. - LABELLE. Epiderme int.à cellules prolongées en papilles très courtes.Epiderme ext.dépourvu de papilles caractérisées. - EPERON. Epiderme int.muni de papilles courtes,très nombreuses vers l'extrémité de l'éperon.Epiderme ext.à peine papilleux.Epaiss.de l'éperon = 140-170μ env.3-5 assises de cellules entre les épidermes. Emission très notable de nectar à l'intérieur de cette expansion du labelle. - ANTHERE. Assise fibreuse à anneaux incomplets peu nombreux. - POLLEN. Jaune.Exine nettement rugueuse. L = 32-42μ env. - OVAIRE. Stomates assez abondants.Nervure des valves placentifères non saillantes extérieurement,plutôt déprimée,contenant un faisceau libéro-ligneux à bois int.Lame placentaire se divisant presque dès la base.Valves non placentifères très peu développées,filiformes,renfermant un faisceau libéro-ligneux à bois int. - GRAINES. Suspenseur développé.Cellules du tégument à parois rectilignes ou légèrement recticurvilignes,non striées.Graines adultes arrondies au sommet,courtes,1 - 2 fois plus longues que larges.L = 250-350µ env.

S.-var.ROSEA. - Var.ROSEA Visiani et Saccardo,Catal.Ven.p.57;
Atti Ist.Ven.XIV,p.320; Goir.in N.Giorn.bot.it.XV(1883)p.38. -
GYMN.NIGRA var.ROSEA Wettst.D.B.G.VII(1889)p.309. - Forme peu
rare,à fleurs rosées.
S.-var.PALLIDA (form.)R.Keller ap.M.Schulze,Die Orchid.43,
(1894); Schinz u.Keller,Fl.Schweiz,p.52(1905). - Fleurs blanches
lavées de rose au sommet. - Suisse:Göschenen(R.Keller);Autriche
supérieure,Tyrol,etc,à rechercher.
Var.FLAVA Jaccard,Cat.Valais,p.338(1895); Asch.u.Graeb.Syn.
III,p.810. - Fleurs jaunes,brillantes. - Suisse,Valais et Saint-
Gall.
Var.LONGIBRACTEATA. - N.NIGRA var.LONGIBRACTEATA Asch.u.Graeb.
l.c. - N.NIGRA f.LONGIBRACTEATA Beck,Ann.Hofm.Wien,V,p.577. -
GYMN.NIGRA var.LONGIBRACTEATA Wettst.Beitr.Fl.Alb.p.92(1892). -
Fleurs dépassées par les longues bractées. - Tyrol,Bosnie.

V.v. - Juin,août. - Pâturages des régions alpestre et alpine.-
Pyrénées;abondant sur certains plateaux du Jura helvétique;Al-
pes,Apennins,Carpathes,Turquie,Grèce,Russie moyenne,Scandinavie.

Sous-esp. N.RUBRA.

N.RUBRA Richter,Pl.eur.1,p.278; Schinz u.Keller,Fl.Schweiz,p.
126. - N.FRAGRANS Fleischm.Fl.Krains,p.27(1844). - N.SUAVEOLENS
Dollin.Enum.p.127(1842);non Vill. - GYMN.NIGRA var.RUBRA Kraenz.
Gen.et spec.p.559. - N.NIGRA var.RUBRA Koch,Syn.ed.2; Hall.et
Wohlf.p.2434. - GYMN.RUBRA Wettst.in Ber.d.D.B.G.VIII,p.312,
(1889); M.Schulze,Die Orch. n°44. - N.ANGUSTIFOLIA var.CARMINA
Huter Herb.ap.M.Schulze. - ORCHIS MINIATA Crantz,Stirp.austr.p.
488,p.p.? - O.palmata angustifolia alpina,flore roseo Tournef.
Inst.436.
Icon. - M.Schulze,t.44,f.1-6 ap.Wettst.; Ic.n.pl.27,f.946-948.
Bulbes 2,profondément palmés.Port et feuilles du N.ANGUSTIFO-
LIA.Epi floral plus allongé,à fleurs plus grandes,d'un pourpre
moins foncé.Périanthe à division externe moyenne linguiforme,
subaiguë;labelle dirigé en haut,plus large et moins acuminé que
dans le N.ANGUSTIFOLIA.
Fleurit plus tôt que le N.ANGUSTIFOLIA. - Tyrol,basse et moyenne Autriche,Alpes orientales,Carpathes,Grisons.

HYBRIDE INTERGENERIQUE.
N.ANGUSTIFOLIA + RUBRA.

×× N.WETTSTEINIANA Asch.u.Graeb.Syn.III,p.811. - N.NIGRA× RU-
BRA Asch.u.Graeb.l.c. - GYMNADENIA WETTSTEINIANA Abel in Verh.
zool.bot.Ges.Wien,XLVII(1897)p.60. - G.NIGRA× RUBRA Abel,l.c. -
G.BORNMULLERI Dalla Torre u.Sarnth.Fl.Tir.VI,1,p.531(1906). -
Cet hybride de deux espèces très proches ne peut être distin-
gué que sur place.
Juin,juillet. - Schneeberg,Autriche(Abel).

HYBRIDES BIGENERIQUES
GYMNADENIA + NIGRITELLA = GYMNIGRITELLA.

G.CONOPEA + N.ANGUSTIFOLIA.

×× GYMNIGR.SUAVEOLENS G.Cam.Monogr.Orch.Fr.p.82; in J.bot.VI,
p.484. - N.SUAVEOLENS Koch,Syn.ed.1,p.796; A.Kerner,Die Hybr.
Orch.Oest.Fl.(Sep.),Verh.K.K.z.bot.Ges.XV,p.224(15)(1869); Koch,
Syn.ed.1 et 2 p.796; ed.3,p.599; ed.Hall.et Wohlf.p.2435; Gren.
Fl.ch.jurass.p.758; Reuter,Cat.Genève,éd.2,p.206; Magnin et Hétier,Obs.fl.Jura,p.297; Rhiner,Prodr.Waldst.p.127; Caflisch,Ex.
Fl.p.297; Michal.Hist.nat.Jura,p.297; Godet,Fl.Jura,p.691; Rei-
chb.f.Icon.XIII,p.103;p.p.; Hausm.Fl.Tirol,p.843; Hinterhuber
et Pichlm.Fl.Salzb.p.193; Visiani et Saccardo,Cat.Ven.p.57; Ces.
Pass.Cib.Comp.p.184; Arcang.Comp.ed.2,p.164; Schur,Enum.Trans.
p.647,n°3435 ?; Kraenz.Gen.et spec.p.559. - ORCHIS SUAVEOLENS
Vill.Hist.Dauph.II,p.38,t.1; DC.Fl.fr.V,p.330; Mutel,Fl.fr.III,
p.244. - O.REICHENBACHII Mutel,Fl.fr.III,p.245 et Atl.pl.66,f.
503. - O.ATROPURPUREA Tausch,Flora,XIV,p.223(1831). - O.MORIT-
ZIANA Brugg.Fl.Cur.p.58(1874); Nym.Consp.Suppl.p.292. - NIGR.
NIGRA× GYMN.CONOPSEA Richter,Pl.eur.1,p.278; (G.CONOPEA) Asch.
u.Graeb.Syn.III,p.838.- N.ANGUSTIFOLIA× G.CONOPSEA (CONOPEA)
Kerner,l.c.; Cam.Monogr.l.c.; Kell.in Bull.Herb.Boiss.III,p.380.-
N.NIGRO-CONOPEA Reichb.f.Icon.XIII,t.114; Reuter,Catal.Genève,
éd.2,p.206. - N.FRAGRANS Lindl.Gen.and spec.p.281; Beck,Fl.N.-
Oest.p.209. - O.NIGRO× CONOPSEA Moritzi,Fl.Graub.25(1839). -
O.CONOPSEA× SATYRIUM NIGRUM Facch.Fl.Tir.in D.Zeit.Ferdin.Inns.
(1855)p.114. - O.NIGRO-ODORATISSIMA Cariot et S.-Lag.Fl.descr.
éd.8,p.807; p.p.?

Icon. - Kerner,l.c.t.6,IV;t.5,f.V-X; Mutel,Atlas,l.c.; M.
Schulze,repr.pl.de Kerner; Reichb.Pl.crit.DCCLIII; Reichb.f.
Icon.XIII,t.114,CCCCLXVI; Correvon,Alb.Orch.Eur.pl.XXXII; Ic.n.
pl.27,f.965-971.

Exsicc. - Fl.Austr.-Hung.n°668(Kals,Tyrol).

Bulbes 2,comprimés,palmés.Tige dressée,de 2 à 3 décim.,un peu
anguleuse au sommet,munie de 2-3 gaînes à la base.Feuilles inférieures carénées,engaînantes à la base,linéaires ou linéaires-
lancéolées,un peu acuminées;les supérieures peu nombreuses,brac-
téiformes.Epi compact,d'abord conique,puis cylindro-conique ou
cylindrique avant l'anthèse,une fois et demie plus long que lar-
ge.Bractées vertes,lavées de pourpre au sommet,lancéolées,acu-
minées,les inférieures égalant les fleurs ou plus rarement les
dépassant un peu.Avant le complet développement des fleurs les
bractées qui les dépassent assez longuement donnent à l'épi un
aspect chevelu.Fleurs purpurines.Divisions du périanthe subcampanulées,les externes presque de même longueur,subobtuses;les
internes latérales un peu plus courtes et un peu plus étroites.
Labelle dirigé en haut,ovale-trilobé,concave,crénelé-ondulé;lo-
bes latéraux arrondis,rarement subaigus;lobe médian tantôt arrondi et à peine plus long que les latéraux,tantôt lancéolé et

plus long que les latéraux.Eperon cylindrique,droit,obtus,éga-
lant l'ovaire ou un peu plus court que lui.Gynostème obtus.Ovai-
re non contourné,subtrigone.

V.v. - TR. France:Ain,Le Colombier(Michalet),La Dôle(Monnard,
Brid.),Le Reculet,au Vallon d'Ardran(Brid.Monnard,Gaud.Top.bot.
VII,p.254),(M.Scheling,pharmacien à Fleurier,canton de Neuchâ-
tel,m'a signalé que cette plante a été trouvée au Chasseron,où
elle n'a pas été récemment retrouvée),Isère,col de la Ruchère;
Haute-Savoie,Vergy,Méry(Morel),Brizon,Mégève,les Aravis(Bean-
verd),Salève;Savoie;Alpes vaudoises,Tyrol,Autriche.

×× GYMNIGR.BRACHYSTACHYA Nobis. - N.BRACHYSTACHYA Kerner,l.c.
p.224(sep.p.20)(1865). - SUB-GYMN.CONOPSEA× N.ANGUSTIFOLIA vel
N.ANGUSTIFOLIA× SUAVEOLENS Kerner,l.c. - N.NIGRA× G.CONOPEA A.
BRACHYSTACHYA Asch.u.Graeb.l.c.p.839. - G.CONOPEA× NIGRA f.G.
BRACHYSTACHYA Wettst.Ber.D.B.G.VII,p.317(1889); M.Schulze,Die
Orchid.48(6). - N.ANGUSTIFOLIA b.BRACHYSTACHYS Beck,Fl.N.-Oest.
p.208(1890).
    Icon. - Kerner,l.c.t.VI;t.V,f.IV-V; M.Schulze,l.c.t.48,c; Ic.
n.pl.27,f.962-964(repr.fig.de l'auteur).
    Port du N.ANGUSTIFOLIA.Epi floral dense,assez compact,d'abord
conique,puis ovale-conique et enfin cylindro-conique.Bractées
ordinairement vertes,longuement acuminées,dépassant les fleurs
avant l'anthèse.Périgone à divisions étalées,subcampanulées;la-
belle dirigé en haut,un peu plus grand que les autres divisions
du périanthe,en forme de losange,crénelé dans sa partie supé-
rieure.Eperon égalant au plus la moitié de la longueur de l'o-
vaire,obtus,horizontal.Gynostème obtus.Ovaire droit.
                    MORPHOLOGIE INTERNE.
    Les plantes provenant de Suisse et récoltées par M.Bergon
différaient du NIGRITELLA ANGUSTIFOLIA par les faisceaux libéro-
ligneux de la tige un peu plus régulièrement disposés en cercle,
la feuille un peu plus épaisse,la paroi ext.des épidermes foliaires moins développée(6-10μ env.),la nervure médiane pourvue
de collenchyme à la partie inf.du faisceau,le pollen à exine
moins rugueuse,les masses placentaires moins divisées. - Ces
plantes se distinguaient du GYMN.CONOPEA par la feuille moins
épaisse,la paroi ext.des épidermes foliaires un peu plus développée,les cellules épidermiques des bords du limbe pourvues de
dents spatulées,striées,à peu près semblables à celles figurées
pl.5,f.130.
    Albula(Kerner,Schinz),Autriche,Suisse(Bergon). - V.v.

××GYMNIGR.GIRODI Gillot. - N.ANGUSTIFOLIA× G.CONOPEA Gillot
in Bull.Ass.fr.bot.(1898) - M.Keller in Bull.Herb.Boissier cite le N.ANGUST.× G.CONOPEA sans préciser quelle forme a été
trouvée.
    Tige de 25 centim.,grêle,lavée de rouge au sommet,non fistu-
leuse.Epi cylindrique,à fleurs serrées,mais non compact.Brac-
tées munies de 3 nervures,lavées de pourpre aux bords et au
sommet,plus courtes que les fleurs,dans tous les cas ne les dépassant pas.Fleurs à labelle dressé,pourpres,petites,exhalant

une odeur rappelant celle du G.CONOPEA.Périanthe à divisions
externes étalées,les internes un peu plus courtes,conniventes.
Labelle largement obové,à 3 lobes crénelés,le médian d'un pourpre uniforme,immaculé,égalant les latéraux,ceux-ci étalés,puis
repliés.Eperon grêle,arqué,non renflé,un peu plus long que l'o-
vaire.
　　Diffère du GYMNIGR.SUAVEOLENS par l'épi moins compact,les
bractées plus courtes,les fleurs plus grandes,à labelle divisé
en 3 lobes égaux.
　　Diffère du GYMNIGR.HEUFLERI par les mêmes caractères et par
la longueur de l'éperon grêle et arqué.
　　Ne se distingue du GYMNIGR.MEGASTACHYA que par son épi un peu
plus dense et ses bractées plus courtes que les fleurs;s'en
rapproche par son éperon long et arqué.
　　France:Hautes-Alpes,prairies sèches au col du Bayard près de
Gap,alt.1250 mèt.environ(Girod). - V.v.

　　×× GYMNIGR.MEGASTACHYA Nobis. - N.MEGASTACHYA Kerner in Verh.
K.K.z.b.Ges.XV,p.224(sep.p.20)(1865). - SUPER-GYMNADENIA CONOP-
SEA× NIGRITELLA ANGUSTIFOLIA vel GYMN.CONOPSEA× NIGRIT.SUAVEO-
LENS Kerner,l.c. - G.MEGASTACHYA Wettst.in Ber.D.B.G.**VII**,(1889)
p.315,317; M.Schulze,Die Orchid.48,5,t.48 c A; Kraenz.Gen.et
spec.p.563. - NIGR.NIGRA× GYMN.CONOPEA C.MEGASTACHYA Asch.u.
Graeb.Syn.III,p.840. - GYMN.CONOPEA× NIGRA f.MEGASTACHYA M.Schul-
ze in Mitth.Th.BV.N.F.XIX,p.120(1904). - G.SUPERNIGRA× ODORA-
TISSIMA Schröter(de Zurich).
　　Icon. - Kerner,l.c.t.V,f.I-III; M.Schulze,l.c.; Ic.n.pl.
　　Epi floral laxiuscule,3 fois plus long que large,atteignant
75 millim.de long.Bractées vertes,foliacées,grandes,dépassant
longuement les fleurs avant l'anthèse.Fleurs à périgone étalé,
subcampanulé,labelle dirigé en haut,moyen;éperon filiforme arqué,un peu plus long que les divisions du périanthe,égalant environ l'ovaire.Gynostème obtus.Ovaire droit.La longueur de l'é-
peron justifie difficilement,croyons-nous,l'hypothèse du G.ODO-
RATISSIMA comme l'un des parents de cette forme très curieuse.
　　Tyrol,Suisse:Saint-Gall,Grisons,Avers(Käser ap.M.Schulze,
Mitth.Th.BV.N.F.XIX(1904)p.120).

　　　　　　　　G.ODORATISSIMA + N.ANGUSTIFOLIA.

　　×× GYMNIGR.HEUFLERI Cam.Monogr.Orch.Fr.p.83; in J.bot.VI,p.
484. - N.HEUFLERI Kerner,Verh.Z.B.G.Wien,XV,p.225(1865); Hinterhuber et Pichlm.Fl.Salzb.p.194; Koch,Syn.ed.Hall.et Wohlf.p.
2435. - N.ANGUSTIFOLIA× G.ODORATISSIMA A.Kerner,l.c. - N.NIGRA×
G.ODORATISSIMA Richter,Pl.eur.1,p.279; Asch.u.Graeb.Syn.III,p.
841. - G.NIGRA× ODORATISSIMA Wetts..Ber.D.B.G.VII(1889)p.317;
M.Schulze,Die Orchid.43,4. - G.HEUFLERI Wettst.l.c.; Kraenz.
Gen.et spec.p.564. - ORCHIS ODORATISSIMO-NIGER Car.et S.-Lag.Fl.
descr.ed.8;p.p.?

　　Icon. - Kerner,l.c.p.225(sep.p.23)(1865); M.Schulze,l.c.t.43
b(repr.pl.Kerner); Ic.n.pl.27,f.959-361.

Exsicc. - Fl.Aust.-Hung.n°667.

Bulbes palmés.Tige de 1-2 décim.,dressée,un peu anguleuse au sommet,munie à la base de 2-3 feuilles réduites à l'état de gaînes.Feuilles inférieures étroitement linéaires,un peu acuminées,légèrement carénées;les supérieures lancéolées,acuminées, bractéiformes.Epi compact,d'abord conique,puis cylindro-conique, environ une fois et demie plus long que large.Bractées vertes, lavées de pourpre au sommet.,lancéolées,acuminées;les inférieures dépassant un peu les fleurs.Avant le complet développement des fleurs,les bractées qui les dépassent assez longuement donnent à l'épi un aspect chevelu.Fleurs purpurines.Divisions du périanthe subcampanulées,de même forme que dans le GYMNIGR,SUAVEOLENS,mais plus petites et plus pâles.Labelle dirigé en haut, ovale,rhomboïdal,concave,ondulé-crénelé;lobe moyen subtriangulaire,un peu aigu;lobes latéraux subarrondis,un peu plus courts que le lobe médian.Eperon court,obtus,un peu renflé au sommet (formes de l'Albula et du Tyrol),ou non renflé(formes obs.par M.S.-Lager)

TR. - Alpes de la Savoie et du Dauphiné,de Suisse;massif de l'Albula;Tyrol;Jura.

Ce n'est que sur place que l'on peut distinguer les 2 formes suivantes:
1° (PER-)ORCHIS ODORATISSIMA × NIGRITELLA ANGUSTIFOLIA Calloni Bull.trav Soc.bot.Gen.1881-83,III,p.49(1884)
2° (PER-)NIGRITELLA ANGUSTIFOLIA× ORCHIS ODORATISSIMA Calloni l.c. - GYMN.SUPER-NIGRA × ODORATISSIMA Schröter in M.Schulze,Die Orchid.43(4)(1894).

G.ODORATISSIMA + N.RUBRA.

××GYMNIGR.ABELII Asch.u.Graeb.Syn.III,p.843. - G.ODORATISSIMA×N.RUBRA Asch.u.Graeb.l.c. - G.ODOR'TISSIMA×RUBRA Hayek in O.B.Z. (1898)p.423; M.Schulze in O.B.Z.XLIX (1899)p.296; Mitth. Th.BV.N.F.XVII,p.70(1902).
Forme voisine du GYMNIGR.HEUFLERI.Ne peut être distinguée que sur place.
Suisse:Saint-Gall(Hanhart),Albula,Schinz);Tyrol:Monte Roën (Pfaff ap.Murr),Dürrnstein(O.Grosser);Carinthie:Rudnig,2100 mètr.(L.Keller).

BICCHIA + NIGRITELLA = NIGRIBICCHIA.
B.ALBIDA + N.ANGUSTIFOLIA.

××NIGRIBICCH.MICRANTHA Nobis. - NIGRITELLA MICRANTHA A.Kern. Verh.Z.B.G.Wien,XV,p.227(1865); Koch,Syn.ed Hall.et Wohlf.p. 2435. - G.MICRANTHA Wettst Ber.D.B.G.VII(1889)p.317; Kraenz.Gen.

et spec.p.565; M.Schulze,Die Orchid.46,4. - GYMNIGR.MICRANTHA
Asch.u.Graeb.Syn.III,p.843. - N.NIGRA×G.ALBIDA Richter,Pl.eur.
1,p.279(1890); Asch.u.Graeb.Syn.III,p.842. - G.ALBIDA×NIGRA
Wettst.Ber.D.B.G.VII(1889)p.317; M.Schulze,l.c.

Icon. - Kerner,l.c.t.VI,f.1;t.V,f.XIII-XIV; M.Schulze(repr.
pl.Kerner)46 b.; Ic.n.pl.27,f.950-954.

Bulbes profondément palmés.Tige dressée,feuillée,rendue anguleuse au sommet par la décurrence des feuilles.Feuilles inférieures réduites à l'état de gaînes membraneuses,les moyennes
oblongues-linéaires,aiguës,engaînantes à leur base,les supérieures bractéiformes.Fleurs purpurines,en épi compact,cylin-
drique,allongé après l'anthèse.Bractées vertes,lavées de pourpre au sommet,égalant ou dépassant un peu les fleurs.Périanthe
à divisions campanulées,étalées,les extérieures obtuses,presque
égales,les internes un peu plus petites.Labelle dirigé en haut,
largement ovale,rhomboïdal,ondulé,crénelé,3-lobé,à lobe moyen
saillant,triangulaire,acutiuscule;lobes latéraux ordinairement
obtus ou un peu aigus.Eperon horizontal,court,ovale-obtus,en
forme de bourse,égalant le tiers de la longueur de l'ovaire.
Ovaire droit,non contourné,obscurément trigone.

TR. - Tyrol(Huter).

ORCHIS MACULATA (MACULATUS)× NIGRITELLA ANGUSTIFOLIA (NIGRA)
Asch.u.Graeb.Syn.III,p.849(1907). - O.MACULATA-NIGRA Jaccard,
Cat.Valais,p.337(1895). - Sans description.

Les doutes très justifiés qui planent sur l'ancestralité de
cette plante nous la font placer à la fin de la tribu des Ophry-
dées,l'attribution des genres n'étant pas exactement définie.
ORCHIS SAMBUCINA × GYMNADENIA ALBIDA ? Dalla Torre u.Sarnth.
Fl.Tirol,VI,p.532(1906). - An COELOGLOSSUM VIRIDE(f.naine alpi-
ne)Murr in A.B.Z.XIII,1907,p.44? - Port d'un CHAMAEORCHIS ALPI-
NA peu élevé.Bulbes,inflorescence et bractées comme dans l'O.
SAMBUCINA;feuilles vertes et fleurs comme dans le G.ALBIDA,mais
plus grandes. - Sud du Tyrol:Val di Non,Monte Peller,2300 mètr.
(Val de Lièvre,12 août 1863,O.B.Z.XV(1865)p.183).

TRIBU II. - EPIPOGONEAE.Parlat.

Parlat.Fl.ital.III,p.388; Barla,Iconogr.p.20. - ORCHIDEAE
sect.IV.R.Br.Prodr.p.330. - GASTRODIEAE Lindl.Scelet.p.7; Endl.
Gen.p.212. - ARETHUSEAE Div.I.GASTRODIEAE Lindl.Gen.and spec.p.
383. - ARETHUSEAE Reichb.f.Icon.p.156(p.p.?).

Une seule étamine.Anthère libre,mobile.Masses polliniques
compactes,composées de lobules grands,cohérents,en masses polliniques et fixées à un rétinacle commun.Stigmate placé à la
partie antérieure et basilaire du gynostème. - Plante parasite.

Papilles et poils unicellulaires sur le périanthe.Masses polliniques ne se divisant pas en massules,attachées à une bandelette de cellules différenciées.Parois de l'anthère à ornements
fibreux très développés et très abondants.Racine manquant.Rhi-
zome coralliforme muni de poils,faisceau axile à éléments ligneux à peine différenciés.

Gen.18. - EPIPOGON Gmel.

EPIPOGON Gmel.Fl.sib.l,p.12,n°8,t.2,f.2(EPIPOGUM); Richard in
Mém.Mus.IV,p.58; Lindl.Gen.and spec.p.383; Koch,Syn.ed.2,p.799
(EPIPOGIUM); Endlich.Gen.p.212; Meisner,Gen.p.382; Comment.p.
286; Pfitzer in Engl.u.Pr.Pfl.p.111; Asch.u.Graeb.p.881. -
EPIPOGION Saint-Lag.in Ann.Soc.bot.Lyon,VII,p.144(1880). - EPI-
PACTIDIS spec.All.Auct.p.32. - LIMODORI spec.Swartz in Act.soc.
Ups.(1879)p.80. - SATYRII spec.L.Spec.1338.

Divisions externes du périanthe libres,lancéolées,un peu étalées;divisions latérales internes un peu plus larges et de même
forme que les externes.Labelle dressé,dirigé
en haut,3-lobé,à lobes latéraux petits,étalés;lobe médian entier,concave,renflé à la base en éperon ascendant.Masses polliniques deux,à caudicules allongés,élastiques,passant derrière
elles pour s'attacher à 2 rétinacles soudés et situés dans l'é-
chancrure du bec du gynostème.Gynostème court,épais,arrondi.An-
thère en partie incluse dans la sommité concave du gynostème,
biloculaire,à loges contiguës.Ovaire droit,subtriquètre,ovale-
globuleux.Capsule turbinée,dressée.Pédicelle contourné.

Labelle à poils développés,dépourvus de ramuscules.Réservoir
aquifère formé non par différenciation d'un grand nombre de
trachéides,mais par une cavité énorme occupant le centre du
renflement bulbiforme de la base de la tige.Eléments du bois à
peine différenciés dans la tige et le rhizome.

1. - E.APHYLLUM.

E.APHYLLUM(APHYLLUS)Swartz,Summ.veg.scand.p.32(1814); Wahlbg.
Fl.suec.p. 565; Reichb.f.Icon.XIII,p.156; Richter,Pl.eur.1,p.
285; Blytt,Norg.Fl.ed.Ove Dahl,p.235,cum icone; Correv.Alb.Orch.
Eur.pl.XII; Babingt.Man.Brit.Bot.ed.8,p.351; Gr.et God.Fl.Fr.
III,p.274; Gren.Fl.ch.jurass.p.764; Godet,Fl.Jura,p.696; Contejean,Rev.Montbél.p.225; Legrand,Stat.bot.Forez,p.221; Cam.Monogr
Orch.Fr.p.102; in J.bot.VII,p.201; Coste,Fl.Fr.III,p.409,n°3625,
cum icone; Reichb.Fl.excurs.p.135; Oborny,Fl.Moehr.Oest.Schles.
p.253; Caflisch,Ex.Fl.p.299; Bach,Rheinpr.p.373; Seubert,Ex.Fl.
Bad.p.125; Schinz u.Keller,Fl.Schweiz,p.129; Garcke,Fl.Deutschl.
ed.14,p.382; M.Schulze,Die Orchid.n°60; Hall.et Wohlf.p.2442;
Ces.Pass.Gib.Comp.p.181; Fiori et Paol.Iconogr.ital.n°859; Ar-
cang.Comp.ed.2,p.163; Beck,Fl.N.-Oest.p.215. - EPIPOGIUM APHYL-
LUM Bl.et Fingh.Compend.ed.1,II,p.432; Mutel,Fl.fr.III,p.262;
Fl.Dauph.éd.2,p.602; Morthier,Fl.Suisse,p.358; Bouvier,Fl.Alp.
p.650; Correv.Orchid.rust.p.86,f.18; Simk.Enum.fl.Trans.p.504.-
EPIPOGON (EPIPOGIUM) GMELINI Rich.in Mém.Mus.IV,p.58(1817);
Lindl.Gen.and spec.p.383; Duby,Bot.p.450; God.Fl.Lorr.II;p.307;
III,p.49; Ard.Fl.Alp.Mar.p.361; Michalet,hist.nat.Jura,p.300;
Barla,Iconogr.p.20; Kirschl.Prodr.fl.Alsace,p.164; Fl.Als.p.142;
Fl.voges.-rhen.p.88; Döll,Rheinpr.p.218; Koch,Syn.ed.2,p.799;
ed.3,p.601; Kraenz.Fl.München,p.73; Gaudin,Fl.helv.V,p.488;
Reuter,Catal.Genève,éd.2,p.207; Ambr.Fl.Tirol aust.; App.Ofr.p.
759; Hausm.Fl.Tirol,p.847; Bertol.Fl.ital.IX,p.634; Parlat.Fl.
ital.III,n°883; Hinterhuber et Pichlm.Fl.Salzb.p.194; Gmel.Fl.
sib.1,p.12,t.2,f.2; Ledeb.Fl.Ross.p.488; Eichw.Skizze,p.125;
Weinm.Fl.petrop.p.86; Turcz.Catal.Baikal,n°1104; - E.EPIPOGIUM
Karsten,Deutschl.Fl.p.455(1883); Asch.u.Graeb.Fl.Nord.Flachl.p.
216; Syn.III,p.882. - EPIPACTIS EPIPOGIUM Crantz,Stirp.austr.p.
477(1769); All.Auct.p.32. - SATYRIUM EPIPOGIUM L.Spec.1338,p.
945,ed.1; Crantz,Stirp.austr.p.477,n°10; Jacq.Austr.164,t.84;
Sut.Fl.helv.2,p.225; Vill.Hist.Dauph.II,p.44; Poiret,Encycl.VI,
p.581; Gmel.Fl.Bad.III,p.553; Georgi,Beschr.Russ.R.III,V,p.1271;
Nachtr.p.307; Jundz.Fl.lith.p.266; Lace,Fl.osil.p.422. - LIMO-
DORUM EPIPOGIUM Swartz in Nov.Act.Soc.Ups.p.80(1799); Willd.
Spec.IV,p.129; Marsch.Bieb.Fl.Taur.-Cauc.II,p.374; III,p.607;
Besser,Enum.p.84,n°1630; DC.Fl.fr.III,p.263,n°2049; Boisduval,
Fl.fr.III,p.55. - ORCHIS APHYLLA Schm.in Mey.Phys.Aufs.p.246
(1791). - NEOTTIA EPIPOGIUM Clair.Man.264. - Epipactis caule
aphyllo,flore supinato,labello ovato-lanceolato,calcare ovato
turgido Hall.Hist.n°1289; Emend.",n°18; Act.bern.V,p.309. -
Epipogium Gmel.Fl.sib.1,p.11,12,t.2,f.2.

Icon. - Gmelin,l.c.; Vill.l.c.t.1; Jacq.Austr.t.84; Fl.Dan.t.
1233,1399; Hoffm.Phyt.l.1,t.1; Ces.Pass.Gib.l.c.t.XXII,f.6,a-g;
Sturm,Deuts.1,f.18,t.16; Dietr.Fl.r.boruss.VII,t.438; Reichb.f.
Icon.XIII,t.116,CCCCLXVIII; Schlecht.Lang.Sch.Deutschl.IV,f.366;
Barla,l.c.pl.11,f.28-33; Correvon,l.c.f.18; M.Schulze,l.c.t.60;
Flahault,N.Fl.Alpes et Pyrén.p.140,cum icone; Ic.n.pl.28,f.990-
996.

Exsicc. - Schleich.; Thomas; Fl.Austr.-Hung.n°2294; Baenitz
(1889); Partl.Orchid.of the Sikk.Himalaya,n°418; Zetterstedt,Pl.
Scandinav.

Plante glabre,parasite ou saprophyte sur les racines des hêtres et des conifères,parfois du VACCINIUM MYRTILLUS.Rhizome
rameux,coralliforme,à rameaux munis d'écailles.Tige de 1-2 décim.,cylindrique,fistuleuse,jaunâtre,aphylle,munie de gaînes
tronquées,assez distantes.Bractées membraneuses,blanchâtres,em-
brassant d'abord la fleur sauf l'éperon.Fleurs 2-3,pendantes,
espacées.Divisions du périanthe d'un blanc jaunâtre,canalicu-
lées,obtuses-lancéolées,les latérales internes plus larges que
les externes.Labelle dirigé en haut,large,trilobé,aussi long
que les divisions du périgone;lobes latéraux petits,étalés,ar-
rondis;lobe médian grand,concave,dressé,à bords crénelés,muni
de crêtes purpurines,renflé à la base en un éperon ascendant en
forme de sac.Masses polliniques d'un jaune pâle.Anthère grosse,
obtuse.Gynostème de moitié plus court que les divisions du pé-
rianthe.Stigmate large,subarrondi,émarginé ou bifide au sommet.
Caudicules longs,filiformes,élastiques.

MORPHOLOGIE INTERNE.

RACINE manquant. - RHIZOME. Epiderme à paroi ext.subérisée,
portant des poils et quelques stomates.Parenchyme ext.très développé,formé de 6-9 assises de cellules à méats,à parois souvent ponctuées,renfermant beaucoup de mucilages et d'amidon.
Faisceau axile à bois non différencié,absolument dépourvu d'é-
léments lignifiés,représenté par des cellules un peu allongées,
à parois minces et terminées plus ou moins obliquement. - REN-
FLEMENT BULBIFORME DE LA BASE DE LA TIGE. Parenchyme ext.peu
développé.Partie centrale occupée par une énorme lacune servant
de réservoir aquifère.Comme dans le rhizome absence complète
d'éléments lignifiés. - PARTIE MEDIANE DE LA TIGE. Parenchyme
ext.assez développé.Absence complète de tissu lignifié extra-
libérien.Le faisceau axile s'est divisé et a donné vers le milieu de la tige de nombreux faisceaux qui se sont plus ou moins
écartés les uns des autres.Faisceaux libéro-ligneux disposés en
un cercle,peu développés.Bois dépourvu d'éléments lignifiés,
ayant souvent disparu complètement ou partiellement et laissant
une lacune à sa place.Parenchyme int.très développé,résorbé
lorsque la plante est adulte. - PEDONCULE FLORAL. Faisceaux libéro-ligneux petits,nombreux,disséminés,à bois se différenciant
de plus en plus au fur et à mesure qu'on s'éloigne de la partie
inf.de la tige.Partie centrale toujours lacuneuse.

PERIANTHE. - DIVISIONS EXTERNES ET LATERALES INTERNES. Epidermes int.et ext.dépourvus de papilles caractérisées. - LABEL-
LE. Epiderme int.à cellules légèrement papilleuses,celles des
crêtes prolongées en papilles unicellulaires,très grosses,ré-
trécies à la base,renflées à l'extrémité,atteignant 100-180μ de
long env.(pl.9,f.212).Epiderme ext.à peu près dépourvu de papilles. - EPERON. Epiderme int.prolongé en petites papilles.
Epiderme ext.manquant de papilles. - ANTHERE. Parois à tissu
fibreux très développé. - POLLEN.Masses polliniques compactes,
ne se séparant pas en massules.Structure cellulaire du caudicule

très apparente,cellules hexagonales. - OVAIRE. (Pl.10,f.290.)
6 saillies externes dont les lignes de déhiscence des valves
occupent la partie médiane.Nervure des valves placentifères
ayant un faisceau parfois 2 superposés,à éléments ligneux peu
caractérisés.Masse placentaire extrêmement courte,à divisions
très longues,divergentes,plus ou moins lobées.Valves non placentifères à peu près aussi développées que les valves placentifères,ayant la même forme ext.à nervure déprimée en dehors
et contenant un faisceau.Partie de limbe assez grande de chaque
côté de cette nervure.

V.v. - Juillet,septembre. - Cette plante est peu stable dans
ses stations,disparaissant souvent pendant plusieurs années,el-
le est ordinairement peu abondante. - Europe moyenne et septentrionale,Sibérie,Scandinavie,Angleterre,Russie moyenne et
méridionale,Caucase,Slowig,Hambourg, Mecklembourg,Prusse,Silé-
sie,Hanovre,Saxe,Thuringe,Bade,Bavière,Westphalie,Italie,Tyrol,
Suisse,Autriche,Bohême,Serbie,etc.,d'après Thielens n'a pas été
retrouvé en Belgique et dans le Luxembourg;France:Pierre-sur-
Haute,Loire(Ab.Peyron),env.de Luchon,cascade d'Enfer(de Pommaret,Garroute,Trouillard),Hohneck(Billot),Schlucht(Blind),ballon
de Guebwiller(Schlumberger)Gerbamont(Fliche),cascade de Tuberg
Triess,Jura français et helvétique,cluse de la Buse,rochers de
Châtillon(Thurmann),bois de la Faucille(Michalet),le Chasseron,
forêt des Etroits près Sainte-Croix,forêt de Caroz,vallée de
Joux(Aubert),Bertaux près de Gap,Durban,Grande-Chartreuse près
Guillestre,Saint-Dalmas-le Sauvage(Risso).

Tribu III. — MALAXIDEAE Lindl.

MALAXIDEAE Lindl.Gen.and spec.p.3; Reichb.f.Icon.XIII,p.159;
Asch.u.Graeb.Syn.III,p.899. — MALASSIDEAE Parlat.Fl.ital.III,
379. — ORCHIDEAE subordo 1 MALAXIDEAE Endl.Gen.pl.p.186. — LI-
PARIDEAE Engl.Syll.p.91(1892). — LIPARIDINAE Pfitz.Entw.Anord.
Orch.p.100(1887). — STURMIINAE Pfitz.Nat.Pfl.Nachtr.p.97,102,
(1897),in Engl.Bot.Jahrb.XXV,p.533(1898); Dalla Torre u.Harms,
Gen.Siph.p.98.

Etamine centrale fertile.Anthère libre,caduque.Masses polliniques céracées,non atténuées en caudicules.Bulbes constitués
par un renflement de la tige entouré d'une ou de plusieurs tuniques,ou rhizome tortueux coralliforme.Ovaire à pédicelle ordinairement contourné.

Papilles très réduites ou longs poils unicellulaires sur le
périanthe.Dans le genre CALYPSO seul,poils pluricellulaires à
tête sécrétrice sur les organes végétatifs.Masses polliniques
ne se divisant pas en massules.Parois de l'anthère à assise mécanique bien différenciée.

Sous-tribu 1. — EUMALAXIDINAE.

Bulbes constitués par un renflement de la tige entouré d'une
ou plusieurs épaisses tuniques.

Pas de poils pluricellulaires sécréteurs.Racine réduite.Raci-
ne,feuilles inférieures et renflement bulbiforme différenciant
un grand nombre de leurs cellules en trachéides servant à l'absorption et à la mise en réserve de l'eau.Feuilles et renflement bulbiforme de la tige émettant des rhizoïdes.

Gen.19. — MALAXIS Sol.

MALAXIS Solander ap.Swartz Prodr.veg.Ind.occ.p,119(1778);
Swartz in Act.holm.(1800)p.233,t.3,P; Lindl.Gen.and spec.p.23;
Endl.Gen.p.189; Meisn.Gen.p.189; Comm.p.277; Reichb.f.Icon.XIII
p.165; Pfitzer in Engl.u.Prantl,Pfl.JT,6,p.129. — HAMMARBYA O.
Kuntze,Rev.Gen.II,p.665(1891). — OPHRYDIS spec.L.Spec.ed.1(1753
ORCHIDIS spec.Pallas.It.III.p.380(1776). — STURMIA Reichb.in
Moessl.Hndb.b.p.1576(1828). — EPIPACTIS Schmidt in Mey.Phys.
Aufs.p.245(1791).

Divisions externes du périanthe libres,étalées;divisions internes plus petites que les externes,mais de même forme.Labelle
dirigé en haut,plus court que les divisions externes,concave,
dépourvu d'éperon.Masses polliniques bipartites,à lobes se recouvrant l'un l'autre,non atténuées en caudicule.Pas de rétina-

cle.Gynostème court,denté de chaque côté vers le sommet.Anthère persistante,dépourvue d'appendice.Ovaire non contourné,atténué en un pédicelle contourné.

Périanthe à peine papilleux.Feuilles entourant le bulbe contenant des trachéides en abondance,formées de cellules munies d'épaississements spiralés plus ou moins anastomosés.Faisceaux libéro-ligneux de la tige à peu près régulièrement disposés en cercle au-dessus des feuilles principales.

1. - M.PALUDOSA.

M.PALUDOSA Swartz in Act.holm.(1800)p.235; Willd.Spec.IV,p.91; Lindl.Gen.and spec.p.351; Reichb.f.Icon.XIII,p.165; Correv.Alb. Orch.Eur.pl.XXIX; Blytt,Hndb.Norg.Fl.ed.Ove Dahl,p.243,cum icone; Babingt.Man.Brit.Bot.ed.8,p.351; Dumort.Prodr.fl.Belg.p. 134; in Bull.Soc.r.Belg.(1866); Bellynck,Fl.Nam.p.260; Crépin, Man.Fl.Belg.p.180; éd.2,p.297; Löhr,Fl.Tr.p.253; Hall,Fl.Belg. sept.p.630; J.Meyer,Orch.G.D.Luxemb.p.31; Dumoulin,Fl.Maestr.; Cogniaux,Fl.Belg.p.253; de Vos,Fl.Belg.p.599; Mutel,Fl.fr.III, p.261; Gr.et God.Fl.Fr.III,p.275; Godr.Fl.Lorr.II,p.309; III,p. 47; Boreau,Fl.cent.éd.3,p.654; Lloyd,Fl.ouest,éd.2,p.447; et plur.ed.; Lloyd et Fouc.Fl.ouest,p.344; Coss.et Germ.Fl.env. Par.éd.2,p.698; Bonnet,Pet.fl.par.p.388; de Brébiss.Fl.Norm.p. 548; Cam.Monogr.Orch.Fr.p.105; in J.bot.VII,p.204; Léveillé,Fl. Mayenne,p.202; Coste,Fl.Fr.III,p.406,n°3619,cum icone; Kirschl. Prodr.fl.Als.p.162; Fl.Als.p.149; Poll.Palat.p.856; Gmel.Fl. Bad.III,p.562; Koch,Syn.ed.2,p.805; ed.3,p.604; ed.Hall.et Wohlf.p.2448; Garcke,Fl.v.Deutschl.ed.14,p.386; Morthier,Fl. Suisse,p.359; Bouvier,Fl.Alp.p.651; Gremli,Fl.Suisse,éd.Vetter, p.487; Bach,Rheinpr.p.376; Rhiner,Prodr.Waldst.p.131; Schinz u. Keller,Fl.Schweiz,p.130; Caflisch,Ex.S.D.p.301; Beck,Fl.N.-Oest. p.219; Hausm.Fl.Tirol,p.855; Fellm.Ind.Lapp.n°315; Ruprecht in Beitr:z.Pfl.Russ.R.IV,p.84; Hinterhuber et Pichlm.Fl.Salz.p.196; Ledeb.Fl.Ross.p.51; M.Schulze,Die Orchid.n°68; Asch.Fl.Prov. Brand.1,p.699; Asch.u.Graeb.Syn.III,p.907; - OPHRYS PALUDOSA L. Spec.1341,p.947,ed.1(1753); Fl.Dan.t.1234; Poll.Pal.n°856; Act. pal.2,p.460; Pall.It.3,p.265; Hoffm.Germ.317; Roth,Germ.1,381; II,p.401; Gorter,Fl.ingr.p.203; Georgi,It.p.232; It.II,p.887; Beischr.Russ.R.III,V,p.1272; Falk.Beitr.II,248,p.p.; Eichw.Skizze,p.125; Lej.Fl.Spa,II,p.193; Rev.Fl.Spa,p.188. - ORCHIS PALUDOSA Pallas,It.III,p.320(1776). - EPIPACTIS PALUDOSA Schmidt in Mey.Phys.Aufs.p.245(1791). - STURMIA PALUDOSA Reichb,in Mössl. Hndb.b.p,1576(1828); Lej.et Court.Comp.III,p.197. - LIMNAS PALUDOSA Ehrh.Phytogr.16,Beitr.IV,p.146(1789). - HAMMARBYA PALUDOSA O.Kuntze,Rev.Gen.II,p.665(1891). - Malaxis scapo pentagono, foliis spathulatis apice scabris Swartz in Act.holm.1789,p.127, t.6,f.2. - M.caule pentagono,foliis pluribus spathulatis apice scabris,racemo multifloro Smith,Brit.3,p.940. - Ophrys (paludosa)bulbo subrotundo,scapo subnudo pentagono,foliorum apicibus scabris,nectario labio integro L.Sp.p.1341; Fl.sueo.813; Fl. Dan.t.1234; Poll.Pal.n.856. - Orchis minima bulbosa Raj.Suppl. 587. - Orchis bifolia minor palustris Pluk.Alm.270,t.247,f.2. - Bifolium palustre Raj.Angl.3,p.385.

Icon. - Sm.Engl.Bot.t.72; Fl.Dan.t.MCCXXXIII; Hook.Lond.t.197;
Pluk,Alm.t.247; Swartz in Act.holm.(1789)t.6,f.2; Dietr.Fl.r.
boruss.1,13; Nees v.Es.V,t.16; M Schulze,l.c.t.68; Reichb.f.
Icon.XIII,t.142,CCCXCIV; Cam.Iconogr.Orch.Par.pl.40; Ic.n.pl.
28,f.978-982.

Exsicc. - Reliq.Maill.n°450; Schultz,n°81; Billot,n°78; Kicl-
xia belg.1,n°82; Soc.Rochel.n°2723; Magnier,Pl.Gall.et Belg.n°
630; Soc.ét.fl.fr.-helv.n°558; Karo,Pl.dahur.n°333; Beckm.Fl.
plan.Germ.bor.occ.(1886).

Souche grêle,subcylindrique.Pendant la floraison il se développe sur la tige un bulbe qui reproduit la plante l'année suivante,le bulbe ancien qui a donné naissance à la tige et qui
est placé bien au-dessous de l'autre périt.Tige de 5-12 centim.,
très grêle,pentagonale,mais à angles peu marqués.nue,renflée à
la base en un petit bulbe entouré par des feuilles,éloigné et
situé au-dessus de l'ancien bulbe.Feuilles très petites,3-4,les
deux inférieures réduites,les supérieures assez minces,d'un
vert jaunâtre,oblongues-ovales,émettant parfois à leur sommet
des bourgeons adventifs.Bractées égalant environ la longueur du
pédicelle.Fleurs petites,nombreuses,d'un jaune verdâtre,à labelle plus foncé,disposées en épi grêle,allongé.Périanthe non
dévié de sa direction primitive de sorte que le labelle est dirigé en haut.Labelle ovale-aigu,concave par inflexion des bords.
Ovaire à côtes marquées.Capsule pyriforme,atténuée à la base en
pédicelle tordu.

MORPHOLOGIE INTERNE.

RACINE. Assise pilifère prolongée en poils absorbants assez
nombreux.Cellules corticales à épaississements spiralés nom-
breux.Cylindre ligneux axile,développé,à vaisseaux rayés et réticulés abondants.La structure de la racine permet-malgré la
grande réduction de cet organe-l'absorption rapide de l'eau.

BULBE. Cellules du parenchyme très infestées par l'endophyte.
Trachéides en grande abondance,servant de réservoirs aquifères,
en contact immédiat avec les faisceaux de l'axe.Bulbe émettant
beaucoup de rhizoïdes. - TIGE. Stomates assez nombreux.3-4 assises de parenchyme ext.chlorophyllien dans les régions ailées.
Dans les parties non ailées anneau lignifié touchant à l'épiderme ou séparé de lui par 1-2 assises parenchymateuses.Anneau
lignifié formé de 4-6 assises à parois peu épaisses.Faisceaux
libéro-ligneux très allongés radialement,réduits,à peu près
régulièrement disposés en un cercle au-dessus des feuilles principales;entourés de tissu lignifié.Parenchyme non résorbé au
centre de la tige,formé de cellules à parois très minces et à
petits méats.

FEUILLES ENTOURANT LE BULBE. Ep. = 400-750μ.Epidermes munis
d'épaississements lignifiés,rayés,avec des anastomoses assez
rares (pl.6,f.146).Mésophylle formé de cellules semblables à
celles des épidermes,mais à anastomoses plus nombreuses.NERVU-
RES très rapprochées de l'épiderme sup.,à faisceau très réduit,

entouré de quelques cellules plus petites que les autres, à parois peu épaisses, lignifiées; liber détruit, remplacé par une lacune. - FEUILLE . Ep. = 150-250μ. Epiderme sup.formé de cellules non allongées et à parois latérales recticurvilignes, haut de 30-35μ env., à paroi ext.très mince et à peine bombée, muni de quelques stomates à l'extrémité des feuilles seulement. Epiderme inf.à parois plus ou moins ondulées, un peu chlorophyllifère, haut de 20-30μ, à paroi ext.mince et non bombée, muni de nombreux stomates non régulièrement orientés, émettant des rhizoïdes. Mésophylle formé de 6-8 assises de cellules chlorophylliennes et contenant quelques raphides. NERVURES principales munies de parenchyme incolore abondant, les autres à faisceau libéro-ligneux entouré de cellules chlorophylliennes; toutes dépourvues de sclérenchyme et de collenchyme.

FLEUR. - PÉRIANTHE. DIVISIONS EXTERNES ET LATÉRALES INTERNES. Epidermes ext.et int.dépourvus de papilles. - LABELLE. Epiderme int.légèrement papilleux. Epiderme ext.non papilleux. - GYNOSTÈME. Faisceaux des étamines latérales parcourant le clinandre. - ANTHÈRE. Cellules fibreuses en griffe très nombreuses et très développées. - OVAIRE. Schéma de la coupe transversale ressemblant beaucoup à celui du MICROSTYLIS MONOPHYLLOS(pl.10, f.292). Nervure des valves placentifères déprimée extérieurement, contenant un faisceau libéro-ligneux. Lame placentaire se divisant très rapidement. Valves non placentifères peu développées, situées dans une dépression et saillantes extérieurement, contenant un faisceau libéro-ligneux à bois int. - GRAINES. Cellules du tégument non sensiblement striées. Graines renflées au sommet à peine 1-1f.1/2 plus longues que larges. L = 200-250μ env.

V.v. - Juin, juillet. - Marais tourbeux, souvent parmi les sphaignes. - Europe moyenne et septentrionale; Iles Britanniques; Scandinavie; Russie; Allemagne; Alsace; Tyrol; Suisse, TR.Schwytz, où la plante tend à disparaître(Bergon, 1906); Belgique, TR.; France, R.et disséminé: Mayenne, Loire-Inférieure, Morbihan, Orne, Manche, Landes, Vosges, Lorraine.

Gen.20. - MICROSTYLIS Nuttal.

MICROSTYLIS Nuttal, Gen.Amer.II, p.196(1818)(comme sect.); Eaton, Man.ed.3, p.353(1822)(comme genre); Lindl.Gen.et spec.p.19; Endl. Gen.p.189; Meisn.Gen.p.369; Comment.p.379; Reichb.f.Icon.XIII; p.163. - ACHROANTHUS Pfitz.Nat.Pfl.Nachtr.p.103(1897); Asch.u. Graeb.Syn.III, p.904. - ACHROANTHES Rafin.Med.Repos.New-York, V, p.352(1808); Greene, Pittonia, II, p.183(1891). - PTEROCHILUS Hook. et Arn.Bot.of Beach.Voy.XVII. - OPHRYDIS spec.L.Spec.1342. - MALAXIDIS spec.Swartz in Act.holm.(1800)p.234. - MONORCHIS Mentzel, Pug.t.6, f.1,2. - PEDILEA Lindl.Orch.scel.27(1826).

Divisions externes du périanthe libres, les latérales un peu plus courtes que la médiane, mais de même forme; les internes linéaires ou filiformes. Labelle formant un angle droit avec le gynostème, excavé à la base, sagitté ou auriculé, entier ou denté,

dépourvu d'éperon.Masses polliniques bipartites,se recouvrant
l'une l'autre,non atténuées en caudicule .Pas de rostellum.
Gynostème plus ou moins court,denté de chaque côté vers le som-
met.Anthère biloculaire,persistante,dépourvue d'appendice.Ovai-
re non contourné,atténué en un pédicelle contourné. - Bulbes
tuniqués.

Labelle à peine papilleux.Feuilles entourant le bulbe contenant des trachéides en abondance,cellules munies d'épaississements réticulés,à mailles polygonales.Faisceaux libéro-ligneux
de la tige disséminés au-dessus des feuilles principales.

1. - M.MONOPHYLLOS.

M.MONOPHYLLOS Lindl.Gen.and spec.p.19(1830); Reichb.f.Icon.
XIII,p.163; Richter,Pl.eur.1,p.287; Ledeb.Fl.Ross.IV,p.50;Blytt,
Hndb.Norg.Fl.ed.Ove Dahl,p.242,cum icone; Oborny,Fl.Moehr.Oest.
Schl.p.260; Garcke,Fl.Deutschl.ed.14,p.386; Gremli,Fl.Suisse,
éd.Vetter,p.487; Parlat.Fl.ital.III,p.380; Fiori et Paol.Icon.
fl.ital.n°850; Kraenz.Fl.v.München,p.74; Asch.u.Graeb.Fl.Nord.
Flachl.p.221; M.Schulze,Die Orchid.69; Beck,Fl.N.-Oest.p.220. -
MALAXIS MONOPHYLLOS Swartz in Act.holm.(1800)p.234; Willd.Spec.
IV,p.90; Rich.in Mém.Mus.IV,p.60; Correv.Alb.Orch.Eur.pl.XXVIII;
Reichb.Fl.excurs.p.135; Bluff et Fingh.Comp.2,p.441; Koch,Syn.
ed.2,p.803; ed.3,p.604; Caflisch,Ex.Fl.S.-D.p.301; Gaudin,Fl.
helv.V,p.481; Morthier,Fl.Suisse,p.359; Bouvier,Fl.Alp.ed.2,p.
65; Rhiner,Prodr.Waldst.p.130; Schinz u.Keller,Fl.d.Schweiz,p.
130; Ambros.Fl.Tir.aust.p.739; Hausm.Fl.Tirol,p.855; Hinterhu-
ber et Pichlm.Fl.Salzb.p.196; Schur,Enum.Trans.p.651; Simk.Enum.
Trans.p.508; Jundz.Fl.Lith.p.269; Bess.Enum.p.36,n°1173; Eichw.
Skizze,p.125; Lessing in Linn.IX,p.156,158,205; Turcz.Catal.
Baïkal,n°1112; Fleisch.et Lind.Fl.Ostseepr.p.310; Ledeb.Fl.alt.
IV,p.173; Fl.ross.IV,p.50. - M.MONOPHYLLA Ces.Pass.Gib.Comp.p.
180; Arcang.Comp.ed.2,p.162. - OPHRYS MONOPHYLLOS L.Spec.ed.1,
p.947(1753); Sut.Fl.helv.II,p.227; Poiret,Encycl.IV,p.570;
Hoffm.Germ,1,p.318,n°9; Kalm,Fl.fenn.n°508; Gilib.Exerc.phyt.
II,p.490,cum icone. - O.LILIIFOLIA Ehrh.fid.Ruprecht,Beitr. -
EPIPACTIS MONOPHYLLOS Schmidt in Mey.Phys.Auf's.(1791)p.245. -
E.UNIFOLIA Hall.Icon.38(1795). - MICR.DIPHYLLOS Lindl.l.c. -
MAL.DIPHYLLOS Cham.in Linn.III,p.34(1828). - ACHROANTHUS MONO-
PHYLLOS Greene,Pittonia,II,p.183(1891); Asch.u.Graeb.Syn.III,p.
906. - Monorchis ophioglossoides Mentz.Pug.t.5,f.1-2. - Epipac-
tis folio unico amplexicauli,spica prolixa multiflora Hall.Helv.
n°1293,t.36. - Ophrys monophyllos bulbosa Loes.Pruss.180,t.57.-
Pseudo-Orchis monophyllos Clus.Hist.1,p.269. - Ophrys(monophyl-
los)bulbo rotundo,scapo nudo,folio ovato,nectarii labio integro
L.Sp.plant.1342; Wulfen in Jacq.Collect.4,p.340,t.13,f.2.

Icon. - Haller,l.c.; Jacq.l.c.; Mentz.l.c.; Loes.Pruss.18,t.
57; Reichb.f.Icon.XIII,t.141,CCCCXCIII; Ces.Pass.Gib.l.c.t.XXII,
5,a-d; Mor.Hist.III,s.12,t.15,f.10; Ic.n.pl.28,f.983-989.

Exsicc. - Thomas;Schleich.;Hoppe,Cent.2.

Bulbes renflés,arrondis,recouverts par des débris de feuilles
Tige grêle,de 15-25 centim.,trigone ou subpentagone,aphylle
Feuille ordinairement unique,rarement 2(forme individuelle se
trouvant partout mélangée au type (1)),délicates,minces,presque
pellucides,d'un vert pâle,à nervure dorsale seule manifeste.
Fleurs assez nombreuses,disposées en épi lâche.Bractées pellucides,lancéolées-acuminées,plus courtes que le pédicelle.Fleurs
verdâtres,petites,à pédicelle grêle,contourné.Labelle brièvement acuminé,plus court,mais deux fois plus large que les lobes
internes du périanthe.Gynostème court.Masses polliniques colla-
térales.Ovaire un peu plus court que le pédicelle,assez grêle.

MORPHOLOGIE INTERNE.

RACINE. Poils absorbants très abondants.Assise pilifère dépourvue d'épaississements.Cellules de l'écorce à parois très
nettement réticulées.Cylindre ligneux formé d'éléments à parois
extrêmement minces.

BULBE. Cellules du parenchyme ext.et int.à parois réticulées.
A la base du bulbe,ces cellules s'allongent beaucoup,se termi-
nent obliquement et forment le passage entre les cellules de
parenchyme et les vaisseaux des faisceaux libéro-ligneux,avec
lesquels elles sont en contact.Production abondante de rhizoïdes. - TIGE. Stomates assez nombreux.Dans les parties ailées
3-5 assises parenchymateuses entre l'épiderme et l'anneau lignifié,dans les autres régions épiderme touchant le plus souvent à l'anneau lignifié.Anneau lignifié formé de 3-5 assises.
Faisceaux libéro-ligneux entourés de tissu lignifié,formant un
cercle à peu près régulier à l'intérieur duquel sont disséminés
quelques faisceaux.Parenchyme int.non résorbé,formé de cellules
à parois minces,parfois un peu lignifiées,laissant entre elles
de petits méats et des canaux aérifères.

FEUILLES ENTOURANT LE BULBE. Ep. = 250-500μ .Epidermes sup.et
inf.formés de cellules à parois munies d'épaississements réticulés semblables à ceux du LIPARIS LOESELII .Ces épaississements
s'allongent un peu près des nervures.Mésophylle formé comme les
épidermes de cellules à parois réticulées et sans contenu pro-
toplasmique vivant(dans les bulbes adultes),se remplissant
très rapidement d'eau et la conservant longtemps.Nervures très
rapprochées de l'épiderme sup.,à faisceau entouré de quelques
petites cellules à parois un peu épaisses et lignifiées.Liber
remplacé par une lacune. - FEUILLES VERTES. Ep. = 120-200μ env.
Epiderme sup.formé de cellules non ou à peine allongées,à parois latérales recticurvilignes,haut de 25-35μ env.à paroi ext.
mince,et non ou peu bombée,muni de quelques stomates seulement
à l'extrémité du limbe.Epiderme inf.recticurviligne,haut de 15-
25μ ,à paroi ext.mince et légèrement bombée,pourvu de stomates
nombreux,émettant quelques rhizoïdes.Mésophylle formé de 5-7
assises chlorophylliennes.NERVURES dépourvues de collenchyme et
de sclérenchyme;faisceau libéro-ligneux entouré de tissus incolore et chlorophyllien.

FLEUR. - PERIANTHE. DIVISIONS EXTERNES ET LATERALES INTERNES.
Epidermes ext.et int.dépourvus de papilles. - LABELLE. Epiderme
int.à peine papilleux. - OVAIRE.(Pl.10,f.292.)Nervure des valves placentifères située au fond d'une dépression et renfermant

(1) Cette forme a reçu les noms de M.DIPHYLLOS Cham.,MICR.
DIPHYLLOS Lindl.,var.DIPHYLLOS Schur.

un faisceau libéro-ligneux;limbe de ces valves formant une forte saillie de chaque côté de la nervure.Placenta court,à divisions longues.Valves non placentifères peu développées,légère-
ment saillantes à l'extérieur au fond d'un profond sillon,ren-
fermant un faisceau libéro-ligneux. - GRAINES. Cellules du tégument à parois rectilignes,non sensiblement striées.Graines
légèrement renflées au sommet,2-3 fois plus longues que larges.
L = 250-320µ env.

V.v. - Juillet,août. - Marais des hautes montagnes. - Europe
moyenne et boréale;Suisse,R.;Tyrol,Lombardie,Allemagne,Autriche,
Suède,Norvège,Russie,etc.;Sibérie,nord de l'Amérique,

Gen.21. - LIPARIS Rich.

LIPARIS Rich.in Mém.Mus.IV,p.60(1817); Lindl.Gen.and spec.p.
26; Endl.Gen.p.189; Meisn.Gen.p.369; Parlat.Fl.ital.III,p.382;
Pfitzer in Engl.u.Prantl,Pfl.p.130; Asch.u.Graeb.Syn.III,p.900.-
STURMIA Reichb.Pl.crit.IV,p.39(1826); Koch,Syn.ed.2,p.803; Rei-
chb.f.Icon.XIII,p.161. - PALIRIS Dumort.Prodr.fl.Belg.p.134. -
ANTHOLIPARIS Foerster,Fl.ex.Aachen,p.351(1878). - PSEUDORCHIS
S.F.Gray,Nat.Arr.Brit.pl.II,p.213(1821). - LEPTORCHIS Mac Metas.
Minn.(1893). - LEPTORKIS Thouars in Nouv.Bull.Soc.philom.Paris,
1,(1809)p.319; Hist.pl.Orchid.(1822). - OPHRYDIS spec.L.Spec.
1341. - MALAXIDIS spec.Swartz in Act.holm.(1800)p.235. - CYMBI-
DII spec.Swartz in N.Act.Ups.VI,p.76. - SERAPIADIS spec.Hoffm.
Deutschl.Fl.

Périanthe à divisions étalées,étroites,les extérieures latérales rapprochées du labelle.Labelle dirigé en haut,aussi long
que les autres divisions du périanthe,dépourvu d'éperon,indivis,
concave,canaliculé,ordinairement crénelé,à bords parfois si-
nueux.Masses polliniques bipartites,à lobes collatéraux.Ni caudicules,ni rétinacles.Gynostème allongé,légèrement infléchi,
élargi en aile de chaque côté du stigmate.Anthère biloculaire,
caduque,terminée par un appendice membraneux.Ovaire non contourné ou un peu contourné à la base,atténué en un pédicelle
tordu. - Bulbes tuniqués,non espacés.

Labelle à peine papilleux.Feuilles spongieuses entourant le
bulbe contenant des trachéides en abondance,épaississements
en forme de réseaux à mailles polygonales.Faisceaux libéro-ligneux de la tige disséminés.

1. - L.LOESELII.

L.LOESELII Rich.in Mém.Mus.IV,p.60(1817); Lindl.Gen.and spec.
p.28; Syn.Brit.Fl.1,p.263; Correv.Alb.Orchid.Eur.pl.XXV; Blytt,
Hndb.Norg.Fl.ed.Ove Dahl,p.242; Dumort.in Bull.Soc.r.Belg.(1866);
Crépin,Manuel Fl.Belg.éd.1,p.188; éd.2,p.297; Thielens,Acq.fl.

belg.(1870)p.35; de Vos,Fl.Belg.p.559; Cogniaux,Fl.Belg.p.253;
Desv.Observ.fl.Anj.p.92; Gr.et God.Fl.Fr.III,p.275; Bor.Fl.cent.
éd.3,II,p.654; Godet,Fl.Jura,p.701; Gren.Fl.ch.jurass.p.765;
Michal.Hist.nat.Jura,p.300; Coss.et Germ.Fl.Par.éd.2,p.698;
Bonnet,Fl.paris.p.388; Franch.Fl.L.-et-Ch.p.567; Lloyd et Fouc.
Fl.ouest,p.177; Brébiss.Fl.Norm.éd.5,p.399; de Vicq,Fl.Somme,p.
435; Cam.Monogr.Orch.Fr.p.104; in J.bot.VII,p.203; Magnin,Arch.
fl.jurass.n°13; Masclef,Cat.P.-de-C.p.158; Gentil,Fl.manc.p.177;
Guill.Fl.Bord.et S.-O.p.173; Hariot et Guyot,Contr.fl.Aube,p.
106; Bluff et Fing.Comp.2,p.440; Koch,Syn.ed.Hall.et Wohlf.p.
2448; Garcke,Fl.Deutschl.ed.14,p.386; Asch.u.Graeb.Fl.Nordost.
Flachl.p.221; Syn.III,p.901; Morthier,Fl.Suisse,p.359; Reuter,
Catal.Genève,éd.2,p.209; Rouvier,Fl.Alpes,éd.2,p.650; Schinz u.
Keller,Fl.Schweiz,p.130; Bertol.Fl.ital.IX,p.639; Parlat.Fl.
ital.III,p.383; Ces.Pass.Gib.Comp.p.181; Arcang.Comp.ed.2,p.162;
Fiori et Paol.Icon.fl.ital.n°851; Beck,Fl.Nied.-Oest.; Ledeb.
Fl.ross.IV,p.52. - L.VIRIDIFLORA S.-Lag.Catal.p.728. - L.BIFO-
LIA Car.et S.-Lag.Fl.descr.éd.8,p.814. - MALAXIS LOESELII
Swartz in Act.holm.p.235(1800); Willd.Spec.IV,p.92; DC.Fl.fr.
III,p.262,n°2046; Duby,Bot.p.450; Loisel.Fl.gall.2,p.274; Bois-
duval,Fl.fr.III,p.54; Jundz.Fl.lith.p.270; Gaud.Fl.helv.V,p.483;
Hall,Fl.Belg.sept.p.632; Graves,Catal.Oise,p.120; Coste,Fl.Fr.
III,p.407,n°3620. - STURMIA LOESELII Reichb.f.Icon.XIII,p.39;
Pl.crit.t.954,f.1286,1287; Cafl.Ex.Fl.p.301; Seubert,Ex.Fl.p.
128; Bach,Rheinpreus.p.376; Nyman,Consp.p.686; Rhiner,Prodr.
Waldst.p.130; Hausm.Fl.Tirol,p.854; Hinterhuber et Pichlm.Prodr.
Salzb.p.196; Döll,Rhein.p.214; Koch,Syn.ed.2,p.803; ed.3,p.604;
M.Schulze,Die Orchid.n°67; Kirschl.Prodr.p.164; Fl.Alsace,p.148;
Babingt.Man.Brit.Bot.ed.8,p.352; Oudemans,Fl.Nederl.III,p.153;
Lej.et Court.Comp.III,p.198; Löhr,Fl.Tr.p.253; Ambr.Fl.Tir.aus-
tr.1,p.741; Mutel,Fl.Fr.III,p.261; Fl.Dauph.éd.2,p.601; Corbiè-
re,N.fl.Norm.p.548; Gremli,Fl.Suisse,éd.Vetter,p.487; Oborny,
Fl.Moehr.Oest.Schl.p.260; Fleisch.et Lind.Fl.Ostseeprov.p.303;
Schur,Enum.pl.Trans.p.651,n°3460; Simk.Enum.fl.Trans.p.507; Ei-
chw.Skizze,p.125; Besser,in Flora,II,p.12. - OPHRYS LOESELII L.
Spec.ed.1,p.947(1753); Engl.Bot.t.47; Smith,Brit.935; Hoffm.Fl.
germ.1,p.317; Lej.Rev.fl.Spa,p.188; Georgi,Beschr.Russ.R.III,5,
p.1272. - O.LILIIFOLIA L.Spec.ed.1,p.946(1753); Huds.Fl.angl.p.
289; Lamk.Dict.IV,p.569; Vill.Hist.Dauph.II,p.47; Georgi,l.c.
III,V,p.1272; Gorter,Fl.ingr.p.146; Fl.VII; Prov.p.257. - O.PA-
LUDOSA Fl.Dan.t.877(1782). - O.LATIFOLIA L.Fl.suec.ed.2,p.318
(1755). - O.TRIGONA Gilib.Exerc.phyt.II,p.488(1792),cum icone.-
PALIRIS LOESELII Dumort.Prodr.fl.Belg.p.134. - MALAXIS ULIGINO-
SA Clair.Man.265. - ANTHOLIPARIS LOESELII Foerster,Fl.ex.Aachen
(1878)p.351. - SERAPIAS LOESELII Hoffm.Deutschl.Fl.sec.Reichb.-
LEPTORCHIS LOESELII Mac M.Metasp.Min.173(1893); Piper.Fl.of the
St.Washingt.p.208; Contrib.the U-S.Herb.III(Rydberg)p.180;VI
(Mohr)Alabama. - Ophrys (Loeselii)bulbo subrotundo,scapo nudo
trigono,nectario labello ovato L.Sp.pl.1341; Hoffm.Germ.p.317.-
Ophrys diphyllos bulbosa Loes.Pruss.180,t.58. - Orchis liliifo-
lius minor sabuletorum Zelandiae et Bataviae Bauh.Hist.2,p.770,
f.1. - Pseudo-Orchis bifolia palustris Raj.Syn.382. - Bifolium
bulbosum Dodon.Pempt.292.

Icon. - Loes:l.c.t.58; Engl.Bot.t.47; Fl.Dan.t.DCCCLXXVII;
Tatt.Fl.Oest.t.57; Reichb.Crit.t. CMLVI; Reichb.f.Icon.XIII,
CCCCXCII,140; Nees Esenb.X,t.13; Dietr.Fl.r.borus.1,15; Mutel,
Fl.fr.Atlas,t.LXVII,f.526; Oudemans,l.c.t.LXXII,f.375,376; Cam.
Icon.Orch.Paris,pl.39; Ces.Pass.Gib.l.c.t.XII,f.4 a-g; M.Schul-
ze,l.c.t.67; Bonnier,Alb.N.Fl.p.148; Ic.n.pl.28,f.974-977.

Exsicc. - Thomas; Reliq.Maill.n°1726; Billot,n°3238; Reichb.
n°1626; Puel et Mail.Fl.locales,n°146; Schultz,n°160; Michalet,
Pl.Jura,n°36; Kickxia Belg.1,n°42; Lej.et Court.Choix de pl.n°
957; Soc.Dauph.n°3058; Soc.Rochel.n°2492; Magnier,n°2067 et n°
2067 bis; Dörfler,H.n.n°4082.

Souche épaisse,persistant peu de temps,ordinairement oblique
ou descendante,munie de deux bulbes assez gros,contigus,le nouveau placé au-dessus de l'ancien,revêtus de feuilles spongieuses qui forment une enveloppe réticulée,émettant sous les bulbes des fibres qui perforent cette enveloppe.Tige de 1-2 décim.,
grêle,nue,triquètre.Feuilles inférieures réduites à des gaînes,
les supérieures ordinairement deux,oblongues-lancéolées,un peu
canaliculées,d'un vert jaunâtre,semi-pellucides,à nervures réticulées assez apparentes.Bractées triangulaires,plus courtes que
les pédicelles.Fleurs petites,verdâtres,disposées en épi lâche
de 2-12 fleurs.Périanthe non dévié de sa direction primitive,
de sorte que le labelle est dirigé en haut.Labelle oblong-obtus,
ordinairement crénelé et à bords parfois sinueux,concave-cana-
liculé.
    Les var.TRIGONA et PENTAGONA Dumort.ne sont que des états
d'âge et de robustesse.
    Gaudin décrit une var.b.bracteis foliaceis lanceolatis lon-
gissimis = ? M.LUTOSA Clairv.Man.265(bractée très longue,lancéo-
lée;tige à 2 feuilles ovales-lancéolées.
                    MORPHOLOGIE INTERNE.
    RACINE. Assise pilifère munie de poils absorbants très abon-
dants et dépourvue d'épaississements spiralés.Cellules de l'é-
corce formées toutes de trachéides à parois transversales et
longitudinales réticulées et ponctuées (pl.1,f.4),allongées
longitudinalement.Cylindre ligneux axile,formé surtout de vaisseaux réticulés,très allongés,à peu près entièrement dépourvu
de tissu de soutien.
    BULBE. Bulbe de l'année formé par un renflement de la tige
entouré de feuilles à structure très différenciée,englobant le
bourgeon de l'année suivante.Parenchyme ext,très abondant,formé
de cellules à parois munies d'épaississements réticulés et li-
gnifiés.Faisceaux libéro-ligneux assez réduits.Au voisinage des
faisceaux cellules du parenchyme se différenciant en trachéides
à épaississements spiralés,intermédiaires entre les cellules du
parenchyme ext.et les véritables trachées des faisceaux.Bulbe
émettant beaucoup de rhizoïdes.Rhizoïdes ressemblant à de longs
poils,unicellulaires,atteignant souvent une grande longueur,à
parois parfois munies d'aspérités,se laissant pénétrer par les
endophytes. - TIGE. Stomates assez nombreux.1-3 assises de parenchyme dans les régions non ailées,assises plus nombreuses

dans les parties ailées.Anneau lignifié formé de 3-5 assises à
parois épaisses.Quelques faisceaux libéro-ligneux formant un
cercle à peu près régulier entouré par l'anneau sclérifié;en
dedans de ce cercle petits faisceaux libéro-ligneux disséminés.
Faisceaux libéro-ligneux entourés de fibres lignifiées.Paren-
chyme int.contenant quelques cellules à raphides,non résorbé.
FEUILLES ENTOURANT LE BULBE. (Pl.6,f.145.)Epidermes sup.et inf.
à épaississements réticulés,lignifiés,très caractéristiques;ré-
seau à mailles polygonales (pl.6,f.144).Mésophylle formé de
cellules semblables à celles des épidermes,sans protoplasma vi-
vant(dans les bulbes adultes),à épaississements nombreux,pa-
raissant ne pas renfermer de raphides.Mycorhizes pénétrant jusque dans la partie centrale des limbes.Faisceau des nervures
réduit à quelques vaisseaux et à une lacune occupant la place
du liber,entouré de cellules plus petites et à parois plus é-
paisses que les cellules voisines. - FEUILLES VERTES. Ep. =120-
170μ env.Epiderme sup.formé de cellules non allongées,haut de
20-30μ,à paroi ext.striée,mince et non ou peu bombée,dépourvu
de stomates.Epiderme inf.contenant un peu de chlorophylle,haut
de 15-25μ,à paroi ext.mince et légèrement bombée,muni de stomates nombreux.Cellules épidermiques du bord du limbe à paroi
ext.non sensiblement bombée.Mésophylle formé de 4-6 assises de
cellules chlorophylliennes et contenant quelques cellules à ra-
phides.NERVURES dépourvues de collenchyme et de sclérenchyme.
Rhizoïdes naissant à la base de la partie inf.des feuilles,sur
les nervures médiane et latérales du limbe.
FLEUR. - PERIANTHE. DIVISIONS EXTERNES ET LATERALES INTERNES.
Cellules épidermiques à peu près entièrement dépourvues de papilles. - LABELLE. Epiderme int.à peine papilleux. - GYNOSTEME.
Clinandre parcouru par les deux faisceaux latéraux des étamines
avortées. - OVAIRE. (Pl.10,f.293.)Stomates peu nombreux.Cellu-
les de l'épiderme ext.polygonales,non allongées.Valves placentifères émettant une aile à chaque extrémité du limbe.Nervure
des valves placentifères légèrement saillantes à l'extérieur,
ordinairement parcourue par un faisceau libéro-ligneux à bois
int.Placenta court,à divisions longues.Valves non placentifères
émettant à l'extérieur une aile vis-à-vis du faisceau libéro-
ligneux à bois int. - GRAINES. Tégument formé de cellules à parois recticurvilignes,non striées.Graines arrondies au sommet,
1f.1/2-2f.plus longues que larges.L = 270-320μ env.

V.v. - Juin,août. - Marais tourbeux,ordinairement au milieu
des sphaignes. - Europe boréale et moyenne,de la Suède et du
Danemark à la France,la Suisse,l'Italie,l'Allemagne,le Tyrol et
l'Amérique boréale;en France assez rare:Nord,Somme,Pas-de-Ca-
lais,Oise,Seine-et-Oise,Seine-et-Marne.Normandie,Sarthe,Maine-
et-Loire,Ain,Jura,Isère,Haute-Savoie,est,Rhône,Marne,Aisne,
etc.

Sous-tribu II. - CALYPSOIEAE.

Bulbe constitué par le renflement de la tige, non entouré de
tuniques épaisses.

Poils pluricellulaires à tête secrétrice sur les organes végétatifs. Racine réduite. Racine et feuilles entourant le renflement bulbiforme de la tige ne différenciant pas la plupart de
leurs cellules en trachéides. Base dilatée de la tige et feuilles émettant des rhizoïdes.

Gen.22. - CALYPSO Salisb.

CALYPSO Salisb.Parad.Londin.t.89(1806); Lindl.Gen.and spec.p
179; Endl.Gen.p.200; Meisn.Gen.376; Comment.p.282; Pfitzer in
Engl.u.Prantl.Pfl.p.131. - CYPRIPEDII spec.L.Spec.ed.1(1753).
CYMBIDII spec.Swartz in Nov.act.Ups.p.76(1799). - CYTHEREA Sa-
lisb.Hort.Trans.1,p.301. - LIMODORI spec.Willd.Spec.IV,(1805).
NORNA Wahlenb.Fl.suec.(1824-26). - ORCHIDIUM Swartz,Summa veg.
Sc.22(1814).

Périanthe à divisions étalées, les internes latérales et les
externes presque égales. Labelle trilobé, à partie antérieure
concave-vésiculeuse rappelant la forme du labelle des CYPRIPE-
DIUM; lobes latéraux connés. Gynostème dressé, pétaloïde. Anthère
biloculaire. Masses polliniques 2, bipartites. Pas de caudicules.
Rétinacle subquadrangulaire.

Labelle muni de poils unicellulaires, extrêmement développés.
Faisceaux libéro-ligneux de la tige disposés en cercle au-dessus de la feuille principale. Nervures à faisceau dépourvu de
gaîne sclérifiée.

1. - C.BOREALIS.

C.BOREALIS (BOREALE) Salisb.et Hook.Parad.Lond.t.89(1806);
Rich.in Mém.Mus.IV,p.60; Lindl.Gen.and spec.p.179; Cham.et
Schlecht.in Linn.III,p.34; Turcz.Catal.Baikal,n°1110; Nyland.
Spicil.pl.fenn.n°89; Ruprecht in Beitr.Pfl.Russ.R.IV,p.84; Le-
deb.Fl.ross.IV,p.52; Rouy,Illustr.p.7,t.XX; Correvon,Alb.Orch.
Eur.pl.III. - C.BULBOSA Oakes,Catal.Vermont,pl.28(1842); Reicht
f.Icon.XIII,p.158; Contrib.the U-S.Nat.Herb.IV,p.251; Richter,
Pl.eur.1,p.287. - CYPRIPEDIUM BULBOSUM L.Spec.ed.1,p.945(1753);
Pallas,It.III,p.244; Georgi,It.1,p.41; Beschr. Russ.R.III,V,p.
274. - CYMBIDIUM BOREALE Swartz in Nov.act.Ups.p.76(1799). -
LIMODORUM BOREALE Swartz ap.Willd.Spec.IV,p.122(1805); Libosch
et Trin.Fl.env.S.-Petersb.et Mosc. - NORNA BOREALIS Wahlenb.Fl.
suec.p.651(1824-26); Fell.Ind.Lapp.n°316. - ORCHIDIUM BOREALE
Svenk bot.VIII,p.518(1819), t.518. - CYATHEREA BULBOSA Salisb.
Trans.Hort.soc.Lond.1,301(1812); House,Bul.Tr.Club,32,382(1905)
Piper,Flora of the st.of Washington,p.207. - Serapias scapo
unifloro Gmel.Sib.1,p.7,t.2,f.5. - Cypripedium folio subrotundo

L.Fl.lapp.319. - Orchis lappo ensis monofolia Rudb.Elys.2,p.200.
Cypripedium flore pentapetalo,nectarii labio superiore ovali
indiviso stylo adnato genitalia vix superante Smith,Spicil.bot.
p.10,t.11.

Icon. - Gmelin,l.c.t.2,f.5; Fl.lapp.t.12,f.5; Rudb.l.c.f.10;
Sv.bot.VIII,t.518; Bot.Mag.t.2763; Smith,l.c.t.11; Hook.Exot.
t.12; Reichb. f.Icon.XIII,t.137,CCCCLXXXIX; Correv.Orch.rust.
f.11; Ic.n.pl 28,f.972-973.

Exsicc. - Dörfler,H.n.n°3195; Sjus.Pl.uralens.(1898).

Bulbe de la grosseur d'une noisette,ordinairement caché dans
les sphaignes.Tige peu élevée,munie a la base de 2-3 gaînes
subfoliacées et d'une feuille normale développée,unique,basi-
laire,d'un vert foncé,plissée,à nervures saillantes,ovale ou
arrondie ou un peu cordée à la base.Fleur solitaire,très rarement deux,relativement grandes,à segments du périanthe sensiblement égaux,aigus,d'un blanc rosé,à 3 nervures.Labelle fragi-
le,en sac au sommet,à lobes latéraux soudés au moyen,rappelant
la forme du labelle des CYPRIPEDIUM,d'un beau rose lavé de jaune,velouté à l'intérieur.Gynostème arqué,muni d'une aile large
en forme de lune,pétaloïde.

MORPHOLOGIE INTERNE.

FIBRES RADICALES. Assises pilifère et subéreuse formées de
cellules à parois subérisées.Ecorce très développée.Endoderme
à plissements latéraux subérisés.Cylindre central très petit.
2-3 pôles ligneux.Vaisseaux très peu nombreux.Parenchyme central peu abondant.

BULBE. Bulbe formé par la base de la tige de l'année et le
bourgeon de l'année suivante.Epiderme brunâtre.Parenchyme ext.
formé de grandes cellules contenant des paquets de raphides et
de très petits grains d'amidon ordinairement groupés.Faisceaux
libéro-ligneux très nombreux,plus ou moins régulièrement orientés,pénétrant jusqu'au centre de la tige,dépourvus de gaînes
sclérifiées.Base de la tige émettant des rhizoïdes atteignant
100-600 μ de long.Feuilles entourant le bulbe dépourvues de cellules à épaississements lignifiés,réticulés ou spiralés analogues aux trachéides des EUMALAXIDINAE . - TIGE. Epiderme portant des poils assez nombreux (pl.3,f.48-49),2-3-cellul.;cellu-
le terminale renflée,à contenu brun;dans les poils 3-cel-
lul.l'avant-dernière cellule conti nt aussi le produit sécrété.
Epiderme à paroi ext.extrêmement mince.3-6 assises de parenchyme ext.Absence complète de tissu lignifié extra-libérien.Fais-
ceaux libéro-ligneux disposés en un cercle au-dessus de l'unique feuille développée.Parenchyme int.très abondant,se résorbant presque jusqu'aux faisceaux.

FEUILLE. Ep. = 260-350μ.Epiderme sup.recticurviligne,haut de
40-60μ,à paroi ext.épaisse de 4-7μ et à peine bombée,muni de
quelques stomates et de poils assez abondants,ordinairement bi-
cellulaires,à tête seule saillante en dehors du limbe,arrondie
et à contenu brun(pl.3,f.50).Epiderme inf.ondulé,haut de 25-30μ,
à paroi ext.épaisse de 4-6μ env. et légèrement bombée,pourvu de

stomates relativement peu nombreux et de poils sécréteurs 2-3-
cellul.,abondants,à tête arrondie et plus ou moins renflée (pl.
3,f.51).Epiderme inf.du pétiole produisant quelques rhizoïdes
et de nombreux poils.Cellules épidermiques du bord du limbe à
paroi ext.légèrement bombée.Mésophylle comprenant 5-6 assises
de cellules laissant entre elles des méats,contenant quelques
paquets de raphides.Bord du limbe très aminci,dépourvu de collenchyme sous-épidermique.NERVURES dépourvues de collenchyme et
de sclérenchyme;la médiane à section légèrement concave-convexe,
à faisceau libéro-ligneux assez réduit et entouré à sa partie
sup.de tissu très chlorophyllifère et à la partie inf.de cellules pauvres en chlorophylle.Nervures latérales non saillantes,
à faisceau libéro-ligneux situé dans la région inf.du limbe.
    FLEUR. - PERIANTHE. DIVISIONS EXTERNES ET LATERALES INTERNES.
Epidermes ext.et int.dépourvus de papilles. - LABELLE. Partie
centrale proémirn en avant à épiderme int.muni de très grosses papilles cylindriques,unicellulaires,arrondies au sommet,
un peu plus grosses à la base,atteignant 200-1000µ de long env.
et 120-170µ de diamètre,à contenu hyalin (pl.9,f.213).Au fond
de la gibbosité du labelle épiderme int.à nombreux îlots de
cellules à contenu rose.Epiderme inf.dépourvu de papilles caractérisées. - GYNOSTEME. Gynostème parcouru par 5 faisceaux
libéro-ligneux: 2 antérieurs allant aux stigmates,1 postérieur
allant à l'étamine fertile et duquel se détache peut-être tardivement le faisceau du rostellum et 2 faisceaux latéraux rudi-
ments des étamines latérales avortées. - ANTHERE. Cellules à
épaississements très abondantes dans les parois,quelques cellules en griffe. - POLLEN. Pas de massules. - OVAIRE. Nervure des
valves placentifères insensiblement saillante à l'extérieur,
contenant un faisceau libéro-ligneux à bois int.et souvent un
faisceau int.libérien.Placenta profondément divisé.Valves non
placentifères très saillantes extérieurement,parcourues par un
faisceau libéro-ligneux à bois int.

    V.v. - Ombrages de forêts en terre nue,ou parmi les sphaignes,
ou encore au milieu des débris de feuilles dans les forêts de
Conifères. - Laponie de Scandinavie et de Russie;Russie jusqu'à
S.-Pétersbourg;Sibérie,île de Sakhaline,région arctique;n'a
pas été récemment rencontré en Ecosse où il existait autrefois. -
La description et l'étude anatomique ont été faites d'après des
échantillons d'herbier et surtout d'après la plante cultivée
par l'un de nous (Jardin P.Bergon).

                Sous-tribu III. - CORALLORHIZINAE.

Souche rameuse,coralliforme.

    Pas de poils sécréteurs.Racine manquant.Rhizome coralliforme,
muni de poils jouant un rôle d'absorption;faisceau axile à éléments vasculaires peu différenciés.Feuilles toutes bractéiformes,sans organes spéciaux pour la réserve d'eau.

Gen.23. - CORALLORHIZA.

CORALLORHIZA (Hall.Hist.II,p.159,t.44) Scop.Fl.Carn.ed.2,II,
p.207(1772); R.Br.in Ait.Hort.Kew.ed.2,V,p.20; Endl.Gen.p.189;
Meisn.Gen.p.369; Comment.p.277; Reichb.f.Icon.XIII; Pfitzer in
Engl.u.Prantl,Pfl.II,6,p.131. - CORALLIORRHIZA Asch.Fl.Prov.
Brand.1,p.697(1864); Blytt,N.Fl.ed.Ove Dahl,p.240; S.-Lag.in
Car.et S.-Lag.Flore descr.éd.8,p.514; Oborny; Beck; at auct.
plur. - RHIZOCORALLON Hall.u.Rupp.Fl.Jen.ed.3,p.301(1745).
OPHRYDIS spec.L.Spec.ed.1,p.945(1753). - CYMBIDII spec.Swartz
in Act.holm.(1800). - EPIPACTIDIS spec.Crantz,Stirp.austr. -
HELLEBORINE spec.Schmidt,Fl.Bohm.

Périanthe à divisions libres,conniventes,les externes linéaires-oblongues,les internes presque de même forme que les exter-
nes.Labelle étalé,trilobé,à lobes latéraux petits,muni d'un
éperon en forme de sac et de deux gibbosités basilaires.Masses
polliniques subglobuleuses,bipartites,libres.Gynostème droit,
subcylindrique.Stigmate triangulaire.Anthère caduque,bilocullai-
re,dépourvue d'appendice.et de rostellum.Ovaire pendant,subses-
sile,contourné à la base.

Eléments du bois peu caractérisés.Feuilles bractéiformes ne
différenciant pas spécialement leurs tissus en trachéides.Fais-
ceaux libéro-ligneux de la tige disposés en 2 cercles peu distincts.

1. - C.INNATA.

C.INNATA R.Br.in Ait.Hort.Kew.ed.2,V,p.208(1831); Lindl.Gen.
and spec.p.533; Reichb.f.Icon.XIII,p.159; Correv.Alb.Orch.Eur.
pl.IX; Richter,Pl.eur.1,p.28; Blytt,Hand.N.Fl.ed.Ove Dahl,p.241,
cum icone; Babingt.Man.Brit.Bot.ed.8,p.351; Thielens,Orch.Belg.
et Luxemb.p.54; de Vos,Fl.Belg.p.560; Mutel,Fl.fr.III,p.261;
Fl.Dauph.éd.2,p.601; Gr.et God.Fl.Fr.III,p.275; Gr.Fl.ch.Juras.
p.765; Michalet,Hist.nat.Jura,p.300; Barla,Iconogr.p.19; Cam.
Monogr.Orch.Fr.p.103; in J.bot.VII,p.202; Car.et S.-Lag.Fl.des-
crip.éd.8,p.815; Coste,Fl.Fr.III,p.408,n°3624,cum icone; Kirschl
Fl.Als.p.150; Morthier,Fl.Suisse,p.359; Bouv.Fl.Alpes,éd.2,p.
650; Godet,Fl.Jura,p.702; Rhiner,Prodr.Waldst.p.130; Gremli,Fl.
Suisse,éd.Vetter,p.487; Bluff et Fing.Comp.II,p.442; Koch,Syn.
ed.2,p.803; ed.3,p.604; ed.Hall.et Wohlf.p.2448; Oborny,Fl.
Moehr.Oest.Schl.p.259; Fischer,Fl.Bern.p.80; Garcke,Fl.Deutschl.
ed.14,p.385; Seubert,Ex.Fl.Bad.p.127; Foerster,Fl.Aachen,p.349;
Caflisch,Ex.Fl.S.D.p.300; Bach,Rheinpr.p.376; M.Schulze,Die Or-
chid.n°70; de Notar.Repert.ligust.p.395; Bertol.Fl.ital.IX,p.
635; Parlat.Fl.ital.III,p.386; Ces.Pass.Gib.Comp.p.181; Arcang.
Comp.ed.2,p.162; Cocconi,Fl.Bolog.p.478; Ambr.Fl.Tir.aust.1,p.
738; Hausm.Fl.Tirol,p.854; Beck,Fl.N.-Oest.p.220; Hinterhuber
et Pichlm.Fl.Salz.p.196; Schur,Enum.Trans.p.650,n°3459; Simk.
Enum.Trans.p.507; Grecescu,Consp.Roman.p.550; Besser,Enum.p.36,
77,n°1174; Hook.et Arn.in Bch.Voy.p.130; Fellm.Ind.Kola,n°333;
Weinm.Fl.petrop.p.86; Turcz.Catal.Baikal,n°111; Fleisch.et Lind.

Fl.Osts.p.309; A.Nyland.Par.Pojo,n°321; Trautvt.in Middend.It.
1,2,p.7,146,151; Ledeb.Fl.ross.IV,p.49 (1). - C.HALLERI Richard
in Mém.Mus.IV,p.61(1817); Duby,Bot.p.450; Mutel,Fl.Dauph.éd.1;
Kirschl.Fl.Als.II,p.150; Contej.Rev.Montb.p.225; Godr.Fl.Lorr.
II,p.308; Thielens in Bull.Soc.r.bot.Belg.III,p.372(1864); Ac-
quis.fl.Belg.p.48(1870); Crépin,Note V,p.99; et in Bull.Soc.r.
Belg.p.220; Man.fl.Belg.éd.2,p.297. - C.NEOTTIA Scopoli,Fl.carn.
ed.2,p.207(1772); All·oni,Auct.p.33; Ard.Fl.Alp.-Mar.p.340;
Fiori et Paol.Iconogr.fl.it.n°852. - C.NEMORALIS Swartz,Summa
veg.sc.p.32(1814). - C.DENTATA Host,Fl.austr.2,p.547(1831). -
C.VERNA Nuttal in J.acad.Philad.p.135(1823). - C.INTACTA Cham.
et Schlechtd.in Linn.III,p.35(1828). - C.VIRESCENS Drej.Fl.Dan.
XI,7(1843). - C.CORALLORHIZA Karsten,Deutschl.Fl.p.448(1880-83);
Piper of st.Washingt;Contrib.U-S.Nat.Herb.IV(Holzinger)p.252,
III(Rydberg); Asch.u.Graeb.Syn.III,p.903 (1). - CYMBIDIUM CO-
RALLORHIZA (CORALLORHIZON) Swartz in Act.holm.p.738(1800);
Clairv.Man.265; Gmel.Fl.sib.p.26,n°26; Lisb.et Trin.Fl.Petersb.
et Mosc.; Jundz.Fl.lith.p.270; Mart.Fl.mosq.; Willd.Spec.IV,p.
109; Marsch. Bieb.Fl.Taur.-Cauc.II,p.373; DC.Fl.fr.III,p.263;
Loisel.Fl.gall.II,p.275; Boisduval,Fl.fr.III,p.55; Lapeyr.Abr.
Pyr.p.554; Poll.Fl.veron.III,p.38. - OPHRYS CORALLORHIZA L.Spec.
ed.1,p.945(1753); Sut.Fl.helv.2,p.225; Fl.Dan.t.451; Poiret,En-
cycl.IV,p.567; Smith.Brit.932; Vill.Hist.Dauph.II,p.45; Kalm,
Fl.fenn.n°510; Georgi,It.1,p.232; Ferber in Fisch.L.Zus.p.158;
Gilib.Ex.phyt.II,p.485; Georgi,Beschr.Russ.R.III,p. 1252; Gmel.
Fl.bad.III,p.557. - EPIPACTIS CORALLORHIZA Crantz,Stirp.austr.
p.464(1769). - HELLEBORINE CORALLORHIZA Schmidt,Fl.bohm.p.79,
(1798). - Corallorhiza Gmel.Fl.sib.1,p.26; Gunn.Norv.2,t.6,f.3;
Hall.Helv.n°1301,t.44. - Orobanche radice coralloide Bauh.Pin.
88. - Orobanche spuria f.Corallorhiza Rupp.Gen:284,t.2. - Orobanche radice coralloide ruberrima Mentz.Pug.t.9,f.3. - Dentaria aphyllos minor Tab.Icon.848; Bauh.II,785. - Dentaria coral-
loides radice III Clus.Pann.450. - Orobanche verna et autumnalis virginiana radice dentata Plkn.Phyt.CCXI,f.1-2. - Neottia
bulbis reticulatis,nectario labio trifido L.Act.Ups.(1740)p.34;
Fl.suec.743,816. - Neottia radice reticulata L.Fl.lapp.315. -
Ophrys(Corallorhiza)bulbis ramosis flexuoso-divaricatis,caule
vaginato aphyllo,nectarii labio indiviso Smith,Brit.3,p.932. -
Ophrys(Corallorhiza)bulbis ramosis flexuosis,caule vaginato a-
phyllo,nectarii labio trifido L.Sp.pl.1349; Crantz,Stirp.austr.
p.464; Fl.Dan.t.451.

Icon. - Haller,l.c.t.44; Fl.Dan.t.CCCCLI;MMCCCLXIII; Gunn.l.
c.; Sw.Bot.t.554; Reichb.f.Icon.t.138,490; Dietr.Fl.borus.t.23;
Sm.Engl.Bot.XXII,t.1547; Barla,l.c.pl.10,f.19-23; Schlecht.Lang.
Deutschl.IV,f.381; Ces.Pass.Gib.l.c.t.XXII,3,f.a-g; Schulze,l.
c.t.70; Flahault,N.fl.Alp.et Pyr.p.140,cum icone; Ic.n.pl.31,f.
1098-1101.

Exsicc. - Schultz,n°1156; Bourg.Coll.Chenivesse; Billot,n°
289 et n°289 bis; Soc.Rochel.n°4660; Schultz et Winter,n°158;
Reisteiner d'Appenzel.

(1) Par abréviation nous avons donné à la suite les uns des
autres ces différents auteurs,les uns cependant ayant admis la
graphie CORALLIORRHIZA.

Rhizome tortueux,rameux,coralliforme.Tige de 1-2 décim.,assez
grêle,verte,aphylle,munie seulement d'écailles membraneuses,les
supérieures plus grandes,la dernière spathiforme,très rapprochée de l'épi avant l'anthèse.Bractées très courtes,membraneu-
ses,ocracées,aiguës.Fleurs 4-12,petites,pendantes,d'un blanc
jaunâtre,disposées en épi grêle,court.Divisions du périgone libres,conniventes,les externes sublinéaires,à bords réfléchis,
les internes un peu plus courtes que les externes,oblongues,
jaunâtres et pointillées de brun rougeâtre en dedans.Labelle
un peu plus court que les divisions externes,étalé,muni à la
base de deux callosités parallèles,linéaires;lobes latéraux petits,dressés;lobe médian ovale,subtrilobé,blanchâtre et strié
ou pointillé de pourpre à la base.Eperon court,en forme de sac.
Gynostème presque arrondi,arqué,souvent pointillé à la base et
en avant.Masses polliniques jaunâtres.

MORPHOLOGIE INTERNE.

RACINE manquant. - RHIZOME. Epiderme non ou peu cuticularisé,muni d'abondantes touffes de poils.Ces poils partagent avec
l'épiderme la fonction d'absorption et multiplient beaucoup la
surface absorbante du rhizome.Ecorce extrêmement développée,
comprenant 12-16 assises env.,divisée en 3 régions,la zone ext.
et la zone int.contenant beaucoup d'amidon avant la floraison
et après le développement des ovules,la zone moyenne renfermant
de très abondantes cellules à mucilage.Endoderme très caractérisé,à cadres de plissements subérisés très nets.Cordon libéro-
ligneux axile.Bois peu caractérisé,formé de trachéides à parois
réticulées et d'éléments à parois minces,à peine lignifiées.Il
se détache un seul faisceau pour chaque feuille bractéale.Cor-
don ligneux montrant au milieu d'un entre-noeud 2 groupes de
vaisseaux,diamétralement opposés,plus ou moins soudés,corres-
pondant aux 2 lignes de feuilles.Liber développé,à parois assez
épaisses.Faisceaux ligneux commençant vers la tige aérienne à
s'écarter peu à peu,en laissant au centre un peu de parenchyme.
TIGE AERIENNE.Epiderme dépourvu de poils (nous n'avons observé
que des individus adultes).Anneau sclérifié touchant à l'épiderme ou séparé de lui par 1-3 assises de parenchyme très lacuneux,Parenchyme ext.contenant de l'amidon.Anneau sclérifié formé de 7-8 assises à parois épaisses.Faisceaux libéro-ligneux de
taille assez différente,disposés en 2 cercles peu distincts,en-
tourés de fibres lignifiées sauf parfois à la partie int.du
bois.Bois assez développé.Parenchyme ligneux non lignifié manquant ou rare.Parenchyme plus ou moins résorbé au centre de la
tige.

ÉCAILLES FOLIAIRES AERIENNES. Ep. = 60-90μ env.Epiderme sup.
haut de 20-25μ env.,à paroi ext.mince et non bombée.Epiderme
inf.haut de 20-25μ env., à paroi ext.mince et bombée.Mésophylle
formé de 2-4 assises d'un tissu à peu près homogène.NERVURES à
section à peu près plane,dépourvues de collenchyme.

(1) Ce rhizome jouant un rôle analogue à celui des racines
sa structure se rapproche considérablement de celle d'un de ces
organes par son épiderme muni de poils et ressemblant beaucoup
à une assise pilifère,le développement de l'écorce,la disposition du bois et de plus par la tendance que montrent les pôles
ligneux à ne plus être diamétralement opposés aux pôles libériens.

OVAIRE.(Pl.10,f.291.)Nervure des valves placentifères assez
saillante à l'extérieur,contenant un faisceau libéro-ligneux à
bois int.Masses placentaires courtes,à divisions développées.
Valves non placentifères assez développées,très proéminentes,
renfermant un faisceau libéro-ligneux à bois int. - GRAINES.
Suspenseur peu développé(souvent 2-cellul.).Cellules du tégument nettement réticulées.Graines adultes renflées au sommet,
3-4 fois plus longues que larges.L = 500-650µ env.

B. Var.ERICETORUM Reichb.f.Icon.XIII,161,t.XD,f.I,II,1-5; M.
Schulze,Die Orchid.70; Asch.u.Graeb.Syn.III,p.903. - C.ERICETO-
RUM Drej.in Kröj.Tidsskr.II,p.429(1842); Nyman,Consp.p.686. -
C.INTACTA R.Br.; Cham.Linn.III,35. - Icon. Reichb.l.c.; Fl.
Dan.f.IX,p.7 et t. MCCCLXIV. - Plante naine,à tige souvent
sinueuse,subtriquètre.Fleurs très petites,jaunes ou verdâtres.
Ovaire à 3 côtes fortement ondulées,crénelées. - Danemark,Ibé-
rie.

MONSTRUOSITES. - F.ANOMALA. - M.M.Schulze in O.B.Z.(1899)p.
300,signale une monstruosité à fleurs dont le périanthe a 8 divisions,récoltée au Furnachgrat(Ruppert).
    Une forme à inflorescence bifurquée a été signalée par M.Han-
del-Mazzetti in O.B.Z.(1903)p.340,récoltée dans le nord du Tyrol à St.-Magdalena.

V.v. - Mai,juin,juillet. - Bois des hautes montagnes,peu abondant,en petites colonies au pied des vieux arbres dans les forêts de hêtres et de sapins.Relativement plus abondant dans le
Jura neuchâtelois.Grande partie de l'Europe,Sibérie,Amérique
septentrionale et boréale,France:Vosges,Jura,Alpes,Pyrénées.

Tribu IV. - NEOTTIEAE Lindl.

Lindl.Gen.and spec.p.441; Barla,Iconogr.p.9. - NEOZIEAE Parlat.Fl.ital.III,p.354. - NEOTTIACEAE Reichb.f.Icon.XIII,p.133, p.p. - ORCHIDEAE subordo V.NEOTTIEAE Endl.Gen.p.212. - OPHRYDINEAE Tod.Orchid.sic.p,115.

Etamine centrale fertile.Anthère terminale,libre ou continue avec la base du gynostème.Masses polliniques non atténuées en caudicule.Pas de bulbe;souche à fibres radicales cylindriques plus ou moins épaisses.Graines atténuées aux extrémités.

Papilles ou poils unicellulaires sur le labelle.Poils pluricellulaires sécréteurs sur la tige,les feuilles,les ovaires,les divisions externes et latérales internes du périanthe.Grains de pollen se développant dans toute l'anthère,s'isolant par tétrades ou par massules(GOODYERA)(voir p.28).Parois de l'anthère ayant ordinairement plusieurs assises de cellules fibreuses très différenciées.Racines non soudées,ne présentant jamais qu'un seul cylindre central(voir p.9).

Sous-tribu I. - SPIRANTHINAE.

SPIRANTHEAE Parlat.Fl.ital.III,p.371. - SPIRANTHIDAE Lindl. Gen.and spec.p.441.p.p.?

Périanthe à divisions serrées,plus ou moins conniventes ou soudées.Labelle à direction parallèle à celle du gynostème,muni à la base d'un éperon en sac.Gynostème arrondi,charnu,pédicellé.

Nous devons indiquer que M.M.Ascherson et Graebner dans leur Synopsis p.884 ont admis la sous-tribu des SPIRANTHINAE,mais ces auteurs y rattachent les genres SPIRANTHES,LISTERA et NEOTTIA. - Telle que nous comprenons cette sous-tribu nous rattachons le genre GOODYERA au genre SPIRANTHES et nous plaçons les NEOTTIA et LISTERA dans une autre sous-tribu.

Gen.24. - SPIRANTHES Rich.

SPIRANTHES Richard in Mém.Mus.IV,p.42; Lindl.Gen.and spec.p. 463; Endl.Gen.p.212,n°1547; Reichb.f.Icon.XIII,p.150; Benth.et Hook.Gen.III,p.596; Pfitzer in Engl.u.Prantl,Pfl.2,6, p.113; Parlat.Fl.ital.III,p.371. - SPEIRANTHES Hassk.Cat.pl.Hort.Bogor. alt.47(1844),ap.Asch.u.Graeb. - SPIRANTHOS S.-Lag.in Ann.Soc. bot.Lyon,VII,p.56(1880). - OPHRYDIS spec.L.Spec.1340. - EPIPACTIDIS spec.Crantz,Stirp.austr.p.470; All.Fl.pedem.II,p.152. - SERAPIADIS spec.Scop.Fl.carn.ed.2,II,p.201. - NEOTTIAE spec. Willd.Spec.IV,p.74; R.Br. - IBIDIUM Salisb.in Trans.Hort.Soc.

1,p.291(1812). - ORCHIASTRUM Mich.Nov.pl.gen.p.30. - GYROSTA-
CHYS Dumort.Anal.famil.56(1829). - GYROSTACHIS Pers.Syn.II,511
(1807). - TUSSACIA Desvaux,Obs.fl.Anj.p.91. - ARISTOTELEA Lour.
Fl.Cochinch.p.522(1790). - HELLEBORINE Ferrh.Syst.Ver.Erf.p.
309,310(1800). - CYCLOPOGON C.Presl.Rel.Haenk.1,p.93(1830). -
CYCLOPTERA Endl.Enchir.p.113(1841).

Divisions du périanthe soudées en tube dans leur partie inférieure,formant un angle presque droit avec l'ovaire;division
moyenne externe horizontale,appliquée sur les deux extérieures
auxquelles elle adhère souvent.labelle entier,crénelé ou frangé
sur les bords,canaliculé,embrassant le gynostème en forme de
sac à la base,non prolongé en éperon.Masses polliniques claviformes,réunies par un rétinacle commun.Gynostème court,prolongé
à la base en une lame bifide sur laquelle l'anthère s'appuie.
Anthère sessile,mobile,persistante,aiguë.Ovaire oblique,non
contourné. - Bulbes fusiformes,2 à 5.Fleurs disposées en épi
spiralé.

Racine se tubérisant fortement mais non concrescentes,à lames
vasculaires isolées les unes des autres,non réunies en étoile
et entourant un parenchyme très abondant;assises pilifère et
subéreuse munies d'épaississements spiralés.Poils sécréteurs ne
tendant pas à se ramifier.Nervures dépourvues de collenchyme
et de sclérenchyme.Grains de pollen se séparant en tétrades.Pas
de faisceaux latéraux,rudiments des étamines avortées,dans le
gynostème(1)

1. - S.AESTIVALIS.

S.AESTIVALIS Rich.in Mém.Mus.IV,p.58(1817); Lindl.Gen.and sp.
Orch.p.464; Reichb.f.Icon.XIII,p.151; Richter,Pl.eur.1,p.285;
Correv.Alb.Orchid.Eur.pl.LVIII; Babingt.Man.Brit.Bot.ed.3,p.349;
Lej.et Court.Comp.III,p.191; Crép.Man.fl.Belg.éd.1,p.180;éd.2,
p.296; Thielens,Orch.Belg.et Luxemb.p.35; de Vos,Fl.Belg.p.559;
Mutel,Fl.fr.III,p.260; Fl.Dauph.éd.2,p.600; Gr.et God.Fl.Fr.III,
p.267; Lec.et Lamt.Cat.pl.cent.p.354; Bor.Fl.cent.éd.3,p.654;
Gren.Fl.ch.jurass.p.762; Michalet,Hist.nat.Jura,p.300; Castag.
Cat.B.-d.-Rh.p.155; Coss.et Germ.Fl.env.Paris,éd.2,p.695; Mart.-
Don.Fl.Tarn,p.717; Ardoino,Fl.Alp.-Mar.p.360; Barla,Iconogr.p.
16; Poirault,Cat.Vienne,p.98; Loret et Barr.Fl.Montp.p.653; Fr.
Gust.et Hérib.Fl.Auv.p.423; Franchet,Fl.L.-et-Ch.p.652; Martin,
Cat.Romor.éd.2,p.376; Cam.Monogr.Orch.Fr.p.113; in J.bot.VII,p.
274; Lloyd et Fouc.Fl.ouest,p.343; Car.et S.-Lag.Fl.descr.éd.8,
p.813; Masclef,Cat.P.-d.-C.p.158; Debeaux,Rév.fl.agen.p.514;
Léveillé,Fl.May.p.202; Corbière,N.fl.Norm.p.552; Gautier,Fl.Pyr.-

(1)Dans la sous-tribu des Néottiées comme dans les tribus des
Arétusées et des Cypripédiées chaque genre répond à un ensemble
de caractères internes.L'étude anatomique vient pleinement con-
firmer les groupements indiqués par la morphologie externe.

Orient.p.396; Bubani,Fl.pyr.p.33; Coste,Fl.Fr.III,p.407,n°3621,
cum icone; Guill.Fl.Bord.S.-O.p.172; Kirschl.Fl.Alsace.Prodr.p.
162; Fl.Als.p.144; Fl.et Fingh.Comp.2,p.433; Foerster, Fl.Aach.
p.351; Caflisch,Ex.Fl.S.D.p.300; Seubert,Ex.Fl.Bad.p.127; Koch,
Syn.ed.2,p.803; ed.3,p.603; ed.Hall.et Wohlf.p.2447; Garcke,Fl.
Deutschl.ed.14,p.385; M.Schulze,Die Orchid.n°62; Asch.u.Graeb.
Syn.III,p.886; Gaudin,Fl.helv.V,p.477; Morthier,Fl.Suisse,p.357;
Bouvier,Fl.Alpes,éd.2,p.647; Reuter,Cat.Genève,éd.2,p.208; Go-
det.Fl.Jura,p.699; Gremli,Fl.Suisse,éd.Vetter,p.487; Fischer,
Fl.Bern,p.82; Rhiner,Prodr.Waldst.p.130; Beck,Fl.N.Oest.p.218;
Hinterhuber et Pichlm.Fl.Salzb.p.196; de Not.Repert.fl.lig.p.
393; Moris,St.Sard.f.1,p.45; Puccin.Syn.fl.luc.p.486; Com.Fl.
comens.VI,p.392; Bertol.Fl.ital.IX,p.612; Parlat.Fl.ital.III,p.
372; Ces.Pass.Gib.Comp.p.179; W.Barbey,Fl.sard.comp.n°1339; Ar-
cang.Comp.ed.2,p.162; Macchiatti in N.G.bot.ital.(1881)p.309;
Fiori et Paol.Iconogr.fl.ital.n°854; Caruel,Pl.Mont.p.32;Willk.
et Lange,Prodr.hisp.1,p.175; Colmeiro,Enum.pl.hisp.-lus.V,p.46;
Guimar.Orch.port.p.21; Ambr.Fl.Tirol,1,p.735; Boiss.Fl.orient.
V,p.91; Halacsy,Consp.fl.gr.III,p.157; Battand.et Trab.Fl.Alg.
(1884)p.188;(1895)p.35. - NEOTTIA AESTIVALIS DC.Fl.fr.III,p.258
(1805); Duby,Bot.p.448; Sal.Marsch.in Fl.B.Z.p.492(1833); Pers.
Syn.2,p.511; Brongn.in Exp.Morée,p.266; Boisduval,Fl.fr.III,p.
50; Reuter,Cat.Genève,éd.1,p.101; Bory et Chaub.Fl.Pélop.p.62;
Poll.Fl.veron.III,p.32; Lefrou,Cat.L.-et-Ch.p.24; Martin,Cat.
Romor.p.261; Magnin et Hétier,Observ.fl.Jura,p.142. - N.SPIRA-
LIS g.Willd.Spec.IV,p.74(1805). - OPHRYS AESTIVA Balb.Fl.in
Add.fl.pedem.p.96(1801); Misc.Bot.1,p.40; et in Roem.Arch.3,p.
1,136,n°48. - O.AESTIVALIS Poiret,Encycl.IV,p.567(1797); Le
Turq.Delon.Fl.Rouen,p.463. - O.SPIRALIS g.L.Spec.ed.1,p.946
(1753). - O.ULIGINOSA Pourret ap.Bubani. - EPIPACTIS SPIRALIS
Clairv.Man.264. - TUSSACIA AESTIVALIS Desvaux,Fl.Anjou,p.90
(1827). - GYROSTACHYS AESTIVALIS Dumort.Prodr.fl.Belg.p.134. -
ORCHIASTRUM AESTIVUM Mich.Gen.30,n°1,t.26,f:D. - Orchis spiralis,alba,odorata Zannich.Ist.d.piante venet.p.199;p.p. - Orchis
spiralis odorata Zannich.l.c.t.86,f.1-3.

Icon. - Mich.l.c.; Hall.Ic.Helv.48,41; Engl.bot.t.2817; Zan-
nich.l.c.; Dalech.Hist.Lugd.2,p.1560,f.4; Reichb.Crit.II,t.196,
f.337; Reichb.f.Icon.XIII,t.CCCCLXXV,f.I-II 1-6; Barla,l.c.pl.
10,f.1-6; Cam.Iconogr.Orch.Par.pl.36; M.Schulze,l.c. t.62; Gui-
mar.l.c.; Bonnier,Alb.N.Fl.p.148; Ic.n.pl.31,f.1087-1090.

Exsicc. - Billot,n°467; Reliq.Maill.172(Indre-et-Loire),1729
a (Pas-de-Cal.); Schultz,n°1155; Reichb.951; Soc.Rochel.n°852;
Bourgèau,Pl.Esp.et Port.(1853)n°2036.

Fibres radicales épaisses,charnues,fusiformes,ordinairement
deux,d'un blanc sale.Tige de 2-3 décim.,feuillée,grêle,cylin-
drique,d'un jaune verdâtre pâle.Feuilles linéaires-lancéolées,
subobtuses,canaliculées,dressées,les supérieures bractéiformes,

les inférieures réduites à l'état de gaînes,non réunies en faisceau latéral.Bractées concaves,canaliculées,plus longues que
l'ovaire.Fleurs petites,blanches,peu odorantes et seulement
après le coucher du soleil,disposées en épi spiralé étroit,
très dense.Divisions du périanthe conniventes,ouvertes un peu
au sommet;les externes lancéolées,subobtuses,pubérulentes,un
peu en sac à la base;les internes obtuses-spatulées,un peu
courbées.Labelle oblong-ovale,à bords frangés ou crénelés,non
émarginés.Anthère d'un rouge brique.Masses polliniques d'un
jaune clair.Ovaire glabrescent.Capsule souvent rougeâtre à la
maturité.

MORPHOLOGIE INTERNE.

FIBRES RADICALES. Poils absorbants relativement peu nombreux,
bien moins abondants que dans le S.AUTUMNALIS.Assise pilifère
formée de cellules à parois munies d'épaississements spiralés
délicats,à stries anastomosées,a épaississements un peu moins
développés que dans le S.AUTUMNALIS,mais pourtant très apparents sur un lambeau d'assise pilifère ou sur une section
transversale de la racine.Ecorce très développée,contenant des
paquets de raphides assez nombreux et des cellules à mucilages.
Endoderme muni de plissements subérisés très marqués.Cylindre
central très grand.Lames vasculaires formées de vaisseaux peu
abondants,ne se fusionnant pas en étoile,mais entourant un parenchyme très abondant à parois minces.Tissu de soutien manquant dans le cylindre central.

TIGE. Epiderme strié ou non (pl.2,f.40),portant surtout vers
le sommet de la tige des poils pluricellulaires non ramifiés à
tête arrondie.Anneau lignifié reliant l'épiderme aux faisceaux
libéro-ligneux ext.,formé de 5-8 assises de sclérenchyme à parois très épaisses.Faisceaux libéro-ligneux assez nombreux,dis-
séminés,les uns très petits touchant à l'anneau lignifié;les
autres plus développés,internes,totalement dépourvus de gaîne
sclérifiée,plongeant dans un parenchyme à parois très minces et
à méats.Parenchyme central non résorbé au début de la période
végétative,se détruisant ensuite plus ou moins.

FEUILLE. Ep. = 130-220μ .Epiderme sup.formé de cellules à parois recticurvilignes,haut de 20-30μ,à paroi ext.peu épaisse
et légèrement bombée,muni de stomates très nombreux,très petits,
existant même sur les feuilles inf.Epiderme inf.formé de cellules à parois recticurvilignes (pl.5,f.131),haut de 20-30μ,à
paroi ext. peu épaisse et bombée,pourvu de stomates abondants.
Cellules épidermiques du bord du limbe à paroi ext.non ou à
peine bombée.Mésophylle formé de 6-8 assises chlorophylliennes
et contenant quelques cellules à raphides.NERVURES dépourvues
de sclérenchyme et de collenchyme,à faisceau libéro-ligneux entouré de parenchyme incolore et de cellules à chlorophylle.

FLEUR. - PERIANTHE. DIVISIONS EXTERNES ET LATERALES INTERNES.
Epiderme ext.portant quelques poils glanduleux assez gros,2-4-
cellul.,à tête renflée,à contenu jaunâtre.Epiderme int.ne portant que quelques rares poils. - POLLEN. Tétrades à exine nettement réticulée,réseau à mailles assez fines.L = 32-42μ env. -
GRAINES. Cellules du tégument recticurvilignes,à épaississements striés-anastomosés.Graines allongées,arrondies ou légère-

ment atténuées au sommet,2-3 fois plus longues que larges.L =
400-450 ｃ env.

V.v. - Juin,juillet. - Prairies humides,landes,marécages. -
Disséminé et ordinairement peu abondant dans ses stations. -
Angleterre,Ecosse;Belgique,R.;Europe méridionale et occidenta-
le;Autriche-Hongrie;Allemagne;Portugal;Espagne;Suisse;Italie;
Tyrol(1300 mètr.alt.Dal.Torre u.Sarnt.);Croatie;Grèce;Sardai-
gne;Corse,France:Seine-et-Oise,Seine-et-Marne,Pas-de-Calais,
Drôme,Loire,Isère,Savoie,Haute-Savoie,etc.;Algérie.

OBSERVATION. - Nous ne pouvons séparer du S.AESTIVALIS la
plante à laquelle a été assignée la synonymie suivante:S.CERNUA
Fleisch u. Lind.Fl.d.Ostseepr.p.309; Trautv.Incr.fl.ross.p.763;
n°5047; Reichb.f.Icon.XIII,p.152,s.S.AESTIVALIS; an OPHRVS CER-
NUA Luce,Topogr.Nach.Ins.Os.p.399; Ledeb.Fl.ross.IV,p.76 ?

2. - S.AUTUMNALIS.

S.AUTUMNALIS Rich.in Mém.Mus.IV,p.59(1817); Lindl.Gen.and
spec.p.469; Reichb.f.Icon.XIII,p.150; Richter,Pl.eur.1,p.285;
Correvon,Alb.Orch.Eur.pl.LIX; Babingt.Man.Brit.Bot.ed.8,p.348;
Oudemans,Fl.Nederl.p.153; Lej.et Court.Comp.III,p.192; Crépin,
Man.fl.Belg.éd.1,p.180; éd.2,p.296; Thielens,Acquis.fl.Belg.p.
48; Orch.Belg.et Luxemb.p.36; Löhr,Fl.Tr.p.252; Dumoul.Fl.Maest.
p.147; Cogn.Fl.Belg.p.253; de Vos,Fl.Belg.p.559; Mutel,Fl.fr.
III,p.260; Fl.Dauph.éd.2,p.600; Lec.et Lamt.Cat.pl.cent.p.354;
Gr.et God.Fl.Fr.III,p.267; Boreau,Fl.cent.éd.3,p.654; God.Fl.
Lorr.II,p.299; Gren.Fl.ch.jurass.p.763; Michal.Hist.nat.Jura,p.
30; Coss.et Germ.Fl.Par.éd.2,p.696; Martr.-Don.Fl.Tarn,p.77;
Ardoino,Fl.Alp.-Mar.p.360; Barla,Iconogr.Orchid.p.17; Dulac,Fl.
H.-Pyr.p.122; Castag.Cat.B.-d.-Rh.p.155; Poirault,Cat.Vienne,p.
98; Loret et Barrand.Fl.Montp.p.653; Martin,Cat.Romorant.éd.2,
p.377; Fr.Gust.et Hérib.Fl.Auv.p.423; Car.et S.-Lag.Fl.descr.
éd.8,p.813; Lloyd et Fouc.Fl.Ouest,p.343; Cam.Monogr.Orchid.Fr.
p.114; in J.bot.VII,p.274; Deb.Révis.fl.agen.p.514; Gautier,
Pyr.-Or.p.396; Corbière,N.Fl.Norm.p.553; Masclef,Cat.P.-d.-C.p.
158; Léveillé,Fl.Mayenne,p.202; Gentil,Fl.manc.p.176; Guill.Fl.
Bord.et S.-O.p.172; Coste,Fl.Fr.III,p.408,n°3622,cum icone;
Kirschl.Prodr.p.162; Fl.Als.p.144; Reichb.Fl.excurs.p.127; Bl.
et Fing.Comp.2,p.454; Oborny,Fl.Moehr.Oest.Schl.p.269; Koch,Syn.
ed.2,p.802; ed.3,p.604; ed.Hall.et Wohlf.p.2447; Caflisch,Ex.
Fl.S.D.p.300; Bach,Rheinpr.p.375; Foerster,Fl.Aachen,p.351;
Garcke,Fl.Deutschl.ed.14,p.385; M.Schulze,Die Orchid.n°61; Mor-
thier,Fl.Suisse,p.357; Reuter,Catal.Genève,éd.2,p.208; Godet,
Fl.Jura,p.700; Gremli,Fl.Suisse,éd.Vetter,p.487; Fischer,Fl.
Bern,p.81; Rhiner,Prodr.Waldst.p.130; Hausm.Fl.Tirol,p.853;
Hinterhuber et Pichlm.Fl.Salzb.p.196; Beck,Fl.N.-Oest.p.216;
Schur,Enum.Trans.p.650,n°3458; Simk.Enum.Trans.p.507; Vis.Fl.
Dalm.p.175; Ambr.Fl.Tirol austr.p.736; Moris,Stirp.Sard.1,p.45;
Tod.Orch.sic.p.132; Guss.Fl.sic.syn.2,p.559; Pucoin.Syn.pl.luc.
p.486; Comoll,Fl.comens.VI,p.393; Bertol.Fl.ital.IX,p.610; Guss.

Enum.pl.inar.p.325; de Notaris,Repert.fl.lig.p.393; Stefani,F.
Maj.W.Barbey,Cat.Samos,p.61; W.Barbey,Fl.Sard.Comp.n°1340; Ces.
Pass.Gib.Comp.p.179; Parlat.Fl.ital.III,p.374; Arcang.Comp.ed.
2,p.162; Cocconi,Fl.Bolog.p.478; Martelli,Monoc.sard.p.19; Macchiatti in N.G.bot.ital.(1881)p.310; Fiori et Paol.Iconogr.fl.
it.n°855; Rodrig.Cat Men.n°594; Barcelo,Ap.Balear.p.45,n°400;
Marès et Vigin.Cat.Baléar.p.277; Willk.et Lange,Prodr.hisp.1,p.
175; Guimar,Orch.port.p.21; Gris.Spic.fl.rum.et bith.2,p.368;
Boiss.Fl.orient.V,p.90; Raulin,Cret.p.863; Bald.Riv.Coll.alb.
(1895)p.71; Grecescu,Consp.fl.Roman.p.547; Battand.et Trab.Fl.
Alg.éd.1,p.188; éd.2,p.35; Bonnet et Barr.Cat.Tunis.p.406; Debeaux,Fl.Kabylie Djurdj.p.338. - S.SPIRALIS C.Koch in Linn.XIII,
p.290(1839); Halacsy,Consp.fl.gr.III,p.157; Asch.u.Graeb.Fl.
Nordostd.Flachl.p.220; Syn.III,p.886; Richt.Pl.eur.p.285. -
OPHRYS AUTUMNALIS Balb.Misc.40 et Add.fl.pedem.p.96(1801). -
O.SPIRALIS a.L.Spec.ed.1,p.946(1753);et Mant.p.489; Poiret,En-
cycl.IV,p.567; Smith,Brit.934; Bertol.Pl.gen.p.121; Savi,Fl.pis.
2,p.302; Suffren,Pl.Frioul,p.175; Vill.Hist.Dauph.II,p.46; Le
Turq.Delon.Fl.Rouen,p.463; Gmelin,Fl.bad.III,p.558; Poll.Pal.
855. - NEOTTIA SPIRALIS Swartz in Act.holm.p.226(1800);a. Willd.
Spec.IV,p.74(1805); DC.Fl.fr.III,p.257,n°2035; Duby,Bot.p.448;
Boisduval,Fl.fr.III,p.51; Magnin et Hét.Observ.fl.Jura,p.142;
Spenn.Fl.frib.p.244; Reuter,Cat.Genève,éd.1,p.101; Biv.Sic.pl.
cent.1,p.57; Bertol.Amoen.ital.p.203; Seb.et Mauri,Fl.rom.pr.p.
313; Pers.Syn.2,p.510; Zerap.Fl.melit.thes.p.55; Chaub.et Bory,
N.fl.Pélopon.p.62. - N.AUTUMNALIS Ten.Fl.neap.syll.p.461(1831);
et var.AUSTRALIS Syll.App.IV,42. - TUSSACIA AUTUMNALIS Desv.Fl.
Anjou,p.90(1827). - IBIDIUM SPIRALE Salisb.in Trans.Hort.Soc.1,
p.291(1812). - SATYRIUM SPIRALE Hoffm.Bot.Tasch.II,p.177(1800).-
GYROSTACHYS AUTUMNALIS Dumort.Prodr.fl.Belg.p.134. - EPIPACTIS
SPIRALIS Crantz,Stirp.austr.p.470(1769); All.Fl.pedem.n°1852. -
SERAPIAS SPIRALIS Scop.Fl.carn.ed.2,II,p.201(1772). - HELLEBORI-
NE SPIRALIS Bernh.Syst.Verz.Erf.p.316(1800); Asch.Fl.Pr.Brandb.
p.940(1864). - Orchis spiralis,alba,odorata Vaillant,Bot.paris.
147,n°7; Cup.H.cath.p.158. - Orchiastrum autumnale,pratense,
spirale,album,odoratum Mich.Nov.pl.gen.p.30.

Icon. - Rivin.Hex.t.14; Dalech.Hist.1555,f.3; Dodon.Pempt.
239,f.2; Vaillant,Bot.paris.t.30,f.17; Zannich.Ist.pl.Venet.p.
199,t.86,f.3; Seg.Pl.ven.suppl.p.252,t.8,f.9; Curtis,Fl.lond.
ed.Grav.1,t.127; Fl.Dan.t.387; Engl.Bot.t.541; Oudem.Fl.Nederl.
t.LXXII,f.374; Sturm,Deutschl.Fl.12,t.16; Dietr.Fl.boruss.1,t.
16; Schlecht.Lang.Deutschl.IV,f.37; Reichb.f.Icon.150,t.
CCCCLXXIV,f.1-20; Barla,l.c.t.10,f.7-12; Cam.Iconogr.Paris,p.
37; Ces.Pass.Gib.Comp.t.XXII,1,a-i; M.Schulze,l.c.t.61; Bonnier,
Alb.N.Fl.p.148; Ic.n.pl.31,f.1091-1095,1097.

Exsicc. - Billot,n°1966 et n°1966 bis; Reliq.Maill.n°1728 et
n°1728 a; Schleich.;Thomas; Schultz,n°80; Reichb.n°172; Lej.et
Court.Ch.pl.n°503; Soc.Rochel.n°2016; Heldreich,Herb.(1875);
Baldacci,It.alban.(epir.)quartum(1896); Balansa,Pl.d'Orient
(1866); Austr.-Hung.n°1024; Magn.Fl.sel.n°69 et n°69 bis,693.

Fibres radicales charnues,fusiformes,épaisses,ordinairement 2,dans certaines localités souvent 3 ou 4.Tige de 2 à 3 décim. env.,nue,cylindrique,grêle,flexueuse,pubescente au sommet,munie de feuilles courtes,bractéiformes,étroitement engaînantes,d'un vert pâle.Feuilles ovales ou ovales-oblongues,atténuées en pétiole court et formant un faisceau radical et latéral par rapport à la tige.Bractées plus longues que l'ovaire,pubescentes en dehors,à bords blanchâtres.Fleurs petites,blanches,exhalant une odeur de fourmi,disposées en épi spiralé étroit,très dense. Divisions du périgone en forme de sac à la base,connivantes,les externes lancéolées-linéaires,subobtuses,pubescentes en dehors; les internes latérales plus courtes et plus étroites que les externes.Labelle presque aussi long que les divisions externes, canaliculé,obové,émarginé au sommet,à bords frangés-crénelés,un peu en sac à la base.Ovaire obové,pubescent.Masses polliniques claviformes,d'un blanc jaunâtre.

MORPHOLOGIE INTERNE.

FIBRES RADICALES. Poils absorbants extrêmement nombreux.Parois des cellules des assises pilifère et subéreuse munies d'épaississements spiralés abondants,à anastomoses (pl.1,f.4-5). Il y a une certaine analogie entre ces cellules et les trachéides des feuilles spongieuses du MALAXIS.Ecorce contenant de nombreux paquets de raphides.Endoderme formé de cellules à cadres de plissements très marqués.Cylindre central très grand. Lames vasculaires très réduites autour d'un parenchyme central très développé.Cylindre central complètement dépourvu de tissu de soutien.

TIGE, Stomates très nombreux.Epiderme pourvu de poils très abondants,longs de 350-450μ,à tête arrondie,non rameux,mais souvent un peu recourbés (pl.3,f.55-56).2-3 assises de parenchyme chlorophyllien entre l'épiderme et l'anneau lignifié.Anneau lignifié formé de 5-7 assises à parois très épaisses.Faisceaux libéro-ligneux disséminés,pénétrant même vers la partie centrale de la tige,les externes touchant à l'anneau sclérifié. Parenchyme ligneux non lignifié très abondant.Pas de lacune au centre de la tige.

FEUILLE. (Pl.6,f.149.)Ep. = 170-230μ env.Epiderme sup.recti-curviligne,pourvu même dans les feuilles inf.de stomates nombreux,haut de 20-26μ,à paroi ext.peu bombée et épaisse de 4-7μ env.Epiderme inf.recticurviligne,haut de 20-25μ env.,muni de stomates abondants,à paroi ext.légèrement bombée et épaisse de 4-6μ env. Cellules épidermiques du bord du limbe à paroi ext. légèrement bombée.Mésophylle formé de 5-7 assises de tissu assez riche en chlorophylle et assez serré,renfermant quelques paquets de raphides.NERVURES dépourvues de collenchyme et de sclérenchyme,les principales à faisceau muni à la partie inf. de parenchyme incolore ou de tissu peu chlorophyllien et à la partie sup.de parenchyme contenant de la chlorophylle;les autres totalement dépourvues de tissu incolore et à faisceau plus rapproché de l'épiderme inf.que de l'épiderme sup.

FLEUR. - PERIANTHE. DIVISIONS EXTERNES.Epidermes ext.et int. munis de poils assez nombreux,semblables à ceux de la tige. -

DIVISIONS LATÉRALES INTERNES. Bords légèrement papilleux. - LA-
BELLE. Épiderme int.formé de cellules légèrement prolongées en
papilles surtout vers le sommet du labelle.Saillies globuleuses
émettant du nectar.Nectar s'accumulant dans une petite cavité
située sous les proéminences.Épiderme ext.à peine papilleux. -
GYNOSTÈME. Faisceaux des étamines latérales avortées manquant.-
ANTHÈRE. Parois à cellules fibreuses nombreuses. - POLLEN. Tétrades à exine fortement réticulée,réseau à mailles assez gran-
des.L = 32-42|µ env. - OVAIRE. (Pl.10,f.296.) Épiderme ext.muni
de poils semblables à ceux de la tige.Nervure des valves placentifères légèrement et insensiblement saillante à l'extérieur,
renfermant un faisceau libéro-ligneux situé plutôt vers l'intérieur et à bois int.Placenta très divisé.Valves non placentifères légèrement proéminentes à l'extérieur,contenant un faisceau
libéro-ligneux à bois int. - GRAINES. Cellules du tégument à
épaississements striés.Graines très allongées,très atténuées au
sommet,env.4 fois plus longues que larges.

Notre ami M.Jeanpert a recueilli à Saint-Malo une forme curieuse f.BRACTEATA à épi floral relativement court et à bractées dépassant presque toutes les fleurs.

V.v. - Lieux herbeux,arides,talus,dunes. - Août,septembre,oc-
tobre. - Europe moyenne et méridionale;Danemark,Angleterre,Bel-
gique,France,Péninsule ibérique,Italie,Balkans,Allemagne,Autri-
che-Hongrie,Russie centrale,Caucase,Transcaucasie,Asie-Mineure,
Algérie.

Marsch.Bieberst. Fl.Taur.-Cauc.,sans indication précise de
localité,indique dans notre circonscription le NEOTTIA AMOENA
qui a pour synonymie et pour description:
S.AUSTRALIS Lindl.; Reichb.f.Icon.XIII,p.152. - S.WIGHTIANA
Lindl.Wall.Cat.7378. - S.FLEXUOSA Lindl.B.Reg.ad.823. - S.PAR-
VIFLORA Lindl.l.c. - S.AMOENA Marsch.Bieb.En.pl.ch.p.63. -
NEOTTIA AUSTRALIS R.Br.Prodr.p.319. - N.PUDICA Lindl.Coll.Bot.-
N.FLEXUOSA Smith in Rees sec.Lindl.Orch.p.465. - N.PARVIFLORA
Smith,l.c.sec.Lindl. - N.CRISPATA Bl.Bijdr.p.406.
Icon. - Gmel.Sib.I,III,I; Lindl.Coll.Bot.t.30; Bot.Reg.VII,p.
823.
Fibres radicales charnues fusiformes,épaisses,parfois nom-
breuses.Tiges subarrondies,sillonnées,parfois pubescentes.Gaî-
nes de la base courtes.Feuilles linéaires-lancéolées,longuement
atténuées à la base,celles de la tige engaînantes.Fleurs purpurines ou rosées,petites,nombreuses ou non.Divisions du périanthe peu glanduleuses.Labelle blanc,orné de pourpre,élargi à la
base,subauriculé,ondulé-crénelé,oblong au sommet.Gynostème gros,
court;cavité du stigmate large,subquadrangulaire.
MORPHOLOGIE INTERNE.
Nous n'avons pu étudier complètement cette plante n'ayant eu
à notre disposition qu'un échantillon d'herbier séché au fer.
FIBRES RADICALES. Assise pilifère munie de nombreux poils

absorbants.Parois des cellules de cette assise pourvues d'épaississements spiralés plus ou moins anastomosés.Cylindre central
très grand.Lames vasculaires formées de vaisseaux peu nombreux,
ne se rejoignant pas en étoile au centre de la racine.

TIGE. Epiderme muni de stomates abondants.et vers le sommet
de quelques poils glanduleux atteignant 200-250 μ de long et non
ramifiés.Anneau de sclérenchyme à parois très épaisses touchant
à l'épiderme ou séparé de lui par 1-2 assises parenchymateuses.
Faisceaux libéro-ligneux assez disséminés,les externes touchant
à l'anneau lignifié les autres complètement dépourvus de gaîne
sclérifiée.

V.v. - Tauride,Himalaya,Australie,Tasmanie.

3. - S.ROMANZOWIANA.

S.ROMANZOWIANA Cham.in Linn.III,p.27(1828); Reichb.f.Icon.
XIII,p.153; Correv.Alb.Orch.Eur.pl.LX; Orch.rust.p.192; Richter,
Pl.eur.p.285. - S.CERNUA Rich.in Mém.Mus.IV,p.59(1817). - S.
GEMMIPARA Lindl.Syn.Brit.fl.p.257; Babingt.Man.Brit.Bot.p.349.-
OPHRYS CERNUA L.Spec.ed.1,p.946(1753). - GYROSTACHYS ROMANZOF-
FIANA Mac M.Met.Minn.171(1892); Vernon Coville in Contr.U.-S.
Nat.Herb.IV(1893). - G.STRICTA Rydb.Mem.N.-Y.Gard.1,107(1900).-
NEOTTIA CERNUA Willd.Spec.IV,p.75(1805). - N.GEMMIPARA Smith,
Engl.Fl.IV,p.36(1828); Lindl.Syn.Br.fl.257(1829). - IBIDIUM RO-
MANZOFFIANA House,Muhlenbergia,1,129(1906); Piper,Flora of the
state of Washingt.p.211.

Icon. - Reichb.l.c.t.125,CCCCLXXVII,f.1,II,III; Correv.Orch.
rust.f.34; Ic.n.pl.31,f.1096.

Exsicc. - Fl.Sequoia gig.Reg.n°1817(Hansen);Eastern Oregon
Plants,n°2337(Cusick,1899); Fl.south-east.Calif.n°5266; Rock.
Mount.Fl.lat.39° 41',n°539(1862); Maine,Fl.Aroost.n°103.

Fibres radicales épaisses,charnues,fusiformes.Tige subarron-
die,fistuleuse,souvent flexueuse.Feuilles étroites,lancéolées,
nervées,engaînantes,persistant lors de la floraison;les supérieures bractéiformes,les radicales plus longues.Bractées glabres,larges,acuminées,n'atteignant pas la longueur du périanthe.
Fleurs assez grandes,d'un blanc pur,exhalant une odeur agréable,
disposées sur 3 rangs.Périanthe recourbé à divisions ramassées
en capuchon,conniventes.Labelle subaigu,linguiforme,recourbé à
son extrémité et à bords crénelés,plus grand que chez les autres SPIRANTHES.L'épi floral atteint parfois jusqu'à 20 centim.
de longueur.

MORPHOLOGIE INTERNE.

FIBRES RADICALES. Poils absorbants assez nombreux.Assises pilifère et subéreuse munies d'épaississements spiralés nombreux.
Endoderme à cadres de plissements subérisés marqués.Lames vasculaires très isolées les unes des autres.Cylindre central très
grand.

TIGE, Epiderme de la partie sup.de la tige muni de poils relativement peu nombreux,souvent 3-cellul.,à cellule terminale
plus ou moins arrondie,assez peu sinueux,atteignant 120-150µ de
longueur env.Stomates nombreux.Anneau lignifié séparé de l'épiderme par 2-3 assises parenchymateuses,comprenant 5-7 assises à
parois peu épaisses.L'échantillon d'herbier que nous avons étudié ne nous a pas permis de voir la disposition des faisceaux
libéro-ligneux.
FLEUR. LABELLE. Epiderme int.prolongé en grosses papilles. -
POLLEN. Exine très réticulée. - OVAIRE. Nervure des valves placentifères insensiblement et peu saillante à l'extérieur.Valves
non placentifères très proéminentes extérieurement. - GRAINES.
Cellules du tégument munies d'épaississements rayés.Graines atténuées au sommet,2f.1/2-3f.plus longues que larges.

V.s. - Station unique en Europe;prairies autour de la baie de
Bantry près de Castletown,au sud de l'Irlande. "Nyman dans son
Conspectus (1878)l'indique encore dans cet endroit,mais il
n'est malheureusement que trop certain que le Spiranthe de Ro-
manzow a disparu du territoire européen."Correvon,l.c.p.193. -
Kilvea,Country Derry,Islande;legit Miss M.C.Knowles;comm.prof.
Vaughan Jurmings 1896!;don.P.Hariot;in Herb.E.G.Camus. - Irlan-
de,Unalaschka,Amérique septentrionale.
OBSERVATION. - C'est à dessein que nous avons réuni la plante
américaine à celle d'Irlande.Cette dernière que nous possédons
en herbier de la localité classique est celle représentée par
Reichb.f.et cet auteur la caractérise ainsi:
"Tuboridia... Folia oblongo-lanceolata,acuta,cuneata.Caulis
prope tripollicaris,foliosus,foliis subaequalibus,decrescenti-
bus,in bracteas abeuntibus.Spica capitata,compacta,quaqua versa.
Bracteae lanceolatae flores subaequantes.Ovarium brevissime pe-
dicellatum,turbinatum,costis crenulatis.Perigonii hiantis phylla ligulata,interna angustiora,viridi flava;labellum a lata basi angustatum,triangulum,flavidum,nervis obscuris.Gynostem.. a
humile.Processus rostellaris ligulatum,acutum,anthera longior
(quo a SPIRANTHES differt)."

Gen.25 - GOODYERA R.Br.

GOODYERA R.Br.in Ait.Hort.Kew.ed.2,V,p.197(1813); Rich.in
Mém.Mus.IV,p.49; Lindl.Gen.and spec.p.492; Endl.Gen.p.214; Rei-
chb.f.Icon.p.154; Pfitzer in Engl.u.Prantl,Pfl.II,6,p.117. -
GOODIERA Koch,Syn.ed.2,p.802(1844); Saint-Lager;Haussm.(genre
dédié à Goodier,botaniste anglais). - SATYRII spec.L.Spec.p.
1339(1753). - EPIPACTIDIS spec.Crantz,Stirp.austr.p.473; All.
Fl.pedem.2,p.152. - SERAPIADIS spec.Vill.Hist.Dauph.II,p.52,
(1787). - NEOTTIAE spec.Swartz in N.act.holm.(1800)p.226. -
TUSSACIA Rafin.in J.bot.IV,p.271(1814). - PERAMIUM Salisb.in
Trans.of the Hort.Soc.1,p.261(1812). - ELASMODIUM Dulac,Fl.H.-
Pyr.p.121(1867). - COENORCHIS Blume,Fl.Jav.sér.1,Orch.p.31(1858).-
OPHRYDIS spec.Thore,Chl.Land.p.36(1803). - GONOGONA Link,Enum.
II,p.369(1822). - ORCHIOIDES Trew.Act.Acad.nat.cur.III,p.409,t.

6,f.7(1736). - ERPORKIS Thou.No v.Bull.Soc.philom.Paris,1,p.
317(1809). - ERPORCHIS Thou.Hist.pl.Orch.Tabl.esp.1,t.28(1829).-
CIONISACCUS Breda,Kuhl u.Haas Gen.et spec.Orch.(1827). - GEOR-
CHIS Lindl.in Wall.Num.List.n°7379(1832); Bot.Reg.XIX,t.1618
(1833). - GEOBINA Rafin.Fl.Tell.IV,p.49(1836). - CORDYLESTYLIS
Falc.in Hook.Journ.of Bot.IV,p.74(1842). - LEUCOSTACHYS Hoffm.
Verz.Orch.26(1842).

Divisions du périanthe conniventes en tube dans leur partie
inférieure,formant un angle presque droit avec l'ovaire;divi-
sion extérieure moyenne horizontale,appliquée sur les deux latérales internes auxquelles elle adhère souvent.Labelle non rétréci à sa partie moyenne,indivis,fortement concave,gibbeux
dans sa partie moyenne qui embrasse le gynostème dans sa conca-
vité,à limbe brièvement terminé en lame canaliculée dirigée en
bas,non prolongé en éperon.Masses polliniques lobulées,réunies
par un rétinacle commun subquadrangulaire.Anthère libre,persis-
tante,non ou très brièvement apiculée sur le prolongement la-
melleux du gynostème.Gynostème court,presque tridenté à bec
droit,cuspidé.Ovaire droit,atténué en un pédicelle contourné. -
Souche grêle,rameuse,stolonifère.

Racines non tubérisées,non concrescentes,à cylindre central
très petit,à lames vasculaires isolées,non réunies en étoile,
entourant un parenchyme peu abondant(cylindre central bien plus
petit et parenchyme int.non vascularisé bien plus réduit que
dans le genre SPIRANTHES);assises pilifère et subéreuse dépourvues d'épaississements spiralés semblables à ceux des SPIRAN-
THES.Poils sécréteurs ne tendant pas à se ramifier.Nervures dépourvues de sclérenchyme.Grains de pollen se séparant en massu-
les.Pas de faisceaux latéraux,rudiments des étamines avortées,
dans le gynostème.

1. - G.REPENS R.Br.

GOODYERA (GOODIERA) REPENS R.Br.in Ait.Hort.Kew.ed.2,V,p.198
(1813); Rich.in Mém.Mus.IV,p.58; Lindl.Gen.ans spec.p.492; Rei-
chb.f.Icon.XIII,p.155; Correv.Alb.Orchid.Eur.pl.XVII; Richter,
Pl.eur.p.286; Babingt.Man.Brit.Bot.ed.8,p.348; Thielens,Orch.
Belg.et Luxemb.p.37; Blytt,Norg.Fl.ed. Ov.Dahl,p.240; Mutel,Fl.
fr.III,p.260; Fl.Dauph.éd.2,p.601; Gr.et God.Fl.Fr.III,p.268;
Boreau,Fl.cent.éd.3,p.654; Coss.et Germ.Fl.Paris,éd.2,p.697;
Godr.Fl.Lorr.II,p.300; Michal.Hist.nat.Jura,p.300; Gren.Fl.ch.
jurass.p.764; Ard.Fl.Alp.-Mar.p.360; Barla,Iconogr.p.18; Bonnet,
Fl.paris.p.386; Fr.Gust.et Hérib.Fl.Auv.p.428; Cam.Monogr.Orch.
Fr.p.114; in J.bot.VII,p.275; Car.et S.-Lag.Fl.descr.éd.8,p.814;
Magnin,Arch.fl.jurass.n°5; Bubani,Fl.pyr.p.54; Coste,Fl.Fr.III,
p.408,n°3263,cum icone; Kirschl.Prodr.p.163; Fl.Alsace,p.145;
Fl.vog.-rhen.p.90; Gmel.Fl.bad.III,p.554; Reichb.Fl.exc.1,p.131;
Blvff et Fing.Comp.2,p.430; Döll,Rhen.p.215; Koch,Syn.ed.2,p.
802; ed.3,p.603; ed.Hall.et Wohlf.p.2446; Oborny,Fl.v.Moehr.
Oest.Schl.p.258; Bach,Rheinpr.p.375; Caflisch,Ex.Fl.S.D.p.300;
Garcke,Fl.Deutschl.ed.14,p.385; M.Schulze,Die Orchid.n°66; As-
chers.u.Graeb.Fl.Nord.Flachl.p.219; Syn.III,p.896; Gaudin,Fl.

helv.V,p.486,n°2096; Morthier,Fl.Suisse,p.357; Reuter,Catal.Ge-
nève,éd.2,p.208; Bouvier,Fl.Alpes,p.649; Fischer,Fl.Bern,p.81;
Gremli,Fl.Suisse,éd.Vetter,p.486; Schinz u.Keller,Fl.Schweiz,p.
130; Bertol.Fl.ital.IX,p.668; Ces.Pass.Gib.Comp.p.130; Arcang.
Comp.ed.2,p.162; Fiori et Paol.Iconogr.fl.ital.n°853; Amb .Fl.
Tir.austr.p.734; Hausm.Fl.Tirol,p.852; Beck,Fl.N.-Oest.p.218;
Hinterhuber et Pichlm.Fl.Salz.p.195; Schur,Enum.Trans.p.650,n°
3457; Simk.Enum.Trans.p.507; Boiss.Fl.orient.V,p.90. - NEOTTIA
REPENS Swartz in Act.holm.(1800)p.226; Willd.Spec.IV,p.75; DC.
Fl.fr.III,n°2037,p.258; Duby,Bot.p.448; Loisel.Fl.gall.2,p.274;
Lapeyr.Abr.Pyr.p.552; Guill.Fl.Bord.et S.-O,p.173; Pers.Syn.2,
p.11; Spenn.Fl.frib.p.245; Reuter,Cat.Genève,éd.1,p.101; Marsch.
Bieb.Fl.Taur.-Cauc.III,suppl.p.245; Poll.Fl.veron.III,p.32. -
SATYRIUM REPENS L.Spec.1339,p.945(1753); Fl.dan.t.812; Jacq.
Austr.IV,t.393; Engl.Bot.t.289; Poiret,Encycl.VI,p.581; Gmel.
Fl.Bad.III,p.544. - S.HIRSUTUM Gilib.Exerc.ph.II,p.484(1792). -
SERAPIAS REPENS Vill.Hist.Dauph.II,p.53(1787). - EPIPACTIS RE-
PENS Crantz,Stirp.austr.p.473(1769); Allioni,Fl.pedem.II,p.152.-
ELASMODIUM REPENS Dulac,Fl.H.-Pyr.p.121(1867); Bubani,Fl.pyr. -
TUSSACIA REPENS Rafin.in Journ.bot.IV,p.270(1814). - T.SECUNDA
Rafin.Pr.decouv.42,270(1814). - GONOGONA REPENS Link,Enum.II,p.
369(1822). - PERAMIUM REPENS Salisb.in Trans.Linn.Soc.p.261,
(1812). - OPHRYS CERNUA Thore,Ch.Land.p.361(1803). - Poll.Palat.
n°854. - Epipactis foliis petiolatis,ovato-lanceolatis,floribus
tetrapetalis hirsutis Hall.Helv.n°1295,t.22; Enum.277,n°1; Act.
helv.IV,p.114. - ORCHIOIDES Trew.Comm.Noric.1736,t.6,f.7. - Satyrium foliis ovatis radicalibus L.Fl.lapp.314. - Orchis minor
flosculis albis f.radice repente Camer.Hort.111,t.35. - PSEUDO-
ORCHIS Bauh.Pinax,84. - Pyrola angustifolia polyanthos radice
geniculata Loes.Pruss.210,t.68. - Epipactis foliis ovatis radicalibus Gmel.Fl.sib.1,p.13.- Satyrium(repens)bulbis fibrosis,
foliis ovatis radicalibus,floribus secundis L.Sp.pl.1339; Act.
Ups.1740,p.20; Fl.suec.732,807; Dalib.Paris.278.

Icon. - Camer.Hist.t.35; Hall.l.c.t.XXII;f.2; Loes.Pruss.n°
579,t.68; Trew.l.c.t.6,f.7; Fl.dan.t.812; Jacq.Austr.p.36,t.369;
Sm.Engl.Bot.t.289; Gunn.Fl.Norv.II,n°321,t.6,f.1; Dietr.Fl.r.
boruss.1,t.17; Seg.Pl.ver.suppl.t.8,f.10; Ces.Pass.Gib.t.XX,f.
2,a-i; Light.Fl.Scot.1,p.520,n°5,t.22; Fl.dan.t.812; Curt.Fl.
lond.ed.Grav.IV,t.102; Reichb.f.Icon.XIII,t.CCCLXXXII,f.I-III,
1-18; Schkuhr,Handb.III,272; M.Schulze,t.66; Barla,l.c.pl.10,f.
13-18; Cam.Icon.Orch.Paris,pl.38; Bonnier,Alb.N.Fl.p.148; Ic.n.
pl.31,f.1076-1082.

Exsicc. - Reliq.Maill.n°1730; Schultz,n°1154; Reichb.n°175;
Billot,n°1549; Soc.Rochel.2248; Achard,Pl.Suède,1839; Bourgeau,,
Pl.Alp.Savoie; Magn.Fl.sel.n°412 et 412 bis; Pl.Gall.et Belg.
n°493; Fl.Austr.-Hung.n°267; Balansa,Pl.orient(1886); Herb.Ind.
orient.Hofd f.et Thomson; Pantling's Orchids Sikken Himalaya,n°
277; de la Pilaye,Pl.Terre-Neuve.

Rhizome un peu charnu,stolonifère.Tige de 1 à 2 décim.,ascen-
dante,flexueuse,pubescente au sommet.Feuilles munies de nervu-

res réticulées,souvent rougeâtres;les inférieures rapprochées,
étalées,ovales-lancéolées,acuminées,brusquement contractées en
pétiole engaînant;les caulinaires linéaires,acuminées,appli-
quées.Bractées ovales-lancéolées,longuement acuminées,dépassant
l'ovaire.Fleurs petites,blanches,rapprochées,disposées en épi
spiralé subunilatéral,court,serré,pubescent-glanduleux.Périan-
the à divisions externes pubescentes en dehors,les latérales
ovales-oblongues;à divisions internes latérales aussi longues
que les externes mais moins larges.Labelle indivis,fortement
concave,gibbeux à la base,à limbe canaliculé,recourbé et dirigé
en bas.Stigmate subarrondi.Masses polliniques jaunes,insérées
sur une glande subquadrangulaire et soutenues par les dents du
bec du gynostème.

MORPHOLOGIE INTERNE.

RACINE. Poils absorbants très nombreux.Assises pilifère et
subéreuse dépourvues d'épaississements spiralés semblables à
ceux des SPIRANTHES.Ecorce formée de cellules à parois réticulées et ponctuées,contenant des grains d'amidon très petits,
n'ayant guère que 6-9μ de long.Endoderme formé de cellules à
parois latérales munies de cadres plissés subérisés.Cylindre
central très petit.3-4 lames vasculaires composées de très petits vaisseaux entourant un parenchyme non lignifié formé de
très petites cellules.Pas de fibres radicales tubérisées comme
dans le genre SPIRANTHES.

RHIZOME. Epiderme muni de poils unicellulaires nombreux.Ecor-
ce très développée.Endoderme à cadres de plissements subérisés.
Pas de tissu lignifié extra-libérien.Cylindre central assez ré-
duit.Réseau radicifère développé.Faisceaux libéro-ligneux assez
disséminés,entourant un parenchyme peu abondant.Grains d'amidon
extrêmement nombreux,de forme très irrégulière,petits(4-10μ de
diam.). - TIGE. Stomates assez rares.Epiderme portant des poils
souvent 4-6-cellul.,non ramifiés,ni coudés,de forme assez constante sur toute la plante,atteignant 350-750μ de long; cellule
terminale à contenu granuleux(pl.3,f.52-53).Entre l'épiderme et
l'anneau lignifié 5-8 assises chlorophylliennes formant un tissu lâche renfermant des raphides.5-7 ass'ses sclérifiées à parois assez épaisses.Au-dessus des feuilles principales faisceaux disposés à peu près en un cercle,quelques-uns pourtant un
peu plus internes.Vers la partie inf.,vers le rhizome faisceaux
très disséminés,pénétrant jusque dans la partie centrale de la
tige.Parenchyme central non résorbé dans la partie sup.de la
tige,se résorbant dans sa partie inférieure.

FEUILLE. Ep. = 250-500μ.Epiderme sup.à peine recticurviligne,
haut de 50-70μ,à paroi ext.épaisse de 7-10μ et bombée,muni de
stomates dans les bractées sup.seulement.Epiderme inf.recticur-
viligne,haut de 30-40μ,à paroi ext.striée,épaisse de 7-10μ et
bombée,muni de nombreux stomates.Cellules épidermiques du bord
du limbe à paroi ext.arrondie,ne formant pas de dents.Mésophyl-
le formé de 6-10 assises de cellules de forme plus ou moins allongée,les assises sup.bien plus chlorophylliennes que les inf.
NERVURES dépourvues de collenchyme et de sclérenchyme,parenchy-
me incolore abondant à la partie inf.du faisceau.Faisceau libéro-ligneux situé dans la région sup.du limbe,à bois très réduit.

FLEUR. - PERIANTHE. DIVISIONS EXTERNES ET LATERALES INTERNES.
Epiderme ext.pourvu de poils pluricellulaires abondants. - LA-
BELLE. Epiderme int.formé de petites cellules prolongées en papilles courtes dans la région sup.où a lieu l'émission du nectar (pl.8,f.209).Epiderme ext.à peu près dépourvu de papilles. -
GYNOSTEME. Epiderme portant des poils pluricellulaires.Fais-
ceaux des étamines latérales avortées semblant manquer. - AN-
THERE. Cellules fibreuses abondantes,plutôt un peu moins développées que dans les genres EPIPACTIS et NEOTTIA. - POLLEN.
Grains de pollen se séparant en massules.Exine finement mais
nettement alvéolée surtout à la périphérie des massules.L = 30-
40µ env. - OVAIRE. Epiderme portant des poils semblables à ceux
de la tige.Nervure des valves placentifères non ou à peine saillante à l'extérieur,contenant un faisceau libéro-ligneux réduit
à bois int,et quelquefois aussi un faisceau placentaire libérien très peu développé.Placenta divisé au sommet en deux parties assez développées.Valves non placentifères très proéminentes extérieurement et intérieurement,renfermant un faisceau libéro-ligneux à bois int. - GRAINES. Suspenseur paraissant ne
pas se développer.Cellules du tégument non striées.Graines adultes très atténuées aux extrémités,3f.1/2-4f.1/2 plus longues
que larges.L = 350-500µ .

V.v. - Juillet,septembre. - Recherche le terreau et croît le
plus souvent au milieu des aiguilles de Conifères. - Montagnes
de l'Europe moyenne et boréale,Caucase,Ecosse,Scandinavie,Rus-
sie,Allemagne,Italie septentrionale,Dalmatie,etc.,région du Danube,en France:Vosges,Jura,Alpes,Pyrénées,Puy-de-Dôme.Se répand
ailleurs jusque dans les plaines avec l'introduction et l'im-
portation des Conifères:Seine-et-Marne,Seine-et-Oise(Balincourt
(A.et G.Camus)),etc. - A été signalé à 1800 mètr.d'alt.dans le
Tyrol par M.M.Dalla Torre et Sarnth.

Sous-tribu II. - LISTERINAE.

LISTEREAE Parlat.Fl.ital.III,p.354. - LISTERIDAE Lindl.Gen.
and spec.p.441.

Divisions du périanthe étalées ou réfléchies.Labelle étalé,
dépourvu d'éperon,continu ou interrompu.Gynostème dressé,subar-
rondi,charnu.

Gen.26. - NEOTTIA L.

NEOTTIA L.in Act.Ups.(1740)p.33;p.p.; Swartz,Vetensk.Akad.Nya
Handl.Stockh.XXI,p.224(1800); Rich.in Mém.Mus.IV,p.51 et 59;p.
p.; Lindl.Gen.and spec.p.45; Endl.Gen.n°1551,p.213; Meisn.Gen.
I,p.288;II,p.385; Benth.et Hook.Gen.p.593; Pfitzer in Engl.u.
Prantl,Pfl.II,6,p.113; Asch.u.Graeb.Syn.III,p.892. - NEOTTIAE
APHYLLAE(EUNEOTTIAE)Reichb.f.Icon.XIII,p.145. - NEOTTIDIUM Sch-
lectd.Fl.berol.1,p.454. - OPHRYDIS spec.L.Spec.p.1139. -

LISTEREAE spec.Smith,Engl.Fl.IV,p.38. - HELLEBORIDIS spec.Schm,
Fl.boh.p.78. - EPIPACTIDIS spec.All.Fl.pedem.2,p.151. - DISTO-
MAEA Spenn.Fl.friburg.p.246,247. - NIDUS Riv.Icon.pl.fl.irreg.
hexapt.t.7.

Périanthe à divisions libres,presque toutes conformes,conni-
ventes.Labelle plus long que les autres divisions du périanthe,
pendant,gibbeux à la base,3-lobé,bifide au sommet.Gynostème
acuminé.Masses polliniques bipartites,fixées à un rétinacle
commun.Anthère libre,persistante,sessile,insérée sur le bord
postérieur du gynostème.Ovaire non contourné,stipité. - Souche
à fibres charnues,courtes,fasciculées,nombreuses.

Racine à lames vasculaires plus ou moins confluentes,à endoderme muni de cadres latéraux subérisés.Poils sécréteurs ne
tendant pas à se ramifier.Faisceaux libéro-ligneux de la tige
régulièrement disposés en cercle au-dessus des feuilles princi-
pales.Nervures dépourvues de fibres lignifiées.Grains de pollen
se séparant en tétrades.Pas de faisceaux staminlut.dans le gynostème. - Rostellum ressemblant beaucoup à celui des LISTERA,
présentant des loges de même forme à contenu analogue.Embryon
n'ayant pas de suspenseur développé.

1. - N.NIDUS-AVIS Rich.

N.NIDUS-AVIS Rich.in Mém.Mus.IV,p.59(1817); Lindl.Gen.and sp.
p.458; Reichb.f.Icon.XIII,p.145; Correvon,Alb.Orch.Eur.pl.XXX;
Richter,Pl.eur.p.286; Oudemans,Fl.Nederl.III,p.152; Babingt.
Man.Brit.Bot.ed.8,p.349; Dumort.Prodr.fl.Belg.p.123; Lej.et
Court.Comp.III,p.192; Michot,Fl.Hain.p.281; Crépin,Man.fl.Belg.
éd.1,p.179; éd.2,p.296; Löhr,Fl.Tr.p.252; Thielens,Orch.Belg.et
Luxemb.p.51; de Vos,Fl.Belg.p.558; Gr.et God.Fl.Fr.III,p.273;
Godr.Fl.Lorr.II,p.301; Boreau,Fl.cent.éd.3,p.653; Brébis.Fl.
Norm.p.397; Lec.et Lamt.Catal.pl.cent.p.354; Coss.et Germ.Fl.
env.Paris,éd.2,p.694; Michal.Hist.nat.Jura,p.299; Ardoino,Fl.
Alp.-Marit.p.361; Barla,Iconogr.p.13; Franchet,Fl.L.-et-Ch.p.
563; Martin,Cat.Romorant.p.264; Cam.Monogr.Orch.Fr.p.110; in J.
bot.VII,p.271; Lloyd et Fouc.Fl.ouest,p.246; Debeaux,Rév.fl.
agen.p.514; Fr.Gust.et Hérib.Fl.Auv.p.426; Bonnet,Fl.paris.p.
386; de Vicq,Fl.Somme,p.433; Masclef,Catal.P.-de-C.p.158; Guill.
Fl.Bord.et S.-O.p.172; Coste,Fl.Fr.III,p.410,n°3627,cum icone;
Kirschl.Fl.Als.II,p.141; Caflisch,Ex.Fl.S.D.p.300; Bach,Rhein-
pr.p.375; Oborny,Fl.Moehr.Oest.Schles.p.257; Koch,Syn.ed.2,p.
802; ed.3,p.603; ed.Hall.et Wohlf.p.2446; Foerster,Fl.Aachen,p.
349; Asch.u.Graeb.Syn.III,p.892; Garcke,Fl.Deutschl.ed.14,p.
385; M.Schulze,Die Orchid.n°65; Gaudin,Fl.helv.V,p.472,n°2087;
Rhiner,Prodr.Waldst.p.129; Fischer,Fl.Bern,p.79; Reuter,Catal.
Genève,éd.2,p.208; Bouvier,Fl.Alp.éd.2,p.648; Godet,Fl.Jura,p.
697; Gremli,Fl.Suisse,éd.Vetter,p.486; Schinz u.Keller,Fl.Schw.
p.129; Ten.Syll.fl.neap.p.461; Guss.Fl.sic.syn.2,p.558; Moris,

Stirp.Sard.1,p.44; de Notar.Repert.fl.lig.p.393; Vis.Fl.Dalm.1,
p.182; Bertol.Fl.ital.IX,p.614; Parlat.Fl.ital.III,p.364; Barbey,Fl.sard.comp.p.58; Macchiati,Orch.sard.in N.G.bot.ital.
(1881)p.309; Cocconi,Fl.Bolog.p.477; Ces.Pass.Gib.Comp.p.173;
Arcang.Comp.ed.2,p.649; Fiori et Paol.Icon.fl.ital.n°858; Col-
meiro,Enum.pl.hisp.-lus.V,p.51; Will.et Lange,Prodr.hisp.1,p.
177; Ambr.Fl.tir.aust.1,p.730; Hausm.Fl.Tirol,p.852; Beck,Fl.
N.-Oest.p.217; Schur,Enum.Trans.n°3456,p.650; Simk.Enum.Trans.
p.506; Grecescu,Consp.Roman.p.549; Form.in Verh.Br.VI,p.475;
Boiss.Fl.orient.V,p.91; Gr.Spic.rum.et bith.2,p.368; Bory et
Chaub.Exp.Morée,p.266;N.fl.Pélopon.p.62; Halacsy,Consp.fl.gr.
III,p.153. - N.MACROSTELIS Peterm.in Flora(1844)p.369. - N.
SQUAMOSA Dulac,Fl.H.-Pyr.n°338,p.120(1867). - DISTOMAEA NIDUS-
AVIS Spenn.Fl.frib.p.246(1825-29). - EPIPACTIS NIDUS-AVIS
Crantz,Stirp.austr.p.475(1769); All.Fl.pedem.2,p.151; Swartz in
Act.holm.(1800)p.232; Willd.Spec.IV,p.87; Pers.Syn.2,p.513;
Nocc.et Balb.Fl.ticin.2,p.158; DC.Fl.fr.III,p.260,n°2043; La-
peyr.Abr.Pyr.p.353; Lefrou,Catal.n°24; Sebast.et Mauri,Fl.Rom.
prodr.p.315; Bertol.Amoen.it.p.418; Ten.Fl.nap.II,p.322; Poll.
Fl.veron.III,p.36; Gmel.Fl.sib.1,p.25,n°24; Marsch.Bieb.Fl.
Taur.-Cauc.II,p.372. - NEOTTIA VULGARIS Kolbenheyer,Z.B.G.Wien,
XII,1198(1862). - HELLEBORINE NIDUS-AVIS et H.SUCCULENTA Schm.
Fl.bohm.p.78(1794). - LISTERA NIDUS-AVIS Hook.Fl.Scot.p.253,
(1821); Smith,Engl.Fl.IV,p.39; Sowerb.Engl.bot.VII,t.1215. -
NEOTTIDIUM NIDUS-AVIS Schlechtd.Fl.berol.p.454(1824). - OPHRYS
NIDUS-AVIS L.Spec.ed.1,p.945(1753); Mantis.alt.p.488; Poiret,
Encycl.IV,p.566; Smith,Brit.931; Fl.dan.t.181; Vill.Hist.Dauph.
II,p.45; Le Turq.Delon.Fl.Rouen,p.462; Suffren,Pl.Frioul,p.185;
Balbis,Fl.taur.p.149; Lej.Fl.Spa,II,p.195; Rev.p.189; Hocq.Fl.
Jemm.p.235. - SATYRIUM NOVUM Tragus,Stirp.hist.p.758. - Satyrio
abortivo del Lobelio Pona,Mont.Bald.p.238. - Neottia bulbis
fasciculatis,nectarii labio bifido L.Act.Ups.(1740)p.33; Fl.
suec.442,815; Dalib.Bot.paris.p.277. - Epipactis aphylla,flore
inermi,labello bicorni Haller,Helv.n°1290,t.XL. - Orchis abortiva fusca Bauh.Pinax,86; Cup.H.cath.p.158. - Nidus-Avis Lugd.
1073;éd.fr.1,938;Lobel,Icon.195; Rivin.Hex.t.7; Tournef.Inst.
437.

Icon. - Moris.Pl.hist.Oxon.III,12,p.503, t.16,f.1,n°18; Lobel
l.c.; Hall.l.c.; Rivin.l.c.; Engl.Bot.t.48; Fl.dan.t.CLXXXI;
Curtis,Fl.lond.ed.Grav.IV,t.103; Dietr.Fl.borus.1,t.21; Oude-
mans,l.c.pl.LXXII,f.373; Correvon,l.c.; Schlecht.Lang.Deutschl.
IV,f.377; Barla,l.c.pl.9; Reichb.f.Icon.t.145,CCCCLXXIII; Cam.
Icon.Orch.Paris,pl.34; M.Schulze,l.c.t.65 et 65 bis; G.Bonnier,
Alb.N.Fl.p.149; Ic.n.pl.29,f.1033-1038.

Exsicc. - Soc.Rochel.n°4968; Reliq.Maill.n°1732.

Plante ayant le port d'une Orobanche décolorée,d'un gris brunâtre terreux,devenant après la maturité d'un brun foncé.Souche
à fibres charnues,étroitement fasciculées,simulant obscurément
un nid d'oiseau latéral au pied de la hampe.Tige de 2-4 décim.,
rarement 10 centim.,ordinairement robuste,cylindrique,d'un

blanc jaunâtre,pubérulente,munie au sommet de poils glanduleux.
Feuilles réduites à l'état d'écailles engaînantes,les supérieures un peu plus longues que les inférieures et un peu plus renflées vers leur sommet.Bractées lancéolées-aiguës.Fleurs assez
nombreuses,disposées en épi allongé,dense surtout au sommet.Di-
visions du périgone libres,concaves,conniventes.Labelle deux
fois plus long que les autres divisions du périgone,étalé,diri-
gé en avant,gibbeux,en sac à la base,3-lobé;lobes latéraux petits,dentiformes;lobe moyen bien plus grand que les latéraux,
insensiblement dilaté vers le sommet qui est divisé en deux lobules ovales,arqués,divergents.Masses polliniques d'un jaune
clair.Ovaire droit,allongé,à pédicelle contourné. - Cette plante est vivace et monocarpienne,elle peut se reproduire par des
bourgeons adventifs naissant des fibres radicales.Dans certains
endroits très pauvres elle a de 10-15 centim.de hauteur,mais
elle reste conforme au type réduit dans toutes ses proportions.

MORPHOLOGIE INTERNE.

RACINE. Poils absorbants paraissant manquer.Ecorce très développée,formée de cellules à parois extrêmement minces,contenant
de rares cellules à raphides et des grains d'amidon arrondis,
atteignant 12-20μ de diam.rarement 20μ.Endoderme non lignifié,
formé de cellules à parois minces et à cadres latéraux de plissements subérisés.Cylindre central réduit.Assise externe du cylindre central à parois minces.Lames vasculaires tendant à s'u-
nir,se fusionnant même au centre dans les petites fibres.

TIGE. Epiderme à cuticule très légèrement striée.Poils pluricellulaires,atteignant 250-400μ de long,à cellule terminale
plus grande que les autres et à contenu granuleux jaunâtre (pl.
3,f.57-60),parfois unicellulaires par réduction.4-6 assises parenchymateuses entre l'épiderme et l'anneau lignifié.4-6 assises sclérifiées extra-libériennes.Faisceaux libéro-ligneux parfois complètement entourés de sclérenchyme,disposés en un cercle,développés tangentiellement.Liber abondant.Parenchyme interne plus ou moins lignifié à la périphérie,très abondant,par-
fois un peu lacuneux.Pas de faisceaux libéro-ligneux dans la
partie int.de la tige.

FEUILLE. Ep. = 450-520μ.Epiderme sup.haut de 30-40μ,à paroi
ext.mince et légèrement bombée.Epiderme inf.haut de 40-70μ,à
paroi ext.mince et peu bombée.Mésophylle formé de 8-9 assises
de cellules à parois minces,non arrondies,formant de petits
méats à leurs points de contact.Raphides rares ou paraissant
manquer.NERVURES dépourvues de sclérenchyme et de collenchyme,
à faisceau libéro-ligneux bien plus larges que hauts sur une
section transversale.

FLEUR. - PERIANTHE. DIVISIONS EXTERNES ET LATERALES INTERNES.
Epiderme ext.portant des poils semblables à ceux de la tige. -
LABELLE. Epiderme int.papilleux.Epiderme ext.dépourvu de papilles. - GYNOSTEME. Faisceaux latéraux,rudiments des étamines a-
vortées,manquant. - ANTHERE. 1-2 assises de cellules fibreuses
bien développées. - POLLEN. Exine très fortement réticulée à la
surface des tétrades.I. = 30-40μ env. - OVAIRE. Nervure des val-

ves placentifères à peu près aussi saillante extérieurement que
les valves non placentifères,reformant un faisceau libéro-ligneux réduit.Placenta divisé dès la base en 2 lobes divergents.
Valves non placentifères proéminentes à l'extérieur,contenant
un faisceau libéro-ligneux. - GRAINES. Suspenseur paraissant
manquer.Cellules du tégument non striées,à parois presque rectilignes (pl.10,f.270).Graines atténuées aux deux extrémités,
2f.1/4-2f.3/4 plus longues que larges.L = 750-1000µ env.

Cette plante ne contient pas de chlorophylle d'une manière
apparente,mais dans certaines conditions(action de la chaleur,
des acides,des alcalis,etc.)la présence de ce corps devient
très sensible.M.Prillieux (1) a attribué ce fait à une transformation des cristalloïdes bruns.M.M.Bonnier et Mangin ont
montré que malgré l'existence d'une très légère action chlorophyllienne on peut considérer le NEOTTIA comme une plante saprophyte.

F.BRACHYSTELIS Peterm.Anal.Pflanz.p.447. - Branches du gyno-
stème courtes.
F.MACROSTELIS Peterm.l.c. - Branches du gynostème longues.
F.GLANDULOSA Beck,Fl.N.-Oest.p.217. - Plante à pubescence
glanduleuse accentuée.
F.SULPHUREA Weiss in A.B.Z.(1895)p.30. - Plante d'un jaune
soufre.
Var.PALLIDA Wirtg.Fl.pr.Rheinpr.p.450(1857). - Plante d'un
blanc jaunâtre.
Var.NIVEA P.Magnus in M.Schulze,Die Orchid.65; Deutsch.bot.
Mon.-Schr.VIII,p.97; Mitth.Th.BV.N.F.X,p.87(1897). - Plante
d'un blanc pur.
Nous avons trouvé en France les var.PALLIDA et NIVEA que nous
considérons l'une comme une tendance à l'albinisme et l'autre
comme de l'albinisme accidentel.

V.v. - Bois montueux,région des vignes et des sapins. - En
France assez commun,mais rare dans la région méditerranéenne.
Europe moyenne et australe:Norvège,Angleterre,Hollande,Belgique,
Allemagne,Autriche,Russie,Grèce TR.,Italie,Sicile,Dalmatie,ré-
gion du Danube,Caucase,Oural.

Gen.27. - LISTERA R.Br.

LISTERA R.Br.in Ait.Hort.Kew.ed.2,V,p.208(1813); Lindl.Gen.
and spec.p.455; Nees,Gen.n°19; Endl.Gen.n°1552,p.213; Meisn.
Gen.1,p.281;II,p.385; Benth.et Hook.Gen.III,p.595; Pfitzer in
Engl.u.Prantl,Pfl.II,6,p.113; Asch.u.Graeb.Syn.III,p.887. -
NEOTTIAE spec.Rich.in Mém.Mus.IV,p.59. - NEOTTIAE B.FOLIOSAE
(LISTERA)Reichb.f.Icon.XIII,p.147. - DISTOMAEA Spenn.Fl.frib. -
DIPHYLLUM Wittstein,Et.bot.Handw.p.287(1852). - DIPHRYLLUM Raf.
Med.Repos.New-York,V(1808)p.356. - POLLINIRHIZA Dulac,Fl.Haut.-
Pyr.p.120(1867).
.(1) Prillieux in C.R.(1873)p.1530.

Périanthe à divisions presque égales,libres.Labelle pendant,
muni latéralement de deux lobes dentiformes,dépourvu d'éperon,à
lobe médian bifide au sommet.Masses polliniques bipartites,fi-
xées à une glande commune.Gynostème tres court,acuminé.Anthère
libre,sessile,persistante.Ovaire non contourné à pédicelle contourné. - Souche à fibres plus ou moins charnues et assez nombreuses.

Racine à lames vasculaires confluentes,à endoderme à parois
épaisses,parfois lignifiées ,au moins vis-à-vis des pôles libé-
riens.Poils sécréteurs ne tendant pas à se ramifier.Faisceaux
libéro-ligneux de la tige disposés en cercle au-dessus des
feuilles principales.Nervures dépourvues de fibres lignifiées.
Grains de pollen se séparant en tétrades.Pas de faisceaux staminaux latéraux dans le gynostème. - Rostellum de structure caractéristique,ayant 20 loges longitudinales environ,correspon-
dant au nombre de stries de la surface,l'extrémité du rostellum
étant occupée par de petites cellules un peu papilleuses.Conte-
nu de chaque loge constitué par une petite masse granuleuse
renfermant de la chlorophylle et des raphides et se rassemblant
en une gouttelette laiteuse et blanchâtre à l'extrémité du rostellum après la déchirure de la paroi externe des loges.Pas de
suspenseur.

1. - L.OVATA R.Br.

L.OVATA R.Br.in Ait.Hort.Kew.ed.2,V,p.201(1813); Lindl.Gen.
and spec.p.455; Babingt.Man.Brit.Bot.ed.8,p.349; Oudemans,Fl.v.
Nederl.III,p.151; Correvon,Alb.Orch.Eur.pl.XXVII; Dumort.Prodr.
fl.Belg.p.183; Piré et Mull.Fl.Belg.p.194; Löhr,Fl.Tr.p.252;
Meyer,Orch.G.-D.Luxemb.p.20; Gr.et God.Fl.Fr.III,p.272; Godr.
Fl.Lorr.II,p.302; Gren.Fl.ch.jurass.p.762; Michalet,Hist.nat.
Jura,p.299; Lec.et Lamt.Cat.pl.cent.p.353; Martr.-Donos,Fl.Tarn,
p.716; Ardoino,Fl.Alp.-Mar.p.360; Barla,Iconogr.p.15; Lorr.et
Barr.Fl.Montp.p.655; Martin,Catal.Remor.p.263; Cam.Monogr.Orch.
Fr.p.111; in J.bot.VII,p.272; Debeaux,Rev.fl.agen.p.514; Gau-
tier,Pyr.-Or.p.396; Coste,Fl.Fr.III,p.410,n°3628,cum icone;
Reichb.Fl.excurs.p.133; Kirschl.Fl.Als.p.143,II; Garcke,Fl.
Deutschl.ed.14,p.384; Koch,Syn.ed.2,p.801; ed.3,p.603; Hall.et
Wohlf.p.2446; Oborny,Fl.Moehr.Oest.Schl.p.257; Richt.Pl.eur.1,
p.285; Caflisch,Ex.Fl.Deutschl.p.30; Bach,Rheinpreuss.Fl.p.114;
Seubert,Ex.Fl.Bad.p.127; M.Schulze,Die Orchid.n°63; Asch.u.
Graeb.Syn.III,p.888; Reuter,Cat.Genève,éd.2,p.208; Bouvier,Fl.
Alpes,éd.2,p.640; Gremli,Fl.Suisse,éd.Vetter,p.486; Schinz u.
Keller,Fl.Schweiz; Fischer,Fl.Bern,p.81; Guss.Fl.sic.syn.2,p.
557; Rhiner,Pr.Waldst.p.129; de Notar.Repert.fl.lig.p.392; Pucc.
Syn.fl.luc.p.485; Bertol.Fl.ital.IX,p.616; Parlat.Fl.ital.III,
p.367; Ces.Pass.Gib.Comp.p.179; W.Barbey,Fl.Sard.; Arcang.Comp.
ed.2,p.161; Cocconi,Fl.bolog.p.477; Fiori et Paol.Icon.fl.ital.
n°876; Ambr.Fl.Tir.austr.1,p.732; Hausm.Fl.Tirol.p.851; Hinterhuber et Pichlm.Fl.Salz.p.195; Beck,Fl.N.-Oest.p.217; Boiss.
Voy.Esp.p.599; Willk.et Lange,Prodr.hisp.I,p.176; Colm.Enum.pl.

hisp.-lus.V,p.50; Schur,Enum.Trans.p.650,n°3454; Simk.Enum.
Trans.p.506; Sibth.et Sm.Fl.gr.prodr.II,p.219; Raul.Cret.p.863;
Boiss.Fl.orient.V,p.92; Halacsy,Consp.fl.gr.p.157. - L.MULTI-
NERVIS Peterm.in Flora(1844)p.369. - NEOTTIA LATIFOLIA Rich.in
Mém.Mus.IV,p.59(1817); Dietr.Borus.; Ten.Syll.p.461; Moris,St.
sard.1,p.44. - N.OVATA Bluff et Fing.Comp.p.453(1825); Lej.et
Court.Comp.III,p.193; Mich.Fl.Hain.p.281; Bellynck,Fl.Nam.p.265;
Crép.Man.Belg.éd.1,p.179; éd.2,p.296; Coss.et Germ.Fl.Par.éd.2,
p.694; Boreau,Fl.cent.éd.3,II,p.652; Franchet,Fl.L.-et-Ch.p.653;
Fr.Gust.et Hérib.Fl.Auv.p.426; Car.et S.-Lag.Fl.descr.p.810;
Ravin,Fl.Yonne,éd.3,p.365; Guill.Fl.Bord.et S.-O.p.172; Masclef,
Cat.P.-d.-C.p.158; Godr.Fl.Lorr.ed.1; Reichb.f.Icon.XIII,p.147;
Godet,Fl.Jura,II,p.699; Foerster,Fl.Aachen,p.350; Gaud.Fl.helv.
V,p.474.- EPIPACTIS OVATA Crantz,Stirp.austr.p.473(1769);Swartz
in Act.holm.(1800)p.232; Willd.Spec.IV,p.87; DC.Fl.fr.III,p.261,
n°2044; Duby,Bot.p.449; Loisel.Fl.gall.ed.2,p.273; Lapeyr.Abr.
Pyr.p.554; Lefrou,Catal.p.24; All.Fl.pedem.n°1850,p.151; Seb.et
Mauri,Fl.Rom.prodr.p.316; Noc.et Balb.Fl.tic.2,p.159; Poll.Fl.
veron.1,p.37; Ten.Fl.nap.2,p.322; Reuter,Catal.Genève,éd.1,p.
101; Marsch.Bieb.Fl.Taur.-Cauc.II,p.372; Gmel.Fl.sib.1,p.25,n°
22. - OPHRYS OVATA L.Spec.ed.1,p.946(1753); Poiret,Encycl.IV,p.
568; Vill.Hist.Dauph.2,p.46; Smith,Brit.p.932; Curtis,Fl.lond.
ed.Gr.III; Poll.Palat.n°855; Roth,Tent.germ.t.381,II,400; Pall.
Ind.Taur.; Ucria,H.r.pan.p.38; Savi,Fl.pis.2,p.301; Todaro,Or-
chid.sic.p.130; Lej.Fl.Spa,II,p.194; Revue fl.Spa,p.188; Hocq.
Fl.Jemm.p.325; Kops,Fl.Bat.p.79. - HELLEBORINE OVATA Schmidt,
Fl.Bohm.p.43(1769). - DISTOMAEA OVATA Spenn.Fl.frib.p.246(1825-
1829). - POLLINIRHIZA OVATA Dulac,Fl.H.-Pyr.p.120(1867). -
Ophrys foliis ovatis Hort.Cliff.429; in Act.Ups.(1740)p.26; Fl.
suec.738,808; Roy.Lugdb.15; Gmel.Fl.sib.1,p.25; Dalib.Paris.p.
278. - Epipactis foliis binis ovatis,labello bifido Hall.Helv.
II,p.150,t.XXXIX; Enum.277. - Ophrys Ccesalp.De plant.lib.10,
cap.48,p.430 et herb.fol.226,n°631. - Orchis falso o Bifolio
del Dodoneo da alcuni Ophrys Pliniano creduto Pona,Mont.Bald.p.
189. - Ophrys bifolia Seg.Pl.veron.2,p.138; Bauh.Pinax,87; Zan-
nich.Opus.posth.p.73. - Bifolium Riv.Hex.t.7.

Icon. - Tournef.Inst.t.250; Moris.Pl.hist.f.12,t.11,f.1; Haller,l.c.; Engl.Bot.t.1548; Curtis,l.c.; Fl.dan.t.CXXXVII; Roth,
l.c.; Schk.Handb.III,t.273; Reichb.f.Icon.XIII,t.127,CCCCLXXIX;
Oudemans,l.c.t.LXXI,f.372; Ces.Pass.Gib.l.c.t.XXI,7,a-f; Barla,
l.c.pl.9,f.13-17; Schlecht.Lang.Deutschl.IV,f.375; Cam.Icon.Or-
ch.Paris,pl.35; M.Schulze,l.c.t.63; Ic.n.pl.29,f.1006-1013.

Exsicc. - Billot,n°77; Schultz; Reichb.n°177; Lej.et Court.
Choix pl.n°208; Austr.-Hung.n°1846; Soc.Rochel.n°1846.

Rhizome court,à fibres nombreuses assez grosses,contournées.
Tige de 2-6 décim.,dressée,pubescente,cylindrique,verte,munie
de bractées à la partie supérieure,verdâtre ou blanchâtre et
anguleuse au-dessous des feuilles,munie à la base de 2 à 3 gaînes blanchâtres,brunes à leur sommet.Feuilles deux,grandes,si-
tuées un peu au-dessous du milieu de la tige,rapprochées et

paraissant opposées,sessiles,semi-embrassantes,étalées,large-
ment ovales-obtuses,mucronulées,glabres.Bractées très courtes,
acuminées,vertes.Fleurs pédicellées,dressées,d'un vert jaunâtre,
petites,nombreuses,disposées en épi allongé un peu lâche.Pé-
rianthe à divisions externes concaves,ovales,connivantes en
casque,à divisions latérales internes étroites,linéaires.Label-
le pendant,allongé,muni vers la base de deux lobes latéraux
dentiformes;lobe moyen environ 3 fois plus long que les divisions du périanthe,un peu rétréci à la base,linéaire,divisé au
sommet en 2 lobes secondaires linéaires,obtus et presque paral-
lèles.Ovaire subglobuleux,non contourné.Pédicelle contourné,
plus long que l'ovaire.

MORPHOLOGIE INTERNE.

RACINE. Poils absorbants nombreux.Ecorce contenant quelques
cellules à gomme,des cellules à raphides assez abondantes et
des cellules amylifères.Grains d'amidon de 3-8μ de diam.env.,
arrondis,souvent groupés,rarement isolés.Endoderme formé de
cellules à parois épaissies et lignifiées sur toutes leurs faces vis-à-vis des pôles libériens.Péricycle formé de cellules à
parois minces.Liber réduit.4-6 lames vasculaires développées,
réunies en forme d'étoile.Cylindre central à peu près dépourvu
de tissu de soutien(fibres à parois épaisses comme dans les
genres EPIPACTIS,CEPHALANTHERA manquant complètement).

RHIZOME. Parenchyme ext.très développé.Faisceaux libéro-ligneux peu nombreux,en partie fusionnés.Parenchyme int.peu abondant. - TIGE. Stomates peu nombreux.Epiderme pourvu du sommet
de la tige aux deux feuilles principales de poils très abondants sans tendance à la ramification,3-6-cellul.,à cellule
terminale arrondie bien plus grande que les autres cellules et
à contenu dense,granuleux et jaune pâle (pl.3,f.61-63).3-4 assises de parenchyme ext.formées de cellules laissant entre elles des méats et des canaux aérifères.3-8 assises sclérifiées
formées de fibres à parois assez épaisses,à lumen de forme irrégulière ou touchant au liber des faisceaux ou séparées de lui
par quelques assises de parenchyme,dans ce dernier cas parfois
à l'extérieur des faisceaux quelques cellules lignifient leurs
parois.Faisceaux libéro-ligneux à section transversale de forme
arrondie,disposés en un cercle régulier au-dessus des feuilles
principales,à liber développé et à bois assez réduit.Cellules
de parenchyme int.de forme irrégulière,à parois minces.

FEUILLE. Ep. = 250-450μ.Epiderme sup.recticurviligne,haut de
40-65μ,à paroi ext.épaisse de 3-6μ peu bombée,ayant quelques
stomates dans les deux grandes feuilles.Epiderme inf.ondulé,
haut de 40-50μ,à paroi ext.épaisse de 3-6μ et légèrement bombée,à stomates nombreux.Cellules épidermiques du bord du limbe
à paroi ext.légèrement bombée.Mésophylle formé de 5-8 assises
env.,à assises sup.formant un tissu assez serré et à assises
inf.constituées par de très grandes cellules un peu rameuses;
paquets de raphides assez rares.NERVURES dépourvues de collenchyme et de sclérenchyme,assez peu nombreuses,à faisceau libéro-
ligneux réduit,un peu plus haut que large sur une section transversale,entouré de parenchyme incolore et chlorophyllien.Ner-
vures principales à section concave-convexe,les autres à section plane.

FLEUR. - PERIANTHE. DIVISIONS EXTERNES ET LATERALES INTERNES.
Epidermes ext.et int.à stomates nombreux. - LABELLE. Epidermes
ext.et int.dépourvus de papilles.Emission de nectar abondante à
la partie sup.du labelle. - GYNOSTEME. Pas de trace des faisceaux staminaux latéraux. - ANTHERE. Cellules fibreuses développées,abondantes. - POLLEN. Réseau d'épaississement de l'exine très fort,à grandes mailles.L = 35-45µ. - OVAIRE.(Pl.10,f.
295.)Stomates non orientés dans le sens de la longueur de l'o-
vaire,assez nombreux.Nervuré des valves placentifères peu ou
non saillante à l'extérieur,renfermant un faisceau libéro-ligneux à bois int.Placenta peu long,à deux divisions développées,
plus ou moins bilobées.Valves non placentifères proéminentes,
contenant un faisceau libéro-ligneux à bois int. - GRAINES.Sus-
penseur ne se développant pas.Cellules du tégument à parois
recticurvilignes,non striées.Graines très atténuées aux extrémités,3-4 fois plus longues que larges.L = 600-700µ env.

F. a. STENOGLOSSA Peterm.Anal.Pfl.p.446(1846); M.Schulze,l.c.-
Labelle étroit,allongé;feuilles à 11 nervures environ.
F. b. MULTINERVIA Peterm.l.c.; M.Schulze,l.c. - Labelle de a.;
feuilles à nervures nombreuses.
F. c. PLATYGLOSSA Peterm.l.c.M.Schulze,l.c. - Labelle petit,
en coeur renversé.
Var.TRIFOLIATA Car.et S.-Lag.Fl.descr.éd.8,p.811. - b.caule
trifolio Gaud.l.c.p.474; Tabern.Icon.p.725,f.1;Kräuterb.1101,f.
2. - OPHRYS TRIFOLIA Bauh.Pinax,87. - Plante grêle,à fleurs petites;3 feuilles dont une petite.Forme accidentelle du L.OVATA
que nous avons trouvée dans la vallée du Sausseron(S.-et-O.). -
France,Suisse,etc.

V.v. - Mai,juillet. - Lieux ombragés et humides,clairières
des bois. - Presque toute l'Europe,Sibérie,Oural,Caucase,Cili-
cie,Tauride;Amérique septentrionale.

2. - L.CORDATA.

L.CORDATA R.Br.in Ait.Hort.Kew.ed.2,V,p.201(1813); Lindl.Gen.
and spec.p.456; Reichb.Fl.excurs.p.133; Richter,Pl.eur.p.289;
Correv.Alb.Orch.Eur.pl.XXVI; Babingt.Man.Brit.Bot.ed.8,p.349;
Oudemans,Fl.Nederl.III,p.152; Dumort.Prodr.fl.Belg.p.132; Thie-
lens,Orch.Belg.et Luxemb.p.50; Lec.et Lamt.Catal.pl.cent.p.353;
Gr.et God.Fl.Fr.III,p.270; Godr.Fl.Lorr.III,p.43;II,p.301; Mi-
chal.Hist.nat.Jura,p.299; Renault,Ap.H.-Saône,p.243; Ardoino,
Fl.Alp.-Mar.p.360; Barla,Iconogr.p.15; Vallot,Guide Cauterets,
p.278; Cam.Monogr.Orch.Fr.p.112; in J.bot.VII,p.273; Gautier,
Pyr.-Or.p.396; Bubani,Fl.pyr.p.56; Coste,Fl.Fr.III,p.411,n°3629,
cum icone; Flahault,N.fl.Alp.et Pyr.p.140,cum icone; Kirschl.
Prodr. fl.Als.p.163; Fl.Als.II,p.143; Fl.vog.-rhen.(1870)p.89;
Gmel.Fl.bad.III,p.560; Koch,Syn.ed.2,p.801;ed.3,p.603;ed.Hall.
et Wohlf.p.2446; Garcke,Fl.Deutschl.ed.14,p.384; Oborny,Fl.v.
Moehr.Oest.Schl.p.258; Seubert,Ex.Fl.Bad.p.127; Caflisch,Ex.Fl.
S.Deutschl.p.300; M.Schulze,Die Orchid.n°64; Spenn.Fl.frib.p.27;

Asch.u.Gracb.Syn.III,p.890; Morthier,Fl.Suisse,p.359; Reuter,
Catal.Genève,éd.2,p.200; Gremli,Fl.Suisse,éd.Vetter,p.200; Rhi-
ner,Prodr.Waldst.p.129; Schinz u.Kell.Fl.Schweiz,p.129; Boiss.
Voy.Esp.p.599; Willk.et Lange,Prodr.hisp.suppl.p.44,n°770 bis;
Comol.Fl.comens.VI,p.391; Guss.Fl.sic.syn.2,p.557; Pucc.Fl.luc.
p.485; de Not.Rep.fl.lig.393; Bertol.Fl.ital.IX,p.618; Parlat.
Fl.ital.III,p.369; Arcang.Comp.ed.2,p.179; Fiori et Paol.Icon.
fl.ital.n°857; Hinterhuber et Pichlm.Fl.Salzb.p.195; Hausm.Fl.
Tirol,p.851; Beck,Fl.N.-Oest.p.217; Boissier,Fl.orient.V,p.92.
L.NEPHROPHYLLA Lydberg,Mem.N.-Y.Bot.Gard.1,108(1900). - NEOTTIA
CORDATA Rich.in Mém.Mus.IV,p.59(1817); Bluff et Fingh.Comp.2,p.
435; Reichb.f.Icon.XIII,p.149; Mutel,Fl.Fr.III,p.258; Fl.Dauph.
éd.2,p.600; Boreau,Fl.cent.éd.3,II,p.653; Fr.Gust.et Hérib.Fl.
Auv.p.246; Guill.Fl.Bord.et S.-O.; Gren.Fl.ch.jurass.p.762;
Legrand,Stat.bot.Forez,p.221; Gaud.Fl.helv.V,p.475; Bouv.Fl.
Alp.éd.2,p.649; Godet,Fl.Jura,II,p.699; Kichx,Fl.Brux.p.60;
Gorter,Fl.VII prov.Belg.p.257. - CYMBIDIUM CORDATUM Lond.Mém.
Mosc.1,p.282(1806). - DISTOMAEA CORDATA Spenn.Frib.p.246(1825-
29). - EPIPACTIS CORDATA All.Fl.pedem.II,p.152(1785); Willd.
Spec.IV,p.88; DC.Fl.fr.III,p.261,n°2045; Duby,Bot.p.449; Loisel.
Fl.gall.2,p.273; Boisduval,Fl.fr.III,p.53; Lapeyr.Abr.Pyr.p.554;
Reuter,Cat.Genève,éd.1,p.101; Car.et S.-Lag.Fl.descr.éd.8,p.811.-
HELLEBORINE CORDATA Schmidt,Fl.bohm.p.81(1794). - OPHRYS CORDA-
TA L.Spec.ed.1,p.946(1753); Vill.Hist.Dauph.II,p.47; Poiret,En-
cycl.IV,p.568; Smith,Brit.933; Scopoli,Fl.carn.n°1133; Piper,
Fl.of the st.Wash.p.207. - POLLINIRHIZA CORDATA Dulac,Fl.H.-
Pyr.p.120(1867). - DIPHYLLUM OVATUM Beck Glasn.IX,p.229(1903).-
O.minima Bauh.Pinax,87; Prodr.51. - Bifolium minimum Bauhin,
Hist.III,534. - Ophrys foliis cordatis L.Fl.lapp.p.247; Fl.suec.
p.739,809; Act.Ups.(1740)p.29; Gmel.Fl.sibir.1,p.25. - Epipac-
tis foliis binis cordatis,labello bifido postice bidentato Hall.
Helv.n°1292,t.22,f.4. - b.Ophrys minima,floribus purpureo-cro-
ceis Mentz.Pug.t.9,f.2.

   Icon. - Haller,l.c.; Gag.Act.helv.2(1755)p.56-75,t.6; J.Bau-
hin,Hist.pl.3,31,p.534,f.2; Gunn.Fl.norveg.p.2,t.III,f.6,7,8;
Fl.dan.t.1278; Sm.Engl.Bot.V,t.358; Sv.Bot.VII,t.472; Curt.Fl.
lond.ed.Grav.IV,t.104; Dietr.Fl.r.borus.1,t.22; Reichb.f.Icon.
149,t.CCCCLXXX,f.I-V,1-15; Barla,l.c.pl.9,f.17-26; M.Schulze,l.
c.t.64; Bonnier,Alb.N.Fl.p.148; Ic.n.pl.29,f.1014-1018.

   Exsicc. - Thomas; Schleich.; Ser.Alp.cent.3,n°249; Billot,n°
174; Schultz,n°1153; Reichb.n°41; Soc.Rochel.n° 3157; Soc.fr.-
helv.n°797; Balansa,Pl.d'Or.(1866); Warming og Th.Holm; Dansk
geol.geog.Und.Groenl.Fyllas(1884); Fl.Newfoundland,n°168; Ho-
well's Pacific coast plants Oregon.

   Rhizomes à fibres presque capillaires.Tige grêle,de 1 à 3 décim.,dressée,subquadrangulaire,munie à la base de deux gaînes
brunâtres.Feuilles deux,situées au-dessus du milieu de la tige,
très rapprochées et paraissant presque opposées,sessiles,en
coeur,obtuses,mucronulées,vertes,luisantes en dessus,à 5 nervu-

res.Bractées ovales-acuminées,plus courtes que le pédicelle.
Fleurs petites,verdâtres,souvent panachées de pourpre,disposées
en épi grêle,un peu lâche,pauciflore.Divisions externes du périanthe ovales-obtuses,étalées;divisions internes un peu plus
étroites et de même forme que les externes.Labelle pendant,al-
longé,muni de deux lobes latéraux dentiformes,bifide au sommet,
à lobes secondaires linéaires-acuminés.Gynostème court.Stigmate
subréniforme.Ovaire fusiforme,à pédicelle court,contourné.

MORPHOLOGIE INTERNE.

RACINE. Poils absorbants nombreux.Cellules de l'endoderme à
parois épaissies,mais non lignifiées vis-à-vis des pôles libé-
riens.Péricycle formé de cellules à parois minces.Lames vasculaires s'unissant en croix ou en étoile,très peu développées,
vaisseaux à petite section.Pas de fibres à parois épaisses.

TIGE. Stomates peu nombreux.Poils peu abondants,pluricellulai-
res,souvent 3-4-cellul.,ni coudés,ni ramifiés, de 100-140
de long env.4-6 assises de parenchyme ext.à parois minces et
très sinueuses.Pas d'anneau lignifié,seulement quelques cellules à parois lignifiées à l'extérieur du liber de chaque fais-
ceau.Bois développé,parenchyme ligneux non lignifié abondant.
Faisceaux libéro-ligneux disposés en cercle au-dessus des feuilles principales,entourant un parenchyme formé de cellules à parois minces et sinueuses,non résorbé.

FEUILLE. Ep. = 150-200μ env.Epiderme sup.recticurviligne,haut
de 35-45μ env.,à paroi ext.épaisse de 3-6μ et non bombée,conte-
nant un peu de chlorophylle.Epiderme inf.recticurviligne,haut
de 20-30μ ,à paroi ext.épaisse de 3-6μ et peu bombée,à stomates
nombreux.Cellules épidermiques du bord du limbe à paroi ext.
nettement bombée.Mésophylle formé de 5-7 assises chlorophylliennes et contenant de rares paquets de raphides.NERVURES dépourvues de sclérenchyme,les principales munies de parenchyme incolore à parois un peu épaisses.Bois à parenchyme ligneux non lignifié abondant.

FLEUR. - PERIANTHE. DIVISIONS EXTERNES ET LATERALES INTERNES.
Epidermes ext.et int.pourvus de stomates. - OVAIRE. Nervure des
valves placentifères peu saillante à l'extérieur.Valves non
placentifères très proéminentes extérieurement. - GRAINES. Pas
de suspenseur.Cellules du tégument à parois rectilignes,non
striées.Graines atténuées aux extrémités,3-3f.1/2 env.plus longues que larges.L = 600-650μ env.

F.TRIFOLIA Asch.u.Graeb.Syn.III,p.891; M.Schulze in O.B.Z.
(1899)p.115. - Forme accidentelle munie de 3 feuilles.

V.v. - Juin,juillet. - Bois humides des clairières des monta-
gnes de la région alpine.- Europe moyenne et boréale;Caucase,
Sibérie,Japon(abbé Faurie),Amérique boréale.Espagne,Pyr.R.;
France:Pyrénées,Auvergne,Jura,Alpes,Vosges;Suisse;Tyrol,etc.;
Belgique et Luxembourg,n'y   pas été retrouvé récemment.

Gen.28. - EPIPACTIS Rich.

Rich.in Mém.Mus.IV,p.43 et 51; Lindl.Gen.and spec.p,460; Nees,
Gen.III,n°20; Endl.Gen.n°1553; Meisn.Gen.I,p.288; Irmisch,EPIP.-
art.Deuts.in Linn.XVI,p.417,t.17; Reichb.f.Icon.XIII,p.p.; Ben-
th.et Hook.Gen.p.619; Pfitzer in Engl.u.Prantl,Pfl.2,6,p.111.-
EPIPACTUM Ritg.Marburg.Schrift.II,p.125(1831). - CYMBIDIUM
Swartz in Schrad.Journ.(1799)1,p.225. - SERAPIADIS spec.L.Spec.
et plur.auct.(Le genre EPIPACTIS a été créé par Adanson (Fam.
II,p.70,1763).Cet auteur donnait à ce genre une extension telle
que nous n'avons pu conserver cette indication de priorité
puisque le genre tel que les auteurs actuels le comprennent est
considérablement restreint.Nous ferons la même observation pour
Haller.)

Divisions du périanthe libres,étalées;les externes et les
deux internes latérales presque conformes.Labelle étalé,brus-
quement rétréci et subarticulé à la partie moyenne;hypochile
concave,nectarifère;épichile entier,souvent en coeur,bigibbeux
à la base.Masses polliniques réunies par un rétinacle commun.
Anthère terminale,libre,obtuse,à loges parallèles et contiguës.
Gynostème court,dressé.Ovaire non contourné,atténué en un pédicelle contourné. - Souche à fibres radicales un peu charnues
et fasciculées.

Racine à lames vasculaires se rejoignant au centre de la racine (pl.1,f.10),à parois des cellules endodermiques plus ou
moins épaisses et parfois lignifiées vis-à-vis des pôles libériens,à cylindre central entièrement lignifié sauf quelques
cellules péricycliques et les amas libériens,à tissu de soutien
développé,à fibres à parois épaissies.Poils sécréteurs pluricellulaires tendant à se couder et à se ramifier (pl.3,f.64-79;
pl.4,f.80).Faisceaux libéro-ligneux de la tige disséminés (voir
p.15),pénétrant dans la profondeur du cylindre central.Nervures
munies de fibres lignifiées.Grains de pollen se séparant en té-
trades.Gynostème ne contenant pas les faisceaux libéro-ligneux
des étamines latérales avortées. - Cellules du rostellum se
transformant en une masse visqueuse,blanchâtre,revêtue seulement par une membrane mince.Embryon ne développant pas de suspenseur.

ARTHROCHILIUM (Irmisch in Linn.XVI,p.451,1842) Reichb.f. -
Epichile plan,auriculé de chaque côté.

1. - E.PALUSTRIS.

E.PALUSTRIS Crantz,Stirp.austr.p.462(1769)t.1,f.5; Swartz in
Act.holm.(1800); Willd.Spec.IV,p.84; Rich.in Mém.Mus.IV,p.60;
Lindl.Gen.and spec.p.460; Reichb.f.Icon.XIII,p.139; Correvon,
Alb.Orch.Eur.pl.XIV; Richter,Pl.eur.1,p.283; Blytt,Hndb.Norg.
Fl.ed.Ove Dahl,p.236; Oudemans,Fl.Nederl.III,p.151; Babingt.

Man.Brit.Bot.ed.8,p.350; Dumort.Prodr.p.134; Lej.et Court.Comp.
p.196; Tinant,Fl.luxemb.p.445; Micnot,Fl.Hain.p.380; Crépin,
Manuel fl.Belg.éd.1,p.179; éd.2,p.295; Piré et Mull.Fl.cent.
Belg.p.194; Löhr,Fl.Tr.p.251; Kops,Fl.Bat.p.210; Hall,Fl.Belg.
sept.; J.Mey.Orch.G.-D.Luxemb.p.20; Thielens,Orch.Belg.et Lu-
xemb.p.44; DC.Fl.fr.III,p.259,n°2038; Duby,Bot.p.430; Loisel.
Fl.gall.2,p.272; Boisduv.Fl.fr.III,p.53; Lapeyr.Abr.Pyr.p.553;
Gr.et God.Fl.Fr.III,p.271; Lec.et Lamt.Cat.pl.cent.p.253; Bor.
Fl.cent.éd.3,II,p.652; Castagne,Catal.B.-d.Rh.p.155; Martr.-Don.
Fl.Tarn,p.714; Coss.et Germ.Fl.Par.éd.2,p.693; Gren.Fl.ch.ju-
rass.p.761; Godet,Fl.Jura,p.697; Contej.Rev.fl.Montbél.p.224;
Lefrou,Catal.p.24; Ravin,Fl.Yonne,p.365; Martin,Catal.Romor.éd.
1,p.263; éd.2,p.380; Ardoino,Fl.Alp.-Mar.p.359; Poirault,Cat.
Vienne,p.92; Lor.et Barrand.Fl.Montp.p.655; Barla,Iconogr.p.10;
Godr.Fl.Lorr.II,p.303; Cam.Monogr.Orch.Fr.p.109; in J.bot.VII.
p.270; Car.et S.-Lag.Fl.descr.éd.8,p.812; Lloyd et Fouc.Fl.
Ouest,p.342; Deb.Rév.fl.agen.p. 515; Corbière,N.fl.Norm.p.550;
Gaut.Pyr.-Or.p.395; Mascler,Cat.P.-d.-C.p.158; Coste,Fl.Fr.III,
p.413,n°3633,cum icone; Guill.Fl.Bord.et S.-O.p.172; Kirschl.
Fl.Als.II,p.145; Bluff et Fingh.Comp.2,p.439; Reichb.Fl.excurs.
1,p.153; Koch,Syn.ed.2,p.801; ed.3,p.603; ed.Hall.et Wohlf.p.
2445; Oborny,Fl.Moeh.Oest.Schles.p.256; Foerster,Fl.Aachen,p.
350; Bach,Rheinpr.p.375; Seubert,Ex.Fl.Bad.p.126; Caflisch,Fl.
S.D.p.299; Garcke,Fl.Deutschl.ed 14,p.384; M.Schulze,Die Orchid.
n°55; Asch.u.Graeb.Fl.Nord.Flachl.p.218; Syn.III,p.871; Gaud.
Fl.helv.V,p.467; Reuter,Catal.Genève,éd.2,p.207; Bouvier,Fl.
Alp.éd.2,p.648; Gremli,Fl.Suisse,éd.Vetter,p.485; Schinz u.Kel.
Fl.Schweiz,p.127; Ambr.Fl.Tir.aust.p.726; Hausm.Fl.Tirol,p.850;
Scop.Fl.carn.n°1129; Hinterhuber et Pichlm.Fl.Salzb.p.195;Schur,
Enum.Trans.p.649,n°3453; Simk.Enum.Trans.p.506; Bertol.Amoenit.
ital.p.417; Fl.ital.IX,p.623; Moric.Fl.venet.1,p.376; Poll.Fl.
veron.III,p.34,p.p.; Vis.Fl.dalm.1,p.183; Sang.Prodr.fl.rom.alt.
p.740; Ten.Syll.p.460; Tod.Orch.sic.p.128; Guss.Fl.sic.2,p.557;
de Notar.Repert.fl.lig.p.394; Puccin.Synops.fl.luc.p.484; Bert.
Fl.ital.IX,p.623; Parlat.Fl.ital.III,p.356; Arcang.Comp.ed.2,p.
661; Fiori et Paol.Fl.anal.ital.p.258; Iconogr.n°864; Cocconi,
Bolog.p.476; Willk.et Lange,Prodr.hisp.1,p.176; Marsch.Bieb.Fl.
Taur.-Cauc.Suppl.p.607,n°1850; Boiss.Fl.orient.V,p.87; Hausskn.
Symb.fl.gr.p.23; Plantae Postianae in Bull.Herb.Boiss.(1900)p.
100; Form.in Deut.bot.Monat.(1890)p.10; Halacsy,Consp.fl.gr.p.
155; Grecescu,Consp.Roman.p.549. - ?.LONGIFOLIA All.Fl.pedem.
II,p.158(1785). - CYMBIDIUM PALUSTRE Swartz in Schrad.Journ.
(1799)1,p.225. - SERAPIAS HELLEBORINE η .PALUSTRIS L.Spec.ed.1,
p.95(1753). - S.LONGIFOLIA b.et g. L.Spec.ed.2,1345(1763). -
S.LATIFOLIA g.PALUSTRIS Huds.Fl.angl.ed.2,p.393(1778). - S.PA-
LUSTRIS Mill.Gard.Dict.8 ed.n°3(1768); Scop.Fl.carn.ed.2,p.204
(1772); Engl.Bot.IV,t.270; Lamk,Encycl.2,p.350; Smith,Brit.943;
Vill.Dauph.2,p.51; Suffren,Pl.du Frioul,p.185; Ten.Fl.nap.2,p.
319; Sang.Cent.3; Prodr.fl.rom.add.p.126. - S.LONGIFOLIA L.Syst.
ed.XIII,II,p.593(1774); Sturm,Deutschl.1,f.XIII,t.16; Schkuhr,
Handb.t.273; Poll.Palat.n°860; Gmel.Fl.Bad.III,p.571; Lej.Fl.
Spa,II,p.197; Hocq.Fl.Jemm.p.236. - S.LONGIFLORA Asso,Syn.p.13
(1779). - HELLEBORINE LATIFOLIA Fl.Dan.t.267(1766). - ARTHRO-
CHILUM PALUSTRE Beck,Fl.N.-Oest.p.212. - LIMONIAS Ehrh.Phyt.

47;Beitr.IV,p.147. - Helleborine palustris,nostras Zannich.Ist.
d.p.venet.p.137,t.58,f.2. - Epipactis foliis ensiformibus caulinis,floribus pendulis,labello obtuso,oris plicatis Hall.Helv.
n°1296,t.39; Act.helv.4,p.111. - Helleborine angustifolia palustris f.pratensis Bauh.Pin.87. - Serapias bulbis fibrosis,
nectarii labio obtuso longitudine petalorum Ger.Prov.132.

Icon. - Zannich.l.c.; Hall.l.c.; Bauh.III,p.516,f.2; Fl.Dan.
t.267; Chabr.Sc.502,f.8; Crantz,l.c.t.1,f.5; Curtis,Fl.lond.ed.
Grav.IV,t.10; Sturm,l.c.; Schkuhr,l.c.t.100; Dietr.Fl.borus.1,
f.11; Engl.Bot.IV,t.270; Schr.Fl.Mon.t.190; Fl.Bat.III,t.210;
Reichb.f.Icon.t. CCCXXXIII,f.I-II,1-26;IXD,f.IV; Ces.Pass.Gib.
l.c.t.XXI,4,a-f; Schlecht.Lang.Deutschl.IV,f.379; Cam. Iconogr.
Orch.Par.pl.33; Correv.Orch.rust.f.17; M.Schulze,l.c.t.55; Bonnier,Alb.N.Fl.p.148; Ic.n.pl.30,f.1052-1058.

Exsicc. - Billot,n°1551; Magn.Fl.sel.n°2846,n°3600; Pl.Gal.et
Belg.n°628; Bourg.Pl.Alp.H.-Sav.; Broter.Pl.caucas.n°858; Iter
alban.sept.(1900)n°258; Fratri Perin.Fl.Trid.; Sintenis,Iter
or.(1892)n°4731.

Tige de 3 à 6 décim.,dressée,pubescente au sommet.Feuilles
lancéolées-aiguës,dressées,les 2 ou 3 infér.réduites à des gaînes colorées.Bractées lancéolées,acuminées,les supérieures plus
courtes que l'ovaire,les inférieures l'égalant ou le dépassant
un peu.Fleurs peu nombreuses,4-18,assez grandes,pendantes,dis-
posées en épi lâche subunilatéral.Divisions externes du périanthe ovales-lancéolées,aiguës,carénées,d'un vert cendré lavé de
pourpre,à nervures visibles à l'intérieur;divisions internes
plus courtes que les externes,blanches,lavées de rose.Labelle
égalant environ les divisions externes du périanthe;épichile
membraneux,presque arrondi,crénelé,muni de 2 lames crépues,
blanc ou lavé et veiné de rose;hypochile concave membraneux,
veiné,à lobes ovales-subtriangulaires,dressés ou un peu conni-
vents.Ovaire pubescent,oblong,fusiforme;pédicelle égalant au
moins l'ovaire.Gynostème court,aminci à la base,dilaté au som-
met.Stigmate presque ovale.Anthère ovale-subtriangulaire,blan-
châtre ainsi que les masses polliniques.

MORPHOLOGIE INTERNE.

RACINE. Poils absorbants nombreux.Assise pilifère et assise
subéreuse formées de cellules à parois plus ou moins subérisées.
Ecorce à parois transversales très ponctuées,contenant des
grains d'amidon très petits,nombreux,de forme irrégulière.Cel-
lules endodermiques à parois légèrement épaissies vis-à-vis des
pôles libériens,certaines cellules à parois externes et latérales lignifiées,d'autres seulement subérisées.Péricycle ni épaissi,ni lignifié.Fibres ligneuses à parois moins épaisses que
dans les autres espèces du genre EPIPACTIS.

RHIZOME. Parenchyme ext.très abondant,très amylifère.Endoder-
me à cadres de plissements subérisés.Faisceaux libéro-ligneux
développés.Parenchyme int.réduit,assez lacuneux. - TIGE. Stomates assez abondants.Poils coudés moins brusquement et moins
ramifiés que chez les autres espèces du genre,nombreux à la

partie sup.de la tige,longs de 200-400µ de long env.(pl.3,f.64-
65).4-7 assises de parenchyme ext.,formées de cellules laissant
entre elles des méats et des canaux aérifères;assise ext.à parois un peu plus épaisses que les autres assises.4-8 assises
sclérifiées à parois assez épaisses,englobant les petits faisceaux libéro-ligneux ext.Faisceaux libéro-ligneux disséminés
(pl.2,f.35 et 37),les int.munis d'un arc fibreux en dehors du
liber et souvent dépourvus de fibres lignifiées en dedans du
bois.Parenchyme int.à canaux aérifères abondants,contenant de
rares paquets de raphides,se résorbant vers la base de la tige.
   FEUILLE. Ep.= 120-220µ env.Epiderme sup.à peine recticurviligne,formé de cellules allongées perpendiculairement à la nervure médiane de la feuille,haut de 35-45µ ,à paroi ext.épaisse de
4-8µ ,bombée et parfois un peu striée,portant quelques rares
poils pluricellulaires,muni de quelques stomates vers l'extrémité de toutes les feuilles.Epiderme inf.recticurviligne,haut
de 25-35µ ,à paroi ext.épaisse de 4-7µ et très bombée,portant
quelques poils pluricellulaires et à stomates abondants.Cellu-
les épidermiques du bord du limbe à paroi ext.formant une légère saillie asymétrique,dépourvues de dents.Mésophylle formé de
5-7 assises de cellules allongées à grand axe horizontal.NERVU-
RES dépourvues de collenchyme,à sclérenchyme à parois assez
épaisses,à parenchyme incolore(abondant dans les principales
nervures),à épidermes à peine papilleux(bien moins que dans les
E.ATRORUBENS et LATIFOLIA). - BRACTEES AERIENNES DE LA BASE DE
LA TIGE. Ep. = 200-260µ env.Epiderme sup.dépourvu de stomates
ou n'en ayant que quelques-uns vers l'extrémité de la bractée.
Epiderme inf.haut de 60-70µ ,à stomates peu nombreux.Mésophylle
formé de 3-5 assises de grandes cellules laissant entre elles
de petits méats.Epidermes non papilleux devant les nervures.
Nervures dépourvues de sclérenchyme lignifié;faisceau libéro-
ligneux réduit,vaisseaux à section très petite.
   FLEUR. - PERIANTHE. DIVISIONS EXTERNES. Epiderme ext.portant
de très nombreux poils. - DIVISIONS LATERALES INTERNES. Epidermes dépourvus de poils. - LABELLE. Epiderme sup.de la partie
épaisse,médiane et jaune de l'hypochile formé de petites cellules à parois assez rectilignes,à cuticule striée longitudinale-
ment.Epiderme sup.des parties latérales blanches nervées de rose de l'hypochile formé de cellules à parois très ondulées et à
cuticule non striée.Epiderme sup.du renflement de l'épichile
formé de petites cellules à parois ondulées et à cuticule
striée.Epiderme sup.de la partie terminale de l'épichile formé
de cellules assez grandes;à cuticule non striée. - GYNOSTEME.
Coupe transversale montrant 4 faisceaux libéro-ligneux(pl.9.f.
239):3 faisceaux stylaires et un seul faisceau staminal. - AN-
THERE. Epiderme à peine papilleux sur la partie dorsale du gynostème,non papilleux sur les parois.Cellules fibreuses très
caractérisées. - POLLEN. Jaune.Exine réticulée à la surface des
tétrades,réseau à mailles assez grosses.L=32-40µ env. - OVAIRE
(Pl.10,f.300.)Epiderme pourvu de poils très nombreux,assez persistants,2-8-cellul.,atteignant 200-700µ de longueur.Nervure
des valves placentifères saillante à l'extérieur,contenant 4-5
faisceaux plus ou moins distincts.Placenta divisé presque dès

la base.Valves non placentifères proéminentes à l'extérieur,
contenant 3 faisceaux plus ou moins distincts,le médian légèrement ext.à bois int.les latéraux à orientation moins nette mais
à bois plutôt dirigé vers l'intérieur. - GRAINES. Cellules du
tégument à parois rectilignes ou légèrement recticurvilignes,
non striées.Graines très atténuées aux deux extrémités,4-5f.1/2
plus longues que larges.L = 1400-2000µ env.

B. Var.OCHROLEUCA Barla,Iconogr.p.10,pl.18-24(1868); M.Schul-
ze,l.c. - Fleurs d'un blanc jaunâtre;labelle blanc;épichile la-
vé de jaune à la base;ovaire d'un jaune verdâtre clair;épi plus
dense que dans le type. - Environs de Nice.
C. Var.SALINA Richter,Pl.eur.1,p.283. - E.SALINA Schur,Enum.
Trans.p.650. - Var.PARVIFOLIA Asch.u.Graeb.Syn.III,p.872. -
Forme pauvre,à feuilles courtes et à épi laxiflore très penché.-
Transylvanie.
D. Var.ERICETORUM M.Schulze in O.B.Z.XLIX(1899)p.299; Asch.u.
Graeb.Syn.III,p.871. - Plante peu élevée,env.de 1 décim.;feuil-
les petites,presque lancéolées,épaisses;inflorescence pauciflo-
re(4-6 fl.);fleurs souvent d'un rouge foncé. - Dunes.
E. Var.SILVATICA M.Schulze,l.c.; Asch.u.Graeb.Syn.III,p.871.-
Plante peu rigide,à tige grêle;feuilles larges,minces;inflores-
cence lâche;fleurs verdâtres.

V.v. - Juin,juillet. - Prairies humides et marais tourbeux,de
la plaine jusque dans les marais du Jura et des Alpes.Scandina-
vie,Russie,Allemagne,Pays-Bas,France,Suisse,Autriche,Italie,
Grèce,etc.;Europe moyenne et méridionale,Sibérie jusqu'au Japon,
Himalaya;Caucase;région pontique,Perse;Nord de l'Afrique.

EUEPIPACTIS(Irmisch,l.c.)Reichb.f. - Epichile concave.
2. - E.LATIFOLIA.

E.LATIFOLIA All.Fl.pedem.II,p.151(1785); Willd.Spec.IV,p.83;
Swartz in Act.holm.(1900)VI,p.232; Rich.in Mém.Mus.IV,p.38;
Lindl.Gen.and spec.p.461; Reichb.f.Icon.XIII,t.488; Richter,Pl.
eur.1,p.284; Correv.Alb.Orch.Eur.pl.XII; Orch.rust.p.83; Babing-
ton,Man.Brit.Bot.éd.8,p.349; Oudemans,Fl.Nederl.III,p.151; Du-
mort.Prodr.fl.Belg.p.134; Lej.et Court.Prodr.fl.Belg.III,p.195;
Tinant,Fl.Luxemb.p.445; Mich.Fl.Hain.p.281; Crép.Man.fl.Belg.
éd.1,p.179; éd.2,p.295; Piré et Mull.Fl.cent.Belg.p.195; Lohr,
Fl.Tr.p.251; J.Mey.Orch.G.-D.Luxemb.p.19; Dumoul.Fl.Maestr.p.
56; Thielens,Orchid.Belg.Luxemb.p.42; Cogniaux,Fl.Belg.p.253;
DC.Fl.fr.III,p.259,n°2039; Duby,Bot.p.449,p.p.; Boisduval,Fl.
fr.III,p.54; Mutel,Fl.fr.III,p.257,p.p.; Lapeyr.Aor.Pyr.p.552;
Gr.et God.Fl.Fr.III,p.270; Lec.et Lamt.Cat.pl.cent.p.351; Bo-
reau,Fl.cent.éd.3,II,p.651; Gren.Fl.ch.jurass.p.760; Coss.et
Germ.Fl.Paris,éd.1(v.VULGARIS)p.581; éd.2(v.LATIFOLIA)p.692;
Castag.Cat.B.-d.-Rh.p.155; Ardoino,Fl.Alp.-Mar.p.359; Martr.-
Don.Fl.Tarn,p.75; Barla,Iconogr.p.11; Godr.Fl.Lorr.II,p.303;
Lor.et Barr.Fl.Montp.p.655; Martin,Catal.Romor.p.379,éd.2;
Franchet,Fl.L.-et-Ch.p.564(excl.var.); Ravin,Fl.Yonne,p.364;
Vallot,Guide Cauter.p.278; Cam.Monogr.Orch.Fr.p.107; in J.bot.
VII,p.268; Lloyd et Fouc.Fl.Ouest,p.342; Deb.Rév.fl.agen.p.515;

412

Car.et S.-Lag.Fl.descr.éd.8,p.812,p.p.; Masclef,Cat.P.-de-C.p.
157; Corbière,N.fl.Norm.p.551; Gaut.Pyr.-Or.p.396; Guill.Fl.
Bord.et S.-O.; Coste,Fl.Fr.III,p.414,n°3636; Charbonnel in
Bull.Soc.nat.Ain(1901)p.47; Kirschl.Fl.Als.p.146,p.p.; Koch,
Syn.ed.2,p.801; ed.3,p.602; ed.Hall.et Wohlf.p.2444(var.a.VIRI-
DANS); Oborny,Fl.Moehr.Oest.Schles.p.852; Garcke,Deutschl.Fl.
ed.14,p.383; Foerster,Fl.Aachen,p.350; Bach,Rheinpr.p.374; Ca-
flisch,Ex.Fl.S.D.p.299; Seubert,Ex.Fl.Baden,p.126; M.Schulze,
Die Orchid.n°52; Asch.u.Graeb.Syn.III,p.858,p.p.; Gaud.Fl.helv.
V,p.465; Spenn.Fl.friburg.p.251; Reuter,Cat.Genève,éd.2,p.207;
Gremli,Fl.Suisse,éd.Vetter,p.486; Fisch.Fl.Bern,p.80; Rainer,
Prodr.Waldst.p.129; Schinz u.Keller,Fl.Schweiz,p.129; Sang.Fl.
rom.Prodr.alt.p.741; Nocc.Fl.ver.IV,p.146; Nocc.et Balb.Fl.tic.
2,p.157; Moric.Fl.ven.1,p.376; Poll.Fl.veron.III,p.34;p.p.;
Ten.Syll.p.460; Orchid.sic.p.128; de Notar.Repert.fl.lig.p.394;
Pucc.Syn.pl.luc.p.484; Bertol.Amoen.ital.p.417; Fl.ital.IX,p.
623; Parlat.Fl.ital.III,p.354; Ces.Pass.Gib.Comp.p.178; Arcang.
Comp.ed.2,p.161; Martelli,Monoc.sard.p.13; Cortesi in Ann.bot.
Pirotta,II,p.108; Fiori et Paol.Icon.fl.ital.n°865; Fl.ital.p.
253; Cocconi,Fl.Bolog.p.477; Marès et Vigin.Cat.Baléar.p.278;
Vis.Fl.Dalm.1,p.183; Ambr.Fl.Tirol aust.1,p.728(var.a.); Hausm.
Fl.Tirol,p.849; Schur,Enum.pl.Trans.n°3448,p.649; Simk.Enum. 1.
Trans.p.505; Scop.Fl.carn.ed.2,n°1228; Pallas,Ind.Taur.; Marsch.
Bieb.Fl.Taur.-Cauc.n°1850; Sibth.et Sm.Fl.gr.prodr.2,p.220;
Boiss.Fl.orient.V,p.87;Form.in Verh.Brünn(1897)p.25; Bory et
Chaub.Exp.sc.Morée,p.267; N.fl.Pélop.p.62; Heldr.Chlor.Parn.p.
27; Bald.Riv.Coll.Bot.alb.(1895); Halacsy,Consp.fl.gr.p.156;
Grecescu,Consp.fl.Roman.p.548; Debeaux,Fl.Kabyl.Djurdj.p.338. -
E.HELLEBORINE LATIFOLIA Blytt,Hndb.Norg.Fl.ed.Ove Dahl,p.237;
Godet,Fl.Jura,p.696. - E.HELLEBORINE g.VIRIDANS Crantz,Stirp.
austr.p.467(1769); Reichb.f.Icon.XIII,p.143; Willk.et Lange,
Pr.hisp.1,p.176; Bonnet,Pet.fl.paris.p.387. - E.HELLEBORINE a.
PALLENS Gaud.Fl.helv.V,p.465. - E.LATIFOLIA d.PLATYPHYLLA Ir-
misch in Linn.XIX,p.120(1847). - E.LATIFOLIA d.PYCNOSTACHYS
Koch in Linn.XIX,p.12(1847). - SERAPIAS HELLEBORINE a.LATIFOLIA
L.Spec.ed.1,p.949(1753). - EPIPACTIS VIRIDANS Beck,Fl.N.O.p.214
(1890). - SERAPIAS LATIFOLIA L.Syst.nat.ed.12,2,p.193; Mant.p.
498; Lamk,Encycl.2,p.350; Murr.L.Syst.veg.814; Scop.Fl.carn.ed.
1,n°1128; Vill.Hist.Dauph.II,p.50; Smith,Brit.942; Seb.et Mauri,
Fl.rom.prodr.p.314; Suffren,Pl.du Frioul,p.185; Ten.Fl.nap.p.
185; Ten.Fl.nap.II,p.318; W.Barbey,Fl.Sard.Comp.n°1336; Lej.Fl.
Spa,II,p.199; Rév.fl.Spa,p.189. - CYMBIDIUM LATIFOLIUM Swartz
in Schrad.Journ.(1799)1,p.225. - CALLIPHYLLON LATIFOLIUM Bubani,
Fl.pyr.p.56. - Damasonium flore mixto Rivin.Hex.t.6. - Helleborine prima Tabern.Kr.p.100. - Helleborine latifolia montana
Cup.H.cath.suppl.p.244,et suppl.alt.p.55; Seg.Pl.ver.2,p.135;
Zannich.Ist.piante venet.p.136,t.86,f.2. - Epipactis foliis am-
plexicaulibus ovato-lanceolatis,labello lanceolato Hall.Icon.
pl.Helv.t.40,n°1297; Act.helv.4,p.108. - Elleborine ovvero Epi-
pattide del Pena,del Lobelio,et del Dodoneo Pona,Mont.Bald.p.
211 et 213. - Helleborines recentiorum genus II Clus.Pann.p.275,
et III,p.276.

Icon. - Haller,l.c.; Rivin.Hex.t.6,XXI; Dalech.Hist.1312,f.2;
J.Bauh.Hist.III,p.516,f.1; Fl.dan.t.811; Crantz,l.c.t.1,f.6,c;
Schlecht.Lang.Deuts.IV,371; Ces.Pass.Gib.l.c.t.21,n°6,f.6; Fio-
ri et Paol.l.c.f.865; M.Schulze,l.c.t.52; Reichb.f.Icon.t.488;
Barla,l.c.pl.6,f.1 à 11; Bonnier,Alb.N.Fl.p.148; Ic.n.pl.30,f.
1039-1046.

Exsicc. - Billot,n°173; Schultz,n°173; Soc.Rochel.n°2491;
Heldr.It.gr.II(1893); Letourneux,Pl.orient,var.n°357; Balansa,
Pl.Algérie(1853).

Tige de 2-6 décim.et plus,robuste,un peu anguleuse,un peu pubescente au sommet,violacée à la base(dans les endroits enso-
leillés surtout).Feuilles largement ovales-acuminées,plus longues que les entre-noeuds,engaînantes à la base,à bords ondulés,
à nervures et bords finement scabres;les inférieures réduites à
des gaînes,les supérieures bractéiformes.Bractées vertes,acumi-
nées,étalées ou dirigées en bas.Fleurs souvent très nombreuses,
disposées en épi penché,dense,unilatéral ou subunilatéral.Divi-
sions du périanthe campanulées;les externes acuminées,réflé-
chies au sommet,ordinairement glabres,verdâtres en dehors,ro-
ses ou d'un vert violacé en dedans;les internes aiguës,carénées,
lavées de rose.Labelle un peu plus court que les divisions externes du périanthe;épichile d'un rose violacé,largement ovale-
acuminé,recourbé au sommet,bigibbeux et papilleux;hypochile
concave,nectarifère,d'un brun foncé en dedans.Ovaire d'abord
pubescent,puis glabrescent à la maturité,non contourné,à pédicelle contourné.Gynostème court et épais.Stigmate presque carré.
Anthère et masses polliniques jaunâtres.

MORPHOLOGIE INTERNE.

RACINE. Poils absorbants nombreux.Ecorce à parois transversales munies de ponctuations abondantes,et à réserves amylacées..
Grains d'amidon souvent groupés,arrondis,atteignant 8-12µ de
diam.Cellules de l'endoderme et de l'assise ext. du cylindre
central à parois plus ou moins épaissies vis-a-vis des pôles
libériens.Cellules endodermiques à parois souvent lignifiées.
Liber assez réduit.

RHIZOME. Epiderme persistant assez longtemps.Parenchyme ext.
développé,formé de cellules à parois relativement épaisses surtout aux angles.Anneau lignifié manquant ou à parois peu épaisses et à peine lignifiées.Faisceaux libero-ligneux très rapprochés les uns des autres,entourés d'une gaîne sclérifiée à bois
enclavant plus ou moins le liber.Gaînes sclérifiées se touchant
à cause du rapprochement des faisceaux.On observe ici assez facilement le parcours des faisceaux.Les faisceaux venus des
feuilles et qui ont pénétré dans la partie profonde de la tige,
reviennent vers l'extérieur et se fusionnent avec les traces
foliaires plus agées(voir p.15).Parenchyme int.non résorbé,très
réduit. - TIGE. Partie sup.de la tige munie de poils rameux,
coudés,pluricellulaires,à contenu plus ou moins brunâtre,très
polymorphes(pl.3,f.68-76),parfois unicellulaires par réduction.
Epiderme à stomates peu rares et à cuticule striée.4-7 assises
de parenchyme ext.chlorophyllien.3-5 assises de sclérenchyme

formées de fibres à parois très épaisses,à lumen très étroit et à peu près arrondi.Faisceaux libéro-ligneux dissáminés,les ext, petits,touchant à l'anneau lignifié,les int.irrégulièrement disposés,entourés de fibres au moins dans la région extra-libérienne.Parenchyme int.non résorbé,renfermant quelques paquets de raphides.

FEUILLE. Ep. = 90-180μ.Epiderme sup.formé de cellules allongées perpendiculairement à la nervure médiane,à parois latérales recticurvilignes,haut de 20-40μ,à paroi ext.épaisse de 3-5μ non ou peu bombée et légèrement striée perpendiculairement aux nervures,portant quelques poils pluricellulaires(relativement nombreux à la base du limbe),muni de stomates même vers l'extrémité des feuilles inférieures.Epiderme inf.formé de cellules allongées perpendiculairement à la longueur de la feuille (pl.5, f.134),à parois latérales ondulées ou recticurvilignes,haut de 15-25μ,à paroi ext.épaisse de 2-4μ et non ou peu bombée,muni de quelques poils pluricellulaires et de nombreux stomates.Paroi ext.des cellules épidermiques du bord du limbe prolongée en pointes arquées,assez fortes,de longueur très variable,atteignant 50-180μ env. (pl.5,f.127).Mésophylle comprenant 4-6 assises chlorophylliennes et de nombreuses cellules à raphides. NERVURES (pl.6,f.150) à épidermes prolongés en papilles fortes et en poils pluricellulaires.Faisceau entouré d'une gaîne de sclérenchyme,de parenchyme incolore et de collenchyme dans les principales nervures.Petites nervures n'ayant qu'une gaîne sclérifiée et du tissu chlorophyllien. - BRACTÉES AÉRIENNES DE LA BASE DE LA TIGE.Cellules épidermiques se prolongeant peu en pointes devant les nervures.Pas de gaîne sclérifiée.

FLEUR. PÉRIANTHE. DIVISIONS EXTERNES. Epiderme ext.portant des poils pluricellulaires plus ou moins coudés. - DIVISIONS LATÉRALES INTERNES. Epidermes à peu près dépourvus de poils. - LABELLE. Epiderme int.de l'hypochile formé de cellules à parois presque rectilignes,laissant exsuder le nectar.Epiderme int.de l'épichile à parois recticurvilignes. - GYNOSTÈME. Section transversale montrant 3 faisceaux;faisceau dorsal se divisant assez tardivement en deux pour envoyer une branche au rostellum. ANTHÈRE. Tissu fibreux développé. - POLLEN. Jaune pâle.Exine à réticulations très marquées,mailles assez grosses.L = 40-50μ.- OVAIRE. (Pl.10,f.299.)Poils longs de 200-300μ,très caducs.Nervure des valves placentifères très saillante,contenant plusieurs faisceaux:1-3 ext.et 1 faisceau int.plus ou moins disloqué.Placenta peu long,divisé.Valves non placentifères très proéminentes extérieurement,contenant 2-3 faisceaux libéro-ligneux à bois int.,le médian toujours plus ext. - GRAINES. Pas de suspenseur.Cellules du tégument non sensiblement striées.Graines adultes très atténuées au sommet,4-6 fois plus longues que larges.L = 800-1100μ.

Plante très polymorphe,qui a été très bien étudiée,mais dont les différentes formes n'ont pas toujours l'importance qu'on leur attribue.

Nous admettons pour le type la synonymie suivante:

A. E.LATIFOLIA d.PLATYPHYLLA Irm.in Linn.XVI,p.451(1842); Asch.u.Graeb.Syn.III,p.860;emend. - E.HELLEBORINE g.VIRIDANS

Crantz,Stirp.austr.VI,p.467; Reichb.f.Icon.XIII,t.CCCCLXXXVIII,
f.1-7. - E.PYCNOSTACHYS K.Koch,in Linn.XXII,p.289(1849). - E.
LATIFOLIA b.PYCNOSTACHYS K.Koch op.cit.XIX,p.120. - E.LATIFOLIA
PURPURATA Celak.Prodr.Fl.Bhm.(1881)p.765; et auct.plur. - Plante ordinairement robuste,à feuilles larges;inflorescence dense,
à fleurs assez grandes;divisions externes du périanthe acumi-
néos,recourbées au sommet,rosées en dehors,mais munies de 2
nervures vertes dont la moyenne plus ou moins large. - On trouve très souvent ensemble dans les marécages ombragés la forme à
fleurs vertes en dehors établissant le passage à l'E.VIRIDIFLO-
TA.

B.Var.ORBICULARIS K.Richter Pl.eur.l,p.284. - E.ORBICULARIS
K.Richter in Verh.z.b.Ges.XXXVII,p.190(1887). - Feuilles inférieures et moyennes ovales ou suborbiculaires,courtes.C'est la
forme des régions alpestre et subalpine. - Autriche.

C. ? Var.DECIPIENS Nobis. - Nous désignons ainsi une forme
sur laquelle nous ne sommes pas fixé et qui a été récoltée par
notre ami M.Jeanpert dans la forêt de Villers-Cotterêts et par
nous à Vilaines(S.-et-O... - Tige grêle,feuilles ressemblant à
celles de l'E.LATIFOLIA,mais peu épaisses,presque transparentes,
peu nombreuses.Fleurs 3-8,peu colorées,petites,espacées,la plupart avortant.

D. Form.ou var.ACUTILOBA Huter ap.M.Schulze in Mitth.Thür.BV,
N.F.XVII. - Epichile acuminé. - Vénitie.

E.Var.RECTILINGUIS Mürbeck in Lund Univ.Arsskr.XXVII,p.37,
(1891). - Fleurs dressées;épichile droit ou à peine recourbé.-
Herzégovine.

MONSTRUOSITE. - M.Zimmermann(ap.Asch.u.Graeb.)a recueilli au
Feldberg(Grand-duché de Bade)une anomalie qui nous paraît un
retour au type.

V.v. - Juillet,septembre.- Bois secs et pierreux,coteaux arides,bords des sentiers,etc. - Fleurit environ un mois après
l'E.ATRORUBENS. - Peu abondant dans le nord de la France et de
la Belgique;toute l'Europe,Sibérie,Altaï,Asie-Mineure.

Sous-esp. E.VIRIDIFLORA.

E.VIRIDIFLORA Reichb.Fl.excurs.p.134(1830); Boreau,Fl.cent.
éd.2,p.533; éd.3,p.651; Cam.Monogr.Orch.Fr.p.107; Gonse in
Bull.Soc.Linn.Nord France,p.296(1899); Lloyd et Fouc.Fl.Ouest,
p.342; Poirault,Cat.Vienne,p.98; Schur,Enum.pl.Trans.p.649,n°
3449. - E.PURPURATA Sm.Engl.Fl.IV,p.41; Schur,Enum.Trans.n°
3450. - E.VIRIDANS d.VIRIDIFLORA Beck,Fl.N.-Oest.p.214,p.p.? -
E.HELLEBORINE b.VARIANS Crantz,Stirp.austr.p.467(1 769); Oborny,
Fl.Moehr.Oest.Schles.p.255. - E.LATIFOLIA var.VIRIDIFLORA auct.;
Bluff et Fing.; Gren.Fl.ch.jurass.p.760; Barla,Iconogr.p.11;
Franch.Fl.L.-et-Ch.p.564; Hariot et Guyot,Contr.fl.Aube,p.116;
Corbière,N.fl.Norm.p.551; Charbonnel in Bull.nat.Ain(1901). -
E.LATIF.b.VARIANS Richter,Pl.eur.p.284; Oborny,Fl.Moehr.Oest.
Schles.p.255. - E.MACROPODIA b.VIRIDIFLORA Peterm.Fl.d.Bien.p.
31(1841). - SERAPIAS LATIFOLIA b.SILVESTRIS Pers. Syn.1,p.512
(1805). - S.VIRIDIFLORA Hoffm.Deutschl.Fl.II,p.182(1804).

Icon. - Fl.dan.t.811; Sm.Engl.Bot.t.2775; Dietr.Fl.borus.VIII,
t.509; Reichb.Pl.crit.DCCCL; Reichb.f.Icon.t.136,CCCCLXXXVIII;
Barla,l.c.pl.7,f.1-4; Ic.n.pl.29,f.1028-1032.
Exsicc. - Soc.Rochel.n°3155.
Fleurs en épi lâche,peu ou non penchées,verdâtres en dedans
et en dehors.Labelle court,inclus.Feuilles inférieures et moyennes ovales-acuminées,ordinairement plus étroites que dans
le type,relativement courtes,à bords souvent ondulés.Ovaire
glabre ou glabrescent ou pubérulent.
                    MORPHOLOGIE INTERNE.
Ne diffère guère de l'E.LATIFOLIA que par la réduction de la
vestiture sur toutes les parties de la plante;les poils plus
courts ont moins de tendance à se ramifier.
Fleurit un mois plus tôt que l'E.LATIFOLIA. - V.v. - France,
Allemagne,Autriche-Hongrie,R.,France:env.de Paris,Somme,Loir-
et-Cher,Puy-de-Dôme,Cher,Maine-et-Loire,Vendée.Gironde,etc.

                    Sous-esp.? E.VIOLACEA.

E.VIOLACEA Durand-Duquesnay,Catal.pl.Lisieux,p.102(1846); Bo-
reau,Fl.cent.éd.3,II,p.651; Babingt.Man.Brit.Bot.éd.8,p.350;
Schinz u.Keller,Fl.Schweiz,p.127. - E.LATIF.var.PARVIFOLIA
Pers.Syn.1,p.512(1805); Richter,Pl.eur.1,p.284; Cam.Monogr.
Orch.Fr.p.107. - E.LATIF.var.VIOLACEA Franch.Fl.L.-et-Ch.p.564;
Oborny,Fl.Moehr.Oest.Schl.p.256; Hinterhuber et Pichlm.Fl.Salz.
p.195. - E.LATIF.var.BREVIFOLIA Irmisch in Linn.XIII,p.143
(1851). - E.SESSILIFOLIA Peterm.in Flora(1844)p.370; M.Schulze,
Die.Orchid.n°54 et t.54; Luscher in Arch.fl.jurass.n°27(1902);
Correvon,Alb.Orch.Eur.pl.XV; Koch,Syn.ed.Hall.et Wohlf.p.2444.-
E.LATIF.var.VIRIDIFLORA f.VIOLACEA Legué,Catal.Mondoubleau. -
E.HELLEBORINE 5 VIOLACEA Reichb.f.Icon.XIII,p.142,t.134,
CCCLXXXVI. - E.LATIFOLIA× MICROPHYLLA Richter,Pl.eur.1,p.284. -
×?
Icon. - Ic.n.pl.30,f.1047-1051.
Souche épaisse,donnant naissance à une touffe de tiges.Fleurs
ordinairement nombreuses,rapprochées,lavées ainsi que presque
toute la plante de rouge violacé,devenant bronzées après l'an-
thèse.Feuilles nombreuses,très rapprochées,relativement larges
et peu longues.
                    MORPHOLOGIE INTERNE.
Diffère à peine de l'E.LATIFOLIA par:la rareté des cellules à
raphides dans les feuilles et des poils sur les divisions ext.
du périanthe et sur l'ovaire jeune;la réduction des faisceaux
libéro-ligneux de l'ovaire et leur peu de tendance à se diviser.
V.v. - Floraison tardive. - France:Cher(Tourangin),env.de Paris!,Loir-et-Cher(Franchet),env.de Lisieux(Durand-Duquesnay),
etc.;Suisse(Luscher),Jura bâlois et soleurois;Allemagne:Silé-
sie,Prusse,Thuringe,Hanovre,Bavière;Autriche-Hongrie.

? E.GUTTA-SANGUINEIS Arvet-Touvet,Diagnosis spec.novarum
(1871). - Nous ne connaissons cette plante que par la description suivante:Foliis oblongis intermedio longioribus,bracteis
inferioribus anguste lanceolatis flores multo superantibus;re-
dicellis brevibus;perigonio campanulato patulo,lacinis tribus

exterioribus rugulosis glandis minutissimis puberulis;articulo
labelli anteriore acuminato apice recurvo,gibbis basis nullis
minutissimisve linearibus laevibus.Flores subferrugine rosei
vel albidi,articulus labelli inferior macula intense purpurea
notatus. - Sylvis siccis:La Perière sur Nant-en-Rattier.

3. - E.ATRORUBENS.

E.ATRORUBENS Schult.Oesterr.Fl.2,1,p.538(1794); Hoffm.Deuts.
Flor.ed.2,p.182; Reichb.Fl.excurs.n°389,p.133; Correv.Alb.Orch.
Eur.pl.XI; Lej.et Court.Comp.III,p.196; Crép.Man.fl.Belg.éd.1,
p.179; éd.2,p.295; Thiel.Orch.Belg.et G.-D.Luxemb.p.45; Cogn.
Fl.Belg.p.253; Gr.et Godr.Fl.Fr.III,p.270; Bor.Fl.cent.éd.3,p.
652; Lor.et Barr.Fl.Montp.p.655; Mich.Hist.nat.Jura,p.298; Ardoino,Fl.Alp.-Mar.p.359; Barla,Iconogr.p.12; Franchet,Fl.L.-et-
Ch.p.584; Le Grand,Fl.Ber.p.252; Cam.Monogr.Orch.Fr.p.108; in
J.bot.VII,p.269; Lloyd et Foue.Fl.Ouest,p.342; Rav.Fl.Yonne,p.
364; Touss.et Hosch.Fl.Vernon,p.254; Corbière,N.fl.Norm.p.551;
Coste,Fl.Fr.III,p.413,n°3635,cum icone; Charbonnel in Bull.Soc.
nat.Ain(1901)p.47; Morthier,Fl.Suisse,p.358; Gremli,Fl.Suisse,
éd.Vetter,p.486; Parlat.Fl.ital.III,p.359; Arcang.Comp.ed.2,p.
161; Bach,Rheinpr.p.375; Caflisch,Ex.Fl.S.D.p.300; Seubert,Ex.
Fl.Bad.p.126; Boiss.Fl.orient.V,p.88; W.Barbey,Lydie,Lycie,Ca-
rie,p.82; Heldr.Chl.Parn.p.27; Hausskn.Symb.fl.gr.p.23; et
auct.plur. - E.RUBIGINOSA Gaud.Fl.helv.V,p.182(1828); Koch,Syn.
ed.2,p.801; ed.3,p.603; ed.Hall.et Wohlf.p.2444; Lec.et Lamt.
Cat.pl.cent.p.353; Schinz u.Keller,Fl.Schweiz,p.127; Garcke,Fl.
Deutschl.ed.14,p.364; Fischer,Fl.Bern,p.80; Rhiner,Prodr.Waldst.
p.129; Foerster,Fl.v.Aachen,p.350; M.Schulze,Die Orchid.n°51;
Neilr.Fl.Nied.-Oest.p.203; Beck,Fl.Nied.-Oest.p.214; Simk.Enum.
Trans.p.506; Heldr.Fl.Cephal.p.69; Halacsy,Consp.fl.Gr.p.156;
Consp.Rom.p.549. - E.ATROPURPUREA Raf.Car.p.87(1810); Asch.u.
Graeb.Syn.III,p.866(ATRIPURPUREA). - E.PURPUREA Holandre,Fl.Mo-
selle,p.474(1829). - E.MEDIA Fries,Nov.Mant.II,p.254(1832-42).-
E.OVALIS Babingt.Man,Brit.Bot.p.295(1843). - E.HELLEBORINE a.
RUBIGINOSA Crantz,Stirp.austr.II,p.467(1769); Willk.et Lange,
Prodr.hisp.1,p.176; Godet,Fl.Jura,p.697; Car.et S.-Lag.Fl.desc.
éd.8,p.812; Reichb.f.Icon.XIII,p.141. - E.LAT.ATRORUBENS Hoffm.
Deutschl.Fl.ed.2,p.182; Bluff et Fing ; Coss.et Germ.Fl.Par.éd.
2,p.693; Gren.Fl.ch.jurass.p.760; de Vicq,Fl.Somme,p.433; Ambr.
Fl.Tir.aust.p.729; Ces.Pass.Gib.Comp.p.178; Guill.Fl.Bord.et
S.-O.p.172; Cocconi,Fl.Bolog.p.477. - E.LAT.b.RUBIGINOSA Gaud.
Fl.helv.V,p.465(1829); Kirschl.Fl.Alsace,II,p.146; Fiori et
Paol.Fl.ital.Ic.n°865. - E.LAT.b.SILVATICA Ten.Fl.nap.syll.p.
460(1831). - E.HELLEBORINE RUBIGINOSA Blytt,Hndb.Norg.Fl.ed.
Ove Dahl,p. 237. - E.MACROPODIA a.RUBIGINOSA Peterm.Fl.d.Bien.
p.31(1841). - SERAPIAS ATRORUBENS Hoffm.Deutschl.Fl.II,p.182
(1800). - S.LATIFOLIA Scop.Fl.carn.ed.2,II,p.203(1772). - S.MI-
CROPHYLLA Mérat,Fl.env.Par.(1812)p.127. - S.LATIFOLIA var.SIL-
VESTRIS Lej.Fl.Spa,II,p.197; Rév.Fl.Spa,p.189.

Icon. - Gunn.Fl.norv.t.5,f.3,4; Dietr.Fl.r.borus.VII,p.435;

Mutel,Fl.fr.Atlas,t.IXVII,f.523; Reichb.Pl.crit.DCCCXLIX;Reichb.
f.Icon.133,t.CCCCLXXXIV,f.III et t.CCCCLXXXV,f.I,II,1-15; Barla,l.c.pl.7,f.5-12; Cam.Iconogr.Orch.Par.pl.32; M.Schulze,l.c.
t.51; Ic.n.pl.29,f.1024-1027.

Exsicc. - Puel et Maille; Billot.n°1073; Magnier,Fl.sel.n°
3369; Pl.Gall.et Belg.n°627; Soc.Rochel.n°1326; Austr.Hung.n°
1845; Baenitz; Abbé Farges,Chine,f.LAXIFLORA.

Tige de 3 à 5 décim.,flexueuse,pubescente au sommet,rougeâ-
tre.Feuilles moyennes et inférieures ovales,plus longues que
les entre-noeuds,celles de la base réduites à l'état de gaînes,
les supérieures étroitement lancéolées,à nervures assez souvent
munies d'aspérités qui les rendent scabres.Bractées inférieures
égalant les fleurs,rarement les dépassant.Fleurs disposées en
grappe assez dense,subunilatérale et un peu penchée.Périanthe à
divisions un peu aiguës,étalées et réfléchies au sommet;les externes pubérulentes,d'un pourpre lavé de vert à la base;les internes glabres,d'un pourpre foncé.Labelle un peu plus court que
les divisions externes du périanthe,étalé.Epichile acuminé,en
coeur,muni à la base de 2 lames crépues;hypochile concave,
oblong,nectarifère,d'un pourpre violacé foncé.Ovaire pubescent,
restant à la maturité bien plus pubescent que l'E.LATIFOLIA,
vert,lavé de violet,non contourné,muni d'un pédicelle court,
contourné.Gynostème et stigmate d'un blanc jaunâtre.Anthère et
masses polliniques jaunâtres.
                    MORPHOLOGIE INTERNE.
    RACINE. Assises pilifère et subéreuse formées de cellules à
parois plus ou moins subérisées.Poils absorbants nombreux.Cel-
lules corticales à parois ponctuées,contenant de l'amidon,des
mucilages et des raphides.Grains d'amidon de forme irrégulière,
très petits,atteignant 5-12μ de diam.env.Parois des cellules
endodermiques très épaisses devant les pôles libériens,mais ordinairement non ou peu lignifiées (pl.1,f.10).Assise ext.du
cylindre central forméede cellules à parois non lignifiées et
très ponctuées.5-6 lames vasculaires.
    RHIZOME. Parenchyme ext.développé.Pas d'anneau lignifié,mais
faisceaux libéro-ligneux munis à l'extérieur d'un arc de quelques fibres.Vaisseaux à section plus grande que dans la tige.
Faisceaux libéro-ligneux disséminés mais rapprochés. - TIGE.
Stomates nombreux.Poils brusquement coudés,ramifiés,nombreux,
moins polymorphes que dans l'E.LATIFOLIA,à contenu rose violacé
semblable à celui des cellules épidermiques (pl.3,f.66-67).4-6
assises de parenchyme ext.chlorophyllien formé de cellules
laissant entre elles de petits méats.3-5 assises sclérifiées à
parois très épaisses,englobant les petits faisceaux libéro-ligneux ext.Faisceaux libéro-ligneux disséminés,les ext.en cercle
plus ou moins régulier,plongeant dans l'anneau lignifié;les
int.irrégulièrement disposés,munis au moins d'un arc sclérifié
extérieur au liber.Parenchyme int.formé de cellules laissant
entre elles des méats.
    FEUILLE. Ep. = 270-350μ.Epiderme sup.recticurviligne,haut de
40-50μ,à paroi ext.épaisse de 3-8μ et combée,muni de quelques

poils pluricellulaires(plus abondants à la base des feuilles qu'à leur extrémité)et de stomates assez nombreux même dans les feuilles inf.Epiderme inf.recticurviligne,haut de 30-45 µ,à paroi ext.striée,épaisse de 3 - 5µ env.et peu bombée,portant de rares poils et d'abondants stomates.Cellules épidermiques du bord du limbe à contenu ordinairement violet,à paroi ext.prolongée en pointes à peu près droites,de longueur inégale,non ou peu striées (pl.5,f.128).Mésophylle formé de 7-9 assises chlorophylliennes et de quelques cellules à raphides.Bord du limbe dépourvu de collenchyme.NERVURES enfoncées au-dessous du niveau du limbe,à section biconvexe;les principales munies de parenchyme incolore et de quelques fibres à la partie inf.du liber et parfois aussi à la partie sup.du bois(sclérenchyme moins abondant que dans l'E.LATIFOLIA);les petites nervures n'ayant à l'extérieur du faisceau que des fibres lignifiées et du parenchyme chlorophyllien.Epiderme formant de petites pointes devant les nervures. - ECAILLES AERIENNES DE LA PARTIE INFERIEURE DE LA TIGE. Epiderme sup.pourvu de stomates peu abondants.Paroi ext.des épidermes très mince,celle de l'épiderme inf.un peu plus épaisse que celle de l'épiderme sup.Cellules épidermiques non ou à peine prolongées devant les nervures.Cellules du mésophylle très grandes,à parois sinueuses.Nervures (pl.6,f.148) très abondantes,dépourvues de sclérenchyme.Vaisseaux à très petite section.

FLEUR. - PERIANTHE. DIVISIONS EXTERNES ET LATERALES INTERNES. Epiderme ext.pourvu de poils semblables à ceux de la tige,mais plus courts,très nombreux sur les divisions ext.,peu abondants sur les divisions int. - LABELLE. Epiderme sup.de l'hypochile nectarifère,formé de très petites cellules polygonales.Epiderme sup.de l'épichile à parois latérales recticurvilignes,à papilles extrêmement courtes.Epiderme inf.pourvu vers la partie centrale de l'épichile de papilles très courtes,obtuses. - GYMOSTEME.gynostème parcouru par 4 faisceaux:3 stylaires et 1 staminal.Le faisceau du rostellum séparé assez tard du faisceau staminal tend parfois à se diviser. - ANTHERE. Epiderme des parois non papilleux,papilles courtes sur la partie dorsale du gynostème.Assises de cellules fibreuses développées,à épaississements abondants (pl.9,f.236). - POLLEN. Jaune.Grains de pollen tendant parfois à s'isoler.Exine à grosses réticulations, réseau lâche,marqué.L = 40-50µ . - OVAIRE. Epiderme portant des poils assez persistants,très nombreux,semblables à ceux de la tige.Nervure des valves placentifères saillante à l'extérieur, contenant ordinairement 2 faisceaux libéro-ligneux superposés , l'ext.à bois int.,l'int.à bois ext.,et un faisceau int.libérien. Placenta bilobé.Valves non placentifères saillantes à l'extérieur,contenant un faisceau libéro-ligneux tendant à se segmenter en 3. - GRAINES. Suspenseur non développé.Cellules du tégument non striées.Graines atténuées au sommet,4f.1/2-6 fois plus longues que larges.L = 850-1000µ .

Accidentellement on trouve cette plante avec des fleurs verdâtres: ?.VIRIDIFLORA Sanio in Verh.B.Brandb.XXIII(1881)p.47; Murr in O.B.M.XVIII,p.116(1900); Asch.u.Graeb,l.c.

Les fleurs peuvent encore être d'un gris pâle lavé de brun,
ou jaunâtres,ce sont les sous-var. suivantes:
Sous-var.PALLENS Beckhaus,Fl.Westf.855(1893). - Fleurs pâles,
verdâtres.
Sous-var.(var.)LUTESCENS Coss.et Germ.Fl.env.Par.éd.2,p.693;
de Vicq;Fl.Somme,p.432. - Var.b.FLAVO-VIRENS Corbière ap.Touss.
et Hosch.Fl.Vernon,p.255. - E.LAT.var.LUTESCENS Charbonnel,l.c.-
Fleurs d'un jaune pâle,Vernon(Eure,Coss.et Germ.et auct.plur.),
ou plus rarement blanches! Vernon(Cintract in Herb.Cam.).

MONSTRUOSITE. - M.Jacobasch in Mitth.Thür.BV,N.F.XV,p.10
(1900)signale une forme à fleurs contigües par deux et à bractées soudées.

V.v. - Juin,juillet. - Bois,clairières des coteaux calcaires,
depuis la plaine jusque dans les montagnes du Jura et des Alpes.
Presque toute l'Europe, Belgique R.,Luxembourg ?;Caucase,Perse.

4. - E.MICROPHYLLA.

E.MICROPHYLLA Swartz in Act.holm.(1800)p.232; Willd.Spec.IV,
p.84; Rich.in Mém.Mus.IV,p.60; Lindl.Gen.and spec.,460; Correvon,Alb.Orch.Eur.pl.XIII; Richter,Pl.eur.p.283; Oudemans,Fl.Ne-
derl.III,p.151; Thielens,Orch.Belg.et G.D.Luxemb.p.43; Boisduv.
Fl.fr.III,p.54; Castagne,Cat.B.-d.-Rh.p.155; Gr.et God.Fl.Fr.
III,p.273; Gren.Fl.ch.jurass.p.761; Bor.Fl.cent.éd.2,p.533; éd.
3,p. 652; Martr.-Don.Fl.Tarn,p.716; Lor.et Bar.Fl.Montp.p.555;
Le Grand,Fl.Berry,p.252; Ardoino,Fl.Alp.-Mar.p.360; Barla,Ico-
nogr.p.12; Poirault,Catal.Vienne,p.98; Franchet,Fl.L.-et-Ch.p.
565; Martin,Catal.Romoran.éd.2,p.380; Cam.Monogr.Orch.Fr.p.
109; in J.bot.VII,p.270; Duffort,Add.aux Orchid.du Gers; Deb.
Rév.fl.agen.p.515; Gaut.Pyr.-Or.p.396; Charbonnel in Bull.Soc.
nat.Ain(1901)p.47; Coste,Fl.Fr.III,p.413,n°3634,cum icone; Rei-
chb.Fl.excurs.p.133; Reichb.f.Icon.XIII,p.141; Koch,Syn.éd.2,p.
801; éd.3,p.602; ed.Hall.et Wohlf.p.2445; Asch.u.Graeb.Fl.Nord.
Flachl.p.218; Syn.III,p.869; M.Schulze,Die Orchid.53; Foerster,
Fl.Aachen,p.350; Seubert,Ex.Fl.Bad.p.126; Caflisch,Ex.Fl.S.D.p.
300; Bach,Rheinpr.p.375; Garcke,Fl.Deutschl.ed.14,p.384; Reuter,
Catal.Genève,éd.2,p.207; Gremli,Fl.Suisse,éd.Vetter,p.486;
Schinz u.Keller,Fl.Schweiz,p.128; Guss.Fl.sic.syn.2,p.556;Sang.
Fl.rom.prodr.alt.p.740; Ten.Fl.nap.syll.p.461; Fl.nap,V,p.242;
de Notar.Repert.fl.ligust.p.394; Bertol.Fl.ital.IX,p.361; Par-
lat.Fl.ital.III,p.361; Vis.Fl.dalm.p.183; W.Barbey,Fl.Sard.comp.
n°1335,p.58; Pucc.Syn.fl.luc.p.484; Arcang.Comp.ed.1,p.649; éd.
2,p.161; Cocconi,Fl.Bolog.p.477; Cortesi in Ann.bot.Pirotta,
III,p.111; Macchiati,Orchid.Sard.in N.giorn.bot.ital.p.309;
Martelli,Monoc.Sard.p.14; Marès et Vigin.Cat.Balear.p.278;Beck,
Fl.N.-Oest.p.214; Schur,Enum.Trans.p.649; Simk.Enum.Trans.p.
506; Boiss.Fl.orient.V,p.88; Halacsy,Beitr.Fl.Epir.p.41; Consp.
fl.gr.p.41; Haussku.Symb.fl.gr.p.13; Grecescu,Consp.Roman,p.
549. - E.HELLEBORINE I.MICROPHYLLA Reichb.f.Icon.XIII,p.141
(1851); Godet,Fl.Jura,p.697; Willk.et Lange,Prodr.hisp.1,p.176.-

E.LATIFOLIA b.MICROPHYLLA DC.Fl.fr.VI,p.334(1815); Duby,Bot.p.
449; Ces.Pass.Gib.Comp.p.178; Paol.et Fiori,Fl.anal.it.p.253;
Car.et S.-Lag.Fl.descr.éd.8,p.812. - SERAPIAS MICROPHYLLA Ehrh.
Beitr.IV,p.42(1791); Hoffm.Deuts.p.319; Sang.Cent.3,prodr.fl.
rom.p,125; non Mérat. - Serapias latifolia var.foliis brevibus,
spica minore,floribus albis Seb.et Mauri,Fl.rom.prodr.p.314.

Icon. - Waldst.et Kit.Pl.rar.Hung.III,t.270; Schlecht.Lang.
Deutschl.IV,f.378; Reichb.f.Icon.t.132,CCCCLXXXIV,f.I-II,1-8;
Barla,l.c.pl.VIII,f.1-16; M.Schulze,l.c.t.53; Ic.n.pl.29,f.
1019-1023.

Exsicc. - Soc.ét.fl.fr.-helv.n°798,798 bis; Heldr.Pl.fl.hell.
(1890); Austr.-Hung.n°1472; Baenitz,H.E.

Tige de 2-5 décim.,grêle,dressée,simueuse ou presque droite,
pubescente au sommet,d'un vert glauque ou rougeâtre.Feuilles
ovales-lancéolées ou lancéolées,toutes plus courtes que les
entre-noeuds,à nervures lisses.Bractées supérieures plus courtes que les fleurs,les inférieures les égalant ou les dépassant
un peu.Fleurs petites,souvent peu nombreuses,assez distantes,
pendantes,en épi subunilatéral.Périanthe à divisions campanulées,réfléchies au sommet,3-nervées,carénées,ovales-aiguës;les
externes pubérulentes en dehors,d'un jaune verdâtre.Labelle
plus court que les divisions externes du périanthe.Epichile
ovale en coeur,subobtus,à bords crépus,laciniés vers la base,
muni vers l'articulation de deux lames crépues;hypochile en
forme de sac,oblong,nectarifère,d'un vert lavé de violet.Ovaire
pubescent,turbiné,subtrigone;pédicelle contourné,plus court que
l'ovaire.Gynostème et stigmate d'un blanc jaunâtre.Anthère subtriangulaire,blanchâtre ou jaunâtre ainsi que les masses polliniques.

MORPHOLOGIE INTERNE.

RACINE. Poils absorbants très abondants.Ecorce formée de cellules à parois transversales ponctuées (pl.1,f.7).Cellules endodermiques à parois très épaisses et non ou peu lignifiées
vis-à-vis des pôles libériens,à parois minces et à cadres subérisés latéraux en face des pôles ligneux.Péricycle à parois
s'épaississant parfois un peu.

RHIZOME. Parenchyme ext.développé.Faisceaux libéro-ligneux
rapprochés,entourés à l'extérieur seulement de quelques fibres
ou parfois anneau de sclérenchyme existant mais très réduit. -
TIGE. Stomates assez nombreux.Poils très abondants,rameux,poly-
morphes,ne dépassant guère 120-200μ de long,à contenu jaunâtre
(pl.3,f.77-79; pl.4,f.80).4-6 assises de parenchyme ext.chloro-
phyllien.Anneau sclérifié formé de 4-8 assises de fibres à parois très épaisses,englobant les petits faisceaux libéro-ligneux ext.Faisceaux ext.irrégulièrement disposés en cercle,les
int.disséminés en dedans de ce cercle et entourés d'une gaîne
fibreuse moins forte à l'intérieur du bois qu'à l'extérieur du
liber.

FEUILLE. Ep. = 130-250μ.Epiderme sup.recticurviligne,formé
de cellules non ou à peine allongées parallèlement aux nervures,haut de 20-30μ,à paroi ext.striée,épaisse de 5-7μ et

légèrement bombée,portant quelques poils analogues à ceux de
la tige,muni de stomates assez nombreux même dans les feuilles
inférieures.Epiderme inf.formé de cellules non ou à peine allongées parallèlement aux nervures,haut de 15-20μ,à paroi ext.
bombée et épaisse de 4-6μ,portant quelques poils pluricellulaires et d'abondants stomates.Cellules épidermiques du
limbe prolongées en pointes raides,droites,courtes,à parois
épaisses (pl.5,f.126).Mésophylle formé de 4-7 assises de cellules plus ou moins allongées.NERVURES à épidermes non sensiblement papilleux,dépourvues de collenchyme,mais à fibres sclérifiées abondantes,à faisceau libéro-ligneux situé dans la région
inf.du limbe. - BRACTEES AERIENNES DE LA BASE DE LA TIGE. Faisceau des nervures dépourvu de gaîne sclérifiée.

FLEUR. - PERIANTHE. DIVISIONS EXTERNES ET LATERALES INTERNES.
Epiderme ext.muni de poils pluricellulaires abondants.Epiderme
int.dépourvu de poils. - POLLEN. Exine à réseau d'épaississement marqué à la surface des tétrades. - OVAIRE. Epiderme à
poils très nombreux,analogues à ceux de la tige.Nervure des
valves placentifères saillante à l'extérieur,contenant seulement un faisceau libéro-ligneux à bois int.ou 2 faisceaux à
bois int.rapprochés,non superposés et un faisceau placentaire
à bois ext.Valves non placentifères développées,très proéminentes à l'extérieur,contenant un faisceau libéro-ligneux à bois
int.,tendant à se diviser en trois. - GRAINES. Cellules du tégument non striées.Graines atténuées aux extrémités,3 f.1/4-
4 f.1/4 plus longues que larges.L = 850-1000μ

F.a.CANESCENS Irmisch in Linn.XIX,p.120. - Partie supérieure
des tiges et fleurs munie de poils.C'est la forme la plus commune!

F.b.NUDA Irmisch,l.c. - Plante glabre? ou glabrescente.

Schur Sert.n°2726;et Enum.Transs.p.649(1866)cite un E.INTER-
MEDIA (E.MICROPHYLLA b.FIRMIOR Schur) intermédiaire entre E.MI-
CROPHYLLA et E.ATRORUBENS à fleurs et fruits dressés.X ?

MONSTRUOSITE. - M.Schulze,l.c.ap.Irmischia (1885) p.19 signale un exemplaire à tige bifurquée.

V.v. - Bois,clairières,collines,vallées,montagnes. - Europe
moyenne et australe;Belgique?,Luxembourg R.,Allemagne,Bade,Ba-
vière,Mecklembourg,Hanovre,Brunswick,Thuringe,Saxe,etc.;Autri-
che-Hongrie;France:nord,centre,ouest,région mérid.,etc.;Suisse,
Italie,Sardaigne,etc.

5. - E.VERATRIFOLIA.

E.VERATRIFOLIA Boiss.et Hoh.in Kotschy,Pers.bor.exs.(1847);
Boiss.Diagn.ser.1,13,p.11; Fl.orient.V,p.87. - E.CONSIMILIS
Wallich?

E.sicc. - Hausskn.It.orient.(1868); Kotschy,It.syriac.(1855),
n°253; Boissier,Kotschy,l.c.; Hohenak. n°406,n°632; Auch.Floy.
Herb.d'Or.n°3538; Pantling's Orch.of the Sikk.Himalaya,n°125;
Herb.of the late East India Comp.n°1076.

Souche rampante,rameuse,à fibres longues,épaisses,charnues.
Tige dressée,élevée,munie de feuilles nombreuses,à nervures
fortes,les inférieures réduites à des gaînes un peu renflées,
les suivantes ovales-oblongues au-dessus de la gaîne,souvent
subcordées,les supérieures plus longues,passant insensiblement
à l'état de bractées.Epi souvent lâche,allongé.Bractées inférieures bien plus longues que les fleurs,les supérieures égalant l'ovaire.Axe floral et pédicelles floraux très pubescents.
Fleurs deux fois plus grandes que dans l'E.LATIFOLIA,penchées,
vertes,lavées de pourpre.Divisions du périanthe subcampanulées,
les externes latérales semi-ovales,incurvées,pubérulentes,la
moyenne ovale-oblongue,les internes plus courtes.Labelle à hypochile concave,incurvé,plus court que les divisions du périgone;épichile tronqué,subcordé à la base,subtrilobé au sommet,à
divisions latérales petites,obtuses,à division médiane lancéo-
lée-aiguë,deux fois plus grande que dans l'E.LATIFOLIA.

MORPHOLOGIE INTERNE.

Nous avons étudié cette espèce sur un échantillon d'herbier.

RACINE. Ecorce formée de cellules à parois transversales
ponctuées,contenant des grains d'amidon de 4-10μ de diam.env.
Cellules de l'endoderme à parois épaissies sur toutes leurs faces et plus ou moins lignifiées vis-à-vis du liber.Péricycle
à parois un peu épaisses,plus ou moins lignifiées,ponctuées.
Vaisseaux à section atteignant 100-110μ de diam.env.Liber très
réduit.

TIGE. Poils nombreux,coudés,rameux,atteignant 500-600μ de
long.Stomates peu abondants.5-7 assises de parenchyme chlorophyllien à méats entre l'épiderme et le tissu lignifié.Anneau
lignifié formé de 4-7 assises de fibres à parois très épaisses.
Faisceaux libéro-ligneux disséminés,plus ou moins entourés de
fibres sclérifiées.Parenchyme int.non résorbé,à petits méats.

FEUILLE. Ep. = 120-180μ.Epiderme sup.à parois presque rectilignes,haut de 20-30μ,à paroi ext.mince et non ou peu bombée,
muni de stomates.Epiderme inf.à peine recticurviligne,haut de
25-30μ,à paroi ext.très mince et peu bombée,à stomates très
nombreux.Cellules épidermiques du bord du limbe à paroi ext.à
peine bombée extérieurement,ne formant pas de dents marquées
Mésophylle comprenant 5-7 assises.NERVURES à épidermes non ou à
peine papilleux,à faisceaux libéro-ligneux entourés d'une gaîne
sclérifiée,les principales munies de quelques cellules de parenchyme incolore à parois minces.

FLEUR. - POLLEN. Réseau d'épaississement très marqué.L = 30-
40μ. - OVAIRE. Stomates peu nombreux.Poils pluricellulaires
atteignant 400-500μ de long.Nervure des valves placentifères
très saillante à l'extérieur.Valves non placentifères très développées,très proéminentes,contenant 3 faisceaux libéro-ligneux à bois int.,le médian un peu plus ext.que les latéraux.

V.a. - Syrie,Liban,Cilicie,Arménie,Perse,Afghanistan.

E.TODARI Tenore,Pl.rar.Sic.; Walpers,Ann.t.1,p.45(1849). -
Plante très douteuse,non signalée par les auteurs récents.M.
Correvon Orchid.rust.p.84 indique les caractères suivants:tige
de 25-30 centim.,grêle,pauciflore,munie de feuilles étroites,
linéaires-lancéolées;bractées munies de nervures,égalant les
fleurs.Divisions du périanthe conniventes en casque,les deux
internes linéaires-subulées.Labelle pubescent,lacinié.Fleurs
d'un rose carminé brunâtre. - Lieux herbeux. - Sicile.

HYBRIDES INTERGENERIQUES.
E.ATRORUBENS + LATIFOLIA.

x E.SCHMALHAUSENII Richter,Pl.eur.p.284; Koch,Syn.ed.Hall.et
Wohlf:p.2445. - E.ATRORUBENS + LATIFOLIA Trautv.Incr.fl.ross.p.
74,n°5042. - E.LATIFOLIAx RUBIGINOSA Schmal.in Arb.St.Petersb.
Ges.Naturf.V,1(1874); Oest.Bot.Zeits.(1875)p.574; Richter,l.c.;
M.Schulze,Die Orchid.54,4; Koch,Syn.ed.Hall.et Wohlf.p.2445. -
E.LATIFOLIAx ATROPURPUREA Asch.u.Graeb.Syn.III,p.867(1907).

Plante fructifiant peu.Fleurs verdâtres ou jaunâtres comme
dans l'E.LATIFOLIA.Feuilles petites.Bractées courtes;pédoncules
floraux longs.Ovaire velu. - M.M.Schulze l.c.cite une forme
ayant probablement la même origine et récoltée par lui à Iéna,
caractérisée par:forme des feuilles et des ovaires se rapprochant de ce que l'on observe dans l'E.LATIFOLIA,pubescence des
tiges;pédoncule floral épais mais long;consistance des feuilles,
bractées courtes comme dans l'E.ATRORUBENS.Labelle un peu plus
court que les divisions externes du périanthe,gibbosités de
l'épichile fortes,divisions du périgone lavées de pourpre.

Russie,Ingrie(Schmalhausen);Allemagne(M.Schulze);Tyrol(Murr);
Tessin(Chenevard).

E.LATIFOLIAx VARIANS M.Schulze in Asch.u.Graeb.Syn.III,p.865,-
Métis de cette formule peu rare et difficile à reconnaître si
ce n'est sur place.

E.LATIFOLIA + MICROPHYLLA Cf.Asch.u.Graeb.Syn.III,p.870. -
Forme à déterminer sur le vif et mieux sur place.

HYBRIDE BIGENERIQUE.
CEPHALANTHERA + EPIPACTIS = CEPHALEPIPACTIS.
C.ALBA(GRANDIFLORA,PALLENS)x E.RUBIGINOSA(ATRORUBENS).

x xCEPHALEPIP.SPECIOSA Nobis. - E.SPECIOSA Wettst.in Oest.
bot.Zeits.XXXVIII(1889)p.396; Beck,Fl.N.-Oest.p.214; Richter,
Pl.eur.1,p.284; Koch,Syn.ed.Hall.et Wohlf.p.2445. - E.RUBIGINO-
SAx CEPH.ALBA Wettst.l.c. - E.RUBIGINOSAx CEPH.GRANDIFLORA
Hall.et Wohlf.l.c. - E.ALBAx RUBIGINOSA M.Schulze,Die Orchid.n°
56,t.56 b. - C.PALLENSx E.RUBIGINOSA Beck,l.c. - CEPHALOPACTIS
SPECIOSA Asch.u.Graeb.Syn.III,p.883. - E.ATRIPURPUREAx C.ALBA
Asch.u.Graeb.l.c.

Icon. — Wettstein,l.c.; M.Schulze,l.c.reproduction de la
planche de M.Wettstein; Ic.n.pl.30,f.1059-1062.

Tige dressée.Port d'un E.ATRORUBENS pauciflore,mais à feuilles plus largement obtuses.Fleurs fortement lavées de vert,peu
nombreuses,étalées,disposées en épi subunilatéral.Divisions extérieures du périanthe carénées,aiguës,d'un jaune verdâtre,la-
vées de vert à la base et de rose au sommet;divisions intérieures un peu plus courtes que les externes,obtuses,rosées.Labelle
étalé,un peu plus long que les divisions extérieures du périgo-
ne.Ovaire non contourné.

Autriche,Scheibbs (Obrist).

Tribu V. - ARETUSEAE Parlat.

Parlat.Fl.ital.III,p.343. - ARETUSEAE Div.2.EUARETUSEAE Lindl.
Orchid.p.385. - ARETUSEAE (p.p.)Endl.Gen.p.220. - NEOTTIACEAE
Reichb.f.Icon.XIII,p.133.

Etamine centrale,seule fertile.Anthère terminale,libre,oper-
culée.Masses polliniques pulvérulentes ou granuleuses,non atténuées en caudicule. - Pas de bulbe,souche à fibres radicales
plus ou moins épaisses.Graines atténuées aux deux extrémités.

Papilles ou poils unicellulaires sur le labelle.Poils pluricellulaires sécréteurs sur la tige,les feuilles,les ovaires,les
divisions externes et latérales internes du périanthe.Grains de
pollen se développant dans toute l'anthère,s'isolant complètement les uns des autres.(voir p.28).Parois de l'anthère à cellules fibreuses abondantes.Racines non concrescentes,ne présentant qu'un cylindre central;lames vasculaires confluentes ou
non (voir p.9).

Gen.29. - CEPHALANTHERA Rich.

CEPHALANTHERA Rich.in Mém.Mus.IV,p.51(1817); Lindl.Gen.and
spec.p.411; Nees,Gen.III,21; Endl.Gen.n°1608,p.219; Reichb.f.
Icon.XIII,p.133; Benth.et Hook.Gen.III,p.619; Pfitzer in Engl.
u.Prantl,Pfl.II,6,p.110. - DAMASONIUM Hall.in Rupp.Fl.Jen.ed.3,
p.293(1745). - DORYCHEILE Reichb.Nomencl.56(1841). - SERAPIADIS
spec.L,Spec.ed.1,2,p.949. - EPIPACTIDIS spec.All.Pedem.; Swartz,
Willd.

Divisions du périanthe conniventes,un peu étalées,dressées,
libres;les externes à peu près égales entre elles,les internes
un peu plus courtes.Labelle ordinairement dépourvu d'éperon,
subarticulé;hypochile(partie voisine du gynostème)concave;épi-
chile(partie éloignée du gynostème)recourbé au sommet.Gynostè-
me allongé,subcylindrique,portant au sommet un stigmate subar-
rondi.Anthère terminale,à loges biloculaires,stipitée,mobile,
operculée,persistante.Masses polliniques bilobées,dépourvues
de rétinacles.Pollen pulvérulent.Ovaire plus ou moins allongé.
Capsule subtriquètre. - Souche horizontale,à fibres radicales
nombreuses et souvent fasciculées.

Racine à lames vasculaires se fusionnant,à cylindre central
lignifié-sauf le liber et quelques cellules péricycliques-à endoderme formé de cellules à parois épaisses et plus ou moins
lignifiées vis-à-vis des pôles libériens.Poils sécréteurs pluricellulaires ne tendant pas à se ramifier.Faisceaux libéro-ligneux de la tige disséminés(voir p.15)pénétrant jusque vers la
partie centrale.Nervures munies de fibres lignifiées.Grains de
pollen s'isolant.Gynostème ne contenant pas de faisceaux stami-

naux latéraux. - Embryon dépourvu de suspenseur.Limbe peu épais
(100-200µ env.).Nervures à faisceau libéro-ligneux allongé perpendiculairement à la surface du limbe,à liber développé,pres-
que toutes à section biconvexe.Nervures principales munies de
sclérenchyme et de parenchyme incolore très peu abondant.Peti-
tes nervures à faisceau entouré de sclérenchyme et de tissu
chlorophyllien.

1. - C.RUBRA.

C.RUBRA Rich.in Mém.Mus.IV,p.60(1817); Lindl.Gen.and spec.p.
412; Reichb.f.Icon.XIII,p.133; Correv.Alb.Orch.Eur.pl.VI; Orch.
rust.p.56,f.12; Richter,Pl.eur.1,p.282; Blytt,Hndb.Norg.Fl.ed.
Ove Dahl,p.236,cum icone; Babingt.Man.Brit.Bot.ed.8,p.351; Ou-
demans,Fl.Nederl.p.50; Dumort.Prodr.Belg.p.134; Lej.et Court.
Comp.III,p.134; Mich.Fl.Hain.p.282; Löhr,Fl.Tr.p.251; J.Mey.
Orch.G.-D.Luxemb.p.19; Thielens,Orch.Belg.G.-D.Luxemb.p.19; Le
Turq.Delon.Fl.Rouen,p.469; Lec.et Lamt.Catal.pl.cent.p.353; Gr.
et Godr.Fl.Fr.III,p.269; Bor.Fl.cent.éd.3,p.650; Godr.Fl.Lorr.
II,p.306; Castag.Cat.B.-d.-Rh.p.155; Michal.Hist.nat.Jura,p.
298; Gren.Fl.ch.jurass.p.760; Martr.-Don.Fl.Tarn,p.714; Renault,
Ap.H.-Saône,p.242; Ard.Fl.Alp.-Mar.p.35; Barla,Iconogr.p.8; Du-
lac,Fl.H.-Pyr.p.59; Loret et Barr.Fl.Montp.p.654; Jeanb.et
Timb.-Lagr.Massif Laurenti,p.291; Ravin,Fl.Yonne,p.364; Cam.Mo-
nogr.Orch.Fr.p.117; in J.bot.VI,p.279; Deb.Révis.fl.agen.p.515;
Gautier,Pyr.-Or.p.395; Coste,Fl.Fr.III,p.411,n°3530,cum icone;
Kirschl.Fl.Als.p.147; Reichb.Fl.exc.p.132; Koch,Syn.ed.2,p.800;
ed.3,p.603; ed.Hall.et Wohlf.p.2443; Garcke,Fl.v.Deuts.ed.14,p.
283; Oborny,Fl.Moehr.Oest.Schles.p.253; Foerster,Fl.Aachen,p.
350; Caflisch,Ex.Fl.S.D.p.299; Bach,Rheinpr.p.374; Asch.u.Graeb.
Syn.III,p.878; Seubert,Ex.Fl.Bad.p.126; Spenn.Fl.frib.p.250;
Morth.Fl.Suisse,p.357; Reuter,Cat.Genève,éd.2,p.208; Bouvier,
Fl.Alp.éd.2,p.647; Gremli,Fl.Suisse,éd.Vetter,p.485; Schinz u.
Keller,Fl.Schweiz,p.128; Fischer,Fl.Bern,p.80; Tod.Orch.sic.p.
119; Comoll,Fl.comens.VI,p.385; Sang.Fl.rom.prodr.alt.p.742;
Guss.Syn.fl.sic.2,p.555; de Notar.Repert.fl.lig.p.394; Pucc.
Syn.fl.luc.p.483; Bertol.Fl.ital.IX,p.629; Parlat.Fl.ital.IX,p.
350; Ces.Pass.Gib.Comp.p.178; Stef.Fors.Maj.Cat.Samos,p.61; Ar-
cang.Comp.ed.2,p.160; Cocconi,Fl.Bolog.p.476; Fiori et Paol.Fl.
ital.1,p.252; Iconogr.n°861; Boiss.Voy.Esp.p.599; Barcelo,Ap.
Balear.p.45,n°401; Marès et Vigin. at.Baléar.p.278; Willk.et
Lange,Prodr.hisp.1,p.175; Ambros.Fl.Tir.austr.1,p.725; Hausm.
Fl.Tirol,p.849; Vis.Fl.Dalm.p.181; Rhiner,Prodr.Waldst.p.129;
Neilr.Fl.N.-Oest.p.202; Bock,Fl.N.-Oest.p.212; Schur,Enum.Trans.
p.648,n°3444; Simk.Enum.fl.Trans.p.505; Grecescu,Consp.Roman.p.
548; Heldr.Fl.Cephal.p.81; Boiss.Fl.orient.V,p.84; Hall.in K.K.
zool.bot.Ges.(1899); Hausskn.Symb.fl.gr.p.23; Halacsy,Consp.fl.
gr.III,p.154. - EPIPACTIS RUBRA All.Fl.pedem.II,p.153(1785);
Willd.Spec.IV,p.86; Swartz in Act.holm.(1800)p.232; DC.Fl.fr.
III,p.260; Duby,Bot.p.449; Loisel.Fl.gall.p.273; Mutel,Fl.fr.
III,p.257; Fl.dauph.éd.2,p.598; Boisduval,Fl.fr.III,p.54; La-
peyr.Abr.Pyr.p.553; Contej.Rev.Montbél.p.244; Lloyd et Fouc.Fl.

Ouest,p.341; Car.et S.-Jag.Fl.descr.éd.8,p.812; Guill.Fl.Bord.
et S.-O.p.172; de Vos,Fl.Belg.p.558; Nocc.et Balb.Fl.tic.2,p.
158; Poll.Fl.veron.III,p.260; Ten.Syll.fl.neap.p.461; Gaud.Fl.
helv.V,n°2086; Reuter,Cat.Genève,éd.1,p.101; Sibth.et Sm.Prodr.
II,p.221; Fl.gr.X,p.25,t.933; M.Schulze,Die Orchid.n°58. - E.
PURPUREA Crantz,Stirp.austr.VI,p.457(1769). - SERAPIAS RUBRA L.
Syst.nat.ed.12,II,p.594(1767); Hall.Icon.Helv.p.52; Sut.Fl.
helv.2,p.23; Clairv.Man.264; Mur.Bot.Valais,p.96; Lamk,Fl.fr.
III,p.520; Vill.Hist.Dauph.II,p.53; Hoffm.Deuts.p.320; Roth,
Germ.1,p.383;II,p.410; Smith,Brit.p.946; Lej.Rev.fl.Spa,p.190;
Suffren,Pl.du Frioul,p.185; Ten.Fl.nap.II,p.321; Sebast.et Mau-
ri,Fl.rom.prodr.p.315; Pall.Ind.Taur. - S.GRANDIFLORA Schmidt,
Fl.bohm.p.83(1794). - S.HELLEBORINE d.L.Spec.ed.1,p.949(1753).-
CALLITHRONUM Ehrh.Phyt.97;Beitr.IV,149(1789). - Epipactis caule
pauciflore,lineis acuti labelli undulatis Hall.Helv.n°1299,t.
42. - Helleborine flore carneo Bauh.Pin.187. - H.montana angustifolia purpurascens Bauh.Phyt.332; Pinax,187; Bas.55; Moriss.
III,p.487; Tournef.436; Seg.Pl.ver.2,p.136. - H.angustifolia
Taber.Kraeut.p.1100. - H.tenella,tribus in caule foliis praedi-
ta Cup.Panph.sic.2,t.107 ex Todaro. - H.montana,angustifolia,
purpurascens,brevioribus rarioribusque foliolis lanceolatis
acutis Cup.H.cath.suppl.p.244. - Elleborines genus 5 Clus.Pann.
575. - Epipactis longifolia paucis purpureis floribus Zinn.Gott.
86. - Damasonium flore roseo Riv.Hex.t.6.

Icon. - Labr.Heg.Helv.2,t.5; Hall.Ic.helv.t.46 et(ed.1768)t.
42; Clus.Hist.1,p.272,f.2; Moris.11,t.4,f.21; Gilib.Comp.t.XXI,
f.a; Engl.Bot.t.437; Fl.dan.t.CCCXLV; Sib.et Sm.Fl.gr.t.933;
Crantz,Stirp.austr.6,p.457,t.1,f.2,b et f.3; Smith,Brit.946;
Moris.Hist.pl.Oxon.3,12,p.487,t.11,f.n.5; Reichb.f.Icon.XIII,t.
117,CCCCLXIX; Schrk,Fl.Monac.t.119; Oudemans,l.c.pl.LXXI,f.370;
Schlecht.Lang.Deutsch.IV,p.370; Barla,l.c.pl.4,f.1-18; Cam.Ico-
nogr.Orch.Par.pl.36; Fiori et Paol.l.c.; M.Schulze,l.c.; Bonnier,Alb.N.Fl.p.140; Ic.n.pl.32,f.1123-1128.

Exsicc. - Todaro,Fl.sic.n°911; Fl.trid.Fr.Perin.; Reichb.n°
176; Schultz,n°2271; Soc.Rochel.n°1791; Magn.Fl.sel.n°2584;
Lej.et Court.Choix pl.n°958; Bourg.Pl.Savoie,n°28; Callier,It.
Taur.(1900)n°738; Austr.-Hung.n°1844; It.alban.5(1897)n°96; A.
Baldacci; Siehe's bot.Reise nach Cilic.1895-96,n°633; Balansa,
Pl.d'Orient(1853); Kotschy,It.Cil.-Kurdic.(1859)n°155; Herb.
East Ind.Comp.n°5323,n°5324.

Plante pubérulente-glanduleuse au sommet.Tige de 2-6 décim.,
sinueuse,dressée,feuillée dans toute sa longueur.Feuilles étroitement lancéolées,les inférieures très réduites.Bractées herbacées,égalant ou dépassant l'ovaire.Fleurs assez grandes,d'un
rose carminé,dressées ou un peu étalées,disposées en épi lâche,
souvent peu nombreuses.Divisions du périanthe toutes acuminées,
les externes latérales un peu étalées.Labelle égalant presque
en longueur les divisions du périgone;épichile en coeur,acumi-
né,plus large que long,canaliculé,muni de crêtes d'un jaune
orangé dirigées en avant;hypochile blanc pourvu de deux oreil-
lettes dressées,arrondies,un peu en sac à la base,muni de ner-

vures jaunâtres disposées en éventail de la base vers les bords.
Ovaire grêle,pubescent-glanduleux.Stigmate purpurin.Masses polliniques allongées,recourbées;blanchâtres.

MORPHOLOGIE INTERNE.

RACINE. Poils absorbants assez nombreux.Assise pilifère entièrement subérisée.Assise subéreuse à parois externes et latérales subérisées.Ecorce contenant des raphides et des grains
d'amidon de forme irrégulière,longs de 5-12μ env.Endoderme formé de cellules à parois plus ou moins épaisses,parfois entièrement lignifiées (pl.1,f.8). Péricycle souvent lignifié et à parois assez épaisses vis-à-vis des pôles libériens.Cylindre central,sauf le liber et parfois quelques cellules péricycliques,
entièrement lignifié;fibres à parois extrêmement épaissies.Li-
ber très peu développé.

RHIZOME. Section sinueuse,côtes saillantes marquées vis-à-vis
des faisceaux libéro-ligneux ext.Epiderme à paroi ext.très min-
ce.Fibres lignifiées extra-libériennes manquant ou peu dévelop-
pées.Faisceaux libéro-ligneux disséminés autour d'un parenchyme
int.non résorbé.- TIGE. Stomates nombreux.Poils sécréteurs a-
bondants sur la partie sup.de la tige,longs de 100-280μ env.;
cellule terminale arrondie ou peu allongée,à contenu jaune or.
Epiderme à paroi ext.mince.Parenchyme ext.chlorophyllien formé
de 2-4 assises dans les parties non saillantes,plus développé
dans les petites protubérances.Anneau sclérifié formé de 5-9
assises de fibres à parois très épaisses,enclavant les petits
faisceaux libéro-ligneux ext.Faisceaux libéro-ligneux ext.dis-
posés plus ou moins irrégulièrement en cercle,les internes plus
développés disséminés,entourés d'une gaîne sclérifiée complète,
épaisse surtout à l'extérieur du liber et manquant parfois à
l'intérieur du bois.Parenchyme int.renfermant de rares paquets
de raphides.Lacune plus ou moins grande dans la partie centrale
de la tige.

FEUILLE. Ep. = 150-200μ.Epiderme sup.recticurviligne ou ondulé,contenant un peu de chlorophylle,haut de 20-30μ,à paroi
ext.épaisse de 4-6μ et légèrement bombée,portant quelques poils
semblables à ceux de la tige,muni de stomates assez nombreux
même dans les feuilles inf.Epiderme inf.recticurviligne,haut de
12-25μ,à paroi ext.épaisse de 4-6μ et bombée,portant quelques
poils,renfermant un peu de chlorophylle,muni de très nombreux
stomates.Paroi ext.des cellules épidermiques du bord du limbe
assez épaisse et formant des dents arrondies et inclinées,at-
teignant 30-45μ de long (pl.5,f.123).Mésophylle comprenant 5-
7 assises de cellules un peu allongées horizontalement et très
chlorophyllifères et quelques cellules à raphides. - ECAILLES
FOLIAIRES AERIENNES DE LA BASE DE LA TIGE.Paroi ext.des épidermes très mince.Nervures pourvues de sclérenchyme.

FLEUR. - PERIANTHE. DIVISIONS EXTERNES ET LATERALES INTERNES.
Epiderme ext.muni de poils pluricellulaires analogues à ceux de
la tige.Epiderme int.dépourvu de poils. - LABELLE. Epiderme
int.de l'épichile et de l'hypochile formé de cellules à parois
ondulées,à papilles peu nombreuses et courtes.Epiderme ext.sans
papilles caractérisées.Crêtes de l'épichile dues à l'hypertrophie du parenchyme des nervures,les plus longues situées vers

la partie médiane atteignant 500 de long env.Labelle très
aminci à l'articulation entre l'épichile et l'hypochile,n'ayant
guère que 100-120 d'épaisseur à cet endroit,à parenchyme non
hypertrophié vis-a-vis des faisceaux des nervures et formé de
cellules arrondies,constituant un tissu extrêmement lacuneux,
d'où la fragilité de cette région. - GYNOSTÈME. (Pl.9,f.240.)
Sur une section transversale:3 faisceaux stylaires et 1 faisceau staminal;coupe du canal stylaire non ou peu incurvée.
ANTHÈRE. Tissu fibreux très développé,comprenant 2-3 assises.
Épiderme dépourvu de papilles caractérisées. - POLLEN. (Pl.9,
f.230-232.)Blanc plombé.Grains s'isolant,observés à sec de forme assez irrégulière,plus ou moins allongée.Exine alvéolée à
la surface de chaque grain.L (1)=28-34μ . - OVAIRE. Poils pluricellulaires très nombreux,semblables à ceux de la tige (Pl.4,
f.81-82).Nervure des valves placentifères très saillante,ayant
un faisceau libéro-ligneux ext.et parfois un faisceau placentaire libérien ou libéro-ligneux réduit.Placenta divisé presque
dès la base,à divisions longues.Valves non placentifères très
développées,très proéminentes,à faisceau libéro-ligneux tendant à se diviser.

S.-var.ALBIFLORA. - Var.ALBIFLORA Touss.et Hosch.Fl.Vernon,p.
254(1898). - Fleurs complètement blanches.
S.-var.PARVIFLORA . - Var.PARVIFLORA Harz in Schlecht.Lang.
Sch.Fl.Deutschl.5,IV,p.327(1896). - Fleurs notablement plus petites que dans le type.

V.v. - Forêts et clairières des bois montueux;paraît préférer
le calcaire.R.dans les plaines,plus abondant dans la région
montagneuse. - Mai,juin. - Presque toute l'Europe; Belgique?;
Luxembourg R.;France:env. de Paris,Normandie,région méditerranéenne,Jura,Pyrénées,Alpes,ouest;Caucase,Asie-Mineure,Sibérie,
région de l'Oural,Perse.

2. - C.ENSIFOLIA.

C.ENSIFOLIA Rich.in Mém.Mus.IV,p.60(1817); Lindl.Gen.and sp.
p.412; Correvon,Alb.Orch.Eur.pl.IV; Blytt,Norg.Fl.; Babingt.
Man.Brit.Bot.ed.8,p.351; Dumort.Prodr.fl.Belg.p.134; Lej.et
Court.Comp.III,p.194; Mich.Fl.Hain.p.282; Crépin,Man.fl.Belg.
éd.1,p.179; Lohr,Fl.Tr.251; Dumoul.Fl.Maestr.p.39; Thielens,
Orch.Belg.et G.-D.Lux.p.39; Loc.et Lamt.Cat.pl.cent.p.352; Gr.
et God.Fl.Fr.III,p.268; Boreau,Fl.cent.éd.3,II,p.650; Castagne,
Cat.B.-d.-Rh.p.155; Martr.-Donos,Fl.Tarn,p.715; Michal.Hist.
nat.Jura,p.298; Ardoino,Fl.Alp.-Mar.,p.359; Dulac,Fl.H.-Pyr.p.
120; Poirault,Cat.Vienne,p.96; Loret et Barr.Fl.Montp.p.651;
Martin,Cat.Romorant.éd.1,p.262; éd.2,p.378; Franch.Fl.L.-et-Ch.
p.566; Godr.Fl.Lorr.II,p.305; Ravin,Fl.Yonne,p.363; Barla,Ico-
nogr.p.6; Cam.Monogr.Orch.Fr.p.147; in J.bot.VI,p.378; Deb.Rév.

(1) Pour toutes les espèces de CEPHALANTHERA comme pour les
genres LIMODORUM et CYPRIPEDIUM dont les grains de pollen
s'isolent complètement L = longueur des grains de pollen(et non
des tétrades)observés à sec.

fl.agen.p.514; Bubani,Fl.pyr.p.59; Coste,Fl.Fr.III,p.411,n°3631,
cum icone; Kirschl.Fl.Als.II,p.147; Reichb.Fl.excurs.1,p.132;
Koch,Syn.ed.2,p.800; ed.3,p.802; Oborny,Fl.v.Moehr.Oest.Schl.p.
254; Spenn.Fl.frib.p.249; Reuter,Cat.Genève,éd.2,p.208; Bouvier,
Fl.Alp.éd.2,p.647; Fischer,Fl.Bern,p.80; Tod.Orch.sic.p.121;
Comoli,Fl.comens.VI,p.384; Guss.Fl.sic.syn.2,p.556; de Notar.
Repert.fl.lig.p.394; Pucc.Syn.fl.luc.p.483; Bertol.Fl.ital.IX,
p.628; Guss.Enum.pl.inar.p.324; Moris,Stirp.Sard.p.43; Parlat.
Fl.ital.III,p.345; Sang.Fl.rom.prodr.alt.p.724; Ces.Pass.Gib.
Comp.p.177; W.Barbey,Fl.sard.comp.et suppl.n°1333; Martelli,Mo-
noc.Sard.p.9; F.Cortesi in Ann.bot.Pirotta,II; Fiori et Paol.
Fl.ital.p.252; Cocconi,Fl.Bolog.p.476; Arcang.Comp.ed.2,p.160;
Ambr.Fl.Tir.austr.1,p.724; Hausm.Fl.Tirol,p.848; Hinterhuber et
Pichlm.Fl.Salz.p.195; Neilr.Fl.N.-Oest.p.202; Beck,Fl.N.-Oest.
p.282; Schur,Enum.Trans.p.648,n°3445; Boiss.Fl.Orient.V,p.85;
Heldr.Parn.p.27; Hausskn.Symb.fl.gr.p.13; Grecescu,Prodr.Roman.
p.543; Colm.Enum.pl.hisp.-lus.V,p.47; Marès et Vigin.Cat.Bal.p.
278; Willk.et Lange,Prodr.Hisp.p.175; Guim.Orch.port.p.20. - C.
XIPHOPHYLLUM Reichb.f.Icon.XIII,p.135(1851); Blytt,Norg.Fl.ed.
Ovo Dahl,p.230; Crépin,Man.fl.Belg.éd.2,p.295; Coss.et Germ.Fl.
env.Par.éd.2,p.691; Gren.Fl.ch.jurass.p.759; Jeanb.et Timb.-
Lagr.Mass.Laurenti,p.294; Briss.Cat.Marne,p.117; Morth.Fl.Suis.
p.357; Gremli,Fl.Suisse,éd.Vetter,p.485; Foerster,Fl.Aachen,p.
349; Seubert,Ex.Fl.Bad.p.26; Bach,Rheinpr.p.379; Caflisch,Ex.
Fl.S D.p.259; Garcke,Fl.Deut.ed.14,p.383; Ball,Spic.Mar.p.675;
Batt.et Trab.Fl.Alg.(1884)p.34; (1895)p.188; Bonnet et Barr.
Cat.Tunis.p.406; Debeaux,Fl.Kabyl.Djurdj.p.338. - C.ANGUSTIFO-
LIA SIM.Enum.Transs.p.505. - C.LONGIFOLIA Fritsch in Oest.Bot.
Zeit.XXXVIII,p.81(1888); Halacsy,Consp.fl.gr.in Oest.Bot.Zeit.
(1897)p.98; Koch,Syn.ed.Hall.et Wohlf.p.2443; Richter,Pl.eur.p.
282; Ascn.u.Graeb.Syn.III,p.876. - EPIPACTIS ENSIFOLIA Schm.in
Mey.Phys.20(1791); Swartz in Act.holm.(1800)p.232; Willd.Spec.
IV,p.85; DC.Fl.fr.III,p.299; Duby,Bot.p.449; Loisel.Fl.gall.2,
p.272; Lapeyr.Abr.Pyrén.p.553; Contejean,Rev.Montb.p.224; Lloyd
et Fouc.Fl.Ouest,p.341; Car.et S.-Lag.Fl.descr.éd.8,p.811;
Guill.Fl.Bord.et S.-O.p.172; Gaudin,Fl.helv.V,p.470,n°2085;
Reuter,Cat.Genève,éd.1,p.101; de Vos,Fl.Belg.p.558; Nocc.et
Balb.Fl.tic.2,p.150; Savi,Bot.etr.III,p.162; Moric.Fl.venet.1,
p.375; Poll.Fl.veron.III,p.35; Tenore,Syll.fl.neap.p.461; Si-
bth.et Sm.Fl.gr.II,p.220; Brongn.Expéd.Morée,p.267; Lory et
Chaub.Fl.Pélop.p.62. - E.GRANDIFLORA All.Fl.pedem.III,p.152
(1785). - E.LONGIFOLIA Wettst.in O.B.Z.XXXIX,p.428(1889); M.
Schulze,Die Orchid.n°57. - SERAPIAS LONGIFOLIA Scop.Fl.carn.ed.
2,p.202(1772). - S.XIPHOPHYLLUM Ehrh.ap.L.f.Suppl.p.404(1781);
Fl.dan.p.506; Hoffm.Deuts.319; Roth,Germ.1,p.383; II,p.408. -
S.ENSIFOLIA Murr,Syst.veg.ed.14,p.813(1784); Sut.Fl.helv.II,p.
230; Clairv.Man.264; Ten.Fl.nap.2,p.320; Seb.et Mauri,Fl.rom.
prodr.p.313; Roth,Tent.1,p.383(1788); Le Turq.Del.Fl.Rouen,p.
469; Smith,Brit.p.945; Lej.Fl.Spa,II,p.198; Rev.fl.Spa,p.189;
Munby,Cat. - S.NIVEA Desf.Fl.atl.II,p.321(1800); Vill.Hist.Dau-
ph.II,p.32,p.p.; Murith,Bot.Valais,p.96. - S.HELLEBORINE b.LON-
GIFOLIA L.Spec.ed.1,p.950(1753). - S.GRANDIFLORA b.L.Syst.ed.
13,p.679. - S.GRANDIFLORA Poir.Voy.Barb.II,p.201(1789). -

Helleborine montana angustifolia spicata Bauh.Pin.187. - H.mon-
tana,angustifolia,alba,foliis Palmae Cup.Pamph.sic.1,t.18; Raf.
t.18. - H.flore albo vel Damasonium .utifolium Cup.H.cath.suppl.
p.244. - Damasonium flore albo Riv.Hex.t.5.

Icon. - Tournef.Inst.t.240,f.H.B.; Cupani,l.c.; Raf.l.c.;
Hook.Fl.lond.77; Schkuhr,Handb.t.CCLXXIII; Fl.dan.t.506; Engl.
Bot.VII,t.494; Schlecht.Lang.Deut.IV,f.369; Dietr.Fl.r.torus.1,
19; Ces.Pass.Gib.t.XXI,f.b.-g.; Reichb.f.Icon.XIII,t. 135,
CCCCLXX,f.I,II,1-13; Barla,l.c.pl.2; Cam.Icon.Orch.Paris,pl.29;
M.Schulze,l.c.t.57; Bonnier,Alb.N.Fl.p.149; Ic.n.pl.32,f.1114-
1122.

Exsicc. - Thomas; Schleich.; Bourg.Pl.Pyr.esp.n°704; de Heldr.
Herb.norm.n°1376; Soc.delph.n°235; Fl.trident.Fr.Perin.; Herb.
of the East.Ind.Comp.n°5315; Brot.Pl.cauc.n°859; Soc.Rochel.
1106,4967.

Plante glabre.Tige de 2-6 décim.,dressée,sinueuse,un peu anguleuse,feuillée dans toute sa longueur.Feuilles étroitement
lancéolées-acuminées,assez rapprochées;les infér.réduites à des
gaînes.Bractées presque toutes membraneuses,plus courtes que
l'ovaire.Fleurs disposées en épi lâche,souvent peu nombreuses,
grandes,blanches,dressées.Périanthe à divisions externes aiguës,
à divisions internes obtuses.Labelle parsemé de poils;épichile
deux fois plus court que les divisions externes,un peu en coeur,
plus large que long,canaliculé,muni de crêtes d'un jaune orangé
dirigées en avant;hypochile blanchâtre,un peu en sac à la base.
Ovaire subsessile,glabre.Stigmate réniforme.Masses polliniques
recourbées,jaunâtres.

MORPHOLOGIE INTERNE.

RACINE. Poils absorbants assez nombreux.Assise pilifère complètement subérisée.Cellules de l'assise subéreuse à parois
ext.et lat.subérisées.Cellules corticales à parois transversales ponctuées.Endoderme formé de cellules à parois épaisses et
ordinairement lignifiées devant les pôles libériens,à parois
minces et à cadres lat.subérisés devant les pôles ligneux.Assi-
se ext.du cylindre central parfois épaissie et lignifiée devant
le liber.Liber très réduit.Cylindre central complètement lignifié sauf les amas libériens;fibres à parois très épaisses.

RHIZOME. Parenchyme ext.très abondant.Faisceaux libéro-ligneux à peu près disposés en un cercle,très rapprochés les uns
des autres et arrivant à se toucher,formant alors un cylindre
de tissu lignifié,à l'exception du liber et de quelques cellules de parenchyme int.contenant souvent des raphides. - TIGE.
Stomates peu nombreux.Poils pluricellulaires,ne tendant pas à
se ramifier,peu nombreux(existant aussi sur les pédoncules floraux),bien moins abondants que dans le C.RUBRA,atteignant env.
120-300μ de long,à cellule terminale petite (pl. 4,f.85).3-7.
assises de parenchyme ext.4-6 assises de fibres lignifiées à
parois moins épaisses que dans le C.GRANDIFLORA,englobant les
faisceaux ext.Faisceaux libéro-ligneux assez nombreux,les ext.
plus ou moins régulièrement disposés à l'intérieur de l'anneau

sclérifié,les int.disséminés,très gros,plus ou moins régulièrement orientés,munis d'un arc sclérifié ext.et parfois d'un arc
sclérifié int.Gros faisceaux foliaires se fusionnant dans la
région int.de la tige et petits faisceaux s'unissant aux autres
traces foliaires plus extérieurement.Parenchyme non résorbé au
centre de la tige.

FEUILLE. (Pl.8,f.147.) Ep. = 100-130µ.Epidermes sup.et inf.
à parois lat.très ondulées (pl.5,f.133),hauts de 15-25µ,à paroi ext.bombée et épaisse de 4-7µ,portant surtout vers la base
du limbe quelques poils pluricellulaires.Epiderme sup.dépourvu
de stomates,l'inf.muni de stomates nombreux et parfois de granulations de cire.Paroi ext.des cellules épidermiques du bord
du limbe prolongée en pointes peu ou non striées (pl.6,f.124).
Mésophylle formé de 5-7 assises de tissu assez homogène,à cellules peu allongées et contenant de rares raphides. - BRACTEES
AERIENNES DE LA BASE DE LA TIGE. Sclérenchyme réduit ou manquant dans les nervures.Cellules du mésophylle grandes à petits
méats.Epiderme sup.dépourvu de stomates,l'inf.à stomates relativement assez abondants.

FLEUR. - PERIANTHE. DIVISIONS EXTERNES ET LATERALES INTERNES.
Epiderme ext.des divisions ext.portant quelques poils 2-3-cel-
lul.Cellules épidermiques légèrement papilleuses au bord des
divisions int. - LABELLE. Epiderme sup.de l'épichile muni de
poils jaunes très nombreux,unicellulaires,atteignant 200-250µ
de long,striés,un peu renflés à l'extrémité (pl.9,f.214).Epi-
derme sup.de l'hypochile formé de cellules légèrement papilleuses,n'ayant que peu de poils analogues à ceux de l'épichile.
Epiderme inf.du labelle à peu près dépourvu de papilles. -
GYNOSTEME.(Pl.9,f.241.)Section transversale montrant 4 fais-
ceaux:3 stylaires et 1 staminal;pas de faisceaux staminaux lat.-
ANTHERE. Epiderme dépourvu de papilles caractérisées.2-3 assises de cellules fibreuses. - POLLEN. (Pl.9,f.228-229.)Jaunâtre.
Grains observés à sec plus ou moins allongés,exine très alvéo-
lée.L = 20-30µ. - OVAIRE. (Pl.10,f.290.)Poils 2-3-cellul.assez
rares.Nervure des valves placentifères très saillante à l'extérieur,contenant un faisceau libéro-ligneux à bois int.,ordinai-
rement dépourvue de faisceau placentaire.Placenta divisé presque dès la base,à divisions divergentes.Valves non placentifères très proéminentes à l'extérieur(plus brusquement que dans
le C.PALLENS)à 3 faisceaux libéro-ligneux plus ou moins distincts,à bois int.l'ext.situé plus à l'extérieur que les autres. - GRAINES. Cellules du tégument non sensiblement striées.
Graines atténuées aux extrémités,4-5 fois plus longues que lar-
ges.L = 750-1000µ.

B.Var.PUMILA. - C.LONGIF.b.PUMILA Asch.u.Graeb.Syn.III,p.876
(1907). - Plante peu élevée,à tige grêle et souvent sinueuse.

C.Var.LONGIBRACTEATA . - EPIP.LONGIF.b.LONGIBRACTEATA Harz
ap.Schlecht.Lang.Sch.Deutschl.5,IV,p.330(1896). - Bractées inférieures longues,dépassant les ovaires.

D.Var.CITRINA. - C.XIPHOPHYL.CITRINA M.Schulze ap.Asch.u.Gr.
Fl.Nord.Flachl.p.217(1898). - Fleurs à labelle muni de crêtes
d'un jaune citrin.

E.Var.GIBBOSA Fl.orient.V,p.85. - Labelle manifestement en
sac gibbeux en dessus,le reste comme dans le type. - Asie Mineure.
OBSERV. - Le S.(CEPH.)NIVEA Desfont.Fl.atl.II,p.32 a été créé
pour une forme à fleurs deux fois plus petites que dans le type
et à épi plus dense.

V.v. - Avril,mai. - Lieux herbeux et ombragés des forêts. -
Europe moyenne et méridionale;Angleterre;Belgique,Luxembourg;
France:env.de Paris,Normandie,région méditerranéenne,Jura,est,
centre;Allemagne;Italie,Sardaigne;etc.;Algérie,Maroc;Caucase,
Oural;Asie-Mineure;Syrie;Perse;Japon;Sibérie;Afghanistan.

3. - C.PALLENS.

C.PALLENS Rich.in Mém.Mus.IV,p.60(1817); Lindl.Gen.and spec.
p.41; Corrav.Alb.Orch.Eur.pl.V; Lej.et Court.Comp.III,p.194;
Mich.Fl.Hain.p.282; Crépin,Man.fl.Belg.ed.1,p.179; Löhr,Fl.Tr.
p.251; J.Mey.Orch.G.-D.Luxemb.p.18; Thielens,Orch.Belg.et Lu-
xemb.p.39; Godr.Fl.Lorr.II,p.30; III,p.41; Lec.et Lamt.Cat.pl.
cent.p.352; Michal.Hist.nat.Jura,p.298; Ard.Fl.Alp.-Mar.p.359;
Barla,Iconogr.Orch.Fr.p.118; in J.bot.VII,p.280; Gautier,Pyr.-
Orient.p.59; Coste,Fl.Fr.III,p.412,n°3632,cum icone; Spenn.Fl.
frib.p.249; Reuter,Cat.Genève,éd.2,p.207; Kirschl.Fl.Als.II,p.
147; Prodr.p.164; Koch,Syn.ed.2,p.800; ed.3,p.602; Foerster,Fl.
Aachen,p.349; Guss.Fl.sic.prodr.2,p.555; de Notar.Rep.fl.lig.p.
394; Bertol.Fl.ital.IX,p.626; Parlat.Fl.ital.III,p.349; Moris,
St.Sard,1,p.44; Ces.Pass.Gib.Comp.p.177; W.Barbey,Fl.sard.comp.
et suppl.n°1334; Arcang.Comp.ed.2,p.160; Macchiati in N.G.bot.
ital.(1881)p.309; Monoc.Sard.p.8; Cortesi in Ann.bot.Pirotta,
II,p.114; Cocconi,Fl.Bolog.p.476; Com.Fl.comens.VI,p.382; Vis.
Fl.dalm.1,p.180; Ambr.Fl.Tir.austr.1,p.722; Hausm.Fl.Tirol,p.
848; Hinterhuber et Pichl.Fl.Salz.p.195; Meilr.Fl.N.-Oest.p.
201; Beck,Fl.N.-Oest.p.212; Grecescu,Consp.fl.Rom.p.548. - C.
GRANDIFLORA Babingt.Man.Brit.Bot.p.296(1843); ed.8,p.351; Rei-
chb.f.Icon.XIII,136; Dum.Fl.Maestr.p.39; Gr.et God.Fl.Fr.III,p
269; Gr.Fl.ch.jurass.p.759; Coss.et Germ.Fl.Paris,éd.2,p.691;
Boreau,Fl.cent.éd.3,II,p.650; Poirault,Cat.Vienne,p.97; Martr.-
Donos,Fl.Tarn,p.713; Castagne,Cat.B.-d.-Rh.p.155; Renault,Aper.
H.-Saône,p.242; Brisson,Cat.Marne,p.251; Dulac,Fl.H.-Pyr.p.120;
Ravin,Fl.Yonne,p.363; Franchet,Fl.L.-et-Ch.p.556; Martin,Cat.
Romor.éd.1,p.262;éd.2,p.373; Masclef,Cat.P.-d.-C.p.157; Debeaux
Rév.fl.agen.p.515; Morthier,Fl.Suisse,p.357; Bouvier,Fl.Alp.éd.
2,p.647; Gremli,Fl.Suisse,éd.Vetter,p.485; Schinz u.Kell.Fl.
Schweiz,p.128; Caflisch,Ex.Fl.S.D.p.299; Bach,Rheinpr.p.374;
Seubert,Ex.Fl.bad.p.126; Koch,Syn.ed.Hall.et Wohlf.p.2443;
Garcke,Fl.Deuts.ed.14,p.384; Marès et Vigin.Cat.Baléar.p.278;
Colmeiro,Enum.pl.hisp.-lus.p.175; Batt.et Trab.Fl.Alg.éd.2,p.
34. - C.LANCIFOLIA Tod.Orch.sic.p.123(1842); Coss.et Germ.Fl.
Par.éd.1,p.562; Lor.et Barr.Fl.Montp.p.655; Dumort.Prodr.fl.
Belg.p.134. - C.OCHROLEUCA Reichb.Fl.excurs.p.140ᵗᵒ(1830) - C.
LONCHOPHYLLA Reichb.Germ.t.119. - C.ACUMINATA Ledeb.Fl.ross.IV,
p.78; non Lindl. - C.DAMASONIUM Druce,Ann.Scott.Nat.p.225(1906)

C.ALBA Simk.Enum.Trans.p.504(1887); Richter,Fl.eur.p.282; Asch.
u.Graeb.Syn.III,p.873; Halacsy,Beit.fl.Ach.p.32. - C.LATIFOLIA
Janchen ap.Schinz u.Thell.Bull.Herb.Boiss.s.2,VII,p.560. - EPI-
PACTIS ALBA Crantz,Stirp.austr.p.460(1769); M.Schulze,Die Orch.
n°56. - E.GRANDIFLORA All.Auct,p.32(1789); Schm.in Mey.Phys.
Aufs.(1791)p.252; Gaud.Fl.helv,V,p.489(1829); DC.Fl.fr.III,p.
260,n°2041; Loisel.Fl.gall.II,p.272. - E.LONGIFOLIA Huds.Fl.
angl.ed.1,p.341(1762). - E.OCHROLEUCA Baumg.Enum.Trans.III,p.
174,n°1934(1846). - E.PALLENS Willd.Spec.IV,p.85(1805); Swartz
in Act.holm.(1800)p.232; Marsch.Bieb.Fl.Taur.-Cauc.p.371; Duby,
Bot.p.449; Lapeyr.Abr.Pyr.p.553; Car.et S.-Lag.Fl.descr.éd.8,p.
811; Poll.Fl.veron.3,p.35; Heldr.Chl.Parn.p.27; Boiss.Fl.or.IV,
p.85; Bald.Riv.coll.bot.Alb.(1895)p.71;(1896)p.93; Hausskn.Symb.
fl.gr.; Guill.Fl.Bord.et S.-O.p.72. - E.PALLIDA Swartz in Act.
holm.p.232(1800). - E.LANCIFOLIA de Vos,Fl.Belg.p.558. - SERA-
PIAS GRANDIFLORA L,Syst.nat.ed.12,II,p.594; Mant.p.491(1771);
Scop.Fl.carn.ed.2,II,p.203(1772); Seb.et Mauri,Fl.rom.prodr.p.
314; Pall.Ind.Taur.; Ten.Fl.nap.II,p.320. - S.NIVEA Vill.(ap.
Chaix)Hist.Dauph.II,p.52(1787)p.p. - S.LANCIFOLIA Schm.Fl.bohm.
p.84; Gmel.Fl.bad.III,p.572. - S.LONCHOPHYLLUM L. f.Spec.Suppl.
405; Ehrh.Cat.1,p.185; Hoffm.Gen.1,382;II,407. - S.PALLENS Ju-
dz.Fl.lith.p.268(1791). - S.DAMASONIUM Mill.Gard.Dict.ed.8,n°8.-
S.PALLIDA Swartz in Act.holm.p.232(1800). - Serapias bulbis fibrosis,caule paucifloro,floribus distantibus nectarii labio petalis breviore Ger.Prov.132. - Epipactis caule pancifloro,li-
neis obtusi labelli laevibus Hall.Ic.Helv.t.45,n°1298; Enum.
275,n°4. - Helleborine flore albo vel Damasonium montanum,lat.
folium Seg.Pl.veron.2,p.136; Bauh.Pin.187; Tournef.Inst.436;
Zannich.Ist.piant.venet.p.137. - Helleborine Polygonati vulgaris folio,flore albo Cup.Pamph.sic.2,t.213. - Helleborine flo
albo Tabern.Kraeut.p.1100. - Helleborine alba barba luteola
Riv.Hex.t.4.

Icon. - Moris.Hist.pl.Oxon.3,12,p.488,t.11,f.n°12; Haller,l.
c.; Crantz,l.c.VI,f.4; Dietr.Fl.borus.1,t.18; Fl.dan.t.1400;
Curtis,Fl.lond.ed.Grav.IV,t.107; Sv.Bot.VII,t.465; Engl.Bot.
VII,t.1248; Schlecht.Lang.Deut.IV,f.638; Barla, l.c.pl.3,f.1-
21(C.OCHROLEUCA Reichb.f.); Cam.Icon.Orch.Par.pl.28; Reichb.f.
Icon.119,CCCCLXXI(C.LONCHOPHYLLUM Reichb.f.);t.120,CCCCLXXII(C.
OCHROLEUCA Reichb.f.); M.Schulze,l.c.t.56; Bonnier,Alb.N.Fl.p.
149; Ic.n.pl.32,f.1129-1136.

Exsicc. - Lej.et Court.Ch.de pl.n°809; Reichb.n°2014; Billot,
n°3236; Baenitz,H.E.; Halacsy,It.gr.sec.(a.1893); Kotschy,It.
Cil.-Kurd.(1859)n°139; Siehe's Bot.Reise nach Cilic.(1895-96)n°
274.

Plante glabrescente.Tige de 2-6 décim.,dressée,feuillée dans
toute sa longueur.Feuilles ovales ou ovales-lancéolées,amplexi-
caules,les inférieures réduites à l'état de gaînes.Bractées
herbacées,les inférieures foliacées.Fleurs souvent peu nombreuses,3-12,rarement une,disposées en épi lâche,grandes,blanches
ou d'un blanc jaunâtre.Périanthe à divisions toutes obtuses.

Labelle plus court que les divisions externes du périgone;épi-
chile ovale,en coeur,arrondi,mucroné,plus large que long,cana-
liculé et muni de crêtes d'un jaune orangé,dirigé en avant;hy-
pochile blanchâtre,un peu en sac à la base et lavé de jaune
brunâtre.Ovaire sessile.Stigmate large,grand.Anthère et masses
polliniques d'un blanc jaunâtre.

MORPHOLOGIE INTERNE.

RACINE. Poils absorbants assez nombreux.Assise pilifère entièrement subérisée,à parois transversales souvent réticulées.
Assise subéreuse forméede cellules à parois ext.et lat.subéri-
sées.Cellules corticales à parois transversales ponctuées,con-
tenant des grains d'amidon de forme irrégulière,atteignant 7-
12µ de long.Cellules endodermiques à parois très épaissies et
lignifiées vis-à-vis des pôles libériens et quelquefois ligneux,
souvent à parois minces en face des pôles ligneux et ou complètement subérisées ou seulement à cadres latéraux plissés et subérisés (pl.1,f.9).Péricycle ayant quelques cellules épaisses
et lignifiées surtout en face des amas libériens,à parois fréquemment ponctuées.Liber assez peu abondant,assez collenchymateux.

RHIZOME. Dans les parties âgées du rhizome l'épiderme est ex-
folié et remplacé par quelques assises de cellules plates et
assez grandes de liège.Parenchyme ext.formé de cellules à parois assez épaissies surtout aux angles,munies de nombreuses
ponctuations sur les parois transversales et longitudinales.
Faisceaux libéro-ligneux se touchant.Cylindre central,sauf le
liber,à parois à peu près entièrement lignifiées.Fibres à parois épaisses,munies de ponctuations nombreuses.- TIGE.Poils
sécréteurs peu nombreux,2-3.cellul.,ni ramifiés,ni coudés.Epi-
derme à paroi ext.très mince.3-5 assises de parenchyme entre
l'épiderme et l'anneau sclérifié,se développant davantage dans
les ailes.4-6 assises sclérifiées formées de fibres à parois
épaisses et à lumen étroit,englobant les petits faisceaux libéro-ligneux ext.Faisceaux libéro-ligneux situés à l'intérieur du
cercle ext.de petits faisceaux,très gros,très développés,à bois
abondant,munis de 2 arcs lignifiés ou d'une gaîne complète de
fibres.Faisceaux foliaires se rendant peu à peu vers l'axe des
tiges où ils se fusionnent avec ceux des feuilles plus âgées.
Fusion des petits faisceaux foliaires latéraux s'opérant dans
des régions moins profondes.Faisceaux pénétrant rapidement dans
la partie int.de la tige.Anastomoses entre les traces foliaires
peu nombreuses mais existant dans les entre-noeuds.Parenchyme
int.non résorbé,renfermant de rares paquets de raphides.

FEUILLE. Ep.=120-240µ.Epiderme sup.recticurviligne,haut de
20-35µ,à paroi ext.bombée et épaisse de 4-6µ,dépourvu de stomates dans les feuilles inf.,muni de quelques rares stomates
vers la pointe des feuilles sup.Epiderme inf.recticurviligne,
haut de 12-20µ,à paroi ext.épaisse de 4-6µ et peu bombée,à
stomates abondants.Paroi ext.des cellules épidermiques du bord
du limbe bombée,formant de petites dents,légèrement inclinées
(pl.5,f.125).Mésophylle comprenant 5-6 assises d'un tissu chlorophyllien peu lâche et renfermant quelques paquets de raphides.
ECAILLES AERIENNES DE LA PARTIE INFERIEURE DE LA TIGE.Cellules
épidermiques assez grandes,à paroi ext.très mince.Nervures à

peu près dépourvues de sclérenchyme.Vaisseaux peu abondants.
FLEUR. - PERIANTHE. DIVISIONS EXTERNES ET LATERALES INTERNES.
Epiderme ext.portant quelques poils 2-3-cellul.atteignant 100-
150μ (pl.4,f.83-84).Epiderme int.dépourvu de poils. - LABELLE.
Epiderme sup.de l'hypochile légèrement papilleux,la plupart des
cellules à contenu jaune.Epiderme sup.de l'épichile prolongé en
poils unicellulaires très gros,obtus à l'extrémité,atteignant
200μ de long env.,à contenu jaune or.Epiderme inf.du labelle
dépourvu de papilles caractérisées. - GYNOSTEME. Pas de faisceaux représentant les étamines latérales avortées.Faisceau de
l'étamine fertile opposé au casque (contrairement aux observations de Darwin et conformément au travail de M.Gérard). - AN-
THERE. Cellules fibreuses très abondantes.Epiderme dépourvu de
papilles. - POLLEN.(Pl.9,f.223-227.)Jaune pâle.Grains de pollen
vus secs de forme peu régulière,plus ou moins allongés.Exine
fortement alvéolée.L=25-32μ . - OVAIRE.(Pl.10,f.297.)Epiderme
ext.portant des poils assez rares,2-3-cellul.Nervure des valves
placentifères très saillante à l'extérieur,contenant un faisceau libéro-ligneux à bois int.et parfois un faisceau placentaire libérien ou libéro-ligneux à bois int.Placenta assez
court,à divisions nettes.Valves non placentifères très proéminentes à l'extérieur,contenant 2-3 faisceaux libéro-ligneux à
bois int.,le médian plus ext.que les latéraux.

A.Var.ALBA vel LONCHOPHYLLA Nob. - C.LONCHOPHYLLUM Reichb.l.
c. - Fleurs d'un beau blanc à l'extérieur. - Var.des plaines.
B.Var.OCHROLEUCA. - C.OCHROLEUCA Reichb.Fl.excurs.n°884,b.p.
140. - E.PALLENS var.OCHROLEUCA Reichb.f.Icon.XIII,t.120;
Schur,Enum.Transs.p.648,n°3447; Griseb.et Sch.Iter hung.in Wieg.
Arch.(1852)p.356. - C.PALLENS BRACHYPHYLLUM Schur,Herb.Trans. -
Helleborine alba barba luteola? Rivin.Hexapt.t.4. - Plante robuste,moins élancée que dans la var.ALBA.Fleurs d'un blanc jaunâtre assez accentué,c'est la plante représentée assez exactement dans l'Iconogr.de Barla.Elle nous paraît plus particulière
aux régions montagneuses.Nous n'avons vu qu'elle dans le Jura
neuchâtelois où elle n'est pas rare.
Ces deux variétés ne sont pas des accidents de coloration,el-
les existent à l'exclusion l'une de l'autre dans les contrées
où on les rencontre.
Forma DUFFORTII Cam.in Bull.Soc.bot.Fr.XXXVII,p.XCVI. - Plante d'un grand intérêt.Fleurs un peu plus petites que dans le
type;labelle non articulé ayant à très peu près la forme des
deux autres lobes internes du périanthe.Ce retour à une forme
normale n'est pas un fait isolé dans la famille des Orchidées,
mais le cas de l'observation de M.Duffort a ceci de particulier
que le type n'existe pas dans la localité.La plante paraît se
multiplier par ses organes végétatifs souterrains.
La var.ADENOPHORA R.Keller ap.Schinz u.Keller,Kritische Flora
p.53 a pour caractères:fleurs plus ou moins glanduleuses.Il
n'existe pas de fleurs dépourvues entièrement de glandes si on
les observe avant l'anthèse.
MONSTRUOSITE. - Nous avons figuré dans le Journal de Botanique,III,pl.II,f.2 un C.PALLENS anomal récolté par nous à Esches

(Oise)dans une herborisation faite avec M.l'abbé Chevallier.Les
fleurs étaient géminées,les 2 ovaires soudés et chaque fleur
composée avait un labelle formé de deux labelles soudés.Les cas
de soudure de deux fleurs sont assez rares dans la famille des
Orchidées.

V.v. - Mai,juin. - Collines herbeuses,lisières des bois,mon-
tagnes,etc. - Europe moyenne et australe;Angleterre,Danemark;
Asie-Mineure,Caucase;France:A.R.,est,Vosges,env.de Paris,Jura;
T.R.,Cévennes,ouest,centre,Alpes,Pyrénées.

C.COMOSA Tin.in Guss.Fl.sic.prodr.2,p.877; in Add.et emend.;
Parlat.Fl.ital.III,p.353; Reichb.f.Icon.XIII,p.135. - Plante
douteuse dont nous ne pouvons que donner la diagnose originale:
C.foliis ovatis lanceolatisque reflexis,bracteis linearibus ci-
liolatis flore subsextuplo longioribus,labelli lamina cordata
integra,petala exteriora ovata subaequante(Tin.). - Caules gra-
ciles,1 1/2,2 palmares,flexuosi superne scabri;folia inferiora
remota,superiora 1-2 pollicaria,nervosa glabra;bracteae 1 1/4-
2 pollicares,spicam sub-15 floram cylindraceam multo excedentes;
flores parvi,rubentes ? (Tin.). - Juin,juillet. - In nemoribus
montosis. - Isnello vel bosco del feudo di Chiusa per andare
alla scaletta del Monaco(Tin.).

C.MARAVIGNAE Tin.in Guss.Fl.sic.syn.2,p.877; in Add.et emend;
Parlat.Fl.ital.III,p.353; Reichb.f.Icon.XIII,p.135. - Diagnose
originale:C.foliis lanceolatis,spicam cylindraceam multifloram
multo excedentibus,bracteis lanceolatis,inferioribus ovarium
subaequantibus,labelli lamina ovata,acutae,subtriloba,petalis
exterioribus patulis lineari-acuminatis breviore. - Caules palmares et ultra,superne flexuosi puberuli,folia numerosa,superne
flexuosi,puberuli;folia numerosa,suprema ciliolata,2-2 1/2 pollicaria;spica sub-20 flora.Flores parvi rubentes,petala bina
interiora elliptica obtusiuscula(Tin.). - Mai,juin. - In nemoribus montosis.Etna alla Cerrita sopra la bubania (Tin.).

4. - C.CUCULLATA.

C.CUCULLATA Boiss.et Heldr.Diagn.pl.Or.1,13,p.12(1853);Boiss.
Fl.orient.V,p.86; Raul.Crèt.p.863; Stefani,Fors.Maj.W.Barbey,
Cat.Samos,p.61; de Halacsy, Consp.fl.gr.III,p.155; Reichb.f.
Icon.XIII,p.137,t.120,CCCCLXXII. - C.EPIPACTOIDES Fisch.et Mey.
in Ann.sc.nat.IV,1,p.30(1854). - C.KURDICA Bornm.in Bull.Herb.
Boiss.III(1895)p.143. - EPIPACTIS CUCULLATA Wettst.in Oest.bot.
Zeit.XXXIX,II,p.429(1889).

Exsicc. - Heldr.Pl.cret.n°1482; Siehe's bot.Reise n.Cil.(1896)
n°173; Bornm.It.pers.-turc.(1892-93)n°1833 forma KURDICA.

Plante glabrescente,voisine du C.PALLENS.Tige dressée,sillon-
née,feuillée.Feuilles inférieures réduites à l'état de gaînes,
les supérieures oblongues-lancéolées,aiguës,cucullées,passant
insensiblement à l'état de bractées.Bractées inférieures foliacées,dépassant les fleurs,les supérieures décroissant insensiblement en grandeur.Fleurs dressées,relativement petites,d'un
blanc jaunâtre accentué ou rosées?,disposées en épi lâche.Divi-
sions externes du périanthe lancéolées-aiguës,dépassant peu le
labelle;divisions internes plus courtes,oblongues,un peu obtu-
ses.Labelle articulé vers la partie moyenne;épichile ovale-
oblong,subaigu.Eperon court,conique.Gynostème grêle.Ovaire glabre.

MORPHOLOGIE INTERNE.

RACINE. Ecorce formée de cellules à parois transversales
ponctuées,contenant des paquets de raphides assez abondants.
Cellules endodermiques et péricycliques à parois lignifiées
mais peu épaisses,les cellules endodermiques situées vis-à-vis
des pôles libériens seules à parois très épaisses.Liber extrêmement réduit.

TIGE. Anneau sclérifié développé,formé de 5-7 assises de fibres à parois épaisses.Faisceaux libéro-ligneux les externes
plus ou moins régulièrement disposés en cercle,englobés dans
l'anneau lignifié;les internes disséminés,entourés d'une gaîne
sclérifiée.

FEUILLE. - Ep.=170-200µ.Epiderme sup.haut de 20-25µ,à paroi
ext.mince et non bombée,à stomates rares.Epiderme inf.recticur-
viligne,haut de 15-20µ,à paroi ext.très mince,peu ou non bombée,à stomates nombreux.Cellules épidermiques du bord du limbe
à paroi ext.épaisse,formant des pointes développées et très ar-
rondies.Mésophylle comprenant 5-8 assises de cellules chlorophylliennes.

V.s. - Mai,juin. - Broussailles et forêts des montagnes. -
Samos,Crète,Asie occidentale,Lycie,Cilicie,Arménie,Perse.

HYBRIDE INTERGENERIQUE.
C.ENSIFOLIA + PALLENS.

×C.SCHULZEI Nobis. - C.ALBA× LONGIFOLIA Asch.u.Graeb.Syn.III,
p.877. - EPIPACTIS ALBA× LONGIFOLIA M.Schulze in O.B.Z.XLIX,p.
299(1899).

Plante intermédiaire entre les deux parents.Feuilles du C.EN-
SIFOLIA,mais plus courtes.Inflorescence lâche.Fleurs plus petites que dans le C.PALLENS.Bractées lancéolées ou ovales-lancéolées,plus courtes que l'ovaire.Labelle non enfermé dans les autres divisions du périanthe.Divisions du périanthe plus ou
moins conniventes.

France:Le Salève(Dutoit-Haller); Allemagne:Thuringe (Ludewig
ap.M.Schulze.

Gen.30. - LIMODORUM Tournef.

LIMODORUM Tournef.Inst.1,p.437,t.250; Swartz in N.act.holm.
VI,p.78(1800)t.5,f.4; Rich.in Mém.Mus.IV,p.50; Lindl.Gen.and
spec.p.398; Nees,Gen.III,n°22; Endl.Gen.p.219; Benth.et Hook.
Gen.III,p.618; Pfitzer in Engl.u.Prantl,Pfl.28,III; Reichb.f.
Icon.XIII,p.138. - LIMODORON S.-Lager in Ann.Soc.bot.Lyon,VII,
p.129(1880). - CENTROSIS Swartz,Adnot.bot.52(1829). - JONOR-
CHIS Beck,Fl.N.-Oest.p.215. - ORCHIDIS spec.L.Spec.p.1336. -
SERAPIADIS spec.Scop.Fl.carn.ed.2,II,p.205. - EPIPACTIDIS spec.
Hall.Ic.helv.t.38; All.Fl.ped.2,p.151.

Périanthe à divisions libres,dressées,presque étalées;les externes presque égales entre elles,la médiane en voûte;les internes latérales plus étroites et plus courtes que les externes.
Labelle dirigé en avant,subarticulé,à partie antérieure(épichile)rétrécie vers la base,à partie terminale(hypochile)entière,
pliée,concave,canaliculée,embrassant le gynostème,muni d'un
éperon.Masses polliniques indivises,réunies par un rétinacle
unique bilobé.Anthère subsessile,obtuse,persistante.Pollen pulvérulent,à granules subglobuleux ou ovoïdes.Gynostème allongé,
non prolongé en lamelle au-dessus de l'anthère.Ovaire non contourné,à pédicelle contourné. - Souche à fibres radicales nombreuses,grosses;feuilles réduites à des gaînes écailleuses colorées.

Vaisseaux de protoxylème de la racine peu nombreux,lames
vasculaires isolées ou plus ou moins unies par quelques vaisseaux de métaxylème;tissu de soutien réduit ou manquant.Cellu-
les endodermiques et péricycliques de la racine à parois presque toutes minces et plus ou moins lignifiées.Poils pluricellulaires non ramifiés.Faisceaux libéro-ligneux de la tige disséminés,ne pénétrant pas tout à fait au centre de la tige.Nervu-
res des écailles foliaires dépourvues de fibres lignifiées.
Grains de pollen s'isolant complètement les uns des autres.Gy-
nostème contenant les faisceaux développés des étamines latérales avortées. - Suspenseur non développé.

1. - L.ABORTIVUM.

L.ABORTIVUM Swartz in N.act.holm.VI,p.80(1799); Willd.Spec.
IV,p.129; Rich.in Mém.Mus.IV,p.58; Lindl.Gen.and spec.p.398;
Reichb.f.Icon.XIII,p.138; Correvon,Alb.Orch.Eur.pl.XXIV; Rich-
ter,Pl.eur.1,p.284; Dumort.Prodr.fl.Belg.p.134; Lej.et Court.
Comp.III,p.191; Tinant,Fl.luxemb.p.448; Löhr,Fl.Tr.p.250; Mey.
Orch.G.-D.Luxemb.p.18; Thielens,Orch.Belg.et Luxemb.p.47; DC.
Fl.fr.III,p.263; Duby,Bot.p.450; Loisel.Fl.gall.2,p.274; Mutel,
Fl.fr.III,p.261; Fl.Dauph.éd.2,p.601; Boisduv.Fl.Fr.III,p.55;
Lapeyr.Abr.Pyr.p.554; Godr.Fl.Lorr.2,p.316;3,p.48; Gr.et God.Fl.
Fr.III,p.273; Loc.et Lamt.Cat.pl.cent.p.352; Bor.Fl.cent.éd.3,
p.649; Godet,Fl.Jura,p.695; Gren.Fl.ch.jurass.p.759; Ravin,Fl.
Yonne,p.363; Coss.et Germ.Fl.Par.éd.2,p.690; Martr.-Donos,Fl.
Tarn,p.712; Risso,Fl.Nice; Ardoino,Fl.Alp.-Mar.p.361; Barla,

Iconogr.p.6; Loret et Barr.Fl.Montp.p.656; Mart.Cat.Romer.p.
264; Franch.Fl.L.-et-Ch.p.567; Fr.Gust.et Hérib.Fl.Auv.p.426;
Cam.Monogr.Orch.Fr.p.115;in J.bot.VII,p.277; Debeaux,Rév.Fl.
agen.p.514; Car.et S.-Lag.Fl.descr.éd.8,p.816; Coste,Fl.Fr.III,
p.409,n°3626,cum icone; Kirschl.Pr.fl.Als.; Koch,Syn.ed.2,p.
800;ed.3,p.602;ed.Hall.et Wohlf.p.2442; Reichb.Fl.exc.1,p.131;
Garcke,Fl.v.Deutschl.ed.14,p.383; Bach,Rheinpr.p.374; Asch.u.
Graeb.Syn.III,p.879; Seubert,Ex.Fl.Bad.p.125; Spenn.Fl.Frib.p.
248; Gaud.Fl.helv.V,p.430; Morth.Fl.Suisse,p.358; Fischer,Fl.
Bern,p.79; Bouv.Fl.Alp.éd.2,p.647; Schinz u.Kell.Fl.Schweiz,p.
126; Hinterhub.et Pich.Fl.Salz.p.194; Vis.Fl.Dalm.1,p.181;Ambr.
Fl.Tir.austr.p.721; Hausm.Fl.Tirol,p.847; Boiss.Voy.Esp.p.558;
Rodr.Cat.pl.Menorca,p.86; Barcelo,Apunt.Bal.p.45; Marès et Vi-
gin.Cat.Baléar.p.278; Willk.et Lange,Pr.hisp.1,p.177; Suppl.p.
44; Guimar.Orch.port.p.17; Deb.et D.Syn.Gibr.p.202; Noc.et Balb.
Fl.tic.2,p.159; Seb.et Mauri,Fl.rom.pr.p.316; Poll.Fl.veron.
III,p.22; Ten.Fl.nap.2,p.333; Syll.p.132 et 461; Tod.Orch.sic.
p.116; Guss.Fl.sic.syn.p.554; de Notar.Repert.fl.lig.p.395;
Pucc.Syn.pl.luc.p.480; Bertol.Fl.ital.IX,p.631; Guss.En.inar.p.
324; Sang.Fl.rom.pr.alt.p.742; Parlat.Fl.ital.III,p.344; Ces.
Pass.Gib.Comp.p.117; W.Barbey,Fl.Sard.comp.et suppl.n°1338; Ar-
cang.Comp.ed.2,p.161; Cortesi in Ann.bot.Pirotta,II,p.121; Fie-
ri et Paol.Fl.ital.1,p.251; Iconogr.n°860; Cocconi,Fl.Bolog.p.
475; Schur,Enum.Trans.p.648,n°3443; Simk.Enum.Trans.p.504; Gr.
Spic.fl.rum.et bith.2,p.368; Gmel.Fl.sib.1,p.12,n°8,t.2,f.2;
Bory et Chaub.Expéd.Morée,p.265; N.fl.Pélop.p.62; Raul.Cret.p.
863; Hausskn.Symb.fl.gr.; Heldr.Fl.Egine,p.390; Mars.Bieb.Fl.
Taur.-Cauc.III,p.373; Boiss.Fl.orient.V,p.89; Halacsy,Consp.fl.
Gr.III,p.153; Battand.et Trab.Fl.Alg.(1884)p.32;(1895)p.189;
Bonnet et Barr.Cat.Tunisie,p.405; Debeaux,Fl.Kabylie Djurdj.p.
338. - L.AUSTRIACUM Seg.Pl.veron.2,p.137; Tournef.Inst.437. -
ORCHIS ABORTIVA L.Spec.ed.1,p.943(1753); Mant.alt.p.477; Ucria,
H.r.panorm.p.383; Suffren,Pl.Frioul,p.184; Balb.Fl.taur.p.148;
Sut.Fl.helv.2,p.221; Mur.Bot.Val.81; Lamk,Dict.III,p.599; Mar.
Fl.rom.p.300; Jacq.Austr.2,t.19; Pall.Ind.Taur.; Gouan,Fl.monsp.
p.471; Scop.Fl.carn.ed.1,n°1130; Vill.Hist.Dauph.2,p.40; Guill.
Fl.Bord.et S.-O.p.169. - SERAPIAS ABORTIVA Scop.Fl.carn.ed.2,
II,p.205(1772); Pers.Syn.2,p.513. - CENTROSIS ABORTIVA Swartz,
Summ.veg.sc.p.32(1814). - JOHORCHIS ABORTIVA Beck,Fl.N.-Oest.p.
215. - EPIPACTIS ABORTIVA All.Fl.pedem.II,p.151(1785); Wettst.
in Oest.bot.Zeit.(1889)p.39; M.Schulze,Die Orchid.n°59. - NEOT-
TIA ABORTIVA Clairv.Man.p.264(1811). - LEQUETIA ABORTIVA Bubani,
Fl.pyr.(1901). - Orchis radicibus cylindricis,bracteis flore
brevioribus,labello trifido obtuso,seta genitalibus breviore
Sauv.Monsp.23. - Epipactis aphylla,calcare longo,labello ovato-
lanceolato Hall.Ic.Helv.t.36,n°1288. - Pseudo-Limodorum austria-
cum Clus.Hist.1,p.270. - Orchis abortiva violacea Bauh.Pinax,
86. - Limodorum Hall.Enum.278; Opusc.212.

Icon. - Hall.l.c.; Jacq.Austr.2,t.293; Gmel.l.c.; Dietr.Fl.
Borus.1,t.72; Reichb.f.Icon.XIII,t.CCCCLXXXI,f.1-27;LXD; Ces.
Pass.Gib.l.c.t.XXI,f.3,a-g; Barla,l.c.pl.1,f.1-21; Nees Esenb.
Gen.V,II; Cam.Icon.Orch.Par.pl.27; Correv.Orch.rust.f.23; Album
Orch.Eur.pl.XXIV; Fiori et Paol.l.c.f.860; M.Schulze,l.c.t.59;

Bonnier,Alb.N.Fl.,p.149; Ic.n.pl.31,f.1068-1075,1083-1086.

Exsicc. - Thomas; Reichb.n°1625; Sintenis,It.thessal.n°1543;
Sint.et Rigo,It.cypr.(1880); Kotschy,It.Cil.-Kurd.n°120.

Souche très enfoncée dans le sol,munie de fibres radicales
nombreuses,tortueuses,grosses,fasciculées,souvent ramifiées et
renflées à leur extrémité.Tige robuste,flexueuse,de 4 à 6 décim.
d'un vert glauque,presque entièrement lavée de violet.Feuilles
remplacées par des écailles engaînantes,vertes,lavées de violet,
les inférieures brunâtres.Fleurs grandes,violettes,lavées de
jaune-orangé,disposées en épi lâche de 4-20 fleurs.Divisions
externes du périanthe égales en longueur,d'un violet clair;les
latérales oblongues-lancéolées;la médiane plus large,concave,
embrassant le gynostème;divisions internes latérales plus courtes et plus étroites que les externes,aiguës,d'un violet clair.
Labelle ovale,allongé,ordinairement un peu aigu,canaliculé,ré-
tréci et subarticulé vers la base,un peu plus court que les divisions externes du périanthe,rapproché du gynostème,jaunâtre,
lavé de violet,muni de veines d'un violet foncé,disposées en
éventail,à bords ondulés,crispés et relevés.Eperon d'un violet
pâle presque blanc,aminci au sommet,dirigé en bas,égalant environ l'ovaire ou le dépassant un peu. - "Nous avons plusieurs
fois conservé des pieds de L.ABORTIVUM dans l'eau pour les observer jusqu'à la maturité.Progressivement la couleur verte
révélant la présence de la chlorophylle s'est toujours accentuée au point de devenir dominante vers le 15° jour.La modification si importante de coloration tient à la nourriture très
différente absorbée ainsi par la plante.Les Orchidées non para-
sites que j'ai souvent eu l'occasion de conserver dans les mêmes conditions ne m'ont jamais donné rien d'analogue. E.G.Cam."
                  MORPHOLOGIE INTERNE.
RACINE. Poils absorbants paraissant toujours manquer.Assise
pilifère très subérisée.Cellules corticales à parois souvent
ponctuées et réticulées.Ecorce ext.formée de très petites cellules contenant des raphides et de l'amidon.Ecorce moyenne surtout gummifère et écorce int.très amylifère.Grains d'amidon de
forme irrégulière,groupés,petits,atteignant 4-12µ de diam.Endo-
derme à cadres subérisés et assise ext.du cylindre central non
lignifiée ou endoderme et assise péricyclique à parois minces
mais presque toutes lignifiées et réticulées.Lames vasculaires
assez réduites,isolées les unes des autres ou plus ou moins
unies par quelques vaisseaux de métaxylème autour d'un parenchyme non lignifié dans lequel se différencient très rarement
quelques fibres (pl.1,f.3).La rareté des tissus lignifiés,l'absence ou la réduction des tissus de soutien expliquent la grande fragilité des racines.
RHIZOME. Parenchyme ext.abondant formé de 10-14 assises.An-
neau lignifié développé,à parois épaisses.Faisceaux libéro-ligneux disséminés,les int.développés,entourés au moins à l'extérieur de fibres lignifiées. - TIGE. Stomates peu rares de
forme simple.Epiderme contenant un peu d'anthocyanine,formé de
cellules à paroi ext.mince.3-5 assises de parenchyme ext.conte-
nant quelques raphides et un peu de chlorophylle.Anneau scléri-

fié formé de 7-9 assises de fibres à parois assez épaisses.
Faisceaux libéro-ligneux disséminés,ne formant pas de cercle
régulier,mais ne pénétrant pas au centre de la tige,entourés
d'une gaîne de fibres lignifiées,séjournant assez longtemps
dans le parenchyme ext.avant d'aller dans les écailles foliaires,les ext.plus gros que les int.Liber très développé.Paren-
chyme non lacuneux au centre de la tige.Toutes les cellules du
parenchyme ext.et du parenchyme int.renferment dans les matériaux alcooliques des sphéro-cristaux aiguillés de malophosphate de calcium (voir p.18)(pl.2,f.45 et 46).

ECAILLES FOLIAIRES. Ep.=200-750μ.Epiderme sup.contenant un
peu d'anthocyanine,recticurviligne,haut de 30-40μ, à paroi ext.
très mince et bombée,ordinairement dépourvu de stomates dans
les écailles inf.,à stomates de forme assez simple dans les
feuilles sup.Epiderme inf.contenant beaucoup d'anthocyanine,
haut de 40-100μ,à paroi ext.très mince et très bombée,formé de
cellules semblant presque papilleuses tant la paroi ext.est
bombée et tant elles sont allongées perpendiculairement à la
surface du limbe,à stomates à peu près aussi hauts que les autres cellules épidermiques et situés à leur niveau.Paroi ext.
des cellules épidermiques du bord du limbe prolongée en pointes
raides et développées.Mésophylle formé de 4-8 assises de très
grandes cellules peu chlorophylliennes (seulement 2 assises
vers les bords)et contenant quelques rares cellules à raphides.
NERVURES à section biconvexe,dépourvues de collenchyme et de
sclérenchyme,à faisceau libéro-ligneux développé,situé dans la
partie sup.du limbe.

FLEUR. - PERIANTHE. DIVISIONS EXTERNES ET LATERALES INTERNES.
Epiderme ext.portant quelques poils 2-3-cellul.,atteignant 120-
300μ de long,à cellule terminale à peu près aussi développée
que les autres (pl.4,f.86-88). - LABELLE. Epiderme int.prolongé
en papilles unicellulaires légèrement coniques,obtuses,striées,
atteignant parfois 100μ de long.Epiderme ext.portant des papilles nettes. - EPERON. (Pl.9,f.215.)Epidermes ext.et int.dépour-
vus de papilles caractérisées.Ep.=250-290μ.Epiderme ext.haut
de 35-45μ,à paroi ext.très mince,bombée et cuticularisée.Epi-
derme int.haut de 20-35μ,à paroi ext.très mince,peu bombée et
non ou à peine cuticularisée.5-7 assises intermédiaires formées
de cellules polygonales irrégulières.Nervures très développées,
très nombreuses,très saillantes.Emission abondante de nectar à
l'intérieur de l'éperon. - GYNOSTEME. Epiderme de la partie
dorsale du gynostème seul papilleux.Section transversale du gynostème montrant 6 faisceaux:3 stylaires,1 faisceau allant à
l'étamine fertile et 2 faisceaux latéraux occupant la place des
2 étamines inf.avortées du cercle int.et semblant être le rudiment de ces organes.Ces faisceaux staminaux parcourent les 2
petites ailes latérales dans toute la longueur du gynostème
jusqu'à l'anthère,ils ont une position analogue à celle occupée
par les faisceaux des étamines fertiles dans les CYPRIPEDIUM et
les fleurs anomales d'OPHRYS APACHNITIFORMIS (voir p.23). -
POLLEN. Jaune.Grains de pollen s'isolant complètement les uns
des autres.Exine très fortement alvéolée à la surface de chaque
grain.Grains de pollen secs de forme très irrégulière souvent
légèrement allongés.L=26-37μ. - OVAIRE. (Pl.10,f.294).Nervure

des valves placentifères saillante à l'extérieur,contenant un faisceau libéro-ligneux ext.à bois int.et souvent aussi un faisceau int.libéro-ligneux : à bois ext.ou un faisceau entièrement libérien.Parenchyme ligneux non lignifié très abondant.Placenta.divisé dès la base.Valves non placentifères proéminentes à l'extérieur mais plutôt moins que la nervure des autres valves,renfermant un faisceau libéro-ligneux à bois int., à parenchyme ligneux non lignifié abondant. - GRAINES. Suspenseur non développé.Cellules du tégument non striées,à parois rectilignes.Graines atténuées aux extrémités,2-3 fois plus longues que larges.L=850-1000μ .

Malgré l'existence d'une chlorophylle dans cette plante-dans la tige,les feuilles,les ovaires-il y a saprophytisme,l'assimilation chlorophyllienne existe,mais la respiration lui est toujours supérieure (1).

A.Var.ABBREVIATUM Gr.et God.Fl.Fr.III,p.276; Cam.Monogr.l.c. p.106. - L.SPHAEROLABIUM Viv.App.Fl.Cors.p.6(1825); Mutel,Fl. fr.III,p.262. - Labelle arrondi,presque circulaire.

B.Var.BREVICORNU Rohlena in Asch.u.Graeb.Syn.III,p.880(1907). - Divisions du périanthe plus larges,obtuses.Eperon conique,droit, égalant environ la moitié de la longueur de l'ovaire.

MONSTRUOSITE. - M.Cosson et Germain de S.-P.ont observé une monstruosité,sorte de pélorie,dans laquelle les 2 divisions internes étaient prolongées en éperon. - Les deux variétés précédentes représentées par des échantillons très peu nombreux ne sont peut-être que des monstruosités.

V.v. - Mai,juillet. - Clairières des bois sablonneux. - Toute l'Europe méridionale,l'Asie-Mineure et l'Afrique septentrionale.

2. - L.TRABUTIANUM.

L.TRABUTIANUM Battand.in Bull.Soc.bot.Fr.(1885)p.297 et Batt. et Trab.Fl.Alg.(1904)p.323.

Eperon très rudimentaire,2 mm.de longueur,non muni à l'orifice de deux petites dents.Labelle spatulé,non articulé,non géniculé à la base.Gynostème entouré par un verticille très apparent formé par 3 staminodes soudés à la base et libres au sommet,l'écaille pétaloide du lobe médian masque le stigmate.

Algérie:Zaccar de Milianah.

_____

(1) Griffon, L'assimilat.chlorophyll.chez les Orchidées terrest.et en part.chez le LIMOD.ABORTIVUM (C.R.Ac.Sc.1898,p.973).

Les 5 premières tribus constituent la sous-famille I MONAN-
DRAE (Swartz,Vet.Akad.Nya Handl.Stock.XXI(1800)p.205; Pfitz.
Entw.Anord.Orch.14,95(1887); Nat.Pfl.II,6,77,84; Dalla Tor.u.
Harms,Gen.siph.89. - EUORCHIDEAE Reichb.f.Icon.XIII,VI(1851).)
caractérisée par l'étamine centrale seule fertile et les 2 éta-
mines latérales plus ou moins avortées.

La VI⁰ tribu des CYPRIPEDIEAE constitue la sous-famille II
des PLEONANDRAE (Pfitz.Pflz.reich.Orch.-Pleon.1(1903); Asch.u.
Graeb.Syn.III,p.613. - DIANDRAE Salisb.Prodr.stirp.hort.Chap.
vig.(1796); Pfitz.Entw.nat.Anord.Orch.95(1887); Nat.Pfl.II,6,
76,80; Engl.Syll.2,Aufl.97(1898); Dalla Tor.u.Harms,Gen.siph.
88. - CYPRIPEDIEAE Benth.in Journ.Linn.Soc.XVIII,358(1881);
Benth.et Hook.Gen.III,464,487,634. - PLEIANDRAE Engl.Syll.3,
103,1903.)caractérisée par les 2 étamines latérales fertiles.

Tribu VI. - CYPRIPEDIEAE Lindl.

Lindl.Orchid.scelet.1,18(1826). - CYPRIPEDILINAE Pfitz.Morph.
Stud.Orch.108(1886); Pfl.II,6,76,82; Pflz.reich. Orch.-Pleon.9.-
CYPRIPEDILEAE Engl.Syll.1,Aufl.90(1892); Asch.u.Graeb.Fl.Nord.
Flachl.204; Syn.III,p.614. - CYPRIPEDIA Spreng.Anl.II,1,298,
(1817).

Etamines latérales fertiles.Etamine centrale pétaloïde et
stérile.

Poils pluricellulaires tecteurs et sécréteurs sur les organes
végétatifs et le périanthe.Grains de pollen se développant dans
toute l'anthère,s'isolant complètement les uns des autres.Pa-
rois de l'anthère à cellules fibreuses abondantes.Racines non
concrescentes,ne présentant qu'un cylindre central à lames vasculaires confluentes.

Gen.31. - CYPRIPEDIUM L.

CYPRIPEDIUM L.Gen.pl.ed.1,p.272(1753); Swartz in Act.holm.
(1800)p.250; Lindl.Gen.and spec.p.525(1840); Endl.Gen.n°1618,p.
221; Meisn.Gen.(1842),387; Reichb.f.Icon.XIII,p.166; et auct.
plur. - CYPRIPEDILUM Asch.Fl.Prov.Brand.I,700(1864); Pfitzer in
Engl.u.Prantl,Pfl.II,6,p.82; Asch.u.Graeb.Syn.III,p.614. - CAL-
CEOLUS Adans.Fam.II,70(1763); Crantz,Stirp.austr.p.454. - CRIO-
SANTHES Rafin.Journ.phys.LXXXIX,2(1819). - CORISANTHES Steud.
Nom.ed.2,1,p.474(1840). - HYPODEMA Reichb.Nomencl.p.56(1841). -
ARIETINUM Beck,Bot.North.Mid.Stat.(1833)p.352.

Divisions du périanthe étalées en croix,les latérales externes soudées par les bords internes et dirigées en bas,la médiane dressée,les deux internes latérales un peu pendantes.Labelle
très grand,renflé,ovoïde,en forme de sabot,dépourvu d'éperon.
Anthères fertiles univalves,à loges confluentes,chacune d'elles
étant fixée à un filet large,aplati,soudé au filet de l'étamine

médiane stérile(staminode)et au style pour former un gynostème
qui est 3-fide.Filet ordinairement appendiculé ou bifurqué dans
sa partie libre au-dessus du niveau de l'anthère.La partie libre est de forme stable pour chaque espèce;la deuxième branche
nulle lorsque l'anthère est sessile,est courte dans les autres
cas et se soude avec la partie dorsale des loges pour former le
connectif.Ovaire non contourné.

Racine à lames vasculaires confluentes,à cylindre central
sclérifié,sauf le liber et parfois le péricycle;à parois endodermiques souvent épaisses et plus ou moins lignifiées devant
les pôles libériens et à plis latéraux subérisés devant les pôles ligneux.Poils sécréteurs pluricellulaires ramifiés ou non,
rappelant presque toutes les formes des poils des NEOTTIEAE et
des ARETUSEAE. Faisceaux libéro-ligneux de la tige disséminés,
pénétrant plus ou moins dans la profondeur de la tige.Nervures
des feuilles munies d'arcs ou de gaînes sclérifiés.Grains de
pollen s'isolant les uns des autres.Gynostème contenant les
faisceaux développés des étamines latérales.

1. - C.CALCEOLUS.

C.CALCEOLUS L.Spec.ed.1,1346,p.951(1753); Willd.Spec.IV,p.142;
Poir.Encycl.VI,p.381; Rich.in Mém.Mus.IV,p.60; Lindl.Gen.and sp.
p.527; Reichb.f.Icon.XIII,p.167; Barbey,C.CALC.× MACRANTH.p.5;
Kraenz.Gen.et spec.p.16; Correv.Orch.rust.p.73; Alb.Orch.Eur.
pl.X; Kalm,Fl.fenn.n°5212; F.Nyland.Spic.pl.fenn.1,p.90; Blytt,
Hndb.Norg.Fl.ed.Ove Dahl,p.223; Gorter,Fl.ingr.p.146; Pall.It.
1,p.181;II,p.82;III,p.246,253,320; Georgi,It.II,p.594,719; Lep.
It.1,p.197;III,p.71; Bess.Enum.pl.Vohl.p.30; Jundz.Fl.lith.p.
270; Claus.Ind.d.Göb.It.II,p.309; Hohenack.Enum.Elisab.p.258;
Turcz.Cat.Baik.n°1113; Fleisch.u.Lind.Fl.Osts.p.311; Ledeb.Fl.
ross.IV,p.86; Pall.Ind.Taur.; Marsch.Bieb.Fl.Taur.-Cauc.p.374,
n°451; Schur,Enum.Trans.p.651,n°3463; Beck,Fl.N.-O.p.196,cum
icone; Oborny,Fl.Moehr.Schl.p.261; Koch,Syn.ed.2,p.804; ed.3,p.
605; ed.Hall.et Wohlf.p.2449; Rhiner,Prodr.Waldst.p.131; Bach,
Rheinpr.p.376; Cafl.Ex.Fl.S.D.p.301; Seubert,Ex.Bad.p.128; M.
Schulze,Die Orchid.n°1; Garcke,Deutschl.Fl.ed.14,p.386; Asch.
Fl.Brand.1,p.700; Asch.u.Graeb.Syn.III,p.616; Huds.Fl.angl.p.
392; Sm.Brit.p.941; Babingt.Man.Brit.Bot.ed.8,p.352; Lej.Rev.
fl.Spa,p.190; Dumort.Prodr.Belg.p.134; Lej.et Court.Comp.III,p.
192; Tin.Fl.luxemb.p.448; Crépin,Man.Belg.éd.1,p.198;éd.2,p.297;
Löhr,Fl.Tr.p.253; J.May.Orch.G.-D.Luxemb.p.21; de Vos,Fl.Belg.
p.560; Thiel.Orch.Belg.Luxemb.p.33; Vill.Hist.Dauph.II,p.54;
Lamk,Fl.fr.III,p.522; DC.Fl.fr.III,p.624,n°2050; Duby,Bot.p.451;
Lois.Fl.gall.II,p.275; Mut.Fl.fr.III,p.263; Fl.Dauph.éd.2,p.602;
Lapeyr.Abr.Pyr.p.554; Gr.et God.Fl.Fr.III,p.266; Gren.Fl.ch.ju-
rass.p.744; Mich.Hist.nat.Jura,p.301; Boisduv.Fl.fr.III,p.56;
Godr.Fl.Lor.II,p.309; Castag.Cat.B.-d.-Rh.p.155; Barla,Iconogr.
Orch.p.77; Cam.Monogr.Orch.Fr.p.120;in J.bot.VII,p.281; Coste,
Fl.Fr.III,p.414,n°3637 c.ic.; Kirschl.Fl.Als.n°150,p.483; Spen.
Fl.frib.p.252; Gaud.Fl.helv.V,p.490; Morth.Fl.Suisse,p.356;
Fischer,Fl.Bern,p.82; Bouv.Fl.Alp.éd.2,p.651; Schinz u.Keller,
Fl.Schw.p.119; Hausm.Fl.Tirol,p.855; Hinterhuber et Pichlm.Pr.

Salzb.p.197; All.Fl.pedem.n°1847; Bert.Fl.ital.IX,p.639; Ces.
Pass.Gib.Comp.p.193; Arcang.Comp.ed.2,p.173; Fiori et Paol.Ic.
fl.ital.n°799; Willk.et Lange,Pr.hisp.1,p.177; Grecs.Consp.fl.
Rom.p.550; Halacsy,Consp.fl.gr.III,p.153; Boiss.Fl.or.V,p.94;
Franch.Cypr.As.cent.et or.p.5; Finet,Orch.As.or.in Rev.gén.bot.
XIII,p.498. - C.CRUCIATUM Delac.Fl.H.-Pyr.p.128(1867). - CYPRI-
PEDILUM CALCEOLUS Aschers.Fl.Pr.Brand.p.700(1864); Asch.u.Graeb.
Syn.III,p.617. - CYPRIPEDILON(CYPRIPEDILUM)MARIANUS Rouy ap.
Morot,Journ.bot.(1894)p.53. - CALCEOLUS MARIANUS Crantz,Stirp.
austr.VI,p.45(1769)(Lobel;Dod.Pempt.180,f.1;Besl.Bauh.Tournef.)-
CALC.ALTERNIFOLIUS S.-Lag.Ref.nomencl.p.62(1880); Fl.descr.éd.8,
p.816. - Elleborine ferruginea Dalech.Lugd.1146,ed.fr.1146,6. -
E.recentiorum prima Clus.Hist.1,p.272. - Helleborine flore rotundo f.Calceolus Bauh.Pin. 187. - Damasonium species s.Calceo-
lus Mariae J.Bauh.Hist.III,p.518. - Calceolus radicibus fibrosis,foliis ovato-lanceolatis Hall.Hist.n°3300.

Icon. - Tournef.Inst.249; Gmel.Sib.1,d.b.; Moris.Hist.III,12,
t.II,f.14; Garid.Aix,74,t.17; Lab.et Heg.Icon.helv.f.5,t.6;
Haller,Icon.Helv.t.48; Mill.Dict.n°1,242; Lamk,Illustr.t.729,f.
1; Red.Liliac.1,n°19,t.9; Salisb.in Act.Soc.Linn.Lond.t.2,f.1;
Paxton,Bot.mag.t.247; Sv.Bot.VIII,t.524; Sm.Engl.Bot.t.1; Lod-
diges,Bot.t.363; Roem.Fl.Eur.IV,t.5; Sturm,Fl.f.VIII,t.15; Nees
v.Esenb.Gen.III,t.4; Schkuhr,Handb.t.CCLXXV; Schlecht.Lang.Deut-
sch.IV,f.385; Fl.dan.t.99; Dietr.Fl.boruss.t.24; Regel,Garten-
fl.V,t.147; Fl.d.Serres,XV,t.1563; Reichb.f.Icon.XIII,t.144,
CCCCXCVI; Barla,l.c.pl.63,f.1-14; Ces.Pass.Gib.t.XXIV,f.6,a-g;
M.Schulze,l.c.t.1; Finet,l.c.pl.12,f.22-23; Flahault,N.Fl.Alp.
et Pyr.p.136,cum icone; Ic.n.pl.32,f.1109-1110.

Exsicc. - Ser.Alp.cent.4,n°353; Thomas;Schleich.;Reichb.n°179;
Soc.Rochel.n°1790; Fl.Austr.-Hung.n°1023; Soc.fr.-helv.n°557;
Bourgeau,Coll.Chenivesse; Karo,Pl.amur.et Zeaensae n°386.

Souche horizontale,rampante,munie de fibres radicales assez
grosses.Tige de 3-5 décim.,cylindrique,flexueuse,pubescente ou
pubérulente,munie à la base de gaînes obtuses plus ou moins colorées en brun.Feuilles amplexicaules,larges,ovales-lancéolées,
aiguës,à nervures saillantes et plissées comme dans les CEPHA-
LANTHERA,ondulées sur les bords,d'un vert pâle,pubescentes.
Bractées ovales-lancéolées,vertes.Fleur grande,ordinairement
unique,rarement deux,plus rarement trois,penchée au sommet d'un
pédoncule muni d'une grande bractée foliacée.Périanthe à 4 di-
visions(réellement à 5 dont 2 soudées plus ou moins entièrement)
étalées en croix.Divisions externes lancéolées,longuement acu-
minées(40 mm.),d'un pourpre brun,à plusieurs nervures,pubescen-
tes à la face interne,poilues à la base,la supérieure plus large,l'inférieure souvent bidentée au sommet;divisions internes
latérales d'un pourpre brun,plus longues que les externes,lan-
céolées-linéaires,longuement acuminées,à bords ondulés,à nervure médiane pubescente.Labelle plus court que les divisions du
périanthe,très grand,renflé,ovoïde,vésiculeux,en forme de sabot,
d'un jaune doré,muni de poils vers la base,strié de pourpre,à

bords infléchis en dedans et formant un orifice arrondi.Stami-
node(anthère stérile)à filet peu distinct du gynostème,obové,
subcordé à la base,à bords dressés presque parallèles,sans nervure apparente en dessus,muni en dessous de deux carènes parallèles contiguës s'avançant presque jusqu'au sommet.Anthères 2,
introrses,subsessiles,en forme de trapèze fixé par la grande
base,la petite échancrée.Appendice du filet dépassant l'anthère
triangulaire,acuminé,oblique.Stigmate à contour pentagonal,al-
longé,à peine concave,se retroussant en avant comme le pommeau
d'une selle.Ovaire allongé,pédicellé,pubescent,d'un vert pâle.

MORPHOLOGIE INTERNE.

RACINE. Poils absorbants nombreux.Assise pilifère et parois
latérales et externes de l'assise subéreuse subérisées.Ecorce
formée de cellules à parois ponctuées.Cellules de l'endoderme à
parois épaissies sur toutes leurs faces et ordinairement non
lignifiées vis-à-vis des pôles libériens (pl.1,f.11),à parois
minces et à cadres de plissements subérisés nets vis-à-vis des
pôles ligneux.Péricycle non épaissi.Vaisseaux à section atteignant 70-80µ de diam.

TIGE. Stomates peu nombreux.Poils très abondants,2-3-4-cellul.
rarement unicellul.par réduction,tecteurs (pl.4,f.91) ou sécréteurs (pl.4,f.89-90);les premiers atteignant 250-350µ de long,à
cellule terminale atténuée,souvent un peu oblique;les seconds
atteignant 150-230µ de long,à cellule terminale renflée,à fonction sécrétrice parfois faible.4-8 assises de parenchyme ext.
plus ou moins chlorophyllien,formé de cellules à parois assez
épaisses,laissant entre elles de petits méats.Près des noeuds
saillies constituées par le même parenchyme.Anneau lignifié
formé de 1-4 assises de fibres à parois plus ou moins épaisses.
Faisceaux libéro-ligneux ext.seuls à peu près disposés en cercle et plus ou moins plongés dans la sclérose de l'anneau,les
int.disséminés,entourés de fibres lignifiées au moins à l'extérieur du liber.Fusion des faisceaux ayant lieu rapidement.Bois
bien plus développé que le liber.Parenchyme int.formé de cellules à parois extrêmement délicates,non résorbé. - RHIZOME. Parenchyme ext.très abondant.Faisceaux libéro-ligneux très rapprochés,à bois enclavant le liber.

FEUILLE. Ep.=150-250µ.Cellules des épidermes sup.et inf.à
parois parallèles aux nervures formant des zigzags à peu près
parallèles,les deux autres parois étant à peu près rectilignes
(pl.5,f.135).Epidermes sup.et inf.hauts de 20-35µ (cellules de
hauteur assez différente sur une même section),à paroi ext.
épaisse de 2-4µ et peu bombée,portant,surtout les nervures,des
poils analogues à ceux de la tige (pl.4,f.92).Epiderme sup.muni
seulement de quelques stomates à l'extrémité du limbe et épiderme inf.à stomates nombreux.Bord du limbe garni de très nombreux poils 1-2-3-cellul. (pl.5,f.129),atteignant souvent 200-
300µ,très robustes,tecteurs,rarement quelques-uns à tête arrondie et légèrement sécrétrice.Mésophylle comprenant 4-6 assises de petites cellules allongées sur une section transversale
et plus ou moins renflées,étranglées et ramifiées sur une section parallèle à la surface de la feuille,formant néanmoins un
tissu assez serré.NERVURES principales à section concave-convexe,les autres à section plane ou plane-convexe.Faisceaux libéro-

ligneux placés dans la partie inf.du limbe,très allongés,à bois
très développé,à liber réduit,à parenchyme ligneux assez abondant (pl.6,f.151).Dans les grosses nervures fibres supra-li-
gneuses nombreuses,mais à parois minces,sclérenchyme à parois
plus épaisses à la partie inf.du faisceau.Dans les petites nervures cette différence d'épaisseur dans les parois est à peine
sensible.Principales nervures munies de 1-2 assises de collenchyme,petites nervures dépourvues de collenchyme et n'ayant que
du parenchyme incolore autour de l'anneau sclérifié.
  FLEUR. - PÉRIANTHE. DIVISIONS EXTERNES. Epiderme ext.muni
vers la base des divisions de poils pluricellulaires (pl.4,f.
93-94),nombreux,à tête plus ou moins arrondie et légèrement
renflée,atteignant 200-250 L,rarement unicellulaires par réduction. - DIVISIONS LATERALES INTERNES. Epiderme ext.semblable à
celui des divisions ext. Epiderme int.pourvu de poils abondants
atteignant 1000-1400µ,pluricellulaires,le plus souvent non rameux,à cellule terminale ordinairement non arrondie. - LABELLE.
Epiderme int.muni de poils plus ou moins droits,plus ou moins
ramifiés,atteignant env.600-1600µ de long(pl.9,f.216-219).Epi-
derme ext.ordinairement dépourvu de poils. - GYNOSTEME. Section
transversale montrant 6 faisceaux:3 stigmatiques,3 staminaux,
2 pour les étamines fertiles et un pour le staminode(pl.9,f.
243). - ANTHERE. Cellules fibreuses extrêmement abondantes,en-
vahissant le parenchyme de la nervure. - POLLEN. Exine à peu
près dépourvue d'ornements.Grains de pollen secs allongés,à 2
plis.L=22-30µ . - OVAIRE. (Pl.10,f.301.)Poils tecteurs et sécréteurs semblables à ceux de la tige,mais moins longs.Nervure
des valves placentifères légèrement saillante à l'extérieur,
contenant un faisceau libéro-ligneux ext.à bois int.et 2 ou
plusieurs faisceaux libériens ou libéro-ligneux à bois dirigé
vers la partie centrale du placenta,à vaisseaux rares.Valves
non placentifères peu développées,renfermant 2 faisceaux libéro-
ligneux superposés à bois int.. - GRAINES. Atténuées aux extrémités,peu ou non striées,4-5 fois plus longues que larges.L=
1000-1300µ .

  Nous considérons comme sous-variétés les variétés suivantes:
  Var.FULVUM Rion,Guide bot.Valais,p.201(1872);Christ ap.M.
Schulze,Th.BV.N.F.XJII,XIV,120,127(1899)(var.FULVA) - Var.FUL-
VUM et var.FLAVUM Asch.u.Graeb.Syn.III,p.617. - Var.CITRINA
Hergt,Mitth.Th.BV.N.F.(1899). - Fleurs à périanthe couleur ci-
tron ou lavé de rouille et jaune. - Valais,Tyrol,Allemagne.
  Var.VIRIDIFLORUM M.Schulze,op.cit.X,p.67(1897). - Divisions
du périanthe d'un jaune verdâtre. - Allemagne.
  Var.ALBUM Pfitz.Pfl.reich.Orch.Pleon.p.37(1903). - Fleurs
entièrement blanches. - Bohême,Suisse.

  V.v. - Mai,juin. - Pentes arides ou peu ombragées. - Scandinavie;Angleterre;France:est,H.-Marne,Côte d'Or,Jura,Alpes,Pyré-
nées;Suisse;Tyrol,Autriche-Hongrie;Piémont;Grèce;Allemagne;Rus-
sie méridionale;Tauride;Caucase;Sibérie;Chine;etc.

2. - C.GUTTATUM.

C.GUTTATUM Swartz in Act.holm.p.251; Willd.Spec.IV,1,p.145;
Reichb.f.Icon.XIII,p.166; Lindl.Gen.and spec.p.529; Pallas,It.
II,p.124;III,p.246,316,320; Severs ap.Pall.N.Beitr.VII,p.153;
Georgi,Beschr.d.Russ.III,5,p.1274; Mart.Fl.mosq.p.158; Chamis.
in Linn.II,p.34; Ledeb.Fl.alt.IV,p.174; Fl.ross.IV,p.86; Claus.
Ind.des.in Göbel,It.II,p.309; Pfitz.Pflanz.reich.Orch.-Pleon.p.
32; Asch.u.Graeb.Syn.III,p.616; Turcz.Cat.Baik.n°1115; C.A.Mey.
Beitr.Fl.Russ.R.V.n°71; Rouy,Illustr.p.74,t.XXIII; Richter,Pl.
.eur.1,p.261; Finet,Orch.Japon in Bull.Soc.bot.Fr.(1900)p.285;
Orch.Asie orient.in Rev.gén.bot.XIII,p.500. - C.CALCEOLUS VA-
RIEGATUM Falk.Beitr.II,t.17(1786). - C.CALCEOLUS d.L.Spec. 951;
et ed.Richter,Codex 6875 d. - C.ORIENTALE Spreng.Syst.veg.III,
p.746(1826); Fl.Serres,t.573. - C.VARIEGATUM Georgi,It.1,p.232
(1775); It.II,p.719; Beschr.d.Russ.R.III,V,p.1274. - Calceolus
foliis ovatis binis caulinis Gmel.Sib.1,p.5. - Calceolus minor
flore vario Amman,Ruth.p.133,n°177,t.22.

Icon. - Amman,l.c.t.22; Reichb.Pl.crit.CCX; Reichb.f.Icon.
XIII,t.143,CCCXCV; Bot.Mag.t.7746; Finet,l.c.pl.12,f.26,27;
Rouy,Illustr.pl.Eur.t.CCXXIII.

Exsicc. - Karo,Pl.Amur.et Zeaensae,n°424; Pl.Dahuricae,n°105;
Dörfler,Herb.norm.n°3194.

Tige de 15-30 centim.de hauteur,sinueuse.Plante entièrement
pubescente.Feuilles 2,elliptiques ou ovales-elliptiques,apicu-
lées,ciliées,subopposées et souvent masquant la tige relativement courte.Bractée oblongue,acuminée,plus longue que l'ovaire.
Fleur ordinairement unique,terminale,penchée.Division supérieure du périanthe très large ou suborbiculaire-elliptique,acumi-
née;division inférieure plus petite que le labelle,bidentée;di-
visions internes latérales plus courtes que le labelle,obtuses
ou un peu acuminées.Labelle étroit à la base,subitement dilaté,
vésiculeux,à bords de l'orifice peu ou non infléchis.Fleurs
blanches plus ou moins marquées de macules pourprées,à bords
des lobes un peu glanduleux,noircissant ordinairement par la
dessication.Staminode sessile,cordiforme,allongé,échancré au
sommet,2-nervé en dessous;bords du limbe dressés et munis de
5-6 crêtes parallèles,longitudinales,un peu ondulées sur chaque
face,partant du sommet et atteignant les 2/3 de la longueur,in-
clinées vers l'intérieur du limbe et se recouvrant partielle-
ment.Anthères introrses,basifixes,attachées sur la marge latérale du filet;appendice du filet dressé,courbé en faux vers le
haut,épaissi sur le côté convexe,aigu,de même longueur que
l'anthère.Stigmate irrégulièrement rhomboïdal,peu concave.Ovai-
re glanduleux. - Odeur rappelant celle de la Pyrole.
MORPHOLOGIE INTERNE.
L'échantillon d'herbier que nous avons étudié avait été séché
au fer.
RACINE. Assise pilifère subérisée.Cellules corticales à parois ponctuées.Endoderme à parois non ou peu épaissies.Péricy-
cle non lignifié.Liber très réduit.Vaisseaux atteignant 40-45µ
de grand axe.

RHIZOME. Epiderme remplacé par du liège.Cellules du liège allongées.Ecorce développée,formée de cellules à parois épaisses et ponctuées.Faisceaux libéro-ligneux très rapprochés,à bois entourant le liber. - TIGE. Epiderme muni de poils 3-4-cellul., atteignant 250-350μ de long env.,à cellule terminale un peu arrondie et sécrétrice.Côtes formées par un développement plus grand du sclérenchyme vis-à-vis des faisceaux libéro-ligneux. Anneau lignifié touchant à l'épiderme,formé de 3-7 assises à parois peu épaisses.Faisceaux libéro-ligneux paraissant situés assez extérieurement,n'occupant pas la partie int.de la tige. Parenchyme int.formé de cellules à parois très minces.

FEUILLE. Epiderme sup.formé de cellules à parois ondulées,muni de quelques stomates.Epiderme inf.à parois plus ou moins ondulées,pourvu de poils tecteurs atténués à l'extrémité,pluricellulaires et à stomates assez nombreux.Bord du limbe muni de poils.Faisceaux des nervures munis de fibres à parois peu épaisses.

La var.b.LATIFOLIUM Rouy est simplement constituée par des individus grands et robustes.

V.s. - Juin,juillet. - Russie moyenne;Sibérie,Asie boréale, Chine,Japon.

3. - C.MACRANTHOS.

C.MACRANTHOS Swartz in Act.holm.(1800)p.251; Orchid.släg.art. Kongl.Vet.A.n.Hand.XXI; Willd.Spec.IV,p.145,n°8; Sprengel(MACRANTHON)Syst.III,p.745; Hook.Bot.Mag.t.2938; Lindl.Bot.Reg.t. 1534; Gen.and spec.p.528; Ledeb.Fl.alt.IV,p.174; Fl.ross.1,p. 87; Spach,Hist.nat.XII,p.194; Reichb.f.Icon.XIII,p.169; Fl.exot. 11; Dietr.Syn.V,p.189; Hook.Fl.Brit.Ind.IV,170; Chamis.in Linn. XIII,p.34; Lessing in Linn.IX,p.154,158; Turcz.Catal.Baïk.n° 1114; W.Barbey,CYPR.CALC.✕ MACRANTH.p.5; Finet,Orch.Japon in Bull.Soc.bot.Fr.(1900)p.285; Orch.Asie orient.in Rev.gén.bot. XIII,p.502;p.p.; Richter,Pl.eur.p.251. (1). - Calceolus petalis nectario aequalibus aut minoribus Gmel.Sib.1,p.2,t.1,fig. - Calceolus purpureus speciosus Amman,Ruth.p.132,n.176,t.21.

Icon. - Fl.Serres,t.1118; Illustr.hort.VII,358,t.61; Gartenfl. 1868,t.409; Trans.Russ.hort.Soc.(1863)t.135; Orchidoph.(1887)t. 751; Gmelin,Sibir.1,p.2,t.1,f.g;Barbey,l.c.f.7,8,9; Finet,l.c. p.12,f.83; Reichb.Exot.t.XVI; Reichb.f.Icon.XIII,t.498; Rouy, Illustr.pl.Eur.t.CCXXII; Ic.n.pl.32.f.1111-1113.

Souche horizontale.Tige de 20-30 centim.,munie de plusieurs feuilles.Feuilles largement elliptiques,aiguës,plissées,toutes amplexicaules,ciliolées.Divisions externes du périanthe inégales,la supérieure dorsale largement elliptique-aiguë,l'inférieure plus petite,bidentée;divisions internes oblongues ou

(1) Par abréviation nous avons donné à la suite les uns des autres ces différents auteurs,les uns ayant cependant admis les graphies MACRANTHUM ou MACRANTHON.

subovales-lancéolées,acuminées,plus longues que le labelle.La-
belle très grand,renflé-vésiculeux,à bords infléchis et à orifice arrondi-elliptique.Toutes les divisions munies de quelques
poils à leur base.Fleurs ordinairement une,rarement deux,gran-
des,8-10 centim.env.de diamètre,d'un rouge vineux.Gynostème
court.Staminode acuminé,cordé à la base,sessile,un peu enroulé
en dessus,dépourvu de lames ou de carènes longitudinales.Ovaire
glabre ou pubescent.

MORPHOLOGIE INTERNE.

Nous avons pu étudier un échantillon vivant cultivé par M.
Bergon.

RACINE. Poils absorbants nombreux.Assise pilifère fortement
subérisée.Assise subéreuse formée de cellules subérisées sur
toutes leurs faces ou seulement extérieurement et latéralement
(pl.1,f.12).Cellules corticales à parois ponctuées.Cellules endodermiques à parois épaissies sur toutes leurs faces et parfois lignifiées vis-à-vis des pôles libériens,à parois minces
et à cadres latéraux subérisés vis-à-vis des pôles ligneux.Pé-
ricycle non ou à peine épaissi,peu lignifié.Vaisseaux atteignant 30-50μ de diam.environ.

TIGE. Poils tecteurs 3-4-cellul.,atteignant 200-500μ de long,
à cellule terminale plus ou moins atténuée.5-8 assises de parenchyme chlorophyllien entre l'épiderme et l'anneau lignifié.
Anneau lignifié peu développé,à parois peu épaisses.Faisceaux
libéro-ligneux les ext.à peu près disposés en cercle,les int.
disséminés.Parenchyme ligneux non lignifié entre les vaisseaux.
Parenchyme int.non résorbé.

FEUILLE. Ep.=180-230μ.Epiderme sup.à parois latérales parallèles aux nervures peu ondulées,à parois perpendiculaires à la
direction des nervures à peu près rectilignes,haut de 20-30μ,à
paroi ext.épaisse de 2-4μ et bombée,muni de stomates assez nombreux et surtout sur les nervures pourvu de poils tecteurs 2-3-
cellul.,robustes et légèrement inclinés (pl.4,f.95).Epiderme
inf.vu à plat à parois parallèles aux nervures formant des zigzags,haut de 20-30μ,à paroi ext.épaisse de 2-4μ et bombée,muni
d'abondants stomates et,à peu près exclusivement sur les nervures,de poils pluricellulaires nombreux.Bord du limbe portant
des poils.Mésophylle comprenant 4-7 assises de cellules assez
grandes et des cellules à raphides abondantes et se touchant
parfois.NERVURES principales à section concave-convexe,les autres à section légèrement biconvexe ou plane.Nervures à collenchyme manquant ou à parois très minces.Faisceau entouré d'une
gaîne ou de 2 arcs sclérifiés,fibres à parois un peu plus épaisses à la partie inf.qu'à la partie sup.

FLEUR. - PERIANTHE. DIVISIONS EXTERNES. Epidermes ext.et int.
à peu près dépourvus de poils. - DIVISIONS LATERALES INTERNES.
Epiderme int.muni de poils nombreux surtout à la base de ces
pièces du périanthe,pluricellulaires,coudés,gros,atteignant
100-140μ de diam.à la base,et 650-1000μ de long,à cellule terminale atténuée. - LABELLE. Epiderme int.portant de très nombreux poils pluricellulaires,atteignant 1300-1800μ de long,plus
ou moins coudés,atténués à l'extrémité.Epiderme ext.glabre. -
GYNOSTEME. (Pl.9,f.244.)Section transversale du gynostème mon-
trant:les 2 faisceaux des étamines fertiles,le faisceau du sta-

minode,les 2 faisceaux des stigmates sup.et le faisceau plus ou
moins divisé en deux du stigmate inf.Ces faisceaux stigmatiques
tendent beaucoup à se diviser dans la partie sup.du gynostème,
les vaisseaux peu abondants sont épars dans le parenchyme. -
ANTHÈRE. Cellules fibreuses extrêmement abondantes. - POLLEN.
Grains s'isolant les uns des autres,plus ou moins allongés.L=
24-30 μ env. - OVAIRE. (Pl.10,f.302.)Nervure des valves placentifères saillante à l'extérieur,contenant:un faisceau libéro-
ligneux ext.à bois int.,2 faisceaux libéro-ligneux à bois dirigé vers la partie int.du placenta,2-3 faisceaux libériens situés à l'intérieur du placenta.Placenta peu divisé.Valves non
placentifères proéminentes ,peu développées,contenant ordinairement 2-3 faisceaux libéro-ligneux,l'ext.ou parfois les ext.à
bois int.,le ou les autres à bois dirigé vers la partie int.
des valves.

V.v. - Juin,juillet. - Russie,Sibérie,Chine,Japon.

Var.VENTRICOSUM Reichb.f.Icon.XIII,p.169,t.CCCCXCVII; Kraenz.
Gen.et spec.p.26. - Var.VENTRICOSA Carrière in Rev.hort.(1877)
p.310. - C.VENTRICOSUM Swartz in Act.holm.(1800)p.251; Willd.
Spec.IV,p.145; Wienm.in Bull.Soc.N.Mosc.(1850)n°11,p.555; Ledeb.
Fl.ross.p.88; Hook.Fl.Brit.Ind.VI,p.170; Lindl.Gen.and spec.p.
528; Richter,Pl.eur.p.261. - Calceolus d.petalis nectario longioribus Gmel.Sib.1,p.3,t.1,f.d. - Icon. - Gmel.1,c.; Morre,
Orchid.plants pl.V. - Fleur une,rarement deux,grandes,d'un
pourpre vineux.Divisions externes du périanthe inégales;la supérieure dorsale elliptique-acuminée,l'inférieure un peu plus
courte,bidentée;divisions internes oblongues ou subovales-lancéolées,acuminées,plus courtes que le labelle.Staminode concave,
cordé,sagitté.Diffère du type par les divisions du périanthe
plus courtes et plus larges,la division dorsale plus étroite. -
Russie moyenne,Sibérie,Oural,Baïkal,etc.

HYBRIDE INTERGENERIQUE.
C.CALCEOLUS + MACRANTHOS.

xC.BARBEYI Nobis. - C.CALCEOLUSx MACRANTHOS W.Barbey,Lausanne,
juin(1891),cum icone.(Chaffanjon,n°1499 in Herb.Muséum,Paris;
collines de Kingham,échantillon biflore.)

Tige uniflore,rarement biflore.Feuilles elliptiques-ovales,
aiguës,amplexicaules.Divisions externes du périanthe oblongues-
acuminées,aiguës,presque égales,rougeâtres;la supérieure dressée,acuminée,jaunâtre à la base;l'inférieure bidentée;divisions
externes oblongues-linéaires,arquées-tordues,d'un rouge vineux,
jaunâtres à la base.Labelle d'un rouge vineux,dépassé par les
lobes du périanthe.

Né spontanément dans les cultures de M.W.Barbey à Valleyres,
Suisse;à rechercher dans l'Europe septentrionale.

BIBLIOGRAPHIE

En raison du très grand développement que donneraient les indications de la bibliographie concernant la morphologie externe, nous n'avons pas cru nécessaire d'en donner un résumé.Nous prions nos lecteurs de consulter les nombreuses citations qui se trouvent dans le cours du texte.

MORPHOLOGIE INTERNE,
PHYSIOLOGIE ET BIOLOGIE.

AMICI,Ueber die Befruchtung der Orchideen(Bot.Zeit.,1847,p.364-370 et 381-386).
BARY(DE),Vergleichende Anatomie der Vegetat.d.Phan.u.Farne,1877, passim.
BEER,Beiträge zur Morph.u.Biologie d.Famil.der Orchideen,Wien, 1863.
BERNARD(N.),Sur quelques germinat.difficiles(Rev.gén.bot.1900, p.108). - Et.sur la tubérisation(Th.Fac.Sc.Paris,1901 et Rev. gén.bot.,1902). - La germination des Orchidées(C.R.Ac.Sc., 1903). - Le champign.endophyte des Orchidées(C.R.Ac.Sc.,1904, p.828). - Recherch.expérimentales sur les Orchidées(Rev.gén. bot.,1904).
BONNIER et LECLERC DU SABLON,Cours de botanique,t.I,f.IV,p.1, 1904,p.1200,   passim.
BRONGNIART,Obs.sur la fécondat.des Orchidées et des Cistinées (An.Sc.nat.,Bot.,s.1,t.XXIV,1831,p.113).
BROWN,Obs.on fecundat.in ORCHIDACEAE and ASCLEPIADEAE(Trans.of Linn.Soc.,1827). - On the sexual Organs and impr.in Orchid. and Asclepiad.,Lond.,1831.
CAPUS,Anatomie du tissu conducteur(An.Sc.nat.,Bot.,s.6,t.VII, 1878,passim).
CHATIN,De l'anthère,1870,p.25. - Sur la présence de la chlorophylle dans le LIMODORUM(Rev.Sc.Nat.,III,1874,p.236-240).
CHODAT,Le noyau cellul.dans quelques cas de parasitisme ou de symbiose cellulaire(Actes congr.internat.bot.Paris,1900,p.23).- CHODAT et LENDNER,Sur les mycorhizes du LISTERA CORDATA(Bull. Herb.Boiss.,t.IV,1896,p.265 et Rev.mycol.,XX,1898).
COEMANS,Obs.de quelques faits pour servir à l'hist.de la fécond. chez les Orchidées(C.R.Soc.Roy.bot.Belg.,1884).
DANGEARD et ARMAND,Obs.de biologie cellulaire(Rev.mycologique, 1898).
DARWIN,On the various contrivances by which british and foreign. Orchids are fertilized by insects,Lond.1862. - Notes on the fertilizat.of Orchids(Annals and Magaz . of nat.history,1869, et trad.Rerolle,1870).
DELPINO,Fecondazione nelli piante,Firenze,1867.
DRUDE,Die Biologie von MONOTROPA HYPOPITYS u.NEOTTIA NIDUS-AVIS, Göttingen,1873.
DUMEE,Note sur le sac embryonnaire des Orchidées(Bull.Soc.bot. Fr.,1899,p.XXX).
EICHLER,Blüthendiagramme,1,1875,p.180.
FABER,Vergleichende Anatomie der CYPRIPEDILINAE,Inaug.-Dissert., Stuttg.,1904.

FABRE,De la germination des Ophrydées et de la nature de leur bulbe et Recherches sur les tuberc.de l'HIMANTOGLOSSUM HIRCI-NUM(An.Sc.nat.,Bot.,s.4,t.III,1855).

FALKENBERG,Vergleichende Anatomie üb.d.Bau der Vegetationsorg. d.Monokotyledonen,Stuttgard,1873,p.81.

FRANCK,Zur Kenntniss der Pflanzenschleime(Erdemann,Journ.f. prakt. Chemie,1865,B.95,p.479). - Ueber anatomische Bedeutung und die Entstehung der vegetalischen Schleime(Pringsh. Jahrb.,t.V,p.161-200).

FRANK,Ueber neue Mycorhiza-Formen(Berichte der deutschen bot. Gesellsch.,B.V,Heft 8,1887).

GALLAUD,De la place systématique des endophytes d'Orchidées(C. R.Ac.Sc. 1904). - Sur la nature des champignons des mycorhizes endotropes(C.R.Soc.biol.,LVI,1904). - Etude sur les mycorhizes endotropes(Rev.gén.bot.,1905,p.80).

GERARD,La fleur et le diagramme des Orchidées,Th.Ec.Ph.Paris, 1879. - Sur l'homologie et le diagramme des Orchidées(An.Sc. nat.,Bot.,1879,p.213).

GERMAIN DE S.PIERRE,Sur le mode de végétation du CORALLORHIZA INNATA(Bull.Soc.bot.Fr.,1857,p.766).

GILLOT,Contrib.à l'étude des Orchidées(Bull.Ass.fr.bot.,1898).

GOEBEL,Morphologische und biologische Bemerkungen.Zur Biologie der Malaxideen(Flora,1901,p.94).

GRIFFON,L'assimilat.chlorophyll.chez les Orchid.terrestres et en particulier chez le LIMODORUM ABORTIVUM(C.R.Ac.Sc.,1898,p. 973).

GUEGUEN,Sur le tissu collecteur et conducteur des Phanérogames (Journ.de bot.,1900,p.144). - Anatomie du style et du stigmate des Phanérogames(Journ.de bot.,1901,p.296).

GUIGNARD,Rech.sur le développem.de l'anthère et du pollen chez les Orchidées(An.Sc.nat.,Bot.,s.6,t.XIV,1883,p.26-46). - Sur la pollinisation et ses effets chez les Orchidées(An.Sc.nat., Bot.,s.7,t.IV,1886,p.202). - Quelques faits relatifs à l'histoire de l'émulsine,existence générale de ce ferment chez les Orchidées(C.R.Ac.Sc.,1905,p.638).

GUILLARD,Note sur les deux termes,tige et racine et leur signification anatomique(Bull.Soc.bot.Fr.,1869,p.425). - Anat.de la tige des Monocotylédones(An.Sc.nat.,Bot.,s.6,t.V,1878,p.44).

HENSLOW,Vascular syst.of floral organs(Journ.of the Linn.Soc., 1890-91,p.193).

HILDEBRAND,Die Befrucht.der Orchid.(Bot.Zeit.,1863,p.329-333, 337-345). - Bastardirungsversuche an Orchideen(Bot.Zeit.,1865, p.245-249).

HOFMEISTER,Die Entstehung d.Embryo der Phanerogamen,1849. - Neue Beiträge zur Kenntniss der Embryobildung der Phanerogamen(Abhandl.d.mathem.-phys.Clas.d.Koen.Saechs.Gesellsch.d. Wiss.VI,1859,p.535).

HOOKER,On the functions and struct.of the rostellum of LISTERA OVATA(Philosoph.Transact.,1854,p.259-263;trad.in An.Sc.nat., Bot.s.4,III,1855,p.85-90).

HOROWITZ,Ueber den anatomisch.Bau und das Aufspringen der Or-
chideenfruchte(Beihefte zum Bot.Centr.XI,1902).
IRMISCH,Beschreibung d.Rhizoms von STURMIA LOESELII(Bot.Zeit.,
1847,p.137). - Knollen und Zwiebelgewächse(Bot.Zeit.,1847,p.
156). - Beiträge zur Biologie und Morphologie d.Orchideen,
1853,Leipzig. - Einige Beobacht.an einheimischen Orchideen
(Flora,1854,p.513). - Bemerkungen über MALAXIS PALUDOSA(Flora,
1854,p.625). - Ein kleiner Beitrag zur Naturgeschichte der
MICROSTYLIS MONOPHYLLA(Flora,1863,p.1-8).
KLINGE,DACTYLORCHIDIS et Zwei neue bigenere Orchideen-Bastarte
(Acta Horti Petropolitani,XVII,1898 et 1899).
KOHL,Untersuchungen uber die Raphidenzellen(Bot.Centr.,LXXIX,
1899,p.273).
KRUGER,Die oberirdischen Vegetationsorg.der Orchideen in ihren
Beziehungen zu Klima(Flora,1883).
KURR,Bedeutung der Nektarien,1883.
LECLERC DU SABLON,Sur les tubercules d'Orchidées(C.R.Ac.Sc.,
1897,p.134).
LECOMTE,Et.du liber des Angiospermes(An.Sc.nat.,Bot.,s.7,t.X,
1889).
LINDT,Ueber die Umbildung der braunen Farbstoffkoerper in NEOT-
TIA NIDUS-AVIS zu Chlorophyll.(Bot.Zeit.1885,p.52).
LINK,Bemerk.ub.den Bau der Orchideen(Bot.Zeit.,1849,p.745 et
Abhandl.der Ak.d.Wiss.,t.XXXVI,1849-51,p.103).
MAGNUS,Studien an der endotrop.Mykorrhiza von NEOTTIA NIDUS-
AVIS(Pringsh.Jahrb.,XXXV,1900,p.205-272).
MANGIN,Origine et insertion des racines adventives(An.Sc.nat.,
Bot.,s.VI,t.XIV,1882,p.216). - Sur la membrane du grain de
pollen mûr(Bull.Soc.bot.Fr.,1889,p.281). - Sur un essai de
classification des mucilages(Bull.Soc.bot.Fr.,1894,p.XLIII).
MAURY,Observ.sur la pollinisation des Orchidées indigènes(C.R.
Ac.Sc.,1886,p.357).
MEYER,Ueber der Knollen der einheimisch.Orchideen(Archiv.der
Pharm.2 Bd,1886).
MOGGRIDGE TRAHERNE,Obs.on some Orchids of the south of France
(Journ.of the Linn.Soc.,VIII,1865).
MOEBIUS,Untersuchungen über die Stammanatomie einiger einhei-
misch.Orchideen(Berichte d.deutschen bot.Gesellsch.,IV,1886,
p.284). - Ueber den anatomischen Bau der Orchideenblätter
(Pringsh.Jahrb.,XVIII,1887,p.530).
MOHL,Beiträge zur Anatomie und Phys.der Gewächse,Berne,1834.
MOLLBERG,Untersuch.ub.d.Pilze in d.Wurzeln d.Orchideen(Jena
Zeitschr.,XVII,1884).
MONTEVERDE,Recherches embryolog.sur l'ORCHIS MACULATA,1880.
MOROT,Note sur les prétendus faisceaux collatéraux de certaines
racines et Obs.sur le tubercule des Ophrydées(Bull.Soc.bot.,
Fr.,1882,p.115 et 131).
MULLER,Beobacht.an westfalischen Orchideen(Verhandl.d.Naturhist.
Ver.der preuss.Rheinl.u.West.1868).
NOACK,Ueber Schleimranken in den Wurzelintercellularen einiger
Orchideen(Berichte d.deutschen bot.Gesellsch.,X,1892,p.645).
OESTERBERG,Beiträge z.Kenntniss der Anatomie und d.Bundelver-
laufs in Pericarpium der Orchideen(Meddel.frå. Stockholms Ho-
gok.in Oefvers of kongl.Vetensk.Akad.Forhandl.1893,p.16).

PFITZER,Beob.ub.Bau und Entwick.der Orchid.15 Zur Embryoentwick.
   und Keimung der Orchid.,1877. - Zur Kenntniss der Bestaubung-
   seinrichtungen der Orchid.(Verhandl.d.naturhist.Ver.
   zu Heidelberg,1879,p.220-222). - Untersuchungen über Bau und
   Entwicklung der Orchideenblüthe(Pringsh.Jahrb.,XIX,1888,p.
   155). - In Engler u.Prantl,Pflanzenfamilien,II,1889,p.74.
PRILLIEUX,De la struct.anatomique et du mode de végétat.du
   NEOTTIA NIDUS-AVIS(An.Sc.nat.,Bot.,1856). - Obs.à la communication de M.Germ.de S.Pierre(Bull.Soc.bot.Fr.,1857,p.768). -
   Obs.sur la déhiscence du fruit des Orchidées(Bull.Soc.bot.
   Fr.,1857,p.803). - Obs.sur la structure de l'embryon et le
   mode de germinat.de quelques Orchidées(Bull.Soc.bot.Fr.,1861,
   p.19). - Et.sur la nature,l'organisation et la struct.du bul-
   be des Ophrydées(An.Sc.nat.,Bot.,s.5,t.IV,1865,p.265 et Bull.
   Soc.bot.Fr.,1866,p.71). - Aperçu gén.de l'organisat.des raci-
   nes des Orchidées(Bull.Soc.bot.Fr.,1866,p.257).- Sur la colo-
   ration et le verdissement du NEOTTIA NIDUS-AVIS(Bull.Soc.bot.
   Fr.,1873,p.182 et C.R.Ac.Sc.,1873,p.1530).-PRILLIEUX et RI-
   VIERE,Et.sur la germinat.d'une Orchid.(Bull.Soc.bot.Fr.,1856,
   p.28).
REICHENBACH,De pollinis Orchidearum,Lips.,1852.
REINKE,Ueber einige biologische Verhalt.von CORALLORHIZA(Verh.
   d.naturhist.Ver.d.preuss.Rheinl.u.West.,1873,p.56). - Zur
   Kenntniss d.Rhiz.von CORALLORHIZA u.EPIPOG.(Flora,1873).
ROHRBACH,Ueber den Bluthenbau und die Befruchtung von EPIPOG.
   GMELINI,Goettingue,1866.
RUTHERFORD,Notes on the fertilization of Orchids(Edinburg new
   philosophical Journal,1864,p.69-74). - Notes on the fertili-
   zation of Orchids(Trans.of the bot.Society,1865,p.15-19,Edim.
SAINT-LAGER,Act.adjuv.des Champign.filament.sur la germ.des
   graines d'Orchidées(An.Soc.bot.Lyon,XXVII,1902).
SCHACHT,Beiträge zur Anat.u.Physiol.der Gewaechse,1854,p.120.
   Entwickelungsgesch.d.Pflanzenembryon,p.60. - Sur l'origine de
   l'embry.végétal(Ann.Sc.nat.,Bot.,s.4,t.III,1855,p.204).
STAHL,Der Sinn der Mykorhizenbildung(Prings.Jahrb.,34 Bd,1900,
   p.535).
STEINBREINK,Untersuchungen über die anatomischen Ursachen des
   Aufspringens der Frucht(Inaug.-Dissert.Bonn,1873).
STRASBURGER,Ueber Befrucht.und Zellth.(Jen.Zeitschr.fur Med.u.-
   Nat.1877,p.461).
TRECUL,Obs.sur la structure des feuilles des Orchid.(Bull.Soc.
   bot.Fr.,1855,p.455).
TREUB,Embryogénie de quelques Orchidées(Mém.Ac.roy.néerl.des
   Sc.1878).
TREVIRANUS,Nachtraogl.Bemerkungen über die Befruchtung einiger
   Orchideen(Bot.Zeit.,1863,p.241-243).
VAN TIEGHEM,Symétrie de structure des plantes(An.Sc.nat.,Bot.
   s.5,t.XIII,1870-71,p.146). - Obs.à la communicat.de M.Pril-
   lieux(Bull.Soc.bot.Fr.,1879,p.281). - Traité de bot.1884,1891,
   1898,passim.- VAN TIEGHEM ET DOULIOT,Rech.comparat.sur l'origine des membres endogènes dans les pl.vasculaires,1889,p.
   333 et 520.
VESQUE,Développem.du sac embryonn.(An.Sc.nat.,Bot.,s.6,t.V,1878,
   p.269-271).

WAHRLICH,Beiträge zur Kenntniss der Orchid.Wurzelpilze(Bot.
   Zeit.,1886).
WARD(MARSHALL),Embryology of GYMNADENIA CONOPEA(Report of the
   British Assoc.for the advancem.of Sc.,1879,p.375).
WARMING,De l'ovule(An.Sc.nat.,Bot.,s.6,t.V,1878;passim).
WIESNER,Vorlaufige Mittheilung über das Auftreten von Chloro-
   phylle in einigen für chlorophyll.gehalten Pflanzen(Bot.Zeit.,
   1871).
WOLF,Beiträge zur Entwickelungsgeschichte der Orchideen-Blüthe
   (Pringsh.Jahrb.,IV,1865,p.261-302).

ADDENDA et CORRIGENDA

Page 5,à la liste des botanistes que nous remercions vivement
et à qui nous sommes redevables de documents importants,nous
devons ajouter:M.le professeur Arcangeli de Pise,qui nous a envoyé vivant l'ORCHIS PAUCIFLORA et M.Ougrinski,le distingué bi-
bliothécaire de l'Université de Kharkoff,qui nous a envoyé vivants l'ORCHIS PARVIFOLIA Chav =O.CORIOPHORA+LAXIFLORA et une
forme nouvelle O.REINHARDII ayant la même ancestralité.

Page 44,lire Arcangeli au lieu d'Archangeli.

Page 48,ligne 3 en remontant,lire observées au lieu d'observés.

Page 63,après O.PAPILIONACEUS rectifier l'omission et ajouter
+SERAPIAS CORDIGERA.

Page 69,après ORCHISERAPIAS NOULETII ajouter l'observation
suivante:Dans notre Monographie des Orchidées de France nous a-
vons proposé(in J.bot.1892,p.31)le nom de S.ROUYANA=ORCHISERA-
PIAS ROUYANA à l'hybride issu du croisement du S.NEGLECTA et de
l'O.PAPILIONACEA.Cette plante ligurienne est très rare et nous
n'avons pu l'observer vivante.

Page 156,à la synonymie de l'O.QUADRIPUNCTATA ajouter O.TRI-
CHOCERA Brong.Exp.Morée,t.XXXII.

Page 164,à la synonymie de l'O.IBERICA ajouter GYMNADENIA AN-
GUSTIFOLIA Spreng.ap.Link Hndb.1,p.242(1829).

Page 221,O.DECIPIENS Camus à rempla.. .r par O.PROPINQUUS.

Page 230,ligne 6 ajouter:Russie,environs de Kharkoff,près du
fleuve d'Udy(Ougrinski)

Page 263.Au cours de la rédaction de notre ouvrage nous
avions admis le nom d'O.ARACHNITES,nous nous sommes ensuite
rattaché à l'opinion de Reichenbach reprenant le nom d'O.FUCI-
FLORA imposé par Haller.Nous prions le lecteur de remplacer
comme il suit les indications concernant les variétés:p.265,
var.ALBESCENS(Bréb.);p.266,var.ATTICA(Boiss.et Orphan.);p.266,
var.LATISSIMA(Mutel).

Page 282,au lieu d'O.ARANIFERA Buban.lire A.(ARACHNITES)ARA-
NIFERA Buban.

Page 288 ajouter aux formes de l'O.ARACHNITIFORMIS la monstruosité signalée p.21,à laquelle nous croyons devoir donner le
nom de f.TRIANDRA en raison de ses 3 étamines fertiles.L'un de

nous a fait sur cette plante une communication au Congrès de la Société Nationale d'Horticulture(1908).

Page 313,au lieu de H.DENSIFLORUM lire H.DENSIFLORA.

Page 373,à la synonymie du L.LOESELII ajouter CYMBIDIUM LOE-SELII Sw.in N.Act.Ups.p.76(1799).

Page 376,ligne 4 en remontant,au lieu de CYATHEREA lire CY-THEREA.

Page 434,ligne 1,après var.GIBBOSA ajouter Boissier.

PLAN DE L'OUVRAGE

TABLE ALPHABETIQUE

DES TRIBUS,GENRES,ESPÈCES,VARIÉTÉS PRINCIPALES ET HYBRIDES.

Paris,30 octobre 1908.

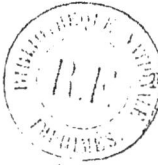

EXPLICATION DES PLANCHES

MORPHOLOGIE INTERNE

Lettres s'appliquant à toutes les figures.
A,amidon. - Af,assise fibreuse. - Ap,assise pilifère. - As,
assise subéreuse. - B,vaisseau du bois. - C,collenchyme. - Ca,
canal aérifère. - Cs,canal stylaire. - Ec,écorce. - End,endo-
derme. - Ep,épiderme. - Ee ép.externe. - Ei,ép.inférieur. - Es,
ép.supérieur. - Et,ép.interne. - L,liber. - P,faisceau placentaire. - R,raphides. - S,stomate. - Scl,tissu sclérifié.

Le grossissement des schémas est variable.

PLANCHE I

Gr.250,f.2 seule gr.200.

F.1.-Coupe transversale dans une racine d'ORCHIS OLBIENSIS.
F.2.-Un des cylindres centraux d'un bulbe de COELOGLOSSUM VIRI-
DE.
F.3.-Section transv.dans une racine de LIMODORUM ABORTIVUM.
F.4.-Cellules corticales réticulées et ponctuées d'une racine
de LIPARIS LOESELII.
F.5.-Cellules de l'assise pilifère vues à plat d'une racine de
SPIRANTHES AUTUMNALIS.
F.6.-Coupe transv.de la périphérie d'une racine de S.AUTUMNALIS.
F.7.-Cellule corticale ponctuée d'une racine d'EPIPACTIS MICRO-
PHYLLA.
F.8.-Parties ext.du cylindre cent.et int.de l'écorce d'une ra-
cine de CEPHALANTHERA RUBRA.
F.9.-Parties ext.du cylindre cent.et int.de l'écorce d'une ra-
cine de C.PALLENS.
F.10.-Coupe transv.du cylindre cent.d'une racine d'EPIPACTIS
ATRO-RUBENS.
F.11.-Parties ext.du cylindre cent.et int.de l'écorce d'une ra-
cine de CYPRIPEDIUM CALCEOLUS.
F.12.-Assises pilifère et subéreuse d'une racine de C.MACRAN-
THOS.
Grains d'amidon des bulbes des espèces suivantes:

ORCHIS PAPILIONACEA	f.13.	SERAPIAS OCCULTATA	f.24.
O.RUBRA	f.14.	OPHRYS ARANIFERA	f.25.
O.MORIO	f.15.	O.FUCIFLORA	f.26.
O.LONGICORNU	f.16.	O.SCOLOPAX	f.27.
O.PALUSTRIS	f.17.	O.BOMBYLIFLORA	f.28.
O.FRAGRANS	f.18.	O.LUTEA	f.29.
O.OLBIENSIS	f.19.	O.TENTHREDINIFERA	f.30.
C.MUNBYANA	f.20.	O.APIFERA	f.31;
O.INCARNATA	f.21.	O.MUSCIFERA	f.32.
BARLIA LONGIBRACTEATA	f.22.	O.SPECULUM	f.33.
ACERAS ANTHROPOPHORA	f.23.	NEOTTIA NIDUS-AVIS	f.34.

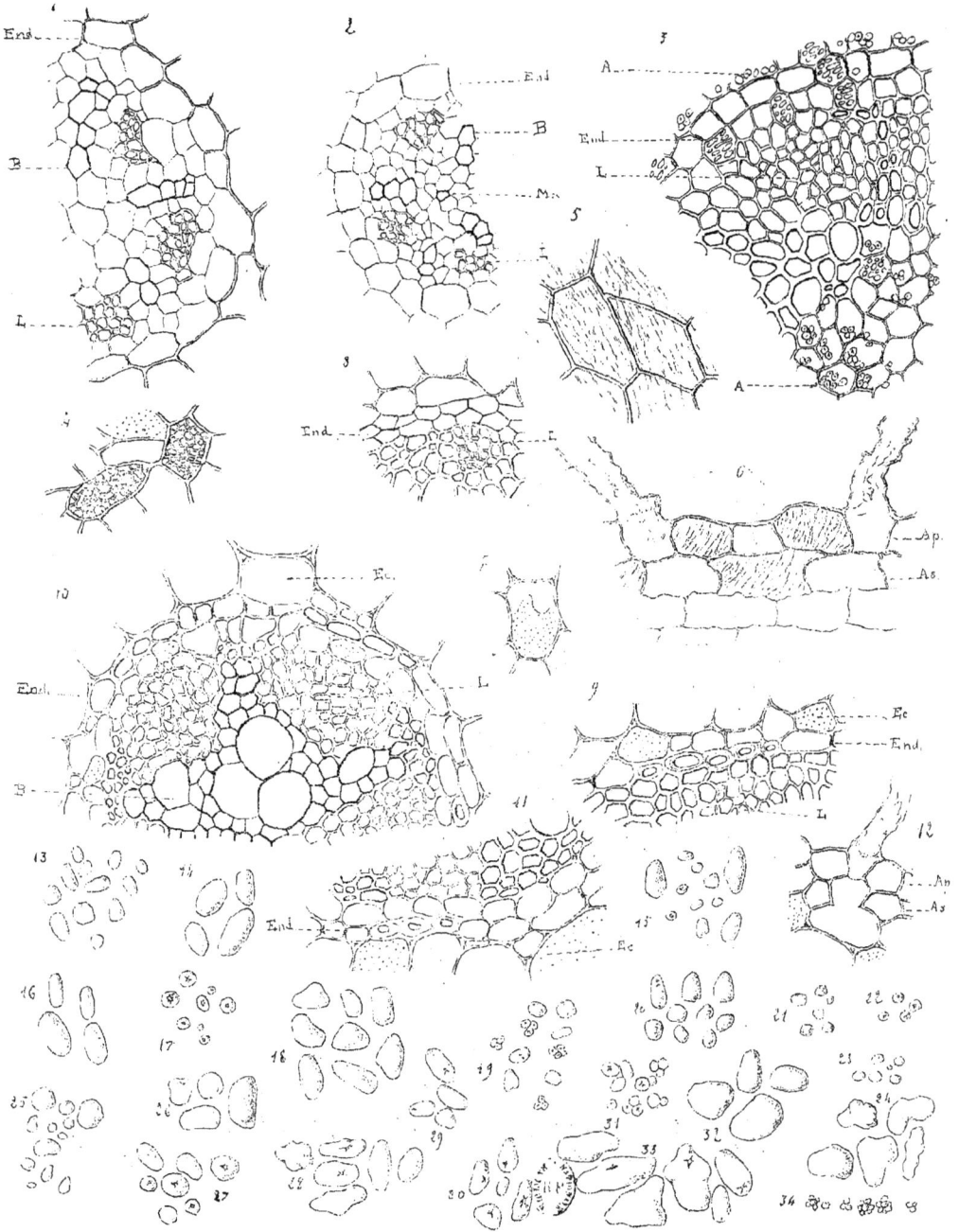

Pl. 1

Gr.250, f.41 seule gr.200.

F.35.-Coupe transversale d'un fragment de tige d'EPIPACTIS PA-
LUSTRIS.

F.36.-Schéma d'une coupe transv.opérée au-dessus des feuilles
principales d'une tige d'ORCHIS(les régions pointillées indiquent les tissus lignifiés touchant aux faisceaux).

F.37.-Schéma d'une coupe transv.opérée au-dessus des feuilles
principales d'une tige d'EPIPACTIS PALUSTRIS(même observation
que pour la fig.précédente).

F.38.-Fragment d'une coupe transv.pratiquée au-dessus des feuilles principales d'une tige d'OPHRYS FUSCA.

Lambeau d'épiderme de la tige des espèces suivantes:
ORCHIS SAMBUCINA   f.39.   SPIRANTHES AESTIVALIS   f.40.

F.41.-Faisceau libéro-ligneux d'une tige de COELOGLOSSUM VIRIDE.

F.42.-Stomate de la tige du NIGRITELLA ANGUSTIFOLIA.

F.43.-Lambeau d'épiderme d'une tige de TRAUNSTEINERA GLOBOSA.

F.44.-Section transv.opérée au-dessus des feuilles principales
dans une tige d'ORCHIS OLBIENSIS.

F.45.-Sphéro-cristaux aiguillés de malophosphate de calcium ob-
servés dans le xylol et provenant de tiges de LIMODORUM ABOR-
TIVUM conservées dans l'alcool.
F.46.-Les mêmes sphéro-cristaux observés dans l'alcool.

Pl. 2

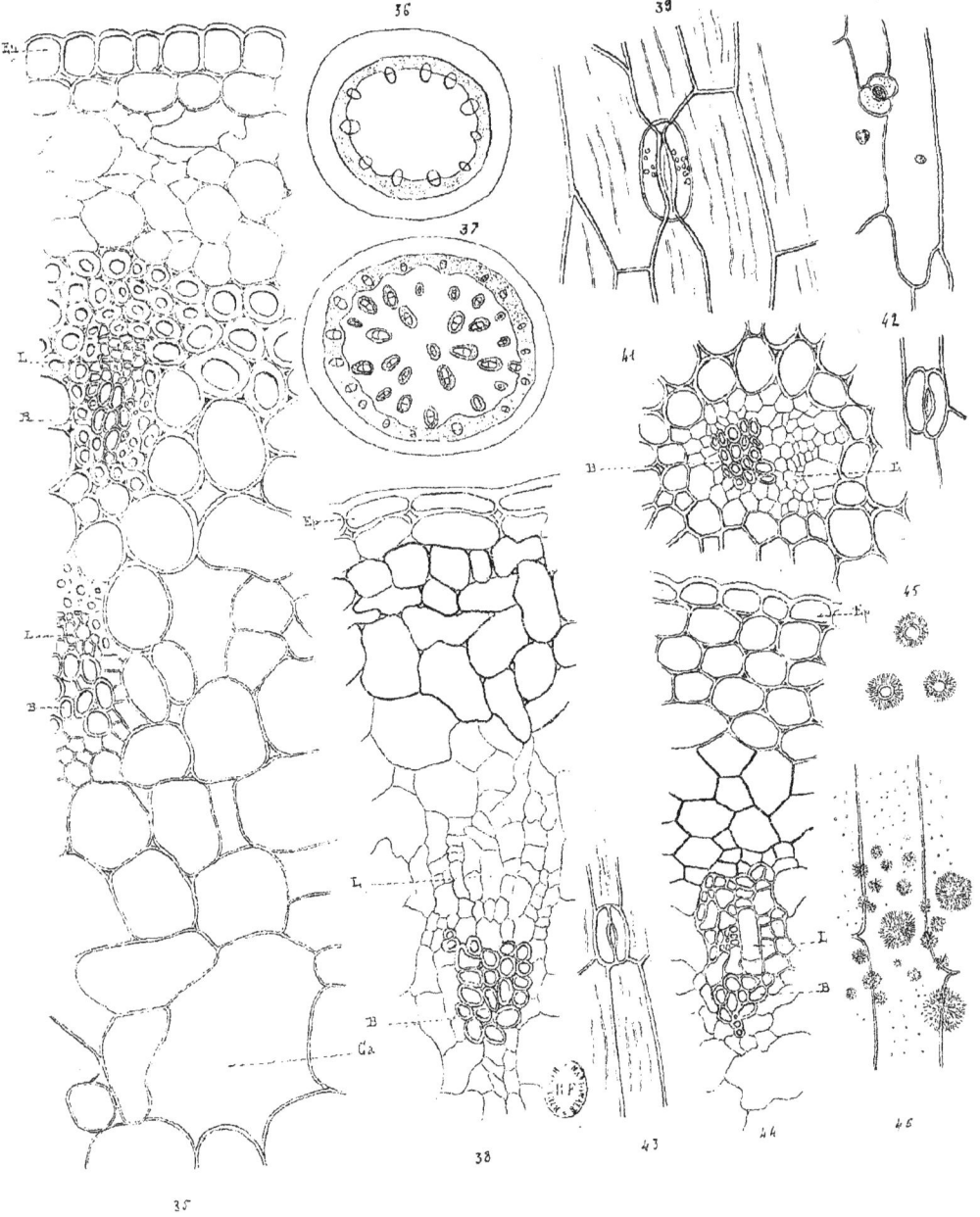

PLANCHE 3.

Gr.250

F.47.-Poil hyalin arraché avec un lambeau d'épiderme sup.à une feuille d'ORCHIS PURPUREA.

F.48-49.-Poils sécréteurs de la tige de CALYPSO BOREALIS.

F.50.-Poil de l'épiderme sup.d'une feuille de C.BOREALIS.

F.51.-Poil de l'épiderme inf.d'une feuille de C.BOREALIS.

F.52-53.-Poils d'une tige de GOODYERA REPENS.

F.54.-Poil d'un ovaire de SPIRANTHES AUSTRALIS.

F.55-56.-Poils d'une tige de S.AUTUMNALIS.

F.57-60.-Poils du sommet d'une tige de NEOTTIA NIDUS-AVIS.

F.61-63.-Poils d'une tige de LISTERA OVATA.

F.64-65.-Poils d'une tige d'EPIPACTIS PALUSTRIS.

F.66-67.-Poils d'une tige d'E.ATRO-RUBENS.

F.68-76.-Poils de la partie sup.d'une tige d'E.LATIFOLIA.

F.77-79.-Poils de la partie sup.d'une tige d'E.MICROPHYLLA.

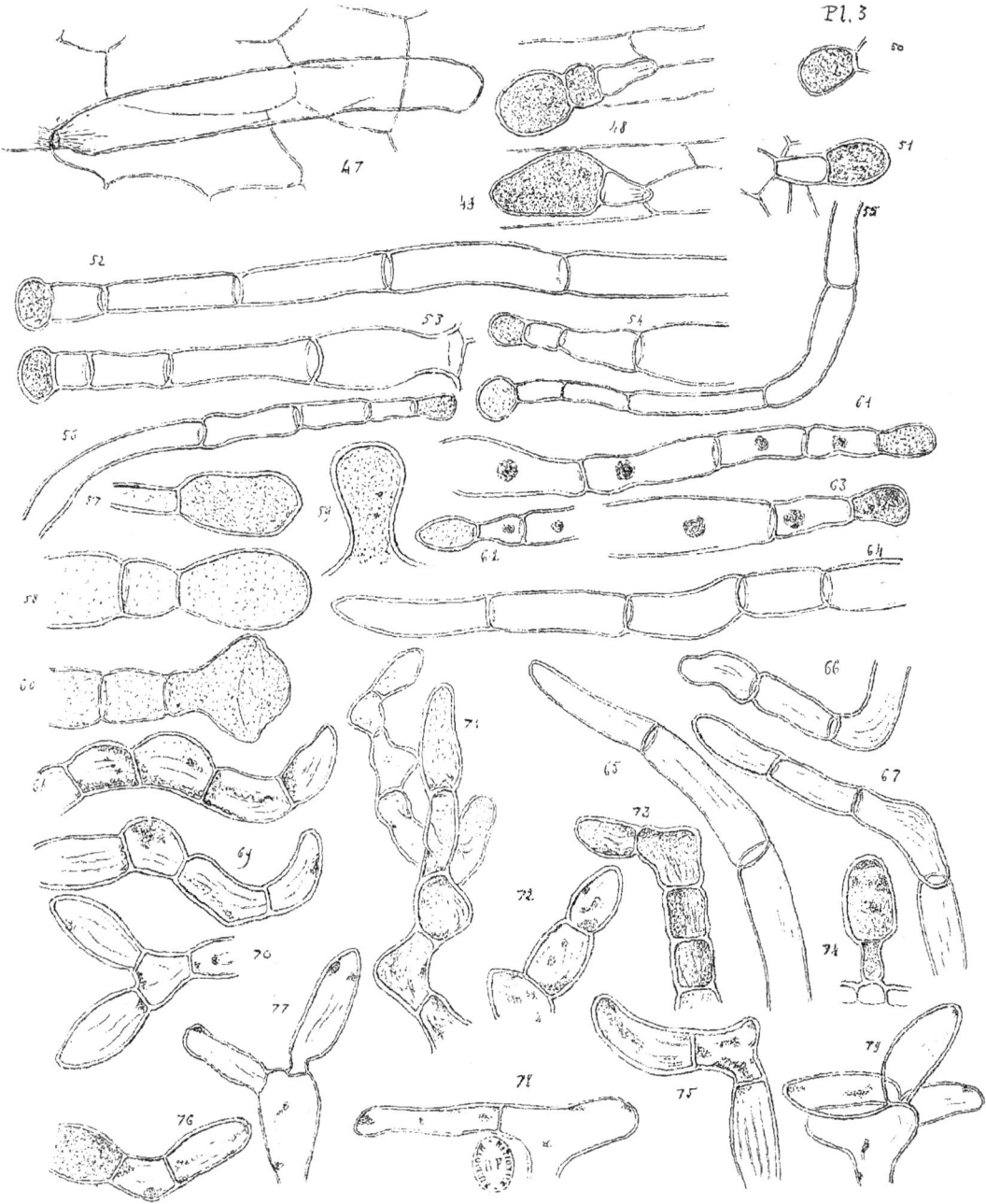

Pl. 3

Gr.250

F.80.-Poil d'une tige d'EPIPACTIS MICROPHYLLA.

F.81-82.-Poils d'une capsule de CEPHALANTHERA RUBRA.

F.83-84.-Poils de l'épiderme ext.des divisions ext.du périgone du C.PALLENS.

F.85.-Poil de la partie sup.d'une tige du C.ENSIFOLIA.

F.86-88.-Poils des divisions ext.du périgone du LIMODORUM ABOR-
TIVUM.

F.89.-Poil sécréteur d'une tige de CYPRIPEDIUM CALCEOLUS.

F.90.-Poil à tendance sécrétrice faible d'une tige de C.CALCEO-
LUS.

F.91.-Poil tecteur d'une tige de C.CALCEOLUS.

F.92.-Poil de l'épiderme inf.de la feuille du C.CALCEOLUS.

F.93-94.-Poils de l'épiderme ext.des divisions ext.du périgone du C.CALCEOLUS.

F.95.-Poil de l'épiderme sup.du limbe du C.MACRANTHOS.

Cellules épidermiques des bords du limbe des espèces suivantes:

SERAPIAS CORDIGERA	f.96.	O.MILITARIS	f.106.
S.LONGIPETALA	f.97.	O.SIMIA	f.107.
S.NEGLECTA	f.98.	O.PURPUREA	f.108.
S.OCCULTATA	f.99.	O.LAXIFLORA	f.109.
ORCHIS PAPILIONACEA	f.100.	O.PALUSTRIS	f.110.
O:MORIO	f.101.	O.MASCULA	f.111.
O.FRAGRANS	f.102.	O:LATIFOLIA	f.112.
O:USTULATA	f.103.	O.MACULATA	f.113.
O.TRIDENTATA	f.104.	O.INCARNATA	f.114.
O.ITALICA	f.105.	O.ROMANA	f.115.

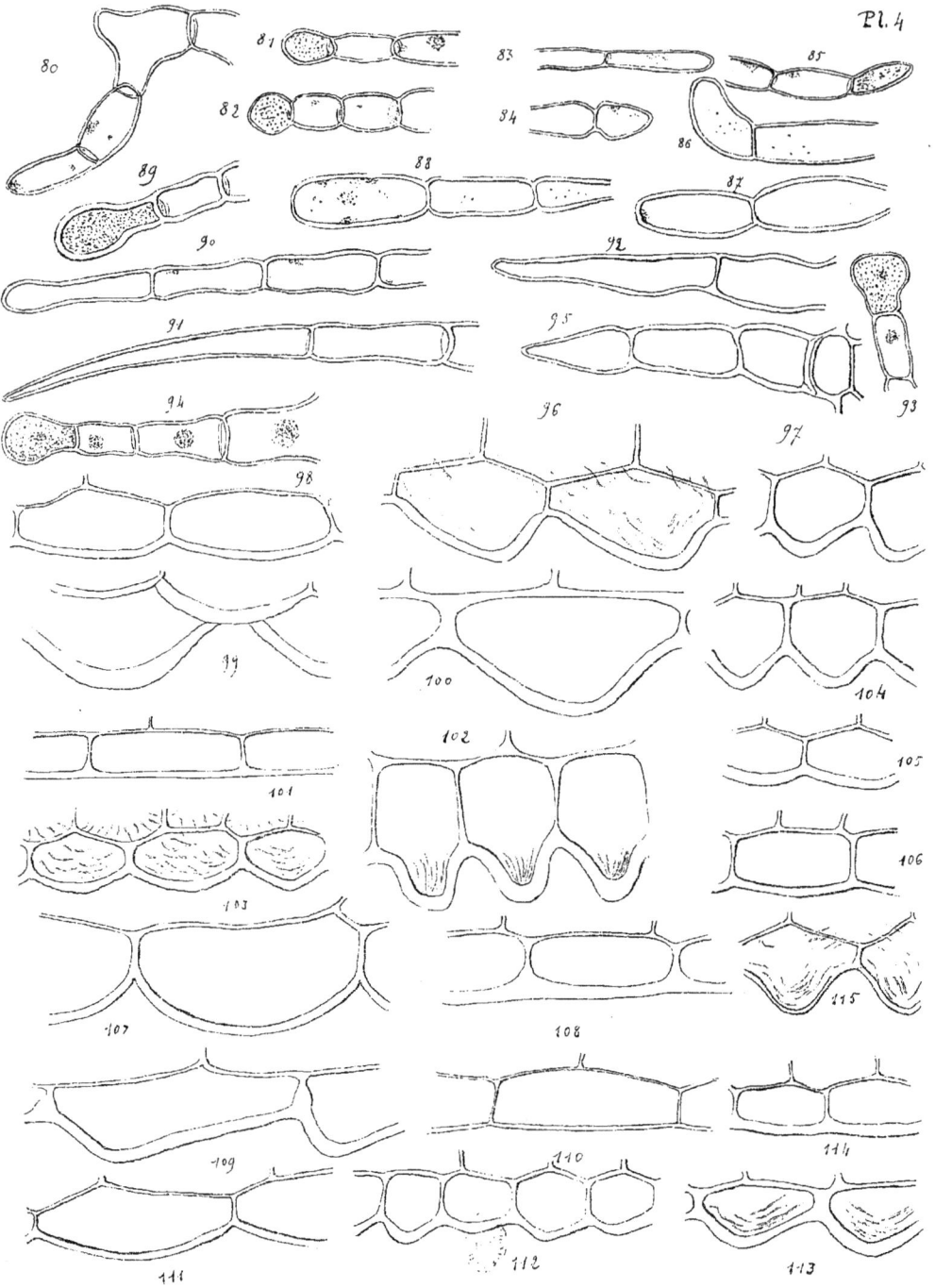

Pl. 4

PLANCHE 5

Gr.250

Cellules épidermiques des bords du limbe des espèces suivantes:

ORCHIS MUNBYANA	f.116.	CEPHALANTHERA RUBRA	f.123.
GYMNADENIA ODORATISSIMA	f.117.	C.ENSIFOLIA	f.124.
G.CONOPEA	f.118.	C.PALLENS	f.125.
G.CONOPEA v.ALPINA	f.119.	EPIPACTIS MICROPHYLLA	f.126.
NIGRITELLA ANGUSTIFOLIA	f.120.	E.LATIFOLIA	f.127,
PLATANTHERA BIFOLIA	f.121.	E.ATRO-RUBENS	f.128.
P.ALGERIENSIS	f.122.	CYPRIPEDIUM CALCEOLUS	f.129.

F.130.-Epiderme sup.de la feuille du BICCHIA ALBIDA.

Epiderme inf.du limbe des espèces suivantes:

SPIRANTHES AESTIVALIS	f.131.	CEPHALANTHERA ENSIFOLIA	f.133.
ORCHIS SAMBUCINA	f.132.	EPIPACTIS LATIFOLIA	f.134.

F.135.-Epiderme sup.du limbe du CYPRIPEDIUM CALCEOLUS.

F.136.-Coupe transv.du limbe de l'OPHRYS FUSCA(vers les bords).

F.137.-Coupe transv.du bord du limbe de l'ORCHIS PALUSTRIS.

Pl. 5

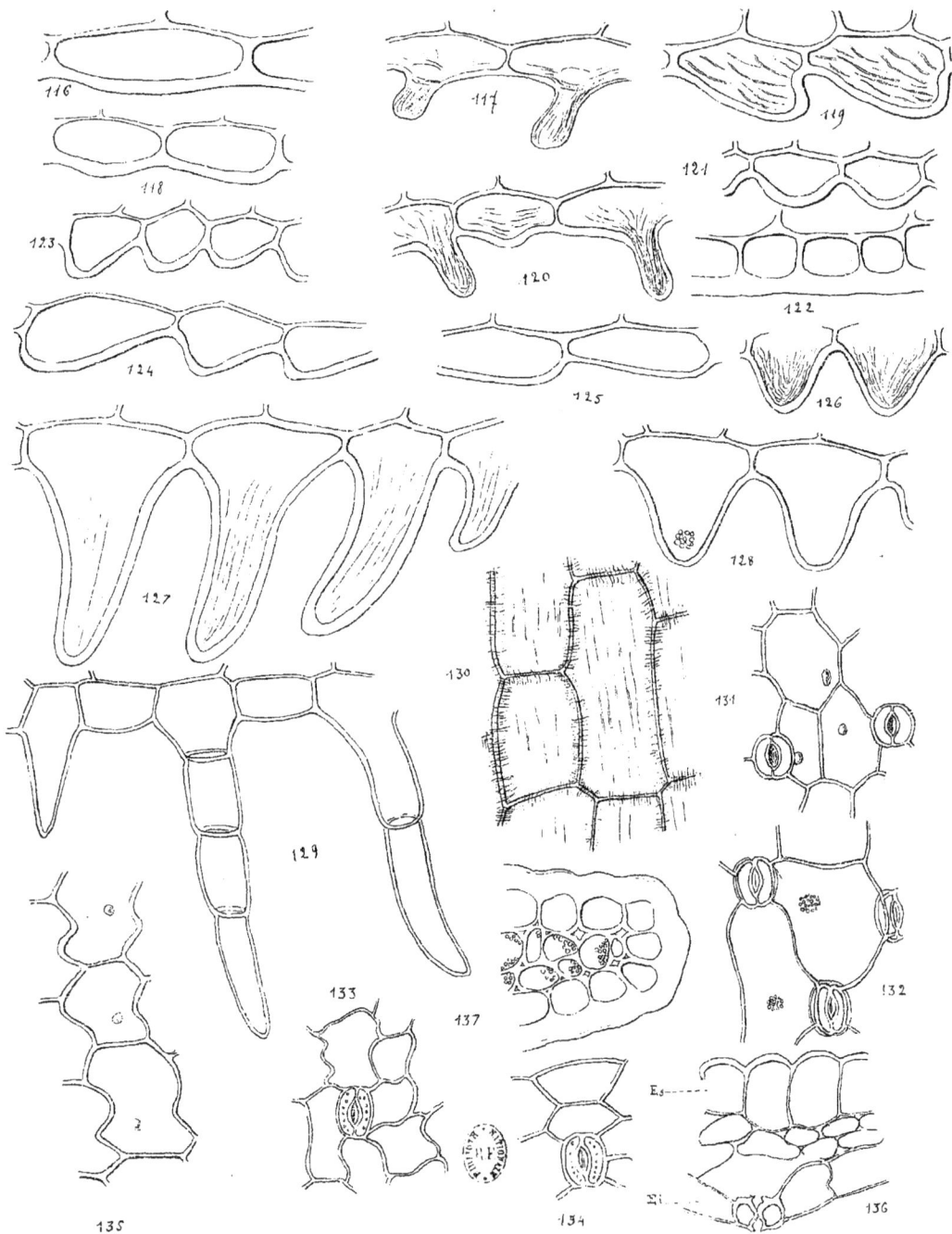

PLANCHE 6

Gr.250,f.150 seule gr.200.

Section transversale dans le limbe des espèces suivantes:
GYMNADENIA ODORATISSIMA   f.138.   ORCHIS MASCULA f.139.
              OPHRYS APIFERA   f.140.

F.141.-Section transv.dans un stomate de l'épiderme inf.du limbe de L'OPHRYS SCOLOPAX.

F.142.-Section transv.dans un limbe du COELOGLOSSUM VIRIDE.

F.143.-Section transv.dans une nervure du limbe du NIGRITELLA
ANGUSTIFOLIA.

F.144.-Epiderme d'une feuille entourant le renflement bulbiforme de la tige du LIPARIS LOESELII.

F.145.-Section transv.dans la même feuille.

F.146.-Epiderme d'une feuille entourant le renflement bulbiforme de la tige du MALAXIS PALUDOSA.

F.147.-Section transv.dans le limbe du CEPHALANTHERA ENSIFOLIA.

F.148.-Section transv.dans une écaille aérienne de l'EPIPACTIS
ATRORUBENS.

F.149.-Section transv.dans le limbe du SPIRANTHES AUTUMNALIS.

Section transv.dans une nervure des espèces suivantes:
EPIPACTIS LATIFOLIA   f.150.   CYPRIPEDIUM CALCEOLUS f.151.

Pl. 6

138

139

140

142

143

Es

B

L

P

141

Ei

Ei

144

145

146

147

148

B

L

149

Es

Sel

B

L

P

Ei

150

C

Sel

B

L

Sel

C

151

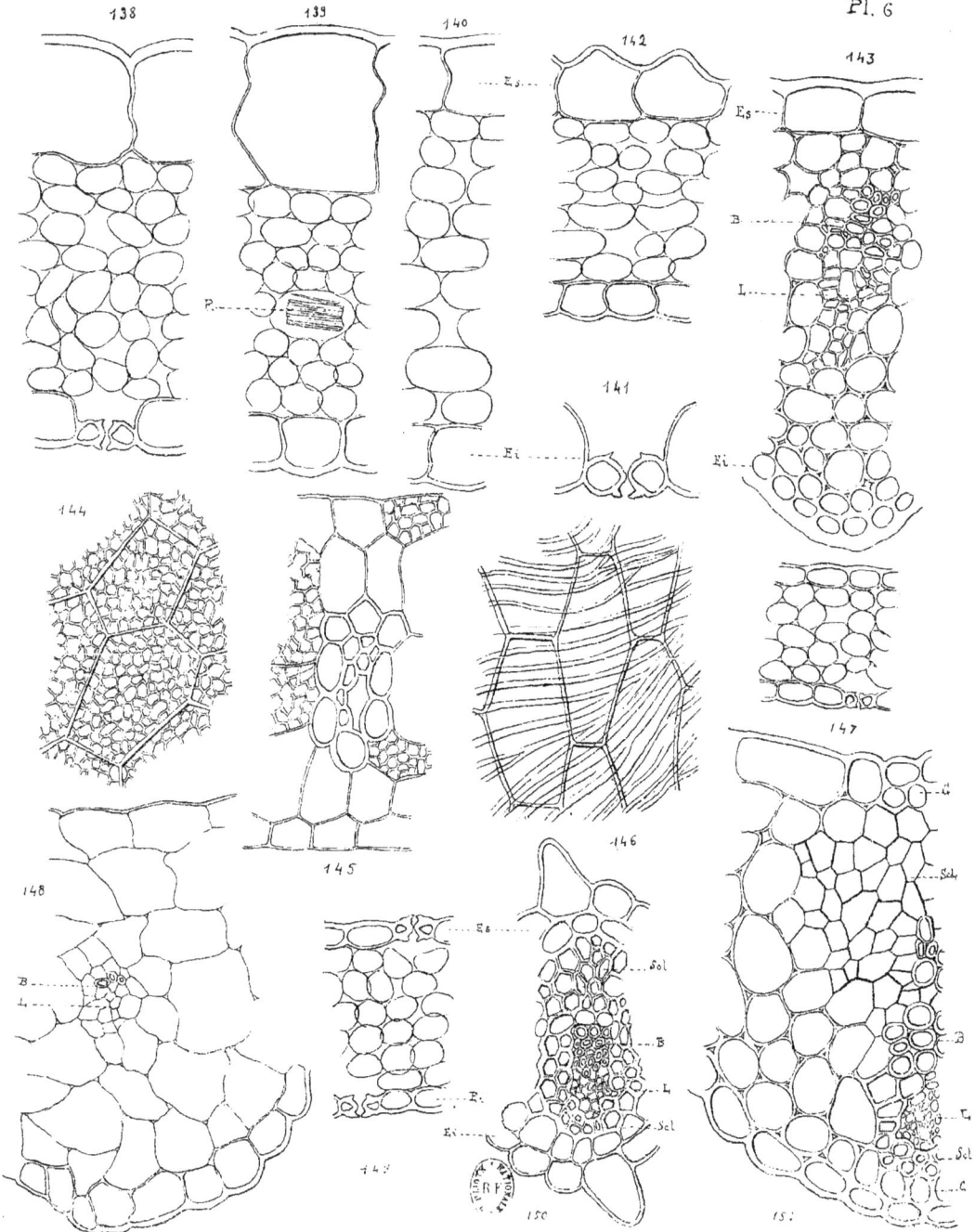

G.,200,f.160 seule gr,200).

F.152-156.-Partie sup,de poils du labelle du SERAPIAS LINGUA.

F.157-158.-Poils hyalins du labelle du S.OCCULTATA.

F.159.-Epiderme inf,de la partie latérale rouge foncé du labelle du S.OCCULTATA.

F.160.-Partie terminale d'un long poil du labelle du S.NEGLECTA.

F.161-162.-Poils courts non rugueux de l'ép.sup,du labelle(part.
lat.)du S.NEGLECTA.

F.163.-Poil court non rugueux de l'ép,sup,du labelle(part,lat,)
d du S.CORDIGERA.

F.164,-Poil court non rugueux de l'ép sup.du labelle(part,lat,)
du S.LONGIPETALA.

F.165.-Ep.ext.des div.lat.ext.du périgone du S.LONGIPETALA.

F.166.-Ep.ext.des div.ext.du périgone du CHAMAEORCHIS ALPINA.

F.167.-Papilles de l'ép.sup.du labelle du BARLIA LONGIBRACTEATA.

F.168.-Papilles de l'ép.int.de la glande de l'éperon du B.LON-
GIBRACTEATA.

F.169.-Ep.ext.de la div.ext.méd.du périgone du B.LONGIBRACTEATA.

F.170-173.-Papilles de l'ép.sup,du labelle du LOROGLOSSUM HIR-
CINUM.

F.174.-Papilles de l'ép.int.du labelle de l'ANACAMPTIS PYRAMI-
DALIS.

F.175.-Coupe transv.de l'éperon de l'ORCHIS PAPILIONACEA.

F.176.-Coupe transv.de l'éperon de l'O.LONGICORNU.

F.177.-Ep.int.de l'éperon de l'O.LONGICORNU.

Pl. 7

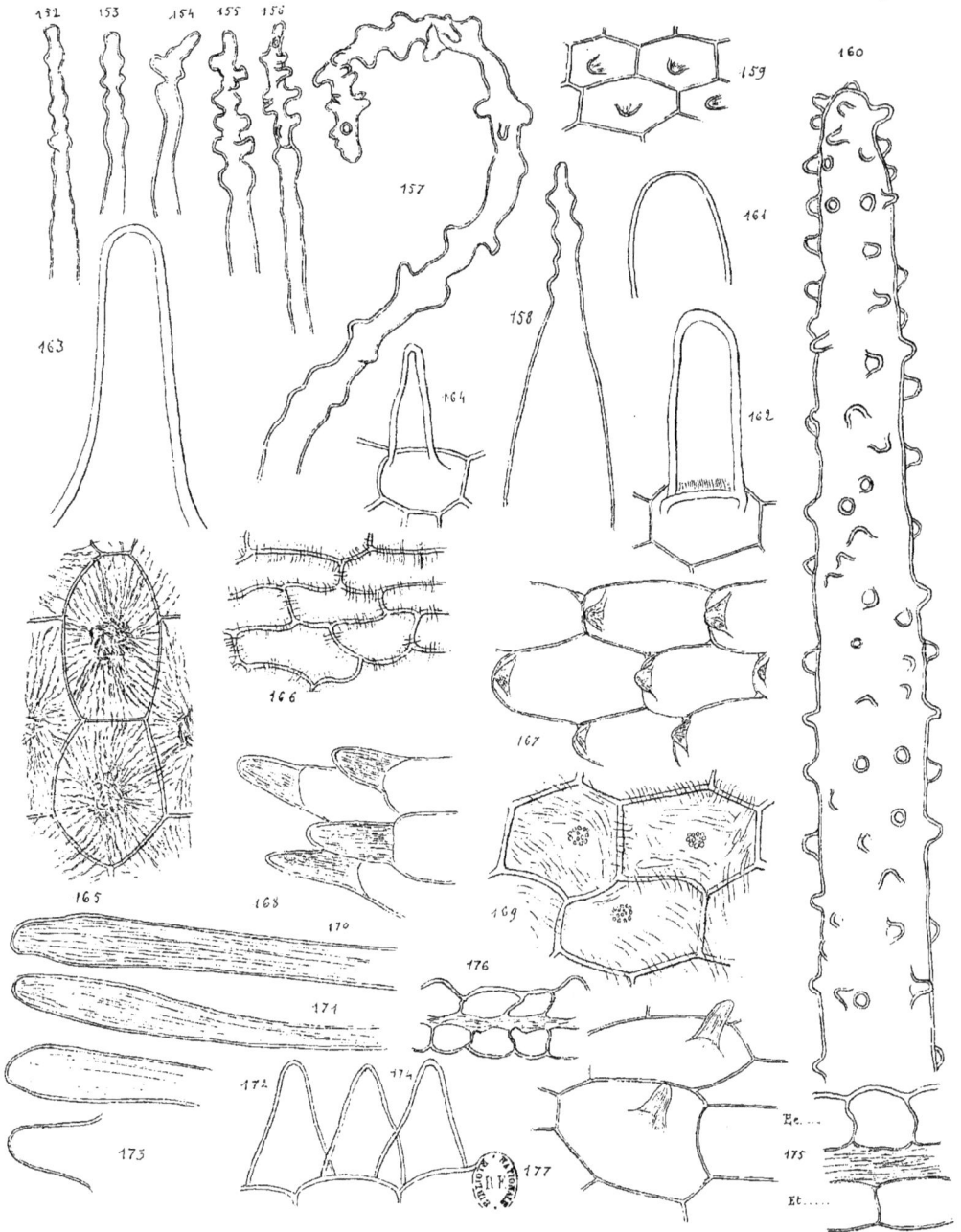

F.178-179.-Poils formant les taches violettes du labelle de l'
ORCHIS PURPUREA.

F.180-181.-Poils des taches violettes du lab.de l'O.MILITARIS.
F.182.-Poil hyalin du labelle de l'O.MILITARIS.

F.183.-Poil de l'épiderme sup.du labelle de l'O.ITALICA.
F.184.-Coupe transv.de l'éperon de l'O.ITALICA.

F.185-186.-Papilles de l'épid.sup.du labelle de l'O.PALUSTRIS.

F.187.-Epid.int.du labelle de l'O.OLBIENSIS.

F.188.-Papilles de la gorge de l'éperon de l'O.CORIOPHORA.
F.189.-Sommet d'une papille analogue.

F.190.-Papille de l'épid.int.de l'éperon de l'O.SACCATA.

F.191.-Papille de l'épid.sup.du labelle de l'O.PROVINCIALIS.

F.192.-Papille de l'épid.sup.du labelle de l'O.SAMBUCINA.

F.193.-Coupe transv.de l'éperon de l'O.MACULATA.

F.194.-Bord des div.int.du périgone de l'OPHRYS FUSCA.
F.195.-Coupe transv.du labelle de l'O.FUSCA(partie brièvement
velue).
F.196.-Même coupe d'une partie longuement velue.
F.197.-Papilles de la partie sup.brillante du lab.de l'O.FUSCA.

F.198.-Long poil du labelle de l'O.LUTEA.

F.199.-Poil des parties longuement velues du lab.de l'O.APIFERA.
F.200.-Poil des parties brièvement velues du lab.de l'O.APIFERA.
F.201.-Papilles courtes des régions luisantes du labelle de l'
O.APIFERA.

F.202.-Ep.de la tache médiane très luisante du labelle de l'O.
ARANIFERA.

F.203.-Bord des div.int.du périgone de l'O.BERTOLONII.
F.204.-Ep.de la tache sup.bleu nacré du lab.de l'O.BERTOLONII.
F.205.-Extrémité d'un long poil du lab.de l'O.BERTOLONII.

F.206.-Extrémité d'un long poil du lab.de l'O.ARACHNITIFORMIS.

F.207.-Poil de l'ép.int.des div.int.du périgone de l'O.ARACHNI-
TES.

F.208.-Une des plus longues papilles du lab.de l'O.MUSCIFERA.

F.209.-Ep.int.de la partie méd.sup.du lab.du GOODYERA REPENS.

F.210.-Coupe transv.de l'éperon du PLATANTHERA MONTANA(partie
dépourvue de papilles).

F.211.-Coupe transv.de l'éperon du GENTIANA NIPHYLLA.

Pl. 8

Gr=250

F.212.-Papilles bordant les crêtes de l'épiderme int.du labelle
.de l'EPIPOGON APHVLLUM.

F.213.-Papilles au labelle du CALYPSO BOREALIS.

F.214.-Papilles des crêtes du labelle du CEPHALANTHERA ENSIFO-
LIA.

F.215.-Coupe transversale de l'éperon du LIMODORUM ABORTIVUM
vers la gorge.

F.216-219.-Partie sup.de poils du labelle du CYPRIPEDIUM CALCEO.
LUS.

F.220-221.-Tétrades de BARLIA LONGIBRACTEATA.

F.222.-Tétrades de l'ORCHIS SIMIA.

F.225-227.-Grains de pollen vus dans l'eau.du CEPHALANTHERA PAL-
LENS.

F.223-224.-Grains de pollen vus secs,du C.PALLENS.

F.228-229.-Grains de pollen vus dans l'eau.du C.ENSIFOLIA.

F.230-232.-Grains de pollen vus secs,du C.RUBRA.

Paroi anthérale des espèces suivantes:
  OPHRYS LUTEA   f.233;   ORCHIS LONGICORNU   f.235;
  O.SPECULUM   f.234. EPIPACTIS ATRO-RUBENSf.236.

F.237.-Coupe transversale dans la paroi anthérale et grain de
pollen (obs.dans l'eau) du LIMODORUM ABORTIVUM.

F.238.-Coupe dans un staminode de PLATANTHERA MONTANA.

Coupe schématique dans le gynostème des espèces suivantes:
  EPIPACTIS PALUSTRIS   f.239; LIMODORUM ABORTIVUM   f.242;
  CEPHALANTHERA RUBRA   f.240; CYPRIPEDIUM CALCEOLUS f.243;
  C.ENSIFOLIA   f.241. C.MACRANTHOS   f.244.

F.245-247.-Papilles stigmatiques de l'ORCHIS ITALICA.

F.248-249.-Papilles stigmatiques du BARLIA LONGIBRACTEATA.

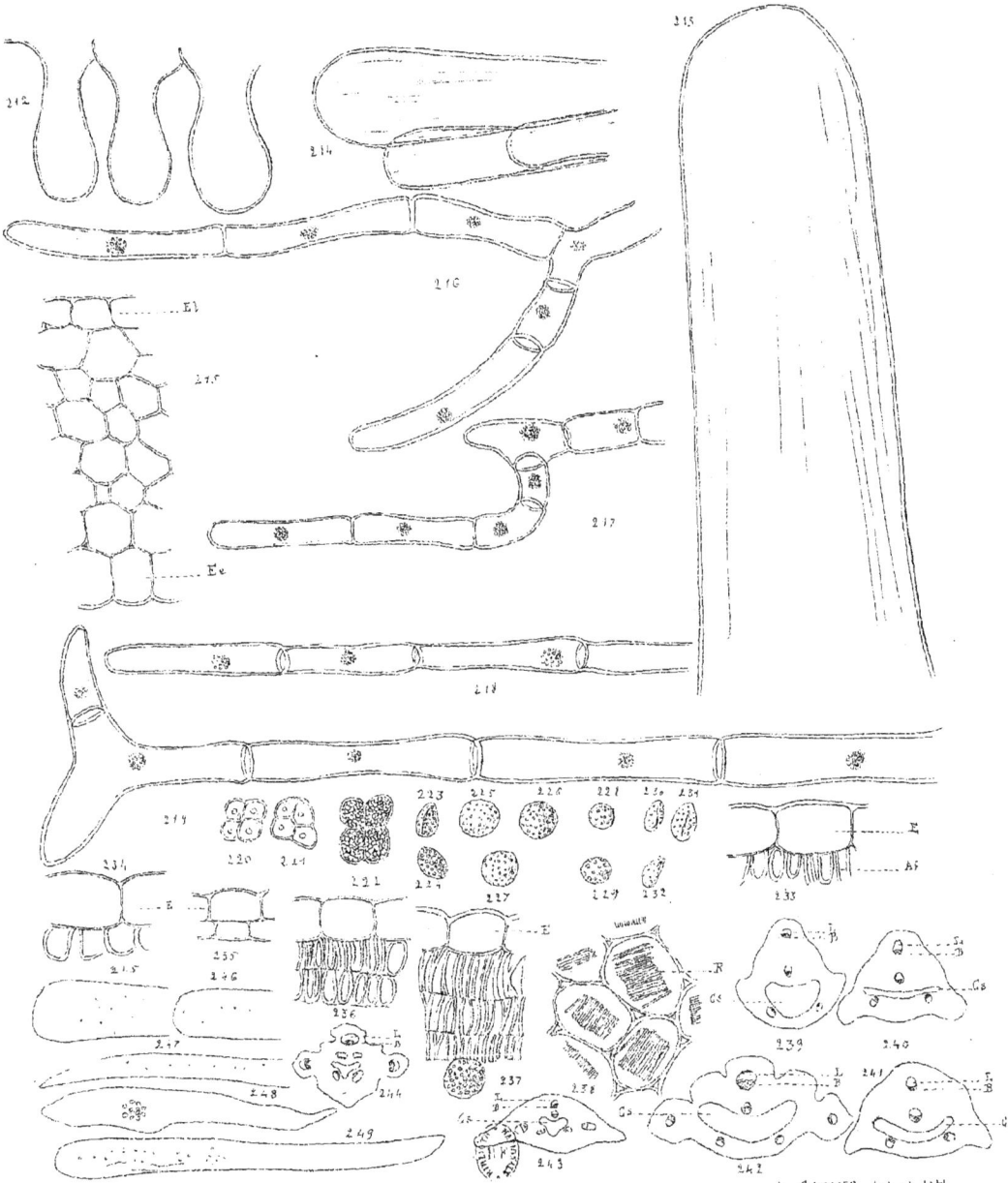

Pl. 9

A. CAMUS del. et lith.

PLANCHE 10.

Gr.250,f.264 seule gr.200.

Papilles stigmatiques des espèces suivantes:
OPHRYS APIFERA f.250-251.   ORCHIS PAPILIONACEA   f252-253.
CYPRIPEDIUM CALCEOLUS   f.254.

F.255.-Epiderme ext.de l'ovaire de l'OPHRYS FUSCA.

F.256.-Coupe transv.au milieu de la paroi d'une valve placentifère de l'ORCHIS MASCULA.

F.257.-Lambeau de l'épiderme interne de la même paroi.

F.258.-Coupe transv.dans l'épiderme int.et les assises sous-jacentes d'une valve non placentifère de l'O.MASCULA.

F.259.-Epiderme interne de la même valve,vu de face.

Coupe transv.dans le milieu de la paroi d'une valve placentifè-
re des espèces suivantes:
EPIPACTIS LATIFOLIA   f.260. COELOGLOSSUM VIRIDE   f.261.
MALAXIS PALUDOSA   f.262.

Suspenseur des espèces suivantes:
ORCHIS INCARNATA   f.263. BARLIA LONGIBRACTEATA   f.264.

Tégument des graines mûres des espèces suivantes:
ORCHIS SAMBUCINA   f.265. ANACAMPTIS PYRAMIDALIS f.268.
O.MACULATA   f.266. OPHRYS APIFERA   f.269.
GENNARIA DIPHYLLA   f.267. NEOTTIA NIDUS-AVIS   f.270.

Coupe transv.schématique des espèces suivantes:
BARLIA LONGIBRACTEATA f.271. RICCHIA ALBIDA   f.287.
SERAPIAS LINGUA   f.272. PLATANTHERA MONTANA   f.288.
S.PARVIFLORA   f.273. GENNARIA DIPHYLLA   f.289.
S.LONGIPETALA   f.274. EPIPOGON APHYLLUM   f.290.
ORCHIS PAPILIONACEA   f.275. CORALLORHIZA INNATA   f.291.
O.TRIDENTATA   f.276. MICROSTYLIS MONOPHYLLOS f.292.
O.USTULATA   f.277. LIPARIS LOESELII   f.293.
O.ITALICA   f.278. LIMODORUM ABORTIVUM   f.294.
O.MILITARIS   f.279. LISTERA OVATA   f.295.
O.PALUSTRIS   f.280. SPIRANTHES AUTUMNALIS   f.296.
O.MASCULA   f.281. CEPHALANTHERA PALLENS   f.297.
O.ROMANA   f.282. C.ENSIFOLIA   f.298.
O.INCARNATA   f.283. EPIPACTIS LATIFOLIA   f.299.
OPHRYS MUSCIFERA   f.284. E.PALUSTRIS   f.300.
O.BOMBYLIFLORA   f.285. CYPRIPEDIUM CALCEOLUS   f.301.
O.ARANIFERA   f.286. C.MACRANTHOS   f.302.

Pl. 10

A. CAMUS del. et lith.

MORPHOLOGIE EXTERNE

PLANCHE II

Diagramme de toutes les tribus sauf les CYPRIPEDIEAE.

SERAPIAS LINGUA 304 petit individu; 305 plante robuste; 306 masses polliniques; 307 ovaire,gynostème et labelle; 308 labelle étalé; 309 divisions étalées du périanthe.

S.LONGIPETALA 312 individu robuste,hampe florifère; 310 labelle étalé; 311 ovaire,gynostème et partie de labelle; 313 bec du gynostème; 314 coupe de l'ovaire; 315 labelle du LUSUS décrit par Saint-Amans sous le nom de S.LANCIFOLIA.

S.NEGLECTA 316 individu de taille moyenne; 317 labelle étalé; 318 capsule mûre; 319 masses polliniques.

S.CORDIGERA 320 individu robuste,provenant du Maroc; 321 labelle étalé; 322 capsule à maturité; 323 coupe du fruit.

S.OCCULTATA 324 individu moyen provenant du Var; 325 labelle étalé,gr.nat.; 326 le même grossi; 327 gynostème; 328 individu grêle provenant d'Italie.

Pl.711

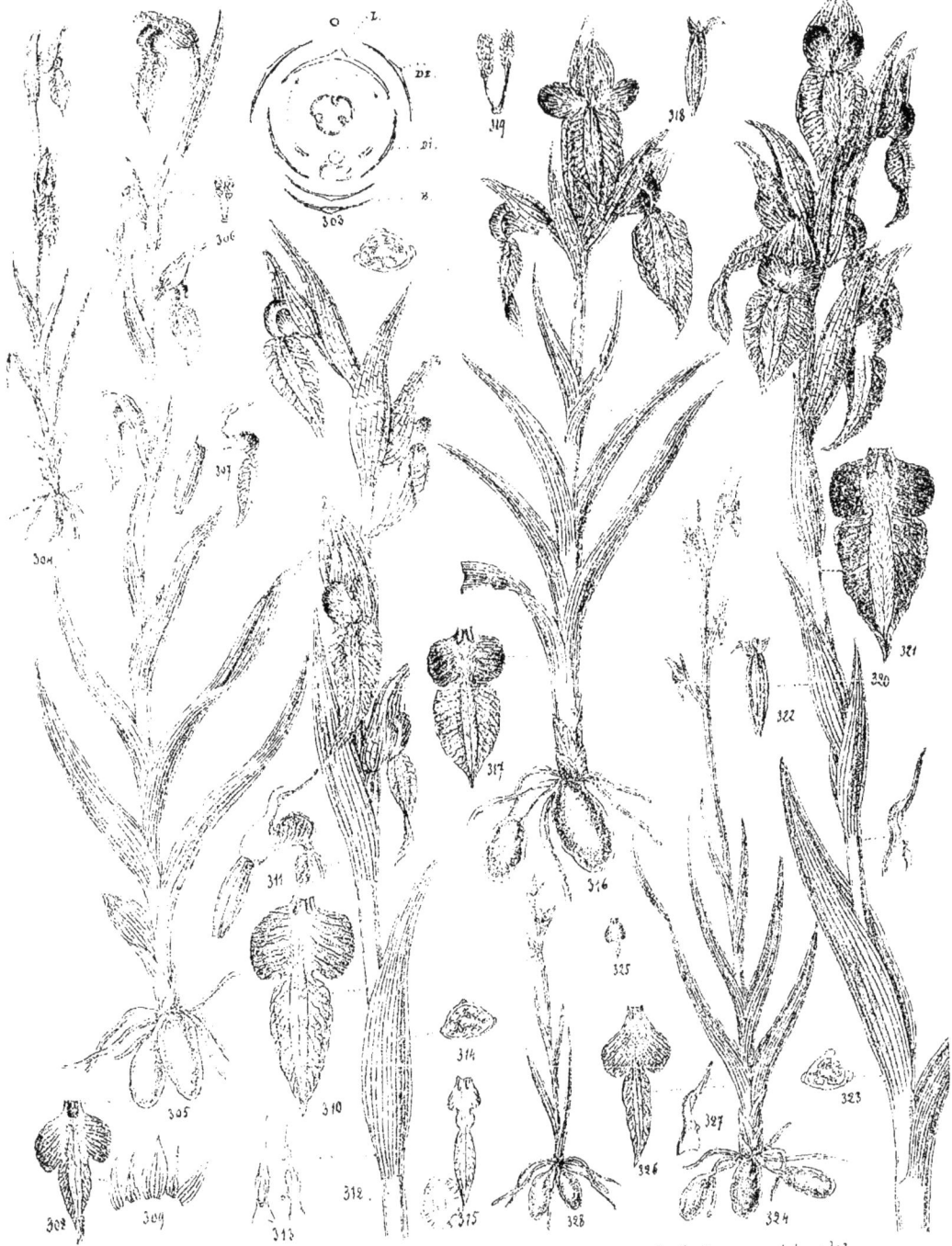

E. G. Camus del. et lit.

PLANCHE I2

×SERAPIAS ALBERTI(LONGIPETALA+NEGLECTA)   329 plante entière;
330 labelle étalé; 33I divisions étalées du périanthe; 332 gynostème.

××ORCHI-SERAPIAS HOULETII(S.CORDIGERA+O.LAXIFLORA)   333 hampe florale,gr.I/2 nat.;334 fl.vue de face; 335 labelle surmonté
du gynostème.

×   ×O.-S. BARLAE(S.LINGUA+O.PAPILIONACEA)   337 hampe florale,
gr.nat.

× S.AMBIGUA(CORDIGERA+LINGUA)   338 hampe florale; 339 labelle
étalé; 340 divisions étalées du périanthe.

× S.LARAMBERGUEI(LINGUA+CORDIGERA)   34I hampe florale; 342
gynostème; 343 divisions étalées du périanthe.

× S.MERIDIONALIS(LINGUA+NEGLECTA)   344 hampe florale; 345 labelle étalé; 346 divisions étalées du périanthe.

×S.INTERMEDIA(LINGUA+LONGIPETALA) 347 tige et hampe florale;
348 labelle étalé.

× × O.-S. PURPUREA(O.LAXIFLORA+S.LONGIPETALA)   349 hampe florale; 350 gynostème.

Pl. 12

SERAPIAS OLBIA 35I plante entière; 352 divisions externes du périanthe; 353 divisions internes; 354 labelle étalé; 355 labelle vu de profil; 356 gynostème; 357 masses polliniques; 358 brac tées(d'après l'auteur).

✗ ORCHIS CACCABARIA(O.LAXIFLORA+PAPILIONACEA) 359 plante entière; 2/3 gr.nat.

✗ O.HERACLEA(O.LAXIFLORA+PICTA) 360 plante entière,2/3 gr. nat.

✗ O.YVESYI(O.PAPILIONACEA+PICTA) 36I plante entière,2/3 gr. nat.

✗ ✗ORCHI-SERAPIAS TOMMASINII(SER.),(S.LONGIPETALA+O.CORIOPHO-RA v.POLLINIANA) 362 plante entière,gr.nat.; 363 fleur vue de côté grossie; 364 fleur étalée et vue de face; 365 divisions internes du périanthe; 366 divisions externes du périanthe.

✗ O.BORNEMANNIAE(PERPAPILIONACEA+LONGICORNU) 367 hampe flo-rale; 368 fleur vue de face.

✗ O.BORNEMANNI(PAPILIONACEA+PERLONGICORNU) 369 hampe florale; 370 fleur vue de face.

Pl. 18

E. G. Gamme del. et lit.

×× ORCHI-ACERAS HENRIQUESEA(ORCH.),(AC.ANTHROPOPHORA+O.ITALI-CA) 371 plante entière; 372 fleur.

×× ORCHI-ACERAS WELLWITSCHII(ORCH.),(AC.ANTHROPOPHORA+O.ITA-LICA) 373 hampe florale; 374 fleur vue de face.

ORCHIS ITALICA   375 hampe florale; 376 fleur vue de face.

× SERAPIAS MERIDIONALIS(LINGUA+NEGLECTA)   377 hampe florale; 378 ovaire,gynostème et labelle; 379 labelle étalé.

S.NEGLECTA+LINGUA FORMA   380 hampe florale.

×× ORCHI-COELOGLOSSUM ERDINGERI(COELOGL.),(O.SAMBUCINA+C.VI-RIDE)   381 plante entière.

× O.GENNARII(MORIO+PAPILIONACEA)   382 hampe florale; 383 di-visions étalées du périanthe; 384 labelle vu de face; 385 ovai-re,gynostème et labelle muni de son éperon.

× O.ROUYANA(LATIFOLIA+PALUSTRIS)   386 fleur vue de côté; 387 fleur vue de face.

× O.BONNIERIANA(PALUSTRIS+MILITARIS)   388 fleur vue de côté,à éperon un peu courbé et renflé au sommet; 389 fleur vue de côté, à éperon droit,court,non renflé au sommet.

× OPHRYS GRAMPINII(ARANIFERA+TENTHREDINIFERA)   390 fleur mu-nie de sa bractée et vue de face; 391 fleur vue de côté.

GENNARIA DIPHYLLA   392 plante entière,échantillon provenant d'Algérie; 393 ovaire surmonté de la fleur; 394 sommet du gyno-stème,vu de face; 395 le même vu de dos.

Pl. 14

E. G. Camus del et lit.

NEOTINEA INTACTA 396 plante entière; 397 ovaire; 398 coupe
de l'ovaire; 399 fleur vue de côté,grossie; 400 ovaire;gynostè-
me et labelle; 401 divisions étalées du périanthe; 402 labelle
surmonté du gynostème; 403 gynostème.

BARLIA LONGIBRACTEATA 404 hampe florale et partie de tige;;
405 ovaire et fleur à demi desséchée; 406 fleur vue de face;407
masses polliniques; 408 petite fleur; 409 labelle étalé surmonté du gynostème; 410 coupe transv.de l'ovaire.

LOROGLOSSUM HIRCINUM 411 hampe florale; 412 divisions étalées du périanthe; 413 labelle surmonté du gynostème,vu de face;
414 gynostème; 415 labelle vu de côté; 416 masses polliniques;
417 LUSUS décrit par M.Schulze.

TRAUNSTEINERA GLOBOSA 418 tige et hampe florale; 419 coupe
de l'ovaire; 420 divisions étalées du périanthe; 421 labelle vu
de face; 422 labelle vu de face,forme anomale; 423 fleur très
grossie vue de face.

ANACAMPTIS PYRAMIDALIS 424 sommet de la tige et épi floral;
425 ovaire,gynostème et labelle placés latéralement pour montrer les languettes; 426 coupe de l'ovaire; 427 fleur vue de
face,gr.nat.(forme méridion.);428 masses polliniques.

CHAMAEORCHIS ALPINA 429 plante entière; 430 masses polliniques; 431 gynostème; 432 divisions étalées du périanthe; 433
labelle surmonté du gynostème; 434 forme du labelle,LUSUS.

Pl. 15

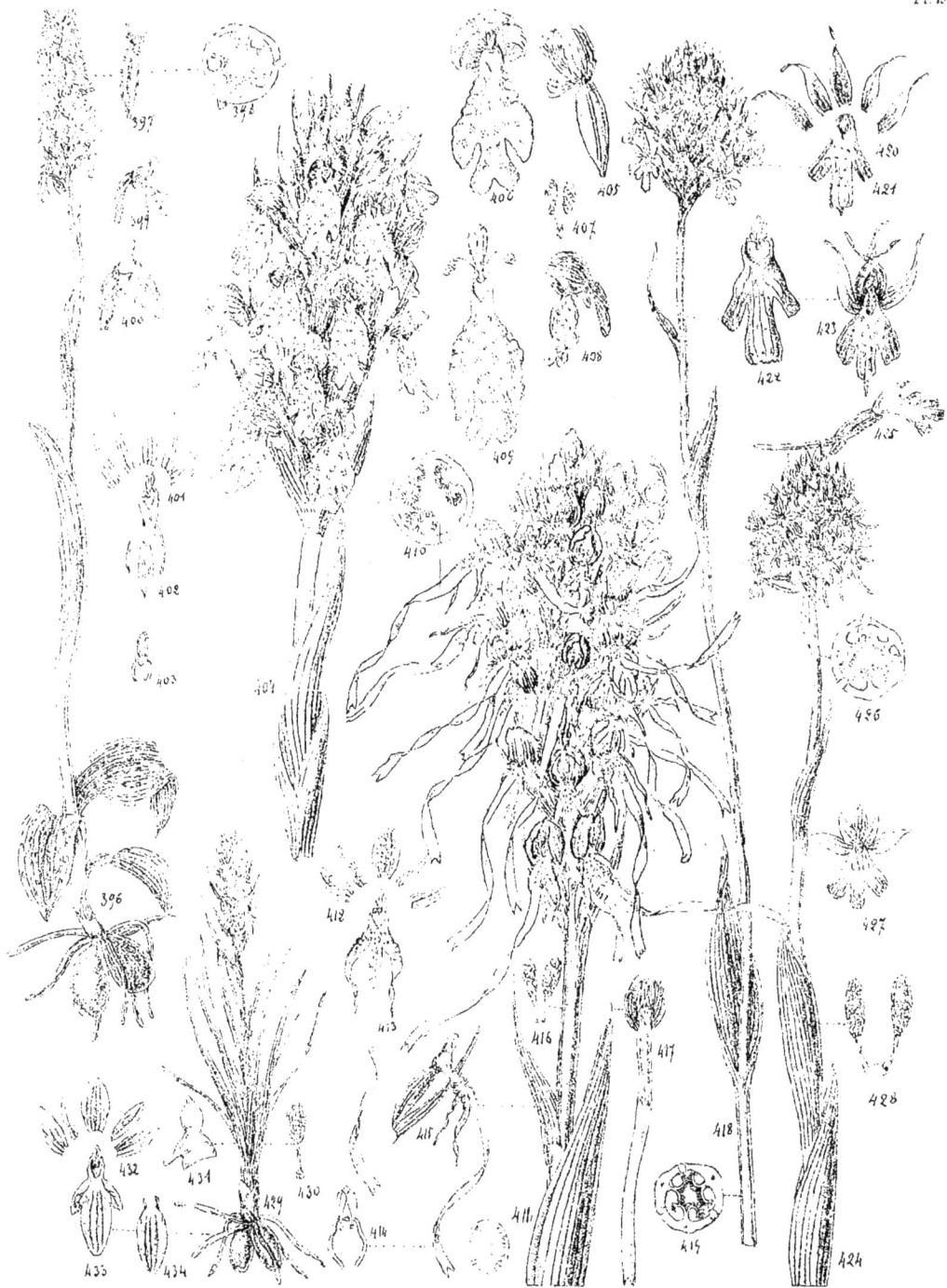

E.G. Camus del. et lit.

ACERAS ANTHROPOPHORA 435,435' plante entière; 436 masses polliniques; 437 coupe de l'ovaire; 438 gynostème; 439 fruit surmonté de la fleur en partie fanée; 440 divisions étalées du périanthe; 44I labelle surmonté du gynostème.

××ORCHI-ACERAS BERGONI(O.SIMIA+AC.ANTHROPOPHORA) 442 épi
floral.

××ORCHI-ACERAS SPURIA(O.MILITARIS+AC.ANTHROPOPHORA) 443 hampe florale; 444 fleur vue latéralement.

××ORCHI-ACERAS WEDDELLII(O.MILITARIS+AC.ANTHROPOPHORA FORMA)
445 hampe florale; 446,447 fleurs.

O.SANCTA 453 plante entière; 454 labelle étalé; 455 plante
vue de côté.

O.FRAGRANS 456 plante entière; 457 gynostème; 458 coupe de
l'ovaire; 459 fleur vue de côté; 460 labelle,éperon et gynostème, 46I labelle.

O.CORIOPHORA 462 plante entière; 463 fleur vue de côté; 464
labelle étalé.

× O.OLIDA(O.CORIOPHORA+MORIO 45I fleur.

× O.CAMUSI(O.CORIOPHORA FRAGRANS APRICORUM+MORIO) 448 hampe
florale; 449 labelle et éperon isolés; 450 fleur vue de côté.

× O.PAULIANA(O.CORIOPHORA FRAGRANS + MORIO) 452 fleur.

Pl. 16

E. G. Camus del. et lit.

ORCHIS PAPILIONACEA 465 plante presque entière,1/2 gr.nat.,
échantillon provenant de Casablanca; 466 fruit; 467 labelle et
gynostème; 468 gynostème isolé et grossi; 469 gynostème vu de
face; 470 coupe du fruit.

O.RUBRA 471 plante entière,ind.provenant des environs de Nice; 472 labelle et gynostème.

O.LONGICORNU 473 plante entière; 473' fleur vue de face,ind.
provenant d'Algérie.

O.MORIO 474 plante entière; 475 labelle et éperon; 476 labelle et éperon de la deuxième forme; 477 labelle et éperon de
la troisième forme; 478 divisions du périanthe; 479 labelle et
gynostème; 480 gynostème; 481 labelle,gynostème,éperon et ovaire; 482 coupe du fruit.

O.PICTA 483 sommet de la tige; 484 gynostème; 485 labelle,
gynostème,éperon et ovaire.

O.CHAMPAGNEUXII 486 sommet de la tige.

X O.UECHTRITZIANA (INCARNATA + PALUSTRIS) 487 labelle et
éperon; 488,488' fleurs isolées.

Pl. 17

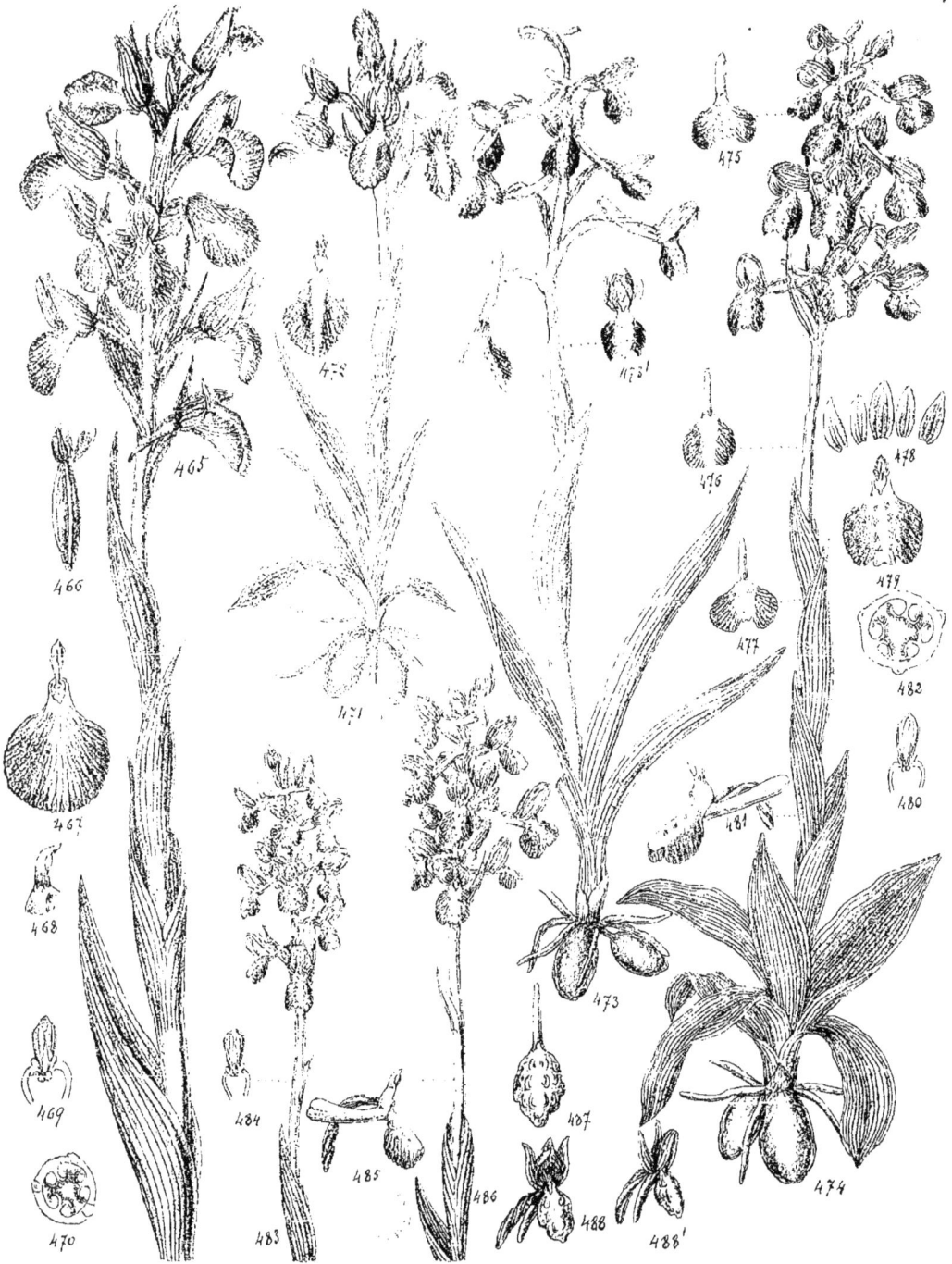

E.G. Camus del. et lil.

ORCHIS PURPUREA 489 plante entière, sauf les bulbes 2/3 gr. nat.: 490 gynostème et éperon; 491 divisions du périanthe; 492, 493,494,495,496,497,498,500 formes diverses de labelle; 499,501, LUSUS de labelle.

O.MILITARIS 502 hampe florale,1/2 gr.nat.; 503 gynostème; 504 labelle; 505 divisions du périanthe; 505' deuxième forme de labelle; 506 monstruosité,fleur munie de 3 labelles sans éperon.

× O.FRANCHETTI(PURPUREA+SIMIA) 507 divisions du périanthe; 508 labelle; 509 deuxième forme de labelle; 510 fleur.

O.SIMIA 511 plante entière; 512 labelle vu latéralement; 513 labelle vu de face; 514,515 LUSUS.

× O.CHATINI(MILITARIS+SIMIA) 516 épi floral; 517 labelle étalé.

× O.WEDDELLII(PURPUREA+SIMIA) 518 fleur.

× O.GRENIERI(MILITARIS+SIMIA) 519 fleur.

× O.DUBIA(MILITARIS+PURPUREA) 520 épi floral; 521 fleur; 522 labelle,deuxième forme.

× O.JACQUINI(MILITARIS+PURPUREA) 523 fleur; 524 labelle.

× O.BEYRICHII(MILITARIS+SIMIA) 525 épi floral,sp.Werner; 526 divisions du périanthe; 527 labelle étalé.

O.ACUMINATA 528 hampe florale; 529 divisions du périanthe; 530 labelle et gynostème; 531 gynostème.

O.TRIDENTATA 532 hampe florale; 533 labelle étalé; 534 labelle et gynostème; 535 divisions du périanthe.

O.USTULATA 536 épi floral; 537 fleur et ovaire; 538 gynostème; 539 coupe du fruit; 540 divisions du périanthe; 541 labelle et gynostème.

× O.DIETRICHIANA(TRIDENTATA+USTULATA) 542 hampe florale;

× O.CANUTI(MILITARIS+TRIDENTATA) 543 hampe florale; 544 gynostème; 545 labelle et gynostème.

O.PALLENS 546 plante entière 2/3 gr.nat.; 547 labelle et gynostème; 548 divisions du périanthe.

Pl. 18

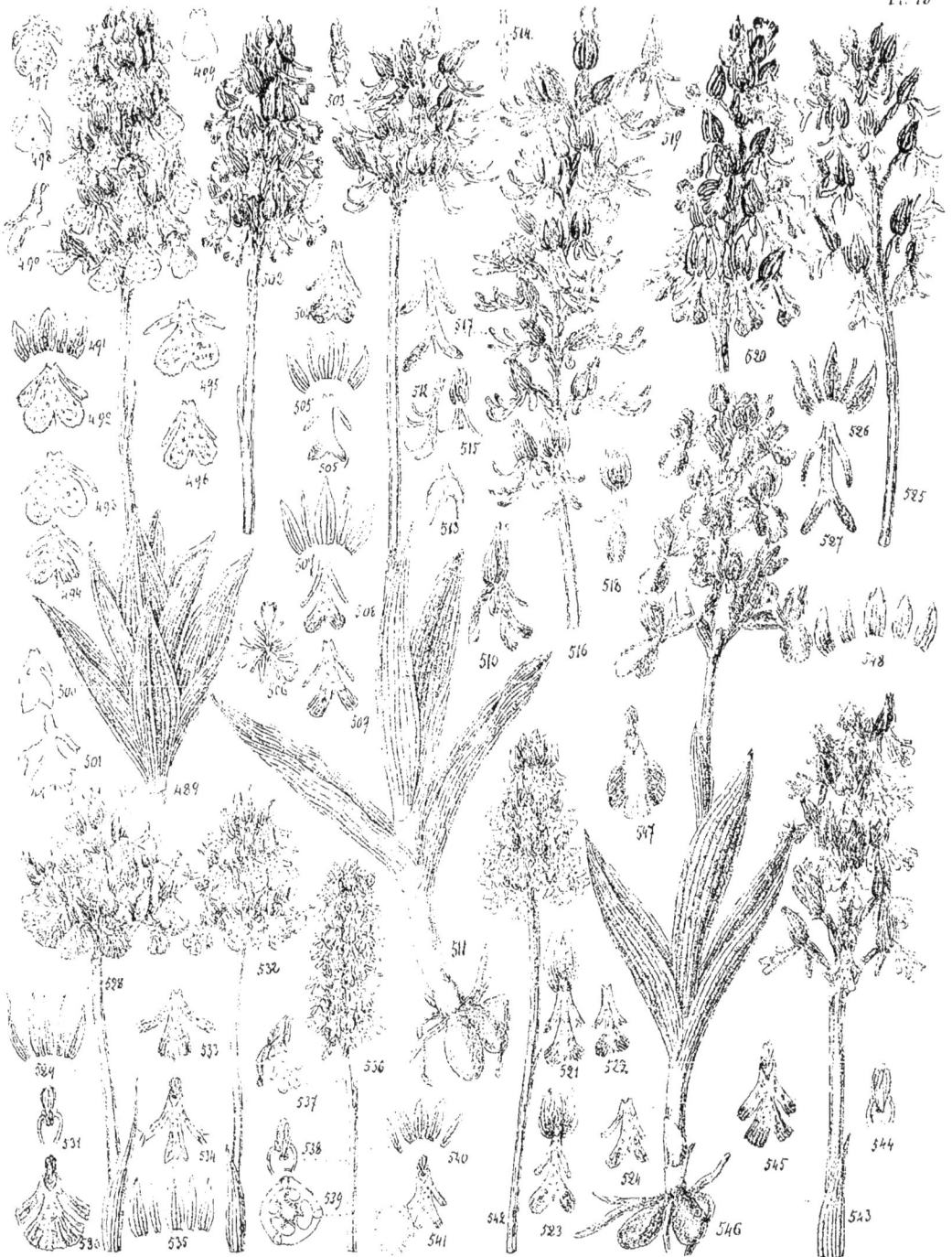

E. G. CAMUS del. et lit.

ORCHIS OLBIENSIS 549 plante entière; 550 labelle et gynostème; 550' labelle,gynostème et ovaire; 551,552,553 formes de labelle; 554 divisions étalées du périanthe.

O.MASCULA 555 plante entière; 556 gynostème; 557 fruit; 558 labelle et gynostème; 559 labelle; 560 labelle,gynostème et ovaire; 561 coupe du fruit; 562 divisions étalées du périanthe; 563 labelle et gynostème; 564 fleur de la var.SPECIOSA; 565 labelle dépourvu de macules de la var. FALLAX; 567 fl.entière d'un LUSUS à labelle entier éperonné; 568 divisions du périanthe de ce LUSUS.

O.LAXIFLORA 566,566' fleur régularisée,monstruosité ECALCARATA.

O.PATENS 569 hampe florale,échant.d'Algérie; 570 divisions étalées du périanthe; 571 labelle,gynostème,éperon et ovaire; 572 labelle et gynosteme.

O.SACCATA 573 plante entière vue de face; 574 fleur vue de face; 575 labelle,gynostème et éperon; 576 labelle rétus au sommet,forme rare; 577 divisions latérales internes du périanthe.

O.SPITZELII 578 hampe florale; 579,579' gynostèmes; 580 divisions étalées du périanthe; 581 labelle.

O.FALLAX 582 hampe florale; 583 labelle,gynostème et éperon; 584 labelle étalé.

Pl. 19

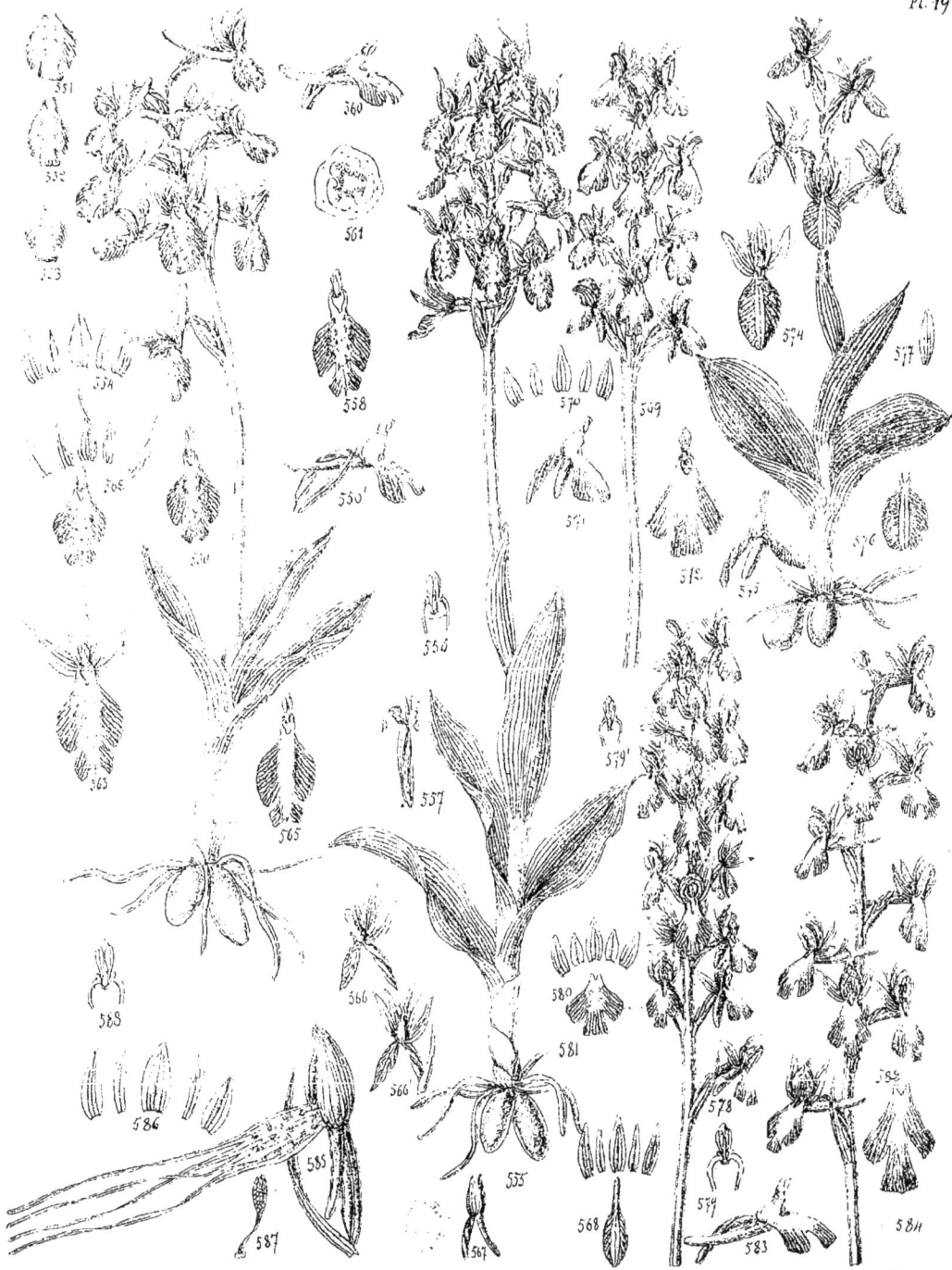

E. G. Camus del. et lit.

ORCHIS LAXIFLORA 589 plante entière,I/2 gr.nat.; 590 étamine; 59I gynostème; 592 le même vu de face; 593 fruit; 594 coupe du fruit; 595 divisions du périanthe; 596 labelle et gynostème; 597 fleur et ovaire vus de côté.

O.PALUSTRIS 598 hampe florale; 599 divisions du périanthe; 600 labelle et gynostème; 60I gynostème grossi.

× O.INTERMEDIA(LAXIFLORA+PALUSTRIS) 602 labelle de la forme des Alpes-Maritimes; 603 labelle de la forme de la Charente-Inférieure; 604 fleur et ovaire; 605 fleur vue de face de la var. flabelliflore de l'O.PALUSTRIS,LUSUS ou hybride?

O.PROVINCIALIS 606 plante entière; 607 gynostème,labelle,éperon et ovaire; 608 labelle vu de face; 609 gynostème grossi.

O.PAUCIFLORA 6IO hampe florifère; 6II gynostème grossi;6I2, 6I3 labelles vu de face.

× O.BARLAE(CORIOPHORA+PALUSTRIS) 6I4 hampe florale; 6I5 divisions du périanthe; 6I6 labelle vu de face et gynostème; 6I7 labelle,gynostème,éperon et ovaire,vus de côté.

× O.TIMBALI(CORIOPHORA + PALUSTRIS) 6I8 labelle et gynosteme vus de face,première forme; 6I9 labelle,gynostème vus de face, deuxième forme.

× O.ALATOIDES(CORIOPHORA+ALATA 620 labelle,gynostème et ovaires,vus de côté; 62I fleur vue de face.

× O.BOUDIERI(MORIO+LATIFOLIA) 622,622' fleurs.

O.QUADRIPUNCTATA 623 hampe florale; 624 gynostème; 625 divisions du périanthe; 626 labelle.

O.TAURICA 627 fleur vue de face; 628 fleur vue latéralement.

× O.ARBOSTII(INCARNATA+MORIO) 629 fleur vue de côté; 630 labelle et éperon; 63I coupe schématique de la tige.

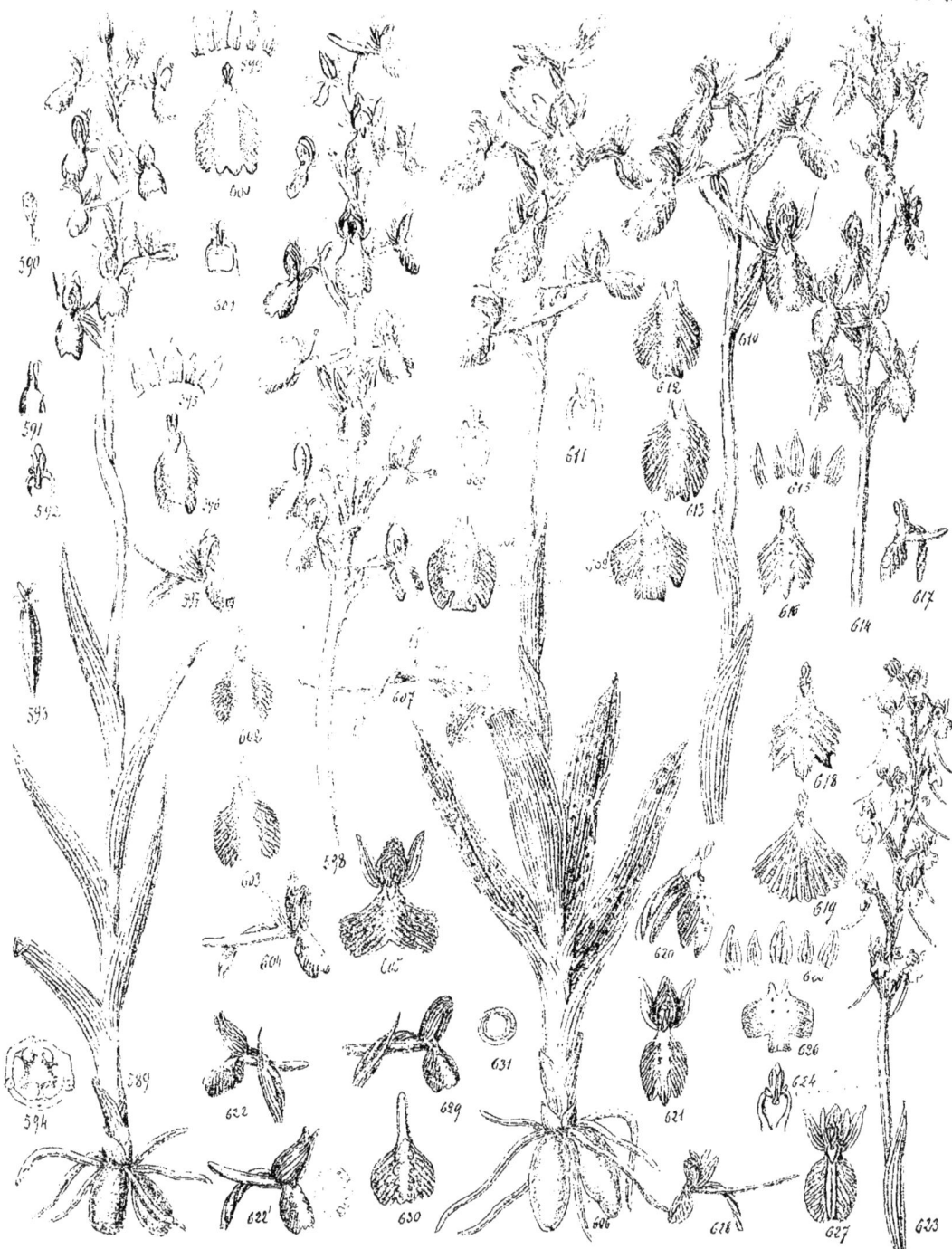

Pl. 20

E. G. Camus del. et lit

ORCHIS SAMBUCINA 632 plante ent.gr.nat.; 633 fleur de côté;
634 gynostème,ovaire et éperon; 635 fruit; 636 étamine; 637 gynostème; 638 fleur vue de face de la var.PURPUREA; 639 fleur
vue latéralement du type; 640 divisions du périanthe; 641 labelle et gynostème de la var.PURPUREA; 642 labelle et gynostème du type.

O.ROMANA 643 plante ent.(type); 644 labelle étalé; 645 labelle éperon et gynostème; 646 plante ent.de la var.SICULA; 647
labelle,éperon,gynostème,ovaire et bractée vus de côté; 648 labelle étalé.

O.SALINA 649 plante entière; 650 fleur vue latéralement; 651
gynostème.

X O.BERGONI(TRIDENTATA+LAXIFLORA) 652 plante presque entière;
653 divisions du périanthe; 654 labelle étalé.

O.UDERICA 655 sommité fleurie.

O.ANATOLICA 656 plante ent.; 657,658 formes de labelle; 659
gynostème.

O.CORDIGERA 660 hampe florale; 661 labelle étalé.

X O.ALATA(MORIO+LAXIFLORA) 662 fleur,ovaire et bractée vus
latéralement; 663 fleur vue de face.

X O.SUBALATA(MORIO+LAXIFLORA FORMA) 664 fleur vue de côté.

O.INTEGRATA 665 fleur vue de côté; 666 fleur vue de face;
667 gynostème.

X O.AMBIGUA(LATIFOLIA+MACULATA) 668 fleur vue de côté; 669
divisions du périanthe; 670 labelle.

Pl. 21.

ORCHIS MACULATA 67I plante entière,gr.nat.; 672 étamine; 673 gynostème; 674 fruit; 675 labelle,gynostème et ovaire; 676 divisions du périanthe; 677 labelle et gynostème,var.PALUSTRIS; 678,679,68I,682,683,684,685 labelles de différentes formes; 680 labelle,gynostème et ovaire de la var.MÉDIA; 686 fleur anomale à labelle ressemblant aux autres divisions internes du périanthe; 687 fleur de l'O.SACCIGERA.

O.TRAUNSTEINERI 688 plante entière; 689 fleur; 690 étamine.

O.INCARNATA 69I et 69I' plante entière; 692,693,694 fleurs vues de face,différentes formes; 695 fleur de l'O.SESQUIPEDALIS. 696 fleur accompagnée de sa bractée de l'O.MUNBYANA; 697 labelle et éperon du même; 699 et 700 divisions du périanthe d'une var. figurée par Barla,qui établit le passage à l'O.INTEGRATA.

O.ELODES 70I hampe florifère; 702 labelle et gynostème; 703 divisions du périanthe; 704 labelle,éperon,gynostème et ovaire; 704 gynostème grossi.

O.LATIFOLIA 705 plante entière; 706 gynostème grossi; 707 étamine; 708 labelle,gynostème et ovaire; 709 labelle et éperon; 7I0;7II,7I2 labelles des différentes formes; 7I3 labelle et gynostème d'une forme peut-être hybride.

Pl. 22

E. G. CAMUS del. et lit.

PLATANTHERA BIFOLIA 714 plante entière; 715 fl.vue de face;
716 gynostème; 717 labelle,éperon,gynostème et ovaire; 718 étamine; 719 coupe de la tig ; 720 fruit.

P.MONTANA 721 hampe florifère; 722 fleur vue de face; 723
gynostème; 724 étamine; 725 fruit; 726 coupe de l'ovaire.

× P.HYBRIDA(BIFOLIA+MONTANA) 727 gynostème; 728 fleur vue de
face.

P.ALGERIENSIS 729 plante entière 1/2 gr.nat.; 730 fleur vue
de face un peu grossie; 748 anthère; 749 divisions étalées du
périanthe.

P.TIPULOIDES 731 sommet de la hampe;732 fleur isolée vue de
face.

P.OBTUSATA 733 fleur vue de face; 734 fleur vue de côté.

× × ORCHI-GYMNADENIA KLINGEANA(G.CONOPEA+O.RUSSOWII) 735 hampe florale de la première forme; 736 divisions étalées du périanthe; 737 labelle muni de son éperon; 738 hampe florale,deu-
xième forme; 739 divisions étalées du périanthe; 740 labelle muni de son éperon; 741 gynostème; 742 coupe du fruit.

× × ORCHI-PLATANTHERA CHEVAILLIERIANA(O.ELODES+P.BIFOLIA) 743
plante entière; 744 fleur vue de côté; 745 fl.vue de face.

× ORCHIS CARNEA(INCARNATA+ELODES) 746 hampe florale; 747 labelle et gynostème.

COELOGLOSSUM VIRIDE 748 plante entière; 749 étamine; 750 gynostème; 751 fruit; 752 labelle et gynostème; 753 labelle vu en
dessous; 754 fleur vue de face; 755 fleur vue de côté; 756 labelle,gynostème,éperon et ovaire.

Pl. 23.

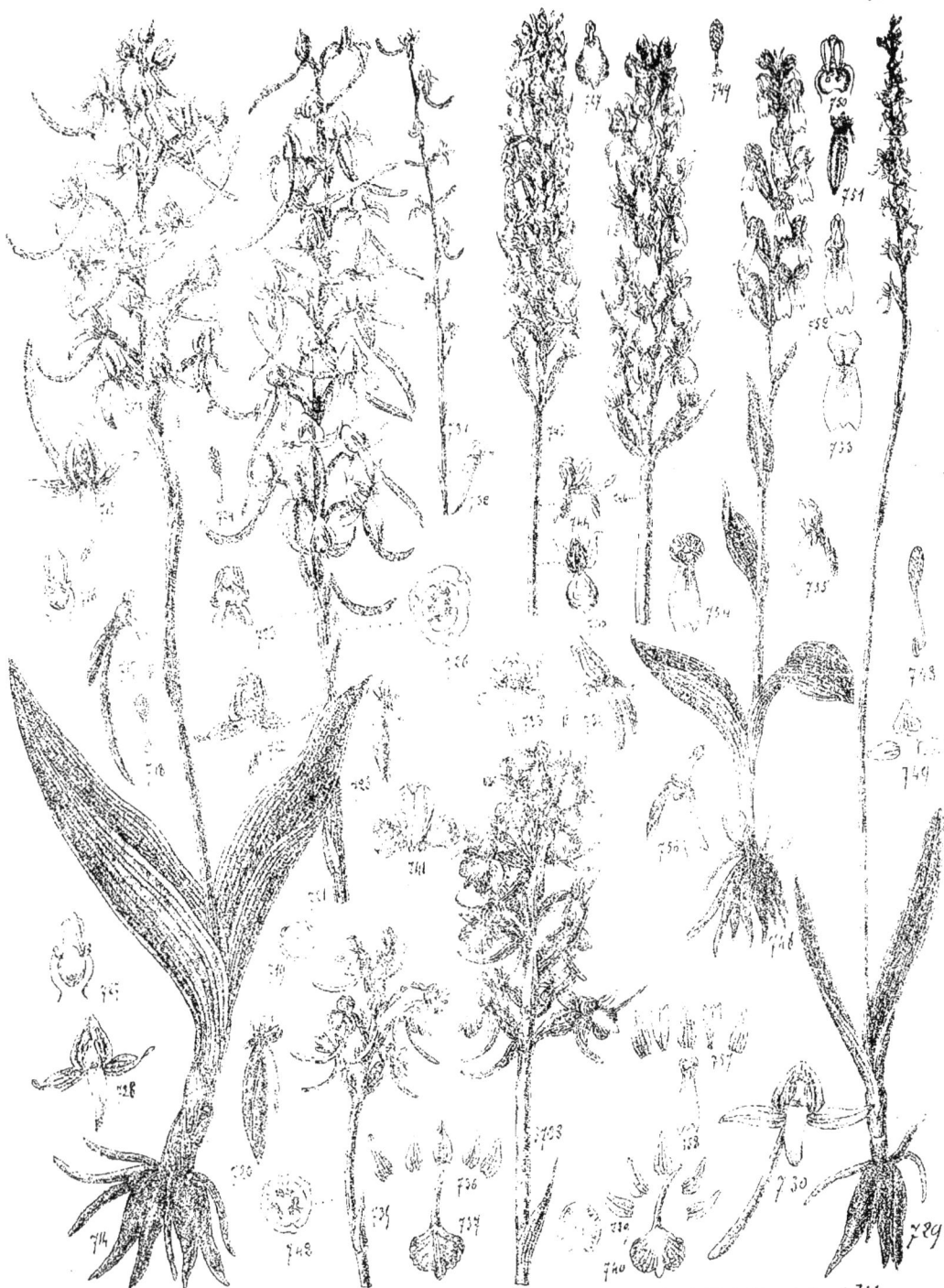

D. A. CAMUS del et lit

OPHRYS ARANIFERA   757 plante entière,type; 758 gynostème; 759 masses polliniques; 760 divisions étalées du périanthe; 760' labelle et gynostème; 761 fruit; 762 labelle,gynostème et ovaire; 763 forme de la var.SUBFUCIFERA; 764 fleur d'un LUSUS figuré par Barla; 765 fleur de la var.VIRIDIFLORA.

O.LITIGIOSA   766 hampe florale; 767 gynostème; 770 labelle, gynostème et ovaire.

O.ATRATA   768,769 fleurs.

O.LITIGIOSA var.VIRESCENS   771 fleur vue de face.

O.ARANIFERA var.SPECULARIA   773 fleur vue isolée.

O.ARACHNITIFORMIS   772 fleur isolée, 780 fleur analogue.

O.TENTHREDINIFERA   775 hampe florale; 776 masse pollinique; 779 labelle d'une forme d'Afrique; 777 fleur de la var.FICAL-HEAMA CHOFFATI.

O.APIFERA   781 hampe florale; 782 gynostème montrant les pollinies sorties de leur anthère; 783 fruit; 784 coupe du fruit; 785 divisions étalées du périanthe; 786 labelle vu en dessous; 787 masses polliniques; 788 fleur de la var.CHLORANTHA.

O.ARACHNITES   791 plante entière; 792,797 labelles et gynostèmes; 793 gynostème isolé; 794 fleur d'une forme,petite,méridionale; 795 masse pollinique; 796 divisions étalées du périanthe; 798,799 fleurs vues de face; 789 fleur de la var.PLATYCHEILA; 790 fleur de la var.PSEUDAPIFERA; 800 fleurs soudées,LUSUS figuré par M.Schulze.

O.SCOLOPAX   801 hampe florale; 802 labelle et gynostème; 803 labelle,ovaire et gynostème; 804 labelle vu en dessous; 805 masse pollinique; 806 gynostème; 807 O.AURITA Brot. fleur vue de côté; 808 hampe florale de la var.CORNUTA,gr.nat.; 809 gibbosité latérale grossie.

Pl. 24

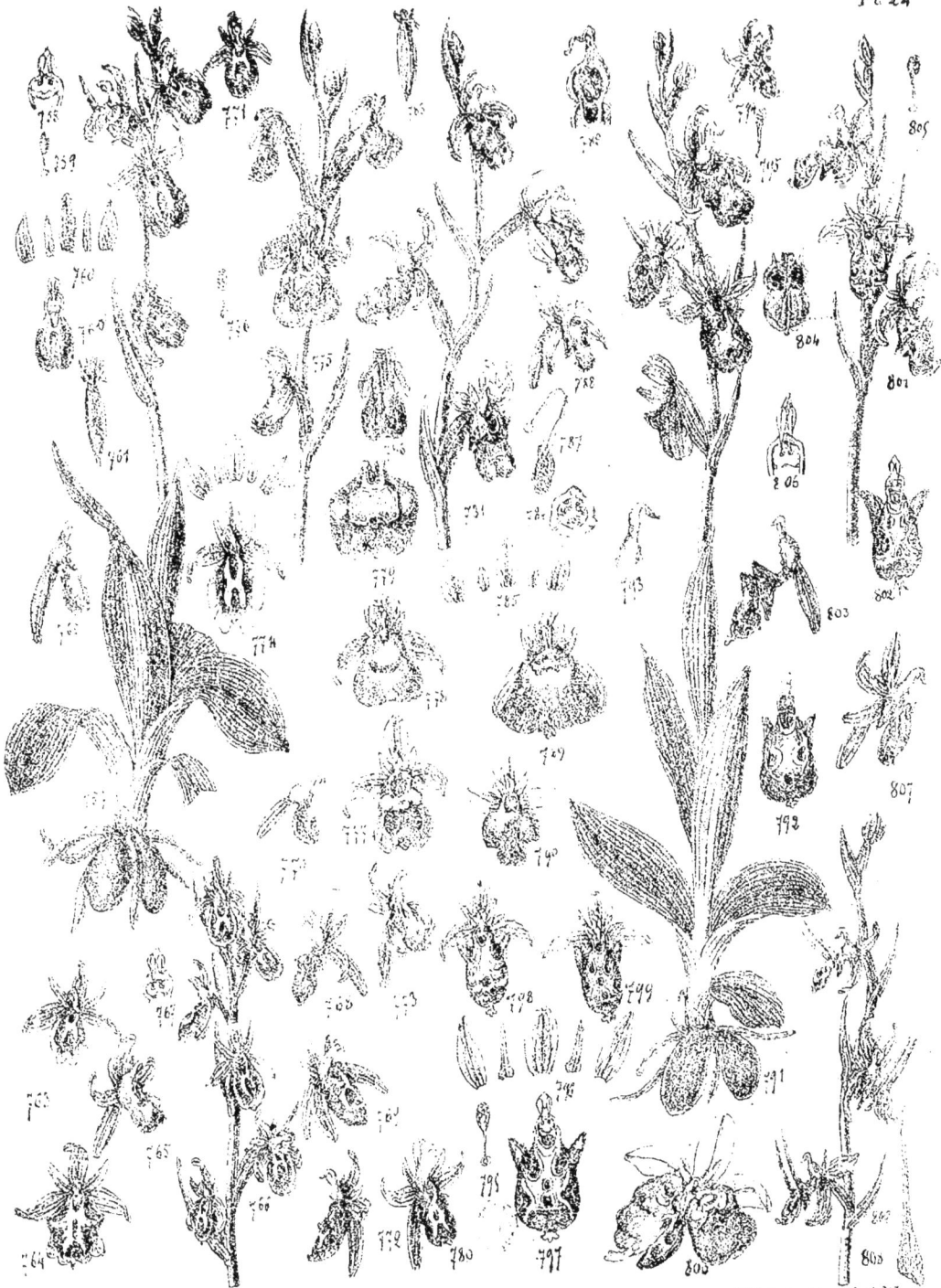

E.G. Camus del. et lit.

OPHRYS MUSCIFERA 810 plante entière; 811 gynostème vu de face; 812 gynostème vu latéralement; 813 masse pollinique; 814 divisions int.sup.du périanthe; 815 fruit; 816 divisions étalées du périanthe; 817 labelle; 818 gynostème et divisions int.sup. du périanthe; 819 labelle de la var.PARVIFLORA Schulze; 820 labelle,LUSUS; 822 labelle d'une forme munie d'une dent; 821 labelle de la var.BOMBYFERA.

O.ARANIFERA+(FUCIFERA)ARACHNITES 823 fl.de la forme intermédiaire aux deux parents.x O.DEVENENSIS 825 labelle et gynostème de cette même forme; 826 fl.de la forme plus rapprochée de l'O.ARACHNITES; 824 fl.de la forme plus proche de l'O.ARANIFERA.

O.ARANIFERA+MUSCIFERA 827 hampe de l'O.HYBRIDA,ind.récolté à Lardy; 828 gynostème; 834 fl.de l'O.APICULA; 835,836,837,838, 839 formes diverses de fl.de l'O.REICHENBACHIANA.

O.LUTEA 829 plante entière; 830 gynostème; 831 gynostème vu de côté; 832 masse pollinique; 833 labelle et gynostème.

O.FUSCA 840 hampe florale; 841 gynostème; 842 masse pollinique; 843 fl.d'une petite forme.

O.FUNEREA 844 fl.vue latéralement; 845 labelle vu de face; 846 gynostème.

O.TRICOLOR 847 fl.vue de face gr.nat.

O.SPECULUM 848 plante entière; 849 gynostème vu de côté; 850 gynostème vu de face; 851 masse pollinique; 852 labelle et gynostème; 853 divisions étalées du périanthe.

O.BOMBYLIFLORA 854 plante entière; 855 gynostème; 856 divisions étalées du périanthe; 857 labelle et gynostème; 858 masse pollinique; 859 fl.vue de côté; 860 fl.vue de dos.

x O.SEMIBOMBYLIFLORA(ARANIFERA NICAENSIS+BOMBYLIFLORA) 861 fl.vue de face; 862 labelle,gynostème et ovaire.

x O.BATTANDIERI(FUSCA+LUTEA) 863 fl.vue de face.

O.SUBFUSCA Reich.;Murbeck 864 fl.vue de face.

x O.MINUTICAUDE(APIFERA+SCOLOPAX) 865 fl.vue de côté.

x O.NOULETII(ARANIFERA+SCOLOPAX 866 fl.vue de côté.

x O.ALBERTIANA(APIFERA+ARACHNITES) 867 labelle,gynostème et ovaire.

x O.LUIZETII(APIFERA v.CHLORANTHA+LITIGIOSA) 868 fl.vue de face.

O.FERRUM-EQUINUM 869 fl.vue de face.

O.BERTOLONTI 870 plante entière; 871 masse pollinique; 872 division int.du périanthe; 873 division ext.moyenne; 874 gynostème; 875,876,877,878 fl.de formes diverses.

x O.SARATOI(ARANIFERA+BERTOLONTI) 879,880,881 formes diverses de fleurs; 882 fl.soudées; 883,883' fl.de l'O.BARLAE(var.BILINEATA Barla).

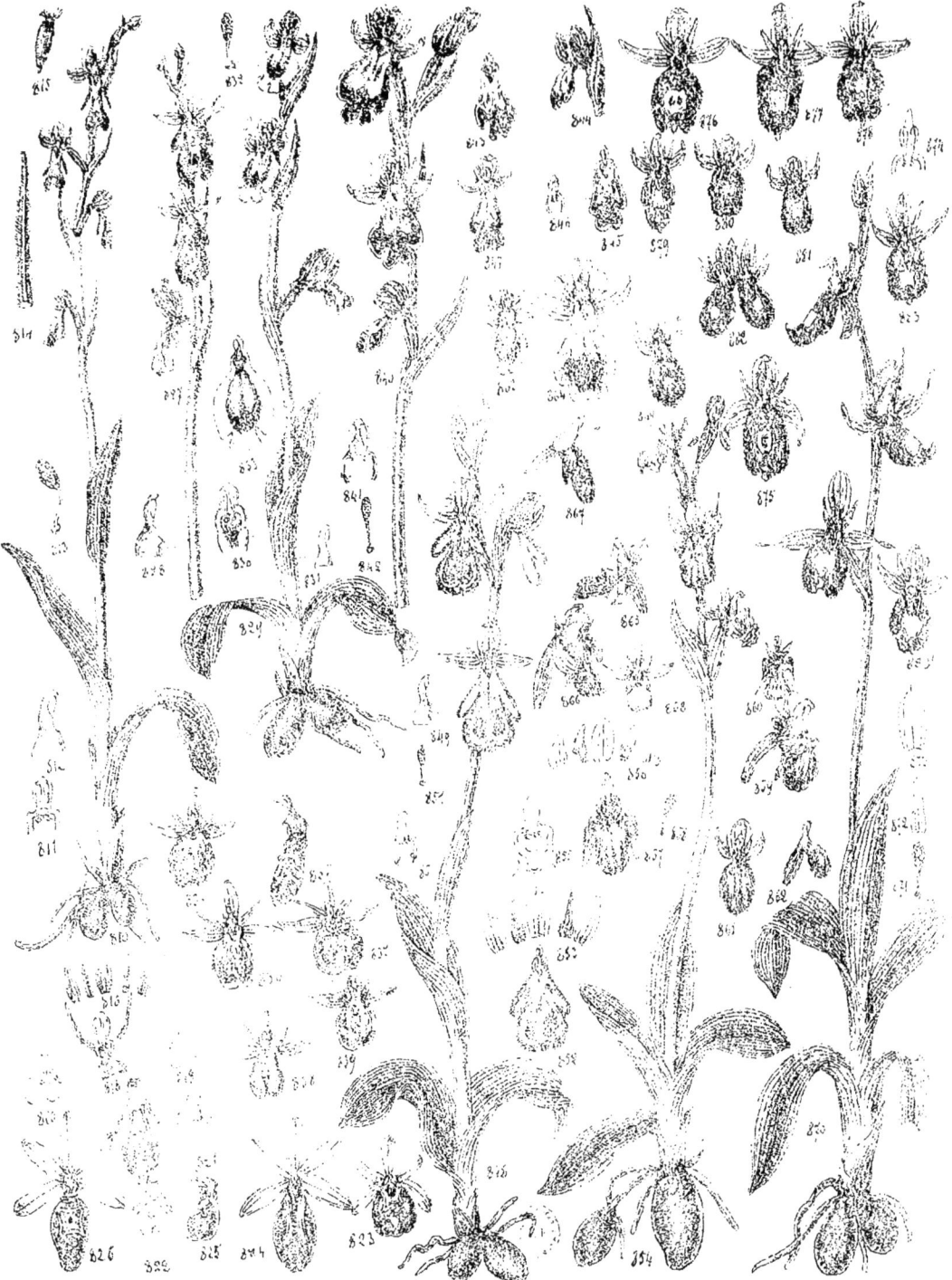

Pl. 25

PLANCHE 26

× × OROHI-GYMNADENIA LEGRANDIANA (O.MACULATA + G.CONOPEA) 884
hampe florale; 885 fleur vue de face; 886 fleur vue latéralement; 887 gynostème.

××O.-G.REGELII (O.MACULATA +°G.ODORATISSIMA 888 hampe florale; 889 fleur vue de face; 890 labelle étalé et éperon.

××O.-G.LEBRUNII (O.LATIFOLIA + G.CONOPEA) 891 hampe florale; 892 fleur vue de face; 893 labelle,gynostème et ovaire.

GYMNADENIA CUCULLATA 899 plante entière; 900 fleur vue de face et grossie; 894 gynostème; 895 divisions étalées du périanthe; 896 masse pollinique.

G.FRIVALDII 898 fleur vue de face; 897 gynostème.

× G.INTERMEDIA (G.CONOPEA + ODORATISSIMA) 901 hampe florale; 902 labelle,gynostème,éperon et ovaire; 903 divisions étalées du périanthe; 904 labelle étalé et éperon.

G.ODORATISSIMA 905 plante entière; 906 gynostème grossi; 907
masse pollinique; 908,909,910 labelles de la var.OXYGLOSSA; 911
divisions étalées du périanthe; 912 labelle étalé du type.

G.CONOPEA 918 plante entière,forme normale; 919 fruit; 920
masse pollinique; 921 gynostème grossi; 922 labelle,gynostème,
ovaire; 923 bractée; 924 labelle étalé; 925 divisions étalées
du périanthe; 926 labelle d'une forme palustre; 927 fl.de la
var.CRENULATA; 928,929 formes diverses de labelle; 930 labelle
d'un LUSUS; 931 fl.de la var.SIBIRICA; 932 labelle.

G.DENSIFLORA 913 plante entière; 914 fleur vue de côté; 915
fleur vue de face; 916 fruit; 917 masse pollinique.

Pl.26.

E.G. CAMUS del. et lit.

NIGRITELLA ANGUSTIFOLIA 933 plante entière,gr.nat.; 934 labelle,gynostème et ovaire; 935 bractée; 936 masse pollinique;
937 gynostème; 938 fleur dressée avec labelle vu en dessous;
939,939' formes de labelle; 940 fleur à la maturité; 941 coupe
du fruit; 942 labelle et deux divisions externes du périanthe;
943 divisions internes et une division externe du périanthe;
944 fleur dans sa position normale,étalée; 945 fleur vue latéralement.

N.RUBRA 946 fleur grossie vue de manière à montrer le dessous du labelle; 947 fleur vue latéralement; 948 fleur vue de
face,étalée et grossie.

XXGYM.-NIGRITELLA (N) MICRANTHA (N,ANGUSTIFOLIA + G.ALBIDA)
952 plante entière,gr.nat.; 953 fleur vue latéralement; 954
fleur étalée et vue de face; 950,951 formes de labelle,

OPHRYS TOMMASINII 955 hampe florale.

O.TROLLII 956 fleur vue de face.

O.INTEGRA 957 fleur vue de face.

O.APIFERA var.AURITA 958 fleur grossie deux fois.

XXGYM.-NIGRITELLA HEUFLERI 959 plante entière,sauf les bulbes; 960 fleur vue de côté; 961 fleur vue de face.

XXGYM.-NIGRITELLA BRACHYSTACHYA 962 plante entière,sauf les
bulbes; 963 fleur vue de face; 964 fleur vue latéralement.

XX GYM.-NIGRITELLA SUAVEOLENS 965 plante entière; 966 fleur
grossie,vue latéralement; 967 fleur vue de face; 968 fleur vue
en dessous; 969,970,971 formes diverses de labelle.

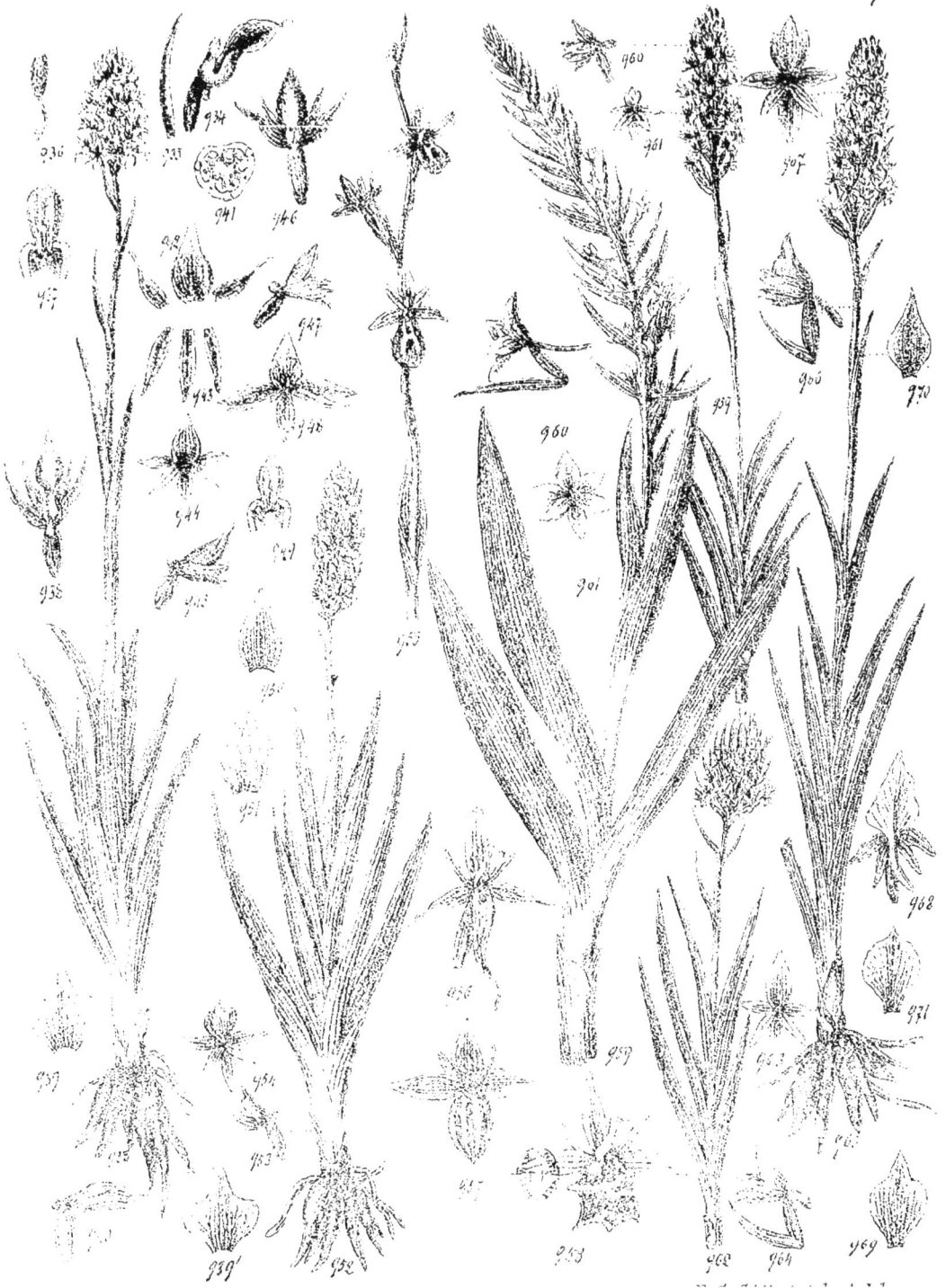

Pl. 27.

PLANCHE 28

CALYPSO BOREALIS   972 plante entière; 973 fruit.

LIPARIS LOESELII   974 plante entière fructifère; 975 plante
entière florifère; 976 fleur;977 fruit.

MALAXIS PALUDOSA   978 plante entière; 979 fleur; 980 masses
polliniques; 981 fruit; 982 coupe du fruit.

MICROSTYLIS MONOPHYLLOS   983 plante entière; 984 plante entière d'un individu robuste muni de deux feuilles; 985 hampe
fructifère; 986 labelle; 987 fruit; 988 gynostème; 989 fleur.

EPIPOGON APHYLLUM   990 plante entière; 991 ovaire surmonté du
gynostème vu latéralement; 992 le même vu de face; 993 masses
polliniques; 994 sommet du gynostème; 995 divisions étalées du
périanthe; 996 labelle étalé.

HERMINIUM MONORCHIS   997 plante entière; 998 fleur vue latéralement; 999 divisions étalées du périanthe; 1000,1001,1002
formes diverses de labelle; 1003 gynostème vu latéralement;
1004 gynostème vu de face; 1005 masse pollinique.

Pl. 28.

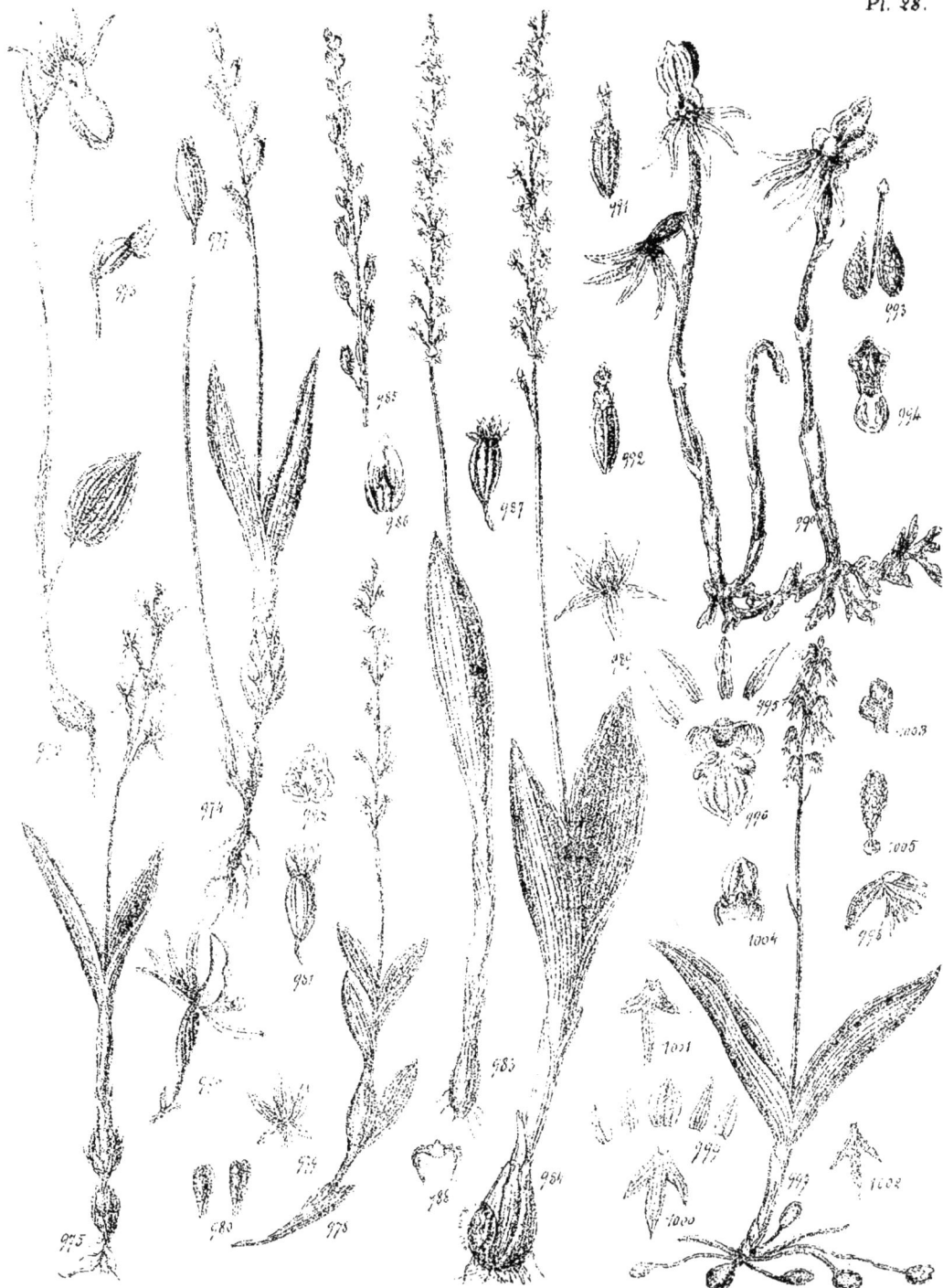

PLANCHE 29

LISTERA OVATA 1006 plante entière; 1007 gynostème vu latéralement; 1008 gynostème vu de face; 1009 labelle; 1010 fruit; 1011 masses polliniques; 1012 divisions étalées du périanthe; 1013 labelle.

L. CORDATA 1014 plante entière; 1015 gynostème; 1016 fruit; 1017 divisions étalées du périanthe; 1018 labelle.

EPIPACTIS MICROPHYLLA 1019 plante entière; 1020 masses polliniques; 1021 labelle, gynostème et ovaire; 1022 divisions étalées du périanthe; 1023 labelle et gynostème.

E. ATRORUBENS 1024 plante entière; 1025 labelle, gynostème et ovaire; 1026 masses polliniques; 1027 labelle et gynostème.

E. VIRIDIFLORA 1028 plante presque entière; 1029 divisions étalées du périanthe; 1030 labelle et gynostème; 1031 labelle, gynostème et ovaire; 1032 divisions étalées du périanthe.

NEOTTIA NIDUS-AVIS 1033 plante entière; 1034 fruit; 1035 divisions étalées du périanthe; 1036 labelle étalé; 1037 gynostème vu latéralement; 1038 gynostème vu de face.

Pl. 29

E. G. CAMUS del. et lit.

EPIPACTIS LATIFOLIA 1039,1040 plante entière; 1041 labelle, gynostème; 1042 gynostème; 1043 gynostème vu de face; 1044 partie supérieure du gynostème,les pollinies relevées; 1045 masses polliniques; 1046 fruit.

E.SESSILIFOLIA 1047 hampe florifère; 1048 partie inférieure de la tige; 1049 fruit; 1050 labelle,gynostème et ovaire; 1051 masses polliniques.

E.PALUSTRIS 1052 hampe florifère; 1053 fleur étalée; 1054 masses polliniques; 1055 partie supérieure du gynostème dépourvue des masses polliniques; 1056 gynostème vu de face; 1057 gynostème; 1058 fruit.

CEPHALOPACTIS SPECIOSA (C.GRANDIFLORA + E.RUBIGINOSA) 1059 plante entière,d'après Westt.; 1060 fleur; 1061 gynostème; 1062 labelle.

E.PALUSTRIS var.VIRIDIFLORA 1062 labelle,gynostème et ovaire; 1064 divisions étalées du périanthe; 1065 labelle étalé; 1066 fleur; 1067 gynostème vu de face.

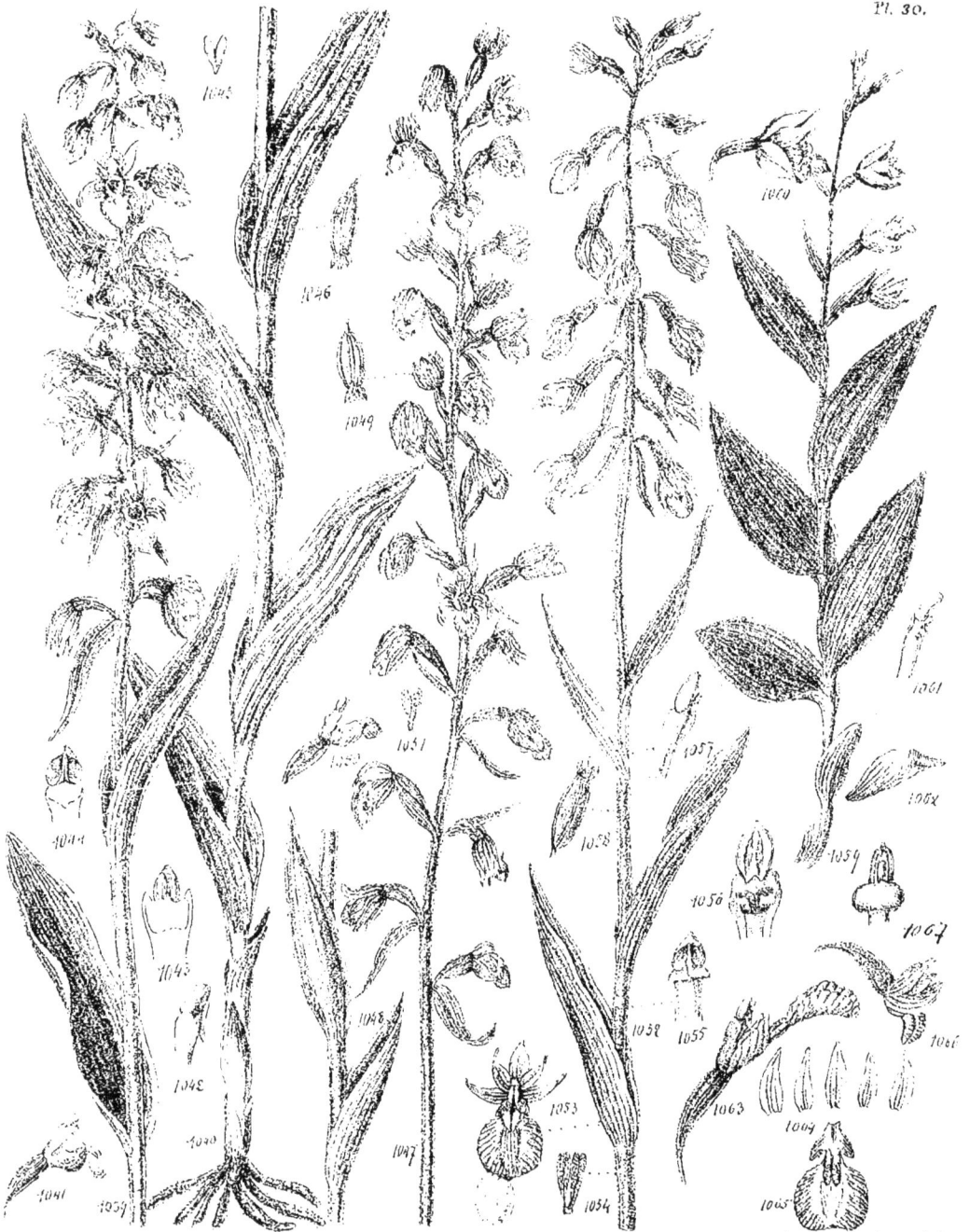

Pl. 30.

E.G. CAMUS del.et lit.

LIMODORUM ABORTIVUM   1068,1069 hampe florale et bas de la tige muni de racines; 1070 gynostème,labelle et éperon; 1071 gynostème vu de côté; 1072 le même vu de face; 1073 masses polliniques; 1074 fruit; 1075 coupe du fruit; 1083 divisions du périanthe; 1084 labelle vu de côté; 1086 labelle étalé; 1085 gynostème.

GOODYERA REPENS   1076 plante entière; 1077 fruit,labelle et gynostème; 1078,1079 fleurs; 1080 fruit; 1081 coupe du fruit; 1082 fleur vue de face et grossie.

SPIRANTHES AESTIVALIS   1087 plante entière; 1088 ovaire,gynostème et labelle; 1089 labelle et gynostème; 1090 fleur vue latéralement.

S.AUTUMNALIS   1091 plante entière; 1092 fleur vue latéralement; 1092' labelle; 1093 labelle,gynostème et ovaire; 1094 masses polliniques; 1095 ovaire et gynostème; 1097 divisions sup. du périanthe soudées.

S.ROMANZOWIANA   1096 hampe florale d'un individu récolté en Ecosse!

CORALLORHIZA INNATA   1098 plante entière; 1099 gynostème; 1100 fleur vue en dessous; 1101 partie d'une hampe fructifère.

Pl. 31.

E.G. CAMUS del. et lit.

CEPHALANTHERA ENSIFOLIA 1114 plante entière; 1115 fruit; 1116 labelle,gynostème et ovaire; 1117 labelle détaché; 1118 divisions étalées du périanthe; 1119 masses polliniques; 1120 gynostème,sommet; 1121 gynostème vu de dos; 1122 le même vu latéralement.

C.RUBRA 1123 sommet d'une hampe florale; 1124 divisions du périanthe étalées; 1125 labelle et gynostème; 1126 labelle,gynostème et ovaire vus latéralement; 1127 partie du labelle disposée de manière à montrer les lamelles; 1128 fruit.

C.PALLENS 1129 hampe florale; 1130 gynostème vu de face; 1131 le même vu de côté; 1132,1133 le même vu de dos; 1134 labelle,gynostème et ovaire; 1135 labelle étalé; 1136 divisions étalées du périanthe.

OPHRYS ARACHNITIFORMIS 1136 fleur grossie d'un individu dont le gynostème a trois étamines normalement développées et constituées par trois anthères chacune biloculaire(masses polliniques incluses dans leurs loges,séparées par un connectif terminé en bec); 1137 partie supérieure du gynostème vu de dos et montrant les trois étamines soudées à la base.

CYPRIPEDIUM CALCEOLUS 1102 plante entière d'une forme biflore; 1103 forme normale uniflore; 1104 fleur non ouverte; 1105 fruit à la maturité; 1106 fruit; 1107 coupe du fruit; 1108 labelle; 1109 gynostème vu de dos; 1110 le même vu de face.

C.MACRANTHOS 1111 fleur vue de face,accompagnée de sa feuille bractéale; 1112,1113 gynostème dans deux positions.

NOTA. — On remarquera que,pour faciliter la disposition des planches et pour permettre l'admission d'un plus grand nombre de figures,l'ordre suivi n'est pas exactement semblable à celui du texte.

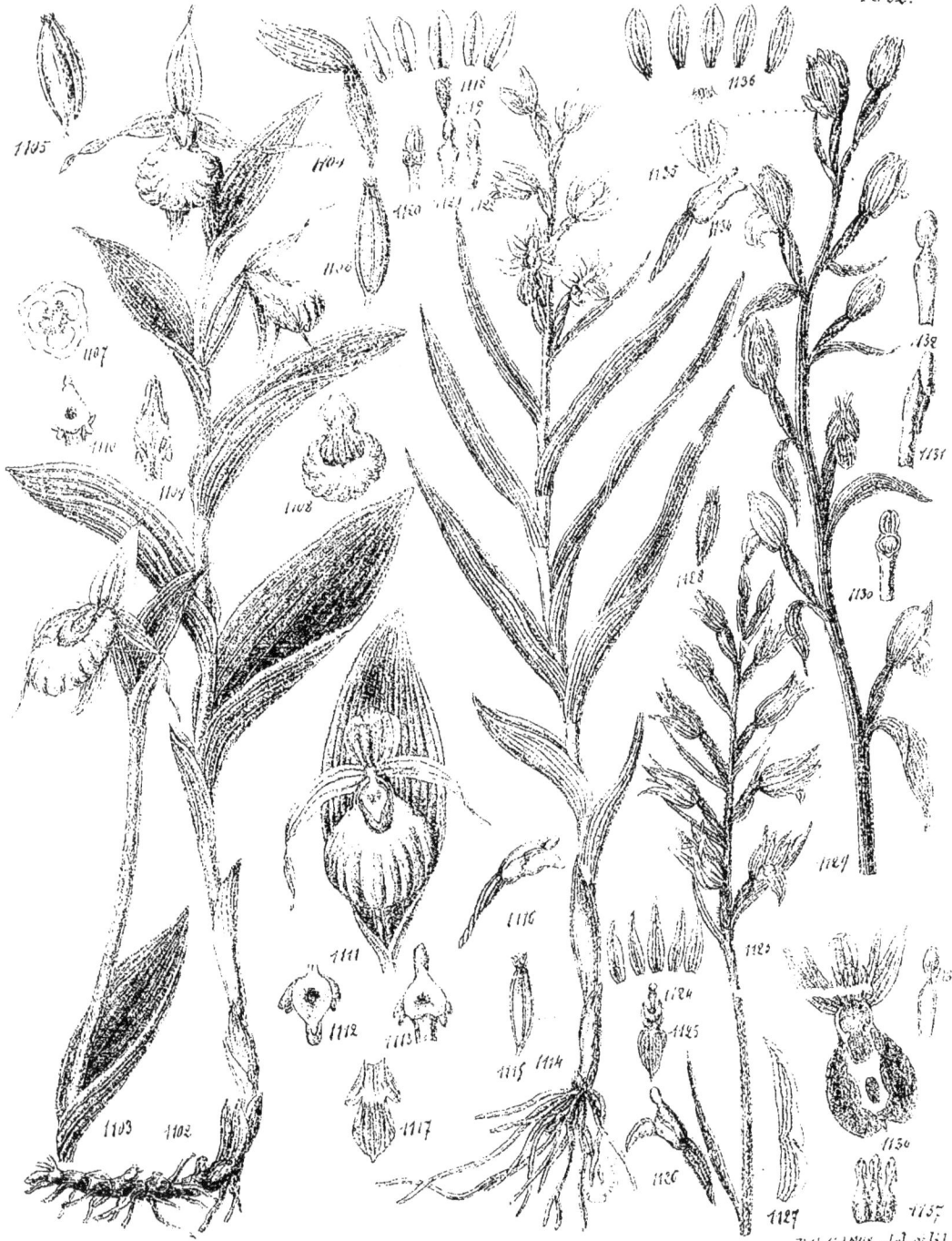

Pl. 32.

E.G.CAMUS del. cilil.